Nr. 13 Teil I
S. 4581–4936

Chemisches Zentralblatt

1963
27. März

Vollständiges Repertorium für alle Zweige der reinen und angewandten Chemie

1830 gegründet. 1897—1945 von der Deutschen Chemischen Gesellschaft fortgeführt. Im Auftrage der Deutschen Akademie der Wissenschaften zu Berlin, der Chemischen Gesellschaft in der DDR, der Akademie der Wissenschaften zu Göttingen und der Gesellschaft Deutscher Chemiker (in der BRD)

herausgegeben von Prof. Dr. Heinrich Bertsch und Prof. Dr. Dr. h. c. Wilhelm Klemm

134. Jahrgang
1963

Chefredakteure: Dr. Eugen Klever und Prof. Dr.-Ing. Eberhard Leibnitz

Akademie-Verlag GmbH., Berlin — Verlag Chemie, GmbH., Weinheim/Bergstr.

Inhalt

Sprachenbezeichnung in den Referaten des Chemischen Zentralblatt

(Abkürzungen laut DIN-Normblatt 1502, Beiblatt 1)

Albanisch	= alb.	Griechisch	= griech.	Rumänisch	= rum.
Bulgarisch	= bulg.	Irisch	= ir.	Russisch	= russ.
Chinesisch	= chin.	Italienisch	= ital.	Schwedisch	= schwed.
Dänisch	= dän.	Japanisch	= jap.	Serbokroatisch	= serbokroat.
Deutsch	= dt.	Lateinisch	= lat.	Slowakisch	= slowak.
Englisch	= engl.	Litauisch	= litau.	Slowenisch	= slowen.
Estnisch	= estn.	Niederländisch	= niederl.	Spanisch	= span.
Finnisch	= finn.	Norwegisch	= norw.	Tschechisch	= tschech.
Flämisch	= fläm.	Persisch	= pers.	Türkisch	= türk.
Französisch	= franz.	Polnisch	= pol.	Ukrainisch	= ukrain.
		Portugiesisch	= port.	Ungarisch	= ung.

Umfangserweiterung Chemisches Zentralblatt

Um den berechtigten Wünschen nach einer erweiterten Erfassung des sich ständig vermehrenden Schrifttums und einer zunehmenden Aktualisierung entgegenzukommen, wurde eine beträchtliche Umfangserweiterung des Chemischen Zentralblattes nach eingehender Prüfung mit Fachleuten, den Herausgebern und ihrem Kuratorium als eine erste Maßnahme zur Verbesserung dieser Edition beschlossen. Da diese Erweiterung nicht nur durch eine entsprechende Verbesserung der Referierweise erzielt werden kann, mußte auch eine Umfangserweiterung bis zu annähernd 50% der derzeitigen Bogenzahl ins Auge gefaßt werden.

Wir machen daher unsere verehrten Leser darauf aufmerksam:

Im Jahre 1963 (134. Jahrgang) wird ein Teil dieser Umfangserweiterung bereits dadurch herbeigeführt, daß von 52 Wochenheften 8 Hefte mit doppeltem Umfang erscheinen.

Das erste Doppelheft ist Heft 13 und besteht aus Teil I (Seiten 4581—4936) und Teil II (Seiten 4937—5320).

Das nächste Doppelheft trägt die Nummer 18.

Ebenfalls mit dem Ziel, Platz für Referierung von Originalarbeiten zu gewinnen, erfolgt die Herausgabe von Bibliographien nicht mehr im laufenden Text; diese erscheinen ab Heft 1/63 nur noch als Beilage.

Die Bibliographien haben fortlaufende Seitenzahlen, zum Beispiel B 1, B 2, B 3 usw.

Die Redaktion glaubt mit diesen Maßnahmen dem seit langem bestehenden Wunsch der Benutzer einer starken Aktualisierung zunehmend Rechnung tragen zu können und setzt die Umfangserweiterung im Jahre 1964 fort.

Redaktion des Chemischen Zentralblattes

Chemisches Zentralblatt

Chemisches Zentralblatt

1963 Bibliographien Nr. 13

Neue Bücher

E_1. Allgemeine Biologie und Biochemie

R. Bijon, Nouveau traitement chimique du cancer. 3e édit. Paris: Maloine. 1962. (96 S.) 8 NF.

M. Florkin and **E. H. Stotz,** Comprehensive biochemistry. Vol. 1: Atomic and molecular structures. $ 11.50. Vol. 2: Organic and physical chemistry. $ 14.50. Vol. 3: Methods for the study of molecules. $ 14.50. Vol. 4: Separation methods. $ 13.—. New York: American Elsevier Publishing Company. 1962.

David Glick, ed., Methods of biochemical analysis; vol. 10. New York: Interscience dist. Wiley. 1962. (397 S. m. Abb.) $ 14.50.

T. S. Scott, Carcinogenic and chronic toxic hazards of aromatic amines. New York: American Elsevier Publishing Company. 1962. $ 5.50.

—, Cancer, leucémie et radiobiologie. Paris: Gauthier-Villars. 1962. (174 S.) 30 NF.

E_3. Mikrobiologie. Bakteriologie. Immunologie

André Desvignes, Jacques Bory et **Leluc,** Guide des travaux pratiques de microbiologie. 2e édit. Paris: Vigot frères. 1962. (196 S. m. Abb.) 8°. 16 NF.

Wayne W. Umbreit, ed., Advances in applied microbiology. Vol. 4. New York, London: Academic P. 1962. (X + 251 S. m. Abb., Tab. u. Diagr.) 80 s.

E_4. Pflanzenchemie. Pflanzenphysiologie. Pflanzenpathologie

Narayan Singh Parihar, Hormonal control of plant growth. Allahabad: Scientific Research Committee; London: Asia Publishing House. 1962. (VI + 111 S.) 9 s. 6 d.

E_5. Tierchemie. Tierphysiologie. Tierpathologie

Jerzy B. Kwapinski, The immunology of rheumatism. New York: Appleton. 1962. (255 S. m. Abb.) $ 9.—.

Paul Mundeleer, Exploration du métabolisme glucidique chez l'animal en hypothermie. Bruxelles: Editions „Arscia"; Paris: Libr. Maloine. 1962. (182 S. m. Abb., Tab. u. Diagr.) 8°.

Harold Varley, Practical clinical biochemistry. 3rd edit. London: Heinemann Medical; New York: Interscience. 1962. (VII + 689 S. m. Abb., Tab. u. Diagr.) 50 s.

F. Pharmazeutische Chemie. Desinfektion

Werner Kalow, Pharmacogenetics; heredity and the response to drugs. Philadelphia: Saunders. 1962. (231 S. m. Abb.) $ 8.—.

—, Neuerungen auf dem Gebiete der sanitären chemischen Analyse. Moskau: Medgis. 1962. (264 S. m. Abb.) 75 Kop. [russ.]

G. Analyse. Laboratorium

K. Guy, Laboratory organization and administration. New York: St. Martin's. 1962. (386 S. m. Abb.) $ 12.—.

Harry F. Lewis, ed., Laboratory planning for chemistry and chemical engineering. New York: Reinhold. 1962. (522 S m. Abb.) $ 20.—.

H_1. Allgemeine chemische Technologie

J. M. Coulson and **J. F. Richardson,** Chemical engineering. Vol. I. London: Pergamon Pr. 1962. 15 s.

Charles T. Littleton, Industrial piping. 2nd edit. New York: McGraw-Hill. 1962. (349 S. m. Abb.) $ 11.50.

Alfred Neuhaus, Höchstdruck-Hochtemperatur-Synthesen, ihre Methoden und Ergebnisse. **Rudolf Tschesche:** Chemie und Genetik. Köln, Opladen: Westdeutscher Verl. 1962. (64 S.) 8° = Veröffentlichungen der Arbeitsgemeinschaft für Forschung des Landes Nordrhein-Westfalen. Natur-, Ingenieur- und Gesellschaftswissenschaften. Heft 109. DM 7,20.

E. Raffin et **J.-R. Berthiau,** Technologie générale professionnelle. Paris: Dunod. 1962. (224 S.) 10.80 NF.

J. G. Tweeddale, Metallurgical principles for engineers. London: Iliffe. 1962. 85 s.

David Matheson Young and **Albert Dary Crowell**, Physical adsorption of gases. London: Butterworths. 1962. (XI + 426 S. m. Tab. u. Diagr.) 70 s.

—, Fortschritte der Betriebstechnik. 18 Vorträge, gehalten anläßlich der Achema 1961, 13. Ausstellungstagung für chemisches Apparatewesen. Mit einem Beitrag von **Gustav Flügel**: Zur Theorie der Strahlapparate. Frankfurt/Main: Dechema, Deutsche Gesellschaft für Chemisches Apparatewesen. Weinheim/Bergstr.: Verl. Chemie. 1962. (361 S.) 8° = Dechema-Monographien. Bd. 41. DM 36,—.

—, Internationales Jahrbuch Chemische Industrie. 11, 1962/63. Solothurn: Vogt-Schild. 1962. (198 S. m. Abb.) sfr 5.50.

—, Methods of test for thermal insulating materials. Supplement no. 1. London: British Standards Institution. 1962. (10 S. m. Diagr.) 4 s.

—, Verfahrenstechnik. Vorträge des Jahrestreffens der Verfahrens-Ingenieure. Düsseldorf: VDI-Verl. 1962. (125 S. m. 266 Abb. u. 31 Tab.) 4° = VDI-Berichte. Nr. 64. DM. 26,40.

H_3. Elektrotechnik

Urii Kostiantynovych Delimars'kyi, Electrochemistry of fused salts. Translated from Russian. Washington: Sigma Pr. 1962. (338 S. m. Abb.) $ 12.50.

H_4. Wasser. Abwasser

Erich Naumann, Probleme der Verunreinigung von Grund- und Oberflächenwasser durch Mineralöle und Detergentien. **Arnold Heller**: Luftverunreinigung und Abhilfemaßnahmen. Vorträge. Stuttgart: G. Fischer. 1960. (26 S.) 8° = Schriftenreihe des Vereins für Wasser-, Boden- und Lufthygiene, Berlin-Dahlem. Nr. 16. DM 2,50.

—, Effluent and water treatment manual. London: Thunderbird Enterprises. 1962. (198 S. m. Abb., Tab. u. Diagr.) 63 s.

H_6. Silicatchemie. Baustoffe

Karl Friedrich Henke, **Ludwig Fensch** und **Hannelore Mezger**, Zusammenstellung und Auswertung der Literatur über Bodenstabilisierung mit Chemikalien. Bonn: Der Bundesminister für Verkehr, Abt. Straßenbau. 1962. (62 S.) 4° = Straßenbau und Straßenverkehrstechnik. Heft 16. DM 8,—.

L. I. Kajarkin, Die Petrographie feuerfester Materialien. Charkow: Metallurgisdat. 1962. (314 S. m. Abb., 1 Bl. Tab.) 1 Rbl. 20 Kop. [russ.]

L. T. Kotschetowa, Die Herstellung der Konserven von Kindernahrungsmitteln. Moskau: Pischtschepromisdat. 1962. (104 S. m. Abb.) 17 Kop. [russ.]

K. A. Nochratjan, Trocknen und Brennen in der Baukeramik-Industrie. Moskau: Gosstroiisdat. 1962. (603 S. m. Abb., 2 Bl. Zeichng., 3 Bl. Diagr.) 2 Rbl. 86 Kop. [russ.]

G. H. Stewart, ed., Science of ceramics. Vol. 1: Proceedings of a conference held at Oxford, 26—30 June, 1961. London: Academic P. 1962. (334 S. m. Abb., Tab. u. Diagr.) 65 s.

G. Ss. Wolberg, Naturgas in der Zementindustrie. Moskau: Gosstroiisdat. 1962. (172 S. m. Zeichng.) 55 Kop. [russ.]

—, Béton précontraint. 39. Association scientifique de la précontrainte, 5e session d'études. 40. Présentation cinématographique de cinq ouvrages typiques en béton précontraint. 41. Réalisations françaises récentes en matière de béton précontraint. Paris: Institut technique du bâtiment et des travaux publics. 1962. 4°.

—, Directory of members. 1961. London: Reinforced Concrete Association. 1961. (122 S.)

H_8. Metallurgie. Korrosion

A. Ch. Benuni, Auffindung und Nutzung von Betriebsreserven in der Buntmetallurgie. Moskau: Metallurgisdat. 1962. (230 S.) 85 Kop. [russ.]

I. N. Bogatschew, Die Metallographie des Gußeisens. 2. vervollst. u. verbess. Ausg. Swerdlowsk: Metallurgisdat, Swerdlowsker Abt. 1962. (392 S. m. Abb.) 1 Rbl. 33 Kop. [russ.]

I. N. Guljajew, **M. N. Sseredenko** und **K. R. Bubnow** u. a., Methoden der Vorbehandlung in der Schwarzmetallurgie und ihre Wirksamkeit. Kiew: Verl. der Akad. der Wiss. der UkrainSSR. 1961. (168 S.) 73 Kop. [russ.]

Max Hempel, **Albert Kochendörfer** und **Emil Hillnhagen**, Gefügeveränderungen in α-Eisen durch Ionenbestrahlung. Düsseldorf: Verl. Stahleisen. 1962. (12 S. m. Abb.) 4° = Gruppe E, Nr. 2300 = Mitteilung aus dem Max-Planck-Institut für Eisenforschung. Abh. 915. Aus: Archiv für das Eisenhüttenwesen. Jahrgang 33, 1962, Heft 6. DM 2,40.

Theodore Brewster Jefferson, Metals and how to weld them. 2nd edit. Cleveland: James F. Lincoln Arc Welding Found. 1962. (392 S. m. Abb.) $ 2.—.

G. W. Karpenko und **R. I. Kripjakewitsch**, Der Einfluß des Wasserstoffs auf die Eigenschaft des Stahls. Moskau: Metallurgisdat. 1962. (197 S. m. Abb.) 77 Kop. [russ.]

I. I. Kifer, Die Prüfung ferromagnetischer Metalle. 2. überarb. Aufl. Moskau-Leningrad: Gossenergoisdat. 1962. (544 S. m. Abb.) 1 Rbl. 52 Kop. [russ.]

I. N. Kitler und **Ju. A. Lainer**, Nephelin — ein vielseitiger Rohstoff der Aluminiumindustrie. Moskau: Metallurgisdat. 1962. (237 S. m. Zeichng.) 68 Kop. [russ.]

Rudolf Kohlhaas und **Friedhelm Richter**, Temperaturabhängigkeit des elektrischen Widerstandes von reinem Eisen und von Stahl unter besonderer Berücksichtigung der Phasenumwandlungen. Düsseldorf: Verl. Stahleisen. 1962. (9 S. m. Abb.) 4° = Gruppe E, Nr. 2288 = Bericht des Werkstoffausschusses des Vereins deutscher Eisenhüttenleute. Nr. 1318. Aus: Archiv für das Eisenhüttenwesen. Jahrgang 33, 1962, Heft 5. DM 1,80.

W. I. Lichtman, Je. D. Schtschukin und **P. A. Rehbinder**, Physikalisch-chemische Mechanik der Metalle. Die Absorptionserscheinung bei den Deformations- und Zerstörungsprozessen der Metalle. Moskau: Verl. der Akad. der Wiss. der UdSSR. 1962. (303 S. m. Abb.) 1 Rbl. 38 Kop. [russ.]

K. K. Prochorenko, Der Schlackenverlauf bei der Stahlschmelze. Moskau: Metallurgisdat. 1962. (243 S. m. Zeichng.) 96 Kop. [russ.]

R. R. Rogers, ed., Iron ore reduction: proceedings of a symposium of the Electrothermics and Metallurgy Division of the Electrochemical Society, held in Chicago, 3—5 May, 1960. Oxford, London: Pergamon Press. 1962. (XV + 359 S. m. Abb., Tab. u. Diagr.) 80 s.

H_9. Organische Industrie

—, Di-(2-ethylhexyl) phthalate. London: British Standards Institution. 1962. (8 S. m. Tab.) 3 s.

—, Di-(2-ethylhexyl) sebacate. 1st revision. London: British Standards Institution. 1962. (8 S. m. Tab.) 3 s.

—, Di-n-butyl sebacate. London: British Standards Institution. 1962. (8 S. m. Tab.) 3 s.

—, Glycerol triacetate. 1st revision. London: British Standards Institution. 1962. (8 S. m. Tab.) 3 s.

H_{10}. Färberei. Organische Farbstoffe

T. S. Gore and others, eds., Recent progress in the chemistry of natural and synthetic colouring matters and related fields. New York, London: Academic P. 1962. (XXVII + 659 S. m. Tab. u. Diagr.) 8 £ 11 s. 6 d.

I. I. Woronzow, Die Herstellung organischer Farbstoffe. Moskau: Gosschimisdat. 1962. (544 S. m. Abb.) 1 Rbl. 32 Kop. [russ.]

H_{11a}. Farben. Anstriche. Lacke. Naturharze

—, Paint trade manual of raw materials and plant. 4th edit. London: Sawell Publications. 1962. (IX—XVI + 336 S. m. Tab.) 58 s. 6 d.

—, The future of natural and synthetic rubbers: proceedings of a symposium organised by the International Rubber Study Group which took place in Washington, on the 29th and 31st May and 1st June, 1962. London: International Rubber Study Group. 1962. (108 S. m. Abb., Tab. u. Diagr.) 17 s. 6 d.

H_{11b}. Plaste (Kunstharze, Plastische Massen)

Rudolf Blank, La stabilité dimensionnelle des films phototechniques à base de matières plastiques modernes. Paris: Éditions Estienne. 1961. (42 S. m. Abb.) 8°.

S. A. Mitzkewitsch, Ss. M. Men, W. T. Pirogowa u. a., Die Verarbeitung thermoplastischer Massen zu Erzeugnissen. Kiew: Gosstechisdat der UkrainSSR. 1962. (219 S.) 52 Kop. [russ.]

Otto Wichterle, Umělé hmoty (Plaste). Praha: Verl. der Tschechoslowakischen Akademie der Wissenschaften. 1962. (182 S.) Kčs 12.—.

H_{16}. Nahrungs-, Genuß- und Futtermittel

—, Kontinuální výroba krmných kvasnic (Kontinuierliche Erzeugung von Nährhefe). Praha: SNTL. 1962. (156 S. m. 15 Abb. u. 22 Tab.) Kčs 8.50.

—, Nutrition et travail. Paris: Pedone. 1962. (56 S.) 2 NF.

H_{18a}. Holz. Cellulose. Zellstoff. Papier. Papierdruck. Celluloid. Linoleum

Ss. Ch. Budyka und **A. F. Tichonow**, Handbuch der Holzindustrie. Minsk: Verl. der Akad. der Wiss. der BelorussSSR. 1962. (711 S. m. Abb.) 2 Rbl. 95 Kop. [russ.]

W. E. Hillis, ed., Wood extractives and their significance to the pulp and paper industries. New York, London: Academic P. 1962. (XVII + 513 S. m. Abb., Tab. u. Diagr.) 5 £ 14 s. 6 d.

A. I. Puschkin und **D. W. Schirjajew**, Theorie und Praxis der Papierfärbung. Moskau: Gosslessbumisdat. 1962. (267 S. m. Abb.) 96 Kop. [russ.]

W. Ss. Ssolomko, Die Cellulose- und Papierindustrie Finnlands. Moskau: Gosslessbumisdat. 1962. (267 S. m. Abb.) 96 Kop. [russ.]

—, Wood chemistry: proceedings of the Wood Chemistry Symposium held in Montreal, Canada, 9—11 August, 1961. London: Butterworths. 1962. (III, VIII + 246 S. m. Abb., Tab. u. Diagr.) 60 s.

H_{18b}. Textilfasern

Hansjürgen Kessler, Die Zwei- und Dreifaseranalyse auf Grund der Bestimmung von Cystin und Stickstoff. Aachen: Deutsches Wollforschungsinstitut an der Technischen Hochschule. 1960. (28 S.) 4° = Deutsche Forschungsgemeinschaft Wolle. Schriftenreihe 27. Nicht im Buchhandel.

Albert Schaeffer, Enzyklopädie der gesamten Textilveredlung. Lfg. Nr. 4: Indikatoren-Mattierungsappreturen. Wiesbaden: Sändig. 1962. (80 S. m. Abb.) 8°. DM 10,—.

H_{19}. Brennstoffe. Erdöl. Mineralöle

M. A. Abbassow, Automation in den erdölverarbeitenden Betrieben. Baku: Aserneschr. 1962. (351 S. m. Abb.) 1 Rbl. 32 Kop. [aserbaidshan.]

Herbert Abraham, Asphalts and allied substances: their occurrence, modes of production, uses in the arts, and methods of testing. 6th edit. Vol. 4: Methods of testing: industrial raw bituminous materials. Princeton (New Jersey), London: Van Nostrand. 1962. (XIII + 435 S. m. Abb. Tab. u. Diagr.) 5 £ 15 s.

A. A. Agrosskin und **A. K. Schelkow**, Die Erweiterung der Kohlenbasis der Verkokung. Moskau: Metallurgisdat. 1962. (302 S. m. Zeichng.) 1 Rbl. 9 Kop. [russ.]

M. Je. Altowski, Je. L. Bykowa, S. I. Kusnetzowa und **W. M. Schwetz**, Organische Verbindungen und Mikroflora in unterirdischen Gewässern und ihre Bedeutung beim Prozeß der Erdölbildung. Moskau: Gosstoptechisdat. 1962. (250 S. m. Zeichng.; 1 Bl. Tab.) 1 Rbl. 62 Kop. [russ.]

K. M. Badyschtowa, A. A. Tschessnokow und **G. G. Burmisstrow**, Die Entparaffinierung der Öle. Moskau: Gosstoptechisdat. 1962. (152 S. m. Abb.; 1 Bl. Skizzen.) 30 Kop. [russ.]

B. W. Beresin, Die Reparatur kokschemischer Anlagen. Swerdlowsk: Metallurgisdat, Swerdlowsker Abt. 1962. (240 S. m. Abb.) 85 Kop. [russ.]

G. F. Bolschakow und **Je. A. Glebowskaja**, Heteroorganische Verbindungen reaktiver Brennstoffe. Moskau: Gosstoptechisdat. 1962. (220 S.) 1 Rbl. 19 Kop. [russ.]

R. Ja. Druwijet, Torfhandbuch. Riga: Latgossisdat. 1962. (212 S. m. Abb.) 1 Rbl. 5 Kop. [lett.]

L. A. Jemeljanow, Filtration von Dieselbrennstoffen. Moskau-Leningrad: Maschgis. 1962. (107 S. m. Abb.) 27 Kop. [russ.]

W. Ss. Kasmin, Handbuch der geologischen Aufschlußbohrungen für Erdöl und Gas. Moskau: Gosstoptechisdat. 1962. (507 S. m. Abb.; 6 Bl. Zeichng.) 1 Rbl. 68 Kop. [russ.]

N. W. Lawrow und **A. P. Schurygin**, Einführung in die Theorie des Brennens und Vergasens von Brennstoffen. Moskau: Verl. der Akad. der Wiss. der UdSSR. 1962. (215 S. m. Zeichng.) 1 Rbl. 20 Kop. [russ.]

Y. M. Paushkin, The chemical composition and properties of fuels for jet propulsion. London: Pergamon Pr. 1962. 100 s.

R. W. Kasiljunass, Heizgase und ihre Anwendung. Wilnjuss: Gosspolitnautschisdat. 1962. (200 S. m. Abb.) 35 Kop. [lit.]

Lowrie B. Sargent und **John R. Belt**, Wesen und Zweck von Mehrzweck-Schmierstoffen. Hamburg: Mineralöl Zentral. 1962. (12 Bl.) 4° = Mineralöl Zentralverband, Technischer Dienst. Technische Mitteilungen. Jahrgang 1962, Heft 1. Nicht im Buchhandel. DM 2,50.

Reinhardt Schmidt, Änderung der spezifischen Wärme und der Wärmeleitfähigkeit bei der Schwelung und Verkokung von Braunkohlenbriketts beim Übergang vom Brikett bis zum Koks. Berlin: Akademie-Verl. 1962. (88 S. m. 52 Abb. u. 13 Tab.) 8° = Freiberger Forschungshefte. A. 205. Technische Brennstoffverwertung. DM 12,50.

H_{20}. Schieß- und Sprengstoffe. Zündmittel

S. S. Penner, Chemical rocket propulsion and combustion research. New York: Gordon & Breach. 1962. (158 S. m. Abb.) $ 5.75.

Ausgewertete Bibliographie-Fachzeitschriften

Belgien	Bibliographie de Belgique — Belgische Bibliographie
ČSSR	Bibliography of Publications Dealing with the Polarography method [Praha]
	Bulletin — Die Neuesten Forschungsergebnisse der Tschechoslowakischen Wissenschaft
	Nové Knihy (Neue Bücher)
	Novinky (Neuheiten)
Dänemark	Danske Bogmarked
Deutschland	Börsenblatt für den Deutschen Buchhandel — Frankfurter Ausgabe
	Börsenblatt für den Deutschen Buchhandel — Leipziger Ausgabe
	Deutsche Bibliographie. Wöchentliches Verzeichnis. Ausgabe II. [Frankfurt/Main]
	Deutsche Nationalbibliographie. Reihe A: Neuerscheinungen des Buchhandels [Leipzig]
England	British National Bibliography
Frankreich	Bibliographie de la France
Griechenland	Greek Bibliography [Athen]
Italien	Bibliografia Nazionale Italiana
Niederlande	Nieuwsblad voor de Boekhandel
Österreich	Österreichische Bibliographie
Schweiz	Schweizer Buch. Serie A und Serie B
UdSSR	Bücherverzeichnis des Jahres (Книжная летопись)
	Neue Bücher (Новые книги)
USA	Publishers' Weekly

Namenregister

Patentregister

Chemisches Zentralblatt

1963 Nr. 13. Teil I 27. März

Geschichte. Unterricht

Karl Jellinek. W. Klemm. (Z. Elektrochem., Ber. Bunsenges. physik. Chem. **66,** 609—10, Okt. 1962; Münster/Westf.; dt.) — Glückwunsch-Aufsatz zum 80. Geburtstag des früheren Ordinarius für physikal. Chemie an der TH Danzig (geb. 5/11. 1882 in Wien), bes. bekannt durch thermodynam. u. Phasen-Unterss. an anorgan. Verbb. sowie philosoph. Werke. — Bild. A. Blaschette. 1 □

Akademiker Boris Alexandrowitsch Kasanski. G. Ja. Kondratjewa und Je. M. Michailowa. (J. allg. Chem. [UdSSR] **31 (93),** 1407—16, Mai 1961; russ.) — Glückwunschadresse zum 70. Geburtstag von B. A. Kasanski (geb. 1891 in Odessa), Direktor des Instituts für organ. Chemie der Akademie der Wissenschaften der UdSSR, u. Würdigung seiner Arbeiten auf dem Gebiete der organ. Chemie unter Angabe von 77 Literaturhinweisen. — Bild. Ch. Weiske. 1 □

Nobel-Preis 1961 für Physik und für Chemie. Anonym. (Ind. atom. **5,** 66—67, 1961; franz.) — Kurze Würdigung der Preisträger R. Hofstadter, R. Mössbauer (Physik) u. Melvin Calvin (Chemie). Gerhard Schmidt. 1 □

Eric Arthur Hougthon Roberts. E. C. Bate-Smith. (Proc. chem. Soc. [London] **1962,** 346—47, Okt.; engl.) — Nachruf auf den Biochemiker der Indian Tea Association (geb. 23/3. 1910 in Broadstairs; gest. 13/3. 1962 in London); Unterss. über die chem. Vorgänge bei der Teegärung, bes. unter Verw. papierchromatograph. Methoden. A. Blaschette. 1 □

E. W. R. Steacie. Anonym. (Nature [London] **196,** 110—11, 13/10. 1962; engl.) — Nachruf auf den Vorsitzenden des National Research Council von Canada (geb. 25/12. 1900 in Westmount, Quebec; gest. 28/8. 1962 in Ottawa); Unterss. über Photochemie, Kinetik von Gas-Rkk., freie Radikale. A. Blaschette. 1 □

Die Pioniere auf dem Gebiet der Infrarot-Forschung. 1. Mitt. Sir William Herschel. E. Scott Barr. (Infrared Physics **1,** 1—4, 4 Tafeln, März 1961; Univ. of Alabama, Dep. of Phys.; engl.) — Biographie (geb. 15/11. 1738 in Hannover; gest. 25/8. 1822 in Slough) des engl. Astronomen (Spiegelteleskope, Entdeckung des Uranus), dem 1800 der Nachw. von Strahlung außerhalb des sichtbaren Spektrums gelang. A. Blaschette. 1 □

Wissenschaft und Technologie in der Zeit Eduards VII.: Ihre Wechselwirkungen. A. R. Ubbelohde. (Nature [London] **194,** 1110—13, 23/6. 1962; London, Imp. Coll. of Sci. and Technol.; engl.) — Histor. Überblick über die wissenschaftlichen u. industriellen Fortschritte, bes. in den Jahren 1900—1910. A. Blaschette. 2 □

Michael Faraday und die Entwicklung des Begriffs der elektrischen und magnetischen Felder. L. Pearce Williams. (Proc. Roy. Instn. Great Britain **38,** 234—48, 1960; Cornell Univ.; engl.) — Vgl. C. **1961,** 15989. — Histor. Überblick an Hand der Manuskripte Faradays. Ch. Weiske. 2 □

Die Rolle der Entropie in der wissenschaftlichen Erforschung des Weltraums. Jakob Ackeret. (J. Aerospace Sci. **28,** 81—95, Febr. 1961; Zürich, ETH, Inst. für Aerodynamik; engl.) — Ausführliche Übersicht auf histor. Grundlage. — 31 Literaturangaben. A. Blaschette. 2 □

Die Kenntnis der Gesetze der Lösungen . . . Homer W. Smith. (Circulation [New York] **21,** 808—17, Mai 1960; New York, N.Y., New York Univ. Coll. of Med., Dep. of Physiol; engl.) — Histor. Überblick. Gerhard Schulze. 2 □

Der qualitative und quantitative Nachweis der „fixen Luft“ (1756), ein Wendepunkt in der Geschichte der Chemie und Biologie. H. Buess. (Experientia [Basel] **12,** 445—46, 15/11. 1956; Basel, Univ., Med.-Histor. Inst.; dt.) — Bericht über die Arbeiten von Josef Black (1728—1799) u. die Entdeckung der „fixen Luft“ (CO_2) in der Luft. Black verdient besondere Würdigung für seine Arbeiten auf dem Gebiete der physiolog. Chemie. — Bild. Ch. Weiske. 2 □

Thomas Graham und die Definition der Kolloide. S. G. Mokrushin. (Nature [London] **195,** 861, 1/9. 1962; Sverdlovsk, U.S.S.R., Urals Polytechn. Inst.; engl.) —

Gegenüberstellung u. Diskussion der Definitionen von Graham einerseits u. von Freundlich, Wo. Ostwald u. Weimarn andererseits. A. Blaschette. 2 □

Die Laboratoriumsdarstellung von Schwefelwasserstoff: Ein historischer Überblick. E. E. Aynsley und W. A. Campbell. (J. chem. Educat. **35**, 347—49, Juli 1958; Newcastle-upon-Tyne, England, King's Coll.; engl.) — Beschreibung der App. zur Darst. von H_2S nach Griffin, Babo, Phipson, Nooth u. Kipp. — Bild von P. J. Kipp. Ch. Weiske. 2 □

Die erste geologische Schrift über das Coburger Land und ihr Verfasser. B. v. Freyberg. (Geol. Bl. Nordost-Bayern angrenz. Gebiete **9**, 28—32, 1959; Erlangen; dt.) — Notiz über die 1721 in Coburg erschienene Schrift „Kurtze Nachricht von Frucht- und Nutzbarkeit auch Seldenheiten bey der Stadt und im Gerichte Rodach, aufgesetzt von J.H.S.F.S.G.A.C.D.". Es handelt sich um die älteste Veröffentlichung zur Geologie des Coburger Landes; Vf. identifiziert als Autor Johann Heinrich Scheler (geb. 5/12. 1682 in Ahorn, Landkreis Coburg; gest. in Coburg, Todesdatum unbekannt), „Fürstlich Sächs. Gemeinschaftl. Amts-Castenvorsteher dortselbst". A. Blaschette. 2 □

Kekulés Traum vom Ouroboros und die Bedeutung dieses Symbols. S. Mahadihassan. (Scientia [Asso] [6] **96 (55)**, 187—95, Juni 1961; Karachi, Council of Sci. Res.; engl.) — Die Kekulésche Benzolformel wird als Paraphrase eines Traumes angesehen, in dem Kekulé eine sich in den Schwanz beißende Schlange sah. Die Bedeutung dieses Zeichens als myth. oder alchimist. Symbol in verschiedenen Kulturkreisen wird erläutert. A. Blaschette. 2 □

Geschichte der Untersuchungen über die Photosynthese. Zofia Kasprzyk. (Postępy Biochemii **4**, 313—20, 1958; Warszawa, Uniw., Zakł. Fizjol. Roślin; pol.) — Übersicht über die Entw. der photosynthet. Forschungen vom 17. Jahrhundert bis 1940. R. K. Müller. 2 □

Mikrochemie und Biochemie. Georg Gorbach. (Chemiker-Ztg./Chem. Apparatur **85**, 253—57, 20/4. 1961; Graz, TH, Inst. für Biochem. Technol., Lebensmittelchem. u. Mikrochem.; dt.) — Übersicht über die Geschichte u. Bedeutung der Mikrochemie anläßlich des 100. Geburtstags von F. P. Emich am 5/9. 1960. A. Blaschette. 2 □

Abschätzung der Brenntemperatur archäologischer Tonwaren. Marcel Guillot und Denise Halot. (C. R. hebd. Séances Acad. Sci. **252**, 1610—12, 13/3. 1961; Paris, Fac. de Pharm., Labor. de Phys.; franz.) — Vgl. C. **1963**, 422. — Vff. versuchten, die Brenntemp. von Scherben verschiedenen Alters (3. u. 8. Jahrhundert v. Chr.) u. von Scherben von pun. Amphoren aus dem 8. Jahrhundert abzuschätzen, wobei berücksichtigt werden mußte, daß diese Scherben CO_2 aufgenommen hatten. Nur die röntgenograph. nachweisbare Ggw. von α- u. p-Monocalciumsilicaten kann einen brauchbaren Hinweis auf die Brenntemp. geben. Das Auftreten der Interferenzen von Wollastonit oder Pseudowollastonit sowie die Best. des Verhältnisses lösl. Ca/Gesamt-Ca erlauben festzustellen, ob die Brenntemp. unterhalb 800, zwischen 800 u. 900 oder bei 1000° oder höher lag, doch lassen sich genaue Schlußfolgerungen nicht ziehen. C. Gottfried. 2

Literarische Quellen über den Gebrauch des Glases im 17. Jahrhundert. Anna-Elisabeth Liederwald. (Glastechn. Ber. **33**, 462—66, Dez. 1960; Freiburg i. Br.; dt.) — Bericht über Schriften von J. Mathesius, G. Agricola, A. Neri, Ch. Merret u. J. Kunckel, die sich mit dem Werkstoff Glas befassen. Ch. Weiske. 2 □

Die Frühgeschichte der chemischen Düngemittel. G. E. Fussell. (Nature [London] **195**, 750—54, 25/8. 1962; engl.) — Histor. Übersicht (1627—1850). — 25 Literaturangaben. A. Blaschette. 2 □

Die ersten Untersuchungen über die Schießarbeit im Bergbau. Heinz Walter Wild. (Z. Erzbergbau Metallhüttenwes. **12**, 609—11, Dez. 1959; Oberhausen; dt.) — Kurzer Abriß der Geschichte der Sprengtechnik im Bergbau mit Auszügen aus der 1792 im Verlag der Crazischen Buchhandlung in Freiberg erschienenen Schrift von Bader, „Versuch einer Theorie der Sprengarbeit". A. Blaschette. 2 □

Ein ungarischer Eisenschmelzofen aus dem 18. Jahrhundert. Gábor Vastagh. (Kohászati Lapok [Ung. Z. Hüttenwes.] **94**, 473—75, Okt. 1961; ung.) — Nach Archivangaben beschreibt Vf. die Einrichtung u. Leistung eines im Komitat Gömör gebauten Eisenschmelzofens. L. Zombory. 2

Ein mittelalterlicher Eisenschmelzofen aus Imola (Ungarn). Gábor Vastagh. (Kohaszati Lapok [Ung. Z. Hüttenwes.] **94**, 476—77, Okt. 1961; ung.) — Beschreibung eines Schachtofens, aus dessen Resten u. den Schlacken-, Erz- u. Fe-Funden festgestellt werden konnte, daß der Ofen wahrscheinlich aus dem 11.—13. Jahrhundert stammt. L. Zombory. 2

Sächsische Waffenhammer- und Stabeisenmarken des 14. bis 18. Jahrhunderts. Erich Matthes. (Arch. Eisenhüttenwes. **33**, 277—79, Mai 1962; dt.) M. Gehlen-Keller. 2☐

Abkürzungen in der russischen chemischen Literatur. Julian F. Smith. (J. chem. Educat. **38**, 41—42, Jan. 1961; Hickary, N.C., Lenoir Rhyne Coll.; engl.) — Zusammenstellung von Abkürzungen. E. Klever. 4☐

Eine Methode zur h-Bestimmung mit geringem experimentellem Aufwand. F. Aussenegg. (Acta physica austriaca **14**, 440—44, 1961; Graz, Univ., Physikal. Inst.; dt.) — Bei dem für den Physikunterricht entwickelten Verf. zur Best. des Planckschen Wirkungsquantums wird die elektromotor. Kraft einer Photozelle durch Aufladen eines Kondensators u. ballist. Ladungsmessung bestimmt. Gerhard Schmidt. 6☐

Grundbegriffe der Kernphysik. Werner Braunbek. (Atomkernenergie **1956**, 324—25, Sept.; Tübingen; dt.) — Einleitung zu einer Beitragsreihe über Grundlagen der Kernphysik in knapper u. voraussetzungsloser Form. Gerhard Schmidt. 6☐

Ein Radioaktivitätsexperiment mit aus der Luft gefilterten Aktivitäten. G. N. White und H. W. Taylor. (Amer. J. Physics **30**, 120—24, Febr. 1962; Kingston, Ontario, Queen's Univ.; engl.) — Beschreibung einer Demonstrationsanordnung, bei der Luft gefiltert u. die Aktivitäten der Zerfalls-Prodd. von Rn u. Tn im Laufe der Zeit mittels Geiger-Zähler gemessen werden. M. Wiedemann. 6☐

Modelle zur Demonstration der Elektronegativität und „Partialladung". R. T. Sanderson. (J. chem. Educat. **36**, 507—12, Okt. 1959; Iowa City, Iowa, State Univ. of Iowa; engl.) — Beschreibung von farbigen Modellkugeln zur Demonstration des Periodensystems der Elemente (Li ist durch eine rote u. F durch eine blaue Kugel, ein Elektron als weißes Kügelchen dargestellt). Weiter werden Modelle für Verbb. vorgeschlagen. Ch. Weiske. 6☐

Gerät zur Bestimmung des Wasserstoffäquivalents von Magnesium, Aluminium und Zink. Michael T. Casey. (School Sci. Rev. **42**, 526—27, Juni 1961; Maynooth, Ireland, St. Patrick's Coll.; engl.) W. Wesly. 6☐

Einfache Elektroden für die Elektrochemie. C. V. Platts und D. B. Spiers. (School Sci. Rev. **41**, 123—25, Nov. 1959; Greinsby Wintringham Boys' Grammar School; engl.) — Beschreibung von Elektroden für Unterrichtszwecke. A. Blaschette. 6☐

Versuch zur Messung der Verbrennungswärme von Schwefel. D. C. Firth. (School Sci. Rev. **41**, 125—26, Nov. 1959; East Barret Grammar School; engl.) — Beschreibung eines calorimetr. Unterrichtsversuchs. A. Blaschette. 6☐

Umwandlung von Thioharnstoff in Ammoniumthiocyanat. Pallassana Anantharaman Seetharaman. (School Sci. Rev. **42**, 529—30, Juni 1961; engl.) — Vorlesungsversuch. W. Wesly. 6☐

Chemische Ausbildung. Halbmikrosynthesen mit einem Mikroreaktions-Heizblock. Harry P. Schultz. (Mikrochem. J. [New York] **5**, 233—41, Juni 1961; Coral Gables, Fla., Univ. of Miami, Dep. of Chem.; engl.) — Vf. gibt Beispiele für die vielseitigen Verw.-Möglichkeiten eines Mikro-Rk.-Heizblocks (Schultz, vgl. C. **1961**, **16943**). Die Darst. von *m-Brombenzoesäure* u. von *m-Dinitrobenzol* sind Beispiele für Rkk. im verschlossenen Rohr, Darst. von *p-Dibrombenzol* für Umkristallisation, Darst. von *n-Butylbromid* für Rückflußkochen u. Dest., Darst. von *Benzoesäure* für Verdampfen u. Sublimieren, Darst. von *3-Methyl-6-bromchinoxalon-(2)* für Sublimation unter vermindertem Druck, Darst. von *Äthylbenzol* für fraktionierte Dest., Darst. von *trans-dl-2-(N-hydroxy-cyclohexylamino)-äthanol* für Vakuum-Dest. u. Darst. von *Anilin* für Wasserdampfdestillation. A. M. Fretzdorff. 6☐

Isolierung und Charakterisierung von radioaktivem Adenosintriphosphat aus Mäusemuskel. Fabian J. Lionetti und Edward J. Pastore. (J. chem. Educat. **36**, 612—13, Dez. 1959; Boston, Mass., Boston Univ., School of Med.; engl.) — Genaue Beschreibung des Praktikumsversuches. Ch. Weiske. 6☐

Erfahrungen bei den Agfacolor-Lehrgängen. Franz Lühr. (Veröff. wiss. Photo-Lab. Agfa **9**, 240—49, 1961; dt.) — Es werden der Arbeitsplan u. die Arbeitsmethodik der 5tägigen Lehrgänge gegeben u. die Ergebnisse u. Erfahrungen der seit 1955 bestehenden Einrichtung mitgeteilt. H. Czech. 6☐

A. Allgemeine, physikalische und anorganische Chemie

Unitarität und Bestimmung von Diskontinuitäten. D. I. Olive. (Nuovo Cimento [10] **26**, 73—102, 1/10. 1962; Cambridge, Univ., Dep. of Appl. Math. and Theoret. Phys.; engl.) — Anwendung der Betrachtungen auf Streuprozesse mit Einschluß von Bosonen. Die Erweiterung auf Fermionen bereitet keine Schwierigkeiten. Gerhard Schmidt. 10☐

Über die Diskontinuität von Relaxationszeiten am λ-Punkt. P. Résibois und J. P. Puttmans. (Physica [Utrecht] **26**, 775—76, Okt. 1960; Bruxelles, Univ. Libre; engl.) — Quantenstatist. Überlegungen. G. Kirschstein. 10☐

Renormalisierung von Vielfermionen-Impulsraumverteilungen in höheren „Random-Phase"-Approximationen. N. R. Werthamer und H. Suhl. (Physic. Rev. [2] **125**, 1402—06, 15/2. 1962; San Diego, La Jolla, Calif., Univ. of California; engl.) Herbert Weber. 10☐

Verwendung der Standard-Analogtechnik bei der Lösung von Ausbreitungsproblemen. A. Gadola, V. Gervasio und C. Zaffiro. (Energia nucleare **7**, 717—23, Okt. 1960; Milano, L.R.S.R., AGIP Nucl., S. Donato Milanese; engl.) — Vff. zeigen eine bes. Anwendung der Analogtechnik zur Lösung von Gleichungen für Zeit- u. Raumänderungen physikal. Größen. Eine Analyse führt zu einem Syst. gewöhnlicher Differentialgleichungen, die mit einem Analogrechner gelöst werden können. Gerhard Schmidt. 10☐

Wasserwellen und Hydronen. J. L. Synge. (Science [Washington] **138**, 13—15, 5/10. 1962; Dublin, Dublin Inst. for Adv. Stud.; engl.) — Anwendung des Hamilton-Formalismus auf Wasserwellen. Es wird vorgeschlagen, unter dem Namen „Hydronen" hypothet. Teilchen einzuführen, die sich mit der Gruppen-Geschw. der Wellen fortbewegen. A. Blaschette. 10☐

A₁. Kernphysik und Kernchemie

Suche nach der Zerfallsart $\mu \rightarrow e + \gamma$. D. Bartlett, S. Devons und A. M. Sachs. (Physic. Rev. Letters **8**, 120—23, 1/2. 1962; New York, N.Y., Columbia Univ.; engl.) — 48-MeV-π^+ wurden in Polyäthylen verlangsamt u. in einem Zähler abgebremst. Die $\pi \rightarrow \mu \rightarrow e$-Zerfallspositronen passierten eine Funkenkammer mit dünnen Platten u. wurden in Zählern nachgewiesen. Die γ-Strahlung erzeugte im Konverter Elektron-Positron-Paare innerhalb einer zweiten Funkenkammer, die dann ebenfalls gezählt wurden. Das Verzweigungsverhältnis $R = (\mu \rightarrow e + \gamma)/(\mu \rightarrow e + \nu + \bar{\nu})$ liegt mit 90% Sicherheit unter $6 \cdot 10^{-8}$. Registriert wurden $1{,}9 \cdot 10^8$ Zerfallspositronen. M. Wiedemann. 90☐

Neue Grenze für die $e + \gamma$-Zerfallsart des Myons. S. Frankel, J. Halpern, L. Holloway, W. Wales, M. Yearian, O. Chamberlain, A. Lemonick und F. M. Pipkin. (Physic. Rev. Letters **8**, 123—25, 1/2. 1962; Philadelphia, Pa., Univ. of Pennsylvania; Berkeley, Calif., Univ. of California, Lawrence Radiation Labor.; engl.) — 200-MeV/c-π^+-Mesonen wurden in einem plast. Scintillator abgebremst. Die Positronen wurden in einer Funkenkammer durch Zähler nachgewiesen. Die γ-Strahlung wurde ebenfalls in einer Funkenkammer konvertiert. Die Zerfallsart $\mu \rightarrow e + \gamma$ hat nach den Registrierungen an $1{,}2 \cdot 10^8$ Positronen einen Anteil unter $1{,}9 \cdot 10^{-7}$. M. Wiedemann. 90☐

Suche nach der Konversion von Myonen in Elektronen. M. Conversi, L. di Lella, G. Penso, M. Toller und C. Rubbia. (Physic. Rev. Letters **8**, 125—27, 1/2. 1962; Roma, Univ., Ist. di Fis., INFN; engl.) — Bei dem Prozeß $\mu^- + N = N + e^-$ werden die einfallenden Myonen mittels eines Teleskops aus Scintillatoren registriert, die Myonen dann in einer Funkenkammer abgebremst u. die Elektronen nachgewiesen. Das Verzweigungsverhältnis für diese Myonenumwandlung kann $2{,}4 \cdot 10^{-7}$ nicht überschreiten. M. Wiedemann. 90☐

Natur der Resonanz in der statischen Pion–Nucleon-Streuung in der Einmeson-Approximation. A. O. Barut und K. H. Ruei. (Nuclear Physics [Amsterdam] **30**. 462—67, Febr. 1962; Syracuse, N.Y., Univ., Physics Dep.; engl.) — Die Lösung der Chew-Low-Integralgleichung für die stat. p-Wellen–Meson–Nucleon-Streuung wird in Abhängigkeit von der Kopplungs-Konst. untersucht. Demnach kann die 33-Resonanz eine dynam. Resonanz sein. Die Möglichkeit einer kinemat. Resonanz wird auch geprüft u. eine Reichweitenformel aus den Dispersionsbeziehungen abgeleitet. M. Wiedemann. 90☐

Die Pion–Nucleon-Kopplungskonstante. A. N. Kamal. (Nuclear Physics [Amsterdam] **33**, 63—69, Mai 1962; Liverpool, Univ., Dep. of Theoret. Phys.; engl.) — Vf. faßt die analyt. Eigg. der Pion–Nucleon-Vertexfunktionen zusammen u. gibt einen direkten Beweis für die Identität der Kopplungs-Konst. bei Pion–Nucleon- u. Nucleon–Nucleon-Streuung an. H. Schroeder. 90☐

Neutrales skalares σ-Meson und die Massendifferenz von Myon und Elektron. K. Tanaka. (Nuovo Cimento [10] **21**, 169—76, 1/7. 1961; Napoli, Mostra d'Oltremare,

Ist. di Fis.; Argonne, Ill., Argonne Nat. Labor.; engl.) — Störungstheoret. Berechnung zur Prüfung der Möglichkeit, das Elektron als ein leichtes Myon zu betrachten. Gerhard Schmidt. 90□

Bemerkung zur $\Delta I = 1/2$-Auswahlregel im zusammengesetzten Modell der Elementarteilchen. S. Okubo und R. E. Marshak. (Nuovo Cimento [10] **20**, 791—96, 16/5. 1961; Geneva, CERN; engl.) — Theoret. Abhandlung. J. M. Spaeth. 90□

Minimumprinzip für Vielkanal-Streuung. Leonard Rosenberg und Larry Spruch. (Physic. Rev. [2] **125**, 1407—14, 15/2. 1962; New York, N.Y., Washington Square Coll., Phys. Dep. and New York Univ., Inst. of Math. Sci.; engl.) — Behandlung des Falls, daß jeder offene Kanal nur zwei Syst. enthält (N–N-, d–d-Streuung usw.). Herbert Weber. 90□

Neutrinos und der Zeitzeiger in der Kosmologie. J. V. Narlikar. (Proc. Roy. Soc. [London], Ser. A **270**, 553—61, 1962; Cambridge, Fitzwilliam House; engl.) — Die Hogarthsche Variante der zeitsymm. Elektrodynamik von Wheeler u. Feynman wird auf das Neutrino angewendet. Je nach Art des kosmolog. Modells können Neutrinos existieren, die sich in die Vergangenheit u. in die Zukunft, oder nur solche, die sich in die Zukunft bewegen. Beispiele für beide Arten von Modellen sind das Einstein-de Sitter- u. das stationäre Modell. A. Blaschette. 90□

Neutrinowechselwirkungen. F. Reines. (Fortschr. physik. Wiss. [UdSSR] **77**, 287—308, Juni 1962; russ. — C. **1961**, 17820.) E. Klever. 90□

Vergrößerung der langlebigen Positronium-Vernichtungsrate durch ein statisches elektrisches Feld. A. Bisi, A. Fasana und L. Zappa. (Physic. Rev. [2] **124**, 1487—88, 1/12. 1961; Milano, Politecn., Ist. di Fis.; engl.) — In Paraffin, Polyäthylen u. Teflon zerfällt das Triplett-Positronium in Ggw. eines stat. elektr. Feldes mit einer größeren Geschw. als der der gewöhnlichen „pick-off"-Vernichtung: $\tau_E = \tau_0 (1 - \alpha E)$ mit $\alpha = (9{,}3 \pm 1{,}3) \cdot 10^{-4}$ cm/kV. In typ. polaren Polymeren wie Lucite, Nylon u. Polyvinylchlorid wurde kein Effekt beobachtet. Herbert Weber. 90□

Anwendung von Variationsmethoden auf atomare Streuprobleme. 5. Mitt. Die Nullenergiegrenze des Querschnitts für elastische Streuung von Elektronen an Wasserstoffatomen. M. J. Seaton. (Proc. Roy. Soc. [London], Ser. A **241**, 522—30, 10/9. 1957; London, Univ. Coll., Dep. of Phys.; engl.) — 4. vgl. C. **1950/54**, 1410 S; vgl. auch Newstein, C. **1956**, 6854. — Die Berechnungen des Vf. erstrecken sich ausschließlich auf die Nullenergiegrenze Q(0) des elast. Querschnittes unter Verw. der Zentralfeld-, Austausch- u. Austauschpolarisationsapproximationen. Es wird vermutet, daß das Endergebnis für den elast. Streuquerschnitt bei Nullenergie innerhalb ca. 15% korrekt ist. Gerhard Schmidt. 90□

Die Streuung von Elektronen an atomarem Wasserstoff. Marvin H. Mittleman. (Ann. Physics **14**, 94—106, Juli 1961; Livermore, Calif., Univ. of California, Lawrence Radiat. Labor.; engl.) — Es wird eine Meth. angegeben, die das Problem auf die Streuung eines einzelnen Elektrons in einem äquivalenten Potential reduziert. Die Komplexheiten der Elektron–Elektron-Wechselwrkg. werden durch dieses Potential verkörpert. Für das Potential wird ein exakter Ausdruck angegeben, verschiedene Näherungs-Meth. werden diskutiert. Die adiabat. Näherung wird untersucht u. der Imaginärteil des Potentials geprüft. J. M. Spaeth. 90□

Elektron–Wasserstoffatom-Streuung in Bornscher Näherung. Ta-You Wu. (Canad. J. Physics **38**, 1654—60, Dez. 1960; Ottawa, Nat. Res. Council, Div. of Pure Phys.; engl.) — Vf. berechnet die elast. (1s–1s) sowie die unelast. (1s–2s, 1s–2p)-Streuquerschnitte in Bornscher Näherung bei Energien von 1, 4, 9, 16 Rydbergs; die differentiellen sowie die totalen Wrkg.-Querschnitte werden angegeben. H. Schirrwitz. 90□

Spinwellen in MnF_2 und die unelastische Streuung von Neutronen. Ojiro Nagai und Akio Yoshimori. (Progr. theoret. Physics [Kyoto] **25**, 595—02, April 1961; Nakanoshima, Osaka, Osaka Univ., Fac. of Sci., Dep. of Phys.; Mozu-Higashi, Sakai, Univ. of Osaka Prefect., Dep. of Phys.; engl.) — Die Spinwellen-Dispersionsrelation im Fall von MnF_2 wird für mehrere angenommene Werte für das Verhältnis der Austauschkopplungs-Konst. J_2 zu J_1 untersucht. J. M. Spaeth. 90□

γ-Strahlung bei der unelastischen Streuung von 2,95-MeV-Neutronen an ^{139}La. W. Adamow, L. Graudyn, K. Petrshak und A. Ssorokina. (Nachr. Akad. Wiss. LettSSR **1961**, Nr. 5, 61—64; russ., Auszug: engl.) — Nach der Rk. D(d, n)^{3}He wurden an Zr–Mo-Targets Neutronen mit 2,95 MeV erhalten. Diese wurden an ^{139}La unelast. gestreut, die γ-Strahlung wurde mittels Scintillationsspektrometer gemessen. Beobachtet wurden γ-Linien mit 1,24 u. 1,43 MeV im Intensitäsverhältnis 3,6 : 1. M. Wiedemann. 90□

Winkelverteilung der γ-Strahlung nach $^{12}C(p_1, p_2\gamma)^{12}C$. Morikazu Nomoto. (Nuclear Physics [Amsterdam] **30,** 513—19, Febr. 1962; engl.) — Die Winkelverteilung der 4,43-MeV-γ-Strahlung nach $^{12}C(p_1, p_2\gamma)$ bei Energien der Protonen zwischen 5 u. 7 MeV wird analysiert. Es wird gezeigt, daß sie bestimmt wird nicht nur durch die Resonanzen bei 6,91 u. 7,42 MeV in ^{13}N mit 3/2+ u. 5/2+, sondern auch durch das Niveau 6,38 MeV mit 5/2+ u. die entsprechenden Interferenzen. M. Wiedemann. 90□

Kollektive Effekte bei unelastischer Streuung an Kernen. W. T. Pinkston und G. R. Satchler. (Nuclear Physics [Amsterdam] **27,** 270—83, Okt. 1961; Nashville, Tenn., Vanderbilt Univ.; Oak Ridge, Tenn., Oak Ridge Nat. Labor.; engl.) — Die Amplituden für Anregung durch direkte Wechselwrkg. bei unelast. Streuung werden untersucht u. mit γ-Übergangsamplituden verglichen. Gerhard Schmidt. 90□

Kernresonanzeffekte bei der Coulomb-Anregung. T. A. Griffy und L. C. Biedenharn. (Nuclear Physics [Amsterdam] **32,** 273—85, Mai 1962; Durham, N.C., Duke Univ., Dep. of Phys.; engl.) — Die Änderungen im Coulomb-Anregungsprozeß durch Kern-Wechselwrkg. in den Eingangs- u. Ausgangskanälen werden berechnet. Es wird gezeigt, daß kohärente Störungen des Coulomb-Anregungsprozesses durch Resonanzen im Kanal elast. Streuungen eintreten u. zu Anomallen im Wrkg.-Querschnitt der Coulomb-Anregung führen. Die Voraussagen wurden mit den Ergebnissen von Temmer u. Heydenburg (C. **1957,** 5165) für die Rk. $^{23}Na(p, p'\gamma)^{23}Na$ verglichen. H. Schroeder. 90□

Elastische Streuung von Protonen durch Chromisotope bei 5,40 MeV Energie. A. P. Kljutscharew und N. Ja. Rutkewitsch. (J. exp. theoret. Physik [UdSSR] **38,** 285—87, Jan. 1960; Akad. der Wiss. der UkrainSSR, Phys.-techn. Inst.; russ.) — Die Winkelverteilung von elast. an ^{52}Cr u. ^{53}Cr gestreuten Protonen wird mit dünnen Targetfolien von 4 bzw. 0,7 μ untersucht. Das energet. Spektrum der unter 130° gestreuten Protonen wird wiedergegeben u. das Verhältnis des gemessenen Querschnitts zum Rutherfordschen als Funktion des Beobachtungswinkels im Vgl. mit der elast. Streuung an ^{65}Cu u. ^{58}Ni dargestellt. Dabei ergeben sich Analogien in der Streuung an ^{52}Cr u. ^{58}Ni u. an ^{53}Cr u. ^{65}Cu. Die Änderung der Nucleonenzahl je Einheit im Atomkern führt zu einer wesentlichen Änderung der Wechselwrkg. des Nucleons mit dem Kern. R. K. Müller. 90□

Analyse der elastischen Streuung von 5,5-MeV-^3He an Kohlenstoff, Magnesium, Aluminium und Kupfer nach einem optischen Modell. P. E. Hodgson. (Proc. physic. Soc. **77,** 997—1000, 1/5. 1961; Oxford, Clarendon Labor.; engl.) — Theoret. Abhandlung. J. M. Spaeth. 90□

Heisenberg-Komponenten bei Zweikörperkräften und Potential des optischen Modells. P. C. Sood. (Nuclear Physics [Amsterdam] **37,** 624—31, Sept. 1962; Chandigarh, Panjab Univ., Dep. of Phys.; engl.) — Vf. gibt eine Analyse der Nucleon-Kern-Streuung nach dem opt. Modell u. eine Darst. der Symmetrieenergie des Kerns bzgl. des Kernpotentials. Gerhard Schmidt. 95□

Theorie der effektiven Reichweite und geschwindigkeitsabhängige Potentiale. K. Appel und E. Werner. (Nuclear Physics [Amsterdam] **38,** 74—80, Okt. 1962; Saarbrücken, Univ. des Saarlandes, Inst. für theoret. Phys.; engl.) Gerhard Schmidt. 95□

Variationsnäherung an die kollektive Bewegung. R. E. Peierls und D. J. Thouless. (Nuclear Physics [Amsterdam] **38,** 154—76, Okt. 1962; Birmingham, Univ., Dep. of Math. Phys.; Cambridge, Univ., Dep. of Appl. Math. and Theoret. Phys.; engl.) — Beschreibung der Translations(Rotations)-Bewegung eines Kerns in Form einer linearen Kombination von Wellenfunktionen. Gerhard Schmidt. 95□

Nucleare Wechselwirkungen in den $p_{1/2}$–$g_{9/2}$-Konfigurationen. V. K. Thankappan, Y. R. Waghmare und S. P. Pandya. (Progr. theoret. Physics [Kyoto] **26,** 22—28, Juli 1961; Ahmedabad, Physic. Res. Labor.; engl.) — Mittels einer einfachen zentralen Zweikörperwechselwrkg. können die Energieniveaus der $(g_{9/2})^2$-Konfiguration u. damit die der $(g_{9/2})^n$-Konfiguration erhalten werden. H. Laue. 95□

Über nucleare $f_{5/2}$-, $p_{3/2}$-, $p_{1/2}$-Niveauabstände und Übergangswahrscheinlichkeiten im Gebiet des Bleis. I. Bergström, C. J. Herrlander, P. Thieberger und J. Uhler. (Ark. Fysik **20,** 93—115, 1961; Stockholm, KTH; Nobel-Inst. of Phys.; engl.) — Es wurde nach Übergängen vom Typ $f_{5/2} \longleftrightarrow p_{1/2}$ bei ^{205}Pb, ^{203}Pb, ^{201}Pb u. ^{201}Hg gesucht. Bei ^{205}Pb hat dieser Übergang eine Energie von nur 2,3 keV u. geht direkt zum $f_{5/2}$-Grundzustand. Es wird gezeigt, daß bei ^{203}Pb der entsprechende Übergang eine Energie von 126 keV u. eine Halbwertszeit von 75 $\pm$ 3 ns hat. Bei ^{201}Pb u. ^{201}Hg waren keine Anzeichen für eine Halbwertszeit $>$ 2 ns vorhanden. H. Laue. 95□

Identifizierung von Dublettzuständen bei 5,16 MeV in ^{10}B. E. L. Sprenkel, J. W. Olness und R. E. Segel. (Physic. Rev. Letters **7**, 174—77, 1/9. 1961; Dayton, Ohio, Aeronaut. Res. Labor.; engl.) — An Hand einer großen Anzahl von Verss. werden Überlegungen angestellt, das 5,16-MeV-Niveau als $J^{\pi} = 2$, $T = 1$-Zustand zu erklären. H. Laue. 95□

Das magnetische Moment von ^{13}N. M. Posner, J. L. Snider, A. M. Bernstein und D. R. Hamilton. (Physic. Rev. Letters **7**, 173—74, 1/9. 1961; Princeton, N.J., Princeton Univ., Palmer Physic. Labor.; engl.) — Es wurden Spin u. magnet. Moment von 10 Min. altem ^{13}N nach der magnet. Atomstrahl-Resonanz-Meth. gemessen. $|\mu|$ ergibt sich zu $0{,}321 \pm 0{,}003$ Kernmagnetonen. H. Laue. 95□

Exponentieller Zerfall über große Zeiträume und „verborgene Variable". Rolf G. Winter. (Physic. Rev. [2] **126**, 1152—53, 1/5. 1962; University Park, Pa., Pennsylvania State Univ., Dep. of Phys.; engl.) — Vf. vergleicht den Zerfall über mehrere Halbwertszeiten mit der exponentiellen Abnahme am Beispiel der 1,8-MeV-γ-Strahlen von ^{56}Mn. Gerhard Schmidt. 103□

Systematik der nuclearen β-Zerfallsenergien einschließlich der angeregten Zustände. F. Everling. (Nuclear Physics [Amsterdam] **36**, 228—46, Juli 1962; Ames, Iowa, Iowa State Univ., Inst. for Atom. Res. and Dep. of Phys.; engl.) — Vf. gibt einen Überblick über die experimentellen β-Zerfallsenergien einschließlich der Übergänge von u. nach angeregten Zuständen im Massenbereich $A = 40$ bis 150 u. versucht, die Daten nach der Hypothese zu deuten, daß die von Way u. Wood (C. **1955**, 6679) angegebenen gekrümmten Kurven der Zerfallsenergie (d. h. der Isobarenmassendifferenz) als Funktion von A für konst. Protonen- bzw. Neutronenzahl bis zu ca. 30 keV durch Geradenstücke angenähert werden können, wobei nur Zustände gleichen Spins u. gleicher Parität der gleichen Unterschale verknüpft wurden. Es zeigte sich, daß die vermutete Linearität der β-Zerfallsenergien zwischen gleichen Zustandspaaren innerhalb einer eine bestimmte Unterschale auffüllenden Folge nicht allg. gilt. Bei den Cd-In-Zerfallsenergien gelang die Aufstellung von vier derartigen Geraden. Für den Bereich $A = 91—101$ existieren zwei fünffach überbestimmte Viereck-Diagramme mit je 7 Geraden, deren Gültigkeit jedoch verschiedene noch nicht bestätigte Voraussetzungen erfordert u. bedeuten würde, daß die Abstände zwischen Niveaus, die durch isomere Übergänge verknüpft sind, eine Linearität bis ca. 30 keV aufweisen u. daß die Unterschalenstruktur nicht durch Konfigurationsmischungen verwischt ist. Extrapolationen dieser Abstände zwischen $1/2^-$- u. $9/2^+$-Zuständen in Y, Nb, Tc u. Rh bis $N = 50$ stimmen mit einem bekannten ^{91}Nb-Niveau überein, nicht jedoch mit bekannten Zuständen in ^{89}Y u. ^{93}Tc. D. Jörchel. 103□

Bestimmung der Endpunkt-Energie von β-Strahlern. M. Ramakrishna Raju und Swami Jnanananda. (J. sci. ind. Res. [New Delhi], Sect. B **21**, 248—51, Juni 1962; Waltair, Andhra Univ., Labor. for Nucl. Res.; engl.) — Mit Hilfe eines einfachen Abdeck-Verf. (vgl. nachst. Ref.) wurden die Massenabsorptions-Koeff. (μ/ϱ) von Pt, Au u. Pb für β-Strahlen bestimmt. Daraus wurden die maximalen Energien der β-Strahlen von ^{185}W, ^{204}Tl, ^{91}Y, ^{32}P u. ^{90}Sr-^{90}Y nach den empir. Gleichungen $E_0 = 10{,}5 \cdot (\mu/\varrho)^{-0{,}733}$ für Au u. $E_0 = 10{,}21 \cdot (\mu/\varrho)^{-0{,}733}$ für Pt als Absorber ermittelt. Die erhaltenen Werte stimmen für Pt mit 4% u. für Au mit 2,6% Fehler mit den exakten Endpunkt-Energien überein, für Pb sind die Abweichungen größer. E. Schiewer. 103□

Die Absorption von β-Strahlung als Funktion der Ordnungszahl. M. Ramakrishna Raju und Swami Jnanananda. (J. sci. ind. Res. [New Delhi], Sect. B **21**, 251—54, Juni 1962; engl.) — Vgl. vorst. Referat. — Die Absorption von β-Strahlen in Abhängigkeit von der Ordnungszahl Z wurde bei den Metallen Al, Ni, Cu, Zn, Ag, Cd, Sn, Au u. Pt systemat. untersucht, um den Gültigkeitsbereich der empir. Gleichung $\log X = B - A \cdot Z^{\alpha}$ (A, B, α sind numer. Konst.), die die Absorberdicke X (Elektronen/cm^2) mit Z verknüpft, zu bestimmen. Die Vers.-Anordnung ist schemat. dargestellt. Aus den Ergebnissen geht hervor, daß für α kein für alle Elemente gültiger Wert angegeben werden kann. Für $Z > 45$ konnten jedoch weitgehend ähnliche Absorptionskurven erhalten werden, wenn $X \cdot Z^{1/2}$ gegen die Zählrate aufgetragen wurde. E. Schiewer. 103□

Über die Theorie der Reaktionen mit Erzeugung von drei energiearmen Teilchen. V. V. Anisovich, A. A. Anselm und V. N. Gribov. (Nuclear Physics [Amsterdam] **38**, 132—45, Okt. 1962; Leningrad, Acad. of Sci., Leningrad Phys.-Techn. Inst.; engl.) — Diskussion der Struktur der Amplitude der Erzeugung von 3 energiearmen Teilchen u. Best. der Amplituden für Streuung instabiler ident. Teilchen. Gerhard Schmidt. 103□

Untersuchung des invarianten Typs der Gamow-Teller-Wechselwirkung beim β^--Zerfall von ^{6}He. Toshiko Yuasa. (J. Physique Radium **22**, 169—75, März 1961;

Paris, Fac. des Sci., Labor. de Phys. Nucl. d'Orsay; franz.) — Theoret. Abhandlung über das Energiespektrum der Rückstoßatome aus dem β^--Zerfall von ^{6}He.
J. M. Spaeth. 103□

Die Halbwertszeit von ^{6}He. J. K. Bienlein und Frances Pleasonton. (Nuclear Physics [Amsterdam] **37**, 529—34, Sept. 1962; Erlangen, Univ., Physik. Inst.; engl.) — Vff. messen den Zerfall von ^{6}He mit einem Plaste-Scintillationszähler über 10 Halbwertseiten. Nach Korrekturen für Background, Totzeit des Zähl-Syst. u. Impulshöhenabhängigkeit auf die Zählrate ergibt sich aus 34 Meßreihen nach der Meth. der kleinsten Quadrate ein $T_{1/2}$-Wert von (0,797 ± 0,003) s. Gerhard Schmidt. 103□

Die Reaktion ^{6}Li(d, α)α. J. M. F. Jeronymo, G. S. Mani, F. Picard und A. Sadeghi. (Nuclear Physics [Amsterdam] **38**, 11—17, Okt. 1962; Saclay, Centre d'Etud. Nucl.; engl.) — Vff. untersuchen die obige Rk. für E_d von 1—5 MeV (Van de Graaff). Mit einer Streukammer wird in ^{8}Be ein neues Niveau bei 25,3 MeV Anregung beobachtet. Die *J*- u. *T*-Werte sind wahrscheinlich 2⁺ bzw. 0.
Gerhard Schmidt. 103□

Winkelkorrelation von α-Teilchen aus dem Zerfall von ^{8}Li. T. Lauritsen, C. A. Barnes, W. A. Fowler und C. C. Lauritsen. (Physic. Rev. Letters **1**, 326—28, 1/11. 1958; Pasadena, Calif., California Inst. of Technol., Kellog Radiat. Labor.; engl.) — Der Zerfall von ^{8}Li in β^--Teilchen, Antineutrino u. zwei α-Teilchen gleicher Energie u. entgegengesetzter Emissionsrichtung, die unmittelbar durch Zerfall von ^{8}Be gebildet werden, wurde untersucht. Die durch Koinzidenzmessungen beobachtete Abweichung des Winkels zwischen den α-Teilchen von 180° gibt Aufschluß über den Rückstoß beim β-Zerfall u. damit über die dabei auftretende Art der Impulsverteilung auf β-Teilchen, Actineutrino u. Rückstoßkern. B. Stein. 103□

Natur der β-Zerfallswechselwirkung bei ^{8}Li. C. A. Barnes, W. A. Fowler, H. B. Greenstein, C. C. Lauritsen und M. E. Nordberg. (Physic. Rev. Letters **1**, 328—30, 1/11. 1958; engl.) — Vgl. vorst. Referat. — In Fortsetzung zu l. c. wurden die α-Teilchen, die bei der β-Emission aus ^{8}Li durch unmittelbaren Zerfall von ^{8}Be gebildet werden, im Magnetfeld entsprechend ihrer Energie sortiert u. ihre jeweilige Anzahl in Koinzidenz mit β-Teilchen unter 90 bzw. 180° bestimmt. B. Stein. 103□

Die Proton-γ-Winkelkorrelationen der ^{12}C(d, pγ)-Reaktion. N. R. Fletcher, D. R. Tilley und R. M. Williamson. (Nuclear Physics [Amsterdam] **38**, 18—32, Okt. 1962; Durham, N.C., Duke Univ., Nucl. Struktur Labor., Dep. of Phys.; engl.) — Vff. bestimmen die Winkelkorrelationen der Rk. ^{12}C(d, pγ)^{13}C über den zweiten u. dritten angeregten Zustand von ^{13}C bei Rk.-Winkeln nahe dem Stripping-Maximum mit Beschußenergien von 2,80, 3,23 u. 3,70 MeV. Beide Korrelationen besitzen die Winkelsymmetrien direkter Reaktionen. Versuchsweise zugeordnete Multipolmischungen sind $\Gamma(E2)/\Gamma_\gamma \leqq 5\%$ für die 3,68-MeV-Strahlung u. $\Gamma(E3)/\Gamma_\gamma \leqq 2\%$ für die 3,85-MeV-Strahlung. Gerhard Schmidt. 103□

Coulomb-Effekte und das Matrixelement des β-Zerfalls von ^{14}O. Hans A. Weidenmüller. (Physic. Rev. [2] **127**, 537—44, 15/7. 1962; Pasadena, Calif., California Inst. of Technol.; engl.) — Rechner. Neubest. der Änderung des Fermi-Matrixelementes des β-Zerfalls von ^{14}O zum ersten angeregten Zustand von ^{14}N. Für reine 1p-Schalen-Zustände liegt die Red. zwischen 0,02 u. 0,20%. Gerhard Schmidt. 103□

ft-Wert von ^{14}O und die Universalität der Fermi-Wechselwirkung. R. K. Bardin, C. A. Barnes, W. A. Fowler und P. A. Seeger. (Physic. Rev. [2] **127**, 583—96, 15/7. 1962; Pasadena, Calif., Pasadena Inst. of Technol.; engl.) — Zum Zwecke des Vgl. von G_v u. G_μ wird der *ft*-Wert von ^{14}O neu bestimmt. Die Endpunktenergie des Positronenzerfalls wird durch Messung der Q-Werte der Rkk. ^{12}C(^{3}He, n)^{14}O u. ^{12}C(^{3}He, p)^{14}N* (2,311-MeV-Zustand) erhalten. Die Halbwertszeit von ^{14}O wird zu 71,00 ± 0,13 s neu bestimmt. Gerhard Schmidt. 103□

Einige Energieniveaubestimmungen von ^{18}O und ^{20}O. S. Hinds, H. Marchant und R. Middleton. (Nuclear Physics [Amsterdam] **38**, 81—88, Okt. 1962; Aldermaston, Berks., Atom. Weap. Res. Establ.; engl.) — Aus Unterss. der Rkk. ^{16}O(t, p)^{18}O, ^{19}F(t, α)^{18}O u. ^{18}O(t, p)^{20}O bestimmen Vff. einige Energieniveaus von ^{18}O u. ^{20}O. In sämtlichen Fällen werden Tritonen von ca. 6 MeV (Van de Graaff) verwendet, die emittierten Protonen oder α-Teilchen werden in einem Breitbereichs-Magnetspektrographen analysiert. 26 Zustände werden in ^{18}O unterhalb einer Anregungsenergie von 8,64 MeV u. 11 Zustände in ^{20}O unterhalb 5,83 MeV beobachtet. Der Q-Wert der Rk. ^{18}O(t,p)^{20}O wird zu 3,076 ± 0,010 MeV bestimmt, er ist im Einklang mit dem ^{20}O-Nuclid, das einen Massenüberschuß von 3,802 MeV (^{12}C-Skala) besitzt. Gerhard Schmidt. 103□

Energiezustände in ^{19}O, ermittelt durch die Reaktion ^{18}O(d, p)^{19}O. Bo Sjögren, Gunilla Wickenberg und Nils Johansson. (Ark. Fysik **20**, 117—34, 1961; engl.) —

Die Protonen aus dem Deuteronenbeschuß von $^{18}O_2$-Gas wurden in einem magnet. Spektrometer analysiert. Acht neue Gruppen wurden identifiziert, die Zuständen in ^{19}O bei 1,257, 2,538, 2,765, 3,047, 3,144, 3,791, 3,942 u. 4,109 ± 0,030 MeV entsprechen. Von diesen wurde der erste nur bei 90,8° beobachtet. H. Laue. 103□

Die Winkelverteilungen der α-Gruppen aus der Reaktion $^{24}Mg(^3He, \alpha)^{23}Mg$. G. Parry, H. D. Scott und S. Swierszczewski. (Proc. physic. Soc. **77,** 1024—27, 1/5. 1961; Liverpool, Univ., Dep. of Phys.; engl.) — Für die beiden beobachteten Gruppen wurde ein Peak in der Vorwärtsrichtung beobachtet, für eine Gruppe wird ein zusätzlicher Peak bei großen Beobachtungswinkeln festgestellt. J. M. Spaeth. 103□

Der Zerfall von ^{58}Co. D. Mac Arthur, R. Goodman, A. Artna und M. W. Johns. (Nuclear Physics [Amsterdam] **38,** 106—13, Okt. 1962; Hamilton, Ontario, MacMaster Univ.; engl.) — Messungen mit dem Magnetspektrometer u. γ–γ-Koinzidenz-Verss. zeigen an, daß die Energien der γ-Strahlen, die dem Zerfall von ^{58}Co folgen, 810,48 ± 10, 865 ± 1 u. 1673 ± 10 keV mit Intensitäten von 100, 1,20 ± 0,06 bzw. 0,66 ± 0,05% sind. Die γ–γ-Winkelkorrelationsbande für die 810—865-keV-Kaskade führt zu der Deutung des 865-keV-Überganges als M1 + E2 mit $\delta = +1{,}5 \pm 0{,}4$. Der verbesserte Wert des Verzweigungsverhältnisses für den 865-keV-Übergang führt zu einem Wert von 0,8 ± 0,4% für die Fermi-Beimischung beim β-Übergang zum 810-keV-Zustand von ^{58}Fe.
Gerhard Schmidt. 103□

Bei der Reaktion $^{64}Ni(p, n\gamma)^{64}Cu$ angeregte Niveaus von ^{64}Cu. A. K. Walter, I. I. Saljubowski, A. P. Kljutscharew und W. A. Lutzik. (Nachr. Akad. Wiss. UdSSR, physik. Ser. **25,** 1127—30, Sept. 1961; Physik.-Techn. Inst. der Akad. der Wiss. der UkrainSSR; russ.) — Mittels Protonen von 2,3—3,0 MeV wurde an Ni mit 79,8% ^{64}Ni die Rk. $^{64}Ni(p, n\gamma)^{64}Cu$ durchgeführt u. das γ-Spektrum mittels eines Scintillationsspektrometers mit NaJ(Tl)-Kristall u. Photomultiplier mit 60-Kanalanalysator aufgenommen. Es wurden γ-Linien mit 162, 205, 279, 349 u. 367 keV beobachtet, die durch die Niveaus von ^{64}Cu mit 162, 279, 349 u. 367 keV gedeutet werden.
M. Wiedemann. 103□

α-Teilchen aus der Wechselwirkung von 14-MeV-Neutronen mit Arsen. O. N. Kaul. (Nuclear Physics [Amsterdam] **29,** 522—26, Jan. 1962; Calcutta, Saha Inst. of Nucl. Phys.; engl.) — Energie- u. Winkelverteilung von α-Teilchen aus der Rk. $^{75}As(n, \alpha)^{72}Ga$ wurden mit dem Emulsions-Verf. untersucht. Die Auswertung der Ergebnisse der Energieverteilung zeigt ein Maximum bei 5 MeV; außerdem wurde gefunden, daß die Zahl der α-Teilchen mit Energien kleiner als die Energie der Coulomb-Schwelle größer ist, als auf Grund der statist. Theorie erwartet wurde. Die Abhängigkeit der relativen Niveaudichte von der Energieverteilung entspricht einer Kern-Temp. von 0,7 MeV. Der totale Wrkg.-Querschnitt wurde zu 29 mbarn ± 10% geschätzt.
H. Schroeder. 103□

Die Photozertrümmerung von Mangan und Rhodium. R. W. Parsons. (Canad. J. Physics **37,** 1344—48, Dez. 1959; Saskatoon, Univ. of Saskatchewan, Phys. Dep.; engl.) — Vgl. C. **1960,** 17340. — Vf. bestimmt die Wrkg.-Querschnitte der Photoneutronen, die bei der Bestrahlung von ^{55}Mn u. ^{103}Rh mit dem Röntgenstrahl eines 24-MeV-Betatrons entstehen. Auf der Kurve für ^{55}Mn zeigen die Werte von $\sigma_1 + 2\sigma_2$, $\sigma_1 = (\gamma, n)$-Wirkungsquerschnitt u. $\sigma_2 = (\gamma, 2n)$-Wirkungsquerschnitt, 2 Maxima bei 19,5 ± 0,25 u. 16,75 ± 0,25 MeV. Für das intrins. Quadrupolmoment erhält man den Wert 0,73 ± 0,14 barn. Bei ^{103}Rh konnten 2 Maxima nicht aufgelöst werden, die Form der Resonanzkurve entspricht einem intrins. Quadrupolmoment von 2,1 barn. C. Gottfried. 103

γ-Strahlung beim Zerfall von ^{113}Sn. R. K. Girgis und R. Van Lieshout. (Physica [Utrecht] **24,** 672—82, Aug. 1958; Amsterdam, Inst. voor Kernphys. Onderz.; engl.) — Die γ-Strahlung beim Zerfall von ^{113}Sn wurde mit einem Scintillationszähler untersucht. Die relativen Intensitäten der 393- u. 257 keV-γ-Strahlen betragen danach 100 : (3,0 ± 0,3). Eine chem. Abtrennung des ^{113}Sn vom bestrahlten In_2O_3 durch Dest. von $SnCl_4$, $Fe(OH)_3$ u. Kupferron-Fällung zeigt, daß die 257-keV-Strahlung von ^{113}Sn stammt u. nicht von dessen Tochter ^{113}In. Es scheint eine schwache Komponente von 605 ± 10 keV zu existieren. Das Zerfallsschema wird diskutiert. B. Stein. 103□

Das L/K-Einfangverhältnis bei ^{126}J. J. Scobie und E. Gabathuler. (Proc. physic. Soc. **72,** 437—40, 1/9. 1958; Glasgow, Univ., Dep. of Natural Philos.; engl.) — Das Intensitätsverhältnis der L- u. K-Röntgenstrahlen, die beim Elektroneneinfang von ^{126}J emittiert werden, wurde mit Hilfe eines NaJ-Scintillationszählers gemessen. Es wurde ein L/K-Einfangverhältnis von $0{,}142\,^{+0{,}005}_{-0{,}018}$ beobachtet. Der theoret. Wert liegt bei 0,126. B. Stein. 103□

β–γ-Richtungskorrelation in ^{154}Eu. S. K. Bhattacharjee und S. K. Mitra. (Physic. Rev. [2] **126,** 1154—59, 1/5. 1962; Bombay, Tata Inst. of Fundament Res.; engl.) —

Vff. bestimmen die Richtungskorrelation zwischen der nichteindeutigen erstverbotenen äußeren β-Gruppe der Endpunktenergie 1855 keV in ^{154}Eu u. dem 123-keV-Kaskaden-γ-Strahl in ^{154}*Gd* bei 12 β-Energien von 1150—1700 keV. Der gemessene β-γ-Korrelations-Koeff. reicht von $-(0{,}222 \pm 0{,}013)$ bis $-(0{,}314 \pm 0{,}017)$. In dem untersuchten Energieintervall ändert sich der Korrelations-Koeff. nahezu wie (p^2/W.). Der Schwächungseffekt an dem β-γ-Korrelations-Koeff. unter verschiedenen physikal. Bedingungen der Quelle wird experimentell demonstriert. Gerhard Schmidt. 103□

Koinzidenzen zwischen den beim Zerfall ^{160}Ho → ^{160}Dy entstehenden Konversionselektronen. B. Ss. Dshelepow, I. Swolski und W. A. Ssergijenko. (Nachr. Akad. Wiss. UdSSR, physik. Ser. **25,** 1228—45, Okt. 1961; Leningrad, Shdanow-Univ.; russ.) — Ta wurde mit 660-MeV-Protonen beschossen u. die Er-Fraktion chromatograph. abgetrennt. Nach ^{160}Er → ^{160}Ho → ^{160}Dy diente sie als Quelle. Durch Messung der Koinzidenzen zwischen Konversionselektronen mittels eines Doppellinsen-Spektrometers mit Scintillationszählern wurde der Ho–Dy-Übergang untersucht u. mit dem Termschema für Dy verglichen, das im wesentlichen bestätigt wurde. Es wurden 25 Kaskaden untersucht. Es wurden u. a. die Rotationsniveaus 581,4(6^+) u. 1289 keV (5^+) angeregt, ferner die Niveaus 966,5 (2^+), 1049,5 (3^+), 1156,4 (4^+), u. 1695,0 keV (4^+). M. Wiedemann. 103□

Über den Zerfall ^{166}Yb → ^{166}Tm → ^{166}Er. Je. P. Grigorjew, K. Ja. Gromow, B. Ss. Dshelepow, Sh. T. Shelew, W. Swolska und I. Swolski. (Nachr. Akad. Wiss. UdSSR, physik. Ser. **25,** 1217—27, Okt. 1961; Leningrad, Shdanow-Univ., Verein. Inst. für Kern-Unterss.; russ.) — Ta wurde mit 660-MeV-Protonen bestrahlt u. die Yb-Fraktion chromatograph. abgetrennt. Das Spektrum der Konversionselektronen von ^{166}Yb u. ^{166}Tm wurde aufgenommen, die Energie der γ-Übergänge in ^{166}Er wurde mit den Intensitäten sowie den Konversions-Koeff. u. der Multipolarität bestimmt. Das Positronenspektrum von ^{166}Tm zeigt 2 Komponenten mit den Maxima 1940 u. 1080 keV im Intensitätsverhältnis 6,7. Folgende Niveaus wurden bei ^{166}Er beobachtet: 80,6, 265,0, 545,5, 786,5, 860,0, 956,5, 1075,8, 1535,4, 1940,0, 2134,6 u. 2161,7 keV. Das Zerfallsschema ist wiedergegeben. M. Wiedemann. 103□

Zerfall des 2,1-Stunden-^{178}Ta. C. J. Gallagher jun. und H. L. Nielsen. (Physic. Rev. [2] **126,** 1520—24, 15/5. 1962; Copenhagen, Univ., Inst. for Theoret. Phys.; engl.) — Vff. bestätigen nahezu vollständig das Zerfallsschema des 2,1-Std.-^{178}Ta durch Neubest. des erlaubten Zerfalls. Die Multipolarität des 331,7-keV-Übergangs zwischen den 1480- u. 1148-keV-Zuständen wird erneut M1 auf der Basis einer Messung des inneren Konversions-Koeff. zugeordnet. Entsprechend dieser Multipolarität werden die β-Zerfalls-Übergangsraten sowie der gemessene Spin 8 des 1148-keV-Niveaus u. die 1148- u. 1480-keV-Niveaus als Zweiprotonen- bzw. Zweineutronenzustände gedeutet, die stark gemischt sind. Gerhard Schmidt. 103□

Kopplung von Drehimpulsen bei Zweiteilchenzuständen in deformierten gerade-gerade-Kernen. C. J. Gallagher jun. (Physic. Rev. [2] **126,** 1525—31, 15/5. 1962; engl.) — Vgl. vorst. Referat. — Diskussion des Kopplungsschemas mit Anwendung auf Niveaus in ^{178}*Hf*. Gerhard Schmidt. 103□

Bestimmung der Geschwindigkeit der Wärmeentwicklung in Plutoniummetall. Thomas A. Sandenaw. (Physics Chem. Solids **23,** 825—26, Juni 1962; Los Alamos, N.Mex., Univ. of California, Los Alamos Sci. Labor.; engl.) — In einem geeigneten adiabat. Calorimeter, in dem die Erwärmung der Proben von -10 auf $+35^0$ erfolgt, wird die Geschw. der Wärme-Entw. Q von Pu, die als Folge des radioakt. Zerfalls eintritt, untersucht. Aus den Meßwerten wird mit Hilfe einer elektron. Rechenmaschine $Q = 2{,}2125$ (mW/g) erhalten. Beim Vorliegen von metallograph. nachweisbaren Einschlüssen wird lediglich $Q = 2{,}1845$ beobachtet. Herbert Müller. 103□

Wasserstoff als ein Reaktorkühlmittel. Paul N. Garay. (Nuclear Power **5,** Nr. 51, 96—99, Juli 1960; Kaiser Engng.; engl.) — Übersicht über die Vor- u. Nachteile des H_2 als Kühlmittel von Leistungsreaktoren. Es wird bes. auf die Verträglichkeit von H_2 mit den Bauelementen des Reaktors eingegangen. Gerhard Schmidt. 110□

Gegenwärtiger Stand und künftige Entwicklung beim Reaktortyp mit organischer Moderierung. L. Biondi. (Energia nucleare **7,** 397—406, Juni 1960; Milano, Montecatini S. p. A., Sez. Nucl.; ital.) — Übersicht mit anschließender Beschreibung der Entw.-Tendenzen neuer Brennstoffhülsen (Übergang vom rostfreien Stahl zum C-Stahl) u. der Maßnahmen zur Reduzierung von Unfällen durch Wassereinbruch in das organ. Kühlmittel. Gerhard Schmidt. 110□

Die Verwendung organischer Flüssigkeiten in Kernreaktoren. S. Battaglia und U. Cassinari. (Energia nucleare **7,** 457—62, Juli 1960; Milano, Montecatini S. p. A.,

Sez. Nucl.; AGIP Nucl.; ital.) — Übersicht über organ. Fll. als Wärmeübertragungsmittel in Kernreaktoren, bes. in den Reaktoren OMRE u. OMR.
Gerhard Schmidt. 110□

Kryostat für Reaktorbestrahlungen in flüssigem Stickstoff. M. W. Thompson und D. W. Jefferson-Loveday. (J. sci. Instruments **35,** 397—99, Nov. 1958; Harwell, Berks., AERE; engl.) — Ausführliche Beschreibung eines mit fl. N_2 arbeitenden Kryostaten, der innerhalb des BEPO-Reaktors von Harwell zur Anwendung gelangte. Über die Schwierigkeiten, die bes. durch die sich bildenden Bestrahlungs-Prodd. auftreten, u. deren Beseitigung wird berichtet. G. Gattow. 112□

Ein Kryostat für Reaktorbestrahlung. C. C. Sartain und H. P. Yockey. (Rev. sci. Instruments **29,** 118—21, Febr. 1958; Oak Ridge, Tenn., Oak Ridge Nat. Labor., Health Phys. Div.; engl.) — Es wird ein Kryostat beschrieben, durch den es möglich ist, Proben während der Reaktorbestrahlung ständig unter fl. N_2 oder in anderen wärmeaustauschenden Fll. zu halten. M. Guerlin. 112□

Spaltfragmentmassenseparator und die Kernladungsverteilung von Spaltfragmenten einer einzelnen Masse. Bernard L. Cohen und Clyde B. Fulmer. (Nuclear Physics [Amsterdam] **6,** 547—60, April 1958; Oak Ridge, Tenn., Oak Ridge Nat. Labor.; engl.) — Die Begrenzung des Auflösungsvermögens u. seine Gründe werden untersucht. Die beste erhaltene Auflösung für Masse-97-Fragmente war 3,5% der vollen Breite bei halbem Maximum (20 mm Hg von He), wovon 2,2% von der Breite der Kernladungsverteilung herrührten. Die Breite der Ladungsverteilung der Masse-97-Fragmente ergibt sich zu $2{,}4 \pm 0{,}5$ Einheiten. J. M. Spaeth. 112□

Apparatur zur Messung der Energiespektren von Teilchen ausgewählter Masse in Koinzidenz mit Spaltungsreaktionen. R. H. Stokes, John A. Northrop und Keith Boyer. (Rev. sci. Instruments **29,** 61—64, Jan. 1958; Los Alamos, N. Mex., Univ. of California, Los Alamos Sci. Labor.; engl.) — Vff. beschreiben eine Vers.-Anordnung (Δ E- u. E-Messungen mit Zählern) zur Best. des Energiespektrums von Protonen in Koinzidenz mit der durch 14-MeV-Deuteronen induzierten Spaltung. Die Genauigkeit der Massentrennung in dieser Vorr. wird an einem Beispiel demonstriert, in dem weniger als 0,1% der elast. gestreuten Deuteronen im Protonenspektrum erscheinen. G. M. Neumann. 112□

Eine Apparatur zur Messung der Intensität von γ-Strahlen auf logarithmischer Basis. Robert Génin. (J. Physique Radium, Physique appl. Suppl. zu: J. Physique Radium **18,** Nr. 3, 36A—38A, März 1957; Labor. des Rayons; franz.) — Beschreibung der Apparatur. Messungen wurden mit ^{60}Co u. ^{165}Dy als Strahlungsquellen durchgeführt.
C. Gottfried. 112

Halbleiter-Sperrschichtzähler. W. Czulius, H. D. Engler und H. Kuckuck. (Ergebn. exakt. Naturwiss. **34,** 236—348, 1962; Erlangen, Siemens-Schuckert-Werke, Forschungslabor.; dt.) — Zusammenfassende ausführliche Übersicht. Die 296 Literaturangaben umfassen den Zeitraum bis Juni 1961. E. Klever. 112□

Messung des Sammlungskoeffizienten der Ladungen in Teilchendetektoren mit p–n-Übergang. Neue Methode der Messung von Lebensdauern. L. Koch, J. Messier und Q. Kerns. (J. Electronics and Control [1] **8,** 289—300, April 1960; Saclay, CEN; Univ. of California, Radiat. Labor.; franz.) — Eine p–n-Übergangszone von 1,8 mm² wurde durch Diffusion von As auf Kristallen von p-Ge (Ga-dotiert) hergestellt. Die Wrkg. der inversen Polarisation wurde untersucht. Die Zone wurde von der n-Seite her mit α-Teilchen oder Protonen verschiedener Energie beschossen. Die erzeugten Ladungen wurden in der Übergangszone in größenordnungsmäßig 10^{-11} s gesammelt. Der Sammlungs-Koeff. nahm mit der Reichweite ab, er lag bei α-Teilchen über 90%, bei Protonen zwischen 36 u. 10%. Es können auf diese Weise Diffusionslängen u. Lebensdauern unter einigen μs bestimmt werden. M. Wiedemann. 112□

Theorie der radioaktiven Verseuchung durch Atomwaffenversuche. K. Bechert. (Atomkernenergie **3,** 64—68, Febr. 1958; Mainz; dt.) — Vf. berechnet die Strahlungsmenge, die als Folge der Verseuchung ins krit. Organ kommt. Für die Berechnungen wird angenommen, daß während des Weitergehens der Verss. der Befall aus der Luft gleichmäßig ist. Hören die Verss. auf, so steigen in der Zeit nach dem Aufhören Körper- u. Bodenverseuchung zu Höchstwerten an, die zu verschiedenen Zeiten erreicht werden; danach sinkt die Verseuchung endgültig ab. Anwendung auf das Beispiel der Verseuchung mit ^{90}Sr zeigt die volle Berechtigung der Warnungen vor dem Weitergehen der Versuche.
Gerhard Schmidt. 112□

Geomagnetisch eingefangene Strahlung, die durch eine Kernexplosion in großer Höhe am 9. Juli 1962 erzeugt worden ist. B. J. O'Brien, C. D. Laughlin und J. A. Van Allen. (Nature [London] **195,** 939—43, 8/9. 1962; Iowa City, Iowa, State

Univ. of Iowa, Dep. of Phys. and Astronom; engl.). — Auswertung der Beobachtungen mit dem Satelliten *Injun I* (State Univ. of Iowa), der zur Unters. natürlich auftretender Strahlungsgürtel ausgelegt ist. Gerhard Schmidt. 112□

Der Cer-Praseodym-Anteil an der langlebigen Radioaktivität in der Atmosphäre. Wolfgang Marquardt. (Z. Meteorol. **14,** 55—56, Febr. 1960; Dresden-Wahnsdorf, Meteorolog. Observatorium; dt.) — Durch Absorptionsmessungen, Reichweite- u. Energieberechnungen wurde der $^{144}Ce/^{144}Pr$-Geh. der Atmosphäre u. im Nd. zu 59% der Gesamtaktivität der langlebigen Spaltprodd. ermittelt. U. Drehmann. 112

A_2. Optisches Verhalten der Materie

Die galaktische Rotverschiebung. A. Ward. (Nature [London] **192,** 858, 2/12. 1961; Glasgow, Roy. Coll. of Sci. and Technol.; engl.) — Vf. diskutiert die Möglichkeit, die von Finlay-Freundlich stammende Erklärung für die galakt. Rotverschiebung im Labor. mit Hilfe der γ-Strahlen von ^{57}Fe durch den Mössbauer-Effekt nachzuprüfen, wenn man die γ-Strahlen durch ein Strahlungsfeld gehen läßt, das von ähnlicher Qualität u. der gleichen Größenordnung in der Energiedichte ist, wie auf der Oberfläche der Sonne. C. Gottfried. 113

C_2-, CN- und CO^+-Moleküldichten in den Atmosphären heller Kometen. K. Wurm. (Z. Astrophysik **52,** 285—93, 1961; Hamburg-Bergedorf, Sternwarte; dt.) — In Übereinstimmung mit anderen Autoren wird eine obere Grenze von 0,02 für die f-Werte der Moll. C_2 u. CN gefunden. In den Kometenköpfen ergibt sich die mittlere Dichte für C_2 zu $10^{1,6}$, für CO^+ zu 300 Moll./cm³. Heinz Liebscher. 113□

Quantenmechanische Effekte bei stimulierter optischer Emission. Roscoe C. Williams. (Physic. Rev. [2] **126,** 1011—14, 1/5. 1962; Princeton, N.J., RCA Labor.; engl.) — Die zeitabhängige störungstheoret. Behandlung eines 3-Niveau-Syst. zeigt, daß zwei Photonenemissionsprozesse in einem solchen Syst. bei stimulierter opt. Emission stattfinden: 1- u. 2-Photon-Übergänge. Bei schmalem Pumpniveau dominieren 2-Photon-Übergänge bei hohen Pumpleistungen, während die Maserlinie infolge der Modulation der Wellenfunktion bei einer Winkelfrequenz, die durch die Pumpgeschw. bestimmt wird, in zwei Linien aufgespalten ist. Diese Ergebnisse werden qual. erweitert, um opt. Maser, die breite Pumpbanden haben, mit einzuschließen. Hans Laue. 114□

Die Bezeichnung der spektroskopischen Terme des Kryptons und der Niveaus $2p_{10}$ und $5d_5$ der Definition des Meters von 1960. J. Terrien. (Mesures Contrôle ind. **26,** 1297—1302, Nov. 1961; Bur. Internat. des Poids et Mesures; franz.) — Vf. erläutert den Mechanismus der Emissionsspektren, bes. den des Kryptonspektrums. A. Leibbrandt. 114□

Eine störungsrechnerische Behandlung der nicht eingeschränkten Hartree-Fock-Gleichungen für den Grundzustand lithiumähnlicher Ionen. C. S. Sharma. (Proc. physic. Soc. **80,** 839—48, 1/10. 1962; Oxford, Univ., Math. Inst.; engl.) — Lösung der nicht eingeschränkten Integrodifferentialgleichungen für den Grundzustand ($1s^2\,2s\,^2S$) Li-ähnlicher Ionen durch Störungs-Entw. nach steigenden Potenzen von 1/Z; Berechnung der Funktionen nullter u. erster Ordnung u. der Energien bis zur dritten Ordnung; Diskussion der Anwendung der Funktionen zur Berechnung der Hyperfeinaufspaltung. A. Blaschette. 114□

Eine Methode zur Ableitung von den wahren Potentialkurven zweiatomiger Moleküle angeglichenen Schwingungswellenfunktionen. D. C. Jain und P. Sah. (Proc. physic. Soc. **80,** 525—33, 1/8. 1962; Varanasi, Banares, Hindu Univ., Dep. of Spectroscop., Dep. of Mathem.; engl.) — Unter Verw. des Wentzel-Kramers-Brillouin-Formalismus wird die wahre U(r)-Kurve in eine Anzahl von Abschnitten eingeteilt, für jeden Abschnitt ein Ausdruck in r² ermittelt u. aus diesem das entsprechende Phasenintegral berechnet. Auf diese Weise werden die wahren Wellenfunktionen nachst. Syst. ermittelt: *CN* ($B^2\Sigma^+$; v = 0); *CO* ($d^3\Pi_i$; v = 1); C_2 ($X^3\Pi_u$; v = 4); C_2 ($A^3\Pi_g$; v = 4 bzw. 6); *RbH* ($A^1\Sigma^+$; v = 0 bzw. 1 bzw. 10); ihre allg. Form u. Anharmonizität werden diskutiert. A. Blaschette. 114□

Anwendung einer Dispersionsrelation auf die Breiten und Verschiebungen von isolierten Spektrallinien neutraler Atome bei Elektronenstoß. H. R. Griem und C. S. Shen. (Physic. Rev. [2] **125,** 196—99, 1/1. 1962; College Park, Md., Univ. of Maryland; engl.) — Aus einer Dispersionsrelation für die Streuamplituden von therm. Elektronen für angeregte Zustände emittierender Atome folgt eine Dispersionsrelation zwischen Breiten u. Verschiebungen von isolierten Spektrallinien bei Elektronenstoß. H. Laue. 114□

Schwingungsübertragung bei Molekülzusammenstößen. 2. Mitt. **Einfluß der van der Waalsschen Kraft.** Kazuo Takayanagi. (Sci. Rep. Saitama Univ., Ser. A 3,

1—19, 1958; Urawa, Saitama Univ., Dep. of Phys.; engl.) — 1. vgl. C. **1950/54,** 715 S. — Der Schwingungsübergang in N_2 u. Cl_2, speziell der Einfl. der van der Waalsschen Kraft auf die Übergangswahrscheinlichkeit wurde untersucht. Wenn das intermol. Potential durch die Gleichung $A \exp \cdot (-\alpha R) - B/R^6$ beschrieben wird, so spielt das erste Glied, d. h. die auf kurze Entfernung wirkende abstoßende Kraft die Hauptrolle bei dem Übergang. Das zweite Glied, d. h. die auf weite Entfernung wirkende anziehende van der Waalssche Kraft kann nicht vernachlässigt werden, da sie die effektive Neigung des abstoßenden Teils des Potentials beeinflußt, von dem die Übergangswahrscheinlichkeit in empfindlicher Weise abhängt. Die Tiefe des Potentialtales übt keinen direkten Einfl. auf die Übergangswahrscheinlichkeit aus. C. Gottfried. 114

Stark-Verbreiterung der neutralen Heliumlinien in einem Plasma. H. R. Griem, M. Baranger, A. C. Kolb und G. Oertel. (Physic. Rev. [2] **125,** 177—95, 1/1. 1962; Washington, D.C., U. S. Naval Res. Labor.; College Park, Md., Univ. of Maryland; Pittsburgh, Pa., Carnegie Inst. of Technol.; Washington, D.C., U. S. Naval Res. Labor.; engl.) — Vff. berichten über Berechnungen nach einem klass. Näherungs-Verf. der Frequenzverteilung der Spektrallinien neutraler He-Atome, die durch lokale Felder von Elektronen bzw. Ionen in einem Plasma eine Stark-Verbreiterung erfahren. Die Elektronenstöße werden mit einer Stoßtheorie, die die Abweichungen vom adiabat. Verh. berücksichtigt, behandelt; für die Ioneneffekte wird eine adiabat. Näherung zur Beschreibung der zeitabhängigen Wellenfunktionen verwendet. Die Ergebnisse stimmen mit den experimentellen Linienprofilen von Wulff gut überein, zeigen aber, bes. für die Linienverschiebungen, große Abweichungen von der adiabat. Theorie. Für astrophysikal. Bedingungen werden asymptot. Verteilungen der Linienflügel angegeben, da hier der Ioneneffekt dem Elektroneneffekt gleichkommt u. zu Asymmetrien führt, während in der Nähe des Linienzentrums im allg. die Elektronen-Wrkg. dominiert. Die numer. Ergebnisse für 24 neutrale He-Linien mit Hauptquantenzahlen bis zu 5 werden tabellar. angegeben. G. M. Neumann. 118☐

Messung von Stark-Profilen neutraler und ionisierter Helium- und Wasserstofflinien von Stoßwellenplasmen in elektromagnetischen T-Röhren. H. F. Berg, A. W. Ali, R. Lincke und H. R. Griem. (Physic. Rev. [2] **125,** 199—206, 1/1. 1962; engl.) — Vgl. vorst. Referat. — Vff. berichten über Messungen der Linienprofile neutraler u. ionisierter H- u. He-Atome aus der Plasmaschicht hinter prim. oder reflektierten Stoßwellenfronten. Die Elektronendichten wurden aus den abs. Kontinuumintensitäten, die Temp. aus dem Intensitätsverhältnis ionisierter u. neutraler Linien bestimmt. Die experimentell bestimmten Linienbreiten u. -verschiebungen werden mit den aus Temp. u. Elektronendichte berechneten Werten verglichen. Die Linienbreiten von H_α, H_β, H_γ, den neutralen He-Linien 5876, 5016, **4713, 4471,** 3889 u. 3188 Å u. ionisierten He-Linien **4686** u. 3203 Å stimmen innerhalb 10% mit der Theorie überein. Bei den Linienverschiebungen erscheint die Übereinstimmung nicht so gut; die gemessenen Werte liegen stets unter den berechneten Verschiebungen. Die He II-Linie bei **4686** Å zeigt eine Blauverschiebung, die auf eine Polarisation des Plasmas in der Nähe des emittierenden Ions zurückgeführt wird. G. M. Neumann. 118☐

Rotationsanalyse des $^3\Sigma^-$-$^3\Sigma^-$-Systems von SeO. R. F. Barrow und E. W. Deutsch. (Proc. physic. Soc. **80,** 993—94, 1/10. 1962; Oxford, Univ., Phys. Chem. Labor.; engl.) — Das SeO-Spektrum wird durch eine Hochfrequenzentladung in O_2-haltigem Se-Dampf angeregt. Die Analyse der 0-8- u. 0-9-Bande (kurzwellige Bandenköpfe bei 27091 bzw. 26258 cm^{-1}) ergibt nachst. Konst.: $B_0' = 0{,}339\ cm^{-1}$; $B_8'' = 0{,}4425_4$; $B_9'' = 0{,}4395_8$; $D_8'' = 4{,}3 \cdot 10^{-7}$; $D_9'' = 4{,}9 \cdot 10^{-7}$; $\Delta G''_{8,9} = 834{,}0_4$; $B_v'' = 0{,}4698_6 - 0{,}0032_0\ (v'' + 1/2)$; $r_e'' = 1{,}641$ Å. A. Blaschette. 118☐

Flammenspektren der Seltenerdelemente. V. A. Fassel, R. H. Curry und R. N. Kniseley. (Spectrochim. Acta [London] **18,** 1127—53, Sept. 1962; Ames, Iowa, Iowa State Univ., Inst. for Atom. Res. and Dep. of Chem.; engl.) — Die Seltenerdmetalle sowie Sc u. Y emittieren intensive Linienspektren, wenn die Lsgg. der Halogenide oder Perchlorate in abs. A. in einer brennstoffreichen O_2/C_2H_2-Flamme versprüht werden. Die Spektren werden angegeben, die genauen Wellenlängen u. die Intensitäten werden für ca. 1200 der stärksten Linien tabellar. mitgeteilt. Auf die analyt. Anwendbarkeit der stärksten Linien wird hingewiesen; die Anregungsvorgänge, die den Spektren zugrundeliegen, werden erörtert. Gerhard Schulze. 118☐

Absorptionsspektren von Actiniden-Verbindungen. Chr. Klixbüll Jørgensen. (Molecular Physics **2,** 96—108, Jan. 1959; Copenhagen, TU of Denmark, Chem. Dep. A; engl.) — Aus Literaturangaben über die Energieniveaus der gasförmigen Ionen Ac^{2+}, Th^{3+} u. Th^{2+} sowie teilweise durch Vgl. mit Lanthaniden wird auf einen Grundzustand mit ausschließlich 5f-Elektronen für alle Acitinidenionen mit Ladungen $>+3$ geschlossen. Übergänge $5f^n \rightarrow 5f^{n-1}6d$ bei Pa(IV), U(III) u. Np(III) bestätigen diesen Schluß. Die f^2-Konfiguration besitzt eine sehr charakterist. Energieniveauverteilung zwischen $^3H_4$ u. $^3P_2$; $^1S_0$ ist ein viel höher liegendes isoliertes Niveau. Aus Absorptionsspektren von U(IV)-Komplexen u. PuF_6 folgen interelektron. Abstoßungsparameter von 60% des Lanthanidenwertes, die Landé-Faktoren sind doppelt so groß; ihre Bedeutung für Cm(III)-Komplexe wird diskutiert. Der Ligandenstöreffekt ist größer als bei den Lanthaniden; die J-Werte verteilen sich über verschiedene benachbarte Energieniveaus. Bandenänderungen innerhalb isoelektron. Reihen mit der Oxydationszahl werden diskutiert, Bk(III) u. BkF_4 einbezogen. Es besteht kein notwendiger Zusammenhang zwischen Dreiwertigkeit u. Ggw. von f-Elektronen. H. Bürger. 118□

Druckverbreiterung und -verschiebung von Eisenlinien durch Argonatome. Peter Hey. (Z. Astrophysik **52,** 254—65, 1961; Kiel, Univ., Inst. für Experimentalphys.; dt.) — In einem Kingschen Ofen wurde ein Fe-Absorptionsspektrum erzeugt u. die zunehmende Verschiebung u. Verbreiterung der Fe-Linien bei steigendem Ar-Druck gemessen. Die Effekte sind im wesentlichen auf van der Waals-Kräfte zurückzuführen. Aus den gemessenen Werten lassen sich Wechselwrkg.-Konst. u. Weißkopfsche Stoßradien für den Stoß Fe–Ar bestimmen, die mit theoret. Werten verglichen werden. Daneben wurde die Druckverbreiterung der Ca-Resonanzlinie untersucht.
Heinz Liebscher. 118□

Bandenbreiten in den Elektronenabsorptionsspektren einiger Dicarboxylato-bis-[äthylendiamin]-kobaltbromid-Komplexe. Sheila M. Crawford. (Spectrochim. Acta [London] **18,** 965—75, Juli 1962; Manchester, Imp. Chem. Ind. Ltd., Dyestuffs Div.; engl.) — Die Spektren der wss. Lsgg. von Carbonato-, Oxalato-, Malonato-, Succinato-, Maleato- u. Phthalato-bis-[äthylendiamin]-kobalt(III)-bromid im UV u. sichtbaren Gebiet wurden aufgenommen. Es zeigt sich, daß die Breite der Absorptionsbanden im allg. mit zunehmender Spannung u. Verzerrung der Moll. wächst. Vff. führen diese Beobachtung zum größten Teil auf die Aufspaltung der Energieniveaus, zwischen denen die Übergänge stattfinden, infolge der Spannung zurück. Gerhard Schulze. 118□

Kristallspektren von Metallkoordinationsverbindungen. 4. Mitt. **Bis-[acetylacetonato]-kupfer(II).** J. Ferguson. (J. chem. Physics **34,** 1609—13, Mai 1961; Melbourne, Australia, Div. of Chem. Res., C.S.I.R.O., Chem. Res. Labor.; engl.) — 3. vgl. C. **1962,** 1117. — Vf. untersuchte das polarisierte Kristallabsorptionsspektrum von Bis-[acetylacetonato]-kupfer(II) bei Lichteinfall auf drei verschiedene Kristallflächen. Es wurden vier Absorptionsbanden gefunden u. deren Analyse unter Annahme einer streng rhomb. (D_{2h}) Anordnung der Liganden durchgeführt. Die Symmetrien der Grund- u. Anregungszustände stimmen nicht mit denen auf Grund der einfachen Kristallfeldtheorie vorausgesagten überein u. Vf. nimmt an, daß eine starke Metall–Ligand-π-Bindung für die beobachtete Ordnung der Zustände verantwortlich ist. Die geringen Unterschiede der Lage der Banden im Spektrum des Kristalls u. in dem der Lsg. der Verb. in Chlf. deuten auf schwache Wechselwrkg. benachbarter Moll. im Kristall.
M.-L. Klaar. 118□

Kristallspektren von Metallkoordinationsverbindungen. 5. Mitt. **Der fünffach koordinierte Bis-[salicylaldehydäthylendiiminato]-kupfer(II)-Komplex.** J. Ferguson. (J. chem. Physics **34,** 2206—07, Juni 1961; engl.) — 4. vgl. vorst. Referat. — Vf. untersuchte das Absorptionsspektrum von Bis-[salicylaldehyddiiminato]-kupfer(II) (**I**) in Lsg. von Chlf. sowie 5 bzw. 25 μ starke Einkristalle bei Lichtauffall auf die (1 0 0)-Fläche. Das I-Mol. besitzt kein Symmetriezentrum, wie aus der relativ hohen Intensität der Bande bei 17900 cm^{-1} im Lsg.-Spektrum hervorgeht. Bei den Kristallspektren treten 2 Banden bei 20800 u. 17300 cm^{-1} auf. Der Unterschied zwischen den Spektren der Lsg. u. des Kristalls deutet auf eine ungewöhnliche Konfiguration der Liganden um das Kupfer. M.-L. Klaar. 118□

Eine einfache Methode zur Ermittlung des wahren Absorptionsspektrums einer fluorescierenden Lösung. Orest Popovych und L. B. Rogers. (Spectrochim. Acta [London] **18,** 1279, Sept. 1962; Cambridge, Mass., MIT, Chem. Dep. and Labor. for Nucl. Sci.; engl.) — Zur Vermeidung des störenden Einfl. der Fluorescenz bei der Aufnahme des Absorptionsspektrums einer fluorescierenden Lsg. setzen Vff. der Lsg. ein Mittel zur Fluorescenzlöschung zu. Die Verss. wurden an wss. Lsgg. des Zn-Komplexes von 8-Hydroxychinolin-5-sulfonat vorgenommen. Als geeignetes Mittel zur Fluorescenzlöschung erwies sich $NaNO_2$. Eine 0,9%ig. $NaNO_2$-Lsg. bewirkt bei einer $1{,}00 \cdot 10^{-4}$m Komplexsalz-Lsg. Fluorescenzlösung um 94,5%, ohne die genaue Extinktionsmessung zwischen 295 u. 400 nm zu beeinflussen. Gerhard Schulze. 118□

Laser und Zwei-Photonen-Prozesse. David A. Kleinman. (Physic. Rev. [2] 125, 87—88, 1/1. 1962; Murray Hill, N.J., Bell Telephone Labor.; engl.) — Die Möglichkeit, 2-Photon-Prozesse mittels eines intensiven Strahls eines opt. Masers zu beobachten, wird theoret. für zwei allg. Klassen von Verss. diskutiert. Die wesentliche Näherung ist die Hypothese, daß angeregte Zustände existieren, die die Anfangs- u. Endzustände durch elektr. Dipolübergänge mit einer Gesamtoscillatorstärke f $\sim$ 1 verbinden. Man erhält einfache Ausdrücke für die 2-Photon-Absorption, die nicht von den Einzelheiten der elektron. Struktur abhängen. Neuere Verss. am Syst. $CaF_2:Eu^{2+}$ stimmen quant. mit den Vorhersagen überein. H. Laue. 119□

Durch optisches Pumpen und dipolaren Austausch induzierte Kernpolarisation in ^{3}He-Gas. M. A. Bouchiat, T. R. Carver und C. M. Varnum. (Physic. Rev. Letters 5, 373—75, 15/10. 1960; Princeton, N.J., Princeton Univ., Palmer Phys. Labor.; engl.) — Vff. verwendeten den Overhauser-Effekt zur Polarisation eines Puffergases (^{3}He) durch Dipolwechselwrkg. mit opt. polarisiertem natürlichem Rb-Dampf, wobei der Effekt in der Relaxation der opt. polarisierten Verunreinigung gegen ein nahezu depolarisiertes Gleichgewicht besteht. Die Meth. erlaubt die Polarisation des Puffergases bei einem wesentlich höheren Druck (2,8 at) als dem des Alkalidampfes (Partialdruck des $^{85+87}$Rb-Dampfes 10^{-3} mm). Es wurde eine Kernpolarisation beobachtet, die um einen Faktor 10^4 größer als die anfängliche Boltzmann-Verteilung von 10^{-8} war. Begrenzender Faktor ist wahrscheinlich die Wandrelaxation. Die Relaxationszeit ist etwa proportional der ^{3}He-Dichte u. verdoppelt sich beim Übergang von 300 auf 77° K. D. Jörchel. 119□

Verallgemeinerung der Formel von H. Becquerel. Anwendung auf einatomige Gase. René de Mallemann. (C. R. hebd. Séances Acad. Sci. **247**, 613—23, 11/8. 1958; franz.) — Die Becquerelsche Beziehung zwischen der Verdet-Konst. Λ u. der Dispersion des Brechungsindex n wird erweitert, indem n durch die Refraktion R, Λ durch das Rotationsvermögen Ω ersetzt wird. Anwendung auf *Ne, Ar, Kr, Xe.* A. Blaschette. 119□

Die Brechungsindices und die Verdet-Konstanten der Edelgase. A. Dalgarno und A. E. Kingston. (Proc. Roy. Soc. [London], Ser. A **259**, 424—29; 29/12. 1960; Belfast, Queen's Univ., Dep. of Appl. Math.; engl.) — Wellenmechan. Meth. zur Berechnung des Brechungsindex u. der Verdet-Konst. atomarer Syst., Anwendung auf *H, He, Ne, Ar, Kr, Xe* u. Vgl. mit experimentellen Werten. Die Verdet-Konst. von Ne, ist nicht anormal. Die Polarisierbarkeiten ergeben sich zu He = 1,384; Ne = 2,663; Ar = 11,080; Kr = 16,734; Xe = 27.292 (in a_0^3-Einheiten). A. Blaschette. 119□

Untersuchung der optischen Konstanten von Antimonsulfid. Vladislav Vrba. (Českoslov. Časopis Fysiku **10**, 205—15, 1960; Praha, Meopta n.p.; tschech.) — Best. der relativen Phasenverschiebung beim Durchgang von Licht durch dünne Sb_2S_3-Schichten u. Messungen der Schichtstärke u. Durchlässigkeit mit Hilfe graph. Meth. u. vereinfachter Formeln. Die größte Streuung der Ergebnisse trat bei Best. der Schichtstärke, wahrscheinlich infolge des Mikroreliefs der Trägergläser auf. Im Vgl. mit genauen rechner. Meth. geht hervor, daß mit den vereinfachten Formeln der Absorptions-Koeff. mit einer Abweichung von 0,1, der Brechungsindex mit einer von 0,01 ermittelt werden kann. J. Tůmová. 119□

Refraktion, Absorption und Biabsorption in synthetischem Rubin. Joseph A. Mandarino. (Amer. Mineralogist **44**, 961—73, Sept./Okt. 1959; Ann Arbor, Mich., Univ., Dep. of Miner.; engl.) — Vgl. C. **1960**, 17348; vgl. auch C. **1962**, 6294. C. Gottfried. 119

Über die Abhängigkeit der Energie des Grundzustandes eines Elektronen-Störzentrums im Ionenkristall von der chemischen Natur der Beimengung. L. N. Schwarzman. (Nachr. sibir. Abt. Akad. Wiss. UdSSR **1960**, Nr. 5, 51—58; Sibir. Abt. der Akad. der Wiss. der UdSSR, Inst. für anorgan. Chem.; russ.) — Theoret. Untersuchung. Der Grundzustand eines Syst., dessen Hamilton-Funktion außer der kinet. Energie des Elektrons u. der Energie der Eigenschwingungen des Kontinuums zwei Glieder für die Wechselwrkg. des Elektrons mit den Kontinuumsschwingungen u. dem Störzentrum enthält, wird durch direkte Variationsrechnung im Rahmen des Näherungs-Verf. der effektiven Masse bestimmt. Dabei wird für das Wechselwrkg.-Potential des Störzentrums u. für die Wellenfunktionen der Ansatz von Slater verwandt. Die erhaltenen Ausdrücke für die therm. u. opt. Ionisierungsenergie werden für die Fälle von Ca^{2+}, Sr^{2+}, Ba^{2+}, Cu^+, Ag^+, Au^+ u. F-Zentren in *KCl* (starke Bindung) u. in *TlCl* (Zwischenbindung) numer. ausgewertet. Ein Vgl. mit experimentellen Daten ergibt eine qual. Übereinstimmung in der Abhängigkeit der Energie des Grundzustandes von der chem. Natur des

Störzentrums, d. h. sowohl innerhalb der Gruppe der Erdalkalielemente als auch innerhalb der Gruppe der Edelmetalle nimmt die Energie des Grundzustandes mit zunehmender Ordnungszahl des Störatoms ab. Die Energien der Grundzustände der Erdalkali-Störzentren sind kleiner als im Fall der Edelmetalle. Der Zustandsradius nimmt mit zunehmender Ordnungszahl des Störatoms zu. F. Lenz. 119□

Optische Untersuchungen an Thallium-aktivierten Alkalijodidkristallen. Yoichi Uchida und Riso Kato. (J. physic. Soc. Japan **14,** 1408—14, Okt. 1959; Kyoto, Univ., Dep. of Phys.; engl.) — *NaJ–Tl*-Kristalle mit Tl-Zusätzen von 0,005—5 Mol-% zeigen bei der Temp. der fl. Luft eine Feinstruktur der Tl-Absorption mit Banden bei 236, 244, 250, 260, 290 u. 305 mμ. Bei KJ–Tl-Kristallen wird eine Feinstruktur ähnlich den Messungen von Yuster u. Delbecq (C. **1954,** 7584) gefunden. Beim NaJ–Tl steigt der Absorptions-Koeff. α der 250 mμ-Bande linear mit der Tl-Konz. C, für die 260 u. 305 mμ steigt α mit C^2. Das Emissionsspektrum von *KJ* mit viel Tl (5 Mol-%) zeigt bei Erregung mit 296 oder 302 mμ Banden bei 332 u. 415 mμ, bei Erregung mit 280 oder 253 mμ in der Hautsache — wie auch stets KJ mit wenig Tl — die 415-mμ-Bande. Ebenso erregt beim NaJ-Tl (2 Mol-%) 302, 312 oder 253 mμ 2 Emissionsbanden um 330 u. 425 mμ, dagegen 289 mμ nur die 425-mμ-Emissionsbande. Zum Unterschied von KJ-Tl bleibt beim NaJ–Tl die durch Licht um 300 mμ erregbare kurzwellige Emissionsbande auch bei der Temp. der fl. Luft erhalten. Die Absorptionsbanden 305 u. 260 mμ beim NaJ–Tl sowie die um 290—293 mμ beim KJ–Tl werden ebenso wie die kurzwelligen Emissionsbanden beider Phosphore Tl^+-Ionenpaaren zugeschrieben. Es wird ein erweitertes Konfigurationskoordinatenmodell mit Übergängen zwischen $^1S_0$- u. $^1P_1$-, $^3P_2$-, $^3P_1$- u. $^3P_0$-Termen für einzelne u. gepaarte Tl^+-Ionen angegeben. J. Rudolph. 119□

Ultraviolett-Absorption von KJ in KCl-Kristallen. Herbert Mahr. (Physic. Rev. [2] **125,** 1510—16, 1/3. 1962; Ithaca, N.Y., Cornell Univ., Labor. of Atomic and Solid State Phys.; engl.) — Das gesätt. Absorptionsspektrum von *KJ*, das in geringen Beimengungen zu *KCl*-Einkristallen gegeben war, wurde im Temp.-Bereich von 80 bis 700° K u. KJ-Molfraktion von 10^{-3} bis 10^{-5} aufgenommen u. die genaue Lage der Absorptionsspitze im Langwelligen, die in der Nähe des Maximum Gauß-Form, am Rande einen exponentiellen Verlauf hat, quant. ausgemessen. Die Totalabsorption ist proportional der (chem. bestimmten) I^--Konz., die Halbwertsbreite der Bande im Bereich hoher Temp. proportional der Wurzel der Temp., im Randgebiet folgt sie dem Urbach-Gesetz. Vf. vergleicht die erhaltenen Ergebnisse mit einem Modell für örtlich begrenzte Anregung. W. Sobieski. 119□

Eine quantitative Untersuchung des M-Zentrums in KCl. T. Tomiki. (J. physic. Soc. Japan **14,** 1243, Sept. 1959; Sendai, Tohoku-Univ., Fac. of Sci., Dep. of Phys.; engl.) — Der Theorie widersprechende Ergebnisse der Ausbeutenmessungen der photochem. Umwandlung von M-Zentren in F-Zentren in KCl (über 130°) durch M-Lichteinstrahlung lassen sich beseitigen, wenn (entsprechend van Doorn) angenommen wird, daß eine zweite Absorptionsbande des M-Zentrums unter der F-Bande verborgen ist. Aus Rechnungen ergibt sich für diese zweite Bande des M-Zentrums eine Halbwertsbreite in der Größe von 0,08 eV bei 20°. Die Quantenausbeuten η_F u. η_M werden dann gleich 1. J. Rudolph. 119□

Magnetische, thermische und optische Eigenschaften des F-Zentrums in NaH. W. L. Williams. (Physic. Rev. [2] **125,** 82—86, 1/1. 1962; Hanover, N.H., Dartmouth Coll., Dep. of Phys.; engl.) — Es wurden therm. u. opt. Bleich- u. Mikrowellensättigungseffekte bei der isotrop aufgelösten Hyperfeinstruktur der paramagnet. Elektronenresonanz des F-Zentrums in NaH untersucht. Danach ist therm. Bleichen ein monomol. Prozeß mit der Aktivierungsenergie $\varepsilon_F = 0{,}38$ eV. Es wird ein dem „print-out"-Effekt bei Silberhalogeniden ähnliches Modell für den Bleichmechanismus vorgeschlagen. Die Wellenlänge für maximal opt. Absorption beträgt 3,22 eV, die charakterist. Spin-Relaxationszeit $(T_1 T_2)^{1/2}$ $1{,}7 \cdot 10^{-6}$ s. Der g-Wert des F-Zentrumelektrons beträgt $2{,}0025 \pm 0{,}0003$. H. Laue. 119□

Zusätzliche Lichtwellen in Kristallen und die Excitonenabsorption. Ss. I. Pekar. (Fortschr. physik. Wiss. [UdSSR] **77,** 309—19, Juni 1962; russ.) — Zusammenfassende krit. Übersicht. — 40 Literaturangaben. E. Klever. 119□

Das Spektrum von Hydrazin im fernen Infrarot. Akiko Yamaguchi, Isao Ichishima, Takehiko Shimanouchi und San-Ichiro Mizushima. (Spectrochim. Acta [London] **16,** 1471—85, Jan. 1961; Hongo, Tokyo, Tokyo Univ., Fac. of Sci., Chem. Labor.; engl.) — Vff. untersuchten das Rotationsschwingungsspektrum von *Hydrazin* im Bereich von 250—750 cm^{-1}. Den Übergängen n: 0 → 1; 0 → 2 u. 1 → 2 werden Torsionsschwingungsbanden zugeordnet. Die Zentren der Banden liegen bei 376,74,

665,9 bzw. 289,5 cm⁻¹. Durch Analyse der Feinstruktur werden die Rotations-Konst. bestimmt. Aus diesen werden Bindungslängen u. -winkel des Mol. berechnet. Der Asymmetriefaktor e ist in Übereinstimmung mit der irregulären Form des Q-Zweiges nahe dem Bandenzentrum sehr klein. Das Mol. scheint rechtwinklige Struktur zu besitzen. M.-L. Klaar. 120□

Infrarotspektrum von kristallinem HF. Paul A. Giguère und Numan Zengin. (Canad. J. Chem. **36,** 1013—19, Juni 1958; Quebec, Univ. Laval, Dép. de Chim.; franz.) — Bei —180° erscheint im IR-Spektrum von krist. HF (300—5000 cm^{-1}) die Grundschwingung als intensives Dublett bei 3420/3060 cm^{-1} u. als schwächeres bei 3590/3270 cm^{-1}. Das Spektrum entspricht einer Struktur aus parallelen Zickzackketten, in denen die HF-Moll. durch asymm. Wasserstoffbindungen verknüpft sind (Bindungslängen: H—F 1,00 Å; F···H 1,50 Å; Winkel H—F···H 114°). Die hohe Polarität des Mol. u. die starken H-Bindungen bewirken eine große Bandenbreite (150—200 cm^{-1}) eine beträchtliche Aufspaltung der Banden im krist. Zustand u. Erniedrigung der Grundfrequenz beim Übergang vom Gas zum Kristall (ca. 700 cm^{-1}), verbunden mit einer Erniedrigung der inneren Kraft-Konst. von $8{,}8 \cdot 10^5$ auf $6{,}3 \cdot 10^5$ dyn/cm. Die zwischenmol. Kraft-Konst. erreicht ca. $0{,}6 \cdot 10^5$ dyn/cm. A. Blaschette. 120□

Infrarot-Spektren von Ladungs-Übergangs-Komplexen. 4. Mitt. Infrarot- und und Ramanspektren, Kraftkonstanten und Strukturen einiger Polyhalogenidionen: JCl_2^-, JCl_4^-, $BrCl_2^-$ und Br_3^-. Willis B. Person, George R. Anderson, James N. Fordemwalt, H. Stemmreich und Roberto Forneris. (J. chem. Physics **35,** 908—14, Sept. 1961; Gowa, Univ., Dep. of Chem.; São Paulo, Brazil, Univ. of São Paulo, Dep. of Phys.; engl.) — 3. vgl. C. **1960,** 17064. — Vff. untersuchten die IR- u. Raman-Spektren der Polyhalogenidionen JCl_2^-, JCl_4^-, $BrCl_2^-$ u. Br_3^-. Aus diesen Daten wurden folgende Kraft-Konst. berechnet: f_r für die X—Y-Streckschwingung; f_{rr} für die Wechselwrkg. zwischen den Koordinanten der Streckschwingung bei einem Winkel von 180° zueinander sowie f'_{rr} für die Wechselwrkg. der Streckschwingung bei 90°. Der f_r-Wert der Trihalogenidionen beträgt etwa die Hälfte des Wertes der freien Halogene, die f_{rr}-Werte betragen ca. 35% des f_r-Wertes. Diese ungewöhnlichen Kraft-Konst. werden durch p-Bindungen in diesen Ionen erklärt, wie sie zuerst von Pimentel angeommen wurden. Die Resultate unterstützen die früher von Yamasaki u. Cornwall gemessenen Kern-Quadrupol-Kopplungskonstanten. Die qual. Übereinstimmung der Kraft-Konst. mit denen des HF_2^--Ions wird herausgestellt. M.-L. Klaar. 120□

Versuch zur Bestimmung der Struktur des Jodsäureanhydrids J_2O_5 durch Infrarotspektrographie. Clement Duval und Jean Lecomte. (Recueil Trav. chim. Pays-Bas **79,** 523—30, Juni 1960; Paris, E.N.S.C., Labor. de Rech. micro-anal.; Sorbonne, Labor. de Rech. Phys.; franz.) — Das IR-Spektrum von J_2O_5-Pulver (200—3500 cm^{-1}) wird durch Vgl. mit bekannten IR- u. Raman-Frequenzen von HJO_3, JO_3^-, $P_2O_7^{4-}$ u. $Cr_2O_7^{2-}$ diskutiert. Als wahrscheinlichste Struktur ergibt sich $O_2J—O—JO_2$.
A. Blaschette. 120□

Das Infrarotspektrum des Sulfurylfluorids. G. R. Hunt und M. K. Wilson. (Spectrochim. Acta [London] **16,** 570—74, Juni 1960; Medford, Mass., Tufts Univ., Dep. of Chem.; engl.) — Vgl. C. **1963,** 13. — Diskussion des IR-Spektrums (250—4000 cm^{-1}) von SO_2F_2. Drei bisher unbekannte Banden erlauben die Zuordnung der sämtlichen 9 Grundschwingungsfrequenzen. A. Blaschette. 120□

Das Infrarotspektrum des Cyanfluorids. R. E. Dodd und R. Little. (Spectrochim. Acta [London] **16,** 1083—87, Okt. 1960; Newcastle-upon-Tyne, King's Coll., Chem. Labor.; engl.) — Zuordnung der Grundschwingungsbanden des linearen FCN-Mol. (2290, 1077, 449 cm^{-1}); Auflösung der Dublettbande bei 1077 cm^{-1} (ω_3) u. Best. der Rotations-Konst. $B_0 = 0{,}3515 \pm 0{,}001$ cm^{-1}; Ermittlung von Kraft-Konst. u. Diskussion der Struktur. A. Blaschette. 120□

Theorie der Intensitäten von Infrarotspektren von Molekülen. 6. Mitt. BF_3, NF_3, SiF_4 und SF_6. L. M. Swerdlow. (Optik u. Spektroskopie [UdSSR] **8,** 183—90, Febr. 1960; russ.) — 4. vgl. C. **1961,** 2876; 7. vgl. C. **1962,** 6714. — Unter Zugrundelegung des valenzopt. Schemas werden in erster Näherung die elektroopt. Parameter der Moll. BF_3, NF_3, SiF_4 u. SF_7 unter Verw. der abs. integralen IR-Intensitäten berechnet. Es wird ein gesetzmäßiges Anwachsen des Dipolmoments der X—F-Bindung bei Vergrößerung des Elektronegativitätsunterschiedes der Atome X u. F festgestellt.
G. Engelhardt. 120□

Potentialkonstanten, Rotationsdistorsionskonstanten und thermodynamische Eigenschaften von Stibin. S. Sundaram. (Canad. J. Physics **39,** 370—73, Febr. 1961; Vancouver, Univ. of Brit. Columbia, Res. Council, Div. of Phys.; engl.) — Vf. berechnete die Potential-Konst. u. die Rotationsdistorsions-Konst. von SbH_3, SbD_3 u. SbT_3. Mit

Hilfe der genau bestimmten harmon. Schwingungswellenzahlen wurden für die 3 Moll. der Wärmeinhalt, die Freie Energie, die Entropie u. die Wärmekapazität für Temp. zwischen 100 u. 1000°K abgeschätzt. C. Gottfried. 120

Infrarotspektren von Alkyldiboranen. 4. Mitt. **1.1-Dimethyl- und 1.1-Diäthyldiborane.** Walter J. Lehmann, Charles O. Wilson jun. und I. Shapiro. (J. chem. Physics **34,** 476—83, Febr. 1961; Pasadena, Calif., Olin Mathieson Chem. Corp., Res. Labor.; engl.) — 3. vgl. C. **1962,** 11089. — Vff. teilen die IR-Spektren von 1.1-Dimethyldiboran u. 1.1-Diäthyldiboran u. ihren folgenden ^{10}B-angereicherten u. deuterierten Derivv. mit: $(CH_3)_2{}^{10}B_2H_4$, $(C_2H_5)_2{}^{10}B_2H_4$, $(CH_3)_2B_2D_4$, $(C_2H_5)_2B_2D_4$, $(CD_3)_2B_2H_4$, $(C_2D_5)_2B_2H_4$, $(CD_3)_2B_2D_4$, $(C_2D_5)_2B_2D_4$. Alle Verbb. wurden durch Umsetzung von Trialkylboran mit B_2H_6 bzw. B_2D_6 dargestellt u. durch fraktionierte Kondens. isoliert, wobei die Reinigung massenspektroskop. verfolgt wurde. Im Laufe einiger Std. wurden infolge Disproportionierung Nebenprodd. feststellbar. Vff. ordnen die beobachteten Spektren den einzelnen Gruppenschwingungen zu u. diskutieren bes. die B—H—B-Brückenfrequenzen bei 1550 u. 2100 cm^{-1}. H.-J. Becher. 120□

Molekulare Additionsverbindungen des Zinn(IV)-chlorids. 2. Mitt. **Frequenz und Intensität der Nitril-Absorption von Benzonitril-Komplexen im Infrarot.** Theodore L. Brown und M. Kubota. (J. Amer. chem. Soc. **83,** 4175—77, 6/11. 1961; Urbana, Ill., Univ. of Illinois, Noyes Chem. Labor.; engl.) — 1. vgl. C. **1961,** 10866. — Die Nitrilfrequenzen der substituierten Komplexe $R—C_6H_4—CN \cdot SnCl_4$ mit R = p-CH_3O-, p-CH_3-, p-tert.-Butyl-, m-CH_3-, H-, p-F-, p-Cl-, p-NO_2- (in Nujol) sowie die der freien Nitrile werden einschließlich der beobachteten Intensitäten angegeben. In den Komplexen ist ν_{CN} gegenüber den freien Nitrilen um 22—28 auf 2249—2263 cm^{-1} erhöht, die integrierte Bandenintensität auf etwa den 10fachen Wert gestiegen. Die niedrigfrequenten Sn–Cl-Schwingungen bei 360—413 cm^{-1} entsprechen denen des freien $SnCl_4$; Frequenzen bei 337 u. 303 cm^{-1} werden versuchsweise der Sn–N-Schwingung zugeordnet. Aus den Intensitäten wird für $SnCl_4 \cdot 2\,CH_3CN$ auf cis-, für $SnCl_4 \cdot 2$ p-$CH_3OC_6H_4CN$ auf trans-Symmetrie geschlossen. Aus den Meßergebnissen wird nach der MO-Meth. ein Modell abgeleitet, um die gefundenen Effekte plausibel zu erklären. H. Bürger. 120□

Raman-Spektren von Methylquecksilberperchlorat und -nitrat in Lösung. P. L. Goggin und L. A. Woodward. (Trans. Faraday Soc. **58,** 1495—1502, Aug. 1962; Oxford, Inorg. Chem. Labor.; engl.) — Die Raman-Spektren von CH_3HgClO_4 (I) u. CH_3HgONO_2 (II) in gesätt. wss. Lsg., von **II** in Bzl. sowie **II** u. $(CH_3)_2S$ (III) in W. werden mitgeteilt. **I** ist in W. vollständig dissoziiert. Die Zahl der Raman-Linien sowie deren Polarisationszustand (4 a_1, 4 e) sprechen für ein Kation $(CH_3HgOH_2)^+$. Die Zuordnungen werden für den Teil CH_3HgO mit der effektiven Punktgruppe C_{3v} durchgeführt. Bei 570 cm^{-1} findet sich die sehr starke C–Hg-Valenzschwingung, bei 463 cm^{-1} (ν Hg–O) wird erstmals Raman-spektroskop. eine Kation–H_2O-Valenzschwingung beobachtet. **II** ist in Bzl. undissoziiert. In W. gibt **II** Linien von nicht dissoziiertem **II**, NO_3^- u. $(CH_3HgOH_2)^+$, was für eine partielle Dissoziation spricht. Das undissoziierte **II** liegt als CH_3HgONO_2 (Punktgruppe C_s) vor; ν (Hg–O) wurde bei 292 cm^{-1} gefunden. Bes. enge Verwandtschaft besteht zu $Cu(NO_3)_2$. **II** substituiert in wss. Lsg. vollständig das aus **II** gebildete $(CH_3HgOH_2)^+$ zu $[CH_3HgS(CH_3)_2]^+$. H. Bürger. 120□

Einfluß des Substrats auf die absoluten Infrarotintensitäten von Ammoniumjodid. D. A. Dows und R. J. Glennon. (Spectrochim. Acta [London] **18,** 1117—19, Sept. 1962; Los Angeles, Calif., Univ. of Southern California, Dep. of Chem.; engl.) — Vff. berichten über IR-Unterss. an NH_4J-Filmen von einigen μ Dicke, die durch Sublimation auf NaCl, KBr, CaF_2, KCl u. AgCl erhalten wurden. Die abs. IR-Intensitäten dieser Filme hängen von der Eigenart des Substrates ab, doch konnten die Intensitätsänderungen nicht als Funktion des Substrates erklärt werden. Die Orientierung der Kristallite u. Oberflächeneffekte sind offenbar nicht als Ursachen für die Intensitätsunterschiede anzusehen. Zwischen der Intensität u. dem Brechungsindex, der Größe der Elementarzelle, den Ionengrößen oder der Polarisierbarkeit des Substrates besteht keine Beziehung. Röntgenaufnahmen u. Mikrophotographien lassen ein orientiertes Wachstum der Filme auf Einkristallen als Substrat u. eine unterschiedliche Größe der Filmkristallite auf den verschiedenen Substraten erkennen. Gerhard Schulze. 120□

Raman-Spektren von Elektrolytlösungen in leichtem und schwerem Wasser. R. E. Weston jun. (Spectrochim. Acta [London] **18,** 1257—77, Sept. 1962; Gif-sur-Yvette, Centre d'Etudes Nucl. de Saclay, Service des Isotopes Stables; engl.) — Die Raman-Spektren von H_2O, D_2O u. ihren Gemischen wurden aufgenommen u. die Schwingungsfrequenzen für H_2O, HDO u. D_2O zugeordnet. Dann wurden die Änderungen der Frequenz, der Intensität u. der Bandenbreite für die Banden des Lsgm. an Lsgg. von KF, KCl, KBr, KJ u. LiBr in H_2O–HDO-Gemischen bis zu Konzz. von 6 m bestimmt. Außer KF verursachen alle Salze eine Zunahme der Streckfrequenzen, während die der-

Spreizschwingungen prakt. unverändert bleiben. Die Bandenform der O–H-Streckschwingung wird durch den Salzzusatz verändert, ihre Intensität wird etwas verstärkt, während die Intensität der Spreizschwingung um etwa eine Größenordnung zunimmt. Die Breite beider Banden wird im allg. durch die gelösten Salze verkleinert. Diese Effekte nehmen mit steigender Salz-Konz. monoton zu, der Anionen-Einfl. steigt in der Reihenfolge $F^- < Cl^- < Br^- < J^-$, wobei F^- im allg. einen entgegengesetzten Einfl. gegenüber den anderen Anionen ausübt. Zwischen LiBr u. KBr wurde kein Unterschied festgestellt. Ähnliche Veränderungen im Spektrum wurden bei Temp.-Erhöhung des reinen Lsgm. von 12 auf 82^0 beobachtet. Die Formänderung der O–H-Streckschwingung kann auf eine Fermi-Resonanz zwischen ν_1 u. 2 ν_2 zurückgeführt werden. Andere Veränderungen in den Spektren werden einer Kombination der elektrostat. Wechselwrkg. zwischen den Ionen u. den Lsgm.-Dipolen u. einer Abnahme der H-Bindung des Lsgm. zugeschrieben.
Gerhard Schulze. 120 □

Qualitative und quantitative Analyse des sogenannten Kristallwassers. Nicole Lendormy. (Chim. analytique **44**, 255—59, Juni 1962; E.N.S.P.C., Labor. de Rech. micro-anal.; franz.) — Die Verbb. $NiSO_4 \cdot H_2O$, $CdSO_4 \cdot H_2O$, $CoSO_4 \cdot H_2O$, $MgSO_4 \cdot H_2O$, $ZnSO_4 \cdot H_2O$, $CuSO_4 \cdot H_2O$, $MnSO_4 \cdot H_2O$ u. $Li_2SO_4 \cdot H_2O$ spalten bei erhöhter Temp. ein Mol W. ab (Unters. durch DTA). Sie sind nach ihren IR-Spektren (400—3300 cm^{-1}) aber nicht als Hydrate, sondern als Salze $Me^I_2H_2SO_5$ bzw. $Me^{II}H_2SO_5$ der *Mesoschwefelsäure* H_4SO_5 anzusehen. Zum Vgl. werden die Spektren der entsprechenden *Deuterium-Verbb.* aufgenommen.
A. Blaschette. 120 □

Atomarer Wasserstoff-Maser. H. M. Goldenberg, D. Kleppner und N. F. Ramsey. (Physic. Rev. Letters **5**, 361—62, 15/10. 1960; Cambridge, Mass., Harvard Univ.; engl.) — Vff. erzeugten in einem H-Maser (paraffinverkleidete Quarzzelle) mit H-Atomen in den F = 1, m = 0- u. F = 1, m = 1-Zuständen Oscillationen bei einer mittleren Wechselwrkg.-Zeit von 0,3 Sek.; der minimal erforderliche Fluß betrug $4 \cdot 10^{12}$ Teilchen pro Sekunde. Außerdem wurden angeregte Emission u. mittels des magnetfeldunabhängigen Hyperfeinüberganges die feldabhängigen Zeeman-Übergänge F = 1, m = 0 → F = 1, m = 1 u. F = 1, m = 0 → F = 1, m = —1 beobachtet.
D. Jörchel. 121 □

Metastabile Wasserstoffmoleküle. 2. Mitt. **Feinstruktur von Parawasserstoff.** William Lichten. (Physic. Rev. [2] **126**, 1020—27, 1/5. 1962; Chicago, Ill., Univ. of Chicago, Ryerson Phys. Labor.; engl.) — 1. vgl. C. **1962**, 1885. — Es wurde die Feinstruktur des N = 2-Rotationsniveaus des $(1\,\sigma_g, 1\,\pi_u)\ c^3\,\pi_u$-Zustandes von Parawasserstoff, sehr wahrscheinlich im v = 0-Schwingungsniveau, direkt mittels der magnet. Molekularstrahlresonanz gemessen. Die Intervalle bei der Feldstärke 0 sind: f (J = 2 ↔ J = 1) = 4928,003 ± 0,010 MHz, f (J = 3 ↔ J = 2) = 5898,105 ± 0,012 MHz. Die Spin–Spin- u. Spin–Bahn-Wechselwrkg.-Konst. stimmen mit den theoret. Vorhersagen eines vereinfachten wasserstoffähnlichen Modelles überein.
Hans Laue. 121 □

Mechanismus der Luminescenz von Silberhalogeniden und Versetzungen. Z. Matyáš. (Halbleiter u. Phosphore, Kolloquium **1956**, 426—28, 1958; Prag, Karls-Univ.; dt.) — Inhaltlich ident. mit C. **1961**, 6042.
H. Roschkowski. 125 □

Die Luminescenz und Tenebrescenz von natürlichen und synthetischen Sodalithen. Russell D. Kirk. (Amer. Mineralogist **40**, 22—31, Jan./Febr. 1955; Washington, D.C., Naval Res. Labor., Solid State Div.; engl.) — Die Luminescenzemissionsspektren von Hackmanit, anderen natürlichen Sodalithen u. synthet. S-haltigen Sodalithen sind nahezu identisch. Sie weisen mit den Spektren von Scapolit u. einer Natriumpolysulfid-sulfat-Mischung große Ähnlichkeit auf. Aus den Ergebnissen schließt Vf. auf die Ggw. von Natriumpolysulfiden in Scapolit u. Sodalithen. Tenebrescenz wird als das Dunkelwerden oder Ausbleichen von nahezu farblosen Festkörpern bei Bestrahlung oder Erwärmung definiert. Hg-Bogenlicht läßt in Hackmanit innerhalb weniger Sek. eine Purpurfärbung entstehen, bei mehrstd. Bestrahlung tritt zusätzlich eine blaue Färbung auf, die sehr langsam wieder ausbleicht.
E. Schulte. 125 □

Elektroluminescenz und Kristallstruktur in dem Legierungssystem ZnS–CdS. D. W. G. Ballentyne und B. Ray. (Physica [Utrecht] **27**, 337—41, März 1961; Harlow, Essex, Assoc. Electr. Ind., Res. Labor.; engl.) — Das Syst. ZnS–CdS wurde röntgenograph. untersucht. Im gesamten Konz.-Bereich bilden die beiden Komponenten feste Lösungen. Für hohe Konzz. an ZnS waren die Legg. Gemische von Sphalerit u. hex. Strukturen, die restlichen Gemische waren vollkommen hexagonal. Die Werte von c u. a weichen im negativen Sinne von der Vegardschen Regel ab. Zusatz von Cu hat nur geringen Einfl. auf die Kristallstruktur; die Werte der hex. u. kub. Gitterparameter wird nicht verändert. Bei Zusatz von Cu >0,1% nimmt der Anteil der kub. Phase zu. Alle Legg. zeigten Photoluminescenz, wobei die Farbe der Emission von der CdS-Konz. abhing. Durch Zusatz von Cu wurde die Helligkeit der Emission stark erhöht. Trotz der Tatsache, daß bei hohen ZnS-Konzz. die Legg. eine hexagonale u. eine kub. Phase enthalten, war die Elektroluminescenz vernachlässigbar. Aus diesem Grunde werden Legg. mit Cu-Zusatz untersucht. Legg. mit 0,01% Cu zeigten auch nur schwache Elektroluminescenz. Dagegen waren Legg. mit einem Zusatz von 0,1% Cu bei hohen ZnS-Konzz. stark elektroluminescent. Die Elektroluminescenz verschwindet bei 10—20% CdS, während die Photoluminescenz bei Legg. bis angenähert 60% CdS auftritt. Alle elektroluminescenten Phosphore enthalten die Sphalerit- u. Wurtzitstrukturen, während die photoluminescenten Phosphore mit höheren CdS-Konzz. hexagonal sind. C. Gottfried. 125

Über den Einfluß der Selbstauslöschung auf die Konzentrationsdepolarisation der Photoluminescenz beständiger Lösungen. C. Bojarski. (Ann. Physik [7] **8**, 402—11, 1961; Gdańsk, Polen, TH, I. Physik. Inst.; dt.) — Unter Bezugnahme auf die Konz.-Depolarisationstheorie von Jabłoński wird ein Ausdruck für die Abhängigkeit des Polarisationsgrades von der Farbstoff-Konz. abgeleitet. Der Ausdruck berücksichtigt die Wrkg. der Selbstauslöschung für den Fall, daß in der fluorescierenden Lsg. keine chem. Rkk. eintreten. Das Ergebnis wird mit Verss. von Pheofilow und Sweshnikow verglichen. W. Betcke. 125□

A_3. Elektrizität. Magnetismus. Elektrochemie

Modifikation der Theorie effektiver Reichweite in Gegenwart eines Fernwirkungspotentials. Larry Spruch, Thomas F. O'Malley und Leonard Rosenberg. (Physic. Rev. Letters **5**, 375—77, 15/10. 1960; New York, N.Y., Washington Square Coll., Phys. Dep. and New York Univ., Inst. of Mathemat. Sci.; engl.) — Vff. diskutieren die Anwendbarkeitsgrenzen der Theorie u. zeigen, daß man für Fernwrkg.-Kräfte von der üblichen Darst. abweichende Näherungen verwenden muß. D. Jörchel. 131□

Optimale Bedingungen zur Beobachtung des neuen Lichteffekts. P. S. V. Setty. (Indian J. Physics Proc. Indian Assoc. Cultivat. Sci. **34** (**43**), 187—95, April 1960; Bangalore, Nat. Res. Fellow, Central Coll., Dep. of Phys.; engl.) — Vf. bespricht Verss. mit elektrodenlosen Entladungsröhren, die Joddampf enthalten, mit bes. Berücksichtigung der Alterung. Aus den Beobachtungen geht hervor, daß der Einfl. der Alterung im Entfernen von Gasen u. Dämpfen von der Glaswand der Entladungsröhre besteht. Als Folge dieser Verss. hat Vf. einen neuen App. entwickelt, die sog. „envelope tube“, die bereits früher (vgl. Current Sci. **28**, [1959], 195) genauer besprochen worden ist. C. Gottfried. 131

Thermodynamisches Gleichgewicht und Ioniesierung im Kern einer Fackelentladung. Václav Truneček. (Českoslov. Časopis Fysiku **10**, 191—98, 1960; Brno, Katedra fys. přírodověd. fak.; tschech, Auszug: russ.; engl.) — Die Analyse der Existenzbedingungen für das thermodynam. Gleichgewicht einer Fackelentladung weist auf den quasiisotherm. Zustand der Entladung hin; dieser Zustand wird experimentell durch die äußeren, die Temp. herabsetzenden Bedingungen bestätigt. Unter Einfl. eines Luftstromes geht die Entladung in die Hochfrequenzkoronaentladung über. Aus der Zeitphotographie, ergänzt mit spektrograph. Unters., geht hervor, daß bei der Entladung dieser Art, erregt mittels pulsierenden Hochfrequenzstromes, die elektr. Ionisierung die therm. Ionisierung ersetzt. Durch den Einfl. der äußeren Bedingungen können verschiedene Unstimmigkeiten in der Temp.-Best. u. des thermodynam. Gleichgewichts erklärt werden. J. Tůmová. 131□

Einige Eigenarten der kathodischen Funkenentladung zwischen einer Metallkathode und einer Elektrolytlösung. Ahmad Banège-Nia. (C. R. hebd. Séances Acad. Sci. **245**, 1421—24, 21/10. 1957; franz.) — Vgl. C. **1962**, 14274. — Unterss. an Entladungen in Luft von 1 atm zwischen einer Ni-Kathode u. verschiedenen Elektrolyt-Lsgg. (0,001—1 n KCl-, HCl-, H_2SO_4- bzw. 0,1—1 n CH_3COOH-Lösung). Die Strom-Spannungs-Kurven sind bei Bogenentladungen abfallende Geraden, bei Funkenentladungen ansteigende Kurven. Die Temp. der Kathode ist ohne Einfl. auf die Strom-Spannungs-Kurve, erleichtert jedoch die Zündung der Entladung. Bei Verw. einer 0,001 n Lsg. gelingt die Zündung nur mit einer dunkelrotglühenden Kathode. Die Form der Kurven ist unabhängig von der Art des Elektrolyten. Bei starken Elektrolyten gleicher Konz. sind die Kurven identisch. A. Blaschette. 131□

Die Chemie des Urans an Oberflächen-Ionenquellen. Martin H. Studier, Eric N. Sloth und Leon P. Moore. (J. physic. Chem. **66**, 133—34, Jan. 1962; Argonne, Ill., Argonne Nat. Labor.; engl.) — Die Vorgänge bei der Ionisierung des U auf glühenden W oder Re-Fäden wurden massenspektrograph. untersucht. Bei Ggw. von O wurde die

Bldg. von UO^+, UO_2^+ u. UO_3^+ beobachtet, während U^+-Ionen nach „Carbonisierung" des glühenden Fadens, z. B. mit Dämpfen auftraten. Nach starker, lang andauernder „Carbonisierung" wurde UC_2^+ erhalten. Die Produktion eines starken U^+-Ionenstroms hängt offenbar von der Bldg. von Urancarbiden ab, die bei höherer Temp. zersetzt werden. T. Tamberg. 131 □

Photoionisationsanalyse durch Massenspektroskopie. G. L. Weissler, J. A. R. Samson, M. Ogawa und G. R. Cook. (J. opt. Soc. America **49,** 736, Juli 1959; engl.) — Berichtigung zu C. **1961,** 15288 (betreffend die 3atomigen Moll. *CO_2*, *NO_2*, *N_2O*). A. Blaschette. 131 □

Dielektrische Verluste in Feldspaten. W. A. Ioffe und I. Ss. Jantschewskaja. (J. techn. Physik [UdSSR] **28,** 2154—64, Okt. 1958; russ.) — Vgl. C. **1959,** 3712. — Mit aufgesprühten oder aufgedampften Ag-Elektroden werden die dielektr. Verluste von Albit, Plagioklas, Mikroklin u. Labrador (**I**) im Vakuum u. in trockenem H_2 gemessen. Die Abhängigkeit des Verlustwinkels δ u. der DK ε von der Temp. (20—500° K) u. der Frequenz (10^3—$5 \cdot 10^6$ Hz) wird untersucht. Bei 200—500° K u. 10^3—$5 \cdot 10^6$ Hz beruhen die ε-Werte auf Resonanzeffekten. Infolge der Wärmebewegung nimmt die Resonanzfrequenz mit steigender Temp. zuerst zu, um dann konst. zu werden. Die Resonanz entsteht beim Übergang eines Elektrons von einem O-Atom zu einem anderen im negativ geladenen AlO_4-Tetraeder. Bei den natürlichen Mineralien kann Fe^{3+} beteiligt sein. **I** kann freie Elektronen enthalten, wodurch die beobachteten Leitfähigkeitsverluste u. die schwarze Farbe erklärt werden. R. K. Müller. 132 □

Dielektrische Resonanz in ferroelektrischen Titanaten im Mikrowellengebiet. A. L. Stanford jun. (Physic. Rev. [2] **124,** 408—10, 15/10. 1961; Clearwater, Fla., Sperry Microwave Electron. Co.; engl.) — Die DK-Spektren von *$BaTiO_3$* u. *(Ba, Sr)·TiO_3* werden im Mikrowellengebiet zwischen 250 u. 7000 MHz in den ferroelektr. u. paraelektr. Bereichen gemessen. Hierbei wird gezeigt, daß die Dispersion um 2000 MHz nahe der Curie-Temp. Resonanzcharakter besitzt. G. Ruban. 133 □

Bemerkung über die Messung des Wirkungsgrades von thermoelektrischen Stoffen und von kälteerzeugenden Übergängen. G. J. B. Crawford. (Rev. sci. Instruments **32,** 353—54, März 1961; West Orange, N.J., McGraw-Edison Co., Thomas A. Edison Res. Labor.; engl.) — Die von dem Vf. näher beschriebene Meßmeth. beruht auf den Verff. von Harman u. Mitarbeitern (vgl. C. **1960,** 12597) sowie von Myers u. Bate (vgl. C. **1962,** 257). C. Gottfried. 133

Elektronen- und Phononenstreuungs-Thermoelektrizität von Kalium und seinen Legierungen bei sehr niedrigen Temperaturen. A. M. Guénault und D. K. C. MacDonald. (Proc. Roy. Soc. [London], Ser. A **264,** 41—59, 24/10. 1961; Ottawa, Canada, Nat. Res. Council, Div. of Pure Phys.; engl.) — Die thermoelektr. Kraft (E) von *K* u. von seinen Legg. mit *Na*, *Rb* u. *Cs* wird bei Temp. bis zu 1° K untersucht. Die Ergebnisse ermöglichen eine eindeutige Trennung zwischen den Elektronendiffusions- u. Phononenwiderstandskomponenten von E. Der Vgl. mit der Theorie ermöglicht Rückschlüsse auf die Phononen- u. Elektronenstreuung in K. Die Fermi-Oberfläche von reinem K sollte demnach nahezu sphär. sein. Die Einfl. von Rb u. Cs auf die Verzerrung der Fermi-Oberfläche von K werden gedeutet. Die vertretene Auffassung der Art der Phononenstreuung durch Verunreinigungen führt zur Betrachtung des möglichen Einfl. der kohärenten Streuung von Gitterwellen bei ziemlich hohen Verunreinigungskonzentrationen. Rb scheint das ursprüngliche Gitter am wenigsten zu verformen, wenn es in fester Lsg. vorliegt. H. Schibilla. 133 □

Wismuttellurid und verwandte Verbindungen. D. A. Wright. (Res. appl. in Ind. **12,** 300—06, Aug./Sept. 1959; Wembley, England, Gen. Electr. Co. Ltd., Res. Labor.; engl.) — Übersicht über Struktur, Eigg. u. thermoelektr. Verh. von *Bi_2Te_3*, *Bi_2Se_3*, *Sb_2Te_3* u. von Legg. aus diesen Verbindungen. — 17 Literaturangaben. A. Blaschette. 133 □

Der Einfluß des Austausches auf den Formalismus der effektiven Masse. Evan O. Kane. (Physics Chem. Solids **6,** 236—41, Aug. 1958; Schenectady, N.Y., Gen. Electr. Res. Labor.; engl.) — Verallgemeinerung des Formalismus der effektiven Masse (Adams, C. **1955, 970**) durch Einbeziehung des Austauschs, wobei in den Zwischenband-Matrixelementen der effektiven Massensumme zusätzlich zum Impulsoperator-Glied ein Austauschoperator-Glied auftritt. A. Blaschette. 135 □

d-Band- und Mischvalenz-Halbleiter. C. Zener. (Physics Chem. Solids **8,** 26—28, Jan. 1959; Pittsburgh, Pa., Westinghouse Res. Labor.; engl.) — Eine Gegenüberstellung der Schalen- u. Bandmodelle führt zu der Tatsache, daß oft ident. oder ähnliche Resultate erhalten werden, in anderen Fällen dagegen verschiedene Voraussagen möglich sind. Vf. bespricht die Möglichkeiten, Übereinstimmung zwischen Theorie u. Experiment zu erzielen u. auf diesem Wege das geeignetere Modell zu erhalten. G. Ruban. 135 □

Oberflächeneigenschaften von Germanium und Silicium. Gerhard Dorda. (Českoslov. Časopis Fysiku **10,** 162–79, 1960; Praha, Ústav techn. fys., Českoslov akad. věd.; tschech.) – Übersicht. – 94 Literaturangaben. J. Tůmová. 135□

Ein Vergleich der Stoßionisationstheorie mit Messungen an pn-Übergängen in Silicium. F. W. G. Rose. (J. Electronics and Control [1] **6,** 70–73, Jan. 1959; Rugby, Brit. Thomson-Houston Co. Ltd., Res. Labor.; engl.) – Vf. vergleicht Gleichungen für die Bldg.-Geschw. von Elektronen u. Löchern durch Stoßionisation (SI) für stufenförmige pn-Übergänge mit Messungen der Stromspannungscharakteristik an legierten pn-Übergängen im Si. Im Bereich niedriger Spannung kann eine geringe Beeinflussung des Stroms durch SI angenommen werden. Der durch SI bedingte Strom tritt bes. im Bereich des linearen Stromanstiegs mit der Spannung bei doppeltlogarithm. Auftragung auf. P. Frenzel. 135□

Verzögerte Elektronenemission von Germanium. Karlheinz Seeger. (Halbleiter u. Phosphore, Kolloquium **1956,** 581–82, 1958; Heidelberg, Univ., II. Phys. Inst.; dt.) – Vgl. C. **1958, 14227.** – Eine bei der Temp. der fl. Luft kurz mit 1 keV-Elektronen beschossene Ge-Oberfläche emittiert nach dem Beschuß Elektronen mit einer Stromdichte von 10^{-16} bis 10^{-19} A/cm². Die Emission klingt bei konst. Temp. zeitlich ab u. durchläuft beim zeitproportionalen Erwärmen des Ge auf 500° mehrere Maxima. Die Abklingenergien können aus dem Temp.-Verh. ermittelt werden. Für die Elektronenemission werden Haftstellen in einer dünnen Oberflächenschicht des Ge angenommen, deren Natur noch nicht restlos erklärt ist. H. Roschkowski. 135□

Durchschlag im schwachen Feld in n-Germanium. G. Ascarelli. (Nuovo Cimento [10] **22,** 251–65, 16/10. 1961; Cambridge, Mass., MIT, Dep. of Phys. and Res. Labor. for Electronics; engl.) – Vgl. C. **1962, 14410.** – Vf. mißt an n-Ge die Zeiten bis zum Durchschlag im schwachen Feld als Funktion des angelegten elektr. Feldes u. findet, daß diese Zeitintervalle proportional E^{-2} sind. Die Ergebnisse können erklärt werden, wenn man als Verteilungsfunktion für die Leitungselektronen, deren kinet. Energie geringer ist als die Ionisierungsenergie der Verunreinigungen, $(1 + px)\exp[-x]$ annimmt, worin $p \sim (\mu_0 E)^2$, μ_0 die Beweglichkeit im schwachen Feld, $x = \varepsilon/kT$ u. ε die Elektronenenergie bedeutet. Der Wrkg.-Querschnitt bei Stoßionisation ist dabei konst. bei $\varepsilon > \varepsilon_0$ u. Null bei $\varepsilon < \varepsilon_0$. W. Sobieski. 135□

Elektrische Eigenschaften einiger binärer Halbleiterverbindungen. D. N. Nasledov. (Halbleiter u. Phosphore, Kolloquium **1956,** 641–46, 1958; Leningrad, UdSSR, Akad. der Wiss. der UdSSR, Phys. Techn. Inst.; dt.) – Nach einem Überblick über Halbleiter mit Zinkblendestruktur berichtet Vf. über Verss. zur Darst. u. Best. der elektr. Eigg. von Verbb. des Typs $A^{III}B^{V}$, bes. des *InSb* u. des *InAs*. Auf die Halbleiter-Eigg. fester Lsg. von Verbb. $A^{II}B^{VI}$ u. $A^{III}B^{V}$ wird kurz hingewiesen. Experimentelle Werte der Temp.-Abhängigkeit der elektr. Leitfähigkeit u. des Widerstands im Magnetfeld u. für den Hall-Effekt sind für InSb u. InAs angegeben. H. Roschkowski. 135□

Theorie der Valenzbandaufspaltungen bei k = 0 in Zinkblende und Wurtzit-Strukturen. Stephen L. Adler. (Physic. Rev. [2] **126,** 118–22, 1/4. 1962; Bayside, N.Y., Bayside Labor., General Telephone & Electronics Labor., Inc.; engl.) – Vf. entwickelt eine Theorie der Valenzbandaufspaltungen bei k = 0 in Zinkblende u. Wurtzit-Strukturen, wobei die Wurtzit-Niveaus als Störungen der Zinkblende-Niveaus behandelt werden. Die resultierenden Zweiparameterformeln liefern gut mit dem Experiment übereinstimmende Ergebnisse. Mit Hilfe eines einfachen „tight-binding"-3p-Valenzband-Punktionengitter-Modells wird aus der bekannten Valenzbandaufspaltung dimorpher Wurtzit- u. Zinkblende-Verbb. eine effektive Ladung von 2,3 e für ZnS berechnet. D. Jörchel. 135□

Die elektrische Leitfähigkeit von AgJ-Mischkristallen. K. Weiss, W. Jost und H. J. Oel. (Z. physik. Chem. Frankf. Ausg. [N.F.] **15,** Bonhoeffer-Gedenkband 429–37, April 1958; Göttingen, Univ., Inst. für phys. Chem.; dt.) – Vff. berichten über Leitfähigkeits(σ)-messungen an den Syst. *AgJ* (I)-CdJ_2 (**II**), I-PbJ_2 (**III**), I-Ag_2Se (**IV**) u. I-*KJ* (**V**). Die σ-Kurven für β-I/II sind uneinheitlich, > 0,5 Mol-% II fallen die Kurven für tiefere Temp. steil ab, was wahrscheinlich durch eine orientierte Abscheidung des schlecht leitenden II bedingt ist. III ist zu 5 (Mol.-%) mit I mischbar. Im Bereich von 0,8–5 nimmt σ proportional mit der Konz. an III zu, was durch Ag-Ionenlücken bewirkt wird. Bei niedrigen Konzz. geht die Stör- in die Eigenleitung über. Das Minimum der Isothermen der relativen Leitfähigkeiten erklärt Vf. wie für AgBr dadurch, daß die Ag-Ionen im Zwischengitter beweglicher sind als die Ag-Ionenlöcher. Der Umwandlungspunkt in die hexagonale β-Modifikation fällt mit Erhöhung des II- oder III-Zusatzes in Richtung tieferer Temperatur. Die Größe der σ-Änderung ist ebenfalls vom Zusatz abhängig. Im Syst. β-I/IV ändert sich σ bei Zusatz von 0,5–1 Mol.-% prakt. nicht. Für den Bereich der hexagonalen β-Phase u. der kub. β'-Phase bestehen verschiedene Beziehungen für σ, die Umwandlungs-Temp. $\alpha \to \beta$ wird durch **IV** herabgesetzt. σ vom β-**I** + 0,5 Mol.-% **V** ist prakt. gleich σ von reinem β-**I**, es gilt $\sigma = 5 \cdot 10^4$ exp $(-15000/RT)$. Bei Zusätzen bis zu 2 Mol.-% wird für α-**I**/**II** (oder **III**) kein Unterschied beobachtet. P. Frenzel. 135□

Der elektrische Widerstand von metallischen Schmelzen. 6. Mitt. **Der elektrische Widerstand geschmolzener Zweistofflegierungen des Cadmiums mit Blei, Quecksilber, Zink, des Indiums mit Gallium, Quecksilber und des Antimons mit Wismut.** Albert Roll und N. K. Anantha Swamy. (Z. Metallkunde **52,** 111—20, Febr. 1961; Stuttgart, M.P.I. für Metallforsch.; dt.) — 5. vgl. Z. Metallkunde **51,** [1960], 540; 4. vgl. C. **1960,** 1411. — Der spezif. elektr. Widerstand von geschmolzenen Legg. der Syst. Cd–Pb, Cd–Hg, Cd–Zn, Ga–In, Ga–Hg u. Bi–Sb wurde mit einem elektrodenlosen Meßverf. in Abhängigkeit von Temp. u. Konz. bestimmt. Danach treten in Übereinstimmung mit einer schon früher gefundenen Regel in Zweistoff-Syst. aus Metallen der gleichen Gruppe des Periodensyst. Anomalien im atomaren Konz.-Bereich von 1—2 auf, u. zwar in Form von 2 benachbarten Maxima. Die gleichen Anomalien treten in Zweistoff-Syst. aus Metallen verschiedener Gruppen des Periodensyst. bei Valenzelektronen-Konzz. von 2,2—2,4 auf. F. Vier. 136□

Galvanomagnetische Eigenschaften von Metallen mit offenen Fermi-Oberflächen. 2. Mitt. I. M. Lifschitz und W. G. Pesstschanski. (J. exp. theoret. Physik [UdSSR] **38,** 188—93, Jan. 1960; Akad. der Wiss. der UkrainSSR, Physik.-techn. Inst.; Charkow, Univ.; russ., Auszug: engl.) — 1. vgl. C. **1961, 4248.** — Auf Grund der l. c. entwickelten Theorie werden detailierte Berechnungen für einige konkrete Typen von Fermi-Oberflächen durchgeführt. Die für eine offene Fermi-Oberfläche erhaltene stereograph. Projektion entspricht den an Au gefundenen experimentellen Werten. R. K. Müller. 136□

Temperaturabhängigkeit des Hall-Effektes reiner Ferromagnetika. N. W. Wolkenstein und G. W. Fedorow. (J. exp. theoret. Physik [UdSSR] **38,** 64—68, Jan. 1960; Akad. der Wiss. der UdSSR, Inst. für Metallphysik; russ., Auszug: engl.) — Vgl. C. **1959,** 7702. — An ferromagnet. Metallen (Reinheit 99,998%) werden die gewöhnliche Hall-Konst. R_0 u. die spontane Hall-Konst. R_S ermittelt. Es ergibt sich für *Fe* $R_0 = +0,23$ $(\cdot 10^{-12}$ V·cm/A·G), $R_S = +7,22$, *Ni* $-0,46$, $-6,05$, *Co* $-0,84$, $+0,6$, Ni_3Mn $-0,56$, $+155$, Fe_3Al 0,0, $+470$, *CrTe* —, ca. -5000. Die Unters. der Temp.-Abhängigkeit ergibt für $\varrho_{292°}/\varrho_{4,2°}$ (Messungen bei 292 u. 4,2° K) bei Fe 11,45, Ni 57,2, Co 66,3. Die vorhandenen Theorien geben keine Erklärungen für diese Unterschiede. R. K. Müller. 136□

Flußquantisierung und der stromführende Zustand in einem supraleitenden Zylinder. H. J. Lipkin, M. Peshkin und L. J. Tassie. (Physic. Rev. [2] **126,** 116—17, 1/4. 1962; Argonne, Ill., Argonne Nat. Labor.; engl.) — Vff. modifizieren die Londonsche phänomenolog. Theorie [1950] durch Einbeziehung der Quantisierung des Drehimpulses in das Bosonengasmodell eines Supraleiters u. lösen die modifizierte Londonsche Gleichung für den Fall einer Ringsymmetrie zur Best. des magnet. Feldes in der Eindringzone u. des Wertes der Flußquantisierung für alle Dicken des Supraleiters. Die Beziehung zwischen Drehimpuls u. kinet. Energie im stromführenden Zustand wird diskutiert. D. Jörchel. 136□

Zur Theorie der Ultraschallabsorption durch Metalle in einem starken Magnetfeld. 1. Mitt. E. A. Kaner. (J. exp. theoret. Physik [UdSSR] **38,** 212—18, Jan. 1960; Akad. der Wiss. der UkrainSSR, Inst. für Radiophysik u. Elektronik; russ., Auszug: engl.) — Der Absorptions-Koeff. α von Ultraschallwellen erfährt in einem starken Magnetfeld Sättigung, unabhängig davon, ob $n_1 = n_2$ oder $n_1 \neq n_2$ ist (n_1 u. n_2 = Zahl der Elektronen bzw. Löcher). Wenn $k \perp H$ ist (k = Wellenvektor, H = Feldstärke), ist der Sättigungswert ($kl \gg 1$) mal größer als der Wert $\alpha = \alpha_0$ bei $H = 0$ (l mittlere freie Weglänge der Elektronen), in allen anderen Fällen ist $\alpha \approx \alpha_0$. Die Übereinstimmung mit den experimentellen Werten von Galkin u. Koroljuk (C. **1962, 7055**) ist gut. R. K. Müller. 137□

Austausch-Wechselwirkung und Heisenbergsche Spin-Hamilton-Funktion. Tadashi Arai. (Physic. Rev. [2] **126,** 471—88, 15/4. 1962; Argonne, Ill., Argonne Nat. Labor.; engl.) — Die Darstellungsmatrizen U(P) der Permutationsgruppe wurden zur Entw. der Energiematrix von Vielelektronen-Syst. benutzt, so daß $E = \Sigma_P I_P U(P)$, wo alle Koeff. I_P beschränkt u. eindeutig bestimmt sind. Die „Nichtorthogonalitätskatastrophe", auf die Inglis u. Slater hingewiesen haben, tritt nicht auf u. Koeff.-Werte lassen sich korrekt ermitteln, auch wenn man Störungen höherer Ordnung unberücksichtigt läßt. Dann wird der Heisenbergsche Spinoperator die erste Näherung der Entwicklung. H. Laue. 137□

Diagrammentwicklung für das Ising-Modell mit beliebigem Spin und Wechselwirkungsbereich. Gerald Horwitz und Herbert B. Callen. (Physic. Rev. [2] **124**, 1757–85, 15/12. 1961; Philadelphia, Pa., Dep. of Phys. and Labor. for Res. on the Structure of Matter; engl.) — Diagramm-Entw. für die freie Energie des Ising-Modells eines Ferromagnetikums mit beliebigem Spin u. Wechselwrkg., die eine beliebige Funktion des Abstands zwischen den wechselwirkenden Spins ist. Die Entw.-Variablen sind die Spinabweichungsoperatoren $\sigma_l \equiv \bar{S} - S_{lz}$. Die Theorie stimmt mit den genauen Ergebnissen in den Tieftemp.- u. paramagnet. Gebieten überein u. hat ein wohldefiniertes Gültigkeitskriterium im Bereich mittlerer Temperaturen. Für Wechselwrkg. zwischen nächsten Nachbarn u. für Spin 1/2 ist die spezif. Wärme bei der Curie-Temp. stetig, mit einer unendlichen Steigung auf der Tieftemperaturseite des Übergangs. H. Laue. 137□

Antiferromagnetische Susceptibilität des ebenen dreieckigen Ising-Gitters. M. F. Sykes und I. J. Zucker. (Physic. Rev. [2] **124**, 410–14, 15/10. 1961; London, King's Coll., Wheatstone Phys. Labor., and Battersea Coll. of Advanced Technol.; engl.) — Die von Fisher aufgestellte Transformation des magnet. Moments ermöglicht es, die antiferromagnet. Susceptibilität des ebenen dreieckigen Ising-Gitters in eine Potenzreihe zu entwickeln, die im gesamten Temp.-Bereich $0 \leqslant T < \infty$ konvergiert. Hiernach ist es möglich, die Susceptibilität im gesamten Temp.-Bereich numer. zu berechnen; der maximale Fehler beträgt 0,1% bei $T = 0$. Die spezif. Susceptibilität pro Spin ($kT \cdot \chi_0/m^2$) fällt allmählich von Eins (bei unendlicher Temp.) auf einen Wert (bei $T = 0$) ab, der exakt zu 5/36 ermittelt wird. G. Ruban. 137□

Einfluß der Kristallgitterbegrenzungen auf die Spinwellenresonanz in einem Ferrimagnetikum. A. R. Ferchmin. (Acta physica polon. **19**, 487–97, 1960; Poznań, Adam Mickiewicz Uniw., Inst. für Theoret. Phys.; dt.) — Es wird die Spinwellenresonanz untersucht, die von einem homogenen magnet. Feld in einer dünnen ferrimagnet. Schicht erzeugt wird. Es ergibt sich eine Lsg. von N halbklass. Spinbewegungsgleichungen. Die Form dieser Lösung hängt davon ab, ob an beiden Enden einer linearen ferrimagnet. Kette die Spinmomente gleich oder ungleich sind. Außer den gewöhnlichen Spinwellen mit period. Amplituden können auch aperiod. Spinwellen erregt werden.
A. Blaschette. 137□

Bestimmung der Sättigungsmagnetisierung. Karel Wotruba. (Českoslov. Časopis Fysiku **10**, 242–47, 1960; Praha, Ústav tech. fys. Českoslov. akad. věd.; tschech.) — Erläuterung der Meth. für die Best. der Sättigungsmagnetisierung mit Konstruktionsbeschreibung einer App., welche aus einer Abhebe- u. einer Kompensationsspule besteht, zwischen denen die Probe liegt; der Demagnetisierungsfaktor Null wird mittels eines Potentiometers erreicht. Die prakt. Überprüfung wurde durch Best. der Mengenänderung der anwesenden Phasen an einem Stahl (0,75% C) nach der Dehnung durchgeführt. Die so gefundenen Magnetisierungsänderungen zeigen zwar eine lineare Abhängigkeit, aber Absolutwerte konnten wegen der unbekannten Magnetisierungen der einzelnen Phasen nicht ermittelt werden. Der Meßfehler liegt unter 1%.
J. Tůmová. 137□

Drehmomentkurven und Rotationshysterese bei einachsiger ferromagnetischer Anisotropie. Karl Schüler. (Z. Metallkunde **52**, 492–500, Juli 1961; Dortmund, DEW, Magnetfabrik; dt.) — Eine Drehmagnet-Meßeinrichtung zur Unters. der Anisotropie ferromagnet. Werkstoffe wird beschrieben. Es wird gezeigt, wie man aus den Drehmomentkurven des Geräts Aussagen über die magnet. Eigg. der untersuchten Werkstoffe gewinnen kann. Bes. wird dabei auf die Bedeutung von Messungen der Rotationshysterese in Abhängigkeit von der äußeren magnet. Feldstärke hingewiesen, da man mit solchen Messungen die Verteilungsfunktion der Formanisotropie über das Proben-Vol. bekommen kann. H. Fahlenbrach. 137□

Beobachtungen von magnetischen Bereichswänden mit dem Durchstrahlungs-Elektronenmikroskop. J. T. Michalak und R. C. Glenn. (J. appl. Physics **32**, 1261–65, Juli 1961; Monroeville, Pa., U. S. Steel Corp. Res. Center, Edgar C. Bain Labor. for Fundamental Res.; engl.) — An zonengeschmolzenem Reinsteisen, ferner an Fe mit 0,017% C, Fe–Al (14% Al), Fe–Si (3,6% Si), Fe–Au (3,9% Au) u. an 18/8-Stahl (18% Cr, 8% Ni) werden mit dem Durchstrahlungs-Elektronenmikroskop Elementarbereichbilder erhalten, nachdem aus den Proben 1500–2000 Å dicke Folien durch Ätzen hergestellt worden waren. Bei der Durchstrahltechnik wurde mit einer Defokussierung der Objektiv-Linsen gearbeitet. Die Bildentstehung u. die Kontrasteffekte werden auf der Grundlage der Bewegung geladener Teilchen durch ein Magnetfeld befriedigend erklärt. Die erhaltenen Bilder entsprechen den Forderungen der Elementarbereichtheorien u. wurden durch die Bittersche Streifentechnik recht gut bestätigt.
H. Fahlenbrach. 137□

Typische Fehler in Magnetspulen mit pulsierendem Feld. Richard Stevenson. (Canad. J. Physics **39**, 367—69, Febr. 1961; Montreal, McGill Univ., Eaton Electronics Res. Labor.; engl.) — Faktoren, die die Arbeitsweise eines pulsierenden Feldmagneten (Megagaußbereich) beeinflussen. C. Gottfried. 137

Bedingungen für stabile Schwingungen beim magnetischen Film-Parametron. Richard M. Sanders. (J. appl. Physics **32**, 478—82, März 1961; St. Paul, Minn., Sperry Rand Corp., Remington Rand Univac Div.; engl.) — Beim „Parametron" werden dünne magnet. Schichten mit Einbereichcharakter u. einachsiger Anisotropie als Kern eines nichtlinearen Induktors benutzt, der aus einem in der Schichtebene einwirkenden Pumpfeld Absorptionsenergie entnimmt u. diese Energie an ein Signal abgibt. Die Bedingungen für stabile Schwingungen in diesem Gerät werden für zwei Fälle aufgestellt: 1. Das Pumpfeld wirkt parallel zur leichten Magnetisierungsrichtung in der Schicht ein, die Signalwindung aber umschlingt die schwere Richtung. 2. Das Pumpfeld liegt in der schweren Richtung an, die Signalwindung umschlingt die leichte Richtung. Daneben wird auch noch ein Gleichfeld in Richtung des Pumpfeldes angelegt. Zur Berechnung von Änderungen der Schichtmagnetisierungen werden Beziehungen zwischen dem Gleichfeld, den Film- u. Stromparametern u. dem Pumpfeld für eine gegebene Schwingungsamplitude abgeleitet. Berechnet wird ferner die Signalspannung, der Strom u. die Energie dieses Austrittssignals, ferner der Energieverlust in der dünnen Schicht, die Amplituden der variablen Schwingungs-Harmon. u. die Änderungen der Stromparameter, um die gyromagnet. u. Dämpfungseffekte der Schicht näherungsweise zu bestimmen. Alle Ergebnisse lassen sich durch zwei Funktionen beschreiben.
H. Fahlenbrach. 137□

Magnetische Verschleppung von Fehlern, die durch Neutronenbestrahlungen in reinem Eisen entstanden sind. M. Dautreppe. (Métaux **36**, 242—43, Juni 1691; Grenoble, Centre d'Etudes Nucl., Labor. de Phys. du Solide; franz.) — Reines Fe wird bei 25° C u. 77° K mit schnellen Neutronen bestrahlt. Vor der Bestrahlung zeigt es zwischen 77° K u. 400° C keine Bande der magnet. Verschleppung; nach Bestrahlung bei Zimmer-Temp. ergibt sich eine Verschleppungszone zwischen —20 u. +150°. Nach 4 std. Anlassen bei 100° findet eine Verlagerung zu niedrigeren Temp. statt, u. nach 4 std. Anlassen bei 300° ist die Bande verschwunden. Die Aktivierungsenergie (AE) beträgt 1,2 eV. Die Bestrahlung bei 77° K ergibt eine Verschleppungszone zwischen 80 u. 160° K mit einer AE von 0,3 eV u. eine weniger bedeutende mit 0,6 eV. Durch Erwärmen auf Raum-Temp. verschwindet die durch Bestrahlung bei 25° erzeugte Bande.
W. Wesly. 137□

Ferromagnetische Keimbildungs-Quellen bei Eisen-Whiskern. R. W. De Blois. (J. appl. Physics **32**, 1561—63, Aug. 1961; Schenectady, N.Y., Gen. Electr. Res. Labor.; engl.) — Frühere Verss. mit Bean (C. **1960**, 7420) über die Ausbldg. von Ummagnetisierungskeimen an Fe-Whiskern hatten an vollkommeneren Teilen dieser Whisker Keimbildungsfeldstärken von der Größe der Koerzitivkraft erbracht. Jetzt wird gezeigt, daß diese Keimbildungsfeldstärke um einige hundert Oe über die Länge der Whisker variiert, u. daß diese Kontur, die auch von der elektrolyt. Politur stark abhängt, sich mit der Temp. stetig verschiebt. Weiter wird gezeigt, daß an den Whiskerstellen mit Oberflächenfehlern die Keim-Bldg. ein Minimum besitzt. Damit werden Auffassungen bestätigt, die die Realisierung von Reduzierungen des Keimbildungsfeldes für Ummagnetisierungen unter den idealen Wert dann für möglich halten, wenn die Whisker abrupte Oberflächenkonturänderungen besitzen. H. Fahlenbrach. 137□

Magnetische Nachwirkung in Eisen und Eisen–Silicium als Folge von gelöstem Kohlenstoff oder Stickstoff. A. J. Bosman und G. de Vries. (Nederl. Tijdschr. Natuurkunde **27**, 65—83, März 1961; Amsterdam, Univ., Natuurkundig Labor.; niederl.) — Vff. behandeln die Theorie des Einfl. von gelöstem C oder N auf die elast. u. magnet. Eigg. von Fe- u. Fe–Si-Legg. u. beschreiben Meth. zur Best. der sog. Wechselwrkg.-Energie nach Néel. Für die direkte Einw.-Energie bei magnetostriktiver Verformung der metall. Kornstrukturelemente werden für C in Fe $6{,}7-8{,}4\cdot10^{-16}$, für N in Fe $3{,}9$ bis $5{,}7\cdot10^{-16}$ erg/Atom gemessen. Die Magnetostriktion wird an polykristallinen Fe–Si-Legg. (**A**) mit 4,5—7,0 Gew.-% Si untersucht, wobei die Magnetostriktions-Konst. λ_{100} Werte von $20-7\cdot10^{-6}$ aufweist u. λ_{111} sehr kleine Werte annimmt. Bei gleichem C-Geh. der **A** im Vgl. zu reinem Fe zeigt sich, daß die Desakkomodierung beider Materialien von der gleichen Größenordnung ist, das Stabilisationsfeld für die **A** jedoch nur $^1/_{10}$ des Wertes für Fe aufweist. Vff. untersuchen die 180°- bzw. 90°-Bloch-Wandstrukturen von Fe–Si-Einkristallen mit 3,25% Si-Geh. sowie die magnet. Nachwrkg. als Folge von gelöstem C in Abhängigkeit von der Zeit bei —23° u. finden, daß alle 180°-Wände bei

23 mOe gleichzeitig reißen. Analoge Ergebnisse werden bei —35° erhalten. Die vollen Hystereseschleifen der 180°- bzw. 90°-Wände werden bei —35° bestimmt u. daraus Rückschlüsse auf die Diffusion von C oder N in Fe gezogen. Das Verhältnis der Verweilzeiten τ beträgt für gelöstes $^{13}C/^{12}C$ 1,044 ± 0,005. G. Kirsten. 137□

Magnetische Nachwirkung durch gelöste Atompaare. 2. Mitt. Experimentelle Ergebnisse. G. Biorci, A. Ferro und G. Montalenti. (J. appl. Physics **32**, 630—35, April 1961; Torino, Italy, Ist. Elettrotecn. Naz. Galileo Ferraris, Centro Studi per l'Elettrofisica del CNR; engl.) — Im Anschluß an eine Theorie der Vff. (C. **1962**, 5934) werden experimentelle Unterss. an *Fe–Si*-Legg. (mit Si-Geh. bis zu 6%) u. an Fe–Al-Legg. bis zu 25 Atom-% Al, u. zwar im Temp.-Bereich zwischen 20 u. 600° durchgeführt. Gemessen wurde die magnet. Nachwrkg. der Permeabilität, die mit einem Maximum bei einer Temp. von ca. 400° in Bestätigung zu älteren Ergebnissen auftritt. Viscositätsfelder, die zur Beseitigung dieser Nachwrkg. notwendig sind, wurden gemessen, wobei sich in Übereinstimmung mit der genannten Theorie zeigte, daß die Größe der Viscositätsfelder mit der Anzahl der gelösten Atompaare linear zunimmt. Das trifft auch für die Fe–Al-Legg. mit teilweiser Atomordnung zu. H. Fahlenbrach. 137□

Über die Abhängigkeit der magnetischen Struktur des Kobaltkristalls von seinen Dimensionen. G. Ss. Kandaurowa, Ja. Ss. Schur und F. W. Masslennikowa. (J. exp. theoret. Physik [UdSSR] **38**, 60—63, 1 Tafel, Jan. 1960; Ural-Univ.; russ., Auszug: engl.) — Vgl. C. **1960**, 3777. — Die magnet. Struktur eines Co-Einkristalls in Form einer Scheibe mit Ø 4 mm u. Ausgangsdicke 0,52 mm wird nach der Meth. der Pulverfiguren an der Scheibenoberfläche, parallel zur Basisfläche des Kristalls, untersucht. Bei einer allmählichen Herabsetzung der Dicke (d) von 515 auf 90, dann auf 15 μ zeigt sich, daß sich bei d < 200 μ die Domänenbreite proportional $d^{1/2}$ ändert, während bei höheren d Abweichungen von dieser Regelmäßigkeit zu beobachten sind.
R. K. Müller. 137□

Magnetisch-chemische Eigenschaften der Nickelkatalysatoren. Shunsuke Shishido. (J. chem. Soc. Japan, pure Chem. Sect. [Nippon Kagaku Zassi] **81**, 679—83, Mai 1960; Niigata-Daigaku, Rigakubu; jap., Auszug: engl. S. A49.) — Magnet. Eigg. der *Ni*-Katalysatoren (Ni 25% u. Kieselgur 8%, suspendiert in gehärtetem Öl) werden gemessen. Zwischen dem magnet. Moment m u. dem magnet. Feld H besteht die Heukelomsche empir. Gleichung $m/m_s = \eta H/(1 + \eta H)$, worin m_s das magnet. Sättigungsmoment u. η Konst. sind. Das gefundene magnet. Sättigungsmoment nimmt mit steigender Größe des Kristallites zu, die durch Röntgenstrahlenbeugung bestimmt wird, u. erreicht einen maximalen Wert, der der Summe der magnet. Momente einzelner Ni-Atome entspricht. Vf. schließt, daß die effektive Zahl der Bohrschen Magnetonen pro Ni-Atom durch chem. Adsorption abnimmt, u. daß die Adsorption u. infolgedessen die Abnahme bei kleinerem Kristallit stärker sind. Die Ni-Teilchen sind nach elektronenmkr. Beaobachtung prakt. sphär. u. mehr oder weniger wie Nebelflecke gesammelt. Der gefundene Wert der Konst. η ist kleiner als der nach Langevin-Weiss berechnete Wert u. nimmt mit steigender Größe des Kristallits ein wenig ab, was offenbar darauf beruht, daß eine magnet. Assoziation zwischen den Ni-Teilchen in einzelnen Nebelflecken vorhanden ist, u. daß die Assoziation mit steigender Größe des Kristallits intensiver wird. Durch Erhitzen auf 160—200° in H_2 (15 kg/cm²) nimmt sowohl die Größe des Kristallits als auch das magnet. Sättigungsmoment zu, während sich die äußere Form der Katalysatorteilchen kaum ändert. E. Maekawa. 137

Magnetisches Feld am Kern in Kristallen vom Spinell-Typ. W. H. Kelly, V. J. Folen, M. Hass, W. N. Schreiner und G. B. Beard. (Physic. Rev. [2] **124**, 80—84, 1/10. 1961; Washington, D.C., U.S. Naval Res. Labor.; East Lansing, Mich., Michigan State Univ., Dep. of Phys. and Astron.; engl.) — Messungen des Magnetfeldes am ^{57}*Fe*-Kern, bes. des Mössbauer-Effekts, werden bei Zimmer-Temp. an Pulverproben folgender Ferrite vom Spinelltyp durchgeführt: γ-Fe_2O_3, geordnetes *Li-Ferrit* ($Li_{0,5}Fe_{2,5}O_4$) u. fehlgeordnetes Li-Ferrit. In der angegebenen Reihenfolge werden folgende Feldstärken (kOe) gemessen: 496 ± 20, 508 ± 20 u. 510 ± 20. In allen Verbb. liegt nur Fe^{3+} u. nicht Fe^{2+} vor; die Mössbauer-Spektren sind ähnlich, u. kein Unterschied zwischen geordneten u. fehlgeordneten Verbb. ist festzustellen. Ferner wird für die Hyperfeinwechselwrkg.-Konst. A, nach Messungen des paramagnet. Elektronenresonanzspektrums von mit Fe^{3+} isoelektron. $^{55}Mn^{2+}$-Verunreinigungen in Einkristallen des isomorphen, ebenfalls zum Spinelltyp gehörenden fehlgeordneten *Li-Aluminat* ($Li_{0,5}Al_{2,5}O_4$) der Wert $|77,2 \pm 1,0| \cdot 10^{-4}\ cm^{-1}$ ermittelt. Die Winkelverteilung des Spektrums zeigt, daß $^{55}Mn^{2+}$-Ionen auf Oktaederplätzen angeordnet sind. Das entsprechende Magnetfeld um den ^{55}Mn-Kern ist ca. 550 kOe stark; dieser Wert ist ähnlich dem für ^{55}Mn-Kerne auf Tetraederplätzen bei Aluminatspinellen gefundenen u. stimmt gut überein mit den Mössbauer-Resultaten. G. Ruban. 137□

Messung der Parameter der ferromagnetischen Resonanz in polykristallinen Ferriten bei der Temperatur des flüssigen Heliums. G. Ss. Misseshnikow, Ja. I. Rosenberg und W. B. Steinschleiger. (Nachr. Akad. Wiss. UdSSR, physik. Ser. **25,** 1430—32, Nov. 1961; russ.) — Vff. bestimmten die Parameter der ferromagnet. Resonanz in einem polykristallinen Ferrit mit großer Sättigungsmagnetisierung bei 4,2 u. 293° K. Gemessen wurden die Breite ΔH u. das äußere Feld H_K bzw. H_S bei der Resonanz für kugel- bzw. scheibenförmige Proben. Aus den Angaben wurde die Größe der Sättigungsmagnetisierung N_0 bestimmt. Ausgemessen wurden folgende Typen: *Mg/Mn-Ferrit* P 28 u. die *Ni-Zn-Ferrite* M 55 u. M 258. Die kleinsten Werte ΔH (enge Linie) erreichte M 258 mit folgender Zus.: 66,38% Fe, 8,11% ZnO, 9,93% NiO, 7,63% $MnCO_3$, 1,34% MgO, 6,61% CuO. Für 293 u. 4,2° K war H_K —3015 u. 2270 Oe; H_S —1720 u. 1850 Oe; ΔH —120 u. 800 Oe; N_0 —380 u. 420 Gauß. Die Resonanzbreite ΔH ist für 4,2° K stark vergrößert. G. Ewald. 137□

Ferromagnetische Tieftemperaturrelaxation in Yttrium-Eisen-Granat. E. G. Spencer, R. C. LeCraw und R. C. Linares jun. (Physic. Rev. [2] **123,** 1937—38, 15/9. 1961; Murray Hill, N.J., Belle Telephone Labor.; engl.) — Vff. bestimmen die ferromagnet. Spin-Gitter-Relaxationszeit in Einkristallen von Y-Fe-Granat zwischen 4,2 u. 300° K. Unterhalb ca. 150° K ist der Temp.-Abfall der reziproken Relaxationszeiten steiler als die Temp.-Proportionalität es fordert; bei 4,2° K ergibt sich ein extrem niedriger Wert. Durch diese Messungen wird der Einfl. der Fe^{3+}-Ionen bes. untersucht. G. Ruban. 137□

Eigenschaften der festen Lösungen von $NiFe_2O_4$-$MgFe_2O_4$. N. A. Smolkow und Ju. P. Ssimanow. (Nachr. Akad. Wiss. UdSSR, physik. Ser. **23,** 307—10, März 1959; Moskau, Lomonossow-Univ., chem. u. phys. Fak.; russ.) — $MgFe_2O_4$ sowie $NiFe_2O_4$ u. seine festen Lsgg. mit 25, 50, 75% $MgFe_2O_4$ werden durch Zusammensintern der Oxide bei 1300° (3 Std.) erhalten. Die Röntgen-Unters. zeigt, daß die Gitter-Konst. der festen Lsgg. von 8,321 ± 0,001 für $NiFe_2O_4$ bis 8,362 ± 0,002 · kX für $MgFe_2O_4$ ansteigen. Die Curie-Punkte nehmen von 585 auf 325° ab. Die longitudinale Magnetostriktion ist negativ u. nimmt für $NiFe_2O_4$ von $-25,8 \cdot 10^{-6}$ an ab, die transversale Magnetostriktion ist positiv. Die anfängliche u. die maximale magnet. Permeabilität, die Koerzitivkraft u. die restliche u. maximale Induktion ändern sich nicht linear mit der Zus. der festen Lsgg.; der Rotationswinkel der Polarisationsebene nimmt mit steigendem $MgFe_2O_4$-Geh. ab, der der Hochfrequenzverluste hat ein Minimum bei der Zus. $Ni_{0,75}Mg_{0,25}Fe_2O_4$. R. K. Müller. 137□

Ferromagnetische Wechselwirkung bei EuO. B. T. Matthias, R. M. Bozorth und J. H. Van Vleck. (Physic. Rev. Letters **7,** 160—61, 1/9. 1961; Murray Hill, N.J., Bell Telephone Labor.; Cambridge, Mass., Harvard Univ.; engl.) — Stöchiometr. gleiche Beträge von Eu u. von Eu_2O_3 wurden in einem Quarzgefäß bei 1220° zur Rk. zu EuO gebracht, das im NaCl-Gitter kristallisiert. Gitter-Konst. = 5,141 Å. EuO erwies sich als rein u. als stark ferromagnet. Stoff mit einem Curie-Punkt Θ bei 77° K. Die Sättigungsmagnetisierung bei 0° K entspricht einem Eu^{2+}-Ionenmoment von 7 Bohrschen Magnetonen. Oberhalb Θ folgt die Susceptibilität einem Curie-Weissschen Gesetz überraschend gut. EuO ist neben CrO_2 das zweite, bisher bekannte ferromagnet. Oxid. Seine Sättigungsmagnetisierung $4\pi I$ = 24,100 Gauß ist größer als die von metall. Fe (21,700). Die Ursache dieses Ferromagnetismus ist bei EuO noch nicht genau geklärt. Wahrscheinlich handelt es sich um Auswrkg. von Superaustausch-Wechselwirkungen. H. Fahlenbrach. 137□

Die Messung absoluter magnetischer Susceptibilitäten mit der Thorpe-Senftle-Methode. G. A. Candela und R. E. Mundy. (Rev. sci. Instruments **32,** 1056—57, Sept. 1961; Washington, D.C., Nat. Bur. of Stand.; engl.) — Die meistens üblichen Waagenmessungen der magnet. Susceptibilitäten sind relativ u. beziehen sich auf die Werte von Eichsubstanzen, die unbefriedigend erscheinen. Vff. prüfen daher für die Absolutmessungen kleiner Proben-Gew. (0,1 bis 25 mg) die von Thorpe u. Senftle (C. **1961,** 1464) vorgeschlagene Torsionsmessung nach dem Curie-Cheneveau-Prinzip. Vgl.-Messungen mit Hilfe der abs. Gouy-Meth. am Mohrschen Salz u. am $(NH_4)_2OsBr_6$ zeigen, daß man mit der Thorpe-Senftle-Meth. übereinstimmende Ergebnisse, jedoch bei der letzteren mit der ca. $3 \cdot 10^{-2}$fachen Substanzmenge, erreicht. H. Fahlenbrach. 137□

Beobachtungen über die Sauerstoff-Löslichkeit und die magnetische Susceptibilität an kubisch-raumzentrierten Legierungen der Übergangsmetalle. R. T. Bryant und E. W. Evans. (Philos. Mag. [8] **6,** 805, Juni 1961; Witton, Birmingham, Imp. Chem. Ind. Ltd., Kynoch Works, Res. Dep.; engl.) — An kub.-raumzentrierten Legg. von Nb

mit Mo, Re u. Ru wird die O_2-Löslichkeit in Abhängigkeit von der Zahl der Elektronen pro Atom (Z_A) gemessen. Mit zunehmendem Z_A nimmt die O_2-Löslichkeit ab u. wird Null bei ca. 75 (Atom-%) Mo, 35 Re bzw. 25 Ru. Das bedeutet, daß bei allen drei Leg.-Syst. die O_2-Löslichkeit bei Z_A zwischen 5,70 u. 5,75 verschwindet. Aus der Ähnlichkeit der H_2- u. O_2-Löslichkeit wird auf eine Elektronenabgbe der O-Atome bei der Lösung geschlossen. An Nb–Mo-Legg. wird ferner bei 20° die magnet. Susceptibilität χ gemessen, die mit zunehmendem Mo-Geh. bis zu 60 Atom-% stark abnimmt. Neben diesem χ-Minimum wird noch ein zweites bei 90 (Atom-%) Mo u. ein Maximum bei 75 Mo gefunden.
H. Fahlenbrach. 137□

De Haas-van Alphen-Effekt in Zink bei schwachen Feldern. A. S. Joseph und W. L. Gordon. (Physic. Rev. [2] **126**, 489—97, 15/4. 1961; Cleveland, Ohio, Case Inst. of Technol.; engl.) — Mittels einer automat. Beschreibung der Änderungen des Drehmoments als Funktion des reziproken angelegten magnet. Feldes wurden sechs Periodensätze nachgewiesen. Diese Perioden werden Teilen der Fermi-Oberfläche des freien Elektronenmodells zugeschrieben. Die zu den drei größeren Perioden gehörigen Cyclotronmassen stimmen gut mit theoret. Schätzungen überein. Es scheint ein verbotenes Spin–Bahn-Energieband über der hexagonalen Fläche der ersten Brillouin-Zone in der Nähe der Ecken zu bestehen. Damit ist die Konstruktion mit einer einzigen Brillouin-Zone für *Zn* begründet. Hans Laue. 137□

Bandstruktur und Fermi-Oberfläche von Zink. Walter A. Harrison. (Physic. Rev. [2] **126**, 497—505, 15/4. 1962; Schenectady, N.Y., Gen. Electr. Res. Labor.; engl.) — Die Bandstruktur von Zn wird mit einem modifizierten Modell mit orthogonalisierten ebenen Wellen u. den Hartree-Fock-Rechnungen für neutrales Zn von Piper berechnet. Das Ergebnis läßt sich leicht für kleine Verzerrungen des Gitters erweitern. Die berechnete wird mit einer experimentellen Bandstruktur verglichen, die man erhält, wenn man die Matrixelemente den de Haas-van Alphen-Werten für die Zn-Fermi-Oberfläche anpaßt. Die Bandenergien unterscheiden sich dabei um nicht mehr als 0,04 ry. Die Fermi-Oberfläche aus der experimentellen Bandstruktur wird detailliert dargestellt. Ein Matrixelement beträgt nur 0,004 ry. Die Wahrscheinlichkeit von Band–Band-Übergängen, explizit für den Grenzfall großer Felder berechnet, wird in den Bereich schwacher Felder fortgesetzt mit einem Resultat ähnlich dem Blounts.
Hans Laue. 137□

Magnetische Resonanz von $MnAu_2$. Georges Asch und André J. P. Meyer. (C. R. hebd. Séances Acad. Sci. **246**, 1180—82, 24/2. 1958; Strasbourg, Fac. des Sci., Labor. Pierre Weiss; franz.) — Vgl. C. **1957**, 8718. — An den l. c. untersuchten Proben wird die Resonanzabsorption in Abhängigkeit von der Gleichfeldstärke (2000 bis 21000 Oe) gemessen. Bei einer Frequenz des magnet. Wechselfeldes von 9300 MHz wurde nur bei 17°, bei 35630 MHz zwischen 17 u. 140° gemessen. Bei 9300 MHz u. 17° wird keine Abhängigkeit der Resonanz von der Stärke des magnet. Gleichfeldes gefunden. Bei 35630 MHz ist die Resonanz feldstärke- u. temperaturabhängig. Bei 17° liegt das Maximum der Absorption bei 9300 Oe u. verschiebt sich mit zunehmender Temp. zu höheren Feldstärken. Das trifft bis zum Néel-Punkt bei 90° zu. Bei höheren Temp. bleibt das Maximum bei 12700 Oe temperaturunabhängig. Die Ergebnisse werden mit dem Antiferromagnetismus bzw. Paramagnetismus der Proben bei verschiedenen Temp. u. mit dem Anisotropiefeld, das bei 9300 MHz noch nicht überwunden wird, erklärt.
H. Fahlenbrach. 137□

Die Temperaturabhängigkeit der Elektronenspin–Gitter-Relaxationszeiten in Rubin. R. E. Michel. (Physics Chem. Solids **13**, 164—66, Mai 1960; Princeton, N.J., R.C.A. Labor.; engl.) — Im Bereich von 77—300° K wurden die Spin–Gitter-Relaxationszeiten für Cr^{3+} in Rubineinkristallen mit 0,65 u. 0,05% Cr_2O_3 im Gebiet des 2 → 3-Überganges untersucht. Die Ergebnisse zeigen in beiden Fällen eine gute Übereinstimmung mit der zu erwartenden Raman-Temp.-Abhängigkeit. Oberhalb 150° K ist der Raman-Prozeß im Rubin vorherrschend, unterhalb dieser Temp. der Einzelphononen-Prozeß.
Wolfgang Wagner. 137□

Nullfeldaufspaltung im Holmiumäthylsulfat. S. Hüfner. (Z. Naturforsch. **17a**, 825, Sept. 1962; Darmstadt, TH, Inst. für Techn. Phys.; dt.) — Die Aufspaltung ohne äußeres Magnetfeld (Nullfeldaufspaltung) der tiefsten Grundtermkomponente I des Grundzustandes $^5I_8$ von Ho^{3+} in Ho-Äthylsulfat wurde bei 1,7° K aus einem Übergang des opt. Absorptionsspektrums bestimmt. Die Aufspaltung ist im wesentlichen durch eine Einstellung des Kernspins (I = 7/2) bedingt: Übergang I $^5I_8$ → b $^5F_5$. Der doppelte mittlere Abstand zweier Maxima der Absorptionskurve beträgt A = (0,318 ± 0,012) cm^{-1}. Wechselwrkg.-Effekte der beiden tiefsten Grundtermkomponenten konnten nicht beobachtet werden, die Quadrupolaufspaltung war nicht meßbar. Vf. erörtert das Ergebnis bzgl. paramagnet. Resonanz-Unterss. unter Berücksichtigung der Jahn-Teller-Aufspaltung. P. Frenzel. 137□

Polarisationsgröße und -vorzeichen des Leitungselektrons in Metallen aus der Gruppe der Seltenerdmetalle. V. Jaccarino, B. T. Matthias, M. Peter, H. Suhl und J. H. Wernick. (Physic. Rev. Letters **5**, 251—53, 15/9. 1960; Murray Hill, N.J., Bell Telephone Labor.; engl.) — Die genannten Daten — das Vorzeichen erstmalig — wurden aus Messungen der kernmagnet. Resonanz (KR) u. der paramagnet. Elektronenresonanz (PER) an den intermetall. Verbb. XAl_2, worin X = *La, Ce, Pr, Nd, Sm, Eu, Gd, Tb, Dy, Ho, Er, Tm, Yb, Lu* u. *U* bestimmt. Die Polarisation kann als Austausch-Wechselwrkg. mit —0,1 eV Energie gedeutet werden, deren Vorzeichen negativ ist. An den magnet. Verbb. (alle außer Al_2La) wurden große temperaturabhängige Knight-Verschiebungen der kernmagnet. Resonanzlinien gefunden, deren Größe, Vorzeichen u. Temp.-Abhängigkeit auf die verstärkte Polarisation der Leitungselektronen zurückgeführt werden. Es werden folgende Quadrupol-Wechselwrkg.-Konst. e^2 q Q^{27} (in MHz) angegeben: $LaAl_2$ 4,63, $CeAl_2$ 4,54, $PrAl_2$ 4,54, $YbAl_2$ 2,30, UAl_2 4,31. Die Polarisation der Leitungselektronen führt nach Yoshida auch zu einer Verschiebung der paramagnet. Elektronenresonanz, die gemessen wurde. Aus den Ergebnissen folgt eine Bestätigung des bereits aus der Knight-Verschiebung entnommenen Vorzeichens der Austausch-Wechselwirkung. Gleiche Werte aus KR- u. PER-Messungen sind nicht zu erwarten, da die KR die Polarisation auf der Al-Seite, die PER die entsprechenden auf der X-Seite liefert. H. Böhm. 137□

Anisotrope Linienverbreiterung in den paramagnetischen Resonanzspektren von magnetisch verdünnten Kristallen. D. Shaltiel und W. Low. (Physic. Rev. [2] **124**, 1062—67, 15/11. 1961; Haifa, Technion, Israel Inst. of Techn.; Jerusalem, The Hebrew Univ., Dep. of Phys.; engl.) — Vff. untersuchen den Einfl. von Mosaikstrukturen auf die anisotrope Linienverbreiterung in paramagnet. Resonanzspektren verdünnter Kristalle u. stellen eine allg. Formel zur Form u. Breite der Linien bei halbem Maximum auf. Die Halbwertsbreite des Gd^{3+}-Spektrums in ThO_2-Einkristallen wird als Funktion des Winkels des Magnetfeldes zu den kub. Achsen gemessen u. ergibt eine gute Übereinstimmung mit der aufgestellten. Theorie. Die mittlere Abweichung der Kristalle von der Symmetrieachse beträgt 0,12°. Diese geringe axiale Störung wird auf einen kompensierenden Defekt in [1 0 0]-Richtung zurückgeführt. W. Sobieski. 137□

Cyclotron- und paramagnetische Resonanz in mechanisch beanspruchten Kristallen. G. E. Pikus und G. L. Bir. (Physic. Rev. Letters **6**, 103—05, 1/2. 1961; Leningrad, USSR, Acad. of Sci., Semiconductor Inst.; engl.) — Vf. erörtert einige neue Möglichkeiten, die durch Messungen von Resonanzeffekten in Kristallen unter mechan. Spannung eröffnet werden: 1. Die Cyclotronresonanz in *Ge* u. *Si* erlaubt nicht nur eine Best. der das Spektrum E (k) in diesen Kristallen beschreibenden Konst. A, B u. D, sondern auch des Verhältnisses b/d der Deformationspotential-Konst., das für die Theorie der Streuung wichtig ist. 2. Die Verw. von Kristallen mit einem InSb-ähnlichen Gitter liefert Halbleiter mit einer besonderen Spektrenart, wenn die Flächen konst. Energie toroidförmige Gestalt haben u. das Extremum ein Ring ist. 3. In p-leitendem Ge u. Si sollte die Beobachtung einer Spinresonanz der freien Träger möglich sein, die in unbeanspruchten Kristallen wegen der großen Spin-Bahn-Wechselwrkg., die ein von der Impulsrichtung abhängiges magnet. Löchermoment zur Folge hat, nicht beobachtbar ist. D. Jörchel. 137□

Paramagnetische Relaxation von $CeCl_3 \cdot 7\,H_2O$ bei Heliumtemperaturen. G. Weber. (Z. Naturforsch. **17a**, 822—23, Sept. 1962; Darmstadt, TH, Inst. für Techn. Phys.; dt.) — Unterss. der paramagnet. Relaxation von polykristallinem $CeCl_3 \cdot 7\,H_2O$ im Temp.-Bereich von T = 1,15—4,2°K u. in konst. Magnetfeldern mit H_c bis zu 2600 Oe ergeben, daß die isotherme (stat.) Susceptibilität $\varkappa_0$ bei $H_c = 0$ für T > 1,7°K durch das Curie-Weiss-Gesetz mit einer charakterist. Temp. $\Theta = (-0{,}50 \pm 0{,}02)$°K dargestellt werden kann. Bei T > 1,7°K sind Abweichungen zu beobachten. Die H_c-Abhängigkeit der relativen Susceptibilität $\varkappa/\varkappa_0$ für hohe Frequenzen zeigt gegenüber dem theoret. Verlauf Abweichungen: Die Meßkurve nimmt mit wachsendem Hc nicht mehr monoton ab, sondern zeigt 2 Maxima. Aus der Frequenzabhängigkeit von $\varkappa/\varkappa_0$ wird ein Relaxationsparameter τ_D abgeleitet. Die logarithm. Auftragung von τ_D gegen Hc zeigt, daß τ_D mit H_c zunimmt, bei ca. 1000 Oe ein Maximum erreicht, dann ab- u. im anomalen Bereich erneut zunimmt. Für T < 2°K ist τ_D fast unabhängig von der Temperatur. P. Frenzel. 137□

Kernmagnetische Relaxation eines asymmetrischen drei-Spin-Moleküls in einer Flüssigkeit. G. W. Kattawar und M. Eisner. (Physic. Rev. [2] **126**, 1054—56, 1/5. 1962; College Station, Tex., Texas A & M, Dep. of Phys.; engl.) — Nach der halbklass. Dichtematrixtheorie für Relaxation wurde die Relaxation der z-Komponente der Kernmagnetisierung von Mol. in einer Fl. für den Fall berechnet, daß sich drei ident. Kerne vom Spin 1/2 an den Scheiteln eines gleichschenkligen Dreiecks mit den Winkeln 30°, 30° u. 120° befinden. Wenn der Anfangszustand der Spin-Syst. durch eine Spin-Temp. charakterisiert ist, besteht die Relaxation aus einer Summe von sieben Termen, die exponentiell mit verschiedenen Zeit-Konst. abnehmen. Obwohl die z-Komponente der Magnetisierung eine Funktion der sieben Zeit-Konst. ist, läßt sich eine Darst. von $\ln(M_z - M_{eq})$ durch eine Gerade in experimentell interessanten Gebieten annähern. Die Zeit-Konst. für diese Gerade unterscheidet sich um weniger als 1% von der durchschnittlichen Relaxationszeit, wie aus den Formeln von Gutowsky u. Woessner berechnet. Hans Laue. 137□

Adiabatische Übergänge und Transistor-Effekte bei der kernmagnetischen Resonanz mit Drehkoordinaten. G. Bonera, P. De Stefano und L. Giulotto. (Arch. Sci. [Genève] **13 (165)**, Sonderh. 365—70, 16/9. 1960; Pavia, Univ., Ist. di Fis.; franz.) — Mit der Meth. des Syst. von Drehkoordinaten nach Rabi, Ramsay u. Schwinger wird die Bewegung des magnet. Kernmomentes unter dem gleichzeitigen Einfl. eines oscillierenden Magnetfeldes u. der Relaxation untersucht. H. Fahlenbrach. 137□

Magnetfeldstabilisator für Kernresonanzmessungen. R. G. Eades, G. J. Jenks und A. Bradbury. (J. sci. Instruments **38**, 210—13, Mai 1961; Bangor, Caernarvonshire, Univ., Coll. of North Wales, Dep. of Phys.; engl.) — Es werden Schaltungen für das kristallstabilisierte Spektrometer, den Hochfrequenzgenerator, den Modulationsverstärker, den Phasenschieber sowie den schmalbandigen Verstärker mit Phasenempfindlichkeit für eine Anlage zur Messung von Kernresonanzen im Magnetfeld beschrieben. Die Schaltungen sind so ausgelegt, daß Feldunterschiede der Größenordnung 10^{-3} meßtechn. erfaßt werden können. W. Reusse. 137□

Entwicklung einer neuen Theorie der Leitfähigkeit konzentrierter Lösungen starker Elektrolyte. C. V. Suryanarayana und V. K. Venkatesan. (Acta chim. Acad. Sci. hung. **19**, 441—51, 1959; Annamalainagar, South India, Annamalai Univ., Phys.-chem. Labor.; engl.) — Übersicht über die Leitfähigkeit von Elektrolyt-Lsgg. sowie über die Anwendung älterer Theorien auf die Verhältnisse in hochkonz. Lösungen. Entw. einer neuen Theorie, nach der der innere Druck des Mediums der einzige Faktor ist, der die Beweglichkeit eines Ions unter der Einw. eines elektr. Potentialgradienten beeinflußt. — 107 Literaturangaben. P. Frenzel. 138□

Ionenassoziation in mehrwertigen symmetrischen Elektrolyten. 4. Mitt. **Die Leitfähigkeit von $MnSO_4$ und MnBDS in Dioxan-Wasser-Mischungen.** Gordon Atkinson und Calvin J. Hallada. (J. Amer. chem. Soc. **84**, 721—24, 5/3. 1962; Ann Arbor, Mich., Univ. of Michigan, Dep. of Chem.; engl.) — 3. vgl. J. Amer. chem. Soc. **83**, [1961], 4367; 2. vgl. C. **1962**, 18016. — Vff. bestimmten die Leitfähigkeiten von Mangan-m-benzoldisulfonat (MnBDS) in Dioxan-W.-Gemischen mit 0—40% Dioxan (**I**) u. von $MnSO_4$ in Gemischen mit 0—25% **I**. Die Daten wurden mit Hilfe der Fuoss-Onsager-Theorie analysiert u. die Parameter K_A, Λ^0 u. a_J berechnet. Wie bereits bei den Unterss. dieser Salze in Methanol (**II**)-W.-Gemischen gefunden wurde, ist MnBDS in W. weit weniger assoziiert als $MnSO_4$. Die Werte für a_z u. das Walden-Prod. $\Lambda^0\eta$ sind für beide Salze im untersuchten Lsgm.-Bereich konst. u. die gleichen wie in **II**-W.-Gemischen: MnBDS: a_J 4,98 ± 0,29; $\Lambda^0\eta$ 1,17 ± 0,02. — $MnSO_4$: a_J 6,16 ± 0,41; $\Lambda^0\eta$ 0,989 ± 0,022. Die in **I**-W.-Gemischen gefundenen K_A-Werte liegen einheitlich niedriger als in **II**-W.-Gemischen gleicher DK gefundenen. Die experimentellen Daten stehen nur für das $MnSO_4$-Syst. in guter Übereinstimmung mit der Theorie von Fuoss-Bjerrum. Die Ergebnisse werden diskutiert. P. Scharner. 138□

Untersuchung des Soret-Effektes in Ionenlösungen. 2. Mitt. **Theoretische Betrachtungen.** 3. Mitt. **Experimenteller Teil.** Jacques Chanu. (J. Chim. physique Physico-Chim. biol. **55**, 733—42, Okt. 1958; Paris, Muséum, Labor. de Phys. Appl.; franz.) — 1. vgl. C. **1958**, 7386. — Vf. behandelt die thermodynam. u. mol. Theorien zur Thermodiffusion u. die allg. Beziehungen der Thermodiffusion in bin. Gemischen, gesondert für Elektrolyte u. Nichtelektrolyte. Die Methodik zur Messung des Soret-Effektes wird besprochen. Zur Messung der Änderung der Konz. zwischen 2 Niveaus in der Meßzelle werden opt. u. potentiometr. Meth. verwendet; das Prinzip der opt. Meth. wurde von Chanu u. Lenoble (vgl. C. **1958**, 7386), das der potentiometr. Meth. vom Vf. (vgl. C. **1956**, 9358) früher näher beschrieben. C. Gottfried. 138

Untersuchung des Soret-Effektes in Ionenlösungen. 4. Mitt. **Ergebnisse.** Jacques Chanu. (J. Chim. physique Physico-Chim. biol. **55**, 743—53, Okt. 1958; franz.) — 3. vgl. vorst. Referat. — Die l. c. beschriebenen Meth. zur Messung des Soret-Effektes wurden auf Lsgg. verschiedener Konz. von *KCl*, *NaCl*, *$BaCl_2$* u. *$SrCl_2$* angewandt. Vers.-Temp.

war 25°. Die Meßergebnisse wurden mit Hilfe der l. c. beschriebenen Theorien analysiert u. hierbei die Soret-Koeff. u. die Potentiale der Thermodiffusion der Lsgg. erhalten. C. Gottfried. 138

EMK-Untersuchungen der elektrolytischen Dissoziation. 8. Mitt. Natriumhydroxid in Dioxan + Wasser. G. R. Nash und C. B. Monk. (Trans. Faraday Soc. **54**, 1657—59, Nov. 1958; Aberystwyth, Univ. Coll. of Wales, Edward Davies Chem. Labor.; engl.) — 7. vgl. Gumblett u. Monk, C. **1955**, 6921. — Vff. bestimmen erneut mit Hilfe von EMK-Messungen an der Kette Pt, H_2/Kation, OH^-, Cl^- oder Br^-/AgCl oder AgBr/Ag die Dissoziations-Konst. K von NaOH sowie das Ionenprod. K_w^u von W. im Syst. W./Dioxan. K beträgt bei 45% Dioxan u. 25° 0,35 ± 0,05, bei 70% Dioxan ca. 0,008; K_w^0 beträgt (18,20 ± 0,12). 10^{-17} bzw. (1,51 ± 0,05)·10^{-18}. P. Frenzel. 139□

Thermodynamische Untersuchungen der Chlorwasserstoffsäure in Mischungen von organischen Lösungsmitteln und Wasser. 1. Mitt. **Die thermodynamischen Eigenschaften.** I. T. Oiwa. (Sci. Rep. Tôhoku Univ., Ser. I **41**, 47—82, Okt. 1957; Tôhoku Univ., Fac. of Sci., Dep. of Chem.; engl.) — Vf. bestimmt die thermodynam. Eigg. von HCl in Syst. W./organ. Lsgm. u. erörtert den Einfl. des Lsgm. auf das Normalpotential E^0 der Ag/AgCl-Elektrode bzw. der Kette H_2(Pt–Pt)(1 atm)/HCl (gelöst)/AgCl–Ag (**A**) mit Hilfe einer neuen Gleichung, die auf einer Änderung der Freien Energie ΔG^0 in Abhängigkeit vom Lsgm. beruht. Theoret. u. gemessene Werte für W./*CH_3OH* (**I**), *A.*, *n-Propanol, Isopropanol, Äthylen-, Propylen-, 2.3-Butylenglykol, d-Fructose, d-Glucose, Glycerin* u. *Aceton* stimmen gut überein. Die Bldg. von Alkoxoniumionen u. Ionenpaaren wird erörtert. Weiterhin berechnet Vf. ΔG^0 für die Protonenübertragung H_3O^+ → Alkohol u. die Gleichgewichts-Konst. der Ionenpaar-Bldg. im alkoholreichen Medium, bestimmt die EMK von **A** in **I** u. A. u. berechnet E_0 für **A** sowie die Ionenparameter für HCl. Die Änderungen der thermodynam. Größen werden bzgl. der Struktur der Lsgm., der bevorzugten Ionensolvatation u. der Protonenübertragung erörtert sowie die mittleren Aktivitäts-Koeff. γ in **I**/Z. u. A./W. berechnet. Unter Berücksichtigung der Wechselwrkg. zwischen Ion u. Lsgm. leitet Vf. eine Gleichung für γ in konz. Elektrolyt-Lsgg. in Syst. nichtwss. Lsgm./W. ab, die einen größeren Gültigkeitsbereich als die Debye-Hückelsche Gleichung hat. P. Frenzel. 139□

Thermodynamische Untersuchungen der Chlorwasserstoffsäure in Mischungen von organischen Lösungsmitteln und Wasser. 2. Mitt. **Die relativen Aktivitätskoeffizienten des Wasserstoffions in Mischungen von Chlorwasserstoffsäure, Methanol und Wasser.** I. T. Oiwa. (Sci. Rep. Tôhoku Univ., Ser. I **41**, 129—53, Dez. 1957; engl.) — 1. vgl. vorst. Referat. — Die relativen Aktivitäts-Koeff. γ des H^+-Ions im Syst. HCl (**I**)–CH_3OH (**II**)-W. werden bestimmt. Hierzu mißt Vf. die EMK der Kette H_2(Pt–Pt) (1 atm)/**I** (m), x% **II**, y% W./KCl (gesätt., wss.)/Hg_2Cl_2–Hg (Molalität m = $1 \cdot 10^{-3}$ bis 0,1; x 0,20, 40, 60, 80 u. 90) bei 20, 25 u. 30° u. berechnet mit Hilfe einer Gleichung für das Übergangspotential γ bei unendlicher Verdünnung. Weiterhin werden die Dichten der Lsgg. sowie Dampfdruck u. DK der Lsgm. ermittelt. Vf. erörtert die Ergebnisse bzgl. des Solvatisierungszustandes des H^+-Ions. Berechnungen des relativen freien Vol. von **II**-W.-Mischungen sowie Werte für γ von Na^+ u. K^+ u. die Gleichgewichts-Konst. des Kationenaustausches mit Na^+ u. K^+ am Ionenaustauscherharz in **II**/W.-Mischungen werden mitgeteilt. P. Frenzel. 139□

Ionenreaktionsgeschwindigkeiten und die unvollständige Dissoziation von Salzen. 2. Mitt. **Die Bromacetat–Thiosulfat-Reaktion und die Reaktion des Bromopentammin-kobalt(III)-Ions mit dem Hydroxidion.** C. W. Davies und I. W. Williams. (Trans. Faraday Soc. **54**, 1547—52, Okt. 1958; Aberystwyth, Cards., Edward Davies Chem. Labor.; engl.) — 1. vgl. C. **1950**, I. 1067. — Die kinet. Daten für die Rk. von $BrAc^-$ (Ac^- Acetat) u. $S_2O_3^{2-}$ in Ggw. von Mg^{2+} oder K^+ können durch 2 von der Ionenstärke abhängige Ausdrücke dargestellt werden, die dem aktivierten Komplex mit bzw. ohne Kation entsprechen. Der katalyt. Einfl. der Kationen sowie von Ca^{2+} u. Ba^{2+} läuft parallel mit der Freien Energie, die bei der Assoziation des Kations mit dem Anionkomplex abnimmt. Die Rk. zwischen $[Co(NH_3)_5Br]^{2+}$ u. OH^- läßt sich mit Hilfe unabhängiger Werte für das Ausmaß der Ionenpaar-Bldg. im Rk.-Gemisch deuten. Vff. schließen, daß früher beobachtete Anomalien durch Anwendung der klass. Theorie unter Berücksichtigung der Ionenassoziation quant. erklärt werden können. P. Frenzel. 139□

Moderne elektrochemische Grundlagen des pH-Begriffs. M. G. Valensi. (Bull. Soc. franc. Electriciens [7] **9**, 419—27, Juli 1959; Poitiers, Fac. des Sci.; franz.) — Einführende Übersicht. — 20 Literaturangaben. A. Blaschette. 139□

Ionen ungewöhnlicher Wertigkeit und der Differenzeffekt. M. E. Straumanis. (J. electrochem. Soc. **105**, 284—86, Mai 1958; Rolla, Mo., Univ. of Missouri, School of Mines and Metallurgy, Dep. of Metallurgy; engl.) — Bei der Best. der Geschw. anod.

Auflösungsvorgänge muß der Einfl. des positiven u. negativen Differenzeffekts berücksichtigt werden, da sonst das Auftreten von Ionen ungewöhnlicher Wertigkeit anzunehmen ist. Bei Stromdurchgang durch eine Al-Anode in KCl/HCl-Lsg. sind abgetrennte Teile der Zunderschicht zu beobachten. Die Annahme einer Wertigkeitsänderung reicht zur Erklärung der bei Selbstauflösung beobachteten Erscheinungen nicht aus. Letztere lassen sich jedoch mit Hilfe der Theorien des Differenzeffekts gut erklären.
P. Frenzel. 140□

Über das elektromotorische Verhalten von Elektrodengläsern. 3. Mitt. Messungen an Elektrodengläsern in Essigsäure. Dorothée Wegmann, J. P. Escarfail und W. Simon. (Helv. chim. Acta **45**, 826—39, 2/5. 1962; Zürich, ETH, Org.-chem. Labor.; dt.) — 2. vgl. Helv. chim. Acta **44**, [1961], 25; 1. vgl. C. **1959**, 4700. — Vff. untersuchen die zeitliche Potentialkonstanz von Glaselektroden in CH_3COOH (I) u. erörtern die an diesen gemessenen EMK-Werte mit Hilfe der Gleichgewichts-Konzz. der im Syst. vorliegenden Teilchenarten. Die Glaselektrode spricht im Syst. I–0 bzw. 0,50 Gew.-% W.–10^{-4} bis 10^{-1}m $HClO_4$ auf die Konz. an protonisierter I an. Zwischen dem Alkalifehler der Elektroden u. dem Logarithmus des Potentialgangs (Drift) in I besteht eine lineare Abhängigkeit. Weiterhin werden einige Gesichtspunkte für die Auswahl von Elektrodengläsern, die bes. für potentiometr. Best. in I geeignet sind, erörtert.
P. Frenzel. 140□

Untersuchung der Elektrodeneigenschaften von Anionenaustauschmembranen. Je. A. Materowa und S. Ss. Alagowa. (J. physik. Chem. [UdSSR] **34**, 2752—57, Dez. 1960; Leningrad, Shdanow-Inst.; russ., Auszug: engl.) — Vgl. C. **1962**, 391, 5574. — Vff. untersuchten die Elektroden-Eigg. von Membranen aus den Anionenaustauschharzen (AH) AW-17, OAL, AW-16, EDE-10 P, AN-2 F u. MMG-1 in Na-Chlorid-, -Bromid- u. -Fluoridlösungen. Es besteht eine lineare, mit der Theorie übereinstimmende Abhängigkeit der EMK (Membranelektroden aus allen untersuchten AH zwischen 2 Ag-Elektroden geschaltet) vom log der Halogenmolarität für 0,005—0,8 m Fluorid-, 0,001—0,5 m Chlorid- u. 0,001—0,2 m Bromidlösungen. S. Baryschnikow. 140

Ein Verfahren zur Reinigung von Elektrolytlösungen. D. A. Vermilyea. (J. electrochem. Soc. **105**, 286—87, Mai 1958; Schenectady, N.Y., Gen. Electr. Co., Res. Labor.; engl.) — Unterss. an oxydierten u. nichtoxydierten Elektrolyt-Lsgg. zur Metallabscheidung zeigen, daß Oxydation der enthaltenen, wahrscheinlich organ. Verunreinigungen durch 24std. Einleiten eines O_2-Stromes bei 60 oder 100° in Ggw. von platiniertem Pt die Passivierung von Ag-Elektroden in $AgNO_3$-Lsg. verzögert. Erhitzen der Lsg. nach Zusatz von $KMnO_4$ oder $K_2S_2O_8$ verhindert zwar ebenfalls die Passivierung, bewirkt jedoch die Einführung von Störeffekten (Ausfällung; Bldg. von Ag^{2+}; Einführung von Fremdionen). Aktiviertes Al_2O_3, aktivierte Aktivkohle, O_2-freies N_2 u. He haben keinen Einfluß. P. Frenzel. 141□

Änderungen der Klemmenspannung und der Elektrodenpotentiale mit der Stromdichte während der Chloridelektrolyse. Vivion de Valera. (Proc. Roy. Irish Acad., Sect. B **58**, 207—36, 1957; Dublin, Univ. Coll., Dep. of Chem.; engl.) — Klemmenspannung E u. Elektrodenpotentiale (Fe-Kathode, C-Anode) während der Elektrolyse angenähert neutraler NaCl-Lsgg. sind ausreichend reproduzierbar, um quant. Beziehungen zur Stromdichte u. zu anderen Parametern abzuleiten. E kann durch die Summe der Überspannungen an den Elektroden, Ohmscher Ausdrücke einschließlich des inneren Widerstands u. eines konst. Terms dargestellt werden. Theoret. Überlegungen führen zu dem Schluß, daß das Anodenpotential durch Hydroxylionen bestimmt wird. Ein Zusatz von $Cr_2O_7^{2-}$ zum Elektrolyten hat keinen wesentlichen Einfl. auf die beobachteten Werte.
P. Frenzel. 141□

Untersuchungen an Elektrolyt-Titan aus geschmolzenen Salzen. Kenji Ono, Tomoo Matsushima, Kyoshû Hata und Tsunakichi Kuriyama. (Sci. Rep. Res. Inst. Tôhoku Univ., Ser. A **9**, 227—38, Juni 1957; Res. Inst. of Mining Dressing and Metallurgy; engl.) — Vff. bestimmen die FF. bin. u. tern. Gemische von K_2TiF_6 (I), *NaCl* (II), *KCl* (III), *NaF* (IV) u. *KF* (V) sowie die Löslichkeit von TiO_2 (VI) in den Salzschmelzen. Die eutekt. Punkte der bin. Syst. liegen für I–II bei 535° u. 65 (% I); I–III 640°, 57; I–IV 660°, 85; I—V 710°, 65. VI ist in geschmolzenem I/30—70% II zu ca. 3,3% ohne merkliche Änderung des F. mit der VI-Konz. lösl., in I/IV zu ca. 5%. In letzterem steigt der F. mit zunehmender VI-Konz. an. Phasendiagramme der bin. Syst. sowie von I–II–III werden mitgeteilt. Mit Hilfe von Messungen der Zers.-Spannung E von VI in I—V wird der Elektrolysemechanismus untersucht. In der E-Kurve sind 2 Knickpunkte zu beobachten, die Vff. der Rk. $2\ TiO_2 = Ti_2O_3 + \frac{1}{2}\ O_2$ bzw. der Bldg. von Ti aus VI zu ordnen. Der kathod. Nd. ist schwarz u. nicht metallisch. Vff. schließen, daß die elektrolyt. Abscheidung von metall. Ti im Syst. I–V–VI auf Grund der Bldg. des Suboxids nicht möglich ist. P. Frenzel. 141□

Einfluß von Mangan bei der Elektrofällung von Zink. W. W. Stender, G. S. Kirjakow und R. Ss. Wachidow. (J. angew. Chem. [UdSSR] **33**, 2238—45, Okt. 1960; russ.) — Die Korrosion von Zn im normalen Zn-Elektrolyt [60 (g/Liter) Zn in 100 H_2SO_4] bei 20—50° wird durch die Ggw. von $\geq$0,1 MnO_2 in der Lsg. verlangsamt u. durch die Ggw. von MnO_4^- erhöht. Durch $\leq$20 Mn^{2+} wird die kathod. Elektrolyse von $ZnSO_4$-Lsgg. prakt. nicht beeinflußt. Weniger als 5 MnO_2 verringern die schädliche Wrkg. von Sb, Cu, Ni u. anderen metall. Verunreinigungen auf die Elektrofällung des Zn, $>$5 MnO_2 erniedrigen die Stromausbeute um 4—5%, verbessern aber die Qualität des Zn-Niederschlags. MnO_4-Ionen erniedrigen bei hohen Temp. u. niedrigen Stromdichten die Stromausbeute stark. Zugabe von 0,3—0,5 $KMnO_4$ erniedrigt die schädliche Wrkg. von fremden Metallionen auf die Fällung des Zn. S. Baryschnikow. 141

Untersuchung des Kathodenprozesses bei elektrolytischer Abscheidung von Chrom aus einem Tetrachromatelektrolyten. A. Ja. Rjaboi und M. A. Schluger. (J. angew. Chem. [UdSSR] **34**, 177—81, Jan. 1961; russ.) — Die Unters. der Abhängigkeit des Kathodenpotentials von der Stromdichte bei der Elektrofällung von Cr aus Tetrachromatelektrolyt bei 20° zeigt, daß die Polarisation im wesentlichen durch die Konz. der Komponenten [400 (g/Liter) CrO_3, 0—60 NaOH, 2,5 H_2SO_4 u. bis 2 Zucker] bedingt ist. Eine Zugabe von 40—60 g/Liter NaOH zum Elektrolyten verschiebt das Ionengleichgewicht zugunsten der Bldg. von CrO_4^{2-}. Die vorherige Red. eines Teils von Cr(VI) zu Cr(III) (wesentlicher Bestandteil des Kathodenfilms) erhöht die, bei ungenügender SO_4^{2-}-Konz. zu niedrige Geschw. der Red. zu Cr(III). Die Stromausbeuten liegen bei maximal 28,4% (60 g/Liter NaOH). S. Baryschnikow. 141

Über den Mechanismus der elektrochemischen Abscheidung und Auflösung von Kobalt in Perchloratlösungen. K. E. Heusler. (Z. Elektrochem., Ber. Bunsenges. physik. Chem. **66**, 177—84, März 1962; Stuttgart, MPI für Metallforsch., Abt. Sondermetalle; dt.) — An reinstem Elektrolyt-Co wurden Anfangsstromspannungskurven u. stationäre Stromspannungskurven in sauren u. neutralen Perchlorat-Lsgg. in Abhängigkeit vom pH-Wert u. von der Co-Konz. gemessen. Der Rk.-Mechanismus für die Abscheidung u. Auflösung von Co entspricht dem von Fe. Es wurden einige Folgerungen, die sich aus diesem Rk.-Mechanismus ergeben, experimentell geprüft. G. Talsky. 141 □

Anodische Reaktionen bei der Elektrolyse einer sauren Kobalt(II)-fluoridlösung. A. N. Kappanna und E. R. Talaty. (Current Sci. **27**, 18, Jan. 1958; Nagpur, Coll. of Sci.; Bhavnagar, Central Salt Res. Inst.; engl.) — Der bei der Elektrolyse einer 0,1216 m CoF_2/0,6224 m HF-Lsg. auftretende schwarze Nd. auf der Anode besteht, Best. des H_2O-, O- u. Co-Geh. sowie des Gew.-Verlustes bei starkem Erhitzen zufolge, aus $Co_2O_3 \cdot 2\,H_2O$. Auch bei Abscheidung stärkerer Ndd. wird im Gegensatz zu früheren Beobachtungen kein Trihydrat festgestellt. Das anod. Entladungspotential in angenähert neutraler Lsg., im vorst. Elektrolyten sowie in sauren Lsgg. mit CoF_2/HF $>$10, beträgt 1,2, 1,45 bzw. 1,72 V. Bei höheren Anodenpotentialen erfolgt O_2-Entwicklung. Für die Bldg. von Co_2O_3 schlagen Vff. nachst. Mechanismus vor: $F^- \rightarrow F + \ominus$; $Co^{2+} + F \rightarrow F^- + Co^{3+}$; $2\,Co^{3+} + 3\,H_2O \rightarrow Co_2O_3 + 6\,H^+$. P. Frenzel. 141 □

Anodische Phänomene bei der Elektrolyse von Bleiformiat. A. N. Kappanna und A. S. Dewagan. (J. Indian chem. Soc. **34**, 439—42, Juni 1957; Nagpur, Coll. of Sci., Dep. of Chem.; Jabalpur, Mahakoshal Mahavidyalaya, Dep. of Chem.; engl.) — Vgl. vorst. Referat. — Unterss. der Rkk. von Au- u. Pt-Anoden bei der Elektrolyse von Pb-Formiat-Lsgg. ergeben, daß bei niedrigen Stromdichten i bis zu 15 mA/cm² lediglich *PbO₂* (**I**) entsteht. Bei höheren i-Werten wird die **I**-Bldg. teilweise unterdrückt u. CO_2 freigesetzt. Freie HCOOH setzt im Gegensatz zu $HCOO^-$-Ionen (als HCOONa) die anod. Stromausbeute der **I**-Abscheidung herab. Vff. erörtern den Rk.-Mechanismus. Die Gesamt-Rk. folgt der Gleichung $2\,Pb^{2+} + 2\,H_2O \rightarrow PbO_2 + 4\,H^+ + Pb$. P. Frenzel. 141 □

Elektrolyse von salzsauren Lösungen von Kupfer(II)-chlorid. W. N. Flerow, Sch. Ss. Schtschegol, L. W. Armenskaja und L. G. Galkin (unter Mitarbeit von R. N. Kalinin und N. N. Igumnow). (J. angew. Chem. [UdSSR] **33**, 2245—52, Okt. 1960; russ.) — Bei Anwendung porenfreier Graphitelektroden wird die Grenzstromdichte (GSD) durch die Erniedrigung der Cu-Konz. im Elektrolyt bzw. die Erhöhung der Temp. (20—80°) erhöht. Bei porösen Graphitkathoden (GK) wird die GSD durch die Durchfluß-Geschw. des Elektrolyts durch die GK wesentlich erhöht, jedoch durch die Temp. u. die Dicke der GK prakt. nicht beeinflußt. Bei der Ausscheidung von Cl_2 aus salzsauren $CuCl_2$-Lsgg. ist die Polarisation der Kathode verhältnismäßig gering. Die Stromausbeute ist von der Stromdichte, der Kathodengraphitsorte u. der Durchfluß-Geschw. des Elektrolyts abhängig. S. Baryschnikow. 141

Zersetzungsspannung von Nitrobenzollösungen von Aluminium- und Natriumbromid. M. Je. Lerner und O. K. Kudra. (Ukrain. chem. J. **26**, 719—22, 1960; Kiew, Polytechn. Inst., Inst. der zivilen Luftflotte; russ.) — Es wurden Nitrobenzol-Lsgg. von NaBr u. $AlBr_3$ mit Hilfe von Strom–Spannungs-Kurven untersucht. In den Lsgg. werden je nach der Zus. Zers.-Spannungen bei ca. 1,3, 2,5, 4 u. 5—6 V beobachtet. C. Kozák. 141 □

Protonenübertragung zwischen Pd/H- und Pd/Pt/H-Elektroden. 1. Mitt. Im Gleichgewicht befindliche Wasserstoffelektroden. A. W. Carson, Ted B. Flanagan und F. A. Lewis. (Trans. Faraday Soc. **56**, 1311—23, Sept. 1960; Belfast, Queen's Univ., Chem. Dep.; engl.) — Die Protonenübertragung (PA) zwischen Pd/H- u. Pd/Pt/H-Elektroden wurde in HCl-sauren wss. Lsgg. zwischen 0 u. 59° unter Bedingungen untersucht, die nicht durch eine elektrochem. Entladung von Wasserstoff beeinflußt werden. Dabei ergibt sich, daß die Polarisation der PA von den entstehenden Veränderungen des Wasserstoff-Geh. der Elektroden abhängig ist. In 1n HCl beträgt die Aktivierungsenergie der PA 4,9 kcal. Der Einfl. der PA in Lsg. auf die Best. des elektr. Widerstandes von H-haltigen Pd- u. Pd/Pt-Drähten wurde ermittelt. H.-J. Hartmann. 142 □

Protonenübertragung zwischen Pd/H- und Pd/Pt/H-Elektroden. 2. Mitt. Unvollständige Polarisation der Protonenübertragung. A. W. Carson, Ted B. Flanagan und F. A. Lewis. (Trans. Faraday Soc. **56**, 1324—31, Sept. 1960; engl.) — 1. vgl. vorst. Referat. — Die reversible Konz.-Polarisation der Protonenübertragung (PA) zwischen Pt- u. Pd/Pt-Elektroden wird unvollständig, wenn der Wasserstoff-Geh. der Elektroden dem Koexistenzbereich von zwei unterschiedlichen Hydridphasen entspricht. Die dabei auftretenden Effekte werden für eine Reihe von Pt/Pd-Legg. verglichen; die durch unvollständige Polarisation der PA möglichen Abweichungen bei den Widerstandsmessungen in sauren Lsgg. werden diskutiert. H.-J. Hartmann. 142 □

Aktivierungswärmen bei Elektrodenvorgängen. Der elektrochemische Desorptionsmechanismus der Entladung von Hydroniumionen. B. E. Conway und J. O'M. Bockris. (Canad. J. Chem. **35**, 1124—36, Okt. 1957; Ottawa, Ontario, Canada, Univ. of Ottawa, Dep. of Chem.; Philadelphia, Pa., Univ. of Pennsylvania, John Harrison Labor. of Chem.; engl.) — Für die elektrochem. Desorptions-Rk. $H^+_{aq.} + H_{ads.} + e_0^- \rightarrow H_2$ (a) bei der elektrolyt. H_2-Entw. an Ni, Cu, W u. Hg in wss. sauren Lsgg. werden quasiquant. Potentialenergieprofildiagramme entwickelt. Die berechneten Aktivierungswärmen ΔH_1 für a nehmen mit zunehmender Adsorptionswärme ΔH_2 von H am Metall zu, dagegen ab für die einfache Entladung eines Protons nach $H^+_{aq.} + e_0^- \rightarrow H_{ads.}$. Die Minima von ΔH_1 betragen für a an W 16,0 (kcal/Mol), Ni 11,5; experimentell: 7—16 (in Abhängigkeit von der HCl-Konz.); Cu 6,5; 10—11; Hg 2,0; 21 (einfache Entladung als geschwindigkeitsbestimmender Schritt). Die Abhängigkeit des Verlaufs von ΔH_1 für die Desorption von ΔH_2 stimmt mit der für eine Reihe von Übergangsmetallen festgestellten ΔH_2-Abhängigkeit der Austauschstromdichten überein. Bei Syst., für die die stöchiometr. Zahlen nicht zugänglich sind, erlauben die Berechnungen eine Unterscheidung zwischen Protonenübertragung u. elektrochem. Desorption als geschwindigkeitsbestimmenden Schritt. Experimentelle Werte der H/O-Trennfaktoren werden erörtert. P. Frenzel. 142 □

Eine Untersuchung des Mechanismus der Wasserstoffelektrodenreaktion an einer Quecksilberkathode bei hohem Elektrodenpotential. Atusi Mituya. (J. Res. Inst. Catalysis, Hokkaido Univ. **4**, 228—55, März 1957; Tokyo, St. Paul's Univ., Chem. Labor.; engl.) — Vf. untersucht die Beziehungen zwischen dem Elektrodenpotential η u. der Stromdichte i an einer hochreinen Hg-Kathode in gereinigter 0,1n HCl sowie zwischen η u. der Elektrizitätsmenge E bei hohem η. In der $\log i/\eta$- u. E/η-Kurve wird bei gleichem η ein Knick beobachtet, der nicht dem langsamen Entladevorgang zugeordnet werden kann. Vf. beschreibt Reinigungs-Verss. für Hg u. HCl sowie geeignete Elektrolysezellen. P. Frenzel. 142 □

Zum Mechanismus der Sauerstoffelektrode in alkalischen Elektrolyten. Wolf Vielstich. (Z. physik. Chem. Frankf. Ausg. [N. F.] **15**, 409—28, April 1958; Bonn, Univ., Inst. für phys. Chem.; Oberhausen-Holten, Ruhrchemie AG., Forsch.-Stelle für Phys. u. phys. Chem.; dt.) — Vf. untersucht mit Hilfe von Potentialmessungen bei verschiedenen OH^-- u. H_2O_2 (I)-Konzz. u. Aufnahme von Strom–Spannungs-Kurven das elektrochem. Verh. von O_2 an porösen Kohle-, Pt-, Ni-, Ag- u. AgO-Elektroden in alkal. Lösung. Die Elektroden arbeiten bei Besprühung mit O_2 als O-Elektroden. Bei Belastung bzw. I-Zugabe stellen sich definierte Potentiale ein. Vf. schließt, daß Mischelektroden mit mehr als einer potentialbestimmenden Rk. vorliegen, u. erörtert verschiedene Rk.-Mechanismen. Ag ist ein guter Katalysator für die Zers. von I u. hat eine große Austauschstromdichte für die Rk. a) $M—O + H_2O + 2\,e^- \rightleftharpoons M + 2\,OH^-$

(M—O intermediär gebildetes Oberflächenmetalloxid bzw. chemisorbiertes O), während Kohle beide Rkk. nur mäßig katalysiert. Pt nimmt eine Mittelstellung ein, für Ni liegt das Gleichgewichtspotential für a wahrscheinlich negativer als das für Rk. b) $O_2 + H_2O + 2e^- \rightleftharpoons HO_2^- + OH^-$. Die Bldg. von Ag_2O (II) auf der Ag-Elektrode bei Normal-Temp. erfolgt nur durch anod. Polarisation, das Ruhepotential ist ident. mit dem thermodynam. I-Potential. Die I-Elektrode ist als Einfachelektrode nach a anzusehen, die O-Elektrode mit Kohle, Pt, Ni oder Ag als akt. Bestandteil ist eine Mischelektrode, an der die Rkk. b, $HO_2^- + H^+ \rightleftharpoons H_2O_2$, $H_2O_2 + M \rightarrow M—O + H_2O$ u. a ablaufen können. P. Frenzel. 142□

Theorie über diffusionsbegrenzte Ladungsübergangsprozesse bei elektroanalytischen Methoden. W. H. Reinmuth. (Analytic. Chem. **34**, 1446—54, Okt. 1962; New York, N.Y., Columbia Univ., Dep. of Chem.; engl.) — Die Theorie des sich unter den Bedingungen der semiinfinitesimalen linearen Diffusion abspielenden Ladungsübergangs wird mathemat. behandelt. Es werden einige allg. Näherungen für explizite Lösungen angegeben. Diese Näherungen werden durch Anwendung auf Probleme bei analyt. Meth. erläutert. P. Kurzmann. 142□

Polarographisch-katalytische Wellen des Wasserstoffs und Adsorption des Katalysators. Ss. G. Mairanowski. (Ber. Akad. Wiss. UdSSR **132**, 1352—55, 21/6. 1960; Zelinsky-Inst. für org. Chem. der Akad. der Wiss. der UdSSR; russ.) — Vgl. C. **1959**, 5035. — Die durch Chinin (I) in 0,1n Borax-Lsg. verursachten katalyt. Wellen zeigen bei $4 \cdot 10^{-4}$m I-Konz. einen Wendepunkt, aus dem bei höheren Konzz. eine zweite Spitze wird. Die Verdoppelung der katalyt. Welle von I zeigt sich auch bei Zusatz eines oberflächenakt. Stoffes (Tetraäthylammoniumbenzolsulfonat) schon in geringen Mengen: die untere, steilere Stufe entspricht der Entladung der im Vol. der Lsg. gebildeten Kationen, diese „Vol.-Welle" hat reversiblen Charakter; die obere, gedehnte Welle beruht auf der irreversiblen Entladung der aus dem adsorbierten I gebildeten Kationen („Oberflächenwelle"). Wenn keine Teilung der Wellen erfolgt, handelt es sich um den summar. Strom beider Wellen mit $i_{Grenz} = i_{Vol.} + i_{Ob.}$. Für die I-Konz. C_I gilt $i_{Vol.}/C_I = 43\ \mu A/mMol$ u. $k_1 = 1{,}6 \cdot 10^3\ s^{-1}$ (Mol/Liter)$^{-1}$. Die Oberfläche ist zu ca. 0,2% bedeckt. Adsorptionsgleichgewicht liegt bei ca. 7% vor. R. K. Müller. 142□

Kathodenstrahlpolarographie in Salzschmelzen. G. J. Hills, J.-E. Oxley und D. W. Turner. (Silicates ind. **26**, 559—63, Dez. 1961; London, Imp. Coll., Dep. of Chem.; engl.) — Es wird eine polarograph. Meth. mit festen Pt-Elektroden beschrieben, die eine schnelle Unters. von Elektrodenprozessen in Salzschmelzen bis zu einer Temp. von ca. 600° gestattet. Durch sehr rasche Spannungsänderungen ist diese Meth. unempfindlich gegen Konvektionsströmungen, Bewegungen der Elektrode u. Anreicherungen von Rk.-Prodd. an der Elektrodenoberfläche. Eine kontinuierliche Analyse der Schmelze ist möglich. Die Best. von *AgCl* im *LiCl–KCl*-Eutektikum wird beschrieben. K. Roß. 142□

A₄. Thermodynamik. Thermochemie

Zur Thermodynamik negativer absoluter Temperaturen. Hans-Georg Schöpf. (Ann. Physik [7] **9**, 107—23, 1962; Greifswald, Univ., Inst. für theoret. Phys.; dt.) — Die klass. Kreisprozeß-Thermodynamik wird so erweitert, daß sich der Begriff negativer abs. Temp. (Ramsey, C. **1957**, 7573) zwanglos eingliedert. Bes. wird die Frage geklärt, ob es Carnot-Prozesse gibt, deren eine Isotherme im Bereich positiver, deren andere Isotherme im Bereich negativer abs. Temp. liegt. A. Blaschette. 146□

Über die Transportgleichung in Quantengasen. I. Prigogine und S. Ono. (Physica [Utrecht] **25**, 171—78, Febr. 1959; Bruxelles, Univ. Libre, Fac. des Sci.; engl.) — Die von Prigogine u. Balescu (C. **1960**, 4431) entwickelte Diagrammtechnik wird vom klass. Syst. auf ein Quantengas übertragen u. zur Ableitung der Transportgleichung für ein schwach gekoppeltes Gas herangezogen. Die Gleichung verändert ihren Charakter, wenn die charakterist. Inhomogenitätslänge von gleicher Größenordnung wie die de Broglie-Wellenlänge der Teilchen wird. A. Blaschette. 146□

Definition des idealen Gases und Beziehung zum zweiten Hauptsatz der Thermodynamik. Donald G. Miller und Warren Dennis. (Amer. J. Physics **28**, 796—98, Dez. 1960; Louisville, Ky., Univ., Dep. of Chem. and Dep. of Physiol.; engl.) — Vff. zeigen, daß ein ideales Gas durch 2 voneinander unabhängige Beziehungen definiert werden muß. Neben PV = n·RT muß entweder $(\delta E/\delta V)_T = 0$ oder $T = \vartheta$ sein, wo P den Druck, V das Vol., n die Molenzahl, R die Gas-Konst., E die Energie, T die mit der idealen Gasskala gemessene Temp. u. ϑ die universelle thermodynam. Temp.-Skala bedeuten. Es wird — sowohl für den Carnotschen Kreisprozeß als auch für die Carathéodorysche Formulierung [1909] des zweiten Hauptsatzes — gezeigt, daß der zweite Hauptsatz aus PV = n-RT allein $(\delta E/\delta V)_T = 0$ nicht ergibt. C. Gottfried. 146

Bestimmung der Tiefe des intermolekularen Potentialwalles aus Beobachtungen der Regenbogenstreuung: Cs–Hg und K–Hg. Fred A. Morse, R. B. Bernstein und H. U. Hostettler. (J. chem. Physics **36**, 1947—48, 1/4. 1962; Ann Arbor, Mich., Univ. of Michigan, Chem. Dep.; engl.) — Unter Verw. von Atomstrahlen der Alkalimetalle bestimmter Geschw., die durch einen kreuzenden Hg-Strahl gestreut werden, untersuchen Vff. die Regenbogenstreuung für die Syst. Cs–Hg u. K–Hg u. berechnen aus der Lage der Streuwinkel die Tiefe des intermol. Potentials ε_{12}.
Gerhard Schulze. 149□

Thermodynamische Funktion realer Gase mit orientierter Wechselwirkung. A. Je. Glauberman und K. K. Petscharski. (J. physik. Chem. [UdSSR] **32**, 2594 bis 2600, Nov. 1958; Lwow, Franko-Univ.; russ., Auszug: engl.) — Die allg. Theorie realer Gase mit nicht zentraler Teilchen-Wechselwrkg., die auf der komplexen Teilchenverteilungsfunktion in der Bogoljubow-Form beruht, wird zur Berechnung der thermodynam. Eigg. eines Gases mit nicht kugelförmigen Moll. mit geringer orientierter Wechselwrkg. angewandt. Die Abhängigkeit des zweiten Virial-Koeff. von CO_2, C_2H_6 u. $CHCl_2F$ von der Temp. ist graph. dargestellt. H. Roschkowski. 149□

Untersuchungen über die gegenseitige Diffusion in Mischungen aus polaren und unpolaren Gasen. B. N. Srivastava und I. B. Srivastava. (J. chem. Physics **36**, 2616—20, 15/5. 1962; Calcutta, Indian Assoc. for Cult. of Sci.; engl.) — Mit Hilfe der Vers.-Anordnung von Ney u. Armistead (Physic. Rev. [2] **71**, [1947], 14) erfolgte die Best. von Diffusions-Koeff. der bin. Mischungen von NH_3 mit *Ar* u. *Kr* im Temp.-Bereich von —20 bis +60°. Nach der Meth. der kleinsten Quadrate wurden die ungleichen Wechselwrkg.-Parameter (WP) des Lennard-Jones-Potentials (12:6) aus den experimentellen D_{12}-Werten bei verschiedenen Temp. errechnet. Berechnungen der WP unter Verw. von Kombinationsregeln (KR) u. den Kraft-Konst. der reinen Komponenten ergaben, daß die KR recht zufriedenstellende Ergebnisse liefern.
G. Gattow. 149□

Was ist Thermodiffusion? Gerhard Dickel. (Z. physik. Chem. [Frankfurt/M.] [N. F.] **33**, 337—51, Aug. 1962; München, Univ., Phys.-Chem. Inst.; dt.) — Es wird gezeigt, daß der beim Anlegen eines Temp.-Gefälles in einem Gasgemisch auftretende therm. Entmischungseffekt in zwei Effekte verschiedenen Ursprungs u. Verh. zerlegt werden muß: 1. In den eigentlichen Effekt der Thermodiffusion, bei dem sich gleichsinnig mit dem Partialdruckgradienten ein Konz.-Gradient aufbaut. Es wird dabei ein stationärer Zustand hinsichtlich Temp. u. Partialdruck bzw. Konz. erreicht. 2. In die bei realen Gasen zusätzlich auftretende therm. Konz.-Verschiebung, die durch den Abbau des auf Grund der thermodynam. Exzeßfunktion sich spontan einstellenden Partialdruckgefälles hervorgerufen wird. Im Endzustand ist kein Partialdruckgradient mehr vorhanden, aber ein durch die Eigg. der realen Gase bedingter Konz.-Gradient. — Nur der erste Effekt kann sinnvoll als Thermodiffusion bezeichnet werden.
A. Blaschette. 149□

Dichte von flüssigem Helium-3 zwischen 0,045 und 1,3° K. John E. Rives und Horst Meyer. (Physic. Rev. Letters **7**, 217—19, 15/9. 1961; Durham, N.C., Duke Univ., Dep. of Phys.; engl.) — Mit einem näher erläuterten Meß-Verf. wurden die Dichten von fl. ^3He im Temp.-Bereich von 0,045—1,3° K bei Drücken bis zu 28 atm gemessen. Bei Drücken oberhalb 15 atm u. Temp. unterhalb 0,1° K verläuft die Dichtekurve durch ein Minimum, das sich mit steigendem Druck nach höheren Temp. verschiebt. Bei Temp. unterhalb 0,08° K u. einem Druck von 0,18 atm ist der Ausdehnungs-Koeff. proportional der Temperatur. Wolfgang Wagner. 149□

Schallausbreitung in einem verdünnten Fermi-Gas bei 0° K. K. Gottfried und L. Pičman. (Kgl. danske Vidensk. Selsk., mat.-fysiske Medd. **32**, 1—30, 1960; engl.) — Theoret. Behandlung der ungedämpften Ausbreitung u. der Schalldämpfung.
G. Kirschstein. 149□

Zur Theorie des Schmelzens. I. P. Basarow. (Ber. Akad. Wiss. UdSSR **135**, 1351—53, 21/12. 1960; Moskau, Lomonossow-Univ.; russ.) — Vf. leitet einen Ausdruck für F. von Kristallen ab, wobei von der Schwingungsfrequenz der Kristallbausteine u. ihrer Temp.-Abhängigkeit ausgegangen wird. Für die Kristalle der Edelgase Ar, Ne, Xe u. Kr ergaben sich nach dieser Formel FF., die das Dreifache des experimentell ermittelten F. betrugen. D. Hoene. 150□

Dampfdrücke isotoper Flüssigkeiten. 3. Mitt. **Einige Korrekturen zu den früheren Mitteilungen.** G. Boato, G. Casanova, G. Scoles und M. E. Vallauri. (Nuovo Cimento [10] **20**, 87—93, 1/4. 1961; Genova, Univ., Ist. di Fis.; Sezione di Genova,

Ist. Naz. di Fis. Nucleare; engl.) — 2. vgl. C. **1961,** 8187. — Verschiedene Fehler werden korrigiert. Die berichtigten Resultate stimmen mit den Ergebnissen von Roth u. Bigeleisen (C. **1960,** 16345) überein. Wolfgang Wagner. 150□

Dampfdruck von reinem Kobalt. Je. S. Wintaikin und Ja. Tomasch. (J. physik. Chem. [UdSSR] **35,** 2121—22, Sept. 1961; Zentrales wiss. Forsch.-Inst. für Schwermetallurg.; russ.) — Vff. untersuchen nach der Knudsen-Meth. unter Verw. von ^{60}Co den Dampfdruck (p) von Co zwischen 1100 u. 1250°. $\lg p_{\text{Atm.}} = -21900/T + 7{,}130$. Der Verdampfungs-Koeff. α ergab sich zu 0,2—1. Der Wert von α wird durch den Akkomodations-Koeff. u. die Reinheit der Oberfläche beeinflußt. Ferner wird p einer *Fe-Co*-Leg. mit 10,5 Atom-% Co untersucht. D. Hoene. 150□

Das Tieftemperatur-Grenzverhalten der spezifischen Wärme von Graphit. P. Flubacher, A. J. Leadbetter und J. A. Morrison. (Physics Chem. Solids **13,** 160—63, Mai 1960; engl.) — Krit. Gegenüberstellung u. Auswertung der Meßergebnisse u. Deutungs-Verss. von DeSorbo u. Nichols, Bowman u. Krumhansl sowie Komatsu für den Verlauf der spezif. Wärme von *Graphit* bei tiefen Temperaturen. Dabei zeigen sich Unstimmigkeiten zwischen den verschiedenen Arbeiten, die sich in erster Linie aus der Beziehung $C_p = \alpha T^3 + \gamma T$ von DeSorbo u. Nichols sowie dem gefundenen Einfl. der Teilchengröße ergeben. Es wird gezeigt, daß sich die Unstimmigkeiten in der Deutung der Ergebnisse beseitigen lassen, wenn man für γ den Wert $0{,}3 \cdot 10^{-5}$ cal/Grad^2 g-Atom verwendet. Damit läßt sich der Beitrag des T^2-Gliedes zur spezif. Wärme als Grenzflächeneffekt deuten, wobei der Koeff. des quadrat. Gliedes angenähert der geschätzten spezif. Oberfläche proportional ist. Für Θ_0 erhält man aus der neuen Deutung einen Wert von $420 \pm 10°$ K. Wolfgang Wagner. 151□

Schmelzpunkt von Graphit bei hohen Drücken: Schmelzwärme. F. P. Bundy. (Science [Washington] **137,** 1055—57, 28/9. 1962; Schenectady, N.Y., Gen. Electr. Res. Labor.; engl.) — Die Unterss. wurden in einer modifizierten Hochdruckkammer (vgl. Hall, C. **1961,** 8403) durchgeführt, in der ein dünner Graphitstab, welcher in Bornitrid, Pyrophyllit, MgO oder Diamantpulver eingebettet war, durch einen Stromstoß erhitzt wurde. Die kurze Erhitzungszeit von $5 \cdot 10^{-3}$ s ließ den Prozeß nahezu adiabat. ablaufen. In einem Diagramm sind die Widerstände von spektralreinem Graphit gegen die Energiezufuhr bei den verschiedenen Drücken dargestellt. In das Zustandsdiagramm sind außer der Schmelzkurve des Graphits die Gleichgewichtskurve Diamant–Graphit u. die vermutliche Schmelzkurve des Diamants mit eingetragen. Die Schmelzkurve des Graphits beginnt bei ca. 4100° K, sie hat ein flaches Maximum bei 4600—4700° K u. $60—70 \cdot 10^3$ bar u. fällt dann auf ca. 4100—4200° K beim Tripelpunkt bei $120—130 \cdot 10^3$ bar. Bei $48 \cdot 10^3$ bar beträgt der Mittelwert für die Schmelzwärme des Graphits 24,6 kcal/Mol, die Schmelzentropie wurde zu $\Delta S_m = 5{,}4$ cal/Mol·Grad bestimmt. Die Werte werden mit denen des Si u. Ge verglichen. Ernst Schulte. 155□

Erniedrigung des Umwandlungspunktes von Cäsiumchlorid durch Rubidiumchlorid. J. Krogh-Moe. (J. Amer. chem. Soc. **82,** 6196—97, 5/12. 1960; Göteborg, Svenska Silicatforsk.-Inst.; engl.) — Vgl. C. **1960,** 16367. — Der bereits früher herausgestellte Gegensatz zwischen den errechneten u. dem gemessenen Wert für die Umwandlungswärme von CsCl wird erneut ausführlich diskutiert. Da durch die Wahl geeigneter Funktionen für ΔC_p (Differenz der spezif. Wärmen von CsCl u. an RbCl gesätt. CsCl) keine Übereinstimmung zwischen der gemessenen u. berechneten Umwandlungswärme gefunden werden kann, wird angenommen, daß die experimentellen Ergebnisse unstimmig sind. H. J. Hartmann. 155□

Thermodynamische Eigenschaften von Magnesium, Calcium, Strontium, Barium, ihrer Oxide und Monohydride im gasförmigen Zustand. I. W. Weitz, L. W. Gurwitsch und N. P. Rtischtschewa. (J. physik. Chem. [UdSSR] **32,** 2532—42, Nov. 1958; Moskau, Inst. für Brennstoffe; russ., Auszug: engl.) — Die thermodynam. Funktionen der Erdalkalimetalle, ihrer Oxide u. Monohydride wurden nach den Meth. statist. Thermodynamik für den idealen Gaszustand berechnet. Der angeregte Zustand von Atomen u. Moll. wurde berücksichtigt, die Meth. von Gorden u. Barnes wurde zur Berechnung der thermodynam. Funktionen zweiatomarer Gase verwendet. Die Werte für die Funktion der Freien Energie $F_T{}^* = -F_T{}^0 - H_0/T$; die Entropie, die Enthalpie u. für den log der Dissoziations-Konst. sind für Temp. von 293,16—3500° K tabelliert. H. Roschkowski. 155□

Thermodynamische Theorie der irregulären Lösungen. Wladislaus Ptak. (Bergakademie [Freiberg] **11,** 168—73, März 1959; Krakau, Bergakad.; dt. — C. **1959,** 12776.) A. Blaschette. 156□

Partielle molare Enthalpien und Freie Enthalpien in Phosphorsäurelösungen. Edward P. Egan jun. und Basil B. Luff. (J. chem. Engng. Data **7,** 385—86, Juli

1962; Wilson Dam, Ala., TVA, Div. of Chem. Dev.; engl.) — Im Vgl. zu C. **1959,** 2029 verbesserte Werte der Funktionen ($\overline{H}_1 - \overline{H}_1^0$) u. ($\overline{G}_1 - \overline{G}_1^0$) für 5—85%ig. wss. H_3PO_4 bei 15, 25, 40, 60, 70 u. 80°. A. Blaschette. 156□

Mischungsenthalpien des ternären Systems Schwefelsäure–Phosphorsäure–Wasser. J. B. Knobeloch und C. E. Schwartz. (J. chem. Engng. Data **7,** 386—87, Juli 1962; Charlottesville, Va., Univ. of Virginia; engl.) — Neues Verf. zur rechner. Ermittlung der Mischungsenthalpien eines tern. Syst. aus den calorimetr. gemessenen Werten für zwei Teil-Syst.; Erprobung an den bekannten Werten für *Methanol–CCl_4–Bzl.*; Anwendung auf das Syst. H_3PO_4–H_2SO_4–W. im Bereich x = 0,5—1,0 u. R = 0—∞ (x = Molenbruch des W.; R = molares Verhältnis H_2SO_4/H_3PO_4).
A. Blaschette. 156□

Die Bildungsenthalpie von Difluorsilylen. John L. Margrave, Adli S. Kanaan und Donald C. Pease. (J. physic. Chem. **66,** 1200—01, Juni 1962; Madison, Wis., Univ. of Wisconsin, Div. of Chem.; Wilmington, Del., E. I. du Pont de Nemours and Co.; engl.) — Vff. stellen SiF_2 durch Überleiten von SiF_4 über Si, SiC, Si-Legg. oder Silicide mehrwertiger Metalle bei 1100—1400° u. Drücken bis 50 Torr u. Abschrecken innerhalb 0,001—0,1 Sek. auf unter 0° dar. Aus den experimentellen Daten des Syst. $Si + SiF_4 \rightleftharpoons 2\,SiF_2$ bei 1400—1600° K errechnet sich die Bldg.-Enthalpie von SiF_2 zu —148 ± 4 kcal/Mol. H. Bürger. 156□

Die Bildungsenthalpie von BF_2 (g). John L. Margrave. (J. physic. Chem. **66,** 1209—10, Juni 1962; Madison, Wis., Univ. of Wisconsin, Dep. of Chem.; engl.) — Für die Bldg.-Enthalpie des BF_2 folgt aus Ionisationspotential u. Vgl. mit den Bldg.-Enthalpien anderer XF_2-Verbb. (vgl. vorst. Ref.) als wahrscheinlichster Wert —130 ± 6 kcal/Mol. H. Bürger. 156□

Thermochemie der Isotopen. 1. Mitt. Calorimetrische Untersuchungen der Bildungswärme von Schwefelwasserstoff und Deuteriumsulfid. A. F. Kapusstinski und R. T. Kankowski. (J. physik. Chem. [UdSSR] **32,** 2810—16, Dez. 1958; Moskau, Chem.-technolog. Mendelejew-Inst.; russ., Auszug: engl.) — Es wird ein Calorimeter beschrieben, das die Messung der Verbrennungswärme gasförmiger H-Verbb. bei konst. Atmosphärendruck gestattet. Mit Hilfe dieser App. wurden die Verbrennungswärmen von H_2S u. D_2S gemessen u. daraus die Bldg.-Wärmen unter Normalbedingungen für H_2S zu 4,94 (kcal/Mol) u. für D_2S zu 5,71 (beide ± 1,6%) berechnet. Die entsprechenden Werte der Freien Energie betragen 8,02 bzw. 8,48. Die Bindungsenergien zwischen H bzw. D u. S betragen 81,2 bzw. 81,5 kcal. H. Roschkowski. 156□

Die Änderungen der Entropie und Enthalpie bei der Bildung von Metallkomplexen in wässeriger Lösung. Eino Uusitalo. (Suomen Kemistilehti B **32,** 1—6, 1959; finn.) — Vgl. C. **1958,** 5000, 12030. — Übersicht. — 9 Literaturangaben.
S. Beckmann. 156□

Vorgemischte Kugelflammen. R. M. Fristrom. (Combust. and Flame **2,** 103—04, März 1958; Silver Spring, Md., Johns Hopkins Univ., Appl. Phys. Labor.; engl.) — Als neuer Brennertyp zur Unters. vorgemischter Flammen wird eine poröse Kugel aus gesintertem Al_2O_3 von ½—1 in. Ø beschrieben, die auf einem engen Quarzrohr sitzt, durch das die Gasgemische in die Kugel strömen. Die Flammen bilden sich auf der Kugel aus. Sie befindet sich in einem größeren Behälter, so daß die Flammengase abgesaugt werden können. Vf. erzeugte stabile Flammen von *Methan*/O_2- u. *Propan*/Luft-Gemischen bei Drücken von 6—300 Torr in weiten Mischungsbereichen.
E. Roeder. 157□

Die Unterdrückung von Methan/Luft-Flammen durch gasförmiges Aluminiumchlorid. R. Friedman und J. B. Levy. (Combust. and Flame **2,** 105—07, März 1958; Alexandria, Va., Atlantic Res. Corp.; engl.) — Al_2Cl_6 (I) in Dampfform vermag bei 200° die Verbrennungs-Geschw. u_v von Methan/Luft-Gemischen zu vermindern u. die Ausbildung von Flammen ganz zu unterdrücken. I ist um 50% wirksamer als CCl_4.
E. Roeder. 157□

Gitterwärmeleitung bei tiefen Temperaturen. Bal Krishna Agrawal und G. S. Verma. (Physic. Rev. [2] **126,** 24—29, 1/4. 1962; Allahabad, India, Univ. of Allahabad, Dep. of Phys.; engl.) — Vff. vergleichen die theoret. Modelle von Callaway (C. **1959,** 14321) u. Klemens (Solid State Physics, New York **7,** [1958], 1) mit experimentellen Ergebnissen an Si, Diamant (**I**), verfestigtem Ar u. Ne (**II**) sowie KCl u. NaF. Als Streuquellen werden Phonon–Phonon-Prozesse, Streuung an isotopen Punktdefekten u. Grenzflächenstreuung angenommen (lediglich in NaF fehlt isotop. Streuung). Es zeigt sich, daß das Callaway-Modell in allen Fällen gute Ergebnisse liefert, bes. für **I** u. **II**, u. in der Nähe des Leitfähigkeitsmaximums besser der experimentellen Kurve anpaßbar ist, während die Abweichungen zwischen beiden Modellen für **II** am größten sind. Bei **II** ist die Debye-Temp. gering, u. Umklapp-Prozesse spielen in der Nähe des Leitfähigkeitsmaximums eine große Rolle. Dagegen liefern beide Modelle für **I**, wo die Debye-Temp. ziemlich hoch ist u. Umklapp-Prozesse bei den interessierenden Temp. ohne Bedeutung sind, ähnliche Resultate. Das Casimir-Modell zur Best. der charakterist. Länge für die Grenzstreuung vermag die Beobachtungen bei **II** nicht zu erklären, was auf die Ggw. von Mikrofluktuationen in der Zus. des Festkörpers hinweist. In NaF muß die charakterist. Länge um einen Faktor 5 verringert werden. Für **I** ist der beste Wert des Parameters A 100mal größer als der nach dem Klemensschen Ausdruck für A berechnete Wert, was auf die bereits vermutete Ggw. von Punktdefekt-Clustern in **I** hinweist. Gute Übereinstimmung mit den Beobachtungen jenseits des Leitfähigkeitsmaximums erhält man durch Wahl eines in allen Fällen temperaturunabhängigen $(B_1 + B_2)$. D. Jörchel. 158□

Wärmeleitung in normalem und supraleitendem Zinn und Indium. A. M. Guénault. (Proc. Roy. Soc. [London], Ser. A **262**, 420—34, 18/7. 1961; Cambridge, Univ., Cavendish Labor.; engl.) — Zwischen 2,0 u. 4,2° K gilt für die Wärmeleitfähigkeit λ die Formel $1/\lambda = \alpha T^2 + \beta/T$, wobei jedoch αT^2 entgegen der Theorie vom Reinheitsgrad abhängt. Die Temp.-Abhängigkeit von λ im supraleitenden Zustand läßt sich mit einem vereinfachten Modell qual. deuten. G. Kirschstein. 158□

Theorie der Wärmeleitfähigkeit von Festkörpern bei tiefen Temperaturen. Peter Carruthers. (Rev. mod. Physics **33**, 92—138, Jan. 1961; Murray Hill, N.J., Bell Telephone Labor.; engl.) — Zusammenfassende theoret. Behandlung der verschiedenen Streuprozesse u. Vgl. mit einigen Vers.-Daten für Alkalihalogenide, Ge, CoO u. NiO, MnO. G. Kirschstein. 158□

Resonanz bei Phonon-Phonon-Streuung. P. Carruthers. (Physic. Rev. [2] **125**, 123—25, 1/1. 1962; Ithaca, N.Y., Cornell Univ., Labor. of Atomic and Solid State Phys.; engl.) — Der Streuprozeß, zwei Phononen → zwei Phononen, wird störungstheoret. behandelt. Ein Beitrag zweiter Ordnung zum kub. anharmon. Potential erzeugt einen Energienenner, der verschwinden kann, Man beseitigt diese Schwierigkeit dadurch, daß man berücksichtigt, daß das intermediäre Phonon eine komplexe Selbstenergie hat die mit seiner Instabilität in der Ggw. anharmon. Kräfte verknüpft ist. Durch Annäherung der irreduziblen Selbstenergie durch den Beitrag niedrigster Ordnung ergibt sich eine Breit-Wigner-Form von einer Breite gleich der Zerfallsrate, ein Phonon → zwei Phononen, zur niedrigsten Ordnung. H. Laue. 159□

Intermolekulare freie Weglänge in Flüssigkeiten in Beziehung zur Schallgeschwindigkeit. Otohiko Nomoto. (J. physic. Soc. Japan **12**, 739, Juni 1957; Tokyo, Kokubunzi, Kobayasi Inst. of Phys. Res.; engl.) — Theoret. Deutung der empir. Beziehung von Jacobson (vgl. C. **1954**, 254), $\beta = k L^p$ (k u. p = const, β = isotherme oder adiabat. Kompressibilität, L = freie Weglänge), mit Hilfe der Toncksschen Zustandsgleichung [1936]. A. Blaschette. 159□

Ultraschallzerstäubung von Flüssigkeiten. Robert J. Lang. (J. acoust. Soc. America **34**, 6—8, Jan. 1962; Linden, N.J., Esso Res. and Engng. Co; engl.) — Die Mikrophotogramme von Wasser- oder Ölоberflächen, die von Ultraschallwellen angeregt werden, zeigen in einem weiten Frequenzbereich (10—800 kHz) Muster stehender, sich kreuzender Wellen, u. zwar bei dünnen Fl.-Filmen ebenso wie bei dickeren Schichten. Die Fl.-Wellen werden mit zunehmender Schallfrequenz feiner. Die Frequenz der auf der Oberfläche gebildeten Capillarwellen ist halb so groß wie die anregende Schallfrequenz. Der mittlere Durchmesser der abgelösten Fl.-Partikel nimmt mit zunehmender Schallfrequenz ab, er steht zu der Capillarwellenlänge im konst. Verhältnis 0,34: 1. — Der Mechanismus der Ultraschallzerstäubung wird diskutiert. W. Betcke. 159□

Schallfortpflanzung im kritischen Temperaturbereich von Chlorwasserstoff. M. A. Breazeale. (J. chem. Physics **36**, 2530—33, 15/5. 1962; East Lansing, Mich., Michigan State Univ., Dep. of Phys.; engl.) — In einer von Sittig (C. **1961**, 16018) beschriebenen App. wurden die Geschw. u. Absorption von Ultraschallwellen in HCl im Frequenzbereich von 1—9 MHz zwischen 38 u. 62° bestimmt; am krit. Punkt (51,4°) ließen sich keine Messungen durchführen. Zur Erklärung der f^2-Frequenzabhängigkeit der Absorption auf der Grundlage der Theorie von Chynoweth u. Schneider (C. **1954**, 953) durch Beugung der Wellen an mol. Bereichen muß angenommen werden, daß eine Wechselbeziehung in den Dichteschwankungen zwischen den benachbarten Fl.-Vol. existiert. G. Gattow. 159□

Veränderungen der Kavitationsintensität in einem Ultraschall-Generator. Alfred Weissler und Elizabeth J. Hine. (J. acoust. Soc. America **34**, 130—31, Jan. 1962; Bethesda, Md., Nat. Heart Inst., Labor. of Techn. Dev.; engl.) — Der Einfl. verschiedener

Variabler, wie Behälterform, Wasserhöhe u. Arbeitszeit, auf die Kavitationsintensität in einem Ultraschallgenerator wird untersucht. An Hand einiger typ. Beispiele wird die Bedeutung der Berücksichtigung solcher Faktoren für die Erzielung reproduzierbarer Ergebnisse bei industriellen u. biochem. Anwendungen aufgezeigt. W. Betcke. 159□

Elastische Wellen in trigonalen Kristallen. G. W. Farnell. (Canad. J. Physics **39,** 65—80, Jan. 1961; Montreal, McGill Univ., Eaton Electronics Res. Labor.; engl.) — In anisotropen Einkristallen sind die Normalen zu den Wellenfronten der elast. Wellen nicht colinear mit den Vektoren, die den Energiefluß oder die Teilchenverschiebung darstellen. Vf. berichtet über Berechnungen der Fortpflanzungs-Eigg. von Schallwellen in trigonalen *α-Quarz-* u. *Saphir*-Kristallen. Die Annahme, daß die Welle eine ebene Wellenfront hat, die normal zu einer gegebenen Richtung ist, führt zu drei Lösungen der vom Vf. kombinierten Gleichungen von Kelvin bzw. Love, von denen die eine quasilongitudinale Wellen darstellt u. die beiden anderen quasitransversale Wellen darstellen. Für eine Reihe von Orientierungen der Wellennormalen wurden die Fortpflanzungs-Geschw., die Richtungen der Teilchenverschiebungen sowie die Richtungen des Energieflusses für die drei Wellen berechnet. C. Gottfried. 159

A_5. Kolloidchemie. Grenzschichtforschung

Benutzung von grenzflächenaktiven Reagentien zum Nachweis der Ladungen in Gelatine am isoelektrischen Punkt. M. G. T. Shone. (Nature [London] **194,** 1235—36, 30/6. 1962; Oxford, Univ., Soil Sci. Labor., Dep. of Agric.; engl.) — Titrations-Verff. mit sauren oder alkal. Lsgg. ermöglichen keine exakte Aussage über die Zahl der positiven u. negativen Ladungen am isoelektr. Punkt. Die Best. der Aufnahme kation. u. anionakt. Substanzen durch Gelatine (**I**) bei verschiedenen pH-Werten erlaubt dagegen diese Aussage. Dazu wird **I** mit 0,009n Cetylpyridiniumbromid (**II**)-Lsg. oder 0,005n Teepol (**III**)-Lsg. in Ggw. von KCl gefällt u. die Konz. der nichtgefällten grenzflächenakt. Verb. festgestellt. Trägt man die pro g trockenes **I** aufgenommene Menge an **II** bzw. **III** in Abhängigkeit vom pH auf, erhält man zwei Kurven, die sich bei pH 4,9 (isoelektr. Punkt) schneiden. Hier enthält 1 g **I** 0,2 Millival positive u. negative Ladungen. W. Kupfer. 162□

Das Verhalten von Polykieselsäure. 1. Mitt. Effekte der Oberflächenladung. S. A. Greenberg, T. N. Chang und R. Jarnutowski. (J. Polymer Sci. **58,** 147—84, April 1962; Skokie, Ill., Portland Cement Assoc.; engl.) — Unterss. an techn. Kieselsäure-Prodd. zeigen den Einfl. von H^+, OH^- sowie Na^+, Ca^{2+} u. Al^{3+} (Einfl. steigend mit der Wertigkeit) auf die Oberflächenladung, die für Viscositäts-, EMK- u. Lichtstreuungsmessungen von Bedeutung ist. Sie beeinflußt nicht die Mol.-Gew.-Best. mittels Lichtstreuungs- oder Viscositätsmessungen bei einer Ionenstärke von 0,1. — 66 Literaturangaben. H. Bürger. 162□

Temperaturabhängigkeit der Oberflächenspannung von Nichtelektrolyt-Lösungen. Constantin Sălceanu. (C. R. hebd. Séances Acad. Sci. **255,** 846—48, 30/7. 1962; Timisoara, Roumanie, Univ.; franz.) — Experimentelle Prüfung der empir. Formeln von Guggenheim (Nichtelektrolyt-Lsgg.) bzw. Katayama-Guggenheim (reine Fll.) an reinem *W.* bzw. einer *Zucker*-Lsg. vom Molenbruch 0,044 (20—70°; Meth. des Tropfenfalls). Im ersten Fall ergibt sich eine Gerade, im zweiten eine zur Temp.-Achse konkave Kurve. A. Blaschette. 166□

Der Einfluß der mechanischen Behandlung auf den rotationskinetischen Effekt der Oberflächenspannung. Marius Borneas und Ioan Băbuţia. (C. R. hebd. Séances Acad. Sci. **248,** 3281—83, 8/6. 1959; franz.) — Unters. an *Glykol* (vgl. C. **1959,** 14331). A. Blaschette. 166□

Über die capillare Steighöhe in einem System aus identischen Kugeln. Charles-Sébastien Gerber und Daniel Manry. (C. R. hebd. Séances Acad. Sci. **255,** 474—76, 16/7. 1962; franz.) — Ableitung einer allg. Gleichung u. Anwendung auf ein hexagonal dichtes, ein kub. primitives, ein kub. raumzentriertes u. ein orthorhomb. System. A. Blaschette. 166

Einige Betrachtungen über die Viscositätsbestimmung und die Capillarspannungen mit Hilfe von Capillaren. A. Pochan. (Chim. et Ind. **81,** 667—80, Mai 1959; Lycée Chaptal; Soc. des Regulateurs France; franz.) — Vf. berichtet über Unterss. mit dem näher beschriebenen Spannungsviscosimeter A.R.P., eines App., der in einem Arbeitsgang bei verschiedenen Temp. die Best. des abs. Wertes der Viscosität u. der capillaren Spannung von Fll. gestattet. Die erhaltenen Vers.-Ergebnisse widersprachen der gegenwärtig angenommenen Theorie der Oberflächenspannung. Für die industrielle Anwendung kann man das Gesetz von Poiseuille als genau genug ansehen, vom wissenschaftlichen Standpunkt aus bestehen jedoch Zweifel bzgl. der Genauigkeit des App. u. erfordern eine weitere eingehende Unters. der capillaren Erscheinungen. C. Gottfried. 166

Das Verhalten von Teilchen in Schubspannungsfeldern und in elektrischen Feldern. 1. Mitt. **Deformation und Zerplatzen flüssiger Tropfen.** R. S. Allan und S. G. Mason. (Proc. Roy. Soc. [London], Ser. A **267,** 45—62, 24/4. 1962; Montreal, McGill Univ., Dep. of Chem., Pulp and Paper Res. Inst. of Canada; engl.) — Vff. berichten über Messungen der Deformation u. des Zerplatzens von in fl. Dielektrika suspendierten fl. Tropfen in elektr. Feldern u. in Schubspannungsfeldern. Bei niedrigen elektr. Feldern herrscht gute Übereinstimmung mit aus der elektrostat. Theorie erhaltenen Gleichungen. Das elektr. Zerplatzen änderte sich jeweils mit den elektr. Eigg. des untersuchten Systems. Das Verh. der Tropfen unter dem kombinierten Einfl. von elektr. Feld u. Schubspannung läßt sich durch Superposition beider Kräfte erhalten. Es zeigt sich, daß die Art des Zerreißens der Tropfen von dem Verhältnis des Geschw.-Gradienten zur elektr. Feldstärke, der Grenzflächenspannung u. dem Verhältnis der DK sowie der Viscositäten der Fll. abhängt. G. M. Neumann. 166□

Das Verhalten von Teilchen in Schubspannungsfeldern und in elektrischen Feldern. 2. Mitt. **Feste Stäbchen und kugelförmige Doppelformen.** R. S. Allan und S. G. Mason. (Proc. Roy. Soc. [London], Ser. A **267,** 62—76, 24/4. 1962; engl.) — 1. vgl. vorst. Referat. — Vff. berichten über das Verh. von festen, leitenden Stäbchen bei der Rotation u. Orientierung in kombinierten elektr. Feldern u. Schubspannungsfeldern. Es zeigt sich gute Übereinstimmung mit der Theorie von Demetriades. Ferner wurde das Verh. fester kugelförmiger Teilchen in diesen Feldern untersucht. Es zeigt sich, daß die elektrostat. Anziehung der Theorie folgt. In vielen Fällen wurde auch die Bldg. von Doppelformen infolge Adhäsion nach dem Zusammenstoß beobachtet. G. M. Neumann. 166□

Berechnung der Dicke der Doppelschicht im Kohlenwasserstoffmedium. Jean Briant. (C. R. hebd. Séances Acad. Sci. **251,** 2924—26, 19/12. 1960; franz.) — Vgl. C. **1962,** 12199. — Aus elektroosmot. Messungen an U-förmigen Zellen, die mit Sinterglasmembranen verschiedener Porengröße versehen waren, berechnet Vf. unter der Voraussetzung einer doppelten Perrin-Schicht die Dicke der Doppelschicht im KW-Stoff-Medium. A. Leibbrandt. 168□

Die Theorie der Gleichgewichtsisomerisierung bei der Elektrophorese. 2. Mitt. John R. Cann und Herbert R. Bailey. (Arch. Biochem. Biophysics **93,** 576—79, Juni 1961; Denver, Colo., Univ. of Colorado, Med. Center, Dep. of Biophys., Florence R. Sabin Labor.; engl.) — 1. vgl. C. **1959,** 2715. — Das Syst. der Differentialgleichungen, welches den elektrophoret. Transport eines isomerisierenden Zweikomponenten-Syst. $A \rightleftharpoons B$ beschreibt, wird durch die numer. Lsg. der entsprechenden Differenzgleichungen gelöst. Das berechnete Schlierenbild stimmt, abgesehen von der Berechnungs-Meth., mit dem von Scholten (Arch. Biochem. Biophysics **93,** [1961], 568) ermittelten überein. In Abhängigkeit von Zeit u. Rk.-Bedingungen der Elektrophorese lassen sich als Besonderheit drei Banden im Schlierenbild feststellen. H. Struck. 168□

Molekulartrennungen durch Lösungs-Ultrafiltration. W. E. Henderson und C. M. Sliepcevich. (Chem. Engng. Progr., Symposium Ser. **55,** Nr. 24, 145—54, 1959; Chicago, Ill., Visking Co.; Norman, Okla., Univ.; engl.) — An wss. Lsgg. von 0—25% Dextrose, Saccharose (**I**) oder Raffinose (**II**) wurde die Ultrafiltration durch Cellophanmembranen bei Filtrations-Geschw. $V = 0{,}05$—$0{,}86\ cm^3/h \cdot cm^2$ ($\triangleq$ 50—930 lb./sq.in. Druckdifferenz) gemessen, wobei die zufiltrierende Lsg. in Zwangsumlauf an der Membran vorbeiströmte. Die Trennungsfaktoren liegen bei ca. 1,1. Der Trenneffekt wächst mit wachsendem V, mit wachsender Turbulenz in der zu filtrierenden Lsg. u. mit wachsendem Molgewicht. Bes. bei hohem (konst.) V ergeben höhere Konzz. etwas höheren Trenneffekt. Das aus den Daten für bin. Mischungen vorausgesagte Verh. tern. Mischungen (W.-**I**-**II**) entspricht den Meßergebnissen. Die Anwendbarkeit bekannter Theorien auf die Ergebnisse zeigt, daß der Trenneffekt poröser Membranen gegenüber Nichtelektrolyten auf unterschiedliche Molgew. der Lsg.-Komponenten zurückzuführen ist. Bei hohem V u. hohen Konzz. kann er noch durch teilweise Blockierung durch zusammengedrängte Mol. des Gelösten erhöht werden. Diffusion durch die Membran (Dialyse) verringert den Trenneffekt. Die Theorie von Ferry [1936] läßt sich zur Behandlung des Problems gut anwenden. R. Junge. 170□

Problem der doppelten Diffusion unter Entleerung der Reservoirs. Jean Salvinien und Jean-Jacques Moreau. (J. Chim. physique Physico-Chim. biol. **57,** 518—23, Juni 1960. Montpellier, Fac. des Sci.; franz.) — Mathemat. Behandlung des Problems für den Sonderfall, daß die Diffusions-Koeff. der beiden Reagentien gleich sind. Die Ergebnisse sind von Interesse für die immunochem. Diffusionsanalyse nach Ouchterlony. A. Blaschette. 171□

Die ersten Stufen der Absorption und Infiltration. J. R. Philip. (Soil Sci. **88**, 91—97, Aug. 1959; Pasadena, Calif., California Inst. of Technol.; engl.) — Das zweite Newtonsche Bewegungsgesetz wird zu Absorptions-Unterss. angewandt, wobei die in der Diffusionsanalyse vernachlässigten Trägheitseffekte berücksichtigt werden. Diese „Momentanalyse" ergibt, daß die höchste Reynoldssche Zahl der Bewegung begrenzt ist. Der durch Vernachlässigung der Trägheitseffekte verursachte Fehler in der Diffusionsanalyse ist während des ganzen Absorptionsvorganges außer in der 10^{-4} Sek. kaum übersteigenden Anfangsperiode zu vernachlässigen. Die beobachteten geringen Abweichungen von den Voraussagen der Diffusionsanalyse in den Absorptionsanfangsstufen werden so erklärt, daß sie von der flachen Oberflächenzone, in der das Capillarpotential nicht nur eine Funktion des Feuchtigkeits-Geh. eingeschlossener Luft ist, verursacht werden. W. Wesly. 171□

Aspekte der Rheologie von Flüssigkeiten. E. G. Richardson. (Rheol. Acta [Ergänzungsh. zu Kolloid-Z.] 2, 40—43, März 1962; Durham, Univ., King's Coll.; engl.) — Einführende Übersicht (Vortrag). A. Blaschette. 173□

Nachweis der Chemisorption des Stickstoffs an einer reinen (100)-Nickel-Oberfläche. H. H. Madden und H. E. Farnsworth. (J. chem. Physics **34**, 1186, April 1961; Providence, R.I., Brown Univ., Barus Phys. Labor.; engl.) — Durch Best. der Beugung energiearmer Elektronen u. der photoelektr. Arbeitsfunktion ließ sich Chemisorption von N_2 ($5 \cdot 10^{-5}$ Torr) auf einer durch Bombardieren mit Ar-Ionen u. Tempern im Hochvakuum (10^{-10} Torr) gereinigten Oberfläche eines Ni-Kristalls weder nach 20 Min. Einw. des Gases bei gewöhnlicher Temp. noch nach der Abkühlung innerhalb von 10 Min. von 350 auf 160° in einer N_2-Atmosphäre nachweisen. E. Uhlein. 176□

Einfluß der Natur der Oberfläche von Silicagel und Quarz auf ihre Adsorptionseigenschaften. 6. Mitt. **Adsorption von Wasserdämpfen an der Oberfläche von kristallisierten und amorphen Modifikationen von Siliciumdioxid.** M. M. Jegorow, W. F. Kisselew und K. G. Krassilnikow. (J. physik. Chem. [UdSSR] **35**, 2234—40, Okt. 1961; Moskau, Lomonossow-Univ.; russ., Auszug: engl.) — 5. vgl. J. physik. Chem. [UdSSR] **35**, [1961], 2031; 3. vgl. C. **1960**, 12601. — Unter dem Einfl. der Teilchenaggregation bei der Zerkleinerung von Quarz ändern sich seine Adsorptions-Eigg. gegenüber Wasserdampf u. N_2 nicht in der gleichen Weise. Oberflächenteile, die von N_2-Moll. nicht belegt werden können, können Wasser-Moll. adsorbieren. Die spezif. Adsorptions-Eigg. wechseln bei verschiedenen SiO_2-Proben; sie hängen eher vom Verteilungsgrad als von der ursprünglichen Struktur ab. Die Existenz einer allg. abs. Isotherme für die Wasserdampfabsorption an SiO_2 wird krit. erörtert. H. Roschkowski. 176□

Ein Schnellverfahren zur Bestimmung der ungefähren Oberfläche von Tonen. D. C. Lawrie. (Soil Sci. **92**, 188—91, Sept. 1961; Adelaide, Australian Mineral Dev. Labor.; engl.) — Zur Schnellbest. der ungefähren Oberfläche von Ton sättigt man diesen mit o-Phenanthrolin (I) durch Adsorption aus wss. Lsg. u. ermittelt die adsorbierte Menge aus der Differenz der Lsg.-Konzz. vor u. nach der Adsorption. Es wird angenommen, daß bei Sättigung die verfügbare Oberfläche von einer monomol. I-Schicht bedeckt ist.; die Oberfläche wird unter Verw. eines Näherungswertes für die Oberfläche des Mol.-Querschnittes berechnet. Die Ergebnisse werden mit den Werten verglichen, die sich bei Erzeugung einer monomol. Deckschicht aus Äthylenglykol ergeben. W. Wesly. 176□

Das Ionenaustauschverhalten der Actiniden in Salzsäure. G. R. Choppin und A. Chatham-Strode. (J. inorg. nuclear Chem. **15**, 377—83, Okt. 1960; Tallahassee, Fla., Florida State Univ., Dep. of Chem.; Oak Ridge, Tenn., Oak Ridge Nat. Labor.; engl.) — Untersucht wird das Austausch-Verh. von dreiwertigem *Pu, Am, Cm, Bk, Cf* u. *Es* an mehreren Sorten Dowex-50 in Abhängigkeit von der HCl-Konz. der Lösung. Die Kurven der Trennfaktoren von Es u. Cm einerseits u. Pu, Am, Bk u. Cf andererseits ähneln einander. Vff. vergleichen diese Erscheinung mit dem Austausch-Verh. der Actiniden in NH_4SCN-Lsg. u. diskutieren sie u. a. als Funktion der f-Niveaus.
F. M. Friedrich-Anderseck. 177□

Kationenaustausch an Stärkephosphat. 17. Mitt. **über Ionenaustauscher.** F. Wettstein, H. Neukom und H. Deuel. (Helv. chim. Acta **44**, 1949—56, 1/12. 1961; Zürich, ETH, Agrikulturchem. Inst.; dt.) — 16. vgl. Helv. chim. Acta **44**, [1961], 1945; 13. vgl. C. **1961**, 3434. — Durch Phosphorylierung mit $POCl_3$ in Pyridin wurden vernetzte Stärkephosphate (I) hergestellt, die bei einer Austauschkapazität von 5,5 mVal/g 62% stark u. 38% schwachsaure Gruppen enthielten. Durch Veresterung mit Diazomethan konnte daraus ein weiteres I mit 83,5% stark sauren Gruppen gewonnen werden. Die Selektivität wurde durch Aufnahme der Titrationskurven zu $Ca^{2+} < Ni^{2+} < Zn^{2+} <$

Cu^{2+} bestimmt, wobei die Selektivitäts-Koeff. der RPO_4^{2-}-Gruppen erheblich über denen der $R_2PO_4^-$-Gruppen liegen. Mit zunehmender Belegung des I nimmt die Selektivität stark zu. Dagegen nimmt beim veresterten I mit steigender Gesamtbelegung die Zahl der RPO_4^{2-}-Gruppen u. damit die Austauschselektivität für Kationen der Oxydationsstufe 2 nur wenig zu. E. Moisar. 177□

Ionensieb-Verhalten von Zirkoniumphosphat. C. B. Amphlett und L. A. McDonald. (Proc. chem. Soc. [London] **1962,** 276, Aug.; Harwell, A.E.R.E., Chem. Div.; engl.) — Die Adsorption von Alkylammoniumionen RNH_3^+ ($R = CH_3$, C_2H_5, n-C_3H_7, iso-C_3H_7, n-C_4H_9, n-C_5H_{11}), $R_2NH_2^+$(R = n-C_3H_7, n-C_4H_9) u. R_4N^+ ($R = CH_3$, C_2H_5, C_4H_9) an Zr-Phosphat wurde untersucht. Als Ergebnisse sind Gleichgewichtsbeladung u. Sättigungskapazität für die einzelnen Ionen (bezogen auf NH_4^+) wiedergegeben. Ster. Einfl. u. die Art der wirksamen Bindungskräfte werden zur Erklärung der Ergebnisse diskutiert. T. Tamberg. 177□

A₆. Strukturforschung

Bestimmung der eigentlichen Profile der Röntgenbeugungslinien durch Reflexion und Transmission. André Authier. (C. R. hebd. Séances Acad. Sci. **251,** 2502—04, 28/11. 1960; Paris, Fac. des Sci., Labor. de Minéral.-Cristallographie; franz.) — Unter eigentlichem Profil versteht Vf. die Reflexionskurve eines streng parallelen u. monochromat. elektromagnet.Strahls, was in der Praxis jedoch nicht realisierbar ist. Um eine prakt. eindeutige Wechselbeziehung zwischen dem Einfallwinkel u. der Wellenlänge der Strahlen eines Strahlenbündels festzulegen, verwendete Vf. die mehrfache Brechung der Röntgenstrahlen durch einen Kristall. Dieses Strahlenbündel wurde nun zur Festlegung der eigentlichen Profile der Beugungslinien verwendet. Die Meth. wird an Hand von Messungen an einem *Si*-Kristall mit (2 2 0) als reflektierender Ebene näher beschrieben. C. Gottfried. 181

Nomogramme zur Bestimmung von 2ϑ aus Precession-Aufnahmen. F. Donald Bloss und Gerald W. Gibbs. (Amer. Mineralogist **46,** 26—31, Jan./Febr. 1961; Norris, Tenn., U. S. Dep. of the Interior, Electrotechn. Exp. Stat.; engl.) — Es werden 2 Nomogramme zur Best. des 2ϑ-Wertes aus Precession-Aufnahmen wiedergegeben. Das 1. gilt für die Wellenlänge, mit der die Aufnahme gemacht wurde. Das 2. erlaubt, die 2ϑ-Werte für CuK_α-Strahlung zu bestimmen, wenn die Aufnahme mit MoK_α-Strahlung gemacht worden ist. J.-E. Hiller. 181□

Zur Röntgenkleinwinkelstreuung verdünnter kolloider Systeme. 7. Mitt. **Die Berechnung der Streukurven von dreiachsigen Ellipsoiden.** P. Mittelbach und G. Porod. (Acta physica austriaca **15,** 122—47, März 1962; Graz, Univ., Inst. für phys. Chem.; dt.) — 6. vgl. Acta physica austriaca **14,** [1961], 405; vgl. auch C. **1963,** 3507. — Von der Streuäquivalenz von Ellipsoid u. Kugel ausgehend, wird mit Hilfe der explizit angebbaren Verteilungsfunktion der Äquivalenzradien die Streuung von dreiachsigen Ellipsoiden auf ein uneigentliches Integral zurückgeführt. Die Auswertung dieses Integrals wird mittels numer. Integration unter Verw. des Mittelsatzes durchgeführt, wobei auch im Streukurvenaußenteil etwa drei Stellen als gesichert gelten können. Als Ergebnis stellt sich heraus, daß die Nebenmaxima bei kleinen Streckungsgraden stärker, bei langen Ellipsoiden hingegen schwächer ausgebildet sind als bei den Prismen entsprechender Abmessung. Als eine Folge dessen kommt der Bereich geringer Anisometrie nicht so charakterist. zur Geltung wie bei diesen. J. Peters. 181□

Untersuchung der Struktur von fein verteilten festen Körpern mit Hilfe der Röntgenkleinwinkelstreuung. Teilchengrößenbestimmung von Silicagel. Nobutami Kasai, Masao Kakudo und Takeo Watase. (Technol. Rep. Osaka Univ. **8,** 443—53, Okt. 1958; Dep. of Chem. Technol.; engl.) — Der Verlauf der Röntgen-Kleinwinkelstreukurven von Silicagel ändert sich bei zunehmenden Packungsdichte (0,045—0,57) nicht wesentlich. Die Streukurven wurden mit Hilfe der von Porod, Jellinek u. Fankuchen, Shull u. Roess bzw. Hosemann beschriebenen Meth. analysiert. Die mittleren Teilchengrößenverteilungen u. die spezif. Oberflächen, die mit den verschiedenen Meth. errechnet worden waren, werden verglichen. Für die verd. Syst. hatten die Werte der mittleren Teilchengröße u. der Wert des Kohärenzbereiches der Theorie von Porod den gleichen Wert. C. Gottfried. 181

Röntgenkammer für die Aufnahme eines Schliffes bei dessen Rotation. A. Je. Kowalski, A. I. Litwinzew und Je. Ja. Wrsheschtsch. (Betriebs-Lab. [UdSSR] **23,** 1501—02, 1957; Allunions-Forsch.-Inst. für feste Legg.; russ.) — Es wird eine Röntgenkammer ausführlich beschrieben u. schemat. dargestellt, die Aufnahmen von Schliffen

unter Winkeln von 16—82° ermöglicht. Der Film ist im Halbkreis um das Aufnahmeobjekt angebracht, das im Zentrum des Halbkreises (Radius 57,3 mm) liegt.
A. v. Wilpert. 181□

Ionen-Röntgenröhre mit rotierender Anode. A. W. Belotzki, W. N. Gridnew und O. Je. Skljarow. (Betriebs-Lab. [UdSSR] **23**, 1499—1500, 1957; Kiew, Polytechn. Inst.; russ.) — Vgl. C. **1960**, 5084. — Beschreibung des App. mit Skizze. Die Kathode ist senkrecht um 15—20 mm, die Anode waagerecht ohne Unterbrechung des Vakuums verschiebbar. Die Anode kann stationär sowie mit 450—500 U/min verwendet werden.
A. v. Wilpert. 181□

Ein Vergleich des „Moving-Liquid"- und des Glasobjektträgerverfahrens zur Darstellung von Röntgenproben. J. A. Kittrick. (Soil Sci. **92**, 155—60, Sept. 1961; Pullman, Wash., Washington State Univ.; engl.) — Ein Vgl. des „Moving-Liquid"- u. des Glasobjektträger-Verf. (nach Berücksichtigung der zahlreichen, die Unterss. beeinflussenden Faktoren) an Bodenfraktionen u. einem synthet. Ton-Montmorillonit-Gemisch zeigt, daß das „Moving-Liquid"-Verf. bei Anwendung disperser Stoffe die kleinsten Teilchen auf Kosten der größeren begünstigt. Das Glasobjektträger-Verf. verdient den Vorzug. W. Wesly. 181□

Herstellungsmethoden von Abdrücken für die elektronenmikroskopische Untersuchung. D. E. Bradley. (Československ. Časopis Fysiku **10**, 262—76, 1960; Aldermaston, Res. Labor., Assoc. Electr. Ind.; tschech.) — Zusammenfassung u. Bewertung der derzeitigen Meth. für die Herst. u. Schattierung von Abdrücken zur Oberflächen-Unters. von Teilchen, Fasern, Metallen u. biolog. Präpp. sowie deren Schattierung für elektronenmkr. Untersuchungen. — 44 Literaturangaben. J. Tůmová. 181□

Die neueste Entwicklung in der Physik und Technik des Elektronenmikroskops. V. E. Cosslett. (Českoslov. Časopis Fysiku **10**, 248—61, 1960; Cambridge, Cavendish Labor.; tschech., Auszug: russ., engl.) — Übersicht über die neuesten Entw. des Durchstrahlungselektronenmikroskops mit Beschreibung der Konstruktion, Arbeitstechnik u. Anwendungsmöglichkeiten für Unterss. von kinet. Prozessen u. für die Mikroanalyse. Weiter folgt eine Beschreibung des Rasterelektronenmikroskops u. Rasterröntgenmikroskops mit Anführung von Anwendungsbeispielen. — 75 Literaturhinweise.
J. Tůmová. 181□

Methode zur kinephotomikrographischen Untersuchung von Ätzerscheinungen. G. Stephen Tint und Victor V. Damiano. (Rev. sci. Instruments **32**, 325—27, März 1961; Philadelphia, Pa., Franklin Inst., Labor. for Res. and Dev.; engl.) — Beschreibung des kinephotomikrograph. Apparates. Mit dem App. wurde die Einw. von Chromsäure als Ätzmittel auf Einkristalle u. Polykristalle von reinem u. mit Cd gedopten *Zn* untersucht. Über die Deutung der Ätzbilder hatten Damiano u. Herman früher (C. **1960**, 2789) berichtet. C. Gottfried. 181

Ein neues Ätzmittel zur Sichtbarmachung der Versetzungsdichte von Germanium- und Siliciumeinkristallen. Arnošt Hrubý. (Českoslov. Časopis Fysiku **10**, 183, 1960; Praha, Ústav techn. fys., Českoslov. akad. věd; tschech.) — Beschreibung eines neuen Ätzmittels der Bezeichnung: D-1 u. der Zus. 10 ml HF (37%); 10 ml HNO_3 (70%); 10 ml Eisessig; 1 ml 1%ig. $AgNO_3$-Lsg.; Ätzzeit bei Ge 3—5 Min., bei Si 5—10 Min. bei Zimmertemperatur. Wird die Essigsäure durch Acetanhydrid ersetzt, so verläuft das Ätzen schneller u. die Ätzflächen sind klarer. Das neue Ätzmittel kann für quant. Arbeiten benutzt werden. J. Tůmová. 181□

Gefahren der „Näherung der mittleren Energie" in der Störungstheorie. A. D. McLachlan. (J. chem. Physics **32**, 1263, April 1960; Pasadena, Calif., California Inst. of Technol., Gates and Crellin Labor. of Chem.; engl.) — Hinweis auf Fehlermöglichkeiten bei Anwendung der approximativen Störungstheorie (Ersatz der Anregungsenergien $E_n - E_0$ durch einen Mittelwert). A. Blaschette. 182□

Störungsenergie zweiter Ordnung des Zweielektronenatoms. Charles W. Scherr. (J. chem. Physics **33**, 317—18, Juli 1960. Austin, Tex., Univ. of Texas, Dep. of Phys.; engl.) — Berechnung der Einzelanteile der Störungsenergie ε_2, die von Doppelbindungszuständen (40,0%), von einfach ionisierten Zuständen u_{nlm} mit $l = 0$ u. $l = 1$ (40,8%) u. von doppelt ionisierten Zuständen aus u_{nlm} mit $l = 0$ (10,5%) herrühren (u_{nlm} = normalisierte H-ähnliche Atomwellenfunktionen). A. Blaschette. 182□

Weitreichende Kräfte zwischen Atomen. H. L. Kyle und E. Merzbacher. (Proc. physic. Soc. **75**, 164—65, 1/1. 1960; Chapel Hill, N.C., Univ. of North Carolina, Phys. Dep.; engl.) — Verbesserung der approximativen Berechnung der Störungsenergie zweiter Ordnung nach Unsöld [1927]; Anwendung auf die Syst. H/H^+ u. He/H^+.
A. Blaschette. 182□

Natürliche Entwicklungen exakter Wellenfunktionen. 1. Mitt. **Methode.** Ernest R. Davidson. (J. chem. Physics **37,** 577–81, 1/8. 1962; Madison, Wis., Univ. of Wisconsin, Theoret. Chem. Labor.; engl.) — Ableitung einer prakt. Meth. zur Ermittlung der natürlichen Orbitalentwicklung einer Zweielektronenwellenfunktion, die r_{12} enthält, u. verbesserte Definition des natürlichen p-Zustands unter Vermeidung der durch entartete Besetzungszahlen hervorgerufenen Schwierigkeit. A. Blaschette. 182

Bedeutung von Winkelkorrelationen zwischen atomaren Elektronen. Charles Schwartz. (Physic. Rev. [2] **126,** 1015–20, 1/5. 1962; Berkeley, Calif., Univ. of California, Dep. of Phys.; engl.) — An Hand von neuen Ergebnissen über die Korrelationsenergie im Grundzustand von Zweielektronenatomen u. elast. Streuung von langsamen Elektronen an H-Atomen wird die relative Bedeutung von verschiedenen Winkelkomponenten der vollständigen Wellenfunktion gezeigt. Im allg. gibt die Benutzung von nur s- u. p-Wellen recht genaue Ergebnisse, mit Fehlern von höchstens einigen %, um höhere Genauigkeit zu erzielen, sollte man die Legendre-Entw. verlassen u. die Koordinate r_{12} benutzen. Hans Laue. 182□

Wellenmechanische Untersuchung der Kraftkonstante der Moleküle H_2 und LiH. Savo Bratož und Georges Bessis. (J. Chim. physique Physico-Chim. biol. **56,** 1042–47, Nov./Dez. 1959; Paris, Centre de Mécan. Ondulat.; franz.) — Für beide Moll. ändert sich die Rumpfenergie E_c bedeutend rascher mit dem Kernabstand R als die Valenzenergie E_v, so daß d^2E_c/dR^2 den hauptsächlichen Beitrag zur Kraft-Konst. liefert. Kraft-Konst. u. Gleichgewichtsabstand werden durch die SCF-Meth. besser wiedergegeben als durch die eingeschränkte Form der Konfigurationswechselwirkungsmethode. A. Blaschette. 182□

Wellenmechanische Untersuchung der Elektronenstruktur des FHF^--Ions. Georges Bessis und Savo Bratož. (J. Chim. physique Physico-Chim. biol. **57,** 769–73, Sept. 1960; franz.) — Vgl. vorst. Referat. — Inhaltlich ident. mit C. **1962,** 13309. A. Blaschette. 182□

Struktur des Grundzustandes von HCN. A. D. McLean. (J. chem. Physics **37,** 627–30, 1/8. 1962; Chicago, Ill., Univ. of Chicago, Labor. of Mol. Structure and Spectra; Nedlands, Univ. of Western Australia, Chem. Dep.; engl.) — LCAO–MO–SCF-Berechnung einer Wellenfunktion für den HCN-Grundzustand; Populationsanalyse. Die δ-Ladungsübertragung ergibt sich zu $-0{,}24$ (H), $+0{,}10$ (C), $+0{,}14$ (N), die π-Übertragung zu 0,00 (H), $+0{,}06$ (C), $-0{,}06$ (N). Die Überlappungsintegrale werden tabelliert. A. Blaschette. 182□

d-Orbitale in Verbindungen der Elemente der zweiten Periode. 1. Mitt. **SF_6.** D. P. Craig und C. Zauli. (J. chem. Physics **37,** 601–08, 1/8. 1962; London, Univ. Coll., William Ramsay and Ralph Forster Labor.; engl.) — Elektrostat. Modellberechnung optimaler Exponenten für die 3s-, 3p- u. 3d-Orbitale des S in SF_6 unter der Annahme, daß die Elektronen des S durch F-Potentiale gestört werden, die SCF-Wellenfunktionen der F-Orbitale entsprechen, u. daß die Energie bzgl. der Wellenfunktionsexponenten ein Minimum annimmt. Als beste Werte ergeben sich $k_{3s} = 2{,}0$, $k_{3p} = 1{,}6$ u. $k_{3d} = 1{,}2$, entsprechend einer Ausdehnung der 3s- u. 3p- u. einer Kontraktion der 3d-Orbitale im Vgl. zum freien Atom. Diese Werte werden durch Veränderungen der VO-Konfigurationen (SF_6, $S^+F_6^-$, $S^{2+}F_6^{2-}$, $S^-F_6^+$) oder der Hybridisierung des F nur wenig beeinflußt. Die unter Vernachlässigung von Austauschgliedern berechneten Energiewerte zeigen bes., daß die zum sp^3d^2-Zustand des S führende Promotionsenergie (25–31 eV) durch die Energie der Mol.-Bldg. kompensiert werden kann. A. Blaschette. 182□

d-Orbitale in Verbindungen der Elemente der zweiten Periode. 2. Mitt. **Vergleich der Liganden H, C, F und Cl.** D. P. Craig und C. Zauli. (J. chem. Physics **37,** 609–15, 1/8. 1962; engl.) — 1. vgl. vorst. Referat. — Durch elektrostat. Näherung unter Verw. von Potentialen aus SCF-Wellenfunktionen werden die Störeinfl. von H, C, F u. Cl auf die lose gebundenen d-Orbitale der Elemente der 2. Periode verglichen; im einzelnen werden Syst. aus einem zwei (rechtwinklig angeordneten), vier (quadrat.) u. acht (oktaedr.) ident. Störatomen betrachtet. Die störenden Einfl. nehmen in der Reihenfolge $F > Cl > C \gg H$ ab; die Abstufung bei den 3 ersten Liganden ist geringer als ihre Elektronegativitäten erwarten lassen. A. Blaschette. 182□

Strukturen von Interhalogenverbindungen und Polyhalogeniden. E. H. Wiebenga, E. E. Havinga und K. H. Boswijk. (Advances inorg. Chem. Radiochem. **3,** 133–69, 1961; Groningen, Rijksuniv., Labor. voor Alg. Chem., Anorg. Chem. en Kristalchem.; engl.) — Übersicht über Struktur u. Eigg. sowie theoret. Diskussion von Bindungsfragen. — 121 Literaturangaben. A. Blaschette. 182□

Bindung in oktaedrischen Kobaltkomplexen. C. G. Windsor, J. H. M. Thornley, J. H. E. Griffiths und J. Owen. (Proc. physic. Soc. **80,** 803–05, 1/9. 1962; Oxford, Clarendon Labor.; engl.) — Im ESR-Spektrum (3 cm; 20 °K) von Präpp. von je 1% (bzgl. Co) CoF_6^{4-} in $KMgF_3$, $CoBr_6^{4-}$ in $CdBr_2$ bzw. CoJ_6^{4-} in CdJ_2 treten beträchtliche Ligandhyperfeinstrukturen auf, die starken σ- u. π-Bindungen zugeschrieben werden. A. Blaschette. 182□

Lösung der Schrödinger-Gleichung für ein periodisches Gitter. 2. Mitt. Leonard Eyges. (Physic. Rev. [2] **126,** 93—102, 1/4. 1962; Lexington, Mass., MIT, Lincoln Labor.; engl.) — Vf. erweitert die l. c. beschriebene Lsg.-Meth. für die Schrödinger-Gleichung in einem period. Potential auf k ≠ 0 durch Entw. der Wellenfunktionen u. der Energie nach Potenzen von k, erörtert die Fälle von bei k = 0 entarteten u. nicht entarteten Bändern u. behandelt die „tight-binding"-Formeln im Rahmen des neuen Formalismus. Für die Fälle, in denen weder die „tight-binding"-Näherung noch die Entw. nach Potenzen von k geeignet sind, werden die direkte numer. Lsg. der Gleichungen u. Partialwellen-Entw. diskutiert. D. Jörchel. 182□

Die Rolle der Orthogonalisierung bei der Bestimmung von Valenzzuständen in Kristallen. E. Brown. (Physic. Rev. [2] **126,** 421—26, 15/4. 1962; Troy, N.Y., Rensselaer Polytechnic Inst.; engl.) — Es wird der Orthogonalisierungsprozeß in der Meth. mit orthogonalisierten ebenen Wellen (OEW) u. in der Pseudopotential-Meth. von Phillips und Kleinmann (PK) untersucht. Dieses Verf. bewirkt nur die Einführung eines vernünftigen Verh. des Rumpfes in die Wellenfunktion. Eine direktere Meth. ergibt dasselbe Ergebnis einfacher als OEW u. mit größerer Genauigkeit für den Fall, daß die Rumpffunktionen nicht gut bekannt sind. Die alternative Formulierung läßt sich auch zur Ableitung des PK-Pseudopotentials benutzen u. führt zu einem tieferen Verständnis seiner Bedeutung. Hans Laue. 182□

Einige Eigenschaften und Probleme des flüssigen Zustands. N. E. Cusack und J. E. Enderby. (Res. appl. in Ind. **12,** 475—81, Dez. 1959; Univ. of London, Birkbeck Coll.; engl.) — Diskussion der Meth. zur Beschreibung der Atomverteilung in Fll. (statist.-mechan. Theorie; direkte geometr. Meth.; Zelltheorie) u. der elektr. Leitfähigkeit fl. Metalle. — 21 Literaturangaben. A. Blaschette. 186□

Strukturelle und rheologische Eigenschaften von Glas. Herman F. Mark und Sheldon M. Atlas. (Science [Washington] **138,** 413—16, 19/10. 1962; Brooklyn, N.Y., Polytechn. Inst. of Brooklyn, Polymer Res. Inst.; Bronx, N.Y., Bronx Commun. Coll., Chem. and Chem. Technol. Dep.; engl.) — Übersicht über moderne Anschauungen (Beeinflussung der Eigg. von Glas durch seine therm. u. mechan. Vorbehandlung). A. Blaschette. 186□

Der Einfluß der Zusammensetzung auf die Glasbildung in metallischen und ionischen Systemen. M. H. Cohen und D. Turnbull. (Nature [London] **189,** 131—32, 14/1. 1961; Schenectady, N.Y., Gen. Electric Res. Labor.; Chicago, Ill., Univ.; engl.) — Zur Bestätigung ihrer früher veröffentlichten Theorie über die Glas-Bldg. in ion. u. metall. Fll. (C. **1960,** 10150) belegen die Vff. durch die Diskussion von Literaturdaten, daß die Glas-Bldg. in ion. u. metall Syst. durch Zusätze infolge Erniedrigung der thermodynam. Kristallisations-Temp. günstig beeinflußt wird. H. J. Hartmann. 186□

Eine direkte Untersuchungsmethode der Oberflächendichte von sauren Gruppen auf der Oberfläche von Glas und glasiger Kieselsäure. Lisbeth Ter-Minassian-Saraga. (C. R. hebd. Séances Acad. Sci. **252,** 1596—98, 13/3. 1961; Paris, Fac. des Sci., Labor. de Chim. Phys.; franz.) — Vf. bestimmte die Oberflächendichte der an Platten aus Glas oder glasiger Kieselsäure (I) befindlichen sauren Gruppen mit Hilfe einer NH_4Br enthaltenden Lsg. von ^{14}C-markiertem Lauryltrimethylammoniumbromid. Es wurde angenommen, daß die Oberflächen vollkommen eben sind u. daß die hydrophoben Schichten durch Austausch von Kationen zwischen den ≡SiOH-Gruppen in den Oberflächen des Glases bzw. von I u. den Kationen des Oberflächenagens gebildet werden. Bei I beträgt die Oberflächendichte der ≡SiOH-Gruppen ca. $1{,}5 \cdot 10^{14}$ cm^2. C. Gottfried. 186

Elektronenmikroskopische Untersuchungen von Boratgläsern. J. Krogh-Moe. (Ark. Kemi **14,** Nr. 1, 1—10, 1959; Göteborg, Svenska Silikatforskningsinst.; engl.) — Vf. berichtet über elektronenmkr. Unterss. von frischen u. getemperten Bruchflächen verschiedener Li_2O-B_2O_3-Gläser u. gibt zur Verdeutlichung mehrere elektronenmkr. Abb., die sehr stark von der therm. Behandlung beeinflußt werden können. Der Anfang der Entglasung konnte so sichtbar gemacht werden, noch bevor die Glasproben dem bloßen Auge trübe erschienen. — *Li*-borat mit einem Oxid-Geh. ≦10 Mol-% teilt sich in einem engen Temp.-Bereich in 2 fl. Phasen. W. Sobieski. 186□

Eine Röntgenuntersuchung von Lithiumboratgläsern. J. Krogh-Moe. (Ark. Kemi **14,** Nr. 1. 31—38, 1959; engl.) — Vgl. vorst. Referat. — B_2O_3-Glas u. Li-Boratgläser mit 18 u. 50 Mol-% LiO_2 werden röntgenograph. untersucht. Die berechneten Radialverteilungskurven zeigen eine *B-O*-Spitze, die einem koordinativ von 3 *O*-Atomen umgebenen *B*-Atom entspricht; im Gegensatz zu anderen Unterss. konnten keine Anhaltspunkte für einen Koordinationswechsel des *B* gefunden werden. W. Sobieski. 186□

Die Bandstruktur von amorphen festen Stoffen. P. Phariseau. (Physica [Utrecht] **27**, 351—52, März 1961; Gent, Labor. voor Kristallogr. en Studie von Vaste Stoffen; engl.) C. Gottfried. 188

Messung von Wachstumsgeschwindigkeiten bei der Kristallisation aus dem Dampf. H. Heyer. (Z. Elektrochem., Ber. Bunsenges. physik. Chem. **66**, 721, Okt. 1962; Berlin-Dahlem, MPG, Fritz-Haber-Inst.; dt.) — Die Wachstums-Geschw. einzelner Flächen von *Hexamethylentetramin-* u. *Arsenolith*-Kristallen wurde für verschiedene Temp. u. Übersättigungen bestimmt. Bei beiden Substanzen können beim Wachstum mit konst. Übersättigung zwei Stadien unterschieden werden: Ein anfängliches ungestörtes Wachstum mit relativ geringer Geschw. u. ein sich anschließendes gestörtes Wachstum mit deutlich erhöhter Geschwindigkeit. Die für die ungestört wachsenden Flächen beobachtete Abhängigkeit der Geschw. vom Quadrat der Übersättigung läßt sich nach den bisherigen theoret. Ansätzen für das Realkristallwachstum als ein durch die Oberflächendiffusion bestimmter Vorgang deuten. Der für die gestört wachsenden Flächen gefundene lineare Zusammenhang kann als stoßzahlabhängiges Wachstum erklärt werden. Eine Deutung des Übergangs von einem Stadium zum anderen ist unter der Annahme einer allmählichen Zunahme der Versetzungsdichte während des Wachstums möglich. A. Blaschette. 190□

Zur erzwungenen Kondensation des Arseniks. K. A. Becker, G. Graf und I. N. Stranski. (Z. physik. Chem. [Frankfurt/M.] [N. F.] **30**, 76—89, Okt. 1961; Berlin, Fritz-Haber-Inst. der Max-Planck-Ges.; dt.) — Zur Entstehung eines erzwungenen Kondensates ist eine vorhergehende therm. oder elektr. Aktivierung der zu kondensierenden Dampf-Moll. erforderlich. Es wird der Einfl. der desaktivierenden Zusammenstöße von angeregten Moll. auf dem Kondens.-Vorgang bei der therm. Aktivierung untersucht. Ferner werden Kondens. mit Anregung durch Ionenstoß beschrieben u. ein quant. Deutungs-Vers. gegeben. Bei einer Bodenkörper-Temp. von 160° fanden Vff. eine Aktivierungsenergie für die durch Glimmentladung (1000 V) erzwungene Kondens. von 70,4 kcal/Mol. Die Vers.-Anordnungen sind angegeben. G. Talsky. 190□

Über die Kinetik der Phasenbildung in kondensierten Systemen. 4. Mitt. **Die Fällung von Elektrolyten aus unterkühlten wässerigen Lösungen.** G. Tappe und M. Kahlweit. (Z. physik. Chem. [Frankfurt/M.] [N. F.] **30**, 90—115, Okt. 1961; Göttingen, Max-Planck-Inst. für phys. Chem.; dt.) — 3. vgl. C. **1962**, 13686. — Es wird die Zahl der gebildeten Kristalle als Funktion der Abkühlungs-Geschw. gesätt. wss. $KClO_4$- u. KCl-Lsgg. bestimmt. Die Wachstums-Verss. an $KClO_4$-Kristallen ergaben, daß das Wachstum prakt. diffusionsbestimmt ist. G. Talsky. 190□

Über die Bildung von Wachstumszwillingen. R. Kern. (Bull. Soc. franç. Minéralog. Cristallogr. **84**, 292—311, Juli/Sept. 1961; Nancy, Labor. de Minéral. et Cristallographie; franz.) — Nach dem geometr. Gesetz von Friedel kann die Möglichkeit für die Entstehung von Wachstumszwillingen vorherberechnet werden. Ob sie tatsächlich gebildet werden, hängt von weiteren Voraussetzungen ab. Bei Wachsen einer Kristallfläche entstehen Fehlstellen, die zu Zwillings-Bldg. Anlaß geben u. ein 2 dimensionales Wachstum erzeugen. Ein solches Gebilde ist durch seine Bldg.-Energie u. seine Adhäsionsenergie charakterisiert. Ein Zwilling entsteht nur durch krit. Überschreiten des Gleichgewichtes in den Kristallisationslösungen. Es wird versucht, eine energet. Ableitung für diese Vorgänge zu schaffen. Die Rolle der Lsg.-Genossen besteht darin, daß die Zwillings-Bldg. stark erleichtert wird. F. Ensslin. 190□

Untersuchung der Kristallisation des Selens. G. Blet. (J. Physique Radium, Physique appl. Suppl. zu: J. Physique Radium **22**, Nr. 2, 17 A—26 A, Febr. 1961; Marseille, C.N.R.S.; franz.) — In den Unterss. wurde Se mit einer Reinheit von 99,9962% verwendet. Es wurde zunächst unter einer Glocke in Ggw. von Se-Dampf bei 300° geschmolzen. Dieses fl. Se wurde in 6 cm lange Pyrexglasröhren (Ø = 6 mm) gegossen, die vorher auf 250° erhitzt worden waren. Die Röhren werden in kaltes W. getaucht; Zuvor waren in das fl. Se zwei W-Drähte ($^5/_{10}$ mm Ø) gebracht worden. Mit ihrer Hilfe wurde die Änderung des elektr. Widerstandes bei langsamer Erhitzung gemessen. Zunächst blieb die Leitfähigkeit prakt. Null. Hierauf folgte eine Periode, in der die Leitfähigkeit beträchtlich u. schnell zunahm um einen maximalen Wert zu erreichen, danach nahm die Leitfähigkeit schwach ab u. erreichte schließlich einen Gleichgewichtswert. Röntgenograph. zeigte es sich, daß in der ersten Periode das Se in amorphen oder glasiger Form vorlag; nach genügend langem Erhitzen entstand die hexagonale Form. Hierauf untersuchte Vf. zwischen 70 u. 200° die Änderung der Dauer der Keim-Bldg. u. der Kristallisation. Die Dauer der Keim-Bldg. ließ sich durch die empir. Beziehung $6{,}2 \log t = (10^3/T)^4$ wiedergeben, wobei t die Dauer der Keim-Bldg. u. T die abs. Vers.-Temp. bedeutet. Die elektr. Leitfähigkeiten der Keim-Bldg.-Phase u. des krist. Se wurden als Funktion der Temp. gemessen. Es wurde weiter festgestellt, daß die Anzahl der Keime pro Einheits-Vol. während der Kristallisation unveränderlich bleibt. Bei 87° wurden 500000 Keime pro cm^3 gefunden. Schließlich wurden Härtemessungen durchgeführt. Für das amorphe Se ergab sich eine Vickers-Härte von 48. Beim krist. Se wird mit steigender Temp. die Härte, bis auf eine Diskontinuität bei 130°, stetig kleiner. C. Gottfried. 190

Über die Abhängigkeit des Habitus bei ZnS-Einkristallen von den Züchtungsbedingungen. H. Hartmann und H. Treptow. (Z. physik. Chem. [Leipzig] **218,** 92—99, 1961; Berlin, Dt. Akad. der Wiss., Phys.-Techn. Inst., Bereich Luminescenzforsch.; dt.) — Vgl. C. **1962,** 18750. G. Talsky. 190□

Zonenreinigung mit kaltem Kern. R. M. Ware. (J. sci. Instruments **38,** 166, April 1961; Towcester, Plessey Co. Ltd., Caswell Res. Labor.; engl.) — Bei der vom Vf. beschriebenen Zonenreinigungs-Meth. handelt es sich um eine Erweiterung der von Shepherd (vgl. C. **1962,** 12029) beschriebenen Technik. Als Anwendungsbeispiel wird die Reinigung von $CoSi_2$ beschrieben. C. Gottfried. 190

Analogieuntersuchung des Zonenschmelzens. H. L. Mason. (J. Res. nat. Bur. Standards, C **65,** 97—99, April/Juni 1961; Washington, D. C.; engl.) — Mit einer Analog-Rechenmaschine wurden die Temp. -u. Energieverhältnisse beim Zonenschmelzen von *W*-Stäben geringen Durchmessers untersucht. Für einen 4 mm-Stab sind die Temp.-Zeit-Kurven für die verschiedenen Zonen bei einer optimalen Heizleistung angegeben. Wolfgang Wagner. 190□

Kompromißwachstumsoberflächen auf Pegmatitmineralien. Vance Haynes. (Amer. Mineralogist **44,** 1089—96, Sept./Okt. 1959; Golden, Colo., Amer. Inst. of Res.; engl.) — Unter Kompromißoberflächen versteht man Oberflächen, die sich bilden, wenn 2 Substanzen mit verschiedener Wachstums-Geschw. gegeneinander oder ineinander wachsen. Solche Kompromißwachstumsoberflächen werden in der Natur an verschiedenen Pegmatitmineralien wie *Cyrtorlith, Thorit, Fluorit, Gadolinit, Monazit, Xenotim, Samarskit, Fergusonit, Betafit* u. *Quarz,* die simultan mit Mikroklin, Schiefer u. Clevelandit kristallisierten, beobachtet. C. Gottfried. 190

Die Natur von Kristallisations-Restflüssigkeiten mit Daten über das System Nephelin-Diopsid-Kieselsäure. J. F. Schairer und H. S. Yoder jun. (Amer. J. Sci. **258,** 273—83, 1960; Washington, D. C., Carnegie Inst. of Washington, Geophys. Labor.; engl.) — Die Phasengleichgewichtsbeziehungen des Syst. Nephelin (**I**)-Diopsid-(**II**)-SiO_2 (**III**) werden ermittelt. Die Verbindungslinie Albit (**IV**)-**II** trennt das Syst. in einen **III**-reichen Teil mit **III** als eine der festen Phasen in krist. Gemischen u. einen **I**-reichen Teil mit **I** als eine der festen Phasen im Endkristallisationsprodukt. Im Syst. **I**-**II**-**III** sind die prim. Phasen: **II**, feste **I**-Lsgg., feste Carnegieit-Lsgg., Na-Plagioklas, Forsterit, Tridymit u. Cristobalit. Die Ergebnisse bestätigen die Auffassung, daß ein Magma in den zuerst krist. Mineralien (in diesem Falle **II**) durch Fraktionierung ausgelaugt wird u. an Alkalialuminiumsilicaten reiche Rest-Fll. liefert. Die Natur der **IV**-**II**-Verbindungslinie zeigt, daß keine einfache, wasserfreie Zus. eine Fl. liefern kann, die durch Fraktionierung einen **III**- u. einen **I**-reichen Rückstand erzeugt. Zwischen **II** u. Olivin (**V**) besteht eine Rk.-Beziehung, die für Alkalibasalte so wichtig wie die **V**-Hypersthen-Rk. für tholeiit. Basalte sein kann. W. Wesly. 190□

Luftblasen in Eis. A. E. Carte. (Proc. physic. Soc. **77,** 757—68, 1/3. 1961; Pretoria, South African Council for Sci. and Ind. Res., Nat. Phys. Res. Labor.; engl.) — Die Konz. von Luftblasen in Eis, das aus bei 0° mit Luft gesätt. W. krist., beträgt bei einer Gefriergeschw. von 0,5 mm/Min. 6, bei 5 mm/Min. 300 Blasen/cm^3. Daneben hängt sie vom Druck, der Höhe der Wasserschicht über dem wachsenden Eis u. vom Auftrieb ab. Die Luftblasen ändern im Laufe der Zeit, bes. unter Temp.-Einfl., ihre Form. C. Gottfried. 190

Fehlstellen im Siliciumdioxid. V. Garino-Canina und M. Priqueler. (Silicates ind. **26,** 565—80, Dez. 1961; Paris, Centre de Rech. de la Comp. de Saint-Gobain; franz.) — Gewisse Eigg. des SiO_2, sowohl in der krist. als auch in der glasigen Form, können nur dann erklärt werden, wenn man das Auftreten von Fehlstellen voraussetzt. Dabei lassen sich rein geometr. Fehlordnungen u. Einfl. durch Fremdatome unterscheiden. Die Messung der spektralen Absorption bietet ein einfaches Mittel für die Deutung u. Lokalisierung von Fehlstellen u. Verunreinigungen. — 28 Literaturangaben. K. Ross. 190□

Über die Rolle des Sauerstoffs in Siliciumkristallen. J. P. Suchet. (J. Chim. physique Physico-Chim. biol. **58,** 455—63, April 1961; Bellevue, C.N.R.S., Labor. de Magn. et de Phys. du Solide.; franz.) — Überblick an Hand des Schrifttums, wobei speziell die Theorie behandelt wird, wonach die in Si beobachteten elektr. Anomalien auf die Ggw. von Sauerstoff in den Si-Kristallen zurückzuführen sind. Auf Grund einer krit. Diskussion zeigt Vf., daß die Struktur der Donatorzentren wahrscheinlich O-Atome umfaßt, die kristallograph. verschiedene Plätze besetzen. C. Gottfried. 190

Anwendung der Theorie der Reaktionsgeschwindigkeiten auf die Markierung chemischer und kristalliner Heterogenitäten in Silicium. Georges Feuillade und Simone Marette. (J. Chim. physique Physico-Chim. biol. **58,** 418—41, April 1961; Issy-les-Moulineaux, Centre Nat. d'Et. des Télécommun. Dép. Phys., Chim., Métallurg.; franz.) — Vff. verallgemeinern die Theorie der Markierung von Oberflächenunregelmäßigkeiten des Si durch chem. oder physikal. Angriffe auf die Oberflächen. Die Einzelheiten jeder Angriffsart werden gemäß strengen physikal.-chem. Eigg. definiert, u. zwar durch innere oder äußere elektrochem., geometr. oder mechan. Faktoren u. den Transport der reagierenden Mittel. Die chem. Markierung von Versetzungen u. die Markierung von Grenzflächen sind nicht als wesentlich verschieden anzusehen. Dagegen unterliegen die physikal. Markierungen, wie Verdampfung oder Auflösung, einem anderen Mechanismus. Als Beispiele bringen Vff. eine Reihe von Si-Proben nach Eindiffusion von P_2O_5 (n/p), As_2O_3(n/p), B_2O_3(p/n), Ga(p/n), Al(p/n) u. doppelte Diffusion von P_2O_5/B_2O_3 (n/p/n). Es wurde Fullersches Reagens verwendet. Verschiedene Markierungen von Oberflächenunvollkommenheiten durch Verdampfung u. Leg.-Bldg. werden besprochen. C. Gottfried. 190

Elektrostatische Energie der Leerstellenordnung in Kristallen vom Murdochit-Typ, A_6BO_8. Ukiko Takahasi und Yosio Sakamoto. (J. Sci. Hiroshima Univ., Ser. A **24,** 647—52, Dez. 1960; Osaka, Osaka Prefectural Kôzu Senior High School; Hiroshima, Univ., Fac. of Sci., Dep. of Chem.; engl.) — Vff. berechneten nach der Meth. von Hund (1935) für eine Reihe von Modellen (verallgemeinerter Murdochittyp) die Madelungschen Koeff. u. hieraus die elektrostat. Gitterenergie von Mg_8MnO_8 u. Cu_6PbO_8. Der mit der Ordnung der Leerstellen zusammenhängende elektrostat. Teil der Energie ergab sich dabei als so groß (379 bzw. 344 kcal/Mol.), daß geordnete Strukturen angenommen werden müssen. C. Gottfried. 190

Die Kinetik der Wanderung von Verunreinigungen nach Versetzungen hin. R. Bullough und R. C. Newman. (Acta crystallogr. [Copenhagen] **13,** 1127, 10/12. 1960; Aldermaston, A.E.I. Res. Labor.; engl.) — Vff. untersuchten die Kinetik der Bldg. einer wahren „Maxwellschen Atmosphäre" (vgl. C. **1959,** 16241) um eine Versetzung herum für den Fall, daß keine Ausscheidung vorliegt, u. ferner die Kinetik der Wanderung zu einer solchen Versetzung, wenn Abscheidung einer 2. Phase an diskreten Plätzen entlang der Versetzung stattfindet. Es wird angenommen, daß der Kern der Versetzung für die Verunreinigungen als eine Art Kanal, der hohe Beweglichkeit ermöglicht, wirkt u. daß eine endliche Geschw.-Grenze besteht, die den Einbau der Verunreinigungen in die (zuvor angeimpften) ausgeschiedenen Teilchen kontrolliert. C. Gottfried. 190

Die Rolle der Korngrenzenbewegung in der letzten Stufe des Sinterns. J. Hornstra. (Physica [Utrecht] **27,** 342—50, März 1961; Eindhoven, N. V. Philips' Gloeilampenfabr., Philips Res. Labor.; engl.) — In den Anfangsstadien des Sinterns, wenn die Poren im Gemisch noch unter sich verbunden sind, ist die Oberflächendiffusion der Hauptmechanismus. Bei weiterem Sintern werden die Kanäle geschlossen, so daß in der Endstufe die meisten Poren isoliert sind u. nur durch Diffusion von Leerstellen zu den Korngrenzen verschwinden können. Diese Ausscheidung der Leerstellen an den Korngrenzen verursacht elast. Spannungen, die die Ausscheidungs-Geschw. gleichförmig über das Korngrenzengebiet machen. Dies trifft jedoch nicht mehr zu, wenn die Körner entlang der Korngrenze gleiten u. wenn diese Korngrenze geeignet gekrümmt ist. Dann können sich die meisten Leerstellen in der Nachbarschaft der Poren ausscheiden u. die Sinter-Geschw. wird größer sein als bei einer ebenen Korngrenze. Daraus folgt, daß plast. Verformung eine Rolle beim Sintern spielen kann, obwohl Leerstellendiffusion der Hauptprozeß bleibt. An Hand des Versetzungsmodells von Korngrenzen beschreibt Vf. die Rolle der Leerstellendiffusion bei der Korngrenzenbewegung. Die Abhängigkeit der Sinterungs-Geschw. von der Verteilung der Porengrößen wird theoret. untersucht. C. Gottfried. 190

Der Mechanismus des Übergangs IV → II des Ammoniumnitrats. J. L. Amorós und R. L. Banerjee. (Publ. Dep. Cristalogr. Mineralog. [Madrid] **1959/60,** Nr. 6, 165—80; span.) — Der Mechanismus des metastabilen Übergangs von NH_4NO_3 IV in NH_4NO_3 II wurde durch Verfeinerung der Struktur-Best. der Phasen II u. IV mit Hilfe von Fourier-Meth. untersucht. NH_4NO_3 IV ist zwischen -18 u. $+32^0$ stabil, Raumgruppe P m m n, mit a = 5,75, b = 5,45 u. c = 4,96 Å; Z = 2. NH_4NO_3 II entsteht durch schnelles Erwärmen auf 55° oder auf den Umwandlungspunkt; es ist zwischen 84 u. 125° stabil. Die Umwandlung geschieht durch Umordnung der NO_3-Gruppen in zwei zentrosymm. Lagen A u. B längs der Polarachse. Zur völligen Umordnung müßten 50% der NO_3-Gruppen ihre Richtung ändern, es sind aber maximal nur 25%. 65% behalten die Richtung, während 10% eine sog. Restorientierung besitzen, die durch die große Hysteresis der Umwandlung bedingt ist. Es wurden außerdem die anisotrop. Temp.-Faktoren u. die Lagen der H-Atome für beide Phasen bestimmt. K. Huste. 195□

Kristallographische Eigenschaften der kubischen und orthorhombischen Form des Thoriumdiphosphats. Aurelio Burdese und Maria Lucco Borlera. (Ricerca sci. **30,** 1343—45, Sept. 1960; Torino, Politecn., Ist. di Chim. gen. e appl. e di Metallurgia; ital.) — Vff. berichten über die Auswertung von Pulverdiagrammen der kub. α- u. der orthorhomb. β-Form des ThP_2O_7. α-ThP_2O_7 hat die Gitter-Konst. a = 8,721 ± 0,006 Å; Raumgruppe ist T_h^6; mit $D_{\cdot exp.}$ 4,06 g/cm³ wird Z = 4. Die Zelldimensionen der β-Form sind a = 11,612 ± 0,007 (Å); b = 12,750 ± 0,008; c = 7,121 ± 0,004; wahrscheinlichste Raumgruppe ist C_{2v}^9; Z = 8; $D_{\cdot exp.}$ 5,03 g/cm³. C. Gottfried. 195

Duttonit, ein neues Vanadin(IV)-oxid von der Peanut-Mine, Montrose County, Colorado. M. E. Thompson, Carl H. Roach und Robert Meyrowitz. (Amer. Mineralogist **42,** 455—60, Juli/Aug. 1957; Washington, D.C., U. S. Geol. Surv.; engl.) — Vgl. C. **1958,** 4728. — Im Gegensatz zu l. c. wird die Raumgruppe C_{2h}^6 — I 2/c angegeben. E. Schulte. 195□

Die Kristallstruktur von α-Niobtetrajodid. Lawrence F. Dahl und Dale L. Wampler. (Acta crystallogr. [Copenhagen] **15,** 903—11, 10/9. 1962; Madison, Wis., Univ., Dep. of Chem.; engl.) — α-NbJ_4 ist rhomb., Raumgruppe C m c 2_1, mit Z = 8 u. a = 7,67 (± 0,02 Å), b = 13,23 u. c = 13,93. Die 3dimensionale anisotrope Verfeinerung mittels kleinster Quadrate ergibt einen R-Wert von 8,6%. Die Struktur des festen α-NbJ_4 basiert auf einer verzerrten hexagonal-dichtesten Packung der J-Atome. Ein Viertel der Oktaederlücken wird von Nb-Atomen besetzt, wodurch unendliche lineare Ketten aus NbJ_6-Oktaedern mit gemeinsamen entgegengesetzten Kanten gebildet werden. Die Nb-Atome werden paarweise aus den Oktaedermitten heraus zueinander hin verschoben, es resultiert ein Abstand Nb—Nb von 3,31 Å. Die schwachen Metall–Metall-Wechselwrkg., welche zur vollständigen Paar-Bldg. der singulären Elektronen führen, erklären diese Nb-Verschiebungen ebenso wie den beobachteten Diamagnetismus. Im α-NbJ_4 besitzt Nb den Valenzzustand IV. α-NbJ_4 ist neben dem isomorphen *TaJ_4* das erste Metallhalogenid mit dieser Struktur. G. Ruban. 195□

Raumgruppe von Cadmiumwolframat, $CdWO_4$. Jean Coing-Boyat. (Acta crystallogr. [Copenhagen] **14,** 1100, 10/10. 1961; Grenoble, Inst. Fourier, Labor. d'Électrostat. et de Phys. du Métal; franz.) — Unter Bezugnahme auf eine röntgenograph. Unters. des $CdWO_4$ von Sharp (vgl. C. **1961,** 9322) berichtet Vf. über eigene Pulveraufnahmen, aus denen sich zunächst ergab, daß die von Sharp (vgl. l. c.) angegebene Raumgruppe (P 2_1/c) nicht richtig ist. Wahrscheinlichste Raumgruppe ist vielmehr C_{2h}^4 — P 2/c. Für die monokline Zelle werden die folgenden Zelldimensionen bestimmt: a = $5{,}02_6$ (Å); b = $5{,}85_4$; c = $5{,}07_0$; β = 91°29'; Z = 4. Aus einem Vgl. der Daten für Mg-, Fe- u. Mn-Wolframat aus der Literatur ergab sich, daß $CdWO_4$ wahrscheinlich mit diesen Verbb. isotyp ist. C. Gottfried. 195

Verfeinerung der Struktur von Gadolinium-Eisengranat, $Gd_3Fe_2Fe_3O_{12}$, nach der Methode der kleinsten Quadrate. James E. Weidenborner. (Acta crystallogr. [Copenhagen] **14,** 1051—56, 10/10. 1961; Jorkton Heights, N.Y., IBM Corp.; engl.) — Für $Gd_3Fe_2Fe_3O_{12}$ wurde die Laue-Symmetrie m 3 m u. die Raumgruppe I a 3 d gefunden; Z = 8, a = 12,470 ± 0,005 Å. Durch die Raumgruppe sind bis auf O^{2-} die Positionen aller Ionen festgelegt. Unter Benutzung der Verfeinerung nach dem Prinzip der kleinsten Quadrate wurden die noch ausstehenden O-Koordinaten bestimmt mit x = —0,0269, y = 0,0550 u. z = 0,1478. H. Moenke. 195□

Kristallchemische Beziehungen bei Substanzen des Typs A_2BX_4 und A_3BX_5. Theo Hahn. (Silikattechnik **12,** 331—35, Juli 1961; Frankfurt/M., Univ., Mineralog. Inst.; dt.) — Überblick über die Bausteine u. Gitter-Konst. der Kristallstrukturen nach den beiden Typen A_2BX_4 u. A_3BX_5. — 64 Literaturangaben. R. Kaiser. 195□

Zur Bildung diskreter Überstrukturvarianten der antigoritischen Serpentine. G. Kunze. (Fortschr. Mineralog. **37,** 50—54, Juli 1959; Darmstadt; dt.) — Analyse der gewellten Struktur des Antigorits mit der Atomnetzfolge O_3—Si_2—O_2OH—Mg_3—$(OH)_3$, deren Überperiode A_m (A_{17} = 43,3 Å) diskutiert wird. Vf. erwähnt die Möglichkeit, A_m als geolog. Thermometer u. Manometer dienstbar zu machen. G. Ruban. 195□

Röntgenkristallographische Untersuchung von Schröckingerit und seinem Entwässerungsprodukt. Deane K. Smith. (Amer. Mineralogist **44**, 1020—25, Sept./Okt. 1959; Washington, D.C., Nat. Bur. of Stand.; engl.) — Vf. berichtet über opt. u. röntgenograph. Unterss. an einem Schröckingerit, $NaCa_3UO_2(CO_3)_3SO_4F \cdot 10\ H_2O$, von Moab, Utah. Brechungsindices: $\alpha = 1{,}491$; $\beta = 1{,}537$; $\gamma = 1{,}538$; $2\ V = 22{,}5^0$; opt. negativ. Präzessionsaufnahmen ergaben trikline, pseudohexagonale Symmetrie mit $a = 9{,}60 \pm 0{,}01$ (Å); $b = 9{,}62 \pm 0{,}01$; $c = 14{,}46 \pm 0{,}01$; $\alpha = 91^0 42' \pm 10'$; $\beta = 91^0 48' \pm 10'$ u. $\gamma = 120^0 05' \pm 10'$. Raumgruppe ist $P\bar{1}$ oder P 1; Z = 2. Bei 4std. Trocknen bei 75° verliert das Mineral 6 Mol. H_2O. Die Brechungsindices des entwässerten Minerals sind $\alpha = 1{,}518$; $\beta = 1{,}582$; $\gamma = 1{,}582$; $2\ V = 0$—5^0; opt. negativ. Dieses Prod. ist ebenfalls triklin u. hat die Zelldimensionen $a = b = 9{,}52 \pm 0{,}02$ (Å); $c = 11{,}10 \pm 0{,}02$; $\alpha = 95 \pm 5^0$; $\beta = 93 \pm 5^0$ u. $\gamma = 60^0 00' \pm 15'$. Raumgruppen P 1 oder P 1; Z = 2.
C. Gottfried. 195

Kristallstruktur und Reaktionsfähigkeit von Oberflächen. Harry C. Gatos. (Science [Washington] **137**, 311—22, 3/8. 1962; Lexington, Mass., MIT, Solid State Div., Lincoln Labor.; engl.) — Übersicht über die Betrachtung atomist. Modelle bei der Deutung der physikal. u. chem. Eigg. von Oberflächen fester Stoffe. — 28 Literaturangaben.
A. Blaschette. 196□

Elektronographische Untersuchung von dünnen InSb-Schichten. Miroslav Rozsíval. (Českoslov. Časopis Fysiku **10**, 199—204, 1960; Praha, Ústav techn. fys. Českoslov. akad. věd; tschech., Auszug: russ., engl.) — Elektronograph. Unters. (Durchstrahlungs-Meth., 50—60 kV) von dünnen, auf Kollodium- oder C-Folien u. NaCl-Plättchen im Vakuum aufgedampften InSb-Schichten, die durch Aufdampfung von In u. Sb bzw. InSb gewonnen u. auf 100—120° erhitzt wurden. Unabhängig von den Aufdampfungsbedingungen war stets die kub. u. hexagonale Form des InSb anwesend; die Berechnung der Gitter-Konst. der hexagonalen Form ergab Werte von $a = 4{,}581$ u. $c = 7{,}478$ Å.
J. Tůmová. 196□

Nachweis von zwei Arten von Zwillingen in durch thermische Aufdampfung auf eine (1 1 1)-Fläche eines Kupfereinkristalls erhaltenen Kupferniederschlägen. Nguyen Quat Ti. (C. R. hebd. Séances Acad. Sci. **249**, 2301—03, 30/11. 1959; Toulouse, C.N.R.S., Labor. d'Opt. Electron.; franz.) — Unters. durch Elektronenbeugung.
C. Gottfried. 197

Herstellung von Germaniumeinkristallen mit einer geringen Anzahl von Versetzungen. Arnošt Hrubý. (Českoslov. Časopis Fysiku **10**, 225—29, 1960; Praha, Ústav techn. fys., Českoslov. akad. věd; tschech., Auszug: russ., engl.) — Vgl. C. **1962**, 9630. — Beim Wachsen von Ge-Einkristallen geht durch Verringern des Kristalldurchmessers die Anzahl der Versetzungen zurück; auch beim Erweitern des Kristalldurchmessers können Einkristalle mit wenig Versetzungen erreicht werden, doch darf die Erweiterung des Durchmessers nicht zu rasch erfolgen. Der krit. Winkel der Erweiterung beträgt bei Ge 12° (Zieh-Geschw. 1,3 mm/min, 50—100 U/min). Aus einem Tiegel von 50 mm Ø wurden so Ge-Einkristalle bis zu 25 mm Ø u. bis zu 250 g mit einer Versetzungsdichte von 10^1—10^2 cm^{-2} gewonnen.
J. Tůmová. 197□

Die Beobachtung von Strahlungsschäden mit dem Feldionenmikroskop. Erwin W. Müller. (Proc. IVth int. Sympos. Reactivity Solids, Amsterdam **1960**, 682—91, 1961; University Park, Pa., Pennsylvania State Univ.; engl.) — Mit dem He-Feldionenmikroskop wurden Leerstellen u. Zwischengitterplätze an der Oberfläche von Einkristallspitzen aus *Pt* u. *W* beobachtet. Spitzen aus diesen Metallen wurden ferner mit 5,4-MeV-α-Teilchen u. neutralen 20-keV-He-Atomen beschossen, wobei die Wrkg. im Mikroskop bei atomarer Auflösung festgestellt wurden. Beim Durchgang eines α-Teilchens durch den Kristall wurden im Umkreis von 50 Å um die Austrittsstelle Zeichen von 15—30 Leerstellen u. Zwischengitterplätzen gefunden. Ein oder zwei Störungen wurden auch in einer Entfernung von ca. 500 Å beobachtet u. als gerichtete Stöße im Gitter gedeutet. He-Ionen wurden in einer Penning-Entladung erzeugt u. mittels zweier Linsen auf die Spitze gerichtet. Dabei wurden in dem Strahl durch Ladungsaustausch neutrale 20-keV-He-Atome erzeugt, deren Beschuß-Wrkg. untersucht wurde. An der Eintrittsstelle eines schnellen He-Atoms wurden ein Zwischengitteratom u. an der Austrittsstelle 3—5 Zwischengitteratome beobachtet. Die größten Schäden an der Oberfläche wurden bei Beschuß der Oberfläche mit Ionen von einigen Hundert eV beobachtet.
M. Drechsler. 197□

Das Wachstum von prismatischen Versetzungsschleifen während des Anlassens. C. A. Johnson. (Philos. Mag. [8] **5**, 1255—65, Dez. 1960; Berkeley, Calif., Univ., Mater. Res. Labor.; engl.) — Vf. diskutiert elektronenmkr. Beobachtungen von Silcox u. Whelan sowie von Vandervoort u. Washburn (C. **1961**, 10091), nach denen die Dichte von durch Abschrecken in *Al* erzeugten Versetzungsschleifen beim Anlassen wesentlich abnimmt. Aus den Beobachtungen schließt Vf. zunächst, daß die Vereinigung von Schleifen nicht auf eine Leerstellendiffusion durch die Matrix zu erklären ist. Er schlägt daher einen anderen Mechanismus vor, der von einer Kurzschlußdiffusion an der Peripherie der prismat. Versetzungsschleifen abhängt. Deutungen der obigen experimentellen Beobachtungen auf der Grundlage des vorgeschlagenen Mechanismus führten zu einem Wert für die Aktivierungsenergie des vorgeschlagenen Diffusionsprozesses von ca. 0,7 eV. Dagegen beträgt der gemessene Wert für die Aktivierungsenergie der Diffusion durch das Al-Gitter 1,20 eV. C. Gottfried. 197

Versetzungsrelaxation in Silber, Gold, Palladium und Platin. P. G. Bordoni, M. Nuovo und L. Verdini. (Suppl. nuovo Cimento Nr. 1 (zu [10] **18**), 55—88, 1960; Pisa, Univ., Ist. di Fis. Mat.; Roma, Ist. Naz. di Ultracustica O. M. Corbino; engl.) — An kreisförmigen polykristallinen Platten von chem. reinem Ag, Au, Pd u. Pt wurden nach der früher beschriebenen Technik (vgl. C. **1961**, 8946) an den verschieden therm. u. mechan. vorbehandelten Proben die Energiezerstreuung u. die Resonanzfrequenz als Funktion der Temp. im Temp.-Bereich von 60—300° K für die beiden niedrigsten symm. Biegungsschwingungsarten u. an den gleichen Proben die Zerstreuung u. die Resonanzfrequenz für 1 oder 2 longitudinale Schwingungsarten gemessen. Die zahlreichen Vers.-Ergebnisse sind graph. wiedergegeben. Bei der Diskussion der Ergebnisse stellten Vff. zunächst fest, daß sich die Beziehung der Schwingungsfrequenz f_m zu der Temp., bei der das Zerstreuungsmaximum auftritt, durch eine Arrheniussche Gleichung der Form $f_m = f_{m,0} \exp[-\overline{W}/KT_m]$ wiedergeben läßt, wo $\overline{W}$ die Aktivierungsenergie charakterisiert, die mit der Verschiebung des Maximums in Zusammenhang steht. $F_{m,0}$ erhält man aus dem Schnittpunkt der Geraden mit der Frequenzachse u. liefert den Grenzwert der Frequenz, bei der das Maximum für einen unendlichen Wert der Temp. T_m beobachtet werden könnte. Vom rein formalen Standpunkt aus wurde ein neuer Parameter, die charakterist. Zeit $\bar{\tau}$, eingeführt, wobei die Beziehung $2\,\pi\,f_m\,\bar{\tau} = 1$ gilt. Die Temp.-Abhängigkeit von $\bar{\tau}$ erhält man aus den beiden obigen Gleichungen: $\bar{\tau} = \bar{\tau}_0 \exp[\overline{W}/KT_m]$, wobei man $\bar{\tau}_0$ erhält, wenn in der zweiten Gleichung f_m durch $f_{m,0}$ ersetzt wird. Die experimentell erhaltenen Werte von $\overline{W}$ u. $\bar{\tau}_0$ sind tabellar. wiedergegeben. Die Grundparameter liegen nahe den Werten, die für *Cu* u. *Al* erhalten worden sind. Das scheint darauf hinzudeuten, daß die Bewegung von Versetzungen einen „spezif." Charakter hat u. im wesentlichen unabhängig von Verunreinigungen ist. Es ist dies eine Bestätigung der von Bordoni (vgl. Suppl. Nuovo Cimento **17**, [1960], 203) entwickelten Theorie. Die beobachtete Asymmetrie der Kurven Zerstreuung gegen Temp. ist eine allg. Eig. des Effektes u. dürfte auf Nebenmaxima auf der Tieftemp.-Seite des Hauptzerstreuungsmaximums zurückzuführen sein. Die für diese Asymmetrie verantwortlichen Versetzungen scheinen eine niedrigere Aktivierungsenergie zu haben als die, die mit dem Hauptmaximum in Beziehung stehen. C. Gottfried. 197

Größe des Zener-Relaxationseffektes. 4. Mitt. **Anisotropie der Relaxationsstärke einer Al–Cu-Legierung mit 4% Cu.** B. S. Berry. (Acta metallurg. [New York] **9**, 98—105, Febr. 1961; Yorktown Heights, N.Y., IBM Res. Center; engl.) — 3. vgl. C. **1962**, 15513. — Durch Messung der inneren Reibung bei Torsions- u. Transversalschwingungen von Einkristallen einer Al–Cu-Leg. mit 1,8 Atom-% Cu (4 Gew.-%) in ⟨1 0 0⟩-Orientierung nach Abschrecken u. Rückbildung wurden bei Temp. bis ca. 200° die für die Anisotropie bestimmenden Parameter des Zener-Relaxationseffektes bestimmt. Für die Messungen in Transversalschwingung wurde eine neu entwickelte Biegependel-App. entwickelt, die kurz beschrieben wird. Die Ergebnisse zeigten, daß die Anisotropie nicht nur viel größer ist, als sie die Theorie von Le Claire u. Lomer vorhersagt, sondern daß bei Zugspannung die größte Relaxationsstärke in ⟨1 0 0⟩-Richtung auftritt, für die diese Theorie ein Minimum vorhersagt. Ebenso wie diese Theorie versagt zur Erklärung der experimentellen Ergebnisse die Paar-Orientierungstheorie von Zener (vgl. l. c.). Dagegen lassen sich die Ergebnisse durch die Annahme von Seraphim u. Nowick (vgl. l. c.) erklären, nämlich, daß die Relaxation vor allem die Orientierung von Paaren übernächster Nachbarn umfaßt. C. Gottfried. 197

Eine antiferromagnetische Heusler-Legierung, Cu_2MnSb. D. P. Oxley, R. S. Tebble, C. T. Slack und K. C. Williams. (Nature [London] **194**, 465, 5/5. 1962; Sheffield, Univ., Dep. of Phys.; engl.) — Durch Schmelzen bei 1000°, Homogenisieren (50 Std. bei 650°) u. Abschrecken in W. wird eine Leg. der Zus. $Cu_{2,000}Mn_{0,998}Sb_{1,026}$ hergestellt, die nach der Röntgenstrahlanalyse die Kristallstruktur der Heuslerschen Legg. besitzt. Gitter-Konst. = 6,097 ± 0,004 Å. Aus der gemessenen Temp.-Abhängigkeit der magnet. Susceptibilität zwischen 20 u. 400° K ist zu schließen, daß die Leg. unterhalb 38° K (Néel-Punkt) antiferromagnet. u. nicht, wie früher angenommen wurde, ferromagnet. ist. In dem untersuchten Temp.-Bereich oberhalb 38° K ist die Heusler-Leg. zwar paramagnet., das Curie-Weiß-Gesetz wird aber nicht befolgt. H. Fahlenbrach. 197□

Struktur von Alnico V. Robert B. Campbell und Carl A. Julien. (J. appl. Physics, Suppl. zu **32**, Nr. 3, 192S—194S, März 1961; Pittsburgh, Pa., Crucible Steel Central Res. Labor.; engl.) — Vff. untersuchten die Mikrostruktur u. Kristallstruktur von Alnico V nach verschiedenen Wärmebehandlungen transmissionselektronenmkr. sowie mittels Elektronen- u. Röntgenbeugungsaufnahmen. Die a-Parameter der verschiedenen kub. Phasen wurden mittels Elektronenbeugungsaufnahmen bestimmt; bei der in W. abgeschreckten Probe lag nur eine kub.-raumzentrierte Phase mit a = 2,84 Å vor. Transmissionselektronenmkr. Beobachtungen der in dem magnet. Feld abgekühlten Proben ließen eine Struktur erkennen, die aus einer Matrixphase u. orientierten Ausscheidungsteilchen zusammengesetzt war, wobei die Teilchengröße von der Abkühlungs-Geschw. abhängig war. Elektronenbeugungsaufnahmen dieser Gebiete ergaben, daß Matrix u. Ausscheidung Teile derselben kristallograph. Einheit sind u. dieselbe Kristallsymmetrie u. den gleichen Gitterparameter haben wie die in W. abgeschreckte Probe. Die Beugungsaufnahmen von sehr langsam abgekühlten Proben zeigten das Auftreten einer anderen, in sehr geringer Menge auftretenden kub.-raumzentrierten Phase mit a = 2,62 Å. In der gealterten Probe war die gleiche Mikrostruktur u. der gleiche Gitterparameter vorherrschend, obwohl magnet. Unterss. ein deutliches Ansteigen der Anisotropie erkennen ließen. Beugungsdiagramme von Gebieten, die nur die γ-Phase enthielten, ergaben eine regellos orientierte, feinkörnige kub.-raumzentrierte Struktur mit a = 2,84 Å. C. Gottfried. 197

Metastabile kubisch-primitive Strukturen in den Legierungen Au–Te und Ag–Te. Huey-Lin Luo und William Klement jun. (J. chem. Physics **36**, 1870—74, 1/4. 1962; Pasadena, Calif., California Inst. of Technol.; engl.) — Durch schnelles Abkühlen der Schmelze wurden einphasige kub.-primitive Strukturen für Au–Te-Legg. im Bereich von 15—40 (Atom-%) Au u. Ag–Te-Legg. mit 20—30 Ag erhalten. Struktur-Unterss. u. Messungen des elektr. Widerstands zeigten, daß die kub.-primitiven Phasen metall. sind. Anlaß-Verss. zeigten, daß die Au–Te-Leg. mit 37,5 Atom-% relativ stabiler ist als die anderen metastabilen Phasen. R. Esenwein. 197□

Verzwillingung von CdTe-Kristallen. Tomislav Šimeček. (Českoslov. Časopis Fysiku **10**, 180—81, 1960; Praha, Katedra fys. pevných látek Karlovy univ.; tschech.) — CdTe-Zwillingskristalle wurden durch Verschmelzen von reinem Te (Geh. an Verunreinigungen unter 10^{-3}%) u. Cd ($5{,}8\cdot10^{-3}$% Pb, $1\cdot10^{-3}$% Zn, Spuren Cu, Ag) im stöchiometr. Verhältnis im Vakuum im Quarzrohr erhalten. Nach Ätzen des Schliffes mit dem Gillmanschen Ätzmittel u. Anfertigung von Laue-Diagrammen wurden Verzwillingungen nach der Fläche $(1\,\bar{1}\,0)$ mit dem Desorientierungswinkel von 70°30′ (theoret. 70°31′46″), Spaltflächen der Form {1 1 0}, ermittelt. Da an den Berührungsflächen keine Grenzschichten entstehen, wird geschlossen, daß für elektr. Zwecke die Zwillingskristalle analog den Einkristallen benützt werden können. J. Tůmová. 197□

Allgemeine Gesetzmäßigkeiten der Stabilisierung von β-Mischkristallen in Titanlegierungen. N. W. Agejew und L. A. Petrowa. (Ber. Akad. Wiss. UdSSR **138**, 359—60, 11/5. 1961; Akad. der Wiss. der UdSSR, Metallurg. Baikow-Inst.; russ.) — Der minimale krit. Geh. an einem Leg.-Zusatz, der zur Stabilisierung der β-Phase erforderlich ist, ist innerhalb jeder Periode des period. Syst. um so niedriger, d. h. die stabilisierende Wrkg. um so größer, je weiter das Zusatzelement im period. Syst. vom Ti entfernt ist. Atome, die sich in ihren Atom-Vol. u. ihrer chem. Natur stark vom Ti-Atom unterscheiden, erschweren nämlich einen Umbau des Gitters der β-Phase. Der zur Stabilisierung der β-Phase erforderliche minimale krit. Geh. der elf betrachteten Leg.-Elemente entspricht durchweg einer mittleren Elektronen-Konz. von 4,2 Elektronen je Atom. Dies gilt auch für eine Reihe von untersuchten tern. Legg. (Ti–Fe–V, Ti–Fe–Cr, Ti–V–Mo, Ti–Mo–Fe, Ti–Mo–Mn). F. Lenz. 197□

Der Einfluß von Zusatzelementen auf die Periode von CuAu II und der Ursprung der Langperioden-Überstruktur. Hiroshi Sato und Robert S. Toth. (Physic. Rev. [2] **124**, 1833—47, 15/12. 1961; Dearborn, Mich., Ford Motor Co., Sci. Labor.; engl.)— Die Elemente Al, Ga, In, Ge, Be, Pd, Bi, Sn, Mg, Cr, Mn, Sb, Ag, Fe, Ni u. Zn wurden in verschiedenen Konzz. zu CuAu II zugesetzt u. die Änderungen der Elementarzelle mittels Elektronenbeugung bestimmt. Hieraus wurde eine Beziehung zwischen dem Elektronen–Atom-Verhältnis u. der Zelldimensionen gefunden sowie ein Modell formuliert, das mittels der Brillouin-Zonentheorie die Stabilität von Leg.-Phasen erfaßt. H. Newesely. 197□

Die Struktur von α-(Al–Cu–Fe). P. J. Black, O. S. Edwards und J. B. Forsyth. (Acta crystallogr. [Copenhagen] **14**, 993—98, 10/9. 1961; Cambridge, Cavendish Labor., Crystallogr. Labor.; engl.) — Die α-Phase des Syst. Al–Cu–Fe war von Phragmén (C. **1951**, I, 111) durch die Formel $(FeCu)(CuAl)_6$ beschrieben worden. Die Phase ist isomorph mit $MnAl_6$, dessen Struktur von Nicol (vgl. C. **1955**, 11525) bestimmt worden war. Mit Hilfe 2dimensionaler Projektionen wurde die Struktur der α-Phase festgelegt. Es sei vorausgeschickt, daß auf Grund verschiedener Beobachtungen die von Nicol (vgl. l. c.) gewählte zentrosymm. orthorhomb. Raumgruppe C c m m für diese Phase nicht in Frage kommen kann, die wahre Raumgruppe ist die nicht zentrosymm. Raumgruppe C c m 2_1. Die Zelldimensionen der Phase sind a = 6,4343 ± 0,0001 (Å); b = 7,4604 ± 0,001 u. c = 8,7769 ± 0,001; Z = 28 Atome. In dem Gitter liegen [alle Punktlagen + [0 0 0; ½ ½ 0)] 4 Fe in (x o z); ($\bar{x}$ o $\bar{z}$) mit x = 0,4612 u. z = 0,2500; 8 $Al_{(1)}$ in (x y z); ($\bar{x}$, y, ½ + z); (x $\bar{y}$ z); ($\bar{x}$, $\bar{y}$, ½ + z) mit x = 0,0171; y = 0,3255; z = 0; 8 $Al_{(3)}$ wie $Al_{(1)}$ mit x = 0,2872; y = 0,3182; z = zwischen 0,2410 u. 0,2610 je nach dem untersuchten Kristall; 4 $Al_{(2)}$ in (x o z); ($\bar{x}$ o $\bar{z}$) mit x = 0,1450 oder 0,1210 u. z zwischen 0,1050 u. 0,1060; 4 $Al_{(4)}$ wie $Al_{(2)}$ mit x = 0,1450 oder 0,1210 u. z zwischen 0,3940 u. 0,3980. Die Struktur wird an Hand der Struktur von $MnAl_6$ genau diskutiert. Eine endgültige Entscheidung über die Erniedrigung der Symmetrie kann erst nach einer Verfeinerung der $MnAl_6$-Struktur gefällt werden. C. Gottfried. 197

Energiebänder in Eisen nach der Methode der verstärkten ebenen Wellen. J. H. Wood. (Physic. Rev. [2] **126**, 517—27, 15/4. 1962; Cambridge, Mass., MIT, Solid-State and Molec. Theory Group; engl.) — Nach der APW (augmented plane wave)-Meth. von Slater (Physic. Rev. **51**, [1937], 846) durchgeführte numer. Berechnungen der Bänderstruktur von kub.-raumzentriertem u. flächenzentriertem *Fe* werden mitgeteilt. Im raumzentrierten Fall erwies sich die Berücksichtigung von 55 Punkten in $^1/_{48}$ der Brillouin-Zone zur Konstruktion der Zustandsdichtekurven als ausreichend; im flächenzentrierten Fall wurde die Berechnung ohne Konstruktion der Kurve für 17 Punkte hoher Symmetrie durchgeführt. Als Potential wurde das von Manning verwendete, aus dem Ar-Rumpf plus 7 Valenzelektronen bestehende Potential benutzt. Die APW-Meth. ist insofern vorteilhaft, als für einen Punkt in der Brillouin-Zone ohne Symmetrie ca. 40 ebene Wellen zur Erzielung der Konvergenz ausreichend sind u. eine bequeme Programmierung für einen Digitalrechner möglich ist. D. Jörchel. 197□

Untersuchung der Oberflächenwanderung von Eisen mit dem Feldelektronenmikroskop. Ryszard Meclewski, Jan Nikliborc und Lucjan Wojda. (Acta physica polon. **21**, 189—91, Febr. 1962; Wroclaw, Univ., Dep. of Exper. Phys.; engl.) — An Fe-Emitterspitzen wurde die Oberflächenwanderung mit dem Feldelektronenmikroskop untersucht. Die aus den Messungen bestimmte Platzwechselenergie von Fe auf Fe im Feld beträgt 1,24 ± 0,12 eV/Atom. M. Drechsler. 197□

Transmissionselektronenmikroskopisch beobachtete Versetzung in reinem Eisen. Hiroshi Fujita und Zenji Nishiyama. (J. physic. Soc. Japan **16**, 1893—1909, Okt. 1961; Osaka, Univ., Inst. of Sci. and Ind. Res.; engl.) — Vgl. C. **1962**, 12208. — Die durch das Transmissionselektronenmikroskop in Metallen beobachteten Versetzungsbilder hängen wesentlich von der Reflektionsbedingung ab. Diese Abhängigkeit wird durch die Dunkelhell-Meth. u. mit Hilfe kleiner Veränderungen des Elektronenstrahl-Einfallwinkels geklärt u. ausführlich erläutert. H. Hochstein. 197□

Einfluß der Reinheit von Eisen auf seine innere Dämpfung. Francis Dabosi. (Métaux **36**, 244—47, Juni 1961; Vitry, C.N.R.S., Labor.; franz.) — Vgl. C. **1962**, 7. — Unterss. über den Einfl. der Reinheit von Fe auf seine innere Dämpfung (elektrolyt. u. durch Zonenschmelzen gewonnene Drähte werden in H_2 bei 850° geglüht, langsam abgekühlt u. mit dem Torsionspendel geprüft) zeigen eine mit der Amplitude stark schwankende Dämpfung. Diese, hauptsächlich ferromagnet. bedingte Schwankung hebt die Fähigkeit der Versetzungen, sich leicht in einem weniger gestörten Gitter zu bewegen, teilweise auf. Die durch Extrapolieren für die Spannung Null erhaltene Dämpfung ist in Proben höchster Reinheit am größten. W. Wesly. 200□

Wechselwirkung zwischen den Stickstoffatomen und den Versetzungen beim Altern durch Kaltverformung. G. M. Leak. (Métaux **36**, 232—34, Juni 1961; Manchester, Univ., Dep. of Metallurg.; franz.) — An reinem, im Vakuum gegossenem Fe ausgeführte Unterss. (Best. der inneren Reibung abgeschreckter, kalt gezogener u. bei 45° gealterter Drähte mittels des Torsionspendels) zeigen keine meßbare Schwankung der Relaxationszeit. Die Querschnittsverminderung um 83% müßte zu einer Versetzungsdichte von ca. $10^{12}/cm^2$ führen, so daß die Zwischenraumatome sich niemals in einem geringeren Abstand voneinander, der 50—100 Atomintervallen entspricht, befinden dürften. Demgemäß müßten mindestens 2% dieser Atome unter einer starken

Einw. der Spannungsfelder der Versetzungen stehen, was bes. im Anfang der Alterung bemerkbar sein müßte. Da diese Beobachtung aber nicht gemacht wird, muß man schließen, daß der Übergang von der ungeordneten Lsg. zum festen Zustand der Versetzung in einer von den Versetzungen wenig entfernten Zone erfolgt.

W. Wesly. 200□

Über das Maß der Unelastizität der Wechselwirkung zwischen Leerstellen und in ternären Aluminiumlegierungen mit 4% Kupfer gelösten Atomen. Entwistle. (Métaux **36,** 235—41, Juni 1961; franz.) — Es besteht die Annahme, daß die Wechselwrkg. zwischen den Gitterleerstellen u. den in einer Al–Cu–X-Leg. gelösten X-Atomen durch Einw. von X auf die Dispersions-Geschw. der Leerstellen wiedergegeben werden könne, wobei X auf die Geschw. der Verlagerung der höchsten inneren Reibung, die durch eine auf einer Spannung beruhenden Ordnung der Cu-Atome hervorgerufen wird, einwirken müsse. Dieser unbeständige Höchstwert der inneren Reibung wird aber nicht beobachtet, weil vermutlich die Gitterleerstellen wie in reinem Al entstehen u. verschwinden. Unterss. zeigen eine schwache Wechselwrkg. zwischen In u. einer Al-Leg. mit 4% Cu. Weitere Unterss. werden vorgeschlagen. W. Wesly. 200□

Untersuchung der Mikrohärte einer festen Lösung in Abhängigkeit von der Zusammensetzung der Legierung in Dreikomponentensystemen bei Abweichung der Schnitte von den Konnoden. W. M. Glasow und N. N. Glagolewa. (Betriebs-Lab. [UdSSR] **23,** 1481—84, 1957; Metallurg. Baikow-Inst. der Akad. der Wiss. der UdSSR; Moskau, Kalinin-Inst. für Buntmetalle u. Gold; russ.) — Es wurden 3 Schnitte im Syst. Al–Mg–Si sowie 6 im Syst. Cu–Zn–Sn untersucht. Die Proben wurden im Mittel um 20% verformt, danach bei 500° (Cu–Zn–Sn) bzw. 550° (Al–Mg–Si) 75 Std. lang getempert. Die Mikrohärtemessungen ergaben, daß die Kurvenart der Isothermen der Mikrohärte im Syst. Al–Mg–Si prakt. die gleiche bleibt, ungeachtet der großen Abweichungen der Schnitte von den Konnoden. In beiden Syst. wird der Grenzsättigungspunkt durch einen deutlichen Knickpunkt der Kurve „Mikrohärte der Kristalle der festen Lsg./Zus. der Leg." ermittelt. A. v. Wilpert. 200□

Kriechen von α-Uran bei cyclischer Wärmebehandlung. A. C. Roberts. (Acta metallurg. [New York] **8,** 817—18, Nov. 1960; Wembley, Gen. Electr. Co. Ltd., Res. Labor.; engl.) — Es wurden Drähte von α-U zu Federn mit einem Durchmesser von 1 cm aufgewickelt u. nach Wärmebehandlung zur Erzeugung einer kleinen Korngröße vertikal im Glasofen in He-Atmosphäre untergebracht. Diese Proben wurden abwechselnd zwischen 100 u. 300°, bzw. 50 u. 300° unter Belastungen von 186, 1048 u. 1697 lb./in.^{2} erhitzt, u. zwar bis zu 1000 Cyclen. In Intervallen wurde der Ofen auf Zimmer-Temp. abgekühlt u. die Länge der Federn, ohne daß die Proben aus dem App. entfernt wurden, mit einem Kathetometer gemessen. Bei den Cyclen zwischen 100 u. 300° waren die durch die obigen Belastungen erzeugten elast. Abweichungen 0,06; 0,32 u. 0,46 mm. Nach einigen wenigen Cyclen waren diese Abweichungen bereits ca. 10mal so groß. Die Abweichungen nahmen dann allmählich weiter zu, bis sie ca. 20—25mal so groß waren als die anfänglichen elast. Abweichungen. Hierauf trat keine Erhöhung der Abweichungen mehr auf. Die gleichen Beobachtungen ergaben sich bei Cyclen zwischen 50 u. 300°. Allg. wurde aus den Beobachtungen geschlossen, daß α-U, das großen therm. Wechselbehandlungen bis zu 300° unterworfen wird, anfänglich nicht einmal kleine Belastungen ertragen kann, ohne plast. verformt zu werden. Nach einigen wenigen Cyclen (vorausgesetzt, daß die Amplitude des therm. Cyclus nicht zu groß ist) ist das Material fähig, kleine Belastungen elast. zu ertragen, u. zwar teils infolge einer Neuverteilung der intergranularen Spannungen, teils infolge Bearbeitungshärtung, welche den elast. Bereich erhöht. C. Gottfried. 200

Die Fließspannung in Germaniumkristallen. H. G. van Bueren. (Physica [Utrecht] **26,** 997—99, Nov. 1960; Eindhoven, N.V. Philips' Gloeilampenfabrieken, Philips Res. Labor.; engl.) — Vf. nimmt Bezug auf Kriech-Verss. an Ge-Einkristallen (vgl. C. **1961,** 2541) u. die aus den Meßergebnissen entwickelte Theorie sowie auf nichtveröffentlichte Messungen von Haasen u. Alexander über die Temp.-Abhängigkeit der krit. Scher- u. Fließspannung von Ge-Kristallen u. stellt dabei fest, daß die Beobachtungen von Haase u. Alexander nicht in Übereinstimmung mit der Theorie (l. c.) gebracht werden können; das ist jedoch möglich, wenn man die l. c. vernachlässigte Größe w_1, das Aktivierungs-Vol., als temperaturabhängig annimmt. Weiter zeigt Vf., daß sich die Theorie nicht auf das bekannte diskontinuierliche Fließ-Verh. von Ge-Kristallen anwenden läßt, wenn die Zug-Verss. unterhalb 600° durchgeführt werden. Die Fließerscheinung steht wahrscheinlich in Zusammenhang mit der außerordentlich starken Abhängigkeit der Kriech-Geschw. bei Zugbelastungen unterhalb ca. 1 kg/mm^2 (Scherspannung bei 470°). C. Gottfried. 200

A_7. Gleichgewichte. Kinetik

Über die graphische Interpretation der Methode von Ostromyslenski-Job. W. N. Tolmatschew. (Ukrain. chem. J. **27,** 559—66, 1961; Charkow, Univ.; russ.) — Es werden für verschiedene in der Praxis vorkommende Fälle die Job-Kurven, d. h. Extinktion bzw. Menge des gebildeten Komplexes als Funktion der Zus. der Misch-Lsg. berechnet u. graph. dargestellt. Es wird gezeigt, daß die Meth. von Ostromyslenski-Job nur dann eindeutige Resultate ergibt, wenn sich ausschließlich ein einziger Komplex bildet. Bei der Dimerisation der einen Ionensorte wird die Deutung der Job-Kurven schwierig. Eindeutige Verhältnisse liegen hier nur dann vor, wenn nur eine gebildete Verb. farbig ist. Werden mehrere farbige Komplexe gebildet, so liefert die Meth. nur dann richtige Ergebnisse, wenn die Dissoziations-Konst. der Komplexe sich um mindestens drei Zehnerpotenzen unterscheiden u. Bedingungen geschaffen werden, bei denen die Bldg. eines einzigen Komplexes dominiert. E. Asmus. 223□

Die allgemeine, selektive und spezifische Bildung von Komplexen durch Metallkationen. G. Schwarzenbach. (Advances inorg. Chem. Radiochem. **3,** 257—85, 1961; Zürich, ETH, Labor. für anorg. Chem.; engl.) — Übersicht über die Mechanismen u. empir. Gesetzmäßigkeiten bei der Bldg. einfacher u. mehrkerniger Metallkomplexe in wss. Lsg. unter Berücksichtigung der Aggregation zu unlösl. Verbindungen. — 70 Literaturangaben. A. Blaschette. 223□

Neuere Ergebnisse der Chemie der Koordinationskomplexe. Priyadaranjan Ray. (Proc. Sympos. Chem. Co-ordinat. Compounds, Agra [India] **1959,** Nr. 1, 1—24, 1960; engl.) — Übersicht: Bindungsfragen; Stabilisierung ungewöhnlicher Oxydationsstufen; Anwendungen. — Ca. 380 Literaturangaben. A. Blaschette. 223□

Neuere Untersuchungen über Koordinationsverbindungen in Japan. Kazuo Yamasaki. (Proc. Sympos. Chem. Co-ordinat. Compounds, Agra [India] **1959,** Nr. 1, 92—101, 1960; Nagoya, Chikusa, Univ., Chem. Inst.; engl.) — Übersicht. — 73 Literaturangaben. A. Blaschette. 223□

Indiens Beitrag zur Chemie der Koordinationsverbindungen. Arun K. Dey. (Proc. Sympos. Chem. Co-ordinat. Compounds, Agra [India] **1959,** Nr. 1, 25—91, 1960; Allahabad, Univ., Chem. Labor.; engl.) — Umfassende Übersicht (Allgemeines; Komplexe mit anorgan. u. mit organ. Liganden; analyt. u. andere Anwendungen). — 877 Literaturangaben (1896—1959). A. Blaschette. 223□

Chelatbildung zwischen Ammoniumaurintricarboxylat und zweiwertigem Kupfer. 1. Mitt. Physikochemische Untersuchung der Zusammensetzung, Struktur und Stabilität. Anil K. Mukherji und Arun K. Dey. (Analytica chim. Acta [Amsterdam] **18,** 324—29, April 1958; engl.) — Vgl. vorst. Ref.; 2. vgl. C. **1960,** 17559. — Cu^{2+} bildet mit Ammoniumaurintricarboxylat (Aluminon) ein farbiges 1:2-Chelat, dessen Zus. nach der Meth. von Job durch Absorptionsmessungen bei 540 u. 440 mμ u. durch Leitfähigkeitsmessungen ermittelt wurde. Die Chelat-Bldg. erfolgt unter H^+-Bldg. an den Carboxyl- u. den benachbarten OH-Gruppen zweier Aurinmoleküle. Aus den spektrometr. Daten wurde die Komplex-Bldg.-Konst. zu $6{,}45 \cdot 10^8$ (25°) errechnet. Für die freie Bldg.-Energie wurden —14,6 kcal gefunden. W. Betcke. 223□

Die Stabilitätskonstanten der Mono- und Dipyrazinsilberkomplexe. John G. Schmidt und R. F. Trimble. (J. physic. Chem. **66,** 1063—65, Juni 1962; Carbondale, Ill., Southern Illinois Univ., Dep. of Chem.; engl.) — Aus Werten für die Löslichkeit von Ag_2SO_4 u. $[Ag(C_4H_4N_2)]NO_3$ in wss. Pyrazin wurden die Stabilitäts-Konst. von $[Ag(C_4H_4N_2)]^+$ zu $31{,}4 \pm 3{,}6$ u. von $[Ag(C_4H_4N_2)_2]^{2+}$ zu $4{,}2 \pm 0{,}5$ berechnet. Das Löslichkeits-Prod. von $[Ag(C_4H_4N_2)]NO_3$ ist $2{,}3 \cdot 10^{-4}$. In den festen Komplexen ist das Pyrazin nicht durch π-Bindungen an das Ag gebunden. G. Heller. 223□

Physikalisch-chemische Untersuchung der Komplexbildung von Beryllium-Ionen mit organischen Liganden. 4. Mitt. Mit Malonsäure und ihren Derivaten. Arun K. Bhattacharya und G. S. Rao. (Z. physik. Chem. [Leipzig] **219,** 11—16, 1962; Saugor M.P., India, Univ. of Saugor; engl.) — Vff. untersuchen die Komplex-Bldg. von Be^{2+} (als $BeSO_4$) mit Malonsäure (**I**), Na-Malonat (**II**) u. Diäthylmalonat (**III**) mit Hilfe von konduktometr., potentiometr. u. spektrophotometr. Messungen im UV-Bereich mit Hilfe der Meth. der kontinuierlichen Variation. Es wurde festgestellt, daß Be^{2+} sowohl mit **I** als auch mit **II** u. **III** Komplexe im Verhältnis 1:1 bildet. Die Koordinationszahl 4 des Be^{2+} wird durch die Bindung eines Sulfato- u. eines Malonato-Liganden an das Be^{2+} erreicht. Die Werte der Dissoziations-Konst. betragen bei 28° für den Komplex mit **I** $9{,}55 \cdot 10^{-4}$, mit **II** $9{,}24 \cdot 10^{-4}$ u. mit **III** $9{,}81 \cdot 10^{-4}$. A. Nebelung. 223□

Stabilitätsbeziehungen bei den Acetylacetonaten der Seltenerdmetalle. Ingmar Grenthe und W. Conard Fernelius. (J. Amer. chem. Soc. **82,** 6258—60, 20/12. 1960; University Park, Pa., Pennsylvania State Univ., Dep. of Chem.; engl.) — Durch potentiometr. Titration der Lsgg. der 3wertigen Kationen der Seltenerdmetalle in Ggw. eines Überschusses von Acetylaceton u. $NaClO_4$ (Gesamtionenstärke 0,1) mit NaOH werden bei 30° die Bldg.-Konst. der Acetylacetonate der Seltenerdmetalle bestimmt. Der log der 1. Bldg.-Konst., log K_1, nimmt mit steigendem Ionenpotential, Z^2/r, zunächst vom La (4,96 ± 0,03) bis zum Eu (5,87) zu, bleibt dann fast konst. u. steigt schwächer vom Tm bis Lu (6,23) erneut an. Diese Abhängigkeit wird mit dem Verh. anderer Komplexe der Seltenerdmetalle verglichen. H. J. Hartmann. 223□

Molekülkomplexe der Halogene. L. J. Andrews und R. M. Keefer. (Advances inorg. Chem. Radiochem. **3**, 91—131, 1961; Davis, Calif., Univ. of California, Dep. of Chem.; engl.) — Übersicht über Mol.-Komplexe von Cl_2, Br_2, J_2, *JCl* u. *JCN* mit Elektronendonatoren (vorwiegend organ. Verbb.); physikal.-chem. Meth. zu ihrem Nachw. (Spektrophotometrie, Leitfähigkeits-, Löslichkeits-, Polarisationsmessungen u. a.); Thermodynamik der Komplex-Bldg. (Gleichgewichts-Konst., Bldg.-Enthalpien u. -Entropien); Bindungsbetrachtungen (Charge-transfer-Theorie, Orientierung der Komponenten). — 159 Literaturangaben. A. Blaschette. 223□

Hydraziniumbromid als Lösungsmittel. Ralph P. Seward. (J. physic. Chem. **66**, 1125—27, Juni 1962; University Park, Pa., Pennsylvania State Univ., Dep. of Chem.; engl.) — Für N_2H_5Br im geschmolzenen Zustand wurde aus der F.-Erniedrigung durch $N_2H_5NO_3$, N_2H_5J u. NH_4Br eine kryoskop. Konst. von 8,20 ± 0,1 (Grad pro Mol Gelöstes pro kg Lsgm.) erhalten. Die molalen Erniedrigungen betrugen für Lsgg. von $NH_4 \cdot NO_3$ u. PbJ_2 2- bzw. 3mal 8,20. Der für die molale Erniedrigung von N_2H_5Cl gefundene Wert von ½·8,20 wurde auf die Bldg. einer festen Lsg. zurückgeführt. AgBr, $PbBr_2$ u. $HgBr_2$ bewirkten eine abnorm große Gefrierpunktserniedrigung. Hg_2Br_2 disproportionierte. Die Schmelzwärme wurde aus der kryoskop. Konst. zu 3540 cal·Mol^{-1} berechnet, während sie aus calorimetr. Messungen zu 3800 cal·Mol^{-1} bestimmt wurde. N_2H_5Br ist ein schlechtes Lsgm. für Stoffe, die sich nicht in Ionenform lösen. W. gibt eine normale Gefrierpunktserniedrigung. Tetrabutylammoniumbromid löst sich bei 30° unterhalb seines F. weniger als 0,003 molal in N_2H_5Br. Am F. des ersteren werden 2 Fl.-Schichten gebildet. K. Huste. 224□

Das Solvosystem Phosphoroxidchlorid. 18. Mitt. **Ebullioskopische Untersuchungen in Phosphoroxidchlorid.** 1. Mitt. V. Gutmann und F. Mairinger. (Mh. Chem. **91**, 529—36, 1960; Wien, TH, Inst. für Anorg. u. Allg. Chem.; dt.) — 17. vgl. C. **1961**, 5357. — In einer speziell entwickelten App. wird die ebullioskop. Konst. von hochreinem $POCl_3$ mit 4-Chlor-1.3-dinitrobenzol als Testsubstanz zu 5,58 ermittelt. Ebullioskop. Messungen an Lsgg. von *$KSbCl_6$* (**I**) bzw. *$KFeCl_4$* (**II**) im Konz.-Bereich 10^{-3} bis 10^{-1} Mol/1000 g $POCl_3$ ergaben scheinbare Dissoziationsgrade $\alpha \cdot f_0 < 0,6$, die mit steigender Konz. rasch abnehmen u. der Dissoziation der Ionenpaare zuzuschreiben sind. **I** wurde aus KCl u. $SbCl_5$ in $POCl_3$ durch Abdekantieren, Eindampfen, Waschen mit CCl_4 u. Umkristallisieren aus abs. A., **II**, (F. 249—250°), aus sublimiertem $FeCl_3$ u. KCl in abs. Ae. erhalten. A. Blaschette. 224□

Das Solvosystem Phosphoroxidchlorid. 19. Mitt. **Koordinationsformen des Eisen(III)-chlorids in Phosphoroxidchlorid.** M. Baaz, V. Gutmann und L. Hübner. (Mh. Chem. **91**, 537—47, 1960; dt.) — 18. vgl. vorst. Referat. — Nach spektrophotometr. Unterss. ist in den roten Lsgg. von $FeCl_3$ in $POCl_3$ (I) die Koordinationszahl (KZ) > 4; es liegt gleichzeitig Koordination von I-Moll. u. Assoziation der $FeCl_3$-Einheiten untereinander vor. Zusatz von Cl^--Donatoren führt zur Bldg. des Chlorokomplexes $FeCl_4^-$. Die maximale KZ ist dann 4; darüber hinaus können keine weiteren Cl^--Ionen, $FeCl_3$-Einheiten oder I-Moll. koordiniert werden. A. Blaschette. 224□

Das Solvosystem Phosphoroxidchlorid. 20. Mitt. **Der Nachweis von Chloridionenübergängen in Phosphoroxidchloridlösungen durch Bildung des $[FeCl_4]^-$-Ions aus $FeCl_3$.** M. Baaz, V. Gutmann und L. Hübner. (J. inorg. nuclear Chem. **18**, 276—85, März 1961; dt.) — 19. vgl. vorst. Referat. — In $POCl_3$ ganz oder teilweise erfolgende Cl^--Übergänge von Cl^--Donatoren zum Acceptor $FeCl_3$ können auf Grund des Unterschiedes der Spektren von $FeCl_3$ (solvatisiert) u. $FeCl_4^-$ im Bereich 400—600 nm eindeutig nachgewiesen u. damit relative Cl^--Donator- u. -Acceptorstärken verschiedener Chloride festgelegt werden. Im einzelnen wurden untersucht: *$[(C_2H_5)_4N]Cl$, KCl, CuCl, AgCl, $BaCl_2$, $ZnCl_2$, $HgCl_2$, $CuCl_2$, BCl_3, $AlCl_3$, $AuCl_3$, $SnCl_4$, $TiCl_4$, PCl_5, $SbCl_5$*. A. Blaschette. 224□

Das Solvosystem Phosphoroxidchlorid. 21. Mitt. **Das amphotere Verhalten von Titan(IV)-chlorid in Phosphoroxidchlorid.** M. Baaz, V. Gutmann und M. Y. A. Talaat. (Mh. Chem. **91**, 548—55, 1960; dt.) — 20. vgl. vorst. Referat. — Konduktometr. u. potentiometr. Titrationen von $TiCl_4$ mit $[(C_2H_5)_4N]Cl$, $FeCl_3$ oder $SbCl_5$ in $POCl_3$ zeigen.

daß $TiCl_4$ in diesem Lsgm. sowohl 2 Cl^- aufnehmen als auch 1 Cl^- abgeben kann. Die Existenz der Koordinationsformen $TiCl_6^{2-}$, $[TiCl_5]^-_{solv}$, $(TiCl_4)_{solv}$ u. $[TiCl_3]^+_{solv}$ läßt sich nachweisen. Das Verhältnis von Donator- u. Acceptorstärke ist von der Konz. abhängig; in verd. Lsgg. ist $TiCl_4$ vor allem Donator, in konz. Lsgg. Acceptor.
A. Blaschette. 224□

Koordinationsvorgänge in Lösungen von Arsen(III)-chlorid und Phosphoroxidchlorid. V. Gutmann. (Proc. Sympos. Chem. Co-ordinat. Compounds, Agra [India] **1959,** Nr. 1, 102—10, 1960; Vienna, Austria, TU; engl.) — Vgl. vorst. Referate. — Übersicht. — 70 Literaturangaben. A. Blaschette. 224□

Extraktion von Natriumthiocyanat aus wässeriger Lösung durch Tributylphosphat. G. Myron Arcand und William R. Carroll. (J. physic. Chem. **66,** 1014—17, Juni 1962; Bozeman, Mont., Montana State Coll., Dep. of Chem.; engl.) — Das Verteilungsgleichgewicht von NaSCN zwischen W. u. Tri-n-butylphosphat (TBP) wurde bei 20, 30 u. 40° u. bei verschiedenen Konzz. gemessen. Die Hydratationszahl n des NaSCN · n H_2O wurde aus der Wassermenge in TBP vor u. nach der Verteilung zu n = 3,2 bzw. n = 1,7 bei 20 bzw. 30° gefunden. Die Freien Standardenergien des Verteilungsgleichgewichts u. die Dissoziations-Konst. von NaSCN in der TBP-Phase bei 20, 30 u. 40° wurden berechnet. Die Berechnungen deuten darauf hin, daß bei 20° ein anderes Salz (NaSCN · 3 H_2O) als bei 30 u. 40° (NaSCN · 2 H_2O) extrahiert wird. K. Huste. 224□

Solventextraktion von Mineralsäuren. 3. Mitt. **Wechselwirkung zwischen gelöstem Stoff und Lösungsmittel im System Bromwasserstoffsäure–Wasser–Tri-n-butylphosphat.** A. S. Kertes und V. Kertes. (Canad. J. Chem. **38,** 612—19, April 1960; Jerusalem, Hebrew Univ., Dep. of Inorg. and Anal. Chem.; engl.) — Tributylphosphat (TBP) extrahiert HBr bei mittleren Säure-Konzz. als Disolvat u. bei hohen Konzz. wahrscheinlich als Monosolvat. Die Wasserbest. in den TBP-Phasen ergab, daß die Säure bei niederen u. mittleren Säure-Konzz. als Tetrahydrat, bei hohen aber nicht hydratisiert extrahiert wird. Aus den Befunden wird die Bldg. von $[(TBP)_2 \cdot HBr \cdot (H_2O)_6]$ u. $[TBP \cdot HBr \cdot (H_2O)_3]$ abgeleitet. E. Schulte. 224□

Der Mechanismus der Extraktion einiger Wasserstoffsäuren durch Tri-n-butylphosphat. Keiji Naito und Toshio Suzuki. (J. physic. Chem. **66,** 983—88, Juni 1962; Tokai, Ibaraki-ken, Japan, Japan Atomic Energy Res. Inst.; engl.) — Das Verteilungsgleichgewicht von HNO_3, HCl, H_2SO_4, $HClO_4$, CH_3COOH, $H_2C_2O_4$ u. H_3PO_4 zwischen W. u. Tri-n-butylphosphat (TBP) wurde gemessen. Der Mechanismus der Extraktion basiert auf einer Rk. zwischen den Säureionen u. den TBP-Moll. unter Bldg. der Komplexe $HNO_3 \cdot TBP$, $HNO_3 \cdot (TBP)_2$, $HCl \cdot TBP$, $HCl \cdot (TBP)_3$, $HClO_4 \cdot (TBP)_3$, $CH_3COOH \cdot TBP$, $H_2C_2O_4 \cdot (TBP)_2$. Die Reihenfolge der Extrahierbarkeit dieser Säuren, $H_2C_2O_4 \sim CH_3COOH > HClO_4 > HNO_3 > H_3PO_4 > HCl > H_2SO_4$, läßt annehmen, daß die Extrahierbarkeit mit der Hydratisierungsenergie des Anions der Säure verknüpft ist. K. Huste. 224□

Der Mechanismus der Extraktion einiger Uranylsalze durch Tri-n-butylphosphat. Keiji Naito und Toshio Suzuki. (J. physic. Chem. **66,** 989—95, Juni 1962; engl.) — Vgl. vorst. Referat. — Die Extraktion von *Uranylnitrat, -chlorid, -perchlorat, -sulfat, -acetat* u. *-phosphat* durch Tri-n-butylphosphat (TBP) wurde untersucht. Die Bldg. der Komplexe $UO_2(NO_3)_2(TBP)_2$, $UO_2Cl_2(TBP)_2$, $UO_2(CH_3COO)_2(TBP)_2$ u. $UO_2(ClO_4)_2 \cdot (TBP)_4$ wurde durch Messung der Verteilungsgleichgewichte u. der IR-Spektren nachgewiesen. Der Einfl. der Säure-Konz. auf die U-Extraktion wurde bes. für das Syst. $UO_2(ClO_4)_2$–$HClO_4$–TBP näher untersucht. Es ließen sich 2 Einfl., die Konkurrenzextraktion von U u. Säure u. die Komplex-Bldg. mit dem Anion erkennen. Die Reihenfolge der Extrahierbarkeit wurde im Bereich niedriger Säure-Konzz. zu $UO_2(ClO_4)_2 \sim UO_2(CH_3COO)_2 > UO_2(NO_3)_2 > UO_2Cl_2 > UO_2SO_4$ gefunden. Dies steht in Übereinstimmung mit der Reihenfolge der freien Säuren (vgl. l. c.), d. h., auch hier ist die Extrahierbarkeit der Hydratisierungsenergie entgegengesetzt. K. Huste. 224□

Über die Erweiterung der Methode des Vierstufenmechanismus. 1. Mitt. **Allgemeine Betrachtungen.** P. Huhn und T. Bérces. (Acta Univ. Szegediensis, Acta physica chem. **3,** 95—99, 1957; Szeged, Univ., Inst. of Inorg. and Anal. Chem.; engl.) — Vgl. C. **1961,** 2214 (Anwendung auf SO_2Cl_2). A. Blaschette. 225□

Über die Erweiterung der Methode des Vierstufenmechanismus. 2. Mitt. **Anwendung bei der Analyse einer experimentellen kinetischen Kurve.** T. Bérces und P. Huhn. (Acta Univ. Szegediensis, Acta physica chem. **3,** 100—11, 1957; engl.) — 1. vgl. vorst. Referat. — Anwendung auf den Zerfall von SO_2Cl_2. A. Blaschette. 225□

Untersuchungen über die Reaktionen von angeregten Sauerstoffatomen und -molekülen, die bei der Blitzlichtphotolyse von Ozon entstehen. W. D. McGrath und R. G. W. Norrish. (Proc. Roy. Soc. [London], Ser. A **254**, 317—26, 23/2. 1960; Cambridge, Univ., Dep. of Phys. Chem.; engl.) — Die früheren spektrograph. Unterss. der Blitzlichtphotolyse von O_3 (Proc. Roy. Soc. [London], Ser. A **242**, [1957], 265) werden mit dem Ziel fortgesetzt, die Natur der an der Ketten-Rk. beteiligten O-Atome festzustellen. Bei der Photolyse von trockenem O_3 ($O_3:N_2 = 1:100$, O_3-Druck 5 Torr) bzw. feuchtem O_3 ($O_3:H_2O:N_2 = 1:3:100$, O_3-Druck 5 Torr) werden Spektren erhalten, deren Diskussion zu nachst. Rk.-Mechanismen führt: 1. Photolyse von trockenem O_2: Start: $O_3(^1A) \rightarrow O_2(^1\Delta_g) + O(^1D) - 91$ kcal/Mol, $O(^1D) + O_3(^1A) \rightarrow O_2^*(^3\Sigma_g^-) + O_2(^3\Sigma_g^-) + 138$ kcal/Mol, Ketten-Rk.: $O_2^*(^3\Sigma_g^-) + O_3(^1A) \rightarrow 2\,O_2(^3\Sigma_g^-) + O(^1D)$ (Anregungsenergie von $O_2^* > 69$ kcal/Mol), Abbruch: $O + O + M \rightarrow O_2 + M$, $O + O_2 + M \rightarrow O_3 + M$, $O_2^* + M \rightarrow O_2 + M$ (M = Inert-Mol., O_2 oder O_3); 2. Photolyse von feuchtem O_3: Start: $O_3(^1A) \rightarrow O_2(^1\Delta_g) + O(^1D) - 91$ kcal/Mol, $O(^1D) + H_2O \rightarrow 2\,OH + 34$ kcal/Mol, Ketten-Rk.: $OH + O_3 \rightarrow HO_2 + O_2 + 42$ kcal/Mol, $HO_2 + O_3 \rightarrow OH + 2\,O_2 + 27$ kcal/Mol, Abbruch: $2\,HO_2 \rightarrow H_2 + 2\,O_2$ (neutral), $2\,OH \rightarrow H_2 + O_2 + 12$ kcal/Mol, $2\,OH \rightarrow H_2O_2 + 46$ kcal/Mol, $2\,HO_2 \rightarrow H_2O_2 + O_2 + 31$ kcal/Mol. In Ggw. von H_2 ($O_3:H_2 = 1:3$) wird ein intensives OH-Spektrum beobachtet, in dem fast sämtliche bekannten UV-Banden auftreten. Ihre Bldg. erfolgt nach $O(^3P) + H_2 \rightarrow OH + H - 1$ kcal/Mol, $O(^1D) + H_2 \rightarrow OH + H + 45$ kcal/Mol, $H + O_3 \rightarrow OH^* + O_2$. Weder im Syst. H_2–O_3 noch im Syst. H_2O–O_3 konnten HO_2-Banden beobachtet werden, obwohl dieses Radikal im Rk.-Mechanismus erscheint. Die Rk. von Halogenatomen mit O_3 kann durch Verw. geeigneter opt. Filter leicht in Cl_2–O_3- bzw. Br_2–O_3-Mischungen verfolgt werden; sie entspricht dem allg. Schema $A + XYZ \rightarrow AX^* + YZ$ (A = Atom, AX^* = angeregtes Mol.): $Cl_2 + h\nu \rightarrow Cl(^2P_{3/2}) + Cl(^2P_{1/2})$, $Cl + O_3 \rightarrow ClO^* + O_2$, $ClO + O_3 \rightarrow Cl + 2\,O_2$; entsprechend für Br_2. In O_3–F_2-Gemischen verschiedener Zus. (1:1 bis 1:70) wurden niemals FO-Absorptionsbanden beobachtet. A. Blaschette. 225□

Abklingkinetik von aus C_2N_2 gebildeten CN-Radikalen. D. E. Paul und F. W. Dalby. (J. chem. Physics **37**, 592—98, 1/8. 1962; Wilmington, Del., E. I. du Pont de Nemours & Co., Engng. Dep., Rad. Phys. Labor.; Exp. Station Labor., Electrochem. Dep.; engl.) — Beschreibung einer Abwandlung der Blitzlichtphotolyse zur Messung der abs. Konz. u. der Kinetik kleiner Moll. mit feinlinigen Absorptionsspektren. Für das Abklingen der CN-Konz. in C_2N_2 ergibt sich auf diese Weise der Ausdruck $d[CN]/dt = -k[CN]\cdot[C_2N_2]$ mit $k = 7{,}3\cdot10^7 \exp(-2100/RT)$ Liter/Mol·s im Bereich 301 bis 447° K. Die entsprechende Geschw.-Konst. für das Abklingen in *CNCl* beträgt $1{,}5\cdot10^6$ bei 23°. Bei der Rk. von H_2 mit C_2N_2 bei 20° entsteht CN als Zwischenprod. (Halbwertszeit 50 μs beim Partialdruckverhältnis 10 Torr H_2/30 Torr C_2N_2 bzw. 300 μs bei 0,1/60), *HCN* als Endprodukt. Im Syst. C_2H_4–C_2N_2 erfolgt die Addition des CN an C_2H_4 mit $k \geq 1{,}4\cdot10^{12}$ Liter/Mol·s. Ähnliches gilt für andere Olefine. In *Propan* ergibt sich die Abkling-Konst. zu mindestens $4\cdot10^{10}$. In O_2 u. H_2O konnte CN leicht nachgewiesen werden ($k = 5{,}5\cdot10^9$ bzw. $3\cdot10^8$ Liter/Mol·s). Als weiteres Prod. tritt *CNO* auf. A. Blaschette. 225□

Thermische Zersetzung von Chlorheptoxid in der Gasphase. Rubén Victor Figini. (Rev. Fac. Cí. quím., Univ. nac. La Plata **30**, 93—99, 1957, herausgeg. 1958; La Plata, Univ. Nac., Fac. de Quím. y Farm.; span.) — Der therm. Zerfall des Cl_2O_7 bei 100, 110 u. 120° wurde durch Druckmessungen auf Grund der Gleichung für den Totalzerfall $Cl_2O_7 \rightarrow Cl_2 + {}^7/_2\,O_2$ verfolgt. Der Partialdruck des Cl_2O_7 zu Beginn der Rk. wurde zwischen 2 u. 70 Torr variiert. Unter diesen Bedingungen verläuft eine Homogen-Rk. 1. Ordnung, mit $\bar{k} = 1{,}85\cdot10^{-4}\,s^{-1}$ bei 120°. Den geringeren k-Wert zu Beginn der Rk. führt Vf. darauf zurück, daß die Zwischenprodd. des Zerfalls erst eine konst. Konz. erreichen müssen. Für die Aktivierungsenergie wurde $E_A = 32{,}8$ kcal/Mol berechnet. Die krit. Energie E = 46,5 kcal/Mol, die nach Hinshelwood unter Annahme von 19 Freiheitsgraden u. einem Stoßradius von $\sigma = 7{,}0\cdot10^{-8}$ cm berechnet wurde, ist fast gleich der Bldg.-Energie einer Cl—O-Bindung im Cl_2O_7. Durch Beimischen von F_2 konnten *$FClO_2$* u. *$FClO_3$* erhalten werden. K. Huste. 225□

Die thermische Zersetzung von Perchlorsäuredampf. Joseph B. Levy. (J. physic. Chem. **66**, 1092—97, Juni 1962; Alexandria, Va., Atlantic Res. Corp., Kinetics and Combust. Div.; engl.) — Bei der therm. Zers. von $HClO_4$-Dampf zwischen 200 u. 439° bilden sich Cl_2, H_2O u. O_2. Die Kinetik der Zers.-Rk. wurde von 200—350° durch colorimetr. Best. der Cl_2-Bldg. u. von 350—439° durch Analyse der Zers.-Prodd. im N_2-Strom untersucht. Bei niedrigeren Temp. ist die Rk. heterogen, bei höheren Temp. homogen. Der Mechanismus der homogenen Rk. (1. Ordnung) hat als geschwindigkeitsbestimmenden Schritt (Aktivierungsenergie = 48,3 kcal/Mol) $HOClO_3 \rightarrow HO\cdot + ClO_3\cdot$, gefolgt von den Schritten $HO\cdot + HOClO_3 \rightarrow H_2O + ClO_4\cdot$; $ClO_4\cdot \rightarrow \frac{1}{2}\,Cl_2 + 2\,O_2$; $ClO_3\cdot \rightarrow \frac{1}{2}\,Cl_2 + 1\frac{1}{2}\,O_2$. G. Heller. 225□

Die Rolle des Lösungsmittels bei chemischen Reaktionen. K. J. Laidler. (J. Chim. physique Physico-Chim. biol. **54**, 485—92, Juni 1957; Ottawa, Canada, Univ., Dép. de Chim.; franz.) — Einführende Übersicht unter besonderer Berücksichtigung von Ionen-Rkk. in wss. Medium (Einfl. des hydrostat. Druckes, des Ionen-Vol. u. der Ionenentropie). A. Blaschette. 225□

Die Stabilität wässeriger Lösungen von Hydroxylamin-O-sulfonsäure. H. J. Matsuguma und L. F. Audrieth. (J. inorg. nuclear Chem. **12**, 186—92, 1959; Urbana, Ill., Univ. of Illinois; engl.) — Der Zerfall 0,1n wss. Lsgg. von Hydroxylamin-O-sulfonsäure (I) wurde bei 6,0—6,5, 23,35 u. 100° titrimetr. u. durch Massenspektroskopie der gasförmigen Rk.-Prodd. verfolgt. Die Zers.-Geschw. von I fällt innerhalb der Folge: Ggw. von Cu^{2+} > alkal. Lsg. > reines wss. I > saure Lsg.; sie wird durch Temp.-Steigerung begünstigt: Bei 100° ist I in 2½ Std. vollständig zersetzt. H^+ begünstigt die Bldg. von NH_2OH; OH^- sowie Cu^{2+} die Zersetzung. Als Haupt-Zerfallsgleichungen werden formuliert: (I) + $H_2O \rightarrow H_3NOH^+ + HSO_4^-$ sowie 3 I → $N_2 + NH_4^+ + HSO_4^- + 2\,H_2SO_4$. Daneben spielen 2 I + $2\,H_2O \rightarrow 2\,NH_4^+ + 2\,HSO_4^- + O_2$ u. 2 I + $2\,H_3NOH^+ \rightarrow 2\,NH_4^+ + 2\,HSO_4^- + 2\,H^+ + N_2O + H_2O$ nur eine untergeordnete Rolle. H. Bürger. 225□

Kinetik der Reaktion zwischen Phosphin und Natriumhypochlorit in alkalischer Lösung. J. J. Lawless und H. T. Searle. (J. chem. Soc. [London] **1962**, 4200—05, Okt. 1962; Oldbury, Birmingham, Albright and Wilson Mfg. Ltd., Res. Dep.; engl.) — In wss. Lsg. bei 0—35° u. pH 12—13 (NaOH) gehorcht die Rk. $PH_3 + 2\,NaOCl \rightarrow H_3PO_2 + 2\,NaCl$ dem Gesetz $-d[NaOCl]/dt = k[PH_3][NaOCl]/[OH^-]$, mit $k = 3{,}47 \cdot 10^{10} \exp(-12200/RT)\,s^{-1}$. Als Mechanismus wird vorgeschlagen: $ClO^- + H_3O^+ \rightleftharpoons HOCl + H_2O$ (schnell), $PH_3 + HOCl \rightarrow [PH_3O] + H^+ + Cl^-$ (geschwindigkeitsbestimmend), $[PH_3O] + ClO^- \rightarrow H_3PO_2 + Cl^-$ (sehr schnell). A. Blaschette. 225□

Mechanismen der Substitutionsreaktionen von Metallkomplexen. Fred Basolo und Ralph G. Pearson. (Advances inorg. Chem. Radiochem. **3**, 1—89, 1961; Evanston, Ill., Northwestern Univ., Dep. of Chem.; engl.) — Übersicht: oktaedr., quadrat. u. tetraedr. Komplexe (saure u. alkal. Hydrolyse, Rkk. in nichtwss. Lsgm., ster. Effekte); schnelle Rkk.; Metallcarbonyle u. deren Derivv.; Photochemie. — 143 Literaturangaben. A. Blaschette. 225□

Die Austauschkinetik von Kupfer(II) zwischen Äthylendiamintetraessigsäure und Eriochromblauschwarz R. Donald W. Rogers, David A. Aikens und Charles N. Reilley. (J. physic. Chem. **66**, 1582—86, Sept. 1962; Chapel Hill, N.C., Univ. of North Carolina, Dep. of Chem.; engl.) — Der Austausch von Cu(II) zwischen EDTA u. Eriochromblauschwarz R (I) verläuft unterhalb pH 5 als säurekatalysierte Dissoziation, oberhalb pH 5 als Verdrängungs-Rk. 2. Ordnung. Damit EDTA Cu aus I wirksam verdrängen kann, muß EDTA mindestens einfach protonisiert sein, um die phenol. I—Cu-Bindung in einer S_E2-Rk.-Stufe zu schwächen. Die Verdrängungs-Geschw. von EDTA durch I hängt von dem Anteil des I mit unprotonisierten Phenolgruppen ab. Es wird eine S_N2-Rk. vermutet, bei der der aktivierte Komplex einen Chelatring mit dem Konkurrenz-Liganden bildet. Die Bldg. von Cu—OH—EDTA vergrößert die Rk.-Geschw., da der Cu-I-Komplex mehr durch die Bldg. von gemischten Hydroxokomplexen stabilisiert wird als der Cu-EDTA-Komplex. Die effektiven Geschw.-Konst. der Rk. 2. Ordnung für die Verb. von Cu(II) mit I u. EDTA bei pH 3,3 werden aus den Dissoziations-Geschw. der Cu-Chelate für beide Liganden zu ca. $10^5\,Mol^{-1}\,s^{-1}$ berechnet. J. Peters. 225□

Der Einfluß einiger nichtbrückenbildender Liganden auf die Cr(II)–Cr(III)-Oxydation. John B. Hunt und Joseph E. Earley. (J. Amer. chem. Soc. **82**, 5312—14, 20/10. 1960; Washington, D.C., Georgetown Univ., Dep. of Chem.; engl.) — In Ggw. von Cr(II) wird die Bldg.-Geschw. von Cr(III)-Komplexen der folgenden Anionen in wss., perchlorathaltigen Lsgg. (pH 3) verfolgt: EDTA, Pyrophosphat, Tartrat, Phosphat, Citrat, Fluorid, Thiocyanat u. Sulfat. Die Komplex-Bldg.-Geschw. nimmt bei den untersuchten Anionen in der angegebenen Reihenfolge ab. Ohne Zusatz von Cr(II) verlaufen die Rkk. langsamer. Die Ergebnisse werden in Zusammenhang mit der katalyt. Beeinflussung der Cr(II)–Cr(III)-Oxydation durch diese nichtbrückenbildenden anion. Liganden diskutiert. H. J. Hartmann. 225□

Austauschreaktion zwischen Ammoniak und Deuterium. Koshiro Miyahara. (J. Res. Inst. Catalysis, Hokkaido Univ. **4**, 193—98, März 1957; Hokkaido, Univ., Fac. of Sci., Dep. of Chem.; engl.) — Vgl. C. **1962**, 10413. — Vf. behandelt die Bldg. der Deuteroammoniake nach demselben Schema, das er auch auf die Bldg. von Deuteroparaffinen (vgl. C. **1958**, 6794) angewendet hat. Er nimmt folgende Rkk. an: $H_2 \rightleftharpoons 2\,H_a$

(A); $NH_3 \rightleftharpoons (NH_2)_a + H_a$ (B); $(NH_2)_a \rightleftharpoons (NH)_a + H_a$ (C); $(NH)_a \rightleftharpoons N_a + H_a$ (D; Index a bedeutet Adsorption), wobei H für Wasserstoff u. Deuterium steht. Auf Grund der Meßwerte von Kemball an Ni, Fe u. a. (C. **1953,** 4340) berechnet er die Reihenfolge der Rk.-Geschw. zu D ≪ A ≪ B < C. Das Auftreten von H_2 in der Deuteroatmosphäre ist von der Geschw. des Dissoziations-Absorptionsschnittes A bestimmt.
J. Winkler. 225□

Kinetik der Nitridierung von Calcium. M. W. Roberts und F. C. Tompkins. (Proc. Roy. Soc. [London], Ser. A **251,** 369—77, 9/6. 1959; London, Imp. Coll. of Sci. and Technol., Chem. Dep.; engl.) — Die Ergebnisse der kinet. Unters. der Rk. von N_2 mit aufgedampften u. gesinterten Ca-Schichten bei 23—200° u. konst. Druck entsprechen einer modifizierten Form der Theorie von Mott u. Cabrera. Bestimmend für die Rk.-Geschw. ist die Diffusion der Ca^{2+}-Ionen durch das Nitridgitter unter dem Einfl. der Potentialdifferenz zwischen dem Metall u. dem an der Nitridoberfläche chemisorbierten Stickstoff. Die Rk.-Geschw. ist dem N_2-Druck direkt proportional, entsprechend einer reversiblen Adsorption unter Bldg. eines Oberflächenkomplexes (N_2^-). Zwischen der Aktivierungsenergie u. dem Kehrwert der Nitridschichtdicke besteht ein linearer Zusammenhang; die krit. Temp. des Dickenwachstums ergibt sich zu 162°. Der Bruchteil aller Metallzentren an der Phasengrenzfläche, von dem aus Metallionen in die Nitridschicht diffundieren, beträgt 10^{-4} bis 10^{-3}. A. Blaschette. 225□

Zur Kinetik der Boudouard-Reaktion (Adsorption und ^{14}C-Austausch). J. Freundlich. (Z. Elektrochem., Ber. Bunsenges. physik. Chem. **66,** 647—48, Okt. 1962; Frankfurt/M.; dt.) — Vorl. Mitteilung. — Mit Hilfe einer Meßanordnung, mit der es unter günstigen Bedingungen möglich ist, die Adsorptionsprozesse an der Kohleoberfläche auch dann zu verfolgen, wenn gleichzeitig die Boudouard-Rk. abläuft, wurden die Verss. von Bonner u. Turkevich (C. **1951,** II. 1860) wiederholt. Tracermessungen mit ^{14}C sowie Desorptions-Verss. lieferten zusätzliche Ergebnisse, deren Gesamtheit zeigt, daß der zur Bldg. eines Oberflächenoxids führende Schritt CO_2 + C → CO + [CO] bei der Boudouard-Rk. geschwindigkeitsbestimmend ist.
A. Blaschette. 225□

Verwendung der Markierungsmethode bei der Untersuchung des Mechanismus der Oxydation von Metallen. S. Mrowec und T. Werber. (Acta metallurg. [New York] **8,** 819—21, Nov. 1960; Krakow, Poland, School of Mining and Metallurgy, Dep. of Gen. and Coal Chem.; engl.) — Vgl. C. **1962,** 7073. — An Hand der vorliegenden Literatur diskutierten Vff. die bisher übliche Deutung der bei der Markierungs-Meth. erhaltenen Ergebnisse u. kommen zu dem Schluß, daß die übliche Deutung unzureichend ist u. daß noch folgende weitere Kriterien in Betracht gezogen werden müssen: Die Lage der Markierung bzw. des Markierungsdrahtes an der Grenzfläche Metall/Zunderschicht besagt, daß die Schicht nur durch Diffusion des Metalls nach außen gebildet worden ist; die Lage der Markierung an der Grenzfläche Zunderschicht/oxydierendes Medium deutet darauf hin, daß die Zunderschicht nur durch Diffusion des Oxydans nach innen entstanden ist. Liegt die Markierung im Innern der Zunderschicht, dann besagt das, daß der äußere Teil der Zunderschicht durch Diffusion des Metalls nach außen, der innere Teil der Zunderschicht durch Diffusion des Oxydans nach innen bzw. durch Bldg. übersätt. Lsgg. des Oxydans in dem Metall entstanden ist.
C. Gottfried. 225

Über die Oxydation des Wolframs bei hohen Temperaturen. Kinetik des Systems W + CO_2. D. Cismaru und G. D. Cismaru. (Rev. Chim. [Bucarest] **4,** 63—74, 1958; Acad. de la R.P.R., Sect. de Chim. Phys., Labor. de Cinétique Chim.; franz.) — Inhaltlich ident. mit C. **1961,** 18243. B. Krebs. 225□

Reaktionen in Festkörpern bei hoher Temperatur. Reaktion von Calciumsulfat mit Siliciumdioxid. D. Cismaru. (Rev. Chim. [Bucarest] **4,** 55—61, 1958; franz.) — Vgl. vorst. Referat. — Vf. untersucht den Einfl. von Mineralisatoren auf die Geschw. der Rk. zwischen $CaSO_4$ u. SiO_2 bei Temp. zwischen 1000 u. 1200°. Es wurden untersucht (in der Reihenfolge ihrer Aktivität, Zusatz zwischen 1 u. 5%): 1010°: NaCl, MnO, ZnO, Fe_2O_3, Cr_2O_3, Mn_2O_3; 1110°: NaCl, MnO, Mn_2O_3, Fe_2O_3, Cr_2O_3, ZnO; 1200°: MnO, NaCl, Cr_2O_3, Mn_2O_3, ZnO, Fe_2O_3. Bei $CaCl_2$-Zusatz ergibt sich keine Erhöhung der Reaktionsgeschwindigkeit. B. Krebs. 225□

Kinetisches Verhalten der Radiolyseprodukte des Wassers. Christiane Ferradini. (Advances inorg. Chem. Radiochem. **3,** 171—205, 1961; Paris, Inst. du Radium, Labor. Curie; engl.) — Übersicht über das kinet. Verh. von *OH*- u. *H*-Radikalen in wss. Lsgg. sowie heterogene kinet. Prozesse in der Strahlenchemie. — 106 Literaturangaben.
A. Blaschette. 226□

Zur magnetochemischen Dosimetrie der γ-Strahlung. Shigeto Yamaguchi und Hiroshi Takeshita. (J. sci. Res. Inst. [Tokyo] **53,** Nr. 1524–1537, 271–73, Dez. 1959; engl.) — Die C. **1961,** 18627 beschriebene Bldg. von Fe_3O_4 unterbleibt, wenn die wss. Fe(II)–Fe(III)-Lsg. *Methanol* oder *A.* enthält; es ensteht vielmehr ein nicht-ferromagnet. Gemisch aus FeO u. Fe_2O_3. A. Blaschette. 226□

Der Einfluß von β-Zerfall auf die Austauscheigenschaften von Komplexionen der Seltenerdmetalle mit ÄDTE. P. Glentworth und R. H. Betts. (Canad. J. Chem. **39,** 1049–53, Mai 1961; Chalk River, Ontario, Atom. Energy of Canada Ltd., Res. Chem. Branch; engl.) — Vff. zeigen, daß Yb^{3+}-Ionen, mit ÄDTE in wss. Lsg. zu Chelatkomplexen gebunden, sehr beständig gegen normalen therm. Austausch sind u. daß bei so gebundenen, β-emittierenden Atomen der Seltenerdmetalle, wie ^{177}Yb ($T_{1/2}$ = 1,8 h), das beim Zerfall entstehende ^{177}Lu ($T_{1/2}$ = 6,8 d) leicht aus dem Komplex austritt. Der Grund dafür ist nicht der bei β-Strahlung auftretende Kernrückstoß, sondern das durch die plötzliche Änderung der Atomzahl des Zentralions in der Chelatstruktur hervorgerufene starke chem. Rk.-Vermögen des Komplexions. W. Sobieski. 226□

Der Mechanismus der durch Silber(I) katalysierten Reaktion zwischen Cer(III) und Ammoniumperoxodisulfat. Sture Fronaeus und Carl Otto Östman. (Acta chem. scand. **10,** 320–26, 1956; Lund, Sweden, Univ., Chem. Inst., Dep. of Phys. Chem.; engl.) — Unters. der Zers. von $(NH_4)_2S_2O_8$ in Ggw. von Ag(I) u. der Rk. von Ce(III) mit $(NH_4)_2S_2O_8$ in Ggw. von Ag(I) in saurem, ClO_4^-- u. SO_4^{2-}-haltigem Medium. Als geschwindigkeitsbestimmender Schritt beider Rkk. wird Ag(I) + $S_2O_8^{2-}$ → Ag(II) + SO_4^- + SO_4^{2-} angenommen. Während bei der Redox-Rk. zwischen $S_2O_8^{2-}$ u. Ce(III) in Abwesenheit von Ag(I) je $S_2O_8^{2-}$ ein Ce(III) zu Ce(IV) oxydiert u. daneben O_2 entwickelt wird (vgl. C. **1957,** 8736), beträgt das Verhältnis in Ggw. von Ag(I) 2 Ce(IV) je $S_2O_8^{2-}$, entsprechend den Rkk. Ag(I) + SO_4^- → Ag(II) + SO_4^{2-}, Ce(III) + SO_4^- → Ce(IV) + SO_4^{2-}, Ce(III) + Ag(II) → Ce(IV) + Ag(I), 8 Ag(II) + NH_4^+ + 3 H_2O → 8 Ag(I) + 10 H^+ + NO_3^-. Ag(II) reagiert somit schneller mit NH_4^+ als mit H_2O, SO_4^- schneller mit H_2O als mit NH_4^+. A. Blaschette. 227□

Zersetzung von Wasserstoffperoxid durch Cer(IV)-oxidhydrat. D. R. Nabe und B. P. Gyani. (J. Indian chem. Soc. **37,** 717–21, Nov. 1960; Patna, Sci. Coll., Chem. Dep.; engl.) — Vgl. C. **1961,** 6781. — Gasvolumetr. Unters. der Zers. von 0,022–0,350 m wss. H_2O_2-Lsgg. durch frisch gefälltes CeO_2 bei 25–40° ergeben eine Geschw.-Konst. 1. Ordnung, die anfänglich konst. ist, bei fortschreitender Rk. oder nach vorherigem Erhitzen des Nd. jedoch geringere Werte annimmt (vollständiger Aktivitätsverlust bei 730°). Die scheinbare Aktivierungsenergie beträgt ca. 12000 cal/Mol. Der Zerfallsmechanismus entspricht der Michaelis-Menten-Gleichung für die enzymat. H_2O_2-Zers., doch ist ein Zusammenstoß des adsorbierten mit einem 3. Mol. aus der Lsg. erforderlich. A. Blaschette. 227□

Der Einfluß der Masse des Katalysators (Turnbulls Blau) auf die Zersetzungsgeschwindigkeit von Wasserstoffperoxid in neutraler Lösung. F. H. Constable und B. Pekin. (Istanbul Üniv. Fen. Fak. Mecmuasi [Rev. Fac. Sci. Univ. Istanbul], Ser. C **22,** 47–53, Jan. 1957; Istanbul, Univ., Inst. of Phys. Chem.; engl.) — Die Rk.-Geschw. der scheinbar unimol. Zers. von H_2O_2 in einer Suspension von Turnbulls Blau in neutralem wss. Medium bei 20–50° ist direkt proportional der Masse m des Katalysators (0,05–0,30 g/100 ml). Aus $k = Km$ u. $\log K = f(1/T)$ ergibt sich die Aktivierungsenergie zu 12390 cal/Mol, entsprechend $k = 7{,}12 \cdot m \cdot 10^6 \exp(-12390/RT)$ s^{-1}. Die spezif. Oberfläche des Katalysators folgt hieraus zu 2,680 cm^2/g. A. Blaschette. 227□

Die Zersetzung von Wasserstoffperoxid durch massive kolloidale Metallhexacyanoferrate(II). F. H. Constable. (J. Colloid Sci. **11,** 647–52, Aug./Okt. 1956; engl.) — Vgl. vorst. Referat. — Umfassende kinet. Messungen der Zers. von H_2O_2 durch Suspensionen hochkomplexer Hexacyanoferrate(II) ergeben nachst. allg. Gleichungen (k = Geschw.-Konst. 1. Ordnung in Einheiten von $d\log[H_2O_2]/dt$; t = Zeit in Min. m = Masse des Katalysators in mg; T = abs. Temp.): 1. Hatchetts Braun: $\log k = \log m + 5{,}612 - 3738/T + 121{,}3\,(pH)/T$; 2. Preussisch Blau: $\log k = \log m + 4{,}809 - 3243/T + 98{,}6\,(pH)/T$; 3. Turnbulls Blau: $\log k = \log m + 5{,}108 - 3275/T + 83{,}6\,(pH)/T$. Untersuchter Bereich: pH 2–10; 0–48°. A. Blaschette. 227□

Katalyse von Komplexbildungsreaktionen. M. T. Beck. (J. inorg. nuclear Chem. **15,** 250–54, Okt. 1960; Szeged, Hungary, Univ., Inst. of Inorg. and Analyt. Chem.; engl.) — Die katalysierte Komplex-Bldg. wird in 4 Gebiete eingeteilt: Koordinationskatalyse, Elektronenübertragungskatalyse, induzierte Komplex-Bldg. u. heterogene Katalyse. Die allg. Gesichtspunkte dieser Typen werden herausgestellt u. an charakterist. Beispielen erläutert. J. Peters. 227□

Die Kinetik der Rekombination von H-Atomen auf Pyrexglas und geschmolzenem Quarz. Bernard J. Wood und Henry Wise. (J. physic. Chem. **66,** 1049–53,

Juni 1962; Menlo Park, Calif., Stanford Res. Inst., Div. of Chem. Phys.; engl.) — Vgl. C. **1962, 6699.** — Vff. entwickelten eine Gleichung für die Geschw. der heterogenen Rekombination von H-Atomen auf den Oberflächen von Pyrexglas u. geschmolzenem Quarz als Funktion der Temp. im Bereich zwischen 77 u. 1123°K. Bei Raum-Temp. u. höher sind die katalyt. Aktivitäten von Pyrexglas u. geschmolzenem Quarz für diese Rk. vergleichbar. Bei Temp. $>500^0$ u. $<120^0$K wechselt die Kinetik von der 1. zur 2. Ordnung mit Bezug auf die Konz. der H-Atome. Die experimentellen Daten werden auf der Grundlage einer Adsorption in 2 Zuständen mit verschiedenen Bindungsenergien bei tiefen Temp. erklärt. G. Heller. 227□

Quasireduktion und -oxydation von Halbleiteroxiden durch Teilblockierung sowie die Homogenisierung ihrer Oberfläche. A. Krause. (Z. physik. Chem. [Leipzig] **219,** 191—93, 1962; Poznań, Polen, Univ., Inst. für anorg. Chem.; dt.) — Vf. entwirft zur Deutung der katalyt. Wirksamkeit der Halbleiteroxide eine Chemie der „Donatorradikale" u. „Acceptorradikale". K. Jaeger. 227□

Die katalytische Aktivität verschiedener Ni–SiO_2-Trägerkatalysatoren gegenüber der Zimtsäureäthylesterhydrierung. Friedrich Wodtcke, Karla Wencke und Gisela Techel. (Z. anorg. allg. Chem. **317,** 302—13, 1962; Berlin-Adlershof, Dt. Akad. der Wiss., Inst. für anorg. Chem. u. Inst. für anorg. Katalyseforsch.; dt.) — Es wurden im H_2-Strom red. Ni-Silicate verschiedener Herst.-Art (Fällung von 0,1m $NiCl_2$-Lsgg. mit NaH_3SiO_4- u. $Na_2H_2SiO_4$-Lsgg.; Schütteln von $BaH_2SiO_4 \cdot 5\,H_2O$-Lsgg. mit 1m $NiCl_2$-Lsg. bei 20°; Schütteln von $BaSi_2O_5$ mit 1m $NiCl_2$-Lsg. bei 20° oder im Autoklaven bei 250°; Umsetzen von α-$Na_2Si_2O_5$ mit 1m $NiCl_2$-Lsg. bei 20° oder im Autoklaven bei 250°) als Katalysatoren für die Hydrierung von Zimtsäureäthylester in methanol. Lsg. untersucht. Die katalyt. Aktivität hängt von der Herst.-Art sowohl der Ausgangssilicate als auch der daraus gewonnenen Ni-Silicate ab. Die möglichen Ursachen dieser Abhängigkeit werden diskutiert. Die wirksamsten Katalysatoren entstehen, wenn man $BaSi_2O_5$ hydrothermal gewinnt u. durch Schütteln mit $NiCl_2$-Lsg. in Ni-Silicat überführt. G. Heller. 227□

Vergleich der Aktivität von Ni–SiO_2-Trägerkatalysatoren gegenüber der Hydrierung von Benzol und Zimtsäureäthylester. K. Wencke und F. Wodtcke. (Z. anorg. allg. Chem. **317,** 314—20, 1962; dt.) — Vgl. vorst. Referat. — Die katalyt. Aktivität von Ni–SiO_2-Trägerkatalysatoren verschiedener Herst.-Art (vgl. l. c.) wurde gegenüber der Benzolhydrierung (Gasphase) untersucht u. mit der katalyt. Aktivität der gleichen Katalysatoren gegenüber der Hydrierung von Zimtsäureäthylester (I; Flüssigphase) verglichen. Bei der Benzolhydrierung hängt die Aktivität nicht in der gleichen Weise von Herst. u. Vorbehandlung des Katalysators ab wie bei der I-Hydrierung. Die Ursache für diese Unterschiede wird darin gesehen, daß die Zugänglichkeit der „akt. Zentren" bei der Flüssigphasehydrierung eine wesentliche größere Rolle spielt als bei der Gasphasehydrierung. G. Heller. 227□

Untersuchungen an oxidischen Katalysatoren. 2. Mitt. **Mischoxidkatalysatoren der Systeme ZnO/Al_2O_3, MgO/Al_2O_3, CdO/Al_2O_3 und Li_2O/Al_2O_3.** A. Simon, Chr. Oehme und K. Pohl. (Z. anorg. allg. Chem. **317,** 230—40, 1962; Dresden, TH; Sächs. Akad. der Wiss., Forsch.-Stelle Dresden; dt.) — 1. vgl. C. **1962, 12951.** — Vff. untersuchen den Einfl. der Vorerhitzungs-Temp. auf die Dehydratisierungs/Dehydrierungs-Rk. von Isopropanol (I) an Mischoxidkatalysatoren aus ZnO/Al_2O_3, MgO/Al_2O_3, CdO/Al_2O_3 u. $Li_2O/5\,Al_2O_3$ sowie an Mischungen der Einzelkomponenten. Die Katalysatoren werden röntgenograph., durch DTA sowie auf BET-Oberfläche, Wasser-Geh. u. Oberflächenacidität untersucht. Bei Temp., bei denen noch keine Rk. zwischen den Oxiden auftritt, wird I am γ-Al_2O_3 (II) dehydratisiert. Mit steigender Umsetzung zwischen den Oxiden wird II durch Spinell-Bldg. oder Abdeckung mit den bas. Oxiden blockiert, wodurch die Dehydrierungs-Rk. von I begünstigt wird. Die Mischungen der einzeln erhitzten Komponenten begünstigen hauptsächlich die Dehydratisierung. Katalyt. akt. Zwischenzustände (nach Hüttig) können während der Spinell-Bldg. der Katalysatoren nicht beobachtet werden. D. Hoene. 227□

Physikalische Eigenschaften fester Katalysatoren. 3. Mitt. **Elektrokonduktometrische Untersuchung des beim Platforming-Prozeß verwendeten Pt–Al_2O_3-Katalysators. Anordnung vom Mikroreaktortyp für die Bestimmung der elektrischen Leitfähigkeit und des Halbleitercharakters von Metalloxiden und Katalysatoren.** I. V. Nicolescu, A. Popescu, M. Spinzi und A. Suceveanu. (Rev. Chim. [Bucarest] **4,** 75—92, 1958; franz.; C. **1962, 4460.**) R. K. Müller. 227□

Hochtemperaturveränderungen in der Aluminiumoxid-Struktur und Aktivität von Platin–Aluminiumoxid-Katalysatoren. R. F. Waters, J. B. Peri, G. S. John und H. S. Seelig. (Ind. Engng. Chem. **52**, 415–16, Mai 1960; Whiting, Ind., Standard Oil Co., Res. and Dev. Dep.; engl.) – Die Messung des Rückganges der katalyt. Aktivität von Pt/Al_2O_3-Katalysatoren in Abhängigkeit von Temp. u. Feuchtigkeit zeigt, daß die aus γ-Al_2O_3 gewonnenen Katalysatoren widerstandsfähiger sind als die aus der η-Form gebildeten. G. Pankow. 227□

Austrittsarbeit und katalytische Aktivität von Eisenkontakten der Ammoniaksynthese. E. Ch. Jenikejew, A. W. Krylowa, L. D. Kusnetzow, Ss. Ss. Latschinow und Ss. S. Roginski. (Ber. Akad. Wiss. UdSSR **131**, 1126–29, 11/4. 1960; Inst. für phys. Chem. der Akad. der Wiss. der UdSSR; russ.) – Aus der Kontaktdifferenz der Potentiale wird die Änderung $\Delta\varphi$ (eV) der Austrittsarbeit der Elektronen bei Einführung aktivierender Zusätze in den FeO–Fe_2O_3–Al_2O_3 (0,2%)-Katalysator der NH_3-Synth. im Vgl. mit der die katalyt. Aktivität kennzeichnenden spezif. Geschw.-Konst. K_{sp} untersucht. Beim Ausgangskatalysator (I) ist K_{sp}, bezogen auf die Gesamtoberfläche, 0,28 ($at^{0,5}\,h^{-1}\,m^{-2}$). Zusatz von 10% Al_2O_3 führt zu $K_{sp} = 1{,}8$, $\Delta\varphi = -0{,}2$. 2% K_2O erhöhen K_{sp} auf 43, $\Delta\varphi = -1{,}1$. Bei Zusatz von 4,6 (3,0; 2,9) % Al_2O_3 + 2,3 (0,9; 0,7) % K_2O + 0,3 (4,0; 2,0) % CaO + 0,15 (0,9; –) % SiO_2 ist K_{sp} 55 (110; 130), $\Delta\varphi$ –1,3 (–1,5; –2,0). Die Aktivierungsenergie E nimmt von 65 ± 4 (kcal/Mol) bei I auf 40 ± 2 beim Katalysator (II) mit $\Delta\varphi = -1{,}3$ ab. In der Gleichung $\Delta E = \alpha\cdot\Delta\varphi$ ist für II $\alpha \sim 1$. Allg. kann man für die auf die Fe-Oberfläche bezogenen K'_{sp} von I (K'_I) u. aktiviertem Katalysator (K'_A) die Beziehung $K'_A = K'_I \exp(-\alpha\,\Delta\varphi)$ annehmen. R. K. Müller. 227□

Der Einfluß von Spurenelementen auf die katalytische Aktivität von γ-FeOOH. Alfons Krause und Krystyna Lasiewicz. (Roczniki Chem. [Ann. Soc. chim. Polonorum] **32**, 403–04, 1958; Poznań, Uniw. A. Mickiewicza, Zakł. Chem. nieorg.; pol.) — Vgl. C. **1957**, 12690. — Die geringe katalyt. Aktivität von γ-FeOOH mit 18% W. bei der Zers. von H_2O_2 wird durch Adsorption von $4\cdot10^{-5}$ g Mg^{2+} u. 10^{-7} g Mn^{2+} oder 10^{-6} g Mn^{2+} u. $5\cdot10^{-6}$ g Mg^{2+} an der Oberfläche von 0,1 g γ-FeOOH stark erhöht. Cu^{2+} u. Co^{2+} zeigen bzgl. der H_2O_2-Zers. gegenüber γ-FeOOH keine aktivierende Wrkg., wohl aber für die Entfärbung von Indigocarmin. Die Aktivierung wird mit der Bldg. von „unfertigen" Metallferriten von Radikalcharakter erklärt. R. K. Müller. 227□

Isotope und Strahlungen in der Katalyse. Paul Bussière. (Ind. atom. **5**, Nr. 5 bis 6, 77—85, 1961; C.N.R.S., Inst. de Rech. sur la Catalyse, Serv. de Radiochim.; franz.) — Übersicht. — 21 Literaturangaben. A. Blaschette. 227□

A_8. Präparative anorganische Chemie. Komplexverbindungen. Metallorganische Verbindungen

Polyfluoralkylderivate von Halbmetallen und Nichtmetallen. R. E. Banks und R. N. Haszeldine. (Advances inorg. Chem. Radiochem. **3**, 337—433, 1961; Manchester, Univ., Fac. of Technol., Dep. of Chem.; engl.) — Übersicht über die Darst. u. Eigg. von Per- u. Polyfluoralkyl-Verbb. der Elemente Hg, B, Si, N, P, As, Sb, O, S u. Se. — 214 Literaturangaben. A. Blaschette. 228□

Das System NH_4J/NH_3. 1. Mitt. **Phasen aus NH_4J und NH_3 im Temperaturbereich -35^0 bis $+25^0$ C und im NH_3-Dampfdruckbereich 0 bis etwa 760 Torr.** W. Lindenberg. (Z. anorg. allg. Chem. **318**, 1—16, 1962; Hamburg, Chem. Staatsinst., Inst. für Anorg. Chem.; dt.) — An verschiedenen NH_4J/NH_3-Gemischen wird ein isothermer Abbau vorgenommen u. die Temp.-Abhängigkeit des Dampfdrucks der festen u. fl. Phasen bestimmt. Aus den Schnittpunkten der Dampfdruck-Kurven werden die Existenzbereiche der einzelnen Phasen ermittelt. Aus dem aufgestellten Zustandsdiagramm ergeben sich die Lsg.-Zus., mit denen die Verbb. $NH_4J\cdot NH_3$ (**I**), $NH_4J\cdot 2\,NH_3$ (**II**) u. $NH_4J\cdot 3\,NH_3$ (**III**) im Gleichgewicht stehen. **I** ist im gesamten untersuchten Temp.-Bereich existent, **III** zwischen —35 u. —11,3°, **II** bei Temp. $\leq -6{,}3^0$. F.-M. Friedrich-Anderseck. 243□

Chemie des Schwefeltetrafluorids. William C. Smith. (Angew. Chem. **74**, 742—51, 7/10. 1962; Wilmington, Del., E. I. du Pont de Nemours and Co.; dt.) — Vgl. C. **1962**, 2661. — Überblick: Darst., Struktur, physikal. Eigg., Reinigung, Toxizität, Fluorierungen von organ. Carbonyl- u. Hydroxy-Verbb., Organophosphor- u. -arsen-Verbb. mit Oxogruppen, organ. Thiocarbonyl-Verbb., organ. Verbb. mit C—N-Mehrfachbindungen, organ. Chloriden u. Bromiden sowie anorgan. Oxiden, Sulfiden, Carbonylen; Oxydation von SF_4 durch anorgan. Oxide, Oxidfluoride u. Metallfluoride sowie elektrolyt. Oxydation; Addition von SF_4 an Fluorolefine; Addukte mit anorgan. Fluoriden; Verh. als Elektronenacceptor. — 65 Literaturangaben. A. Blaschette. 253□

Reaktionen des Pentafluoroschwefel(VI)-sauerstofffluorids. Stanley M. Williamson und George H. Cady. (Inorg. Chem. [Washington] **1**, 673—77, Aug. 1962; Seattle, Wash., Univ. of Washington, Dep. of Chem.; engl.) — *Pentafluoroschwefel(VI)-sauerstofffluorid* („-hypofluorit") (**I**), F_5SOF, reagiert direkt oder in Verdünnung mit N_2, in der Regel bei Raum-Temp., mit olefin. Doppelbindungen unter Heterolyse in SF_5O u. F u. quant. Addition gemäß **I** + R_2CCR_2 → $F_5SOCR_2CR_2F$. Es wurden so erhalten: mit Oktafluorcyclopenten (bei 95°) $F_5SOC_5F_9$ (**II**), mit C_2F_4 $F_5SOCF_2CF_3$ (**III**), mit C_2Cl_4 (bei 0°) $F_5SOCCl_2CCl_2F$ (**IV**), mit C_2H_4 $F_5SOCH_2CH_2F$ (**V**), mit CH_2CHCl in stereospezif. Rk. F_5SOCH_2CHClF (**VI**). Die Reinigung der erstmalig dargestellten Verbb. **II**—**VI** erfolgte durch Gaschromatographie oder fraktionierte Codestillation. Ihre physikal. Daten wurden in der Reihenfolge log p [Torr], Kp. (extrapoliert), mol. Verdampfungswärme [kcal], Trouton-Konst. [Entropieeinheiten], D.^{t}, $n^{27,3}$ wie folgt ermittelt: **II**: 7,9373—$1{,}826\cdot10^3/T$; 87,8°; 8,350; 23,1; 1,939—$2{,}68\cdot10^{-3}$ t; 1,29; **III**: 7,8237—$1{,}424\cdot10^3/T$; 15,0°; 6,510; 22,6; 1,773—$3{,}44\cdot10^{-3}$ t; —; **IV**: 7,7045—$2{,}007\cdot10^3/T$; 142,9°; 9,180; 22,1; 1,909—$1{,}98\cdot10^{-3}$ t; 1,3900; **V**: 8,0489—$1{,}873\cdot10^3/T$; 88,9°; 8,570; 23,7; 1,679—$2{,}13\cdot10^{-3}$ t; 1,3026; **VI**; 8,0526—$1{,}874\cdot10^3/T$; 89,2°; 8,580; 23,7; 1,730—$2{,}14\cdot10^{-3}$ t; 1,3271. Beim Abkühlen erstarren sie zu Gläsern ohne definierte FF.; die Strukturaufklärung erfolgte über IR-, Massen- u. NMR-Spektren. Die F-H-Spin-Spin-Kopplungs-Konst. zwischen F u. CH_2- u. CH_3-Protonen betragen 50 bzw. 18 Hz in **VI**, 51 bzw. 23 Hz in **V** (Fehlerbreite je ±2). Die Aufspaltung zwischen F-Atomen an C-Atomen, die direkt an O gebunden sind, u. den äquatorialen u. scheitelständigen („apical") F-Atomen der SF_5-Gruppe liegt in der Größenordnung 9 bzw. 3 Hz. Die angenäherten chem. Verschiebungen zwischen den 4 äquatorialen F-Atomen der SF_5-Gruppe u. den an C gebundenen F-Atomen bei 40 MHz wurden zu 8150 bei **II**, 6400 bei **III**, 5530 bei **IV**, 11380 bei **V** u. 8350 bei **VI** ermittelt. — **I** oxydiert CO bei 165° gemäß **I** + CO → F_2CO + F_4SO, desgleichen ab 140° SF_4 zu SF_6, wobei es selbst in F_4SO, F_5SOOSF_5 u. F_5SOSF_5 (Verhältnis der Rkk.-Prodd. 7:3:2:1) übergeht. Die Rk. von **I** mit CCl_4 erfolgt nur mit UV-Licht nach 2 **I** + CCl_4 → F_2CO + 2 Cl_2 + F_5SOSF_5. Im Temp.-Bereich 210—400° zerfällt **I** in SF_6 + ½ O_2. U. Wannagat. 253 □

Schwefel(VI)-imidoxiddifluorid und Polyoxofluoroschwefelnitrid. G. W. Parshall, Richard Cramer und R. E. Foster. (Inorg. Chem. [Washington] **1**, 677—79, Aug. 1962; Wilmington, Del., E. I. du Pont de Nemours Co., Central Res. Dep., Exp. Stat.; engl.) — Rk. von NH_3 mit OSF_4 in Ggw. von NaF führt in Ae. zu einem Azeotrop (**I**) mit ca. 45 Mol-% Ae., Kp. 57,7°, in CH_2Cl_2-Lsg. zu einem Azeotrop mit 34% an **II**, Kp. 33,5°. Nach Entfernung des Ae. aus **I** mit BF_3 hinterbleibt gemäß NH_3 + OSF_4 + 2 NaF + 0,85 $O(C_2H_5)_2$ → 2 $NaHF_2$ + $HNSOF_2\cdot0{,}85\ O(C_2H_5)_2$ (**I**). **I** + 0,85 BF_3 → 0,85 $[F_3B\cdot O(C_2H_5)_2]$ + $HN{=}SF_2{=}O$, *Schwefel(VI)-imidoxiddifluorid* (**II**), eine farblose Fl., F. —33°, Kp. 43°, n_D^{25} 1,3219, $D._4^{25}$ 1,5216, Gesamtausbeute 43%. Die Strukturen von **I** u. **II** wurden durch Analyse, IR- (NOS-Banden bei 7,0 u. 8,2 μ) sowie ^{19}F- u. ^1H-NMR-Spektrem ermittelt. Abspaltung von HF aus **II** führt zu gummiähnlichen, polymerem *Oxofluoroschwefelnitrid* $[—\overline{N}{=}SO(F)—]_x$ (**III**). Es ist isoster mit polymerem Phosphornitridfluorid $[—\overline{N}{=}PF_2—]_x$, aber stabiler gegen Hydrolyse. W., wss. NH_3 oder 6%ig. H_2SO_4 greifen bei 100° in 3 Std. nicht an, jedoch erfolgt rasche Zers. mit 5%ig. NaOH bei 100°. Ebenso erfolgt rascher Angriff durch N-Basen bei erhöhter Temperatur. Das direkt aus NH_3 u. OSF_4 zugängliche Prod. (**IIIa**) ist vermutlich teilweise über NH-Brücken vernetzt: $—\overline{N}{=}\overset{|}{S}O{=}NH—\overset{|}{S}O—\overline{N}—$. Ein bes. reines Polymeres (**IIIb**) läßt sich aus **I** u. **II** durch mehrstd. Kochen in Bzl. über CsF gewinnen. Nach Waschen mit CH_3OH hinterbleibt ein weißes, zähes Gummi, das sich im Gegensatz zu **IIIa** vollständig in $POCl_3$ u. $(CH_3)_2NCHO$ löst, zu opaken Filmen pressen läßt, bei 110—120° zu einer viscosen Fl. schmilzt u. ein Molgew. >20000 besitzt. Die NSO- (6—9 μ) u. SF-Banden (11—14 μ) des IR-Spektrums sind extrem breit. U. Wannagat. 253 □

Über die Reaktion von Chlorsulfonylisocyanat mit Chloroschwefelsäure. Eine neue Synthese von Imido-bis-[schwefelsäurechlorid]. Rolf Appel und Gerhard Eisenhauer. (Chem. Ber. **95**, 1753—55, 16/7. 1962; Heidelberg, Univ., Anorg. Chem. Inst.; dt.) — Die Synth. von Imido-bis-[schwefelsäurechlorid] (**I**), $HN(SO_2Cl)_2$, aus $(NH_2)_2CO$ (**II**) u. HSO_3Cl (**III**) verläuft über Chlorsulfonylisocyanat (**IV**), $ClSO_2NCO$. Die Bldg. von **IV** erfolgt durch Sulfonierung der in einer Primär-Rk. **II** + **III** → HNCO + $[NH_4][ClSO_3]$ entstandenen Isocyansäure durch **III**: 2 **III** + HNCO → **IV** + HCl + H_2SO_4. Oberhalb 70° entsteht aus **III** u. **IV** unter CO_2-Entw. **I**: **III** + **IV** → $(ClSO_2—NH—CO(O)—SO_2Cl)$ → **I** + CO_2. Neben der Bldg. von **IV** spielen sich zwischen **II** u. **III** noch weitere Rkk. ab, in deren Verlauf Cl_2, SO_2Cl_2, $S_2O_5Cl_2$, NH_2SO_3H u. Harnstoffsulfonsäuren gebildet werden. Auf diese Neben-Rkk. werden die schlechten Ausbeuten an **I** bei der Synth. aus **II** u. **III**

zurückgeführt. Das zur Synth. von **I** benötigte **IV** stellt man daher zweckmäßiger nach Graf (C. **1957**, 3271) aus ClCN u. SO_3 dar.

Versuche: *Chlorsulfonylisocyanat*, Kp.$_{760}$ 106—107°, aus **III** u. **II** unter Kühlen u. Schütteln; 14,3 g (Ausbeute). — *Imido-bis-[schwefelsäurechlorid]* (I), Kp.$_{2-3}$ 107—108°, aus **III** u. **II** durch langanhaltendes gelindes Sieden (Ölbad-Temp. 160°) bis zur Beendigung der CO_2-Entw.; 70%. Im Gegensatz zur analogen F-Verb. zersetzt sich **I** bei der Dest. unter Normaldruck. H. Kuckertz. 253 □

Einfache Darstellung von Anhydriden der Halogenoschwefelsäuren und der Dichlorophosphorsäure. Rolf Appel und Gerhard Eisenhauer. (Chem. Ber. **95**, 1756—58, 16/7. 1962; dt.) — Vgl. vorst. Referat. — Beim Einleiten von ClCN (I) in heißes HSO_3Cl (II) wird neben CO_2 u. HCl viel *Disulfurylchlorid* (**III**) gebildet. Nach der Dest. bleibt ein polymeres Prod. zurück, das qual. die Eigg. eines Sulfonylharnstoffes zeigt. Bei 20—50° entweichen weniger gasförmige Anteile; neben **III** entsteht eine krist. Verb. unbekannter Struktur. Vff. nehmen an, daß **I** zunächst unter Ausbildung eines Nitriliumkations an **II** addiert u. die beim Zerfall des Zwischenprod. entstehende Isocyansäure (**I** + 2 **II** → $S_2O_5Cl_2$ + HNCO + HCl) mit überschüssigem **II** unter Decarboxylierung reagiert. Analog erhält man aus HSO_3F (**IV**) u. $HOP(O)Cl_2$ (**V**) *Disulfurylfluorid* bzw. *Dichlorophosphorsäureanhydrid.*

Versuche: $S_2O_5Cl_2$ (**III**), Kp. 153—154°, durch Einleiten von 1 Mol **I** in 2 Mol **II** bei 50°, Abtrennen der beweglichen Fl.-Schicht u. Dest. bei Normaldruck; 140 g (Ausbeute). Die viscosere Schicht (145 g) bildet nach einiger Zeit Kristalle unbekannter Struktur, die bereits bei Einw. von Luftfeuchtigkeit CO_2 u. HCl abspalten. Die gleiche Verb. entsteht aus **II** u. HNCO. — $S_2O_5F_2$, Kp.$_{760}$ 51°, aus 300 g, mit einer Spatelspitze $AlCl_3$ versetztem **IV** bei 100—110° durch langsames Einleiten von **I**, Dest. des Rohprod., Waschen mit 96%ig. H_2SO_4 u. nochmalige Dest.; 200 g. — $P_2O_3Cl_4$, Kp.$_{12}$ 90°, aus 27 g **V** u. einem **I**-Überschuß durch vorsichtiges Erwärmen bis zum Sieden des **I** (2—3 Std.); bei der Dest. gehen vor $P_2O_3Cl_4$ **I** u. wenig $POCl_3$ über; Ausbeuten 20—53%.

H. Kuckertz. 253 □

Das System „Orthotellursäure–Allotellursäure“ und der Molekularzustand von Allotellursäure in wässerigen Lösungen. 1. Mitt. Gerhart Jander und Fritz Kienbaum. (Z. anorg. allg. Chem. **316**, 41—53, Juni 1962; Berlin-Charlottenburg, TU, Anorg.-chem. Inst.; dt.) — Vff. untersuchen die Darst.-Bedingungen von $AgTeO_6$, Cu_3TeO_6, Zn_3TeO_6 u. Hg_3TeO_6. Dabei wird beobachtet, daß in den überwiegenden Fällen der Bldg. von Orthotelluraten (I) prim. eine Ausfällung röntgenamorpher, saurer Tellurate wechselnder Zus. vorausgeht, die unter Umständen in **I** übergeführt werden können. Darst. u. Eigg. von *Allotellursäure* (**II**) werden beschrieben. Entwässerungs-Verss. führen zu der Annahme, **II** als Hydrat der Polymetatellursäure $(H_2TeO_4)_n$ aufzufassen. Ba-, Pb- u. Zn-Verbb. von **II** lassen sich unter bestimmten Bedingungen gewinnen. Das Zn-Allotellurat unterscheidet sich in seiner analyt. Zus. wesentlich von dem unter gleichen Bedingungen erhaltenen Zn-Telluraten. F. Kienbaum. 255 □

Das System „Orthotellursäure–Allotellursäure“ und der Molekularzustand von Allotellursäure in wässerigen Lösungen. 2. Mitt. Gerhart Jander und Fritz Kienbaum. (Z. anorg. allg. Chem. **316**, 54—62, Juni 1962; dt.) — 1. vgl. vorst. Referat. — Vff. messen die Lichtabsorption von Orthotellursäure (I)-Lsgg. verschiedener Konzentration. Die zunehmende Abweichung bei höheren Konzz. wird durch das Auftreten wachsender Anteile aggregierter Tellursäure im Gleichgewicht mit **I** erklärt. Lichtabsorptionsspektren der Syst. „Orthotellursäure–Allotellursäure“ werden unter verschiedenen Bedingungen aufgenommen. Das Absorptionsgebiet von Allotellursäure (**II**) (290—350 mμ) ist gegenüber dem von **I** (240—260 mμ) beträchtlich nach längeren Wellenlängen verschoben. Die Umwandlung von **II** in **I** wird als Übergang einer bestimmten aggregierten Form einheitlicher Teilchengröße in ihre monomeren Bestandteile gedeutet. Sie läßt sich an Hand der zeitlichen Verschiebung der Absorptionskanten von **II** in Richtung auf kürzere Wellenlängen verfolgen. Im Endeffekt tritt das Spektrum von **I** auf. Konz.-Erhöhung u. bes. Anwesenheit von H^+-Ionen verzögern die Umwandlung. In alkal. Lsgg. treten die Absorptionsspektren der Alkalitellurate auf.

F. Kienbaum. 255 □

Das System „Orthotellursäure–Allotellursäure“ und der Molekularzustand von Allotellursäure in wässerigen Lösungen. 3. Mitt. G. Jander und F. Kienbaum. (Z. anorg. allg. Chem. **316**, 63—74, Juni 1962; dt.) — 2. vgl. vorst. Referat. — Vff. bestimmen die Dialyse-Koeff. von Allotellursäure (I) u. Orthotellursäure (II) als Vgl.-Substanz in saurer u. neutraler Lsg. zur Ermittlung des Molgew. von **I**. Die nach der Riekeschen Beziehung erhaltenen Teilchengrößen machen die Existenz vorwiegend

3fach aggregierter Teilchen wahrscheinlich. Der Kurvenverlauf bei der konduktometr. u. potentiometr. Titration von **I** u. **II** bestätigt, daß Isopolysäuren in alkal. Lsg. beständig sind. Die scheinbaren Dissoziations-Konst. von **II** werden in Abhängigkeit von der Konz. gemessen. Eine unverhältnismäßig starke Zunahme der Acidität mit steigender Konz. wird durch das Auftreten wachsender Anteile aggregierter Tellursäure im Gleichgewicht mit **II** erklärt. Die Raman-Spektren von **I**, **II** u. Polymetatellursäure $(H_2TeO_4)_n$ werden aufgenommen u. die Ergebnisse durch Vgl. mit der von Siebert (C. **1960**, 1064) angegebenen Auswertung der IR-Spektren von **I** u. $(H_2TeO_4)_n$ diskutiert.
F. Kienbaum. 255□

Darstellung von Bortriisothiocyanat und einiger Molekül-Additionsverbindungen. D. B. Sowerby. (J. Amer. chem. Soc. **84**, 1831–34, 20/5. 1962; Urbana, Ill., Univ. of Illinois, W. A. Noyes Labor.; engl.) — *$B(NCS)_3$* (**I**) wurde aus BCl_3 u. NaSCN bzw. KSCN in fl. SO_2 dargestellt u. mit Pyridin, $N(C_2H_5)_3$, CH_3CN u. $C_6H_5CH_2CN$ zu den krist. 1:1-Addukten umgesetzt. Die *Nitril-Additions-Verbb.* bilden sich auch aus KSCN u. den BCl_3-Nitriladdukten in fl. SO_2. Die IR-Spektren des Pyridin- u. Aminadduktes werden mitgeteilt, teilweise zugeordnet u. mit BF_3- u. BCl_3-Adduktspektren verglichen; es wird N-Thiocyanatstruktur angenommen. Solvolyse durch SO_2 beeinträchtigt die Ausbeuten. **I** bildet neben der fl. eine gelbe, krist. Modifikation, die polymer zu sein scheint.

Versuche: *Bortriisothiocyanat* (**I**), $C_3BN_3S_3$, Kp.$_{0,1}$ 92°, Zers. 115°, durch Zugabe von 26 g NaSCN (oder KSCN) zur Lsg. von 13,0 g BCl_3 in 200 ml SO_2 bei −30°, 4 std. Rühren, Filtrieren bei −60°, Dest.; 38%. — *Pyridinaddukt*, $C_8H_5BN_4S_3$, F. 118–120° (aus Bzl./n-Heptan), durch Zugabe von Pyridin zur Lsg. von **I** in Bzl., weiße Kristalle. — *Triäthylaminaddukt*, $C_9H_{15}BN_4S_3$, F. 102–104°, analog. — *Acetonitriladdukt*, $C_5H_3BN_4S_3$, F. 137°, sublimiert bei 90–100°/0,1 Torr, blaßgelb; 79%; auch aus 7,1 g $BCl_3 \cdot CH_3CN$ u. 13 g KSCN in 175 ml SO_2 bei −25°, Filtration, Sublimation; 73%. — *Phenylacetonitriladdukt*, $C_{11}H_7BN_4S_3$, F. 95–96° (Zers.); aus **I** (77%); aus $BCl_3 \cdot C_6H_5CH_2CN$ (56%). — *Benzonitriladdukt*, $C_{10}H_5BN_4S_3$, wie vorst.; 89%. H. Bürger. 258□

Komplexe Bor-Pseudohalogenide. Frank Klanberg. (Z. anorg. allg. Chem. **316**, 197–207, Juli 1962; Darmstadt, TH, Eduard-Zintl-Inst. für anorg. u. phys. Chem.; dt.) — Durch Umsetzung von $LiBH_4$ (**I**) bzw. $NaBH_4$ (**II**) mit $(CN)_2$ (**III**), $(SCN)_2$ (**IV**) u. $(SeCN)_2$ (**V**) in Ae., Diglyme oder ohne Lsgm. konnten die Alkalipseudohalogenoborate $LiB(NCS)_4$ (**VI**), $NaBH_{4-n}(NCS)_n \cdot$Ae. ($2 < n < 3$; **VII**) u. $LiBH_{4-n}(NCSe)_n \cdot$Ae. (**VIII**; unrein), dargestellt werden. Hierbei laufen Polymerisation (a), hydrierende Spaltung des Pseudohalogens (b) sowie Bldg. des $(BH_{4-n}Y_n)^-$ (c) nebeneinander ab. CN^- reagiert entweder nicht oder nach b; bei −20° aus **IV** entstehendes $SeCN^-$ gibt mit **I** H_2, Se u. HCN, kein SeH_2 (das wohl mit AlH_4^- entsteht). **VI** bildet mit Ae. u. Dioxan bis 80 bzw. 100° stabile Additions-Verbb., **VII** ($n = 3$; zersetzlich oberhalb 130°) läßt sich bei 100° im Vakuum aus seinem Äther- bzw. Dioxanaddukt rein darstellen. Die IR-Spektren von **VI**, **VII** ($n = 3$) u. der Substanz aus **I** u. **III** werden tabellar. angegeben. Aus ihnen wird auf eine B-N-Koordination geschlossen. Die Additions-Verbb. werden als Ion-Dipol-Komplexe angesprochen. **VII** ($n = 3$) zeigt in Dimethylsulfoxid normales Verh. eines 1:1-Elektrolyton; Λ_0 beträgt 31 $S \cdot cm \cdot Mol^{-1}$. Die Hydrolyse-Geschw. nimmt in der Reihe **VII** ($n = 3$), **VII** ($n = 3$)·2 Ae., **VII** ($n = 3$)·2 Dioxan, **VIII** ab.

Versuche: *$NaBH(NCS)_3 \cdot O(C_2H_5)_2$*, durch Zugabe von 7,5 mMol **II** zu 50 ml einer 0,13m äther. Lsg. von **IV** bei 0°, 2 Std. langes Rühren, Filtration, Abpumpen bis 70–80° im Hochvakuum. — *$NaBH(NCS)_3$*, durch Erhitzen von vorst. Verb. auf 100°, weißes Pulver, lösl. in Ae., THF, Dioxan, Dimethylsulfoxid unter Solvat-Bldg., unlösl. in Bzl. u. Nitrobenzol. Dioxan fällt aus äther. Lsg. *$NaBH(NCS)_3 \cdot 2$ Dioxan*, weiß, krist., bis 120° beständig. — *$LiB(NCS)_4$* (**VI**), analog vorst. Verb. aus 25 ml 0,27m Lsg. von **IV** in Ae. (bei −196°) u. 4,0 mMol **I**; zuerst 1,51 g *4-Ae.-Addukt*, das bei 75° im Hochvakuum in **VI**-*Ae.* zerfällt u. oberhalb 80° in **VI** (unter Gelbfärbung) übergeht. *2-Dioxanaddukt* wie vorst. beschrieben. Unter ähnlichen Bedingungen geben **I** u. **V** 50–60% des erwarteten H_2 u. (neben Se) ein gelbliches Öl, das als Gemisch von *$LiBH_{4-n}(NCSe)_n$* (Li:B:H:Se = 1:0,95:2,04:1,85) u. *$LiBH_3CN$* angesehen wird. **III** u. **II** reagieren bei −23° u. bei 25° in Ae. nicht, bei 20° in Diglyme unter Braunfärbung, **III** u. **I** bilden oberhalb −20° in Ae. schokoladebraunen Nd. mit 6,8% Li, 14,4% B, MG 89.
H. Bürger. 258□

Die Reaktion von Dibortetrachlorid mit einigen einfachen Molekülen mit π-Bindungen. A. K. Holliday und A. G. Massey. (J. inorg. nuclear Chem. **18**, 108–12, März 1961; Liverpool, Univ., Dep. of Inorg. and Phys. Chem.; engl.) — Vff. untersuchten die Rk. von B_2Cl_4 (**I**) mit O_2, NO u. N_2. Sie bestätigen, daß **I** u. O_2 bei −78° im Verhältnis 2:1 zu B_2O_3 u. BCl_3 reagieren. **I** u. NO bilden bei −78° einen festen grünen 1:1-Komplex (**II**), der sich oberhalb −40°, katalysiert durch $(CH_3)_3N$, zu BCl_3 u.

$(NOBCl)_x$ (III) zersetzt. II reagiert bei -78^0 nicht mit O_2 u. C_2H_4. III zeigt keinen Paramagnetismus u. reagiert nicht mit NO. Es verliert beim Stehen weiteres BCl_3 u. wird dabei semikrist.; bei 90 ± 5^0 zersetzt es sich plötzlich. Die Katalyse durch $(CH_3)_3N$ wird auf die Rk. $3 B_2Cl_4NO + 4 (CH_3)_3N \rightarrow 4 (CH_3)_3NBCl_3 + B_2(NO)_3$ zurückgeführt. $B_2(NO)_3 \cdot x BCl_3$ zersetzt sich bei 500^0 nur wenig u. wird zu H_3BO_3 u. HCl hydrolysiert. Mit OH^- bildet sich wenig NH_3, kein NO_2^- oder NO_3^-. Verss., aus BCl_3, NO u. Hg eine ähnliche Substanz darzustellen, mißlangen. H. Bürger. 258□

Silane und ihre Derivate. Alan G. MacDiarmid. (Advances inorg. Chem. Radiochem. **3**, 207—56, 1961; Philadelphia, Pa., Univ. of Pennsylvania, John Harrison Labor. of Chem.; engl.) — Übersicht: Reine Silane; Derivv. mit Si–C- bzw. Si–Halogenbindungen; Additions-Verbb. von Halogensilanen mit Aminen, Phosphinen u. Arsinen; Silan-Derivv. mit Si–Pseudohalogen-, Si–O-, Si–S-, Si–Se-, Si–N-, Si–P- bzw. Si–As-Bindungen; Silyl-Derivv. von Alkalimetallen, Ge, Sn, B u. Fe. — 208 Literaturangaben. A. Blaschette. 261□

Einige Substitutionsreaktionen an Silicium- und Schwefel(IV)-Atomen. B. R. Currell, M. J. Frazer, W. Gerrard, E. Haines und L. Leader. (J. inorg. nuclear Chem. **12**, 45—48, 1959; London, Northern Polytechnic.; engl.) — $SiCl_4$ (I) reagiert (a) mit Dialkylsulfiten $(RO)_2SO$ (II) unter Bldg. von ROSOCl (III) u. Alkoxychlorsilanen $(RO)_nSiCl_{4-n}$; $n = 1—4$, je nach Menge von II. Tetraalkoxysilane bilden (b) mit $SOCl_2$ (IV) wesentlich langsamer III u. Alkoxychlorsilane. a führte nie zum IV noch b zum II. Vff. diskutieren a als nucleophilen Angriff des Alkoxysauerstoffs von II auf Si bzw. als Vierzentren-Rk.; geringe Elektronendichte am Si begünstigt die Reaktion. Die nucleophile Rk.-Fähigkeit des O ist in III geringer als in II. Der katalyt. Einfl. von Pyridiniumchlorid (V) auf a wurde untersucht; klare Aussagen sind noch nicht möglich.

Versuche: *Tetraalkoxysilane*, $(RO)_4Si$, durch Rückflußerhitzen (Zeit in Std. in Klammern) von 4 (Mol) **II**, 1 **I** u. 0,2 g **V**; Dest.; **III** zerfällt zu SO_2 u. RCl: R = *Methyl-*, Kp. 118—120°, n_D^{20} 1,3705, (17); 90% (Ausbeute); *Äthyl-*, Kp. 161—166°, n_D^{20} 1,3882, (18); 86%; *n-Propyl-*, $Kp._{13}$ 106—110°, n_D^{20} 1,4030, (18); 81%; *Isopropyl-*, $Kp._{14}$ 72 bis 75°, n_D^{20} 1,3882, (30); 96%; *n-Butyl-*, $Kp._{25}$ 160—162°, n_D^{20} 1,4150, (7,5); 94%; *Isobutyl-*, $Kp._{14}$ 127—130°, n_D^{20} 1,4075, (25); 81%; *sek.-Butyl-*, $Kp._{20}$ 126—128°, n_D^{20} 1,4100, (10); 85%; *n-Octyl-*, $Kp._{0,2}$ 210°, n_D^{20} 1,4390, (24); 74%. — *Tri-n-butoxychlorsilan* (**VI**), $C_{12}H_{27}ClO_3Si$, $Kp._{10}$ 158—163°, nach (a) durch 24std. Stehen von 48,61 g $(n\text{-}C_4H_9O)_2SO$, 1 Mol $SiCl_4$ u. 0,1 g **V** bei 20°, Dest; 69%. — *n-Butoxytrichlorsilan*, $C_4H_9Cl_3OSi$, $Kp._{10}$ 38°, analog a aus $(n\text{-}C_4H_9O)_2SO$; 94%. — 2 (Mol) **IV** setzen 1 Tetra-n-butoxysilan in 32 Std. bei 120° zu 13,55 g *Di-n-butoxydichlorsilan*, $C_8H_{18}Cl_2O_2Si$, $Kp._{18}$ 102°, u. 7,38 g **VI** $Kp._{18}$ 134° (?), um; 1 **IV** gibt mit 1 Tetraäthoxysilan u. 0,2 g **V** bei 120° in ½ Std. 82% *Triäthoxychlorsilan*, $C_6H_{15}ClO_3Si$, $Kp._{12}$ 52—53°, mit Tetraisobutoxysilan in 10 Std. bei 120° 79% *Triisobutoxychlorsilan*, $C_{12}H_{27}ClO_3Si$, $Kp._{15}$ 118—120°. H. Bürger. 261□

Perfluoralkylsilylselenide. E. A. V. Ebsworth, H. J. Emeléus und N. Welcman. (J. chem. Soc. [London] **1962**, 2290—93, Juni; Cambridge, Univ., Chem. Labor.; engl.) — *Silyltrifluormethylselenid* (I) u. *Silylheptafluorpropylselenid* (II) wurden bei Raum-Temp. aus SiH_3J u. Bis-[perfluoralkyl]-quecksilber dargestellt. I u. II sind farblose Fl., bei Raum-Temp. recht stabil; aus ihren Zers.-Prodd. konnte nur H_3SiF identifiziert werden. Die Rk. von II mit $HgBr_2$ bei 20° führt zu 95% H_3SiBr; in der Hg-Umwandlungsreihe für Silyl-Verbb. steht diese C_3H_7-Gruppe also zwischen J u. Br. Das ^1H-KMR-Spektrum zeigt eine chem. Verschiebung von 5,70 (I), 5,71 (II) [5,86 ppm für $(H_3Si)_2Se$ (III)]; die ^{29}SiH-Kopplungs-Konst. beträgt 230 ± 1 (226 ± 2 in III) Hz. Das ^{19}F-KMR-Spektrum von I zeigt ein Quadruplett bei 25,5 ppm (höheres Feld); zum Vgl. $CF_3SeC_2H_5$ 35,2 ppm. II gibt (ähnlich $C_3F_7SeC_2H_5$) Werte von 77,9 (α-CF_2), 121,9 (β-CF_2) u. 79,5 (CF_3) ppm. Die IR-Spektren von I u. II werden tabellar. angegeben u. teilweise zugeordnet.

Versuche: *Silyltrifluormethylselenid* (I), CH_3F_3SeSi, F. —125,8°, log p (Torr; —60 bis 4°) = $-1460/T + 7,615$, durch Überleiten von 0,380 g H_3SiJ über festes $Hg(SeCF_3)_2$ neben roten, gelben u. schwarzen Prodd.; 2malige Dest. über 1,2205 g $Hg(SeCF_3)_2$ u. fraktionierte Dest. gibt 70% I. — *Silylheptafluorpropylselenid* (II), $C_3H_3F_7SeSi$, F. —98°, log p = $-1729/T + 7,833$, analog I aus H_3SiJ u. $Hg(SeC_3F_7)_2$. H. Bürger. 261□

Darstellung und Eigenschaften von Trifluormethylthio- und Trifluormethylselenobis-[trifluormethyl]-phosphin und -arsin und von Heptafluorpropylseleno-bis-[trifluormethyl]-arsin. H. J. Emeléus, K. J. Packer und N. Welcman. (J. chem. Soc. [London] **1962**, 2529—31, Juni; engl.) — Vgl. vorst. Referat. — $(CF_3)_2PJ$ (I) u. $(CF_3)_2AsJ$ (II) reagieren mit $(CF_3S)_2Hg$ (III), $(CF_3Se)_2Hg$ (IV) bzw. $(C_3F_7Se)_2Hg$ (V) bei Raum-Temp. zu HgJ_2 u. $(CF_3)_2PSCF_3$, $(CF_3)_2AsSCF_3$, $(CF_3)_2PSeCF_3$, $(CF_3)_2AsSeCF_3$

u. *$(CF_3)_2AsSeC_3F_7$*, farblose, leichtbewegliche Fll., die mit 20%ig. wss. Alkali 2 CF_3-Gruppen unter HCF_3-Bldg. abspalten. Die IR-Spektren werden tabellar. mitgeteilt, die ^{19}F-NMR-Spektren kurz diskutiert.

Versuche: *Bis-[trifluormethyl]-trifluormethylthiophosphin*, C_3F_9PS, F. -107^0, log p (Torr; -32 bis $+20^0$) = $-1695/T + 8{,}12$; 2,61 (mMol) aus 2,7 I u. 1,5 III in 48 Std. im Einschlußrohr. — *Bis-[trifluormethyl]-trifluormethylthioarsin*, C_3AsF_9S, F. -107^0, log p (-10 bis $+39^0$) = $-1776/T + 8{,}16$; 5,6 aus 6,2 II u. 3,8 III. — *Bis-[trifluormethyl]-trifluormethylselenophosphin*, C_3F_9PSe, F. -98^0, log p (-37 bis $+17^0$) = $-1875/T + 8{,}47$; 2,1 aus 2,1 I u. 1,5 IV in 72 Stunden. — *Bis-[trifluormethyl]-trifluormethylselenoarsin*, C_3AsF_9Se, F. -143^0, log p (-46 bis $+22^0$) = $-1818/T + 8{,}03$; 3,1 aus 3,7 II u. 1,9 IV. — *Bis-[trifluormethyl]-heptafluorpropylselenoarsin*, $C_5AsF_{13}Se$, F. -67^0, log p (4—75^0) = $-2103/T + 8{,}26$; aus 2,6 II u. 1,3 V. H. Bürger. 264□

Eine neue Synthese des Tetramethyläthylendiphosphins. G. W. Parshall. (J. inorg. nuclear Chem. **14**, 291—92, Aug. 1960; Wilmington, Del., E. I. du Pont de Nemours & Co., Exp. Stat., Central Res. Dep.; engl.) — *P.P.P'.P'-Tetramethyläthylendiphosphindisulfid* (I), $C_6H_{16}P_2S_2$, F. 260—263°, wird in 60%ig. Ausbeute aus Tetramethyldiphosphindisulfid (II) u. C_2H_4 in Ggw. von J_2 im Einschlußrohr (275°; 48 Std.) erhalten. Aus I u. Tri-n-butylphosphin (III) entsteht bei 245° (N_2; Drehbandkolonne) *P.P.P'.P'-Tetramethyläthylendiphosphin* (IV), F. -5 bis -1^0, Kp.$_{60}$ 104°; n_D^{25} 1,4887; 78%. Mit CH_3Br in Ae. bildet IV *P.P.P.P'.P'.P'-Hexamethyläthylendiphosphoniumdibromid*, $C_8H_{22}Br_2P_2$, F. 355—365° (Zers.). II u. III reagieren bei 130° in N_2 zu *Tetramethyldiphosphin* (V), F. -5 bis -1^0, Kp. 139—141°; 69%. Verunreinigtes V entsteht auch bei der Entschwefelung von II mit Triäthylphosphit (45%). A. Blaschette. 264□

Darstellung von reiner diphosphoriger Säure. E. Schwarzmann und J. R. Van Wazer. (J. inorg. nuclear Chem. **14**, 296—97, Aug. 1960; St. Louis, Mo., Monsanto Chem. Co., Inorg. Chem. Div.; engl.) — Diphosphorige Säure (I), F. 36°, entsteht in quant. Ausbeute nach $5\,(HO)_2HPO + PX_3 \rightarrow 3\,(HO)H(O)POP(O)H(OH) + 3\,HX$ beim Durchleiten von CO_2 durch ein Gemisch von orthophosphoriger Säure u. PCl_3 oder PBr_3 bei 35 oder 100°. Die Rk. wurde durch KMR in Einschlußrohren verfolgt. Bei Verw. eines Überschusses von PCl_3 entstehen zwei Phasen (PCl_3 u. eine Lsg. von HCl in I); in Ggw. eines PCl_3-Unterschusses bildet sich eine einzige homogene Phase. Das KMR-Spektrum von I (Peaks bei -21 u. $+28$ ppm bzgl. 85%ig. H_3PO_4) entspricht der vorst. symm. Struktur. A. Blaschette. 264□

Beitrag zur Untersuchung von Antimon(V)-alkoxiden. Alfred Maillard, Antonin Deluzarche, Jean-Claude Maire und Laszlo Havas. (Bull. Soc. chim. France **1962**, 843—44, April; Strasbourg, Inst. de Chim., Labor. de Chim. Org. Appl.; franz.) — $SbCl_5$ u. $NaOC_2H_5$ geben in konz. Lsg. das wenig stabile *$Sb(OC_2H_5)_5$*, Kp.$_{0,1}$ 134°, leicht zu Äthylantimonit, A. u. CH_3CHO zerfallend. In verd. alkohol. Lsg., bes. in Ggw. von Bzl., entsteht hingegen *$H[Sb(OC_2H_5)_6]$* (I), unschmelzbar, unlösl. in nichtpolaren Lsgm.; analog läßt sich nur *$H[Sb(O\text{-}n\text{-}C_4H_9)_6]$* (II) darstellen. II, *$H[Sb(O\text{-}n\text{-}C_3H_7)_6]$* u. *$H[Sb(O\text{-}n\text{-}C_5H_{11})_6]$* stellt man am besten aus I u. den entsprechenden Alkoholen dar, aus denen sie sich auch umkristallisieren lassen. Hinweise auf Zwischenstufen beim Austausch der Alkoxogruppen sowie Bldg. von Sb(III) fanden sich nicht. H. Bürger. 266□

Hydrido- und verwandte Organokomplexe von Übergangsmetallen. J. Chatt. (Proc. chem. Soc. [London] **1962**, 318—26, Okt.; engl.) — Allg. Übersicht. — 16 Literaturangaben. A. Blaschette. 270□

Berylliumfluoride. 2. Mitt. **Bildung von Berylliumfluoriden in Lösung.** Apurba Kumar Sengupta. (J. Indian chem. Soc. **37**, 291—94, Mai 1960; Calcutta, Univ. Coll. of Sci., Pure Chem. Dep.; engl.) — 1. vgl. C. **1961**, 12762. — Durch konduktometr. Titrationen in den Syst. $Be(NO_3)_2$–KF, BeF_2–KF u. BeF_2–HF u. thermometr. Titration von HF mit BeF_2 wird die Existenz von *BeF^+*, *BeF_2*, *BeF_4^{2-}* u. *H_2BeF_4* in wss. Lsg. nachgewiesen. BeF_3^-, BeF_5^{3-}, BeF_6^{4-} oder $HBeF_3$ wurden nicht gefunden. Ergänzend wird das Leitfähigkeits-Verh. der Syst. K_2BeF_4–BeF_2, BeF_2–KF, K_2BeF_4–NaF u. $(NH_4)_2BeF_4$–KF nach der Jobschen Meth. diskutiert. A. Blaschette. 281□

Berylliumfluoride. 3. Mitt. **Hydrolyse von Berylliumfluorid.** Apurba Kumar Sengupta. (J. Indian chem. Soc. **37**, 473—76, Aug. 1960; engl.) — 2. vgl. vorst. Referat. — Nach konduktometr. u. thermometr. Titrationen wird BeF_2 durch NaOH gemäß $2\,BeF_2 + 2\,NaOH \rightarrow Be(OH)_2 + Na_2BeF_4$, $Na_2BeF_4 + 2\,NaOH \rightarrow Be(OH)_2 + 4\,NaF$ hydrolysiert. Die intermediäre Bldg. von BeF_4^{2-} ergibt sich aus der chem. Analyse der Rk.-Prodd. beim Mol-Verhältnis BeF_2/NaOH = 1 : 1 u. durch konduktometr. Titration nach $2\,BeF_2 + Ba(OH)_2 \rightarrow BaBeF_4 + Be(OH)_2$. Hydrolyse von BeF_2 erfolgt auch mit CO_3^{2-} (→ bas. Be-Carbonat als Nd.), HCO_3^- (→ CO_2-Entw., Bldg. von BeF_4^{2-} sowie bas. Be-Carbonat bzw. lösl. Carbonatokomplexen), NO_2^- [→ NO + $Be(OH)_2$], NH_3 oder Äthylendiamin [→ $Be(OH)_2$]. A. Blaschette. 281□

Berylliumfluoride. 4. Mitt. Fluorooxalatoberyllate. Apurba Kumar Sengupta. (J. Indian chem. Soc. **37**, 547—49, Sept. 1960; engl.) — 3. vgl. vorst. Referat. — Alkalifluorooxalatoberyllate werden aus BeF_2 (I) oder $BeC_2O_4 \cdot 3\,H_2O$ (II) dargestellt u. die Rkk. thermometr., konduktometr. u. kryoskop. verfolgt.

Versuche: *$K_2[BeF_2(C_2O_4)] \cdot H_2O$*, a) aus 3,5 g I u. 14,5 g $K_2C_2O_4 \cdot H_2O$ in W.; 15,3 g (Ausbeute); b) aus 1,4 g KF u. 1,8 g II; 1,94 g; Löslichkeit L bei 29,5°: 3,33 g/100 ml. — *$(NH_4)_2[BeF_2(C_2O_4)] \cdot H_2O$*, aus 1,5 g I u. 5 g $(NH_4)_2C_2O_4 \cdot H_2O$ durch fraktionierte Kristallisation; 1,7 g; L bei 23,5°: 16,42 g/100 ml. — *$Na_2[BeF_2(C_2O_4)] \cdot 1{,}8\,H_2O$*, analog vorst. Verb.; verliert W. bei 20°. — Die Darst. der entsprechenden Pb-, Ca-, Ag-, Ni-, Cu- u. Co(II)-Salze gelang nicht, ebensowenig wie die analoger Fluoroberyllate mit anderen organ. Liganden (Salicylat, Malonat, Formiat, Acetat, Chloracetat).

A. Blaschette. 281□

Darstellung von „Oktacalciumphosphat" (Tetracalciumhydrogentrisphosphat) durch homogene Kristallisation. H. Newesely. (Mh. Chem. **91**, 1020—23, 1960; Berlin, MPG, Fritz-Haber-Inst.; dt.) — Zur Darst. von *$Ca_4H(PO_4)_3 \cdot 2\,H_2O$* wurden 150 ml 0,04 m $Ca(NO_3)_2$-Lsg. u. 150 ml 0,03 m Na_2HPO_4-Lsg. gleichzeitig unter starkem Rühren in 1500 ml 0,2 m $NaCH_3COO$-Lsg. eingetropft (alle Lsgg. in reinstem W.; die beiden letzteren wurden mit verd. CH_3COOH auf pH 6,5—6,6 eingestellt). Die Mischung wurde langsam auf 50—60° erwärmt u. bei dieser Temp. nach mehreren Std. 1 mm große u. 0,1 mm breite Kristallplättchen erhalten. Die Grenzbedingungen von pH u. Temp. sind angegeben. Der Einfl. von Beimengungen wird untersucht. Schon sehr kleine F^--Anteile bewirken Bldg. von Apatit an Stelle von Oktacalciumphosphat.

Ernst Schulte. 283□

Die Bildung von Tilleyit, $Ca_5Si_2O_7(CO_3)_2$, in kontaktmetamorphen Zonen von kieselsauren Kalksteinen. R. I. Harker. (Bull. geol. Soc. America **69**, 1578, Dez. 1958; Manville, N.J., Johns-Manville Res. Center; engl.) — Vgl. C. **1961**, 5720.

Ernst Schulte. 283□

Wasserfreie Erdalkalifluoroborate. Robert de Pape und Jean Ravez. (C. R. hebd. Séances Acad. Sci. **254**, 4171—73, 13/6. 1962; Bordeaux, Fac. des Sci., Serv. de Chim. min.; franz.) — Die reinen *Erdalkalitetrafluoroborate* *$Sr(BF_4)_2$* (I) u. *$Ba(BF_4)_2$* (II) wurden bei 300—350° aus den Fluoriden u. BF_3 (1 atm), *$Ca(BF_4)_2$* (III) bei 230° in nur 33%ig. Ausbeute sowie **I**, **II** u. **III** bei 160° im Einschlußrohr aus den Fluoriden u. $BF_3 \cdot O(C_2H_5)_2$ dargestellt. *$Mg(BF_4)_2$* (IV) konnte nur zu 44% in MgF_2 angereichert durch 72 std. Rk. von BF_3 u. MgF_2 in Bzl. bei 20° erhalten werden. Aus Debye-Scherrer-Aufnahmen ergeben sich die Gitter-Konst. zu **I**, a = 9,55, b = 9,23, c = 13,80 ± 0,01; **III**, a = 9,265, b = 8,940, c = 13,345 ± 0,005 Å; beide sind isotyp u. orthorhombisch. Die Dichten betragen: **I**, 2,786 ± 0,004, **II**, 3,638 ± 0,004, **III**, 2,560 ± 0,003 g/cm³; die Elementarzelle von **I** u. **III** enthält 8 Moll., die Pulverdiagramme von **II** u. **IV** werden tabellar. mitgeteilt. Aus der therm. Zers. (**I**, **II** u. **III**) sowie der Bldg. aus MeF_2 u. BF_3 (**I**, **II**) wurden die Dissoziationsgleichgewichte (linear in log p gegen 1/T) bestimmt; die Stabilität nimmt von **III** über **I** nach **II** zu. Nach van t'Hoff ergeben sich die Bldg.-Enthalpien zu 27,6 (**II**), 43,2 (**I**) u. 46,6 ± 0,5 kcal (**III**). H. Bürger. 285□

Komplexe Halogenosäuren von Zink und Aluminium mit Dioxan. Jean A. Miliotis und André G. Galinos. (C. R. hebd. Séances Acad. Sci. **254**, 3368—70, 7/5. 1962; Athenes, Grece, École des H.E.Ec.C., Labor. de Chim. appl.; École Polytechn., Labor. de Technol. chim. org.; franz.) — Durch Zugabe von Zn bzw. Al zu gesätt. Lsgg. von HCl bzw. HBr in Dioxan (I) u. Fällen mit PAe. oder Zugabe von halogenwasserstoffhaltigem Ae. zu den wasserfreien Halogeniden bilden sich die Komplexe $H[ZnCl_3] \cdot$**I**, $H[ZnBr_3] \cdot$**I**, $H[AlCl_4] \cdot$**I** u. $H[AlBr_4] \cdot$**I**. Folgende Strukturmerkmale werden ihnen zugeschrieben: kovalente Metall—Halogen-Bindung, heteropolare Kation—Anion-Komplexbindung u. H-Brückenbindung zwischen dem Proton u. den O-Atomen von **I**. Hiermit in Einklang stehen ihre chem. Eigg.: keine Sulfidfällung mit H_2S in Nitrobenzol-Lsg. u. Substitution von **I** durch Pyridin ohne Pyridiniumhalogenidbildung.

H. Bürger. 294□

Der Transport von Galliumarsenid mit Jod. Th. Renner. (Z. Elektrochem., Ber. Bunsenges. physik. Chem. **66**, 716, Okt. 1962; Erlangen, Siemens-Schuckertwerke Akt.-Ges.; dt.) — Kurzmitteilung. Durch Anwendung der von Wiberg vorgeschlagenen „chem. Spannungsreihen" auf das Gleichgewicht $2\,Ga + GaJ_3 \rightleftharpoons 3\,GaJ$ läßt sich der Transport von Ga mit J im Temp.-Gefälle nach der Meth. von Schäfer berechnen. Die Vorstellungen lassen sich auf den Transport von GaAs gemäß $2\,GaAs + GaJ_3 \rightleftharpoons 3\,GaJ + 2/x\,As_x$ erweitern. Bei Verw. langer Ampullen von geringem Querschnitt zur Vermeidung von Konvektion besteht befriedigende Übereinstimmung zwischen Theorie u. Experiment. A. Blaschette. 295□

Binäre Dodekaboride. S. La Placa, I. Binder und B. Post. (J. inorg. nuclear Chem. **18,** 113—17, März 1961; Brooklyn, N.Y., Polytechn. Inst. of Brooklyn; engl.) — Durch Erhitzen von Oxiden der Seltenerdmetalle mit amorphem B auf 1400—1500° unter He ließen sich die Dodekaboride von Lu, Tm, Er, Ho, Dy u. Y darstellen; La, Ce, Pr, Sm, Gd u. Yb bilden wegen des 1,80 Å überschreitenden Me-Radius keine Dodekaboride. Röntgenograph. wurden a (Å) u. D. ($g \cdot cm^{-3}$) der wie ZrB_{12} u. UB_{12} mit B-Atomen auf kub. u. Oktaederplätzen aufgebauten Verbb. bestimmt: Me = Lu 7,464, 4,868; Tm 7,476, 4,756; Er 7,484, 4,706; Ho 7,492, 4,655; Dy 7,501, 4,600 u. Y 7,500, 3,444. Da der Radius innerhalb der von den B-Atomen aufgespannten Hülle 1,89—1,91 Å beträgt, lassen sich nur Metalle $>$Dy u. $<$Zr einbauen. Die Ausdehnungs-Koeff. von ErB_{12} (—160 bis +420°) u. HoB_{12} (20—350°) wurden zu $(3,0 \pm 0,2) \cdot 10^{-6}$ $Grad^{-1}$ bestimmt. H. Bürger. 303□

Untersuchungen über Hexachlorocersäure. 5. Mitt. Stabilität, Spektralverhalten und elektrische Leitfähigkeit. S. S. Moosath und M. R. A. Rao. (Proc. Indian Acad. Sci., Sect. A **48,** 317—23, Dez. 1958; Bangalore, Indian Inst. of Sci., Dep. of Gen. Chem.; engl.) — 4. vgl. C. **1959,** 11834. — Kristalle von $H_2CeCl_6 \cdot 4$ *Dioxan* (**I**) zersetzen sich an trockner Luft, besonders rasch bei Belichtung. Bei 0—30° ergibt sich die Dampfdruckkurve zu log p (Torr) = —2200/T + 8,81, die Dissoziationswärme zu 10,96 kcal/Mol. Zur Aufbewahrung von **I** eignet sich die Überschichtung mit trocknem PAe. bei 0° im Dunkeln. Lsgg. von **I** in Dioxan zeigen Absorptionsmaxima bei 255 u. 370 μ, Lsgg. von HCl in Dioxan ein Maximum bei 260 μ. In Methanol erscheint nur ein Maximum bei 310 μ. Nach Molgew.- u. Leitfähigkeitsmessungen dissoziiert **I** in Dioxan zu $CeCl_4$ u. 2 HCl, in Methanol zu $CeCl_3^+$, $CeCl_2^{2+}$, $CeCl^{3+}$ u. Ce^{4+}. A. Blaschette. 304□

Untersuchungen über Hexachlorocersäure. 6. Mitt. Pyridiniumchlorid-Cer(IV)-chlorid-Komplex. S. S. Moosath. (Proc. Indian Acad. Sci., Sect. A **48,** 324—29, Dez. 1958; engl.) — 5. vgl. vorst. Referat. — Aus Pyridiniumchlorid u. H_2CeCl_6 in Methanol entsteht unter HCl-Abspaltung $CeCl_4 \cdot 2\, C_5H_5NHCl$ (**I**), das in Methanol ebenso wie die freie Säure ein Absorptionsmaximum bei 310 μ zeigt, welches dem Ce^{4+} zugeschrieben wird. 1 Mol **I** setzt aus KJ-Lsg. 1 Val J_2 frei, wobei Ce(IV) zu Ce(III) red. wird. Der Dampfdruck von **I** beträgt 1,75 Torr bei 0°, 9 bei 25°; die Dampfphase enthält freies Cl_2. Verss. zur Darst. der entsprechenden Na- u. NH_4-Verb. führen zur Red. des Ce(IV) zu Ce(III). A. Blaschette. 304□

Einige neue Hexachlorocerkomplexe. S. S. Moosath und S. Chandy. (J. inorg. nuclear Chem. **14,** 293, Aug. 1960; Trivandrum, Univ. of Kerala, Appl. Chem. Dep.; engl.) — Vgl. vorst. Referate. — Durch Zutropfen einer Lsg. von Piperidinium-, β-Picolinium- bzw. Isochinoliniumchlorid in A., Methanol oder Dioxan zu einer Lsg. von H_2CeCl_6 werden die schwerlösl. Komplexe $(C_5H_{11}NH)_2CeCl_6$, $(C_6H_7NH)_2CeCl_6$ bzw. $(C_9H_7NH)_2CeCl_6$ erhalten. A. Blaschette. 304□

Zur Reindarstellung von Ytterbiumoxid. A. Brukl und Helga Auer-Welsbach. (Mh. Chem. **91,** 1057—63, 1960; Wien, Univ., Anorgan.-chem. Inst.; dt.) — Es wird eine Meth. zur Abtrennung von Yb aus angereicherten Seltenen Erden mittels Elektrolyse an Hg-Kathoden (Elektrolyt: 1 Mol Ln_2O_3 zu 4 Mol Citronensäure, pH 7) beschrieben. Yb verhält sich bei der Elektrolyse anders als Sm u. Eu; daher können die für diese Elemente erhaltenen Ergebnisse nur bedingt übernommen werden. Ernst Schulte. 316□

Hexahalogenotitanate. G. W. A. Fowles und D. Nicholls. (J. inorg. nuclear Chem. **18,** 130—35, März 1961; Southampton, Univ., Dep. of Chem.; engl.) — Vgl. C. **1961,** 9331. — Vff. untersuchten die Möglichkeiten zur Darst. von *Hexahalogenotitanaten.* Direkte Vereinigung von TiX_4 u. 2 MeX führt nicht zum Ziel. In wss. Lsg. konnten die sehr hydrolyseempfindlichen Verbb. $(NH_4)_2TiCl_6$ (**I**), K_2TiCl_6 (**II**) u. $(NH_4)_2 \cdot TiBr_6$ abgetrennt werden, jedoch lassen sich **I** u. **II** völlig H_2O-frei besser in Ae. mit 5% $SOCl_2$ darstellen. Wss. HBr läßt sich mit Br_2 auswaschen. Mit HX gesätt. H_2O-freier A. ist günstig zur Darst. von gelbem A_2TiCl_6, B_2TiCl_6 u. dunkelrotem B_2TiBr_6 [A = $(CH_3)_3NH^+$, $(CH_3)_2NH_2^+$; B = $C_5H_5NH^+$ u. $C_9H_7NH^+$]. Br läßt sich mit Hilfe von HCl leicht durch Cl ersetzen, nicht jedoch Cl durch Br. Aprot. Lsgm. sind nicht günstig. H. Bürger. 321□

Hexachlorozirkonate. J. E. Drake und G. W. A. Fowles. (J. inorg. nuclear Chem. **18,** 136—42, März 1961; engl.) — Vgl. vorst. Referat. — $ZrCl_4$ u. Amine bzw. Alkylammoniumchloride bilden in mit HCl gesätt. A. *Hexachlorozirkonate,* $(AH)_2ZrCl_6$ mit A = $C_2H_5NH_2$ (**I**), $(CH_3)_2NH$ (**II**), $(C_2H_5)_2NH$, $(CH_3)_3N$ u. $(C_2H_5)_3N$. Diese sind an trockner Luft u. im Vakuum bis 200° beständig. Bei ihrer Rk. mit einem Überschuß an Aminen wird bis zu 1 Cl nach $ZrCl_6^{2-} + 2\, NHR_2 \rightarrow NHR_2HCl + [ZrCl_5(NR_2)]^{2-}$ solvolysiert. Dabei vermögen Amine stärker solvolyt. zu wirken als Alkohole. **I** u. **II** verdrängen dabei sogar ein anderes Amin aus dem Kation. H. Bürger. 322□

Beitrag zur Darstellung von Verbindungen niederer Oxydationsstufe. Ekkehard Gastinger. (Z. anorg. allg. Chem. **316**, 161—67, Juli 1962; Paris, Issy-les-Moulineaux, Centre Nat. d'Études des Télécomm., Labor.; dt.) — Eine App. zur Verdampfung von Metallen in Form der niederen Chloride, Oxide u. Sulfide wird beschrieben. Die aus den Metallen im HCl/Ar-Strom bei 780—1250° bei 41—85 Torr gebildeten flüchtigen Subhalogenide ($AlCl_{1,15-3,15}$; $GaCl_{1,39-3,15}$; $InCl_{1,23-1,83}$) werden an einem Kühlfinger niedergeschlagen. Die verdampften Metallmengen sowie die Zus. der Kondensate werden in Abhängigkeit von Temp. u. Druck tabellar. mitgeteilt. Ge wird im H_2S-Strom bei Normaldruck bei 560—830° verdampft. Die Verdampfungs-Geschw. steigen mit der Temp. stark an. Die Kondensate sind bei tiefer Temp. rotbraun u. feinteilig, bei höherer kristallin u. tiefgrauschwarz wie Graphit. Ihre Zus. entspricht *GeS*. H. Kuckertz. 326□

Alkoxygermaniumchloride. R. M. Pike und A. F. Fournier. (Recueil Trav. chim. Pays-Bas **81**, 475—79, Mai 1962; Lowell, Mass., Lowell Technol. Inst., Dep. of Chem.; engl.) — $GeCl_4$ (**I**) reagiert in Ggw. von Pyridin mit Alkoholen unter Bldg. von *Alkoxygermaniumchloriden*, $(RO)_xGeCl_{4-x}$. Dargestellt wurden Verbb. mit R = C_2H_5, iso-C_3H_7 u. tert.-C_4H_9; x jeweils 1, 2 u. 3. Ohne Pyridinzusatz reagieren **I** u. Alkohole nicht. $(C_2H_5O)_2GeCl_2$ ließ sich mit n-C_4H_9OH u. n-$C_6H_{13}OH$ zu *Di-n-butoxygermaniumdichlorid* bzw. *Di-n-hexoxygermaniumdichlorid* umestern.

Versuche: Alkoxygermaniumchloride, durch langsames Zutropfen unter Rühren u. N_2 von a Mol **I** zu b Mol Pyridin in Bzl., weißer Nd., dann Zutropfen von c Mol Alkohol, mehrere Std. Rückflußerhitzen, Filtration, Dest.: *Äthoxygermaniumtrichlorid*, $Kp._{36}$ 40°, (a =) 0,25, (b =) 0,28 in Ae., (c =) 0,28, 1 Std.; 27% (Ausbeute). — *Diäthoxygermaniumdichlorid* (**IV**), Kp. 160—164°, 0,50, 0,90 in Bzl., 0,90, 2 Std.; 11%. — *Triäthoxygermaniumchlorid*, Kp. 181,5—183°, 0,25, 0,63, 0,63, 3¼ Std.; 12%. — *Isopropoxygermaniumtrichlorid*, Kp. 154—160°, 0,25, 0,28 in Ae., 0,28, 2 Std.; 55%; daneben *Diisopropoxygermaniumdichlorid*, $Kp._{8,2}$ 59—61°; n_D^{27} 1,4228. — *Triisopropoxygermaniumchlorid*, $Kp._{1,2}$ 58—60°; n_D^{27} 1,4135, 0,25, 0,63 in Bzl., 0,63, 3½ Std.; 46%. — *tert.-Butoxygermaniumtrichlorid*, $Kp._{4,5}$ 37—39°, aus 0,25, 0,28 in Ae., 0,28, 2¾ Std.; 20%; daneben *Di-tert.-butoxygermaniumdichlorid*, $Kp._{0,5}$ 59—60°; n_D^{25} 1,4313. — *Tri-tert.-butoxygermaniumchlorid*, $Kp._{0,8}$ 72,5—74°; n_D^{25} 1,4227, 0,25, 0,63 in Bzl., 0,63, 3 Std.; 24%. — *Di-n-butoxygermaniumdichlorid*, $C_8H_{18}Cl_2GeO_2$, $Kp._{4,8}$ 83—86°, aus 6,45 g **II** u. 4,68 g n-Butanol, 1½ Std. langes Erhitzen unter N_2, Abdestillieren von A., weitere Zugabe von 4,08 g n-Butanol, 1 Std. auf 107,5—110°, Dest.; 24%. — *Di-n-hexoxygermaniumdichlorid*, $C_{12}H_{26}Cl_2GeO_2$, $Kp._{0,5}$ 120—125°; n_D^{28} 1,4414, analog vorst. Verb. mit n-Hexylalkohol; 26%. H. Bürger. 326□

Darstellung von Tetrakis-[jodmethyl]-zinn. K. Höppner und D. Walkiewitz. (Z. Chem. **2**, 23, 1962; Berlin-Buch, Inst. für angew. Isotopenforsch.; dt.) — Durch Substitution des Br im $Sn(CH_2Br)_4$ durch J mit Hilfe von NaJ in Aceton konnte in 96,5%ig. Ausbeute $Sn(CH_2J)_4$ (F. 76°) in farblosen Nadeln erhalten werden.
E. Klever. 327

Darstellung und Eigenschaften einiger Alkylbleihydride. W. E. Becker und S. E. Cook. (J. Amer. chem. Soc. **82**, 6264—65, 20/12. 1960; Baton Rouge, La., Ethyl Corp., Res. and Dev. Dep.; engl.) — *Trimethyl-*, *Triäthyl-*, *Dimethyl-* u. *Diäthylbleihydrid* wurden durch Red. der entsprechenden Alkylbleichloride mit $LiAlH_4$ erhalten. Die Monohydride wurden als farblose Fll. rein dargestellt; ihre Zers. verläuft nach 4 $R_3PbH \rightarrow$ 2 H_2 + 3 PbR_4 + Pb, die Rk. benötigt bei 0° mehrere Stunden. Gegen Diazomethan u. Diazoäthan verhalten sich die untersuchten Pb-Verbb. ähnlich wie die Sn- u. Ge-Alkylhydride. Trimethylbleihydrid reagiert glatt mit Äthylen in 92%ig. Ausbeute zu Trimethyläthylblei.

Versuche: *Trimethylbleihydrid* (**I**), $C_3H_{10}Pb$, F. —106°, Zers. ab —30°, aus Trimethylbleichlorid u. $LiAlH_4$ (in geringem Überschuß), durch Aufdestillieren der 2—3fachen Menge Ae. (im Vakuum, in fl. N_2), Erwärmen auf —78°; nach Auflösen der Ausgangsstoffe u. Schwarzfärbung ist die Rk. beendet; 95% (Ausbeute). — *Triäthylbleihydrid*, $C_6H_{16}Pb$, F. —145°, Zers. ab —20°, analog **I**; 20%. H.-J. Hartmann. 328□

Perfluoralkylwismut- und -thallium-Verbindungen. T. N. Bell, B. J. Pullman und B. O. West. (Proc. chem. Soc. [London] **1962**, 224, Juni; Adelaide, Univ. of Adelaide; engl.) — Aus dem durch Rk. von $Bi(CH_3)_3$ (**I**) mit überschüssigem CF_3J (**II**) bei 100° gemäß **I** + n**II** → $Bi(CH_3)_{3-n}(CF_3)_n$ + n CH_3J (n = 1, 2) erhaltenen Gemisch werden $Bi(CH_3)_2CF_3$ (**III**), $Kp._{760}$ 121° (82%), u. $Bi(CH_3)(CF_3)_2$ (**IV**), $Kp._{760}$ 132° (18%), gaschromatograph. (mit Diisodecylphthalat gefüllte Säule, N_2-Trägergas, 70°) abgetrennt. Für die Bldg. eines $Bi(CF_3)_3$ (**V**) ergeben sich keine Anzeichen. In schneller Rk. läßt sich **IV** auch aus **III** u. **II** bei 100° darstellen; Bldg. von **V** erfolgt innerhalb 48 Std. auch hier nicht. **III** u. **IV** oxydieren sich leicht an der Luft; unter gewissen Bedingungen entzünden sie sich spontan; ihre Dämpfe sind tränenerregend; 5n NaOH hydrolysiert sie schnell, verd. Säure langsam unter CHF_3-Bldg.; mit J_2 reagieren sie bei Raum-Temp. heftig, bei -26^0 langsam zu CH_3J, **II** u. einem Gemisch der Methyltrifluormethylwismutjodide. Aus $Tl(CH_3)_3$ u. **II** bzw. $CF_3CF_2CF_2J$ (**VI**) entsteht selbst bei -78^0 nur *$Tl(CH_3)_2F$*. Bei der Rk. von $LiCH_3$ mit TlJ in Ggw. von **VI** werden neben $Tl(CH_3)_3$ (10%) die Ausgangs-Prodd. zurückgewonnen. H. Kuckertz. 334□

Die Darstellung und Spaltung der Isomerengemische von Bis-[oxalato]-2.2'-dipyridylchromat(III)- und Bis-[oxalato]-1.10'-phenanthrolinchromat(III)-Ionen. J. A. Broomhead. (Austral. J. Chem. **15**, 228—31, Mai 1962; Brisbane, Univ. of Queensland, Chem. Dep.; engl.) — Durch Rk. von $[CrdipyCl_3]\cdot$dmf u. $[CrphenCl_3]\cdot$dmf (dipy = 2.2'-Dipyridyl; phen = 1.10-Phenanthrolin; dmf = Dimethylformamid) mit K-Oxalat in wss. Formamid-Lsg. wurden die gemischten Komplexe *Kalium-bis-[oxalato]-2.2'-dipyridylchromat(III)* u. *Kalium-bis-[oxalato]-1.10-phenanthrolinchromat(III)* dargestellt u. deren Ba-Salze isoliert. Beide Komplexe wurden durch opt.-akt. Oxalato-bis-[äthylendiamin]-kobalt(III)-chlorid gespalten. Die opt. Antipoden sind löslicher als die rac. Formen u. racemisieren in W. mit der Halbwertszeit 50 Min. bei Raum-Temp.; dagegen nicht im festen Zustand. Die Leitfähigkeitsmessungen zeigen, daß beide Komplexe 1 : 1-Elektrolyte sind. In wss. Lsg. werden sie schnell durch 1n NaOH entfärbt.

Versuche: *Barium-bis-[oxalato]-2.2'-dipyridylchromat(III)-3-Wasser* (**I**), durch Zugabe von 5,64 g $[CrdipyCl_3]\cdot$dmf zu einer kochenden Lsg. von 5,5 g $K_2C_2O_4\cdot H_2O$ in 30 ml Formamid-W. (1 : 1), 1½ Min. langes Erhitzen, Filtrieren der Lsg. u. Zugabe von 4—5 g $BaCl_2\cdot 2\,H_2O$ in 10—15 ml W.; 6 g purpurrotes Prod.; Umkristallisation aus 700 ml heißem W., Abfiltrieren von etwas Ba-Oxalat, Zugabe von 2 g $BaCl_2\cdot 2\,H_2O$ zum Filtrat u. Eiskühlung; rote Kristalle; 67% (Ausbeute). — *Barium-bis-[oxalato]-1.10-phenanthrolinchromat(III)-4-Wasser* (**II**), analog aus 7 g Monokomplex u. 6,3 K-Oxalat in 180 ml W.-Formamid; purpurrot; 7,6 g; Reinigung über das K-Salz. — *DL-Kalium-bis-[oxalato]-2.2'-dipyridylchromat(III)-0,5-Wasser*, durch Zugabe der theoret. Menge K_2SO_4 zu einer Suspension von 4,7 g **I** in 40 ml heißem W., 3 Min. langes Kochen unter Rühren, 15 Min. langes Altern des $BaSO_4$ auf dem Wasserbad, Filtrieren, Eindampfen des Filtrats auf 40 ml, Zugabe von A. u. Eiskühlung; purpurrote Kristalle; 70%. — *DL-Kalium-bis-[oxalato]-1.10-phenanthrolinchromat(III)*, analog aus 7,3 g **II**; 70%. — *D-Kalium-bis-[oxalato]-2.2'-dipyridylchromat(III)-3-Wasser*, durch Zugabe einer Lsg. von 1,95 g DL-K-Salz in 25 ml W. zu einer Lsg. von 0,8 g D-Oxalato-bis-[äthylendiamin]-kobalt(III)-chlorid-2-Wasser in 20 ml bei 35°, 2 Min. lange Eisbadkühlung, 3maliges Waschen mit Eiswasser u. dann mit Aceton; 38% rosafarbene Nadeln von D-$[Co(C_2O_4)(C_2H_8N_2)_2]$-D-$[Cr(C_2O_4)_2(C_{10}H_8N_2)]\cdot$ ½ H_2O; $[\alpha]_D$ $+890^0$ (0,1%ig. Lsg.); 38%; diese wurden mit 10 ml 20%ig. KJ-Lsg. in einem gekühlten Mörser verrieben, das Jodid des Spaltungsmittels abfiltriert u. aus dem Filtrat in einem gekühlten Kolben durch langsames Zufügen von 25 ml kaltem A. unter Kratzen das K-Salz gefällt; $[\alpha]_D$ $+670^0$ (0,1%ig. Lsg.); 49%. — *D-Kalium-bis-[oxalato]-1.10-phenanthrolinchromat(III)-4-Wasser*, durch Zugabe einer Lsg. von 2 g DL-K-Salz in 30 ml W. zu einer Lsg. von 0,76 g L-Oxalato-bis-[äthylendiamin]-kobalt(III)-chlorid in 20 ml W. bei 30°, Kratzen u. Eiskühlung; rosafarbenes L-$[Co(C_2O_4)(C_2H_8N_2)_2]\cdot$ D-$[Cr(C_2O_4)_2(C_{12}H_8N_2)]$; $[\alpha]_D$ $+140^0$ (0,1%ig. Lsg.); 35%; Behandeln des Diastereomeren analog vorst. Verb.; $[\alpha]_D$ $+790^0$ (0,1%ig. Lsg.); 0,35 g. G. Heller. 335□

Gemischte Carbonylkomplexe des Cr(0) und des Mo(0) mit Organostickstoffverbindungen. Arthur Lüttringhaus und Werner Kullick. (Tetrahedron Letters [London] **1959**, Nr. 10, 13—15, Aug.; Freiburg/Br., Univ., Chem. Labor.; dt.) — Durch Erhitzen von $Mo(CO)_6$ (**I**) bzw. $Cr(CO)_6$ (**II**) mit Aminen, z. T. in Dibutyläther u. Ligroin, auf 130—150° wurden folgende kristalline, oberhalb 150° zersetzliche Amin-Carbonyl-Komplexe dargestellt: *(Chinolin)Mo(CO)₅*, *(8-Aminochinolin)Cr(CO)₄*, *(α.α'-Dipyridyl)·Cr(CO)₄*, *(α.α'-Dipyridyl)Mo(CO)₄*, *(2-Methylpyrazin)₂Cr(CO)₄*, *(2-Methylpyrazin)₂Mo(CO)₄*, *[Methylen-bis-(diäthylamin)]Mo(CO)₄*, *[Methylen-bis-(pyrrolidin)]Mo(CO)₄*, *[Methylen-bis-(piperidin)]Mo(CO)₄*, *(N.N'.N''-Trimethylhexahydrotriazin)Cr(CO)₃*, *(N.N'.N''-Triäthylhexahydrotriazin)Cr(CO)₃*, *(N.N'.N''-Tricyclohexylhexahydrotriazin)Cr(CO)₃*, *(N.N'.N''-Trimethylhexahydrotriazin)Mo(CO)₃* (**III**), *(N.N'.N''-Triäthylhexahydrotriazin)Mo·(CO)₃* (**IV**), *(N.N'.N''-Tricyclohexylhexahydrotriazin)Mo(CO)₃*; *(Urotropin)Mo(CO)₅*. **III** gibt mit 2 CO *(N.N'.N''-Trimethylhexahydrotriazin)Mo(CO)₅*, **IV** mit 3 CO **I**. Die CO-Banden in den IR-Spektren von **I**, **II** u. Komplexen mit 3, 4 u. 5 CO werden angegeben. H. Bürger. 336□

Mehrkernige Molybdän(II)-Komplexe. J. C. Sheldon. (Nature [London] **184**, 1210—13, 17/10. 1959; London, Univ. Coll., William Ramsay and Ralph Forster Labor.; engl.) — Eine Übersicht über das Verh. der mehrkernigen Chloromolybdän(II)-Komplexe zeigt, daß ein sehr stabiles Chloromolybdän(II)-Kation, $[Mo_6Cl_8]^{4+}$, gebildet wird; durch oktaedr. Anordnung der Anionen OH^-, Cl^-, Br^-, J^-, SCN^- um dieses Kation entsteht der komplexe Anionentyp $[(Mo_6Cl_8)X_6]^{2-}$, von dem bereits Alkalisalze u. freie Säuren bekannt sind. Die Sechsbindigkeit des $[Mo_6Cl_8]^{4+}$-Kations ist weiterhin auf Grund der Existenz der neuerdings dargestellten Verbb. $(H_3O)_2[(Mo_6Cl_8)J_6]$, $[Mo_6Cl_8]\cdot Cl_4\cdot(C_5H_5N)_2$ u. $[Mo_6Cl_8]Cl_4\cdot[(C_2H_5)_3N]_2$ gegeben. Die Struktur des $[Mo_6Cl_8]^{4+}$ wird durch potentiometr. Titration u. Lichtabsorptionsmessungen an einigen $[(Mo_6Cl_8)X_6]^{2-}$-Komplexen untersucht u. unter Berücksichtigung der bereits durch Brosset ermittelten Atomanordnung bindungstheoret. diskutiert. H.-J. Hartmann. 336□

Gasförmige Hydroxide. 4. Mitt. Über gasförmige Hydroxide des Molybdäns und Wolframs. O. Glemser und R. v. Haeseler. (Z. anorg. allg. Chem. **316**, 168–81, Juli 1962; Göttingen, Univ., Anorg. Chem. Inst.; dt.) — 3. vgl. C. **1961**, 13842. — Die erhöhte Flüchtigkeit von MoO_3 u. WO_3 in Ggw. von Wasserdampf wird im Temp.-Bereich von 600–690° bzw. 900–1000° untersucht. Die Gleichgewichts-Konst. K_m u. die Assoziationsgrade m der Brutto-Rk. $MeO_{3,fest} + mH_2O_{gas} \rightleftharpoons [MeO_3(H_2O)_m]_{gas}$ (1) (Me=Mo, W) werden durch Dampfdruckmessungen mit Hilfe der Mitführungs-Meth. (O_2 als Trägergas) bestimmt: $\log K_m(MoO_3) = -7731/T + 5{,}45$, hieraus $\Delta H_T = 35{,}3$ kcal/Mol u. $\Delta S_T = 69{,}5$ cal/Grad·Mol (für T = 873–963° K); $\log K_m (WO_3) = -8725/T + 4{,}10$, hieraus $\Delta H_T = 39{,}9$ kcal/Mol, $\Delta S_T = 18{,}8$ cal/Grad·Mol (für T = 1173–1373° K); m = 1. Die Enthalpien der Homogenrkk. $MeO_{3,gas} + H_2O_{gas} \rightleftharpoons MeO_2(OH)_{2,gas}$ (2) betragen $\Delta H^{Mo} = -66{,}7$ kcal/Mol bzw. $\Delta H^{W} = -87{,}1$ kcal/Mol. Hiernach formulieren Vff. die Rk.: $MeO_{3,fest} + H_2O_{gas} \rightleftharpoons MeO_2(OH)_{2,gas}$ (3). Die gemäß (3) gebildeten neuen Verbb. $MoO_2(OH)_2$ (I) u. $WO_2(OH)_2$ (II) sind nur bei höheren Temp. stabil; beim Abkühlen zerfallen sie wieder in Oxid u. H_2O. Massenspektrometr. Unterss. zeigen, daß II einkernig vorliegt. Die Temp.-Abhängigkeit (630–750°) des Sublimationsgleichgewichts $3\,MoO_{3,fest} \rightleftharpoons (MoO_3)_{3,gas}$ wird nach der Mitführungs-Meth. neu bestimmt: $\log p\,[atm] = -18190/T + 15{,}20$ u. hieraus $\Delta H_T = 83{,}2$ kcal/Mol, $\Delta S_T = 69{,}5$ cal/Grad·Mol für T = 908–1028° K. H. Kuckertz. 337□

Reduktion von Ammonium-, Kalium- und Calciumpermanganat durch Selendioxid. Kundan Lal und Sarvinder Singh Pahil. (J. Indian chem. Soc. **36**, 467–72, Juli 1959; Hoshiarpur, Panjap Univ., Chem. Dep.; engl.) — Die Rk. in 5%ig. wss. Lsg. liefert Selensäure, die entsprechenden Alkalimetallselenate u. einen dunkelbraunen Nd. aus $MnSeO_3$, $Mn(SeO_3)_2$ u. einer komplexen Verb. vom Typ $xMe_2{}^IO\cdot yMnO\cdot zMnO_2$. Die Rk. verläuft auch in Ggw. eines großen SeO_2-Überschusses nicht vollständig. A. Blaschette. 350□

Chemie der Metallcarbonyle. 10. Mitt. Tetracarbonylnitrosylmangan(0). P. M. Treichel, E. Pitcher, R. B. King und F. G. A. Stone. (J. Amer. chem. Soc. **83**, 2593–94, 5/6. 1961; Cambridge, Mass., Harvard Univ., Dep. of Chem.; engl.) — 9. vgl. C. **1962**, 15527. — Es wird die Synth. von Tetracarbonylnitrosylmangan(0) (I) beschrieben. Das IR-Spektrum spricht für die trigonal-bipyramidale Struktur. Als „Pseudoeisenpentacarbonyl" gibt I beim Belichten das dem $Fe_2(CO)_9$ analoge $Mn_2(CO)_7(NO)_2$.
Versuche: *Tetracarbonylnitrosylmangan(0)* (I), C_4MnNO_5, F. –1,5 bis 0°, aus 0,43 mMol N-Methyl-N-nitroso-p-toluolsulfonamid durch Evakuieren, Eindest. von 30 ml Ae. u. 20,4 mMol $Mn(CO)_5H$, Stehen u. Fraktionieren im Vakuum; 56% (Ausbeute); dunkelrote Kristalle, die zu einer tiefroten, luftempfindlichen Fl. schmelzen; diamagnet., Dampfdruck bei 25° 8 Torr, Banden bei 2095, 2019, 1972 u. 1795 cm^{-1}. — *Heptacarbonyldinitrosyldimangan*, Zers. bei 140°, aus I durch Belichten; 30%; tiefrote Kristalle, sehr luftempfindlich; Banden bei 2101, 2042, 2006, 1995, 1976, 1743, 1735, 1731, 1726 u. 1710 cm^{-1}. — Daneben CO, Mangancarbonyl u. Carbonyltrinitrosylmangan.
G. Seltmann. 350□

Stabilitätsbeziehungen zwischen einigen Manganmineralien. Arnulf Muan. (Amer. Mineralogist **44**, 946–60, Sept./Okt. 1959; University Park, Pa., State Univ., Coll. of Miner. Ind.; engl. — C. **1960**, 17385.) C. Gottfried. 350

Untersuchungen im System Eisenoxid–Titanoxid. J. B. MacChesney und Arnulf Muan. (Amer. Mineralogist **44**, 926–45, Sept./Okt. 1959; University Park, Pa., State Univ., Coll. of Miner. Ind.; engl. — C. **1960**, 17385.) — Vgl. C. **1962**, 6706 u. vorst. Referat. C. Gottfried. 354

Die Reaktion von Hexamminkobalt(III)-chlorid mit Natriumcyanid. B. P. Block. (J. inorg. nuclear Chem. **14**, 294–95, Aug. 1960; Erratum: **16**, 371, Febr. 1961; Wyndmoor, Pa., Pennsalt Chem. Corp., Res. and Dev. Dep.; engl.) — Bei der Rk. von $[Co(NH_3)_6]Cl_3$ (I) mit NaCN (Mol-Verhältnis 1 : 3) in wss. Lsg. entsteht nicht $[Co(NH_3)_3\cdot(CN)_3]$, sondern in mit der Temp. (5–80°) zunehmender Ausbeute $[Co(NH_3)_6][Co(CN)_6]$, welches sich als röntgenograph. ident. mit einem aus I u. $K_3[Co(CN)_6]$ erhaltenen Präp. erwies. A. Blaschette. 355□

Einfache Laboratoriumsdarstellung von wasserfreiem Silbertetrafluoroborat. G. A. Olah und H. W. Quinn. (J. inorg. nuclear Chem. **14**, 295—96, Aug. 1960; Sarnia, Ontario, Dow Chem. of Canada Ltd., Explorat. Res. Labor.; engl.) — $AgBF_4$ wird in ca. 90% ig. Ausbeute durch Einleiten von BF_3 in eine Suspension von käuflichem AgF in Nitromethan bis zur vollständigen Auflösung u. anschließendes Abpumpen des Lsgm. im Vakuum erhalten u. zum Schutz vor Feuchtigkeit unter Pentan aufbewahrt. Eine trockene Lsg. von HF u. BF_3 in Nitromethan löst fein verteiltes Ag langsam unter Bldg. von $AgBF_4$. A. Blaschette. 359□

Phasendiagramm des pseudobinären Systems Ag_2Te–Sb_2Te_3. J. P. McHugh, W. A. Tiller, S. E. Haszko und J. H. Wernick. (J. appl. Physics **32**, 1785, Sept. 1961; Pittsburgh, Pa., Churchill Borough, Westinghouse Res. Labor.; engl.) — Mit therm. Meth. u. mit metallograph. u. Röntgen-Pulver-Unterss. werden die Liquidus (L)–Solidus-Phasen des pseudobin. Syst. Ag_2Te–Sb_2Te_3 im Temp.-Gebiet von 120—640° bestimmt. Beide Arten von Unters.-Meth. führen zu gleichen Ergebnissen. Folgende Phasen werden gefunden: δ-Phase = niedriges Temp.-Gebiet von Ag_2Te (I); γ-Phase hohes Temp.-Gebiet von I; β-Phase = ungeordnete NaCl-Struktur für ca. 70—72 Mol-% Sb_2Te_3 (II); α-Phase = Solidus-Gebiet von II, von 550 bis ca. 620° bei mehr als 95 Mol-% II; $\delta + \beta$-Phase bis ca. 145° u. $\gamma + \beta$-Phase von ca. 145—545° bei weniger als 50 Mol-% II; $\beta + \alpha$-Phase von 545 bis ca. 575° bei mehr als 50 Mol-% II; β + L-Phase von 545 bis ca. 565° bei 30—55 Mol-% II; γ + L-Phase von 545 bis > 640° bei weniger als 30 Mol-% II; α + L-Phase von 565 bis ca. 620° bei mehr als 65 Mol-% II. H. Schibilla. 359□

Über die Umsetzung im System Palladium–Dimethylglyoxim–Eisen(III). S. G. Golubzowa, L. I. Lebedewa und Ju. W. Moratschewski. (J. analyt. Chem. [UdSSR] **16**, 191—95, März/April 1961; Leningrad, Shdanow-Univ.; russ., Auszug: engl.) — In schwach sauren Lsgg. wurde die Bldg. von Dreikomponentenkomplexen Pd : Dimethylglyoxim : Fe = 1 : 2 : 1 u. 1 : 2 : 2 festgestellt. In alkal. Medien findet keine Komplex-Bldg. dieser Art statt. S. Baryschnikow. 365

Besonderheiten der Bildung komplexer Verbindungen mit ringbildenden Liganden. Ch. I. Gildengerschel. (Ber. Akad. Wiss. UdSSR **138**, 369—72, 11/5. 1961; Leningrad, Lensowjet-Inst. für Technol.; russ.) — Allg. Betrachtung der Rkk. von Äthylendiamin, Glykokoll, Dimethylamin, Diäthanolamin u. Monoäthanolamin mit $[Pt(NH_3)_2Cl_2]$ unter Bldg. ringförmiger Komplexverbindungen. W.-D. Heußner. 368□

Neue Synthesebedingungen unter Beteiligung von $PtCl_4^{2-}$-Ionen. Ch. I. Gildengerschel und Je. P. Pantelejewa. (Ber. Akad. Wiss. UdSSR, **140**, 371—73, 11/9. 1961; Leningrad, Lensowjet-Inst. für Technol.; russ.) — Bei Einw. freier Amine auf Lsgg. von K_2PtCl_4 lassen sich cis-Diamine in Substanzgemischen darstellen.

Versuche: *Na_2PtCl_4*, durch Erwärmen von 4 g K_2PtCl_4 u. 3 g $NaClO_4$ in 4 ml W. unter Rühren (10 Min.); dunkelrote Lösung. — *cis-Dichlorodimethylaminplatin(II)*, $[Pt(CH_3NH_2Cl)_2]$ (I) durch Zutropfen vorst. Na_2PtCl_4-Lsg. unter Rühren in 1,8 ml CH_3NH_2-Lsg.; ~ 2 g eines Gemisches von I u. $[Pt(CH_3NH_2)_4][PtCl_4]$ (II). Trennung durch Erwärmen mit einer HCl-Lsg. von 0,4 g K_2PtCl_4 in 10 ml W.; hellgelbe Kristalle; 1 g **I** u. 0,7 g **II**. — *cis-Dichlorodihydroxylaminplatin (II)*, $[Pt(NH_2OHCl)_2]$, durch Einw. einer wss. Lsg. von 1,7 g $NH_2OH \cdot HCl$ u. 1,9 g Na_2CO_3 auf eine Lsg. von Na_2PtCl_4; hellgelbe Kristalle; 0,3—0,6 g. W.-D. Heußner. 368□

A_9. Mineralogische und geologische Chemie

Anwendungen von Radioisotopen in der praktischen Geologie. Immo Wendt. (Kerntechnik **2**, 1—9, Jan. 1960; Hannover, Bundesanstalt für Bodenforsch.; dt.) — Es werden behandelt: Radioakt. Meßverff. in Tiefbohrungen, Bodendichtemessung mit γ-Strahlen, Feuchtigkeitsmessung mit Neutronen, Tracer-Verss. in der Hydrologie zur Durchführung von Wasserhaushalts-Unterss., Anwendungen im Bergbau. L. Roth. 378□

Zur Frage der pneumatolytischen Vorgänge. J. Arvid Hedvall. (Ark. Mineralog. Geol. **2**, 557—63, 1961; engl.) — Vf. zeigt an Beispielen die Bedeutung der Einw. von chem. nicht in gewöhnlichen Sinne reagierenden Gasen auf das Phasengrenzpotential Festkörper/Gas bei der Pneumatolyse. H. Moenke. 378□

Die metasomatische Verdrängung von Kalkstein durch alkalifluoridhaltige Lösungen. L. L. Ames jun. (Econ. Geol. **56**, 730—39, Juni/Juli 1961; Richland, Wash., General Electric Co.; engl.) — NaF-Lsgg. können $CaCO_3$ bei 25° unter Atmosphärendruck in CaF_2 umwandeln. Durch Labor.-Verss. wurde der Einfl. der Temp., der Konz. u. des pH-Werts untersucht. Das entstehende CaF_2 ist kristallin. Anionen wie

SO_4^{2-}, NO_3^- u. Cl^- beeinflussen die Umsetzung nicht, während PO_4^{3-}-Geh. der Fluorit-Lsgg. in alkal. Medium zu F-Apatiten führen. Bei der Umsetzung von Dolomit mit NaF-Lsgg. entstand stets CaF_2. Bei der Umsetzung von $CaCO_3$ mit NaF-Lsgg., die U(VI), Ce^{3+} oder Sr^{2+} enthalten, werden diese Elemente ebenfalls gegen Ca ausgetauscht u. in das CaF_2-Gitter eingebaut. Mit steigender Temp. nimmt der Einbau von U ab. Der Einbau von Ce u. Sr ist unabhängig von der Temperatur. F. Ensslin. 378□

Umrechnung chemischer Analysen von Gesteinen bei der Untersuchung metasomatischer Prozesse. W. G. Bogolepow. (Nachr. Akad. Wiss. UdSSR, geol. Ser.) **27,** Nr. 1, 99—108, Jan. 1962; Alma-Ata, kasach. Inst. für mineral. Rohstoffe; russ.) — Die angegebene Meth. der Umrechung der chem. Analysen erlaubt den Austausch von Kationen u. Anionen bei der Unters. von metasomat. Prozessen festzustellen. M. Hähnert. 378□

Calciumstrontianit von Pulaski- und Rockingham-County, Virginia. R. V. Dietrich. (Amer. Mineralogist **45,** 1119—24, Sept./Okt. 1960; Blacksburg, Va., Virginia Polytechn. Inst.; engl.) — Es wird *Strontianit* mit einem CaO-Geh. von 8,1% beschrieben. Brechungsindices: $\alpha = 1,522$, $\beta = 1,663$, $\gamma = 1,664$, 2 V 8°, 2achsig negativ. Die Linien des Pulverdiagramms u. die DTA-Kurve werden angegeben. D. = 3,67. Im langwelligen UV-Licht wird Fluorescenz von Weiß bis Gelblich beobachtet. J.-E. Hiller. 380□

Über ein neues Vorkommen von Coffinit im sächsischen Erzgebirge und Methoden zu seiner Erkennung. Oscar Oelsner. (Geologie **10,** 818—23, Okt. 1961; Freiberg, Sa., Bergakad., Inst. für Miner. u. Lagerstättenlehre; dt.) — In Erzen von Schneeberg wurde Coffinit (I), z. T. von Pechblende umkrustet, gefunden. Es treten auch Korrosionen von Pechblende durch I auf. Anderwärts wurden in einer Quarzmasse Gelkügelchen von Pechblende, konzentr. schalig aufgebaut, z. T. aufgeplatzt u. mit Sulfiden verwachsen, entdeckt. Auf diesen sitzt I; dieser sitzt auch auf Schrumpfungsrissen der Gelkügelchen, bzw. kann sich auch am Schalenaufbau der Pechblendekügelchen beteiligen. I ist kein Zers.-Prod. der Pechblende, sondern ein prim. Mineral. Mit I verwachsenen tritt Aikinit als strahlig helles Sulfid auf. Die ganze Mineralparagenese dürfte eine mesothermale Bldg. darstellen. F. Ensslin. 380□

Erster Fund von Coffinit in der UdSSR. Ja. Ss. Filipenko. (Atomenergie [UdSSR] **4,** 581—82, 1 Tafel, Juni 1958; russ.) — Röntgenaufnahmen zeigen, daß ein in Granitbruchstellen gefundenes, mit Bleiglanz u. Pyrit vergesellschaftetes Mineral mit dem von Stieff u. Mitarbeitern (C. **1956,** 10673) beschriebenen Coffinit $U(SiO_4)_{1-x}(OH)_{4x}$ ident. ist. R. K. Müller. 380□

Crandallit (Pseudowavellit) aus der Gardnerkamm-Grube, Lawrence, Indiana. S. S. Greenberg und W. T. Elberty. (Amer. Mineralogist **43,** 983—85, Sept./Okt. 1958; Bloomington, Ind., Geol. Surv. and Indiana Univ.; engl.) — Spektrograph. Unterss. der Halloysittonlager der Gardnerkamm-Grube führte zur Aufdeckung von Körnern, welche Crandallit, $CaAl_3(PO_4)_2(OH)_5 \cdot H_2O$ (I) darzustellen schienen. Mkr. u. chem. Nachprüfungen zeigten jedoch Verschiedenheit der Brechungsindices u. der Geh. an P_2O_5 u. CaO, so daß es zweifelhaft ist, ob nicht auch andere Mineralien in den Körnern mit I vergesellschaftet waren. Nähere Unterss. sind noch im Gange. R. Kaiser. 380□

Garnierit-Halloysit aus dem Amasiner Antimon-Arsen-Vorkommen in Armenien. Ss. B. Abowjan. (Ber. Akad. Wiss. ArmenSSR **27,** 113—16, 1958; Geolog. Inst. der Akad. der Wiss. der ArmenSSR; russ., Auszug: armen.) — In Armenien erstmalig wurde das Vork. von *Garnierit-Halloysit* (GH) in wirtschaftlich unbedeutenden Mengen entdeckt. GH ist ein weiches, wie Porzellan aussehendes Mineral mit unterschiedlichen Nuancen von Grün, Blau u. Grau. Es ist leicht spaltbar, Bruch muschelig, Glanz matt, selten wachsartig oder gläsern, in dünnen Schichten durchscheinend, Härte 1—2, spezif. Gew. 2,31, die Brechungsindices schwanken zwischen 1,517 u. 1,59. Mineralfarbe u. Brechungsindices hängen von den Mineralbeimengungen ab. Die chem. Formel ist $[(Al, Fe)_{0,2} \cdot (Mg, Ni)_{0,5}O_{0,8}] \cdot SiO_2 \cdot 1,1\ H_2O$. Spektralanalyt. wurden Ti, Mn, Cu, Sb, As gefunden (grüne u. weiße Varietät). Bei der DTA ergeben sich 2 endotherme Effekte bei 120 u. 560° u. ein exothermer Effekt bei 1010°. GH ist ein exogenes Mineral. Sein Vork. als Adern in den Spalten stark verwitterter Serpentinite zeugt von gelartigem Ausfällen aus koll. Lösungen. Ni, Mg, Fe entstammen dem Serpentin u. a. Mineralien (Olivin, Pyroxen), auf deren Kosten sich GH bildete, Al wurde aus den Porphyriten, den Nebengesteinen der Serpentinite, herausgelöst. Die Zusätze von Sb u. As bildeten sich bei einer lokalen Sb-, As-Vererzung. H. Noack. 380

Über einen Graphit-Einschluß im Quarzkeratophyr bei Lenau (westliches Fichtelgebirge). Dieter Richter und Ralf Villwock. (Neues Jb. Mineralog. **1961,** 247—52,

Dez. 1961; Frankfurt; Aachen; Bonn; dt.) — Ein Graphit-Einschluß im Quarzkeratophyr-Vork. von Lenau am Westrand des Fichtelgebirges wurde petrograph. untersucht. Der grobkrist. Graphit entstammt wahrscheinlich einem Graphitgang, der in hochmetamorpher Umgebung aufsetzt. Dafür kommt nur die krist. Unterlage (Moldanubikum?) der sedimentären Mantelschichten des Fichtelgebirges in Betracht. H. Noack. 380

Eine syngenetische Kupferlagerstätte rezenten Alters. D. C. Fraser. (Econ. Geol. **56,** 951—62, Aug. 1961; Fredericton, N.B., Univ. of New Brunswick; Toronto, Ontario, Kerr-Addison Gold Mines Ltd.; engl.) — In einem Torfmoor, dessen Alter nicht höher als 4000 Jahre ist, wurde syngenet. mit den organ. Sedimenten so viel Cu abgeschieden, daß die Trockensubstanz bis zu 10% Cu enthält. Die Abscheidung erfolgte in neutralem bis schwach alkal. Torf, ohne daß Cu-Mineralien festzustellen sind. Die Herkunft des Cu ist in den benachbarten Grundmoränen oder in dem unterliegenden Gestein zu suchen. Die Lsgg. haben den Charakter tiefzirkulierender W., die in das Moor einsickern, ohne Zusammenhang mit dem Grundwasser. F. Ensslin. 380□

Organische Ausfällung des Kupfers. D. C. Fraser. (Econ. Geol. **56,** 1063—78, Sept./Okt. 1961; Toronto, Ontario, Kerr-Addison Gold Mines Ltd.; engl.) — Vgl. vorst. Referat. — Das als Cu-Ion zugeführte Metall in den Lsgg. wurde in der Torfmasse hauptsächlich durch organ. Sedimente unter Bldg. von Chelatkomplexen fixiert, wobei Mikroben nur untergeordnet wahrscheinlich katalyt. mitgewirkt haben. Sorption u. Kofällungen spielen nur eine untergeordnete Rolle. Durch Röntgendiagramme konnten keine krist. Cu-Verbb. nachgewiesen werden. In den Chelaten ist das Cu an N u. O gebunden. F. Ensslin. 380□

Monaziterde in der Magnetbucht, Arkansas. H. J. Rose jun., L. V. Blade und Malcolm Ross. (Amer. Mineralogist **43,** 995—97, Sept./Okt. 1958, Washington, D. C., U. S. Geol. Surv.; engl.) — Das Vork. von Monaziterde wird als Bestandteil einer außerordentlich verwitterten Stelle einer Apatit-Ader im Carbonatit des östlichen Tufa Hill in Arkansas gekennzeichnet. Spektrograph. wurden festgestellt: La 38 (Atom-%; im Apatit), 44 (im Monazit); Ce 48,44; Nd 10,10; V 4,2. Bemerkenswert war das Fehlen von Th in Mengen von mehr als 0,1%. R. Kaiser. 380□

Entdeckung einer Arsenmineralbildung in der Form eines neuen Nickelarsenids Ni_2As in Neukaledonien. Simonne Caillère, Jacques Avias und Jean Falgueirettes. (C. R. hebd. Séances Acad. Sci. **249,** 1771—73, 2/11. 1959; franz.) — Bei Prospektionen in den Ni-haltigen Silicaten Neukaledoniens wurde bei Bohrungen in dem serpentinisierten Harzburgit des Massivs von Tiébaghi ein mineralisierter Gang gefunden. Eine chem. Analyse des gefundenen Minerals ergab, daß das Ni an As gebunden sein müßte. Diese Beobachtung ließ sich nur durch Assoziation von Nickelin oder Maucherit mit einem Ferronickel erklären oder aber durch das Auftreten eines bisher nicht bekannten Nickelarsenids, das reicher an Ni ist als die beiden obigen Erze. Mkr. Unterss. von Anschliffen des rosafarbenen Minerals ergaben, daß das Reflexionsvermögen verschieden war von dem der beiden obigen Ni-Erze. Eine chem. Analyse ergab das Vorliegen eines Arsenids der Zus. $N_{2,1}$As, nahe Ni_2As. DTA-Analysen ergaben für Nickelin ein exothermes Maximum bei ca. 400°, für Maucherit bei ca. 575° u. für das neue Mineral bei 600°. Das Pulverdiagramm konnte noch nicht befriedigend indiziert werden. Für das neue Mineral wird der Name *Orcalit* vorgeschlagen. C. Gottfried. 380

Ranquilit, ein Calciumuranylsilicat. M. Jiménez de Abeledo, María Rodríguez de Benyacar und Ernesto E. Galloni. (Amer. Mineralogist **45,** 1078—86, Sept./Okt. 1960; Buenos Aires, Argentinien, Comis. nac. de Energía atóm.; engl.) — Als *Ranquilit* wird ein neues Mineral bezeichnet, das in der Provinz Mendoza, Argentinien, gefunden wurde. Es ist rhomb. mit den Gitter-Konst. a = 17,64, b = 14,28, c = 18,48 Å, Z = 8, D. 3,32. Analyse: SiO_2 26,6, U_3O_8 46,8, CaO 6,9, H_2O 19,6%. Daraus ergibt sich die Formel: $1{,}5\,CaO \cdot 2\,UO_3 \cdot 5\,SiO_2 \cdot 1\,H_2O$. Bei Temp. zwischen 110 u. 120° sowie 130 u. 140° treten Strukturänderungen auf, die wahrscheinlich auf Dehydratisierung zurückzuführen sind. Die Veränderung ist reversibel. J.-E. Hiller. 380□

Über den Zirkonium- und Hafniumgehalt im Thortveitit. L. F. Borissenko und L. I. Ssossnowskaja. (Nachr. Akad. Wiss. UdSSR, geol. Ser. **26,** Nr. 8, 101—03, Aug. 1961; Moskau, Inst. für Miner., Geochem. u. Kristallchem. der Seltenen Elemente der Akad. der Wiss. der UdSSR; russ.) — Spektrograph. Unterss. an Thortveititproben aus Norwegen u. Madagaskar ergaben, daß die Geh. an (ZrO_2 + HfO_2) zwischen 2,1 u. 2,8% liegen. Gleichzeitig wurden merkliche Y- u. Fe-, Mg-, Mn-, Al-, Yb- u. Th-Mengen festgestellt. Zr u. Hf ersetzen infolge ihrer ähnlichen Ionenradien Sc nach dem Schema: (Zr^{4+}, Hf^{4+} + Al^{3+})/(Sc^{3+} + Si^{4+}). M. Hähnert. 380□

Eine gemischte Zwischenschichtstruktur von Glimmer–Tonmineralen. Susumu Shimoda und Toshio Sudo. (Amer. Mineralogist **45,** 1069—77, Sept./Okt. 1960; Tokyo, Tokyo Univ. of Educat.; engl.) — In der *Pyrophyllit–Diaspor*-Lagerstätte der Yonago Mine, Magano Präfektur, Japan, findet sich ein Mineral, das chem. dem *Allevardit* entspricht. Es kommt in aderartigen Massen im Pyrophyllit vor u. hat die Zus.: SiO_2 43,17, Al_2O_3 33,54, Fe_2O_3 0,26, FeO 0,13, TiO_2 0,51, CaO 0,52, MgO 0,65, K_2O 2,84, Na_2O 0,38, P_2O_5 Spuren, H_2O^+ 10,48, H_2O^- 7,75%. Der Röntgenreflex bei 26,1 Å kommt zustande durch eine 10-Å-Glimmer-Tonmineralstruktur (A), eine 12,48-Å-Struktur, bei der die Silicatschichten mit einer Wasserschicht abwechseln (B), u. einer 15,16-Å-Struktur, bei der die Silicatschichten mit einer doppelten Wasserschicht abwechseln (C). Es wird eine statist. Schichtung von A + C u. B + C in gleichen Anteilen angenommen.
J.-E. Hiller. 380□

Erzmikroskopische Untersuchungen an Manganmineralien von Old-M.P. 2. Mitt. **Satak, Beldongri, Lohdongri und Kachurwahi, Distrikt Nagpur.** S. P. Deshpande. (Proc. Indian Acad. Sci., Sect. A **51,** 202—19, April 1960; Nagpur, Univ., Dep. of Geol.; engl.) — 1. vgl. C. **1962,** 14805. — *Braunit, Sitaparit, Hollandit, Jakobsit, Hausmannit, Manganit, Pyrolusit* u. *Psilomelan* wurden in Anschliffen identifiziert. Zwei unbekannte Mn-Minerale werden beschrieben, die Paragenese u. der Metamorphosegrad diskutiert.
J. Heinze. 380□

Grundprinzipien der Klassifizierung der exogenen Uranlagerstätten. W. I. Dantschew. (Nachr. Akad. Wiss. UdSSR, geol. Ser. **26,** Nr. 7, 49—57; Juli 1961; russ.) — Vf. teilt die exogenen Uranlagerstätten in epigenet. u. sedimentäre ein. Letztere gliedern sich in diagenet. u. epigenet. veränderte, u. zwar progressive (sedimentär metamorphogen u. pseudohydrothermal) u. regressive (remanente u. Infiltrationslagerstätten).
M. Hähnert. 380□

Die Strukturen von Eisenerzlagerstätten. Ja. N. Belewzew. (Nachr. Akad. Wiss. UdSSR, geol. Ser. **26,** Nr. 8, 3—20, Aug. 1961; Kiew, Inst. der geol. Wiss. der Akad. der Wiss. der UdSSR; russ.) — Vf. unterscheidet 4 Haupttypen: 1. Lagerstätten metamorpher u. komplizierter Genese des Präkambriums (Kriwoj-Rog-Typ); 2. Kontaktmetasomat. Lagerstätten (Uraltyp); 3. Hydrothermale Lagerstätten u. 4. Primärmagmat. Lagerstätten. Infolge ihrer strukturellen Eigentümlichkeiten gelangt Vf. zu einer weiteren Unterteilung. M. Hähnert. 380□

Über die mineralogische Zusammensetzung des unteren Gipskeupers nach einem Bohrprofil. Hans-Hermann Schmitz. (Geol. Jb. **77,** 59—93, Dez. 1960; Erlangen, Univ., Miner. Inst.; dt.) — Die sedimentpetrograph. Unters. (opt., röntgenograph., DTA, Dilatometeranalyse, chem.) des tonigen Anteils eines Bohrkerns aus der Randfazies des Gipskeupers ergab trotz des granit. Ausgangsmaterials im tonigen Anteil nur Glimmer u. Glimmerumbildungsprodukte (Illit, Chlorit, Corrensit). Dolomit- u. Gips-Geh. sind nicht willkürlich verteilt, sondern finden sich in drei Zonen angereichert. Vollkommen dolomit- u. gipsfreie Horizonte treten nicht auf. Der Anhydritbestand in Form von Nestern u. Knollen wird als prim. Einschwemmungs-Prod. gedeutet. Anhydrit ist teilweise in Gips umgewandelt. Die idiomorphen Quarzkristalle werden als Kieselsäuremobilisate angesehen, die sich gleichzeitig mit Gips im Sediment lösten u. in Klüften auskristallisierten. Direkte Zusammenhänge zwischen der Gips- u. Dolomitführung u. dem Tonmineral-Geh. bestehen nicht. H.-J. Bautsch. 380□

Das Blei–Arsen–Sulfid-Erzlager von Bacu Locci (Sardinien, Italien). Stefano C. Zucchetti. (Econ. Geol. **53,** 867—76, Nov. 1958; Torino, Polytechnico Scuola Miniere; engl.) — Im Paläozoikum der Bacu Locci ist ein halbhydrothermales Vork. von Galenit u. Arsenopyrit von bes. Intersse, weil diese beiden Mineralien sich in bedeutender Menge neben kleinen Anteilen sulfid. Erze wie Sphalerit, Pyrit, Chalkopyrit, Pyrrhotit vorfinden. Die sek. Lagerstätte ist durch 3 Typen charakterisiert: Die Ausbißzone mit (hauptsächlich) Fe-Mineralien, die Oxydationszone mit Pb- u. As-Oxiden, die Konzentrat- oder Zementationszone (Z). Mineralien sind Quarz, Calcit, Siderit. Als Spurenelemente finden sich Ag u. Au, ersteres in Mengen von 1000—1200 g/t Erz; in der Oxydationxzone finden sich neben Pb u. As auch Cu, das in Z gelegentlich auch gediegen auftritt.
R. Kaiser. 380□

Das Alter der pleochroitischen Höfe im Quarzmonzonit von Ost-Elba. A. Longinelli. (Experientia [Basel] **16,** 439, 15/10. 1960; Pisa, Univ., C.N.R.N., Labor. Geol. Nucl.; engl.) — Vf. untersucht nach dem Verf. der pleochroit. Höfe eine Quarzmonzonitprobe aus einer Bohrung im Osten der Insel Elba. Der kleine Eruptivstock gehört nach dem Analysenbefund zeitlich zur magmat. Phase, in der auch der Monte Capaune-Pluton (West-Elba) gebildet wurde. H. Moenke. 380□

Sekundäre Bildung von Apatit in Parnon (Peleponnes). M. Pertessis und G. Marinos. (Praktika Akad. Athenon **34**, 228—38, 1959; griech., Auszug: engl.) — Der Apatit vom Berge Parnon ist durch Verwitterung der Oberflächengesteine gebildet worden. Nach der chem. u. röntgenograph. Analyse u. den opt. Daten handelt es sich um einen Fluorapatit. Besprechung der Entstehungsmöglichkeiten. F. Ensslin. 380□

Die Struktur eines archaischen Gebietes: Orijärvi, Finnland. Heikki V. Tuominen. (Bull. Commiss. géol. Finlande **1957**, Nr. 177, 1—32; engl.) — Vgl. C. **1957**, 13166. — Ausführliche tekton. Analyse der aus Leptiten, Leptitgneisen, Cordierit-Anthophyllit-Gesteinen, polymikten Konglomeraten, Marmor-Skarnen, Diopsidamphiboliten, Peridotiten, Amphiboliten, Amphibolitgneisen, Quarzdioriten, Granodioriten, Trondhjemiten u. Graniten bestehenden Orijärvi-Zone im SW Finnlands. H. Moenke. 380□

Die oolithischen Eisensteinformationen von Roper River. G. W. Cochrane und A. B. Edwards. (Commonwealth sci. ind. Res. Organizat., Australia, mineragraph. Invest. techn. Pap. **1960**, Nr. 1, 1—28, 28 Tafeln; engl.) — Die Eisensteine kommen in 2 sedimentären Becken vor. Das reichere Erz stammt aus dem größeren Becken, in dem es in 3 durch Sandsteine getrennten Schichten mächtig ausgebildet ist. Der höchste Fe-Geh. findet sich mit 45—52% in der tiefsten Schicht. Das Erz besteht aus kleineren Anteilen von pisolith. Haematit neben hauptsächlich oolith. Eisenstein. In einigen Partien sind die Oolithe ausgelaugt u. die Hohlräume mit SiO_2-Zement ausgefüllt. Der SiO_2-Zement kann durch Haematit u. Magnetit verdrängt werden. Bohrungen ergaben, daß Siderit durch Verwitterung unter dem Einfl. SiO_2-führender Wässer in Oolithe u. SiO_2-Zement überging. In einem Sideritzement wurde Greenalith gefunden. F. Ensslin. 380□

Geochemische Prospektierung auf Nickel im Blue Mountain-Gebiet, Jamaica, W.I. V. G. Hill. (Econ. Geol. **56**, 1025—32, Sept./Okt. 1961; engl.) — In einem Serpentinit mit Resten des ursprünglichen Bronzits wurde eine Ni-reiche Fazies festgestellt. Ni ist in fester Lsg. im Magnetit zu 0,2—0,5% u. als Kation in einigen Silicaten enthalten. Da Magnetit gegen Verwitterung sehr beständig ist, konnte sich Ni nicht weiter anreichern. Das ursprüngliche Gestein bildete sich durch Rk. eines Intrusivs mit vorhandenen Sedimenten. Ni kann auch von dem ursprünglichen Peritolit stammen oder als NiS vorhanden gewesen sein. F. Ensslin. 380□

Beziehungen von Erzlagern und Porphyrit in der Basin- und Range-Provinz, USA. Bronson Stringham. (Econ. Geol. **53**, 806—22, Nov. 1958; Salt Lake City, Utah, Univ. of Utah, Dep. of Miner.; engl.) — In den cretacäischen u. jüngeren Schichten der Basin- u. Range-Provinz wird Bergbau betrieben auf Au, Ag, Pb, Zn, Cu, Mo, W, Hg u. U. Das Vork. von solchen Lagerstätten ist gebunden an Porphyrintrusiva aus tekton. Aktivität. Von diesen Intrusiva sind diejenigen aphanit. Textur am ehesten höffig, am wenigsten die granitoiden, jedoch findet sich in diesen häufig W. R. G. Kaiser. 380□

Wahrscheinlich verdeckte Schwerminerallagerstätten, Florida-Küstenstreifen. William F. Tanner, Allan Mullins und John D. Bates. (Econ. Geol. **56**, 1079—87, Sept./Okt. 1961; engl.) — In dem Mündungsdelta des Apalachiola mit den vorgelagerten Inseln u. Sandbänken lagern mehrere Kubikmeilen Quarzsand, der an der Oberfläche nur 1% u. weniger Schwermineralien enthält. Die höchsten Konzz. haben die Sandbänke mit 1—2%. Der Schwermineral-Geh. wird vermutlich nach der Tiefe der Sandschichten erheblich zunehmen u. vielleicht wirtschaftliche Bedeutung für die Gewinnung von Rutil, Ilmenit u. Monazit haben. F. Ensslin. 380□

Geologie der Gipslagerstätten des Cleora Bergbaugebiets, Wellsville Area, Colorado. C. C. Reeves jun. (Econ. Geol. **56**, 772—79, Juni/Juli 1961; Lubbock, Tex., Texas Technol. Coll., Dep. of Geol.; engl.) — Die Gipslagerstätten wurden durch Faltungen u. Gebirgsbewegungen in unregelmäßige Dome u. antiklinale Anreicherungen aufgepreßt. 2 Gipslager dieser Art werden bei Wellsville abgebaut, ein 3. ist wahrscheinlich quatern. Alters. F. Ensslin. 380□

Über das Uran–Thorium-Verhältnis von uranführenden Konglomeraten im Blind-River, Ontario. Gerald M. Friedman. (Econ. Geol. **53**, 889—90, Nov. 1958; Tulsa, Okla., Pan Amer. Petroleum Corp., Res. Center; engl.) — Beitrag zum gleichen Diskussionsthema (C. **1959**, 1386). Auf Grund von Vgl.-Vers. über das Fe/U-Verhältnis an Konglomeraten in Ontario kommt Vf. zur Überzeugung, daß die Blind-River-Lagerstätten wenigstens teilweise sek. Ursprungs sind. R. Kaiser. 380□

Uran in alten Konglomeraten — eine Erwiderung. C. F. Davidson. (Econ. Geol. **53**, 887—89, Nov. 1958; St. Andrews, Scotland, Univ.; engl.) — Eine Erwiderung auf die Diskussionsbeiträge von Schnellmann (vgl. C. **1959**, 8816) u. Brotzen (C. **1959**, 8816) in der vom Vf. (C. **1959**, 1386) diskutierten Frage der Herkunft der Au- u. U-Vork. in Afrika. R. Kaiser. 380□

Zinn-, Wolfram- und Molybdänvererzung im Mount Pleasant-Gebiet, New Brunswick. P. T. Black. (Canad. Mining J. **82,** Nr. 4, 94—96, April 1961; Kennco Exploration (Canada) Ltd.; engl.) — Sn, W u. Mo kommen in verkieselten Gängen als Cassiterit, Stannit, Zinkblende, Molybdänglanz, Wolframit, Kupferkies u. Bleiglanz zusammen mit Arsenkies, Pyrit u. Flußspat vor. Die Erz-Lsgg. stehen in Zusammenhang mit dem benachbarten Porphyr. Durch Bohrungen wurden 19 Gänge angeschnitten. Die Vererzung fand in der letzten Phase des Vulkanismus im Mississippian oder kurz danach statt. F. Ensslin. 380□

Über sekundäre Sulfate in den Sedimenten des Karbons von Schebelin und der angrenzenden Strukturen. M. Je. Doluda und Ss. W. Litwin. (Ber. Akad. Wiss. [UdSSR] **139,** 706—08, 21/7. 1961; Ukrain. Zweigstelle des Allunions-Forsch.-Inst. für Naturgas; russ.) — Vff. berichten über Anhydriteinsprengungen in Kalkstein. Der Anhydrit tritt in Form prismat. Körner von 0,1—1 mm Länge auf. W. Hödt. 380□

Über die magmatische Natur des platinhaltigen Gürtels der Gabbro–Peridotit-Formation des Urals. O. A. Worobjewa. (Nachr. Akad. Wiss. UdSSR, geol. Ser. **26,** Nr. 7, 23—39, Juli 1961; Moskau, Inst. für Geol. der Erzlagerstätten, für Petrographie, Miner. u. Geochem. der Akad. der Wiss. der UdSSR; russ.) — Die Gemeinsamkeiten der Dunite, Pyroxenite u. Gabbros des betrachteten Gebiets haben ihre Ursache in ihrer gleichen Herkunft. Dafür sprechen die Ausbildungen ihrer eigentlichen intrusiven Massen innerhalb derselben Struktur, die Entstehung syngenet. Assoziationen: Olivinite–Pyroxenite, Pyroxenite–Gabbro als auch die Ggw. gegenseitiger Gänge: Dunite in Pyroxeniten u. Gabbros, Pyroxenite in Duniten u. Gabbros in Pyroxeniten u. Duniten. M. Hähnert. 380□

Massive der vererzten Serpentinite und Pyroxenite in den Ausläufern des Mansk-Belogora des östlichen Ssajan. G. D. Kurotschkin und A. M. Fedorow. (Nachr. Akad. Wiss. UdSSR, geol. Ser. **26,** Nr. 12, 97—102, Dez. 1961; Moskau, Rat zur Unters. der Produktivkraft der Akad. der Wiss. der UdSSR; russ.) — Vff. betrachteten die Intrusionen der Lysansk-Gruppe. Die Vererzungen sind an Intrusionen bas. u. ultrabas. Zus. (Pyroxenite, Serpentinite u. Gabbros) gebunden. 3 Bldg.-Stadien können unterschieden werden: 1. Entstehung von Bruchzonen u. Eindringen erzfreier Gabbros; 2. Eindringen erzführender Gabbros u. Abspaltung der Pyroxenite, 3. Intrusion olivinführender Pyroxenite, wahrscheinlich Peridotite. Letztere werden durch autometamorphe Prozesse bis zu Serpentiniten u. Gabbroteile zu Amphiboliten verändert. Hydrothermale Prozesse äußern sich in der Bldg. von Carbonat-, Quarz-, Feldspat-, Chloritadern, bisweilen mit Ilmenit, Pyrrhotin, Chalkopyrit, Magnetit, Pyrit, Arsenopyrit, Aktinolith, Talk, Biotit, Epidot, Granat u. Apatit. Die vererzten Gesteine des Gebietes werden folgendermaßen klassifiziert: 1. titanomagnetitarme feinkörnige Serpentinite (in %): TiO_2 4,5—6, Fe 18—24; V_2O_5 0,03—0,1; SiO_2 24,5; P 0,4; S bis 0,05. 2. fein- u. grobkörnige Serpentinite mittlerer Geh. an Titanomagnetit: TiO_2 6—10,5; Fe 22—29 (selten bis 34,23), V_2O_5 0,03 bis 0,15; SiO_2 18,7—22,8; P 0,01—0,07; S bis 0,02. 3. Ilmenitarme mittelkörnige Pyroxenite: TiO_2 5—8, Fe 15—18; V_2O_5 0,06—0,1; SiO_2 35,3—38,9; P 0,01—0,09; S bis 0,1. 4. Mittelkörnige Pyroxenite mittlerer Ilmenit-Geh.: TiO_2 8—18,5; Fe 15—24; V_2O_5 0,1; SiO_2 33,9—34,5; P 0,03; S 0,2—0,3. 5. Mittelkörnige ilmenitarme Gabbros: TiO_2 4—6 (selten bis 7,4); Fe 8—15; V_2O_5 0,04—0,06; SiO_2 40,2—41,1; P 0,02—0,4; S bis 0,01. In den Serpentiniten wurden Ni (von 0,05—0,2%) u. Co (0,01—0,03%) festgestellt. M. Hähnert. 380□

Einige Gesetzmäßigkeiten der Bildung des Intrusivkomplexes von Karkaralinsk. N. F. Anikejewa. (Nachr. Akad. Wiss. UdSSR, geol. Ser., **26,** Nr. 8, 21—38; Aug. 1961; Moskau, Inst. für Geol. der Erzlagerstätten, für Petrographie, Miner. u. Geochem. der Akad. der Wiss. der UdSSR; russ.) — Die Bldg. des Karkaralinsker Intrusivkomplexes des herzyn. vulkan. Cyclus ging im nordöstlichen Gebiet der paläozoischen Dshungaro-Balchascher Geosynklinalen vor sich. Die frühherzyn. Intrusionen, die sich innerhalb der mittelpaläozoischen Struktur entwickelten, umfassen Gesteine von Granodioriten bis Quarzgabbros mit Vorherrschen von Quarz–Syenit-Dioriten. Spätere Intrusionen der mittel- u. oberpaläozoischen Struktur setzen sich aus Kalium–Biotit-Graniten u. hybriden Gesteinen zusammen. Spätherzyn. Intrusionen nach den Faltungsprozessen stellen SiO_2-reiche Alaskitgranite dar. An die 7 einzelnen Intrusionen sind in bedeutendem Maße Assimilationsprozesse u. metasomat. Ersetzungen in festem Zustande geknüpft. M. Hähnert. 380□

Die Eisenerzlagerstätten der Oase El-Bahariya, Ägypten. F. M. Nakhla. (Econ. Geol. **56,** 1103—11, Sept./Okt. 1961; Giza, Cairo Univ., Fac. of Engng.; engl.) — Es werden 4 Typen der Eisenerze unterschieden. Die Hauptmineralien sind Goethit, Haematit u. andere Fe-Oxidhydrate, die zusammen mit kleinen Mengen Pyrolusit, Psilomelan u.

Manganit vorkommen. Gangmineralien sind Quarz, Kalkspat, Halit u. tonige Materialien. Die Erze sind wahrscheinlich epigenet. Bldg., die durch metasomat. Verdrängung von eocänen Kalken u. durch Fällung koll. Lsgg., sowie als Hohlraumfüllungen entstanden sind. F. Ensslin. 380□

Die Ohori-Grube, eine tertiäre pyrometasomatische Lagerstätte in der Präfektur Yamagata, Japan. Tsunehiko Takeuchi, Asahiko Sugaki, Teruo Suzuki und Hiroshi Abe. (Sci. Rep. Tôhoku Univ., Ser. III **7**, 153–88, März 1961; engl.) — Die geschichteten Erze sind durch metasomat. Verdrängung von Schichtkalken in rhyolith. Breccie unter sehr hohen Temp. entstanden. Als Erzkomponenten treten auf Zinkblende, Kupferkies, Pyrit u. Bleiglanz intensiv gemischt mit Wollastonit, Bustamit der Zus. $(Ca_{0,44}Mn_{0,5}Fe_{0,03}Mg_{0,08})_{1,05}Si_{0,98}O_{3,00}$, Granat der Zus. $(Ca_{2,81}Mn_{0,26}Mg_{0,12}Fe^{3+}_{0,02})_{3,21}\cdot(Al_{1,50}Fe^{3+}_{0,45})_{1,95}\cdot(Si_{2,89}Ti_{0,04})_{2,93}O_{12,00}$ u. einer Gitter-Konst. von 11,885 Å, Diopsid, Rhodonit, Epidot, Quarz, Calcit u. Rhodochrosit. Die Gangform der Lagerstätte besteht aus Spaltenfüllungen bei Dolerit. Die Kupferkies, Zinkblende u. Pyrit begleitenden Mineralien sind Quarz, Epidot, Calcit, Chlorit u. Sericit. Da solche Gangfüllungen auch in der geschichteten Lagerstätte beobachtet werden, ist diese etwas älter. F. Ensslin. 380□

Vorkommen und Mineralinhalt der Zinnerzlagerstätten von Bangka (Indonesien). Arnold Cissarz und Fritz Baum. (Geol. Jb. **77**, 541–79, Dez. 1960; Hannover, Bundesanstalt für Bodenforschung; dt.) — Die prim. Zinnerz-Bldg. auf der zum malaiischen Teilorogen gehörigen Zinninsel Bangka steht mit der Intrusion jungkimmer. Granite in triass. Schiefer in Zusammenhang. Die Lagerstätten treten als stockwerksartige Imprägnationen bes. in der Schieferhülle der Granite auf u. haben normale Paragenesen. Durch tiefgründige Kaolinisierung unter Sumpfbedingungen wurden in pleistozäner Zeit die Voraussetzungen für eine umfangreiche Seifen-Bldg. geschaffen, die mit einer Hebung der Insel begann. Vorherrschend treten fluviatile, machmal eluviale Blockschuttseifen, selten umgelagerte Strandseifen auf. ^{14}C-Best. an mitsedimentiertem Holz ergaben ein Alter von 24000 ± 2000 Jahren, so daß die Seifen-Bldg. in eine jungpleistozäne Pluvialzeit gestellt werden kann. Es wurden 28 in sehr wechselnden Mengenverhältnissen auftretende Mineralien festgestellt, die aus verschiedenen prim. u. sek. Paragenesen stammen. Zu einer pneumatolyt. Zinnerzparagenese gehören *Quarz, Cassiterit, Columbit, Wolframit, Topas, Turmalin, Li-Glimmer, Apatit* u. *Fluorit.* Zur normalen Granitparagenese gehören neben Quarz u. *Feldspat Monazit, Zirkon, Thorit-Orangit* u. reichlich *Xenotim* (neue Analyse). Titanoxide entstammen einer hybriden Granitparagenese. Eine Eisenerzparagenese aus der triass. geosynklinalen Schiefer-Hornsteinformation umfaßt vor allem *Haematit.* Eine Verwitterungsparagenese entstand aus den die prim. Paragenesen begleitenden Sulfiden. Auch geringe deszendente Mineralneubildungen haben stattgefunden. Die Entstehungsbedingungen der Zinnseifen werden diskutiert u. vorherrschend fluviatile Bldg., ausgehend von eluvialen Blockschuttseifen, angenommen. H.-J. Bautsch. 380□

Serpentin-Kalkkontakt von Taleri, Mohammad Jan, Zhob Valley, Westpakistan. S. A. Bilgrami. (Amer. Mineralogist **45**, 1008–19, Sept./Okt. 1960; Cambridge, Mass., Harvard Univ., Dep of Miner. and Petrology; engl.) — Vgl. C. **1962**, 8190. — Ein Kontakt von Serpentin u. Kalk aus Westpakistan wird mineralog. u. petrograph. beschrieben. Auf *Diopsid, Idokras* u. *Klinochlor* wird näher eingegangen. J.-E. Hiller. 380□

Eine Untersuchung von Multani Mitti. Ainul Hasan Khan. (Pakistan J. sci ind. Res. **4**, 25–28, Jan. 1961; Karachi, Pakistan, Council of Sci. and Ind. Res.; engl.) — Vf. untersuchte den Mineralbestand einer Tonlagerstätte in Khaipur, die bisher als „Multani Mitti" bezeichnet wurde (chem. Zus., röntgeno- u. elektronograph., DTA). Hauptbestandteil ist *Attapulgit-Palygorskit.* Der Geh. an freiem Quarz wurde zu ca. 2,75% ermittelt. H. Moenke. 380□

Polymorphie in der Erdrinde. W. T. Holser und C. J. Schneer. (Trans. Amer. geophysic. Union **38**, 569–77, Aug. 1957; Los Angeles, Calif., Univ. of California, Inst. of Geophys.; Durham, N.H., Univ. of New Hampshire, Geol. Dep.; engl.) — Zur Erklärung geophysikal. bzw. seism. Erscheinungen in der Erdrinde wird ein Wechsel in der Kristallstruktur eher für möglich gehalten als chem. Umsetzungen. Zur Vereinfachung der in der Erdrinde herrschenden Vielfalt werden mögliche Einkomponenten-Syst. u. die verschiedenen Arten der Umwandlung betrachtet. — 50 Literaturangaben. Gerhard Wolff. 382□

Einige Besonderheiten porphyrischer Ausscheidungen verschiedener genetischer Typen in Ganggesteinen porphyrischer Zusammensetzung. M. B. Borodajewskaja. (Nachr. Akad. Wiss. UdSSR, geol. Ser. **26**, Nr. 7, 12–22, Juli 1961; Moskau, zentrales

wiss. Bergschürf-Inst. für Bunt-, Selten- u. Edelmetalle, Hauptgeol. der RSFSR; russ.) — Es werden die spezif. Besonderheiten der Abscheidungen betrachtet u. die Notwendigkeit der differenzierten Behandlung der einzelnen Bldg. unterstrichen.
M. Hähnert. 382□

Das komplexe Massiv Anorthosit–Leukonorit von Haaland-Helleren und die basische Palingenese. Jean Michot jun. (Acad. roy. Belgique, Cl. Sci. Mém., Collect. 4⁰ [2] **15**, Nr. 1, 1—95, 17 Tafeln, 1961; Lüttich, Univ., Inst. de Geol., Petrologie et Geochim.; franz.) — Südlich Stavanger, in dem Dreieck Egersund–Sogndal–Rödland befindet sich ein ausgedehntes komplexes Massiv von Anorthosit (I) u. Leukonorit (II), das in 3 Einheiten Veränderungen des präkambr. Grundgesteins zeigt. Sie sind einerseits anatexer Art, soweit die Entstehung von **II** u. Norit aus fl. Phase verfolgt werden kann u. hinsichtlich Bldg. von **I** durch Paraanatexis hervorgerufen. Vom geolog. Stande wird der Vorgang der Genese von **II** u. **I** als bas. Palingenese an Stelle von Migmatie nach früherer Auffassung angesehen u. auf eine geeignete bathymetr. Zus. des Magmas der Tiefenzone zurückgeführt.
R. Kaiser. 385□

Zechstein und Buntsandstein in Tiefbohrungen zwischen Harz und Lüneburger Heide. Wilfried Philipp. (Geol. Jb. **77**, 711—40, Dez. 1960; Hannover, Gewerkschaft Elwerath; dt.) — Darst. der Kurzprofile neuerer Bohrungen u. ausführliche Beschreibung von Zechstein u. Buntsandstein. Der Zechstein wurde auch in den untersuchten, reflexionsseism. ermittelten Hochlagen in Beckenfazies angetroffen. Für Plattendolomit u. Staßfurtdolomit ergab sich keine größere als die schon bislang bekannte Verbreitung. Der in einer Bohrung ermittelte Cu-Geh. im Kupferschiefer u. Zechsteinkonglomerat lag bei maximal 0,26% bzw. 0,27%. Zur Gliederung u. Einfügung der Buntsandsteinprofile in den regionalen Rahmen werden diese mit der Entw. des Buntsandsteins in der weiteren, südlichen u. östlichen Umgebung der Bohraufschlüsse verglichen.
H.-J. Bautsch. 385□

Bimsstein und Perlit in einem Rhyolithkomplex in Ungarn. Ervin G. Otvos jun. (Econ. Geol. **56**, 1112—22, Sept./Okt. 1961; New Haven, Conn., Yale Univ.; engl.) — Der Plagioklas-Rhyolith von Kishegy in der Mátra enthält folgende Typen: bimsartiges, perlit., sphärolit. u. felsit. Material. Die beiden ersten sind die wasserreichsten. Der sphärolit. Typ ist am besten krist. mit nur wenig Glas. In dem Felsit ist kein Glas mehr vorhanden. Er bildet die Decke des Gesteinskomplexes. Chem. unterscheiden sich alle Typen durch ihren Geh. an W., der bei dem Bims teilweise mechan. eingeschlossen ist. Das W. haben sowohl die tieferen magmat. Zonen als auch Oberflächengesteine geliefert. Außer dem Wasser-Geh. treten bei allen Typen keine Verschiedenheiten in der chem. Zus. auf.
F. Ensslin. 385□

Alter der Gebirgsbildung und der Granite in Südwestengland. T. R. Owen. (Nature [London] **191**, 486, 29/7. 1961; Swansea, Univ. Coll., Geol. Dep.; engl.) — Vf. begründet seine Ansicht, die im Gegensatz zu der von Butcher (vgl. C. **1962**, 9646) steht, daß die Hauptdeformation in Devon u. in Cornwall sehr viel früher, wahrscheinlich in der Morgan-Zeit, stattgefunden hat u. daß die Graniteinbrüche zur gleichen Zeit wie die Deformationen aufgetreten sind.
Ernst Schulte. 385□

Alter der Gebirgsbildung und der Granite in Südwestengland. N. E. Butcher. (Nature [London] **191**, 486—87, 29/7. 1961; Reading, Univ., Geol. Dep.; engl.) — Vgl. vorst. Referat. — Im Gegensatz zu Owen vermutet Vf. auf Grund des Fehlens postorogener Sedimente in Devon u. Cornwall, daß zumindestens der Einbruch der Granite nicht in der oberen Westfälischen Zeit erfolgt ist.
Ernst Schulte. 385□

Über die Genese niobhaltiger Granite. E. A. Ssewerow. (Nachr. Akad. Wiss. UdSSR, geol. Ser. **27**, Nr. 1, 85—94, Jan. 1962; Moskau, Inst. für Miner., Geochem. u. Kristallchem. der Seltenen Elemente der Akad. der Wiss. der UdSSR; russ.) — Nb-haltige Granite gehören zu einem Typ metasomat. Bildungen. Die Mineralisation der Seltenen Metalle ist paragenet. an Albitisierungsprozesse gebunden. Zum gleichen genet. Typ zählen wahrscheinlich auch die Columbit- u. Pyrochlorgranite Nordnigerias.
M. Hähnert. 385□

Experimentelle Untersuchungen der Pegmatit-Genese: Schmelzen und Kristallisation von Granit und Pegmatit. Richard H. Jahns und C. Wayne Burnham. (Bull. geol. Soc. America **69**, 1592—93, Dez. 1958; Pasadena, Calif., California Inst. of Technol.; University Park, Pa., Pennsylvania State Univ.; engl.) — Vgl. C. **1962**, 7453. — Die Schmelzpunkte u. der Beginn der Kristallisation von Pegmatit aus Harding, N.Mex., u. von Granit des Stone Mountain, Ga., werden bei Wasserdampfdrücken von 500 bis 3000 bar tabellar. angegeben. Die Ergebnisse stützen die Vermutung, daß „zweites Sieden“ des kristallisierenden Magmas die Bldg. von Perthit-reichen „Hauben“, Quarzstöcken u. anderer Elemente zonarer Pegmatite erklären kann; bekannte Liquidus-Solidus-Verhältnisse reichen dazu oft nicht aus.
Ernst Schulte. 385□

Pisolithe und pisolithartige Formationen. T. Gánti. (Acta Univ. Szegediensis, Acta mineralog., petrogr. **10,** 15—18, 1957; Budapest, Univ. of Technol., Inst. of Miner. and Geol.; engl.) — Man kann 4 Gruppen von Pisolithen unterscheiden. Die erste wird durch Überzug der Sandkörner mit $CaCO_3$ in Quellen gebildet. Diese backen dann zu perlartig genetzten Steinen zusammen. Bei der 2. Gruppe werden prim. abgeschiedene Calcit (I)-Kristalle nachträglich mit einer feinkristallinen I-Schicht überzogen, wobei eine gewellte Oberfläche mit großen Radien gebildet wird. Die 3. Gruppe entsteht in kaltem W. durch Überzug von prim. hydroxid. Ausscheidungen mit einer I-Schicht. Die 4. Gruppe bildet die Rosettenform. Zuerst abgeschiedener Aragonit wandelt sich unter Vol.-Zunahme langsam in I um u. bläht sich auf. Mehrere solche Schichten bilden dann eine Rosettenform. F. Ensslin. 385□

Phasen und Fazies der basischen Intrusive des Chodshaatschkan-Bassins (Alai-Bergkette) im Zusammenhang mit ihrer Genese. L. L. Pertschuk, B. I. Omeljanenko und N. F. Schinkarew. (Nachr. Akad. Wiss. UdSSR, geol. Ser. **26,** Nr. 12, 13—23, Dez. 1961; Moskau, Inst. für Geol. der Erzlagerstätten, für Petrographie, Miner. u. Geochem. der Akad. der Wiss. der UdSSR; russ.) — Die Bldg. der Massive ging in 3 Phasen vor sich: Nephelinsyenite-Quarzsyenite, Granite. Inmitten der Vielzahl der Gesteine spielen biotit. Varianten die Hauptrolle. Für die Gesteine der ersten zwei Phasen ist die Ggw. einer Reihe fazieller Besonderheiten, die infolge von Assimilationsprozessen u. Kontaminierungen in den Kontakten mit den vorhandenen Kalksteinen u. Schiefern entstanden, charakteristisch. Bei der magmat. Ersetzung der carbonat. Gesteine geht eine Vergrößerung der Ca- u. Mg-Konzz. vor sich. M. Hähnert. 385□

Das Kristallin der Gegend von Fully (Valais). Daniel Krummenacher. (Schweiz. mineralog. petrogr. Mitt. **39,** 151—66, 1959; Genf; dt.) — Ausführliche petrograph. Unters. der Gesteinsserie von Aiguilles-Rouge u. Fully. In der 1. Gesteinsserie treten auf *Aplite,* der *Granit* von Vallorcine, quarzit. *Mikrodiorite, Zweiglimmergneise, Migmatite,* verschiedene *Gneise, metamorphe Kalke* sowie Einlagerungen in den Gneisen. Die 2. Gesteinsserie enthält Migmatite, *Granodiorite,* aplit. Granite, *Mikrodiorite, Mikrogranodiorite,* metamorphe Kalke, *Amphibolgneise* u. *Amphibolite.* Von den verschiedenen Gesteinstypen sind auf Grund der mkr. Ausmessungen die mineralog. Zus. tabellar. wiedergegeben. Beschrieben werden noch die petrograph. Beziehungen zwischen den beiden Gesteinsserien u. die Tektonik des Gebietes. C. Gottfried. 385

Aktivitäten in der Atmosphäre und Methoden zur Altersbestimmung. A. G. Maddock und E. H. Willis. (Advances inorg. Chem. Radiochem. **3,** 287—335, 1961; Cambridge, Univ., Dep. of Inorg. and Org. Chem.; Dep. of Quatern. Res.; engl.) — Übersicht: radioakt. Komponenten terrestr. Herkunft; durch kosm. Strahlung bzw. Kernexplosionen in der Atmosphäre erzeugte Aktivitäten; Radiokohlenstoff; Tritium; Meth. zur Messung u. Auswertung der Ergebnisse. — 286 Literaturangaben.
A. Blaschette. 396□

B. Allgemeine und theoretische organische Chemie

Spektren und Halochromie von Tetraphenylmethan und seinen Hydroxy- und Methoxyderivaten. W. F. Lawruschin. (J. allg. Chem. [UdSSR] **29 (91),** 3005—10, Sept. 1959; Charkow, Univ.; russ.) — Es wurden die UV-Spektren von *Tetraphenylmethan* (I), *4-Hydroxy-, 4-Methoxy-, 4.4'-Dihydroxy-* u. *4.4'-Dimethoxytetraphenylmethan* sowie *Triphenylcarbinol* in Chlf., A., konz. H_2SO_4, 30%ig. H_2SO_4 in Essigsäure, 44%ig. H_3PO_4 in Essigsäure u. Trichloressigsäure aufgenommen. Die Analyse der Spektren zeigt, daß die auftretende Verfärbung in saurer Lsg. auf einer Spaltung von I bzw. I-Derivv. u. der Bldg. von Carboniumsalzen beruht. Dieses Ergebnis wurde präparativ bestätigt, indem als Spalt-Prodd. Phenol (Tribromphenol, F. 92—93°) u. 4-Hydroxytriphenylcarbinol (F. 135—136°, aus W.-A.) isoliert wurden. Helmut Schäfer. B 118

Elektronenspektren von Acenaphthen und Deuteroacenaphthen bei tiefer Temperatur. Louise Pesteil. (J. Chim. physique Physico-Chim. biol. **58,** 204—07, Febr. 1961; Marseille, Fac. des Sci., Labor. de Phys. P. C. B.: franz.) — Unter Bezugnahme auf Unterss. an Naphthalin u. Deuteronaphthalin (vgl. C. R. hebd. Séances Acad. Sci. **250,** [1960], 497) berichtet Vf. über Fluorescenz- u. Phosphorescenzspektren von *Acenaphthen* u. *D_{10}-Acenaphthen* in n-Pentan bei 20° K. Durch die erhaltenen Spektren werden die von Mathieu, Ecollan u. Ecollan (vgl. C. **1956,** 11661) an Raman-Spektren erhaltenen Ergebnisse bestätigt. C. Gottfried. B 118

Infrarotabsorptionsspektrum von CD_4 bei 4500 cm^{-1}. K. Fox, K. T. Hecht, R. E. Meredith und C. W. Peters. (J. chem. Physics **36,** 3135—37, 15/6. 1962; Ann

Arbor, Mich., Univ. of Michigan, Harrison M. Randall Labor. of Phys.; engl.) — Das hochaufgelöste IR-Spektrum von CD_4 im Bereich des ersten Obertons der 3fach entarteten Grundschwingung ν_3 wird aufgenommen, die gemessenen Linien zwischen 4430 u. 4550 (cm^{-1}) sind graph. u. tabellar. angegeben. Es werden Vgl. zwischen den tetraedr. Aufspaltungen u. denen in den Spektren (ν_3 u. $\nu_1 + \nu_4$) von CH_4 angestellt. G. Pötzscher. B 120□

Spektren aliphatischer Aldehyde im nahen Infrarot. J. F. King und B. Vig. (Canad. J. Chem. **40,** 1023—25, Mai 1962; London, Ontario, Canada, Univ. of Western Ontario, Dep. of Chem.; engl.) — Im nahen IR treten in den Spektren von Aldehyden 2 Banden auf, die durch Kombination der ν(CO) mit den beiden ν(CH) entstehen. Sie liegen bei Aldehyden mit α,β-gesätt. C-Atomen, außer beim Chloral, zwischen 4415 bis 1445 u. 4525—4550 cm^{-1} u. bei solchem mit α,β-ungesätt. C-Atomen zwischen 4360 bis 4415 u. 4480—4510 cm^{-1}. Die Extinktions-Koeff. ε sind relativ hoch (≈ 1). Wie Vff. am Beispiel des Oxydations-Prod. (*Δ^6-1.7-Dimethyl-4-isopropyl-6-formyl-8-carboxybicyclo-[3.2.1]-octen*) von Helminthosporal u. dem *Umsetzungs-Prod.* (wahrscheinlich *1.2-Diphenyl-1-methoxy-2-formyläthan,* F. 128°) von CH_2N_2 mit α-Formyldesoxybenzoin zeigen, stellen diese Banden ein wertvolles Hilfsmittel zur Erkennung der —CHO-Struktur in solchen Fällen dar, in denen aus dem Auftreten von Banden im ν(CH)- u. ν(CO)-Bereich wegen der Anwesenheit anderer CO-Gruppen im Mol. keine eindeutige Entscheidung möglich war. Für folgende Aldehyde wurden die Frequenzen der ν(CH), ν(CO), der berechneten u. der beobachteten Kombinationsschwingungen sowie die beobachteten ε-Werte angegeben: *Acet-, Butyr-, Propion-, Cyclohexan-, Phenylacet-, Croton-, Tiglinaldehyd, Zimtaldehyd, Δ^1-Cyclohexen-1-aldehyd, Δ^1-Cyclohepten-1-aldehyd, β-Methoxy-α-phenylzimtaldehyd, Caprylaldehyd* (*Octanal*), *Laurinaldehyd* (*Dodecanal*), *2.2.4-Trimethylpenten-*(*3*)*-al, Citronellal, Chloral, Hexadien-*(*2.4*)*-al* u. *Citral.* U. Uhlich. B 120□

Intensitäten von Raman-Schwingungsbanden. 1. Mitt. J. P. Jesson und H. W. Thompson. (Proc. Roy. Soc. [London] Ser. A **268,** 68—78, 19/6. 1962; Oxford, Univ., Phys. Chem. Labor.; engl.) — Die Intensitäten I der Raman-Linien der ν(CO) u. ν(CN) in einigen aliphat. u. aromat. Verbb. wurden bestimmt (bezogen auf die 458 cm^{-1}-Linie des CCl_4). Im Gegensatz zu den IR-Spektren sind die I-Werte der ν(CN) in aliphat. Nitrilen fast konst., u. es bestehen keine Unterschiede zwischen diesen Verbb. u. den Allylcyaniden. Dagegen ist die Linie der ν(CN) im *Vinylcyanid* (*Acrylnitril*) fast dreimal u. in aromat. Nitrilen zehnmal so intensiv wie in den aliphat. Nitrilen, so daß auf Grund der I-Werte eine Unterscheidung zwischen aliphat., konjugierten u. aromat. Nitrilen möglich ist. Ebenfalls im Gegensatz zum IR-Spektrum schwanken hier die I-Werte beim Wechseln des Lsgm. kaum. Zwischen den I-Werten der ν(CO) des *Benzoesäuremethylesters* (**I**) u. dem Brechungsindex der Lsg. von **I** in Acetonitril, Ae., Nitroäthan, n-Butylchlorid, n-Hexan, Chlf., CCl_4, Mesitylen, Bzl. u. 1.2-Dichlorbenzol besteht aus noch nicht geklärten Gründen eine lineare Abhängigkeit. Die ν(CO) substituierter Benzoesäureäthylester (**A**), Acetophenone (**B**) u. Propiophenone u. die ν(CN) substituierter *Benzonitrile* [**C**; Substituenten: *H, 3-, 4-CH_3, 2-, 3-Cl, 2.6-Di-Cl, 4-CO_2H, -$CO_2C_2H_5$, -OCH_3, -F* (**I**)] sind in ihrer Intensität von dem Hammettschen σ_H-Wert der Substituenten abhängig. Diese Abhängigkeit ist jedoch nicht linear. Die resultierenden Kurvenzüge sind V-förmig, wobei jeweils die unsubstituierte Verb. mit $\sigma_H = 0$ im Minimum steht. Linear dagegen ist mit Ausnahme von **I** u. von *p-Fluorbenzoesäureäthylester* die Abhängigkeit zwischen dem Taftschen σ_R-Werten u. den I-Werten der ν(CO) in den **A** u. **B** u. der ν(CN) in den **C**. Für die **A** besteht eine lineare Beziehung zwischen den I-Werten der ν(CO) u. den im UV-Spektrum substituierter Benzoesäuren beobachteten Frequenzverschiebungen, die die substituierten gegenüber den unsubstituierten Verbb. zeigen. Die Ergebnisse werden mit dem Resonanz-Raman-Effekt erklärt, bei dem das Elektronenniveau durch die Substituenten in Richtung der Anregungsfrequenz angehoben werden sollen. Untersucht wurden außer den genannten folgende Verbb.: Nitrile: *Aceto-, Propio-, Butyro-, Capro-, Isocapro-, Trichloraceto-, Dichloraceto-, Monochloraceto-, β-Chlorpropio-, γ-Chlorbutyro-, β-Brompropio-, γ-Brombutyro-*(?), *Phenylaceto-, Lacto-, α-Hydroxyisobutyro-, β-Methoxypropio-, Malo-, Bernsteinsäure-, Adipinsäure-, Pimelinsäure-* u. *Dekamethylendi-*; *Allylcyanid, Dimethyl-* u. *Diallylcyanamid, Benzoesäureäthylester* u. dessen Derivv.: *4-Amino-, 4-Methoxy-, 4-tert.-Butyl-, 4-Methyl-, 3-Methyl-, 4-Chlor-, 4-Brom-* u. *3.4-Dichlor-*; *Acetophenon, Propiophenon, Valerophenon, Benzophenon, Benzaldehyd,* folgende substituierten Acetophenone: *4-Methyl-, 3.4-Dimethyl-, 4-Brom-* u. *4-Methoxy-*; *4-Chlor-* u. *4-Methoxypropiophenon.* Außerdem sind die UV-Maxima von *Benzoesäure* u. deren Derivv.: *4-Chlor-, 4-Methyl-, 4-Brom-, 4-Methoxy-* u. *4-Amino-* angegeben. U. Uhlich. B 120□

Die Infrarotspektren polymorpher langkettiger Methylfettsäuren. Ingrid Fischmeister und Karin Nilsson. (Ark. Kemi **16**, Nr. 32, 347—61, 1961; Uppsala, Univ.,

Med.-Chem. Inst., Abt. für Med. Biochem.; dt.) — Die IR-Spektren (Abb.) in KBr bzw. Nujol der verschiedenen polymorphen Formen folgender Carbonsäuren wurden aufgenommen: *D-2-Methyloctadecansäure* (F. 54,7—55°; F. ~43°), *(+)-D-3-Methylnonadecansäure* (F. 48,0—48,9°; F. 47,8—48,2°), *(+)-D-3-Methylheptakosansäure* (F. 73,1°, polymorph), *33-Methyltetratriakontansäure* (F. 95,4—95,8°, dimorph), *12-Methyltetrakosansäure* (F. 43,8—44,0°; F. 51,5—52,0°), *DL-14-Methylheptadecansäure* (F. 42,7 bis 43,0°; F. 39,2—39,6°), *(+)-D-5-Methylpentakosansäure* (F. 52,8—53,0°; F. 55,0—55,2°) u. *(—)-3L.6D-Dimethyltetrakosansäure* (F. 44,8—45,8°; F. 40,0—40,5°; F. 44,0—44,8° u. weitere Formen). Die Spektren der Polymorphen unterscheiden sich in allen Fällen zwischen 1150 u. 1300 cm^{-1}, meist auch durch verschiedene Lage der OH-Banden bei 900 cm^{-1}. Die C=O-Banden haben meist verschiedene Schultern, manchmal tritt Aufspaltung der Bande auf. Die Frequenzen der CH_2-Pendel- u. -Spreizschwingungen sind gekoppelt, die Banden bei 718 u. 1475 u. die bei 729 u. 1464 cm^{-1} treten gemeinsam auf. Auch die Banden bei 1410 u. 1440 cm^{-1} waren in einigen Fällen strukturabhängig. Schmelz-Verh., Umwandlungen u. Stabilität der Formen werden angegeben. W. Schramm. B 120□

Intramolekulare Wasserstoffbrückenbindung mit π-Elektronen in orthosubstituierten Phenolen. W. Beckering. (J. physic. Chem. **65,** 206—08, Febr. 1961; Grand Forks, N.Dak., U. S. Bureau of Mines, Region III, Grand Forks Lignite Res. Labor.; engl.) — Es wurden an Hand der IR-Spektren im Bereich um 3600 cm^{-1} intramol. H-Brückenbindungen zwischen den OH-Gruppen u. den aromat. π-Elektronen von folgenden Phenolen mit aromat. Substituenten in o-Stellung untersucht: *Unsubstituiert,* cis-Bande —, trans-Bande 3610 (cm^{-1}); *2-Phenyl-*, 3568, 3609; *2-Propenylphenol*, 3550, 3607; *2.2'-Dihydroxybiphenyl*, 3556, 3599; *4'-Chlor-*, 3575, 3610; *4'-Brom-* 3573, 3607; *4'-Jod-*, 3572; 3609; *4'-Nitro-2-hydroxybiphenyl*, 3587, 3604; *2'-Hydroxy-1-phenylnaphthalin*, 3560, —. Die Stärke der H-π-Elektronenbindung wird durch Substituenten im substituierten aromat. Kern verändert. Sie ist ferner abhängig von dem Grad der Verdrillung der beiden aromat. Ringe im Biphenylsystem. H. G. Henkel. B 120□

Die Infrarotspektren einiger Organoborverbindungen. Arthur Finch, P. J. Hendra und E. J. Pearn. (Spectrochim. Acta [London] **18,** 51—56, Jan. 1962; London, Univ., Royal Holloway Coll.; engl.) — Die IR-Spektren folgender Verbb. wurden zwischen 1750 u. 400 cm^{-1} aufgenommen: *2-Chlor-1.3.2-dioxaborolan* (**I**), 2-X-1.3.2-dioxaborinan mit X = *Cl* (**II**), C_4H_9, $O(CH_2)_2Cl$, *NCS*, $N(CH_3)_2$, $N(C_2H_5)_2$, $NH(C_2H_5)$, *2.2'-Trimethylendioxy-bis-[1.3.2-dioxaborinan], Bis-[1.3.2-dioxaborinanyl-(2)]-äther, Borsäuredimethylesterchlorid, 1-Propyl-, 1-Chlorborolan* (**III**) u. *B.B'-Bis-[2-methyltetramethylen]-diboran.* Der ν(BCl) wird in **I** eine Bande bei 642 cm^{-1} u. in **II** im Gegensatz zu Blau u. Mitarbeitern (C. **1960,** 10885) eine bei 549 cm^{-1} zugeordnet. In **III** (breites Dublett 620 cm^{-1}) überlappt sie wahrscheinlich mit der nicht ebenen Deformationsschwingung des B-Atoms. Als Gründe für die unterschiedlichen u. höherfrequenteren Zuordnungen der ν(BCl) u. **I** in der Literatur werden verschiedene Möglichkeiten der Dimeren-Bldg. diskutiert. U. Uhlich. B 120□

Die charakteristischen Absorptionsbanden in den Infrarotspektren von Tris-B-aminoborazolen. W. Gerrard, H. R. Hudson, E. F. Mooney, I. M. Stripp und H. A. Willis. (Spectrochim. Acta [London] **18,** 149—54, Febr. 1962; London, Northern Polytechn.; engl.) — Die IR-Spektren folgender Tris-B-[dialkylamino]-borazole (**A**): *Tris-B-[dimethylamino]-, -[diäthylamino]-, -[di-n-propylamino]-, -[diisopropylamino]-, -[n-butylamino]-, [-diisobutylamino]-* u. *-[dicyclohexylamino]-* (**VI**, F. > 300°, dargestellt mit 40% Ausbeute), *-[diphenylamino]-* (**II**) u. *-[dibenzylamino]-borazol* (**I**, F. 148—150°, 30%) sowie die Tris-B-[alkylanilino]-borazole (**B**): *-[N-methylanilino]-* (**III**), *-[N-äthylanilino]-* (**IV**, F. 85—87°, 72%) u. *-[N-n-butylanilino]-borazol* (**V**, F. 77—81°, 86%) wurden aufgenommen (als dünner Film, in Nujol u. Hexachlorbutadien, in CCl_4 u. C_6H_{10}) u. diskutiert. ν(NH): Für die ν(NH) werden folgende Werte angegeben: 3473—3503 cm^{-1} (**A**), 3444 cm^{-1} (**B** u. **I**) u. 3423 cm^{-1} (**II**). Die unterschiedlichen Werte werden durch den verschieden starken Elektronenabzug vom Ring-N-Atom als Folge der Elektronenaffinität der Substituenten R der am B-Atom sitzenden NR_2-Gruppe erklärt. Wasserstoffbrücken treten nicht auf. ν(BN): Diese Bande, die an der höherfrequenten Seite von einer schwächeren begleitet wird, tritt bei 1460—1515 cm^{-1} auf. Dem Frequenzverhältnis nach (1,01—1,02) handelt es sich bei diesen beiden Banden um die Isotopenaufspaltung durch ^{10}BN u. ^{11}BN. Aus dem Auftreten nur einer ν(BN) schließen Vff., daß die ν(BN) des Ringes u. die ν(BN) der Seitenkette frequenzgleich sind u. daß eine ausgedehnte Wechselwrkg. zwischen den p_z-Elektronen des Dialkylamino-N u. des Borazol-N über die unbesetzten p_z-Bahnen des B-Atoms hinweg erfolgt. (BN)-Deformation: Das in dem Spektrum aller Borazole auftretende Dublett mit charakterist. Isotopenaufspaltung bei 700 cm^{-1} wird der nichtebenen Ringdeformationsschwingung, das Dublett bei 600 cm^{-1} der B-Aminoborazole der BN-Seitenkettendeformationsschwingung zugeschrieben. ν(CN): Im Vgl. zu den Ausgangsaminen erscheint die ν(CN) infolge Konjugation bathochrom verschoben, bei den **A** um 9 bis 58 cm^{-1}, bei **II** um 39 cm^{-1}. Die **B** besitzen 2 ν(CN)-Schwingungen: $\nu(C_{aliph.}$ N) 1250 bis 1261 cm^{-1} u. $\nu(C_{arom.}$ N) 1316—1318 cm^{-1}, von denen im Vgl. zum Ausgangsamin die erstere um 137—155 cm^{-1} bathochrom verschoben erscheint. Die $\nu(C_{arom.}$ N) dagegen wird nur bei **IV** u. **V** verschoben. Das unterschiedliche Verhalten bei **III** wird auf Hyperkonjugation der CH_3-Gruppe zurückgeführt. NH-Deformation: Die Zuordnung einer Bande zwischen 779 u. 1238 cm^{-1} zur ebenen NH-Deformationsschwingung ist noch ungewiß. **I, IV, V** u. **VI** wurden aus mol. Mengen des entsprechenden sek. Amins u. Triäthylamins sowie B.B'.B''-Trichlorborazol in Toluol u. Dest. bei 0,1 mm nach Abfiltrieren des ausgefallenen Triäthylaminhydrochlorids dargestellt.

U. Uhlich. B 120□

Die CH-Valenz- und Deformationsfrequenzen von Tris-B-aminoborazolen. W. Gerrard, E. F. Mooney und H. A. Willis. (Spectrochim. Acta [London] **18,** 155—60, Febr. 1962; engl.) — Vgl. vorst. Referat. — Die ν(CH) u. δ(CH) der Alkylgruppen sowie die ν(CH) der Benzolringe folgender *Tris-B-[dialkylamino]-borazole* $(R_2NBNH)_3$ mit R=CH_3 (**I**), C_2H_5, *n*-C_3H_7, *iso*-C_3H_7 (**II**), *n*-C_4H_9, *iso*-C_4H_9 (**III**), $C_6H_5CH_2$ (**IV**) u. C_6H_{11} (**V**) sowie der *Tris-B-[alkylanilino]-borazole* $(R'R''NBNH)_3$ mit R' = C_6H_5 u. R'' = CH_3 (**VI**), C_2H_5 (**VII**), *n*-C_4H_9 (**VIII**) u. C_6H_5 werden angegeben. $\nu(CH)_{aliphat.}$: Die ν_{as}(CH) der CH_2-Gruppen liegt allg. bei 2927 ± 2 cm^{-1}, in **III** bei 2923 cm^{-1}; die entsprechenden ν_s(CH) konnten nicht beobachtet werden. Durch Vgl. mit den entsprechenden Boronen wurde der ν(CH) der CH-Gruppe in **II** u. **III** Banden bei 2930 u. 2907 cm^{-1} zugeordnet. Wie N-Methyl-, N.N-Dimethyl- u. p-Dimethylaminoanilin zeigen auch **I** u. **VI** im Bereich der ν_{as}(CH) u. ν_s(CH) der CH_3-Gruppen 4-Banden, deren große Zahl mit Hyperkonjugation erklärt wird. In **V** tritt die ν_{as}(CH) u. ν_s(CH) der CH_2-Gruppen bei 2930 bzw. 2849 cm^{-1} auf, wobei die erstere bei niederen Frequenzen liegt als im Ausgangsanilin. $\nu(CH)_{arom.}$: In **VI** (3080—3053 cm^{-1}), **VII** (3081—3027 cm^{-1}), **VIII** (3884 cm^{-1}) u. **IV** (3078—3024 cm^{-1}) treten jeweils 3 Banden auf, die gegenüber denen in den Ausgangsanilinen teilweise verschoben sind. δ(CH): Außer in **I**, wo die asymm. Deformationsschwingung bei 1460 cm^{-1} u. 2 symm. Deformationsschwingungen bei 1431 u. 1412 cm^{-1} gefunden wurden, erscheinen die asymm. u. die symm. Deformationsschwingung der CH_3-Gruppe bei 1466—1443 cm^{-1} u. 1379—1376 cm^{-1}. Außerdem sind die Banden zwischen 1946 u. 510 cm^{-1} in den Spektren von *N-Methyl-*, *N-Äthyl-* u. *N-n-Butylanilin* sowie von *Dibenzylamin* angegeben u. zugeordnet. U. Uhlich. B 120□

Mikrowellenspektrum von Methylamin. 1. Mitt. Experimentelle Einzelheiten und Spektrum von CD_3NH_2. K. V. L. N. Sastry. (Proc. Indian Acad. Sci., Sect. A **51,** 301—09, Juni 1960; Aligarh, Muslim Univ., Dep. of Phys.; engl.) — Das Mikrowellenspektrum von CD_3NH_2 wurde im Bereich 24,9—38 KMHz aufgenommen, u. es wurden ca. 50 Linien beobachtet u. einige der niedrigeren J- u. ΔJ-Werte zugeordnet. Der Übergang J = 0_{00}—1_{01} ist ein Dublett mit den Komponenten 36436,8 u. 36436,2 MHz.

W. Schramm. B 121□

Kinetik der schnellen Scintillationskomponente in einem reinen organischen Medium. Anwendung auf den Fall von Anthracen. Daniel Blanc, Francis Cambou und Yann Gervais de Lafond. (C. R. hebd. Séances Acad. Sci. **254,** 3187—89, 30/4. 1962; Toulouse, Fac. des Sci., Centre de Phys. nucl.; franz.) — Vff. lösen die allg. Gleichung für die Änderung der Dichte n (r, t) der in einem Scintillator durch ionisierende Teilchen angeregten u. eine Lichtemission bewirkenden Quanten unter Berücksichtigung der Diffusion, der in der Zeiteinheit wahrscheinlichen uni- u. bimol. Desaktivierung sowie der in der Zeit- u. Vol.-Einheit absorbierten Fluorescenzphotonen u. unter Vernachlässigung der j-mol. Desaktivierung für $j \geqslant 3$. Die gewonnene Formel für die spezif. Intensität der Lichtemission wird auf einen *Anthracen*-Kristall angewandt. Bei elektron. Anregung ergibt sich in Übereinstimmung mit dem Experiment eine exponentielle Abnahme der Emission (Zeit-Konst. $\tau \approx 35 \cdot 10^{-9}$ s), bei einer Anregung durch 5-MeV-α-Teilchen setzt die exponentielle Abnahme mit einem gleichen τ nach einer Zeit sehr schneller Abnahme von ca. $\tau/4$ ein. D. Jörchel. B 125□

Über die Debyesche Dipolabsorption gefrorener organischer Flüssigkeiten. Gefrorene Lösungen in CCl_4 oder $CHCl_3$. Madeleine Jaffrain und Jean Charles. (C. R. hebd. Séances Acad. Sci. **254,** 3343—45, 7/5. 1962; Paris, Fac. des Sci., Labor. de Spectr. hertzienne; franz.) — Vgl. C. R. hebd. Séances Acad. Sci. **254,** [1962], 2958. — In Erweiterung der l. c. beschriebenen Verss. untersuchten Vff. die dielektr. Eigg. gefrorener organ. Verbb. mit C=O-Bindungen u. fanden für reines *Äthylacetat* nur eine sehr schwache Debyesche Dipolabsorption (DDA) mit tg $\delta \approx 0{,}0010$ bei ν = 100 kHz; bei Verdünnung mit CCl_4 oder $CHCl_3$ tritt eine sehr starke DDA auf (tg $\delta \approx 0{,}1500$—$0{,}3000$), da die Verdünnung die Aufrechterhaltung des unterkühlten Zustandes begünstigt.

Aceton verhält sich ähnlich. Die Konz.-Abhängigkeit u. Lsgm.-Abhängigkeit wird erörtert. Reines *Diäthylmalonat* (**I**) zeigt im unterkühlten Zustand sowie in Lsgg. eine starke DDA; in CCl_4 nimmt die Intensität des Absorptionsmaximums mit steigender Verdünnung ab, während in Chlf. diese Intensität bei ca. 60% **I** ein Maximum durchläuft.

D. Jörchel. B 132□

Elektronenleitfähigkeit in Ladungsübertragungsmolekülkristallen. E. Menefee und Yoh-Han Pao. (J. chem. Physics **36,** 3472—81, 15/6. 1962; Albany, Calif., Western Reg. Labor.; Wilmington, Del., E. I. du Pont de Nemours and Comp.; Chicago, Ill., Univ. of Chicago; engl.) — Kombinierte Berechnungen nach der LCAO-MO-Meth. u. der Kristallfeldaufspaltung werden für den Kristall des 1:2-Komplexes *Triäthylamin-Tetracyanchinodimethan* (**I**) durchgeführt. Danach erfolgt die Elektronenleitfähigkeit in diesem Kristall durch Anregung vom niedrigsten u. am stärksten besetzten Niveau in das höhere Niveau (symm. Zustand) u. darauffolgende Übertragung von einer **I**-Gruppe zur anderen. Der Kristallkomplex sollte also nicht die Eigg. typ. anorgan. Halbleiter zeigen. Die berechnete Aktivierungsenergie stimmt gut mit der beobachteten (vgl. Kepler u. Mitarbeiter, Physic. Rev. Letters **5,** [1960], 503) überein. Mechanismen für die Elektronen- u. Photoleitfähigkeit in solchen Kristallkomplexen werden diskutiert.

G. Pötzscher. B 135□

Über den Mechanismus der weitreichenden Proton-Spin-Kopplungen. Ragnar A. Hoffman und Salo Gronowitz. (J. Amer. chem. Soc. **83,** 3910, 20/9. 1961; Uppsala, Sweden, Univ., Inst. of Chem., Inst. of Phys.; engl.) — Entgegen den Ansichten von Kreevoy u. Mitarbeitern (vgl. C. **1963,** 2019), die sich auf Arbeiten von Karplus (vgl. J. chem. Physics **33,** [1960], 1842) berufen, bestehen Vff. darauf, daß erfolgversprechende theoret. Behandlungen von weitreichenden Kopplungen letztlich nur auf Hyperkonjugations- u. nicht auf α-H-Brückenmodellen beruhen (vgl. Ark. Kemi **16,** Nr. 40, [1960], 471 u. **17,** Nr. 1 [1960], 1). G. Pötzscher. B 137□

Das kernmagnetische Resonanzspektrum von cis-1.2-Difluoräthylen. T. D. Coyle, S. L. Stafford und F. G. A. Stone. (J. chem. Soc. [London] **1961,** 743—44, Febr.; Cambridge, Mass., Harvard Univ., Dep. of Chem.; engl.) — An Hand des kernmagnet. Resonanzspektrums (J_{HH} 2,0, J_{FF} 18,6, $J_{HF(trans)}$ 20,1 u. $J_{HF(gem)}$ 71,9 Hz) wurde nachgewiesen, daß sowohl das aus Diboran u. Tetrafluoräthylen nach Bartocha, Graham u. Stone (J. inorg. nuclear Chem. **6,** [1958], 119) als auch das nach der klass. Meth. nach Haszeldine u. Steele (C. **1958,** 10024) dargestellte *1.2-Difluoräthylen* überwiegend, wenn nicht sogar ausschließlich als cis-Isomeres vorliegt. H. G. Henkel. B 137□

Die Temperaturabhängigkeit der Protonenspin-Gitter-Relaxationszeit in flüssigen Butylalkoholen. Robert A. Bernheim, H. S. Gutowsky und Ian J. Lawrenson. (J. chem. Physics **34,** 565—69, Febr. 1961; Urbana, Ill., Univ. of Illinois, Noyes Chem. Labor.; engl.) — Von *n-* (**I**), *Iso-* (**II**), *sek.-* (**III**) u. *tert.-Butylalkohol* (**IV**) wurden die Protonenspin-Gitter-Relaxationszeiten T_1 bei einer Protonenresonanzfrequenz von 20 MHz mit der Meth. von Buchta u. Mitarbeitern (vgl. C. **1959,** 2346) u. bei hohen Temp. mit der von Hahn (Physics today **6,** Nr. 11, [1953], 4) über ihren fl. Bereich gemessen. Obwohl die nach den beiden Meth. erhaltenen Werte um ca. 10% variieren, ist die Temp.-Abhängigkeit von T_1 für jede Meth. gleich. Die beobachteten Temp.-Abhängigkeiten von T_1 entsprechen folgenden Aktivierungsenergien: **I** 3,9, **II** 4,8, **III** 5,2, **IV** 7,3 (alle in kcal Mol^{-1}). Die Werte für T_1 u. der Vgl. mit bekannten Daten der dielektr. Dispersion zeigen, daß die Spin-Gitter-Relaxation durch Mol.-Bewegungen verursacht wird, die durch H-Brückenbindungen u. ster. Effekte auf die Reorientierung in der Hauptsache um die C—O- u. C—C-Bindungen des Gerüstes der schweren Atome eingeschränkt werden. Das Assoziationsgleichgewicht, $n\,A \rightleftharpoons A_n$ (A monomerer Alkohol) ist temperaturabhängig. Daher ist es wahrscheinlich, daß die scheinbaren Aktivierungsenergien einen temperaturabhängigen Term enthalten, der sich über kleine Temp.-Intervalle nicht bemerkbar macht. H. G. Henkel. B 137□

Protonenmagnetische Resonanz, Struktur und Stereoisomerie von cyclischen Sulfiten. J. G. Pritchard und P. C. Lauterbur. (J. Amer. chem. Soc. **83,** 2105—10, 5/5. 1961; Pittsburgh, Pa., Mellon Inst.; engl.) — Es wurden die protonenmagnet. Resonanzspektren u. Strukturen folgender Verbb. untersucht: *Äthylensulfit* (**I,** $C_2H_4O_3S$, $Kp._{13}$ 63°, n_D^{25} 1,4446); *Äthylensulfat* ($C_2H_4O_4S$, F. 98°, aus Äthylendibromid u. Ag_2SO_4); *Isobutylensulfit* ($C_4H_8O_3S$, $Kp._{10}$ 53° nach Gerrard [1940] u. Kyrides [1944]; n_D^{25} 1,4292; 60% Ausbeute) u. die zwei geometr. Isomeren von *Propylensulfit* (**II,** $C_3H_6O_3S$, $Kp._{12}$ 58°, aus $SOCl_2$ u. Proplyenglykol nach de la Mare u. Mitarbeitern; C. **1957,** 9617; 55% Gemisch im Verhältnis 1:2). Die Isomeren von **II** wurden gaschromatograph. erhalten u. durch IR-Spektren u. Brechungsindices (n_D^{25} 1,4362

u. n_D^{25} 1,4350) charakterisiert. Eine Strukturzuordnung ergibt sich aus der Analyse der protonenmagnet. Resonanzspektren. Für **I** wurde in Bzl. bei 25° ein Dipolmoment von 3,74 D bestimmt. H. G. Henkel. B 137□

Eine kernmagnetische Resonanzuntersuchung der syn–anti-Isomerie in Ketoximen. Ernest Lustig. (J. physic. Chem. **65**, 491—95, März 1961; Washington, D.C., National Bureau of Standards, Div. of Phys. Chem.; engl.) — Mit Hilfe der kernmagnet. Resonanzspektroskopie wurde zum ersten Mal eine syn–anti-Isomerie an folgenden Ketoximen u. Ketoximäthern festgestellt: *Acetonoxim* u. *-O-methyl-* u. *-äthyläther*, *Diäthyl-*, *Diisopropyl-* (I), *Dibenzylketoxim*, *Cyclobutanonoxim*; ferner unsymm. Methylketoxime wie *Methyläthyl-*, *Methylbenzyl-* (II), *Methylpropyl-*, *Methylisopropyl-*. *Methylchlormethyl-*, *Methylbutyl-(2)-*, *Methylisobuten-(1)-yl-*, *Methylbenzhydryl-*, *Methyl-tert.-butylketoxim*, *Brenztraubensäure-*, *-methyl-* u. *-äthylesteroxim*. Diese Isomerie wird durch das Auftreten von 2 Resonanzlinien angezeigt, die durch die Protonen an dem der C=NOH- bzw. C=NOR-Gruppe benachbarten C-Atomen hervorgerufen werden. Mit Ausnahme von I erfolgt eine solche Aufspaltung dieser Linien nur in Ggw. von aromat. Verbb. (Bzl., Toluol, Nitrobenzol, Naphthalin, Furan, Thiophen) oder dann, wenn das Oxim selbst einen aromat. Substituenten besitzt. So genügt bei **II** die Phenylgruppe, um eine Trennung der Resonanzlinien auch in Abwesenheit anderer aromat. Verbb. zu bewirken. Die zugehörigen Ketone selbst zeigen unabhängig von Lsgm. u. Konz. nur eine Einzelresonanz des entsprechenden Protons. Das Ausmaß der Aufspaltung der Protonenresonanz bei den Oximen ist abhängig vom Ringtyp der aromat. Verbb., der Natur der Substituenten u. dem Verhältnis der aromat. Verbb. zum Oxim. Für die beobachtete Trennung der Resonanz wird ein differentieller Ringstrom u. das Auftreten von Oximionen verantwortlich gemacht. Das Fehlen des zweiten Isomeren in einigen Fällen wird auf ster. Effekte u. innere H-Brückenbindung zurückgeführt. Für *Aceto-*, *Propio-* u. *ω.ω.ω-Trifluoracetophenonoxim* (F. 75°, Ligroin) wurde nur eine einzige Resonanzlinie gefunden. H. G. Henkel. B 137□

Protonierung von N-Methylacetamid. Gideon Fraenkel, Aharon Loewenstein und Saul Meiboom. (J. physic. Chem. **65**, 700, April 1961; Pasadena, Calif., California Inst. of Technol.; Gates and Crellin Labor. of Chem.; Rehovoth, Israel, Weizmann Inst., NMR Labor.; Murray Hill, N.J., Bell Telephone Labor.; engl.) — Das früher (Proc. nat. Acad. Sci. USA **44**, [1958], 688 u. C. **1959**, 13123) auf eine Spin–Spin-Wechselwrkg. mit einem einzelnen N-Wasserstoff zurückgeführte symm. Dublett der N-Methylprotonenresonanz von *N-Methylacetamid* (I) in stark saurer Lsg. wird von Spinner (C. **1961**, 4292) als Nichtäquivalenz der CH_3-Gruppen in verschiedenen Rotationsisomeren gedeutet. Vff. zeigen, daß die Aufspaltung der N-Methylresonanz nicht als eine chem. Verschiebung, sondern eher durch eine Spin–Spin-Wechselwrkg. hervorgerufen wird. Die N-Methylresonanz einer Lsg. von I in 100%ig. H_2SO_4 besteht aus zwei gleichen Linien, in 100%ig. D_2SO_4 dagegen nur aus einer einzelnen Linie. Die Aufspaltung des Dubletts von protoniertem I ist unabhängig vom Magnetfeld, 3,7 ± 0,3 Hz bei 30 u. auch bei 60 MHz. Die Protonenanlagerung findet daher eindeutig am O statt. H. G. Henkel. B 137□

Interpretation des magnetischen Resonanzspektrums der Methylengruppe in gewissen unsymmetrisch substituierten Verbindungen. J. S. Waugh und F. A. Cotton. (J. physic. Chem. **65**, 562—63, März 1961; Cambridge, Mass., Massachusetts Inst. of Technol., Dep. of Chem. and Labor. for Chem. and Solid State Phys.; engl.) — Das von Finegold (C. **1961**, 3612) beobachtete anomale Verh. der CH_2-Protonenresonanz in Dialkylsulfiten wird von Vff. auf die stereochem. nichtäquivalenten 2 Protonen derselben CH_2-Gruppe, hervorgerufen durch den Mangel an Symmetrie der nichteben substituierten S-Atome (bezogen auf die innere Rotation um den S—O—C-Winkel), zurückgeführt. Es genügt daher bereits eine CH_2-Gruppe im Mol., um das beobachtete Phänomen hervorzurufen. Als Beweis wurde das kernmagnet. Resonanzspektrum von *Benzolsulfinsäureäthylester* aufgenommen: chem. Verschiebung zwischen den CH_2-Protonen von 0,434 ± 0,005 ppm, Spin–Spin-Kopplungs-Konst. von 10,0 ± 0,5 (Hz); Konst. der Kopplung zu den CH_3-Protonen 7,1 ± 0,5. Ähnliche Erscheinungen wurden am *Diäthylacetal* beobachtet: chem. Verschiebungsdifferenz 0,152 ± 0,005 ppm; Spin-Kopplungs-Konst. ca. 6,7 u. die zwischen den nichtäquivalenten CH_2- u. CH_3-Protonen 7,2. Das Spektrum von *Äthylal* dagegen enthält ein normales CH_2-Quartett. H. G. Henkel. B 137□

Protonenmagnetische Resonanzspektren von Cyclopropanderivaten. John D. Graham und May T. Rogers. (J. Amer. chem. Soc. **84**, 2249—52, 5/6. 1962; East Lansing, Mich., Michigan State Univ., Kedzie Chem. Labor.; engl.) — Bei 60000 MHz wurden die hochaufgelösten protonenmagnet. Resonanzspektren folgender Cyclopropane im fl. Zustand aufgenommen: *1.1-Dichlor-2-methyl-2-phenyl-* [$C_{10}H_{10}Cl_2$, Kp.$_{0,3}$

55—56°, n_D^{20} 1,5480, aus α-Methylstyrol u. Dichlorcarben (I)], *cis-1.1-Dichlor-2-methyl-3-phenyl-* [$C_{10}H_{10}Cl_2$, $Kp._{0,2}$ 54—56°, n_D^{20} 1,5440, aus β-Methylstyrol (n_D^{20} 1,5430) mit I], *1.1-Dichlor-2-methoxy-*($C_4H_6Cl_2O$, Kp. 51° [keine Druckangabe im Original], n_D^{20} 1,4490, aus Vinylmethyläther u. I), *1.1-Dichlor-2-äthoxy-* [$Kp._{28}$ 53—54°, n_D^{20} 1,4440, aus Vinyläthyläther u. I); von *trans-1.2.3-Tribenzoylcyclopropan* in CF_3COOH, von *Cyclopropan-1.1.2-tricarbonsäure* u. *trans-3-Methylencyclopropan-1.2-dicarbonsäure* (*Feistsche Säure*) in verd. NaOH. Die beobachteten Proton–Proton-Kopplungs-Konst. (PK) für die Ringprotonen sind nicht anomal, ihre Größen u. Änderungen können durch die Geometrie der Moll. erklärt werden. Substitutionseffekte sind nicht wesentlich zur Deutung der PK, die chem. Verschiebungen jedoch werden durch die Natur der Substituenten stark beeinflußt. W. Schramm. B 137□

Die Geschwindigkeit der Sessel–Sessel-Interkonversion von Cyclohexan. Frederick R. Jensen, Donald S. Noyce, Charles H. Sederholm und Alvin J. Berlin. (J. Amer. chem. Soc. **84**, 386—89, 5/2. 1962; Berkeley, Calif., Univ. of California, Dep. of Chem.; engl.) — Vgl. C. **1961**, 431. — Das protonenmagnet. Resonanzspektrum von *Cyclohexan* (F. 5,4—6,8°) zeigt bei tiefer Temp. als breite Banden eine getrennte axiale u. äquatoriale Resonanz mit nicht aufgelöster Feinstruktur. Die Geschw. der Sessel–Sessel-Interkonversion beträgt bei —66,7° 52,5 s^{-1}. Bei Vernachlässigung der unstabilen Wannenform beträgt die Umwandlungswärme 10,1 kcal/Mol. J. Weiner. B 137□

Das Verhältnis zwischen den theoretischen und den experimentellen diamagnetischen Susceptibilitäten der aromatischen Kohlenwasserstoffe. D. W. Davies. (Nature [London] **190**, 1102—03, 17/6. 1961; Keele, Staffordshire, Univ. Coll. of North Staffordshire, Chem. Dep.; engl.) — Die π-Elektronensusceptibilität χ_z^π von *Bzl.*, *Naphthalin*, *Anthracen*, *Phenanthren*, *Pyren*, *Coronen*, *Biphenyl*, *p-Terphenyl* u. *p-Quaterphenyl* wurden nach der Gleichung $\chi_z^\pi = -33{,}26\ \varrho - 1{,}35n$ ($\varrho = \chi_L$ des gegebenen KW-Stoff zu χ_L-Bzl.) theoret. u. nach der Gleichung $\chi_z^\pi = \chi_z - \Sigma\ \chi_i$ (χ_i = Pascal-Konst. für das i'te Atom; —6,0 für C; —2,9 für H) experimentell ermittelt. Für ϱ werden Werte von London [1937] u. McWeeny (C. **1953**, 3535 u. früher) verwendet. Die Übereinstimmung der theoret. mit den experimentellen Werten ist für χ_z^π eindeutig besser als $\Delta\ \chi$. H. G. Henkel. B 137□

Chemische Verschiebungen und Ringströme in kondensierten ringförmigen Kohlenwasserstoffen. Neville Jonathan, Sidney Gordon und B. P. Dailey. (J. chem. Physics **36**, 2443—48, 1/5. 1962; New York, N.Y., Columbia Univ., Dep. of Chem.; engl.) — Die hochaufgelösten Protonenresonanzspektren von *Naphthalin*, *Anthracen*, *Pyren*, *Perylen*, *Triphenylen*, *Coronen* u. *Phenanthren* (I) wurden bei einer Frequenz von 60 MHz aufgenommen u. auf unendliche Verdünnung in CS_2 oder CCl_4 mit Cyclohexan als inneren Standard extrapoliert. Für I wurde eine teilweise, für die anderen Verbb. eine vollständige Analyse durchgeführt. Es wurden abs. Werte für die chem. Verschiebungen u. Spin-Kopplungs-Konst. erhalten u. eine Beziehung zwischen der π-Bindungsordnung P der jeweiligen C—C-Bindung u. den Spin-Kopplungs-Konst. aufgestellt (J = 12,7 P — 1,1). Mit einer MO-Berechnung vom London-Typ wurden theoret. Werte für die Ringstromverschiebungen erhalten; die relativen Lagen der Protonenverschiebungen werden in allen Fällen korrekt vorausgesagt.
W. Schramm. B 137□

Elektronenkopplung von Kernspins. 6. Mitt. Relative Vorzeichen von J_{gem}^{HH}, J_g^{HH} und J_t^{HH} in [2.2]-Metacyclophan. H. S. Gutowsky und Cynthia Juan. (J. chem. Physics **37**, 120—24, 1/7. 1962; Urbana, Ill., Univ. of Illinois, Noyes Chem. Labor.; engl.) — 4. vgl. C. **1961**, 10495; 5. vgl. J. chem. Physics **36**, [1962], 1153. — Die hochaufgelösten protonenmagnet. Resonanzspektren von 10%ig. Lsgg. von *[2.2]-Metacyclophan* in CCl_4 wurden bei Raum-Temp. bei 60 u. 15 MHz aufgenommen. Eine vollständige Analyse der Spektren vom Typ A_2X_2 u. A_2B_2 führte bei Berücksichtigung früherer Ergebnisse zu den Zuordnungen: J_{trans}^{HH} ±12,3; $J_{gauche'}^{HH}$ (zentrale Paare der gauche-Protonen) ±3,2; J_{gem}^{HH} ±12,0; J_{gauche}^{HH} ±4,0. Die Größen der Werte entsprechen theoret. Berechnungen, aber nicht die entgegengesetzten Vorzeichen von J_{gem} u. J_{trans} (theoret. beide positiv). W. Schramm. B 137□

Elektronenspinresonanz-Untersuchungen von negativen Diazinionen. Raymond L. Ward. (J. Amer. chem. Soc. **84**, 332—34, 5/2. 1962; Livermore, Calif., Univ. of California, Lawrence Radiat. Labor.; engl.) — Vf. stellt die negativen Ionen von *Pyrazin* u. *Pyridazin* (durch Red. mit K in 1.2-Dimethoxyäthan bei —70°) dar u. mißt ihre Hyperfeinstruktur. Die Berechnung der Spindichten erfolgt nach der Hückelschen u. SCF-MO-Meth. (auch für die negativen Ionen von *Chinoxalin*, *Phenazin*, *1.10-Phenanthrolin* u. *Chinolin*), in beiden Fällen wird eine Übereinstimmung mit den gefundenen

Werten erzielt. Das bei der Red. von *Pyrimidin* erhaltene Spektrum der Rk.-Lsg. entspricht nicht dem eines einfachen negativen Ions, sondern dem eines durch Kopplung zweier Kerne gebildeten Ions. J. Weiner. B 137□

Elektronenspinresonanz des Adenosintriphosphats. D. B. Russell und S. J. Wyard. (Nature [London] **191**, 65—66, 1/7. 1961; London Bridge, Phys. Dep.; engl.) — Das ESR-Spektrum des kommerziellen *Di-Na-Salzes* (I) *von Adenosintriphosphat* zeigt zwei g-Werte, g_1 2,128 $\pm$ 0,010 u. g_2 2,064 $\pm$ 0,004, wobei g_2 annähernd $g_\perp$ gleich ist u. g_1 $g_\parallel$ entspricht. Diese Werte sind eindeutig höher als der des freien Elektrons (2,0023). Lage u. Form des Signals zeigen eine Cu—N-Bindung an. Eine Cu-Analyse mit Diäthyldithiocarbamat (colorimetr. bei 435 mμ) ergibt 75,2 $\pm$ 4,0 μg Cu/g I. Das zum Vgl. aufgenommene ESR-Spektrum des *Cu-Phthalocyanins* (II) zeigt die gleiche Anisotropie wie das Spektrum von I. Die g-Werte betragen g_1 2,087 $\pm$ 0,004 u. g_2 2,025 $\pm$ 0,001. Die Differenzen zwischen g_1 u. g_2 sind für I u. II gleich, woraus geschlossen wird, daß in beiden Fällen eine Cu-Bindung vorliegt, die jedoch gewisse Unterschiede zeigt. Durch Vgl.-Messungen mit II-Lsgg. läßt sich der Cu-Geh. von I aus dem Resonanzsignal bestimmen. Die erhaltenen Werte zeigen ausreichende Übereinstimmung mit den nach der colorimetr. Meth. erhaltenen. So wurde der Cu-Geh. in nach Dubois, Albaum u. Potter (J. biol. Chemistry **147**, [1943], 699) gereinigtem I colorimetr. zu 17,8 $\pm$ 4,0 u. aus dem Resonanzsignal zu 17,8 $\pm$ 2,9 μg/g I bestimmt. Diese Ergebnisse zeigen, daß das Elektronenspinresonanzsignal von I durch Cu-Verunreinigungen, die einen Cu–I-Komplex bilden, hervorgerufen wird. Der von Isenberg u. Szent-Györgyi (Proc. nat. Acad. Sci. USA **45**, [1959], 1232) zur Diskussion gestellte interne Ladungsaustausch als Ursache des beobachteten Signals könnte, falls vorhanden, infolge zu geringen Auftretens unpaarer Elektronenzustände bei dem verwendeten Spektrometer wahrscheinlich nicht beobachtet werden. H. G. Henkel. B 137□

Protonenmagnetische Resonanzverschiebungen in Steroid-D-Homoringverknüpfungen. N. R. Trenner, B. H. Arison, D. Taub und N. L. Wendler. (Proc. chem. Soc. [London] **1961**, 214—16, Juni; Rahway, N.J., Merck, Sharp & Dohme Res. Labor.; engl.) — Die Unters. von 30 D-Homoring-Verbb. zeigt, daß mit Hilfe der kernmagnet. Resonanzspektroskopie die Frage beantwortet werden kann, ob bei Anwendung neuer Umwandlungsbedingungen auf 17-Hydroxy-20-ketosteroide der normale Steroid-D-Ring erhalten bleibt oder ob durch eine Acyloinumlagerung das D-Homoisomere entsteht. Für die Protonen der der 20-Ketogruppe benachbarten 21-Methylgruppe (Resonanz bei 7,7 τ) wurde eine Verschiebung zum höheren Feld von ca. 0,9 Einheiten, für die entsprechende 21-Acetoxymethylgruppe (Resonanz bei 5,1 τ) eine Verschiebung zum höheren Feld von 0,6 Einheiten bei Ringerweiterung vom D-Fünf- zum D-Sechsring beobachtet. In allen Fällen traten für den Wert dieser Verschiebung nur Abweichungen unter 0,1 τ auf; die Größe der Verschiebung war im wesentlichen in $CDCl_3$ u. deuteriertem Aceton die gleiche. Für die 18-Methylgruppe wird im allg. eine Verschiebung zum niedrigeren Feld bei Ringerweiterung vom D-Fünf- zum D-Sechsring beobachtet, doch ist der Wert zwischen $-0,56$ u. $+0,10$ τ variabel u. von Stellung u. Konfiguration der Substituenten am erweiterten D-Ring abhängig. Jedoch gelang es Vff., die 18-Methylverschiebungen analog einer von Shoolery u. Rogers (vgl. C. **1959**, 9510) für normale Steroide abgeleiteten Meth. zu berechnen. Für die untersuchten D-Homoring-Verbb. zeigte sich gute Übereinstimmung zwischen den berechneten u. den gefundenen Werten. Als Beispiele werden angeführt: *$\Delta^{4.9}$-17β-Acetoxymethyl-17α-hydroxy-16β-methyl-D-homo-androstadien-3.17a-dion* (berechnet 9,04; gefunden 9,00) u. *3α-Acetoxy-17aα-hydroxy-17aβ-methyl-D-homo-5β-androstan-11.17-dion* (9,36; 9,40). Die Unters. zeigt, daß die Erweiterung des Ringes D in *3α-Acetoxy-5β-androstan-11.17-dion, 3α.11β-Dihydroxy-16α-methyl-* u. *3α-Acetoxy-16β-methyl-5β-androstan-17-on* D-Homo-Verbb. gibt, deren 18-Methylresonanz um $-0,12$, $-0,13$ bzw. $-0,16$ τ nach niederem Feld verschoben ist. Es wird ferner vermutet, daß die für normale Steroide l. c. abgeleitete Beziehung für die chem. Verschiebung der 19-Methylgruppe ebensogut für D-Homosteroide gilt.
H. G. Henkel. B 137□

Vergleichende Untersuchung der Acidität einiger 4-Nitro- und 2.4-Dinitrophenylhydrazone. Robert Schaal und Christiane Gadet. (Bull. Soc. chim. France **1961**, 2154—61, Nov.; Paris, Labor. de Chim. PCB IV; franz.) — Die Beziehung zwischen der relativen Säure-Konst. in A. K_H^s u. der thermodynam. Konst. K_a, die in Mischungen aus W. u. Äthylendiamin bestimmt wird, lautet: $pK_H^s - pK_a = -16,44$ bei 20°. Dadurch wird es möglich, die K_a-Werte für Fälle, in denen sie nicht gemessen werden können, zu berechnen. Für folgende Substanzen werden die pK_H^s u. pK_a spektrophotometr., potentiometr. oder rechner. ermittelt: *2.4-Dinitrodiphenylamin, 4.4'-Dinitrodiphenylamin, 3-Nitrocarbazol, 2.4-Dinitroanilin* sowie die *2.4-Dinitrophenylhydrazone*

(*DNP*) u. *4-Nitrophenylhydrazone* (*NP*) von *Propanal* (F. 155 bzw. 124°), *Butanal* (F. 122 bzw. 87°), *Isobutanal* (F. 182 bzw. 130°), *Heptanal* (F. 108 bzw. 73°), *Aceton* (F. 127 bzw. 152°), *Cyclopentanon* (F. 146 bzw. 154°), *Cyclohexanon* (F. 162 bzw. 147°), *Benzaldehyd* (F. 235 bzw. 158°), *Acetophenon* (F. 253 bzw. 185°), *Benzophenon* (F. 239 bzw. 155°), *Bis-NP* von *Glyoxal* (F. 315 bzw. >315°), ferner von *Formaldehyd-NP* (F. 182°) u. *2-Methylpentanon-(4)-DNP* (F. 95°). Die pK_a-Werte der DNP u. NP liegen zwischen 10^{-13} u. 10^{-15}. H. Schibilla. B 139□

Untersuchung photoinduzierter Elektrodenpotentiale. John J. Surash und David M. Hercules. (J. physic. Chem. **66**, 1602—06, Sept. 1962; Bethlehem, Pa., Lehigh Univ., Dep. of Chem.; Huntington, Pa., Juniata Coll.; engl.) — Es werden die photoinduzierten Änderungen des Potentials einer Pt-Elektrode bei Kontakt mit der Lsg. organ. Verbb. [*9.10-Anthrachinon* sowie *Acetophenon, 4-Amino-, 4-Brom-, 4-Hydroxy-4-Methoxy-, 4-Nitroacetophenon, Di-Na-Salz der Anthrachinon-2.6-disulfonsäure* (in 40 Vol.-% ig. wss. A.), *Benzaldehyd, Benzhydrol* (**I**), *Benzoin, Benzophenon, 4-Brom-, 4.4'-Dimethyl-, 2-Hydroxy-5-chlorbenzophenon* (**II**), *Benzpinakon, p-Benzochinon, Dibenzoylperoxid, 2.2'-Bipyridyl, Diphenylamin, Fluorescein, Tetrabromfluorescein, 1.4-Naphthochinon, Phenazin* u. *Tetraphenylhydrazin* (**III**) in abs. A.] untersucht. Im Vgl. zu einer Ag/AgCl-Bezugselektrode wird das Potential der oben beschriebenen Elektrode im allg. (bei **I** u. **II** kein Effekt, bei **III** wird das Potential positiver) bei Bestrahlung (Hochdruck-Xe-Lichtbogen) in N_2-Atmosphäre schnell negativ, erreicht einen Grenzwert u. nimmt bei Aufhören der Anregungsstrahlung langsam ab. Der Effekt wird auf freie Radikale zurückgeführt, die durch photochem. Rk. des Lsgm. mit dem gelösten Stoff entsteht. Der Einfl. der Lsg.-Konz., des Prod. der Photored., der Viscosität u. der Wellenlänge der Anregungsstrahlung (zwischen 2400 u. 4200 Å) werden erörtert. Es stellt sich heraus, daß der Effekt unabhängig von der Elektrode entsteht. Das freie Radikal wird mit Hilfe von Absorptionsspektren u. Polymerisationsergebnissen nachgewiesen. H. Schibilla. B 140□

Polarographische Untersuchungen an verschiedenen Typen von Peroxiden und ähnlichem Material aus autoxydierten Fetten. N. Absar Khan. (Pakistan J. sci. ind. Res. **2**, 287—89, Okt. 1959; Dacca, East Reg. Labor.; engl.) — Die Autoxydations-Prodd. von *Ölsäure-* u. *Stearolsäuremethylester* wurden polarograph. untersucht. Gefunden wurden aus Heptan krist. Methylamylketonperoxid, Bis-[hydroxyheptyl]-peroxid u. Di-tert.-butylperoxid. P. Becker. B 142

Der Einfluß von Hydratationserscheinungen auf das polarographische Verhalten gewisser nitrierter Aldehyde. Chronopotentiometrische Untersuchung. Étienne Laviron, Henri Troncin und Jean Tirouflet. (Bull. Soc. chim. France **1962**, 524—27, März; Dijon, Fac. des Sci., Labor. de Chim. Gén.; franz.) — Die Polarogramme von *o-Nitrobenzaldehyd, 5-Nitrofurfurol* (**I**) u. *5-Nitrothiophen-2-aldehyd* zeigen bei pH ≤0 das erwartete Erscheinungsbild mit den Stufen A: $NO_2 \rightarrow NHOH$ (4 e); B: $NHOH \rightarrow NH_2$ (2 e), wobei das Polarogramm von **I** komplexer (bis zu 6 Stufen) ist, bei pH >0 erscheint die Stufe der Carbonylgruppe. Im Bereich pH 1—7 spaltet Stufe A in eine Doppelstufe $A_1 + A_2$ auf, die dem Einfl. einer teilweisen Hydratation der Carbonylgruppe zugeschrieben wird. Stufe A_1 entspricht der Red. der NO_2-Gruppe in Ggw. der unhydratisierten Carbonylgruppe, während A_2 dem analogen Red.-Vorgang am hydratisierten Mol. zukommt. Die Gleichgewichts-Konst. sowie die Rk.-Geschw. der Hydratationsvorgänge konnten durch chronopotentiometr. Messungen bestimmt werden. E. Moisar. B 142□

Die thermische Stabilität einiger organischer Verbindungen. I. B. Johns, E. A. McElhill und J. O. Smith. (J. chem. Engng. Data **7**, 277—81, April 1962; Everett, Mass., Monsanto Res. Corp.; engl.) — Die therm. Stabilität folgender Verbb. wurde untersucht u. (in Klammern) die Zers.-Temp. u., soweit identifiziert, die Pyrolyse-Prodd. angegeben: a) Stabilität in fester oder fl. Phase: *Naphthalin* [**I**; 570°; 2.2'-Dinaphthyl (**VII**)], *Biphenyl* (**II**; 543°; p-Terphenyl), *Triphenylen** (527°), **VII** (518°), *2-Phenylnaphthalin* (507°), eutekt. Gemisch 25% **II**, 55% *o-*, 20% *m-Terphenyl* (493°), *1.3.5-Triphenyl-** (499°) u. *Hexaphenylbenzol** (453°), *p-Quaterphenyl* (482—504°; 1.1'.4'.1''.3''-Quaterphenyl), *1.1'-Dinaphthyl* (452°; Terrylen u. Perylen), *Coronen** (453°), *Hexachlor-* (510—527°) u. *m-Bis-[m-phenoxyphenoxy]-benzol* (468—486°), *Dekachlorbiphenyl* (510 bis 520°), *Diphenyläther* (**VIII**; 538°), *Triphenyl-* (502°) u. *Tris-[pyridyl-(2)]-amin* [452°; Di-[pyridyl-(2)]-amin), *Ferrocen* (454°; Diferrocenyl), *Diphenyl-* (454°; Fluoren) u. *Diphenyldicyanmethan* (427—440°), *Bis-[m-(m-phenoxyphenoxy)-phenyl]-äther* (477°), *1.2-Diphenyltetrafluoräthan* (427—440°), *Diphenylacetylen* [421°; 1.1.2.4-Tetraphenylbuten-(1)-in-(3) (?) u. CH_4], *Stilben* (418°), *Dibenzyl* (382°), *Diphenylcarbodiimid** (370°), *Diphenyldifluormethan* (318°), *Dibenzothiophen* (545°), *Dibenzofuran* (518°), *Chinolin* (**III**; 510

bis 535°), *1.2.6-Tripyridobenzol** (482°), *2.2'-Bichinolyl** (IV; >482°), *2.2'-Bipyridyl* [482°; Pyridin (VI)], *2.2'-Dithienyl* (474°; Thiophen), *1-Phenylimidazol* [477°, teilweise Umlagerung zu 2-Phenylimidazol (V)], *6-* (477—485°) u. *8-Phenylchinolin* (466°), *2-Phenoxypyridin* [457°; N-Phenylpyridon-(2)], *Phenazin* (452—465°; Anilin), *1.10-Phenanthrolin* [432°; 2-Alkyl-3-vinylpyridin (?)], *Isochinolin* (438—463°), *1.5.9-Tripyridobenzol** (441°), *1.2.4.5-Tetraphenylimidazol* (443°), *2.2'-Diimidazolyl* (<427°), *Pyridazin* (316°), *Triphenyl-** (467°) u. *Tris-[pyridyl-(2)]-symm.-triazin* (348°), *Hexaphenylmelamin** (454°), *Cyanursäuretricyanid** (<238°), *Diphenyldiphenoxysilan* (470—490°; VIII), *Tetraphenylsilan* (482°; II), *Tetraphenylsilicat* (468°; Phenol), *Polyphenoxysiloxan* (390—418°), *Bis-[o-phenylendioxy]-silan* (316—366°), *o-Phenylenphenylboronat* (496 bis 507°), *Bis [o-phenylen]-dipyroborat* (454°), *Hexaphenylborazol** (434°), *Tris-[o-phenylen]-bis-borat* (396°), *2-Phenyl-1.3.2-benzodiazaborolin* (368°), *Triphenylboroxol* (357°), *trimeres Dimethylphosphinoborin* (vgl. Florin u. Mitarbeiter, C. **1955**, 1672; 357°), *Triphenylbor* (316—366°), *Triphenylphosphinoxid* (454°), *tetrameres Diphenylphosphinsäurenitrit* (432°), *Triphenylphosphinsulfid* (ca. 380°), *Hexaphenylphosphorazol** (352°), *Tris [pyridyl-(2)]-phosphinsulfid* (<308°); b) Stabilität in der Gasphase: *Hexafluorbenzol* (>650°), *Perfluorcyclobutan–Perfluorisobutylen* (670°), *Tetrakis [perfluormethyl]-pyrazin* (ca. 650°; Perfluoräthan, Fluoroform u. SiF_4), *Perfluorcyclohexan* (620—650°), *Cyanurtrifluorid* (530°), *2.4.6-Tris [perfluormethyl]-symm.-triazin* (480°; Trifluoracetonitril), *Benzotrifluorid* (430°; Fluoroform), III (650°; IV, VI), *2.2'-Dipyridyl* (620—650°; H_2 u. CH_4), VI (620—650°), *Imidazol* (620—650°), *Pyrimidin* (620—650°; H_2), I (620 bis 650°; VII), *Bzl.* (600°; II), *Thiophen* (590—620°), V (600°; H_2), *Benzonitril* (570 bis 600°; HCN, H_2, 2.4'-Dibenzonitril), *Toluol* (565—590°; H_2 u. CH_4), *Benzthiazol* (H_2, H_2S u. Dibenzthiazolyl-(2.2')), *Thiazol* (540°; H_2 u. H_2S), II (510—540°; p-Terphenyl), *Benzimidazol* (400—430°), *1.2.4-Triazol* (<430°; NH_3, HCN, H_2), *Indazol* (<480°). Die therm. Stabilität dieser Verbb. wird diskutiert. Die Konst. a u. b der Dampfdruckgleichung log p = b — a/T, die durch Dampfdruckmessung mit einem Mikroisoteniskop bestimmt wurden, sind tabelliert für die mit * gek. Verbindungen.

Versuche: *Diphenyldicyanmethan*, $C_{15}H_{10}N_2$, F. 88—89° (Bzl. oder PAe.), aus 56 g Diphenyldichlormethan u. 50 g CuCN, 3 Std. auf 100° erhitzen. — *Tris-[pyridyl-(2)]-symm.-triazin*, F. 246° (50%ig. A., Vakuumsublimation), Hochdruck-Kondens. von 2-Cyanpyridin bei 200—275° u. 6700 kg/cm². — *Hexaphenylphosphorazol*, $C_{36}H_{30}N_3P_3$, F. 264—265°, Phenyldichlorphosphin zu Lsg. von Anilin u. Triäthylamin in trocknem Bzl. unter N_2, Rühren u. Kühlen, nach 1 Std. 5 Std. am Rückfluß kochen, gelbes Prod.; 45% (Ausbeute); daneben lineares Kondens.-Produkt. — *1.5.9-Tripyridobenzol* (*1.5.9-Triazatriphenylen*). (Sublimation 150°/10⁻⁴ mm) — *1.2.6-Tripyridobenzol*, $C_{15}H_9N_3$, F. 234 bis 235°, durch von Colin [1930] modifizierte Skraupsche Synth. aus 1.3.5- bzw. 1.2.4-Triaminobenzol. U. Uhlich. B 146□

Gleichgewicht des Flüssigkeit–Dampf-Systems im Gemisch von Isopren mit Kohlenwasserstoffen der C_5-Fraktion. A. F. Frolow und W. N. Korotkowa. (Chem. Ind. [UdSSR] **1961**, 376—78, Juni; Forschungsinst. für Monomere für synthet. Kautschuk; Jaroslawl, Technolog. Inst.; russ.) — Für die bei der Dehydrierung von Isopentan auftretenden bin. Gemische von *Isopren* (I) mit den Isoamylenen (II) *3-Methylbuten-(1)* (α-II), *2-Methylbuten-(2)* (β-II) u. *2-Methylbuten-(1)* (γ-II) werden in Tabellen n_D^{20} u. Zus. (Mol-%) von Fl. u. Dampf, Kp., relative Flüchtigkeit α u. Aktivitäts-Koeff. γ von I u. II mitgeteilt, ebenso für das Syst. I–*trans-Piperylen* (III). Aus der prakt. Konstanz von α bei Änderung der Zus. u. den nahe 1 liegenden Werten von γ ergibt sich, daß die untersuchten Syst. I–II u. I–III annähernd ideal u. in einem breiten Intervall dem Raoultschen Gesetz unterworfen sind. R. K. Müller. B 150□

Die Temperaturabhängigkeit der Viscosität von 1-Alkenen. M. Ch. Karapetjanz und Go-ssen Jan. (Hochschulnachr. [Baku], Erdöl Gas [UdSSR] **3**, Nr. 4, 99—103, 1960; Sitschuan, Chem.-technolog. Mendelejew-Inst. der Univ., Chines. Volksrepublik; russ.) — Die von Karapetjanz (Arbeiten des Chem.-Technolog. Mendelejew-Inst. [UdSSR] **23**, [1956], 3) erstellte Meth. zur Berechnung der Viscosität der n-Alkane wird jetzt für die homologe Reihe der Alkene-(1) angewendet. Es werden die Größen ermittelt, mittels derer die Abhängigkeit der Viscosität von der Temp. für 22 Alkane [*Äthylen, Propylen* u. *C_6—C_{25}-Alkene-(1)*] errechnet werden kann. Die Ergebnisse sind in Tabellen angeführt. Else Heinemann. B 172

Rheologische Eigenschaften von Gelen. Viscoelastizität von Quecksilbersulfosalicylatlösungen. Takaaki Danno. (Bull. chem. Soc. Japan **32**, 1033—37, Okt. 1959; Tokyo, Tokyo Gakugei Univ., Dep. of Chem.; engl.) — Die viscoelast. Parameter von *Hg-Sulfosalicylat*-Lsgg. (SL) u. ihre Abhängigkeit von Frequenz, Amplitude, Konz., Temp. u. anderen Faktoren werden bestimmt. Die SL werden durch Eintragen von gelbem HgO in Sulfosalicylsäure-Lsgg., Erhitzen auf 100°, Zugabe von W., 1 std. Kochen u. 2tägiges Stehen dargestellt. Ihre Konzz. wurden durch Eindampfen bestimmt. Die frisch bereiteten SL sind transparent, werden beim Stehen jedoch viscoelast., wobei ihre Viscosität (VI) in wenigen Tagen stark, ihre Steifheit (ST) dagegen nur langsam zunimmt. Die ST einer 3,16%ig. Lsg. erreicht dabei in 10—15 Tagen einen Grenzwert, die VI steigt jedoch kontinuierlich weiter. Bei hohen Frequenzen nimmt die VI stark zu, die ST stark ab; bei niedrigen Frequenzen sind VI u. ST konst.; VI u. ST nehmen mit steigender Temp. ab. Aus den Ergebnissen sowie aus elektronenmkr. Aufnahmen folgt: Die Gelierung der SL beginnt mit der Ausbildung einer elast. Netzstruktur, die dann langsam in eine Käfigstruktur übergeht. L. Lamza. B 173

Gas-Flüssigkeitschromatographie von Naturprodukten und ihren Derivaten. G. Eglinton, R. J. Hamilton, R. Hodges und R. A. Raphael. (Chem. and Ind. **1959,** 955—57, 25/7.; Glasgow, Univ., Chem. Dep.; engl.) — *α-Pinen* ($C_{10}H_{16}$), *β-Pinen* ($C_{10}H_{16}$), *1.8-Cineol* ($C_{10}H_{18}O$), *Dekalin* ($C_{10}H_{18}$), *Caryophyllen* ($C_{15}H_{24}$), *Nordrimenon* ($C_{14}H_{22}O$), *Drimenol* ($C_{15}H_{26}O$), *Rimuen* ($C_{20}H_{32}$), *Isophyllocladen* ($C_{20}H_{32}$), *α-Dihydrophyllocladen* ($C_{20}H_{34}$), *Dihydro-D-homophyllocladen* ($C_{21}H_{36}$), *12-Methoxypodocarpan* ($C_{18}H_{26}O$), *12-Hydroxypodocarpan* ($C_{17}H_{24}O$), *Podocarpsäuremethylester* ($C_{18}H_{24}O_3$), *Totarol* ($C_{20}H_{30}O$), *Dehydroabietinsäuremethylester* ($C_{21}H_{30}O_2$), *Cholestan* ($C_{27}H_{48}$), *3-Methyl-Δ^2-cholesten* ($C_{28}H_{48}$), *Cholestanon* ($C_{27}H_{46}O$), *Elemicin* ($C_{12}H_{16}O_3$), *Isoelemicin* ($C_{12}H_{16}O_3$), *1.4-Diphenylbutan* ($C_{16}H_{18}$), *1.2;7.8-Dibenzocyclododecadien-(1.7)* ($C_{20}H_{24}$), *1.2.5-Trimethylnaphthalin* ($C_{13}H_{14}$), *4-Isopropyl-1.7-dimethylnaphthalin* ($C_{15}H_{18}$), *Fluoren* ($C_{13}H_{10}$), *Phenanthren* ($C_{14}H_{10}$), *Reten* ($C_{18}H_{18}$), *Ölsäuremethylester* ($C_{19}H_{36}O_2$), *Dokosan* ($C_{22}H_{46}$), *Hexakosan* ($C_{26}H_{54}$), *Cyclooctakosan* ($C_{28}H_{56}$), *Cyclooctadecandion-(1.10)* ($C_{18}H_{32}O_2$), *1.15-Pentadecanolid* ($C_{15}H_{28}O_2$), *1.15-Pentadecen-(11)-olid* ($C_{15}H_{26}O_2$), *1.15-Pentadecadiin-(10.12)-olid* ($C_{15}H_{20}O_2$), *$\Delta^{13,18}$-Oleanen* ($C_{30}H_{50}$), *Δ^{12}-Oleanen* ($C_{30}H_{50}$), *Δ^5-Alnusen* ($C_{30}H_{50}$), *Δ^3-Friedelen* ($C_{30}H_{50}$), *Onoceran I* ($C_{30}H_{54}$), *Onoceran II* ($C_{30}H_{54}$), *Onoceran III* ($C_{30}H_{54}$), *Δ^{12}-α-Amyren* ($C_{30}H_{50}$), *$\Delta^{9,11}$-Lanosten* ($C_{30}H_{52}$), *Hexatriakontan* ($C_{36}H_{74}$) werden gaschromatograph. untersucht. Die Arbeits-Temp. u. Retentionszeiten sind angegeben. Die Trennung von Cholestan u. Δ^2-Cholesten gelingt unter den angewandten Bedingungen nicht. K. Lange. B 177

Der Triplettzustand von Methylen in Lösung. Karl R. Kopecky, George S. Hammond und Per A. Leermakers. (J. Amer. chem. Soc. **84,** 1015—19, 20/3. 1962; Pasadena, Calif., California Inst. of Technol., Gates and Crellin Labor. of Chem.; engl.) — Vgl. C. **1961,** 16068. — Vff. untersuchten durch gaschromatograph. Analyse der Prodd. folgende Rkk. von CH_2N_2: Photolyse in Cyclohexen (I), durch Benzophenon (II) sensibilisierte Zers. in **I**, Pyrolyse in **I**, Pyrolyse in **I** bei Katalyse durch Cu-Pulver bzw. Fe(III)-Dipivaloylmethid (**III**), Photolyse in **I**-CH_3J, in **I**-Freon u. analoge Rkk. von CH_2N in 2.2.4-Trimethylpentan (**V**) u. cis- u. trans-Buten-(2) (cis- u. trans-**IV**). Bei der durch **II** sensibilisierten Zers. entsteht Triplett-CH_2, das nicht stereospezif. mit cis- u. trans-**IV** reagiert. Bei der durch Cu oder **III** katalysierten Zers. reagiert CH_2 stereospezif. mit cis- u. trans-**IV**. Es wurden keine durch Einbau von CH_2 entstandenen Prodd. gefunden. Die Pyrolyse von CH_2N_2 bei 265° gibt ein CH_2, das mit **I** u. **V** Produkt-Verhältnisse gibt, die denen der direkten Photolyse sehr ähnlich sind (Singulett-CH_2). W. Schramm. B 182□

Bindungslängen und Kernquadrupolkopplung in Vinylhalogeniden. E. Bright Wilson jun. (J. chem. Physics **33,** 612—13, Aug. 1960; Cambridge, Mass., Harvard Univ., Mallinckrodt Chem. Labor.; engl.) — Vgl. C. **1962,** 12606. — Vf. hält Unstimmigkeiten in der Reihenfolge der Konjugationseffekte, wie l. c. erläutert, nicht notwendig für einen Beweis gegen das Auftreten der Konjugation u. ferner die l. c. vorgebrachten Argumente für die nichtzylindr. Einzelbindung für nicht ganz stichhaltig. Unter Hinweis auf die Schwellen gegen innere Rotation möchte Vf. die Vorstellung des Doppelbindungscharakters als Deutung der Bindungslängeneffekte nicht ohne weiteres verworfen wissen. D. Jörchel. B 182□

Über die relative Festigkeit der Bindungen von Allyl- und Benzylresten an Stickstoff. A. T. Babajan, M. G. Indshikjan und Ss. A. Ssurmanjan. (Ber. Akad. Wiss. ArmenSSR **26,** 235—40, 1958; Inst. für org. Chem. der Akad. der Wiss. der ArmenSSR; russ., Auszug: armen.) — An Hand der Rkk. von *N-Methylanilin* mit *Allyldibenzylmethyl-*, *Allylbenzylphenylmethyl-* u. *Tribenzylmethylammoniumjodid*, die immer N-Methyl-N-benzylanilin u. entsprechend Benzylallyl-, Allylphenyl- bzw. Dibenzylmethylamin liefern, wird gezeigt, daß die Benzylgruppe bei N-Alkylierungen beweglicher als die Allylgruppe, d. h. weniger fest mit einem N-Atom verbunden ist. Der Widerspruch zu den Ergebnissen von Braun [1907] läßt sich nicht durch gegenseitige Beeinflussung der übrigen Reste erklären. Beim Erhitzen von *Methyltribenzyl-*

u. *Methylisoamyldibenzylammoniumhydroxid* entstehen unter Stevens-Umlagerung: Methylbenzyl- u. Methylisoamyl-[α.β-diphenyläthyl]-amin. Helmut Schäfer. B 182

Elektronen–Donator–Acceptor-Komplex- und Ionenbildung bei der Wechselwirkung von N.N.N'.N'-Tetramethyl-p-phenylendiamin mit Tetracyanäthylen. 26. Mitt. **über Untersuchungen über Elektronenüberführungs-Spektren und zwischenmolekulare Bindung durch intermolekulare Mesomerie.** W. Liptay, G. Briegleb und K. Schindler. (Z. Elektrochem., Ber. Bunsenges. physik. Chem. **66**, 331—41, Juni 1962; Würzburg, Univ., Inst. für Phys. Chem.; dt.) — 24. Vgl. Czekalla u. Mayer, C. **1962**, 13704, vgl. auch C. **1963**, 2392. — Es werden spektrophotometr. bei 20° die Wechselwrkg. von *Tetramethyl-p-phenylendiamin* (TMPD) mit *Tetracyanäthylen* (TCNÄ) in den Lsgm.: Ae.; Acetonitril (Acn); Glykoldimethyläther (Gly); Tetrahydrofuran (THF) u. Benzotrifluorid (BTF) untersucht u. die Gleichgewichts-Konst. der auftretenden Rkk. in den verschiedenen Lsgm. sowie z. T. die Leitfähigkeit der Lsgg. bestimmt. Es stellt sich heraus, daß bei Lsg. in Ae. fast ausschließlich ein Elektronen–Donator–Acceptor (EDA)-Komplex TMPD·TCBÄ entsteht. Bei Lsg. in Acn (höhere DK) werden die Radikalionen $TMPD^+$ u. $TCNÄ^-$ gebildet, der EDA-Komplex ist erst bei sehr hohen Konzz. neben den freien Ionen u. korrespondierenden Ionenpaaren nachzuweisen. In den übrigen Lgsm. (Bereich mittlerer DK) liegen die Komponenten der EDA-Komplexe, die Ionenpaare u. freien Ionen im Gleichgewicht nebeneinander vor. Die Absorptionsbanden der Ionen $TMPD^+$, $TCNÄ^-$ (Absorptionsbande im Bereich $21-30 \cdot 10^3$ cm^{-1} mit ausgeprägter Feinstruktur) u. des EDA-Komplexes (zwei Maxima bei 10,4 u. $23{,}5 \cdot 10^3$ cm^{-1}) sind vom Lsgm. nahezu unabhängig. H. Schibilla. B 223□

Einfache Salze und Komplexe aus β-Hydroxynaphthoesäure. El. Bogdan, M. Motaş und A. Bold. (Studii Cercetări ştiinţ. [Iaşi], Chim. **9**, 181—87, 1958; rum.) — Dargestellt werden einfache Salze u. Komplexsalze von *β-Hydroxynaphthoesäure* u. den entsprechenden Metallacetaten oder -oxalaten in W. oder unter Wasserausschluß im sauren, neutralen oder alkal. Medium. Die Mehrzahl der Kationen (Co^{2+}, La^{3+}, Ce^{3+}, $UO_2{}^{2+}$, Mo^{2+}) ersetzt nur das H der Carboxylgruppe. In einigen Fällen (Ni^{2+}, Mn^{2+}) ist auch das H-Atom der Hydroxylgruppe an der Salz-Bldg. beteiligt. Tl^+ bildet im alkal. Medium ein einfaches, Co^{2+} ein *Komplexsalz*. Überraschend ist die leichte Rk. der Seltenen Erden. Die erhaltenen Ndd. sind voluminös u. schwer löslich. Die Mn- u. Ce-Salze sind in Alkalihydroxiden lösl., die Lsgg. zeigen eine grüne Fluorescenz. K. Lange. B 223

Wasserlöslichkeit von n-Pentan und n-Hexan. A. Ju. Namiot und Ss. Ja. Baider. (Chem. Technol. Brennstoffe Öle [UdSSR] **5**, Nr. 7, 52—55, Juli 1960; Allunions-Erdölforschungsinst.; russ.) — Die Henry-Koeff. (K) für die Löslichkeit von *n-Pentan*, *n-Hexan* u. *n-Heptan* sowie deren Gemischen mit *Methan*, *Äthan*, *Propan* u. *Butan* in W. zwischen 10—170° werden graph. gebracht. Die K von n-Pentan erhöhen sich von 21000(at/mol. Anteil) bei 20° auf 42000 bei 71,1°, der K von n-Hexan in W. bei 18° beträgt 20000. Die Löslichkeit von n-Pentan bei 25° in W. beträgt 137 (mg/l Liter W.), die von n-Hexan bei 18° 34. Gemäß der Beziehung: K = Dampfdruck/mol. Anteil der KW-Stoffe in gesätt. wss. Lsgg. können die K zu einer orientierenden Berechnung der Löslichkeit von gesätt. KW-Stoffen in W. dienen. Wenn man annimmt, daß sich die K nur wenig mit dem Molgew. ändern (was für die ersten 6 Homologen der KW-Stoffe zutrifft), so muß sich die Löslichkeit der verschiedenen KW-Stoffe in W. wie ihr Dampfdruck verhalten. Da sich der Dampfdruck beim Übergang zum nächsten Homologen einer Reihe verringert, muß sich auch die Löslichkeit um einen entsprechenden Grad verringern. Helmut Schäfer. B 224□

Sekundäre Wasserstoffisotopeneffekte als Kriterium des Mechanismus. E. A. Halevi. (Tetrahedron [London] **1**, 174—75, April 1957; Haifa, Israel, Israel Inst. of Technol., Dep. of Chem.; engl.) — Vgl. Int. J. appl. Radiat. Isotopes **7**, [1960], 192. — Kurze Erörterung des Effektes. — 17 Literaturzitate. K. Prohal. B 225□

Zur Chlorierung von Alkanen. 3. Mitt. **Berechnung der Konzentrationsverteilung bei Konsekutivreaktionen am Beispiel der thermischen Chlorierung des n-Hexakosans.** C. Schuhler. (Z. physik. Chem. [Leipzig] **219**, 53—59, 1962; Leipzig, Dtsch. Akad. der Wiss., Inst. für Verfahrenstechnik der organ. Chem.; dt.) — Aus Ansätzen für Geschw.-Gleichungen für Konsekutiv-Rkk. werden Formeln für die Konz.-Verteilung bei der Chlorierung von Paraffinen mit einheitlicher Kettenlänge aufgestellt u. die Werte für die Chlorierung von *n-Hexakosan* (Tabelle, Diagramm) berechnet. W. Schramm. B 225□

Gegenseitige Umwandlung einiger Pentylbenzole durch Aluminiumchlorid. Royston M. Roberts und Yuri W. Han. (Tetrahedron Letters [London] **1959**, Nr. 6, 5—8, Juni; Austin, Tex., Univ., Dep. of Chem.; engl.) — Durch 1 std. Erhitzen von *tert.*-

Pentylbenzol (I) mit durch W. aktiviertem $AlCl_3$ in Ggw. von sek.- u. Isobutylbenzol auf 100° entstehen 65% Neopentylbenzol (II) u. 30% 2-Methyl-3-phenylbutan (III) neben 5% I. Durch ½std. Kochen von I mit $AlCl_3$ in Bzl. entsteht ein Gemisch aus 60% III, 27% II u. 13% I. III wird rasch gebildet, II weniger rasch. II wird langsamer in III übergeführt, als I verschwindet. Bei Verw. von III aus Ausgangs-Verb. wird nach 24std. Rk. das gleiche Rk.-Gemisch erhalten, während sich II unter den gleichen Bedingungen nicht verändert. Die Rk.-Gemische wurden durch IR-Spektren u. Gaschromatographie analysiert. Für die beschriebene Isomerisierung wird ein Mechanismus diskutiert.
K. Zieloff. B 225

Über einige Beispiele der sterischen Hinderung bei der Amidin-Umlagerung von Aldehydarylhydrazonen. St. Robew. (C. R. Acad. bulg. Sci. **14**, 353—56, 1961; russ., Auszug: engl.) — Die Amidinumlagerung von substituierten Benzaldehydphenylhydrazonen wird verhindert, wenn das Aldehyd-Mol. o-ständige Substituenten (Cl, —OCH_3) trägt. Keine Amidinumlagerung erfolgte bei den *Phenylhydrazonen* von *2-Chlor-* (F. 85—86°), *2-Methoxy-* (F. 94°), *2.4-Dimethoxybenzaldehyd* (F. 85—86°) u. *α-Isoamylzimtaldehyd* (F. 78°). Die Amidinumlagerung (aus je 10 Mol Aldehydhydrazon u. $NaNH_2$ in 50 ml Xylol durch 2std. Erhitzen auf 145—150°) der *Phenylhydrazone* von *3-Chlor-* (F. 134—135°), *4-Chlor-* (F. 127—128°), *3-Methoxy-* (F. 76°), *4-Methoxy-* (F. 119—120°), *3.4-Dimethoxy-* (F. 121—122°), *4-Methyl-* (F. 120—121°) u. *4-Äthoxybenzaldehyd* (F. 118 bis 119°) sowie von *Benzaldehyd-o-tolyl-* (F. 91—92°), *-m-tolyl-* (F. 95—96°) u. *-p-tolylhydrazon* (F. 124—125°) lieferte folgende Benzamidine (Rohausbeuten in %): *N-Phenyl-3-chlor-*, F. 98—99°; 39,4%. — *N-Phenyl-4-chlor-*, F. 142—143°; 66,7%. — *N-Phenyl-3-methoxy-*, F. 106—107°; 36,4%. — *N-Phenyl-4-methoxy-*, F. 145°; 60,7%. — *N-Phenyl-3.4-dimethoxy-*, F. 184°; 60,7%. — *N-Phenyl-4-methyl-*, F. 152°; 70,8%. — *N-Phenyl-4-äthoxy-*, F. 142°; 70,8%. — *N-o-Tolyl-*, F. 110°; 25,3%. — *N-m-Tolyl-*, F. 109°; 36,4%. — *N-p-Tolyl-*, F. 99°; 63,7%. Helmut Schäfer. B 225

Der Einfluß von Borat auf die alkalikatalysierte Isomerisation von Zuckern. Joseph F. Mendicino. (J. Amer. chem. Soc. **82**, 4975—79, 20/9. 1960; Buenos Aires, Inst. de Invest. Bioquím. u. Fac. de Cie. Exact. y Natur.; engl.) — Die Isomerisations-Rk. (I-Rk.) von *D-Glucose* (I), I-*6-Phosphat*, *D-Xylose* (II) u. *Lactose* (III) zu den entsprechenden Ketosen (**A**) bei 100° in 0,025—0,25n NaOH wird durch Zusatz von 0,01 bis 0,04m $Na_2B_4O_7$ beschleunigt. Bei I steigt die Ausbeute an **A** auf das Doppelte, bei II auf das Dreifache. Die I-Rk. von III, bei der ein Disaccharid mit freien Ketogruppen entsteht, ist gegenüber Änderungen der NaOH- u. $Na_2B_4O_7$-Konz. weniger empfindlich. I-*1-Phosphat* bildet nicht das entsprechende **A**-Phosphat. Bei 37° läuft die I-Rk. auch in Ggw. von $Na_2B_4O_7$ wesentlich langsamer ab. Wie Vf. zeigt, wird der Effekt nicht nur durch Beschleunigung der I-Rk., sondern auch durch Stabilisierung der **A** durch Borat hervorgerufen. — *2.3;4.5-Diaceton-Deriv.* der *D-Fructose*, F. 92—94° (korr.; Chlf.), durch 70 Sek. langes Erhitzen von I in 0,5n NaOH u. 0,1m $Na_2B_4O_7$ auf 90—100°, Gießen auf Eis unter Rühren, Entfernung von Na^+ an 20 g Dowex-50, Aufnehmen in CH_3OH, zweimaliges Abdest. von Methylborat, Behandlung mit Celite u. Rk. zum Diaceton-Addukt; 60% (Ausbeute). — *D-Xylulose*, durch 45 Sek. langes Erhitzen von II in 1,9n-NaOH u. 0,1m $Na_2B_4O_7$ auf 90—100° u. Weiterverarbeitung analog vorst. Verb.; 20%.
G. Rücker. B 225 □

Oxydation von n-Butylbenzol und n-Amylbenzol mit Kaliumpermanganat. 1. Mitt. Dimtscho Iliew Dimitrow. (Annu. Inst. chim.-technol. (Sofia) [UdSSR] **4**, Nr. 2, 95—101, 1957, herausgeg. 1959; bulg., Auszug: engl.) — Es wurde die Oxydation von n-Butylbenzol (I) u. n-Amylbenzol (II) durch wss. $KMnO_4$ (½ Std. bei 80° rühren, dann mit Wasserdampf dest.) untersucht. Die Rk.-Prodd. wurden papierchromatograph. identifiziert. I liefert *Benzoesäure*, *Propion-* u. *Essigsäure*, II *Benzoesäure*, *Butter-*, *Propion-* u. *Essigsäure*. Unter den gegebenen Vers.-Bedingungen erfolgt somit oxydative Spaltung der Bindung zwischen α- u. β-C-Atom. Die Möglichkeit einer Spaltung zwischen β- u. γ-C-Atom ist nicht ausgeschlossen. Die Anwesenheit von Essigsäure unter den Oxydations-Prodd. wird durch β-Oxydation der prim. gebildeten Propion- bzw. Buttersäure erklärt. Helmut Schäfer. B 225

Oxydationen mit Selendioxid. 1. Mitt. **Untersuchungen über den Mechanismus der Oxydation von 1.2-Dibenzoyläthan.** John P. Schaefer. (J. Amer. chem. Soc. **84**, 713—16, 5/3. 1962; Berkeley, Calif., Univ. of California; Tucson, Ariz., Univ. of Arizona, Dep. of Chem.; engl.) — Vf. untersucht die Kinetik der Oxydation von *1.2-Dibenzoyläthan* (I; F. 143,0—143,5°, A.) zu trans-1.2-Dibenzoyläthylen (II) durch H_2SeO_3. In 80%ig. Essigsäure folgt die Rk. dem Geschw.-Gesetz $-d[H_2SeO_3]/dt = k[I][H_2SeO_3]^{1/2}$. Die Rk. wird sowohl durch Säuren ($-d[H_2SeO_3]/dt = k\,[I][H_2SeO_3][HA]$; HA = Toluolsulfonsäure) als auch durch Basen ($-d[H_2SeO_3]/dt = k[I][H_2SeO_3][Acetat^-]$) katalysiert. Bei Zusatz von genügend großen Mengen Na-Acetat, die eine Halbneutralisation von H_2SeO_3 bewirken, wird die Oxydation vollständig inhibiert; dies zeigt, daß das $HSeO_3^-$-Ion als oxydierendes Agens unwirksam ist. $D_{4(1.1.2.2)}$- u. $D_{2(1.2)}$-I zeigen einen starken kinet. Isotopeneffekt, der mit dem Geschw. bestimmenden Angriff der Se-Verb. auf das Diketon unter Bldg. eines Enolselenitesters mit anschließender Zers. zum ungesätt. 1.4-Diketon übereinstimmt. Andere Rk.-Mechanismen werden diskutiert.

Versuche: *1.2-Dibenzoyläthylen* (II), F. 111°, durch Rk. von 2,38 g I in 75%ig. Essigsäure mit 1,93 g SeO_2, 21 Std. bei 90°; 1,76 g (Ausbeute). — $D_{2(1.2)}$-*1.2-Dibenzoyläthan*, durch Red. von II mit amalgamiertem Sn u. C_2H_5OD in Ggw. von DCl u. etwas Acetylchlorid. $D_{4(1.1.2.2)}$-*Verb.*, F. 143,0—143,5°, durch Red. von 1.2-Dibrom-1.2-dibenzoyläthylen mit Zn u. CH_3CO_2D. J. Weiner. B 225□

Oxydationen mit Selendioxid. 2. Mitt. Die basenkatalysierte Oxydation von Ketonen. John P. Schaefer. (J. Amer. chem. Soc. **84**, 717—18, 5/3. 1962; engl.) — 1. vgl. vorst. Referat. — Vff. untersucht die Kinetik der Oxydation von *Desoxybenzoin*, *p-Nitrobenzylphenylketon* u. *p-Methoxybenzylphenylketon* in 80 u. 99%ig. Essigsäure u. in Ggw. von Na-Acetat, mit SeO_2 bei 90°. Die Geschw.-Konst. sind in Abhängigkeit der Konzz. tabellar. wiedergegeben. Es wird ein Rk.-Mechanismus vorgeschlagen, welcher über die basenkatalysierte Bldg. eines Enolselenitesters mit anschließender Umwandlung u. Zers. zum α-Diketon, Se u. W. führt. Die Ergebnisse werden eingehend diskutiert. J. Weiner. B 225□

Reaktionsmechanismen. 28. Mitt. Stereochemischer Verlauf der elektrophilen Substitution. Volker Franzen. (Chemiker-Ztg. **82**, 425—27, 25/6. 1958; Heidelberg, Max-Planck-Inst. für Medizin. Forsch., Inst. für Chem.; dt.) — 27. vgl. C. **1960**, 2472. — Vf. bespricht die Ergebnisse anderer Autoren über den stereochem. Verlauf u. die Kinetik elektrophiler Substitutions-Rkk. am gesätt. u. ungesätt. C-Atom. Im Gegensatz zur nucleophilen Substitution, die meist unter Inversion oder Racemisierung verläuft, ist bei der elektrophilen Substitution gewöhnlich die Erhaltung der Konfiguration zu beobachten. Vf. nimmt als Ursache für den Unterschied an, daß bei der elektrophilen Substitution am Übergangszustand polare Strukturen kaum beteiligt sind, sondern diese Rkk. bevorzugt über einen cycl. Übergangszustand verlaufen. B. Gnauck. B 225

Reaktionsmechanismen. 31. Mitt. Nucleophile Substitution bei Aromaten. 1. Mitt. Substitution aktivierter Substituenten (Addition-Eliminierungs-Mechanismus). Volker Franzen. (Chemiker-Ztg. — Chem. Apparatur **83**, 677—80, 25/10. 1959; dt.) — 30. vgl. C. **1961**, 18266; 28. vgl. vorst. Referat. — Vf. bespricht zusammenfassend Literaturangaben über den Mechanismus u. die Kinetik von Substitutions-Rkk. von Aromaten. — 29 Literaturhinweise. B. Gnauck. B 225□

Der Einfluß der sterischen Hinderung auf die Reaktion von Säurechloriden mit Alkoholen. James Cason und Kenneth W. Kraus. (J. org. Chemistry **26**, 2624—26, Aug. 1961; Berkeley, Calif., Univ., Chem. Labor.; engl.) — Es werden die Rkk. von *α-Butyl-α-äthyl-γ-carbomethoxybutyrylchlorid* (I) mit Methanol u. Butanol untersucht. Bereits Spuren von Feuchtigkeit führen zur Bldg. von α-Butyl-α-äthyl-γ-carbomethoxybuttersäure (II). Mit sorgfältig getrocknetem Methanol entstehen bei 0° mindestens 25% II neben 75% Diester. Da *γ-Butyl-γ-äthyl-γ-carbomethoxybutyrylchlorid* diese Empfindlichkeit gegenüber W. nicht zeigt, wird die unerwünschte Halbester-Bldg. auf die ster. Behinderung der Säurechloridgruppe von I zurückgeführt. Bei höheren Temp. wird die Hydrolyse jedoch unterdrückt, wie durch Gaschromatographie gezeigt werden konnte. Gleichzeitig eingespritztes ungetrocknetes Methanol u. I ergeben bei einer Kolonnen-Temp. von 185° nur eine Bande mit der Retentionszeit des Diesters. Der Effekt der ster. Hinderung wird mit der Annahme erklärt, daß die Säurechloride auf dem Weg der monomol. Ionisierung oder der bimol. Substitution reagieren können. Der ion. Weg ist von der ster. Hinderung weniger beeinflußt. Da er eine größere Aktivierungsenergie u. eine kleinere negative Aktivierungsentropie besitzt, ist er bei höheren Temp. bevorzugt. Es wird eine kontinuierliche Hochtemp.-Meth. zur quant. Überführung von I in den Diester beschrieben, die auch auf andere ster. gehinderte Säurechloride anwendbar ist. H. G. Henkel. B 225□

Änderungen der Reaktionsordnung durch Ionenassoziation bei der Reaktion des Benzyldimethylaniliniumions und des Thiocyanations. Sidney D. Ross, Manuel Finkelstein und Raymond C. Petersen. (J. Amer. chem. Soc. **83**, 4853—58, 5/12. 1961; North Adams, Mass., Res. Labor. of the Sprague Electric Co.; engl.) — Die Geschw. der Rk. des Benzyldimethylaniliniumions (I) u. des Thiocyanations (II) zu *Benzylthio-*

cyanat (**III**) u. *Dimethylanilin* (**VIII**) wird in N-Methylpropionamid (**IV**, Kp. 101°), Benzylalkohol (**V**, $Kp._{11}$ 96—97°), Chlf. (+0,75% A.) u. symm. -Tetrachloräthan (**VII**, $Kp._{24}$ 54°) bestimmt. Im hochpolaren **IV**, in dem vollkommene Dissoziation in die Ionen angenommen werden kann, verläuft die Rk. (bei 50,8 ± 0,1°) von **I** u. **II** zu **III** ohne sowie mit Zusatz von $LiNO_3$ oder Benzyldimethylaniliniumnitrat nach dem Gesetz der Rk. 2. Ordnung. Die Rück-Rk. ist gering, aber meßbar. In dem wenig polaren Chlf. gehorcht die Rk. dem Gesetz einer $^2/_3$-Ordnung, eine Rück-Rk. ist nicht feststellbar. In **V** u. **VII**, deren Polarität zu den beiden anderen eine Mittelstellung einnimmt, konnte eine Rk. 1. Ordnung festgestellt werden, in **VII** allerdings nur bei geringeren Ausgangskonzentrationen. Vff. sehen den Grund für die unterschiedlichen Rk.-Ordnungen in der von der Polarität des Lsgm. abhängigen verschiedenen Ionenassoziation der Ausgangsstoffe.

Versuche: *Benzyldimethylaniliniumthiocyanat* (**IX**), $C_{16}H_{18}N_2S$, F. 97—98° (Isopropanol/Ae.), Ag_2O unter Rühren zu Benzyldimethylaniliniumbromid in W. geben, 3 Std. rühren, nach Filtration NH_4SCN zugeben, 79% (Ausbeute). — *Benzylthiocyanat* (**III**), F. 43—44°, a) aus **IX** in **IV**, 592 Std. bei 50,8° stehenlassen, 71%; daneben *Dimethylanilin* [**VIII**; *Pikrat*]; b) aus **IX** in **VII**, 115 Std. bei 24,8° stehenlassen, 85,4%; daneben **VIII**; c) aus **IX** in Chlf., 118 Std. bei 24,8° stehen lassen, 90%; daneben **VIII**, d) aus **IX** in **V**, 69 Std. bei 50,8° stehen lassen, 51,6%. — *Dibenzyldisulfid*, F. 70—71° (A.), a) aus **IX** in **V**, 88,5 Std. bei 50,8° stehenlassen, 85%; daneben **VIII**; b) aus **III** u. **VIII** in **V**, 190 Std. bei 50,8° stehenlassen, 100%. U. Uhlich. B 225 □

Räumliche Struktur und Reaktionsfähigkeit. 13. Mitt. **Gegenseitige Beeinflussung von Atomgruppierungen, untersucht an Hand der Kinetik der Reaktion von Aminobiphenyl- und -stilbenderivaten mit p-Nitrobenzoylchlorid und Pikrylchlorid.** L. M. Litwinenko und N. F. Lewtschenko. (J. allg. Chem. [UdSSR] **29** (**91**), 924—35, März 1959; Charkow, Univ.; russ.) — 11. vgl. C. **1963**, 3180. — Es wurde die Kinetik der Acylierung von *Anilin*, *4-Amino-*, *4-Amino-4'-nitrobiphenyl*, *4-Amino-* u. *4-Amino-4'-nitrostilben* mit *p-Nitrobenzoylchlorid* u. *Pikrylchlorid* in Bzl. untersucht. Die Geschw.-Konst. wurden für 25 u. 50° berechnet. Im Syst. des Stilbens ist die Wechselwrkg. zwischen den beiden Benzolkernen bzw. den p-ständigen Substituenten, die durch die Vinylidenbrücke verbunden sind, geringer als im Syst. des Biphenyls, in dem die beiden Benzolkerne direkt miteinander verbunden sind. Die Vinylidenbrücke vermittelt die Wechselwrkg. zwischen den Kernen auch wesentlich schlechter als die O- u. S-Atome in den entsprechenden Syst. des Diphenyloxids u. -sulfids. Helmut Schäfer. B 225

Räumliche Struktur und Reaktionsfähigkeit. 14. Mitt. **Über die Wechselwirkung von Atomgruppierungen, die voneinander durch ein, zwei oder drei Benzolkerne getrennt sind, untersucht an Hand der Kinetik der Reaktion aromatischer Amine mit Pikrylchlorid.** L. M. Litwinenko, N. F. Lewtschenko, B. M. Krassowitzki und N. I. Titarenko. (J. allg. Chem. [UdSSR] **29** (**91**), 2724—29, Aug. 1959; russ.) — 13. vgl. vorst. Referat. — Es wurde die Kinetik der Rk. von *Pikrylchlorid* (**I**) mit *4-Amino-*, *4-Amino-4'-nitro-p-terphenyl* u. *p-Nitroanilin* in Bzl. untersucht. Die Ergebnisse wurden mit den bei der Rk. von **I** mit Anilin, 4-Amino-, 4-Amino-4'-nitrobiphenyl u. -transstilben erhaltenen verglichen. Der sehr starke Einfl. der Nitrogruppe auf die Rk.-Fähigkeit der im gleichen Kern p-ständigen Aminogruppe verringert sich stark im Zweikern-Syst. des Biphenyls u. ist im Syst. des p-Terphenyls fast verschwunden. Die Phenylengruppe im Syst. des p-Terphenyls überträgt die Wechselwrkg. zwischen den Benzolkernen bzw. Substituenten schlechter als die Vinylidenbrücke im Syst. des trans-Stilbens. Helmut Schäfer. B 225

Räumliche Struktur und Reaktionsfähigkeit. 15. Mitt. **Über die Wechselwirkung von Atomgruppierungen nach der Untersuchung der Kinetik der Reaktion von Aminoderivaten des Tolans mit p-Nitrobenzoylchlorid und Pikrylchlorid.** L. M. Litwinenko und N. F. Lewtschenko. (J. allg. Chem. [UdSSR] **29** (**91**), 3770—76, Nov. 1959; russ.) — 14. vgl. vorst. Referat. — Es wurde die Kinetik der Rk. von *4-Aminotolan* u. *4-Amino-4'-nitrotolan* mit *p-Nitrobenzoylchlorid* u. *Pikrylchlorid* in Bzl. untersucht. Die Geschw.-Konst. für 25 u. 50° wurden berechnet. Die Wechselwrkg. zwischen den beiden Benzolkernen bzw. p.p'-Substituenten der Tolan-Derivv. ist schlechter als bei den entsprechenden Verbb. des trans-Stilbens u. wesentlich schlechter als bei den Biphenylderivaten. Helmut Schäfer. B 225

Räumliche Struktur und Reaktionsfähigkeit. 16. Mitt. **Kinetik der Reaktion von Aminoderivaten des Diphenylmethans und Dibenzyls mit p-Nitrobenzoylchlorid und Pikrylchlorid.** L. M. Litwinenko und N. F. Lewtschenko. (J. allg. Chem. [UdSSR] **30** (**92**), 1673—80, Mai 1960; russ.) — 15. vgl. vorst. Referat. — Es wurde die Kinetik der Rk. von *4-Amino-*, *4-Amino-4'-nitrodiphenylmethan*, *4-Amino-* u. *4-Amino-4'-nitrodibenzyl* mit *p-Nitrobenzoylchlorid* u. *Pikrylchlorid* in Bzl. untersucht. Die Methylengruppe hemmt die Wechselwrkg. zwischen den beiden Benzolkernen bzw. den Substituenten. Noch stärker ist das bei den 2-Methylengruppen beim Dibenzyl-Syst. der Fall. Die Geschw.-Konst. für 25 u. 50°, Aktivierungsenergien u. -entropien wurden berechnet. Tabellar. wird mit den entsprechenden Verbb. des Stilbens, Tolans, p-Terphenyls sowie mit Anilin verglichen. Helmut Schäfer. B 225

Reaktionen von Phenoläthern mit Reaktanten vom Typus MX_n. 1. Mitt. Selektive Ätherspaltung mit Aluminiumchlorid. Cs. Szántay. (Acta chim. Acad. Sci. hung. **12,** 83—91, 1957; dt.) — Inhaltlich ident. mit der C. **1960,** 2477 referierten Arbeit. J. Plank. B 225

Die Cycloaddition von „Sulfen" an Ketendiäthylacetal. William E. Truce, Jerome J. Breiter, Donald J. Abraham und John R. Norell. (J. Amer. chem. Soc. **84,** 3030—31, 5/8. 1962; Lafayette, Ind., Purdue Univ., Dep. of Chem.; engl.) — Bei tropfenweiser Zugabe von Methansulfonylchlorid (I) in Ae. zu einer Lsg. von Ketendiäthylacetal u. Triäthylamin in Ae. fällt sofort das Aminhydrochlorid aus. Nach dessen Filtration (96% Ausbeute) läßt sich in 79%ig. Ausbeute *3.3-Diäthoxythiacyclobutan-1.1-dioxid* ($C_7H_{14}O_4S$, F. 49—50°) isolieren. Die Struktur wird durch Best. des Molgew., durch das IR- u. kernmagnet. Resonanz-Spektrum bestätigt. Verss., ähnliche Prodd. durch Rk. von I mit Äthylvinyläther, p-Tolylmercaptoäthan, Äthoxyacetylen, Diphenylketen, Ketendiäthylmercaptal, Vinylidenchlorid u. Cyclopentadien zu erhalten, gelangen nicht. Eine leichte Polarisierung des Syst. $C=C—X \rightarrow |C—C=X^+$ im Übergangszustand scheint wesentlich für das Gelingen der Cycloaddition zu sein. W. Schramm. B 225□

Carben–zweiwertiger Kohlenstoff. B. S. Thyagarajan. (J. sci. ind. Res. [New Delhi], Sect. A **18,** 301—04, Juli 1959; Madison, Wis., Univ. of Wisconsin, School of Pharmacy; engl.) — Übersicht über die Bldg. von Carbon u. Derivv. durch homolyt. Spaltungen u. Eliminierungsreaktionen. — 49 Literaturangaben. J. Gartzke. B 225□

Eine Neuuntersuchung der Anwendbarkeit der Selektivitätsbeziehung auf S_E-Reaktionen von Biphenyl und Fluoren. Robert C. Neuman jun. (J. Amer. chem. Soc. **84,** 3025—26, 5/8. 1962; Pasadena, Calif., California Inst. of Technol., Gates and Crellin Labor. of Chem.; engl.) — Die Beziehung der log der Partial-Geschw.-Faktoren der Substitution in einer der 2-Stellungen von *Fluoren* (I) relativ zu denen der Substitution in p-Stellung von Toluol bzw. Biphenyl (Rk.-Typen: Bromierung, Chlorierung, Acetylierung, Nitrierung, Solvolyse, T-Austausch, Mercurierung u. Protodesilylierung) zeigt bei I Abweichungen von der Selektivitätsbeziehung analog zu denen, die bei II (vgl. Stock u. Brown, C. **1963,** 1628) beobachtet wurden. Da sowohl I als auch II eine größere Beteiligung des Phenylsubstituenten mit zunehmendem Elektronenbedarf des in p-Stellung angreifenden Reagens zeigen, kann man II nicht als Sonderfall im Rk.-Verh. auf Grund seiner nichtebenen Konfiguration ansehen. W. Schramm. B 225□

Die Kinetik der Decarboxylierung von Oxanilsäure in Äthern und im geschmolzenen Zustand. Louis Watts Clark. (J. physic. Chem. **66,** 1543—44, Aug. 1962; Cullowhee, N.C., Western Carolina Coll., Dep. of Chem.; engl.) — Vgl. C. **1962,** 14096 u. früher. — Vf. untersucht volumetr. die Kinetik der Decarboxylierung von *Oxanilsäure* u. berechnet aus Geschw.-Konst. scheinbar 1. Ordnung folgende Aktivierungsgrößen für die Zers. in den Lsgm. Bis-[2-chloräthyl]-äther (138—160°) ΔH 21,4 [kcal/Mol], ΔS —22,4 [cal/Grad·Mol]; Di-n-butyläther (120—138°) 25,1, —13,9; Di-n-amyläther (138—156°) 28,3, —6,6; Dibenzyläther (131—150°) 36,8, 14,2; Di-n-hexyläther (139 bis 158°) 40,1, 22,1; Zers. in der Schmelze (152—167°) 40,1, 21,4. — Diskussion. W. Schramm. B 225□

Aspekte des Mechanismus der Zersetzung gemischter Carbonsäure–Kohlensäure-Anhydride. Edward J. Longosz und D. Stanley Tarbell. (J. org. Chemistry **26,** 2161—69, Juli 1961; Rochester, N.Y., Univ., Dep. of Chem.; engl.) — Vgl. C. **1960,** 1798 u. Windholz, C. **1961,** 13494. — Es wurde eine kinet. Unters. der Zers. von *Benzoesäure-n-butylkohlensäureanhydrid* zu n-Butylbenzoat (I) (Weg A) bzw. zu Benzoesäureanhydrid (III) u. Di-n-butylcarbonat (II) (Weg B) durch Messung der Geschw. der CO_2-Entw. vorgenommen. Die Rk., welche in Abwesenheit von Katalysatoren eine regellose Kinetik zeigt, wird durch N-Methylpiperidin, $NaOCH_3$, LiF, LiCl, LiBr, trockenes HCl u. Dimethylanilin·HCl katalysiert. $LiClO_4$, Benzoesäure, **I, II,** Dibenzoylperoxid u. Tri-n-butylamin wirken nicht katalysierend. Die Rk.-Geschw. ist in Abwesenheit von Katalysatoren sowohl in Dibutylcarbitol, n-Hexadecan, wie in Nitrobenzol annähernd gleich, wird dagegen in Dimethylformamid stark beschleunigt. Das Verhältnis der Rk.-Prodd. nach Weg A u. B ist unabhängig von Lsgm., Temp. u. Ggw. eines Katalysators. Die Ergebnisse stimmen mit der Annahme überein, daß die Prodd. durch eine Reihe von ion. Ketten-Rkk. gebildet werden, welche durch die nucleophil wirkenden Katalysatoren ausgelöst werden. *Opt.-akt. Benzoesäureoctyl-(2)-kohlensäureanhydrid* [aus Octanol-(2), Kp.$_4$ 75°, n_D^{25} 1,4235, α_D^{25} +6,19 ± 0,2° (Fl.; l = 1), über Octyl-(2)-chlorcarbonat (**IV**)] ergibt nach 8std. Erhitzen in Pyridin auf 113° Octyl-(2)-benzoat (Kp.$_{0,5}$ 113—116°, n_D^{20} 1,4885) u. Dioctyl-(2)-carbonat, deren Konfiguration vollständig erhalten bleibt. Dasselbe gilt für *opt.-akt. Mesitoesäureoctyl-(2)-kohlensäureanhydrid* (aus Mesitoesäure u. **IV**), das zu Octyl-(2)mesitoat [Kp.$_{1,5}$ 153—154°, $n_D^{24,5}$ 1,4869, α_D^{25} +24,01 ± 0,02° (Fl., l = 1); auch aus Mesitoylchlorid u. Octanol-(2), Kp.$_{0,5}$ 139—140°, $n_D^{24,5}$ 1,4869, α_D^{25} 24,03 ± 0,02° (Fl., l = 1); 62% Ausbeute) zersetzt wird. Die Zers. von *Benzoesäurebenzylkohlensäureanhydrid* bei 50° liefert ein Prod. vom Kp.$_{0,2}$ 120—140°, n_D^{25} 1,5615 bis 1,5641. Das IR-Spektrum deutet auf eine Mischung von Benzylbenzoat, Dibenzylcarbonat u. **III**. Der Vers. der Darst. von *Benzoesäure-tert.-butylkohlensäureanhydrid* aus Phenyl-tert.-butylcarbonat u. Benzoesäure scheiterte. H. G. Henkel. B 225□

Spektrophotometrische Untersuchung der Kinetik der Zersetzung von Tetramethylmurexid in alkalischer Lösung in Alkohol-Wasser-Mischungen. R. K. Chaturvedi. (J. sci. ind. Res. [New Delhi], Sect. B **21**, 38—39, Jan. 1962; Kanpur, H. B. Technol. Inst., Dep. of Phys. Chem.; engl.) — Die Zers. von *Tetramethylmurexid* (*Ammoniumsalz der Tetramethylpurpursäure*; **I**) in alkal. Lsg. wird bei Alkoholzusätzen von 0—25 Vol.-% durch Messung der Extinktion am Absorptionsmaximum (530 nm) kinet. verfolgt. Die Zers.-Konst. werden in Abhängigkeit der DK des Mediums untersucht. Vgl. mit den Zers.-Konst. des *Murexids*, die viel kleiner sind, ergeben eine zersetzungshemmende Wrkg. der Imidogruppen, die in **I** durch Substitution nicht mehr gegeben ist. H.-D. Freyer. B 225□

Über den Mechanismus des β^--Zerfall-induzierten Einbaues von Tritium in das Toluol-Molekül. H. J. Ache und W. Herr. (Z. Naturforsch. **17a**, 631—38, Aug. 1962; Köln, Univ., Inst. für Kernchem., Kernforschungsanlage Jülich; dt.) — Vff. untersuchten den Mechanismus der Tritiierung nach Wilzbach an *Toluol* (**I**)-Dampf. Der L-Wert (Anzahl T-markierter **I**-Moll. pro T-Zerfall) steigt von L = 0,71 bei Verw. von 50 mc T_2 auf L = 5,5 bei Verw. von 500 mc T_2 an. Der Einbau von T in den Ring steigt linear mit der Rk.-Zeit an, während der in die CH_3-Gruppe exponentiell mit der Rk.-Zeit zunimmt. Es werden 2 Rk.-Wege diskutiert, die zur Markierung von **I** führen: 1. Der β^--zerfallsinduzierte Mechanismus über das $(^3HeT)^+$-Ion, 2. Bldg. von angeregten u. radikal. Formen von **I** durch die β^--Strahlung. Durch Verw. von HT statt T_2 konnte der Anteil der Rk. 1 an der Tritiierung ermittelt werden. Bei 50 mc T_2 werden ca. 95% von **I** über Rk. 1 markiert u. bei 300 mc T_2 nur noch 60%. Durch Zusatz von O_2 als Radikalfänger wurde festgestellt, daß Rk. 1 in mindestens 2 Einzel-Rkk. aufzuteilen ist, von denen eine zur Kernsubstitution führt u. nicht durch O_2 beeinflußt wird, während nach der anderen die CH_3-Gruppe substituiert wird u. eine Unterdrückung der Rk. durch O_2-Zusatz beobachtet wird. Für Rk. 1 ist der L-Wert unabhängig von der T_2-Konz., für Rk. 2 steigt er mit der T_2-Konz. an. E. Schiewer. B 226□

Photochemische Isomerisierung von Isodrin. R. C. Cookson und E. Crundwell. (Chem. and Ind. **1958**, 1004, 9/8.; Southampton, Univ.; engl.) — Durch Bestrahlung mit UV wird *Isodrin* (**I**) zu einer gesätt. Verb. vom F. ca. 297° (Zers.; **II**) isomerisiert, die wahrscheinlich das Hexachlor-Deriv. von Winsteins „bird cage"-KW-Stoff (vgl. Experientia, Supplementum II, **1955**, 137) ist u. für die der Name *Photodrin* vorgeschlagen wird. Bemerkenswert ist die Bldg. eines viergliedrigen Ringes bei der Behandlung von **I** mit elektrophilen Reagentien. Bei der Rk. von **I** mit Br_2 in CCl_4 wird **II** erhalten. K. Lange. B 226

Zersetzung von Isopropanol an Alumochromkatalysatoren. A. M. Rubinstein, A. W. Ssagalowitsch und N. A. Pribytkowa. (Nachr. Akad. Wiss. UdSSR, Abt. chem. Wiss. **1961**, 996—1005, Juni; Akad. der Wiss. der UdSSR, Zelinsky-Inst. für organ. Chem.; russ.) — Vff. untersuchten den Einfl. der Zus. u. Glühtemp. von Al_2O_3-Cr_2O_3-Katalysatoren (ACrK) auf ihre spezif. Aktivität bei der Dehydrierung u. Dehydratisierung von abs. *Isopropanol* (n_D^{20} 1,3775). Es wurde festgestellt, daß die Aktivitätskurve bei Dehydratisierung durch ein Minimum geht, welches für bei 450° geglühte Katalysatoren beträchtlich ausgedehnt ist u. bei Katalysatoren mit 600° Glühtemp. im Bereich von 15—25 Mol-% Cr_2O_3 liegt. Die spezif. Aktivität bei der Dehydrierung wächst kontinuierlich mit steigendem Geh. an Cr_2O_3 im Katalysator. Die ACrK erweisen sich bei 245—320° vorwiegend als Dehydratisierungskatalysatoren. Es wurde ein Einfl. der Konz. der Cr-Salz-Lsgg. u. der Fällungsbedingungen (pH) des Cr_2O_3 auf die Textur der Katalysatoren beobachtet: Bei Vorherrschen des ersten Faktors kann man wärmebeständigere Katalysatoren erhalten. C. Kozák. B 227□

Explosive Oxydation durch Distickstofftetroxid in Gegenwart von Indium. C. C. Addison, J. C. Sheldon und B. C. Smith. (Chem. and Ind. **1958**, 1004—05, 9/8.;

Nottingham, Univ., Chem. Dep.; engl.) — Nach Zugabe von N_2O_4 zu einem ein Stück In enthaltenden *Acetonitril* (I)/N_2O_4-Gemisch, das 2 Tage bei Raum-Temp. aufbewahrt wurde, erfolgte beim Schütteln eine heftige Detonation. Da in Ggw. anderer Metalle keine Explosion erfolgte, I/N_2O_4 ein stabiles Gemisch darstellt u. $In(NO_3)_3$, $In(NO_3)_3 \cdot 2\ N_2O_4$ u. $In(NO_3)_3 \cdot 2\ CH_3CN$ mit I/N_2O_4 stabile Lsgg. geben, ist die Katalyse der explosiven Oxydation von I durch In gesichert. K. Lange. B 227

Katalytische Oxydation von Toluol in der Dampfphase. L. I. Saucius. (Rev. Chim. [Bucureşti] **9**, 497—501, Sept. 1958; rum.) — Untersucht wird die Oxydation von *Toluol* mit Luft auf unbeweglicher Katalysatorschicht. K. Lange. B 227

Untersuchung der Bildung von Kohlensäure bei der Darstellung von Butadien aus Butan–Butylen-Gemischen. A. A. Balandin, M. B. Neiman, O. K. Bogdanowa, G. W. Issaguljanz, A. P. Schtscheglowa und Je. I. Popow. (Nachr. Akad. Wiss. UdSSR, Abt. chem. Wiss. **1957**, 270—73, März; Zelinsky-Inst. für organ. Chem. u. Inst. für chem. Physik der Akad. der Wiss. der UdSSR; russ.) — Aus der Best. der Geschw.-Konst. der CO_2-Bldg. bei der Dehydrierung von *Butan–Butylen*-Gemischen zu *Butadien* (I) unter Zusatz von Wasserdampf am Cr_2O_3-Katalysator ergibt sich, daß CO_2 nicht parallel mit I, sondern durch sek. Zers. von I entsteht. Die CO_2-Bldg. entspricht der C-Abscheidung, die in Abwesenheit von Wasserdampf beobachtet wird. Entweder beseitigt der Wasserdampf die C-Abscheidungen oder er verhindert ihre Bldg. durch Oxydation von Zwischenprodukten. R. K. Müller. B 227

Entmethylierung und isomere Umwandlung von Pseudocumol an Alumosilicaten. G. M. Mamedalijew, A. W. Toptschijew, N. D. Wlassowa und G. N. Anikina. (Nachr. Akad. Wiss. UdSSR, Abt. chem. Wiss. **1961**, 637—45, April; Inst. für petrochem. Synth. der Akad. der Wiss. der UdSSR; russ.) — Es wurden die Isomerisierung u. Desalkylierung von Pseudocumol (I) u. die Alkylierung von Bzl. u. Toluol im Gemisch mit I am Alumosilicatkontakt bei 50 mm bis 10 at u. 350—480° untersucht. I liefert durch Isomerisierung ein Gemisch von *Trimethylbenzolen* u. durch Disproportionierung ein Gemisch der *Xylole* u. *Tetramethylbenzole*. Druckerhöhung begünstigt die Übertragung von Methylgruppen (Disproportionierung), Druckerniedrigung die innermol. Isomerisierung von I. Bis 5—10 at/450—480° kann aus einem Gemisch von I mit Toluol in einem Durchgang ein Gemisch der *Xylole* in 30% Ausbeute erhalten werden, bezogen auf das Katalysat. Siedeanalysen, n_D, $D.^{20}$ u. Ausbeuten werden in Abhängigkeit von den Rk.-Bedingungen tabellar. angegeben. Helmut Schäfer. B 227

Thiazoliumsalze als Katalysatoren bei der Acyloinkondensation. J. E. Downes und P. Sykes. (Chem. and Ind. **1957**, 1095—96, 10/8.; Cambridge, Univ., Chem. Labor.; engl.) — *3-Benzyl-*, *3-Allyl-* u. *3-Phenyl-4-methylthiazoliumsalze* (*Chlorid*, *Bromid*, *Jodid*) erreichen **40**, 19 bzw. 8% der katalyt. Aktivität des Thiamins bei der Bldg. des Acetoins aus *Brenztraubensäure* u. *Acetaldehyd* bei pH 8,4. Bei *2-Methyl-Derivv.* vorst. Verbb. wird keine katalyt. Aktivität beobachtet. Inaktivierung infolge Rk. der 2-Methylgruppe mit den Carbonyl-Verbb. kann ausgeschlossen werden. Der Mechanismus der Rk. wird diskutiert. B. Mehlis. B 227

Synthese von Alkylalkoxybenzolen in Gegenwart von festen Katalysatoren. Ju. G. Mamedalijew und D. Je. Mischijew. (Ber. Akad. Wiss. AserbaidshanSSR **15**, 479—85, 1959; russ., Auszug: aserbaidshan.) — Die Alkylierung von Anisol u. Phenetol in Ggw. von synthet. Alumosilicat- bzw. Phosphorsäurekontakten mit einem Propan–Propen-Gemisch (3 : 7) unter 20 at Druck führt bei 250° vorwiegend zur Bldg. von *Isopropylanisolen* u. *Isopropylphenetolen*, bei 300° aber unter Verseifung der Alkoxygruppe daneben zu *Isopropylphenolen* (bis zu 60—65% Ausbeute). B. Celms. B 227

C. Präparative organische Chemie. Naturstoffe

Eine Nomenklatur für Zuckerkonformere. R. D. Guthrie. (Chem. and Ind. **1958**, 1593—94, 29/11.; London, King's Coll., Chem. Dep.; engl.) — Eine Meth. zur Bezeichung von konformationsisomeren *Pyranosen* wird vorgeschlagen. Die Symbole *C* u. *B* werden für die Sessel- bzw. Wannenform u. *a* bzw. *e* zur Bezeichung der axialen bzw. äquatorialen Stellung der glykosid. HO-Gruppe verwendet. Eine Wannenform wird aus der entsprechenden Sesselform durch Umklappen abgeleitet. Das umgeklappte C-Atom wird mit einem

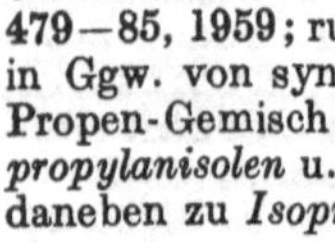

I

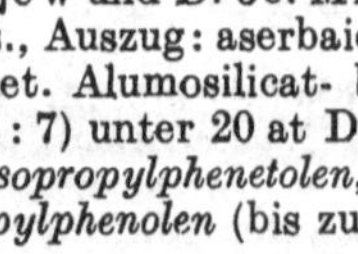

II

Index versehen. Danach ist Verb. I eine $\alpha(Ca)$- u. Verb. II eine $\alpha(B_4a)$-Pyranose. Eine Reihe von Beispielen ist angegeben. L. Lamza. 450

Oxydation von Methylen- und Methylgruppen durch Natriumhypochlorit. David D. Neiswender jun., William B. Moniz und Joseph A. Dixon. (J. Amer. chem. Soc. **82**, 2876—78, 5/6. 1960; Paulsboro, N.J., Socony Mobil Oil Co., Res. and Developm. Labor.; University Park, Pa., State Univ., Coll. of Chem and Phys., Whitmore Labor.; engl.) — Durch Einw. von NaOCl-Lsg. auf 2-Acetyl-9.10-dihydrophenanthren (II) entsteht bei pH 12—13 *Biphenyltricarbonsäure-(2.2'.4)* (I), bei pH $\leqq$ 10 dagegen die erwartete *9.10-Dihydrophenanthrencarbonsäure-(2)*. Es wird angenommen, daß die Bldg. von I über *Phenanthrenchinon-(9.10)-carbonsäure-(2)* verläuft; *Phenanthrenchinon-(9.10)* (III) ergibt mit NaOCl *Diphensäure*. Auf gleiche Weise wird aus Benzil (IV) *Benzoesäure* gebildet. Bei der Oxydation von 6-Acetyltetralin (V) entstehen neben 18% *Tetralincarbonsäure-(6)* auch 56% einer Mischung von Tricarbonsäuren, woraus *3-[2.4-Dicarboxyphenyl]*- u. *3-[2.5-Dicarboxyphenyl]-propansäure* isoliert werden können. Analog wird aus p-Äthylacetophenon (VI) *Terephthalsäure* erhalten, die sich auch aus p-Methylacetophenon (VII) in 47%ig. Ausbeute bildet. Ein unter Einbeziehung der Acetylgruppe verlaufender Oxydationsmechanismus wird diskutiert.

Versuche: *Biphenyltricarbonsäure-(2.2'.4)* (I), $C_{15}H_{10}O_6$, F. 265—267° (50%ig. Essigsäure), durch 19std. Oxydation von II mit NaOCl-Lsg. bei pH 12—13 unter N_2 bei 60—80°; 49% (Ausbeute). — *9.10-Dihydrophenanthrencarbonsäure-(2)*, F. 215—216° (50%ig. Essigsäure), durch 9std. Kochen von 3 g II in NaOCl-Lsg. bei pH 10 unter N_2; 1,3 g; daneben 0,3 g I. — Analog: *Diphensäure*, $C_{14}H_{10}O_4$, F. 220—221° (W.), in 22 Std. aus III; 94%. — *Benzoesäure*, F. 121—122°, in 20 Std. aus IV; 88%. — *Tetralincarbonsäure-(6)*, $C_{11}H_{12}O_2$, F. 153—156° (verd. A.), in 14 Std. aus 22 g V bei 86°; 3,9 g; daneben 16,8 g Gemisch aus *3-[2.4-Dicarboxyphenyl]-propansäure* [$C_{11}H_{10}O_6$, F. 251—257°] u. vermutlich *3-[2.5-Dicarboxyphenyl]-propansäure* [F. 230—232°]. — *Terephthalsäure*, $C_8H_6O_4$, a) in 44 Std. aus VI; 95%; b) analog a) aus VII; 47%. *Dichorid*, F. 77,5—79°, mit PCl_5. — *Isophthalsäure*, in 44 Std. aus m-Methylacetophenon; 13%.

W. Hampel. 460☐

Über die Oximierung der Ketone in wasserfreiem, flüssigem Fluorwasserstoff. Kurt Wiechert und Hans-Hubert Heilmann. (Chem. Ber. **94**, 3223—26, 28/12. 1961; Greifswald, Univ., Inst. für organ. Chem.; dt.) — Es werden einige charakterist. Vertreter der aliphat., cycloaliphat. u. aromat. Ketone in fl. HF unter Zusatz von Alkalifluoriden in 44—59%ig. Ausbeute oximiert. Die Oximierung des Benzophenons u. des Phloroglucins (in HF als Triketo-Verb. vorhanden) scheiterte. Einige Rk.-Mechanismen werden diskutiert.

Versuche: *Acetophenonoxim*, C_8H_9NO, F. 57—58°, aus Acetophenon u. $NH_2OH \cdot HCl$ in fl. HF unter Zusatz von NaF durch 3tägiges Schütteln bei 10°; 59% (Ausbeute). — *Acetonoxim*, C_3H_7NO, F. 60°, durch 2tägiges Schütteln von Aceton u. NH_2OH mit fl. HF unter Zusatz von KF u. Abblasen des HF; 44%. — *Cyclohexanonoxim*, $C_6H_{11}NO$, F. 89°, aus Cyclohexanon u. $NH_2OH \cdot HCl$ in fl. HF unter Zusatz von KF in 2 Tagen bei 10° unter Schütteln u. Entfernen des HF; 52%. H.-J. Schönherr. 460☐

Reaktionen bestimmter oxydierter Stickstoffverbindungen mit Perchlorylfluorid. Jeremiah P. Freeman. (J. Amer. chem. Soc. **82**, 3869—76, 5/8. 1960; Huntsville, Ala., Redstone Arsenal Res. Div.; engl.) — Es werden die Rkk. von Oximen, Hydroxamsäuren u. Nitroverbb. mit ClO_3F untersucht. Oximinomalonsäuredimethylester (I) gibt *Fluornitromalonsäuredimethylester* u. etwas *Chlornitromalonsäuredimethylester*. Aus Na-Oximinoacetessigsäureäthylester u. Oximinocyanessigester konnten keine definierten Prodd. erhalten werden. Die *Nitro-Verb.* $C_{14}H_{10}FNO_3$, die mit ClO_3F aus α-Benzilmonoxim (II) entsteht, stellt nicht das vermutete *α-Fluor-α-nitro-α-phenylacetophenon* dar. Aus Mesitoylphenylketoxim (III) entsteht *Mesitylphenyldiketon*. *Diphenylfuroxan* wird aus α-Benzildioxim (IV) erhalten. Ketoxime wie Acetophenon- u. Benzophenoxim werden zu den entsprechenden *Ketonen* gespalten. Cyclohexanon liefert keine isolierbaren Produkte. Aus Benzaldoxim (V) entstehen *Benzaldoximbenzoat* u. *3.5-Diphenyl-1.2.4-oxadiazol* u. geringe Mengen *trans-α-Nitrostilben* (VI), *Benzhydroxamsäurebenzoat* (VII) u. *Benzoesäure* (VIII). Benzhydroxamsäure (IX) wird in VII u. N_2O übergeführt. Aus Nitro-Verbb., z.B. Nitromalonsäurediäthylester (X), α-Nitrophenyläthan (XI) u. α-Nitro-α-phenylacetophenon (XII), bilden sich die entsprechenden *α-Fluor-Verbindungen*. Aus 5-Nitro-6-phenylnorbornen (XIII) entsteht neben geringen Mengen *5-Keto-6-phenylnorbornen* (XIV) *5-Fluor-5-nitro-6-phenylnorbornen* (XV), das durch katalyt. Red. in *2-Fluor-2-nitro-3-phenylnorbornan* (XVI) übergeführt wird. XVI wird auch aus 2-Nitro-3-phenylnorbornan (XVII) mit ClO_3F erhalten. Durch Red. von XV mit Fe/Essigsäure läßt sich XIV in geringer Ausbeute darstellen.

Versuche: *Fluornitromalonsäure, Dimethylester,* $C_5H_6FNO_6$, $Kp._{0,5}$ 53—55°, $Kp._{0,05}$ 44°, durch 1½std. Einleiten von ClO_3F in eine Lsg. des K-Salzes von I in Dimethylformamid (DMF) bei 0°; $n_D^{24,5}$ 1,4102; 64% (Ausbeute). *Diäthylester,* $C_7H_{10}FNO_6$, $Kp._{0,2}$ 52—54°, a) analog aus dem Na- oder K-Salz des Oximinomalonsäurediäthylesters; $n_D^{25,5}$ 1,4088; 58%; b) durch 1std. Einleiten von ClO_3F in eine Lsg. des K-Salzes von **X** in DMF bei 0—15°; 80%. — *Verb.* $C_{14}H_{10}FNO_3$, durch Zutropfen einer Tetrahydrofuran (THF)-Lsg. von 4,5 g **II** zu NaH in THF, ½std. Kochen u. Einleiten von ClO_3F; ν_{CO} 1705 cm^{-1}, ν_{NO_2} 1582 cm^{-1}; 0,8 g; daneben *Benzonitril, β-Benzilmonoximbenzoat* [F. 135 bis 137°], *Benzil* u. **VIII**. — *Mesitylphenyldiketon,* F. 134—136°, analog vorst. Verb. aus **III**; 58%; daneben *Mesitoesäure* u. eine *Nitroverbindung.* — *Diphenylfuroxan,* F. 113—115°, analog aus **IV**; 74%; daneben *β-Benzildioxim* [F. 207—209°; 6,7%; *Diacetat,* F. 126 bis 127°] u. *Diphenylfurazon* (?), $C_{14}H_{10}N_2O$, F. 77—79°, gelb. — *3.5-Diphenyl-1.2.4-oxadiazol,* F. 107—109°, analog aus **V**; 51%; daneben *Benzaldoximbenzoat* [F. 100—102°], **VI**, **VII** u. **VIII**. — *Benzhydroxamsäurebenzoat* (**VII**), F. 159—160°, a) analog aus **IX**; 82%; b) durch Einleiten von ClO_3F in eine methanol. Lsg. von **IX** in Ggw. von CH_3ONa bei 0°; 75%. — *α-Fluor-α-phenylnitroäthan,* $C_8H_8FNO_2$, $Kp._{0,2}$ 46,5°, $Kp._{0,5}$ 42—43°, analog aus **XI**; n_D^{20} 1,4996; 82%. — *α-Fluor-α-nitro-α-phenylacetophenon,* $C_{14}H_{10}FNO_3$, F. 74 bis 76° (Ligroin), analog aus **XII**. — *5-Fluor-5-nitro-6-phenylnorbornen* (**XV**), $C_{13}H_{12}FNO_2$, $Kp._{0,05}$ 109—110°, analog aus **XIII**; n_D^{20} 1,5457; 70%; daneben *6-Phenyl-5-ketonorbornen* (**XIV**) [3,5%; *Dinitrophenylhydrazon,* $C_{19}H_{16}N_4O_4$, F. 174—176° (Zers.)], das auch durch Red. von **XV** mit Fe/Essigsäure erhalten wird. — *2-Fluor-2-nitro-3-phenylnorbornan* (**XVI**), $C_{13}H_{14}FNO_2$, $Kp._{0,05}$ 101—105°, a) analog aus **XVII**; n_D^{20} 1,5341; 40%; b) durch Hydrierung (PtO_2) von **XV**; daneben *Phenylnorcampher*; 7%; *Dinitrophenylhydrazon,* F. 162—165°. W. Püschel-Emden. 460□

Ein bequemes Verfahren für die Decarboxylierung von Säuren. D. H. R. Barton und E. P. Serebryakov. (Proc. chem. Soc. [London] **1962,** 309, Sept.; London, Imp. Coll.; engl.) — Mit Hilfe von $Pb(CH_3COO)_4/J_2$ in sd. CCl_4 können unter Bestrahlung mit einer Wolframlampe prim. u. sek. Monocarbonsäuren in hohen Ausbeuten decarboxyliert werden. Im Dunkeln verläuft die Rk. langsamer u. mit geringeren Ausbeuten. Vff. postulieren als Zwischenprod. ein Acylhypojodit, das durch einen S_Ni-Prozeß zerfällt. — Beispiele: 12-Acetoxystearinsäure → 82% (Ausbeute) *11-Acetoxy-1-jodheptadecan.* — 6-Benzamidohexansäure → 63% *5-Benzamido-1-jodpentan.* — Cyclohexancarbonsäure → 91% *Jodcyclohexan.* — 3β-Acetoxy-11-oxobisnorallocholansäure → 85% *3β-Acetoxy-20α-jodallopregnan-11-on* (nur ein Prod.; Zuordnung 20α ist nicht bewiesen). — Pivalinsäure (**I**) → 10% *tert.-Butyljodid,* 20% *Isobuten* u. > 40% **I** zurück. — Benzoesäure → 56% *Jodbenzol* u. 17% *1.4-Dijodbenzol.* — Naphthoesäure-(2) → 40% *2-Jodnaphthalin.* — Glutarsäure → 12% *1.3-Dijodpropan,* daneben 55% **II** zurück. — Adipinsäure (**III**) → 33% *1.4-Dijodbutan,* daneben 15% **III** zurück. — cis-Cyclohexandicarbonsäure-(1.2) (**IV**) → 34% Cyclohexen (vor der Aufarbeitung wurde das Rk.-Prod. mit Zinkstaub behandelt), daneben 15% **IV** zurück. J. Rothe. 460□

Synthese von ^{14}C-markiertem Linalool. J. Filip und J. Morávek. (Chem. and Ind. **1959,** 1408—09, 7/11.; Prague, Inst. for Res., Prod. and Application of Radioisotopes; engl.) — Durch Addition von Br_2 an $^{14}C_{(1.2)}$-Äthylen in einer geschlossenen App. (Abb.) wird $^{14}C_{(1.2)}$-*Äthylendibromid* erhalten. Behandlung mit alkohol. Alkali ergab $^{14}C_{(1.2)}$-*Vinylbromid.* Durch Umsetzung mit Mg in Tetrahydrofuran u. Rk. der erhaltenen Grignard-Lsg. mit 2-Methylhepten-(2)-on-(6) erhält man $^{14}C_{(7.8)}$-*Linalool* mit einer spezif. Aktivität von 1—2 mc/Mol. H.-D. Jacobi. 480

Synthese von ^{36}Cl- und ^{14}C-markiertem 1.2.3.4.5.6-Hexachlorcyclohexan. Horst Elias, Karl Heinrich Lieser und Hans Wolfgang Kohlschütter. (Chem. Ber. **93,** 2125—27, 9/9. 1960; Darmstadt, Techn. Hochschule, Eduard-Zintl-Inst.; dt.) — Zur Darst. von *^{36}Cl-1.2.3.4.5.6-Hexahlorcyclohexan* (**I**) wird überschüssiges Bzl. mit $^{36}Cl_2$ u. zur Darst. von *^{14}C-1.2.3.4.5.6-Hexachlorcyclohexan* (**II**) ^{14}C–Bzl. mit einem Überschuß an Cl_2 im Hochvakuum in CCl_4 photochloriert. Die *α-* u. *γ-Isomeren* lassen sich an einer Silicagelsäule trennen. *^{36}Cl* wird elektrolyt. aus ^{36}Cl–HCl gewonnen.

Versuche: *α-^{36}Cl-1.2.3.4.5.6-Hexachlorcyclohexan* (**I**), durch Bestrahlen von 500 mg Bzl., 4 ml CCl_4 u. 241 mg ^{36}Cl im Hochvakuum mit Tageslichtlampen u. Chromatographieren an Silicagel in Aceton/PAe.; 142,2 mg (Ausbeute); daneben 36,5 mg *γ-Isomeres. α-^{14}C-1.2.3.4.5.6-Hexachlorcyclohexan* (**II**), analog aus Bzl. ^{14}C/Bzl.; (27 : 3,3 mg), 5 ml CCl_4 u. 295 mg Cl_2 durch 5std. Rk.; 28,8 mg; daneben 13,3 mg *γ-Isomeres.* J. Ruhnke. 480□

Moleküländerungen bei der Markierung mit Tritium. P. H. Jellinck und D. G. Smyth. (Nature [London] **182,** 46, 5/7. 1958; London, St. Bartholomen's Hospital, Med. Coll., Dep. of Biochem.; engl.) — Nach der Meth. von Wilzbach (C. **1959, 3774**) werden 10 mg 1.6-Dihydroxyhexöstrol (**I**) 14 Tage mit Tritium (200 mC) behandelt. Beim

3maligen Waschen des Rohprod. mit Ae. gehen > 60% der Aktivität verloren, obwohl I ätherunlösl. ist. Da auch bei der Einw. von Tritium auf reines I ähnliche Mengen radioakt. ätherlösl. Verunreinigungen entstehen, wird angenommen, daß bei der Rk. Mol.-Umwandlungen erfolgen. Daher müssen die Rohprodd. nach den üblichen Tritiierungen stets gut gereinigt werden. H. Zorn. 480

Aliphatische Halogenverbindungen. 1. Mitt. Umwandlung von Carbonylhalogeniden in Tetrahalogenmethane. R. N. Haszeldine und H. Iserson. (J. Amer. chem. Soc. **79,** 5801–04, 5/11. 1957; Cambridge, England, Univ., Dep. of Chem.; Philadelphia, Pa., Pennsalt Chem. Corp.; engl.) — Carbonyldihalogenide werden durch Rk. mit Phosphorpentahalogeniden oder -trihalogeniden oder durch Pyrolyse in die entsprechenden *Tetrahalogenmethane* überführt.

Versuche: *Carbonyldifluorid* (I), durch 17std. Erhitzen von $COCl_2$ mit SbF_3 im Autoklaven auf 285° u. Fraktionieren der gasförmigen Prodd.; 80–85% (Ausbeute). — *Chlorcarbonylfluorid* (II), Kp. –44°, durch 1–2std. Erhitzen von $COCl_2$ mit SbF_3/1 bis 5% $SbCl_5$ im Mol-Verhältnis 3,5 : 1 auf 145–150°. — *Phosphortrifluordichlorid* (III), Kp. 8°, durch Rk. von PCl_3 mit überschüssigem SbF_3 u. Überdestillieren des entstehenden PF_3 (Kp. –101°) im Cl_2 Strom. — *Difluordichlormethan,* a) durch Evakuieren eines PCl_5 enthaltenden Monel-Autoklaven auf 10^{-1} Torr, Kühlen mit fl. O_2, Einleiten von I, 16std. Schütteln bei 265°; Waschen der flüchtigen Rk.-Prodd. mit 15%ig. KOH u. gaschromatograph. Trennung; 10%; daneben 5% *Trifluorchlormethan* (IV) u. 80% I; b) durch 12std. Rk. von PCl_5 u. I bei 100°; daneben 30% CCl_4 u. 30% I; c) durch 12std. Erhitzen von III u. I auf 300°; 5%; daneben 5% CCl_4, I, $COCl_2$, CO_2 u. II; d) durch Durchleiten von $COCl_2$ u. I/N_2 bei 420–430° durch ein platiniertes Rohr; 7%; daneben 3% **IV,** 50% I, CF_4, II u. CO_2; e) analog d) bei 640–660°; 10%; daneben 5% **IV,** 50% I, 50% $COCl_2$ u. CO_2; f) durch 17std. Erhitzen von I u. $COCl_2$ mit SiF_4 im Autoklaven auf 425°; 56%; daneben 12% **IV;** 23% *Trichlorfluormethan* (V) u. wenig CF_4 u. CCl_4; g) analog durch 8std. Rk.; 43%; daneben 21% **IV;** 4% **V;** 8% CF_4; 27% CCl_4; h) durch 6std. Rk. in Ggw. von Tierkohle/$FeCl_3$; 34%; daneben 21% **IV,** 25% **V;** 5% CF_4, 11% CCl_4; i) durch 8½std. Erhitzen von II im Autoklaven auf 420°; 3%; daneben 1% **IV;** j) durch 19std. Erhitzen von II auf 425° in Ggw. von Kohle/$FeCl_3$; 13%; daneben 38% **IV** u. 13% CF_4; k) durch 17std. Erhitzen von $COCl_2$, HF u. Cl_2 in Ggw. von Kohle/$FeCl_3$ auf 425°; 14%; daneben 54% **IV** u. 4% CF_4; l) analog k) durch 6std. Rk. bei 350°; 47%; daneben 13% **IV,** 7% **V** u. 7% CCl_4; m) durch 6¼std. Erhitzen auf 340°; 34%; daneben 20% **IV,** 10% **V** u. 4% CF_4. — *Trichlorfluorkohlenstoff,* durch 6std. Erhitzen von 152 g vorst. Verb. in Ggw. von Kohle (aktiviert durch Erhitzen mit HF auf 350°; 18,0 g; daneben 79,0 g vorst. Verb., 17,3 g **IV,** 14,8 g CCl_4 u. wenig CF_4. — *Kohlenstofftetrachlorid,* Kp. 76°, a) durch 18½std. Erhitzen von $COCl_2$ u. PCl_5 im Autoklaven auf 365–375°; 64%; b) durch 12std. Erhitzen von Tierkohle, $FeCl_3$, $Ni(CO)_4$ u. Fe-Carbonyl auf 400° Kühlen u. 9std. Erhitzen mit CO, Cl_2 u. PCl_3 auf 400°; 44%; c) analog b) durch 16std. Rk. bei 430°; 48%.

K. Lange. 510

Oxydation von Methyl-tert.-butylcarbinol mit Bleitetraacetat. William A. Mosher, Clifton L. Kehr und Leon W. Wright. (J. org. Chemistry **26,** 1044–46, April 1961; Newark, Del., Univ., Dep. of Chem.; engl.) — Das durch Rk. von tert.-Butyl-MgCl (I) mit Acetaldehyd (II) oder durch Red. von Pinakolin (III) zugängliche *Methyl-tert.-butylcarbinol* (*Pinakolinalkohol;* **IV**) liefert bei der Oxydation mit $Pb(CH_3COO)_4$ in Essigsäure (**VIII**) je nach Vers.-Bedingungen in verschiedenem Mengenverhältnis das erwartete **III,** *tert.-Butylacetat* (**V**), *Isobutylen* (**VI**) u. **II.** Daneben wird die Entw. von CO_2 beobachtet. **IV** wird z. T. in Form seines *Acetats* (**VII**) zurückerhalten. Die Rk., die ausführlich diskutiert wird, verläuft vermutlich über einen Ionenmechanismus.

Versuche: *Methyl-tert.-butylcarbinol* (*Pinakolinalkohol;* **IV**), $Kp._{760}$ 120–121°, a) aus I u. **II;** n_D^{20} 1,4152; 31% (Ausbeute); b) durch Red. von **III** mit Al-Isopropylat in Isopropanol; 68%. — *Pinakolin* (**III**), a) durch Rk. von 1 Mol **IV** mit 1 Mol $Pb(CH_3COO)_4$ in 3,3 Mol **VIII** bei 50–60°; 17% (angegeben in Mol.-%; *Dinitrophenylhydrazon,* F. 126 bis 128°); daneben *Pinakolinylacetat* (**VII**); 8% [identifiziert durch Umwandlung in *Acetanilid* (**IX**), F. 113–114°, u. in *Pinakolinyl-3.5-dinitrobenzoat,* F. 105–106°]; daneben *tert.-Butylacetat* (**V**); 6% [identifiziert durch Umwandlung in **IX** u. durch Überführung in *tert.-Butylchlorid* (Kp. 54–56°; n_D^{20} 1,3850), dessen Grignard-Verb. mit Phenylisocyanat in *Trimethylacetanilid,* F. 127–129°, übergeht]; b) durch Rk. von 1 Mol **IV** mit 1 Mol $Rb(CH_3COO)_4$ in 4,1 Mol **VIII** bei 95–100°; 3%; daneben **VII;** 14%; daneben **V;** 31%; daneben *Isobutylen* (**VI**); 20% (identifiziert durch Umwandlung in *Isobutyraldehyd-2.4-dinitrophenylhydrazon,*F. 185–186°); daneben *Acetaldehyd* (**II**); 20%; c) durch Rk. von 2 Mol **IV** mit 1 Mol $Pb(CH_3COO)_4$ in 4,0 Mol **VIII** bei 95–100°; 3%; daneben **VII;** 15%; daneben **V;** 30%; daneben **VI;** 22%; daneben **II;** 18%; d) durch Rk. von 1 Mol **IV** mit 1 Mol $Pb(CH_3COO)_4$ in 4,0 Mol Nitrobenzol bei 65–75°; 5%; daneben

VII; 31%; daneben **V**; 16%; daneben **II**; 32%; e) durch Rk. von 0,4 Mol **IV** mit 1 Mol $Pb(CH_3COO)_4$ in 3,3 Mol **VIII** bei 75—85°; 13%; daneben **VII**; 22%; daneben **V**; 8%; daneben **IV**; 23%; f) durch Rk. von 1 Mol **IV** mit 1 Mol $Pb(CH_3COO)_4$ in 1 Mol **VIII** bei 45—50°; 25%; daneben **VII**; 10%; daneben **V**; 13%; daneben **II**; 10%. R. Strufe. 560

Anomale Reaktionen von Lithiumaluminiumhydrid. Leo A. Pohoryles, Shalom Sarel und Raphael Ben-Shoshan. (J. org. Chemistry **24**, 1878—81, Dez. 1959; Jerusalem, Hebrew Univ., School of Pharmacy; engl.) — Vff. stellen *Diole* 1. aus Ketoalkoholen oder Dicarbonsäureestern mit $LiAlH_4$ (**I**), 2. aus β-Ketoalkoholen mit Grignard-Verbb. u. 3. aus Alkylendibromiden durch Hydrolyse dar. Sie beobachten bei der Red. von Benzoin (**II**) mit **I** Temp.-Abhängigkeit der stereochem. Spezifität des Hydridangriffs. Bei 0° entstehen 90% *Mesohydrobenzoin*, in sd. Tetrahydrofuran ist das Verhältnis *Meso-* zu *Isohydrobenzoin* 3:1 u. in sd. Dioxan 1,5:1. Bei Red. von β-Hydroxybutyraldehyd (**III**) mit **I** tritt eine anomale Rk. ein: Neben 39% *Butandiol-(1.3)* entstehen 15% *A.* sowie *Crotylalkohol*. Die Spaltung der C—C-Bindung muß vor der Red. der Carbonylgruppe eingetreten sein, da Butandiol-(1.3) nach Behandlung mit **I** unverändert wiedergewonnen wird. Es muß also Retro-Aldol-Rk. eintreten mit nachfolgender Red. des Acetaldehyds zu Äthanol. Setzt man jedoch **III** mit Methyl-MgJ um, so erhält man 70% des erwarteten Diols. Beide Organometallkomplexe haben einen verschiedenen Einfluß auf die Retro-Aldol-Reaktion. Ähnliche Spaltungen von 1.3-bifunktionellen Verbb. bei Einw. von **I** sind bekannt (5 Literaturzitate). Die Red. von Acetylaceton (**IV**) mit **I** liefert 70,5% *Penten-(3)-ol-(2)* (**V**), 2,5% *Pentandiol-(2.4)* (**VI**) u. 8% einer *Verb.* $C_8H_{12}O_4$, die vermutlich ein *Dimethyldihydroxycyclohexandion-(1.3)* ist. IR- u. UV-Spektren s. Original. Das Verhältnis des entstehenden **VI** zu **V** ist 1:28, während die Verhältnisse bei 2-Hydroxymethylcyclohexanon 1:6 u. beim entsprechenden Pentanon 1:14 betragen. Die Anteile an Diolen u. ungesätt. Verbb. hängen von der Angreifbarkeit der Gruppen in den Keto- u. Enolformen ab. In **IV** wird die unter normalen Bedingungen vorliegende Enolform bevorzugt red., durch O-Eliminierung u. weitere Red. entsteht **V**. Bei Unters. des Unterschieds von **I** u. Grignard-Verbb. bzgl. ihrer Wirksamkeit, ein O-Atom zu eliminieren, wird Freeman (C. **1959**, 3457) bestätigt, der unter normalen Bedingungen einfache, unter extremen jedoch doppelte Addition von Phenyl-MgBr an **IV** fand. Die Darst. von 1.2-Diolen aus den entsprechenden Dibrom-Derivv. gelingt nicht immer. Während 2-Methyl-2.3-dibrombutan zu 27% das Diol liefert, entsteht aus Isobutylendibromid nur *Isobutyraldehyd*.

Versuche: *Mesohydrobenzoin*, F. 134—136°, durch Zugabe von **II** zu überschüssigem **I** in Ae. bei 0° u. 2std. Kochen (Meth. **A**); 90% (Ausbeute). — *2-Äthyl-2-phenylpropandiol-(1·3)*, F. 79°, aus Phenyläthylmalonsäurediäthylester nach **A** bei 34°; 75%. — *2-Äthyl-2-isoamylpropandiol-(1.3)*, $C_{10}H_{22}O_2$, Kp.$_{10}$ 133—135°, analog nach **A** bei 63°; n_D^{20} 1,4672; 72%. — *Butandiol-(1.4)*, Kp.$_{27}$ 140—143°, aus Bernsteinsäurediäthylester nach **A** bei 34°; n_D^{20} 1,4450; 35—40%. — *Butandiol-(1.3)*, Kp.$_{0,6}$ 69—70°, aus **III** nach **A** bei 34°; 39%; daneben 15% *Äthanol* [Kp.$_{680}$ 78—80°; n_D^{20} 1,3700. *3.5-Dinitrobenzoat*, F. 94—95° (A./W.); Nadeln] u. *Crotylalkohol* (Kp.$_{30}$ 30—32°; n_D^{20} 1,3440). — *Penten-(3)-ol-(2)* (**V**), aus **IV** nach **A** in sd. Tetrahydrofuran neben *Pentandiol-(2.4)* (**VI**) [Kp.$_{17}$ 104—105°, auch durch Umsetzen von Methyl-MgJ mit **III**; 70%; u. durch 2std. Hydrieren von **IV** in Ggw. von Raney-Ni bei 70—80 at u. 125°; n_D^{20} 1,4358; 50—70%] u. einer *Verb.* $C_8H_{12}O_4$ [F. 192° (Tetrachlorkohlenstoff); orangegelbe Kristalle]. — *2-Methylbutandiol-(2.3)*, $C_5H_{12}O_2$, Kp.$_{24}$ 93—95°, a) aus Methyl-MgJ u. Milchsäureäthylester durch 1std. Rk. in Ae.; n_D^{25} 1,4380; 55%; b) durch 12std. Hydrolyse von 2-Methyl-2.3-dibrombutan mit wss. Soda bei 90°; 27%. — *Isobutyraldehyd*, Kp. 62°, durch 5tägige Hydrolyse von Isobutylendibromid mit wss. K_2CO_3 bei 55°; n_D^{20} 1,3725; 40%.

D. Frank. 570□

Untersuchungen an Trifluoressigsäure. 14. Mitt. **Reaktion von Acyltrifluoracetaten mit 1.6-Di-O-benzoyl-2.4;3.5-di-O-methylen-D-sorbit.** E. J. Bourne, J. Burdon und J. C. Tatlow. (J. chem. Soc. [London] **1958**, 1274—79, März; Edgbaston, Birmingham, Univ., Chem. Dep.; Englefield Green, Surrey, Univ. of London, Royal Holloway Coll.; engl.) — 13. vgl. C. **1957**, 7005; 15. vgl. C. **1960**, 4792. — 1.6-Di-O-benzoyl-2.4;3.5-di-O-methylen-D-sorbit (**I**) reagiert mit einem äquimol. Gemisch aus Eisessig (**III**) u. Trifluoressigsäureanhydrid (**II**) zu *5-O-Acetyl-1.6-di-O-benzoyl-2.4-O-methylen-D-sorbit* (**IV**), während Rk. mit **II** u. Benzoesäure (**VI**) *1.5.6-Tri-O-benzoyl-2.4-O-methylen-D-sorbit* gibt. Durch längere Behandlung bei 25° wird die 2.4-O-Methylenbrücke nicht gespalten. Wird ein 10facher Überschuß an **III** gegenüber **II** angewendet, erhält man *3-O-Acetoxymethyl-5-O-acetyl-1.6-di-O-benzoyl-2.4-methylen-D-sorbit*. Die Konformationsanalyse wird zur Erklärung der Ringspaltung sowie Unterschiedlichkeit der Reaktivität herangezogen.

Versuche: *1.6-Di-O-benzoyl-2.4;3.5-di-O-methylen-D-sorbit* (I), F. 159—160°; $[\alpha]_D^{14}$ +17,7° (c=2,31; Chlf.). — *5-O-Acetyl-1.6-di-O-benzoyl-2.4-O-methylen-D-sorbit* (IV), $C_{23}H_{24}O_9$, F. 149—150° (A.), a) durch 3std. Rk. von 0,50 g I mit 1,5 ml II/0,62 ml III bei 25°, Eindampfen im Vakuum u. 1std. Kochen des erhaltenen *5-O-Acetyl-1.6-di-O-benzoyl-2.4-O-methylen-3-O-trifluoracetoxymethyl-D-sorbit* (?) mit abs. Methanol; $[\alpha]_D^{17}$ +4,2° (c = 4,35; Chlf.); 0,54 g (Ausbeute); b) analog durch 24std. Rk.; 92%; c) durch 3std. Rk. bei 25°, Gießen in wss. $NaHCO_3$ u. Extrahieren mit Chlf.; 0,50 g. — *2.4-O-Methylen-D-sorbit* (V), $C_7H_{14}O_6$, F. 163—164° (A.), durch 14std. Rk. von 0,20 g IV mit Na-Methylat in abs. Methanol bei Raum-Temp.; $[\alpha]_D^{21}$ —9,9° (c = 1,00; W.); 0,08 g. *1.6-Dibenzoat*, $C_{21}H_{22}O_8$, F. 155—156° (A.); aus 0,75 g V; $[\alpha]_D^{15}$ +15,0° (c = 2,14; Chlf.); 0,62 g. — *3.5-Di-O-acetyl-1.6-di-O-benzoyl-2.4-O-methylen-D-sorbit*, $C_{25}H_{26}O_{10}$, F. 185° (wss. Aceton), a) aus 0,40 g IV; $[\alpha]_D^{17}$ +9,6° (c = 1,42; Aceton); 0,37 g; b) aus 0,30 g vorst. Dibenzoats; 0,33 g. — *3-O-Acetoxymethyl-5-O-acetyl-1.6-di-O-benzoyl-2.4-O-methylen-D-sorbit*, $C_{26}H_{28}O_{11}$, F. 125° (A.), durch 12std. Rk. von 0,50 g I mit 1,5 ml II/6,21 ml III bei 25°; $[\alpha]_D^{19}$ +2,4° (c = 2,34; Chlf.); 0,56 g; 1,5 g geben durch ¼std. Kochen mit 2n HCl/A. 0,38 g IV. — *5-O-Acetyl-1.6-di-O-benzoyl-3-O-methyl-2.4-O-methylen-D-sorbit*, $C_{24}H_{26}O_9$, F. 141—142° (A.), durch 36std. Kochen von 1,40 g IV mit Ag_2O in Methyljodid; $[\alpha]_D^{19}$ +4,4° (c = 1,54; Chlf.); 0,78 g. — *3-O-Methyl-2.4-O-methylen-D-sorbit*, $C_8H_{16}O_6$, F. 144° (A./Ae.; sublimiert bei 150°/0,005 Torr), durch 36std. Rk. von 0,40 g vorst. Verb. mit Na-Methylat in abs. Methanol; $[\alpha]_D^{21}$ —3,3° (c = 2,70; W.); 0,11 g.— *5-O-Acetyl-1.3.6-tri-O-benzoyl-2.4-O-methylen-D-sorbit*, $C_{30}H_{28}O_{10}$. F. 142—142,5° (wss. A.), durch 2std. Rk. von 0,18 g vorvorst. Verb. mit VI in III/Trifluoressigsäure bei 60°; $[\alpha]_D^{17}$ —18,8° (c = 1,60; Chlf.); 0,15 g. — *1.5.6-Tri-O-benzoyl-2.4-O-methylen-D-sorbit* (VII) $C_{28}H_{26}O_9$, F. 154—154,5° (wss. A.), durch 12std. Rk. von 1,00 g I mit VI u. III bei 25°, Gießen in wss. $NaHCO_3$ u. Extraktion mit Chlf.; $[\alpha]_D^{15}$ —9,3° (c = 3,33; Chlf.); 0,78 g. *3-Acetat*, $C_{30}H_{28}O_{10}$, F. 107°, aus 0,40 g VII; $[\alpha]_D^{17}$ —12,8° (c = 4,91; Chlf.); aus A. Nadeln; 0,44 g. J. Gartzke. 580□

Synthese von β-Diäthylaminoäthylalkyläthern des Methylenglykols. Schamchal Mamedow und A. K. Arabow. (Nachr. Akad. Wiss. AserbaidshanSSR **17**, 1139—42, 1961; Inst. für petrochem. Verff.; russ., Auszug: aserbaidshan.) — Durch Rk. von β-Diäthylaminoäthanol (I) mit Chlormethylalkyläthern in Ggw. von NaOH werden *Methylenglykol-β-diäthylaminoäthylalkyläther* dargestellt.

Versuche: Methylenglykol-β-diäthylaminoäthylalkyläther: *Methyl-*, a) Kp.$_{21}$ 74—76°, durch Zutropfen einer Lsg. von Chlordimethyläther in Bzl. zu einem Gemisch von I u. NaOH in Bzl. bei 10—15° u. 1std. Rühren; D_4^{20} 0,8850; n_D^{20} 1,4235; 50% (Ausbeute); b) Kp.$_{20}$ 71—72°, durch Zutropfen von Chlordimethyläther in Bzl. zu einer aus I u. Na in Bzl. dargestellten Alkoholat-Lsg. bei 10—15° u. 2std. Rühren bei 50—60°; D_4^{20} 0,8865; n_D^{20} 1,4212; 53%. — Analog a): *Äthyl-*, Kp.$_3$ 56—58°, D_4^{20} 0,8772; n_D^{20} 1,1239; 50%. — *Propyl-*, Kp.$_3$ 66—67°; D_4^{20} 0,8711; n_D^{20} 1,4242; 63%. — *Isopropyl-*, Kp.$_3$ 59—61°; D_4^{20} 0,8668; n_D^{20} 1,4217; 55%. — *n-Butyl-*, Kp.$_3$ 84—86°; D_4^{20} 0,8695; n_D^{20} 1,4270; 60%. — *Isobutyl-*, Kp.$_3$ 73—74,5°; D_4^{20} 0,8633; n_D^{20} 1,4234; 57%. — *n-Amyl-*, Kp.$_5$ 96—98°; D_4^{20} 0,8644; n_D^{20} 1,4276; 70%. — *Isoamyl-*, Kp.$_3$ 81—83°; D_4^{20} 0,8631; n_D^{20} 1,4268; 56%. — *Hexyl-*, Kp.$_3$ 105—106°; D_4^{20} 0,8615; n_D^{20} 1,4297; 67%. — *Cyclohexyl-*, Kp.$_3$ 111—112°; D_4^{20} 0,9306; n_D^{20} 1,4587; 56%. E. Höft. 920□

Eine stereospezifische Synthese von erythro-2-Amino-1.3.4-trihydroxybutan. J. Kiss und F. Sirokman. (Helv. chim. Acta **43**, 334—38, 1/2. 1960; Szeged, Univ., Organ.-chem. Inst.; dt.) — Vgl. C. **1960**, 17084. — Das linksdrehende *erythro-2-Amino-1.3.4-trihydroxybutan* wird auf folgendem stereospezif. Wege synthetisiert: Das aus trans-1.4-Dibenzyloxybuten-(2) dargestellte *trans-1.4-Dibenzyloxy-2.3-oxidobutan* gibt durch Ammonolyse *dl-erythro-2-Amino-3-hydroxy-1.4-dibenzyloxybutan*, das mit L-Glutaminsäure gespalten wird. Das durch Hydrogenolyse gebildete *D-erythro-2-Amino-1.3.4-trihydroxybutan* ist ident. mit dem aus Triacetylsphingosin durch Ozonabbau u. nachfolgende Red. erhaltenen Präparat.

Versuche: *trans-1.4-Dibenzoyloxybuten-(2)*, $C_{18}H_{16}O_4$, F. 99,5—100° (A.), durch Zugabe von Na-Benzoat zu 4,28 g trans-1.4-Dibrombuten-(2) in abs. Toluol u. 4std. Erhitzen auf dem Dampfbad; 5,3 g (Ausbeute). — *cis-1.4-Dibenzoyloxybuten-(2)*, $C_{18}H_{16}O_4$, F. 67—68°, analog vorst. Verb. aus cis-1.4-Dibrombuten-(2) u. Na-Benzoat. — *1.4-Dibenzoyloxybutan*, $C_{18}H_{18}O_4$, F. 82°, durch katalyt. Hydrierung von vorvorst. u. vorst. Verb. u. von 1.4-Dibenzoyloxybutin-(2). — *1.4-Dihydroxybutan*, $C_4H_{10}O_2$, Kp.$_2$ 102—105°, durch 3std. Kochen von 17,2 g γ-Acetoxycrotonsäureäthylester mit $LiAlH_4$ in abs. Ae., Zugabe von Essigester, Eindampfen im Vakuum, Versetzen mit 20%ig. H_2SO_4 u. gesätt. $FeSO_4$-Lsg. u. 24std. Extraktion mit Ae.; n_D^{20} 1,4382; 1,5 g (davon 5—8% Butendiol); gibt mit Benzoylchlorid in Pyridin vorst. Verbindung. — *γ-Brom-*

crotonsäuredipropylamid, $C_{10}H_{18}BrNO$, Kp.$_5$ 128°, durch 4std. Kochen von 13,1 g Crotonsäuredipropylamid (aus Crotonsäurechlorid u. Dipropylamin in abs. Toluol) u. N-Bromsuccinimid in CCl_4, Kühlen auf 0°, Filtrieren u. Dest.; 7,1 g. — *γ-Phthalimidocrotonsäureäthylester*, $C_{14}H_{13}NO_4$, F. 94—95°, durch 2std. Kochen von 18,4 g Phthalimid-K u. vorst. Verb. in Diisoamyläther, Filtrieren, Kühlen u. Extrahieren des Öls mit Bzl.; aus Diamyläther Blättchen; 12,5 g. — *γ-Aminocrotonsäurelactam*, C_4H_5NO, F. 142°, durch 3std. Kochen von 4,72 g vorst. Verb. mit $N_2H_4 \cdot H_2O$ in Methanol, $^1/_2$std. Erwärmen mit 1n HCl, Filtrieren u. Einengen; 0,89 g des *Hydrats* (F. 83—84°, Zers. bei 105°; aus W. Nadeln). — *trans-1.4-Dibenzyloxybuten-(2)*, $C_{18}H_{20}O_2$, Kp.$_5$ 203—205°, durch Lösen von Na in Benzylalkohol, Verdünnen mit Dioxan, Zugabe von 21,4 g trans-1.4-Dibrombuten-(2), 3std. Erhitzen auf 100°, Kühlen u. Filtrieren; n_D^{20} 1,5519; 25,6 g. — *trans-1.4-Dibenzyloxy-2.3-oxidobutan*, $C_{18}H_{20}O_3$, Kp.$_2$ 236—238°, durch 60std. Stehen vorst. Verb. in Ae. mit Phthalmonopersäure, Filtrieren u. Dest.; n_D^{20} 1,5480. — *dl-erythro-2-Amino-3-hydroxy-1.4-dibenzyloxybutan*, $C_{18}H_{23}NO_3$, F. 61—62°, durch 3std. Erhitzen von 5,8 g vorst. Verb. mit 14%ig. methanol. NH_3 im Bombenrohr auf 100°, Eindampfen, Lösen von 3,1 g des Rohprod. in Methanol, Versetzen mit L-Glutaminsäure in heißem W., $^1/_4$std. Kochen, 14std. Stehen bei Raum-Temp., Filtrieren, Eindampfen bei 40° im Vakuum, Eindampfen des Rückstandes mit abs. A., Extrahieren des Öls mit Methanol, Eindampfen, Lösen in heißem Methanol, Versetzen mit dem gleichen Vol. Ae., 24std. Stehen bei 0°, Abfiltrieren des Gemisches aus Glutaminat u. Glutaminsäure (F. 186—190°; 0,32 g), Eindampfen der Methanol/Ae.-Mutterlauge, Verreiben des Öls mit Ae., Abfiltrieren des *Glutaminats* ($C_{23}H_{32}N_2O_7$, F. 145—147°; 0,38 g), Waschen mit Ae. u. Einengen der Ae.-Lsg.; aus A. Tafeln; $[\alpha]_D^{20}$ +4,32° (c = 0,3; A.); 76 mg. — *dl-erythro-2-Amino-1.3.4-trihydroxybutan*, $C_4H_{11}NO_3$, Kp.$_2$ 220—225° (Bad-Temp.), durch Hydrieren von 75 mg vorst. Verb. in Methanol an Pd/Kohle, Filtrieren u. Dest.; $[\alpha]_D^{20}$ —1,92° (c = 0,03; 1n HCl); 23,1 mg. P. Golinske. 920□

Über Peptidsynthesen. 9. Mitt. Darstellung und Reaktionen des Carbobenzoxy-L-glutaminsäure-α-thioäthylesters. Erich Klieger und Heinz Gibian. (Liebigs Ann. Chem. **651**, 194—205, März 1962. herausgeg. 27/3.; Berlin-West, Schering AG., Hauptlabor.; dt.) — 8. vgl. C. **1962**, 7116. — Durch Rk. von N-Carbobenzoxy (N-Cbo)-L-glutaminsäureanhydrid (**I**) mit C_2H_5SH in abs. Ae. wird *N-Cbo-L-α-thiolglutaminsäure-α-äthylester* (**II**) dargestellt, der in Form des krist. *Dicyclohexylamin* (**III**)-*Salzes* isoliert u. durch Rk. mit NH_3 zu *N-Cbo-L-isoglutamin* bzw. mit N_2H_4 zu *N-Cbo-L-glutaminsäure-α-hydrazid* identifiziert wird. Mit 1 Val NH_3, Anilin, Tritylhydrazin (**IV**) bzw. p-Nitrophenol (**V**) läßt sich **II** in Ggw. von N.N'-Dicyclohexylcarbodiimid (**VI**) in **II**-*γ-Amid*, *-Anilid*, *-Tritylhydrazid* (**VII**) bzw. *-p-Nitrophenylester* (**VIII**) überführen, mit CH_2N_2 wird **II**-*γ-Methylester* (**IX**) erhalten. Durch übliche Meth. der Peptid-Darst. wird **II** mit Aminosäureestern zu *N-Cbo-L-α-thiol-α-S-äthylglutamyl-γ-aminosäureestern* (**A**) umgesetzt, die, ebenso wie **IX**, durch partielle Aminolyse mit fl. NH_3 bzw. N_2H_4 die entsprechenden *α-Amide* bzw. *-Hydrazide* liefern. **VII** bzw. *N-Cbo-L-α-thiol-α-S-äthylglutamyl-γ-L-valin* (**X**)*-tert.-butylester* (**XI**) werden mit wss.-methanol. NH_4OH ebenfalls zu den *α-Amiden*, **XI** wird mit N_2H_4 zum *α-Hydrazid* umgesetzt. Die Rk. von **A** mit 2 Val Alkalihydroxid liefert die freie *N-Cbo-glutamylaminosäure*, während **XI** mit HCl in Essigester zu **X** verseift wird.

Versuche: *N-Cbo-L-α-thiolglutaminsäure-α-äthylester* (**II**), $C_{15}H_{19}NO_5S$, F. 77—78°, a) durch $^1/_4$std. Rühren des **III**-Salzes in Tetrahydrofuran (THF)/W. (2 : 1) mit Dowex 50 (H^+), Absaugen, Einengen u. Anreiben; aus Chlf./Ae. Sterne, aus Bzl./PAe. Nadeln, $[\alpha]_D^{25}$ —19,8 (c = 1,11; THF), —28,5° (c = 1,01; 95%ig. CH_3COOH); fast 100% (Ausbeute); b) durch 1std. Rühren von 5,1 g **III**-Salz in Essigester mit einer 5n Lsg. von HCl in Essigester bei Raum-Temp., Absaugen, Waschen mit W. u. Eindampfen im Vakuum; 2,9 g. *Dicyclohexylamin* (**III**)-*Salz*, $C_{27}H_{42}N_2O_5S$, F. 176°, durch Zutropfen von **III** in abs. Ae. zu **I** u. C_2H_5SH in abs. Ae., 3std. Rühren u. Stehen über Nacht; Spieße aus Chlf./Ae., $[\alpha]_D^{25}$ —17,1° (c = 1,20; Chlf.), —18,2° (c = 1,0; 95%ig. CH_3COOH); 77%. *Benzylamin* (**XII**)-*Salz*, $C_{22}H_{28}N_2O_5S$, F. 121—122° (A.), aus **II** in Essigester mit **XII**; $[\alpha]_D^{25}$ —22,8° (c = 0,76; A.); 97%. *Salz aus 2 Mol* **II** *u. 1 Mol Tetramethylendiamin* (**XIII**), $C_{34}H_{50}N_4O_{10}S_2$, F. 160° (Zers.; 90%ig. CH_3OH), aus **II** u. $^1/_2$ Val **XIII** in THF; $[\alpha]_D^{25}$ —22,0° (c = 1,22; Eisessig); 85%. *γ-Amid* („*Cbo-L-glutamin-α-thioäthylester*"), $C_{15}H_{20}N_2O_4S$, F. 132—133° (Essigester), durch Zugabe von **VI** in wenig THF zu **II** in THF + einer 1,4n Lsg. von NH_3 in Chlf. unter Eiskühlung, mehrstd. Stehen bei 0°, Stehen über Nacht bei Raum-Temp., Verrühren mit Chlf., Absaugen, Einengen im Vakuum, Waschen mit verd. $NaHCO_3$-Lsg., 1n HCl u. W. u. Eindampfen im Vakuum; $[\alpha]_D^{25}$ —30,4° [c = 1,24; Dimethylformamid (DMF)]; 100%. *γ-Anilid*, $C_{21}H_{24}N_2O_4S$, F. 133—134° (Essigester/PAe.), durch Zugabe von Anilin u. **VI** in THF zu **II** in THF, 2std. Stehen im Eisbad, Stehen über Nacht bei Raum-Temp., Filtrieren, Einengen im

Vakuum, Lösen in Essigester, Waschen mit verd. $NaHCO_3$-Lsg., 1n HCl u. W. u. Eindampfen im Vakuum; $[\alpha]_D^{25}$ −12,3° (c = 1,0; 95%ig. CH_3COOH); 69%. *γ-Tritylhydrazid* (**VII**), $C_{34}H_{35}N_3O_4S$, F. 153—155° (Chlf./PAe.), durch Zugeben von **IV**-Hydrochlorid in THF zum **III**-Salz von **II** in Chlf. unter Eiskühlung, Stehen, Absaugen, Zusatz von **VI** in wenig THF, mehrstd. Stehen bei 0°, Stehen über Nacht bei Raum-Temp., Absaugen, Einengen im Vakuum, Lösen in Chlf., Waschen mit verd. $NaHCO_3$-Lsg., 10%ig. Citronensäure u. W. u. Eindampfen im Vakuum; $[\alpha]_D^{25}$ −16,3° (c = 1,02; DMF); 75%. *γ-Hydrazidhydrochlorid*, $C_{15}H_{21}N_3O_4S \cdot HCl$, F. 158° (Zers.; A./Ae.), durch 2 Min. langes Erwärmen von **VII** in 1,8n methanol. HCl auf dem Wasserbad, mehrstd. Stehen bei Raum-Temp., Eindampfen u. Waschen mit Ae.; $[\alpha]_D^{25}$ −32,7° (c = 1,0; CH_3OH); 85%. *γ-p-Nitrophenylester* (**VIII**), $C_{21}H_{22}N_2O_7S$, F. 98—99°, durch Zugabe von **VI** zu **II** u. **V** in THF, mehrstd. Stehen bei 0°, Stehen über Nacht bei Raum-Temp., Absaugen u. Einengen im Vakuum; verfilzte Nadeln aus A.; $[\alpha]_D^{25}$ −22,4° (c = 1,02; 95%ig. CH_3COOH); 75%. *γ-Methylester* (**IX**), $C_{16}H_{21}NO_5S$, F. 70°, durch Zutropfen von äther. CH_2N_2-Lsg. zu **II** in Ae. bei 0° unter Rühren u. Stehen über Nacht; Nadeln aus Diisopropyläther, $[\alpha]_D^{25}$ −19,3° (c = 1,16; THF); 89%. — *N-Cbo-L-isoglutamin*, F. 172 bis 173° (W., dann Aceton/PAe.), durch mehrtägiges Stehen des **III**-Salzes von **II** in konz. NH_4OH, Waschen mit PAe. u. Einengen im Vakuum; 100%. *γ-Methylester*, $C_{14}H_{18}N_2O_5$, F. 116—117°, durch Lösen von **IX** in fl. NH_3 u. Abdampfen des NH_3 bei Raum-Temp.; Nadeln aus wss. CH_3OH; 76%. — *L-Isoglutamin*, $C_5H_{10}N_2O_3$, F. 181° (W./A./Aceton), durch Hydrieren vorst. Verb. in CH_3OH/Eisessig/W. (6 : 1 : 1) in Ggw. von Pd-Mohr; $[\alpha]_D^{24}$ +20,5° (c = 2,35; W.); 75%. *Hydrobromid*, $C_5H_{10}N_2O_3 \cdot HBr$, F. 216—217°, durch ½std. Stehen vorvorst. Verb. in Eisessig mit 36%ig. HBr/Eisessig, Fällen mit abs. Ae., Anreiben mit abs. Ae. u. Stehen mit abs. Ae. über Nacht in der Kälte; lange Platten aus W./Kohle, $[\alpha]_D^{24}$ +17,3° (c = 6,2; W.); 100%. — *N-Cbo-L-glutaminsäure, α-Hydrazid*, $C_{13}H_{17}N_3O_5$, F. 168—170° (W.), durch 2tägiges Stehen von **II** in A. mit Hydrazinhydrat (**XIV**) bei Raum-Temp., Zugabe von W., Ausäthern mit konz. HCl (Kongorot), Zugabe von Na-Acetat u. mehrstd. Stehen bei 0°; $[\alpha]_D^{25}$ −20,5° (c = 7,19; 0,5n HCl); 92%. *Diamid*, $C_{13}H_{17}N_3O_4$, F. 193—194° (A.), durch mehrtägiges Stehen von **IX** in methanol.-wss. NH_4OH u. Verdunsten des CH_3OH bei Raumtemperatur. *α-Hydrazid-γ-methylester*, $C_{14}H_{19}N_3O_5$, F. 128—129°, durch Stehen von **IX** mit **XIV** in wenig CH_3OH über Nacht u. Verdunsten des CH_3OH bei Raum-Temp.; aus CH_3OH/Ae. seidige Nadeln, $[\alpha]_D^{25}$ −13,8° (c = 1,23; CH_3OH); 55%. — N-Cbo-L-α-thiol-α-S-äthylglutamyl-γ-aminosäureester (**A**): *-γ-L-alaninäthylester* (**XV**), $C_{20}H_{28}N_2O_6S$, F. 121—122°, a) durch Zugabe von L-Alaninäthylester (**XVI**)-Hydrochlorid in THF zum **III**-Salz von **II** in Chlf. unter Eiskühlung, Absaugen, Zusatz von **VI** in wenig THF, mehrstd. Stehen bei 0°, Stehen über Nacht bei Raum-Temp., Absaugen, Einengen im Vakuum, Lösen in Essigester, Waschen mit verd. $NaHCO_3$-Lsg., 1n HCl u. W. u. Eindampfen im Vakuum; aus Essigester verfilzte Nadeln, $[\alpha]_D^{25}$ −46,1° (c = 1,01; A.); 72%; b) durch 48std. Rk. von **VIII** (aus dem Hydrochlorid mit $(C_2H_5)_3N$ in THF) u. **XVI** in Essigester bei 40°; 71%. — *-γ-S-benzyl-L-cysteinmethylester* (**XVII**), $C_{26}H_{32}N_2O_6S_2$, F. 94—95°, analog **XV** nach a) aus S-Benzyl-L-cysteinmethylesterhydrochlorid; Nadeln aus Essigester/PAe., $[\alpha]_D^{25}$ −57,5° (c = 1,0; CH_3OH); 62%. — *-γ-glycin, Benzylester*, $C_{24}H_{28}N_2O_6S$, F. 105—106°, analog **XV** nach a) aus Glycin(**XVIII**)-Benzylester-p-toluolsulfonat; verfilzte Nadeln aus A./PAe., $[\alpha]_D^{25}$ −21,4° (c = 1,18; DMF); 61%. *Äthylester*, $C_{19}H_{26}N_2O_6S$, F. 103—104° (Essigester/PAe.), a) analog **XV** nach a) aus **XVIII**-Äthylesterhydrochlorid; $[\alpha]_D^{25}$ −23,9° (c = 1,23; DMF); 81%; b) analog a) nach der Meth. der gemischten Anhydride; 73%. — *-γ-L-leucin, Benzylester*, $C_{28}H_{36}N_2O_6S$, F. 122—123° (Chlf./Ae.), analog **XV** nach a) aus L-Leucin (**XIX**)-Benzylester-p-toluolsulfonat; $[\alpha]_D^{25}$ −16,8° (c = 1,78; Eisessig); 88%. *Äthylester* (**XX**), $C_{23}H_{34}N_2O_6S$, F. 94—95°, analog **XV** nach a) aus **XIX**-Äthylesterhydrochlorid; Nadeln aus A. oder Essigester/PAe., $[\alpha]_D^{25}$ −31,2° (c = 1,03; 95%ig. CH_3COOH); 74%. — *-γ-L-valin* (**X**), $C_{20}H_{28}N_2O_6S$, F. 154—155°, durch Lösen von **XI** in einer 5n Lsg. von HCl-Gas in Essigester, ½std. Stehen bei Raum-Temp., Extraktion mit verd. $NaHCO_2$-Lsg., Ansäuern mit 5n HCl u. Extraktion des Nd. mit Essigester; aus Essigester/PAe. feine Nadeln, $[\alpha]_D^{25}$ −12,6° (c = 1,04; 95%ig. CH_3COOH); 66%. **III**-*Salz*, $C_{32}H_{51}N_3O_6S$, F. 200—201° (A.); $[\alpha]_D^{25}$ −7,9° (c = 1,0; 95%ig. CH_3COOH). *Methylester*, $C_{21}H_{30}N_2O_6S$, F. 92—93°, analog **XV** nach a) aus L-Valin (**XXI**)-Methylesterhydrochlorid; Spieße aus Essigester/PAe.; $[\alpha]_D^{25}$ −38,4° (c = 1,10; CH_3OH); 92%. *tert.-Butylester* (**XI**), $C_{24}H_{36}N_2O_6S$, F. 129—130° (Essigester/PAe.), a) durch Zugabe von **XXI**-tert.-Butylesterhydrochlorid in THF zum **III**-Salz von **II** in Chlf. unter Eiskühlung, Absaugen, Zusatz von **VI** in wenig THF, mehrstd. Stehen bei 0°, Stehen über Nacht bei Raum-Temp., Filtrieren, Einengen im Vakuum, Lösen in Essigester, Waschen mit verd. $NaHCO_3$-Lsg., 10%ig. Citronensäure u. W. u. Eindampfen im Vakuum; $[\alpha]_D^{25}$ −26,1° (c = 1,1; DMF);

73%; b) nach der Meth. der gemischten Anhydride; 75%. — *N-Cbo-L-isoglutaminyl-γ-tritylhydrazid*, $C_{32}H_{32}N_4O_4$, F. 160—162° (Sintern bei 148°; Chlf./Ae.), durch Zugabe von konz. NH_4OH zu **VII** in CH_3OH, Stehen über Nacht im geschlossenen Gefäß u. Eindunsten bei Raum-Temp.; $[\alpha]_D^{25}$ +6,1° (c = 1,0; DMF); 65%. — *N-Cbo-L-isoglutaminyl-γ-L-alaninäthylester*, $C_{18}H_{25}N_3O_6$, F. 161—162,5° (Essigester), durch Lösen von **XV** in fl. NH_3 u. Verdunstenlassen bei Raum-Temp.; $[\alpha]_D^{25}$ —5,6° (c = 0,96; DMF); 79%. — *N-Cbo-L-glutamyl-α-hydrazid-γ-L-alaninäthylester*, $C_{18}H_{26}N_4O_6$, F. 176—177°, durch Zugabe von **XIV** zu **XV** in CH_3OH, Stehen über Nacht bei Raum-Temp., Absaugen u. Waschen mit A./Ae.; $[\alpha]_D^{25}$ —20,7° (c = 1,01; 95%ig. CH_3COOH); 89%. — *N-Cbo-L-isoglutaminyl-γ-S-benzyl-L-cysteinmethylester*, $C_{24}H_{29}N_3O_6S$, F. 152—153°, analog vorvorst. Verb. aus **XVII** u. fl. NH_3; aus CH_3OH Federbüschel; $[\alpha]_D^{25}$ —23,5° (c = 2,51; DMF); 68%. — *N-Cbo-L-glutamyl-α-hydrazid-γ-L-leucinäthylester*, $C_{21}H_{32}N_4O_6$, F. 140 bis 141°, analog vorvorst. Verb. aus **XX**; aus A. verfilzte Nadeln; $[\alpha]_D^{25}$ —10,6° (c = 1,0; DMF); 30%. — *N-Cbo-L-isoglutaminyl-γ-L-valin-tert.-butylester*, $C_{22}H_{33}N_3O_6$, F. 160 bis 161° (CH_3OH/Ae.), durch 48std. Stehen von **XI** in methanol. NH_4OH bei Raum-Temp. u. Abdampfen des CH_3OH im Vakuum; $[\alpha]_D^{25}$ —18,1° (c = 1,0; CH_3OH); 50%. — *N-Cbo-L-glutamyl-α-hydrazid-γ-L-valin-tert.-butylester*, $C_{22}H_{34}N_4O_6$, F. 116—118° (wss. A.), durch 48std. Stehen von **XI** in CH_3OH mit **XIV** bei Raum-Temp. u. Eindampfen im Vakuum; $[\alpha]_D^{25}$ —21,4° (c = 1,0; CH_3OH); 100%. — *N-Cbo-L-glutamyl-γ-S-benzyl-L-cystein*, durch 1std. Rühren von **XVII** in Dioxan/W. (9 : 1,5) unter Zugabe von 1n NaOH bei Raum-Temp., Ansäuern bis 1n HCl (Kongorot), Eindampfen, Verteilen zwischen verd. $NaHCO_3$-Lsg. u. Essigester, Ansäuern der wss. Phase u. Extraktion des Nd. mit Essigester; Öl; 100%. *Bis-III-Salz*, $C_{47}H_{72}N_4O_7S$, F. 189—190°, aus A. feine Nadeln; $[\alpha]_D^{25}$ —10,7° (c = 1,0; 95%ig. CH_3COOH); 68%. H. Pagel. 950□

Über Peptidsynthesen. 10. Mitt. Vereinfachte Darstellung und Reaktionen von Carbobenzoxy-L-glutaminsäure-α-halbestern. Erich Klieger und Heinz Gibian. (Liebigs Ann. Chem. **655**, 195—210, Juli 1962, herausgeg. 31/7.; dt.) — 9. vgl. vorst. Referat. — Im folgenden bedeuten: Cbo = *Carbobenzoxy-*; THF = *Tetrahydrofuran*; DMF = *Dimethylformamid*; **I** = *N-Cbo-L-glutaminsäureanhydrid*; **II** = *Benzylalkohol*; **III** = *p-Nitrobenzylalkohol*; **IV** = *p-Nitrophenol*; **V** = *Dicyclohexylamin*; **VI** = *N-Cbo-L-glutaminsäure*; **VII** = *α-Methylester von* **VI**; **VIII** = *α-Phenylester von* **VI**; **IX** = *α-Benzylester von* **VI**; **X** = *α-p-Nitrobenzylester von* **VI**; **XI** = *γ-tert.-Butylester von* **VI**; **XII** = *Isobutylen*; **XIII** = *γ-p-Nitrophenylester von* **VII**; **XIV** = *N.N'-Dicyclohexylcarbodiimid*; **XV** = *γ-Phenylester von* **VII**; **XVI** = *Hydrazinhydrat*; **XVII** = *N-Cbo-L-pyroglutaminsäure-tert.-butylester*; **XVIII** = *γ-Benzylester von* **VI**; **XIX** = *tert.-Butylacetat*; **XX** = *γ-p-Nitrophenylester von* **X**; **XXI** = *γ-Methylester von* **VIII**; **XXII** = *N-Cbo-L-pyroglutaminsäure*; **XXIII** = *N-Cbo-L-glutamin*; **XXIV** = *N-Cbo-α-O-methyl-L-glutamyl-γ-glycinäthylester*; **XXV** = *Chlorkohlensäureäthylester*; **XXVI** = *L-Alaninbenzylester*; **XXVII** = *N-Cbo-α-O-phenyl-L-glutamyl-γ-L-alaninäthylester*; **XXVIII** = *L-Alaninäthylester*. — **I** reagiert mit CH_3OH, **II**, **III**, Phenol bzw. **IV** in Ggw. von **V** zu **V**-Salzen der entsprechenden **VI**-*α-Ester*, aus denen mit HCl die *Säuren* freigesetzt werden. Diese werden zu verschiedenen Synth. verwendet. Die Strukturen von **VII** u. **VIII** werden durch Umsetzung mit NH_3 u. Spaltung des Prod. zu *L-Isoglutamin*, die von **IX** u. **X** durch Dehydratisierung zu den entsprechenden *L-Pyroglutaminsäureestern* bewiesen. Die **IX** u. **VIII** analogen γ-Ester werden aus den Mutterlaugen der **V**-Salze von **IX** bzw. **VIII** isoliert.

Versuche: Derivv. der N-Cbo-L-glutaminsäure (**VI**): *α-Methylester* (**VII**), $C_{14}H_{17}NO_6$, F. 68—69°, durch mehrstd. Rühren des **V**-Salzes in Essigester mit 5n HCl in Essigester, Filtrieren u. Einengen; aus Essigester/PAe. verfilzte Nadeln; $[\alpha]_D^{25}$ —25,9° (c = 1,06; CH_3OH); 70% (Ausbeute). **V**-*Salz*, F. 172—173°; durch Zutropfen von **V** in abs. Ae. zu **I** in abs. Ae./abs. CH_3OH unter Rühren; aus CH_3OH Nadeln; $[\alpha]_D^{25}$ —10,9° (c = 1,02; CH_3OH); 54%. *γ-tert.-Butylester* (**XI**), durch Zugabe von konz. H_2SO_4 zu **VII** in CH_2Cl_2, Einleiten von **XII** bei 0° u. 4tägiges Stehen im verschlossenen Gefäß; Öl; 77%. *γ-p-Nitrophenylester* (**XIII**), $C_{20}H_{20}N_2O_8$, F. 91—92° (Essigester/PAe.), aus **VII**, **IV** u. **XIV** in THF; $[\alpha]_D^{25}$ —9,9° (c = 1,01; 95% ig. CH_3COOH); 66%. *γ-Phenylester* (**XV**), analog **XIII** aus **VII** u. Phenol; Öl; 94%. — *γ-tert.-Butylester*, **V**-*Salz*, $C_{29}H_{46}N_2O_6$, F. 139 bis 140° (W.), durch ½std. Rühren von **XI** in Aceton mit 1n NaOH, Ansäuern mit Citronensäure auf pH 6, Abdampfen des Acetons bei Raum-Temp. im Vakuum, Extraktion mit Essigester, Verdünnen mit Ae. u. Zugeben von **V**; $[\alpha]_D^{25}$ +7,3° (c = 1,0; CH_3OH); 67%. *α-Hydrazid*, $C_{17}H_{25}N_3O_5$, F. 72—75°, durch 1std. Kochen von **XI** in A. mit **XVI**; $[\alpha]_D^{25}$ —9,4° (c = 1,0; A.); 81%. — *α-[p-Nitrophenylester]-γ-methylester*, $C_{20}H_{20}N_2O_8$, F. 105—106° (CH_3OH), aus **VI**-γ-Methylester u. **IV**; aus CH_3OH Nadeln, $[\alpha]_D^{25}$ —32,7° (c = 1,00; 95% ig. CH_3COOH); 80%. — *Dihydrazid*, $C_{13}H_{19}N_5O_4$, F. 201—202°, aus **XV** u. **XVI** in CH_3OH; Nadeln aus wss. A., $[\alpha]_D^{25}$ +5,9° (c = 1,01; DMF), —17,5° (c = 1,04; 2n HCl); 70%. — *α-Benzylester* (**IX**), $C_{20}H_{21}NO_6$, F. 97—98°, analog **VII** aus 33,2 g **V**-Salz; aus Essigester/PAe. Nadeln, $[\alpha]_D^{25}$ $-23,8^0$ (c = 1,23; CH_3OH), $-10,5^0$ (c = 1,69; Eisessig); 18,0 g. **V**-*Salz*, F. 161—162°, aus **I** in abs. Ae. u. **II** mit **V**; aus A. Nadeln, $[\alpha]_D^{25}$ $-12,0^0$ (c = 2,1; CH_3OH); 59%. — *γ-Benzylester* (**XVIII**), **V**-*Salz*, $C_{32}H_{44}N_2O_6$, F. 144—145° (W.), aus der alkohol. Mutterlauge des **V**-Salzes von **IX**; $[\alpha]_D^{25}$ $+11,4^0$ (c = 1,0; A.); 16%. *α-tert.-Butylester*, durch 4tägiges Stehen von **XVIII** (aus dem **V**-Salz + HCl/Essigester) in **XIX** in Ggw. von 70%ig. $HClO_4$; Öl; 93%. — *α-tert.-Butylester*; *γ-Hydrazid*, $C_{17}H_{25}N_3O_5$, F. 112—113° (Essigester/PAe.), aus **XVII** u. **XVI** in CH_3OH bei Raum-Temp. über Nacht; $[\alpha]_D^{25}$ $-17,6^0$ (c = 1,0; A.); 85%. **V**-*Salz*, $C_{29}H_{46}N_2O_6$, F. 149—150° (A./W.), a) durch 2std. Rühren des **XVIII**-α-tert.-Butylesters in Aceton mit 1n NaOH, Abdampfen des Acetons im Vakuum, Waschen mit Essigester, Ansäuern mit konz. HCl, Lösen des Nd. in Ae. u. Stehen mit **V**; aus A./W. Spieße, $[\alpha]_D^{25}$ $-14,1^0$ (c = 1,0; CH_3OH); 66%; b) durch 1std. Kochen von **XVII** u. 1n NaOH in Aceton, Abdampfen des Acetons bei Raum-Temp., Verdünnen mit W., Waschen mit Ae., Ansäuern mit konz. HCl bei 0° u. Rk. mit **V** in Ae.; 88%. — *α-[p-Nitrobenzylester]* (**X**), $C_{20}H_{20}N_2O_8$, F. 93—94° (Essigester/PAe.), analog **VII** aus dem **V**-Salz; $[\alpha]_D^{25}$ $-12,4^0$ (c = 1,07; CH_3OH), $-5,7^0$ (c = 1,01; 95%ig. CH_3OH); 91%. **V**-*Salz*, $C_{32}H_{43}N_3O_8$, F. 155—156°, aus **I** u. **III** in THF mit **V**; aus A. Nadeln; $[\alpha]_D^{25}$ $-5,1^0$ (c = 1,1; 95%ig. CH_3COOH), $-4,4^0$ (c = 0,95; CH_3OH); 53%. *γ-[p-Nitrophenylester]* (**XX**), $C_{26}H_{33}N_3O_{10}$, F. 108—110° (Essigester/PAe.), analog **XIII** aus **X** u. **IV**; $[\alpha]_D^{25}$ $-6,7^0$ (c = 1,2; 95%ig. CH_3COOH); 80%. — *α-Phenylester* (**VIII**), $C_{19}H_{19}NO_6$, F. 122—123°, analog **VII** aus dem **V**-Salz; aus Essigester/PAe. Nadeln; $[\alpha]_D^{25}$ $-27,4^0$ (c = 1,08; 95%ig. CH_3COOH); 71%. **V**-*Salz*, $C_{31}H_{42}N_2O_6$, F. 159—160°, aus **I**, Phenol u. **V** in abs. Ae.; aus Chlf./Ae. oder A. Spieße, $[\alpha]_D^{25}$ $-11,8^0$ (c = 0,7; Chlf.), $-18,3^0$ (c = 0,83; CH_3OH); 61%. *γ-Methylester* (**XXI**), $C_{20}H_{21}NO_6$, F. 98—99°, aus **VIII** u. äther. CH_2N_2-Lsg. in Aceton; Nadeln aus Diisopropyläther, $[\alpha]_D^{25}$ $-35,4^0$ (c = 1,18; CH_3OH); 92%. *γ-[p-Nitrophenylester]*, $C_{25}H_{22}N_2O_8$, F. 108°, analog **XIII** aus **VIII** u. **IV**; verfilzte Nadeln aus wenig A., $[\alpha]_D^{25}$ $-17,8^0$ (c = 1,01; 95%ig. CH_3COOH); 90%. — *α-Hydrazid-γ-methylester*, $C_{14}H_{19}N_3O_5$, F. 130—132°, aus **XXI** u. **XVI** in CH_3OH; aus CH_3OH Nadeln; $[\alpha]_D^{25}$ $-13,7^0$ (c = 1,16; CH_3OH); 62%. — *γ-Phenylester*, $C_{19}H_{19}NO_6$, F. 98—99°, analog **VII** aus dem **V**-Salz; aus Essigester/Ae./PAe. Nadeln, $[\alpha]_D^{25}$ $-4,7^0$ (c = 1,03; 95%ig. CH_3COOH); 90%. **V**-*Salz*, $C_{31}H_{42}N_2O_6$, F. 136—138° (Essigester), a) aus der Mutterlauge des **V**-Salzes von **VIII** durch Einengen, $[\alpha]_D^{25}$ $+11,5^0$ (c = 0,72; Chlf.), $+4,4^0$ (c = 1,1; CH_3OH); 31%; b) aus 0,8 g γ-Phenylester u. **V** in Ae.; 1,1 g. — *Gemisch von α- u. γ-[p-Nitrophenylester]*-**V**-*Salz*, $C_{31}H_{41}N_3O_8$, F. 137—142° (Chlf.), aus **I**, **IV** u. **V** in abs. THF, $[\alpha]_D$ $-4,5$ bis $-5,5^0$ (c = 1,0; 95%ig. CH_3COOH); 75—90%. — *N-Cbo-L-isoglutamin-tert.-butylester*, $C_{17}H_{24}N_2O_5$, F. 134—135° (Essigester/PAe.), a) aus **XI** u. NH_3-gesätt. CH_3OH, $[\alpha]_D^{25}$ $-5,2^0$ (c = 1,04; CH_3OH); b) aus **VI**-α-Thioäthylester-γ-tert.-butylester (Darst. nach Taschner u. Mitarbeitern, C. **1962,** 4502) u. 2n methanol. NH_3. — Derivv. der L-Glutaminsäure: *α-Methylester*, $C_6H_{11}NO_4$, F. 149—150°, durch Hydrieren von **VII** in CH_3OH in Ggw. von Pd-Mohr; aus CH_3OH/Ae. Spieße, $[\alpha]_D^{25}$ $+29,7^0$ (c = 1,02; CH_3OH), $+35,1^0$ (c = 2,01; W.); 100%. *γ-tert.-Butylester-hydrochlorid*, $C_{10}H_{19}NO_4 \cdot HCl$, F. 125—126° (Essigester), durch Hydrieren von **XI** in CH_3OH/W. in Ggw. von Pd-Mohr, Einengen im Vakuum, Lösen in CH_3OH u. Essigester u. Ansäuern mit äther. HCl bei -20 bis -30^0, $[\alpha]_D$ $+23,9^0$ (c = 1,02; CH_3OH); 81%. — *α-Benzylester*, $C_{12}H_{15}NO_4$, F. 149—150°, durch $^1/_4$std. Rk. von **IX** mit 18%ig. HBr/Eisessig bei Raum-Temp., Zugabe von abs. Ae., Dekantieren, Lösen in W. u. Neutralisieren mit Triäthylamin; aus wss. A. Nadeln, $[\alpha]_D^{25}$ $+10,9^0$ (c = 2,7; 0,1n HCl); 30%. — *α-[p-Nitrobenzylester]-hydrobromid*, $C_{12}H_{14}N_2O_6 \cdot HBr$, F. 152—153°, analog vorst. Verb. aus **X**, aber ohne Neutralisation; aus CH_3OH/Ae. verfilzte Nadeln, $[\alpha]_D^{25}$ $+10,8^0$ (c = 1,06; CH_3OH); 44%. — *α-Phenylester-γ-methylesterhydrochlorid*, $C_{12}H_{15}NO_4 \cdot HCl$, F. 132 bis 133°, durch Hydrieren von **XXI** in CH_3OH/1n HCl in Ggw. von Pd-Mohr; Nadelbüschel aus CH_3OH/Ae., $[\alpha]_D^{25}$ $-34,9^0$ (c = 1,04; CH_3OH); 88%. — *N-Cbo-L-pyroglutaminsäure* (**XXII**), *tert.-Butylester* (**XVII**), $C_{17}H_{21}NO_5$, F. 58—59°, a) aus **XXII** u. **XIX** in Ggw. von Säure analog der Darst. des Tosyl-Deriv. nach Taschner u. Mitarbeitern (l. c.); Spieße aus Essigester/PAe., $[\alpha]_D^{25}$ $-41,9^0$ (c = 1,0; DMF); 78%; b) aus **XXII** u. **XII** in Ggw. von Säure. *Benzylester*, $C_{20}H_{19}NO_5$, F. 106—107° (CH_3OH oder Essigester), aus dem **V**-Salz von **IX** durch 4std. Erwärmen mit $SOCl_2$ in abs. Bzl. auf 50°, Absaugen, Einengen des Filtrats im Vakuum, mehrfaches Eindampfen mit abs. Bzl. u. ½std. Stehen in 1,4n NH_3/Chlf.; $[\alpha]_D^{25}$ $-41,2^0$ (c = 1,09; A.); 62%. *p-Nitrobenzylester*, $C_{20}H_{18}N_2O_7$, F. 107—108°, analog **XXII**-Benzylester aus **X**; aus Essigester Platten, $[\alpha]_D^{25}$ $-28,0^0$ (c = 1,01; 95%ig. CH_3COOH); 72%. — *N-Cbo-L-glutamin* (**XXIII**), *Benzylester*, $C_{20}H_{22}N_2O_5$, F. 115—117°, durch Zugabe von 1,4n NH_3/Chlf. zu **IX** in THF, Zusatz von **XIV**, mehrstd. Stehen bei 0° u. Stehen über Nacht bei Raum-Temp.; aus CH_3OH/Ae./PAe. Nadeln; 62%. *p-Nitrobenzylester*, $C_{20}H_{21}N_3O_7$, F. 135—136° (Essigester/PAe.), durch 3tägiges Stehen von **XX** in Chlf mit NH_3; 78%. — *L-Glutamin*, F. 184—185°, durch Hydrieren von **XXIII**-Benzylester in CH_3OH in Ggw. von Eisessig u. Pd-Mohr. — *N-Cbo-L-isoglutaminmethylester*, $C_{14}H_{18}N_2O_5$, F. 117—118°, durch Lösen von **XXI** in fl. NH_3 u. Verdunsten des NH_3 bei Raum-Temp.; aus wss. CH_3OH verfilzte Nadeln; $[\alpha]_D^{25}$ —7,0° (c = 1,01; CH_3OH); 49%. — *N-Cbo-α-O-methyl-L-glutamyl-γ-glycinäthylester* (**XXIV**), $C_{18}H_{21}N_2O_7$, F. 95—97°, durch Zugabe von Glycinäthylesterhydrochlorid in THF/DMF zum **V**-Salz von **VII** in Chlf., Kühlen auf 0°, Filtrieren, Zusatz von **XIV** in THF, mehrstd. Stehen bei 0°, Absaugen bei Raum-Temp. u. Eindampfen im Vakuum; aus A./PAe. verfilzte Nadeln, $[\alpha]_D^{25}$ —2,2° (c = 1,0; 95%ig. CH_3COOH); 72%. — *N-Cbo-α-O-methyl-L-glutamyl-γ-L-valin*, $C_{19}H_{26}N_2O_7$, F. 153—155° (Essigester/PAe.), durch ½std. Stehen des tert.-Butylesters in 5n HCl/Essigester bei Raum-Temp., Extraktion mit $NaHCO_3$-Lsg. u. Ansäuern. **V**-*Salz*, $C_{31}H_{49}N_3O_7$, F. 185—187° (A./Ae.). *tert.-Butylester*, $C_{23}H_{34}N_2O_7$, F. 105—106° (Essigester/PAe.), durch Zugabe von **XXV** zum **V**-Salz von **VII** in Chlf. bei —15°, 10 Min. langes Rühren bei —5°, Rühren bei —15°, Zugabe von L-Valin-tert.-butylester (aus dem Hydrochlorid u. Triäthylamin) in THF, langsames Erwärmen auf Raum-Temp., Absaugen u. Einengen im Vakuum; $[\alpha]_D^{25}$ —15,6° (c = 1,04; DMF); 43%. — *N-Cbo-α-O-benzyl-L-glutamyl-γ-L-alaninbenzylester*, $C_{30}H_{32}N_2O_7$, F. 123—124° (Essigester/PAe.), durch Zugabe von **XXV** zu **IX** in THF/Triäthylamin bei —5° unter Rühren, 10 Min. langes Stehen bei —10°, Zusatz von **XXVI**-p-Toluolsulfonat in THF, Zugeben von Triäthylamin, langsames Erwärmen auf Raum-Temp. u. Eindampfen im Vakuum, $[\alpha]_D^{25}$ —18,0° (c = 2,06; Eisessig); 72%. — *N-Cbo-γ-O-benzyl-L-glutamyl-α-L-alaninbenzylester*, $C_{30}H_{32}N_2O_7$, F. 103—105° (Essigester/PAe.), aus **XVIII** (aus dem **V**-Salz mit HCl/Essigester), **XXVI** (aus dem p-Toluolsulfonat mit Triäthylamin in THF) u. **XIV** in THF, $[\alpha]_D^{25}$ —21,9° (c = 2,0; Eisessig); 56%. — *N-Cbo-α-O-benzyl-L-glutamyl-γ-glycinbenzylester*, $C_{29}H_{30}N_2O_7$, F. 114—116° (Essigester/PAe.), durch Zugabe von Glycinbenzylester-p-toluolsulfonat u. Triäthylamin in THF zu **IX** in TMF, Zusatz von **XIV** bei 0° u. Stehen bei Raum-Temp., $[\alpha]_D^{25}$ —4,9° (c = 2,43; 95%ig. CH_3COOH); 72%. — *N-Cbo-α-O-benzyl-L-glutamyl-γ-L-valinmethylester*, $C_{26}H_{32}N_2O_7$, F. 122—123°, aus dem **V**-Salz von **IX** u. L-Valinmethylesterhydrochlorid wie bei **XXIV**; aus Essigester/PAe. Nadeln, $[\alpha]_D^{25}$ —25,5° (c = 1,12; CH_3OH); 85%. — *N-Cbo-α-O-phenyl-L-glutamyl-γ-L-alaninäthylester* (**XXVII**), $C_{24}H_{28}N_2O_7$, F. 113—114°, aus dem **V**-Salz von **VIII** u. **XXVIII**-Hydrochlorid wie bei **XXIV**; aus Essigester/PAe. Nadeln, $[\alpha]_D^{25}$ —38,7° (c = 1,08; A.); 98%. — *N-Cbo-γ-O-phenyl-L-glutamyl-α-L-alaninäthylester*, $C_{24}H_{28}N_2O_7$, F. 118° (Essigester/PAe.), aus **XV** u. **XXVIII**, $[\alpha]_D^{25}$ —24,2° (c = 1,0; A.); 77%. — *N-Cbo-L-glutamyl-α-L-alaninäthylester*, F. 148—149°, a) durch Zugabe von **XXVIII**-Hydrochlorid in THF zum **V**-Salz von **VIII** in Chlf., Absaugen, 6std. Kochen des Filtrats u. Eindampfen im Vakuum; aus Essigester/PAe. Nadeln, $[\alpha]_D^{25}$ —25,7° (c = 1,0; 95% ig. CH_3COOH); 68%; b) durch 5std. Kochen von **VI**-α-Thioäthylester u. **XXVIII** in THF. **V**-*Salz*, $C_{30}H_{47}N_3O_7$, F. 141—142° (Essigester/PAe.), $[\alpha]_D^{25}$ —16,9° (c = 1,0; 95%ig. CH_3COOH); 89%. — *N-Cbo-L-isoglutaminyl-L-alaninäthylester*, F. 164—165° (A.), durch Lösen von **XXVII** in fl. NH_3 u. Verdunsten des NH_3 bei Raum-Temp.; $[\alpha]_D^{25}$ —6,1° (c = 1,04; DMF). — *N-Cbo-L-glutaminyl-L-alaninäthylester*, $C_{18}H_{25}N_3O_6$, F. 190—192°, a) analog vorst. Verb. aus drittvorst. Verb.; aus A. verfilzte Nadeln, $[\alpha]_D^{25}$ —11,8° (c = 1,08; DMF); 79%; b) aus **XXIII** u. **XXVIII** nach der Meth. der gemischten Anhydride. H. Pagel. 950□

Über Peptidsynthesen. 11. Mitt. Gleichzeitig 2. Mitt. **über Peptolidsynthesen. Synthese von α-Hydroxyisovalerylaminosäuren und -peptiden.** Eberhard Schröder und Klaus Lübke. (Liebigs Ann. Chem. **655**, 211—18, Juli, herausgeg. 31/7. 1962; dt.) — 10. vgl. vorst. Ref.; 1. vgl. C. **1962**, 6001. — Die Darst. einiger *N-[2-Hydroxyisovaleryl]-aminosäure* (**A**)-*Derivv.* aus 2-Hydroxyisovaleriansäure (**I**)-cyanmethylester u. Aminosäure-Derivv. wird beschrieben (vgl. auch Schemjakin, C. **1961**, 9752; u. Lübke u. Schröder, C. **1962**, 11159). Mit Glycylglycinäthylester bzw. Valylleucinäthylester konnten **A**-Derivv. nicht erhalten werden; bei diesen Rkk. entstand hauptsächlich das entsprechende Dioxopiperazin. Die Anwendung der Phosphorazo-Meth. ist offenbar begrenzt, da meist P-haltige Verbb. isoliert wurden. Bei der Isolierung von **A**-tert.-Butylestern als Hydrochloride oder Phosphite wurden oft freie **A** nachgewiesen.

Versuche: *Glycinbenzylamidhydrobromid* (**II**), $C_9H_{13}BrN_2O$, F. 184—186° (A.), durch Zugabe von 18%ig. HBr/Eisessig zu N-Carbobenzoxy (N-Cbo)-glycinbenzylamid, 25 Min. langes Stehen u. Fällen mit abs. Ae.; 79% (Ausbeute). — *D-Valyl-D-valinbenzylamid* (**III**), *Hydrobromid*, $C_{17}H_{28}BrN_3O_2$, F. 239—240° (A./Ae.), analog **II** aus N-Cbo-**III**; $[\alpha]_D^{22}$ +1,3° (c = 2; A.); 84%. *N-Phthalyl-Deriv.*, $C_{25}H_{29}N_3O_4$, F. 176—177° (A.), durch Stehen von N-Phthalyl-D-valin (**IV**) mit $SOCl_2$ über Nacht unter Feuchtigkeitsausschluß, Eindampfen im Vakuum, Abrauchen mit abs. Chlf., Lösen in abs. Chlf., Zuneben von D-Valin (**V**)-Benzylamidhydrobromid (Darst. analog dem L-Isomeren, vgl.

6. Mitt., C. **1962**, 6375) in Chlf., Zutropfen von Triäthylamin bei -30^0, langsames Erwärmen u. Aufarbeiten; $[\alpha]_D^{22}$ $-43{,}4^0$ (c = 1; Dimethylformamid); 91%. *Hydrochlorid*, $C_{17}H_{28}ClN_3O_2$, F. 272—273°, durch 2 std. Kochen von N-Phthalyl-**III** in A. mit Hydrazinhydrat (**VI**), Einengen im Vakuum, Stehen mit 1n CH_3COOH bei 0°, Absaugen, Gießen in 2n NaOH, Lösen des Nd. in Essigester u. Fällen mit 1n alkohol. HCl; $[\alpha]_D^{23}$ $+21{,}5^0$ (c = 1; W.); 79%. — **V**-*tert.-Butylester*, Kp.$_1$ 44—50°, a) durch Schütteln von **V**, Isobutylen (**VII**) u. konz. H_2SO_4 in Dioxan bis zur Lsg.; $[\alpha]_D^{22}$ $-24{,}3^0$ (c = 100); 64%; b) durch 1 std. Kochen des Phthalyl-Deriv. mit **VI** in A.; 82%. *Phthalyl-Deriv.*, $C_{17}H_{21}NO_4$, F. 79—82° (A.), durch 12 std. Schütteln von **IV**, konz. H_2SO_4 u. **VII** in CH_2Cl_2; $[\alpha]_D^{21}$ $+22{,}5^0$ (c = 2; Essigester); 83%. — *L-Valin-tert.-butylesterhydrochlorid*, F. 140 bis 144°, analog **V**-tert.-Butylester; $[\alpha]_D^{21}$ $+6{,}8^0$ (c = 2; W.); 75%. — *Glycin-tert.-butylester*, Kp.$_{15}$ 56—59°, analog **V**-tert.-Butylester aus dem Phthalyl-Deriv.; 42%. *Phthalyl-Deriv.*, F. 93—96° (A.), aus Phthalylglycin u. **VII** in CH_2Cl_2; 85%. *Phosphit*, F. 155—157°, durch 1 std. Kochen des Phthalyl-Deriv. u. **VI** in A., Einengen u. Fällen mit H_3PO_3 in Ae.; 66%. — *Glycylglycin-tert.-butylester, N-Cbo-Deriv.*, über das gemischte Anhydrid; Öl; 85%. *Hydrochlorid*, $C_8H_{17}ClN_2O_3$, F. 172—173°, durch Hydrieren des N-Cbo-Deriv. in CH_3OH in Ggw. von Pd-Mohr; 40%. — *D-Valyl-D-valin*, durch 25 Min. lange Rk. des N-Cbo-Deriv. vom tert.-Butylester mit 18%ig. HBr/Eisessig bei Raum-Temp., Fällen mit Ae., Stehen bei 0°, Absaugen, Lösen in W. u. Zugabe von LiOH bis pH 6; $[\alpha]_D^{22}$ $-14{,}8^0$ (c = 2; 1n HCl); 74%. *Hydrochlorid*, $[\alpha]_D^{22}$ $-13{,}6^0$ (c = 3; W.). *N-Cbo-Deriv.*, F. 134—135° (CH_3OH/W.), durch 20 Min. lange Rk. des tert.-Butylesters mit 5n HCl in Essigester bei Raum-Temp.; $[\alpha]_D^{21}$ $-6{,}8^0$ (c = 2; Aceton); 80%; *tert.-Butylester*, über das gemischte Anhydrid; Öl; 80%. *tert.-Butylester* (**VIII**), durch Hydrogenolyse des N-Cbo-Deriv.; Öl; 80%. — *L-Valyl-L-valin*, durch Hydrieren des N-Cbo-Deriv. in CH_3OH/Eisessig/W. in Ggw. von Pd-Mohr; $[\alpha]_D$ $+14{,}5^0$ (c = 2; 1n HCl); 80%. *N-Cbo-Deriv.-Benzylester*, $C_{25}H_{32}N_2O_5$, F. 111—112°, aus N-Cbo-L-valin, L-Valinbenzylester-p-toluolsulfonat, Triäthylamin u. N.N'-Dicyclohexylcarbodiimid; $[\alpha]_D$ $-9{,}8^0$ (c = 2; Essigester); 50%. — *L-α-Hydroxyisovaleriansäure* (L-**I**)-*Cyanmethylester*, $C_7H_{11}NO_3$, Kp.$_{0,2}$ 94—96°, durch 5 std. Rk. von L-**I**, Chloracetonitril u. Triäthylamin in Essigester bei 70°; $[\alpha]_D$ $-7{,}3^0$ (c = 100), $-10{,}6^0$ (c = 2; Essigester); 61%. *Benzylamid*, F. 84—86° (Ae./PAe.), analog nachst. Benzylamid; $[\alpha]_D$ $-33{,}1^0$ (c = 2; Eisessig). — *D-α-Hydroxyisovaleriansäure* (D-**I**)-*Cyanmethylester* (**IX**), Kp.$_{0,2}$ 93—101°, analog L-**I**-Cyanmethylester; $[\alpha]_D$ $+7{,}0^0$ (c = 100). *Benzylamid*, $C_{12}H_{17}NO_2$, F. 83—85° (Ae./PAe.), durch 48 std. Rk. von **IX** mit Benzylamin in Essigester bei 50°; $[\alpha]_D$ $+32{,}7^0$ (c = 2; Eisessig); 72%. — D-α-Hydroxyisovalerylpeptide: *-glycinbenzylamid*, $C_{14}H_{20}N_2O_3$, F. 128—130° (Essigester/PAe.), durch Zugabe von Triäthylamin zu **II** in heißem Dimethylformamid, Verdünnen mit Essigester, Absaugen, Versetzen mit **IX**, 3tägiges Stehen bei 50° u. Aufarbeiten; $[\alpha]_D$ $+31{,}4^0$ (c = 2; Eisessig); 60%. — *-D-valyl-D-valin*, $C_{15}H_{28}N_2O_5$, F. 154—160° (50%ig. CH_3COOH), aus dem tert.-Butylester mit 18%ig. HBr/Eisessig in 20 Min. bei Raum-Temp.; $[\alpha]_D$ $+73{,}8^0$ (c = 1; Eisessig); 70%. *tert.-Butylester*, $C_{19}H_{36}N_2O_5$, F. 205—207° (CH_3OH), aus **VIII** u. **IX** in Essigester in 3 Tagen bei 50°; $[\alpha]_D$ $+76{,}2^0$ (c = 1; A.); 55%. *Benzylamid*, $C_{22}H_{35}N_3O_4$, F. 244—249° (A./Ae.), analog vorst. Verb.; $[\alpha]_D$ $+72{,}2^0$ (c = 1; A.). — *-glycylglycin-tert.-butylester*, $C_{13}H_{24}N_2O_5$, F. 101—103° (Chlf./Ae.), analog vorst. Ester; $[\alpha]_D$ $+3{,}5^0$ (c = 1; A.). — *L-α-Hydroxyisovalerylglycinbenzylamid*, F. 126—129° (Essigester/PAe.), analog drittvorst. Verb.; $[\alpha]_D$ $-30{,}5^0$ (c = 2; Eisessig). — *DL-α-Hydroxyisovaleriansäure* (DL-**I**)-*Anilid*, $C_{11}H_{15}NO_2$, F. 134—136° (wss. CH_3OH), durch 2 std. Kochen von DL-**I** u. N-Phenylphosphorazoanilid (vgl. Goldschmidt u. Lautenschlager, C. **1954**, 4139) in abs. Toluol, Dekantieren, Verdünnen mit Essigester, u. Aufarbeiten; 66%. — *DL-α-Hydroxyisovalerylglycinbenzylamid*, $C_{14}H_{20}N_2O_3$, F. 109—110° (Essigester/PAe.), durch Zugabe von PCl_3 in abs. Pyridin zu **II** in abs. Pyridin bei 0°, $^1/_4$ std. Stehen bei Raum-Temp., Zugabe von DL-**I** in abs. Pyridin u. 3 std. Kochen; 54%. H. Pagel. 950□

Reaktion von Trichlormethyl-Radikalen mit Triäthylphosphit. C. E. Griffin. (Chem. and Ind. **1958**, 415, 5/4.; Pittsburgh, Pa., Univ. of Pittsburgh, Dep. of Chem.; engl.) — CCl_4 reagiert mit Triäthylphosphit (**I**) bei 80° in 80—85%ig. Ausbeute zu *Trichlormethylphosphonsäurediäthylester* (**II**; Kp.$_{17}$ 137—138°; n_D^{21} 1,4612) neben *Äthylchlorid.* Spuren von Dibenzoylperoxid vervierfachen die Rk.-Geschw. bei 80° u. erhöhen die Ausbeute auf 89%. UV-Bestrahlung des Rk.-Gemisches gibt bei Raum-Temp. 80% **II**. Bromtrichlormethan u. **I** geben unter ähnlichen Bedingungen 88% **II**. Keine Rk. erfolgt dagegen in der Dunkelheit bei Raum-Temp. (30 Tage). Eindeutig gehemmt wird die Rk. durch Zugabe von Hydrochinon. Die Rk. verläuft wahrscheinlich nach dem von Kamai u. Mitarbeitern (C. **1958**, 3858) vorgeschlagenen Radikalkettenmechanismus. Durch partielle Hydrolyse von **II** mit Anilin in Toluol bei 110° wird das *Aniliniumsalz* von *Trichlormethylphosphonsäuremonoäthylester* [F. 181,6—182,2° (Methanol/Toluol)] erhalten. U. Zorn. 980

Alkylierung von Phenolen mit Verbindungen mit gemischten Funktionen. 1. Mitt. **Alkenylierung von m-Kresol mit Allylalkohol.** N. I. Schuikin, Je. A. Wiktorowa und I. Je. Pokrowskaja. (Nachr. Akad. Wiss. UdSSR, Abt. chem. Wiss. **1961,** 1094 bis 1097, Juni; Moskau, Lomonossow-Univ.; russ.) — Die Friedel-Crafts-Rk. von m-Kresol (**I**) mit Allylalkohol (**II**) liefert in Ggw. von H_3PO_4 oder $ZnCl_2/Al_2O_3$ *3-Methyl-6-* (**III**), *3-Methyl-4-allylphenol* (**IV**) sowie *2.6-Dimethylcumaran* (**V**), das durch Cyclisierung von **III** entsteht. Mit einem Kationenaustauscher (KU-1) als Katalysator fällt neben **III** u. **V** auch *m-Kresylallyläther* (**VI**) an, der beim Erhitzen mit H_3PO_4 neben der Cyclisierung zu **V** auch Isomerisierung zu **III** erfährt. 3-Methylanisol (**VII**) wird durch **II** zu *3-Methyl-6-allylanisol* alkenyliert; damit ist nachgewiesen, daß die Allylierung von **I** nicht über die Stufe des Allyläthers **VI** führen kann.

Versuche: Die Alkenylierung von **I** mit **II** wurde durchgeführt **A** in Ggw. von $ZnCl_2/Al_2O_3$ bei 150°, **B** in Ggw. von H_3PO_4 bei 75°, **C** in Ggw. von KU-1 bei 95°. Es wurden erhalten: *3-Methyl-6-allylphenol* (**III**), $Kp._{10}$ 107—108,5°, $D._4^{20}$ 1,0205, n_D^{20} 1,5424, nach **A** 20%, **B** 37,6%, **C** 22,5% (*Phenoxy-Deriv.*, F. 87—88°). — *3-Methyl-4-allylphenol* (**IV**), $Kp._{10}$ 123—124°, $D._4^{20}$ 1,0214, n_D^{20} 1,5430, nach **A** 26%, **B** 27% (*Phenoxy-Deriv.*, F. 112—113°). — *m-Kresylallyläther* (**VI**), $Kp._{10}$ 84—85°, $D._4^{20}$ 0,9582, n_D^{20} 1,5203, nach **C** 20%. — *2.6-Dimethylcumaran* (**V**), $Kp._{10}$ 92—93°, $D._4^{20}$ 1,0082, n_D^{20} 1,5280, nach **A** 16%, **B** 3,8%, **C** 11%. — *3-Methyl-6-allylanisol*, $Kp._{14}$ 107—109°, $D._4^{20}$ 0,9724, n_D^{20} 1,5282, a) aus **III**; b) durch 2std. Erhitzen von 40 g **VII** mit **II** in Ggw. von H_3PO_4 auf 75°; 6 g (daneben **V**); wird oxydiert zu *3-Methoxyterephthalsäure*, F. 273 bis 274°. — *3-Methyl-4-allylanisol*, $Kp._{14}$ 115—117°, aus **IV**; $D._4^{20}$ 0,9742, n_D^{20} 1,5278; wird oxydiert zu *4-Methoxyphthalsäure*, F. 158—160°. H.-E. Toussaint. 1060□

Alkylierung von Phenolen mit Verbindungen mit gemischten Funktionen. 2. Mitt. **Alkenylierung von o- und p-Kresol mit Allylalkoholen.** N. I. Schuikin, Je. A. Wiktorowa, I. Je. Pokrowskaja und T. G. Malyschewa. (Nachr. Akad. Wiss. UdSSR, Abt. chem. Wiss. **1961,** 1660—65, Sept.; russ.) — 1. vgl. vorst. Referat. — Beim Erhitzen von p- u. o-Kresol mit Allylalkohol in Ggw. der doppelten Gew.-Menge H_3PO_4 oder 10 Gew.-% $ZnCl_2/Al_2O_3$ oder des Kationenaustauschers KU-1 auf 75—190° entstehen *4-Methyl-2-allylphenol* (**I**; $Kp._7$ 98—100°, aus p-Kresol; $D._4^{20}$ 1,0087; n_D^{20} 1,5410; *Phenoxy-Deriv.*, F. 122—123°; *Methyläther*, $Kp._6$ 87—88°; $D._4^{20}$ 0,9595; n_D^{20} 1,5212), *2-Methyl-6-allylphenol* (**II**; $Kp._4$ 76—78°, aus o-Kresol; $D._4^{20}$ 1,0140; n_D^{20} 1,5380; *Methyläther*, $Kp._5$ 72—73°; $D._4^{20}$ 0,9597; n_D^{20} 1,5170), *2-Methyl-4-allylphenol* (**III**; $Kp._4$ 92—94°, aus o-Kresol; $D._4^{20}$ 1,0144; n_D^{20} 1,5389. *Phenoxy-Deriv.*, F. 113—114°; *Methyläther*, $Kp._5$ 78—80°; $D._4^{20}$ 0,9615; n_D^{20} 1,5182), *2-[3'-Methyl-6'-hydroxyphenyl]-propanol-(1)* (**IV**; $Kp._7$ 114—116°, aus p-Kresol; $D._4^{20}$ 1,0122; n_D^{20} 1,5609; *Phenoxy-Deriv.*, F. 84—84,5°; *6'-Methyläther*, $Kp._7$ 104—108°; $D._4^{20}$ 0,9760; n_D^{20} 1,5470), *Allyl-p-tolyläther* (**V**; $Kp._7$ 80—82°, aus p-Kresol; $D._4^{20}$ 0,9712; n_D^{20} 1,5204) u. *Allyl-o-tolyläther* (**VI**; $Kp._4$ 64—65°; $D._4^{20}$ 0,9680; n_D^{20} 1,5187). **I** u. **II** entstehen nicht nur durch direkte Alkylierung, sondern auch durch Umlagerung von **V** bzw. **VI**. Unter den Rk.-Bedingungen cyclisieren **I** u. **II** in starkem Maß zu *2.5-Dimethylcumaran* ($Kp._8$ 88—90°; $D._4^{20}$ 1,0040; n_D^{20} 1,5249) bzw. *2.7-Dimethylcumaran* ($Kp._{11}$ 92—93°; $D._4^{20}$ 1,0051; n_D^{20} 1,5285). Neben den vorst. Verbb. bilden sich in 30—70%ig. Ausbeute, bezogen auf umgesetztes Kresol, höher sd. *Polymere*. Die Oxydation von **I**-, **III**- u. **IV**-Methyläther mit $KMnO_4$ liefert *4-Methoxyisophthalsäure*, F. 259—260°, die Oxydation von **II**-Methyläther *2-Methoxyisophthalsäure*, F. 218—219°. Die Alkenylierung von p-Kresolmethyläther mit Allylalkohol (8 Std., 95—100°, H_3PO_4) gibt 5,2 g unreinen *4-Methyl-2-allyl-phenylmethyläther* ($Kp._5$ 82—84°; $D._4^{20}$ 0,9620; n_D^{20} 1,5198) u. 31,8 g *1.2-Bis-[3'-methyl-6'-methoxyphenyl]-propan* ($C_{19}H_{24}O_2$, $Kp._6$ 169—170°, F. 72—72,5°). Helmut Schäfer. 1060

Alkylierung von Phenolen mit Verbindungen mit gemischten Funktionen. 3. Mitt. **Alkenylierung von m- und p-Kresol mit Buten-(1)-ol-(4).** N. I. Schuikin, Je. A. Wiktorowa, I. Je. Pokrowskaja und T. G. Malyschewa. (Nachr. Akad. Wiss. UdSSR, Abt. chem. Wiss. **1961,** 1847—51, Okt.; russ.) — 2. vgl. vorst. Referat. — Die Alkylierung von m- u. p-Kresol mit Buten-(1)-ol-(4) in Ggw. von H_3PO_4 oder des Kationenaustauschers KU-1 liefert *Butenylkresole* u. als deren Cyclisierungs-Prodd. *Chromane* u. *Cumarane.* Die Alkylierung erfolgt dabei nach einem anderen Mechanismus als bei der Alkylierung mit Allylalkohol. Die in Abhängigkeit vom Katalysator (2fache Gew.-Menge H_3PO_4 oder 10% KU-1), Temp. (95—140°) u. Rk.-Dauer (10—16 Std.) erzielte Ausbeute an Katalysat u. dessen Zus. werden tabellar. angegeben. — Aus m-Kresol werdn erhalten: *3-Methyl-6-[buten-(2)-yl-(1)]-phenol* (**I**), $Kp._3$ 101—103°; $D._4^{20}$ 1,0062; n_D^{20} 1,5391. — *3-Methyl-4-[buten-(2)-yl-(1)]-phenol* (**II**), $Kp._3$ 108—110°; $D._4^{20}$ 1,0053; n_D^{20} 1,5402. — *2-Äthyl-6-methylcumaran*, $Kp._{14}$ 110—111°; $D._4^{20}$ 0,9910;

n_D^{20} 1,5520. — *2.7-Dimethylchroman*, Kp.$_{14}$ 118—120°; D.$_4^{20}$ 0,9980; n_D^{20} 1,5290. — Aus p-Kresol: *4-Methyl-2-[buten-(2)-yl-(1)]-phenol* (III), Kp.$_7$ 106—110°; D.$_4^{20}$ 0,9994; n_D^{20} 1,5330. — *2-Äthyl-5-methylcumaran*, Kp.$_6$ 93—95°; D.$_4^{20}$ 0,9948; n_D^{20} 1,5238. — *2.6-Dimethylchroman*, Kp.$_6$ 99—101°; D.$_4^{20}$ 0,9978; n_D^{20} 1,5268. — Die Methylierung von I bzw. II liefert: *3-Methyl-6-[buten-(2)-yl-(1)]-anisol* (Kp.$_6$ 87—89°; D.$_4^{2D}$ 0,9647; n_D^{20} 1,5234; Oxydation → *2-Methoxyterephthalsäure*, F. 273—274°) bzw. *3-Methyl-4-[buten-(2)-yl-(1)]-anisol* (Kp.$_6$ 96—98°; D.$_4^{20}$ 0,9646; n_D^{20} 1,5240; Oxydation → *4-Methoxyphthalsäure*, F. 162—164°). — Aus II bzw. III: *3-Methyl-4-[buten-(2)-yl-(1)]-phenoxyessigsäure* ($C_{13}H_{16}O_3$, F. 109—109,5°) bzw. *4-Methyl-2-[buten-(2)-yl-(1)]-phenoxyessigsäure* (F. 106—108°). — Die Hydrierung von I bzw. II an Raney-Ni gibt: *3-Methyl-6-n-butylphenol* (Kp.$_5$ 108—110°, F. 17—18°; D.$_4^{20}$ 0,9654; n_D^{20} 1,5192) bzw. *3-Methyl-4-n-butylphenol* (Kp.$_5$ 116—118°; F. 24—25°). Helmut Schäfer. 1060

Alkylierung von Phenolen mit Verbindungen mit gemischten Funktionen. 4. Mitt. **Alkenylierung von m- und p-Kresol mit Penten-(1)-ol-(5).** N. I. Schuikin, Je. A. Wiktorowa, I. Je. Pokrowskaja und T. G. Malyschewa. (Nachr. Akad. Wiss. UdSSR, Abt. chem. Wiss. **1961**, 1851—55, Okt.; russ.) — 3. vgl. vorst. Referat. — Die Alkylierung von m- u. p-Kresol mit Penten-(1)-ol-(5) in Ggw. von H_3PO_4 liefert *Methylpentenylphenole* u. als deren Cyclisierungs-Prodd. *Trimethylchromane*. Die in Ggw. der 2fachen Gew.-Menge H_3PO_4 bei 100—155° in 8—10 Std. erzielten Ausbeuten an Katalysat u. dessen Zus. werden tabellar. angegeben. Zwischenprod. ist Pentadien-(1.4). — Aus m-Kresol wurden erhalten: *3-Methyl-6-[penten-(1)-yl-(4)]-phenol* (I), Kp.$_{8-9}$ 131 bis 133°; D.$_4^{20}$ 0,9872; n_D^{20} 1,5322. — *3-Methyl-4-[penten-(1)-yl-(4)]-phenol* (II), Kp.$_{8-9}$ 139 bis 141°; D.$_4^{20}$ 0,9882; n_D^{20} 1,5372. — *2.4.7-Trimethylchroman*, Kp.$_9$ 112—112,5°; D.$_4^{20}$ 0,9845; n_D^{20} 1,5199. — Aus p-Kresol: *4-Methyl-2-[penten-(1)-yl-(4)]-phenol* (III), Kp.$_6$ 120—122°; D.$_4^{20}$ 1,0096; n_D^{20} 1,5327. — *2.4.6-Trimethylchroman*, Kp.$_6$ 104—106°; D.$_4^{20}$ 0,9858; n_D^{20} 1,5210. — *3-Methyl-4-[penten-(1)-yl-(4)]-anisol*, $C_{13}H_{18}O$, Kp.$_8$ 106 bis 108°, durch Methylierung von II; D.$_4^{20}$ 0,9582; n_D^{20} 1,5214. $KMnO_4$-Oxydation liefert *4-Methoxyphthalsäure*, F. 162—164°. — *4-Methyl-2-[penten-(1)-yl-(4)]-phenoxyessigsäure*, F. 118—120,5°, aus III. — *3-Methyl-6-sek.-amylphenol*, $C_{12}H_{18}O$, Kp.$_{3-4}$ 102—104°, durch Hydrierung von I an Raney-Ni; D.$_4^{20}$ 0,9627; n_D^{20} 1,5188. — *3-Methyl-4-sek.-amylphenol*, $C_{12}H_{18}O$, Kp.$_4$ 112—114°, aus II; D.$_4^{20}$ 0,9678; n_D^{20} 1,5194. — *3-Methyl-4-sek.-amylphenoxyessigsäure*, F. 111—112,5°. Helmut Schäfer. 1060

Alkylierung von Phenolen mit bifunktionellen Verbindungen. 5. Mitt. **Katalytische Alkylierung von m- und p-Kresol mit Butandiol-(1.3).** N. I. Schuikin, Je. A. Wiktorowa und I. Je. Pokrowskaja. (Nachr. Akad. Wiss. UdSSR, Abt. chem. Wiss. **1961**, 2192—95, Dez.; russ.) — 4. vgl. vorst. Referat. — Die Alkylierung von m- u. p-Kresol mit Butandiol-(1.3) in Ggw. von 20%ig. $ZnCl_2/Al_2O_3$ oder H_3PO_4 liefert hauptsächlich *Butenylkresole* u. deren *Cyclisierungs-Prodd.*, die auch bei der Alkylierung mit Buten-(1)-ol-(4) erhalten werden. Die Gesamtausbeute an Alkylierungs-Prodd. von m- bzw. p-Kresol bei 250° am $ZnCl_2/Al_2O_3$-Kontakt erreicht 74 bzw. 69%. Daneben bilden sich 15—35% *polymere Verbindungen.* — Aus m-Kresol wurden erhalten: *3-Methyl-6-[buten-(2)-yl-(1)]-phenol*, Kp.$_5$ 109—111°; D.$_4^{20}$ 1,0069; n_D^{20} 1,5382. — *3-Methyl-4-[buten-(2)-yl-(1)]-phenol*, Kp.$_5$ 115—117°; D.$_4^{20}$ 0,9986; n_D^{20} 1,5393. — *2-Äthyl-6-methylcumaran*, Kp.$_5$ 91—92°; D.$_4^{20}$ 0,9922; n_D^{20} 1,5252. — *2.7-Dimethylchroman*, Kp.$_5$ 100—102°; D.$_4^{20}$ 0,9980; n_D^{20} 1,5290. — *4.7-Dimethylchroman*, Kp.$_5$ 110—111°; D.$_4^{20}$ 0,9951; n_D^{20} 1,5282. — *3-[2-Methyl-4-hydroxyphenyl]-butanol-(1)*, Kp.$_{4-5}$ 136 bis 140°; D.$_4^{20}$ 1,0221; n_D^{20} 1,5460. — Aus p-Kresol: *4-Methyl-2-[buten-(2)-yl-(1)]-phenol*, Kp.$_9$ 112—114°; D.$_4^{20}$ 0,9998; n_D^{20} 1,5338. — *2-Äthyl-5-methylcumaran*, Kp.$_5$ 93—95°; D.$_4^{20}$ 0,9950; n_D^{20} 1,5232. — *2.6-Dimethylchroman*, Kp.$_5$ 99—101°; D.$_4^{20}$ 0,9976; n_D^{20} 1,5282. — *4.6-Dimethylchroman*, Kp.$_6$ 115—118°; D.$_4^{20}$ 0,9964; n_D^{20} 1,5288.
Helmut Schäfer. 1060

Alkylierung von Phenolen mit bifunktionellen Verbindungen. 6. Mitt. **Katalytische Alkylierung von p-Kresol mit Butandiol-(1.4) und Tetrahydrofuran.** N. I. Schuikin, Je. A. Wiktorowa, I. Je. Pokrowskaja und E. A. Karachanow. (Nachr. Akad. Wiss. UdSSR, Abt. chem. Wiss. **1962**, 122—24, Jan.; russ.) — 5. vgl. vorst. Referat. — Die Alkylierung von p-Kresol mit Butandiol-(1.4) oder Tetrahydrofuran am 20%ig. $ZnCl_2/Al_2O_3$-Katalysator bei 300—350° liefert: *4-Methyl-2-[buten-(2)-yl-(1)]-phenol*, Kp.$_6$ 108—110°; D.$_4^{20}$ 0,9995—1,0011; n_D^{20} 1,5320—1,5342 (→ *Methyläther*, Kp.$_4$ 94—95°; D.$_4^{20}$ 0,9429; n_D^{20} 1,5120; $KMnO_4$-Oxydation → *4-Methoxyisophthalsäure*, F. 254—256°). — *2-Äthyl-5-methylcumaran*, Kp.$_4$ 90—92°; D.$_4^{20}$ 0,9948; n_D^{20} 1,5230. — *2.6-Dimethylchroman*, Kp.$_4$ 98—100°, Kp.$_6$ 106—108°; D.$_4^{20}$ 0,9961 bis 0,9978; n_D^{20} 1,5282—1,5288. *4-[2-Hydroxy-5-methylphenyl]-butanol-(1)*, Kp.$_9$ 136—138°; D.$_4^{20}$ 1,0198; n_D^{20} 1,5470. — *1.4-Bis-[5-methyl-2-hydroxyphenyl]-butan*, $C_{18}H_{22}O_2$,

F. 101—102°. — Neben vorst. Verbb. werden hochsd. *Polymere* erhalten. Die Ausbeuten werden in Abhängigkeit von Temp., Katalysatormenge u. Alkylierungsmittel tabellar. angegeben. Helmut Schäfer. 1060

Synthese von Synergisten des Pyrethrums auf der Basis von Methylen- und Äthylendioxybenzol. Jozef Drábek. (Chem. Zvesti 10, 357—67, Juni 1956; Bratislave-Predmestí, Výsk. Ústav agrochem. technol.; slowak.) — Vf. beschreibt die Synth. von 17 Synergisten für Pyrethrum, die aus Methylendioxybenzol (I), 1-Propyl-3.4-methylendioxybenzol u. Äthylendioxybenzol (III) durch Chlormethylierung u. Kondens. mit Alkoxyäthylaten, Alkylmercaptoäthylaten, N.N-Diäthylaminoäthylat, -octylat u. mit Na-Octylmercaptid erhalten wurden. 12 dieser Verbb. sind in der Literatur beschrieben. Auf Grund von Testen an der Hausfliege wurden einige Beziehungen zwischen der Struktur dieser Substanzen u. ihrer synergist. Wrkg. abgeleitet. Ersatz der Methylendioxygruppe durch die Äthylendioxygruppe bewirkt eine deutliche Erniedrigung der synergist. Wirkung. Die Chlormethylierung von I bei höheren Temp. ergab *1.2-Bis-[chlormethyl]-4.5-methylendioxybenzol.*

Versuche: *Methylendioxybenzol* (I), Kp. 170—175°, a) durch 15std. Rk. von Brenzcatechin (II) in CH_2Cl_2, KOH u. Bronzespänen in Methanol bei 100—110°; 34,3% (Ausbeute); b) aus II, Methylendibromid, Äthylenglykol u. K_2CO_3 in 5 Std. bei 100°; 45,3%. — *Äthylendioxybenzol* (III), $Kp._{25}$ 105—108°, aus II, Äthylendibromid, Äthylenglykol u. K_2CO_3, 3 Std. bei 100° u. 3 Std. bei 130—135°; 71,7%. — *1-Chlormethyl-3.4-methylendioxybenzol* (IV), $Kp._{0,1}$ 87°, F. 21—23°, aus I u. 40%ig. Formalin unter Durchleiten von HCl-Gas bei —3 bis +3° in 2 Std.; 60—70%. — *1-Chlormethyl-2-propyl-4.5-methylendioxybenzol* (V), $Kp._{0,1}$ 97—99°, analog aus Dihydrosafrol u. 40%ig. Formalin; n_D^{20} 1,5481; 66%. — *1-Chlormethyl-3.4-äthylendioxybenzol* (VI), $Kp._{0,3}$ 111 bis 115°, analog aus III u. V; 60—65%. — *1.2-Bis-[chlormethyl]-4.5-methylendioxybenzol,* F. 76°, $Kp._{0,2}$ 116—119°, aus I, V u. HCl, 1 Std. bei 30—40° u. 1½ Std. bei 50—60°; 50,2%. — α-Alkoxy-3.4-methylendioxytoluole: (*2-Butoxyäthoxy*)-, $Kp._{0,04}$ 140°, aus Butoxyäthylat u. IV in 4 Std. bei 80—90°; n_D^{20} 1,5012. — *2-(Butoxyäthoxy)-äthoxy-*, $Kp._{0,03}$ 149°; n_D^{20} 1,5001. — *2-[Äthylmercapto]-äthoxy-* (VII), $Kp._{0,04}$ 116—121°; n_D^{20} 1,5476. — *2-(Äthylsulfinyl)-äthoxy-*, aus VII u. 30%ig. H_2O_2 in Aceton, 24 Std. bei Raum-Temp.; n_D^{20} 1,5506. — *2-(Butylmercapto)-äthoxy-*, $Kp._{0,03}$ 150—158°; n_D^{20} 1,536. — *2-(Butylsulfinyl)-äthoxy-*, n_D^{20} 1,540. — *2-(N.N-Diäthylamino)-äthoxy-*, $Kp._{0,06}$ 115 bis 117°; n_D^{20} 1,5112. — *n-Octyloxy-*, $Kp._{0,02}$ 108°; n_D^{20} 1,4949. — *n-Octylmercapto-*, $Kp._{0,004}$ 141°; n_D^{20} 1,5269. — *n-Octylsulfinyl-*, F. 69°. — *3.4-Methylendioxybenzylrhodanid,* $Kp._{0,02}$ 130—132°, aus KSCN, Piperonylchlorid durch 5std. Kochen in Ä.; n_D^{20} 1,6021; 35%. — α-Alkoxy-2-propyl-4.5-methylendioxytoluole: *2-(Butoxy)-äthoxy-*, $Kp._{0,64}$ 160—163°, aus Butoxyäthanol u. V; n_D^{20} 1,5021. — *2-(Butoxyäthoxy)-äthoxy-*, $Kp._{0,03}$ 179—181°; n_D^{20} 1,4983. — *2-(Butylmercapto)-äthoxy-*, $Kp._{0,007}$ 157 bis 158°; n_D^{20} 1,5285. — *α-[2-(Butoxyäthoxy)-äthoxy]-3.4-äthylendioxytoluol,* $Kp._{0,04}$ 170 bis 174°; n_D^{20} 1,5045, aus VI u. Butoxyäthoxyäthylat. — *1.2-Methylendioxy-4-[2-(octylmercapto)-propyl]-benzol,* $Kp._{0,02}$ 144—148°, aus Isosafrol u. n-Octylmercaptan in 10 Std. bei 200° unter UV-Bestrahlung; n_D^{20} 1,5178; 40%. — *1.2-Methylendioxy-4-[2-(octylsulfinyl)-propyl]-benzol,* n_D^{20} 1,5220. B. Görlich. 1090□

Aromatische Aldehyde aus Benzylalkoholen durch anorganische Hypochlorit-Oxydation. Cal Y. Meyers. (J. org. Chemistry 26, 1046—50, April 1961; Bound Brook, N.J., Union Carbide Plastics Co., Div. of Union Carbide Corp.; engl.) — Benzylalkohol (I) u. *o-Methoxybenzylalkohol* (II), der durch Methylierung von o-Hydroxybenzylalkohol (Saligenin; III) erhältlich ist, werden in wss.-methanol. Lsg. durch KOCl bei pH 9—11 zu *Benzaldehyd* bzw. *o-Methoxybenzaldehyd* (IV) oxydiert. III liefert dagegen bei der Einw. von KOCl unter Abspaltung von *Formaldehyd 2.4.6-Trichlorphenol.* Der Mechanismus der Rk. wird diskutiert.

Versuche: *o-Methoxybenzylalkohol* (II), $Kp._{8-10}$ 111—112°, durch Behandeln von III mit der berechneten Menge NaOH in W., Zugabe von Aceton, Lösen des ausgeschiedenen *Na-Salzes* (*Monohydrat*) von III in CH_3OH, Einrühren der äquimol. Menge $(CH_3)_2SO_4$ bei 35°, 24std. Rühren bei Raum-Temp., Zusatz von Ae., Eindampfen der filtrierten Lsg. u. Vakuum-Dest. des Rückstands. — *Benzaldehyd,* Kp. 178—180°, durch Versetzen einer $CaOCl_2$-Lsg. mit K_2CO_3 bis zum pH 9—11, Filtration der so gewonnenen KOCl-Lsg., Zugabe von wenig mehr als der berechneten Menge zu I in CH_3OH, Zusatz von W., 24std. Schütteln bei 36—40°, Benzolextraktion, Eindampfen u. Dest.; 77% (Ausbeute). *2.4-Dinitrophenylhydrazon,* F. 236,5—237°. — *o-Methoxybenzaldehyd* (IV), aus II u. KOCl analog vorst. Verb., Isolierung von IV aus dem Rk.-Prod. durch Extraktion mit $NaHSO_3$-Lsg., Ansäuern der wss. Lsg., Ae.-Extraktion u. Eindampfen; 51,5%. *2.4-Dinitrophenylhydrazon,* F. 249—252°. *Oxim,* F. 89—91° (Nadeln). — *2.4.6-Trichlor-*

phenol, F. 66—68°, durch Rk. von III mit KOCl analog vorvorst. Verb., Einstellen des Rk.-Prod. mit HCl auf pH 4, Ae.-Extraktion u. Abdestillieren des Äthers; daneben *Formaldehyd. 2.4-Dinitrophenylhydrazon*, F. 165—166°. R. Strufe. 1140

Bortrifluorid-katalysierte Darstellung von p-Chinoläthern. E. Hecker und R. Lattrell. (Angew. Chem. **74**, 652, 21/8. 1962; München, MPI für Biochem.; dt.) — Die Oxydation von p-Alkylphenolen mit Pb(IV)-Acetat (I) bzw. Tl(III)-Acetat (II) in Methanol ergibt *p-Chinolmethyläther*. Bei Verw. von A. oder Butanol erhält man die *Äthyl-* bzw. *Butyläther*. Die Rk. unterliegt einer positiven BF_3-Katalyse, deren Ausmaß vom Substituenten abhängig ist. Bei Verw. von II sind die Ausbeuten im allg. geringer.

Versuche: *p-Toluchinolmethyläther*, F. 62—63°, a) aus p-Kresol mit I; 36% (Ausbeute); b) analog a) mit II; 16%. — *Tetralin-p-chinolmethyläther*, F. 42—43°; a) aus Tetralol-(6) mit I; 42%; b) analog a) mit II; 56%. — *Tetralin-p-chinoläthyläther*, Flüssigkeit. — *Tetralin-p-chinolbutyläther*, Flüssigkeit. — *17β-Acetoxyöstra-p-chinol-(10β)-methyläther*, F. 152—154°, a) aus Östradiol-17β-acetat mit I; $[\alpha]_D^{12}$ —44°; 29%; b) analog a) mit II; 29%. W. Hampel. 1190□

Nucleophile Additionen an α-Cyanstyrol und α-Cyan-β-methylstyrol. Alain Vigier und Jacques Dreux. (C. R. hebd. Séances Acad. Sci. **252**, 3598—3600. 5/6. 1961; Lyon, Fac. des Sci., Inst. de Chim.; franz.) — An α-Cyan- (I) u. α-Cyan-β-methylstyrol (II) werden CH-acide Verbb. addiert. α-Cyan-β.β-dimethylstyrol reagiert unter gleichen Bedingungen nicht.

Versuche: Sämtliche Verbb. werden durch ½std. Kochen von ¼ Mol I oder II mit 1 Mol verschiedener CH-acider Verbb. in Bzl. u. 3n methanol. KOH unter Zugabe von wenig Hydrochinon dargestellt. Carbonsäurenitrile: *3-Methyl-4-oxo-1-phenylpentan-*, aus Methyläthylketon u. I; 40% (Ausbeute). — *4-Oxo-1.3-diphenylpentan-*, $C_{18}H_{17}NO$, Kp.$_{0,1}$ 151—152°, F. 91—92° (PAe./Bzl.), aus Methylbenzylketon u. I; 55%. *Semicarbazon*, F. 170—171° (A./W.). — *3-Methyl-4-oxo-1.4-diphenylbutan-*, $C_{18}H_{17}NO$, Kp.$_{0,2}$ 158—159°, aus Propiophenon u. I; n_D^{25} 1,564; 51%. *2.4-Dinitrophenylhydrazon*, F. 169° (Methanol). — *4-Oxo-1.3.4-triphenylbutan-*, $C_{23}H_{19}NO$, Kp.$_{0,3}$ 192°, F. 96° (A.), aus Desoxybenzoin u. I; 49%. *2.4-Dinitrophenylhydron*, F. 112—113° [A./Essigsäureäthylester (EE)]. — *3-Acetyl-4-oxo-1-phenylpentan-*, $C_{14}H_{15}NO_2$, Kp.$_{0,1}$ 143°, aus Acetylaceton u. I; D_4^{25} 1,0966; n_D^{25} 1,5246; 48%. *Disemicarbazon*, F. 219—220° (A.). — *2.3-Dimethyl-4-oxo-1-phenylpentan-*, $C_{14}H_{17}NO$, Kp.$_{0,1}$ 119°, aus Methyläthylketon u. II; D_4^{25} 1,0234; n_D^{25} 1,5132; 20%. *Semicarbazon*, F. 208° (A.). — *2-Methyl-4-oxo-1.3-dimethylpentan-*, $C_{19}H_{19}NO$, Kp.$_{0,5}$ 163°, F. 70—73° (A.), aus Methylbenzylketon u. II; 76%. *2.4-Dinitrophenylhydrazon*, F. 165° (A./EE). *Isomere Form*, F. 103° (PAe./Bzl.). *2.4-Dinitrophenylhydrazon*, F. 218° (EE.). — *2.3-Dimethyl-4-oxo-1.4-diphenylbutan-*, $C_{19}H_{19}NO$, Kp.$_{0,5}$ 166°, aus Propiophenon u. II; 30%. *2.4-Dinitrophenylhydrazon*, F. 194° (A./Bzl.). — *2-Methyl-4-oxo-1.3.4-triphenylbutan-*, $C_{24}H_{21}NO$, F. 125° (Methanol), aus Desoxybenzoin u. II; 46%. *Isomere Form*, F. 141° (Methanol). — *2-[1-Cyan-2-oxocyclopentyl]-1-phenylpropan-*, $C_{16}H_{16}N_2O$, F. 121° (A.), aus 2-Oxocyclopentylcyanid u. II; 4%. — *2-Acetyl-4-cyan-4-phenylbuttersäureäthylester*, $C_{15}H_{17}NO_3$, Kp.$_{0,2}$ 144—145°, aus Acetessigester u. I; D_4^{25} 1,0977, n_D^{25} 1,5050; 59%. *2.4-Dinitrophenylhydrazon*, F. 137 bis 138° (A./Bzl.). — *2-Acetyl-4-cyan-2-äthyl-4-phenylbuttersäureäthylester*, $C_{17}H_{21}NO_3$, Kp.$_{0,3}$ 146°, aus Äthylacetessigsäureäthylester u. I; D_4^{25} 1,0797, n_D^{25} 1,5027; 57%. — *2-[2-Cyan-2-phenyläthyl]-malonsäurediäthylester*, $C_{16}H_{19}NO_4$, Kp.$_{0,2}$ 144°, aus Malonester u. I; D_4^{45} 1,0983, n_D^{25} 1,4910; 62%. — *2-Äthyl-2-[2-cyan-2-phenyläthyl]-malonsäurediäthylester*, $C_{18}H_{23}NO_4$, Kp.$_{0,5}$ 155°, aus Äthylmalonester u. I; D_4^{25} 1,0865, n_D^{25} 1,4900; 53%. — *2.4-Dicyan-4-phenylbuttersäureäthylester*, $C_{14}H_{14}N_2O_2$, Kp.$_{0,3}$ 156°, aus Cyanessigester u. I; n_D^{25} 1,5110; 46%. — *2-Acetyl-4-cyan-3-methyl-4-phenylbuttersäureäthylester*, $C_{16}H_{19}NO_3$, Kp.$_{0,3}$ 146°, aus Acetessigester u. II; D_4^{25} 1,0845; n_D^{25} 1,5026; 63%. *2.4-Dinitrophenylhydrazon*, F. 159° (A./Bzl.). — *2-[2-Cyan-1-methyl-2-phenyläthyl]-malonsäurediäthylester*, $C_{17}H_{21}NO_4$, Kp.$_{0,3}$ 149°, aus Malonester u. II; D_4^{25} 1,0914, n_D^{25} 1,4928; 44%. — *2.4-Dicyan-3-methyl-4-phenylbuttersäureäthylester*, $C_{15}H_{16}N_2O_2$, F. 75° (A.), Kp.$_{0,3}$ 159°, aus Cyanessigester u. II; 66%.

Gottfried Schreiber. 1200□

Synthetische Anticholesterinämica. 2. Mitt. Phenylvalerian- und Phenyldimethylacrylsäuren. L. Canonica, A. Bonati, L. Gaudenzi und G. Motta. (Farmaco [Pavia], Ediz. sci. **14**, 112—21, Febr. 1959; Milano, Univ., Ist. di Chim. ind.; Ist. biochim. ital., Labor. di ric.; ital.) — 1. vgl. C. **1959**, 9548. — Durch katalyt. Hydrierung von α.α-Dimethyl-β-phenylhydracrylsäureäthylester an Pd-Kohle in $HClO_4$/Eisessig wird *2.2-Dimethyl-3-phenylpropionsäure* (I)-*äthylester* (**Ia**) hergestellt u. zu I verseift. Analog werden *β-Phenyl-n-valeriansäure*, *α-Benzylbuttersäure* u. *α-Methyl-β-phenylbuttersäure* erhalten. *γ-Phenylvaleriansäure* wird durch Kondens. von α-Phenylpropionaldehyd u. Malonsäure u. Hydrierung der *γ-Phenyl-Δ²-pentensäure* dargestellt. Durch Verseifung von β-Benzylcrotonsäure (II)-äthylester (IIa) mit wss.-methanol. NaOH wird ein Säuregemisch erhalten, aus dem *β-Benzalbuttersäure* (III), II u. eine *fl. Säure* (*β-Benzylisocrotonsäure* ?) abgetrennt werden. III entsteht dabei aus II durch Verschiebung der Doppelbindung u. ist in dem durch Dehydratisierung von β-Benzyl-β-methylhydracrylsäureäthylester mit $POCl_3$/Pyridin gebildeten IIa nicht enthalten. Von den untersuchten Säuren zeigen nur diejenigen mit Isoprenstruktur bei der durch Triton WR-1339 bei Kaninchen erzeugten Hypercholesterinämie eine starke Senkung des Cholesterinspiegels. — UV-Spektren vgl. Original.

Versuche: *2.2-Dimethyl-3-phenylpropionsäure* (I), $C_{11}H_{14}O_2$, F. 57° (Bzl./Pentan), $Kp._2$ 134—135°, aus 25 g **Ia**, KOH, W. u. Butanol im Rohr bei 160—180° (4. Std. lang); 18,1 g (Ausbeute). *Äthylester* (**Ia**), $C_{13}H_{18}O_2$, $Kp._8$ 115—118°, aus α.α-Dimethyl-β-phenylhydracrylsäureäthylester u. H_2 an Pd-Kohle in $HClO_4$/Eisessig bei Raum-Temp. u. Normaldruck; n_D^{22} 1,4952. — *4-Phenyl-Δ²-pentensäure*, $C_{11}H_{12}O_2$, F. 68° (verd. A.), aus 15 g α-Phenylpropionaldehyd u. Malonsäure in Pyridin/Piperidin auf dem Wasserbad (4 Std. lang); 18 g. — *4-Phenylvaleriansäure*, F. 13° (Heptan), aus vorst. Verb. u. H_2 an Pd-Kohle in A. bei Raum-Temp. u. Normaldruck. *β-Benzylcrotonsäure* (**II**), $C_{11}H_{12}O_2$, F. 81° (Pentan/Heptan), $Kp._{0,2}$ 134—136°, a) durch 1std. Kochen von 50 g **IIa** mit 275 cm³ n-NaOH u. 90 cm³ CH_3OH, Abtrennen von **III** durch fraktionierte Kristallisation u. Vakuum-Dest.; 19 g; b) analog a) aus dem Methylester; bleibt bei 4std. Erhitzen mit n-NaOH auf dem Wasserbad unverändert, mit 2n NaOH entsteht wenig **III**. *S-Benzylisothiuroniumsalz*, $C_{19}H_{22}N_2O_2S$, F. 141—142° (Dioxan). *Methylester*, $C_{12}H_{14}O_2$, $Kp._1$ 104—106°, a) aus nachst. Ester u. $POCl_3$/Pyridin; n_D^{25} 1,5225; b) aus **II** u. CH_2N_2; n_D^{25} 1,5251. *p-Phenylphenacylester*, $C_{25}H_{22}O_3$, F. 91° (A.). — *β-Methyl-β-phenylhydracrylsäuremethylester*, $C_{12}H_{16}O_3$, $Kp._{20}$ 160—162°, aus Phenylaceton u. Bromessigsäuremethylester nach Datta u. Bagchi (Sci. and Cult. **18**, [1952], 243); n_D^{25} 1,5070; 80%. — *β-Benzylisocrotonsäure* (?), aus der Mutterlauge von **II**; Öl. *S-Benzylisothiuroniumsalz*, $C_{19}H_{22}N_2O_2S$, F. 136—137°. *p-Phenylphenacylester*, $C_{25}H_{22}O_3$, F. 112° (A.). — *β-Benzalbuttersäure* (**III**), $C_{11}H_{12}O_2$, F. 133° (Heptan), a) neben **II** nach a) u. b); 10 g; b) neben **II** durch 2std. Erhitzen von 50 g **IIa** mit H_2SO_4 u. 50% ig. Essigsäure auf dem Wasserbad; 19,5 g; c) durch Verseifen des Methylesters; ca. 100%; d) durch 3std. Erhitzen von 5 g **II** u. H_2SO_4 in 50% g. Essigsäure auf dem Wasserbad; 0,45 g. *S-Benzylisothiuroniumsalz*, $C_{19}H_{22}N_2O_2S$, F. 133,5—134° (Dioxan). *Methylester*, $Kp._{2,5}$ 112°, aus **III** u. CH_2N_2 in Ae. bei —5° u. 2std. Stehen bei 0°; n_D^{25} 1,5274. *p-Phenylphenacylester*, $C_{25}H_{22}O_3$, F. 76° (A.). F. Heller. 1210□

Synthetische Anticholesterinämica. 3. Mitt. **Phenyltetrahydrogeraniumsäuren.** L. Canonica, A. Bonati, C. Clerici, L. Gaudenzi und G. Motta. (Farmaco [Pavia], Ediz. sci. **14**, 122—36, Febr. 1959; ital.) — 2. vgl. vorst. Referat. — Zur Unters. ihrer anticholesterinäm. Wrkg. werden die 8 isomeren *Phenyltetrahydrogeraniumsäuren* nach bekannten Meth. synthetisiert.

Versuche: *6-Methylheptanol-(2)*, $Kp._{100}$ 122°, durch Red. von 32 g 6-Methylheptanon-(2) in CH_3OH mit $NaBH_4$ in W. < 40°; 26 g (Ausbeute). — *2-Phenyl-3.7-dimethyloctansäure*, $C_{16}H_{21}O_2$, $Kp._{0,8}$ 170°, durch 5std. Erhitzen von 20 g Nitril u. 50% g. KOH in Butanol im Autoklaven auf 160—170°; n_D^{25} 1,4962; 13 g. *Nitril*, $C_{16}H_{23}N$, $Kp._{0,7}$ 135—137°, durch 2std. Erwärmen von 40 g Benzylcyanid (I) mit $NaNH_2$ in Bzl. auf 50—60°, Zugeben von 70 g 2-Brom-6-methylheptan bei 30° u. 4std. Erwärmen auf 50—60°; n_D^{24} 1,4911; 38 g. — *2-Phenyl-7-methyl-3-ketooctansäurenitril*, $C_{15}H_{19}NO$, F. 48° (Bzl./PAe.), $Kp._{0,5}$ 163°, durch Zugeben von 49 g **I** u. 92 g 5-Methylcapronsäureäthylester zu C_2H_5ONa in abs. A. u. 2std. Kochen; 127 g. — *Isohexylbenzylketon*, $C_{14}H_{20}O$, $Kp._{0,2}$ 113—115°, durch Zutropfen von 94 g vorst. Verb. zu 50% g. H_2SO_4 in Eisessig u. 24std. Kochen; n_D^{21} 1,4978; 68 g. *Semicarbazon*, $C_{15}H_{23}N_3O$, F. 121° (verd. A.). — *3-Hydroxy-3-benzyl-7-methyloctansäureäthylester* (**II**), $C_{18}H_{28}O_3$, $Kp._{0,1}$ 125—140°, als Gemisch mit nachst. Ester **IV** durch Zugeben von 32 g vorst. Ketons u. 22 g Bromessigsäureäthylester in abs. Bzl. zu Zn-Spänen, 1std. Kochen u. Gießen in 20% ig. H_2SO_4; 37 g. — *3-Benzyl-7-methyl-Δ²-octensäure* (**III**), $C_{16}H_{22}O_2$, $Kp._2$ 185—187°, durch 3std. Erhitzen von 30 g Äthylester mit wss.-alkohol. KOH auf 40°; n_D^{24} 1,5158; 22 g. *Äthylester* (**IV**), $C_{18}H_{26}O_2$, $Kp._{0,1}$ 140—141°, durch Zutropfen von 79 g rohem **II** zu $POCl_3$ in Pyridin unter Kühlung u. 1std. Erhitzen auf dem Wasserbad; n_D^{20} 1,5042; 63 g. — *3-Benzyl-7-methyloctansäure*, $C_{16}H_{24}O_2$, $Kp._2$ 186—189°, aus dem Äthylester nach **III**; n_D^{24} 1,4969. *Äthylester* (**V**), $C_{18}H_{28}O_2$, $Kp._3$ 166—168°, aus **IV** u. H_2 an Pd-Kohle in A. bei Raum-Temp. u. Normaldruck; n_D^{20} 1,4968. — *3-Phenyl-3.7-dimethyloctansäure*, $C_{16}H_{24}O_2$, $Kp._{0,5}$ 182—183°, aus dem Äthylester nach **III**. *Äthylester* (**VI**), $C_{18}H_{28}O_2$, $Kp._2$ 160—163°, durch Zutropfen von 107 g 3.7-Dimethyl-Δ²-octensäuremethylester in abs. Bzl. zu $AlCl_3$ in abs. Bzl. unter Rühren bei 10—20°, 2std. Rühren u. Gießen auf Eis/HCl; n_D^{20} 1,4985; 80 g. — *3-Hydroxy-4-phenyl-3.7-dimethyloctansäureäthylester*, $C_{18}H_{28}O_3$, Kp.$_{0,4}$ 136—139°, aus 90,4 g 3-Phenyl-6-methylheptanon-(2) nach **II**; n_D^{22} 1,4939; 67 g. — *4-Phenyl-3.7-dimethyl-Δ²-octensäure*, $C_{16}H_{22}O_2$, Kp.$_{0,7}$ 174—175°, aus dem Äthylester nach **III**; n_D^{24} 1,5175. *Äthylester*, $C_{18}H_{26}O_2$, Kp.$_{0,2}$ 120—122°, aus 45 g vorst. Verb. nach **IV**; n_D^{22} 1,4986; 36,2 g. — *4-Phenyl-3.7-dimethyloctansäure*, $C_{16}H_{24}O_2$, Kp.$_{0,9}$ 168 bis 170°, aus dem Äthylester nach **III**; n_D^{22} 1,5018. *Äthylester*, $C_{18}H_{28}O_2$, Kp.$_{0,5}$ 130 bis 134°, aus vorst. Äthylester nach **V**; n_D^{21} 1,4882. — *6-Methyl-Δ³-heptenon-(2)*, Kp. 178°, durch 8std. Rühren von 200 g Isovaleraldehyd, Aceton u. 10%ig. NaOH, Neutralisieren mit HCl, Abtrennen der wss. Schicht, Abdestillieren des Acetons, Trocknen, Zugeben von Piperidinhydrochlorid u. Fraktionieren; 150 g. — *4-Phenyl-6-methylheptanon-(2)*, $C_{14}H_{20}O$, Kp.$_{2,5}$ 123—125°, analog **VI** aus 126 g vorst. Verb., Bzl. u. $AlCl_3$; n_D^{20} 1,5062; 41 g. — *3-Hydroxy-5-phenyl-3.7-dimethyloctansäureäthylester*, $C_{18}H_{28}O_3$, Kp.$_{2,5}$ 168—172°, aus 41 g vorst. Verb. nach **II**; n_D^{20} 1,4972; 46,4 g. — *5-Phenyl-3.7-dimethyl-Δ²-octensäure*, $C_{16}H_{22}O_2$, Kp.$_1$ 178—179°, aus dem Äthylester nach **III**; n_D^{20} 1,5231. *Äthylester*, $C_{18}H_{26}O_2$, Kp.$_{2,5}$ 156—158°, aus vorst. Verb. nach **IV**; n_D^{20} 1,5021; 36,8 g. — *5-Phenyl-3.7-dimethyloctansäure*, $C_{16}H_{24}O_2$, Kp.$_1$ 180—181°, aus dem Äthylester nach **III**; n_D^{20} 1,5032; 28,1 g. *Äthylester*, $C_{18}H_{28}O_2$, Kp.$_{2,5}$ 159—161°, aus 35 g vorst. Äthylesters nach **V**; n_D^{20} 1,4885; 100%. — *6-Methyl-5-phenyl-Δ³-heptenon-(2)*, $C_{14}H_{18}O$, Kp.$_{2,5}$ 130°, durch Zutropfen von 2%ig. NaOH zu 50 g α-Phenylisovaleraldehyd in 400 cm³ Aceton bei 0° unter Rühren, 15std. Stehen bei 0° u. Aufarbeitung nach **VII**; n_D^{20} 1,5235; 30 g. *2.4-Dinitrophenylhydrazon*, $C_{20}H_{22}N_4O_4$, F. 129° (verd. A.). — *4-Phenyl-5-methyl-Δ²-hexennitril*, $C_{13}H_{15}N$, Kp.$_{2,5}$ 126—128°, aus 45 g α-Phenylisovaleraldehyd, Cyanessigsäure, NH_4-Acetat u. wenig HCl in sd. Bzl.; n_D^{20} 1,5187; 37,6 g. — *4-Phenyl-5-methylhexannitril*, $C_{13}H_{17}N$, Kp.$_{2,5}$ 128—130°, analog **V** aus 37,5 g vorst. Verb.; n_D^{20} 1,5055; 36,2 g. — *6-Methyl-5-phenylheptanon-(2)*, $C_{14}H_{20}O$, Kp.$_2$ 120°, durch Zutropfen von 36 g vorst. Verb. in abs. Ae. zu CH_3MgJ in abs. Ae. in 30 Min., 2std. Kochen, Zers. mit 8n HCl u. ½std. Kochen; n_D^{20} 1,5010; 23 g. *2.4-Dinitrophenylhydrazon*, $C_{20}H_{24}N_4O_4$, F. 113° (verd. A.). — *6-Phenyl-3.7-dimethyl-Δ²-octensäure*, $C_{16}H_{22}O_2$, Kp.$_{0,7}$ 176°, aus 7,5 g Äthylester nach **III**; n_D^{20} 1,5189; 5,5 g. *Äthylester*, $C_{18}H_{26}O_2$, Kp.$_{2,5}$ 161°, aus 23 g vorst. Ketons nach **II** u. Dehydratisieren des Estergemisches (20 g) nach **IV**; n_D^{20} 1,5018; 16 g. — *6-Phenyl-3.7-dimethyloctansäure*, $C_{16}H_{24}O_2$, Kp.$_{0,7}$ 178°, aus dem Äthylester nach **III**; n_D^{20} 1,4991. *Äthylester*, $C_{18}H_{28}O_2$, Kp.$_{0,9}$ 137°, aus vorst. Äthylester nach **V**; n_D^{20} 1,4852; 100%. — *6-Phenyl-6-methylheptanon-(2)*, $C_{14}H_{20}O$, Kp.$_{0,1}$ 96—98°, analog **VI** aus 100 g *6-Methyl-Δ⁵-heptenon-(2)*, Bzl. u. $AlCl_3$; n_D^{18} 1,5085; 97 g. *Semicarbazon*, $C_{15}H_{23}N_3O$, F. 93° (verd. A.). — *3-Hydroxy-7-phenyl-3.7-dimethyloctansäureäthylester*, $C_{18}H_{28}O_3$, Kp.$_{0,25}$ 152—158°, als Gemisch mit nachst. Äthylester aus 66 g vorst. Verb. nach **II**; 63 g. — *7-Phenyl-3.7-dimethyl-Δ²-octensäure*, $C_{16}H_{22}O_2$, Kp.$_3$ 180—182°, aus 20 g Äthylester nach **III**; n_D^{22} 1,5167; 15 g. *Äthylester*, $C_{18}H_{26}O_2$, Kp.$_{0,1}$ 141—143°, aus 63 g vorst. Estergemisches nach **IV**; n_D^{20} 1,5058; 44 g. — *7-Phenyl-3.7-dimethyloctensäure*, $C_{16}H_{24}O_2$, Kp.$_{1,2}$ 175—178°, aus dem Äthylester nach **III**; n_D^{22} 1,5041; 48,2 g. *Äthylester*, $C_{18}H_{28}O_2$, Kp.$_{0,8}$ 137—139°, aus 72 g vorst. Äthylester nach **V**; n_D^{18} 1,4920; 65,5 g. — *7-Benzyl-5-keto-3-methyloctansäure*, $C_{16}H_{22}O_3$, Kp.$_{0,5}$ 185 bis 187°, durch 3std. Kochen von 47 g Methylester u. wss.-alkohol. KOH; n_D^{24} 1,5005; 38 g. *Methylester*, $C_{17}H_{24}O_3$, Kp.$_{1,5}$ 182—185°, durch Zugeben von $CdCl_2$ zur Grignard-Verb. aus 90 g β-Benzylpropylbromid in Ae., Abdestillieren des Ae., Zugeben von Bzl., ½std. Kochen u. Zutropfen von β-Methylglutarsäuremethylesterchlorid bei Raum-Temp.; n_D^{24} 1,5056; 52 g. — *3-Methyl-7-benzyloctansäure*, $C_{16}H_{24}O_2$, Kp.$_{0,5}$ 185—187°, aus 13,1 g vorst. Säure nach Huang-Minlon; n_D^{25} 1,5017; 7,5 g. F. Heller. 1210□

Die Reaktion von Isothiocyanaten mit dem Nitrition. E. Lieber und J. Ramachandran. (Chem. and Ind. **1958**, 1406, 25/10.; Chicago, Ill., DePaul Univ., Dep. of Chem.; engl.) — Phenylisothiocyanat reagiert in Dimethylformamid (DMF) mit $NaNO_2$ unter Gas-Entw. zu einer *rubinrot gefärbten Lsg.*; daneben tritt ein Geruch von *Phenylcarbylamin* auf. Analog reagiert Äthylisothiocyanat. In Abwesenheit von DMF oder bei Verw. von Alkylnitrit an Stelle von $NaNO_2$ sowie mit Thiocyanaten erfolgt keine Rk., $NaNO_2$ reagiert mit DMF nicht. Dieses Verh. erklärt die Abhängigkeit der N_2-Entw. bei der Rk. von Isothiocyanaten mit NaN_3 von der Reinheit des NaN_3. Die obige Rk. ermöglicht die Unterscheidung zwischen NO_2 u. NO_3 sowie zwischen organ. Thio- u. Isothiocyanaten. K. Lange. 1290

Eine neue α-Acylaminoalkylierung aromatischer Verbindungen. Minoru Sekiya und Noboru Yanaihara. (Chem. pharmac. Bull. [Tokyo] **7**, 746, Sept. 1959; Shizuoka, Oshika, Coll. of Pharmacy; engl.) — Beim Kochen von 1,2 Mol N.N'-Diacetyl-1.1-diaminoalkanen u. 0,5 Mol $POCl_3$ mit 1 Mol einer aromat. Verb. in Bzl., Chlf. oder CCl_4

tritt unter Ausscheidung von HPO_3, HCl u. CH_3CN α-Acetylaminoalkylierung ein. Auf diese Weise wurden *2-* u. *4-[Acetylaminomethyl]-phenol*, *4-[Acetylaminomethyl]-anisol* u. die entsprechenden Derivv. von 2.4-Xylenol (I), β-Naphthol (II), 4-Nitrophenol (III), Salicylsäure, 4-Methoxytoluol (IV), o- u. p-Acetylaminotoluol (V), 8-Hydroxychinolin u. 1-Phenyl-3-methylpyrazolon in Ausbeuten von 50—98% erhalten. Von **I**—**V** wurden auch die *α-Acetylaminobenzyl-* u. von **I**, **II** u. p-Kresol die *α-Acetylaminoäthyl-Derivv.* dargestellt. H. Niedrich. 1320□

Einige bromhaltige und schwefelhaltige aromatische Boronsäuren. Ludovico Santucci und Henry Gilman. (J. Amer. chem. Soc. **80**, 193—96, 5/1. 1958; Ames, Iowa, Iowa State Coll., Dep. of Chem.; engl.) — Eine bequeme u. direkte Darst. *aromat. Boronsäuren* zur Testung in der Gehirntherapie (vgl. Gilman u. Mitarbeiter, C. **1958**, 4162) durch Borierung von Aryl–Li-Verbb. mit Tri-n-butylborat (I) wird beschrieben. Allg. liegen die FF. der Benzolboronsäuren 10—25° höher u. die der heterocycl. Boronsäuren tiefer als die der analogen Carbonsäuren. Behandelt werden die Schwierigkeiten bei der Best. der FF., Reinigung u. Einfl. des Lsgm. auf die Umwandlung Säure ⇄ Anhydrid. Das Ende der Rk. wurde durch den Farbtest I (vgl. Gilman u. Schulze [1925]) bestimmt. Das Neutralisationsäquivalent wurde durch Titration der bei Raum-Temp. unter Rein-N_2 getrockneten Probe, gelöst in 50%ig. A., der das 20fache des Proben-Gew. an Mannit enthielt, mit NaOH bestimmt. Der Halogen-Metallaustausch in bromsubstituierten Benzolboronsäuren wurde bei *p-Brombenzolboronsäure*, *2-Hydroxy-5-brombenzolboronsäure* (**III**) erfolglos versucht; bei der Rk. von **III** mit n-Butyl-Li (**IV**) wird prim. die C—B-Bindung gespalten. Wahrscheinlich verläuft die Spaltung nach zwei Mechanismen. Die Stabilitätsverhältnisse u. IR-Spektren der erhaltenen Verbb. wurden untersucht u. durch Vgl. der IR-Spektren von 25 aromat. Boronsäuren eine konst. auftretende Absorption bei 8,35—8,5 μ als B–O-Bande interpretiert.

Versuche: *2-Hydroxy-5-brombenzolboronsäure* (**III**), $C_6H_6BBrO_3$, F. 190° (Aceton/W.), durch langsame Zugabe von 2-Tetrahydropyranyloxy-5-bromphenyl-Li (durch Metallierung von 2.2-Bis-[p-bromphenoxy]-tetrahydropyran mit Phenyl-Li) zu **I** in abs. Ae. unter Rein-N_2 bei —70°, 12std. Rühren, Hydrolyse mit 10%ig. HCl bei 0°, Ausäthern, Extrahieren mit 10%ig. NaOH u. Ansäuern der alkal. Lsg. mit 10%ig. HCl, Extraktion des Rohprod. (73,5%) mit heißem Aceton u. Zugabe von W.; 38,7% (Ausbeute); violette Farb-Rk. mit $FeCl_3$. — *2-Methoxy-5-brombenzolboronsäure*, $C_7H_8BBrO_3$, F. 130,5—131° (Aceton/W.), durch Rk. von **I** in abs. Ae. unter Rein-N_2 mit 2-Methoxy-5-bromphenyl-Li u. Rühren über Nacht bei —70° u. Aufarbeitung des Rohprod. (62%) wie **III**; 57%. — *2-Hydroxy-6-methoxybenzolboronsäure*, F. 100—101° (Äthylendichlorid), durch Rk. von 0,08 Mol **I** in abs. Ae. u. unter Rein-N_2 mit 0,04 Mol 2-Hydroxy-6-methoxyphenyl-Li bei —70°, 3std. Rühren, Ansäuern mit 10%ig. HCl (pH 2) u. Aufbereitung analog **III**; 0,17 g; gibt mit $FeCl_3$ eine violette Farb-Rk., zersetzt sich an der Luft zu einem *Öl* u. *Borsäure*. — *p-Methylmercaptobenzolboronsäure*, $C_7H_9BO_2S$, F. 209—209,5° (W.), durch Rk. von **I** in abs. Ae. unter Rein-N_2 mit 2-Methylmercaptophenyl-Li bei —70°, mehrstd. Rühren u. Aufbereitung analog **III**; aus W. plättchenförmige Kristalle; 43%. — *Thianthren-2-boronsäure*, $C_{12}H_9BO_2S_2$, a) F. 215—216° (Dehydratation bei 170°), durch Rk. von **I** in abs. Ae. unter Rein-N_2 mit Thianthrenyl-(2)-Li bei —70°, mehrstd. Rühren u. Aufbereitung wie **III**, aus Aceton/W. plättchenförmige Kristalle; 63,4% (roh); b) F. 226° (Äthylendichlorid); 37,5%. — *Phenoxathiin-4-boronsäure*, $C_{12}H_9BO_3S$, F. 156,8 bis 157,5° (erstarrt bei 158,7°), durch Rk. von **I** in abs. Ae. unter Rein-N_2 mit Phenoxathiinyl-(4)-Li bei —70°, 7std. Rühren u. Aufbereitung analog **III**; aus Aceton/W. Nadeln; 26,3% (roh); daneben eine *Diboronsäure vom F. 270°*. — *5-Bromsalicylsäure*, F. 165,5—167,5° a) durch 10 Min. lange Zugabe von **IV** zu **III** in abs. Ae. unter Rein-N_2 bei Raum-Temp., 1½std. Kochen, Carbonierung mit festem CO_2/Ae., Hydrolyse mit 10%ig. HCl, Ausäthern, Extraktion der äther. Phase mit 8%ig. $NaHCO_3$ u. Ansäuern der alkal. Lsg.; 38%; daneben 12% *p-Hydroxybenzoesäure* (F. 197,5—199°, durch Einengen der sauren Mutterlauge) durch Extraktion der äther. Lsg. mit 5%ig. NaOH u. Ansäuern, 10% *n-Butanboronsäure* (**II**, F. 85—87°); b) durch Zugabe von **IV** zu **III**, 18 Min. langes Stehen u. Carbonisieren; 30%; daneben 10% **II**. D. Jahnke. 1380

Einige Beobachtungen am Pentaphenylcyclopentadienylkation. S. M. Bloom und A. P. Krapcho. (Chem. and Ind. **1959**, 882, 4/7.; Northampton, Mass., Smith Coll., Chem. Dep.; engl.) — Phenyl-MgBr reagiert mit 2-[p-Methoxyphenyl]-3.4.5-triphenylcyclopentadienon-(1) zu *1.3.4.5-Tetraphenyl-2-[p-methoxyphenyl]-cyclopentadienol-(1)* (**I**; F. 164,8—165,8°). Sowohl **I** wie *1-[p-Methoxyphenyl]-2.3.4.5-tetraphenylcyclopentadien-ol-(1)* geben in H_2SO_4 ident. dunkelblaue Lsgg., die das *p-Methoxyphenyltetraphenylcyclopentadienylkation* enthalten, dessen positive Ladung delokalisiert ist. Das Absorptionsmaximum des Spektrums von *Pentaphenylcyclopentadienol* in H_2SO_4 liegt bei kürzerem λ als bei den Monomethoxyanaloga. K. Zieloff. 1860

Cyclobutandion-(1.3). Harry H. Wasserman und Eckehard V. Dehmlow. (J. Amer. chem. Soc. **84**, 3786—87, 5/10. 1962; New Haven, Conn., Yale Univ., Sterling Chem. Labor.; engl.) — Rk. von Äthoxyacetylen mit Keten führte zum *Äthylenoläther* (I) des *Cyclobutandions-(1.3)* (**II**). Während **I** mit W., verd. Säuren oder A. unter Ringöffnung *β-Äthoxycrotonsäure-Derivv.* gab, entstand aus **I** durch Lösen in 90%ig. H_2SO_4, Kühlen über Nacht u. Gießen auf Eis **II**, $C_4H_4O_2$, F. 119—120° (heftige Zers. zu roter Fl.), Platten (Ae,), IR-Spektrum: 1755 (stark) u. 1570 (C=C; schwach) cm^{-1} in Chlf., also relativ wenig Enolform in Chlf.; Kernresonanzspektrum: 1 Peak bei 6,14 τ ($CDCl_3$); UV-Spektrum: λ_{max} 237 (ε = 11800, in A.); $pK_a \simeq 3$; 30% (Ausbeute). — **II** gibt mit $C_2H_4N_2$ **I** zurück, entfärbt Br_2 in Chlf. sofort, reagiert heftig mit CH_2N_2 in Ae. u. gibt mit $FeCl_3$ in W. eine Färbung. J. Rothe. 1970□

β-Dicarbonylverbindungen. 11. Mitt. **Reaktion von 2-Acylcycloalkanonen mit Wasserstoffperoxid.** L. P. Winogradowa und Ss. I. Sawjalow. (Nachr. Akad. Wiss. UdSSR, Abt. chem. Wiss. **1961**, 2050—54, Nov.; Zelinsky-Inst. für org. Chem. der Akad. der Wiss. der UdSSR; russ.) — 10. vgl. C. **1963**, 5055. — Es wurde die Rk. verschiedener 2-Arylcycloalkanone mit H_2O_2, $KMnO_4$, CrO_3, CH_2N_2 u. Na-Methylat untersucht. In Abhängigkeit von der Struktur der Verbb. tritt eine oxydative Spaltung oder oxydative Umlagerung unter Ringverengung u. Bldg. von Dicarbonsäuren ein. So liefert 2-Formylsuberon mit H_2O_2 in Ggw. von Alkali 27% *Cyclohexancarbonsäure* u. 33% *Korksäure*, 2-Acetylcyclohexanon gibt 78% *Cyclopentancarbonsäure* (**I**) u. 20% *α-Methylpimelinsäure* (F. 49—50°), 2-Propionylcyclohexanon 59% **I** u. 4% *Adipinsäure* (**II**), 2-Benzoylcyclohexanon liefert 30% **I** u. 60% *Benzoesäure*, 2-Formyltetralon-(1) 80% *β-[o-Carboxyphenyl]-propionsäure* (F. 164—166°), 2-Acetylcyclopentanon 58% *Glutarsäure* (**III**), 2-Carbomethoxycyclopentanon gibt zu 74% **III**, 2-Carboxycyclohexanon 85% **II**. — *1.2-Dimethylcyclopentancarbonsäure*, $C_8H_{14}O_2$, Kp.$_2$ 83—85°, a) man behandelt 2 g 2.6-Dimethyl-2-formylcyclohexanon mit 5 ml W. u. 11 ml 28%ig. H_2O_2 u. extrahiert mit Ae.; n_D^{18} 1,4485; 1 g (*Amid*, F. 88—89°, aus Heptan; daneben unbekannte *Dicarbonsäure* $C_8H_{14}O_4$, Kp.$_2$ 173—175°, F. 42—43°; 0,7 g); b) durch Behandeln von **IV** in Methanol mit Na-Methylat; n_D^{19} 1,4495; 25%. — *2-Methylcyclopentylchlormethylketon* (**IV**), $C_8H_{13}ClO$, Kp.$_{15}$ 85—86°, aus 2-Methylcyclopentancarbonsäurechlorid u. CH_2N_2; n_D^{18} 1,4715; 60%. — *Adipinsäure* (**II**), a) man läßt 3 g 2-Isopropoxymethylencyclohexanon, 3,8 g Soda, 20 ml W. u. 15 ml 28%ig. H_2O_2 1 Std. lang bei 20° stehen; 1,8 g; b) man gibt zu 3 g 2-Formylcyclohexanon (**V**), 3 g Soda u. 20 ml W. in ca. 5 Min. 2%ig. $KMnO_4$ bis zur bleibenden Färbung; 2,7 g; c) durch 12std. Stehen von 3 g **V**, 20 ml Essigsäure, 20 g CrO_3 u. 100 ml 70%ig. Essigsäure; 31%. Helmut Schäfer. 1970

β-Dicarbonylverbindungen. 12. Mitt. **Über nucleophile Reaktionen des Dihydroresorcins und seiner Derivate in wenig polaren Lösungsmitteln.** Ss. I. Sawjalow, G. W. Kondratjewa und L. F. Kudrjawzewa. (J. allg. Chem. [UdSSR] **31** (**93**), 3695—3700, Nov. 1961; russ.) — 11. vgl. vorst. Referat. — Dihydroresorcin (**I**) wird durch Kochen mit Methyljodid (**II**) in Bzl. zu *2-Methyl-* u. *2.2-Dimethyldihydroresorcin* methyliert. Mit Benzaldehyd (**III**) reagiert **I** in sd. Toluol zu *1.2.3.4.5.6.7.8-Oktahydro-9-phenylxanthendion-(1.8)*. **I** u. Dimedon (**IV**) reagieren mit Cyclohexanon (**V**) beim Kochen in Xylol oder Toluol zu *2-Cyclohexyliden-* (**VI**) bzw. *5.5-Dimethyl-2-cyclohexylidencyclohexandion-(1.3)* (**VII**), die z. T. enolisiert sind u. durch Diazomethan (**VIII**) zu den *Enolmonomethyläthern* veräthert werden. **VI** wird durch H_3PO_4 zu *1.2.3.4.5.6.7.8.10.13-Dekahydrodibenzofuranon-(4)* cyclisiert. 2-[γ-Ketobutyl]-dihydroresorcin (**IX**) wird durch Kochen in Toluol zu *2-Methyl-5-keto-5.6.7.8-tetrahydro-1.4-benzopyran* (**X**) cyclisiert, das sich mit verd. HCl wieder in **IX** überführen läßt.

Versuche: *2-Methyldihydroresorcin*, F. 204—205°, man gibt zu Na-Methylat (1,2 g Na, 20 ml Methanol) 5,6 g **I**, dampft ein u. kocht den Rückstand mit 25 ml Bzl. u. 11 g **II** 25 Std. lang; 26% (Ausbeute). Daneben *2.2-Dimethyldihydroresorcin*, Kp.$_3$ 72 bis 73°, F. 39—40°; 14%. — *1.2.3.4.5.6.7.8-Oktahydro-9-phenylxanthendion-(1.8)*, F. 252 bis 254°, durch 20 Min. langes Kochen von 5,6 g **I** u. 5,6 g **III** in Ggw. von 0,3 g p-Toluolsulfonsäure in 30 ml Toluol; 80%. — *2-Cyclohexylidencyclohexandion-(1.3)* (**VI**), F. 109 bis 118°, man kocht 5,6 g **I**, 7,5 g **V**, 7,5 ml Pyridin u. 40 ml Toluol 4 Std. lang, extrahiert mit verd. HCl, dann 10%ig. KOH u. säuert den Alkaliauszug an; 5 g. *Enolmonomethyläther*, $C_{13}H_{18}O_2$, F. 105—106° (Heptan-Bzl.), man methyliert 2,5 g **VI** in Ae. mit **VIII** u. friert mit Ae.-Trockeneis aus; 0,7 g. — *5.5-Dimethyl-2-cyclohexylidencyclohexandion-(1.3)* (**VII**), $C_{14}H_{20}O_2$, F. 95—115° (Toluol), durch 3std. Kochen von 7 g **IV**, 7,5 g **V** u. 7,5 g Pyridin in 40 ml Toluol; 6,2 g. *Enolmonomethyläther*, $C_{15}H_{22}O_2$, F. 76—77° (Bzl.-Heptan), man behandelt 3 g **VII** in Ae. mit **VIII** u. friert mit Ae.-Trockeneis aus; 2 g. — *1.2.3.4.5.6.7.8.10.13-Dekahydrodibenzofuranon-(4)*, $C_{12}H_{16}O_2$, Kp.$_2$ 116—118°, man erhitzt 4,5 g **VI** u. 20 ml 80%ig. H_3PO_4 4 Std. lang auf 100°, verd. mit 200 ml

W., neutralisiert mit Soda u. extrahiert mit Ae.; n_D^{19} 1,5415; 51%. *2.4-Dinitrophenylhydrazon*, $C_{18}H_{20}N_4O_5$, F. 206—207° (A.). — *2-Methyl-5-keto-5.6.7.8-tetrahydro-1.4-benzopyran* (**X**), Kp.$_2$ 95—96°, F. 40—42° (Ae.), durch 1 std. Kochen von 4 g **IX**, 0,4 g p-Toluolsulfonsäure u. 20 ml Toluol; 39%. Gibt beim Stehen mit verd. HCl (12 Std. lang, 20°) fast quant. **IX**. Helmut Schäfer. 1970

β-Dicarbonylverbindungen. 13. Mitt. Über die chemischen Eigenschaften der Meldrum-Säure. Ss. I. Sawjalow. (Nachr. Akad. Wiss. UdSSR, Abt. chem. Wiss. **1961**, 2185—89, Dez.; russ.) — 12. vgl. vorst. Referat. — Es wurden einige Rkk. der Meldrum-Säure (**I**; Isopropylidenmalonat) u. von Cyclohexylidenmalonat (**II**) untersucht. **I** lieferte mit CH_2N_2 in feuchtem Ae. *Aceton* u. *Dimethylmalonat*, mit Piperidin ein *Piperidinsalz*, das bei der therm. Zers. *Aceton* u. *N-Acetylpiperidin* (**III**) gab. 2 Mol **I** u. 1 Mol Formaldehyd reagierten zu *Methylen-bis-isopropylidenmalonat* (**IV**), aus dem durch Hydrolyse *Propan-1.1.3.3-tetracarbonsäure* erhalten wurde. Mit HONO reagierte **I** zu *Hydroximinoisopropylidenmalonat*. **II** lieferte ein *Piperidinsalz*, dessen therm. Zers. zu *Cyclohexanon* (**V**) u. **III** führte. Bei der Oxydation von **II** mit H_2O_2 bzw. $KMnO_4$ wurden **V** u. *Oxalsäure* bzw. **V** u. *Essigsäure* gebildet.

Versuche: *Meldrum-Säure* (**I**), *Piperidinsalz*, $C_{11}H_{19}NO_4$, F. 115—116°, durch ½ std. Stehen von 1,5 g **I** u. 1 g Piperidin in 20 ml Bzl.; 95% (Ausbeute). 3.6 g des Salzes liefern beim Kochen in 60 ml Toluol *Aceton* u. *N-Acetylpiperidin* (**III**; Kp.$_3$ 68—70°; n_D^{16} 1,4829; 2 g; *Hydrochlorid*, F. 93—94°). — *Methylen-bis-isopropylidenmalonat* (**IV**), $C_{13}H_{16}O_8$, F. 156—157° (Zers.), durch 1½ std. Rühren von 1,5 g **I**, 1—2 Tropfen Piperidin u. 10 ml 10%ig. Formalin bei 20°; 66%. — *Propan-1.1.3.3-tetracarbonsäure*, F. 164—166° (Zers.), man kocht 0,5 g **IV** u. 10 ml verd. HCl (1:1) 10 Min. lang u. dampft im Vakuum ein; 70%. — *Hydroximinoisopropylidenmalonat*, $C_6H_7NO_5$, F. 109—110° (Bzl.), man säuert 6 g **I**, 6 g Soda u. 2 g $NaNO_2$ in 30 ml W. langsam mit verd. HCl bei —5 bis +5° an u. rührt ½ Std. lang; 75%. — *Dimethylmalonat*, Kp.$_{14}$ 72—73°, man gibt zu 2,9 g **I** in 20 ml Ae. CH_2N_2 in Ae. (aus 7 g Nitrosomethylharnstoff) u. dest. nach ¼ Std.; n_D^{20} 1,4140; 94%. — *Cyclohexylidenmalonat* (**II**), *Piperidinsalz*, $C_{14}H_{23}NO_4$, F. 114—115° Bzl.); 94%. Helmut Schäfer. 1970

Die Reaktion von 1-Nitromethylcyclohepten mit Selendioxid. Z. Eckstein, A. Sacha, T. Urbański und H. Wojnowska-Makaruk. (J. chem. Soc. [London] **1959**, 2941—43, Sept./Okt.; Warsaw, Inst. of Technol., Dep. of Organ. Technol.; engl.) — Vgl. C. **1959**, 2779. — Durch Rk. von SeO_2 mit Cyclohepten-(1)-yl-nitromethan (**I**) in Dioxan oder A. werden *1-Formylcyclohepten* (**II**) u. *Cyclohepten-(1)-carbonsäure* (**III**), in Acetanhydrid nur **II**, erhalten. **III** entsteht wahrscheinlich aus **II**. Die Oxydation von **II** mit Ag_2O liefert **III**. Der Rk.-Mechanismus ist kurz angegeben. Die Rk. hat prakt. Interesse, da **III** gallenabtreibende Eigg. besitzt (vgl. C. **1958**, 11317).

Versuche: *1-Formylcyclohepten* (**II**), $C_8H_{12}O$, Kp.$_{24}$ 91—92°, a) durch 1 std. Zugabe von 31 g **I** in Dioxan zu 22,2 g SeO_2 in Dioxan/W. bei 100°, 2—3 std. Rühren, Filtrieren, Eindampfen im Vakuum, Wasserdampf-Dest., Aussalzen der ersten Fraktion (350 ml), Ausäthern, Reinigung über die *Bisulfit-Verb.* bzw. das *Semicarbazon* ($C_9H_{15}N_3O$, F. 204 bis 205°); n_D^{20} 1,4998; 40,5% (Ausbeute); daneben aus der zweiten Fraktion (500 ml) durch Aussalzen, Ausäthern u. Extrahieren mit Na_2CO_3-Lsg. 6,4% (roh) **III**; b) durch 1 std. Zugabe von SeO_2 in A. /wenig W. zu **I** in sd. abs. A., 7 std. Rühren, Filtrieren, Eindampfen, Wasserdampf-Dest. u. Reinigung analog a); 32,7%; daneben 14,3% **III**; c) durch portionsweise Zugabe von SeO_2 zu **I** in Acetanhydrid bei 50°, 11 std. Rühren bei 90°, mehrstd. Stehen, Filtrieren u. Ausäthern; 16%. *2.4-Dinitrophenylhydrazon*, $C_{14}H_{16}N_4O_4$, F. 210—212° (Aceton). — *Cyclohepten-(1)-carbonsäure* (**III**), $C_8H_{12}O_2$, F. 51 bis 52° (A./W.), durch 3 std. Kochen von **II** mit frisch hergestelltem Ag_2O in wss. NH_3, Filtrieren, Ansäuern mit 50%ig. H_2SO_4, Wasserdampf-Dest. u. Ausäthern; 20%. *Chlorid* (**IV**), Kp.$_{30}$ 120°, aus **III** u. $SOCl_2$; $D._4^{20}$ 1,1264; n_D^{20} 1,5120; 95,5%. *Amid*, $C_8H_{13}NO$, F. 125—126°, aus **IV** u. konz. NH_3. *Äthylester* (**V**), Kp.$_{27}$ 118°, a) aus **III** durch azeotrope Veresterung; $D._4^{20}$ 0,9910; b) analog aus **IV**. — Die IR-Maxima von **II** u. **V** sind angegeben. D. Jahnke. 2010

Darstellung und Eigenschaften von Cyclopropylboranen. P. Binger und R. Köster. (Angew. Chem. **74**, 652, 21/8. 1962; Mülheim/Ruhr, Max-Planck-Inst. für Kohlenforsch.; dt.) — Aus Tetraalkyldiboranen (z. B. Tetraäthyldiboran) u. Propargylchlorid lassen sich über *Dialkyl-[3-chlorpropen-(1)-yl]-borane* (**A**) in 65—70%ig. Ausbeute *1.1-Bis-[dialkylboryl]-3-chlorpropane* (**B**) darstellen. Aus **A** bilden sich mit alkal. Reagentien (z. B. wss. NaOH oder Na-Bortetraalkylen) unter Abspaltung von Cl *Allen* (95%) neben wenig *Propin* (5%). **B** ergeben mit NaOH kein klares Rk.-Bild, mit Na-Bortetraalkylen in nichtwss. Lsg. 80% an *Dialkylcyclopropylboranen* (**C**). Die **C** kann man durch

Dest. rein abtrennen (z. B. *Diäthylcyclopropylboran*, $Kp._{150}$ 75—76°). In Ggw. katalyt. Mengen von BH-Verbb. läßt sich aus **C** infolge Alkylgruppenaustausch *Tricyclopropylboran* (**I**; $Kp._{10}$ 65—66°) darstellen. **I** erhält man unmittelbar, wenn man statt Na-Bortetraalkyl ein Na-Bortrialkylhydrid verwendet, weil dann der Katalysator für die Umalkylierung von Anfang an vorhanden ist. Die an Bor gebundene Cyclopropylgruppe ist gegen Borwasserstoff-Verbb. erstaunlich stabil. Die C—C-Bindungen des Cyclopropanringes werden selbst bei 100° nicht aufgespalten. Außerdem läßt sich der Cyclopropylrest in den **C** nicht durch Olefine verdrängen. Aus **I** u. Al-Triäthyl erhält man *Cyclopropyl–Al-Verbb.*, aus denen bei der Deuterolyse *Monodeuterocyclopropan* gebildet wird. W. Hampel. 2180□

Die Synthese einiger N-substituierter 2-[3.4-Dihydroxyphenyl]-äthylamine. E. J. Forbes. (J. chem. Soc. [London] **1955**, 3926—32, Nov.; Oxford, Dyson Perrins Labor.; engl.) — *N-[2-(3.4-Dihydroxyphenyl)-äthyl]-3.4-methylendioxybenzylamin* wird über den *O-Benzyläther*, *N-[3.4-Dihydroxybenzyl]-2-[3.4-dihydroxyphenyl]-äthylmethylamin* über den *Tetramethyläther* dargestellt. Die als Ausgangs-Prodd. dargestellten Schiffschen *Basen* werden in Form ihrer quatern. Salze bei der Hydrierung oder Red. mit $LiAlH_4$ N-demethyliert.

Versuche: *2-[3.4-Dimethoxyphenyl]-äthylamin*, durch Hydrieren von 3.4-Dimethoxybenzylcyanid in mit NH_3 gesätt. Alkohol. — *N-[3.4-Dimethoxyphenäthyl]-3.4-methylendioxybenzylamin, Hydrochlorid*, $C_{18}H_{22}ClNO_4$, F. 200°, durch 4std. Hydrieren von N-[3.4-Methylendioxybenzyliden]-3.4-dimethoxyphenäthylamin in Dioxan in Ggw. von Raney-Ni bei normalem Druck, Eindampfen des Filtrats u. Einleiten von HCl in die äther. Lsg. des *Amins*; Nadeln. *Pikrat*, $C_{24}H_{24}N_4O_{11}$, F. 158°; aus wss. A. goldfarbene Nadeln. — *β-[3.4-Dibenzyloxyphenyl]-propionsäure* (**I**), $C_{23}H_{22}O_4$, F. 118°, durch 6std. Kochen von 36 g β-[3.4-Dihydroxyphenyl]-propionsäure mit 68,5 g Benzylchlorid u. 82 g wasserfreiem K_2CO_3 in abs. Methanol, 4std. Erhitzen des erhaltenen *Benzylesters* mit wss. KOH, Einengen, Verdünnen mit viel W. u. Ansäuern; aus Methanol Nadeln; 52 g (Ausbeute). *Amid*, $C_{23}H_{23}NO_3$, F. 126°, durch 1std. Kochen der Säure in Chlf. mit $SOCl_2$, Eindampfen, Lösen des erhaltenen *Säurechlorids* in wenig Dioxan u. Gießen in kalte konz. NH_4OH; aus Methanol Nadeln. — *β-[2-Brom-4.5-dibenzyloxyphenyl]-propionsäureamid*, $C_{23}H_{22}BrNO_3$, FF. 141—141,5° (Methanol) u. 153° (Bzl., sowie nach Wiedererstarren), durch Zugabe von Br_2 zu vorst. Amid in methanol. Na-Methylat in der Kälte, ½ std. Kochen u. Gießen in W.; aus Methanol Nadeln; aus Bzl. faserige Nadeln. *Freie Säure*, $C_{23}H_{21}BrO_4$, F. 116°, durch 8std. Kochen des Amids mit wss.-alkohol. Alkali; Gießen in W. u. Ansäuern; aus Bzl./PAe. Nadeln. — *β-[3.4-Dibenzyloxyphenyl]-propionsäurehydrazid*, F. 138—139°, durch Verestern von 10 g **I** in Dioxan mit äther. Diazomethan-Lsg., Eindampfen im Vakuum u. 5std. Kochen mit 90%ig. Hydrazinhydrat u. Pentanol. Nadeln; 8,3 g. — *N.N'-Bis-[2-(3.4-dibenzyloxyphenyl)-äthyl]-harnstoff*, $C_{45}H_{44}N_2O_5$, F. 168° (A.), durch Darst. des *Azids* (**II**) aus vorst. Verb. nach Schöpf u. Mitarbeitern [1932], 2std. Kochen von **II** in Bzl., Eindampfen, 4std. Kochen des erhaltenen *Isocyanats* mit wss.-alkohol. Alkali u. Verdünnen mit W.; aus A. Nadeln. — *N-[2-(3.4-Dibenzyloxyphenyl)-äthyl]-3.4-methylendioxybenzamid*, $C_{30}H_{27}NO_5$, F. 136—137°, durch 2std. Kochen von **II** in abs. Bzl., Zugabe von 3.4-Methylendioxybenzoesäure in abs. Dioxan/Bzl., Kühlen, Abfiltrieren vorst. Verb. u. Einengen; aus A. Nadeln; daneben *3.4-Methylendioxybenzoesäureanhydrid* ($C_{16}H_{10}O_7$, F. 147°; aus A./Bzl. Nadeln). — *N-[2-(3.4-Dibenzyloxyphenyl)-äthyl]-carbaminsäuremethylester*, $C_{24}H_{25}NO_4$, F. 78°, durch 4std. Kochen von **II** in abs. Bzl., aus PAe./wenig Bzl. Nadeln; 75%. — *2-[3.4-Dibenzyloxyphenyl]-äthylamin, Hydrochlorid*, $C_{22}H_{23}NO_2\cdot HCl$, F. 133°, durch 8std. Kochen vorst. Esters in wss.-alkohol. KOH, Verdünnen mit W., Ausäthern u. Einleiten von HCl in die äther. Lsg.; aus Essigester/wenig A. Platten; 80%. — *N-[3.4-Methylendioxybenzyliden]-2-[3.4-dibenzyloxyphenyl]-äthylamin*, $C_{30}H_{27}NO_4$, F. 77—78°, durch Suspendieren von 1,2 g vorst. Hydrochlorids in W., Lösen durch Zugabe von Eisessig, Alkalisieren, Extrahieren mit Chlf. u. ½ std. Erhitzen des *Amins* mit 0,5 g Piperonal auf 100°/50 Torr; aus A. Nadeln; 1,0 g. — *N-[2-(3.4-Dibenzyloxyphenyl)-äthyl]-3.4-methylendioxybenzylamin, Hydrochlorid*, $C_{30}H_{29}NO_4\cdot HCl$, F. 194°, durch 1½ std. Hydrieren von 2,0 g vorst. Verb. in Dioxan in Ggw. von Raney-Ni, Eindampfen, Zugabe von W., Ausäthern u. Einleiten von HCl in die äther. Lsg.; aus wss. A. Nadeln; 1,5 g. — *N-[2-(3.4-Dihydroxyphenyl)-äthyl]-3.4-methylendioxybenzylamin, Hydrochlorid*, $C_{16}H_{17}NO_4\cdot HCl$, F. 222°, durch Hydrieren vorst. Verb. in abs. Methanol in Ggw. von $Pd/BaSO_4$; aus Isopropanol Nadeln. — *2-[3.4-Dimethoxybenzyl]-6.7-dimethoxy-1.2.3.4-tetrahydroisochinolin* (**III**), $C_{20}H_{25}NO_4$, F. 99°, durch 5std. Erhitzen von 5,0 g N-[3.4-Dimethoxybenzyl]-2-[3.4-dimethoxyphenyl]-äthylamin (**IV**), 3,8 ml Ameisensäure u. 1,8 ml 40%ig. Formaldehyd (**V**) auf 100°, Alkalisieren mit

15%ig. KOH u. Anreiben des erhaltenen Gummis sowie Extraktion der wss. Phase mit Chlf.; aus A. Nadeln; 3,0 g. *Methojodid*, $C_{21}H_{28}JNO_4 \cdot CH_3OH$, F. 222°; aus wss. Methanol Nadeln. *Pikrat*, $C_{26}H_{28}N_4O_{11}$, F. 172°; aus wss. Methanol Nadeln. — *2-[3.4-Dihydroxybenzyl]-6.7-dihydroxy-1.2.3.4-tetrahydroisochinolin, Hydrochloridmonohydrat*, $C_{16} \cdot H_{18}ClNO_4 \cdot H_2O$, F. 228°, durch ½ std. Erhitzen vorst. Amins mit HJ unter CO_2 auf 125°, Eindampfen, Lösen in W., Neutralisieren mit NH_4OH, Lösen des Nd. in verd. HCl u. Fällen mit konz. HCl; aus verd. HCl Nadeln. — *N-[3.4-Dimethoxybenzyl]-N-[2-(3.4-dimethoxyphenyl)-äthyl]-N-hydroxymethylamin, Hydrochlorid*, durch ½ std. Erhitzen von **IV** mit **V**, Eindampfen u. Zugabe von 20%ig. HCl; gibt durch 1std. Kochen der Lsg. u. Eindampfen **III**-*Hydrochlorid*. — *N-[3.4-Dimethoxybenzyl]-2-[3.4-dimethoxyphenyl]-äthyldimethylammoniumjodid*, $C_{21}H_{30}JNO_4$, F. 184°, durch 12std. Kochen von **IV** mit Methyljodid in Aceton u. Fällen mit W.; aus Methanol Nadeln. — *N-[3.4-Dimethoxybenzyliden]-2-[3.4-dimethoxyphenyl]-äthylamin, Methomethylsulfat*, $C_{21}H_{29}NO_8S$, F. 170 bis 171°, durch ¼std. Erhitzen der Schiffschen Base mit Dimethylsulfat (**VI**) in abs. Bzl. auf 100°; aus A. Nadeln. *Methojodid*, nach Späth u. Hromatha [1929]. — *2-[3.4-Dimethoxyphenyl]-äthylmethylamin*, durch 2std. Hydrieren vorst. Methomethylsulfats in A./W. in Ggw. von Adams-Katalysator. *Pikrat*, F. 162—163°. *Hydrojodid*, F. 131°. — *N-[3.4-Dimethoxybenzyl]-2-[3.4-dimethoxyphenyl]-äthylamin* (**IV**), *Hydrojodid*, $C_{19}H_{26} \cdot JNO_4$, F. 206°, durch 4std. Hydrieren vorvorst. Methojodids in Dioxan in Ggw. von Adams-Katalysator; aus W. Nadeln. *N-Nitroso-Verb.*, $C_{19}H_{24}N_2O_5$, F. 109—110°; aus A. Nadeln. — *N-[3.4-Methylendioxybenzyliden]-2-phenyläthylamin, Methojodid*, F. 85—87°. — *N-[3.4-Methylendioxybenzyl]-phenäthylamin, Hydrochlorid*, $C_{16}H_{17}NO_2 \cdot HCl$, F. 250°, durch Red. vorst. Verb. mit $LiAlH_4$ in Ae., Zers. mit verd. H_2SO_4, Alkalisieren der wss. Phase, Ausäthern u. Sättigen der äther. Phase mit HCl; aus verd. HCl Nadeln; 67%. *N-Nitroso-Verb.*, $C_{16}H_{16}N_2O_3$, F. 84°, durch Zers. des Red.-Gemisches mit Alkali, Extrahieren der äther. Lsg. mit verd. Säure, Rk. der sauren Lsg. mit $NaNO_2$ u. Ausäthern; aus wss. A. feine Nadeln. — *2-[3.4-Dimethoxyphenyl]-äthylmethylamin*, durch Zers. von N-[3.4-Methylendioxybenzyliden]-2-[3.4-dimethoxyphenyl]-äthylamin mit W. bei 80°. — *N-[3.4-Dimethoxybenzyl]-2-[3.4-dimethoxyphenyl]-äthylmethylamin, Hydrochlorid*, $C_{20}H_{27}NO_4 \cdot HCl$, F. 200°, a) durch 3tägige Rk. vorst. Verb. mit 3.4-Dimethoxybenzylchlorid in abs. A., Lösen des Nd. in verd. HCl, Zers. des *sek. Aminhydrochlorids* mit $NaNO_2$, Waschen mit Ae., Alkalisieren, Ausäthern u. Sättigen der äther. Lsg. mit HCl; aus A. Nadeln; b) durch ½ std. Kochen von **IV** mit **V** in abs. A., 3std. Hydrieren der erhaltenen *Hydroxymethyl-Verb.* in Ggw. von Raney-Ni bei 4 at, Eindampfen, Zers. des *sek. Amins* mit $NaNO_2$ u. Rk. mit HCl; 80%. *Hydrojodid*, $C_{20}H_{28} \cdot JNO_4$, F. 187—188°, aus dem Hydrochlorid mit NaJ; aus W. Nadeln. *Methojodid* (**VII**), $C_{21}H_{30}JNO_4$, F. 184°; aus Methanol Nadeln. — *N-[3.4-Dihydroxybenzyl]-2-[3.4-dihydroxyphenyl]-äthylmethylamin*, durch 2std. Erhitzen vorst. Hydrochlorids mit konz. HCl unter CO_2 auf 160—170°; gibt durch Rk. in 33%ig. NaOH mit **VI** u. Zugabe von KJ **VII**. *Pikrat*, amorph. K. Lange. 2520

Die Sulfurierung von 2.6-Dinitronaphthalin. D. C. Morrison. (J. org. Chemistry **26**, 4689—90, Nov. 1961; Berkeley, Calif., Hyman Labor., Inc.; engl.) — Vf. beschreibt die Darst. von *3.7-Dinitronaphthalin-1-sulfonsäure* (**I**) u. einiger aus **I** hergestellter Verbindungen.

Versuche: *3.7-Dinitronaphthalin-1-sulfonsäure* (**I**), *Na-Salz*, durch 7std. Schütteln von 0,2 g 2.6-Dinitronaphthalin mit 30%ig. Oleum bei Raum-Temp., Gießen auf Eis, Filtrieren u. Sättigen mit NaCl; hellgelb; 0,22 g. *Co-Amminsalz*, rosa. *Cu-, Ni- u. Zn-Amminsalz*. — *3.7-Dinitronaphthalin-1-sulfonylchlorid*, $C_{10}H_5ClN_2O_6S$, F. 126—127,5°, durch 2½std. Erhitzen des Na-Salzes von **I** mit PCl_5 u. wenig $POCl_3$ bei einer Bad-Temp. von 120—125°, Hydrolysieren mit Eis, Filtrieren, Lösen in Aceton u. Verdünnen mit Eiswasser; hellgelbe Kristalle aus Chlf./Hexan. — *1.3.7-Trichlornaphthalin*, durch 2std. Erhitzen vorst. Verb. mit PCl_5 auf 175—180°, Abkühlen, Hydrolysieren, 7std. Wasserdampf-Dest. u. Filtrieren des Destillats. — *3.7-Diaminonaphthalin-1-sulfonsäure, Monohydrochlorid*, $C_{10}H_{11}ClN_2O_3S$, a) durch 1std. Kochen des Na-Salzes von **I** mit $SnCl_2$ in n-HCl unter gleichzeitigem Einengen, Umkristallisieren aus 9n HCl; b) durch Red. von 7-Amino-3-nitronaphthalin-1-sulfonsäure mit $SnCl_2$ nach a).

Gottfried Schreiber. 2700□

C-Alkylierungen mit α-Dimethylaminomethyl-β-naphthol. 5. Mitt. **Kondensationen mit Monoketonen, Nitrokohlenwasserstoffen und Heterocyclen.** Heinrich Hellmann und Jürgen L. W. Pohlmann. (Liebigs Ann. Chem. **643**, 43—46, 12/6. 1961; Tübingen, Univ., Chem. Inst.; dt.) — 4. vgl. C. **1962**, 16681. — 1-Dimethylaminomethylnaphthol-(2) (**I**) wird mit Desoxybenzoin (**II**) bzw. Phenylaceton (**III**) in sd. Chlorbenzol (**IV**) in Ggw. von Mg-Äthylat (**V**) bei Anwendung eines Mol-Verhältnisses

1:2,5 zu *1-[2-Benzoyl-2-phenyläthyl]-naphthol-(2)* u. *1-[3-Oxo-2-phenylbutyl]-naphthol-(2)* kondensiert. Wird I mit II bzw. III im Mol-Verhältnis 1:1 bis 1:1,5 umgesetzt, so entstehen *Methylen-bis-[β-naphthol]* bzw. *Methylen-bis-[desoxybenzoin]*. 2-Nitropropan (VI) bzw. Nitrocyclohexan (VII) liefern bei der Kondens. mit I in Ggw. von V in sd. Toluol in guter Ausbeute *2-{[2-Hydroxynaphthyl-(1)]-methyl}-2-nitropropan* bzw. *1-{[2-Hydroxynaphthyl-(1)]-methyl}-nitrocyclohexan*. *3-{[2-Hydroxynaphthyl-(1)]-methyl}-4-hydroxycumarin* läßt sich analog aus 4-Hydroxycumarin (VIII) darstellen. Mit Antipyrin (IX) entsteht *4-{[2-Hydroxynaphthyl-(1)]-methyl}-antipyrin*. Es werden die bisher bekannten Meth. zur Einführung des [2-Hydroxynaphthyl-(1)]-methylrestes mit dieser Meth. verglichen u. ihre Anwendungsmöglichkeiten diskutiert.

Versuche: Naphthole-(2): *1-[2-Benzoyl-2-phenyläthyl]-*, $C_{25}H_{20}O_2$, Kp.$_{10^{-3}}$ 232 bis 240°, F. 180—182° (Essigester, CH_3OH), durch 80 Min. langes Kochen von I, II u. V in IV unter Durchleiten von N_2; 5% (Ausbeute). — *1-[3-Oxo-2-phenylbutyl]-*, $C_{20}H_{18}O_2$, Kp.$_{10^{-2}}$ 200—208°, analog aus I u. III durch 4std. Kochen unter N_2. — *2-{[2-Hydroxynaphthyl-(1)]-methyl}-2-nitropropan*, F. 175—176° (Toluol), analog aus I u. VI durch 2½std. Kochen in abs. Toluol; 63%. *Acetylderivat*. — *1-{[2-Hydroxynaphthyl-(1)]-methyl}-nitrocyclohexan*, $C_{17}H_{19}NO_3$, F. 156—158° (Toluol), analog mit VII; 82,5%. *Acetyl-Deriv.*, F. 137—138°. — *4-{[2-Hydroxynaphthyl-(1)]-methyl}-antipyrin*, F. 198 bis 200° (Toluol), analog aus I u. IX in Ggw. von V in IV durch 1std. Kochen; 41%. — *3-{[2-Hydroxynaphthyl-(1)]-methyl}-4-hydroxycumarin*, $C_{20}H_{14}O_4$, F. 242—244° (Eisessig), a) analog aus VIII; 69%; b) durch 3tägige Rk. von I u. VIII in IV + A. bei 65° ohne V u. 5tägiges Stehen; 79%. K.-D. Albrecht. 2700□

Synthese des 2.4.7-Trinitrofluorenols-(9) und einiger verwandter Verbindungen. Selektive Reduktion von aromatischen Polynitrocarbonylverbindungen. Allan K. Colter und Samuel S. Wang. (J. org. Chemistry **27**, 1517—20, Mai 1962; Pittsburgh, Pa., Carnegie Inst. of Technol., Dep. of Chem.; engl.) — 2.4.7-Trinitrofluorenon (I) wird über die Stufen des *Hydrazons* u. der *Diazo-Verb.* (III) zu *2.4.7-Trinitrofluorenol-(9)* reduziert. III wird außerdem in *2.4.7-Trinitrofluorenyl-(9)-p-toluolsulfonat* (II), *-acetat*(IV) u. *-formiat* bzw. in *9-Brom-2.4.7-trinitrofluoren* übergeführt. Mehrere krist. *Mol.-Komplexe* von II u. IV wurden dargestellt.

Versuche: *2.4.7-Trinitrofluorenon* (I), F. 173—175°, nach Woolfolk u. Orchin (Org. Syntheses Coll. Vol. **3**, [1955], 837). *Hydrazon*, $C_{13}H_7N_5O_6$, F. 250—252° (Nitromethan), aus I u. 100%ig. $N_2H_4 \cdot H_2O$ in Eisessig bei 80—85° unter Rühren; 92,5% (Ausbeute). — *9-Diazo-2.4.7-trinitrofluorenon* (III), $C_{13}H_5N_5O_6$, F. 204—205° (orangefarbene Nadeln; Nitromethan), durch Rk. vorst. Hydrazons in sd. Tetrahydrofuran mit Ag_2O unter Rühren, 5std. Kochen, Abfiltrieren von Ag u. Einengen; 73%. — *2.4.7-Trinitrofluorenol-(9)*, $C_{13}H_7N_3O_7$, F. 172—174° (Nitromethan/Ae.), durch Erwärmen von III, Nitromethan, dest. W. u. 45%ig. HBF_4 auf 70—80° unter Rühren (N_2-Entw.), weiteres 1½std. Rühren bei 70—80°, Eindampfen, Aufnehmen in Ae. u. Abfiltrieren; 93%; Oxydation mit $K_2Cr_2O_7$ → I. *p-Toluolsulfonat* (II), $C_{20}H_{13}N_3O_9S$, F. 208—210°, aus III u. p-Toluolsulfonsäure in Nitromethan bei 70—80° unter Rühren u. N_2-Entw.; gelb; 78%. *Acetat* (IV), $C_{15}H_9N_3O_8$, F. 240—242° (Aceton), a) durch 19std. Erwärmen von II in Eisessig; 93%; b) durch 2std. Erwärmen von III in Eisessig; 85%. *Formiat*, $C_{14}H_7N_3O_8$, F. 234° (Zers.; Aceton), a) durch 17std. Kochen von II in Ameisensäure; 96%; b) durch 2std. Kochen von III in Ameisensäure; 95%. — *9-Brom-2.4.7-trinitrofluoren*, $C_{13}H_6BrN_3O_6$, F. 179—180° (Nitromethan/Ae.), aus III in Nitromethan/Ae. u. 48%ig. HBr durch 2½std. Rühren unter Rückfluß, Filtrieren u. Waschen mit kaltem Ae.; 70,5%. — Komplexe von II u. IV mit kondensierten Aromaten, durch Erhitzen äquimol. Mengen in einem geeigneten Lsgm. bis zum Kp. desselben: II-*Fluoranthenkomplex*, F. 163—165°, gelb. — II-*Pyrenkomplex*, F. 138°, rot. — II-*Phenanthrenkomplex*, F. 160—162°, gelb. — IV-*Acenaphthenkomplex*, F. 190°, orangefarben. — IV-*Fluoranthenkomplex*, F. 160—163°, gelb. — IV-*Pyrenkomplex*, F. 195—197°, orangefarben. H.-J. Schönherr. 2750□

Über die Konstitution des Alkylphenanthrens (Schmelzpunkt 79~81°), eines Dehydrierungsproduktes des Songorins. Eiji Ochiai, Toshihiko Okamoto, Shinichiro Sakai, Tsutomu Sugasawa und Takashi Onouchi. (Chem. pharmac. Bull. [Tokyo] **7**, 542—44, Juni 1959; Tokyo, Univ., Pharmaz. Fak.; dt.) — Durch vergleichende Unters. der Mikro-CrO_3-Oxydation mit der von 1.6.9-Trimethyl- u. 1-Methyl-7-isopropylphenanthren, Vgl. des IR-Spektrums mit dem von 1.9-Dimethyl-7-isopropylphenanthren (I), Vgl. mit aus 1.9-Dimethyl-1.2.3.4-tetrahydrophenanthren über das *7-Acetyl-Deriv.* (II) dargestelltem *1.9-Dimethyl-7-äthylphenanthren* (III) u. Vgl. der UV- u. IR-Spektren wird das durch Se-Dehydrierung von Isodesoxosongorinhydrochlorid [aus Songorin (IV) durch Red. nach Huang-Minlon] u. anschließende Wasserstoffumlagerung erhaltene *Alkylphenanthren* als III identifiziert. Die Struktur von II wird durch Rk. mit Methyl-MgJ (**V**), Hydrierung u. Se-Dehydrierung zu **I** bewiesen. Demnach wird für das Grundskelett von **IV** eine 17 → 19- an Stelle der angenommenen 17 → 10-Brücke wahrscheinlich gemacht. Die UV-Maxima sind im Original angegeben.

Versuche: *1.9-Dimethyl-1.2.3.4-tetrahydrophenanthren*, $Kp._{0,01}$ 145—147°, durch Rk. von 1-Oxo-9-methyl-1.2.3.4-tetrahydrophenanthren mit **V**, Dehydratisierung mit Acetanhydrid (**VI**) u. Hydrierung in Essigsäure in Ggw. von PtO_2 bei 50—60°. *7-Acetyl-Deriv.* (**II**), $C_{18}H_{20}O$, F. 100—101°, durch Friedel-Crafts-Rk. mit Acetylchlorid. — *1.9-Dimethyl-7-äthylphenanthren* (**III**), F. 79—81°, durch Red. von **II** nach Huang-Minlon u. anschließende Dehydrierung mit Pd-Kohle bei 290—300°. *Trinitrobenzolat*, $C_{18}H_{18} \cdot C_6H_3N_3O_6$, F. 154—155°, *Pikrat*, $C_{18}H_{18} \cdot C_6H_3N_3O_7$, F. 136—137°. — *1.9-Dimethyl-7-isopropyl-1.2.3.4-tetrahydrophenanthren*, F. 69—70°, durch Rk. von **II** mit **V**, Dehydratisierung mit **VI** u. Hydrieren in Ggw. von Pd; gibt durch Dehydrierung mit Pd bei 290—300° **I**. *Trinitrobenzolat*, $C_{19}H_{24} \cdot C_6H_3N_3O_6$, F. 153—154°. K. Lange. 2850

Über einige Reaktionen des Äthylenimins. 1. Mitt. **Reaktion von Äthylenimin mit aliphatischen und carbocyclischen Aldehyden und Ketonen.** M. Lidak und Ss. Giller. (Nachr. Akad. Wiss. LettSSR **1961**, Nr. 5, 99—108; Inst. für organ. Synth. der Akad. der Wiss. der LettSSR; russ., Auszug: engl.) — Die aus Äthylenimin (**I**) u. aliphat. Aldehyden u. Cyclohexanon erhaltenen Rk.-Prodd. wurden mit den aus 2-Aminoäthanol u. den gleichen Carbonyl-Verbb. gebildeten Oxazolidinen verglichen. Die aus **I** gebildeten Verbb. haben auf Grund der IR-Spektren, der Rückbldg. von **I** mit 50%ig. Alkali u. auf Grund der toxikolog. Befunde nicht die von Doughty u. Mitarbeitern [1950] angenommene Oxazolidinstruktur, sondern sind *1-Hydroxy-1-äthyleniminoalkane*, die mit den aus **I** u. den Carbonyl-Verbb. gebildeten Mol.-Verbb. im Gleichgewicht stehen.

Versuche: 1-Hydroxy-1-äthyleniminoalkane: a) durch Zugabe von **I** zu einer Lsg. des Aldehyds in Ae. oder Diisopropyläther bei 5—10°, 24std. Kochen u. Dest. oder Kristallisation aus Ae. u. Abkühlen auf —50 bis —60°; 50—60% (Ausbeute); b) analog a) bei 0—5°, 24std. Stehen bei —2 bis +10°; 90—95%; c) analog b), nur Äthylchlorid als Lsgm. u. mehrstd. Stehen bei —20°; 85—90%: *-äthan*, $Kp._{750}$ 85—86°, $Kp._{768}$ 91—93°; $D._{20}^{20}$ 0,9720; n_D^{20} 1,4441. — *-butan*, $Kp._{30}$ 39—42°, F. 4—5°; $D._{20}^{20}$ 0,9370; n_D^{20} 1,4489. — *-isobutan*, $Kp._{40}$ 39—40°; $D._{20}^{20}$ 0,9400; n_D^{20} 1,4498. — *-3-methylbutan*, $Kp._{15}$ 35—37°; $D._{20}^{20}$ 0,9192; n_D^{20} 1,4480. — *-heptan*, $Kp._{20}$ 130°, F. 41—42°. — *-cyclohexan*, F. 64—65°. — Oxazolidine: durch 2—10std. Kochen von Äthanolamin mit dem entsprechenden Aldehyd in abs. Bzl.; ca. 50%: *2-Isobutyl-*, $Kp._{30}$ 60—63°; $D._{20}^{20}$ 0,9320; n_D^{20} 1,4455. — *2-Isoamyl-*, $Kp._{12}$ 78—80°; $D._{20}^{20}$ 0,9141; n_D^{20} 1,4578. — *2.2-Pentamethylen-*, $Kp._{8}$ 70—74°; $D._{20}^{20}$ 1,0203; n_D^{20} 1,4820. E. Höft. 3030□

Über einige Reaktionen des Äthylenimins. 2. Mitt. **Reaktion von Äthylenimin mit Furfurol, Benzaldehyd und ihren Derivaten.** M. Lidak und Ss. Giller. (Nachr. Akad. Wiss. LettSSR **1961**, Nr. 7, 49—58; russ., Auszug: engl.) — 1. vgl. vorst. Referat. — Furfurol (**I**), 5-Brom- (**II**), 5-Jodfurfurol (**III**), Benzaldehyd (**IV**) u. p-Methoxybenzaldehyd (**V**) reagieren mit 2 Mol Äthylenimin (**VI**) nicht, wie von Dornow u. Schacht [1949] angegeben, unter Bldg. der Furyl- bzw. Phenyl-bis-äthyleniminomethane, sondern unter Bldg. von *N-[β-Furfurylidenaminoäthyl]-*, *N-[β-(5-Bromfurfurylidenamino)-äthyl]-*, *N-[β-(5-Jodfurfurylidenamino)-äthyl]-*, *N-[β-Benzylidenaminoäthyl]-* u. *N-[β-(p-Methoxybenzylidenamino)-äthyl]-äthylenimin*. Die Struktur u. Zus. der Verbb. wurde IR-analyt., durch Best. der Mol.-Refr., potentiometr. Best. der Äthyleniminogruppe u. Hydrolyse mit HCl zu *N-[β-Chloräthyl]-äthylendiamindihydrochlorid* bestätigt. Infolge der leichten Hydrolysierbarkeit der Azomethinbindung lassen sich auch die Salze mit Pikrin-, Pikrolonsäure oder 2-Nitroindandion-(1.3) nicht rein darstellen; beim Umkristallisieren tritt Hydrolyse zu Salzen des *N-[β-Hydroxyäthyl]-äthylendiamins* ein. Im Gegensatz zu **I**—**V** reagieren 5-Nitrofurfurol (**VII**) u. p-Nitrobenzaldehyd (**VIII**) mit 1 Mol **VI** zu *1:1-Mol.-Verbindungen*. Mol.-Verbb. werden auch aus **I** u. **VI** mit 1 Mol Piperidin (**IX**) u. Morpholin (**X**) erhalten. Die aus **I** u. **VII** mit **X** erhaltenen Mol.-Verbb. spalten beim Umkristallisieren 1 Mol **I** bzw. **VII** u. 1 Mol W. ab u. gehen in *[Furyl-(2)]-* bzw. *[5-Nitrofuryl-(2)]-bis-morpholinomethan* über. Für den Rk.-Verlauf wird eine elektronentheoret. Deutung gegeben.

Versuche: Man gibt zu 0,1 Mol **I**—**V** bei 15—20° tropfenweise 0,2 Mol **VI**, läßt 7 Tage unter öfterem Umschütteln verschlossen stehen u. dest. im Hochvakuum oder krist. aus A. oder o-Xylol um; 25—35% (Ausbeute). *N-[β-Furfurylidenaminoäthyl]-äthylenimin*, $C_9H_{12}N_2O$, $Kp._{0,03}$ 110°, aus **I** u. **VI**; $D._{20}^{20}$ 1,0691; n_D^{20} 1,5359. — *N-[β-(5-Bromfurfurylidenamino)-äthyl]-äthylenimin*, $C_9H_{11}BrN_2O$, $Kp._{0,06}$ 153°, F. 43°, aus **II** u. **VI**. — *N-[β-(5-Jodfurfurylidenamino)-äthyl]-äthylenimin*, $C_9H_{11}JN_2O$, F. 110°, aus **III** u. **VI**. — *N-[β-Benzylidenaminoäthyl]-äthylenimin*, $C_{11}H_{14}N_2$, $Kp._{0,2}$ 107°, aus

IV u. VI; $D._4^{20}$ 1,0150; n_D^{20} 1,5578. — *N-[β-(p-Methoxybenzylidenamino)-äthyl]-äthylenimin*, $C_{12}H_{16}N_2O$, $Kp._4$ 147—150°, aus V u. VI; $D._4^{20}$ 1,0754; n_D^{20} 1,5649. — *N-[β-Chloräthyl]-äthylendiamindihydrochlorid*, F. 165—167° (Methanol–Ae.), man säuert 2 g der vorst. Verbb. in 10 ml W. mit 2n HCl auf pH 3 an u. läßt 5 Std. lang Stehen. — *Darst. der Mol.-Verbb.*: Man gibt zu 0,1 Mol I, VII bzw. VIII in 100—150 ml Äthylchlorid bei —5 bis —10° tropfenweise 0,1 Mol VI, IX bzw. X, wäscht mit 50 ml kaltem Äthylchlorid u. trocknet bei <30°; 80—90% Ausbeute: *Mol.-Verb.* VI—VII, $C_7H_8N_2O_4$, F. 75—76°. Liefert wie nachst. Verb. mit HCl-W. *β-Chloräthylaminhydrochlorid*, F. 141—142°. — *Mol.-Verb.* VI—VIII, $C_9H_{10}N_2O_3$, F. 85—86°.— *Mol.-Verb.* I—IX, F. 55°. — *Mol.-Verb.* I—X, F. 50°. Liefert beim Umkristallisieren aus A. *[Furyl-(2)]-bis-morpholinomethan*, F. 120—121°. — *Mol.-Verb.* VII—IX, F. 66°. — *Mol.-Verb.* VII—X, F. 38°. Liefert beim Umkristallisieren aus A. *[5-Nitrofuryl-(2)]-bis-morpholinomethan*, F. 128—130°.

Helmut Schäfer. 3030

Synthese von 3-substituierten 3-Phenylphthaliden. Frank N. Jones und Charles R. Hauser. (J. org. Chemistry **27**, 3364—65, Sept. 1962; Durham, N.C., Duke Univ., Dep. of Chem.; engl.) — Durch Umsetzung von Dialkyl- bzw. Diaryl-Cd mit 3-Chlor-3-phenylphthalid (I) wurden in 3-Stellung substituierte *3-Phenylphthalide* erhalten.

Versuche (FF. korr.): *3-Chlor-3-phenylphthalid* (I), durch 12std. Rühren von o-Benzoylbenzoesäure mit $SOCl_2$ bei Raum-Temp., Abdestillieren des $SOCl_2$-Überschusses u. 3malige Zugabe u. Abdestillieren von abs. Bzl.; Öl. — 3-Phenylphthalide: *3-Methyl-*, F. 77—78° (abs. A. + Ligroin), durch 1std. Kochen u. Rühren einer aus CH_3MgBr durch Zugabe von gepulvertem $CdCl_2$ hergestellten Mischungen in Ae., Abdestillieren unter gleichzeitiger Bzl.-Zugabe bis zum Kp. 80°, Abkühlen auf 5°, Eintropfen einer Lsg. von I in abs. Bzl., 2std. Kochen u. Rühren, 12std. Aufbewahren, Zugabe von W. u. 6n HCl, Waschen der organ. Phase mit 3n NaOH u. W., Trocknen über $MgSO_4$ u. Einengen; 99% (Ausbeute). — *3-Butyl-*, $C_{18}H_{18}O_2$, $Kp._{0,2}$ 152—155°, analog aus n-Butyl-MgBr, $CdCl_2$ u. I; 80%. — *3-Phenyl-*, F. 116—116,5° (abs. A. + Hexan), analog aus Phenyl-MgBr, $CdCl_2$ u. I; 70%. Gisela Schreiber. 3061 □

Über Azomethine des Pyrrol-2-aldehyds. 2. Mitt. **Kondensationsprodukte mit therapeutisch wichtigen Verbindungen.** Mladen Deželić und Blanka Bobarević. (Glasnik Društva Hemičara NR Bosne Hercegovine [Bull. Soc. Chim. Républ. popul. Bosnie Herzegovine] **1958**, Nr. 7, 5—11, 5/11; Sarajevo, Univ., Med. Fak., Chem. Inst.; serbokroat., Auszug: dt.) — 1. vgl. C. **1961, 16458**. — Aus Pyrrol-2-aldehyd (I) u. aromat. Aminen erhält man nach der l. c. beschriebenen Meth. *Azomethine.*

Versuche: *Pyrrol-2-aldehyd-[4-sulfamoylanil]*, $C_{11}H_{11}N_3O_2S$, F. 160—161° (A. + PAe.; gelbe Kristalle), durch Rk. von I mit 1 Val p-Aminobenzolsulfonamid in Äthanol. — *4-[Pyrryl-(2)-methylenamino]-benzolsulfonsäure-(1)-[thiazolyl-(2)-amid], Hydrochlorid*, $C_{14}H_{12}N_4O_2S_2 \cdot HCl$, F. 210° (Zers.; A.), wie vorst. aus I u. Sulfathiazol in A. in Ggw. von HCl; 75% (Ausbeute). — *4-[Pyrryl-(2)-methylenamino]-benzolsulfonsäure-(1)-[pyrimidyl-(2)-amid], Hydrochlorid*, $C_{15}H_{13}N_5O_2S \cdot HCl$, F. 230° (Zers.; A.), analog vorst. Verb. aus I, Sulfapyrimidin u. HCl in A.; 87%. — *4-[Pyrryl-(2)-methylenamino]-salicylsäure*, $C_{12}H_{10}N_2O_3$, F. 194° (A.), aus I u. p-Aminosalicylsäure in A.; 85%. — *Pyrrol-2-aldehyd-isonicotinoylhydrazon*, $C_{11}H_{10}N_4O$, F. 221,5° (A.), aus I u. Isonicotinsäurehydrazid in Äthanol. — *Pyrrol-2-aldehydthiosemicarbazon*, $C_6H_8N_4S$, F. 201° (A.), aus I u. Thiosemicarbazid in wss. Äthanol. H. Cnobloch. 3081 □

Die Verwendung von Kondensationsprodukten von α-Halogenketonen (Oxime, Hydrazone, Semicarbazone usw.) in organischen Synthesen. 1. Mitt. **N-Hydroxypyrrole.** Vincenzo Sprio und Giulio Cesare Vaccaro. (Ann. Chimica **49**, 2075—82, Dez. 1959; Palermo, Univ., Ist. Chimica farmaceutica; ital.) — Durch Umsetzung von anti-Brommethylphenylketoxim (I) mit Na-Salzen akt. Ketomethylen-Verbb. u. anschließende Cyclisierung mittels Säuren wurden *1-Hydroxy-2-methyl-5-phenyl-3-carbäthoxy-, -3-acetyl-* u. *-3-benzoylpyrrol* hergestellt. Die 1-Hydroxystruktur dieser Verbb. wird bewiesen 1. durch ihre Reduzierbarkeit mit Zn u. Essigsäure u. 2. durch die IR-Spektren, die typ. Hydroxylbanden zeigen.

Versuche: *α-[β-Oximinophenäthyl]-α-acetylaceton*, $C_{13}H_{15}NO_3$, F. 140° (A.), aus Acetylaceton u. anti-Phenacylbromidoxim (I) in Na-Äthylat-Lsg., durch 24std. Stehen bei Zimmer-Temp.; red. Fehlingsche Lösung. — 2-Methyl-5-phenylpyrrole: *1-Hydroxy-3-acetyl-*, $C_{13}H_{13}NO_2$, F. 170°, aus vorst. Verb. u. HCl-Gas in abs. A. durch 5 Min. langes Kochen (Meth. **A**); aus Bzl. gelbe Nadeln. — *3-Acetyl-*, $C_{13}H_{13}NO$, F. 177°, aus vorst. Verb. u. Zn-Staub in 80%ig. Eisessig durch 5std. Kochen (Meth. **B**); aus A. prismat. Nadeln. — *1-Hydroxy-3-benzoyl-*, $C_{18}H_{15}NO_2$, F. 164°, aus *α-[β-Oximinophen-*

äthyl]-α-acetylacetophenon ($C_{18}H_{17}NO_3$, F. 154°, aus I u. Benzoylaceton; red. Fehlingsche Lsg.) nach **A**; aus Bzl. gelbe Prismen. — *3-Benzoyl-*, $C_{18}H_{15}NO$, F. 207° (A.), aus vorst. Verb. nach **B**. — *1-Hydroxy-3-carbäthoxy-*, $C_{14}H_{15}NO_3$, F. 112°, aus *α-[β-Oximinophenäthyl]-α-carbäthoxyaceton* [$C_{14}H_{17}NO_4$, F. 120° (Methanol)] nach **A**; aus Bzl. Prismen. — *3-Carbäthoxy-*, $C_{14}H_{15}NO_2$, F. 115—116° (Bzl./PAe.), aus vorst. Verb. nach **B**. — *2.5-Dimethyl-3.4-dicarbäthoxypyrrol*, $C_{12}H_{17}NO_4$, F. 99°, aus 1-Hydroxy-2.5-dimethyl-3.4-dicarbäthoxypyrrol nach **B**. Walter Simon. 3081

Gemischte Indol-Dimere und -Trimere und ihre Acylderivate. Wayland E. Noland und Charles F. Hammer. (J. org. Chemistry **25**, 1525—35, Sept. 1960; Minneapolis, Minn., Univ. of Minnesota, School of Chem.; engl.) — Durch Einleiten von HCl-Gas in die äther. Lsg. äquimol. Mengen Indol (**I**) u. 2-Methylindol (**II**) wird in quant. Ausbeute das gemischte Dimere *2-Methyl-3-[indolinyl-(2)]-indol* (**III**) als *Hydrochlorid* erhalten. Analog wird **I** mit 1.2-Dimethylindol, 2-Phenylindol u. 2.5-Dimethylpyrrol unter Bldg. von *1.2-Dimethyl-* (**IV**) u. *2-Phenyl-3-[indolinyl-(2)]-indol* (**V**) bzw. *2.5-Dimethyl-3-[indolinyl-(2)]-pyrrol* (**VI**) sowie Skatol (**VII**) mit **II** unter Bldg. von *2-Methyl-3-[3-methylindolinyl-(2)]-indol* (**X**) umgesetzt. Aus **I** u. **VII** werden nur die Homodimeren *3-[Indolinyl-(2)]-indol* (**VIII**) u. *3-Methyl-2-[3-methylindolinyl-(2)]-indol* erhalten. Aus 1.3-Dimethylindol wird das Homodimere *1.3-Dimethyl-2-[1.3-dimethylindolinyl-(2)]-indol* dargestellt. Bei zu raschem Einleiten von HCl oder in Ggw. von Feuchtigkeit werden neben **III, IV** u. **VI** die gemischten Trimeren *1-[2-Methylindolyl-(3)]-* u. *1-[1.2-Dimethylindolyl-(3)]-1-[indolyl-(3)]-2-[o-aminophenyl]-äthan* (**IX**) bzw. *1.1-Bis-[2.5-dimethylpyrryl-(3)]-2-[o-anilino]-äthan* gebildet. **IX** ist nicht mit dem durch Methylierung von Triindol mit CH_3J gebildeten Prod. ident., das im Gegensatz zu den Angaben von Schmitz-Dumont, ter Horst u. Müller [1939] die Konstit. *1.1-Bis-[indolyl-(3)]-2-[o-dimethylaminophenyl]-äthan* besitzt. Die Charakterisierung bzw. teilweise Isolierung der gemischten Dimeren u. Trimeren erfolgte in Form ihrer Acyl-Derivv. nach Umsetzung mit Maleinsäure- (**XI**), Bernsteinsäure- (**XII**), Itaconsäure- oder Citraconsäureanhydrid. Während **V, VI** u. **VIII** mit **XI** nur *Maleinyl-Derivv.* bilden, werden bei der Rk. von **III** u. **IV** Gemische aus den *Maleinyl- u. Fumaryl-Derivv.* gebildet, die bei der Hydrierung in *Succinyl-Derivv.*, übergehen, die auch durch Rk. von **III** u. **IV** mit **XII** erhalten werden. **X** reagiert mit **XI** in stark polaren Lsgm. wie CH_2Cl_2/Acetonitril nicht zum Maleinyl-Deriv., sondern unter Bldg. von *8-Carboxy-10-methyl-6.7.8.9.9a.10-hexahydrobenzo-[b]-pyrrocolon-(6)-[9-spiro-3']-2'-methylindolenin]*. UV- u. IR-Spektraldaten, s. Original.

Versuche: Indole: *2-Methyl-3-[indolinyl-(2)]-* (**III**), *Hydrochlorid*, $C_{17}H_{17}ClN_2$, F. 133—135°, durch 1std. Einleiten von HCl-Gas in die äther. Lsg. von je 0,0762 Mol **I** u. **II** bei 0° unter Rühren; hellgelb; 100% (Ausbeute). — *1.2-Dimethyl-3-[indolinyl-(2)]-* (**IV**), $C_{18}H_{18}N_2$, F. 134—135°, analog **III**, Rk. mit **XI** u. alkal. Hydrolyse; Plättchen aus Methanol; 98%. *Hydrochlorid*, $C_{18}H_{19}ClN_2$, F. 149—151°, aus **IV** u. äther. HCl; 82%. — *3-Methyl-2-[3-methylindolinyl-(2)]-*, *Oxalat* (*Diskatoloxalat*), $C_{38}H_{38}N_4O_4$, F. 184—185°, nach Oddo u. Crippa [1924], aus A. Nadeln; 98%. *Hydrochlorid*, F. 183—184°. — *1.3-Dimethyl-2-[1.3-dimethylindolinyl-(2)]-*, $C_{20}H_{22}N_2$, F. 124—124,5° (A.), 94%. *Hydrochlorid*, $C_{20}H_{23}ClN_2$, F. 113—117°, aus der Base u. äther. HCl; 98%. — *2-Methyl-3-[1-maleinylindolinyl-(2)]-*, $C_{21}H_{18}N_2O_3$, F. 156—157° (Zers.), durch Überschichten von III-Hydrochlorid mit CH_2Cl_2 u. W., Neutralisieren mit NH_4OH, Zugabe von **XI** zur CH_2Cl_2-Phase u. Einengen; gelbe Kristalle aus Acetonitril (AN); 38%. — *2-Methyl-3-[1-fumarylindolinyl-(2)]-*, $C_{21}H_{18}N_2O_3$, F. 215—217° (Zers.), neben vorst. Verb. durch Eindampfen der CH_2Cl_2-Mutterlauge; gelbe Kristalle aus Aceton; 19%. — *3-[1-Itaconylindolinyl-(2)]-*, $C_{21}H_{18}N_2O_3$, F. 164—165° (Zers.; A.); 93%. — *3-[1-Benzolsulfonylindolinyl-(2)]-*, $C_{22}H_{18}N_2O_2S$, F. 170—172° (60% ig. A.); 100%. — *2-Methyl-3-[1-succinylindolinyl-(2)]-*, $C_{21}H_{20}N_2O_3$ F. 135—137° (AN); 39%. — *2-Methyl-3-[1-itaconylindolinyl-(2)]-*, $C_{22}H_{20}N_2O_3$, F. 171 bis 172° (Zers.; AN); 33%. — *2-Methyl-3-[1-citraconylindolinyl-(2)]-*, $C_{22}H_{20}N_2O_3$, F. 146 bis 147° (Zers.; AN); gelb; 25%. — *1.2-Dimethyl-3-[1-maleinylindolinyl-(2)]-*, $C_{22}H_{20}N_2O_3$, F. 164—165° (Zers.); aus AN gelbe Nadeln; 47%. — *1.2-Dimethyl-3-[1-fumarylindolinyl-(2)]-*, $C_{22}H_{20}N_2O_3$, F. 211—212,5° (Zers.); aus AN gelbe Plättchen; 7%. — *1.2-Dimethyl-3-[1-succinylindolinyl-(2)]-*, $C_{22}H_{22}N_2O_3$, F. 181—182° (Zers.; AN); 93%. — *2-Phenyl-3-[1-maleinylindolinyl-(2)]-*, $C_{26}H_{20}N_2O_3$, F. 189,5—191° (Zers.); aus AN gelbe Kristalle; 23%. — *2-Methyl-3-[1-maleinyl-3-methylindolinyl-(2)]-*, $C_{22}H_{20}N_2O_3$, F. 154 bis 155° (Zers.); aus AN gelbe, hygroskop. Kristalle; 37%. — *3-[1-Maleinylindolinyl-(2)]-*, F. 162—163,5° (Zers.; AN). — *3-[1-Succinylindolinyl-(2)]-*, F. 162—163° (Zers.; AN). — *2.3.3-Trimethylindolenin*, Kp.$_9$ 105,5—106°, nach Plaucher [1898]; n_D^{27} 1,5406. *Pikrat*, $C_{17}H_{16}N_4O_7$, F. 161—163°; aus Bzl. gelbe Nadeln. — *2.5-Dimethyl-3-[1-maleinylindolinyl-(2)]-pyrrol*, $C_{18}H_{18}N_2O_3$, F. 156—157,5° (Zers.), aus AN gelbe Nadeln. — *2.5-Dimethyl-3-[indolinyl-(2)]-pyrrol* (**VI**), *Hydrochlorid*, $C_{14}H_{17}ClN_2$, F. 134—136°; 90%. — *1-[1.2-Di-*

methylindolyl-(3)]-1-[indolyl-(3)]-2-[o-aminophenyl]-äthan (**IX**), $C_{26}H_{25}N_3$, F. 165—166° (Methanol); 14%. — *1-[1.2-Dimethylindolyl-(3)]-1-[indolyl-(3)]-2-[o-maleinylaminophenyl]-äthan*, $C_{30}H_{27}N_3O_3$, F. 183—183,5° (Zers.); aus AN gelbe Nadeln; 11%. *K-Salz*, $C_{30}H_{26}\cdot KN_3O_3$, F. 283—285° (Zers.; Methanol); 87%. — *1.1-Bis-[2.5-dimethylpyrryl-(3)]-2-[o-anilino]-äthan*, $C_{20}H_{25}N_3$, F. 197—199°; aus A. Plättchen; 41%. — *1-[2-Methylindolyl-(3)]-1-[indolyl-(3)]-2-[o-succinylaminophenyl]-äthan*, $C_{29}H_{27}N_3O_3$, F. 224—225° (AN); 15%. — *1-[2-Methylindolyl-(3)]-1-[indolyl-(3)]-2-[o-citraconylaminophenyl]-äthan*, $C_{30}H_{27}N_3O_3$, F. 196—197° (Zers.); aus AN gelbe Kristalle; 62%. — *8-Carboxy-10-methyl-6.7.8.9.9a.10-hexahydrobenzo-[b]-pyrrocolon-(6)-[9-spiro-3']-2'-methylindolenin*, $C_{22}H_{20}N_2O_3$, F. 257—258° (Zers.; AN); 10%. R. Strufe. 3081

Darstellung von N-Bromphthalimid. Kurze Mitt. Ygor Pasternak und Jean-Claude Traynard. (Bull. Soc. chim. France **1960,** 23, Jan.; Marseille, Fac. des Sci., Labor. de l'École de Chimie et de Chimie Industrielle; franz.) — *N-Bromphthalimid* wird als Ersatz für N-Bromsuccinimid vorgeschlagen. *N-Bromphthalimid*, durch portionsweise Zugabe einer äther. Lsg. von 32 g Br_2 zu 30 g Phthalimid in wss. Soda-Lsg. bei —5°, 5—10 Min. langes Rühren, Entfernung der unteren Schicht, Waschen der Paste mit Eiswasser, Abnutschen u. Kristallisieren aus Eisessig; **60%** (Ausbeute). W. Schreiber. 3081 □

Eine Synthese von (±)-α-Liposäure aus Anisol. B. A. Lewis und R. A. Raphael. (J. chem. Soc. [London] **1962,** 4263—64, Okt.; Glasgow, Univ., Chem. Dep.; engl.) — Anisol (I) wurde durch aufeinanderfolgende Metallierung, Rk. mit Äthylenoxid (**II**), Birch-Red., Benzoylierung, Säurehydrolyse, katalyt. Hydrierung, Baeyer-Villiger-Oxydation, Behandeln mit Thioharnstoff (**III**) u. **HJ**, dann mit Base u. Oxydation mit $FeCl_3$ in (±)-*α-Liposäure* übergeführt.

Versuche: *o-2-Hydroxyäthylanisol*, $C_9H_{12}O_2$, Kp.$_{18}$ 140—148°, durch Zufügen von I in Ae. zu einer C_4H_9Li-Lsg. unter Rühren, 15std. Kochen u. Verdampfen von II in das Rk.-Gemisch über Nacht; n_D^{25} 1,5361; 72% (Ausbeute). *α-Naphthylurethan*, $C_{20}H_{19}NO_3$, F. 134—135°, Nadeln (PAe.). — *3.6-Dihydro-2-[2-hydroxyäthyl]-anisol*, $C_9H_{14}O_2$, Kp.$_{12}$ 126—130°, aus vorst. Verb. u. Li/fl. NH_3/Ae.; n_D^{29} 1,5070; 82%. *α-Naphthylurethan*, $C_{20}H_{21}NO_3$, F. 130°, Nadeln (PAe.). *Benzoat*, $C_{16}H_{18}O_3$, Kp.$_{0,35}$ 170—176°; n_D^{22} 1,5462; 100%. — *6-[2-Benzoyloxyäthyl]-cyclohexen-(2)-on*, $C_{15}H_{16}O_3$, Kp.$_{0,04}$ 144—148°, durch Schütteln von 12,9 g vorst. Benzoats in Ae. mit 6n H_2SO_4 über Nacht; n_D^{24} 1,5390; 11,9 g. *2.4-Dinitrophenylhydrazon*, $C_{21}H_{20}N_4O_6$, F. 146—147°, rote Nadeln (Chlf.). — *2-[2-Benzoyloxyäthyl]-cyclohexanon*, $C_{15}H_{18}O_3$, Kp.$_{0,1}$ 151—156°, aus 10 g vorst. Verb. u. H_2/10%ig. Pd-Kohle in A.; n_D^{25} 1,5261; 8,9 g. *2.4-Dinitrophenylhydrazon*, $C_{21}H_{22}N_4O_6$, F. 134°, orangefarbene Nadeln (Chlf.). — *6.8-Dimercaptooctansäure*, gelbes Öl, durch 36std. Stehen von 2,5 g vorst. Verb. mit 40%ig. Peressigsäure, anschließendes 36std. Kochen des erhaltenen *Gemisches aus 6-Hydroxy-8-benzoyloxyoctansäure* u. ihres *ε-Lactons* (Kp.$_{0,01}$ 158—168°; 1,78 g) mit 55%ig. HJ u. **III**, Zugabe von wss. KOH u. 12std. Kochen unter N_2; 1,4 g roh. — *α-Liposäure*, $C_8H_{14}O_2S_2$, F. 60—60,5°, gelbe Nadeln (Hexan), aus vorst. Verb. u. $FeCl_3/O_2$ in 2n NaOH (12 Std.); 1,1 g. J. Rothe. 3112 □

Die Bildung von 1-[2.4-Dinitrophenyl]-Δ²-pyrazolinen aus α,β-ungesättigten Ketonen. R. F. Curtis, C. H. Hassall und J. Weatherston. (J. chem. Soc. [London] **1962,** 3831—32, Sept.; Singleton Park, Swansea, Univ. Coll., Dep. of Chem.; engl.) — Umsetzung von α,β-ungesätt. Ketonen wie 1-Hydroxypenten-(3)-on-(2), 3-Methylbuten-(3)-on-(2) oder p-Propoxyphenylvinylketon mit 2.4-Dinitrophenylhydrazin (I) führt unter üblichen Rk.-Bedingungen nur zu den entsprechenden 2.4-Dinitrophenylhydrazonen. Die Bldg. von 1-[2.4-Dinitrophenyl]-Δ²-pyrazolinen wird entgegen den Angaben von Hesse u. Lettenbauer (Liebigs Ann. Chem. **623,** [1958], 142) sowie von Profft, Runge u. Jumar (C. **1956,** 10447) nicht festgestellt. Die Ergebnisse werden an Hand der UV- u. IR-Spektren diskutiert.

Versuche: *2.4-Dinitrophenyl-N.N'-bis-[2-p-propoxybenzoyläthyl]-hydrazin*, $C_{30}H_{34}N_4O_8$, F. 125—126°, aus 2,3 g β-Chlor-4-propoxypropiophenon u. K-Acetat in sd. Methanol (1 Std.), Entfernen des KCl, Zusetzen von I in 3n H_2SO_4 u. Chromatographie an Al_2O_3 mit Methanol; aus Essigsäureäthylester gelbe Nadeln; 1,02 g (Ausbeute); daneben 25 mg *p-Propoxyphenylvinylketon-2.4-dinitrophenylhydrazon* [$C_{18}H_{18}N_4O_5$, F. 192°, durch Eluieren mit Bzl.-CH_2Cl_2; aus Essigsäureäthylester rote Platten]. *Mono-2.4-dinitrophenylhydrazon*, $C_{36}H_{38}N_8O_{11}$, F. 179—181°, in heißem Methanol mit **I** in Methanol in Ggw. von konz. H_2SO_4; rote Platten. *Bis-2.4-dinitrophenylhydrazon*, $C_{42}H_{42}\cdot N_{12}O_{14}$, F. 208—210°. H. Gleinig. 3122 □

Eine neue Methode zur Synthese von 5-Aryl-1.3-oxazolen. N. P. Demtschenko und A. P. Grekow. (J. allg. Chem. [UdSSR] **32 (94),** 1219—20, April 1962; Allunions-

Inst. für Monokristalle, szint. Mat. u. bes. reine Stoffe u. Inst. für Chem. der Polymeren u. Monomeren der Akad. der Wiss. der UkrainSSR; russ.) — Durch Erhitzen von Aminomethylketonhydrochloriden mit Orthoameisensäureester (I) werden *5-Aryl-1.3-oxazole* erhalten.

Versuche: 1.3-Oxazole: *5-Phenyl-*, C_9H_7NO, F. 40—41° (nach chromatograph. Reinigung an Al_2O_3 (PAe.), durch 4std. Kochen von I mit ω-Aminoacetophenonhydrochlorid, Filtrieren u. Fraktionieren des Filtrats; 61% (Ausbeute). — *5-[Naphthyl-(1)]-*, $C_{13}H_9NO$, F. 56,5° (PAe.), analog durch 3std. Kochen von I mit 1-[ω-Aminoacetyl]-naphthalinhydrochlorid; 48%. — *5-[Biphenylyl-(4)]-*, $C_{15}H_{11}NO$, F. 180—180,5°, durch 3std. Kochen von I mit 4-[ω-Aminoacetyl]-biphenylhydrochlorid; 47%.

E. Höft. 3132□

Neue Derivate des Isoxazols und ihre antibakteriellen Eigenschaften. Clary Caradonna, Maria Luisa Stein und Mohammed Ikram. (Ann. Chimica **49**, 2083—88, Dez. 1959; Roma, Univ., Ist. Chim. farmaceut. tossicol., Ist. Igien.; ital.) — Es wird über die Herst. einiger neuer *3-Alkylisoxazolone-(5)* u. ihrer *4-Oximino-Derivv.* berichtet. Letztere sind bakteriostat. wirksam, vor allem, wenn sie in 3-Stellung einen p-Nitrophenyl- oder o-Nitrobenzylrest enthalten.

Versuche: *Nicotinoylessigsäuremethylesteroximhydrochlorid* (I), $C_9H_{11}ClN_2O_3$, F. 125° (bei schnellem Erhitzen höher), aus Nicotinoylessigsäuremethylester u. Hydroxylaminhydrochlorid in CH_3OH nach 2—3 Min. langem Erwärmen. — *3-[Pyridyl-(3)]-isoxazolon-(5)*, $C_8H_6N_2O_2$, F. 164° (A.), aus I in mit $NaHCO_3$ neutralisierter wss. Lsg. oder durch Erhitzen des zur Herst. von I benötigten Gemisches; gelbe Nadeln; 80% (Ausbeute). *Hydrochlorid*, $C_8H_7ClN_2O_2$, F. 178—180°, Schuppen. *4-[p-Dimethylaminobenzyliden]-Deriv.*, $C_{17}H_{15}N_3O_2$, F. 202° (A.), aus vorst. Verb. u. p-Dimethylaminobenzaldehyd in A. durch 2—3 Min. langes Erhitzen auf 100°; rote Nadeln. *4-Oximino-Deriv.*, $C_8H_5N_3O_3$, F. 180—185° (A.), aus I u. wss. $NaNO_2$. — *3-[o-Nitrobenzyl]-isoxazolon-(5)*, $C_{10}H_8N_2O_4$, F. 106° (A.), aus γ-[o-Nitrophenyl]-acetessigsäureäthylester u. Hydroxylaminhydrochlorid in abs. A. durch 5—10 Min. langes Erhitzen auf 100°; Nadeln. *4-Oximino-Deriv.*, $C_{10}H_7N_3O_5$, F. 146—146,5° (Zers., A.); Nadeln. — *3-[p-Nitrophenyl]-4-oximinoisoxazolon-(5)*, $C_9H_5N_3O_5$, F. 163° (Zers.), aus 3-[p-Nitrophenyl]-isoxazolon-(5) u. $NaNO_2$ in verd. NaOH; gelbe Nadeln.

Walter Simon. 3132

Das chemische Verhalten von Diisoxazolylen. Giorgio Gaudiano, Aldo Ricca und Adolfo Quilico. (Atti Accad. naz. Lincei, Rend., Cl. Sci. fisiche, mat. natur. [8] **26**, 164—71, Febr. 1959; Milano, Politecn., Ist. di Chim. gen., Centro di Chim. ind. C.N.R.; ital.) — Das chem. Verh. der 3 isomeren Diisoxazolyle gegenüber Na-Alkoholat wird untersucht. Es ist dasselbe wie das der einfachen, monosubstituierten Isoxazole, d. h., es ist wesentlich von der Bindungsstellung der beiden Kerne beeinflußt. Bei der Bromierung u. Nitrierung tritt Br u. die NO_2-Gruppe in 4-Stellung ein. IR-Spektren der Dibrom- u. Dinitro-Derivv. s. Original.

Versuche: *Diacetyl*, durch 1—2 Min. langes Erhitzen von 3.3'-Diisoxazolyl (I) mit Na-Äthylat in A. u. Erhitzen der sauren wss. Lsg. des gebildeten rotbraunen *Na-Salzes*; gibt mit $NH_2OH \cdot HCl$, Na-Acetat u. $NiCl_2$ *Ni-Dimethylglyoxim*; ca. 17% (Ausbeute.) — 3.3'-Diisoxazolyle: *4-Brom-*, $C_6H_3BrN_2O_2$, F. 83—84°, aus Hexan Nadeln oder durch Sublimation im Vakuum mkr. Prismen, durch 8std. Erhitzen von 0,5 g I mit 0,3 ml Br_2 auf 100—120° (Meth. **A**); 44% (roh). — *4.4'-Dibrom-*, $C_6H_2Br_2N_2O_2$, F. 151—152° (aus A. oder Hexan fischgrätenförmige Kristalle), analog durch 6std. Erhitzen von I mit 1 ml Br_2 (Meth. **B**); 74% (roh). — *4.4'-Dinitro-*, $C_6H_2N_4O_6$, F. 151—152° (aus verd. A. oder durch Sublimation krist. Pulver), durch Zutropfen von rauchender HNO_3 (**II**; D. 1,52) zu einer Lsg. von I in konz. H_2SO_4 unter Eiskühlung, 4tägiges Stehen unter Luftabschluß bei Zimmer-Temp., Zugeben von Oleum (40% SO_3) unter Eiskühlung, 10tägiges Stehen bei Raum-Temp., langsames Erhitzen im Wasserbad auf 80° innerhalb von 6 Std., 21std. Rk. bei 80° u. Gießen in Eiswasser (Meth. **C**); gibt mit Alkalien in der Kälte Gelbfärbung; 24% (roh). — 5.5'-Diisoxazolyle: *4-Brom-*, $C_6H_3 \cdot BrN_2O_2$, F. 103—104° (aus sd. W. oder Methanol Nadeln), aus 5.5'-Diisoxazol (**III**) nach **A** bei 85°; 87% (roh). — *4.4'-Dibrom-*, $C_6H_2Br_2N_2O_2$, F. 191—192,5° (aus Äthylacetat Nadeln), aus **III** nach **B** durch 8std. Erhitzen bei 80—90° u. 2std. Erhitzen bei 100°; 79%. — *4-Nitro-*, $C_6H_3N_3O_4$, F. 90—92° (aus verd. Methanol oder durch Sublimation gelbliche Kristalle), aus **III**, Oleum (20%ig. SO_2) u. 4 ml **II** durch Stehen über Nacht bei Zimmer-Temp. unter Luftabschluß, vorsichtiges Erhitzen auf 70—80°, 10std. Weitererhitzen u. Gießen in Eiswasser; 38%. — *4.4'-Dinitro-*, $C_6H_2N_4O_6$, F. 168,5 bis 171° (aus Chlf. oder durch Sublimation gelbliche, flache Prismen), aus **III** nach **C**; 15% (roh). — *Chinoxalin-2.3-diessigsäuredinitril*, $C_{12}H_8N_4$, F. 193° (Zers., aus A. oder Äthylacetat gelbbraune Nadeln), durch Behandeln von 2 g **III** mit Na-Äthylat in der

Kälte u. Umsetzen des *Di-Na-Salzes des β.γ-Diketoadipindinitrils* (IR-Spektrum s. Original) mit 1 g o-Phenylendiamin in Essigsäure unter Eiskühlung; 0,7 g (Ausbeute, roh). G. Platzer. 3132

Saccharinderivate. 2. Mitt. **Synthese des 4-Nitrosaccharins und verwandter Verbindungen.** Glenn H. Hamor. (J. Amer. pharmac. Assoc., sci. Edit. **49**, 280—83, Mai 1960; Los Angeles, Calif., Univ. of Southern California, School of Pharm.; engl.) — 1. vgl. C. **1954**, 8572. — Es werden *4-Nitro-*, *4-Amino-* (I), *4-Acetomido-*, *2-Äthyl-4-nitro-* u. *2-[n-Propyl]-4-nitrosaccharin* synthetisiert. Beim Vers., 5-Nitrosaccharin nach der Vorschrift von Stubbs [1913] darzustellen, wurde nur ein Gemisch aus *6-* u. *4-Nitrosaccharin* erhalten. Die dargestellten Saccharine sind geschmacklos; lediglich I schmeckt schwach süß.

Versuche: Saccharine: *4-Nitro-[4-Nitrobenzisothiazolinon-(3)-dioxid-(1.1)]*, F. 236 bis 238° (W.), durch Oxydation von 2-Nitrotoluol-6-sulfonamid (F. 162°) mit alkal. $KMnO_4$; 30% (Ausbeute). — *4-Amino-*, F. 246—247°, durch Hydrierung von 2 g vorst. Verb. in abs. A. bei Zimmer-Temp. u. 3 atm an 5% Pd-Kohle; aus A. gelbe, in Lsg. blau bis purpurrot fluoreszierende Kristalle; 1,4 g. — *4-Acetamido-*, F. 323—325° (Zers.), durch $^3/_4$std. Rk. von 0,8 g vorst. Verb. mit Acetanhydrid in Pyridin; 0,7 g. — *2-Äthyl-4-nitro-* (F. 184,5—186°) u. *2-[n-Propyl]-4-nitro-* (F. 138—138,5°), nach Stubbs [1913]. H. P. Fiedler. 3142□

Saccharinderivate. 3. Mitt. **Bemerkung über die Herstellung von Disaccharinen.** Glenn H. Hamor und Jack M. Balikian. (J. Amer. pharmac. Assoc., sci. Edit. **49**, 283—84, Mai 1960; engl.) — 2. vgl. vorst. Referat. — Die Synth. von *N.N'-[N-Methyl-3-azapentamethylen]-disaccharin* wird beschrieben. Die pharmakolog. Eigg. von Disaccharinen werden untersucht.

Versuche: *N.N'-[N-Methyl-3-azapentamethylen]-disaccharin*, $C_{19}H_{19}N_3O_6S_2$, F. 156 bis 158°, aus Na-Saccharin in wss. Diäthylenglykolmonoäthyläther u. Methyl-bis-[β-chloräthyl]-aminhydrochlorid durch 3std. Kochen, Gießen in Eiswasser u. Alkalisieren mit Soda; aus A. Nadeln; 17% (Ausbeute). H. P. Fiedler. 3142□

Über Synthesen von 2.2'-Dihydrazinobithiazolylen-(4.4') und 2.2'-Diamino-bi-1.3.4-thiodiazinylen-(5.5') sowie zweifache benzidinartige Umlagerungen in der Thiazolreihe. Hans Joachim Haase. (Wiss. Z. Ernst Moritz Arndt-Univ. Greifswald, math.-naturwiss. R. **8**, 168—69, 1958/59; Greifswald, Inst. für Org. Chem.; dt.) — Durch Umsetzen von 1.4-Dihalogendiacetyl mit Thiosemicarbazid, bzw. dessen N-Substitutions-Prodd. wurden folgende Verbb. dargestellt: *2.2'-Dihydrazinobithiazolyl-(4.4')*, aus 1-Acetylthiosemicarbazid u. 1.4-Dibromdiacetyl (I) gibt durch Dehydrierung mit HgO Bithiazolyl-(4.4'). — *2.2'-Bis-[N^β.N^β-diphenylhydrazino]-bithiazolyl-(4.4')*, aus 1.1-Diphenylthiosemicarbazid (II) u. I. — *2.2'-Bis-[N^β.N^β-diphenylhydrazino]-5.5'-dimethylbithiazolyl-(4.4')*, aus II u. 2.5-Dibromdipropionyl. — *2.2'-Diamino-bi-1.3.4-thiadiazinyl-(5.5')*, aus 1.4-Dichlordiacetyl u. Thiosemicarbazid in konz. HCl. — *2.2'-Bis-[N^β-phenylhydrazino]-bithiazolyl-(4.4')*, aus I u. 1-Phenylthiosemicarbazid. — *2.2'-Diamino-5.5'-bis-[p-aminophenyl]-bithiazolyl-(4.4')*, a) aus vorst. Verb. durch Kochen mit verd. HCl, b) durch Zusammenschmelzen vorst. Verb. mit Phthalsäureanhydrid bei 200°, alkal. Verseifung des Tetraphthalimido-Deriv. u. saure Verseifung; gibt durch Diazotierung u. anschließende Red. mit unter phosphoriger Säure *2.2'-Diamino-5.5'-diphenylbithiazolyl-(4.4')*. *Tetraacetyl-Deriv.*, mit Acetanhydrid. *Tetrabenzal-Deriv.*, mit Benzaldehyd. — *2.2'-Diamino-5.5'-bis-[p-hydrazinophenyl]-bithiazolyl-(4.4')-tetrahydrochlorid*, aus der Bis-diazoniumsalz-Lsg. vorst. Verb. durch Red. mit $SnCl_2$. — *2.2'-Diamino-5.5'-bis-[p-(p'-dimethylaminophenylazo)-phenyl]-bithiazolyl-(4.4')*, durch Kupplung der Bis-diazoniumsalz-Lsg. vorvorst. Verb. mit Dimethylanilin. — *2.2'-Bis-[N^β-α-naphthylhydrazino]-bithiazolyl-(4.4')*, aus I u. 1-α-Naphthylthiosemicarbazid. — *2.2'-Diamino-5.5'-bis-[4-amino-α-naphthyl]-bithiazolyl-(4.4')*, aus vorst. Verb. durch Kochen mit verd. HCl. *Tetra-p-nitrobenzalderivat.* P. Becker. 3142

Aluminiumazid-katalysierte Isomerisierung eines Carbamylazids zu einem Tetrazolinon. E. Lieber und C. N. V. Nambury. (Chem. and Ind. **1959**, 883—84, 4/7.; Chicago, Ill., De Paul Univ., Dep. of Chem.; engl.) — Durch Rk. von Phenylcarbamoylazid (I) mit $Al(N_3)_3$ in sd. abs. Tetrahydrofuran entsteht in 40—45%ig. Ausbeute) *1-Phenyl-Δ²-tetrazolinon-(5)* (F. 192—193°; aus A. hellgelbe Kristalle). Damit ist bewiesen, daß die Horwitz-Rk. (vgl. Abstracts of papers preented to the Amer. chem. Soc. Meeting, Chicago, Ill., 7.—12. Sept. 1958) über I verläuft. K. Zieloff. 3184

Darstellung von 3-Dialkylaminomethyl-7-chlor- und -7-methoxychromanonen. Tsien-Chien Chen, [Tsun-Kie Tsch'en], Chang-Sheng Sun [Tschiang-Scheng Sun], Hong-Tsiang Soong [Hung-Tsiang Sung] und Chi-Chieh Chang

[K'i-Kie Tschang]. (Acta chim. sinica **22**, 455—59, 1956; Inst. Med. Sci.; chin., Auszug: engl.) — Je 6 N-substituierte *3-Aminomethyl-7-chlor-* (**A**) u. *-7-methoxychromanon-(4)-*(**B**)*-Hydrochloride* werden durch Rk. von K-m-Chlor- bzw. Methoxyphenolat mit K-β-Brompropionat, Ringschluß mittels $AlCl_3$, PCl_5 bzw. P_2O_5 u. Mannich-Rk. mit Paraformaldehyd u. Hydrochloriden sek. Amine dargestellt.

Versuche: 7-Chlorchromanon-(4)-hydrochloride: *3-Dimethylaminomethyl-*, $C_{12}H_{15}Cl_2NO_2$, F. 149°; 41% (Ausbeute). — *3-Diäthylaminomethyl-*, $C_{14}H_{19}Cl_2NO_2$, F. 130—131° (Zers. bei 118°; 60%. — *3-Dibutylaminomethyl-*, $C_{18}H_{27}Cl_2NO_2$, Zers. bei 118°; 34%. — *3-Benzylaminomethyl-*, $C_{17}H_{17}Cl_2NO_2$, F. 179°; 40%. — *3-Piperidinomethyl-*, $C_{15}H_{19}Cl_2NO_2$, Zers. bei 152°; 38%. — *3-Morpholinomethyl-*, $C_{14}H_{17}Cl_2NO_3$, F. 173—175°; 63%. — 7-Methoxychromanon-(4)-hydrochloride: *3-Dimethylaminomethyl-*, $C_{13}H_{18}ClNO_3$, F. 165—167°; 59%. — *3-Diäthylaminomethyl-*, $C_{15}H_{22}$· $ClNO_3$, F. 118°; 40%. — *3-Dibutylaminomethyl-*, $C_{19}H_{30}ClNO_3$, Zers. bei 142°; 31%. — *3-Benzylaminomethyl-*, $C_{18}H_{20}ClNO_3$, F. 167°; 37%. — *3-Piperidinomethyl-*, $C_{16}H_{22}$· $ClNO_3$, Zers. bei 180—181°; 46%. — *3-Morpholinomethyl-*, $C_{15}H_{20}ClNO_4$, F. 196—197°; 71%. — Alle **A** bzw. **B** zersetzen sich in wss. Lsg. in 1—2 Tagen u. ergeben als Nd. eine *Verb. vom F. 104—105°* bzw. eine *Verb. vom F. 66—67°*; diese Verbb. entstehen wahrscheinlich durch Eliminierung des sek. Amins u. Dimerisierung der entstehenden 3-Methylenchromanone. L. Schuler. 3211□

Absolute Konfiguration von (—)-Hesperitin und (—)-Liquiritigenin. Hisao Arakawa und Masao Nakazaki. (Chem. and Ind. **1960**, 73, 16/1.; Osaka, Kitaku, Osaka City Univ., Dep. of Chem., Inst. of Polytechn.; engl.) — 3,9 g durch saure Hydrolyse des Glykosids (—)-*Hesperidin* dargestelltes (—)-*Hesperitin* [I; (—)-*3'.5.7-Trihydroxy-4'-methoxyflavanon*, F. 223—225°, $[\alpha]_D^{29}$ —10,6 bis 18,8° (CH_3OH)] werden durch 13std. Ozonisierung in 95%ig. Methanol, Zugabe von 90%ig. Essigsäure u. weitere 18std. Ozonisierung unter Bldg. von *Äpfelsäure* abgebaut u. diese über den Dimethylester in (—)-*Äpfelsäurediamid* [II; F. 154—156°, $[\alpha]_D^{28}$ —56,6° (c = 0,9; Methanol); 19 mg] übergeführt. Aus 3,4 g des durch Hydrolyse von (—)-Liquiritin (F. 199—201°) mit Emulsin erhaltenen Aglykons (—)-*Liquiritigenin* [III; (—)-*4'.7-Dihydroxyflavanon*, F. 193—195°; $[\alpha]_D^{24}$ —36,2° (CH_3OH)] werden durch analoge Rk.-Folge 24 mg II erhalten. I u. III besitzen daher am $C_{(2)}$-Atom die gleiche Konfiguration. V. Klingmüller. 3211

Acetylwanderung bei Alkylierungsreaktionen. T. H. Simpson und R. S. Wright. (J. org. Chemistry **26**, 4686—89, Nov. 1961; Aberdeen, Scotland, Torry Res. Station, Dep. of Sci. and Industrial Res.; engl.) — Methylierung u. Benzylierung von 4-Acetoxy-2-hydroxyacetophenon (I) zeigen, daß beide Rkk. ähnlich verlaufen u. daß Acetylwanderung u. Alkylierung voneinander unabhängig verlaufen können. Nach 3std. Erhitzen von äquimol. Mengen von 4-Acetoxyacetophenon (II) u. 4-Benzyloxy-2-hydroxyacetophenon oder p-Hydroxyacetophenon u. 2-Acetoxy-4-benzyloxyacetophenon in Aceton mit K_2CO_3 liegen 90% des verfügbaren Acetyls als II vor. Bei den entsprechenden Rkk. von 7-Acetoxyflavon mit 3'-Hydroxyflavon, von 3'-Acetoxyflavon mit 7-Hydroxyflavon, von 7-Acetoxyflavon mit 5-Hydroxyflavon u. von 7-Hydroxyflavon mit 5-Acetoxyflavon konnten Vf. ebenfalls die intermol. Acetylwanderung beobachten. Die Rk.-Mechanismen, auch bei der Alkylierung völlig acetylierter Phenole, werden diskutiert.

Versuche: Folgende Acetophenone wurden durch 3std. Erhitzen von I in Aceton mit K_2CO_3 am Rückfluß entweder allein oder unter Zugabe von CH_3J oder Benzylchlorid u. KJ, durch Extrahieren der K-Salze mit sd. Aceton, Eindampfen im Vakuum, Lösen in Bzl., Trocknen über $MgSO_4$ u. Trennen an SiO_2-Celite dargestellt: *4-Benzyloxy-2-hydroxy-*, F. 103—104°; 24% (Ausbeute). — *4-Acetoxy-2-hydroxy-* (I), F. 72,5—74°; 19%. — *2.4-Dibenzyloxy-*. — *4-Acetoxy-2-benzyloxy-* (III), $C_{17}H_{16}O_4$, F. 54—55,5°; 11%. — *2-Acetoxy-4-benzyloxy-*, F. 115—116,5°; 14%. — *2.4-Diacetoxy-*, F. 35—37°; 20%; auch durch Acetylierung nachst. Verb.; 24%. — *2-Acetoxy-4-hydroxy-* (IV), F. 106—109°; 2%. — *2-Hydroxy-4-methoxy-*, F. 47—49°; 25%. — *2.4-Dimethoxy-*, F. 36—37,5°; 2%. — *4-Acetoxy-2-methoxy-*, F. 32,5—34,5°; 19%. — *2-Acetoxy-4-methoxy-*, F. 40—44°; 6%. — *Resacetophenon*, F. 143°, durch 1std. Hydrolyse von IV in 4%ig. wss. NaOH u. Ansäuern. — *2-Benzyloxy-4-hydroxyacetophenon*, $C_{15}H_{14}O_3$, F. 168—170°, durch 2std. Verseifen von III in A. mit 4%ig. wss. NaOH bei Raum-Temp. u. Ansäuern; farblose Nadeln. — *2-Benzyloxy-4-methoxyacetophenon*, $C_{16}H_{16}O_3$, F. 82,5 bis 84°, a) durch Rk. vorst. Verb. mit überschüssigem Diazomethan in Ae. u. wenig Methanol u. Eluieren von SiO_2-Celite mit Bzl./Ae.; farblose Rhomben aus A.; b) durch 20std. Erhitzen von Päonol, Benzylchlorid, K_2CO_3 u. KJ in Aceton u. Umkristallisieren aus Methanol. — Flavone: *3.3'.5-Trihydroxy-4'.7-dimethoxy-* (**V**), $C_{15}H_8O_5 \cdot (OCH_3)_2$, FF. 230—231° u. 240—241° (dimorph), durch 20std. Erhitzen von Quercetinpentaacetat u. CH_3J in Aceton mit K_2CO_3, Verdampfen des Lsgm. im Vakuum, $^1/_4$std. Hydrolysieren des Rückstandes in heißem A. u. konz. HCl, Verdampfen der Lsgm., Lösen in heißer 50%ig. Essigsäure, Extrahieren mit sd. Bzl. u. Chlf., Verdampfen der Lsgm., Trennen der benzollösl. Fraktion an SiO_2-Celite, Eluieren mit Bzl. u. Bzl./A.; gelbe Prismen aus wss. Essigsäure. *Triacetat*, $C_{23}H_{20}O_{10}$, F. 212—213°, farblose Nadeln. — *3.3'.5-Triäthoxy-4'.7-dimethoxy-*, F. 138—139°, durch Rk. von **V** mit überschüssigem Äthylsulfat u. K_2CO_3 in Aceton; farblose Prismen. — *3'.5-Dihydroxy-3.4'.7-trimethoxy-* (**VI**), $C_{15}H_7O_4(OCH_3)_3$, F. 172—173°, neben **V** aus der benzollösl. Fraktion; hellgelbe Nadeln. *Diacetat*, F. 177—179,5°, Blättchen. — *3'.5-Diäthoxy-3.4'.7-trimethoxy-*, $C_{22}H_{24}O_7$, F. 162—163°, durch Äthylierung von **VI**; cremefarbige Nadeln. — *3'-Hydroxy-3.4'.5.7-tetramethoxy-* (**VII**), $C_{15}H_6O_3(OCH_3)_4$, F. 223—224,5°, neben **V** aus der benzollösl. Fraktion; gelbe Prismen aus Alkohol. *Acetat*, $C_{21}H_{20}O_8$, F. 214—216°, farblose Nadeln aus Alkohol. — *3'-Äthoxy-3.4'.5.7-tetramethoxy-*, $C_{21}H_{22}O_7$, F. 156,5—158°, durch 4std. Rk. von **VII** mit C_2H_5J u. K_2CO_3 in sd. Aceton; cremefarbige Nadeln. — *3'-Äthoxy-5.7-dihydroxy-3.4'-dimethoxy-* (**VIII**), $C_{19}H_{18}O_7$, F. 217,5—218,5°, durch 4std. Erhitzen von ω-Methoxyphloracetophenon, 3.3'-Diäthoxy-4.4'-dimethoxybenzoesäureanhydrid u. dem Na-Salz der 3-Äthoxy-4-methoxybenzoesäure im Vakuum auf 180°, 20 Min. Hydrolysieren in sd. alkohol. NaOH, Eindampfen auf ein Drittel, Verdünnen mit W. u. Neutralisieren durch Zugabe von festem CO_2; gelbe Nadeln aus Alkohol. *Diacetat*, $C_{23}H_{22}O_9$, F. 167—168,5°, farblose Nadeln. — *3'-Äthoxy-3.4'.5.7-tetramethoxy-*, $C_{21}H_{22}O_7$, F. 158°, durch 4std. Erhitzen von **VIII** mit Methylsulfat u. K_2CO_3 in Aceton, Filtrieren, Eindampfen auf ein geringes Vol., Lösen des Rückstandes in Bzl., Waschen mit W., Trocknen, Chromatographieren an Al_2O_3 u. Eluieren mit Bzl./A.; cremefarbige Nadeln aus Alkohol. — *3'-Äthoxy-5-hydroxy-3.4'.7-trimethoxy-* (**IX**), $C_{20}H_{20}O_7$, F. 138 bis 139°, durch Methylieren von **VIII** mit 1,1 Äquivalenten Methylsulfat u. Eluieren mit Bzl./A. von SiO_2-Celite; gelbe Nadeln aus Alkohol. *Acetat*, $C_{22}H_{22}O_8$, F. 164—165°, Nadeln aus Alkohol. — *3'.5-Diäthoxy-3.4'.7-trimethoxy-*, $C_{22}H_{24}O_7$, F. 162,5—164°, durch Rk. von **IX** mit überschüssigem Äthylsulfat u. K_2CO_3 in Aceton u. Eluieren mit Bzl./Chlf. von Al_2O_3; Nadeln aus. A. — *3.3'-Diäthoxy-5-hydroxy-4'.7-dimethoxy-* (**X**), $C_{21}H_{22}O_7$, F. 130—131°, durch Monomethylierung von 3.3'-Diäthoxy-5.7-dihydroxy-4'-methoxyflavon u. Reinigen nach **IX**; gelbe Prismen. *Acetat*, $C_{23}H_{24}O_8$, F. 153—154,5°, Nadeln aus Alkohol. — *3.3'.5-Triäthoxy-4'.7-dimethoxy-*, F. 138—139°, durch Rk. von **X** mit Äthylsulfat u. Eluieren mit Bzl./Chlf. von Al_2O_3; Nadeln aus Bzl./PAe. — *Quercetinpentamethyläther*, F. 149—150°, a) neben **V** aus der benzollösl. Fraktion; b) durch Methylieren von **V** oder c) von **VI**; Nadeln aus Alkohol. — *Rhamnetin*, F. 291—294°, neben **V** aus der benzollösl. Fraktion; gelbe Nadeln aus wss. A. Daneben *Quercetin*, durch Papierchromatographie der Mutterlauge. Gottfried Schreiber. 3211 □

Ein Stickstoff-analogon von Sesquifulvalen. Jerome A. Berson, Earl M. Evleth und Zacharias Hamlet. (J. Amer. chem. Soc. **82**, 3793—95, 20/7. 1960; Los Angeles, Calif., Univ. of Southern California, Dep. of Chem.; engl.) — Durch Rk. von 2-Brompyridinmethojodid mit Na-Cyclopentadien in 1.2-Dimethoxyäthan entsteht in 31%ig. Ausbeute *2-Cyclopentadienyliden-1-methyl-1.2-dihydropyridin* (**I**, $C_{11}H_{11}N$, aus Ae. oder Hexan orangefarbene Nadeln) in 2 Modifikationen (**A**, F. 56—57°, u. **B**, F. 74,5—75°), deren UV- u. IR-Spektren übereinstimmen. Die Struktur von **I** wird bewiesen durch Synth. aus *2-[1-Hydroxycyclopenten-(2)-yl-(1)]-pyridin* [$C_{10}H_{11}NO$, F. 34—35°, aus Li-Pyridyl-(2) u. Cyclopentenon-(3)] bzw. durch Überführung von **I** in *1-Methyl-2-cyclopentylpiperidin* (**II**) durch katalyt. Hydrierung. Die Isolierung von **II** erfolgt als *Hydrojodid* [$C_{11}H_{22}JN$, F. 141—142°], das auch durch Hydrierung von *2-Cyclopentenylpyridinmethojodid* [**III**, $C_{11}H_{14}JN$, F. 109—110°] erhalten wird. **III** wird dargestellt aus 2-Cyclopentenylpyridin. Aus **I** kann das instabile *Perchlorat* [$C_{11}H_{12}ClNO_4$, F. 80° (Zers.), aus Äthylacetat/A. Nadeln] erhalten werden. pK_a-Wert u. UV-Spektrum von **I** sind angegeben. W. Hampel. 3231 □

2-Methylpyridol-(3) und 2-Acetylpyrrol aus 2-Acetylfuran. Hiroshi Sugisawa und Kiyoshi Aso. (Chem. and Ind. **1958**, 887—88, 12/7.; Sendai, Tohoku Univ., Fac. of Agric., Dep. of Agric. Chem.; engl.) — *2-Acetylpyrrol* (C_6H_7NO, F. 91°, aus W. Nadeln) wird durch 20std. Erhitzen im Autoklaven auf 180° aus a) 2 g 2-Acetylfuran (**I**), 20 ml fl. NH_3 u. 0,5 g NH_4Cl in 25%ig. Ausbeute, b) 2 g **I**, 10 ml fl. NH_3 u. 10 ml Methanol (15%), c) 2 g **I**, 20 ml 28%ig. NH_4OH u. 20 ml Methanol (10%), d) 2 g **I**, 25 ml 10%ig. alkohol. NH_3 u. 0,5 g NH_4Cl (20%) erhalten. Daneben entsteht (Trennung durch Sublimation) nach a) 20%, b) 40%, c) 55%, d) 60% *2-Methylpyridol-(3)* (C_6H_7NO, F. 168°;

aus Bzl. Prismen; gibt mit $FeCl_3$ tiefrote Farb-Rk., mit Folin-Denis-Reagens tiefgrüne Farbreaktion. *Pikrat*, $C_{12}H_{10}N_4O_8$, F. 203°; aus W. gelbe Nadeln). P. Becker. 3231

Die Synthese von 1-{β-[Naphthyl-(1)]-äthyl}-pyridonen-(2). Leo A. Paquette und Norman A. Nelson. (J. org. Chemistry 27, 1085—87, 12/3. 1962; Cambridge, Mass., MIT; Dep. of Chem.; engl.) — Die Darst. von *1-{β-[6-Methoxynaphthyl-(1)]-äthyl}-pyridon-(2)* (**II**) durch Erhitzen von β-[6-Methoxynaphthyl-(1)]-äthylbromid (**I**) mit 2-Äthoxypyridin auf 110—130° u. weitere Rkk. von **II**, wie die Entmethylierung, werden beschrieben.

Versuche: *p-Toluolsulfonsäure-β-[6-methoxynaphthyl-(1)]-äthylester*, $C_{20}H_{20}O_4S$, F. 59—60°; aus Ae. Prismen. — *β-[6-Methoxynaphthyl-(1)]-äthylpyridiniumbromid*, $C_{18}H_{18}BrNO$, F. 184,5—185° (A./Ae.), durch 10std. Kochen von **I** u. Pyridin; 100% (Ausbeute). — *β-[6-Methoxynaphthyl-(1)]-äthyl-2-methylpyridiniumbromid*, $C_{19}H_{20}BrNO$, F. 209—210° (A./Ae.), durch 1monatiges Stehen von **I** mit 2-Picolin bei 20° u. 8std. Erhitzen auf 100°; 74%. — *1-{β-[6-Methoxynaphthyl-(1)]-äthyl}-pyridon-(2)* (**II**), $C_{18}H_{17}NO_2$, F. 104—105,5° (Bzl./Ligroin), a) durch 24std. Erhitzen von **I** u. 2-Äthoxypyridin auf 110—130°, Chromatographie an Al_2O_3 u. Eluieren mit PAe.; 49,6%; b) durch 2std. Kochen von **III** mit wss. NaOH; 88,5%. — *1-{β-[6-Hydroxynaphthyl-(1)]-äthyl}-pyridon-(2)*, $C_{17}H_{15}NO_2$, F. 202—202,5° (A.), durch 4std. Kochen von **II** mit 48%ig. HBr unter N_2; 18,4%. *Hemihydrobromid*, F. 187—187,5° (A./Ae.; Zers.), durch Einleiten von HBr in eine Lsg. von **II** in Eisessig u. $^1/_2$std. Kochen; 77,7%. — *1-[β-Phenäthyl]-pyridon-(2)*, F. 104,5—105° (Bzl./Ligroin), durch 48std. Erhitzen von Phenäthylbromid u. 2-Äthoxypyridin auf 128—130°; aus Bzl./Ligroin Blättchen; 76,5%. — *1-{β-[6-Methoxynaphthyl-(1)]-äthyl}-2-chlorpyridiniumjodid* (**III**), F. 200—201° (Zers.), durch 3std. Kochen von **II** mit $POCl_3$ in Bzl., Kühlen, Dekantieren, Lösen in 0,2n HCl u. Zugabe von KJ-Lsg. in der Wärme; aus A. gelbe Nadeln; 68,2%. W. Hampel. 3231 □

Darstellung und tuberkulostatische Wirkung von Chloracetylderivaten von Isonicotinoylhydrazin und von 2.6-Diaminoisonicotinsäurederivaten. Yee-Sheng Kao [Yi-scheng Kao], Tsung-Yao Weng [Tsun-yao Wong] und Shuen-Hsing Loh [Schun-hing Lu]. (Acta chim. sinica 22, 566—71, 1956; Acad. Sinica, Inst. of Materia Medica; chin., Auszug: engl.) — Aus Isonicotinsäurehydrazid (**I**) u. Di-(**II**) bzw. Trichloracetylchlorid (**III**) werden *symm.-Di-* u. *-Trichloracetylisonicotinoylhydrazin* dargestellt; Chloracetylchlorid (**IV**) u. **I** reagieren zum *Carboxymethochlorid von symm.-Chloracetylisonicotinoylhydrazin*, aus dem sich durch Erhitzen keine Chloressigsäure abspalten ließ. Das *Amid*, *Hydrazid* u. 7 *Ester* von *2.6-Diaminoisonicotinsäure* (**V**) werden dargestellt. Einige Verbb. sind gegen B. smegmatis wirksam.

Versuche: symm.-Isonicotinoylhydrazine: *Dichloracetyl-*, $C_8H_7Cl_2N_3O_2$, F. 180° (A.), aus 1,3 g **I** in wenig W. durch Zugabe von 3 g **II** unter Kühlung, Behandlung mit NaOH u. Neutralisation mit $NaHCO_3$; 95% (Ausbeute). — *Trichloracetyl-*, $C_8H_6Cl_3 \cdot N_3O_2$, F. 198°, analog vorst. Verb. aus 0,5 g **I** u. **III**; 0,7 g. — *Chloracetyl-, Carboxymethochlorid*, $C_{10}H_{11}Cl_2N_3O_4$, F. 104—105°, aus 0,5 g **I** u. 2 g **IV** unter Bldg. einer Verb. *vom F. 64°*, deren wss. Lsg. auf 40° erwärmt wird. — Ester der 2.6-Diaminoisonicotinsäure (**V**), durch Sättigen von 0,5 g **V** u. 10—25 ml des Alkohols unter Kühlung u. Sättigung mit HCl, Erhitzen bis zur Lsg., Einengen im Vakuum, Zusatz von Ae., Stehen über Nacht, Waschen, Verreiben mit $NaHCO_3$, Aufnahme in 40 ml Bzl., 20 Min. langes Kochen u. Aufarbeiten der Benzolphase: *Äthyl-*, $C_8H_{11}N_3O_2$, F. 168—169°; 62%. — *n-Propyl-*, $C_9H_{13}N_3O_2$, F. 133—134°; 60%. — *Isopropyl-*, F. 136—137°; 55%. — *n-Butyl-*, $C_{10} \cdot H_{15}N_3O_2$, F. 157—158°; 45%. — *Isobutyl-*, F. 124—125°; 37%. — *n-Amyl-*, $C_{11}H_{17}N_3O_2$, F. 126—127°; 49%. — *Isoamyl-*, F. 124—125°; 47%. L. Schuler. 3231 □

Synthese des Bz-Tetrahydrochinolins. F. Zymalkowski und J. Rimek. (Naturwissenschaften 47, 83, 2. Febr.-H. 1960; Hamburg, Univ., Inst. für Pharmaz. Chem.; dt.) — In Analogie zur Darst. von 2-Methyl-3-acetylpyridin (vgl. Bohlmann u. Rahtz, C. 1958, 3602) wird durch Erhitzen von 3-Aminocyclohexen-(2)-on-(1) (**I**) mit Propinal in Dimethylformamid auf 140—150° *5-Oxo-5.6.7.8-tetrahydrochinolin* [**II**; $Kp._6$ 116 bis 117°; 55—60% (Ausbeute)] erhalten u. nach Huang-Minlon mit Hydrazin in 95%ig. Ausbeute zum *5.6.7.8-Tetrahydrochinolin* reduziert. **I** [F. 126—131° (Aceton)] wird aus Cyclohexandion-(1.3) u. NH_3 in Bzl. dargestellt. Durch Verw. von Dimedon oder 1-Phenylcyclohexandion-(3.5) werden die entsprechenden Derivv. von **II** erhalten. W. Winter. 3231 □

Einige Probleme bei der Synthese einer Zwischenstufe eines Antimalariamittels. Mary Marina. (Trans. Illinois State Acad. Sci. 49, 73—76, 1956, herausgeg. 31/1. 1957; Chicago, Ill., Mundelein Coll.; engl.) — Untersucht wird die Darst. von *4.7-Dichlorchinolin* (**III**). — Durch 7½ std. Erhitzen von Benzaldehyd mit 4.7-Dichlorchinaldin (**I**) in Ggw. von $ZnCl_2$ auf 105° wird in 62%ig. Ausbeute *2-Styryl-4.7-dichlorchinolin* (F. 126°) dargestellt, das durch $KMnO_4$ in kaltem Aceton zu *4.7-Dichlorchinaldinsäure* (**II**; F. 183°) oxydiert wird. **II** wird in sd. Dowtherm A quant. zu *4.7-Dichlorchinolin* (**III**; F. 83—84°) decarboxyliert. Die Bromierung von **I** in Eisessig ergibt *2-Tribrommethyl-4.7-dichlorchinolin* [$C_{10}H_4Br_3Cl_2N$, F. 143° (A.); 89% (Ausbeute)], das durch Kochen mit $AgNO_3$-Lsg. zu *4-Hydroxy-7-chlorchinaldinsäure* (**IV**; F. 245—248°) hydrolysiert wird. **IV** wird zu *4-Hydroxy-7-chlorchinolin* (**V**; F. 278°) decarboxyliert. Das durch Bromieren von **I** dargestellte *2-Dibrommethyl-4.7-dichlorchinolin* ($C_{10}H_5Br_2Cl_2N$, F. 190°) wird durch $AgNO_3$ zu *4.7-Dichlorchinaldehyd* (F. 153—155°; *Phenylhydrazon*, $C_{16}H_{11}\cdot Cl_2N_3$, F. 210—213°) hydrolysiert. *4-Hydroxy-7-chlorchinaldin* (F. 326°) wird in quant. Ausbeute dargestellt, das über *2-Tribrommethyl-4-hydroxy-7-chlorchinolin* → **IV** → **V** u. Chlorierung mit $POCl_3$ **III** gibt. K. Lange. 3231

Die Synthese von 8-Aminochinolinderivaten. Vorl. Mitt. Hsiao-Tze Lu [Hiao-tse Lu], Chen-Ku Liu [Tschen-ku Liu], Ch'ing-Sheng Yang [K'ing-schen Yang], Te-Hao Chü [Tei-hao K'ü] und Chi-Chieh Chang [K'i-kie Tschang]. (Acta chim. sinica **22**, 589—92, 1956; Inst. of Med. Sci., Dep. of Chem.; chin., Auszug: engl.) — Fünf neue *6-Methoxy-* bzw. *6-Hydroxy-* bzw. *6-Chlor-8-[dialkylaminoäthylamino]-chinoline* werden aus den entsprechenden 8-Aminochinolinen dargestellt.

Versuche: 8-β-Dialkylaminoäthylaminochinoline, durch Zugabe von 0,1 Mol des 6-substituierten 8-Aminochinolins zu 0,11 Mol β-Dialkylaminoäthylchlorid-hydrochlorid in abs. A., 48—60 std. Kochen, Eindampfen, Lösen in W., Alkalisieren mit 40%ig. NaOH, Ausäthern u. Dest. bei 0,05 Torr; Ausbeute 60—80%. — *8-β-Diisobutylaminoäthylamino-6-methoxychinolindihydrochlorid* (**I**), $C_{20}H_{33}Cl_2N_3O$, F. 169—170°. — *8-β-Diäthylaminoäthylamino-6-methoxychinolindihydrochlorid*, $C_{16}H_{25}Cl_2N_3O$, F. 198 bis 200°. — *8-β-Diallylaminoäthylamino-6-methoxychinolindihydrochlorid*, $C_{18}H_{25}Cl_2N_3O$, F. 182—184°. — *8-β-Diisobutylaminoäthylamino-6-chlorchinolin-tris-phosphat*, $C_{19}H_{37}Cl\cdot N_3O_{12}P_3$, F. 152—155°. — *8-β-Di-n-butylaminoäthylamino-6-chlorchinolin-tris-phosphat*, $C_{19}H_{37}ClN_3O_{12}P_3$, F. 124—126°. — *8-β-Diallylaminoäthylamino-6-chlorchinolindihydrochlorid*, $C_{17}H_{22}Cl_3N_3$, F. 190—193°. — *8-β-Diisobutylaminoäthylamino-6-hydroxychinolindihydrobromid*, $C_{19}H_{31}Br_2N_3O$, F. 216—217°, durch Spaltung von **I** mit HBr. L. Schuler. 3231 □

Struktur der 1.3-O-Benzylidenglycerine. J. S. Brimacombe, A. B. Foster und M. Stacey. (Chem. and Ind. **1958**, 1228—29, 20/9.; Edgbaston, Birmingham, Univ., Chem. Dep.; engl.) — Vgl. C. **1943**, I. 1768. — Die Strukturen der durch sauer katalysierte Rk. von Benzaldehyd mit Glycerin entstehenden isomeren *1.3-O-Benzylidenglycerine vom F. 83—84°* (**I**) bzw. *F. 63—64°* (**II**) werden IR-spektroskop. aufgeklärt. Danach ist **I** die *cis*-Form (Sesselkonformation mit axialer HO- u. äquatorialer Phenylgruppe), **II** ist ein Gemisch der beiden konformationsisomeren *trans*-Formen **IIa** (axiale Phenyl- u. HO-Gruppe) u. **IIb** (äquatoriale Phenyl- u. HO-Gruppe). Da in **IIa** (im Gegensatz zu **IIb**) die Ausbldg. intramol. H-Brückenbindungen zu den Ring-O-Atomen möglich ist, findet man die HO-Valenzschwingung sowohl bei 3633 als auch bei 3593 cm^{-1}. Die Strukturen werden durch KMR-Spektren von **I**-*Acetat* (F. 100—101°) u. **II**-*Acetat* (F. 115—116°) gesichert. L. Lamza. 3252

Einige Reaktionen der 1.3-O-Benzylidenglycerine. N. Baggett, A. B. Foster und M. Stacey. (Chem. and Ind. **1958**, 1229—30, 20/9.; Edgbaston, Birmingham, Univ., Chem. Dep.; engl.) — Vgl. vorst. Referat. — *cis-* (*cis*-**I**) u. *trans-1.3-O-Benzylidenglycerin* (*trans*-**I**) können durch Chromatographie an Al_2O_3 leicht getrennt werden; trans-**I** wird von Al_2O_3 stärker adsorbiert. Beim Behandeln von reinem cis- oder trans-**I** mit Al-Isopropylat entstehen Gemische beider Formen, in denen cis-**I** überwiegt. Durch Acetylierung von cis-**I** mit Acetanhydrid/Pyridin wird das reine *Acetyl-Deriv.* (F. 100 bis 101°) gebildet, aus trans-**I** entsteht dagegen ein *Gemisch* aus *cis-* u. *trans*-**I**-*Acetat* vom F. 115—116°, in dem das cis-Isomere überwiegt. Das Gemisch kann durch Chromatographie an Al_2O_3 getrennt werden. Die Struktur der Acetate wird durch Auswertung ihrer KMR-Spektren gesichert. Durch Behandlung von cis-**I** mit Na, NaH oder $NaNH_2$ in Bzl. u. anschließende Rk. mit Benzylbromid entsteht *cis-1.3-O-Benzyliden-2-O-benzylglycerin* (*cis*-**II**; $C_{17}H_{18}O_3$, F. 75—76°), aus trans-**I** ein Gemisch aus *cis-* u. *trans*-**II** vom F. 91—92°, in dem trans-**II** überwiegt u. das ebenfalls chromatograph. trennbar ist. Die Hydrolyse von cis- oder trans-**II** liefert *2-O-Benzylglycerin*. Aus reinem cis- oder trans-**II** wird bei Einw. von HCl in Bzl. bei 50° ein 1:2-Gemisch aus cis- u. trans-**II** gebildet. L. Lamza. 3252

Chlorierung von 2.3-Äthylendioxy-1.4-dioxan. L. A. Cort und R. G. Pearson. (Chem. and Ind. **1959**, 515, 18/4.; London, Battersea Coll. of Technol.; engl.) — Durch

25std. Chlorierung von 88,6 g 2.3-Äthylendioxy-1.4-dioxan in Ggw. von J_2 zuerst bei 140° u. dann bei 100° u. fraktionierte Dest. des Rk.-Gemisches (119 g) wurden 8,4 g einer Fraktion vom $Kp._{0,3}$ 107—112° erhalten, aus der 4,9 g *Oxalsäure-bis-[2-chloräthyl]-ester* (I, $C_6H_8Cl_2O_4$, F. 39—40°; aus Ae.–PAe. Tafeln) auskristallisierten. Als erstes Chlorierungs-Prod. wird *2.3-Dichlor-2.3-äthylendioxy-1.4-dioxan* angenommen, das sich in Analogie zu den entsprechenden Brom-Verbb. in I umlagert. K. Zieloff. 3252

Pyrimidinsynthesen aus α-Formimidoyl-p-chlorbenzylcyanid. D. P. Hansell. (Chem. and Ind. **1959**, 884, 4/7.; Dartford, Wellcome Chem. Works, Chem. Dev. Labor.; engl.) — α-Formimidoyl-p-chlorbenzylcyanid bzw. p-Chlorbenzylcyanid u. Formamid reagieren mit Guanidincarbonat (I) oder Harnstoff (II) in sd. A. in Ggw. von Alkali in guter Ausbeute zu *4-Amino-5-[p-chlorphenyl]-pyrimidin.* Nebenprodd. sind *2.4-Diamino-5-[p-chlorphenyl]-pyrimidin* ($C_{10}H_9ClN_4$, F. 192—193°) bei Verw. von I u. *4-Amino-5-[p-chlorphenyl]-2-hydroxypyrimidin* [*5-[p-Chlorphenyl]-cytosin,* $C_{10}H_8ClN_3O$, F. 380° (Zers.)] bei Verw. von **II**. K. Zieloff. 3272

Über die Synthese von Thiazolyl-(2)-guanidinen und Thiazolyl-(2)-pyrimidyl-(2')-aminen. Heinrich Hantschel. (Wiss. Z. Ernst Moritz Arndt-Univ. Greifswald, math.-naturwiss. R. **8,** 170—71, 1958/59; Greifswald, Inst. für Org. Chem.; dt.) — Durch Kondens. von Guanylthioharnstoff mit α-Halogenketonen wurden 10 (im Original nicht genannte) substituierte *Thiazolyl-(2)-guanidine* dargestellt. Sie sind starke einsäurige Basen, beständig gegen Säuren, Laugen, HNO_2; mit Säurechloriden u. -anhydriden entstehen die *Diacyl-Verbindungen.* Durch Kondens. mit β-Dicarbonyl-Verbb. (Acetylaceton, Acetessigester, Cyanessigester) entstehen *Thiazolyl-(2)-pyrimidyl-(2')-amine,* die auch durch Rk. von Guanylthioharnstoff mit β-Dicarbonyl-Verbb. zu *Pyrimidyl-(2)-thioharnstoffen* u. nachfolgende Kondens. mit α-Halogenketonen erhalten werden. Bei der Kondens. von Thiobiuret mit α-Halogenketonen entstehen *Thiazolyl-(2)-harnstoffe.* P. Becker. 3272

Die Methylierung von Adenosin und Adenylsäure. P. Brookes und P. D. Lawley. (J. chem. Soc. [London] **1960,** 539—45, Febr.; London, Roy. Cancer Hosp., Inst. of Cancer Res.; Chester Beatty Res. Inst.; engl.) — Die Methylierung von Adenosin (**I**) mit Dimethylsulfat (**II**) in Dimethylformamid (**III**) u. nachfolgende Hydrolyse ergeben als Hauptprodd.: *1-* (**IV**) u. *3-Methyladenin* (**V**), *5-Aminoimidazol-4-N'-methylcarbonamidin* (**VI**) u. *1.3-Dimethyladenin* (**VII**), deren Trennung durch Ionenaustauschchromatographie erfolgte. **IV** gibt durch Behandlung mit Säure **VI.** Die UV-Spektren der Substanzen werden angegeben. Die Methylierung von Adenylsäure (**VIII**) in wss. Lsg. bei pH 7 erfolgt am $N_{(1)}$ u. $N_{(3)}$. Die Behandlung von *1-Methyladenylsäure* u. **IV** mit Alkali ergibt eine Verlagerung der CH_3-Gruppe von $N_{(1)}$ zur NH_2-Gruppe.

Versuche: *1.3-Dimethyladenin* (**VII**), *Hydrochlorid,* durch 2std. Erhitzen von **I** u. **II** in **III** auf 100°, Abziehen des Lsgm. u. 1std. Kochen in 1n HCl (Meth. **A**); 6% (Ausbeute); daneben **IV, V, VI** u. *Adenin* als *Hydrochloride. Sulfat,* $C_7H_{11}N_5O_4S$, F. 302—303°, aus CH_3OH Nadeln. *Pikrat,* $C_{13}H_{12}N_8O_7$, F. 256—257°, aus W. Platten. — *3-Methyladenin* (**V**), *Hydrochlorid,* a) nach **A** neben **IV-, VI-** u. **VII**-*Hydrochloriden;* 7%; b) durch 1std. Einw. von **II** auf **VIII** in 0,4n Phosphatpuffer bei 37° u. 1std. Hydrolyse bei 100° mit 1n HCl (Meth. **B**). *Sulfat,* F. 268—270°, aus CH_3OH Nadeln. *Pikrat,* $C_{12}H_{10}N_8O_7$, sublimiert ab 270°, aus W. Nadeln. — *1-Methyladenin* (**IV**), *Hydrochlorid,* nach **A** neben den **V-** u. **VII**-*Hydrochloriden;* 31%; nach **B** neben **V**-HCl. *Sulfat,* $C_6H_9N_5O_4S$, F. 276 bis 278°, aus CH_3OH Prismen. *Pikrat,* $C_{12}H_{10}N_8O_7$, F. 253—255°, aus W. gelbe Prismen. — *5-Aminoimidazol-4-N'-methylcarbonamidin* (**VI**), *Dihydrochlorid,* $C_5H_{11}Cl_2N_5$, F. 233°, a) nach **A**; 20%; b) durch 2std. Kochen von **IV**-HCl in 6n HCl; aus CH_3OH–Essigester Nadeln. *Dipikrat,* $C_{17}H_{15}N_{11}O_{14}$, F. 200—201°, aus W. gelbe Nadeln. — *6-Methylaminopurinribosid* (**IX**), durch 1std. Behandlung von **VIII** mit **II** in Phosphatpuffer-Lsg., Papierchromatographie, Eluierung des Haupt-Prod. mit W., Einstellung des pH auf 11,7 u. Erwärmen auf 37°. — *6-Methylaminopurin,* a) durch 18std. Erhitzen von **IV**-Sulfat mit NH_4OH im Rohr auf 100°; b) durch 1std. Erwärmen von **IX** mit konz. HCl auf 100°. — *5-Aminoimidazol-4-carbonamid,* aus **VI**-HCl analog vorst. Verb. nach a); 40%; daneben 4 nichtidentifizierte Verbindungen. K. Hunger. 3272 □

Eine neue Synthese von Phenazasilinderivaten. H. Gilman und E. A. Zuech. (Chem. and Ind. **1958,** 1227—28, 20/9.; Ames, Iowa, Iowa State Coll., Chem. Labor.; engl.) — *5-Äthyl-10.10-diphenyl-* (N = 5) u. *5-Äthyl-10-methyl-10-phenylphenazasilin* sowie *5.5'-Diäthyl-10.10'-spirobiphenazasilin* werden dargestellt.

Versuche: *N-Äthyl-2.2'-dibromdiphenylamin,* $C_{14}H_{13}Br_2N$, $Kp._{0,04}$ 131—133°, F. 72—74° (PAe.), durch Versetzen von 2.2'-Dibromdiphenylamin mit CH_3Li in Ae.,

Zugabe von Diäthylsulfat in Tetrahydrofuran, Abdampfen des Ae. u. 15std. Kochen; 83% (Ausbeute). — *5-Äthyl-10.10-diphenylphenazasilin*, F. 121—123°, durch 1std. Rk. vorst. Verb. mit 2 Mol n-Butyl-Li bei 0°, Zugabe von Dichlordiphenylsilan in Ae. u. 28std. Rühren bei Raum-Temp.; 49%. — *5-Äthyl-10-methyl-10-phenylphenazasilin*, $C_{21}H_{21}NSi$, Kp.$_{0,01}$ 160—167°, F. 62—64° (A.), analog vorst. Verb. mit Dichlormethylphenylsilan; 72%. — *5.5'-Diäthyl-10.10'-spirobiphenazasilin*, $C_{28}H_{26}N_2Si$, F. 215,5 bis 217° (Äthylacetat), analog vorst. Verb. mit ½ Mol $SiCl_4$ in sd. Toluol; 44%.
L. Lamza. 3292

Darstellung und metallkomplexbildende Eigenschaften von 2-Salicylidenamino-4.6-diamino-1.3.5-triazin. Q. Fernando und H. Freiser. (Chem. and Ind. **1958,** 1230—31, 20/9.; Pittsburgh, Pa., Univ., Dep. of Chem.; engl.) — Durch Erhitzen von Melamin (**II**) mit Salicylaldehyd bis zur Bldg. eines gelbbraunen Prod., Filtration u. Waschen mit A., Ae. u. dest. W. wird *2-Salicylidenamino-4.6-diamino-1.3.5-triazinmonohydrat* (**I**; $C_{10}H_{10}N_6O \cdot H_2O$) gebildet. **I** ist unlösl. in organ. Lsgm., wird durch 1n HCl langsam, durch 1std. Einw. von 0,1n HCl jedoch nicht hydrolysiert u. gibt durch Kochen mit NH_4OH (1:1) **II**. Seine Konstit. wird durch Röntgenbeugung, IR-Spektrum u. seine saure Dissoziations-Konst. gesichert. **I** bildet in Abhängigkeit vom pH-Wert farbige *Chelate* mit Cu^{2+}- (grün, pH 4), Co^{2+}- (grün, pH 8,5), Fe^{3+}- (braunviolett; pH 2,5) u. U^{4+}-Ionen (orangegelb; pH 8,5). Die Ni^{2+}-, Zn^{2+}- u. Cd^{2+}-*Chelate* sind farblos. Die Trennung von Cu^{2+}/Co^{2+}-, Fe^{3+}/Cu^{2+}- u. Fe^{3+}/U^{4+}-Salzen an einer **I**-Säule wird beschrieben.
L. Lamza. 3313

Synthese vielgliedriger, stickstoffhaltiger Ringverbindungen. 1. Mitt. **Derivate von 2-Isopropyl-5-methylhexamethylenimin.** Chi-Jung Lu [K'i-jung Lu] und F. F. Blicke. (Acta chim. sinica **22,** 507—12, 1956; Kanton, Sunyatsen Univ.; Univ. of Michigan, Coll. of Pharm.; chin., Auszug: engl.) — *2-Isopropyl-5-methylhexamethylenimin* (**I**) wird aus Menthol nach Wallach [1893] über die *7-Keto*-Verb. von **I** durch deren Red. mit $LiAlH_4$ dargestellt. Das N-Methyl-Deriv. von **I** wird aus **I** durch Rk. mit Chloral zu *N-Formyl*-**I** u. durch dessen Red. mit $LiAlH_4$ gewonnen. Ferner wird aus **I** durch Rk. mit Äthylenchlorhydrin (**II**) u. Alkali das *N-[β-Hydroxyäthyl]-Deriv.* (**III**) u. aus diesem das *p-Nitrobenzoat* sowie durch dessen Red. mit H_2/PtO_2 das *p-Aminobenzoat* dargestellt. Außerdem wird **III** mit $SOCl_2$ in *N-[β-Chloräthyl]*-**I** umgewandelt.

Versuche: *2-Isopropyl-5-methyl-7-oxohexamethylenimin*, F. 119—120° (PAe.), aus Menthonoxim durch Eintragen in konz. H_2SO_4 unter Rühren bei 102—105°, 10 Min. langes Rühren bei 102—105°, Kühlen auf 0° u. Neutralisieren mit 5%ig. NaOH; 75% (Ausbeute). — *2-Isopropyl-5-methylhexamethylenimin* (**I**), Kp.$_{15}$ 84,5—85,5°, aus vorst. Verb. u. $LiAlH_4$ in Ae. in 3 Std. (Soxhlet-Meth.); 90%. *Hydrochlorid*, $C_{10}H_{21}N \cdot HCl$, F. 150—150,5°. *N-Formyl-Deriv.*, $C_{11}H_{21}NO$, Kp.$_2$ 87—88°, aus **I** durch Zutropfen von Chloral u. Rühren (2 Std. bei Raum-Temp. u. ½ Std. auf dem Wasserbad), Dest. des Chlf. u. Vakuumfraktionierung; 90%. *N-Methyl-Deriv.*, Kp.$_{56}$ 102—104°, aus vorst. Verb. u. $LiAlH_4$ in Ae. (Soxhlet; 6 Std.); 85%; *Hydrochlorid*, $C_{11}H_{24}ClN$, F. 145—146°. *N-[β-Hydroxyäthyl]-Deriv.* (**III**), Kp.$_2$ 85—87°, aus **I** u. **II** in 12 Std. auf dem Wasserbad; 52%; *Methojodid*, $C_{13}H_{28}JNO$, F. 206—207°; *p-Nitrobenzoathydrochlorid*, $C_{19}H_{29}ClN_2O_4$, F. 165—167°, aus **III** u. p-Nitrobenzoylchlorid in Bzl. durch 3std. Kochen; 90%; *p-Aminobenzoathydrochlorid*, $C_{19}H_{31}ClN_2O_2$, F. 186—187°, aus dem p-Nitrobenzoat in abs. A. durch katalyt. Red. in Ggw. von PtO_2 bei Raum-Temp.; 94%. *N-[β-Chloräthyl]-Deriv.*, *Hydrochlorid*, $C_{12}H_{25}Cl_2N$, F. 188—189° (Isopropanol), aus **III** mit $SOCl_2$ in Bzl. in 12 Std. auf dem Wasserbad; 70%.
L. Schuler. 3370□

Synthese vielgliedriger, stickstoffhaltiger Ringverbindungen. 2. Mitt. **Derivate von 1-Methylhexamethylenimin und 1-Methylheptamethylenimin.** Chi-Jung Lu [K'i-jung Lu] und F. F. Blicke. (Acta chim. sinica **22,** 513—23, 1956; chin., Auszug: engl.) — 1. vgl. vorst. Referat. — *Cyclohexanon-2-carbonsäureäthylester* (**I**) wird aus Cyclohexanon durch Kondens. mit Oxalsäurediäthylester (**VI**) u. Abspaltung von CO aus dem prim. erhaltenen 2-Ketocyclohexylglyoxylsäureäthylester durch Erhitzen mit Glas- u. Fe-Pulver erhalten. Durch Schmidt-Rk. von **I** mit $NaN_3 + H_2SO_4$ in Chlf. bildet sich *7-Ketohexamethylenimin-2-carbonsäureäthylester* (**II**), dessen F. nicht mit den Angaben von Shechter u. Kirk (C. **1952,** 3149) übereinstimmt u. dessen Struktur durch Hydrolyse zu *α-Aminopimelinsäure* sichergestellt ist. **II** ergibt durch Red. mit $LiAlH_4$ *2-Hydroxymethylhexamethylenimin* (**III**), dessen HCl-Salz nach Mannich mit Acetophenon (**VII**) u. CH_2O zu *1-β-Benzoyläthyl-2-hydroxymethylhexamethylenimin* kondensiert wird. — **III** wird durch Chloral (**VIII**) in das *N-Formyl-Deriv.* von **III** übergeführt u. dieses wiederum durch $LiAlH_4$ in *N-Methyl*-**III** (**IV**). Weiter wird **IV** in das *p-Nitro-* u. das *p-Aminobenzoat* übergeführt. **IV** wird durch Diphenylbrommethan (**IX**) in den *Benzhydryläther* verwandelt. *1-Methyl-2-hydroxymethylheptamethylenimin* (**V**) wird in analoger Weise aus Cycloheptanon (**X**) erhalten u. in das *p-Nitro-* u. *p-Aminobenzoat* verwandelt. Das Prod. der Rk. von **V** mit Diphenylacetylchlorid (**XI**) ließ sich mit CH_3Br in *N-Methyl-2-hydroxymethylheptamethyleniminidiphenylacetatmethobromid* umwandeln.

Versuche: *Cyclohexanon-2-carbonsäureäthylester* (**I**), $Kp._{12}$ 108—112°. — *7-Oxo-hexamethylenimin-2-carbonsäureäthylester* (**II**), $C_9H_{15}NO_3$, F. 49—51°, $Kp._1$ 127—129°, durch Zugabe von 17 g **I** zu Chlf. + konz. H_2SO_4 bei 0°, Zusatz von 6,5 g NaN_3 < 10°, 1std. Rühren, Gießen auf Eis, Extraktion der wss. Schicht mit Chlf. u. Aufarbeitung; 54% (Ausbeute). — *α-Aminopimelinsäure*, F. 223—224° (W.), durch 12std. Kochen von **II** in 47% ig. H_2SO_4, Zusatz von $Ba(OH)_2$-Lsg. u. Neutralisieren; 28%. — Hexamethylenimine: *2-Hydroxymethyl-* (**III**), $Kp._{15}$ 118—120°, aus **II** in sd. abs. Ae. u. $LiAlH_4$ in 6 Std.; 75%. *Hydrochlorid*, $C_7H_{16}ClNO$, F. 129—130°. *1-[β-Benzoyläthyl]-Deriv.*, *Hydrochlorid*, $C_{16}H_{24}ClNO_2$, F. 138—139°, aus 2,7 g vorst. Hydrochlorid, 2,4 g **VII** u. 0,9 g Paraformaldehyd in A. + wenig konz. HCl durch 12std. Kochen u. Zusatz von Aceton; 43%. *N-Formyl-Deriv.*, $C_8H_{15}NO_2$, $Kp._{0,05}$ 133—136°, aus 47 g **III** durch Zutropfen von 55 g **VIII** unter Kühlen u. Rühren, 2std. Rühren bei Raum-Temp. oder ½ Std. auf dem Dampfbad u. Aufarbeiten unter Ausschluß von W.; 89%. *N-Methyl-Deriv.* (**IV**), $Kp._{16}$ 106 bis 109°, aus 51,5 g des N-Formyl-Deriv. durch Red. mit $LiAlH_4$ in abs. Ae.; 90%; *Methojodid*, $C_9H_{20}JNO$, F. 235—237° (Zers.); *p-Nitrobenzoat*, *Hydrochlorid*, $C_{15}H_{21}\cdot ClN_2O_4$, F. 159—160°; 95%; *p-Aminobenzoat*, *Hydrochlorid*, $C_{15}H_{23}ClN_2O_2$, F. 213—215°; 93%; *Benzhydryläther*, $Kp._{0,01}$ 145—147°, aus 10 g **IV**, 17,3 g **IX** u. K_2CO_3 durch Rühren im N_2-Strom, 4std. Erhitzen auf 150—160°, Zusatz von W., Ausäthern, Ausziehen der Ae.-Lsg. mit 5% ig. HCl, Alkalisieren mit K_2CO_3 u. Aufarbeiten; 13,3 g; 60% (*Hydrochlorid*, $C_{21}H_{28}ClNO$, F. 154—155°. *Methobromid*, $C_{22}H_{30}BrNO$, F. 164—166°). — Heptamethylenimine: *8-Oxo-*, *2-Carbonsäureäthylester*, $C_{10}H_{17}NO_3$, F. 96—98° (PAe.), aus 22 g **X**-*2-Carbonsäureäthylester* (aus **X** + **VI**) in Chlf. u. konz. H_2SO_4 mit 9,1 g NaN_3. — *2-Hydroxymethyl-* (**XII**), $Kp._{10}$ 118—120°, aus vorst. Verb. mit $LiAlH_4$ in abs. Ae.; 70%. *N-Methyl-Deriv.*, *Hydrojodid*, $C_9H_{20}JNO$, F. 238—239°. *N-Formyl-Deriv.*, $C_9H_{17}NO_2$, $Kp._3$ 162—165°, aus 8 g **XII** u. 8,2 g **VIII**; 80%. *N-Methyl-Deriv.* (**V**), $Kp._{11}$ 112—114°, aus dem Formyl-Deriv. in abs. Ae. mit $LiAlH_4$; *Methojodid*, $C_{10}H_{22}JNO$, F. 234—235° (Zers.); *p-Nitrobenzoat*, *Hydrochlorid*, $C_{16}H_{23}ClN_2O_4$, F. 123—125°, aus **V**; 95%; *p-Aminobenzoat*, *Hydrochlorid*, $C_{16}H_{25}ClN_2O_2$, F. 203—205°, aus dem p-Nitrobenzoat; 95%; *Diphenylacetat*, aus 3,5 g **V** mit 5 g **XI** [*Methobromid*, $C_{24}H_{32}BrNO_2$, F. 132—134° (Aceton/Ae.)]. L. Schuler. 3370□

Über Guanyl- und Nitroguanylhydrazone von α-Halogenketonen und die Bildung substituierter 1.2.4-Triazacyclooctatetraene. Theodor Pyl. (Wiss. Z. Ernst Moritz Arndt-Univ. Greifswald, math.-naturwiss. R. **8**, 169—70, 1958/59; Greifswald, Inst. für Org. Chem.; dt.) — *1.2.4-Triaza-3-amino-5.8-diphenylcyclooctatetraen* (**I**), $C_{17}H_{14}N_4$, aus ω-Bromacetophenon u. Aminoguanidin in alkohol. HBr u. Hydrolyse des *ω-Bromacetophenonguanylhydrazonhydrobromids* in abs. Methanol mit schwachen Basen (NH_3, Na-, K-Acetat); orangefarbene Prismen; 45% (Ausbeute). — *1.2.4-Triaza-3-amino-5.8-bis-[p-chlorphenyl]-cyclooctatetraen*, entsprechend **I** aus p-Chlor-ω-bromacetophenon; orangegelbe Kristalle. — *1.2.4-Triaza-3-amino-5.8-bis-[p-bromphenyl]-cyclooctatetraen*, entsprechend **I** aus p.ω-Dibromacetophenon; orangegelbe Kristalle. — *1.2.4-Triaza-3-amino-5.8-bis-[m-nitrophenyl]-cyclooctatetraen*, entsprechend **I** aus m-Nitro-ω-bromacetophenon; orangegelbe Kristalle. — *N-Phenyl-N'-[1.2.4-triaza-5.8-diphenylcyclooctatetraenyl-(3)]-thioharnstoff*, aus **I** u. Phenylsenföl. — *N-Phenyl-N'-[1.2.4-triaza-5.8-diphenylcyclooctatetraenyl-(3)]-harnstoff*, aus **I** u. Phenylisocyanat. — *3.3'-Azo-[1.2.4-triaza-5.8-diphenylcyclooctatetraen]*, durch Oxydation von **I** mit H_2O_2 in alkal. Medium; tiefgelb. P. Becker. 3380

Eine unerwartete Reaktion der 3.5-Di-O-benzoyl-2-desoxy-D-ribose. M. Grace Blair, David Lipkin, John C. Sowden und Donald R. Strobach. (J. org. Chemistry **25**, 1679—80, Sept. 1960; St. Louis, Mo., Washington Univ., Dep. of Chem.; engl.) — Bei der Umsetzung von 3.5-Di-O-benzoyl-2-desoxy-D-ribose (**I**) mit Benzylphenylhydrazin (**II**) wird nicht das Benzylphenylhydrazon von **I** erhalten, sondern es entsteht unter gleichzeitiger Abspaltung von Benzoesäure *5-O-Benzoyl-D-glycero-4.5-dihydroxypenten-(2)-albenzylphenylhydrazon.* Dieses läßt sich über einige Zwischenstufen zu *Bernsteinsäure* abbauen. Rk. von **I** mit Acetanhydrid (**III**) in Pyridin liefert *1-O-Acetyl-3.5-di-O-benzoyl-2-desoxy-D-ribose.*

Versuche: *Methyl-3.5-di-O-benzoyl-2-desoxy-α.β-D-ribofuranosid*, $Kp._{0,0001}$ 135 bis 138°, durch Umsetzung von 2-Desoxy-D-ribose mit methanol. 0,14n HCl, Durch-

schicken durch mit CH_3OH angefeuchtetes Duolite A-4, Eindampfen der Lsg. im Vakuum, Auflösen des sirupösen Rückstandes in Pyridin, Behandeln mit Benzoylchlorid bei 0°, Zugabe von W. nach 24std. Stehenlassen bei Raum-Temp., Eindampfen, Aufnehmen in Chlf., Einengen der mit verd. H_2SO_4, W. u. $NaHCO_3$ gewaschenen Chlf.-Lsg. u. fraktionierte Dest.; n_D^{22} 1,5456, $[\alpha]_D^{33}$ +41° (c = 1,5; Chlf.); 70% (Ausbeute). — *3.5-Di-O-benzoyl-2-desoxy-D-ribose* (I), durch Lösen von 8,4 g vorst. Verb. in wss. Aceton, Zugabe von 6n HCl, Durchschicken nach 2tägigem Stehenlassen bei Raum-Temp. durch Duolite A-4, Einengen im Vakuum, Aufnehmen in Chlf. u. Einengen; 7,2 g. — *5-O-Benzoyl-D-glycero-4.5-dihydroxypenten-(2)-albenzylphenylhydrazon*, $C_{25}H_{24}N_2O_3$, F. 138—139° (Bzl.–Ae.), durch Lösen von 7,2 g I in A., Zugabe von 4,7 g II, Ausziehen mit PAe. nach 24 Std. u. Verdünnen des Rückstandes mit A. u. W.; $[\alpha]_D^{20}$ —14° (c = 2; Bzl.); 3,4 g. — *5-O-Benzoyl-D-glycero-4.5-dihydroxypentanalbenzylphenylhydrazon*, $C_{25}H_{26}N_2O_3$, F. 98 bis 99° (Ae.), durch Hydrierung von 3,4 g vorst. Verb. in Essigester an Pd-Kohle u. Einengen der filtrierten Lsg.; $[\alpha]_D^{25}$ +3,7° (c = 3,6; Bzl.); 2,66 g. — *D-glycero-4.5-Dihydroxypentanalbenzylphenylhydrazon*, $C_{18}H_{22}N_2O_2$, F. 77—78° (A.–Ae.–PAe.), durch 5std. Kochen von 1,5 g vorst. Verb. mit 0,3 g Na in 300 ml CH_3OH u. Einengen der von Ionen befreiten Lsg.; $[\alpha]_D^{25}$ —14° (c = 3,4; abs. A.); 1,05 g. — *Bernsteinsäure*, F. 178 bis 180°, durch 24std. Schütteln von 570 mg vorst. Verb. mit 1 ml Benzaldehyd, 0,3 g Benzoesäure u. 15 ml W., 7std. Behandeln der mit Ae. gewaschenen wss. Lsg. mit Na-Metaperjodat bei Raum-Temp., Zugabe von wenig Äthylenglykol, Umsetzung der von Ionen befreiten Lsg. mit $KMnO_4$, Zers. von überschüssigem $KMnO_4$ nach 4 Std. mit Acetaldehyd, Einengen der von MnO_2 abfiltrierten u. von Ionen befreiten Lsg., Aufnehmen in verd. NaOH, Einengen der mit Essigester gewaschenen, von Ionen befreiten Lsg. u. Isolierung als *p-Brombenzylisothiuroniumsalz*, F. 167°; 100 mg. — *1-O-Acetyl-3.5-di-O-benzoyl-2-desoxy-D-ribose*, $C_{21}H_{20}O_7$, F. 88—89° (Ae.–PAe.), durch Rk. von 840 mg I mit III in Pyridin bei 0° u. Gießen in Eiswasser; $[\alpha]_D^{27}$ —23,7° (c = 2; Chlf.); 205 mg.
A. Bull. 3400□

Eine neue einfache Synthese des 1-O-Acetyl-2.3.5-tri-O-benzoyl-β-D-ribofuranosids. E. F. Recondo und H. Rinderknecht. (Helv. chim. Acta **42**, 1171—73; 15/6. 1959; Los Angeles, Calif., California Corporation for Biochem. Res.; dt.) — Durch Methylierung von D-Ribose (I) zu *1-O-Methylribofuranosid*, Benzoylierung zu *1-O-Methyl-2.3.5-tri-O-benzoyl-D-ribofuranosid* u. Rk. mit Eisessig–Acetanhydrid–H_2SO_4 entsteht direkt *1-O-Acetyl-2.3.5-tri-O-benzoyl-β-D-ribofuranose*.

Versuche: *1-O-Acetyl-2.3.5-tri-O-benzoyl-β-D-ribofuranose*, $C_{28}H_{24}O_9$, F. 131—132° (Isopropanol), durch Zusatz von methanol. HCl zu I in Methanol, Neutralisieren mit Pyridin, Abdestillieren des Lsgm., Zusatz von Pyridin, Dest., Zugabe von Benzoylchlorid zum Dest.-Rückstand in Chlf. u. Pyridin, mehrstd. Stehen in der Kälte, Gießen in Eiswasser, Abtrennen der organ. Phase u. zweimalige Extraktion der wss. Schicht mit Chlf., Eindampfen der organ. Lsg. im Vakuum, Lösen des roten, öligen Rückstands in Essigsäure/Acetanhydrid, Zugabe von konz. H_2SO_4 unter Rühren u. Eiskühlung, mehrstd. Stehen in der Kälte u. Gießen in Eiswasser; $[\alpha]_D^{22}$ +45,1 ± 1,4° (Chlf.; c = 1,32); 56% (Ausbeute).
K. Zieloff. 3400

Zusammenhang zwischen dem pH wässeriger Glucoselösungen und der Färbung beim Erhitzen. Yoshiro Yoshihiro und Matao Nakamura. (J. chem. Soc. Japan, ind. Chem. Sect. [Kōgyō Kagaku Zassi] **63**, 161—65, Jan. 1960; jap., Auszug: engl. S. A 8) — Vgl. C. **1961**, 12093. — Wss. Lsgg. von *Glucose* (I) verschiedener Acidität (pH 2—7) werden unter gleichen Bedingungen auf 100 bzw. 134° erhitzt, wobei die Lsgg., deren pH zwischen 3 u. 4 liegt, am schwächsten gefärbt werden. Die gegen pH aufgetragene Menge an gebildetem *5-Hydroxymethylfurfurol* (HMF) zeigt jedoch bei pH 3,6 ein Maximum. Saure Lsgg. von HMF werden beim Erhitzen unter entsprechenden Bedingungen kaum gefärbt, u. die Färbung der I-Lsg. wird durch Zusatz von HMF vor dem Erhitzen nur wenig verstärkt. Vff. schließen daher, daß die Bldg. von HMF keinen direkten Zusammenhang mit der Färbung der I-Lsg. hat.
E. Maekawa. 3400□

Synthese von 2-[α-D-Galaktosido]- und 2-[β-L-Arabinosido]-D-glucose. Jochen Lehmann und Dieter Beck. (Liebigs Ann. Chem. **630**, 56—58, 17/5. 1960; Freiburg, Univ., Chem. Labor.; dt.) — 1.3.4.6-Tetraacetyl-D-glucose (I) wird mit α-Acetobrom-D-galaktose (II) bzw. β-Acetobrom-L-arabinose (III) in Nitromethan (IV) unter Verw. von $Hg(CN)_2$ kondensiert. Nach Desacetylierung der Kondens.-Prodd. werden *2-[α-D-Galaktosido]-D-glucose* (VI) u. *2-[β-L-Arabinosido]-D-glucose* erhalten.

Versuche: *Oktaacetyl-2-[α-D-galaktosido]-D-glucose* (V), $C_{28}H_{38}O_{19}$, F. 176—178° (abs. CH_3OH; Nadeln), durch 15std. Schütteln von I, II u. $Hg(CN)_2$ in IV bei Raum-Temp., Eindampfen der von Salzen abdekantierten, filtrierten Lsg., Aufnehmen in Ae.,

Eindampfen der wiederholt mit 2n NaOH u. mit W. gewaschenen Ae.-Lsg. u. Lösen des Rückstands in wenig abs. CH_3OH; $[\alpha]_D^{24}$ +153° ($CHCl_3$); 27% (Ausbeute). — *2-[α-D-Galaktosido]-D-glucose* (**VI**), $C_{12}H_{22}O_{11}$, F. 155° (Zers.; abs. CH_3OH; Nadeln), durch Aufbewahren von **V** mit $NaOCH_3$ in CH_3OH in der Kälte; $[\alpha]_D^{24}$ +161° → +153° (W.). — *Heptaacetyl-2-[β-L-arabinosido]-D-glucose*, aus **I**, **III** u. $Hg(CN)_2$ in **IV** analog **V**; Sirup; 25%. — *2-[β-L-Arabinosido]-D-glucose*, $C_{11}H_{20}O_{10}$, F. 210—220° (Zers.; Nadeln), aus vorst. Verb. analog **VI**; $[\alpha]_D^{24}$ +165 → +151° (W.). J. Gante. 3400□

Saure Epimerisierung von D-Glucose. Yasuo Ohno und Kyle Ward jun. (J. org. Chemistry **26**, 3928—31, Okt. 1961; Appleton, Wis., Inst. of Paper Chem.; engl.) — Durch Erhitzen von *D-Glucose* in verd. H_2SO_4 oder durch langes Stehen in 8 n H_2SO_4 entstehen geringe Mengen *Fructose* neben wenig *β-Sophorose*, *β-Nigerose*, *Maltose*, *Gentiobiose*, *Cellobiose* u. *höhere Oligosaccharide*. Die Zucker wurden papierchromatograph. nachgewiesen, Fructose außerdem durch IR-Spektrographie identifiziert. *Mannose* wurde nicht gefunden. E. Schraven. 3400□

Isolierung von Laminaribiose aus Hydrol. Akio Sato, Kazuho Watanabe und Kiyoshi Aso. (Chem. and Ind. **1958**, 887, 12/7.; Sendai, Tohoku Univ., Fac. of Agriculture, Dep. of Agriculture Chem.; engl.) — Aus Hydrol, der nach Abtrennung der Glucose aus dem Säurehydrolysat der Stärke erhaltenen Mutterlauge, wird durch Chromatographie an Kohle-Celite, Eluierung mit W., wss. A. verschiedener Konzz. u. Boratpuffer [pH 10,0] *Laminaribiose* [F. 205—206°, $[\alpha]_D^{16}$ +24 → 18° (c = 3,6; W.). *Oktaacetat*, $C_{28}H_{38}O_{19}$, F. 160—161°; $[\alpha]_D^{16}$ −29° (c = 3,4; Chlf.)] isoliert. P. Becker. 3400

Zimtsäurederivate aus Kartoffelbeeren. J. J. Corner und J. B. Harborne. (Chem. and Ind. **1960**, **76**, 16/1.; Hertford, Herts., Bayfordbury, John Innes Horticult. Institution; engl.) — In den Beeren von kultivierten Kartoffeln findet sich neben Umbelliferon *1-O-p-Cumaroyl-β-glucose* [**I**; *p-Hydroxyzimtsäure-[β-glucosyl]-ester*; $\lambda_{max}^{95\%ig.A.}$ 228 u. 312 mμ; $\lambda_{max}^{95\%ig.A./NaOH}$ 230, 305 u. 365 mμ; R_F 0,6 (Butanol/Essigsäure/W.); R_F 0,66 u. 0,75 (W.); R_F 0,35 (n-Butanol/2n NH_4OH)], die bei der alkal. oder sauren Hydrolyse bzw. bei Einw. von β-Glucosidase äquimol. Mengen *D-Glucose* (**IV**) u. *p-Cumarsäure* (**II**; *p-Hydroxyzimtsäure*) liefert. **I** wird auch in abgepflückten Kartoffelblättern beim Behandeln mit verd. wss. **II** oder **II**-Ester-Lsgg. gebildet. In den Beeren wilder Kartoffeln findet sich *Kaffeesäure-3-β-glucosid* [**III**; $\lambda_{max}^{95\%ig.A.}$ 228, 295 u. 311 mμ; $\lambda_{max}^{95\%ig.A./NaOH}$ 235, 305 u. 335 mμ; R_F 0,55 (n-Butanol/Essigsäure/W.); R_F 0,5 u. 0,87 (W.)]. **III** ist alkalistabil, liefert bei der sauren oder enzymat. Hydrolyse *Kaffeesäure* u. **IV**, beim Erhitzen mit Methanol/H_2SO_4 *Kaffeesäuremethylester* u. bei der alkal. Methylierung u. anschließender saurer Hydrolyse *3-Hydroxy-4-methoxyzimtsäure* (*Isoferulasäure*). V. Klingmüller. 3450

Bestimmung von Alkaloidstrukturen. 1. Mitt. **Isolierung, Charakterisierung und physikalische Methoden.** A. W. Sangster. (J. chem. Educat. **37**, 454—59, Sept. 1960; Jamaica, Univ., Coll. of the West Indies; engl.) — Übersicht über die Meth. der Isolierung u. Charakterisierung sowie die physikal. Meth. zur Best. der Strukturen von *Alkaloiden* (UV- u. IR-Spektren, Basenstärke u. polarograph. Messungen, Verw. von Röntgen-Strahlen, opt. Drehung u. kernmagnet. Resonanzspektren). — 59 Literaturangaben. Gerhard Schulze. 3500□

Bestimmung von Alkaloidstrukturen. 2. Mitt. **Chemische Methoden.** A. W. Sangster. (J. chem. Educat. **37**, 518—25, Okt. 1960; engl.) — 1. vgl. vorst. Referat. — Einführung in die hauptsächlichen chem. Abbau-Meth. zur Best. der Struktur von *Alkaloiden*. Das Verf. wird jeweils kurz beschrieben u. an einem Anwendungsbeispiel erörtert. Im einzelnen werden behandelt: Vor-Unterss. über die Struktur, Abbau-Meth. (therm. Abbau u. Schmelzen, Hofmannscher Abbau, von Braunscher Abbau, von Braunsche Rk., Emdescher Abbau, oxydativer Abbau, Spaltung mit Hg(II)-Acetat), Red., Hydrolyse von Amiden, Estern, Lactonen, Lactamen u. Betainen, reduktive Spaltung in fl. NH_3, Hydraminschmelze, Umlagerungen u. komplizierte Spaltungs-Rkk., Stereochemie, Biogenese, Synth. u. Strukturmodifikationen. — 50 Literaturangaben. Gerhard Schulze. 3500□

DL-α-Methyltropasäuretropinester (Methylatropin) und seine optischen Antipoden. Gaetano Melone, Alberto Vecchi, Giuseppe Pagani und Emilio Testa. (J. org. Chemistry **25**, 859—61, Mai 1960; Milano, Lepetit S. p. A., Res. Labor.; engl.) — (±)-α-Methyltropasäure (**VII**) u. die aus ihr durch Zerlegung mit Chinin (**IV**) oder Brucin (**X**) erhältlichen opt. Antipoden werden durch Umsetzung mit Acetylchlorid (**V**) u.

anschließend mit $SOCl_2$ in die *O-Acetyl-α-methyltropasäurechloride* übergeführt, aus denen man durch Rk. mit Tropin (VI) u. folgende Hydrolyse mit HCl (±)- (I), (+)- (II) u. (—)-*α-Methyltropasäuretropinester* (III) gewinnt. I zeigt die gleiche pharmakolog. Wrkg. wie Atropin; III ist wirksamer als II. Die IR-Spektren von I u. III sind graph. wiedergegeben.

Versuche: (—)-*α-Methyltropasäure* (VIII), $C_{10}H_{12}O_3$, F. 89—90° (Bzl.–PAe.), durch 5std. Erhitzen von 100 g VII u. 185 g IV in 900 ml A. + W. (1:1) auf dem Wasserbad, Absaugen des nach 24std. Aufbewahren ausgeschiedenen *Chininsalzes* [$C_{20}H_{24}N_2O_2 \cdot C_{10}H_{12}O_3$, F. 182—183° (Essigester/A.), $[\alpha]_D^{20}$ —121° (c = 2; A.); 60,5 g (Ausbeute)], Lösen des letzteren in W., Ansäuern mit HCl bis pH 1 unter Kühlung, Ae.-Extraktion u. Aufarbeitung der Ae.-Lsg.; $[\alpha]_D^{20}$ —28,3° (c = 2; A.); 15,8 g. — (+)-*α-Methyltropasäure* (IX), F. 88—90° (Bzl.–PAe.; Nadeln), durch Kochen von 13,51 g VII u. 20,6 g X in A.–W. (1:1), Absaugen des nach 24std. Aufbewahren ausgeschiedenen *Brucinsalzes* [$C_{23}H_{26}N_2O_4 \cdot C_{10}H_{12}O_3$, F. 209—212° (Essigester/A.), $[\alpha]_D^{20}$ —19,22° (c = 2; A.); 4,6 g], Lösen des Salzes in W., Ansäuern u. Ausäthern; $[\alpha]_D^{20}$ +27° (c = 2; A.); 0,5 g. — (±)-*β-Acetoxy-α-methyl-α-phenylpropionylchlorid* (XI), $C_{12}H_{13}ClO_3$, F. 66—69° (PAe.); Kp.$_1$ 113—116°, durch ½std. Kochen von VII mit V, 1std. Kochen des von überschüssigem V befreiten Rk.-Prod. mit $SOCl_2$ u. Abdest. von nicht umgesetztem $SOCl_2$; 59%. (—)-*Form*, analog XI aus VIII. (+)-*Form*, analog XI aus IX. — (±)-*α-Methyltropasäuretropinester* (*α-Methylatropin*; I), $C_{18}H_{25}NO_3$, F. 131—133°, durch 5std. Erhitzen von 5,8 g XI u. 4,2 g VI auf 150°, Aufnehmen der Rk.-Prod. in W., Einstellen der filtrierten Lsg. mit Na_2CO_3 auf pH 9, Ae.-Extraktion, Versetzen der Ae.-Lsg. mit äther. HCl bis zur kongosauren Rk., Lösen des ausgeschiedenen Öls in W., 15std. Aufbewahren der mit HCl versetzten Lsg. zur Entfernung der O-Acetylgruppe, Zugabe von Na_2CO_3, Ae.-Extraktion, Einengen der Ae.-Lsg. u. Aufbewahren zur Kristallisation; 0,9 g. — (—)-*α-Methyltropasäuretropinester* (III), *Hydrochlorid*, $C_{18}H_{25}NO_3 \cdot HCl$, F. 210—212° (Essigester), analog I durch 4std. Erhitzen von 6,24 g der entsprechenden (—)-*Form* mit 3,74 g VI u. wenig Toluol auf 120—125°, Aufnehmen in W., Einstellen der wss. Lsg. mit HCl auf pH 1, Einstellen der mit Ae. gewaschenen Lsg. mit Na_2CO_3 auf pH 8,3, Ae.-Extraktion, Einstellen der Ae.-Lsg. mit äther. HCl auf pH 1, Entfernung der O-Acetylgruppe analog I, Ae.-Extraktion der mit Na_2CO_3 auf pH 8,5 eingestellten Lsg. u. Zugabe von äther. HCl; $[\alpha]_D^{20}$ —6,8° (c = 1; W.); 0,740 g. — (+)-*α-Methyltropasäuretropinester* (II), *Hydrochlorid*, F. 210—211,5°, analog I bzw. III aus 3,99 g VI u. 6,63 g der entsprechenden (+)-Form; $[\alpha]_D^{20}$ +7,3° (c = 1; W.); 0,735 g. D. Frank. 3500□

Beiträge zur Chemie des Indols. 12. Mitt. **Synthese des Flavopereirins.** J. Thesing und W. Festag. (Experientia [Basel] **15**, 127—28, 15/4. 1959; Darmstadt, TH, Inst. für Organ. Chemie; dt.) — 11. vgl. C. **1959**, **16313**. — Vff. synthetisieren das Indolalkaloid *Flavopereirin* (I) nach einer neuen Meth.: β-Äthyl-N-phenacylpyridiniumbromid wird mit dem quart. Salz des Gramins alkyliert u. das daraus durch Erwärmen mit methanol. KOH zugängliche *1-{2-[Indolyl-(3)]-äthyl}-3-äthylpyridiniumjodid* (F. 164°) in methanol. alkal. Lsg. in Ggw. von Raney-Ni zu dem entsprechenden *Tetrahydropyridin-Deriv.* (II) hydriert. II gibt nach 16std. Stehen in salzsaurer Lsg. *7-Äthylindolo-[2′.3′:1.2]-chinolizidin* [*Pikrat*, F. 211° (Zers.)], dessen Dehydrierung mit Pd I (*Perchlorat*, F. 329°) liefert. W. Untze. 3500□

Über das Kohlenstoffskelett von Kobusin. Mitsutaka Natsume. (Chem. pharmac. Bull. [Tokyo] **7**, 539, Juni 1959; Tokyo, Univ., Fac. of Pharmaceut. Sci.; engl.) — Von den beim Se-Abbau von Kobusin (I) auftretenden 3 Prodd. wird das eine aus dem neutralen Teil der Rk.-Mischung durch Chromatographie an Al_2O_3 isoliert u. auf Grund seines UV-Spektrums u. des Mischschmelzpunktes als *1.7-Dimethyl-6-propylphenanthren* (II), F. 84—88°, identifiziert; *Trinitrobenzolkomplex*, F. 150—152°. Die beiden anderen *Abbau-Prodd.* (F. 115—115,5° bzw. F. 142—143°) sind *aromat. Basen*.

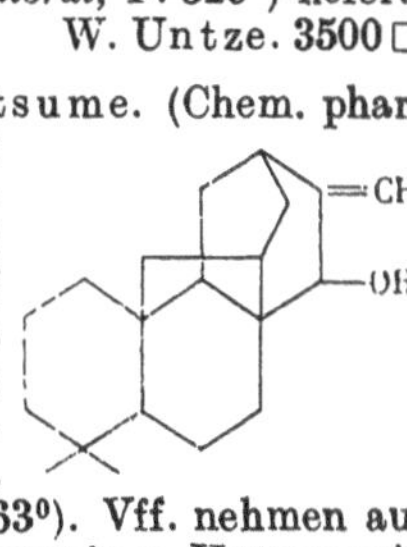

Die erste der beiden gibt einen *Trinitrobenzolkomplex* (F. 162—163°). Vff. nehmen auf Grund des Auftretens von II an, daß I das gleiche C-Gerüst wie Ignavin u. Hypognavin hat u. schlagen deshalb vorst. Struktur vor. H. Knieß. 3500□

Methyllycaconitin. A. Khaleque, S. Papadopoulos, I. Wright und Z. Valenta. (Chem. and Ind. **1959**, 513—14, 18/4.; New Brunswick, N.J., Univ., Dep. of Chem.; engl.) — Die von Cookson u. Mitarbeitern (C. **1955**, 5081) für das aus den Wurzeln von *Inula royleana DC* (*Compositae*) isolierbare Diterpenalkaloid *Methyllycaconitin* aufgestellte Monoesterimidstruktur wird bestätigt. Das bei der Se-Dehydrierung von *Lycoctonin* in 0,1%ig. Ausbeute erhältliche *Phenanthren* [*1.9-Di-*

methyl-6-äthylphenanthren (?). *Trinitrobenzolat*, F. 153—156°] ist ident. mit dem durch Dehydrierung von Neolin erhältlichen Phenanthren $C_{18}H_{18}$. K. Zieloff. 3500

Veratrumalkaloide. 41. Mitt. **Stellung der zweiten Hydroxylgruppe im Rubijervin und Identifizierung von Dehydrierungsprodukten.** S. William Pelletier und David M. Locke. (J. Amer. chem. Soc. **79,** 4531—38, 20/8. 1957; New York, N.Y., Rockefeller Inst., Labors.; engl.) — **40.** vgl. C. **1957,** 11308. — Die zweite Hydroxylgruppe im Rubijervin (I) befindet sich nach IR- u. Rotationsdispersionsmessungen am $C_{(12)}$-Atom. Red. von Rubijervon-(12) (II) mit Na in Propanol führt zu *12-Epirubijervin* (III), dessen Hydrierung u. nachfolgende CrO_3-Oxydation zu *Solanidan-3.12-dion*. Das II-Benzoat (IIa) gibt mit $NaBH_4$ III u. I-*Benzoat* (**Ia**). I ist daher 12α-Hydroxysolanidin. Aus I entsteht durch Zn-Staub-Dest. *Chrysen*, während die Se-Dehydrierung den *KW-Stoff* $C_{18}H_{16}$ (IV) u. das *Phenol* $C_{18}H_{16}O$ (V) liefert (vgl. Sato u. Jacobs, C. **1950** II, 173). **IV** wird durch Vgl. mit der synthet. hergestellten Verb. als *5'-Methyl-1.2-cyclopentenophenanthren* identifiziert. **V** kann auf Grund seines IR-Spektrums u. seiner Red. zu **IV** als *5'-Methyl-1.2-cyclopentenophenanthrol-(3)* angesehen werden. Die IR-Spektren sind angegeben.

Versuche (FF. korr.): *Rubijervin* (I), $C_{27}H_{43}NO_2$, F. 242—244°; $[\alpha]_D^{27,5}$ +8° (c = 0,54; Chlf.), +20° (c = 1,04; Methanol) u. +11° (c = 1,00; Dioxan); aus A. Säulen. *3-Benzoat* (**Ia**), $C_{34}H_{47}NO_3$, F. 256—259°, $[\alpha]_D^{28}$ +22° (c = 1,60; Chlf.); aus Bzl. Prismen. — *Solanidinbenzoat*, $C_{34}H_{47}NO_2$, F. 213—214°; $[\alpha]_D^{27}$ —6° (c = 1,40; Chlf.). — *Rubijervon-(12)* (II), F. 229,5—232°, aus **Ia** durch Oxydation u. Verseifung. *Benzoat* (**IIa**), F. 227—231° (Kristallformänderung bei ca. 210°). — *12-Epirubijervin* (III), $C_{27}H_{43}NO_2$, F. 234—236°, a) aus 352 mg II durch mehrstd. Kochen mit Na in n-Propanol; $[\alpha]_D^{27}$ —18° (c = 1,07; Chlf.); 278 mg (Ausbeute); b) wie vorst. aus 90 mg **IIa**; 87 mg; c) aus 5 mg Benzoat durch ½ std. Kochen mit 1% KOH in Methanol; 3 mg; aus Aceton Nadeln. *3-Benzoat*, $C_{34}H_{47}NO_3$, F. 230,5—231,5°, aus 54 mg **IIa** in Ae./Methanol (60:40) durch 3std. Einw. von $NaBH_4$ bei Raum-Temp., fraktionierte Kristallisation u. Chromatographie an Al_2O_3; $[\alpha]_D^{26}$ —4° (c = 1,53; Chlf.); aus Ligroin Nädelchen; 16,5 mg; daneben 4 mg **Ia**. — *Solanidan-3β.12β-diol*, $C_{27}H_{45}NO_2$, F. 220—221° (Aceton/Ligroin), aus 55 mg III in Methanol u. wenig Essigsäure durch 1std. Hydrieren in Ggw. von PtO_2; aus Ae. Nadeln; $[\alpha]_D^{26}$ +27° (c = 1,45; Chlf.); 46 mg. — *Solanidan-3.12-dion*, F. 237 bis 239°, aus 12 mg vorst. Verb. durch 1std. Oxydation mit CrO_3 in 90%ig. Essigsäure bei Raum-Temp.; Platten; 5 mg. — *2-[Naphthyl-(1)]-äthanol*, F. 59—61°, aus 25 g [Naphthyl-(1)]-essigsäure durch 1std. Kochen mit $LiAlH_4$ in Ae.; 17,5 g. — *2-[Naphthyl-(1)]-äthylbromid-(2)* (VI), Kp.$_{0,3}$ 130—135°; 88%. — *5-Methylcyclopentanon-2-carbonsäureäthylester* (VII), Kp.$_{14}$ 114—119°. — *1-[Naphthyl-(1)]-2-[1-methyl-2-oxo-3-carbäthoxycyclopentyl-(3)]-äthan*, Kp.$_1$ 195—208°, durch Kondens. von **VI** mit **VII**; 56%. — *5'-Methyl-1.2-cyclopentenophenanthren* (IV), $C_{18}H_{16}$, F. 79—81° (A.), a) aus 8,3 g vorst. Verb. durch Cyclisieren, Aromatisieren u. Chromatographie an Al_2O_3; 1,5 g; b) aus I; c) aus 45 mg **V** über den Diäthylphosphorsäureester; 15 mg; *Pikrat*, $C_{18}H_{16} \cdot C_6H_3N_3O_7$, F. 131—132°. *Trinitrobenzolat*, $C_{18}H_{16} \cdot C_6H_3N_3O_6$, F. 143—144°. — *5'-Methyl-1.2-cyclopentenophenanthrol-(3)* (V), $C_{18}H_{16}O$, F. 130—132°. — *Chrysen*, F. 242—248° (sublimiert >220°), aus 51 mg vorst. Verb. durch 6std. Erhitzen mit Zn-Staub auf 400° im Bombenrohr u. Chromatographie an Al_2O_3; 11,5 mg. — *Phenanthren*, F. 95—98°, aus 52 mg Phenanthrol-(3) durch mehrstd. Stehen mit Diäthylphosphit u. Triäthylamin in CCl_4, Red. mit Na in fl. NH_3 u. Chromatographie an Al_2O_3; aus A. Schuppen; 14,5 mg. B. Mehlis. 3500

Veratrum-Alkaloide. 33. Mitt. **Struktur des vermeintlichen Hofmann-Eliminierungsprodukts von Cevinjodmethylat.** S. M. Kupchan und Tadashi Masamune. (Chem. and Ind. **1959,** 632—33, 16/5.; Madison, Wis., Univ. of Wisconsin, Dep. of Pharmac. Chem.; engl.) — 32. vgl. C. **1961,** 14285. — Die bei versuchtem Hofmannschen Abbau von Cevin-Jodmethylat (I) überraschenderweise erhältliche *Verb.* $C_{28}H_{45}NO_8$ ist das Zwitterion II. II liefert durch Rk. mit Acetanhydrid in Pyridin ein *C-Orthoacetatdiacetat* {*Hydrojodidmonohydrat*, F. 263 bis 265° (Zers.); $[\alpha]_D^{25}$ —33° (c = 1,04; Methanol)}. Die freie Carbonylgruppe am $C_{(4)}$ von II zeigt eine Cevagenin-ähnliche UV-Absorption u. Red. von Triphenyltetrazoliumchlorid. II wurde synthetisiert durch Rk. von Cevagenin mit CH_3J bei Raum-Temp. u. Einw. von Ag_2O auf das *Hydrojodid* in A. bei Raumtemperatur. Energ. Behandlung von *Cevinmethohydroxid* (III) mit Alkali scheint zu einem Gleichgew. zwischen A/B-cis-III u. A/B-trans-III zu führen. Daß der Hofmannsche Abbau von I nicht gelingt, wird auf die Unlöslichkeit von krist. II zurückgeführt. K. Zieloff. 3500

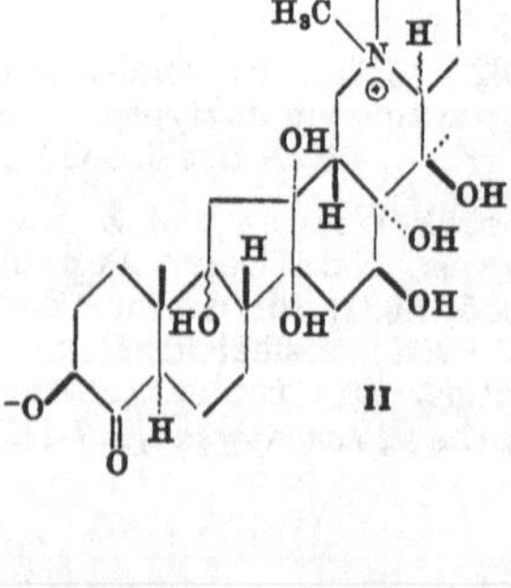

II

Struktur von Germitetrin. S. M. Kupchan und C. I. Ayres. (Chem. and Ind. **1958,** 1594—95, 29/11; Madison, Wis., Univ. of Wisconsin, Dep. of Pharm. Chem.; engl.) — *Germitetrin* (I), das hypotensiv wirkende Alkaloid aus *Veratrum album*, ist gegen $NaJO_4$ stabil. Durch Oxydation mit CrO_3 wird *Germitetron* [F. 222—223° (Zers.); $[\alpha]_D^{22}$ —167° (Pyridin)] erhalten, das durch alkal. Hydrolyse das auch aus Neogermitron u. 16-Dehydrogermin-3.4.7.15-tetraacetat dargestellte *Diosphenol* [λ_{max} 320 mμ (ε = 13000)/A., λ_{max} 372 mμ (ε = 10000)/0,1n KOH, λ_{max} 343 mμ (ε = 8000)/0,1n KOH] liefert (vgl. Kupchan u. Narayanan, C. **1957,** 13988). Der native Germindiester Neogermbudin verbraucht 1 Mol $NaJO_4$; durch Red. mit $NaBH_4$ wird *15-O-*[(—)-*2-Methylbutyrylgermin* gebildet, das 1,1 Äquivalente $NaJO_4$ unter Aufspaltung des Ringes A verbraucht. Für I wird nebenst. Konstit. angenommen. L. Lamza. 3500

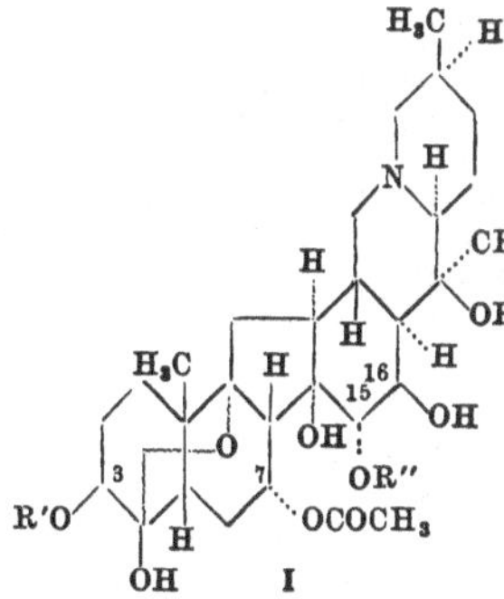
I

R' = 2-Hydroxy-2-methyl-3-acetoxybutyryl-,
R" = (—)-2-Methylbutyryl-,

Umwandlungen von α-Pinen mit kristalliner und wäßriger Oxalsäure. 5. Mitt. **über Untersuchungen von Terpenen.** James Verghese. (J. sci. ind. Res. [New Delhi], Sect. B **18,** 270—72, Juli 1959; Madras, Loyola Coll., Dep. of Chem.; engl.) — 4. vgl. C. **1963,** 2573. — Durch 15std. Kochen von α-Pinen (I) mit krist. Oxalsäure (II), Alkalisieren u. Wasserdampf-Dest. wird in 80%ig. Ausbeute ein Gemisch (Kp.$_{760}$ 168—186°; n_D^{30} 1,4778) aus 33% *α-Terpinen* (**III**), 20% *Limonen* (**IV**), 29% *Terpinolen* (**V**) u. 16% eines Gemisches aus 34,3% *p-* (**VI**) u. 17,32% *o-Cymol* (**VII**) erhalten. **III** wird als *Maleinsäureanhydrid-Addukt* (F. 64,3°), **IV** als *Hg(CH_3·COO)$_2$-Komplex* bzw. durch Umwandlung in *Terpinhydrat* (F. 117°), **V** [Kp.$_{100}$ 108°; n_D^{30} 1,4815] als *Tetrabromid* (F. 116°) u. **VI** u. **VII** als *Terephthalsäure* [*Nitro-Deriv.*, F. 269°] bzw. *Phthalsäure* [*Phthalanil*, F. 207°] isoliert u. identifiziert. Durch 20std. Kochen von **I** mit 50%ig. wss. **II**-Lsg. u. Wasserdampf-Dest. der organ. Phase wird in 98—99%ig. Ausbeute ein Gemisch (G.) (n_D^{30} 1,4730) mit 10% **III** u. 7% *β-Pinen* (**VIII**) erhalten. Die Ausbeute an **VIII** wird durch Oxydation von G. u. Best. der *Nopinsäure* (F. 126—127°) ermittelt. J. Gartzke. 3600□

Eucarvonenoltriphenylmethyläther: Ein substituiertes Caradien. Kenneth Conrow. (J. Amer. chem. Soc. **82,** 5504—05, 20/10. 1960; Los Angeles, Calif., Univ. of California, Dep. of Chem.; engl.) — Bei der Einw. von Tritylperchlorat auf Eucarvon (**I**) entsteht als Haupt-Prod. in 38%ig. Ausbeute eine *Verb.* (**II**) *vom F. 196—200°* (A.), die auch aus Na-**I** u. Tritylchlorid in 71% Ausbeute erhalten wird. Beim Verdünnen einer Lsg. von **II** in konz. H_2SO_4 entstehen *Triphenylcarbinol* (73%) u. **I**; **I** wird als *Dinitrophenylhydrazon* (37%) isoliert. Aus dem UV- u. KMR-Spektrum folgt, daß **II** nicht das erwartete *1.1.4-Trimethyl-3-trityloxycycloheptatrien-(2.4.6)* (**III**) ist, sondern die Konstit. *2-Trityloxycaradien-(2.4)* besitzt. **III** konnte weder als Nebenprod. von **II**, noch durch 1wöchige Einw. von Sonnenlicht bzw. durch Erhitzen von **II** auf 200° erhalten werden. Verss., die Struktur von **II** durch Hydrierung u. folgende Hydrolyse zu Caron oder Carvenon zu beweisen, mißlangen. F. Klatt. 3600□

Untersuchungen in der Santoninreihe. 7. Mitt. **Die relative Konfiguration von Desmotroposantoninen.** Vorl. Mitt. Minlon Huang [Ming-lung Huang] und Wei-Zan Chow [Wei-schan Tschou]. (Acta chim. sinica **22,** 578—80, 1956; Inst. of Med. Sci.; Dep. of Chem.; chines., Auszug: engl.) — 6. vgl. Acta chim. sinica **22,** [1956], 493; 4. vgl. C. **1949,** II, 736. — Das Ag-Salz von *Desmotroposantonigsäure* (**I**) bildet bei Rk. im äquimol. Verhältnis mit Br_2 hauptsächlich die im aromat. Kern bromierte Verb. (**II**). Die Verätherung des phenol. OH im *Desmotroposantonin* (**III**), in **I** u. **II** mit CH_2N_2 läßt sich (vgl. frühere Mitt.) voraussagen: **III** kann infolge der Lactonringstruktur den *Methyläther* leicht bilden, nicht aber können es **I** u. **II**. Die Darst. des *Methyläthers* von **I** kann nur so erfolgen, daß man erst **III** mit CH_2N_2 u. dann das Prod. mit Zn + Essigsäure behandelt. L. Schuler. 3600□

Untersuchungen über die Struktur von Nimbiol. S. N. Choudhuri, H. N. Khastgir und P. Sengupta. (Chem. and Ind. **1959,** 634—35, 16/5.; Calcutta, East India Pharmac. Works Ltd.; engl.) — Das aus der Rinde von *Melia azadirachta* Linn. neben *Sugiol* (**I**) isolierte *Nimbiol* (**II**) hat nicht die Summenformel $C_{17}H_{22}O_2$, sondern $C_{18}H_{24}O_2$ {F. 244°; $[\alpha]_D$ +32,3° (Chlf.). *Methyläther*, F. 142—143°; $[\alpha]_D$ +43,7° (Chlf.)}. **II** enthält eine phenol. Hydroxylgruppe u. eine Carbonylgruppe. **I**- u. **II**-*Methyläther* reagieren nicht mit Ameisensäuremethylester oder Furfurol in Ggw. einer Base, was durch die starke ster. Hinderung des $C_{(6)}$ durch die äquatoriale CH_3-Gruppe am $C_{(4)}$ bei trans-Stellung von A/B erklärt wird. **II** bildet mit Acetanhydrid in Pyridin ein *Acetat* {$C_{20}H_{26}O_3$, F. 111—112°; $[\alpha]_D$ +22,6° (Chlf.)}, das durch Hydrierung in Ggw. von Pd-Kohle u. $HClO_4$ in *Desoxonimbiolacetat* {$C_{20}H_{28}O_2$, F. 102—103°; $[\alpha]_D$ +56,4° (Chlf.)} übergeht. Letzteres liefert durch Hydrolyse mit methanol. KOH *Desoxonimbiol* als harzige Masse, das durch 10std. Dehydrierung mit Se bei 280—300° ein *Tetrahydrophenanthrol-Deriv.* ($C_{17}H_{20}O$, F. 147—148°. *Methyläther*, F. 145—146°), durch 48std. Se-Dehydrierung bei 320° neben vorst. Verb. ein *Phenanthrol-Deriv.* (F. 189—190°) liefert, dessen UV-Absorption dem durch Dehydrierung von Podocarpsäure dargestellten *1-Methyl-6-hydroxyphenanthren* (F. 160—161°) u. *3-Hydroxyphenanthren* ähnlich ist.

K. Zieloff. 3600

Die Synthese von Diterpenen. 5. Mitt. Ein Zwischenprodukt für die Synthese der Pimaradiene. J. A. Barltrop, D. Giles, J. R. Hanson und N. A. J. Rogers. (J. chem. Soc. [London] **1962**, 2534—36, Juni; Oxford, Univ., Dyson Perrins Labor.; engl.) — 4. vgl. C. **1962**, 12664; vgl. auch Ireland u. Schiess, Tetrahedron Letters [London] **1960**, Nr. 25, 37. — Vff. synthetisierten aus (±)- bzw. (+)-$\Delta^{8,14}$-Podocarpenon-(7) (**I**; 1.1.12β-Trimethyl-7-oxo-$\Delta^{8,14}$-dodekahydro-11α.13α-phenanthren) durch Umsetzung mit dem Ylid aus *Methoxymethyltriphenylphosphoniumchlorid* u. Ätherspaltung (±)- bzw. (+)-*7-Formylpodocarpen-*(7), u. aus dem *Oxim der* (+)-*Verb.* mit Acetanhydrid *7-Cyanpodocarpen-*(7).

Versuche: (+)-*$\Delta^{8,14}$-Podocarpenon-*(7) [(+)-I], F. 65—67°, aus 10 g Manool in Äthylacetat mit 5%ig. O_3 bei —10°, Eindampfen bei 25°, 2std. Kochen mit Zn-Staub in W., Extraktion mit Ae. u. Chromatographie an Silicagel, Eluierung von (+)-*1-[3'-Oxobutyl]-5.5.9-trimethyl-trans-dekalon-*(*2*) [3,3 g (Ausbeute)] u. (+)-*Podocarpanol-*(*14*)*-on-*(*7*) [F. 215—217° (PAe.); 0,5 g], 15std. Stehen beider Prodd. in HCl-gesätt. abs. Chlf. u. Chromatographie an Al_2O_3 mit Bzl./PAe.; aus PAe. Prismen; $[\alpha]_D^{22}$ +45° (c = 1,0; Chlf.); 2,2 g. — *Methoxymethyltriphenylphosphoniumchlorid*, F. 191—192° (CH_2Cl_2), aus 20 g Chlormethylmethyläther u. 32 g Triphenylphosphin in abs. Aceton unter N_2 in 6 Std. bei 40°; 47,5 g. — *7-Formylpodocarpen-*(7), (+)-*Form*, $C_{18}H_{28}O$, F. 115—116°, aus (+)-I analog dem Racemat; Blättchen aus PAe.; $[\alpha]_D$ +42° (c = 1,0; Chlf.); *Oxim*, $C_{18}H_{29}NO$, F. 196—197° (A.). *Racemat*, Kp.$_{0,1}$ 130°, aus 14 g vorst. Verb. in abs. Ae. durch Zusatz von n-Butyl-Li (aus 5,6 g n-Butylbromid) unter N_2, Zusatz von 1,9 g (±)-I in Ae., 3std. Rühren, 15std. Kochen in PAe., Chromatographie des (±)-*7-Methoxymethylen-$\Delta^{8,14}$-podocarpens* ($C_{19}H_{30}O$, Kp.$_{0,05}$ 145°, Reinigung über das $HgCl_2$-Addukt) an Al_2O_3, 1std. Kochen der Lsg. in A. mit 2n HCl unter N_2 u. Chromatographie; 0,5 g [*Dinitrophenylhydrazon*, $C_{24}H_{32}N_4O_4$, F. 215—217° (A.)]; daneben *Triphenylphosphin*, F. 80—81°. — *7-Cyanpodocarpen-*(7), $C_{18}H_{27}N$, F. 127—128°; aus vorst. Oxim durch 1std. Kochen in Acetanhydrid; aus PAe. Platten.

H.-J. Kötzsch. 3600□

Die chemische Untersuchung von Loranthus grewinkii Boiss und Bunge. Noorul Haq Khan, M. Ameem und Salimuzzaman Siddiqui. (Pakistan J. sci. ind. Res. **1**, 191—93, Juli 1958; Karachi, Pakistan Council of Sci. and Ind. Res., Central Labor.; engl.) — Aus den Beeren von *Loranthus grewinkii* (L. g.), einem Fruchtbaumparasiten, wurden die Triterpenoide *Lupeol* u. *Loranthol* gewonnen. IR-Spektren s. Original.

Versuche: *Lupeol*, $C_{30}H_{50}O$, F. 210—212°, durch Extraktion der Beeren von L. g. mit PAe., Abdampfen des PAe., Verseifung mit 7%ig. alkohol. KOH, 10std. Kochen von 45 g des Unverseifbaren [15% (Ausbeute)] mit Benzoylchlorid u. Pyridin in Bzl., Zugabe von W., Extraktion mit Bzl./PAe. (1:1), Einengen, Extraktion des Kristallisats (9,4 g) mit heißem PAe. u. Hydrolyse des *Benzoats* ($C_{37}H_{54}O_2$, F. 265°; 5,5 g.) — *Loranthol*, $C_{30}H_{50}O_2$, F. 224—226° (teilweise Sublimation), neben vorst. Verb. durch Kristallisation des PAe.-unlöslichen aus Chlf. u. Aceton, Kochen des *Dibenzoats* [$C_{44}H_{58}O_4$, F. 340° (Zers.); Säulen; 8,7%] mit 10%ig. alkohol. KOH; aus Aceton Tetraeder; $[\alpha]_D^{20}$ +4,5 (Chlf.). *Diacetat*, $C_{34}H_{54}O_4$, F. 220—221°, aus Methanol rechteckige Platten.

P. Becker. 3600

Axiale und äquatoriale Steroidthiole. J. H. Turnbull. (Chem. and Ind. **1959**, 515—16, 18/4.; Birmingham, Univ.; engl.) — In der 5α-Androstan-Reihe wurden axiale u. äquatoriale Steroidthiole dargestellt. 3β-Hydroxyandrostan-17-on wurde über sein *3β-Tosylat* durch Rk. mit Thioharnstoff in A. in sein *3β-Thiuroniumtosylat* übergeführt, das durch alkal. Hydrolyse das äquatoriale *3β-Mercaptoandrostan-17-on* {$C_{19}H_{30}OS$, F. 132°; $[\alpha]_D$ +99° (Chlf.); Blättchen. *S-Acetyl-Deriv.*, $C_{21}H_{32}O_2S$, F. 139—141°} liefert. Analog wurde 3α-Hydroxyandrostan-17-on in sein *3α-Tosylat* übergeführt, das in das *3α-Thiuroniumtosylat* (I) neben *Δ^2-Androsten-17-on* umgewandelt wurde. Durch alkal. Hydrolyse von I entsteht das axiale *3α-Mercaptoandrostan-17-on* ($C_{19}H_{30}OS$, F. 134—136°; $[\alpha]_D$ +105°; Nadeln. *S-Acetyl-Deriv.*, $C_{21}H_{32}O_2S$, F. 131—133°). Die IR-Maxima sind angegeben.

K. Zieloff. 3700

Über den Mechanismus der aromatisierenden Dehydratisierung von 17-Äthinylcarbinolsteroiden. Maya Dvolaitzky, Josette Canceill, Anne-Marie Giroud und Jean Jacques. (Bull. Soc. chim. France **1961,** 1031—32, Mai; Paris, Coll. de France, Labor. de Chim. organ. des Hormones; franz.) — Es wird untersucht, ob die 13-ständige Methylgruppe von *17-Äthinylcarbinolsteroiden* bei der aromatisierenden Dehydratisierung unter dem Einfl. von Ameisensäure in der entsprechenden Hydrochrysen-Verb. in Stellung 17 oder 17a wiederzufinden ist. Zu diesem Zweck wurde 3β.17β-Dihydroxy-17α-propinyl-5α-androstan (I) der Rk. unterworfen u. die Struktur des nach Dehydrierung erhaltenen *1-Äthyl-2-methylchrysens* durch Synth. bewiesen. Es wird vermutet, daß die Methylgruppe im Verlauf einer doppelten Wagner-Meerwein-Umlagerung in die 17a-Stellung wandert.

Versuche: *3β.17β-Dihydroxy-17α-propinyl-5α-androstan* (I), F. 148—150°; $[\alpha]_D$ —48,5°, aus Isoandrosteron u. Propylen in Ggw. von K-tert.-Amylat. *3-Acetat,* F. 177—178°; $[\alpha]_D$ —40°. — *2-[β-Naphthyl]-5-methylcyclohexen-(1)-on-(6)-ylessigsäure,* F. 143—144°, durch Kondens. aus 2-Methyl-3-ketoadipinsäurediäthylester u. 2-[Trimethylammoniopropionyl]-naphthalinjodid. — *2-[β-Naphthyl]-5-methylcyclohexanon-(6)-ylessigsäure,* F. 208—210°, aus vorst. Verb. durch Hydrieren mit Pd/C bei 45°. — 1.2.3.4.4a.11.12.12a-Oktahydro-2-methylchrysene: *1.11-Diketo-,* F. 190—191°, aus vorst. Verb. durch Cyclisieren mit Polyphosphorsäure. — *1-Keto-,* F. 167—168°, durch Hydrieren vorst. Verb. mit Pd/C in Essigsäure/Perchlorsäure. — *1-Hydroxy-1-äthyl-,* F. 122—124°, aus vorst. Verb. durch Rk. mit Äthyl-MgBr. — *1-Äthyl-2-methylchrysen,* F. 186—187°, a) aus I durch Kochen mit Ameisensäure in Ggw. von p-Toluolsulfonsäure über eine *Verb. mit F. 170—171°* ($[\alpha]_D$ —59°; *3-Formiat,* F. 153—154°; $[\alpha]_D$ —43°) u. Dehydrieren mit Pd/C bei 350°; b) aus vorst. Verb. durch Dehydrieren mit Pd/C bei 350°. *1.3.5-Trinitrobenzolat,* F. 167°. E. Lodemann. 3700□

Über einen Zugang zu 8β-Methylsteroiden. Gaston Amiard, Jean Mathieu, René Heymès und Truong van Thuong. (Bull. Soc. chim. France **1961,** 1031, Mai; Paris, Centre de Rech. Roussel-Uclaf; franz.) — Die Methylierung der durch eine α-ständige Ketogruppe u. eine β,γ-Doppelbindung aktivierten 8-Stellung von *3β.20β-Dibenzoxy-Δ^9-5α-pregnenon-(7)* [F. 250°; $[\alpha]_D$ —58° (c = 1%; Chlf.)] mit Methyljodid in Ggw. von K-tert.-Butylat ergab *3β.20β-Dibenzoxy-8β-methyl-Δ^9-5α-pregnenon-(7)* [$C_{36}H_{42}O_5$, F. 214°; $[\alpha]_D$ +11° (c = 2%; Chlf.)]. Der Nachw. der 8-ständigen Methylgruppe erfolgte durch NMR-Spektrum, Circulardichroismus u. dadurch, daß stark alkal. Behandlung nicht zur Verschiebung der Doppelbindung in Konjugation zur Ketogruppe führt. E. Lodemann. 3700□

16α-Hydroxysteroide. 7. Mitt. **Die Isomerisierung von Triamcinolon.** Leland L. Smith, Michael Marx, John J. Garbarini, Theodore Foell, Victor E. Origoni und Joseph J. Goodman. (J. Amer. chem. Soc. **82,** 4616—25, 5/9. 1960; Pearl River, N.Y., Amer. Cyanamid Co., Lederle Labor. Div., Chem. Process Improvement Dep.; engl.) — 6. vgl. C. **1962,** 7588. — 9α-Fluor-$\Delta^{1.4}$-pregnadien-11β.16α.17α.21-tetrol-3.20-dion (I; Triamcinolon) wird unter verschiedenen Bedingungen stereoselektiv zu dem D-Homoisomeren mit der wahrscheinlichen Struktur eines *9α-Fluor-17αβ-hydroxymethyl-$\Delta^{1.4}$-D-homoandrostadien-11β.16α.17aα-triol-3.17-dion* (II) isomerisiert. Dieses I-Isomere ist biolog. inaktiv. Bei der Fermentierung von 9α-Fluorhydrocortison (V) bildet sich durch 16α-Hydroxylierung *9α-Fluor-Δ^4-pregnen-11β.16α.17α.21-tetrol-3.20-dion* (III). Dieses 1.2-Dihydroanalogon von I wird ebenfalls zu dem entsprechenden D-Homosteroid *9α-Fluor-17aβ-hydroxymethyl-Δ^4-D-homoandrosten-11β.16α.17aα-triol-3.17-dion* (IV) isomerisiert. Die Isomerisierung erfolgt a) während bestimmter mikrobiolog. Fermentationsprozesse, b) während der alkal. Hydrolyse der 16α.21-Diester, c) in bestimmten Lsgm., d) in Ggw. bestimmter Kationen u. e) während der Chromatographie an Silicagel. Die Fermentierung wird mit *Streptomyces roseochromogenus* ATCC 3347 durchgeführt. Reinigung des gebildeten D-Homoisomeren an Celite Diatomeenerde im Syst. Dioxan/Cyclohexan/W. (5 : 2 : 1). I u. III sind in alkal. Lsg. instabil, sie verlieren rasch ihr Red.-Vermögen u. bilden die Isomeren II bzw. IV. Die üblichen alkal. Hydrolysebedingungen zur Spaltung von Steroidacetaten bewirken Isomerisierung. Behandlung mit heißem methanol. Alkali oder $NaSO_3$ wirkt intensiver. I u. III werden in unreinem Methanol, das ein unbekanntes, nichtflüchtiges Agens enthält, schnell u. vollständig umgewandelt (bei Zimmer-Temp. Halbwertszeit 1—3 Tage, bei Siedetemp. 5 Min.). In warmem Dimethylformamid u. Dioxan/Cyclohexan/W. wird I ebenfalls isomerisiert. In methanol. Lsgg., die frei von isomerisierenden Agentien sind, führen Spuren von Fe^{3+} (1 μg/ml) u. Fe^{2+}, Al^{3+} u. das Vanadylkation (10 μg/ml) zur Isomerisierung. Die gebildeten Verbb. wurden durch Papierchromatographie in verschiedenen Syst. durch IR-Spektrum, opt. Drehung u. durch chem. Rkk. charakterisiert.

Versuche: *9α-Fluor-17aβ-hydroxymethyl-Δ⁴-D-homoandrosten-11β.16α.17aα-triol-3.17-dion* (**IV**), F. 249,5—251,5° (Zers.), a) durch 30 Min. langes Erhitzen von 200 mg 9α-Fluor-16α-hydroxyhydrocortison in N.N-Dimethylformamid, krist. aus der eingeengten, mit W. verd. Lsg. bei 4°; 135 mg (Ausbeute); b) durch 24std. Inkubation eines Nährmediums mit *Streptomyces roseochromogenus* u. Zugabe von 9α-Fluorhydrocortison (**V**) in Dimethylformamid u. Aufarbeitung; 32 g. *Hemihydrat*, $C_{21}H_{29}O_6F \cdot 1/2\ H_2O$, F. 252—254° (Zers.), aus Dimethylformamid/Chlf./W. u. anschließend aus Pyridin/W.; $[\alpha]_D^{22}$ +84,4° (Methanol). *16α-Acetoxy-17aβ-acetoxymethyl-Deriv.*, $C_{25}H_{33}FO_8$, F. 208 bis 210°; $[\alpha]_D^{22}$ +45,5° (CH_3OH). *3-p-Nitrophenylhydrazon* des Acetyl-Deriv., $C_{31}H_{38}$-FN_3O_9, F. 261—261,5°. — *16α.17ξ-Diacetoxy-17aβ-acetoxymethyl-9α-fluor-Δ⁴-D-homoandrosten-11β.17aα-diol-3-on*, $C_{27}H_{37}FO_9$, F. 221—223,5°, aus dem Diacetat durch Red. mit NaBH ; $[\alpha]_D^{22}$ −2,5° (CH_3OH). — *9α-Fluor-17aβ-hydroxymethyl-Δ$^{1.4}$-D-homoandrostadien-11β.16α.17aα-triol-3.17-dion* (**II**), $C_{21}H_{27}FO_6$, F. 255—258° (CH_3OH), a) aus 20 g Triamcinolon-16α.21-diacetat durch Behandlung mit Na in abs. CH_3OH unter N_2 u. chromatograph. Reinigung; $[\alpha]_D^{22}$ +45,6° (CH_3OH); 8,6 g; b) aus 200 mg Triamcinolon (**I**) in N.N-Dimethylformamid, 30 Min. Wasserbad; 170 mg; c) aus 500 mg **IV** durch mikrobiolog. Red. mit *Nocardia corallina*. *Diacetyl-Deriv.*, $C_{25}H_{31}FO_8$, F. 227 bis 229° (Aceton/PAe.); $[\alpha]_D^{22}$ +5,4° (CH_3OH). *Isopropyliden-Deriv.* (*9α-Fluor-17aβ-hydroxymethyl-16α.17aα-isopropylidendioxy-Δ$^{1.4}$-D-homoandrostadien-11β-ol-3.17-dion*; **VII**), $C_{24}H_{31}FO_6$, F. 290—291° (Aceton/PAe.), a) aus 162 g **II** in Aceton mit konz. HCl; $[\alpha]_D^{22}$ +39,6° (CH_3OH); b) aus 400 mg **II** in 400 ml Aceton u. 4 Tropfen konz. HCl; daneben **VII**-*Acetonsolvat*, $C_{27}H_{37}FO_7$ (**VI**) [F. 248—250° (Aceton/PAe.)], wird in Pyridin durch 2std. Erhitzen auf dem Wasserbad in **VII** umgewandelt. Hydrolyse von **VII** mit 60%ig. wss. HCOOH (90 Min. Dampfbad) gibt **II**. — *17aα-Acetoxymethyl-9α-fluor-Δ$^{1.4}$-D-homoandrostadien-11β.16α.17aα-triol-3.17-dion* (**V**), $C_{23}H_{29}FO_7$, F. 244,5—246°, aus 1,41 g **II** in abs. Pyridin mit Acetanhydrid 44 Std. bei −10°. Nach chromatograph. Reinigung weiße Nadeln aus Aceton/PAe.; $[\alpha]_D^{22}$ +62,5° (Chlf.); 1 g. — *17aβ-Acetoxymethyl-9α-fluor-16α.17aα-isopropylidendioxy-Δ$^{1.4}$-D-homoandrostadien-11β-ol-3.17-dion*, $C_{26}H_{33}FO_7$, F. 307,5—308° (Aceton/PAe.), a) aus **VII** in Pyridin mit Acetanhydrid; $[\alpha]_D^{22}$ +7,6° (Chlf.); b) aus 75 mg **V** in warmem Aceton mit einigen Tropfen konz. HCl; 50 mg; c) aus 60 mg **VI** durch Acetylierung; Nadeln; 40 mg. — *9α-Fluor-17aβ-hydroxymethyl-16α.17aα-isopropylidendioxy-Δ$^{1.4}$-D-homoandrostadien-3.11.17-trion*, $C_{24}H_{29}$-FO_6, F. 245—246°, aus 500 mg **VII** in Pyridin durch Oxydation mit CrO_3; $[\alpha]_D^{22}$ +95,4° (Chlf.); 275 mg. *17aβ-Acetyl-Deriv.*, $C_{26}H_{31}FO_7$, F. 241,0—242,5° (Aceton/PAe.); $[\alpha]_D^{22}$ +95,7° (Chlf.). — *9α-Fluor-16α.17α-isopropylidendioxy-Δ$^{1.4}$-androstadien-11β-ol-3-on-17β-säure*, $C_{23}H_{29}FO_6$, F. 302,5—303,5° (Aceton/PAe.), aus 1,2 g Triamcinolon-16α.17α-acetonid in 50%ig. wss. Essigsäure durch 40std. Schütteln mit 20,4 g Na-Wismutat bei Raum-Temp., Abtrennung von nicht umgesetztem Ausgangsmaterial durch Chromatographie des Äthylacetatextrakts an Silicagel; $[\alpha]_D^{22}$ +82,1° (CH_3OH); 150 mg. — *11β-Acetoxy-9α-fluor-17aβ-hydroxymethyl-Δ$^{1.4}$-D-homoandrostadien-16α.17aα-diol-3.17-dion*, F. 212—215°, aus Triamcinolon-11β-acetat in Chlf. nach 8 Monaten bei Raum-Temp.; positive Tetrazolblaureaktion. L. Laschet. 3700 □

16α-Hydroxysteroide. 8. Mitt. **16α.17α-cyclische Orthoester von Triamcinolon.** Leland L. Smith und Michael Marx. (J. Amer. chem. Soc. **82**, 4625—29, 5/9. 1960; engl.) — 7. vgl. vorst. Referat. — *Triamcinolon* bildet mit cycl. vicinalen Diolen, z. B. Äthylenglykol, acycl. 1.3-Diolen, z. B. Pentaerythrit, u. cycl. cis-1.2-Diolen (cycl. Polyhydroxy-Verbb.) cycl. Orthoester. Die Orthoester bilden sich durch säurekatalysierte Umesterung oder direkte Reaktion. Mit aliphat. Orthoestern bildet Triamcinolon in Ggw. von kleinen Mengen $HClO_4$ 16α.17α-cycl. Orthoesterderivate. *16α.17α-Äthoxymethylendioxy-9α-fluor-Δ$^{1.4}$-pregnadien-11β.21-diol-3.20-dion* entsteht mit Orthoameisensäuretriäthylester. Aus dem Methylester u. den Estern der Orthoessigsäure u. Orthopropionsäure werden die entsprechenden Derivv. gebildet. Mit höheren aliphat. Orthoesterhomologen erhält man neben dem cycl. Orthoester normale Monoester. Mit zunehmender Kettenlänge des aliphat. Orthoesters nimmt der Anteil an gebildeten cycl. Orthoestern weiter ab.

Versuche: *9α-Fluor-16α.17α-methoxymethylendioxy-Δ$^{1.4}$-pregnadien-11β.21-diol-3.20-dion* (**I**), $C_{23}H_{29}FO_7$, F. 218,5—222° (Aceton/PAe.), aus 1 g Triamcinolon, 30 ml Orthoameisensäuretrimethylester u. 0,3 ml 70%ig. $HClO_4$, 10 Min. schütteln; rote Farbe verschwindet beim Neutralisieren; $[\alpha]_D^{22}$ +127°; positive Rk. mit alkal. Tetrazolblau u. konz. Isoncotinsäurehydrazidreagens; 600 mg (Ausbeute). — *16α.17α-[1-Methoxy]-äthylendioxy-9α-fluor-Δ$^{1.4}$-pregnadien-11β.21-diol-3.20-dion*, $C_{24}H_{31}FO_7$, F. 210 bis 214° (bei nochmaligem Erhitzen nach dem Erstarren F. 241,5—245°), aus 1 g Triamcinolon, 30 ml Orthoessigsäuretrimethylester u. 0,3 ml $HClO_4$, 40 Min., transparente hexagonale Plättchen aus Aceton/PAe.; $[\alpha]_D^{22}$ +123°; 595 mg. — *16α.17α-[1-Methoxy]*-

propylidendioxy-9α-fluor-$\Delta^{1.4}$-pregnadien-11β.21-diol-3.20-dion, $C_{25}H_{33}FO_7$, F. 266—267°, aus 750 mg Triamcinolon, 15 ml Orthopropionsäuretrimethylester u. 0,2 ml $HClO_4$, 20 Min., Nadeln aus Aceton/PAe.; $[\alpha]_D^{22}$ +111°; 420 mg. — *16α-n-Valeryloxy-9α-fluor-$\Delta^{1.4}$-pregnadien-11β.17α.21-triol-3.20-dion*, $C_{26}H_{35}FO_7$, F. 212—216°, aus 1 g Triamcinolon, 15 ml Ortho-n-valeransäuretrimethylester u. 0,2 ml $HClO_4$, 1 Std., Trennung an Silicagel; $[\alpha]_D^{22}$ +27°; 180 mg. — *16α.17α-Äthoxymethylendioxy-9α-fluor-$\Delta^{1.4}$-pregnadien-11β.21-diol-3.20-dion*, $C_{24}H_{31}FO_7$, F. 150° (bei nochmaligem Erhitzen nach dem Erstarren F. 207,5—209°), aus 1 g Triamcinolon, 50 ml Orthoameisensäuretriäthylester u. 0,3 ml $HClO_4$, 30 Min., Reinigung an Silicagel; $[\alpha]_D^{22}$ +127°; 545 mg. — *16α.17α-[1-Äthoxy]-äthylendioxy-9α-fluor-$\Delta^{1.4}$-pregnadien-11β.21-diol-3.20-dion*, $C_{25}H_{33}FO_7$, F. 200° (239—242°), aus 1 g Triamcinolon, 30 ml Orthoessigsäuretriäthylester u. 0,3 ml $HClO_4$, 30 Min.; Reinigung an Silicagel; $[\alpha]_D^{22}$ +87,5°; 245 mg; daneben *16α-Acetoxy-9α-fluor-$\Delta^{1.4}$-pregnadien-11β.17α.21-triol-3.20-dion*, $C_{23}H_{29}FO_7$ (F. 224—228°); nach Elution mit Chlf./Äthylacetat (3 : 7) von Silicagelsäulen Nadeln aus Aceton/PAe.; $[\alpha]_D^{22}$ +49,7°; 270 mg. — *9α-Fluor-21-propionoxy-$\Delta^{1.4}$-pregnadien-11β.16α.17α-triol-3.20-dion*, $C_{24}H_{31}FO_7$, F. 229—231°, aus 1 g Triamcinolon, 30 ml Orthopropionsäuretriäthylester u. 0,3 ml $HClO_4$, 1 Std.; Silicagelreinigung; $[\alpha]_D^{22}$ +66,5°; 135 mg; daneben *9α-Fluor-16α-propionoxy-$\Delta^{1.4}$-pregnadien-11β.17α.21-triol-3.20-dion*, $C_{24}H_{31}FO_7$ (F. 219 bis 222°), durch Elution der Silicagelsäule mit Chlf./Äthylacetat (45 : 55); $[\alpha]_D^{22}$ +56,4°; 280 mg. — *9α-Fluor-16α.21-dipropionoxy-$\Delta^{1.4}$-pregnadien-11β.17α-diol-3.20-dion*, $C_{27}H_{35}FO_8$, F. 181—183°, aus 500 mg Triamcinolon u. 5 ml Propionsäureanhydrid in Pyridin; $[\alpha]_D^{22}$ +67,0°; 220 mg. — *21-Acetoxy-9α-fluor-16α.17α-methoxymethylendioxy-$\Delta^{1.4}$-pregnadien-11β-ol-3.20-dion*, $C_{25}H_{31}FO_8$, F. 192—194°, aus 300 mg I u. Acetanhydrid in Pyridin, 16 Std.; $[\alpha]_D^{22}$ +123°; 240 mg. L. Laschet. 3700□

Struktur von Anhydrocanariengenin A. J. L. Breton, J. Delgado und A. G. Gonzalez. (Chem. and Ind. **1959**, 513, 18/4.; Laguna, Canary Islands, Univ., Dep. of Organ. Chem. of C.S.I.C.; engl.) — Durch saure Hydrolyse des von Gonzalez u. Calero (C. **1957**, 10246) aus den Blättern von *Isoplexis Canariensis* Lindl. isolierten herzwirksamen Canarienglucosids A entsteht *Anhydrocanariengenin A* (I), dem die Struktur *14-Hydroxy-17-[1'-carboxy-3'-hydroxypropen-(1')-yl-(2')]-$\Delta^{3.5}$-androstadienlacton-(1' → 3')* {$C_{23}H_{30}O_3$, F. 212—214°; $[\alpha]_D^{17}$ −42,3° (c = 1,4; Chlf.); aus Methanol trianguläre Prismen} zugeschrieben wird. I reagiert mit 10% ig. alkohol. KOH zu *14.17-[2'-Carboxy-3'-hydroxymethylepoxyäthano]-$\Delta^{3.5}$-androstadienlacton-(2' → 3')* {II, $C_{23}H_{30}O_3$, F. 204 bis 206°; $[\alpha]_D$ −123° (c = 1,22; Chlf.)} u. liefert durch Dehydratisierung mit $POCl_3$ *17-[1'-Carboxy-3'-hydroxypropen-(1')-yl-(2')]-$\Delta^{3.5.14}$-androstatrienlacton-(1' → 3')* {III, $C_{23}H_{28}O_2$, F. 190°; $[\alpha]_D^{16.5}$ −127,7° (Chlf.)}, das mit *Trianhydroperiplogenin* ident. ist. III reagiert in Ggw. von Adams-Katalysator mit 4 Mol H_2 zu *17-[1'-Carboxy-3'-hydroxypropyl-(2')]-androstanlacton-(1' → 3')* {$C_{23}H_{36}O_2$, F. 171,5°; $[\alpha]_D^{14}$ +17° (c = 0,41; Chlf.)}, das mit *Oktahydrotrianhydroperiplogenin* ident. ist. K. Zieloff. 3700□

Darstellung von Hecogeninazin und Hecogeninacetonazin. L. E. Miramontes und M. A. Romero. (Chem. and Ind. **1958**, 1595, 29/11.; Mexico City, Productos Esteroides, S.A. de C.V.; engl.) — Durch 12std. Kochen von Hecogenin (I) mit Hydrazin in Äthylenglykolmonomethyläther wird *Hecogeninhydrazon* [II, $C_{27}H_{44}N_2O_3$, F. 210 bis 212° (Zers.); $[\alpha]_D$ −29° (Chlf.); 80% (Ausbeute)] erhalten. II liefert durch längeres Schmelzen, durch Kochen in Tetralin oder durch Kochen in A. mit wenig Pyridinhydrochlorid *Hecogeninazin* [$C_{54}H_{84}N_2O_6$, F. 324—326° (Ae.); $[\alpha]_D$ +68,5° (Chlf.); ca. 90%. *Diacetat*, $C_{58}H_{88}N_2O_8$, F. 302—304°; $[\alpha]_D$ +69° (Chlf.)]. Durch Kochen von II in Aceton wird *Hecogeninacetonazin* [III, $C_{30}H_{48}N_2O_3$, F. 211—213° (Chlf./Aceton); $[\alpha]_D$ +16,7° (Chlf.)] erhalten. II u. III werden in Ggw. von HCl quant. zu I hydrolysiert. Die UV- u. IR-Maxima sind angegeben. L. Lamza. 3700

Eliminierungsreaktion in der Reihe der ungesättigten Gallensäuren. (Vorl. Mitt.) Minlon Huang [Ming-lung Huang] und Cheng-Ngo Tao [Tscheng-ngo T'ao]. (Acta chim. sinica **22**, 581—84, 1956; Inst. Med. Sci., Dep. of Chem.; chin., Auszug: engl.) — Methanol. HCl verwandelt 3α.7α-Diacetoxy-12-oxo-$\Delta^{9,11}$-cholensäuremethylester (I) in *3β-Hydroxy-12-oxo-$\Delta^{7.9,11}$-choladiensäuremethylester* (II), F. 146—147°; λ_{max} 238 u. 290 mμ; $[\alpha]_D^{33}$ +256,6° (c = 0,985; Dioxan). Die Rk. wird als 1.6-Eliminierung aufgefaßt. L. Schuler. 3700□

Verschiebung der 7- und 9-Doppelbindungen in der Gallensäurereihe. Minlon Huang [Ming-lung Huang] und Tsu-Yun Tsai [Tsu-yün Ts'ai]. (Acta chim. sinica **22**, 585—88, 1956; chin., Auszug: engl.) — Vorläufige Mitt. zu der C. **1962**, 11577 referierten Arbeit. L. Schuler. 3700□

Konfigurationsproblem eines bei der Totalsynthese des Testosterons auftretenden Epoxids. Claude Ayphassorho und Maurice Legrand. (C. R. hebd. Séances Acad. Sci. **253**, 684—86, 24/7. 1961; Paris, Centre de Rech. Roussel-Uclaf; engl.) —

Vff. schlagen auf Grund von radiokristallograph. Unterss. das bei der Totalsynth. des Testosterons auftretende 9.10-Epoxid als *9α.10α-Epoxydesmethyltestosteron* vor.
Gottfried Schreiber. 3750□

Die Reaktion von 3-Oxo-Δ⁴-steroiden mit Isocyanursäurechlorid. Fumikazu Mukawa. (Bull. chem. Soc. Japan **33**, 25—26, Jan. 1960; Shitanoya-machi, Tsurumi-ku, Yokohama, Tsurumi Res. Labor.; engl.) — Progesteron bildet mit Isocyanursäurechlorid (I) in Aceton–Essigsäure (oder $HClO_4$) über ein 4-Chlor-5-hydroxy-4.5-dihydro-Deriv. *4-Chlorprogesteron.* Analog werden verschiedene 3-Oxo-Δ^4-steroidhormone zu 4-Chlor-Derivv. chloriert.

Versuche: *5α-Chlor-3β-acetoxypregnanolon-6β-ol,* $C_{23}H_{35}ClO_4$, F. 195° (Zers.), durch kurzes Kochen von 1 g Pregnenolonacetat u. I in Aceton u. wenig 30% ig. Essigsäure; aus Aceton/W. Nadeln; $[\alpha]_D^{17}$ +36° (c = 1,2); 0,6 g (Ausbeute). — 4-Chlorsteroide, durch 1std. Kochen von 0,5 g eines 3-Oxo-Δ^4-steroids u. 0,3 g I in 30 ml Aceton u. 3 ml Essigsäure oder 10% ig. $HClO_4$ u. Extrahieren mit Ae.: *-testosteronacetat,* F. 228°, aus Aceton Nadeln; $\lambda_{max}^{C_2H_5OH}$ 255 mμ. — *-testosteronpropionat,* F. 164°, aus Methanol Nadeln; $\lambda_{max}^{C_2H_5OH}$ 256 mμ. — *-progesteron,* F. 220°, aus Aceton Nadeln; $\lambda_{max}^{C_2H_5OH}$ 256 mμ. — *-17α-hydroxyprogesteron,* $C_{21}H_{29}ClO_3$, F. 218°, aus CH_2Cl_2/Methanol Nadeln; $\lambda_{max}^{C_2H_5OH}$ 256 mμ. — *-17α-acetoxyprogesteron,* $C_{23}H_{31}ClO_4$, F. 194°, aus Aceton Nadeln; $\lambda_{max}^{C_2H_5OH}$ 256 mμ. — *-17α-methyl-19-nortestosteron,* $C_{19}H_{27}ClO_2$, F. 148°, aus Ae./Hexan Nadeln; $\lambda_{max}^{C_2H_5OH}$ 256 mμ. — *-cortisonacetat,* F. 234°, aus Aceton/n-Hexan Nadeln; $\lambda_{max}^{C_2H_5OH}$ 254 mμ.
F. Klatt. 3750□

Struktur von ε-Tocopherol. J. Green, P. Mamalis, S. Marcinkiewicz und D. McHale. (Chem. and Ind. **1960,** 73—74, 16/1.; Surrey, Tadworth, Vitamins Ltd., Walton Oaks Exp. Stat.; engl.) — Durch Extraktion von Weizenkleie mit PAe., Chromatographie des erhaltenen Öls an Al_2O_3, Eluieren mit A./PAe. (5 : 95), Abtrennung der Steroidfraktion durch Kühlen der methanol. Lsg., Verseifung der methanollösl. Fraktion in Ggw. von Pyrogallol, Chromatographie der unverseifbaren Anteile an Al_2O_3, Eluieren von α- u. ζ_1-Tocopherol (**IV**) mit Bzl., anschließende Elution mit A./Bzl. (5 : 95), Behandlung mit 4-Phenylazobenzoylchlorid/Pyridin, Chromatographie, Hydrolyse des erhaltenen *4-Phenylazobenzoats* [I, F. 70—71° (Isopropanol)] u. Molekulardest. bei $5 \cdot 10^{-3}$ Torr/130° (Bad-Temp.) wird *ε-Tocopherol* (**II**) gewonnen. **II** geht bei der Hydrierung in CH_3COOH an PtO_2 in *β-Tocopherol* (**III**) über. Durch Ozonolyse von **II**-Acetat werden *Aceton* u. *Lävulinaldehyd* erhalten u. als 2.4-Dinitrophenylhydrazone charakterisiert. Durch Vgl. der KMR-Spektren von **I, II, III** u. dessen 4-Phenylazobenzoat wird für **II** die Konstit. *2.5.8-Trimethyl-2-[4.8.12-trimethyltridecatrien-(3.7.11)-yl]-chromanol-(6)* gesichert. Da **II** bei der Chlormethylierung oder Hydroxymethylierung **IV** liefert, besitzt **IV** die Konstit. *2.5.7.8-Tetramethyl-2-[4.8.12-trimethyltridecatrien-(3.7.11)-yl]-chromanol-(6).*
V. Klingmüller. 3800

Synthesen in der Tetracyclin-Reihe. H. Muxfeldt. (Angew. Chem. **74,** 443—52, 7/7. 1962; Madison, Wis., Univ., Dep. of Chem.; dt.) — Übersicht über Synth. u. einige chem. Eigg. von Tetracyclinen. — 35 Literaturangaben. P. Golinske. 3900□

Das Vorkommen eines β-substituierten Furanringes in Marrubin. D. P. Moody. (Chem. and Ind. **1960,** 75, 16/1.; London, Birkbeck Coll., Chem. Dep.; engl.) — *Marrubin* (I) enthält auf Grund seiner Farb-Rkk. u. Spektraldaten einen β-substituierten Furanring. Acetylendicarbonsäurediäthylester u. I lagern sich zu einer öligen Masse zusammen, die bei der Hydrierung an Pd-Kohle rasch 1 Mol H_2 aufnimmt; nach der Pyrolyse u. Hydrolyse des Hydrierungs-Prod. wurde aus dem Rk.-Gemisch *Furan-3.4-dicarbonsäure* (F. 210—212°) identifiziert. V. Klingmüller. 3950

Cnicin: Ein neues Lacton vom Guajanolid-Typ. M. Suchý, V. Herout und F. Šorm. (Chem. and Ind. **1959,** 517—18, 18/4.; Prague, Czechoslovak. Acad. of Sci., Inst. of Chem., Dep. of Natural Prod.; engl.) — Durch Extraktion des alkohol. Extrakts von *Cnicus benedictus* L. mit 60% ig. wss. A. u. Bzl., Extraktion der alkohol. Phase mit Chlf. u. Chromatographie an Al_2O_3 wurde *Cnicin* {I, $C_{20}H_{26}O_7$, F. >330°, sintert bei 143°; $[\alpha]_D^{20}$ +158° (c = 1,65; Chlf.)} isoliert. Es polymerisiert beim Erhitzen zu einer krist. Substanz $(C_{20}H_{26}O_7)_n$ (F. >330°). I liefert durch Red. mit $LiAlH_4$ in Dioxan u. Se-Dehydrierung des glasartigen Prod. *Chamazulen* (*Trinitrobenzolat,* F. 132°) u. *Artemazulen.* Die von einer Hydrogenolyse begleitete Hydrierung von I führt unter Aufnahme von 3,5 Mol H_2 u. Chromatographie zu

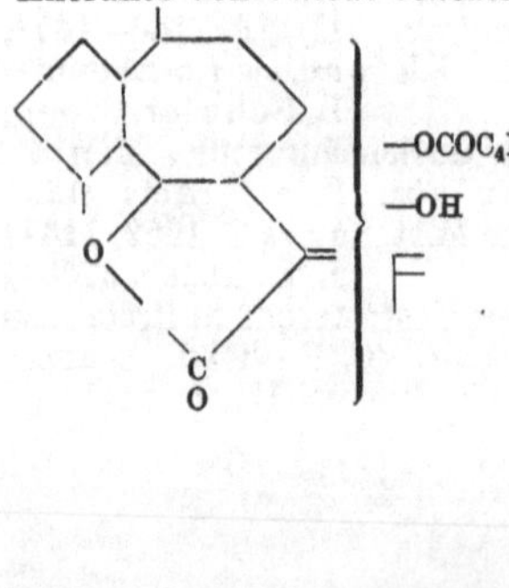

I

einer krist. *Verb.* $C_{20}H_{32}O_7$ (F. 146°), die durch alkal. Hydrolyse eine flüchtige C_5-*Carbonsäure*, ein C_{15}-*Lacton* u. ein *Hydroxylacton* $C_5H_8O_3$ (Kp.$_{12}$ 130°) liefert. I ist danach ein mit einer Dihydroxypenten-(2)-säure verestertes Hydroxyguajanolid, für das nebenst. Partialstruktur angegeben wird. K. Zieloff. 3950

Die Struktur des Lathyrins. E. A. Bell und R. G. Foster. (Nature [London] **194,** 91—92, 7/4. 1962; London, King's Coll., Dep. of Chem.; Imp. Coll. of Sci. and Technol., Dep. of Chem.; engl.) — Die Struktur der aus den Samen von *Lathyrus tingitanus* (vgl. C. **1962,** 6466) isolierten Aminosäure *Lathyrin* (I), $C_7H_{10}N_4O_2$, konnte durch Best. der pK-Werte, des UV-Spektrums, der H_2-Aufnahme bei der Hydrierung u. durch Kernresonanzspektroskopie ermittelt werden. Danach ist I *β-[2-Aminopyrimidinyl-(4)]-alanin.* Bei der Red. wird eine *Verb.* $C_7H_{14}N_4O_2 \cdot H_2O$, F. >250° (Zers.); $[\alpha]_D^{22}$ +64,11° (c = 1,1; W.), gebildet. E. Moisar. 3950□

Die Reaktion von 2′-, 3′- und 5′-Nucleotiden mit 1-Fluor-2.4-dinitrobenzol. J. Stockx. (Bull. Soc. chim. belges **70,** 125—35, März/April 1961; Gent, Rijksuniv., Labor. voor Fysiolog. Scheikunde; engl.) — Bei der Kondens. von 1-Fluor-2.4-dinitrobenzol (I) mit 2′- u. 3′-Nucleotiden bilden sich cycl. 2′.3′-Nucleotide, wobei der zunächst entstandene Phosphorsäurediester zu einem Phosphorsäuretriester hydrolysiert u. 2.4-Dinitrophenol abgespalten wird. Kondens. von I mit 5′-Nucleotiden führt nicht zu cycl. 3′.5′-Nucleotiden. Die möglichen Rk.-Mechanismen werden diskutiert. Vf. kondensiert 2′- u. 3′-Uridylsäure (II), 2′- u. 3′-Cytidylsäure (III) bzw. 5′-Adenylsäure (IV) mit I durch 24 std. Erhitzen auf 70° bei pH 7,6—8,0 unter Rühren, dann Abkühlen, Ansäuern auf pH 3,5 u. Extrahieren mit Diäthyläther. Die Identifizierung der Rk.-Prodd. erfolgt durch Papierchromatographie u. Papierelektrophorese. Die gefundenen cycl. Nucleotide werden durch Hydrolyse mit 0,1n NaOH, 0,1n HCl oder Pankreasribonuclease in die entsprechenden Nucleotide übergeführt. Als Rk.-Prodd. von I mit II konnten identifiziert werden: *Uridylsäure, cycl. 2′.3′-Uridylsäure* u. *Uridin.* I u. III liefern *Cytidylsäure, cycl. 2′.3′-Cytidylsäure* u. *Cytidin,* während nach Rk. von IV mit I nur IV sicher wiedergefunden werden konnte. Die Anwesenheit von *2.4-Dinitrophenylestern* ist wahrscheinlich. Gottfried Schreiber. 3950□

D. Makromolekulare Chemie

Versuch, die Invarianz der Reaktivität einer Funktion gegenüber der molekularen Kettenlänge theoretisch zu rechtfertigen. Jacques Parrod. (C. R. hebd. Séances Acad. Sci. **254,** 1797—99, 5/3. 1962; Strasbourg, Centre de Rech. sur les Macromol.; franz.) — Wenn man die statist. Thermodynamik der Gase auf den Vgl. der Gleichgewichts- u. Geschw.-Konst. in Lsg. anwendet, so stellt man fest, daß bei zunehmender Länge der die reagierende Funktion tragenden Mol.-Ketten die Werte stark abweichen. Es ist anzunehmen, daß das Zusammenspiel von Rotations- u. Translationsbewegungen kleiner Moll. in Lsg. von einer bestimmten Kettenlänge an erschwert wird, weil der Energieaufwand zur Verschiebung der benachbarten Moll. größer wird. M. Hagedorn. 4000□

Ein neues Verfahren zur Herstellung von Pfropfcopolymeren. W. W. Korschak, K. K. Mosgowa und M. A. Schkolina. (Hochmolekulare Verbind. [UdSSR] **2,** 957—58, Juni 1960; russ., Auszug: engl.) — An Stelle der Ozonisierung kann für die Bldg. von akt. Zentren auf der Oberfläche von Polymeren (*Polyestern* oder *Polyamiden* in Form von Filmen oder Fasern) auch ein Erhitzen an der Luft oder in N_2-Atmosphäre benutzt werden. Die Pfropfcopolymerisation der so vorbereiteten Polymeren erfolgt durch Erhitzen mit Vinylmonomeren. Die erhaltenen Prodd. zeigen höhere Festigkeit u. eine größere Ausbeute an aufgepfropfter Schicht als bei der Vorbehandlung mit Ozon. Vff. nehmen an, daß beim Vorerhitzen Peroxidzentren entstehen, bei deren Zerfall als Initiatoren wirksame freie Radikale gebildet werden. R. K. Müller. 4000□

Wärmeleitung in einigen linaren Polymeren. Makoto Hattori. (Bull. Univ. Osaka Prefect., Ser. A **9,** 51—58, 1960; Dep. of Appl. Chem., Coll. of Engng.; engl.) — Es wurde die Wärmeleitfähigkeit (WL) von *Polyäthylen* (I), *Polyvinylchlorid* (II), einem *Copolymeren* aus II u. *Polyvinylacetat* u. *Polystyrol* (III) zwischen 20 u. 120° gemessen. WL nimmt mit zunehmender Substitution der I-Kette u. beim Copolymerisat ab. Bei I nimmt WL mit dem Molgew. zu. Die Ergebnisse werden mit dem unterschiedlichen Ordnungs- u. Kristallinitätsgrad in Zusammenhang gebracht. Das sonst linear verlaufende Verhältnis des therm. Widerstands zur reziproken abs. Temp. weist bei II u. III bei der Glasübergangs-Temp. eine Unstetigkeit auf, die mit dem Beginn der mikro-Brownschen Bewegung gedeutet wird. J. Runge. 4010□

Die Bestimmung des relativen isotaktischen Gehaltes von Polypropylen durch Extraktion. Charles A. Russell. (J. appl. Polymer Sci. **4**, 219—24, Sept./Okt. 1960; Murray Hill, N.J., Bell Telephone Labor.; engl.) — Zur Best. des relativen Geh. an isotakt. Prod. in *Polypropylen* (**I**) wurde **I** in Pulverform zuerst je 6 Std. mit sd. Ae. u. dann mit sd. n-Heptan (**II**) extrahiert. Zur Vermeidung eines oxydativen Abbaus muß die Extraktion mit **II** unter N_2 ausgeführt werden. Die Reproduzierbarkeit ist gut. Für verschiedene **I**-Proben beträgt der mit Ae. extrahierte Teil zwischen 0,4 u. 3,3% u. der mit **II** extrahierte zwischen 2,7 u. 21%. Nach IR-Messungen besteht der Ae.-Extrakt prakt. aus atakt. **I**, während der **II**-Extrakt 20—40% isotakt. **I** enthält. Der Rückstand der Extraktion wird als 100%ig. isotakt. **I** angenommen. Die Meth. liefert zwar keine Absolutwerte, doch sind die erhaltenen Daten zur Charakterisierung von **I** geeignet. O. Fuchs. 4010□

Heterogene Katalyse der Isobutylen-Polymerisation. O. Wichterle, M. Marek und I. Trekoval. (J. Polymer Sci. **53**, 281—87, Aug. 1961; Prague, Inst. of Macromol. Chem., Czechoslovak Acad. of Sci.; engl.) — Die isotherme Polymerisation von *Isobutylen* in Hexan wurde untersucht. Die Rk. wurde unter Verw. des unlösl., mit BF_3 gesätt. Al–sek.-Butylat-Komplexes (**I**) durchgeführt, der nach der Gleichung $Al(OC_4H_9)_3 + BF_3$ ($<-20^0$) → $Al(OC_4H_9)_3 \cdot 2\ BF_3$ (transparentes Gel) → $Al(OC_4H_9)(OH)_2 \cdot 2\ BF_3$ (grünes Gel) entsteht. Das krit. Verhältnis von **I**/$TiCl_4$ wurde bestimmt u. gefunden, daß es einem Mol-Verhältnis Ti/Al von 0,25 entspricht. Eine Abweichung von diesem Verhältnis beschleunigt die Polymerisation nicht. Aus kinet. Messungen folgt, daß die Polymerisations-Geschw. 1. Ordnung in bezug auf den Katalysator ist. Die Geschw. wird durch folgende Gleichungen gegeben: $R_p = k\,[Ti]$ für Ti/Al $< 0{,}25$; $R_p' = k'\,[Al]$ für Ti/Al $> 0{,}25$. Die erhaltenen *Polyisobutylene* besitzen einen höheren Polydispersitätskoeffizienten. Offenbar wird die Polymerisation von der Temp. der Katalysatoroberfläche beeinflußt. F. Rochlitz. 4010□

Viscosität der Makromoleküle. Léonide Andrussow. (J. Chim. physique Physico-Chim. biol. **57**, 952—58, Nov./Dez. 1960; Paris; franz.) — Ebenso wie der wahre mittlere Exponent n* der Ausdruck fürdie Abhängigkeit der DK, der Oberflächenspannung u. der Dichte von der abs. Temp. T ist, wird n* nach der Gleichung $(\eta + d\,\eta)/\eta = [(T + d\,T)/T]^{n*}$ mit Erfolg zur Festlegung der Abhängigkeit der Viscosität η von T für Fll. (W., Glycerin) wie für Makromoll. verwendet. Je nach dem Verh. von n* lassen sich die Makromoll. in verschiedene Gruppen klassifizieren. Wie aus den tabellar. angegebenen n*-Werten zwischen 217 u. -9^0 für verschiedene *Polyisobutylen* (**I**)-Fraktionen vom Molgew. M = 80000, 56500, 22400 u. 11200 ersichtlich ist, unterscheiden sich die n*-Werte der 4 Fraktionen nur wenig u. nehmen auch nur wenig mit der Temp. ab (für das genannte Temp.-Intervall von $-11{,}34$ bis $-35{,}09$ für M = 80000). Dagegen unterscheiden sich die n*-Werte der 3 Fraktionen von *Polystyrol* vom M = 32900, 4900 u. 3700 wesentlich voneinander [z. B. n* = $-116{,}0$ für M = 4900 (81,7°) u. $-102{,}0$ für M = 3700 bei 53,0°] u. sinken mit der Temp. viel stärker ab (z. B. von $-24{,}0$ auf $-113{,}0$ zwischen 217 u. 130° für M = 32900). Ähnlich kann mit Hilfe der Meth. der Exponenten die Zunahme von η mit M nach der Gleichung $\eta_1/\eta_2 = (M_1/M_2)^\mu$ verfolgt werden. Während die μ-Werte zwischen 2 benachbarten **I**-Fraktionen von der Temp. prakt. unabhängig sind u. mit M nur wenig abnehmen (für die 4 Fraktionen von 3,32—1,81 bei 217°), liegt der μ-Wert der 3 Fraktionen von **II** vom M = 4900 u. 3700 wesentlich höher (12,86 bei 110° u. 19,60 bei 81,7°). Schließlich können auch nach der Gleichung $(\eta + d\,\eta)/\eta = [(\gamma + d\,\gamma)/\gamma]^{\psi*}$ die ψ*-Exponenten zur Charakterisierung der η-Werte in Abhängigkeit von der Konz. γ herangezogen werden. M. Hagedorn. 4010□

Untersuchung der Reaktion von Organomangesiumverbindungen mit Schwermetallsalzen, und die Verwendung von Organomagnesiumverbindungen und ihren Komplexen zur Polymerisation. B. L. Erusalimskii, Fo-Sung Wang und A. P. Kawunenko. (J. Polymer Sci. **53**, 27—32, Aug. 1961; Leningrad, USSR, Inst. of High Molecular Compounds; engl.) — Organomagnesium-Verbb. geben bei der Einw. von Schwermetallsalzen die der Alkyl- oder Arylgruppe entsprechenden KW-Stoffe, während die Schwermetallionen reduziert werden. Um zu klären, ob ein Radikalmechanismus vorliegt, wurde die Einw. von Äthyl–MgBr auf $CoCl_2$, $TiCl_3$ u. $TiCl_4$ in Ggw. von NO, *Styrol* bzw. *α-Methylstyrol* untersucht. Da alle diese Verbb. Radikalacceptoren sind, ermöglicht die Unters. ihres Einfl. auf Ausbeute u. Verhältnis des entstandenen Äthans zu Äthylen die direkte Feststellung einer radikal. Zwischenstufe. Die Resultate zeigen, daß bei Temp. von -20 bis $+40^0$ für $CoCl_2$, 20° für TiCl u. 100° für $TiCl_3$ keine Zwischenstufe mit freien Radikalen vorhanden ist. Einige Olefine u. Diene wurden in Ggw. des Syst. $[C_4H_9MgJ + (C_4H_9)_2Mg]$ (**I**)–TiX_n polymerisiert. *Isopren* (**II**) gab bei einem **I**/$TiCl_4$-Verhältnis von 1 : 1 98% *trans-1.4-Polyisopren*. Weitere Polymerisationsangaben werden für **II** u. *Butadien* bei verschiedenen Temp. gemacht. Dasselbe Katalysator-Syst. ermöglicht auch die Polymerisation von *Äthylen* u. *Propylen*; letzteres wird bereits bei Zimmer-Temp. u. Normaldruck polymerisiert. Die Organomagnesium-Verbb. sind fähig, die Polymerisation von **II** in Abwesenheit von Titansalzen zu starten (Temp. 90°, Monomeren-Konz. in Lsg.: 60 Mol-%, Dauer 20 Std.; 28% Ausbeute). Das entstehende *Polyisopren* enthielt 96—99% 3.4-Einheiten. E. Weber. 4010□

Gültigkeitsbereich des analytischen Ausdrucks für den Absorptionsstrom eines Polyvinylchlorids. Alain Couget und Robert Lacoste. (C. R. hebd. Séances Acad. Sci. **254,** 1750—52, 5/3. 1962; Toulouse, Univ., Labor. de Génie électrique; franz.) — Die Änderung des Absorptionsstroms eines *Polyvinylchlorids,* bei dem er völlig reversibel ist, als Funktion der Zeit kann durch die Beziehung $i = a \cdot t^{-n}$ wiedergegeben werden (in logarithm. Form durch eine Gerade mit der Neigung –n). Es wird festgestellt, daß sie für den Bereich von 0,2 ms bis zu mehreren Std. nach Anlegen der Spannung zutreffend ist. M. Hagedorn. 4010□

Untersuchung über die Änderung des Diffusionskoeffizienten von Polystyrol in Dekalin mit der Temperatur. Raphael Varoqui und Henri Benoit. (C. R. hebd. Séances Acad. Sci. **254,** 3541—43, 14/5. 1962; Strasbourg, Bas-Rhin, Centre de Recherches sur les Macromol.; franz.) — Zwei anion. polymerisierte *Polystyrole* (Molgew. 5000 u. 27000) werden in verd. Lsg. in Dekalin bei Temp. zwischen 20 u. 100° gemessen. In diesem Syst. können die Ergebnisse zum mindesten bei Polymerisaten vom Molgew. von ca. 5000 ab nach dem Stokesschen Gesetz interpretiert werden.
M. Hagedorn. 4010□

Vinylpolymerisation. 47. Mitt. **Polymerisation von Acenaphthylen mit Ziegler-Katalysatoren.** Minoru Imoto und Isamu Soematsu. (Bull. chem. Soc. Japan **34,** 26—28, Jan. 1961; Kita-ku, Osaka, Univ., Fac. of Engng.; engl.) — 46. vgl. Chem. high Polymers [Tokyo] **17,** [1960], 472; 42. vgl. C. **1960,** 10247. — Vff. führten eine kinet. Unters. der *Acenaphthylen* (**I**)-Polymerisation in Heptan u. Toluol in Ggw. des Katalysator-Syst. $Ti(OC_4H_9)_4$ (**II**)/$Al(C_2H_5)_3$ bzw. **II**/$LiAlH_4$ bei 40—95° durch. Die Aktivierungsenergie betrug 14,3 bzw. ca. 13 kcal/Mol u. die erhaltenen Molgew. waren 125000. Ferner wurden mit dem 2. Katalysator-Syst. Homopolymerisationen von *Methacrylsäuremethylester* u. *Styrol* sowie Copolymerisationen dieser Monomeren mit **I** bei 80° durchgeführt. R. Schäff. 4010

Vinylpolymerisation. 48. Mitt. **Polymerisation von Methylstyrolen und der Einfluß von Dimethylanilin auf diese Polymerisation.** Minoru Imoto, Kiichi Takemoto und Yuichi Ikubo. (Bull. chem. Soc. Japan **34,** 186—93, Febr. 1961; engl.) — 47. vgl. vorst. Referat. — Vff. untersuchten die Polymerisation folgender Styrol (**I**)-Derivv. in Lsg. [Bzl., Dimethylformamid (**II**) bzw. Aceton (**III**)] in Ggw. von Azoisobutyronitril (**IV**) bzw. Dibenzoylperoxid (**IVa**) mit u. ohne Dimethylanilin (**V**) bei 50 bzw. 70° u. bestimmten die Polymerisations-Geschw. R_0 u. die Intrinsicviscosität der Polymerisate: *p-Methyl-* (**VI**), *p-Äthyl-*, *p-tert.-Butyl-*, *m-Methyl-*, *2.4-Dimethyl-*, *2.5-Dimethyl-* u. *3.4-Dimethylstyrol* (**VII**). Mit **IV** bei 50 u. 70° in Bzl. wurde für alle untersuchten Verbb. eine lineare Beziehung zwischen Umsatz (%) u. Zeit gefunden. R_0 ist bei **VI** größer, bei allen anderen Verbb. kleiner als bei **I.** Bei **VI** ist R_0 in **III** etwa wie in Bzl., in **II** jedoch deutlich niedriger. Für **VII** u. **I** ist $R_0 = k[M][IV]^{0,5}$. In **II** bei 60° sind die Konst. der Start-Geschw. für **I** $0{,}76 \cdot 10^{-5}$ u. für **VI** $0{,}67 \cdot 10^{-5}\ s^{-1}$. In Ggw. von **IVa** u. **V** bei 70° ist R_0 bei **I** u. **VI** $k' [IVa]^{0,5}[V]^{0,5}$. Bei **VI** in Ggw. von **IV**, **II** u. $FeCl_3$ wird kein Einfl. von **II** auf die Induktionsperiode beobachtet, während in Ggw. von p-Benzochinon u. **V** in Bzl. die Induktionsperiode mit der **V**-Menge abnimmt. R. Schäff. 4010□

Bildung einer Verbindung vom Aurin-Typ in der alkalischen Lösung von 4.4'-Dihydroxydiphenylmethan. Mihailo S. Jaćović. (C. R. hebd. Séances Acad. Sci. **254,** 3203—04, 30/4. 1962; Bellevue, Seine-et-Oise, C.N.R.S., Labor. de Chim. Macromol.; franz.) — Eine wss. alkal. Lsg. von 4.4'-Dihydroxydiphenylmethan (**I**) wird an der Luft während mehrerer Std. auf 100° erwärmt u. dabei tiefrot. Aus dieser Lsg. wird in sehr geringer Ausbeute eine krist. rote Verb. (**II**) isoliert, der nach ihrem Absorptionsspektrum Aurincharakter zukommt. **II** wird nach Red. mit Zn farblos; die red. Lsg. ist reoxydabel. Für **II** wird die Struktur des *α-[p-Hydroxyphenyl]-α-[2-hydroxy-5-(p-hydroxybenzyl)-phenyl]-benzochinonmethids* vorgeschlagen u. angenommen, daß die Verfärbungen bei der bas. Kondens. der *Phenolformaldehydharze* auf ähnliche Ursachen zurückzuführen sind. — **II**, $C_{26}H_{20}O_4 \cdot H_2O$, durch mehrstd. Erhitzen einer wss. Lsg. von 0,5 Mol **I** u. 2 Mol Na_2CO_3 an der Luft auf 100°, Ansäuern mit Essigsäure u. Extraktion mit Bzl. u. mit Äther. M. Hagedorn. 4010□

Über das Verhalten gemischter Furfurol–Formaldehyd-Phenoplaste. J. A. Mikes. (J. Polymer Sci. **53,** 1—8, Aug. 1961; Budapest, Res. Inst. for the Plastics Ind.; engl.) —

Die Härtung der Phenolharze hängt von der Ggw. reaktionsfähiger H-Atome ab. Die Phenoplaste aus einheitlichen u. auch gemischten Struktureinheiten mit 2 H-Atomen (in o- u. p-Stellung)/Monomermol. bilden im allg. nur lineare Ketten ohne Vernetzung. Bei der Kondens. von *Phenol* mit *Furfurol* besteht die Tendenz zur Vernetzung dieser linearen Homologen, da außer der bifunktionellen Aldehydgruppe im Furankern noch 2—4 reaktionsfähige Stellen vorhanden sind. Infolge des Vernetzungsprozesses, der zur Bldg. spröder Prodd. führt, treten bei der techn. Verw. von Furfurol–Phenolharzen Schwierigkeiten auf. Diese Schwierigkeiten können dadurch beseitigt werden, daß man das Furfurolharz im Stadium A mit dem Formaldehydharz im gleichen Stadium mischt. Die weitere Kondens. u. die Härtung wird mit dem so erhaltenen, homogenen Gemisch durchgeführt. Die Auswertung von 50 Gemischen aus *Phenolnovolak, Phenolresol, m-* u. *p-Kresolnovolak, m-* u. *p-Kresolresol, o-Kresolnovolak, o-Kresolresol, p-Kresolnovolak, p-Kresolresol, Xylenolnovolak* bzw. *Xylenolresol* mit je einem *Formaldehyd-Kondensat* aus *Phenol, m-p-Kresol, o-Kresol, p-Kresol* u. *Xylenol* (Gemisch von Isomeren) zeigt, daß in 23 Fällen die Härtungsdauer des Gemisches kürzer ist als die der einzelnen Harze; in 13 Fällen wurde eine fast lineare Abhängigkeit von der Zus. des Gemisches gefunden; nur in einem Fall bestand ein größerer Zeitbedarf als bei den getrennten Bestandteilen. Die Änderung der dielektr. Eigg. verläuft linear mit der Konz., der mechan. Widerstand besitzt ein Maximum. Da die dunkle Färbung, die vernetzte Struktur u. die Unlöslichkeit der erhaltenen Prodd. keine exakte Unters. der Strukturänderung erlaubt, wird die Änderung durch gleichzeitige, wechselseitige Rkk. von mehreren Typen charakterisiert, denen die Monomeren, die Zwischenprodd. u. das Rk.-Medium unterzogen werden. Dabei besteht keine Möglichkeit, Modell-Verss. unter einfachen u. gut untersuchten Bedingungen auszuführen. F. Rochlitz. 4010□

Katalyse durch pyrolysiertes Polyacrylonitril. Jaqueline Gallard und Philippe Traynard. (C. R. hebd. Séances Acad. Sci. **254,** 3529—31, 14/5. 1962; Grenoble, Centre d'Études nucléaires, Labor. de l'Inst. Français du Pétrole; franz.) — *Polyacrylonitril* (I) in Faden- u. Pulverform wird durch Erhitzen auf 400° schonend abgebaut; die schwarzen (Fäden) u. tiefbraunen (Pulver) Pyrolyse-Prodd. sind organ. Halbleiter, gut wärmestabil u. zersetzen H_2O_2-Lösungen. Im Vgl. mit NiO, akt. Kohle u. a. wird die Aktivität der pyrolysierten I als Katalysator bei der Zers. von N_2O untersucht mit dem Ergebnis, daß organ. Halbleiterkatalysatoren mit langen konjugierten Ketten als den klass. anorgan. gleichwertige Kontaktmassen vorgeschlagen werden. Es sind aber noch weitere Unterss. notwendig. M. Hagedorn. 4010□

Polymerisation von Methylmethacrylat in Gegenwart eines farbigen Katalysators. Einbau von farbigen Endgruppen in die Ketten von Polymethylmethacrylat. François Rocaboy und Hermann Kämmerer. (C. R. hebd. Séances Acad. Sci. **254,** 3205—06, 30/4. 1962; Mainz, Inst. für organ. Chem.; franz.) — Vgl. C. **1963,** 1703. — *Methylmethacrylat* wird in Ggw. von *p.p'-Bis-[phenylazobenzoyl]-peroxid* (I) als Katalysator polymerisiert, das Polymerisat in Toluol-Lsg. an Al_2O_3 gereinigt u. in fünf Stufen ausgefällt. Zers.-Prodd. von I sind auf den Makromol.-Ketten mittels kovalenter Bindungen fixiert. I selbst regt bei seiner therm. Zers. bei 147—148° die Polymerisation durch Bldg. von Radikalen an, welche sich an ein monomeres Mol. addieren. Die Zahl der den Mol.-Ketten eingefügten farbigen Zers.-Reste von I ist für die Strukturaufklärung des *Polymethylmethacrylats* wichtig. M. Hagedorn. 4010□

Untersuchung der Maleat–Fumarat-Isomerisierung während der Veresterung mit verschiedenen Glykolen. I. Vancsó-Szmercsányi, K. Maros-Gréger und E. Makay-Bödi. (J. Polymer Sci. **53,** 241—48, Aug. 1961; Budapest, Müanyagipari Kutató Intézet; engl.) — Zur Unters. des Einfl. verschiedener Glykole auf die cis–trans-Isomerisierung von *Maleinsäureanhydrid* (I) während der Veresterung wurden Polykondens. von I mit *Äthylenglykol* (II), *Propylenglykol, Butylenglykol-(1.3)* (III) u. *Diäthylenglykol* durchgeführt. Die Polykondens. erfolgten ohne Katalysatoren aus der Schmelze der äquimol. Komponenten bei 160—175° in 12—14 Stunden. Im Verlauf der Polymerisation wurden Proben entnommen u. der Geh. an *Malein-* u. *Fumarsäure* durch Verseifung der Polyester mit NaOH in der Kälte polarograph. bestimmt. Es wurde festgestellt, daß die Struktur der Glykole u. die Polymerisationsdauer sowie bei Verw. ident. Glykole auch das Molgew. der Polyester einen beträchtlichen Einfl. auf die Isomerisierung ausüben. Wird der Isomerisierungsgrad (Menge der Fumarsäure in %) als Funktion des Molgew. graph. dargestellt, erhält man Kurven, die nach dem anfänglichen Anstieg in horizontale Linien übergehen. Der Neigungswinkel der Kurven ändert sich mit den verwendeten Glykolen. Der Vgl. der Kettenlänge u. ihrer Stereomodifikation mit dem Isomerisierungseffekt zeigt, daß in diesem Fall die Polymerisation durch die stereochem. Faktoren bedingt wird. Die Isomerisierung ist um so stärker, je dichter die polyesterifizierte Kette ist. Die stereochem. Erklärung wurde in gleicher Weise durch die Polykondens. von **I** mit **II** u. *Phthalsäureanhydrid* (**IV**), mit **III** u. **IV** sowie mit **II** u. *Bernsteinsäure* bzw. *Sebacinsäure* unter Bldg. der entsprechenden *Copolyester* bestätigt. Bei den Polyestern, die Phthalsäure enthalten, ist die Isomerisierung von Maleat zu Fumarat in allen Fällen merklich stärker als bei den reinen Polymaleaten. F. Rochlitz. 4010□

Methode der Kriechspannungsrelaxation zur Messung der Temperaturabhängigkeit des rheologischen Verhaltens von hochpolymeren Feststoffen. Katsuhiko Ito. (Sci. Pap. Inst. physic. chem. Res. [Tokyo] **54**, 362—88, Dez. 1960; Plast. Working Labor.; engl.) — Die Temp.-Abhängigkeit des viscoelast. Verh. von Polymeren wurde theoret. u. experimentell durch die Kriechspannungsrelaxations-Meth. bei uniaxialem Druck u. Penetration einer Stahlkugel untersucht u. die Ähnlichkeit bei den Belastungsarten bewiesen. Die Unterschiede in den Mol.-Strukturen hinsichtlich dieser Temp.-Abhängigkeit des viscoelast. Verh. werden bei 2 Polymerisattypen (*Diallylphthalat-Homopolymerisat* u. *Polyvinylchlorid*) aufgezeigt. Die Anwendung der Rockwell-Zahlen/Temp.-Kurven, die bei konst. Temp.-Erhöhung (2°/Min.) mittels einer üblichen Rockwell-Prüfmaschine erhalten werden, wird als einfachste Meth. empfohlen. R. Schäff. 4010□

Die Dapon-Harze. Emil Ott. (Chim. et Ind. **86**, 50—52, Juli 1961; Princeton, N.J., Food Machinery and Chem. Corp., Chemical Div.; franz.) — Unter dieser Bezeichnung werden von den USA pulverförmige Vorpolymerisate des *Diallylphthalats* u. *Diallylisophthalats* auf den europ. Markt gebracht. Die Harze unterliegen in Ggw. von hitzehärtenden Harzen u. Peroxid-Katalysatoren einer weiteren Polymerisation, die sich ohne Bldg. von Nebenprodd. vollzieht. Sie zeichnen sich durch ihr hohes elektr. Isoliervermögen, ihre Temp.-Beständigkeit, Formbeständigkeit, Abriebfestigkeit u. Chemikalienbeständigkeit aus. Ihre Einsatzmöglichkeiten, bes. als Preßharze u. Schichtstoffe für Dekorations- u. Bauzwecke, werden erörtert. H. Sontag. 4010□

Klärung der Beziehung zwischen Struktur und Orientierung der Molekülketten bei Polyäthylenterephthalat. N. W. Michailow, O. A. Kljujewa, W. O. Gorbatschewa und E. S. Fainberg. (Hochmolekulare Verbind. [UdSSR] **2**, 942—46, Juni 1960; Allunions-Forsch.-Inst. für Kunstfasern; russ., Auszug: engl.) — Der Einfl. der Reck-Temp. auf die elast. Eigg. von Filmen u. Fasern aus *Polyäthylenterephthalat* (**I**) wird untersucht. Beim Erhitzen von vorgerecktem **I** nimmt die Kristallinität zu, u. es tritt eine Desorientierung der sek. Strukturgebilde ein. Diese beiden Erscheinungen der Krist. innerhalb der Pakete u. der mit einer für amorphe Polymere charakterist. starken Änderung der mechan. Eigg. verbundenen Desorientierung wirken einander entgegen. Vff. nehmen an, daß die Zunahme der Elastizität bzw. der Bruchdehnung gereckter Fasern beim Erhitzen mit der Verminderung der Orientierung zwischen den Paketen der Polymeren-Moll. zusammenhängt. R. K. Müller. 4010□

Polymerisation von Vinylverbindungen im kristallinen Zustand. H. Morawetz. (Proc. IVth int. Sympos. Reactivity Solids, Amsterdam **1960**, 144—53, 1961; Brooklyn, N.Y., Polytechn. Inst., Polymer. Res. Inst.; engl.) — Wenn krist. Vinyl-Derivv. bei -78^0 einer ionisierenden Strahlung ausgesetzt werden, werden Radikale in das Kristallgitter eingeführt, die allmählich eine Polymerisation in festem Zustand bewirken können, wenn die Kristalle auf Temp. $<$ dem F. gehalten werden. Obwohl die Radikal-Konz. fast konst. bleibt, geht die Polymerisations-Geschw. rasch zurück, kommt aber nach mehreren Monaten nicht zum Stillstand. Die Ausbeute an Polymeren beträgt 40%, wobei Molgew. von $1{,}5 \cdot 10^6$ auftreten können. Die Wachstums-Geschw. der einzelnen Ketten ist von ihrer Zahl unabhängig. In festen Lsgg. von *Acrylamid* (**I**) u. *Propionamid* (**II**) ist die Geschw. der Umwandlung des Monomeren in das Polymere von der **II**-Konz. bis zu 50% der gesätt. Verb. unabhängig. Da **II** beträchliche Kettenübertragung verursacht, wird das Molgew. des Prod. verringert. Zur Polymerisation eignet sich *K-Acrylat* besser als das Li- u. Na-Salz, die nur bei höheren Temp. polymerisieren. Die Kettenlänge der Polymeren dieser Salze ist von der Zeit unabhängig. Das Molgew. von *Poly-K-acrylat* (polymerisiert bei 0 bis -35^0) beträgt ca. 200000, das der bei 120 bis 150^0 polymerisierten Na- u. Li-Salze ca. 20000. Die Begrenzung der Polymerisation durch das Kristallgitter geht aus großen Unterschieden in der Polymerisierbarkeit der Monomeren im festen Zustand hervor, dem sehr unterschiedlichen Verh. der Acrylate, der hohen Wirksamkeit der Kettenübertragung von **II** bei der **I**-Polymerisation u. bes. aus dem negativen Temp.-Koeff. der Kettenübertragung, der im Gegensatz zum Verh. von Kettenübertragungsmitteln im fl. Zustand steht. W. Wesly. 4010□

Beziehung zwischen Faserstruktur und Eigenschaft. 2. Mitt. Makroskopische Deformationen von alkylensulfidvernetzten Polycaprolactamfasern. Stephen D. Bruck. (J. Res. nat. Bur. Standards, A **66**, 77—81, Jan./Febr. 1962; engl.) — 1. vgl. J. Res. nat. Bur. Standards, A **65**, [1961], 489. — N-methoxymethylierte Fasern (0,1 bis 0,2 g) von *Polycaprolactam* (I) wurden zunächst bei Raum-Temp. 12 Std. in eine Lsg. von 0,5 Mol Thioacetamid in 700 cm^3 CH_3OH gelegt; anschließend Zugabe von 35 cm^3 konz. HCl bei Raum-Temp., nach 1 Std. Zugabe einer Lsg. von 60 g KOH in 200 cm^3 CH_3OH, nach 1 Std. Waschen mit W. u. mit CH_3OH. Die so vorbehandelten Fasern wurden bei Raum-Temp. 5 Std. in eine Lsg. von 0,35 Mol CH_2J_2 in 150 cm^3 A. u. 150 cm^3 Benzylalkohol gelegt, dann Waschen nacheinander mit A., W. u. CH_3OH u. Trocknen bei Raumtemperatur. Die so erhaltene mit Alkylensulfid vernetzte Faser (II) enthält 3,7% S, ist im trockenen u. feuchten Zustand sehr stark gekräuselt u. besitzt in m-Kresol ein Quellungsverhältnis V/V_0 von 8,0 (V bzw. V_0 = Vol. nach bzw. vor der Quellung). Die Vernetzung kann statt mit CH_2J_2 auch mit 1.2-Dibromäthan vorgenommen werden; 2,9% S, V/V_0 = 6,2, übrige Eigg. wie vorher. Gegenüber den l. c. beschriebenen über Disulfidbrücken vernetzten I-Fasern zeigen die II-Fasern folgende Unterschiede: bei II ist die Anzahl der Kräuselungen viel größer u. die Kräuselamplitude ist geringer; II enthält auch im ungequollenen Zustand schraubenförmige Strukturen; Kräuselung u. Schrauben-Bldg. werden nicht durch Luftoxydation vermindert. Diese Erscheinungen werden auf die spezielle Struktur von II zurückgeführt, als Beweis werden analyt. Daten, Röntgenaufnahmen sowie Messungen über die opt. Doppelbrechung u. das Quellverh. angeführt. O. Fuchs. 4010□

Polymerisation von ε-Caprolactam in Lösung. 2. Mitt. Die Infrarotuntersuchung des Polymerisationsmechanismus. Stanislaw Chrzczonowicz und Miroslaw Wlodarczyk. (Makromolekulare Chem. **48**, 135—43, Aug. 1961; Łódź, Poland, Inst. of Technol., Dep. of Organ. Technol., Labor. of Plastics Technol.; Polish Acad. of Sci., Labor. of Organ. Synthesis; engl.) — 1. vgl. C. **1961**, 152. — Das in der l. c. beschriebenen Weise hergestellte *Poly-ε-caprolactam* (I) wurde mit kaltem W. gewaschen; der nach Entfernen des W. bei 25 Torr erhaltene Rückstand wurde mit abs. A. extrahiert. Der Rückstand des Extraktes besteht nach der IR-Analyse aus dem *Na-Salz* von *O-Carboxycaprolactim* (II). Wird andererseits das Na-Salz von ε-Caprolactam in Bzl. in Ggw. von CO_2 hergestellt, so entsteht das *Na-Salz* von *N-Carboxycaprolactam* (IR-Analyse). Eine Polymerisation von ε-Caprolactam ist nur in Ggw. von II möglich. Das IR-Spektrum von *Oligoaminocaproylcaprolactam* (III) enthält die 3 charakterist. Banden 1652 cm^{-1} (Imidgruppe), 1632 (Amidgruppe) u. 1537 (Amingruppe); beim Waschen von III mit heißem W. verschwindet die 1652-Bande vollständig (Hydrolyse des Lactamringes). *N-Acetylcaprolactam* zeigt eine charakterist. Absorption bei 1688 cm^{-1} u. *O-Methylcaprolactim* bei 1673 cm^{-1}. Wird I mit kaltem W. gewaschen, so tritt eine Aufspaltung der 1632-Bande auf, während beim Waschen mit heißem W. die 1537-Bande aufgespalten wird. Diese Ergebnisse bestätigen den l. c. u. früher vorgeschlagenen Polymerisationsmechanismus. O. Fuchs. 4010□

Darstellung und Polykondensation von Aminosäuren, Analoga von Dipeptiden, aus 11-Aminoundecansäure und Glycin oder Sarkosin. M. Guinot. (Ann. Chimie [13] **5**, 1105—63, Sept./Okt. 1960; Paris, Univ., Fac. des Sci., Labor. de Chim. Macromol.; franz.) — Da bei den Polyamiden mit der Zahl der Wasserstoffbindungen die Molekularkohäsion u. damit der F. zunimmt, bei zunehmender Methylierung infolgedessen abnimmt, der F. aber außerdem mit der Verteilung der Amidgruppen entlang der Mol.-Kette sich ändert, ist die Möglichkeit gegeben, den niedrigen F. (185°) des *Rilsans* (*Poly-11-undecansäureamid* (I) durch Modifizierung der Struktur zu erhöhen. Ausgehend davon, daß die FF. der Polyamide der Struktur $-[NH-CO-(CH_2)_{n-2}-CO-NH-CH_2]_x-$ für 1/n (1/6 316°, 1/10 267°, 1/12 251°, 1/13 239°) anomal hoch sind, stellte Vf. alternierende *Copolyamide* aus *11-Aminoundecansäure* (V) u. *Glycin* (IV) bzw. *Sarkosin* zum Vgl. dar. Die Aminogruppe der einen Aminosäure wird durch Umsetzung mit Phthalsäure blokiert u. die Carboxylgruppe in das Säurechlorid übergeführt; dann läßt man die zweite Aminosäure damit reagieren u. spaltet durch Behandlung mit Hydrazin (IX) u. nachfolgend mit verd. HCl den Phthalsäurerest ab; es entsteht das Hydrochlorid der dimeren Aminosäure. — Phthalylaminosäuren werden durch Basen in wss. Lsg. nicht nur neutralisiert; es öffnet sich gleichzeitig der Phthalimidring. — Die Polykondens. von 11-Aminoundecanoylglycin in Substanz unter N_2 oberhalb des F. ergibt ein elast. orangefarbenes bis braunes, nicht zu Fäden ausziehbares *Poly-11-aminoundecanoylglycin* (XIII), das bei Abkühlung hart wird. Es quillt in m-Kresol. *Poly-11-glycylaminoundecansäure* (X) verhält sich ähnlich, ist aber ein schwarzes Harz unter Abbauerscheinungen. Dagegen läßt sich 11-Aminoundecanoylsarkosin ohne Abbau bei 197° zu farblosem fädenbildendem *Poly-11-aminoundecanoyl-*

sarkosin (**XII**), das in m-Kresol u. Dimethylformamid lösl. ist, polykondensieren. Die Polykondens. der genannten Säuren in Lsg. (Lsgm. Toluol–m-Kresol-Gemisch) wurde konduktometr. bei 183° verfolgt. Die so erhaltenen Polykondensate haben folgende Eigg.: **XIII**, F. 165—170°, orangegelb bis braun; **X**, F. 192—195°, braun. **XII** ließ sich durch A. nicht ausfällen. Die IR-Spektren werden diskutiert. Der F. von **XIII** liegt zwar höher als der von **I**; das Prod. zersetzt sich aber beim Schmelzen, was seine techn. Verwendbarkeit sehr beschränkt.

Versuche: *11-Phthalylaminoundecansäure* (**VI**), $C_{19}H_{25}NO_4$, F. 88—89° (Pulver), aus **V** u. Phthalsäureanhydrid (**II**) bei 160—180°; 78% (Ausbeute). — *Phthalylglycin* (**III**), F. 193—195°, aus **IV** u. **II** bei 180—195°. — *Phthalylglycinchlorid* (**VII**), F. 86° (Heptan). aus **III** u. $SOCl_2$; 95%. — *11-Phthalylaminoundecansäurechlorid* (**VIII**), F. 36—37° (weißes oder gelbes Pulver aus PAe.); 95%. — *11-Phthalylglycylaminoundecansäure*, $C_{21}H_{28}\cdot N_2O_5$, F. 166° (Pulver), aus **V** in Essigsäure u. **VII** in Dioxan in Ggw. von Diäthylanilin (wasserfrei); 70%. — *11-Phthalylaminoundecanoylglycin* (**XI**), $C_{21}H_{28}N_2O_5$, F. 128°, aus **IV** u. **VIII** in Dioxan unter Zugabe von K_2CO_3-Lsg.; leicht gelbildend; 70%. — *11-Phthalylaminoundecanoylsarkosin*, $C_{22}H_{30}N_2O_5$, aus Sarkosin u. **VIII** in Dioxan in Ggw. von K_2CO_3-Lsg.; 75%. — *Komplex A*, $C_6H_4(CONH)_2\cdot NH_2(CH_2)_{10}CO_2H$, F. 180 bis 181°, aus **VI** u. **IX** bei 65—70°; 50—70%. — *Komplex B, Hydrazinsalz* von Komplex A, F. 180—181°, wie vorst. mit einem Überschuß von **IX**. — *Komplex C*, $C_6H_4(CO)_2N(CH_2)_{10}\cdot CO_2H\cdot N_2H_4\cdot NH_3$, wie vorst. nach vorhergehender Behandlung mit NH_3. — Aus den IR-Spektren der drei Komplexe wird auf ihre Struktur geschlossen. — *Hydrazinsalz* von **XI**, F. 131—133°, aus **XI** u. **IX** bei 65—70°. — *Komplex B'*, F. > 210°, aus **XI** u. **IX** (Mol-Verhältnis 1 : 2); 95%. — *Komplex C'*, F. 216°, entsprechend aus dem Komplex C u. **XI**; 20%. — *11-Aminoundecanoylglycin*, $C_{13}H_{26}N_2O_3$, F. 230°, aus dem entsprechenden Komplex bei 60° durch Zers. mit HCl; aus W. Nadeln. *Hemihydrochlorid*, $C_{26}H_{53}ClN_4O_6$, F. 219—220° (vgl. C. **1960**, 13989). — *11-Glycylaminoundecansäure*, $C_{13}H_{26}N_2O_3$, F. 193°, entsprechend bei Temp. über 40°; weißes Pulver. — *11-Aminoundecanoylsarkosin*, $C_{14}H_{28}N_2O_3$, entsprechend bei gewöhnlicher Temp.; weißes Pulver. S. Neue. 4010□

Versuch einer Polymerisation von 2-substituierten Tetrahydrofuranen. C. L. Hamermesh und V. E. Haury. (J. org. Chemistry **26**, 4748—49, Nov. 1961; Canoga Park, Calif., North America Aviation Rocketdyne Div., Research Dep.; engl.) — Unter den gleichen Bedingungen, unter denen Tetrahydrofuran (**T**) leicht polymerisiert, polymerisieren *2-Methyltetrahydrofuran* (**MT**) u. *2.5-Dimethyltetrahydrofuran* (**DT**) nicht. Gemische von **MT** mit **T** lieferten in Ggw. von 10% $SbCl_5$ nur das *Homopolymere* von **T**. Dieses Verh. wird auf ster. Hinderung zurückgeführt. Die Wärme-Entw. bei Zugabe des Katalysators in allen Fällen spricht aber für die Bldg. einer Koordinations-Verb. zwischen Ring u. Metall. Die Erhöhung der Temp. beträgt bei Zugabe von 10 g BF_3-Ätherat zu 20 g **T** 16°, zu **MT** 14° u. zu **DT** 11°. S. Neue. 4010□

Kinetik und Reaktionsmechanismus der katalytischen Polymerisation von γ-Pyrrolidon zu Polybutyramid. Georges Champetier und Hikaru Sekiguchi. (C. R. hebd. Séances Acad. Sci. **249**, 108—10, 6/7. 1959; franz.) — Die kinet. Unters. der Polymerisation von *Pyrrolidon-(2)* unter Verw. von N-Benzoylpyrrolidon-(2) (I) als Starter u. K-Pyrrolidon-(2) als Katalysator bei 25° zeigt, daß die Polymerisation progressiv u. anion. verläuft; sämtliche **I**-Moll. bauen sich von Anbeginn der Rk. ein, wie aus UV- u. Leitfähigkeitsmessungen hervorgeht; es bilden sich nur so viele Makromoll., wie **I**-Moll. eingesetzt sind. Für den Rk-Mechanismus wird eine Deutung gegeben. M. Hagedorn. 4010□

Synthese und Untersuchung von hochmolekularen tertiären Aminen und quartären Ammoniumverbindungen an Copolymeren von 2-Methyl-5-vinylpyridin mit verschiedenen „vernetzenden" Agentien. A. B. Dawankow und L. B. Subakowa. (Hochmolekulare Verbind. [UdSSR] **2**, 884—90, Juni 1960; Moskau, Chem.-Technol. Mendelejew-Inst.; russ., Auszug: engl.) — Durch Alkylierung von körnigen Copolymeren aus *2-Methyl-5-vinylpyridin* (**I**) mit 2—6% *Divinylbenzol* (**II**) u. 2—20% *Triäthylenglykoldimethacrylat* (**III**) werden hochmol. quatern. Ammoniumbasen erhalten, die einer Alkylierung mit Benzylchlorid, Methyl-p-toluolsulfonat, CH_3J u. C_2H_5J unterworfen werden. Die mit einer Zunahme der Austauschkapazität verbundene Alkylierung erfolgt in den ersten 2—3 Std., ihre Geschw. nimmt bei Erhöhung der Temp. von 30 auf 100° stark, bei weiterer Temp.-Erhöhung auf 140° nur noch wenig zu. Die **I–II**- u. **I–III**-Copolymeren werden beim Kochen mit 0,5n alkohol. KOH wenig, bei 24std. Stehen mit 0,5n alkohol. KOH oder NaOH bei Zimmer-Temp. überhaupt nicht hydrolysiert. Auch gegenüber Säuren sind die Copolymeren beständig. Sie zeigen hohes Aufnahmevermögen gegenüber Phenol (> 50%). R. K. Müller. 4010□

Abbruch der anionischen Polymerisation von Oktamethylcyclotetrasiloxan. Bildung stabiler Komplexe an aktiven Stellen. M. Kučera, M. Jelínek, J. Lániková und K. Veselý. (J. Polymer Sci. **53**, 311—20, Aug. 1961; Brno, Czechoslovakia, Res. Inst. of Macromol. Chem.; engl.) — Die ion. Polymerisation von *Oktamethylcyclotetrasiloxan* (I) erfolgt durch Addition von I an akt. Zentren. Die akt. Zentren bestehen aus dem Ionenpaar Si–O⊖M⊕ (wobei M = Na, K, Rb, Cs, Tetramethylammonium- u. Tetra-n-butylphosphoniumion bedeutet), das durch Rk. des Hydroxids (Oxids) des entsprechenden Alkalimetalls (oder der entsprechenden Ammonium- oder Phosphoniumbase) mit der Siloxanbindung gebildet wird. Die Messung der Polymerisations-Geschw. von I zeigt, daß durch Zusatz kleiner Mengen von Substanzen, die eine Änderung des Charakters der während der Polymerisation stattfindenden Donator–Acceptor-Rkk. bewirken können, die Wirksamkeit der akt. Si–O⊖K⊕-Zentren verändert wird. Diese Substanzen können Säuren u. Basen sein. Die am stärksten sauren Substanzen (im Bereich von sehr starker Mineralsäure bis zu schwachen organ. Säuren, z. B. Phenol) neutralisieren die akt. Zentren; schwache Säuren (H_2O, ROH usw.) wirken nur durch physikal.-chem. Einfl. im polymerisierenden System. Sehr starke Basen, z. T. stärker als KOH, erhöhen die Anzahl der akt. Zentren. Bes. interessante Effekte treten beim Zusatz relativ starker Basen, wie LiOH u. NaOH, auf. Hierbei wurde im ganzen untersuchten Bereich der DK (3,4—8,7) des polymerisierenden Mediums eine starke Herabsetzung der Wirksamkeit der akt. Zentren, eine Verlangsamung der Polymerisation u. sogar ihre vollständige Verhinderung beobachtet. Diese Erscheinung der Verlangsamung bzw. Verhinderung der Polymerisation beim Zusatz verhältnismäßig starker Basen zu einem bas., akt. Zentrum wird als „isobas. Abbruch" bezeichnet. Ähnliche Effekte wurden auch im Falle der kation. Polymerisation von I beobachtet, nämlich eine Verlangsamung oder Verhinderung der H_2SO_4-induzierten Polymerisation beim Zusatz schwächerer Säuren. Der Mechanismus des „isobas. Abbruchs" wird diskutiert. F. Rochlitz. 4010□

Synthese von Polymeren mit anorganischen Molekülketten. 1. Mitt. Polyorganosiloxyphosphoralumoxane. K. A. Andrianow, A. A. Shdanow und A. A. Kasakowa. (J. allg. Chem. [UdSSR] **29 (91)**, 1281—84, April 1959; russ.) — Die Kondens. von 2 Mol Tris-[triäthylsiloxy]-aluminium (I) mit 1 Mol Phosphorsäure-[triäthylsilylester] (II) liefert unter Abspaltung von *Hexaäthyldisiloxan* (III) u. W. *niedermol. Kondens.-Prodd.*, während bei der Kondens. äquimol. Mengen I u. II oder I u. Tris-[triäthylsilyl]-phosphat (IV) *höhermol. Kondens.-Prodd.* der Struktur $R_3SiO[Al(OSiR_3)OP(:O)\cdot(OSiR_3)O]_nR'$ entstehen, die in Toluol, A. u. Bzl. lösl. sind. Bei der Kondens. von Tris-[trimethylsiloxy]-aluminium mit Phosphorsäure-[trimethylsilylester] oder Tris-[trimethylsilyl]-phosphat werden feste, nichtschmelzbare Polymerisate erhalten, die in organ. Lsgm. unlösl. sind.

Versuche: *Kondens. von* I *mit* II: a) Man erhitzt äquimol. Mengen I u. II langsam auf 200—220° u. hält bei dieser Temp., bis kein W. mehr abdest.: *Hexaäthyldisiloxan* (III; Kp. 220—230°; n_D^{20} 1,4332) u. in 94% ig. Ausbeute ein *lösl. Polymeres*; b) man erhitzt 8,4 g/I u. 2,1 g II (2 : 1) in 4 Std. auf 220° u. 15 Std. auf 220—225°: III u. 7,55 g eines *zähen, hellgelben Öls.* — Man erhitzt I u. IV (1 : 1) 22 Std. auf 200—220° u. erhält III u. ein gelbes, durchsichtiges, lösl. *Harz*, das bei 20° fest wird. Helmut Schäfer. 4010

Chemische Wechselwirkung und Mechanismus der Aktivierung von binären Systemen von Vulkanisationsbeschleunigern. B. A. Dogadkin, M. S. Feldstein und E. N. Beljajewa. (J. Polymer Sci. **53**, 225—31, Aug. 1961; Moskau, Forschungsinst. für Reifenindustrie; engl.) — Die Wirksamkeit u. der Mechanismus der kombinierten Einw. von Vulkanisationsbeschleunigern wird vom Gesichtspunkt ihrer chem. Struktur aus betrachtet. Eine Unters. der Vulkanisation verschiedener Typen von *Butadien-Styrol* (I) u. *Naturkautschuk* (II) zeigte, daß die aus 2 Beschleunigern bestehenden Syst. in 3 Gruppen eingeteilt werden können: Syst. mit gegenseitiger Aktivierung der Beschleuniger, Syst. mit Aktivierung eines der Beschleuniger u. Syst. mit additiver Wirksamkeit der Beschleuniger. Die untersuchten Beschleuniger umfassen die bin. Syst. Dibenzothiazolyl-(2)-disulfid (III)/N.N'-Diphenylguanidin (IV), N-Cyclohexylbenzothiazol-2-sulfenamid/IV, N.N-Diäthylbenzothiazol-2-sulfenamid/Tetramethylthiurammonosulfid, III/Tetra-N-methylthiocarbamoylsulfenamid, III/N.N-Dicyclohexylbenzothiazol-2-sulfenamid u. III/Benzothiazolyl-(2)-morpholinosulfid. Die Vulkanisationskinetik der beiden ersten Beschleunigergruppen (z. B. III/IV u. Sulfenamid/IV) unterscheidet sich von der Kinetik bei getrennter Anwendung der Beschleuniger durch eine Verzögerung während der Startperiode u. einen scharfen Anstieg der Geschw. der Hauptperiode des Vulkanisationsprozesses. Bei der Rk. zwischen zwei Beschleunigern, von denen der eine die Benzothiazolylgruppe enthält u. der andere ein Wasserstoffdonator wie IV ist, wird die Bldg. von 2-Mercaptobenzothiazol (V) beobachtet. Die Bldg. von V kann auch bei der Rk. der Beschleuniger in **I** oder **II** beobachtet werden; die Ausbeute ist in diesem Fall wesentlich höher als bei einer getrennten Einw. der Beschleuniger auf **I** oder **II**. In Ggw. von Schwefel (**III**–Sulfamid oder **III**–organ. Stickstoffbasen) steigt die **V**-Ausbeute beträchtlich an; sie wird von einer H_2S-Bldg. u. einer darauffolgenden Rk. mit dem Disulfid begleitet. Die Aktivität der aus 2 Beschleunigern bestehenden Syst. ist um so größer, je intensiver die Bldg. von **V** ist. Die gegenseitige Aktivierung der Beschleuniger wird durch die Bldg. von komplexen Zwischenstufen erklärt, die in freie Radikale zerfallen, welche die Rk. von Schwefel mit **I** oder **II** u. den Polymerisationsprozeß in **I** oder **II** starten. Ein Rk.-Schema ist angegeben. F. Rochlitz. 4030 □

Katalyse der Reaktion von Harnstoff–Formaldehyd-Vorkondensaten mit Cellulose. Richard Steele. (J. appl. Polymer Sci. **4**, 45—54, Juli/Aug. 1960; Philadelphia, Pa., Rohm & Haas Comp., Textile Res. Labor.; engl.) — *Baumwolle* (**I**) wurde in eine 10% ig. wss. Lsg. von *Dimethylolharnstoff* (**II**) in Ggw. verschiedener Mengen NH_4Cl (**III**) als Katalysator getaucht, bei 115° getrocknet u. schließlich 10 Min. auf 150° erhitzt. Dabei wird ein Teil von **II** an **I** gebunden; die fixierte Menge steigt mit wachsender **III**-Konz. an u. erreicht von ca. 0,2 mMol **III** auf 1 g **II** an einen Grenzwert. Der gegen saure Hydrolyse (0,5nHCl, 45°, 30 Min.) beständige Maximalbetrag wird mit 0,3—0,4 mMol **III** pro 1 g **II** erhalten. Die Säurebeständigkeit wird auf eine teilweise Vernetzung von **I** durch **II** zurückgeführt; entsprechend steigt die Knitterfestigkeit des Rk.-Prod. mit wachsender **III**-Konz. infolge der Vernetzung an u. die Spannungsrelaxation u. die Feuchtigkeitsaufnahme fallen ab. Bei Verw. von Monomethylolharnstoff (**IV**)/**III** (an Stelle von **II**/**III**) treten infolge des Ausbleibens von Vernetzungen diese Effekte nicht auf. Wird Soda (**V**) statt **III** verwendet, so findet weder mit **II** noch mit **IV** eine Vernetzung statt; infolgedessen bestehen zwischen dem Einfl. von **II** u. **IV** auf die physikal. Eigg. der Rk.-Prodd. keine Unterschiede. Vf. nimmt an, daß durch **V** bes. eine weitere Kondens. von **II** über Methylenätherbrücken stattfindet u. weniger eine Rk. mit **I**. O. Fuchs. 4050 □

Kohlensäureester der Saccharose. 1. Mitt. **Die Darstellung von O-Alkyloxycarbonylsaccharosen.** R. S. Theobald. (J. chem. Soc. [London] **1961**, 5359–64, Dez.; Bristol, Univ., Dep. of Org. Chem.; engl.) — Durch Behandlung von Saccharose (**I**) mit Chlorkohlensäuremethyl-, -äthyl- (**II**), -n-propyl-, -isopropyl-, -n-butyl-, -isobutyl-, -sek.-butyl- u. -benzylester (**III**) bei 0° in Ggw. von wss. Alkali konnten die entsprechenden *O-Alkyloxycarbonylsaccharosen* (**A**) gewonnen werden. Während mit **II** u. **III** *Okta-O-äthoxycarbonyl-* bzw. *Okta-O-benzyloxycarbonylsaccharose* erhalten wurde, entstehen mit den übrigen Chlorkohlensäureestern **A** mit nur 5—6 Estergruppen. Die **A** sind bei Raum-Temp. farblose Sirupe, deren Beweglichkeit mit steigender Größe der Alkylgruppe wächst. Sie sind lösl. in organ. Lsgm. außer PAe., wenig lösl. in W. u. leicht hydrolysierbar durch $Ba(OH)_2$ in wss. A., gegen Säure dagegen bei einem Substitutionsgrad von 4—8 weitaus weniger empfindlich als **I** oder **I**-Oktaacetat. Die chromatograph. Trennung der **A** mit verschiedenem Substitutionsgrad gelingt an mit Dimethysulfoxid imprägniertem Papier mit einer beweglichen Phase von PAe./Benzol. *Okta-O-äthoxycarbonylsaccharose*, $C_{36}H_{54}O_{27}$, F. 79—80° (Nadeln aus PAe.), $[\alpha]_D^{25}$ +43,8° (c = 0,911; A.), aus dem teilweise veresterten Material durch nochmalige Behandlung mit **II** in Pyridin. Eine etwa trisubstituierte O-Äthoxycarbonylsaccharose polymerisiert beim Erhitzen. H. Rossow. 4050 □

Kohlensäureester der Saccharose. 2. Mitt. **Die Polymerisation von O-Alkyloxycarbonylsaccharosen.** R. S. Theobald. (J. chem. Soc. [London] **1961**, 5365–70, Dez.; engl.) — 1. vgl. vorst. Referat. — Die therm. Polymerisation von partiell substituierter *O-Äthoxycarbonylsaccharose* (**I**) wird durch Spuren von Alkali katalysiert. Der Einfl. des Substitutionsgrades (SG) u. der Alkali-Konz. auf die Geschw. der Harz-Bldg. wurde untersucht. So entsteht aus einer **I** mit dem SG 3,4, 4,7, 5,7 bzw. 7,9 eine *Poly-O-äthoxycarbonylsaccharose* mit 14,8, 25,0, 27,3 bzw. 0% C_2H_5OCO-Gruppen. Die bei der Isolierung von **I** verwendeten Extraktionsmittel haben einen Einfl. auf den Alkaligehalt. Es wurde daher eine Meth. zur Herst. von **I** mit für die Polymerisation günstigem Substitutionsgrad u. Alkali-Geh. entwickelt. H. Rossow. 4050 □

Kohlensäureester der Saccharose. 3. Mitt. **Die direkte Darstellung von Polysaccharosecarbonaten aus Saccharose.** R. S. Theobald. (J. chem. Soc. [London] **1961**, 5370—76, Dez.; engl.) — 2. vgl. vorst. Referat. — Durch Erhitzen von $COCl_2$ u. Saccharose in Pyridin entstand ein *Polysaccharosecarbonat* (PSC) in ca. 26% ig. Ausbeute, das durch wss. NH_4OH bei Raum-Temp. rasch zu Saccharose hydrolysiert wird. Beim Arbeiten mit Diphenylcarbonat in $NaHCO_3$-haltigem Dimethylsulfoxid (135°, 6 Min.) gelatiniert ein PSC, das einen wasserunlösl. u. einen wasserlösl. Anteil ergibt. Das lösl. PSC kann durch Dialyse gereinigt werden. Es wird von Invertase kaum angegriffen

u. ist auch gegen Säure viel beständiger als Saccharose. Die Struktur dieses PSC wurde auf Grund der Ergebnisse der Perjodatoxydation diskutiert.

H. Rossow. 4050□

Untersuchung des Pflanzengummis von „Tororo-aoi" (Abelmoschus manihot, MEDIC). 3. Mitt. Über den Mechanismus der charakteristischen Kolloidnatur des Pflanzengummis. Saburo Inokawa. (Bull. chem. Soc. Japan **34,** 29—32, Jan. 1961; Sakyo-ku-Kyoto, Univ., Fac. of Sci., Dep. of Chem.; engl.) — 2. vgl. Bull. chem. Soc. Japan **33,** [1960], 1476. — Eine Unters. zur Deutung des Mechanismus der Netzwerkstruktur in frischem *Pflanzengummi* (I) von *Abelmoschus manihot* u. deren Zusammenbrechen bei Wärmebehandlung wurde durchgeführt. Die koll. Merkmale, wie Elastizität u. Spinnbarkeit, werden durch Netzwerk-Bldg. infolge Brückenbindung zwischen kurzkettig verzweigten Gummi-Mol.-Ketten verursacht. Diese Brückenbindungen werden beim Erwärmen infolge Oxydation zerstört. Durch Zusatz von KSCN, Na-Laurylsulfat, Guanidinhydrochlorid u. Dichloressigsäure wird die Elastizität von I prakt. nicht beeinflußt.

R. Schäff. 4050□

Primäre Prozesse bei der Blitzlichtphotolyse von Ovalbumin und Bestandteilen. L. I. Grossweiner und W. A. Mulac. (Radiation Res. **10,** 515—21, Mai 1959; Lemont, Ill., Argonne Nat. Labor.; engl.) — Luftfreie wss. Lsgg. von *Ovalbumin* zeigen nach Bestrahlung mit Blitzlicht im Aromatenbereich vorübergehend ein opt. Absorptionsspektrum. Vgl.-Verss. an Phenol, Anisol, Resorcin, Hydrochinon, Benzochinon, 4.4'-Dihydroxybiphenyl, Benzylalkohol, Benzylbromid, Benzylamin, Catechin, L-Tyrosin, Glycyl-L-tyrosin, Indol, Indolyl-(3)-essigsäure, L- u. DL-Tryptophan u. Glycyl-L-tryptophan in W., A., Cyclohexan, CCl_4 oder 0,01 m NaOH zeigen, daß das Spektrum auf einem photochem. Effekt beruht, als dessen Primärprozesse Photoablösung von Elektronen aus Tyrosin u. Spaltung der Tryptophanseitenkette unter Bldg. von Indolyl-(3)- oder Skatolradikalen angesehen werden.

K. Zieloff. 4070

Die Fourier-Transformierung des regulären Oktaeders. Richard H. Stanford jun. (Acta crystallogr. [Copenhagen] **15,** 805—06, 10/8. 1962; Pasadena, Calif., California Inst. of Technol., Gates and Crellin Labor. of Chem.; engl.) — Im Rahmen der Struktur-Unters. des Proteins *Lysozym* nach der Meth. des isomorphen Ersatzes tauchen die oktaedr. Komplexe $Ta_6Cl_{12}^{2+}$ u. $Nb_6Cl_{12}^{2+}$ auf, deren Fourier-Transformierung elektron. berechnet wird.

G. Ruban. 4070□

E. Biologische Chemie. Physiologie. Medizin

E_1. Allgemeine Biologie und Biochemie

Beitrag der Raumforschung zu den Grundlagen der Biologie. G. Milhaud. (Ind. nationale **1961,** 17—24; Paris, Inst. Pasteur, Labor. des Isotopes; franz.) — Übersicht. Chem. Entw. der Erdatmosphäre, biochem. Entw., Analyse der Meteoriten, interplanetare Reisen.

K. Maier. 4100□

Universales Histophotometer für normale und UV-Histophotometrie für die Aufnahme von Absorptions- und Fluoreszenzkurven in direktem und reflektiertem Licht. Luigi Zanotti. (Acta histochem. [Jena] **11,** 239—65, 26/6. 1961; Pavia, Univ., Ist. Anatom.; ital.) — Beschreibung eines Histophotometers für die normale u. UV-Histophotometrie, die Histophotocolorimetrie u. für die Aufnahme von Absorptions- u. Fluorescenzkurven bzw. Spektren, letzteres in direkter Methode.

W. Lock. 4100□

Die cytogenetische Wirkung von Äthylenimin auf Samen von Weizen, Zwiebel und Pferdebohne. N. N. Sos. (Cytologie [UdSSR] **3,** 476—77, Juli/Aug. 1961; Moskau, Inst. für biol. Physik u. Inst. für klin. Physik der Akad. der Wiss. der UdSSR; russ., Auszug: engl.) — Die Wrkg. der γ-Strahlen ist bei den Samen des Weizens, der Zwiebel u. der Pferdebohnen ähnlich. Nach der Behandlung dieser Samen mit *Äthylenimin* wird der Charakter des Chromosomenumbaues bei verschiedenen Samen verschieden.

F. du Mans. 4130□

Die Wirkung von Acriflavin auf Brauereihefen. J. W. Millbank und J. S. Hough. (J. gen. Microbiol. **25,** 191—99, Juni 1961; Nutfield, Brewing Ind. Res. Found.; engl.) — Mehrere Stämme von *Saccharomyces carlsbergiensis* (NCYC nos. 239, 1062, 1063, 1108, 1109) u. von *Saccharomyces cerevisiae* (NCYC nos. 396, 397, 398, 400) wurden bei pH 4,6 der Einw. von *Acriflavin* (I) (10, 50 u. 100 μg/ml Nähr-Lsg.) unterworfen, u. nach 4 Std. der Anteil an Mutanten festgestellt, der sich durch das Fehlen einer Atmung (sog. Mutante „Kleine Kolonie" nach Ephrussi) auszeichnet. Während der

Anteil der Mutanten bei S.cerevisiae sehr hoch war, mutierte S.carlsbergiensis, selbst bei einer 24std. Einw. von I, nur sehr wenig. Die Bldg. der Mutanten erwies sich als pH-abhängig, sie war zwischen pH 4 u. 5 am stärksten, bei höherem pH-Wert wirkte I zunehmend tox., wobei S.carlsbergiensis anfälliger war. Die Bldg. der Mutanten geht sehr schnell vor sich. Gibt man 50 μg I/ml Nähr-Lsg., dann mutieren nach 1 Std. bereits $^1/_3$ der Zellen, nach 4 Std. haben 100% der Zellen mutiert. Bei entsprechenden Verss. in der Warburg-App. konnte bei keiner der getesteten Mutanten eine nennenswerte O_2-Aufnahme festgestellt werden. M. Lorenz. 4130□

Regulierung des Auftretens der Fähigkeit zur Synthese einer Sequenz von Wirtsenzymen durch Coliphage lambda. Michael B. Yarmolinsky und Herbert Wiesmeyer. (Proc. nat. Acad. Sci. USA **46**, 1626—45, Dez. 1960; Baltimore, Md., Johns Hopkins Univ., McCollum-Pratt Inst.; engl.) — Es ergaben sich Befunde, die bei *Escherichia coli* für eine genet. Regulierung der Induzierbarkeit von *Galaktose-1-phosphaturidyltransferase* (I) sprechen, wobei die Induzierbarkeit über den konstitutiven Charakter dominiert. Die Determinante wird durch den Lamdaphagen (L) transduziert u. ist daher vermutlich innerhalb des *gal*-Bereichs lokalisiert. Wo im transduzierenden Phagen ein Gen der funktionellen I-Synth. vorhanden ist, bewirkt Induktion der Phagenvermehrung in Zellen, die für normalen u. transduzierenden L doppelt lysogen sind, einen Anstieg der spezif. I-Aktivität auf höhere Werte, als durch I-Induktion mittels D-Galaktose oder D-Fucose erhalten werden. Kleinere I-Zunahmen treten dann ein, wenn der transduzierende Phage kein Gen zur Synth. enzymat. akt. I liefert. Induktion von normalem L vermehrt spezif. die Geschw. der Synth. der durch die *gal*-Region des Wirtes determinierten Enzymsequenz Galaktokinase, I u. Uridindiphosphogalaktose-4-epimerase. Unterss. an L-verwandten Phagen deuten auf die Wichtigkeit des Lokalisierungswertes des Prophagen bei der Wrkg. der Phageninduktion auf die Aktivität der Enzyme der *gal*-Region hin. Es wird diskutiert, ob für die Wrkg. der Phageninduktion auf die Enzym-Konzz. der *gal*-Region eine Wechselwrkg. zwischen „C"-Cistron der bakteriellen *gal*-Region (Operatorgen des *gal*-Operon) u. einem Teil des Phagengenoms verantwortlich sein könnte. K. Maier. 4130□

Über die Funktion der Kernschädigung bei der Regeneration bestrahlter Gewebe. I. M. Shapiro. (Int. J. Radiat. Biol. **3**, 293—306, Mai 1961; Moscow, USSR Acad. of Sci., A. N. Severztow Inst. of Animal Morphology; engl.) — Während der Interphase vor der ersten Mitose nach Röntgenbestrahlung tritt in der Rattenleber u. im Hornhautepithelium der Maus ein %-Satz von Zellen mit chromosomalen Abweichungen (Brücken, azentr. Bruchstücken) auf. Nach 2—3 kr wiesen ca. 100% der Zellen tödliche chromosomale Veränderungen auf. Selbst nach 10—30 kr erholte sich die Mitosefunktion teilweise. Aus bestrahlten diploiden Zellen wurde die Bldg. polyploider Riesenzellen nachgewiesen. Der %-Satz von Zellen ohne Brücken u. azentr. Fragmenten verdoppelte sich, u. der mitot. Index war in CO-Atmosphäre 1,5mal so groß wie bei Bestrahlung in Luft. Hypothermie (21°) während der Bestrahlung hatte auf das Ausmaß der Wiederherst. der Mitoseaktivität u. auf den %-Satz der Zellen mit Abweichungen keinen Einfluß. K. Maier. 4130□

Polarisationsoptische Beobachtungen über die Ionendepolymerisation der Apurinsäure. Kasimir Jobst. (Acta histochem. [Jena] **11**, 230—38, 26/6. 1961; Pécs, Univ., Inst. für Pathol. Anatomie; dt.) — *Gewebenucleinsäuren* (*DNS*) werden durch Ionen von Seltenen Erden (*Cer-* u. *Lanthan*-Salzen), ähnlich wie durch Ribonuclease progressiv depolimerisiert; dies gibt sich opt. in einem Schwinden der anisotropen Rivanol-Rk. zu erkennen. Das DNS-Deriv. *Apurinsäure* ist ebenfalls nicht nur auf fermentativem Wege, sondern auch unter der Wrkg. gewisser Metallionen opt. zu depolimerisieren. W. Lock. 4150□

Phospholipidgehalt subzellulärer Fraktionen von Organen erwachsener Ratten. J. J. Biezenski und Theodore H. Spaet. (Biochim. biophysica Acta [Amsterdam] **51**, 221—26, 5/8. 1961; New York, N.Y., Montefiore Hosp., Dep. of Hematol.; engl.) — Bei Unters. der subcellulären Fraktionen von Leber, Niere, Uterus u. Ovarien reifer ♀ Ratten bewiesen die Mitochondrien den höchsten *Phospholipid* (I)-Geh., die Kerne den niedrigsten; dieser war übrigens im Gegensatz zu dem I-Geh. der Mitochondrien u. der Mikrosomen in allen Organen fast konstant. Im einzelnen: Leber: Gesamt-I-Geh. 2,69 (% des Feucht-Gew.), Zellplasmaüberstand 0,080, Kerne 2,34, Mitochondrien 13,05, Mikrosomen 7,35; Niere: Gesamt-I-Geh. 1,59, Zellplasma 0,053, Kerne 3,02, Mitochondrien 21,70, Mikrosomen 14,17; Uterus: Gesamt-I-Geh. 0,43, Zellplasma 0,043, Kerne 2,04, Mitochondrien 6,02, Mikrosomen 4,84; Ovar: Gesamt-I-Geh. 1,36, Zellplasma 0,107, Kerne 3,02, Mitochondrien 9,49, Mikrosomen 5,10. U. Tausendfreund. 4150□

Bestimmung der Desoxyribonucleinsäuresyntheseperiode für Myelocyten im Knochenmark des Hundes. Mary A. Maloney, Harvey M. Patt und Charlotte L. Weber. (Nature [London] **193**, 134—35, 13/1. 1962; Argonne, Ill., Arg. Nat. Labor., Div. Biol. and Med. Res.; engl.) — Nach Injektion von *Thymidin* (0,1 mc/kg einer 360 mc/mm-Lsg.) werden 20% der Myelocyten des Hundeknochenmarks innerhalb von 30 Min. markiert u. die Synth.-Periode der *Desoxyribonucleinsäure* (I) autoradiograph. zeitlich verfolgt. Das beobachtete Ausmaß der Markierung von Zelle zu Zelle zeigt den relativen Betrag an synthetisierter I an. Die Ergebnisse bestätigen im einzelnen frühere Unterss. über die Analyse mit Hilfe von Markierungen während der Mitose. Ch. Zimmer. 4150 □

Beschleunigender Effekt von Vaccine-Virus auf die Nucleinsäuresynthese von Escherichia coli. Hidetake Yaoi, Wataru Nakamura und Hajime Tomino. (Yokohama med. Bull. **10**, 131—39, Juni 1959; Yokohama Univ., School of Med.; engl.) — Die Synth. von *Ribonucleinsäure* (*RNS*) in *Escherichia coli* wurde durch *Vaccine-Virus* stark erhöht, die von *Desoxyribonucleinsäure* (*DNS*) dagegen kaum. *Vaccine-Virus* wirkte auch noch nach Inaktivierung durch UV-Licht oder Hitze. Reine RNS aus Hefe oder DNS aus Lachsgonaden hatten keinen Einfl. auf die RNS-Synth. von *E. coli*, dagegen wirkten Desoxyribonucleoproteinextrakt aus Hühnererythrocyten ebenfalls stimulierend. Die Ursachen u. die Natur des wirksamen Agens, vielleicht hochmol. Desoxyribonucleoprotein, werden diskutiert. M. Wiedemann. 4150 □

Veränderungen des Desoxyribonucleinsäuregehaltes der Leber bei der Regeneration. M. P. Roels-De Schrijver. (Arch. int. Physiol. Biochim. **69**, 600—01, Sept. 1961; Gand, Univ., École de Méd. vétérinaire, Labor. de Chimie physiol.; franz.) — Beim Meerschweinchen wurde die Änderung des Geh. an *Desoxyribonucleinsäure* der Leber nach partieller Hepatektomie histophotometr. u. biochem. bestimmt. Es wurde eine Zunahme beobachtet. Diese Zunahme ist jedoch nicht auf einen Unterschied der Nuclearsubstanz zwischen der Leber eines normalen bzw. hepatektomierten Tieres nach Regenerierung zurückzuführen. Es müssen demnach die Differenzen auf die beiden Meth. zurückgeführt werden. M. Wiedemann. 4150 □

Über die Rolle der Matrixstrukturen bei den Erscheinungen der Reproduktion. A. G. Passynski. (Biophysik [UdSSR] **5**, 16—20, 1960; Moskau, Bach-Inst. für Biochemie der Akad. der Naturwiss. der UdSSR; russ.) — Allgemeine Ausführungen über den neuen Stand der Frage an Hand der Literatur. — 16 Literaturangaben. E. König. 4150

Über die zwei Konfigurationszustände der Desoxyribonucleinsäure und einige damit zusammenhängende Phänomene. D. M. Spitkowski, P. I. Zeitlin und W. Ss. Tongur. (Biophysik [UdSSR] **5**, 3—15, 1960; Moskau, Inst. für exp. Biol. der Akad. der Wiss. der UdSSR; russ.) — Es werden die mol. Veränderungen der A- u. B-Form des *Desoxyribonucleinsäure*-Mol. beim Übergang der einen Form in die andere an Hand der Literatur diskutiert. — 50 Literaturangaben. Ch. Zimmer. 4150 □

Der Einfluß von Röntgenstrahlen auf die oxydative Phosphorylierung von isolierten Mitochondrien. H.-J. Altenbrunn und E. Kobbert. (Acta biol. med. german. [Berlin] **7**, 251—60, 1961; Berlin, Dt. Akad. Wiss., Inst. Med. Biol., Robert-Rössle-Klin.; dt.) — Rattenlebermitochondrien, die in isotoner Saccharose-Lsg. präpariert waren, zeigten mit *Succinat*, *α-Ketoglutarat* u. *Glutamat* einen bedeutend höheren P/O-Quotienten als Mitochondrien, die in KCl-Mannit präpariert wurden. Der P/O-Quotient der in Saccharose isolierten Mitochondrien fiel nach 24std. Aufbewahren weniger ab als derjenige von in KCl-Mannit präparierten Mitochondrien. Röntgenbestrahlung der in Saccharose isolierten Mitochondrien bis zu 40000 r hatte keinen Einfl. auf die oxydative Phosphorylierung durch die Substrate: *Succinat*, *α-Ketoglutarat*, *Fumarat*, *Pyruvat*, *Glutamat* u. *β-Hydroxybutyrat*. Atmungs- u. Phosphorylierungswerte waren ebenfalls kaum verändert. Es gab keinen Unterschied zwischen konz. oder verd. Mitochondriensuspensionen. Bei in KCl-Mannit isolierten Mitochondrien dagegen wurde nach Bestrahlung bei allen Substraten, außer Succinat, ein erheblicher Abfall des P/O-Quotienten gefunden. Die Phosphorylierung nimmt dabei stärker ab als die Atmung. Dieser Effekt ist dosisabhängig. Ganztierbestrahlung mit 4000 r führte ebenfalls zu keinen signifikanten Veränderungen des P/O-Quotienten der Lebermitochondrien. D. Scheuch. 4150 □

Über die Inaktivierung transformierender Desoxyribonucleinsäure durch Temperaturen unterhalb des Schmelzpunktes. William Ginoza und Walter R. Guild. (Proc. nat. Acad. Sci. USA **47**, 633—39, 15/5. 1961; New Haven, Conn., Yale Univ., Dep. of Biophysics; engl.) — *Desoxyribonucleinsäure* (*DNS*) wird aus Pneumokokken isoliert, indem die Zellen mit Desoxycholat lysiert u. mit einer Chlf./Isoamylalkohol-Mischung geschüttelt werden. Aus der wss. Phase wird nach Behandlung mit gekochter

Ribonuclease DNS mit A. gefällt, in NaCl-Citrat-Lsg. gelöst u. mehrere Wochen erschöpfend gegen die gleiche Lsg. dialysiert. Das Innendialysat wird anschließend mit Trypsin u. Chymotrypsin behandelt, mit Chlf./Isoamylalkohol geschüttelt u. erneut die wss. Phase dialysiert. Das so erhaltene Präp. wird als *DNS-A* bezeichnet. Wird DNS-A mit wassergesätt. Phenol 10 Min. geschüttelt, so läßt sich aus der wss. Phase mit 2 Vol. A. *DNS-B* fällen, die mit 65%ig. wss. A. gewaschen wird. Werden 0,5 μg DNS-A oder DNS-B/ml in 0,1 m Na-Phosphatpuffer, p_H 7,25, bei 86,9° bestimmte Zeiten inkubiert, so zeigt sich, daß die transformierende Aktivität von DNS-B wesentlich stabiler gegenüber Hitze ist als von DNS-A. Die Inaktivierung von DNS-A wächst bei steigender Konz., während die von DNS-B prakt. konzentrationsunabhängig ist. Wird DNS-A durch CsCl-Gradientenzentrifugation von nichtgebundenen Verunreinigungen befreit, so liegt die Inaktivierungskurve zwischen der von DNS-A u. DNS-B. Die durch Hitzedenaturierung erreichte Inaktivierung wird deshalb auf die Aggregation von Proteinen zurückgeführt, die an den DNS-Präpp. locker oder fest haften. L. Träger. 4150□

Mechanismus der Hitzeeinaktivierung von Desoxyribonucleinsäuren. William Ginoza und Bruno H. Zimm. (Proc. nat. Acad. Sci. USA **47**, 639—52, 15/5. 1961; La Jolla, Calif., Univ. of California, School of Sci. and Engng.; New Haven, Conn., Yale Univ., Dep. of Biophys.; engl.) — Vgl. vorst. Referat. — *Desoxyribonucleinsäure* (*DNS*) wird aus *Diplococcus pneumoniae* isoliert, der u. a. resistent gegenüber *Streptomycin* (I), *Bryamycin*, *Novobiocin* u. *Erythromycin* ist. Ein weiteres Präp. wird aus einem nur I-resistenten Stamm isoliert. Die DNS wird in beiden Fällen mit wassergesätt. Phenol deproteinisiert u. bei bestimmten Temp. verschiedene Zeiten lang in 0,1 m Na-Phosphatpuffer, p_H 7,25, inkubiert; alle Isothermen weisen zwei Kurvengebiete auf: ein anfänglich schneller Aktivitätsabfall bis zu 2—7% der Ursprungsaktivität u. ein langsamerer Teil, der im halblogarithm. Maßstab linear verläuft. Der 1. Kurventeil wird als Kollapsprozeß (A), der 2. als Eintrefferprozeß (B) bezeichnet. Im Teil A wird die Basenpaarung zwischen den beiden DNS-Strängen aufgehoben oder gestört, u. die Stränge trennen sich. Verkürzt man durch kurzzeitige Behandlung mit Desoxyribonuclease die Stranglängen, so wird der Prozeß A noch weiter beschleunigt. Bemerkenswert ist jedoch, daß die Hitzebehandlung nie zu vollständigem Verlust der Transformationsaktivität führt. Deshalb wird auch einsträngiger DNS Transformationsfähigkeit zugeschrieben. Durch langsames Abkühlen erfolgt eine Renaturierung der hitzedenaturierten DNS. Vff. fanden jedoch im Gegensatz zu Doty, daß die Renaturierung DNS-konzentrationsunabhängig ist. Prozeß B ist ein Eintreffervorgang an den genet. Markern der biolog. teilweise noch akt. DNS, wobei wahrscheinlich die Purine aus dem DNS-Faden entfernt werden. Die Länge des I-Resistenzmarkers wird danach auf 430 Basenpaare geschätzt. Die zur Auslösung des Prozeß A notwendige Temp. ist für verschiedene Marker verschieden, während die für Prozeß B gleich groß ist. Die Beobachtungen werden so gedeutet, daß auf der DNS entsprechend den lokalisierbaren Markern heterogene Bezirke unterschiedlichen *Guanin*/*Cytosin*-Geh. auftreten. L. Träger. 4150□

Selektive Hitzeinaktivierung von Pneumokokkentransformierender Desoxyribonucleinsäure. Muriel Roger und Rollin D. Hotchkiss. (Proc. nat. Acad. Sci. USA **47**, 653—69, 15/5. 1961; Rockefeller Inst.; engl.) — Vgl. vorst. Referate. — Vff. denaturieren selektiv eine *Desoxyribonucleinsäure* (*DNS*), die die Resistenz gegenüber *Amethopterin* (**I**), *Sulfonamiden* (**II**), *Streptomycin* (**III**) u. *Mikrococcin* (**IV**) auf empfindliche Pneumokokken zu übertragen vermag, durch 15 Min. langes Erhitzen auf bestimmte Temperaturen. Die übertragbaren Resistenzen gehen für die verschiedenen Chemotherapeutica bei verschiedenen Temp. verloren: bei 87° noch volle Aktivität, bei 88° **IV**-Resistenz verloren, bei 90° **III**- u. **II**-Resistenz verloren u. schließlich bei 91° ein Großteil der übertragbaren **I**-Resistenz verschwunden. Demnach ist jeder genet. Marker mit einer krit. Inaktivierungs-Temp. verbunden, die bei gleichbleibender DNS-Präparation reproduzierbar ist. Die krit. Temp. ist jedoch von Ionenstärke u. p_H-Wert abhängig. Die jeweilige Transformationsaktivität sinkt auf ca. 10% der Ursprungsaktivität ab. Diese Restaktivität ist demnach unterhalb der krit. Temp. unabhängig von Temp. u. Ionenstärke. Wird die DNS über die krit. Temp. erhitzt, so vermindert sich die mittlere Mol.-Länge von 9000 Å auf ca. 1000 Å, während sich das Molgew. kaum ändert. Demnach müssen dabei Änderungen der Sekundärstruktur verlaufen. Der Einfl. des p_H-Wertes auf die Inaktivierungs-Temp. wird erläutert. Wird die DNS auf 85° (also unterhalb der krit. Temp.) erhitzt, so erfolgt erst nach einigen Std. ein Aktivitätsabfall, wobei die Transformation der **II**-Resistenz am stabilsten, die der **III**- u. **IV**-Resistenz am labilsten ist. Die Inaktivierung unterhalb der krit. Temp. erfolgt wahrscheinlich durch Bruch chem. Bindungen, möglicherweise der Purin–Desoxyribose-Bindungen. Auf diese Weise läßt sich für die genet. Marker auf der DNS chem. u. physikal. eine bestimmte Verteilung definieren, die der bekannten genet. Karte entspricht. L. Träger. 4150□

Die Strahlungsempfindlichkeit ein- und doppeltstrangiger Desoxyribonucleinsäure. E. Weissberger und S. Okada. (Int. J. Radiat. Biol. **3**, 331–33, Mai 1961; Rochester, N.Y., Univ. of Rochester, School of Med. and Dentistry, Div. of Exp. Radiol.; engl.) — Unterss. an ein- u. doppeltstrangiger Kälberthymus-*Desoxyribonucleinsäure* (I) ergaben: Wenn I in sich teilenden Zellen einen Übergang von der doppelt- in die einstrangige Form vor ihrer Vermehrung erleidet, wirkt sich dies wahrscheinlich auf die Strahlungsempfindlichkeit der verschiedenen Stadien dieser Zellen aus. Die Abhängigkeit der Strahlungsempfindlichkeit von Makro-Moll. von der Konfiguration findet sich wahrscheinlich auch in anderen biolog. Makro-Moll., wie Proteinen, wenn diese einen Übergang von der Schraubenstruktur zur willkürlich geknäuelten Form erfahren. K. Maier. 4150□

Verunreinigung von Ribonucleinsäurepräparaten, die Ribonucleaseinhibitor inaktiviert und alkalische Ribonucleaseaktivität steigert. Herbert J. Eichel. (Proc. Soc. exp. Biol. Med. **109**, 804–08, April 1962; Philadelphia, Pa., Hahnemann Med. Coll., Dep. of Biol. Chem.; engl.) — Es wird die Bedeutung der abs. Reinheit von *Ribonucleinsäure* (I)-Präpp. zur genauen Best. des Geh. von Geweben an intracellulärer *saurer* u. *alkal. Ribonuclease* (II u. III), *Pankreasribonuclease* u. an *Ribonucleaseinhibitor* (IV) betont; die durch Verunreinigung veränderten Ergebnisse können als Erklärung für unterschiedliche frühere Resultate dienen. Die in handelsüblichen I-Präpp. enthaltene Verunreinigung ist vermutlich ein Metall, da ihre Wrkg. durch Versene (EDTA, ggf. Dialyse gegen Versene) beseitigt werden kann. Die Verunreinigung führt zu Inaktivierung des endogenen **IV** der untersuchten Gewebe, wodurch die akt. Form der inakt. **III** in der Überstands-Fl. freigesetzt u. die Hemmung der Partikel-**III** beseitigt wird; dadurch kommt es wiederum zu hohen **III**-Aktivitäten u. hohen **III/II**-Quotienten in den Gewebehomogenaten. U. Tausendfreund. 4150□

Der Einfluß glykolytischer Fermente auf den Stoffwechsel von Tumorzellen. 6. Mitt. Herstellung löslicher Glucose-6-phosphatase aus Lebermikrosomen. M. Görlich und E. Heise. (Z. Naturforsch. **17b**, 465–68, Juli 1962; Berlin-Buch, Inst. für Med. u. Biol., Robert Rössle-Klinik; dt.) — 5. vgl. C. **1963**, 1712. — Durch folgende Verff. war es nicht möglich, aus Rinderlebermikrosomen *Glucose-6-phosphatase* (I) in wss. Lsg. zu bringen: Homogenisieren, Ultraschall-Einw., Einw. von 30%ig. oder 50%ig. wss. Aceton, 1%ig. *Digitonin* (III)-Lösung. Nach verschiedenen Vorverss. unter Variierung von Konzz., Temp. u. Zeiten wurde folgende optimale Meth. zur Isolierung von **I** aus Rinderlebermikrosomen ausgearbeitet: durch Ultrazentrifugation gewonnene Mikrosomen in wenig physiolog. NaCl-Lsg. suspendiert, mit so viel *Na-Desoxycholat* (II)-Lsg. versetzt, daß II-Konz. 0,3%, 60 Min. bei 93000·*g* zentrifugiert, Überstand abgegossen, Rückstand einschließlich aufliegendem lockeren Sediment in physiolog. NaCl-Lsg. suspendiert, so viel III-Lsg. zugegeben, daß III-Konz. 1%, 30 Min. in der Kälte gerührt, 60 Min. bei 93000·*g* zentrifugiert. S. Dittmann-Mitzscherlich. 4150□

Spurenelemente in transplantierten Tumoren. Cecil C. Yip, Denis M. Shaw und Paul F. Nace. (Canad. J. Biochem. Physiol. **39**, 1837–45, Dez. 1961; engl.) — Spektrograph. Analysen von drei transplantierten Tumoren u. von zwei normalen Geweben von Maus u. Hamster ergaben bedeutende Differenzen hinsichtlich ihres Geh. an Spurenelementen. *B* u. *Mo* war kennzeichnend für Melanome; sie waren aber nicht nachweisbar oder stark vermindert in normalem Muskel, bei Leukämie u. Sarkomen. *Cr* war eine kennzeichnende Komponente von Lebermelanom, war aber in normaler Leber nicht nachweisbar. *Ni* fand man in normaler Leber, war aber abwesend in Melanom- oder Leukämielebern. L. Macher. 4160□

Eine Beziehung zwischen dem Einbau von ^{14}C-Formiat in Tumoren und dem klinischen Verlauf von Fällen mit metastasiertem Brustkrebs. Sydney Kofman, Howard H. Sky-Peck, Charles P. Perlia, Steven G. Economou, Richard J. Winzler und Samuel G. Taylor. (Cancer [Philadelphia] **13**, 425–31, März/April 1960; Chicago, Ill., Univ. of Illinois, Dep. of Med. and Biol. Chem.; Presbyterian-St. Luke's Hosp., Dep. of Med.; engl.) — Die Aufnahme radioakt. *Formiats* in normales menschliches *Protein* aus Brustgewebe in vitro verläuft bei verschiedenen Individuen sowie bei wiederholten Biopsien von demselben Individuum relativ konstant. Die Aufnahmerate wurde durch Hormontherapie nicht wesentlich beeinflußt. In Brustkrebsproteinen schwankte die Aufnahmerate stark. Sie war erhöht in schnell wachsenden Tumoren. H.-G. Trüper. 4160□

Phosphorstoffwechsel bei Infektion mit Mäuseleukämievirus. Hilton B. Levy und Le Roy F. Snellbaker. (Proc. Soc. exp. Biol. Med. **103**, 503–06, März 1960;

— Mäuse wurden mit Friend-Leukämievirus infiziert u. der ^{32}P-Stoffwechsel an der Milz untersucht. Im frühen Infektionsstadium, noch bevor Milzvergrößerung eintritt, ist eine erhöhte ^{32}P-Aufnahme auf die mikrosomalen u. subpartikulären Lipide u. auf Nucleinsäure beschränkt. Im späteren Stadium zeigen alle Fraktionen erhöhte ^{32}P-Aufnahme. Röntgenbestrahlung, die eine starke Verkleinerung der Milz hervorruft, red. auch die ^{32}P-Aufnahme in den Milzfraktionen von normalen u. infizierten Tieren.
M. Metze. 4150□

Zum Problem der Milchsäurebildung in Tumoren und ihre Beeinflussung durch glykolysierende Fermente. Walter Lührs, Eberhard Heise und Max Görlich. (Acta biol. med. german. **7**, 239—50, 1961; Berlin-Buch, Dt. Akad. der Wiss., Inst. für medizin. Biol., Robert-Rössle-Klinik; dt.) — Vgl. C. **1962**, 3489. — Zugabe von aus Rinderleber gereinigter *Fructose-1.6-diphosphatase* (I) zu intakten Ehrlich-Ascitescarcinomzellen senkte die anaerobe u. aerobe Glykolyse um ca. 60%. Die Atmung blieb dagegen unbeeinflußt. Bei vorhergehender Inaktivierung der I durch O_2-Durchströmung hatte I keinen Effekt auf die Glykolyse, erst Reaktivierung durch *Cystein* senkte die Glykolyse wieder. Da I nicht in die Asciteszellen eindringen kann, wurde angenommen, daß Fructosediphosphat (II) aus den Zellen austritt, u. die Ferment-Wrkg. außerhalb der Zellen stattfindet. Verss. mit II als Substrat zeigten eine anaerobe *Milchsäure*-Bldg., die ca. 25% der Milchsäure-Bldg. aus Glucose ausmachte. Dieser Wert wurde in Ringer-Bicarbonatpuffer gefunden, in Phosphatpuffer dagegen ist die Milchsäure-Bldg. nur ca. 25% der in Bicarbonatpuffer gefundenen. Aus diesen Ergebnissen wird der Schluß gezogen, daß II erst dephosphoryliert werden muß, um durch die Zellwand permeieren zu können. D. Scheuch. 4160□

Stoffwechsel von Guanidoessigsäure in Tumorratten. Chung Wu und Jere M. Bauer. (Proc. Soc. exp. Biol. Med. **103**, 422—24, Febr. 1960; Ann Arbor, Mich., Univ. of Michigan, Med. School, Dep. of Intern. Med.; engl.) — Unterss. an Ratten mit Walker-Carcinom 256 zeigten eine niedrigere *Transamidinase*-Aktivität als bei Kontrollen, obwohl die Konzz. an *Guanidoessigsäure* (I) in Plasma u. Niere u. ihre Exkretion im Harn unverändert bleiben. In der Leber stiegen die I-Konzz. mit dem Tumorwachstum an. Die Ergebnisse sprechen dafür, daß die Geschw. der I-Synth. kein begrenzender Faktor für die *Kreatin*-Synth. bei Tumorratten ist. M. Metze. 4160□

Einfluß von Äthionin auf die Aminosäurezusammensetzung von Rattentumoren. Marietta L. Baginsky, Edward A. Murphy und Max S. Dunn. (Proc. Soc. exp. Biol. Med. **103**, 427—30, Febr. 1960; Los Angeles, Calif., Univ. of California, Chem. Labor.; engl.) — Tumorratten (Sarkom R-1, Walker-Carcinosarkom 256) zeigten nach *Äthionin* (I)-Behandlung keine Veränderung des Gesamt-*Aminosäuren*-Geh.; einige „freie" Aminosäuren-Konzz. wurden in lebensfähigem Tumorgewebe erhöht oder gesenkt, nur *Methionin* wurde nicht beeinflußt. Die Ergebnisse lassen erkennen, daß die Hemmung des Tumorwachstums durch I anscheinend eine indirekte Folge der durch I beeinflußten Verwertung von Aminosäuren außer Methionin ist. M. Metze. 4160□

Maligne metastasierende Carcinoide (mit besonderer Berücksichtigung der biologischen Wirkung des 5-Hydroxytryptamins). Bodil Nexmand Hauge. (Acta endocrinol. [Copenhagen] **31**, 314—20, Juni 1959; Oslo, Krohgstötten-Ulleval Hosp., Med. Dep; engl.) — An Hand neuerer Forschungen u. eigner klin. Erfahrung wird die Bedeutung des *5-Hydroxytryptamins* (I; *Serotonin, Enteramin*) diskutiert, eines Hormons, das in den enterochromaffinen Zellen des gastrointestinalen Trakts gebildet wird u. beim Auftreten maligner metastasierender Carcinoide vermehrt ausgeschüttet wird. Dieser Anstieg der I-Blutwerte kann zur Diagnose des Krankheitsbildes dienen (Nachw. vermehrten I in Blut u. Harn sowie von vermehrter *5-Hydroxyindolylessigsäure* im Harn). Die Möglichkeit einer symptomat. Behandlung mit I-Antagonisten wird diskutiert.
H. Dannenbaum. 4160□

Über den Einfluß der Chloräthylamine auf die Ausscheidungsfunktion der Nieren. Ju. I. Rampan. (Pharmakol. u. Toxikol. [UdSSR] **24**, Nr. 1, 99—104, Jan./Febr. 1961; Inst. für exp. u. klin. Ondol. der Akad. der Med. Wiss. der UdSSR, Pharmakolog. Labor.; russ.) — Untersucht wurden die folgenden Chloräthylamine: *dl-p-[Bis-(2-chloräthyl)-amino]-phenylalanin* (I; *Sarkolysin*; 5 mg/kg intraperitoneal), *Fluor-5-bis-[(2-chloräthyl)-amino]-phenylalanin* (II; *Fluorsarkolysin*; 1,5 mg/kg intraperitoneal), *Thiazolyl-(2)-amid-N-acetylsarkolysin* (*Asazol*; 40 mg/kg per os), *4-Methyl-5-bis-[2-chloräthyl]-aminouracil* (*Dopan*; 0,75 mg/kg per os), *4-Methyl-5-(2-chloräthyl-2'-fluoräthyl)-aminouracil* (III; *Ftorpan*; 4 mg/kg intraperitoneal), *Bis-[2-chloräthyl]-aminophenacetyl-dl-β-phenylalaninäthylester* (IV; *Phenaphen*; 20 mg/kg intraperitoneal), *Methyl-(2-chloräthyl-2'-fluoräthyl)-amin* (V; *Fluorembichin*; 3 mg/kg intraperitoneal), *Bis-[2-chloräthyl]-aminophenylessigsäurecholesterinester* (*Phenesterin*; 150 mg/kg per os). Verss. an weißen

Ratten ergaben, daß die genannten Chloräthylamine, mit Ausnahme von **II**, welches die Diurese steigert, die exkretor. Funktion der Nieren in den angegebenen Dosen nicht beeinflussen. Demgegenüber kommt es durch 3mal höhere Dosen von **II** u. **IV**, vor allem aber von **I**, **III** u. **V**, zu einer Hemmung der Diurese. Die hemmende Wrkg. der Mittel auf die Diurese ist nicht als spezif. anzusehen, denn sie tritt nur nach letalen Dosen auf der Basis einer allg. schweren Vergiftung des Organismus in Erscheinung.
E. Rentz. 4160□

Einfluß von Fettsäuren auf die Carcinogenese. 4. Mitt. Über Versuche, die durch 20-Methylcholanthren, 9.10-Dimethyl-1.2-benzanthracen und Urethan induzierte Carcinogenese mittels Linolensäure zu inhibieren. Tilo Schramm. (Acta biol. med. german. [Berlin] **7**, 486—501, 1961; Berlin-Buch, Dt. Akad. der Wiss., Inst. für medizin. Biol., Arbeitsbereich Biol. Krebsforsch.; dt.) — 3. vgl. C. **1962**, 11956. — *20-Methylcholanthren* (**I**; 0,5 mg) wurde einmalig Albinoratten injiziert. Vers.-Tiere erhielten 10 Tage vor Applikation von **I** täglich 0,2 ml *Linolensäureäthylester* (**II**) bis zu einer Gesamtdosis von 27 ml pro Tier. Nach 126 Tagen erschienen sowohl bei Vers.- als auch Kontrolltieren die ersten Sarkome vom Spindelzelltypus. Nach weiteren 2—3 Wochen konnten in 50% der Fälle beider Gruppen lokale Tumoren nachgewiesen werden. **II** hatte keinen Einfl. auf individuelle Wachstums-Geschw. der Tumoren u. die Überlebensrate. *9.10-Dimethyl-1.2-benzanthracen* wurde innerhalb von 100 Tagen 50mal in einer 0,004% ig. Lsg. auf die Rückenhaut von Albinomäusen getropft. Gesamtdosis pro Tier 200 μg. Nach 226 Tagen wurde 5% ig. *Crotonöl*-Lsg. 5mal in wöchentlichen Abständen auf die Rückenhaut gegeben. Die Vers.-Tiere erhielten täglich 50 mg **II**. Tumorbefall in beiden Gruppen äußerst gering, erst die Crotonölbehandlung führte zu einem Anstieg des Befalls mit Hautpapillomen. Auch in dieser Vers.-Reihe hatte **II** keinen schützenden Einfluß. *Urethan* (10% ig. wss. Lsg.) wurde Mäusen 5mal in wöchentlichen Abständen 1 mg/kg Körper-Gew. intraperitoneal injiziert. Vers.-Tiere erhielten ebenfalls 50 mg **II** täglich. Auch bei dieser Reihe entwickelte sich bei Kontroll- u. Vers.-Tieren die gleiche Zahl an Lungentumoren. Es wird eine mögliche Erklärung gegeben, warum im Gegensatz zu der inhibierenden Wrkg. von **II** auf resorptiv wirkende Carcinogene (vgl. Acta biol. med. german. [Berlin] **6**, [1961], 324) bei den hier untersuchten Carcinogenen **II** keinen schützenden Effekt hatte.
D. Scheuch. 4160□

Cytostatische Aktivität von Steroidöstrogenen gegen Embryonen des Zebrafisches (Brachydanio reriv). Roy W. Jones, James R. Rhone und Max N. Huffman. (Proc. Soc. exp. Biol. Med. **104**, 190—91, Juni 1960; Colorado Springs, Colo., Lasdon Found. Res. Inst. of Chemotherapy; Stillwater, Okla., Oklahoma State Univ., Dep. of Zool.) — Folgende Steroid-Verbb. in Form der freien Phenole, 3-Methyläther u. 3-Äthyläther wurden angewandt: *16-* u. *17-Östron, 17β-, 17α-, 16β-* u. *16α-Östron, Öquilin, 17-Dihydroöquilin, Öquilenin, 17-Dihydroöquilenin-17β* (**I**), *16-Ketoöstron, 16-Ketoöstradiol-17β, 16-Epiöstriol* u. *Östriol* wurden zu Embryonen des Zebrafisches im 8—64-Zellstadium angewandt. 17-Ketosteroide haben geringere cytostat. Aktivität als 17-Hydroxysteroide. Bifunktionelle Östrogene sind aktiver als trifunktionelle u. in $C_{(6)}$ oxydierte sind aktiver als in 17 oxydierte. Am aktivsten war der 3-Äthyläther von **I**.
W. Hiller. 4160□

Wirkungen von Antitumorsubstanzen auf Hefen und ihre Respirationsmangelmutanten. Yoshirō Okami, Motoko Suzuki und Hamao Umezaga. (J. Antibiotics [Tokyo], Ser. A **11**, 87—89, Mai 1958; Tokyo, Nat. Inst. of Health of Japan; engl.) — Es wurde die Hemmwrkg. bekannter Antitumorsubstanzen auf 3 Hefearten (*Saccharomyces cerevisiae*) u. ihre Respirationsmangelmutanten untersucht. Sie kann als Hilfsmeth. bei der Isolierung von gegen experimentelle animal. Tumoren akt. Substanzen betrachtet werden.
H. Aman. 4160□

Experimentelle Untersuchung von Anticancersubstanzen im bebrüteten Ei. Tadashi Hoshi und Toju Hata. (J. Antibiotics [Tokyo], Ser. A **11**, 99—103, Mai 1958; Tokyo, Kitasato Inst. for Infect. Dis., Antibiotic Div.; engl.) — An Hand der Chorioallantoin- u. der Dottersack-Meth. wurde die Verw. angebrüteter Eier zur Prüfung von Antitumorsubstanzen untersucht. Es wurde die Aktivität von 7 bekannten Antitumorsubstanzen (*Carcinophilin, Mitomycin A, Mitomycin C, Melanomycin, Sarkomycin, Stickstofflost-N-oxid, 8-Azaguanin*) mittels ihrer Wrkg. auf die Entw. der Eier festgestellt u. ein therapeut. Index für diese Substanzen errechnet.
H. Aman. 4160□

E_2. Enzymologie. Gärung

Statistische Analyse enzymatischer Fließgleichgewichtsgeschwindigkeiten. Gordon Johansen und Rufus Lumry. (C. R. Trav. Lab. Carlsberg **32**, 185—214, 1961; Kopenhague, Labor. Carlsberg; engl.) — Bei geeigneter statist. Bewertung der Variablen der verschiedenen Formen der Michaelis-Menten-Gleichung geben alle Formen die gleichen Parameterwerte. Es werden Formeln zur direkten Berechnung der Parameter aus den linearen Formen u. aus der nichtmodifizierten Gleichung angegeben. Die Formeln sind auf alle Werte, die durch eine Gleichung der Form $y = k\,x/(K + x)$ beschreibbar sind u. wie sie bei Unterss. der Photosynth., der Protein—Farbstoff-Bindung u. zahlreichen chem. Gleichgewichten vorkommen, anwendbar. K. Maier. 4200□

Das Elektronenmikroskop bei der Untersuchung der Proteinsynthese. P. N. Campbell. (Lab. Pract. **10,** 694—700, Okt. 1961; London, Middlesex Hosp. Med. School, Courtauld Inst. for Biochem.; engl.) — Kurze Übersicht. — 12 Literaturangaben. P. Gregorzewski. 4200□

Die Funktion zweier Cytochromkomponenten in Chloroplasten: Eine Arbeitshypothese. R. Hill und Fay Bendall. (Nature [London] **186,** 136—37, 9/4. 1960; Cambridge, Univ., Dep. of Biochem.; engl.) — Der Chloroplast enthält 2 *Cytochrome* (I), *f* u. b_6, die anscheinend *c* u. *b* des Mitochondrien-Syst. entsprechen. Von den Pigmenten absorbiertes Licht überträgt gegen einen thermochem. Gradienten H. Wenn Chloroplasten-I unmittelbar am H(oder Elektron)-Transport beteiligt sind, erfordert dies mehr als eine durch Lichtenergie angeregte Rk. (2—3) zur Wrkg. gegen den thermochem. Gradienten. K. Maier. 4210□

Wirkung von gelöster Kieselsäure auf das enzymatische System Bernsteinsäuredehydrogenase-Cytochromoxydase. J. Charbonnier, H. Daniel Moussard, P. Iselin und J. L. Soule. (C. R. Séances Soc. Biol. Filiales **153,** 1492—95, 1959, herausgeg. 12/2. 1960; Verneuil-en-Halatte, Oise, Centre d'Études et Rech. des Charbonnages de France.) — Es wird gezeigt, daß polykondensierte Kieselsäure oder eine Lsg. von monomerer Kieselsäure (100 mg/Liter) bei pH 7,3—7,4 das Enzym-Syst. *Bernsteinsäuredehydrogenase-Cytochromoxydase* aus Pferdeherzmuskel nicht nennenswert beeinflußt. F. Radler. 4210□

Histochemische Untersuchung der Succindehydraserverteilung in der Leber. K. A. Sufarow, Ss. Ss. Tschishowa und Je. K. Schischowa. (Cytologie [UdSSR] **3,** 474—76, Juli/Aug. 1961; Taschkent, Inst. für Med. der Akad. der Wiss. der UsbekSSR, Labor. für Pathohistol.; russ., Auszug: engl.) — In Unterss. an Nieren von Katzen, Hunden u. Ratten wurden Ähnlichkeiten in der Verteilung der Mitochondrien u. der Aktivität der *Succindehydrase* (I) innerhalb des Nephrons u. der Sammeltubuli gefunden. Der funktionelle Zustand innerhalb der einzelnen Abschnitte des Nephrons u. der Sammeltubuli bestimmte die Unterschiede in der Menge der Mitochondrien u. in der Aktivität der I in ihren einzelnen Abschnitten. F. du Mans. 4210□

Modifizierung der Lysozymthermostabilität durch Cytochrom-c-Präparationen. Gerald Litwack und Valentina Wojciechowski. (Proc. Soc. exp. Biol. Med. **103,** 431—33, Febr. 1960; New Brunswick, N.J., Rutger State Univ., Dep. of Biochem.; engl.) — *Cytochrom-c* (I)-Präpp. aus Pferde- oder Rinderherz hemmen gut das Wachstum von *Micrococcus lysodeikticus.* Oxydiertes I erhöht die Stabilität der *Lysozym* (II)-Aktivität unter besonderen Bedingungen: pH 5,0, 28—60°, Mol.-Verhältnis: 10 Moll. I/ 1 Mol. II; red. I stabilisiert II anscheinend nicht. M. Metze. 4210□

Milchsäuredehydrogenaseisoenzyme bei Myocardinfarkt. H. J. van der Helm, H. A. Zondag, H. A. Ph. Hartog und M. W. van der Kooi. (Clin. chim. Acta [Amsterdam] **7,** 540—49, Juli 1962; Haarlem, Netherlands, Provinc. Ziekenhuis near Santpoort; St. Elisabeth's Hosp.; engl.) — Bei Patienten mit Myocardinfarkt zeigen die Isoenzyme 1 u. 2 von *Milchsäuredehydrogenase* (*Fraktion 1* ist die schnellste, liegt zwischen Albumin u. α_1-Globulin; *Fraktion 2* liegt im schnellsten Teil von α_1-Globulin) eine deutliche Zunahme, die bei anderen Herzkrankheiten nicht auftritt. Milchsäuredehydrogenaseisoenzymelektrophorese ist daher ein nützliches diagnost. Hilfsmittel bei Herzinfarkt. K. Zingraf. 4210□

Manometrische Bestimmung von L- und D-Lysin durch bakterielle L-Lysinoxydase und ihre Racemase. Akira Ichihara, Masana Ogata und Masami Suda. (J. Biochemistry [Tokyo] **48,** 421—24, Sept. 1960; Osaka, Osaka Univ., Med. School, Dep. of Physiol. Chem.; Inst. for Protein Res.; engl.) — Vff. beschreiben eine neue Meth. zur Best. von *L-* u. *D-Lysin* (I), die auf Verw. eines Präp. aus Acetonpulver von *Pseudomonas* beruht. Dieses Präp. enthält *L-Lysinoxydase* (II) u. *L-Lysinracemase* (III). II wirkt spezif. auf L-I u. ist ohne Wrkg. gegen 15 andere Aminosäuren. — Hydroxylamin hemmt III vollständig, ist aber ohne Wrkg. gegen II. Die Vers.-Fehler betragen $\pm 0{,}5\ \mu$Mol. — Mit dieser Meth. wurde ermittelt, daß von dem bei Ratten injizierten DL-I 70% des D-I in 24 Std. im Urin ausgeschieden wurden, jedoch $<50\%$ des injizierten L-I. A. Hesse. 4210□

Die enzymatische Oxydation von Cerebrosiden. Untersuchung der Gaucherkrankheit. B. W. Agranoff, N. Radin und W. Suomi. (Biochim. biophysica Acta [Amsterdam] **57**, 194–96, 12/2. 1962; Ann Arbor, Mich., Univ. of Michigan, Dep. of Biol. Chem. and Mental Health Res. Inst.; engl.) — *Galaktoseoxydase* vom *Polyporus circinatus* vermag *Galaktose* in $C_{(6)}$ zu oxydieren unter Bldg. eines Dialdehyds, u. da für diese Rk. monosubstituierte Galaktoside verwendbar sind, konnte eine Meth. für die enzymat. Oxydation von *Galaktocerebrosiden* (I) ausgearbeitet werden. Die Rk. verläuft nicht in wss. Lsg., wohl aber war das Enzym vollakt. in einem Lsgm.-Gemisch, das gelöste Cerebroside enthält. Die Milz von Gaucher-Krankheit Befallenen enthielt weniger als 1% I. L. Macher. 4210□

Untersuchungen über die Reduktion und Wiederherstellung von Proteindisulfidbindungen. Christian B. Anfinsen und Edgar Haber. (J. biol. Chemistry **236**, 1361–63, Mai 1961; Bethesda, Md., U. S. Dep. Health, Educ., Welfare, Public Health Serv., Nat. Heart Inst.; engl.) — *Ribonuclease, Trypsinogen, Chymotrypsinogen* u. *Lysozym* wurden an der Proteindisulfidbindung red. mittels Mercaptoäthanol in Harnstoff-Lsg. in Ggw. von Methylamin, 4½ Std. lang unter N_2 bei Zimmertemperatur. Die Prodd. wurden mittels Säulen aus vernetztem Dextran („Sephadex") isoliert u. gereinigt. Sie können reoxydiert werden durch Stehenlassen der verd. Lsgg. an der Luft, 20 Std. lang bei Zimmertemperatur. Zur Stabilisierung der red. Proteine wurden diese in die p-Mercuribenzoesäure-Derivv. übergeführt. Walter Simon. 4210

Zur Kenntnis des Fettsäureabbaus durch Schimmelpilze. 2. Mitt. Über Fettsäuredehydrasen aus Schimmelpilzen. Wilhelm Franke und Wolfgang Heinen. (Arch. Mikrobiol. **31**, 359–78, 28/11. 1958; Köln, Univ., Inst. für Gärungswiss. u. Enzymchem.; dt.) — 1. vgl. C. **1961**, 9463. — Über *Fettsäuredehydrasen* (FD) von Schimmelpilzen ist noch wenig bekannt. Zum Nachw. derselben wurden über 50 Pilzstämme (z. B. *Rhizopus nigricans, Rhiz. tonkinensis, Mucor plumbeus, Asp. niger, Asp. fumigatus, Asp. sp. Pen. roqueforti, Pen. camemberti, Botrytis cinerea* u. a.) auf einer Grundnährlsg. von 0,5(%) $(NH_4)_2SO_4$, 0,5 $KHSO_4$, 0,1 $Ca(NO_3)_2$, 0,1 $MgSO_4$, krist., Spur $FeCl_3$, Spur $ZnSO_4$ unter Zusatz von 3% Fettsäure (geradzahlig, gesätt.) C_4–C_{18}, *Öl-* (I) u. *Linolsäure* (II), mit NH_3 neutralisiert, 0,3% Tween (20, 40, 60 u. 80) u. 2% Glucose (III) in Petri-Schalen (20–25 cm ∅) bei 28° gezüchtet (Beimpfung mit sporulierender Vorkultur, entwickelt auf fettsäurehaltigem Nährmedium). Nach 2–4 Tagen wurden die Myceldecken abgepreßt u. das mit Seesand verriebene Preßmycel mit der 2½fachen Menge 0,1 m Na_2HPO_4-Lsg. extrahiert. Die FD-Aktivität in den Extrakten wurde nach der Thunberg-Meth. bei 30° unter Anwendung von „Bindschedlers Grün" als H-Acceptor ermittelt. Ohne Zusatz von Tween u. III zeigen die meisten Pilze schwaches Wachstum. Höhere Fettsäuren (C_{12} u. höher) erwiesen sich als C-Quelle geeigneter als niedrige. Optimale Substrate für die FD (Asp. niger, Rhiz. tonkinensis) sind I, *Palmitin-* u. *Stearinsäure* (pH-Optimum: 6,5–7,0). Niedere Fettsäuren werden schlecht, II nicht angegriffen. Die auch in mitochondrienfreien Extrakten enthaltene FD zeigt nach der Dialyse (gegen W.) oder nach Umfällen mit $(NH_4)_2SO_4$ fast keine Wrkg. mehr. Durch Zusatz von Nicotinamidadenindinucleotid (DPN), Coenzym A u. Adenosintriphosphat ist weitgehende bis vollständige Reaktivierung der FD möglich. Trocken-Präpp. von FD (gewonnen durch Acetonfällung bei −5°) zeigen nach 3 Wochen noch $^3/_4$ der ursprünglichen Aktivität. Quant. Beziehungen zwischen Methylketon-Bldg. u. FD-Aktivität bestehen nicht. Es handelt sich bei den FD der Schimmelpilze um sehr labile konstitutive Enzym-Syst., die ihre Wrkg. in Lsgg. sehr rasch verlieren, bes. bei erhöhter Temp. (Tötungs-Temp. 43°). Die Dehydrierung der Fettsäuren durch die FD erfolgt vermutlich ähnlich wie in den tier. u. bakteriellen Zellen über die Coenzym-A-Derivv. der Fettsäuren. Ungeklärt bleibt die Rolle des DPN im Enzym-Syst. der Schimmelpilze. Möglichkeiten seiner Rk. werden diskutiert. B. Görlich. 4210□

Oxydative Phosphorylierung in Lebermitochondrien kälteausgesetzter Ratten. Sylvia Panagos Lianides und Robert E. Beyer. (Amer. J. Physiol. **199**, 836–40, Nov. 1960; Boston, Mass., Tufts Univ., School of Med., Dep. of Physiol.; engl.) — Lebermitochondrien wurden aus Ratten gewonnen, die bei Zimmer-Temp. gehalten wurden oder 1 Tag, 2 Wochen, 1 Monat oder 3–6 Monate bei 0–2° gelassen wurden. Mit den verschiedenen Mitochondrien-Präpp. wurden Atmung [in Ggw. von *Succinat* (I)], oxydative Phosphorylierung [Substrate: I u. *Glutamat* (II)] u. Beeinflussung der O_2-Aufnahme („Atmungskontrolle") in Ggw. von II durch Zugabe von *Glucose* + *Hexokinase* gemessen. Auch die Auswrkg. des Alterns der Mitochondrien u. Anwendung verschiedener *Ca^{2+}*-Konzz. auf die oxydative Phosphorylierung wurden untersucht. Aus den Verss. ergibt sich, daß mehr als 1tägige Kältebehandlung von Ratten die oxydative Phosphory-

lierung aus der Leber isolierter Mitochondrien erniedrigt u. sie gegen Entkoppler empfindlicher macht. Aus Best. der opt. Dichte ergibt sich, daß die Struktur der Mitochondrien kältegewöhnter Ratten gegenüber Altern empfindlicher ist.
S. Dittmann-Mitzscherlich. 4210□

Ein Beitrag zur quantitativen Bestimmung der alkalischen Milchphosphatase in roher Vollmilch im Hinblick auf ihre diagnostische Verwertbarkeit. J. Niepel und H. Sklaschus. (Mh. Veterinärmedizin., Sonderh. **15**, Nr. 2, 50—53, 1960; Berlin, Humboldt-Univ., Inst. für Lebensmittelhyg.; dt.) — Bei der täglich an 6 Kühen unter Verw. von Dinatriumphenylphosphat als Substrat u. 2.6-Dibromchinonchloridimid als Reagens (Abspaltung von Phenol) bestimmten Aktivität der *alkal. Phosphatase* (I) in der Milch konnten derart große Schwankungen von einem Tag auf den anderen festgestellt werden, ohne daß in dieser Zeit Erreger nachgewiesen werden konnten oder eine Erhöhung der Körper-Temp. einen Hinweis auf Infektionen gab, daß damit die Eignung der Best. der I-Aktivität zu diagnost. Zwecken sehr in Frage gestellt scheint.
U. Tausendfreund. 4210□

Die enzymatische Synthese von Thymidindiphosphatglucose und von Thymidindiphosphatrhamnose. Stuart Kornfeld und Luis Glaser. (Biochim. biophysica Acta [Amsterdam] **42**, 548—50, 26/8. 1960; St. Louis, Mo., Washington Univ., School of Med., Dep. of Biol. Chem.; engl.) — Zellfreie Extrakte aus *Pseudomonas aeruginosa* (ATCC 7700) wurden aus den 100 Std. lang bei 32° in einem Glycerin–Mineralsalz-Medium gewachsenen Zellen durch 18 Min. lange Behandlung in einem 10 kHz Magnetostrictionoscillator u. Zentrifugieren bei pH 8 (20 Min. lang; 20000·*g*) erhalten. Eine weitere Reinigung kann durch Ausfällen der Nucleinsäuren mittels Protamin u. Fraktionieren mittels $(NH_4)_2SO_4$ (55—75% Sättigung) erzielt werden. Bei 1std. Einw. dieser Fraktion bei pH 8,0 u. 37° auf *Thymidin-5'-triphosphat* u. *Glucose-1-phosphat* in Ggw. von Cystein, Adenosin-5'-triphosphat, Phosphoenolpyruvat, Milchsäuredehydrogenase (Brenztraubensäurekinase enthaltend) wird *Thymidindiphosphatglucose* nach Isolieren der Nucleinsäuren durch Adsorption an Kohle u. Papierchromatographie erhalten. — In einer der Herst. von Guanosindiphosphatfucose aus Guanosindiphosphatmannose entsprechenden Weise (Ginsburg) kann *Thymidindiphosphatrhamnose* erhalten werden.
A. Hesse. 4210□

Lichtoptische Messung der Phosphoglucoseisomerase im Serum. P. H. Werners. (Clin. chim. Acta [Amsterdam] **7**, 550—54, Juli 1962; Düsseldorf, Med. Akad., Inst. für Physiol. Chem.; dt.) — Beschreibung einer lichtopt. Meth. zur Messung der *Phosphoglucoisomerase* im Serum, die gegenüber anderen Verff. weniger Serum benötigt.
K. Zingraf. 4210□

Darstellung der D-3-Phosphoglycerinaldehyddehydrogenase des Karpfens. L. Ludovicy-Bungert. (Arch. int. Physiol. Biochim. **68**, 690—91, Sept. 1960; Liège, Univ., Labor. de Biol. générale; franz.) — Vff. stellten aus den Muskeln des Karpfens *D-3-Phosphoglycerinaldehyddehydrogenase* (I) durch eine Fraktionierung mit $(NH_4)_2SO_4$, Erhitzung auf 63° u. Fraktionierung mit Aceton dar. Das pH-Optimum von I liegt zwischen 8,5 u. 9, dort zeigt sich auch die größte spezif. Aktivität. S. Groitzsch. 4210□

Einfluß von Magnesium auf den Aminosäuren-abhängigen, durch Systeme mit niedrigem Ribonucleinsäuregehalt katalysierten Phosphataustausch. Priscilla Hele. (Biochim. biophysica Acta [Amsterdam] **42**, 546—48, 26/8. 1960; London, Hammersmith Hosp., Exp. Radiopathol. Res. Unit, Med. Res. Council; engl.) — Das in Fraktionen mit niedrigem Geh. an *Ribonucleinsäure* (I; „RNA-low fractions") aus Rattenleber [mit Protamin (II) behandelt] enthaltene *Leucin-aktivierende Enzym* (**III**; Hele [1960]) ist instabil. Dies beruht wahrscheinlich auf Rk. bzw. Entfernung von „lösl." I mit II. Das instabile **III** wird durch Mg^{2+} (Konzz. >5 mMol) beträchtlich stimuliert; das stabile **III** der pH 5,0-Fraktion erfährt nur geringe Stimulierung, oft sogar Erniedrigung. Der aminosäureabhängige Phosphataustausch bei hohen Mg^{2+}-Konzz. wird leicht u. reproduzierbar durch *Adenosinmonophosphat* (**IV**) unterdrückt. Bei geringerer Mg^{2+}-Konz. ist die **IV**-Wrkg. weniger gut reproduzierbar, bes. mit **III** der pH 5,0-Fraktion.
A. Hesse. 4210□

Eine Nuclease aus Sprösslingen der Mungbohne. Shan-ching Sung und M. Laskowski sen. (J. biol. Chemistry **237**, 506—11, Febr. 1962; Milwaukee, Wis., Marquette Univ., School of Med., Biochem. Labor. for Cancer Res.; engl.) — Sprößlinge der Mungbohne (*Phaseolus aureus*) enthalten ebenso wie Sojabohnensprößlinge (Matsui, Hara, Hiramatsu, C. **1960**, 4230) eine *Nuclease* (I). Diese wurde ca. 2000fach gereinigt. I (gereinigt oder ungereinigt) wirkt optimal bei pH 5,0. Die I-Wrkg. ist sehr abhängig von der Ionenstärke; die optimale Puffer-Konz. beträgt 0,025—0,05 m; $>10^{-3}$ m Mg^{2+} hemmt; anscheinend liegt die optimale Mg^{2+}-Konz. bei 10^{-4} m. — Gereinigte I hat keine

Spezifität hinsichtlich des Zuckeranteils; sie hydrolysiert Ribonucleinsäure u. *Desoxyribonucleinsäure* (II) mit fast der gleichen Geschwindigkeit. Die vorwiegende Wrkg. von I ist „endonucleolytisch". Die Spalt-Prodd. können Mononucleotide bis mindestens Heptanucleotide sein. Aus II erhaltene Mononucleotide sind zu 75% Desoxyadenylsäure. — Es konnte kein definierter Endpunkt der Rk. gefunden werden. — Sämtliche Rk.-Prodd. enthalten endständiges 5'-Phosphat bzw. 3'-OH. — I bevorzugt die d-Adenosin-5'-phosphat-pX-Bindung, wobei unter pX ein 5'-Phosphat eines Nucleosids von unbekannter Konstit. verstanden wird. A. Hesse. 4210□

Reinigung und Eigenschaften von Pyridinnucleosidase (Glykosidase) aus Stiersamen. Ata A. Abdel-Latif und Spyridon G. A. Alivisatos. (J. biol. Chemistry **237,** 500—05, Febr. 1962; Chicago, Ill., Chicago Med. School, Mount Sinai Med. Res. Found. and Hosp.; Illinois Inst. of Technol., Dep. of Biol.; engl.) — Die *Pyridinnucleosidase* (I) aus Stiersamen (Leone u. Bonaduce, C. **1960,** 14732) wurde chromatograph. bis auf einen Geh. von 1430 *Diphosphopyridinnucleotidase* (II)-Einheiten/1 mg Protein gereinigt. Gereinigte I gab in der Ultrazentrifuge eine einzige Kurvenspitze mit $S^0_{20,w}$ 3,25; daneben fand sich eine geringe Menge (nicht mehr als $^1/_{20}$ der Gesamtmenge) an langsamer sedimentierendem Material. — Gereinigte I mit 1210 oder mehr II-Einheiten katalysierten die Hydrolyse u. Imidazolyse von *Diphosphopyridinnucleotid, Triphosphopyridinnucleotid* u. *Nicotinmononucleotid* sowie der Nicotinamid-Ribose-Bindung von *N-(Ring)-Ribosylnicotinamid.* A. Hesse. 4210□

Oxydation von reduzierten Pyridinnucleotiden in Brustdrüse und Fettgewebe als Folge der Behandlung mit polynuclearen Kohlenwasserstoffen. H. G. Williams-Ashman und C. Huggins. (Med. exp. [Basel] **4,** 223—26, 1961; Chicago, Ill., Univ., Ben May Labor. for Cancer Res., Dep. of Biochem.; engl.) — In Brustdrüse u. perirenalem Fett von Ratten wurde das Enzym *Diaphorase* (I) gefunden, das die Oxydation red. Pyridinnucleotide durch *Vitamin* K_3 katalysiert. Durch orale Einzeldosen (20 mg/Ratte) von *7.12-Dimethylbenz-(a)-anthracen* wurde die I-Aktivität in Brustdrüsen nach 3 Tagen auf das Doppelte gesteigert. Oxydation von red. *Nicotinamidmononucleotid* durch Vitamin K_3 wurde durch I nicht katalysiert. Dicumarol hemmt die I-Aktivität. Die Ähnlichkeit mit anderen Diaphorasetypen wird diskutiert. W. Damerau. 4210□

Arylesteraseaktivität des Plasmas bei Erwachsenen und Neugeborenen. Klas-Bertil Augustinsson und Sam Brody. (Clin. chim. Acta [Amsterdam] **7,** 560—65, Juli 1962; Stockholm, Univ. of Stockholm, Inst. of Organ. Chem. and Biochem.; Karolinska Sjukhuset, Dep. of Obstetr. and Gynecol.; engl.) — Die *Arylesterase*-Aktivität im Plasma von Erwachsenen zeigte starke Schwankungen (65—184 Einheiten); im Plasma von Neugeborenen lagen die Werte viel niedriger (2—52 Einheiten). K. Zingraf. 4210□

Mechanismus der Bildung und Anhäufung von Citronensäure in Aspergillus niger. 3. Mitt. **Bildung von Citronensäure und Oxalessigsäurecarboxylase in einem citronensäurebildenden Stamm von Aspergillus niger.** A. P. Joshi und C. V. Ramakrishnan. (Enzymologia [Den Haag] **22,** 174—84, 1/9. 1960; Baroda, India, M.S., Univ. of Baroda, Fac. of Sci., Dep. of Biochem.; engl.) — 2. vgl. C. **1962,** 16361; vgl. auch C. **1960,** 15439. — *Oxalessigsäurecarboxylase* (I), welche die Rk. Oxalessigsäure ⇌ Brenztraubensäure + CO_2 katalysiert, wurde aus Mycel von *Aspergillus niger* durch Extraktion mit W., Fällen mit wenig $(NH_4)_2SO_4$ (bei 0°) zur Entfernung von Verunreinigungen, weiteren Zusatz von $(NH_4)_2SO_4$, Abtrennen des Nd., Lösen des Nd. in Trispuffer pH 1,2, nochmaligem Zusatz von $(NH_4)_2SO_4$, Adsorption von Verunreinigungen an das mit Ca^{2+} in dieser Lsg. gebildete Gel, Adsorption von weiteren Verunreinigungen an Tonerde; in dem Überstehenden fand sich I ca. 50mal gereinigt (20% Ausbeute). — I wirkt optimal bei pH 4,5 u. ca. 30°. — Die I-Wrkg. wird durch Triphosphopyridinnucleotid u. Adenosintriphosphat, ferner durch Arsenat, nicht aber durch p-Chlormercuribenzoesäure gehemmt. — Die I-Aktivität nimmt während des Wachstums des Asp. niger zu. — Offenbar ist I an der Bldg. der C_4-Säure während der Bldg. von Citronensäure durch den Pilz beteiligt. A. Hesse. 4210□

Die Wirkung von Phenylpyruvat auf die Aminosäuren des Gehirns. Michael J. Carver. (Proc. Soc. exp. Biol. Med. **110,** 171—73, Mai 1962; Omaha, Nebr., Univ. of Nebraska, Coll. of Med., Dep. of Biochem. and Nebraska Psychiatric Inst., Mental Retardation Clin. Res. Center; engl.) — Dünne Hirnschnitte von Ratten wurden in Ggw. von *Glucose* (0,01 mm) u. Krebs-Ringer-Phosphat 1 Std. bei 37° mit *Na-Phenylpyruvat* (I; 0,0018 mm) inkubiert. I-Zusatz bewirkte ein Ansteigen des *Phenylalanin*- u. ein Absinken des *Asparaginsäure-, Glutaminsäure-* u. *Glutamin*-Geh. in den Hirnschnitten. Taurin, Serin, Threonin, Glycin, Alanin, Cystin, Cystathion, Methionin, Isoleucin, Leucin u. Tyrosin wurden durch I-Zusatz nicht verändert. W. Hiller. 4210□

Die Fumaraseaktivität in D_2O. John F. Thomson. (Arch. Biochem. Biophysics **90**, 1—6, Sept. 1960; Argonne, Ill., Argonne Nat. Labor., Div. of Biol. and Med. Res.; engl.) — Die Umwandlung von Fumarat in Malat durch krist. *Fumarase* (I) wird in Ggw. von D_2O um 60% gehemmt. Die Hemmung für die Rück-Rk. beträgt nur ca. 33%. Die Hemmung ist abhängig von der Konz. des D_2O u. vom pH-Wert. Die optimale I-Aktivität liegt in H_2O bei pH 6,9, in D_2O bei 7,1. Die Werte für die Michaelis-Konst. sinken für beide Rkk. mit steigender D_2O-Konzentration. Unter physiolog. Bedingungen liegt die Hemmung bei 20 bzw. 10%, da Säugetiere schon bei Ersetzen von $^1/_3$ des Körperwassers durch D_2O sterben. Die scheinbare Gleichgewichts-Konst. ist in D_2O niedriger als in H_2O. B. Görlich. 4210□

Glykosidasen und Transglykosidierung. R. A. Dedonder. (Annu. Rev. Biochem. **30**, 347—82, 1961; Paris, Inst. Pasteur.; engl.) — Übersicht (bis Jan. 1961). Phosphotransosylasen: Saccharose-, Maltose-, Cellobiosephosphorylase; echte Transosylasen: Transglucosylasen (Dextransaccharase, Amylosaccharase, Amylomaltase, D-Enzym, Verzweigungsfaktor u. Q-Enzym, Dextrandextrinase), Transfructosylasen (I; Lävansaccharase, I aus Jerusalemartischoke); Transosylasenglykosidasen: Transfructosylasen, Trans-α-glucosylasen [Glucosidoinvertase, Maltasen, α(1 → 6)-Glucosylasen], Trans-β-glucosylasen, Trans-β-galaktosylasen, Trans-α-galaktosylasen, Trans-β-glucuronosylasen; Nucleotidtransosylasen: Oligosaccharide, Glucoside, Polysaccharide [Chitin, Cellulose, β(1—3)-Glucan, Pentosane, Glykogen, Hyaluronsäure, Typ III-Pneumokokkenpolysaccharid; allg. Eigg. von Transosylierungsenzymen: thermodynam. Daten, Art des übertragenen Restes, Spezifität (Bindungsspaltungs-, Glykosylübertragungs-Donator-, Acceptorspezifität), Mechanismus der Transosylierungs-Rk., Gruppen des akt. Zentrums, Synth. oder Abbau langer Ketten, enzymat. Synth. von Oligosacchariden aus einzelnen Zuckern; α-Amylase, β-Amylase, andere Glykosidasen, Hyaluronidasen, β-Glucaminidase, β-Glucuronidase, Neuraminidase. — 337 Literaturangaben.
K. Maier. 4210□

Der Einfluß einer Mutante von Bacillus subtilis auf den Transport von Aconitase und Dicarbonsäuren. F. Ramos, J. M. Wiame, J. Wynants und J. Bechet. (Nature [London] **193**, 70—71, 6/1. 1962; Brüssel, Inst. de Rech.; Univ. libre, Labor. de Microbiol.; engl.) — Durch Erhitzen der Sporen erhält man von *B. subtilis* Mutanten, die auf einem Medium nicht wachsen können, das *Glycerin* (I) u. Ammoniak enthält. Das Wachstum setzt bei Zugabe von *Glutamat* (II) ein. II kann dabei durch *Arginin*, *Prolin* u. *Ornithin* ersetzt werden, weil diese Aminosäuren in II umgewandelt werden können. Dicarbonsäuren [α-*Ketoglutarsäure*, *Bernsteinsäure*, *Fumarsäure* (IV), *Äpfelsäure* (V), *Citronensäure* (III), II u. *Asparaginsäure* werden von der Mutante (Marburg C4-4) wesentlich schlechter oxydiert als vom Elternstamm (Marburg C-4), wenn sie auf einem I u. II enthaltenden Medium kultiviert werden. Lysozymlysate der Mutante vermögen jedoch die Säuren in demselben Umfang wie der Elternstamm zu oxydieren, die Lysate sind aber nicht zur Oxydation von III u. cis-Aconitsäure befähigt. Durch entsprechende Verss. konnte *Isocitronensäuredehydrogenase* in der Mutante nachgewiesen werden, nicht aber Aconitase. Die Unterss. ergeben, daß der Mutante die Synth. der Aconitase nicht möglich ist, u. daß weiterhin ein Mangel an intracellulären Induktoren („inducer") besteht, die für das Transport-Syst. der Dicarbonsäuren verantwortlich sind. Dieses Transport-Syst. wird teilweise induziert, wenn man beim Wachstum auf einem I u. II enthaltenden Medium IV oder V hinzufügt.
M. Lorenz. 4210□

Untersuchungen über einige Glykosidasen der Auster. Jean Emile Courtois, Fahrettin Petek und To-Dong. (Bull. Soc. Chim. biol. **44**, 11—21, 1962, herausgeg. 30/3. 1962; Paris, Fac. de Pharmacie, Labor. de Chimie Biol.; franz.) — Aus Austern wurde durch Fällung mit $(NH_4)_2SO_4$ ein Enzym-Präp. gewonnen, das α- u. β-*Glucosidasen*, -*Galaktosidasen* u. -*Mannosidasen* enthält u. ein ziemlich breites Wrkg.-Feld auf Oligosaccharide u. Heteroside zeigt. Es spaltet Phenolglykoside der α- u. β-Glucose, -Galaktose u. -Mannose, ferner α-Methylglucosid, α-Methylgalaktosid, α-Methylmannosid, Melizitose, Maltose, Trehalose, Cellobiose, Raffinose, Planteose, Stachyose, Lactose, Saccharose, β-Methylfructosid, Gluco- u. Galaktomannane. Das pH-Optimum der Glykosidasen liegt im sauren Bereich. Mit Ausnahme der β-Mannosidase zeigen die übrigen Glykosidasen eine Transferase-Wrkg. (Umesterung von Phenolglykosiden mit Methanol oder Hexosen). Durch Erhitzen bei 60° läßt sich die β-Mannosidase inaktivieren, während die α-Mannosidase ihre Aktivität größtenteils beibehält. B. Görlich. 4210□

Versuch einer Standardisierung der Lidase (sowjetisches Präparat der testikulären Hyaluronidase). G. M. Belenkaja, A. I. Gladstein, I. D. Loran und F. A.

Tschertkowa. (Laboratoriumswesen [UdSSR] **8,** Nr. 4, 28—32, April 1962; Zentral-Inst. für Traumatolog. u. Orthopädie; Tarassewitsch-Inst. für die Kontrolle der biolog. u. med. Präpp.; russ.) — Es wird eine viscosimetr. Meth. zur Standardisierung der *Lidase*-Aktivität beschrieben, die es gestattet, die Aktivität in I.E. anzugeben.

I. v. Kloch-Kornitz. 4210□

Materialien zur Untersuchung der biologischen Eigenschaften der Streptokokkenhyaluronidase. 2. Mitt. Über den Einfluß der Streptokokkenhyaluronidase auf den Verlauf der Streptokokkeninfektion. W. Ja. Fel. (J. Mikrobiol., Epidemiol. Immunobiol. [UdSSR] **32,** Nr. 8, 39—43, Aug. 1961; Leningrad, San.-Hyg. Med. Inst.; Inst. für experim. Med. der Akad. der med. Wiss. der UdSSR; russ., Auszug: engl.) — 1. vgl. J. Mikrobiol., Epidemiol. Immunobiol. [UdSSR] **32,** [1961], 61. — Während der Verlauf einer experimentellen Paratyphusinfektion in Verss. an weißen Mäusen durch gleichzeitig verabreichte *Streptokokkenhyaluronidase* (**I**; 500 E./Tier subkutan oder i.v.) deutlich verschlechtert wird, zeigt **I** keinen Einfl. auf den Verlauf einer experimentellen Infektion mit hämolyt. Streptokokken. Als Erklärung hierfür nimmt Vf. an, daß die hämolyt. Streptokokken während ihrer Vermehrung im Organismus selber eine **I** produzieren, wodurch der Unterschied zwischen Experiment u. Kontroll-Vers. ausgeglichen wird.

E. Rentz. 4210

Die normale Aldolaseaktivität des Cerebrospinalliquors. Fanny Schapira. (Clin. chim. Acta [Amsterdam] **7,** 566—70, Juli 1962; Paris, Hôp. des Enfants Malades, Labor. de Rech. de Biochim. Méd.; franz.) — Bei Inkubation mit Collidinpuffer, pH 7,2, bei 25° ergibt sich für die *Aldolase*-Aktivität des Cerebrospinalliquors derselbe Wert wie für die des Plasmas; bei Inkubation mit Trispuffer, pH 8,6, bei 38° liegen die Werte dagegen viel niedriger.

K. Zingraf. 4210□

Über den diagnostischen, prognostischen und epidemiologischen Wert der Aktivitätsbestimmung der Transaminasen und Aldolase bei der Botkinschen Krankheit von Kindern. A. P. Kuperstein. (Pädiatrie [UdSSR] **41,** Nr. 6, 47—51, Juni 1962; Karagandy, Klin. Infektionskrankenhaus; russ., Auszug: engl.) — Die Aktivität der *Glutaminoxalessigsäure-* u. *Glutaminbrenztraubensäure-Transaminase* u. der *Aldolase* (normal bis 30, 20 bzw. 12 E.) war bei Kindern mit Botkinscher Erkrankung, je nach Schwere des Krankheitsverlaufes, erhöht u. erwies sich als gutes diagnost. u. prognost. Kriterium auch bei Kontaktpersonen.

I. v. Kloch-Kornitz. 4210□

Die Transaminaseaktivität bei Lebererkrankungen. M. Je. Ssemendjajewa. (Therap. Arch. [UdSSR] **33,** Nr. 11, 31—39, Nov. 1961; russ., Auszug: engl.) — Die Aktivität der *Glutaminoxalessigsäure* (**I**)- u. der *Glutaminbrenztraubensäuretransaminase* (**II**; normal bis zu 40 E.), die bei 126 Kranken mit akuter (**a**), chron. epidem. oder mechan. Hepatitis, auch nach der Konvaleszenz u. bei Kontaktpersonen, colorimetr. neben anderen Leberfunktionen untersucht wurde, war, unabhängig von den klin. Symptomen, bes. bei **a** bis auf 869 E. **I** u. 286 E. **II** erhöht, der **I**/**II**-Koeff. bis auf 0,6 (normal $>$1) vermindert. Die Meth. erwies sich als ein empfindliches Kriterium für die Funktionsstörungen der Leberzellen u. die Wrkg. der Hormontherapie.

I. v. Kloch-Kornitz. 4210□

Glutaminsäure-Brenztraubensäure- und Glutaminsäure-Oxalessigsäuretransaminase in mütterlichen und embryonalen Organen, Plazenta, mütterlichem Serum und Amnionflüssigkeit gravider Ratten unter normalen und pathologischen Bedingungen. T. Goetze und E. Goetze. (Acta biol. med. german. [Berlin] **7,** 476—85, 1961; Jena, Friedrich-Schiller-Univ., Inst. Path. Physiol.; dt.) — An graviden Ratten wurde am 19. Tag die Aktivität der *Glutamatoxalacetattransaminase* (**I**) u. *Glutamatpyruvattransaminase* (**II**) in Herz u. Leber der Muttertiere u. der Embryonen, in Placenta u. mütterlichem Serum u. Amnion-Fl. bestimmt. Folgende Werte wurden gemessen: (Angaben in μMol Substratumsatz/h/100 mg Frisch-Gew.) **I** Muttertiere (Embryonen in Klammern): Herz 56,4 (15,5), Leber 32,3 (20,6), Placenta 6,0. **II**: Herz 26,4 (0,1), Leber 274 (21,4), Placenta 0,74. Behandlung der Muttertiere mit *Hydrocortison* (**III**; 2,5 mg subkutan 6 Tage lang), *Prednisolon* (2,5 mg 4 Tage), proteinfreie Nahrung, Durst u. Hunger hatten nur einen geringen Einfl. auf **I**, durch CCl_4 wurde nur die Aktivität von **I** u. **II** im Serum sowie von **II** auch in Placenta u. Fruchtwasser erhöht. **II** steigt bei Behandlung mit **III**: Herz auf 41,2, Leber 476,2 an, bei proteinfreier Ernährung Abfall in Herz auf 17,9 Leber 63,4. **I** u. **II** zeigen in den embryonalen Organen wie auch in der Placenta nur eine geringe Veränderung.

D. Scheuch. 4210□

Der Einfluß von Hydrocortison auf Tyrosin-α-ketoglutarsäuretransaminase und auf Tryptophanpyrrolase in der isolierten durchströmten Rattenleber. Leon Goldstein, E. J. Stella und W. Eugene Knox. (J. biol. Chemistry **237,** 1723—26, Mai

1962; Boston, Mass., Harvard Med. School, Dep. of Biol. Chem.; New England Deaconess Hosp., Cancer Res. Inst.; engl.) — In isolierter u. mit O_2 beladenem, heparinisiertem Blut durchströmter Leber bewirkt *Hydrocortison* (I) eine Zunahme von *Tyrosin-α-Ketoglutarsäuretransaminase* (II) u. von *Tryptophanpyrrolase* (III), obwohl I bei Inkubation von Rattenleberschnitten in Gewebekulturmedium keine wesentliche Wrkg. auf II ausübt. II erfuhr 2—4 Std. nach I-Anwendung die größte Zunahme; dann nahm die I-Wrkg. ab. III-Wrkg. wird innerhalb der ersten 2 Std. erhöht u. nimmt in den nächsten 4 Std. fortschreitend ab. Ein ständiges Aufrechterhalten eines hohen Geh. von II (aber nicht von III) scheint von ständiger I-Zufuhr zur durchströmten Leber abzuhängen. Anwendung von *Puromycin*, das ein Inhibitor der Protein-Synth. ist, verhindert die durch I bewirkte Erhöhung der II- bzw. III-Wrkg. u. erniedrigt den ursprünglichen Geh. an I bzw. II. Die Befunde stützen die Vorstellung, daß I unmittelbar auf die Leberzellen unter Änderung des Geh. an I u. II einwirkt. A. Hesse. 4210□

Die optische Spezifität der Glutaminsynthetase. J. E. Varner. (Arch. Biochem. Biophysics **90,** 7—11, Sept. 1960; Cambridge, Univ. of Cambridge, Dep. of Biochem.; engl.) — Die opt. Spezifität der *Glutaminsynthetase* aus Erbsen ist abhängig vom pH-Wert, der Konz. u. der Art der aktivierenden Metallionen u. der Konz. von Ammoniak oder Hydroxylamin. Das pH-Optimum der Aktivität liegt bei pH 8,0. Der Grad der opt. Spezifität erhöht sich mit sinkender Konz. an Ammoniak oder Hydroxylamin. Aktivierende Ionen sind Mg^{2+} u. Co^{2+}. Durch Erhöhung der Ionen-Konz. kann das pH-Optimum zu niedrigeren Werten verschoben werden. Der gleiche Effekt wird durch Variierung der Adenosintriphosphat-Konz. erzielt. Unter in vivo-Bedingungen zeigt das Enzym einen hohen Grad opt. Spezifität. B. Görlich. 4210□

Eine mutationsbedingte Änderung der Tryptophansynthetase von Escherichia coli. F. Gibson, Margaret I. Gibson und C. Yanofsky. (J. gen. Microbiol. **24,** 301—12, Febr. 1961; Stanford Univ., Calif., Dep. of Biol. Chem.; engl.) — Die *Tryptophansynthetase* einer Tryptophan-abhängigen Mutanten von *E. coli* konnte im Gegensatz zu der Synthetase des Ausgangsstammes Indol nicht in Tryptophan umwandeln. Aus Indolyl-(3)-glycerinphosphat entstand mit beiden Stämmen Indol. Die Aktivität des Enzym-Syst. der Mutante wurde durch Pyridoxalphosphat u. Serin stimuliert. Durch Fraktionierung u. Chromatographie der Synthetasen wurden 2 Proteinfraktionen erhalten, von denen eine gegenüber dem Ausgangsstamm verändert war. Sättigungskurven dieser Fraktion mit der normalen Komponenten in Ggw. oder bei Fehlen von Serin ließen vermuten, daß die stimulierende Wrkg. von Serin oder Pyridoxinphosphat auf eine Zusammenführung der beiden Proteinfraktionen zu einem katalyt. wirksamen Komplex zurückzuführen ist. D. Claus. 4210□

Einige Charakteristika des proteolytischen Systems einer marinen Bakterienspezies. J. M. Prescott und Charles R. Willms. (Proc. Soc. exp. Biol. Med. **103,** 410—13, Febr. 1960; College Station, Tex., Agric. Exp. Stat., Dep. of Biochem. and Nutrit.; engl.) — Eine Bakterienart aus dem Verdauungstrakt des marinen Isopoden *Limnoria* wurde kultiviert u. aus dem Kulturfiltrat ein *proteolyt. Enzym* (I) isoliert, das so akt. ist, daß man es 1:10 verdünnen mußte, um nach 5 Min. langer Inkubation messen zu können. Es wurde denaturiertes Hämoglobin hydrolysiert. I hat pH-Optimum bei 8, wird durch Co^{2+} u. Zn^{2+} aktiviert u. durch Fe^{3+}, Hg^{2+} u. Cu^{2+} inhibiert. Anscheinend werden für die Aktivität Disulfidbrücken benötigt, denn reduzierende Mittel hemmen u. p-Chlormercuribenzoat ist ohne Wirkung. I ist bei 40° sehr, bei 50° weniger u. bei 70° nur noch halb so aktiv. M. Metze. 4210□

Über die Gewinnung eines hochwertigen Präparates von Trypsin. R. W. Maisel und Ss. I. Schwarz. (Nachr. Akad. Wiss. LettSSR **1959,** Nr. 2, 111—13; russ.) — Rinder- oder Schweinepankreas, längere Zeit aufbewahrt, wurde im Wolf zerkleinert u. 4—5 Std. auf 0° heruntergekühlt, dann 2mal mit 0,25 n H_2SO_4 (+5°) ca. 10 Std. extrahiert. Nach Abtrennung der Ballaststoffe, Aussalzen mit 242 g/Liter $(NH_4)_2SO_4$ u. schnellem Abfiltrieren gibt man zum Filtrat nochmals $(NH_4)_2SO_4$ (205 g/Liter). Eindickung im Verlauf von 3 Std. (2tägige Eindickung nach Northrop u. Kunitz wird als überflüssig angesehen), Absaugen, Trocknen im Vakuum bei nicht mehr als 25° oder an der Luft im gut ventilierten Raum, Pulver im Mörser zerkleinern, durch ein Seidensieb sieben. Erhalten wurde ein leicht cremefarben getöntes weißes, gut in W. u. Phosphatpuffer (pH 7,4) bis 1% lösl. Pulver. Das Präp. entsprach in seiner Trypsin-Wrkg. auf Gewebe dem Trypsin „Difco". Im Unterschied zu Pankreatin zerstörte es die Zellwand nicht, was den Forderungen der Virologen entspricht.
K. Rintelen. 4210□

Untersuchungen über die Trypsininhibitorkapazität des menschlichen Serums. H. Schön, B. Rässler und J. Alter. (Clin. chim. Acta [Amsterdam] **7,** 571—87,

Juli 1962; Nürnberg, Univ. Erlangen, Med. Klin.; dt.) — Beschreibung einer colorimetr. Meth. zur Best. der *Trypsin* (I)-Inhibitorkapazität im Serum mit einem I-spezif. Substrat (*N-Benzoyl-dl-arginin-β-naphthylamidhydrochlorid*). Die I-Hemmung durch Serum wird mit einer Modifikation der Rk. von Bratton u. Marshall jun. [1939] bestimmt u. in Gew.-Einheiten von gehemmtem I angegeben. Die Ergebnisse sind reproduzierbar. K. Zingraf. 4210□

Untersuchungen über die Struktur und die chemischen Funktionen von Lysozym. 1. Mitt. **Enzymatische Wirkung von Lysozym auf Glykolchitin.** Kozo Hamaguchi, Kazuko Rokkaku, Masaru Funatsu und Katsuya Hayashi. (J. Biochemistry [Tokyo] **48,** 351—57, Sept. 1960; Osaka, Osaka Univ., Inst. for Protein Res.; engl.) — *Glykolchitin* kann nach Hamaguchi u. Funatsu [1959] als Substrat von *Lysozym* (I) aus Eiklar dienen. Dabei erfolgt rascher Abfall der Viscosität, starke Zunahme der Red.-Wrkg. u. starke Zunahme der Färbung nach Elson u. Morgan (Vgl.-Lsg. in den beiden letzten Fällen: Glucosaminhydrochlorid). — I wirkt optimal bei pH 3,5 u. 50°; I ist unstabil bei pH $<$2,5 u. $>$10,0; durch 4m Harnstoff-Lsg. wird die Stabilität von I herabgesetzt. — Vorbehandlung von I durch Erwärmen (z. B. 4 Std. bei 50°) erhöht die I-Aktivität. Hitzeinaktivierung tritt erst bei $>$80° ein. — Glykolchitosan wird durch I nicht hydrolysiert. A. Hesse. 4210□

Untersuchungen über die Struktur und die enzymatischen Funktionen von Lysozym. 2. Mitt. **Einfluß von Harnstoff auf Lysozym.** Kozo Hamaguchi und Kazuko Rokkaku. (J. Biochemistry [Tokyo] **48,** 358—62, Sept. 1960; engl.) — 1. vgl. vorst. Referat. — Die „Intrinsic"-Viscosität von *Lysozym* (I) ist in 8m Harnstoff (II)-Lsg. die gleiche wie die von nativem I bei 33,0°. Die Dispersions-Konst. wird durch diese II-Lsg. etwas herabgesetzt. — Die Inaktivierung von I durch II geht nicht mit der Änderung von Viscosität u. Dispersions-Konst. bei 33° parallel. Jedoch besteht Parallelität zwischen Inaktivierung u. der herabgesetzten Viscosität bei höheren Temperaturen. A. Hesse. 4210□

Über die Absonderung von Uropepsin bei einigen durch Gastroskopie festgestellten Magenkrankheiten. I. P. Smirnow. (Therap. Arch. [UdSSR] **33,** Nr. 11, 61—64, Nov. 1961; Militärmed. Kirow-Akad., Therapeut. Lehrst. für Ärztefortbldg.; russ., Auszug: engl.) — In Unterss. der Gastroskopie u. der *Uropepsin* (I)-Ausscheidung bei Kranken mit funktionellen Magenstörungen war der Geh. des Magensaftes an I, unabhängig von der Acidität bei diffuser Oberflächengastritis vorwiegend erhöht, bei hypertroph. Gastritis normal, bei starker Schleimhautatrophie vermindert. Die Erhöhung des I kann diagnost. als Verschärfung des Krankheitsprozesses angesehen werden. I. v. Kloch-Kornitz. 4210□

Untersuchung der uricolytischen Aktivität einiger Angiospermen. Entwicklung im Verlauf der ersten Wachstumsstadien bei Nicotiana tabacum L., var. Paraguay. Pierre Gayrel. (C. R. hebd. Séances Acad. Sci. **249,** 2104—05, 16/11. 1959; Toulouse, Fac. des Sci., Labor. de Physiol. végétale; Fac. de Méd. et de Pharm., Labor. de Pharm.; franz.) — Die *Uricase* (I)-Aktivität von Samen von *Nicotiana tabacum* L., var. Paraguay ist gering u. steigt erst 3 Tage nach der Aussaat an. Es wird vermutet, daß I für den N-Stoffwechsel der Pflanzen wesentlich ist, aber bei der Mobilisierung der prim. N-Reserven bei der Keimung keine Rolle spielt. F. Radler. 4210□

Über einige physiologische Eigenschaften von diploiden und tetraploiden Formen von Raphanus sativus L. Mohamed Nadir. (C. R. hebd. Séances Acad. Sci. **249,** 2101—03, 16/11. 1959; Toulouse, Fac. des Sci., Labor. de Physiol. végétale; franz.) — Samen u. 5 Tage alte Keimpflanzen von 2n- u. 4n-Formen von *Raphanus sativus* lassen keine Unterschiede in ihrer Fähigkeit zur Decarboxylierung von Thiol-Verbb. erkennen. Nur bei Sprossen von 19 Tage alten 2n-Pflanzen wurde eine höhere Aktivität als bei 4n-Pflanzen nachgewiesen. Urease, Asparaginase u. Glutaminase waren in den Pflanzen nicht nachweisbar. *Arginase* (I) ist in trockenen Samen nicht wirksam, sie erscheint beim Beginn der Keimung mit einem Maximum nach 3 Tagen. Die 4n-Pflanzen haben ein höheres Maximum der I-Aktivität als 2n-Pflanzen. F. Radler. 4210□

Die Oxytocinase der Leber bei der experimentellen Cirrhose durch Tetrachlorkohlenstoff beim Kaninchen. L. Scalabrino, R. Caracristi und P. Periti. (Boll. Soc. ital. Biol. sperim. **37,** 450—52, 31/5. 1961; Florenz, Univ., Ist. di Farmacol. e di Idrol. Med.; ital.) — Die Unterss. werden an Kaninchen durchgeführt, die täglich 18 Tage lang mit 0,8 g CCl_4 subkutan behandelt werden. Der dadurch bewirkte nekrot.-degenerative Leberschaden bewirkt, daß die Aktivität der *Oxytocinase* der Leber auf etwa die Hälfte gegenüber der Norm red. wird. F. Kren. 4210□

Schockprophylaxe mit Hydrocortison, Vitamin C und PAM und ihr Nachweis durch Kontrolle der Plasmacholinesteraseaktivität. F. Holle. (Anaesthesist **10,** 139—41,

Mai 1961; Würzburg, Chirurg. Univ.-Klinik; dt.) — Jeder unspezif. Schock ruft eine Abnahme der *Plasmacholinesterase* (**I**)-Aktivität hervor, die ein Maß für Größe u. Ausmaß eines postoperativen Schocks darstellt. Neben Plasmasubstitution, Blutübertragung, Hormonbehandlung usw. bildet die Stabilisierung des neurohormonalen Syst. durch *Vitamin C* (1 g/Tag), *Hydrocortison* (25—50 mg/Tag) u. *Pyridinaldoxim-(2)-methyljodid* (*PAM*) vor u. nach der Operation die beste Schockprophylaxe. Letzteres aktiviert **I** u. verkehrt die postoperative **I**-Abnahme in eine Zunahme, wodurch das Schocksyndrom beseitigt wird. K. Maier. 4210□

Die Reduktion von Vitamin K_1 durch ein Enzym aus Hundeleber. Walter D. Wosilait. (J. biol. Chemistry **235,** 1196—1201, April 1960; Brooklyn, N.Y., New York State Univ., Coll. of Med., Dep. of Pharmacol.; engl.) — Vf. beschreibt die Isolierung u. Reinigung eines *Enzyms* aus Hundeleber, das die Red. von *Vitamin K_1* [*2-Methyl-3-phytylnaphthochinon-(1.4)*, **I**] durch *red. Di-* bzw. *Triphosphopyridinnucleotid* katalysiert. Ein gleiches Enzym findet sich auch in Rattenleber. **I** wurde zur Inkubation mit BRIJ-35 (Polyoscyäthylenlaurylalkohol) in Lsg. gebracht. **I** konnte als Elektronenacceptor durch *2-Methylnaphthochinon-(1.4)*, *Coenzym Q_{10}* u. *p-Benzochinon* ersetzt werden. *Flavinadenindinucleotid* u. *Flavinmononucleotid* erhöhten die Rk.-Geschw., *Dicumarol* u. andere Koagulantia sowie in geringerem Maße *o-Phenanthrolin*, *α.α'-Dipyridyl* u. *8-Hydroxychinolin* erwiesen sich als Hemmstoffe. Nach dem spektrophotometr. Vgl. mit der **I**-Red. durch KBH_4 scheint die enzymat. Red. im Naphthochinonring stattzufinden. H.-G. Floß. 4210□

Plasmalogen- und Esterphospholipidbiosynthese im Hunde-Herz-Lungen-Präparat. R. W. Keenan, J. B. Brown und Bernard H. Marks. (Biochim. biophysica Acta [Amsterdam] **51,** 226—229, 5/8. 1961; Columbia, Ohio, Ohio State Univ., Dep. of Physiol. Chem. and Pharmacol.; Dep. of Agric. Biochem.; engl.) — Das Herz-Lungen-Präp. des Hundes nach Knowlton-Starling kann als vereinfachtes Stoffwechsel-Syst. für den Einbau großer Mengen langkettiger Substrate in *Ester-* u. *Enoläther-phospholipide* bei der Unters. der Phospholipid- u. *Plasmalogen* (**I**)-Biosynth. angesehen werden. Als Substrate fanden *$^{14}C_1$-Palmitinsäure* (**II**; 5 mc/m Mol), *$^{3}H_{9.10}$-Stearinsäure* (**III**; 100 mc/m Mol; **II** u. **III** in verseifter Form in 5% Rinderserumalbumin) u. *$^{3}H_{9.10}$-Stearylalkohol* (**IV**; in Tween 20 suspendiert) Verwendung. Ca. 11—35% der Gesamtradioaktivität in den langkettigen Resten der Phospholipide wurde in der aldehydogenen Gruppe von **I** gefunden; der höchste Prozentsatz der in **I** eingebauten Aktivität kam bei Verw. von **IV** zustande. Eine Umwandlung von **II** zu **IV** wurde nicht beobachtet, es kam jedoch zu einer (ca. 15,7—27,3% betragenden) Umwandlung von **IV** u. **III** in **II** u./oder Oleinaldehyd. Radioaktivität war nicht mit einer Kettenlänge unter 16 C oder über 18 C gekoppelt. Im Herzen fand sich Radioaktivität nach Kieselsäurepapierchromatographie bei Cholinphospholipid, in geringer Menge auch bei Äthanolaminphospholipid. — Es ist anzunehmen, daß der Einbau direkt ohne vorherige Zerkleinerung in kleinere Bruchstücke vor sich geht. Der starke Einbau von **IV** in **I** zeigt, daß **IV** oder ein aktiviertes Deriv. von **IV** vermutlich ein direkterer Vorläufer der Enoläthergruppe von **I** ist als **III**, wenn auch die Rolle der unterschiedlichen Zubereitungsart (Suspension) u. method. Einfl. nicht auszuschließen sind u. noch einer näheren Überprüfung bedürfen. U. Tausendfreund. 4210□

E₃. Mikrobiologie. Bakteriologie. Immunologie

Trockener Nährboden für die Diagnostik der durch Clostridium botulinum und Clostridium perfringens verursachten alimentären Vergiftungen. L. G. Iwanowa, T. I. Ssergejewa, N. W. Plosskirew und N. N. Ssitnikowa. (Laboratoriumswesen [UdSSR] **8,** Nr. 4, 33—36, April 1962; Akad. der med. Wiss. der UdSSR, Inst. für Epidemiolog. u. Mikrobiolog.; russ.) — Es wird ein Walfisch-Leber-Nährboden (1 Liter) aus 165 g Walfischmehl, 110 g Leberfarce, 11 g *Pankreatin*, 20 cm³ 40%ig. NaOH, 17 cm³ konz. HCl, 77 g Brothefe, 0,5 g NaH_2PO_4, 3,75 g Na_2HPO_4, 0,033 g $MnSO_4$ in fl. oder fester Form zur Diagnostik von *Cl. perfringens A, B, C, D, E, F* u. *Cl. botulinum A, B, C, E* beschrieben, dessen Herst. gegenüber anderen Nährböden bei gleicher Qualität vereinfacht ist. I. v. Kloch-Kornitz. 4310□

Die Adaption der Hefen an Pentosen. 6. Mitt. **Besonderheiten der Entwicklung von Candida tropicalis SD-5 auf einem Nährboden mit d-Ribose.** Ju. N. Karassewitsch. (Mikrobiologie [UdSSR] **30,** 1003—10, Nov./Dez. 1961; Moskau, Inst. für Mikrobiol. der Akad. der Wiss. der UdSSR; russ., Auszug: engl.) — 5. vgl. C. **1962,** 11971. — Auf einem synthet. Medium nach Reader mit *d-Ribose* (**I**) als einziger C-Quelle beginnt das Wachstum schnell, wenn 2—4% **I** vorhanden sind. Bei 26° tritt nach mehrfachen Überimpfungen Adaptation ein, nicht aber bei 40, 37 u. 32°. In einem Medium mit 0,5% I erfolgt erst nach längerer Zeit bei 37 u. 32° eine Adaptation, bei 40 u. 26° selbst nach 7 Wochen noch nicht. Überimpfungen von höherkonz. Medien auf 0,5% I brachte keine Beschleunigung der Adaptation. Bei den verschiedenen Konzz. werden zwei verschiedene Mechanismen angenommen: bei hoher Konz. — passives Eindringen; bei niederer Konz. — Änderung von Energiebedarf u. Permeabilität. K. Sattler. 4310□

Die Bedeutung von Glycerin, Cholesterin und langkettigen Fettsäuren für die Ernährung von Mycoplasma mycoides. A. W. Rodwell und A. Abbot. (J. gen. Microbiol. **25**, 201—14, Juni 1961; Parkville, Australia, Div. of Animal Health, Animal Health Res. Labor.; Melbourne, W. a. E. Hall Inst. of Med. Res.; engl.) — Wird *Mycoplasma mycoides* (Stamm V 5) in einer Nähr-Lsg. kultiviert, der *Glycerin* oder *Uracil* fehlt, dann findet kaum ein Wachstum statt. Das für die Verss. verwendete Basalmedium enthält u. a. eine Ochsen-Serum-Albumin-Fraktion. Ist in der Nähr-Lsg. auch noch *Tween 80* (I) zugegen, dann wird das Wachstum leicht gefördert. Dieser wachstumsfördernde Effekt der Serumfraktion wird aufgehoben, wenn I fehlt u. die Fraktion vor der Zugabe zur Nähr-Lsg. mit Isooctan u. Eisessig extrahiert wird. Durch Zugabe von I u. *Oleinsäure* wird der Effekt teilweise wieder hergestellt, die volle Aktivität wird erreicht durch die Zugabe eines Gemisches, bestehend aus einer gesätt. u. einer ungesätt. Fettsäure. Von den eingesetzten gesätt. Fettsäuren verfügten *Palmitin-*, *Margarin-* u. *Stearinsäure* über eine gleichhohe Aktivität, gefolgt von der *Myristin-* u. *Laurinsäure*, während in dem Gemisch von den ungesätt. Fettsäuren die *Oleinsäure* gegenüber der *Linol-* u. *Linolensäure* am aktivsten war. M. Lorenz. 4310□

Der Einfluß von Biotin auf die bakterielle Bildung der Glutaminsäure. 1. Mitt. Glutamatbildung u. Zellpermeabilität der Aminosäuren. Isamu Shiio, Shin-Ichirô Ôtsuka und Masahiro Takahashi. (J. Biochemistry [Tokyo] **51**, 56—62, Jan. 1962; Kawasaki, Central Res. Labor. of Ajinomoto Co., Inc.; engl.) — *Brevibacterium flavum* (Stamm Nr. 2247) wächst auf *Glucose* (I) bzw. *Acetat* (II) um so besser, je mehr *Biotin* (III) zur Nähr-Lsg. gegeben wird. Die *Glutamat* (IV)-Bldg. nimmt jedoch mit steigender III-Konz. ab. Zur Erreichung maximaler IV-Ausbeuten sind beim Wachstum auf I 0,3 μg/Liter u. auf II 3,0 μg/Liter erforderlich. In Abwesenheit von III wird weder Wachstum noch IV-Bldg. beobachtet. Bei Verss. mit gewaschenen Zellen zeigt sich hinsichtlich der IV-Bldg. die gleiche Abhängigkeit von der III-Konz. des Mediums. Die L-Asparaginsäure–α-Ketoglutarsäure–Transaminase-Aktivität ist bei gewaschenen Zellen der III-Konz. in der Nähr-Lsg. umgekehrt proportional, in zellfreien Extrakten bleibt sie unbeeinflußt von der III-Konz., gleich, ob die Zellen vorher auf I oder II herangezüchtet wurden, wobei wiederum die auf II kultivierten Zellen empfindlicher auf III reagierten. Zellen, die auf einem III-armen Medium kultiviert wurden, wiesen eine geringere intracelluläre Aminosäure-Konz. auf als solche, die III-reich herangezogen wurden. Wurden die Zellen vor der Aminosäure-Best. mit Phosphatpuffer gewaschen, dann wurde ein Teil der Gesamtaminosäuren ausgewaschen, im Falle von IV aber nur dann, wenn die Zellen III-arm gewaschen waren. IV, L-Asparaginsäure u. α-Ketoglutarsäure wurden von gewaschenen Zellen nur nach Kultivierung auf einem III-armen Medium eingebaut. Werden III-reich angezogene u. anschließend gewaschene Zellen zusammen mit Detergentien (Cetyldiammoniumbromid, p-Diisobutylkresoxyäthyldimethylbenzylammoniumchlorid, Na-Dioctylsulfossucinat, Na-Dodecylsulfat) inkubiert, dann findet man vorher intracelluläres IV vollständig im Außenmedium wieder. — Die Verss. lassen auf einen Einfl. von III auf die Permeabilität der Zellen gegenüber Aminosäuren schließen. M. Lorenz. 4310□

Nährstoffbedarf für das Wachstum und die Phenolsulfataseproduktion von Streptococcus alcalophilus. Tokuya Harada. (J. agric. chem. Soc. Japan [Nippon Nôgei-Kagaku Kaishi] **29**, 516—20, 1955; Osaka, Univ., Inst. Sci. Ind. Res.; jap., Auszug: engl.) — Vgl. J. agric. chem. Soc. Japan [Nippon Nôgeikagaku Kaishi] **28**, [1954], 840. — Die Stämme von *Streptococcus alcalophilus* benötigen auf einem Glucose, Acetat u. Mineralsalze enthaltenden Medium folgende wesentliche Zusatzstoffe: *Nicotinsäure, Ca-Pantothenat, Biotin, Methionin, Glutaminsäure, Cystin,* NH_4*-Salze, Purine* u. *Pyrimidine* (wie Guanin, Adenin, Xanthin u. Uracil). Für normales Wachstum ist ferner ein noch nicht *identifizierter Faktor* notwendig, der in käuflichem Pepton vorhanden ist, u. der zugleich für die Bldg. von *Phenolsulfatase* unentbehrlich zu sein scheint. L. Schuler. 4310□

Vergleichende Untersuchungen über die Verteilung der Nucleinsäuren im Bacillus Proteus P 18 und in einer von ihm stammenden Kultur stabiler L-Formen. Monique Sensenbrenner, Anne-Marie Bader, Tullio Terranova und Paul Mandel. (C. R. hebd. Séances Acad. Sci. **250**, 3420—21, 16/5. 1960; Strasbourg, Inst.

de Chim. biol., Fac. de Med.; Torino, Ist. di Pat. Gen. Univers.; franz.) — Bezogen auf Protein ist der Geh. an *Desoxyribonucleinsäure* (*DNS*) der L-Form (FL) höher als von Bakterien, aus denen FL stammt. Ähnlich verhält es sich mit den Werten an *Ribonucleinsäure* in den beiden Formen der Mikroorganismen. Während der stationären Phase enthält eine Großform des FL 75 mal mehr DNS als ein *Proteus*-Bakterium u. die kleinen Formen des FL enthalten $^1/_3$ an DNS. L. Macher. 4315□

Isolierung und Reinigung von Streptokokkenhyaluronsäure. George H. Warren und Jane Gray. (Proc. Soc. exp. Biol. Med. **102,** 125—27, Okt. 1959; Radnor, Pa., Wyeth Inst. for Med. Res.; engl.) — *Streptococcus pyogenes*, Gruppe A, scheidet *Hyaluronsäure* (I) in das Nährmedium aus, u. zwar mit maximaler Ausbeute bei 18std. Inkubation bei 37°. Die Stabilität der I in wachsenden Kulturen nach Zugabe des Hyaluronidase-Hemmstoffs Alginsäuresulfat spricht dafür, daß die untersuchten Stämme gleichzeitig *Hyaluronidase* ausscheiden. Die Isolation der I u. teilweise Anreicherung durch Extraktions-Verf. werden beschrieben. H.-G. Trüper. 4315□

Vorkommen und Lokalisierung von Teichosäuren bei Lactobacillen. J. Baddiley und A. L. Davison. (J. gen. Microbiol. **24,** 295—99, Febr. 1961; Newcastle-upon-Tyne, Univ. of Durham, King's Coll., Dep. of Chem.; engl.) — Bei 13 *Lactobacillus*-Stämmen (10 Arten) wurde aus mechan. aufgebrochenen Zellen u. aus Zellwänden *Teichosäure* (I) isoliert. In den Zellen aller Stämme konnte *Glycerinteichosäure* (II) nachgewiesen werden. Auch in anderen Bakterien kommt diese Substanz vor, es wird ihr eine wichtige Rolle im Zellstoffwechsel zugeschrieben. In den Zellwänden fand sich je nach Stamm entweder II oder *Ribitteichosäure* (III), bei 5 Stämmen konnte in der Zellwand keine I nachgewiesen werden. Eine Gruppierung der untersuchten Stämme nach ihrem serolog. Verh. ergab, daß Organismen der serolog. Gruppe D in den Zellwänden III enthalten, solche der Gruppen E u. A enthalten II. Gruppen B, C u. F enthielten keine Zellwand-I. Es wird angenommen, daß die I selbst antigene Eigg. besitzen. D. Claus. 4315□

Polarographie von Citrinin. Isamu Tachi, Yoshinosuke Nagata und Murao Sogô. (J. agric. chem. Soc. Japan [Nippon Nôgei-Kagaku Kaishi] **29,** 541—45, 1955; Kyoto Univ., Dep. agr. Chem.; jap., Auszug: engl.) — *Citrinin* (I), ein gelbes giftiges Stoffwechsel-Prod. von *Penicillium citrinum* (in sog. „Gelben Reis") gibt bei pH 5,3 eine einzige Red.-Stufe, wo dann das Halbwellenpotential nach negativ umschlägt. Mit zunehmendem pH nimmt der Grenzstrom ab. An der Elektroden-Rk. ist nur ein Elektron beteiligt. In 0,2n HCl im Bereich von 10^{-5} bis 10^{-3}m ist die Konz. von I proportional der Halbwellenhöhe. Der Temp.-Koeff. des Diffusionsstroms von I in 0,2n HCl beträgt 1,71%/Grad, bei 25°. Der Grenzstrom bei pH 1,0 in 0,1n HCl wird durch den Diffusionsstrom gegeben, bei pH 4,2 erhält er den Charakter eines kinet. Stroms. L. Schuler. 4315□

Oxydation von Kohlenhydraten durch Streptomycesarten. Eitarō Masuo und Eiji Kondō. (J. agric. chem. Soc. Japan [Nippon Nôgei-Kagaku Kaishi] **29,** 555—60, 1955; Shionogi, Forsch.-Labor.; jap., Auszug: engl.) — 14 *Streptomyces*-Arten werden unter Kulturbedingungen mit lebhaftem Schütteln in synthet. Medien mit 3% Zucker u. anorgan. Salzen untersucht. Die Oxydations-Prodd. von verschiedenen Zuckern werden bestimmt. Alle Arten, außer *Str. phaeochromogenes*, akkumulieren in 5—10 Tagen *α-Ketoglutarsäure* (I) + eine geringe Menge *Brenztraubensäure* aus *Glucose*-Medien. Bei manchen Arten, wie *S. fradiae*, *S. flaveolus* u. *S. roseoflavus*, dient auch *Glycerin* (II) als gute Quelle für I-Bildung. Manche Stämme verwandeln II in *Dihydroxyaceton* bzw. *Sorbit* in *L-Sorbose*. L. Schuler. 4320□

Über eine neue Species, Bacterium ketoglutaricum n.sp. 1. Mitt. **Untersuchung des mykologischen Charakters und einiger weiterer Eigenschaften.** Eitarô Masuo und Yoshiharu Wakisaka. (J. agric. chem. Soc. Japan [Nippon Nôgei-Kagaku Kaishi] **29,** 546—49, 1955; Shionogi u. Co. Ltd.; jap., Auszug: engl.) — Vgl. J. agric. chem. Soc. Japan [Nippon Nôgei-Kagaku Kaishi] **29,** [1955], 476. — Vff. geben morpholog. Einzelheiten u. eine mykolog. Kennzeichnung des neuen Bakteriums, das physiolog. dem Genus *Escherichia* sehr ähnlich ist. Es vergärt eine große Reihe von Zuckern, vorwiegend unter Bldg. von *α-Ketoglutarsäure*. Die Ggw. des *Cytochrom*-Syst. wird nachgewiesen. L. Schuler. 4320□

Über eine neue Species, Bacterium ketoglutaricum n.sp. 2. Mitt. **α-Ketoglutarsäuregärung.** Eitarō Masuo und Yoshiharu Wakisaka. (J. agric. chem. Soc. Japan [Nippon Nôgei-Kagaku Kaishi] **29,** 550—55, 1955; jap., Auszug: engl.) — 1. vgl. vorst. Referat. — Für das neue *Bacterium ketoglutaricum* werden für Schüttelkultur-Verss. in synthet. Medien folgende Bedingungen für die Erzeugung von *α-Ketoglutarsäure* (I) gefunden: Am meisten I liefern (als C-Quelle) *D-Glucose* (II), *D-Fructose* (III) u. ***Maltose* (IV); I entsteht auch aus *Saccharose*, *D-Lactose*, *D-Mannose*, *D-Galaktose*, *L-Rham-***

nose, *D-Sorbit*, *D-Xylose*, *L-Arabinose* u. *Glycerin*, nicht dagegen aus Stärke, Glykogen, Dextrin, Inulin u. *D*-Mannit. 10—15%ig. **II** vergärt in 3—5 Tagen 8—10%ig. **III** oder **IV** in 3—4 Tagen. In **I** erscheinen etwa 50—60% der zugesetzten C-Quelle wieder. Der Gäransatz wird schleimig, ähnlich Zellstoffbrei. Das Ca-Salz von **I** wird zu 94% isoliert. Geeigneter Temp.-Bereich ist 26—37°, optimal 33°. Der Stoffwechsel von **II** zu **I** wird erörtert: Da das Bakterium *2-Ketogluconat* nicht oxydieren kann, wird angenommen, daß **II** über *Glucose-6-phosphat*, *6-Phosphogluconat* u. eine C_3-Verb. oxydiert wird u. das **I** durch den Cyclus der Tricarbonsäuren gebildet wird. L. Schuler. 4320 □

Die Mucopeptide der Bakterienzellwand. Elizabeth Work. (J. gen. Microbiol. **25**, 167—89, Juni 1961; London, Twyford Labor.; engl.) — Übersicht. — Struktur u. Stoffwechsel einiger Bestandteile der *Mucopeptide*; Bakteriolyt. Enzyme (*Lysozym*, Lyse durch Bakterien); Bedeutung der Zellwand; Biosynth. der Mucopeptide; Aufbau der Bakterienzellwand. — 130 Literaturzitate. M. Lorenz. 4320 □

Die Verwertung von Glycerin durch Mycobakterien. L. Eidus, A. C. Maniar, B. B. Diena und R. Wallace. (Zbl. Bakteriol., Parasitenkunde, Infektionskrankh. Hyg., I. Abt., Orig. **182**, 225—31; Juni 1961; Ottawa, Canada, Labor. of Hygiene, Biolog. Control Labor., Dep. of National Health and Welfare; engl.) — Unterss. über den Verbrauch von *Glycerin* (**I**) durch verschiedene Stämme von *Mycobakterien* in submerser u. Oberflächenkultur zeigen, daß dieser je nach Art des Stammes u. seiner Wachstumsrate differiert (10—60% des zugesetzten **I**). Klaus Schmidt. 4320 □

Hydrolyse von Glyceriden und die Umwandlung von Glycerin durch den Mageninhalt von Schafen. G. A. Garton, A. K. Lough und E. Vioque. (J. gen. Microbiol. **25**, 215—25, Juni 1961; Bucksburn, Aberdeen, Rowett Res. Inst.; engl.) — Inkubiert man unter anaeroben Bedingungen Leinöl, Olivenöl oder Kakaobutter bei 37° mit dem Mageninhalt von Schafen, so kann man nach 24 Std. feststellen, daß 60—90% der vorher veresterten Fettsäuren (**I**) durch Hydrolyse in freie **I** umgewandelt worden sind. Außer der Hydrolyse läßt sich auch an Hand der niedrigen JZ. eine Hydrierung vorher ungesätt. **I** nachweisen. Die Hydrolyse unterbleibt, wenn der Ansatz für 1 Std. auf 90° erhitzt wird oder die Mikroorganismen aus dem Mageninhalt durch Zentrifugieren entfernt werden. Die Lipolyse der getesteten Glyceride (**II**) ist deshalb auf die Tätigkeit von Mikroorganismen, vornehmlich Bakterien, zurückzuführen. Gaschromatograph. Analysen zeigen, daß infolge mikrobieller Hydrierungen die Menge der ungesätt. **I** nach der mikrobiellen Hydrolyse der **II** im Vgl. zu den ursprünglichen **II** abgenommen hat, was sich vor allem in einem Anstieg der *Stearin-* u. *Palmitinsäure* ausdrückt. Entsprechende Verss. zeigten, daß eine Hydrierung von **I** nicht stattfindet, solange dieselben noch als Ester in den **II** vorliegen. Das bei der Hydrolyse der **II** ebenfalls entstehende *Glycerin* (**III**) läßt sich nicht nachweisen. Wie eine anaerobe Inkubation von **III** mit dem Mageninhalt zeigt, wird **III** innerhalb von 24 Std. vollständig abgebaut, wobei in der Hauptsache *Propionsäure* entsteht. Bei der Suche nach Zwischenprodd. der **II**-Hydrolyse konnten Mono- u. Di-**II** nicht aufgefunden werden, was darauf schließen läßt, daß auch sie relativ schnell hydrolysiert werden. M. Lorenz. 4320 □

Über die Bildung von Riboflavin durch Bakterien der Aceton-Butanolgärung. 3. Mitt. **Riboflavinbildung in synthetischem Medium.** Kazutami Imai. (J. agric. chem. Soc. Japan [Nippon Nôgei-Kagaku Kaishi] **29**, 523—25, 1955; Kyoto Univ., Landw. Fak.; jap., Auszug: engl.) — 2. vgl. C. **1957**, **4175**. — Die Bakterien der Aceton-Butanolgärung können nicht auf einem synthet. Nährboden aus Glucose, Arginin, Asparagin, Phytinsäure, lösl. anorgan. Salzen u. $CaCO_3$ wachsen, wohl aber nach Zusatz eines Faktors, der vom Vf. aus Mais extrahiert u. fraktioniert wurde; doch wurde erheblich weniger *Riboflavin* (**I**) gebildet als zu erwarten war. Vf. nimmt an, daß ein weiterer Faktor, wichtig für die **I**-Bldg., in geringer Konz. unter den „*Maisfaktoren*" (**II**) zugegen ist. Verss. in einem Medium mit einem Minimum an **II** ergaben, daß p-Aminobenzoesäure, Tryptophan, Mischung anderer Aminosäuren oder Säurehydrolysate von Pepton ohne Einfl. auf die **I**-Bldg. sind. L. Schuler. 4320 □

Über die Bildung von Riboflavin durch Bakterien der Aceton-Butanolgärung. 4. Mitt. **Extraktion des Wachstumsfaktors aus Mais.** Kazutami Imai. (J. agric. chem. Soc. Japan [Nippon Nôgei-Kagaku Kaishi] **29**, 526—30, 1955; jap., Auszug: engl.) — 3. vgl. vorst. Referat. — Vf. findet, daß die Bakterien der Aceton-Butanol-Gärung nicht auf einer Maische wachsen, die aus gemahlenem *Mais* zubereitet wurde, der vorher mit 1n Essigsäure extrahiert worden ist. Erst auf Zusatz des wss. Extrakts aus Mais setzt lebhaftes Wachstum ein. Durch Benutzung eines Grundnährbodens aus einer Maische aus Essigsäure-behandeltem Mais, oder Maische mit Salzen, konnte Vf. den *Wachstumsfaktor* im wss. Auszug von Mais finden u. in 3 Fraktionen zerlegen. L. Schuler. 4320 □

Über die Bildung von Riboflavin durch Bakterien der Aceton-Butanolgärung. 5. Mitt. Einfluß von Biotin und Aufstellung eines absolut synthetischen Mediums. Kazutami Imai. (J. agric. chem. Soc. Japan [Nippon Nôgei-Kagaku Kaishi] **29**, 530—32, 1955; jap., Auszug: engl.) — 4. vgl. vorst. Referat. — Bei Verw. eines synthet. Mediums, das durch Fraktionen des *Maisfaktors* ergänzt wurde, findet Vf., daß *Biotin* (I) eine erhebliche Stimulation der *Riboflavin* (II)-Bldg. ausübt. Eine Ausbeute von 1500 γ I/ 100 ml wird bei folgender Zus. des Mediums erreicht: (in %) *Glucose* 3, *Asparagin* 0,15, *Arginin* 0,015, *Phytinsäure* 0,016, KH_2PO_4 0,05, K_2HPO_4 0,05, $MgSO_4 \cdot 7\,H_2O$ 0,02, $MnSO_4 \cdot 7\,H_2O$ 0,001, NaCl 0,001, $CaCO_3$ 1,5, *Thiamin* 200γ %, *Vitamin* B_6 100 γ%, *Nicotinsäure* 100 γ%, *p-Aminobenzoesäure* 1,0 γ%, *Folsäure* 1,0 γ% u. I 1,2 γ%. L. Schuler. 4320□

Untersuchung der Fähigkeit zur Biosynthese von Vitamin B_{12} bei Bakterien in künstlichen Nährmedien. E. Kaleja. (Nachr. Akad. Wiss. LettSSR [UdSSR] **1959**, Nr. 2, 105—10; lett., Auszug: russ.) — Aus Kaninchenfaeces isolierte Bakterienkulturen wurden auf ihre Fähigkeit zur *Vitamin-B_{12}* (I)-Synth. auf mikrobiolog. Wege untersucht (E. coli-Mutante). Papierchromatograph. wurde die akt. I-Form nach 2, 4, 6 u. 10 Tagen bestimmt. Der Geh. hing von der Wachstumsintensität (von den Kulturbedingungen) ab. Er stieg in den ersten Inkubationstagen, blieb dann für die restliche Zeit unverändert. 30 Tage Züchtung im Thermostaten hatte keine deutliche Erniedrigung der I-Menge zur Folge. 15fache Überimpfung schwächte die I-Bldg. durch die Folgegenerationen nicht ab. Co-Salze erhöhten die I-Synth.: bei einem Stamm war $CoCl_2$ wirksamer, bei einem anderen Stamm $Co(NO_3)_2$. K. Rintelen. 4320□

Anhäufung von intracellulären Produkten in Hefe mit vermindertem Biotingehalt. Jo Anne M. Whitaker und Wayne W. Umbreit. (Arch. Biochem. Biophysics **96**, 541—44, März 1962; Lakewood, N.J., Georgian Court Coll., Biol. Dep.; New Brunswick, Rutgers State Univ., Bact. Dep.; engl.) — Zellen von Bierhefe (*Saccharomyces cerevisiae 139*) mit vermindertem Geh. an *Biotin* (I) enthalten *5-Aminoimidazol* (oder sein Ribosid), *Inosin* u. Desamidodiphosphopyridinnucleotid (Desamido-DPN). Hypoxanthin u. Nicotinsäure waren nicht auffindbar. UV-Absorptionsspektren zeigen eine bestimmte Häufung von UV-absorbierendem Material bei Abwesenheit von I, bei seiner Anwesenheit wurde halb soviel UV-absorbierendes Material im Innern der Zelle gefunden u. ungefähr ein Viertel soviel bei Zugabe von *Asparaginsäure*; auch bei Zugabe von *Methionin* u. *Glutaminsäure* zu I-freiem Material wurde das in den Zellen befindliche UV-absorbierendes Material vermehrt. P. Nachtwey. 4320□

Substanzen, die den Letaleffekt des Sauerstoffs gegenüber lyophilisierten Escherichia coli verhindern. M. B. Lion und E. D. Bergmann. (J. gen. Microbiol. **25**, 291—96, Juni 1961; Ness-Ziona, Israel Inst. for Biol. Res.; Jerusalem, Hebrew Univ., Dep. of Organ. Chem.; engl.) — Folgende Substanzen wurden auf ihre Schutz-Wrkg. hinsichtlich einer Inaktivierung gefriergetrockneter Zellen von *Escherichia coli* durch O_2 getestet: *Thioharnstoff* (I), *Methyl*-I, *symm.* u. *unsymm. Dimethyl*-I, *Trimethyl*-I, *Äthylisothiouroniumbromid, Harnstoff, Urethan, Thioacetamid* (II), *Acetamid, Thiosemicarbazid*; *Na-Ascorbinat* (III). *Na-Dithionit* (IV), *Cysteamin* (V), *Cystein* (VI), *Glutathion* (VII); *D-Glucose, D-Galaktose, D-Mannose, D-Fructose, L-Arabinose, Lactose, Rohrzucker, Maltose, Cellobiose, Melibiose*; *α-Methylglucosid, α-Methylmannosid, Mannit, Inosit, Glucosamin*; *NaCl, KCl, NaBr, KBr, NaJ, KJ, NaF, KF*, $NaNO_3$, KNO_3, KNO_2, $NaNO_2$, *NaSCN, KSCN*, Na_2SO_4, K_2SO_4, $NaH_2PO_4 + Na_2HPO_4$, $MgCl_2$, $MgSO_4$, *LiCl, RbCl*, NH_4Cl, $CaCl_2$. Von den getesteten Substanzen waren wirksam: 1. I u. seine Derivate. Es wird angenommen, daß die Schutz-Wrkg. über eine Chelat-Bldg. zwischen der getesteten Substanz u. einer O_2-empfindlichen Verb. der Bakterien zustande kommt. 2. Die Zucker u. ihre Derivv., wobei die Monosaccharide u. ihre Derivv. aktiver sind als die Disaccharide. Hinsichtlich des Ausmaßes der Schutz-Wrkg. ließen sich keine Beziehungen zu der chem. u. ster. Struktur der Zucker, ihrer Vergärbarkeit durch die Bakterien u. ihrer Red.-Vermögen ableiten. 3. die anorgan. Salze, wobei das Na-Salz — mit Ausnahme der Jodide, die über die beste Schutz-Wrkg. verfügten, der Thiocyanate u. der Nitrite — wirksamer war als das K-Salz. Die Wrkg. des Kations wird jedoch durch das mit ihm verbundene Anion beeinflußt. Verschiedene reduzierende Verbb., wie **III, IV, V, VI, VII**, waren unwirksam, durch sie wurde der inaktivierende Effekt des Sauerstoffs noch verstärkt. M. Lorenz. 4325□

Einfluß von Wasserstoffionenkonzentration und 2.4-Dinitrophenol auf die Orthophosphataufnahme von Tetrahymena pyriformis. R. L. Conner, Roselyn Goldberg und Melodee Siegel Kornacker. (J. gen. Microbiol. **24**, 239—46, Febr. 1961; Bryn Mawr, Pa., Bryn Mawr Coll., Dep. of Biol.; engl.) — *2.4-Dinitrophenol* (DNP) hemmt in Konzz. von $5 \cdot 10^{-5}$ bis $2 \cdot 10^{-4}$m das Wachstum von *Tetrahymena pyriformis*. Die Stärke der Hemmung nimmt mit fallendem pH im Bereich von pH 7,5—6,0 stark zu. Die Phosphataufnahme wird ebenfalls im sauren Bereich durch DNP stärker herabgesetzt. DNP kann vermutlich nur im undissoziierten Zustand in die Zelle eindringen. Unter Verw. von ^{32}P wurde festgestellt, daß bei ruhenden Kulturen maximale Phosphataufnahme bei pH 6,5 eintrat, unabhängig davon, ob die Kulturen in Medien mit Anfangswerten von pH 5,5, 6,5 oder 7,5 angezüchtet wurden. Ca. 70% des aufgenommenen Phosphats lag als anorgan. Phosphat vor. D. Claus. 4330□

Einige Gesichtspunkte zur Desinfektionswirkung bei der Beizung von Saatgetreide mit flüssigen Beizmitteln. A. Hedén und U. Ulfvarson. (Phytopathol. Z. **44**, 241—53, Mai 1962; Stockholm, CASCO, A.B; dt.) — Bei Verw. von *Methylquecksilberchlorid, Methylquecksilberdicyandiamid* u. *sek. Methylquecksilberphosphat* ist eine gleichmäßige Verteilung der Beiz-Fl. für den Beizerfolg nicht Voraussetzung. Sporen u. Dauermycele scheinen das Fungicid, wenn sie nicht von der Fl. benetzt werden, der Gasphase zu entnehmen, die in allen Teilen des Haufens prakt. gleich ist. W. Hiller. 4330□

Eine Methode zur quantitativen Bestimmung der baktericiden Wirkung chemischer Desinfektionsmittel. D. Stur. (Zbl. Bakteriol., Parasitenkunde, Infektionskrankh. Hyg., I. Abt., Orig. **182**, 251—60, Juni 1961; Wien, Bundesstaatl. bakeriolog.-serolog. Unters.-Anstalt; dt.) — Es wird eine Meth. zur quant. Best. der Wrkg. chem. Desinfektionsmittel mit graph. Auswertung beschrieben. Sie beruht auf der Unterbrechung des Desinfektionsprozesses durch Verdünnung, evtl. Zugabe einer Entgiftungssubstanz u. Messung des Wachstums von Keimen nach Auftragen des Gemisches auf Agarplatten in verschiedenen Konzentrationen. Nach Ermittlung eines „Desinfektionsindex" erfolgt Berechnung an Hand von Wirkungsdiagrammen. Klaus Schmidt. 4330□

Untersuchung der Adsorptionsaktivität der Eiweißfraktionen des Blutes gegenüber den Antibioticis. G. I. Chartschenko. (Laboratoriumswesen [UdSSR] **8**, Nr. 4, 23—26, April 1962; Krimer Med. Inst., Lehrstuhl für Mikrobiolog.; russ.) — Das Verhältnis des an Bluteiweiß gebundenen *Penicillins* (I) bzw. *Mycerins* (II) zu dem nicht an *Eiweiß* gebundenen I bzw. II beträgt bei I-Konzz. von 62—125 mg I/cm³ 4125—4127 (Sättigung bei 125 mg I), bei Erhöhung der I-Konzz. auf 500 mg 515, für II gleichmäßig 15, ohne eine Sättigung zu erreichen. Bei der elektrophoret. Fraktionierung im Agar-Gel wurden bei I-Konzz. von 7 mg 0,82 E. I, bei II-Konzz. von 250 mg 0,303 E. II an 1 mg *Albumin* adsorbiert. I. v. Kloch-Kornitz. 4340□

Über Penicillingärung. 1. Mitt. **Einfluß von Belüftung und Rührung auf die Penicillingärung.** Yuichi Noguchi, O. Arao, Yoshohisa Yamamoto, Mineru Shigeto und S. Kurihara. (J. agric. chem. Soc. Japan [Nippon Nôgei-Kagaku Kaishi] **29**, 505—10, 1955; Fujiwerke, Kyowa Fermentation Ind. Co. Ltd.; jap., Auszug: engl.) — Für eine hohe *Penicillin* (I)-Ausbeute aus submersen Kulturen von *Penicillium chrysogenum* Q-176 ist bei zunehmender Schüttel- bzw. Rührbewegung u. Belüftung eine 6% ig. *Maiseinweich-Fl.* (II) förderlich, während bei herabgesetzter Rührung u. Belüftung eine nur 3%ig. II vorteilhafter ist. Es müssen also jeweils Rührung u. Belüftung mit der II-Konz. im Medium abgestimmt werden, um maximale I-Produktion zu erzielen. Die Bedingungen dafür fallen nicht mit den optimalen für das Wachstum zusammen. Guter Gärungsverlauf zeigt sich in einem gleichmäßigen Lactoseverbrauch u. langsamen Mycelwachstum. L. Schuler. 4340□

Über Penicillingärung. 2. Mitt. **Einfluß des Verhältnisses Lactose/Glucose auf die Penicillinausbeute.** Yuichi Noguchi, O. Arao, Yoshohisa Yamamoto, Mineru Shigeto und S. Kurihara. (J. agric. chem. Soc. Japan [Nippon Nôgei-Kagaku Kaishi] **29**, 511—16, 1955; jap., Auszug: engl.) — 1. vgl. vorst. Referat. — Aus den Beobachtungen über die *Penicillin* (I)-Ausbeuten bei den submersen Kulturen in 6% Maiseinweich-Fl. bei Konzz. von 1% *Glucose* (II) u. 2,5% *Lactose* (III), bzw. 2 u. 1,5; 2,5 u. 1; 3 u. 0,5 sowie 4% II ergibt sich: In 1-Liter-Schüttel-Erlenmeyer-Flaschen bleibt die I-Ausbeute niedrig, solange II als Hauptquelle der Kohlenhydrate dient. Im Vgl. zu den N-Verbb. wird II zu rasch verwertet, so daß der Stoffwechsel unausgeglichen wird, während III langsamer verbraucht wird u. bzgl. I-Ausbeute gegen II einen Vorteil bringt. Aber bei hoher Rühr-Geschw. u. guter Belüftung in 5-Liter-Gefäßen ist hohe II-Konz. von Vorteil, z. B. 3% II + 0,5% III oder 2,5% II + 1% III, solange das pH während der Gärung mittels H_2SO_4 auf 7,2 gehalten wird. Lebhafte I-Bldg. erfolgt bei Zuckermangelperioden, gerade nach raschem Wachsen des Mycels. L. Schuler. 4340□

Von Patienten isolierte, leucomycinempfindliche Bakterien. Akihiro Matsumae und Masayuki Onuma. (J. Antibiotics [Tokyo], Ser. A **11**, 104—08, Mai 1958; Tokyo, Kitasato Inst. for Infect. Dis.; engl.) — Verschiedene, von Patienten isolierte Bakterienstämme wurden auf ihre Empfindlichkeit gegen *Leucomycin* (I) u. *Penicillin* (II) geprüft. 72% der Mikrokokkenstämme waren II-resistent, während sie noch empfindlich gegen I waren. *Streptokokken, Pneumokokken, Neisseria* u. *Corynebakterien* waren sehr empfindlich gegen I u. II. H. Aman. 4340□

Die Teilstruktur von Kanamycin. Sumio Umezawa, Yukio Itō und Shunzō Fukatsu. (J. Antibiotics [Tokyo], Ser. A **11**, 120–21, Mai 1958; Tokyo, Keio Univ., Appl. Chem. Dep.; engl.) — Bei der Hydrolyse von *Kanamycin* (I), einem Antibioticum aus *Streptomyces kanamyceticus* (empir. Formel: $C_{18}H_{34\sim36}N_4O_{11}$) mit 6n HCl oder methanol. HCl wurden 3 Spalt-Prodd. festgestellt, nämlich *Desoxystreptamin* (II), *D-6-Amino-6-desoxyglucose* (III; Pyranoseform) u. eine weitere Aminohexose, *Kanosamin* (IV). Weitere Unterss. lassen vermuten, daß III u. IV durch die OH-Gruppen direkt an II glucosid. gebunden sind. H. Aman. 4340□

Antimycobakterielle Aktivität von Kanamycin-Derivaten in vitro und in vivo. Naoyuki Satō, Toyoho Murohashi und Ken Yanagisawa. (J. Antibiotics [Tokyo], Ser. A **13**, 177–79, Mai 1960; Tokyo, Nat. Inst. of Health; engl.) — *Tetranatriumkanamycintetra-N-methansulfonat* u. *Dinatriumkanamycindi-N-methansulfonat-sulfat* wirken wachstumshemmend auf menschliche Tuberkelbacillen in vitro u. zeigen gute therapeut. Wrkg. bei der experimentellen Tuberkulose bei der Maus. Die Aktivität ist der von *Kanamycin* ähnlich. P. Gregorzewski. 4340□

Cellocidin, ein neues Antibiotikum. Saburō Suzuki, Gōtō Nakamura, Kazuhiko Ōkuma und Yōkō Tomiyama. (J. Antibiotics [Tokyo], Ser. A **11**, 81–83, Mai 1958; Tokyo, Sci. Res. Inst. Ltd., Antibiotic Labor.; engl.) — Ein neues Antibioticum, *Cellocidin* (I) wurde aus der Kultur-Fl. von *Streptomyces chibaensis* isoliert. Weiße Kristalle, bei 216–218° zersetzlich; schwach lösl. in W., Methanol, A. u. Aceton; unlösl. in anderen organ. Lsgm.; relativ stabil in neutralen oder sauren Lsgg; kein Aktivitätsverlust zwischen pH 2–7 beim Erhitzen 10 Min. auf 100°; weniger stabil in alkal. Lsg., Zers. unter Entw. von NH_3; $E^{1\%}_{1cm}$ Maximum (in 0,1n NaOH) 290–299 mμ; IR-Spektrum; empir. Formel: $(C_4H_4O_2N_2)_n$, *Mycobacterium tuberculosis BCG* wird durch 3 μg I/ml gehemmt; anticancerogene Wrkg. (in vitro) bei 0,005% I; DL_{50} 11 mg/kg (Maus i. v.). H. Aman. 4340□

Die Struktur von Cellocidin. Saburō Suzuki und Kazuhiko Ōkuma. (J. Antibiotics [Tokyo], Ser. A **11**, 84–86, Mai 1958; Tokyo, Sci. Res. Inst. Ltd., Antibiotic Labor.; engl.) — Vgl. vorst. Referat. — Durch Vgl. der IR-Spektren, der FF. u. durch chem. Abbau wird die Identität des *Cellocidins* (I) mit *Acetylendicarboxamid* (II) nachgewiesen.

Versuche: 200 mg I adsorbierten bei katalyt. (PtO_2 in 60% wss. CH_3OH) Red. 2,2 Mol H_2 in 1 Stunde. Vakuum-Dest. u. Umkristallisieren des Rückstands ergab *Succinamid* ($C_4H_8N_2O_2$, F. 260°; Elementaranalyse; IR-Spektrum). — Das sich beim Erhitzen von 2 g I mit 20 ml NaOH-Lsg. (20%ig.) entwickelnde Gas wurde in 25 ml Eiswasser absorbiert. Nach Zusatz von 1 g Phenylisothiocyanat fielen über Nacht Kristalle von *Phenylthioharnstoff* (F. bzw. Misch-F. 154–156°). — 2 g I u. 20 ml 6n HCl wurden 3 Std. lang erhitzt u. das Prod. in Ae. aufgenommen u. aus Eisessig umkrist.: *Chlorfumarsäure* ($C_4H_3ClO_4$, F. bzw. Misch-F. 192°, Elementaranalyse, IR-Spektrum). — 10 g *Acetylendicarbonsäuredimethylester* wurden bei – 10° in 40 ml NH_4OH eingetropft, der Nd. nach 1 Std. mit A. (abs.) gewaschen, im Vakuum getrocknet u. aus W. (Aktivkohle) umkrist.: II ($C_4H_4N_2O_2$; F. 216–218°). H. Aman. 4340□

Komplexe von Calcium und Magnesium mit Oxytetracyclin. Kenneth H. Ibsen und Marshall R. Urist. (Proc. Soc. exp. Biol. Med. **109**, 797–801, April 1962; Los Angeles, Calif., Univ. of California, Med. Center, Dep. of Surg., Div. of Orthop.; engl.) — Die spektrophotometr. beobachtbare Bindung von *Ca* u. *Mg* durch *Oxytetracyclin* (I) geht stufenweise vor sich. Der log K_{Ca-I} ist 3,0, K_{Ca_2-I} 2,0, K_{Mg-I} 3,6 u. K_{Mg_2-I} 2,4. Wenn auch noch höhere Metalligandenkomplexe existieren können, so sind die 1:1- u. 2:1-Komplexe doch die in vivo hauptsächlich vorkommenden. U. Tausendfreund. 4340□

Über eine biologisch aktive Subsanz aus Cercospora beticola. E. Schlösser. (Phytopathol. Z. **44**, 295–312, Mai 1962; Göttingen, Georg-August-Univ., Inst. für Pflanzensynth. und Pflanzenschutz; Einbeck, Kleinwanzlebener Saatzucht A.G.; dt.) — Vf. isolierte aus dem Chlf.-Extrakt von *Cercospora beticola* durch Papierchromatographie eine *gelbe Fraktion* („GF"; I) mit antibiot. Wirksamkeit. *Substanz „GF"*, C 59,5%; H 5,1% bzw. 59,17% u. 4,83%, N, S u. P fehlen, F. 215°. I ist selektiv stabil gegen Säure u. Alkali, verändert sich rasch in W. bei 100°. I enthält vermutlich eine phenol. Hydroxylgruppe u. 1–2 Carboxylgruppen. Das IR-Spektrum ist mit dem von Tropolon-Derivv. ähnlich. I zeigt antibiot. Wrkg. gegen Bakterien, nicht aber gegen Pilze. W. Hiller. 4340□

Die Zuckerzusammensetzung von Streptokokkenzellwänden und deren Beziehung zu den Hämagglutinationsformen. W. S. L. Roberts und F. S. Stewart. (J. gen. Microbiol. **24**, 253–60, Febr. 1961; Dublin, Trinity Coll., Moyne Inst. of Prevent. Med.,

Dep. of Bact.; engl.) — Die Zuckerbausteine der Zellwände von Streptokokken u. Pneumokokken wurden papierchromatograph. analysiert. *Rhamnose* (I) war ein Zellwandbestandteil bei den Streptokokken der Lancefield-Gruppen A bis G. Als weitere Bestandteile wurden bei der Mehrzahl der Stämme (69 von 85) *Glucose* u. *Galaktose* festgestellt. Das I-Vork. war eng verbunden mit den Hämagglutinationstypen. Die Mehrzahl der Stämme konnte gruppiert werden in 1. einen I-positiven, Hickey positiven Typ, der nicht die Fähigkeit besaß, die antigenen Eigg. roter Blutkörperchen zu verändern (die meisten Lancefield-Gruppen), u. 2. in einen I-negativen, Hickey negativen, rote Blutkörperchen verändernden Typ (typ. für Pneumokokken). D. Claus. 4350□

Die Oxydasereaktion als taxonomisches Unterscheidungsmerkmal. K. J. Steel. (J. gen. Microbiol. **25,** 297—306, Juni 1961; London, Nat. Collection of Type Cultures; engl.) — Dem *Oxydase*-Test nach Kovacs wurden 1660 Bakterienstämme der verschiedensten Arten unterworfen. Zu diesem Zweck werden die betreffenden Organismen auf ein Filterpapier aufgetragen, das mit einer 1%ig. wss. Lsg. von *Tetramethyl-p-phenylendiamindihydrochlorid* getränkt ist. Das Auftreten einer purpurnen Farbe innerhalb von 10 Min. nach dem Auftragen der Bakterien wird als positive *Oxydase*-Rk. gewertet. Von den getesteten Stämmen gaben 210 eine eindeutige u. 64 eine schwach positive *Oxydase*-Reaktion. Alle Oxydase-positiven Stämme waren aerobe oder fakultativ anaerobe Bakterien u. besaßen *Katalase.* Grampositive Stämme verfügten in der Regel nicht über eine Oxydase, während sie bei gramnegativen weiter verbreitet war. Die Ergebnisse der Teste bestätigten die weit verbreitete Auffassung, daß der Oxydasetest als ein Mittel zur Unterscheidung zwischen verschiedenen Bakterienstämmen anwendbar ist.
M. Lorenz. 4350□

Kristallines ε-Prototoxin aus Clostridium welchii. Robert O. Thomson. (Nature [London] **193,** 69—70, 6/1. 1962; Beckenham, Langley Court, Wellcome Res. Labor., Biol. Div.; engl.) — Vom *ε-Toxin* aus *Clostridium welchii* findet man bereits in der Kultur-Lsg. eine nichttox. Vorstufe. Es wird ein Verf. zur Gewinnung des vom ε-Toxin befreiten *Prototoxins* (I) aus Cl. welchii Typ D beschrieben. I wird dabei in reiner, kristalliner Form erhalten. M. Lorenz. 4370□

Infektiöse Agenzien bei kindlicher Diarrhoe. 1. Mitt. **Eine Hämagglutinationshemmungsmethode zum Nachweis von Bakterienfraktionen in Kinderseren.** Viola Mae Young, Minnie R. Sochard und Harriette C. Gillem. (Proc. Soc. exp. Biol. Med. **105,** 635—38, Dez. 1960; Washington, D.C., Walter Reed Army Inst., Div. of Communicable Disease, Dep. of Bacteriol.; engl.) — Es wird eine einfache Hämagglutinationshemmungs-Meth. zum Nachw. bakterieller Inhibitoren (I) in Kinderserum bei Diarrhoe beschrieben. I scheinen mit Bakterien, die gleichzeitig aus der Darmflora isoliert werden können, im antigenen Verh. verwandt zu sein. I sind möglicherweise einfacher (Zucker) oder komplexer Natur. K. Maier. 4370□

Die Wirkung von Tetanustoxin auf Frösche. K. E. K. Rowson. (J. gen. Microbiol. **25,** 315—29, Juni 1961; London, Guy's Hosp. Med. School; engl.) — In den dorsalen Lymphsack von *Rana temporaria* wurde *Tetanustoxin* injiziert. Die Wrkg. des Toxins war abhängig von der verabreichten Dosis u. von der Körper-Temp. der getesteten Frösche. Bei gleicher Dosis war die Überlebenszeit (Ü) um so größer, je niedriger die Körper-Temp. der Tiere gehalten wurde. Betrug sie bei 28° nur 3 Tage, so lag sie bei 18° bei über 21 Tage. Die Ü kann auch verlängert werden, wenn die bei 26° infizierten Frösche nach 48 Std. verschieden lange Zeit bei niedrigerer Temp. gehalten werden, die dann bei 5° lebenden Tiere bleiben länger am Leben als die bei 18°. Wurden 0,005 mg Toxin einmal in den dorsalen Lymphsack u. einal i. m. injiziert, dann bildete sich bei einem Teil der (i. m.) Injizierten ein lokaler Tetanus aus, dessen Bldg. noch verstärkt werden konnte, wenn kurz vorher Antitoxin über den dorsalen Lymphsack gegeben wurde. Auch bei Fröschen scheint das Tetanustoxin wie bei den Säugetieren am zentralen Nerven-Syst. anzugreifen. Während aber Hirnbrei von Säugetieren das Toxin zu neutralisieren vermag, kann Hirnbrei von Fröschen bei niederen Toxin-Konzz. dieses nicht. M. Lorenz. 4370□

Über die chemische Zusammensetzung des Mosaikvirus des Winterweizens. R. M. Wager und G. A. Karpenko. (Fragen der Virusforsch. [UdSSR] **7,** Nr. 4, 106—09, Juli/Aug. 1962; Allunions-Forsch.-Inst. für Phytopathol.; russ., Auszug: engl.) — Das Mosaikvirus des Winterweizens, das sich in Pflanzen wie in Insekten vermehrt u. zur Gruppe der Gelbstämme gehört, wurde durch fraktioniertes Ansäuern präpariert. Es enthält 1,3% *Ribonucleinsäure* u. keine Desoxyribonucleinsäure. Chromatograph. wurde eine Aminosäureanalyse durchgeführt u. 17 Aminosäuren, jedoch kein Histidin gefunden.
M. Wiedemann. 4374□

Kaolinbehandlung der Seren zur Entfernung von nichtspzifischen Hemmstoffen für asiatische Influenzavirusstämme. L. Spence. (Proc. Soc. exp. Biol. Med. **103,** 425–27, Febr. 1960; Trinidad, W.I., Port of Spain, Trinidad Regional Virus Labor.; engl.) — Die Verw. von *Kaolin* zur Behandlung von Seren zum Zwecke der Diagnose bei asiat. Influenza wird beschrieben u. ihr Vorteil gegenüber anderen Meth. (Trypsin) aufgezeigt. M. Metze. 4374□

Physikalische und chemische Eigenschaften von Kleemosaikvirus. P. R. Fry, R. G. Grogan und J. W. Lyttleton. (Phytopathology **50,** 175–77, Febr. 1960; Auckland, New Zealand, Univ., Dep. of Sci. and Ind. Res. and Bot. Dep.; Davis, Calif., Univ. of California, Dep. of Plant Pathol.; Palmerston, New Zealand, Dep. of Sci. and Ind. Res.; engl.) — Vff. reinigten das Virus durch Zentrifugieren u. $(NH_4)_2SO_4$-Fällung. Um das Virus vom Blattprotein zu trennen, waren 3 Sedimentationen erforderlich. Ausfällung mit $(NH_4)_2SO_4$ oder Na_2SO_4 konzentriert das Virus u. beseitigt die normalen Nucleoproteine. Gereinigte Virus-Präpp. des Kleemosaikvirus enthalten 15% N; 0,5% P u. 5% Ribonucleinsäure. Die Basenverhältnisse in der Ribonucleinsäure sind: Guanin 0,59; Adenin 1,19; Cytosin 1,05; Uracil 1,17. Der isoelektr. Punkt des Virus liegt bei pH 4,5, der Sedimentations-Koeff. bei der Konz. O beträgt 112 Svedbergeinheiten. Das Virus stellt einen flexilben Stab dar mit 150 Å Breite u. 4800 Å Länge. W. Hiller. 4374□

Über Bakteriophagen für Cl. acetobutylicum. 3. Mitt. **Über einige allgemeine Eigenschaften der Phagen.** Shukuo Kinoshita und Ken-ichirô Teramoto. (J. agric. chem. Soc. Japan [Nippon Nôgeikagaku Kaishi] **29,** 477–81, 1955; Tokyo, Kyowa Fermentation Ind. Co. Ltd.; jap., Auszug: engl.) — 2. vgl. C. **1957, 4437.** — Von den 2 *Phagentypen A* u. *C* für *Clostridium acetobutylicum* erweist sich A nach dem plattenmorpholog. Verf. als Mischung aus 2 Typen, von denen der mit Bldg. kleiner Platten als M bezeichnet wird. Phagenlysate sind beim Lagern nahe 0° bei pH 4,5–7 ziemlich beständig, während bei 65° in wenigen Min. die Aktivität zerstört wird, ebenso durch UV-Strahlung. 1% CH_2O, 1% H_2O_2 oder 0,1% „Osban" (Takeda; *Alkyldimethylbenzylammoniumchlorid*) inaktivieren die Phagen sehr wirksam, $HgCl_2$, *Kristallviolett* oder *Pb-Acetat* (je 0,1%) sind teilweise wirksam, während 0,1% *Acriflavin,* 0,1% *Phenol* oder 1% *Butanol* selbst nach 15 Std. nur schwach oder gar nicht inaktivieren. L. Schuler. 4374□

Über Bakteriophagen für Cl. acetobutylicum. 4. Mitt. **Über verschiedene Punkte der Phagenvermehrung.** Shukuo Kinoshita und Ken-ichirô Teramoto. (J. agric. chem. Soc. Japan [Nippon Nôgeikagaku Kaishi] **29,** 481–87, 1955; jap., Auszug: engl.) — 3. vgl. vorst. Referat. — Bei Unters. der Vermehrungsphasen von *Phage A* für *Clostridium acetobutylicum* wird sowohl in *Melasse* wie in synthet. Medium ein 1. Ausbruch ca. 90 Min. nach Zusatz des Phagen festgestellt; die Anstiegperiode ist ca. 30 Min. u. die Ausbruchsgröße 20. Der höchste Phagentiter wird nach ca. 8 Std. Inkubation erreicht; dies geht parallel mit der Erscheinung, daß zwischen 8 u. 10 Std. nach der Beimpfung bei Phageninfektion eine plötzliche Unterbrechung der Gas-Entw. eintritt. Aus Verss. in Medien mit Salzmangel ergibt sich, daß 10^{-2}–10^{-3}m Ca^{2+} oder Mg^{2+} für einen hohen Phagentiter wesentlich sind. Bei *Ba* u. *Sr* scheint es ähnlich zu sein. Dagegen sind $>10^{-3}$m Konzz. an *Fe, Co, Mn, Zn* oder *Cu* inhibierend; 10^{-4}–10^{-5}m Konzz. aber sind fördernd. Von den einwertigen Ionen ist nur K^+ hemmend, wenn es $>10^{-2}$m ist. Na^+ u. NH_4^+ zeigen keine eindeutigen Verhältnisse. L. Schuler. 4374□

Über Bakteriophagen für Cl. acetobutylicum. 5. Mitt. **a) Über eine phagenresistente Kultur. b) Lysogenität.** Shukuo Kinoshita und Ken-ichiro Teramoto. (J. agric. chem. Soc. Japan [Nippon Nôgeikagaku Kaishi] **29,** 487–92, 1955; jap., Auszug: engl.) — 4. vgl. vorst. Referat. — In Kontakt mit Phagen zeigt *Clostridium acetobutylicum* (KH 30) bis zur beginnenden Sporulation Herausbldg. resistenter Sporen. Dabei ist in zuckerhaltigen Medien die Sporulationsfähigkeit stark herabgesetzt, nicht dagegen in Maismedien. Die Phagen verursachen erhebliche physiolog. Veränderungen bei den resistent gewordenen Sporen. Durch wiederholte Wärmebehandlung (30 Min. 80° oder 10 Min. 100°) erweist sich *Phage M* als permanent lysogener, *Phage A* als temporär lysogener Typ. L. Schuler. 4374□

Beobachtungen über das Wachstum von Dunaliella euchlora in Kultur. Jack McLachlan und Charles S. Yentsch. (Biol. Bull. **116,** 461–71, Juni 1959; Woods Hole, Mass.; Woods Hole Oceanographic Inst.; engl.) — Zusatz von Fleischextrakt u. Pepton zu bakterienfreien Kulturen von *Dunaliella euchlora* stimuliert nicht das Wachstum dieser Alge. In Ggw. von Bakterien tritt Wachstumsstimulation u. verstärkte Chlorophyll-Bldg. ein, was auf die bakterielle Hydrolyse des organ. Materials zurückzuführen ist. Das Wachstum der Algen wurde gehemmt, wenn in den Kulturen mit den organ. Zusätzen die Bakterien früher als die Algen im Kulturmedium waren. Im Autoklaven behandelten Bakterienfiltrat zeigten Algen keine Hemmung. Dieses deutet auf einen flüchtigen bzw. hitzelabilen Inhibitor hin. W. Hiller. 4380□

E_4. Pflanzenchemie. Pflanzenphysiologie. Pflanzenpathologie

Der Einfluß ionisierender Strahlen auf Reifung und Ernteertrag der Rohbaumwolle. 2. Mitt. D. M. Gusseinow und R. Je. Ejubow. (Ber. Akad. Wiss. AserbaidshanSSR **15,** 713—17, 1959; Inst. für Agrochem. u. Bodenkunde; russ., Auszug: Aserbaidshan.) — Vgl. C. **1960,** 10275. — Kleine ^{90}Sr- bzw. ^{60}Co-Gaben in Form von $^{90}Sr(NO_3)_2$ bzw. $^{60}Co(NO_3)_2$ in Vegetationsgefäße oder zu den einzelnen Pflanzen im Feld im Gemisch mit mineral. Düngern bewirkten eine beträchtliche Ertragserhöhung der Rohbaumwolle sowie Beschleunigung der Pflanzenreifung (Aufspringen der Kapseln). In Feld-Verss. war die Wrkg. der beiden Spurenelemente stärker als in Vegetationsgefäßen. M. Gordienko. 4404□

Über die Kohlenhydrate in der Zwiebel von Lycoris radiata Herb. 6. Mitt. **Ein neues kristallines Glucofructan, „Lycorisin“.** 3. Mitt. Takashi Mizuno und Kaneo Hayashi. (J. agric. chem. Soc. Japan [Nippon Nôgeikagaku Kaishi] **29,** 533—37, 1955; Shizuoka- u. Gifu-Univ., Dep. Agr. Chem.; japan., Auszgu: engl.) — 5. vgl. C. **1950/54,** 7484 S. — *Lycorisin* (**I**), *Scorodose* (**II**; *Fructotetraose*) u. *Inulin* (**III**) werden bzgl. der Leichtigkeit der sauren Hydrolyse u. des Röntgenbeugungsdiagramms (RD) verglichen. Alle 3 werden etwa mit gleicher Leichtigkeit u. Geschw. wie *Saccharose* (**IV**) hydrolysiert. Bei 100° u. 0,1% HCl sind z. B. die Zeiten der vollständigen Hydrolyse für **I** 15, **II** 12, **III** 18 u. **IV** 14 Minuten. In ausführlichen Tabellen werden die durchschnittlichen Hydrolyse-Geschw.-Konst. für obige 3 Körper in 0,1 u. 0,2% HCl, 1% Citronensäure, bzw. Essigsäure u. 30% KH_2PO_4 gegeben. Das RD von **I** ist ähnlich dem von **III**. Die RD werden ferner mit denen von Mannan u. der Stärke aus *Lycoris radiata* (*Higanbana*) verglichen: sie zeigen etwas unterschiedliche Stärken der Schwärzung der 6 Diagrammringe. L. Schuler. 4420□

Über die Kohlenhydrate in der Zwiebel von Lycoris radiate Herb. 7. Mitt. **Ein neues kristallines Glucofructan, „Lycorisin“.** 4. Mitt. Takashi Mizuno und Kaneo Hayashi. (J. agric. chem. Soc. Japan [Nippon Nôgeikagaku Kaishi] **29,** 537—41, 1955; jap., Auszug: engl.) — 6. vgl. vorst. Ref.; 8. vgl. C. **1960,** 16806. — Die durch 1% Citronensäure erhaltenen Zwischenhydrolysate von *Lycorisin* (**I**), *Scrorodose* (**II**) u. *Inulin* (**III**) werden verglichen: Aus den R_F-Werten wird auf die Ggw. von *Fructobiose, Fructotriose* u. *Fructotetraose* geschlossen. Das Hydrolysat von **III** besteht (nach dem benutzten papierchromatograph. Ausschneide-Verf.) aus *Fructose* u. *Glucose* im mol. Verhältnis (31,6—36,4):1. L. Schuler. 4420□

Über γ-Methylenglutamin und γ-Methylenglutaminsäure in Keimlingen von Amorpha fructicosa L. B. Tschiersch. (Phytochemistry **1,** 103—05, April 1962; Halle/Saale, Univ., Pharmakognost. Inst.; dt.) — In Keimlingen von *Amorpha fructicosa L.* (AF) wird die Anwesenheit von *γ-Methylenglutaminsäure* (**I**) festgestellt u. von *γ-Methylenglutamin* (**II**) vermutet. **I** wird aus dem gereinigten u. mit HCl hydrolysierten Rohextrakt (70%ig. A.) aus den Keimlingen durch chromatograph. Trennung u. Fraktionierung isoliert. **I** u. **II** sind nur im keimenden Samen vorhanden. Es wird vermutet, daß **I** u. **II** an den während der Keimung auftretenden N_2-Verlagerungen maßgeblich beteiligt sind. **I** u. **II** spielen in AF dieselbe Rolle wie sie in Arachis bereits bekannt ist, obwohl diese beiden Schmetterlingsblütlergattungen im Engler-Prantl-Syst. an verschiedenen Stellen stehen. M. Hagedorn. 4420

N-Acetyldiaminobuttersäure, eine neue Aminosäure aus dem Latex von Euphorbia pulcherrima Willd Ex Klotzsch. I. Liss. (Phytochemistry **1,** 87—88, April 1962; Halle/Saale, Dtsch. Akad. der Wiss., Inst. für Biochem. der Pflanzen; dt.) — Aus dem Latex dieser Euphorbie wird durch Extraktion mit 80%ig. A. als Hauptaminosäure *Mono-N-acetyldiaminobuttersäure* (**I**) isoliert u. adsorptionschromatograph. gereinigt. **I** ist nur im Milchsaft nachweisbar, in den Parenchymen von Blatt, Stengel u. Wurzel höchstens in Spuren. Ausbeute: 82 mg **I** aus 200 ml Milchsaft. *Monoacetyl-α.γ-diaminobuttersäure* (**I**), $C_6H_{12}N_2O_3$, F. 208—211° (Zers.), Nadeln aus Propanol-W. 3:1; Verseifung führt zu α.γ-Diaminobuttersäure. M. Hagedorn. 4420

Kohlenwasserstoffbestandteile der Wachsüberzüge von Pflanzenblättern. Eine taxonomische Übersicht. G. Eglinton, A. G. Gonzalez, R. J. Hamilton und R. A. Raphael. (Phytochemistry **1,** 89—102, April 1962; Glasgow, Univ.; Tenerife, Kanar. Inseln, Univ. de la Leguna; engl.) — Die Möglichkeit, den KW-Stoffanteil des Wachsüberzugs der Blätter (Ober- u. Unterseite) als taxonom. Kriterium zu verwenden, wird an 65 Arten der Semper vivoideae (Crassulaceen) u. an 9 anderen Pflanzen von der Westgruppe der Kanar. Inseln untersucht. Das Rohwachs wird durch 3maliges Tauchen der Blätter in $CHCl_3$ abgelöst, der KW-Stoffanteil daraus durch Verseifen u. Extrahieren isoliert u. durch Chromatographie in der Fl.–Gas-Phase zerlegt u. identifiziert. Es werden KW-Stoffe von C_{25}—C_{35} festgestellt, u. zwar 10mal mehr ungerade als gerade. In einigen Arten kommen hohe Anteile an Isoalkanen vor, z. Z. zu mehr als der Hälfte, u. begleiten dann immer ihre gradkettigen Isomeren. Ausführungen über das Verteilungsverhältnis der geraden u. ungeraden Isomeren. Das KW-Stoffmuster des Blattwachses einer Pflanzenart scheint hinreichend konst., für diese charakterist. u. unabhängig u. a. von Blattgröße u. Stand zu sein. Die Unterschiede von Art zu Art laufen mit der botan. Klassifizierung der Untergattungen innerhalb einer Gattung im großen u. ganzen parallel. M. Hagedorn. 4420

Über Plasmainhaltsbestandteile von Brassica oleracea. W. Diemair und A. Mührdel. (Nahrung **3**, 1045—50, 1959; Frankfurt/M., Univ., Inst. für Lebensmittelchem.; dt.) — 1. vgl. Nahrung **2**, [1958], 5. — Aus der KW-Stofffraktion des Ae.-Extrakts von Wirsingsplasma wurde *Dipalmitylketon* (**I**, im Verhältnis Paraffin/Keton = 3:2) als *Phenylhydrazon* (**II**), *p-Nitrophenylhydrazon* (**III**) u. *2.4-Dinitrophenylhydrazon* (**IV**) abgeschieden. **II** von **I**: schwach rosapuderfarbene Kristalle, F. 61—63°; unlösl. in Eisessig, wenig löslich in der Wärme; sehr wenig lösl. in Methanol, abs. Methanol, A., abs. A., n-Butanol, Aceton, Pyridin, Dioxan, Formamid, symm. Dichloräthan, Tetrachloräthan; lösl. in der Wärme in Methanol, abs. Methanol, A., abs. A.; bei Raum-Temp. in Hexan, PAe., Toluol, Xylol, Ae.; sehr leicht lösl. in Bzl., Tetrachlorkohlenstoff, Schwefelkohlenstoff, Chlf., Trichloräthan, Tetrachloräthan. **III** von **I**: gelbe Kristalle, F. 71—72°, beginnt bei 69° zu erweichen. **IV** von **I**: gelbe Kristalle, F. 68°, beginnt bereits etwas vorher zu erweichen. Die Unters. auf reduzierende Zuckerstoffe erfolgte im Ae.-Extrakt nach Hydrolyse mit HCl papierchromatograph. (Whatman I, Triphenyltetrazoliumchlorid, absteigend), wobei Glucose nachgewiesen wurde. Flüchtige schwefelhaltige Bestandteile wurden mit 1% des Gesamt-S ermittelt. Die Prüfung des Cytoplasmas auf Alkaloide (Trennungs-Meth. nach Stas-Otto) ergab, daß keine der untersuchten *Brassica oleracea*-Varietäten ein Alkaloid enthielt. H. Aman. 4420□

Gekoppelte Oxydation von Ascorbinsäure durch Phenole und Phenolase von Salatsamen. L. Stavy und A. M. Mayer. (Bull. Res. Council Israel, Sect. D, **11 D**, 31—34, April 1962; Jerusalem, Hebrew Univ., Bot. Dep.; engl.) — *Phenolase*, die in Extrakten von Salatsamen vorhanden ist, ist in der Lage, *Ascorbinsäure* (**I**) in einer gekoppelten Rk. zu oxydieren. Dialyse des Extrakts beseitigt diese Fähigkeit. Diese Fähigkeit kann durch Zufügen eines erhitzten undialysierten Extrakts wiederhergestellt werden. Der durch Dialyse verlorengegangene Faktor zur **I**-Oxydation kann auch durch längeres Stehen in kühlem Raum zerstört werden. Die Oxydation von **I** wird von Brenzcatechin u. p-Kresol gefördert, hohe CN^--Konzz. hemmen. W. Hiller. 4425□

Über die Biosynthese in Amaryllidaceen. Einbau von Norbelladin in Lycorin und Norpluvin. A. R. Battersby, R. Binks, S. W. Breuer, H. M. Fales und W. C. Wildman. (Proc. chem. Soc. [London] **1961**, 243, Juli; Bristol, Univ.; Bethesda, Md., Nat. Inst. of Health.; engl.) — Durch Kondens. von $^{14}C_{(1)}$-Tyramin u. 3.4-Dihydroxybenzaldehyd u. katalyt. Red. an Pd wird *^{14}C-Norbelladin* (**I**) dargestellt. Nach Gaben von **I** an *Narcissus*-Pflanzen (var. „Twink") werden radioakt. *Lycorin* (**II**) u. *Norpluvin* (**III**) isoliert. Die inkorporierte Aktivität beträgt bei **II** 0,24 u. bei **III** 0,74%. **II** wird zu einer *Lactamsäure* u. *Formaldehyd* (**IV**) abgebaut, wobei **IV** die gesamte inkorporierte Aktivität besitzt. G. Teege. 4450□

Über die Biosynthese von Amaryllidaceenalkaloiden. D. H. R. Barton, G. W. Kirby, J. B. Taylor und G. M. Thomas. (Proc. chem. Soc. [London] **1961**, 254—55, Juli; London, Imperial Coll.; engl.) — Vgl. vorst. Referat. — Bei Gaben von *$^{14}C_{(CH_3)}$-N-Methyl-N-[3-hydroxy-4-methoxyphenylmethyl]-tyramin* u. *$^{14}C_{(CH_3)}$-N-Methyl-N-[3.4-dihydroxyphenylmethyl]-tyramin* (Hydrochlorid, F. 207—208°) an „King Alfred"-Narzissen entsteht *$^{14}C_{(N-CH_3)}$-Galanthamin* (**I**). Radioakt. *Galanthin* u. *Haemanthamin* werden dabei nicht isoliert. Bei Gaben von *^{14}C-Norbelladin* (**II**; *Hydrochlorid*, F. 174—175°) an *Galanthus elwesii* bildet sich ebenfalls **I** u. bei Gaben von **II** an „King Alfred"-Narzissen dagegen neben **I** noch *^{14}C-Galanthin* u. *^{14}C-Haemanthamin*. Zur Synth. von **II** wird 4-Benzyloxybenzylchlorid mit $K^{14}CN$ in Dimethylsulfoxid zu dem entsprechenden *Nitril* umgesetzt u. dieses mit $LiAlH_4$ zu *O-Benzyl-$^{14}C_{(1)}$-tyramin* (**III**; *Hydrochlorid*, F. 202—204°, Zers.) reduziert. Durch Kondens. mit 3.4-Dibenzyloxybenzaldehyd in CH_3OH u. $NaBH_4$-Red. entsteht aus **III** *N-[3.4-Dibenzyloxyphenylmethyl]-O-benzyl-$^{14}C_{(1)}$-tyramin* (*Hydrochlorid*, F. 148—149°), das mit H_2 an Pd in *N-[3.4-Dihydroxy-*

phenylmethyl]-$^{14}C_{(1)}$-tyramin (^{14}*C-Norbelladin*, II) übergeführt wird. Auf gleichem Wege, jedoch ausgehend von O-Benzylisovanillin, läßt sich *N-[3-Hydroxy-4-methoxyphenylmethyl]-$^{14}C_{(1)}$-tyramin* (*Hydrochlorid*, F. 195—197°) darstellen. G. Teege. 4450□

Einige qualitative Veränderungen in der Verteilung der Phosphorverbindungen während der Keimung von Salatsamen. Zivya Gesundheit und Alexandra Poljakoff-Mayber. (Bull. Res. Council Israel, Sect. D **11D**, 25—30, April 1962; Jerusalem, Hebrew Univ., Dep. of Bot.; engl.) — Der Gesamt-Geh. an *P* in Salatsamen variiert zwischen 700 u. 1000 γ pro g Samen. Diese Menge verändert sich nicht während der Keimung. In trockenem Samen ist 80% des P in Trichloressigsäure lösl., der Geh. sinkt mit fortschreitender Zeit u. erreicht 96 Std. nach Keimbeginn 73%. Der P der HCl-lösl. Fraktion verändert sich nicht während der Keimung, während der ersten Wachstumsphasen nimmt er zu, um dann später wieder zu sinken. Wird *Cumarin* gegeben, so unterbleibt diese Veränderung. In trockenen Samen wurden folgende P-Verbb. nachgewiesen: PO_4^{3-}, *Adenosintriphosphat*, *-diphosphat*, *-monophosphat*, *Glucose-6-phosphat*, *Fructose-6-phosphat*, *Hexosediphosphat* u. *Phytin*. Samen, die mit *Thioharnstoff* behandelt wurden, keimten rascher, die Verteilung der P-Komponenten änderte sich gegenüber W. kaum. Die Phosphorylierung setzte bei den mit Thioharnstoff stimulierten Samen früher ein u. war etwas intensiver. W. Hiller. 4455□

Untersuchung von Tanacateum vulgare auf die Anwesenheit von Mangan und Einfluß der Mangansalze auf die Anreicherung von ätherischem Öl und Gerbstoffen. N. Ss. Ignatjewa. (Apothekenwesen [UdSSR] **10**, Nr. 3, 19—24, Mai/Juni 1961; Moskau, Med. Ssetschenow-Inst., Lehrstuhl für Pharmakognosie; russ., Auszug: engl.) — Durch Blattdüngung des manganophilen *Tanacetum vulgare* mit Mn-Salzen (Spritzen mit 50 ml 0,05%ig. $MnSO_4$-Lsg. pro Pflanze) konnte der Mn-Geh. der Trockensubstanz der Blätter bzw. Blütenstände von 0,0355—0,0475 bzw. 0,0190—0,0270 (%) auf 0,0770 bis 0,1350 bzw. 0,0280—0,0668 gesteigert werden. Der Geh. an äther. Öl in Blättern wird um 2519—26,74 u. in Blütenständen um 28,45—39,44% erhöht. Der Gesamtgeh. der Pflanze an Gerbstoffen u. Polyphenolen wird nicht verändert.
S. Baryschnikow. 4470

Der Mangangehalt im Stroh und im Korn von Getreidekulturen der Gebiete Zelinograd und Karaganda. P. G. Grabarow und Ss. K. Kulkina. (Nachr. Akad. Wiss. KasachSSR, Ser. Bot. Bodenkunde **1961**, Nr. 2, 94—97; russ., Auszug: kasach.) — Die Unterss. erstreckten sich auf 17 Sorten verschiedener Getreidearten. Im Gerstenkorn u. -stroh wurden geringere *Mn*-Mengen ermittelt als im Sommerweizen u. in der Hirse. Weizen- u. Hirsekorn enthalten etwa die gleichen Mengen Mn, Hirsestroh dagegen ist an Mn reicher als Weizenstroh. Der Bedarf der einzelnen Getreidesorten an Mn je Hektar ist sehr unterschiedlich: Bei Hafer stellt er sich bei der Sorte „Goldregen" auf 300 g, bei „Lochow" auf 500 g, bei Sommerweizen „Caesium III" auf 350 g, bei „Hordeiforme 189" auf 470 g. Bei hohen Erträgen muß mit einem Bedarf bis 500 g/ha gerechnet werden, der aber auf den untersuchten carbonatreichen Tschernosem- u. dunklen kastanienfarbigen Böden ohne weiteres gedeckt werden kann. M. Gordienko. 4470□

Wirkung von 1.3-Dichlorpropan, 1.2-Dichlorpropen, Rindit und Gibberellin auf das Keimen der Samen des Tabakparasits Orobanche. Camille Izard und Henri Hitier. (C. R. hebd. Séances Acad. Sci. **246**, 2659—61, 5/5. 1958; Bergerac, Inst. exp. des Tabacs.) — In vitro u. unter gewissen Vers.-Bedingungen wirken eine Mischung aus *1.3-Dichlorpropan* u. *1.2-Dichlorpropen* sowie *Rindit* (*Glykolmonochlorhydrin*, *Dichloräthylen*, CCl_4, 7:3:1) als keimhemmende Stoffe. *Gibberellin* fördert die Keimung bei Licht u. bei Dunkelheit. S. Groitzsch. 4485□

Einfluß des Gibberellins auf den Fruchtertrag der Weinrebe. M. Ch. Tschailachjan, M. M. Ssarkissowa und W. G. Kotschankow. (Nachr. Akad. Wiss. ArmenSSR, biol. Wiss. **14**, Nr. 12, 39—54, Dez. 1961; Inst. für Weinbau, Weinbereitung u. Obstbau des Landw.-Minist. der ArmenSSR; Akad. der Wiss. der UdSSR, Timirjasew-Inst. für Pflanzenphysiol.; russ., Auszug: armen.) — Spritzen der Weinblüten mit 0,01%ig. Lsg. von *Gibberellin* (**I**) 2mal zu Anfang u. in der Mitte der Blüte zeigt eine positive Wrkg. auf kernfreie Traubensorten. Größe u. Gew. der Beeren nehmen zu, desgleichen die der ganzen Trauben u. der Ernte je Rebe. Der Zucker-Geh. der Beeren steigt. 2- bzw. 3maliges Spritzen der Weinblüten zu Beginn u. in der Mitte der Blüte, außerdem zu Beginn der Beeren-Bldg. mit 0,1%ig. **I**-Lsg. wirkt negativ auf die funktionell ♀ Weinsorten u. auf zweigeschlechtliche. Die Bldg. der Beeren, ihr Gew. u. auch die Ernte je Rebe werden stark herabgesetzt. Die Behandlung der Pflanzen mit 0,01%ig. **I**-Lsg. beschleunigt stets die Reifung der Beeren um 8—12 Tage u. verursacht eine Intensivierung des Wachstums der Pflanze, u. zwar unabhängig davon, ob die Pflanzen auf diese Behandlung mit einem Anstieg oder mit einem Rückgang der Ernte reagiert haben. Die verschiedene Rk. verschiedener Weinsorten auf die gleiche I-Lsg. wird anscheinend durch die Verschiedenheit des Geh. der Beeren an natürlichem I oder I-ähnlichen Stoffen bestimmt. F. du Mans. 4485□

Untersuchung von zwei Substanzen, die die Auxinwirkung beeinflussen: Skatol und Indol. Paul-Émile Pilet, Jacques Bonhôte und Marc Baillod. (C. R. hebd. Séances Acad. Sci. **249,** 2098—2100, 16/11. 1959; franz.) — Es wird gezeigt, daß *Skatol* das Längenwachstum von Wurzeln von *Lens culinaris* in Ggw. oder Abwesenheit von *β-Indolylessigsäure* (**I**) hemmt; im Gegensatz dazu bewirkt *Indol* (**II**) nach anfänglicher geringer Hemmung eine Förderung des Längenwachstums der Wurzeln. Da I allein eine Hemmung bewirkt, wird **II** als Antiwuchsstoff angesehen. F. Radler. 4485□

Zusammenhang zwischen Pflanzenkrankheit und Ernährung. 1. Mitt. Die Wirkung von Stickstoff, Kalium und Phosphor auf die Blattinfektion der Stockrose. B. B. Sharma. (Current Sci. **28,** 440—41, Nov. 1959; Lucknow, Univ., Dep. of Bot.; engl.) — Die *Alternaria tenuis* (*Nees*)-Infektion von *Althaea cosea* (*Cav.*) trat bei Züchtung in Sandkulturen unter Zusatz verschiedener Knopscher Lsg. bei höherer Normalität (bis 2n) rascher ein. Bei 4 u. 8n Lsg. verlief die Infektion schwächer u. weniger umfassend. In gewöhnlichem Boden wachsende Pflanzen zeigten bei Zusatz von 0,36 u. 0,18% N ($NaNO_3$) die gleiche Erkrankungshäufigkeit in der halben Zeit wie Na_2HPO_3 (0,18 u. 0,09% P) — oder K_2SO_4 (0,36 u. 0,18% K) — behandelte. K. Maier. 4490□

Sesone-Herbicid-Toxizität gegenüber Säugetieren. C. P. Carpenter, C. S. Weil und H. F. Smyth jun. (J. agric. Food Chem. **9,** 382—85, Sept./Okt. 1961; Pittsburgh, Pa., Mellon Inst.; engl.) — *Sesone-Herbicid* (*Na-Phenoxyäthylsulfat*) ist in Mengen von 9 mg/kg pro Tag nach 1 jähriger Fütterung bei Hunden ohne Effekt.
P. Gregorzewski. 4495□

Über die Wirkung von flüchtigen Phytonciden einiger Pflanzen Aserbaidshans. S. G. Gaibow. (Ber. Akad. Wiss. AserbaidshanSSR **16,** 289—91, 1960; aserbaidshan., Auszug: russ.) — Verss. mit der Lagerung von Obst in Dämpfen verschiedener Pflanzen (Blätter von Walnußbaum u. Petersilie, Petersilienwurzeln, Paprikaschoten, Schafgarbe) zeigten, daß diese phytoncide Eigg., wenn auch in verschiedenem Ausmaß, besitzen. Fenchel hat, obwohl er im Herbst äther. Öle enthält, keine phytonciden Eigenschaften. Dies zeigt, daß zwischen den Phytonciden u. den äther. Ölen keine Identität besteht.
M. Gordienko. 4495□

Die Wirkung von Insekticidemulsionen auf die mit Aceton-Petroläther extrahierbaren Anteile von Coleussprossen. Frank Beye. (Angew. Bot. **34,** 246—58, Jan. 1961; Freiburg/Br., Univ., Botan. Inst.; dt.) — Vf. untersuchte die Veränderungen der Menge der mit Aceton–PAe. extrahierbaren Anteile in Sprossen, Blättern u. Wurzeln von in hydropon. Kultur gezogener *Coleus blumei* bei Zusatz verschiedener Insekticidemulsionen in unterschiedlichen Konzz. zu den Nährlösungen. Als Insekticid-Präpp. wurden verwendt: *Gesarol 50* (*1.1.1-Trichlor-2.2-bis-*[*p-chlorphenyl*]*-äthan* u. *DDT*), *Thiodan*, *Lindan*, *E 605 forte* (*Parathion*), *Basudin* (*Diazinon*), *Metasystox* (*Demeton-o-methyl*), *Dipterex* (*Trichlorphon*), *Malathion*, *Phenkapton*, *Isolan* u. *G 338* (*Chlorbenzilat*). Bei fast allen Präpp. veränderten sich je nach Konz. die Mengen der Aceton–PAe.-Extrakte, wobei die Veränderungen mit dem Alter der Kultur meist abnahmen. Vf. vermutet, daß diese Veränderungen Anzeichen für eine Beeinflussung der Stoffwechselvorgänge durch die insekticiden Wirkstoffe darstellen. F. Krusen. 4495□

Veränderungen in den Kohlenhydraten während der Huminifikation der Blätter von Justicia adhatoda. Hans Kumar Jain und Abani K. Bhattacharya. (Indian J. appl. Chem. **23,** 203—08, 1960; Agra, Agra Coll., Chem. Labor.; engl.) — Vff. bestimmten die reduzierenden u. nichtreduzierenden Zucker in Blättern von *Justicia adhatoda* in Extrakten mit heißem A., kalten u. heißem W. u. den Gesamtkohlenhydratgehalt. Weiter wurden die Kohlenhydrate in Blättern bestimmt, die allein u. zusammen mit Erde humifizierten. Die Humifizierung wird durch Zusatz von Erde beschleunigt. Die Geschw. des Abbaus nimmt in folgender Reihenfolge ab: Reduzierende Zucker > nichtreduzierende Kohlenhydrate > Pektin > Hemicellulose > Cellulose > Ligroin. Der N-Geh. u. das C:N-Verhältnis nimmt während der Humifizierung ab. Die Abnahme ist bei Erdzumischung größer. W. Hiller. 4499□

E_5. Tierchemie. Tierphysiologie. Tierpathologie

Infusionspumpenzusatz für Elektrokymographen. K.-H. Chemnitius. (Acta biol. med. german. [Berlin] **7,** 520—23, 1961; Jena, Friedrich-Schiller-Univ., Pharmakol. Inst. u. VEB Jenapharm; dt.) D. Scheuch. 4500□

Quantitativer Gehalt einiger Spurenelemente im Regenerat bei der Heilung des Femurbruches des Frosches. A. M. Belouss. (Bull. exp. Biol. Med. [UdSSR] **52 (26),**

Nr. 12, 96—100, Dez. 1961; Charkow, Ukrain. Ssitenko-Forschungs-Inst. für Orthopädie u. Traumatolog.; russ., Auszug: engl.) — Emissionsspektralanalyt. Unterss. zeigten, daß es bei Fröschen mit experimenteller Femurfraktur zur starken Steigerung (bes. am 12. u. 20. Tag) des Geh. an *Cu, Al, Fe* u. *Mn* im Regenerat sowie im gebrochenen u. unversehrten Knochenteil kommt. I. v. Kloch-Kornitz. 4510 □

Einfluß der Schwangerschaft auf den Gehalt an Silicium, Aluminium und Titan in der Leber und in dem von der Leber abfließenden Blut in Versuchen an angiostomierten Hunden. W. R. Ssoroka und Je. P. Grebennikow. (Bull. exp. Biol. Med. [UdSSR] **52** (**26**), Nr. 8, 62—64, Aug. 1961; Stalino, Med. Gorki-Inst., Lehrstuhl für Biochem. u. Lehrst. für Geburtshilfe u. Gynäkolog.; russ., Auszug: engl.) — Während der Schwangerschaft war in der Leber von angiostomierten Hunden der Geh. an *Si* um 60%, an *Al* um 50% u. an *Ti* um 33,3% verringert. Im Blut der Lebervene war der Geh. an Si um 67%, an Al um 51% u. an Ti um 71% höher als bei normalen Hunden. I. v. Kloch-Kornitz. 4510 □

Der Siliciumgehalt in der Hirnrinde des Menschen. W. A. Delwa. (Bul. exp. Biol. Med. [UdSSR] **52** (**26**), Nr. 8, 59—62, Aug. 1961; Stalino, Med. Gorki-Inst.; russ., Auszug: engl.) — Es wurde der *Si*-Geh. in der Hirnrinde von Leichen, die durch mechan. Trauma gestorben waren, nach Einteilung in 28 cytoarchitekton. Felder spektrochem. untersucht. Ein hoher Si-Geh. fand sich im 17. u. 19. Feld im Bereich des Hinterhauptlappens (0,0312—0,0239% der Asche) u. im 13. u. 14. Feld (0,0217—0,0236%) im Bereich der Insel, ein niedriger Si-Geh. im 20., 21., 22. (0,0066—0,0077%), 6., 44. u. 47. Feld (0,0069—0,0090%) im Bereich der Schläfe bzw. Stirn. I. v. Kloch-Kornitz. 4510 □

Verteilung von Radiofluorid in Geweben von normalen und nephrektomierten Ratten. C. H. Carlson, Leon Singer und W. D. Armstrong. (Proc. Soc. exp. Biol. Med. **103**, 418—20, Febr. 1960; Minneapolis, Univ. of Minnesota, Med. School, Dep. of Physiol. Chem.; engl.) — Injiziertes *Radiofluorid* wird im Skelett u. in der Schwanzvene von Ratten in höheren Konzz. wiedergefunden als im Plasma u. weichen Geweben. Bei nephrektomierten Tieren stieg der F-Geh. allg. an, aber das Verteilungsmuster veränderte sich nicht. M. Metze. 4510 □

Das Kohlenhydrat des Eialbumins. Yuan Chuan Lee und Rex Montgomery. (Arch. Biochem. Biophysics **95**, 263—70, Nov. 1961; Iowa City, Iowa, State Univ. of Iowa, Dep. of Biochem.; engl.) — Eine Unters. des Kohlenhydrats des *Eialbumins* zeigt die Anwesenheit von 3 Mol *D-Glucosamin* (**I**) u. 6 Mol *D-Mannose* (**II**) in 45000 g des Proteins. Die Oxydation mit Natriumperjodat greift auch das Eialbumin erheblich an, so daß die in der Primär-Rk. oxydierten Zucker nur durch Extrapolation mehrerer Best. zu verschiedenen Rk.-Zeiten bestimmt werden können. Es werden 3 Moll. **II** u. 1 Mol. **I** oxydiert. Die Einw. von Na-Borhydrid beweist die Abwesenheit einer reduzierenden Zuckerendgruppe. R. Ristow. 4510 □

Die säurelöslichen Nucleotide des Ratten- und Kaninchengehirns. Paul Mandel und Suzanne Harth. (C. R. hebd. Séances Acad. Sci. **245**, 1843—45, 18/11. 1957; Strasbourg, Fac. de Méd., Inst. Chim. biol.) — Die Hemisphären von Ratten u. Kaninchen wurden auf ihren Geh. an *säurelösl. Nucleotiden* untersucht. Dazu wurden die Tiere dekapitiert, die Köpfe unverzüglich eingefroren u. die Gehirne bei -5^0 in 0,6n Perchlorsäure homogenisiert, extrahiert, nach Zentrifugieren erneut mit Perchlorsäure-Lsg. extrahiert. Die vereinigten Extrakte werden mit Pottasche bei $-0{,}5^0$ neutralisiert, der Überstand wird an Dowex 1-X 8 säulenchromatographiert. Folgende Substanzen wurden gefunden: *Mono-*, *Di-* u. *Triphosphate* des *Adenin*, *Guanin*, *Uracil* u. *Cytosin*, außerdem *Uridindiphosphatglucose*, *Uridindiphosphat-N-acetylglucosamin* u. *Diphosphopyridinnucleotid*. Cytidindiphosphat konnte wegen zu geringer Konz. nicht nachgewiesen werden. S. Groitzsch. 4520 □

Identifizierung von β-Sitosterin als Hauptsterin des Kartoffelkäfers (Leptinotarsa decemlineata Say). K. Schreiber, G. Osske und G. Sembdner. (Experientia [Basel] **17**, 463—64, 15/10. 1961; Mühlhausen/Thür., Dtsch. Akad. der Landw.-Wiss. zu Berlin, Forschungsstelle Mühlhausen/Thür.; dt.) — *β-Sitosterin* ist das Hauptsterin in ausgewachsenen Tieren u. Puppen des Kartoffelkäfers u. in den Blättern der Kartoffelpflanze. Wahrscheinlich verwendet der Käfer das Sterin, ohne es umzuwandeln. K. Zingraf. 4520 □

Chemische Struktur der Ascaroside A, B und C. Claudine Fouquey, Judith Polonsky und Edgar Lederer. (Bull. Soc. Chim. biol. **44**, 69—81, 1962, herausgeg. 30/3. 1962; Gif-sur-Yvette, Seine-et-Oise, France, Inst. de Chim. des Subst. Naturelles; franz.) — Vgl. C. **1957**, 8227. — Die in der Haut u. Eimembran verschiedener Arten von *Ascaris* vorkommenden *Ascarosid A* (F. 80°, $[\alpha]_D$ -55^0; **I**), *Ascarosid B* (F. 83°, $[\alpha]_D$ -49^0; **II**) u. *Ascarosid C* (F. 94°, $[\alpha]_D$ $-77{,}5^0$; **III**) sind α-Glykoside der *Ascarylose*

(3.6-Didesoxy-L-arabinohexose; **IV**), $C_6H_{12}O_4$, F. 97—99°, $[\alpha]_D$ —25°. Verss. zur Konstit.-Ermittlung von **I**, **II** u. **III** zeigten folgende Ergebnisse: *Aglykon A* (**V**) ist ein Gemisch homologer sek. 2-L-Alkanole: $CH_3CHOH(CH_2)_nCH_3$ (n = 23—27), F. 70°, $[\alpha]_D$ —3° ($CHCl_3$). **V** liefert bei der Oxydation ein *Keton* (**VI**), $C_{28}H_{56}O \pm CH_2$, F. 64°, u. bei der Dehydratation mit β-Naphthalinsulfonsäure ein Gemisch ungesätt. KW-Stoffe (**VII**), $C_{28}H_{56}$, F. 53°, mit einer IR-Bande bei 10,35 μ (trans-Doppelbindung). O_3 baut **VII** zu HCHO u. CH_3CHO ab, die chromatograph. über ihre 2.4-Dinitrophenylhydrazone identifiziert wurden. Vff. schließen daraus auf eine Bindung des **IV** an das C_2-Atom des **V**. Aus dem Oxydationsgemisch ließ sich ferner eine *Säure* $C_{27}H_{54}O_2 \pm CH_2$, F. 77°, isolieren. Hydrierung von **VII** mit PtO_2 (120°, 4 Std.) sowie Red. von **VI** mit Hydrazin lieferten einen *gesätt. KW-Stoff*, $C_{28}H_{58}$, F. 61—62°. Aus den molaren Drehwerten von **I** (—270°), **V** (—12,3°) u. **IV** (—37°) kann für **I** das Vorliegen eines α-L-Glykosids berechnet werden, für das Vff. die Konstit. $CH_3CH\cdot CHOH\cdot CH_2CHOH\cdot CH\cdot O\cdot CH—(CH_2)_nCH_3$
└——————O——————┘ CH_3
(n = 23—27) annehmen. — Bei der Säurehydrolyse von **II** entsteht **IV** u. das *Aglykon B* (**VIII**), ein sek., nichtverzweigter Dialkohol, $C_{31}H_{64}O_2$, F. 94°, der als 2.6-Dihydroxyhentriacontan $[CH_3(CH_2)_{24}CHOH(CH_2)_3CHOHCH_3]$ identifiziert wurde. Oxydation des entsprechenden Diketons (2.6-Dioxohentriacontan) nach King mit J–Pyridin lieferte 5-Ketotriacontansäure, $C_{30}H_{58}O_3$, F. 99—100°, sowie eine neutrale cycl. Verb., $C_{31}H_{60}O_2$, F. 85—86°, vermutlich ein β-Ketol, mit einer IR-Bande bei 2,85 μ (OH) u. bei 5,82 μ (CO). 2-Hydroxy-6-methoxyhentriacontan (gewonnen aus **II** durch Vollmethylierung u. Hydrolyse) ergab bei der Dehydratation mit β-Naphthalinsulfonsäure ein Gemisch von *6-Methoxyhentriacontenen*, $C_{32}H_{64}O$, F. 55—57° $[CH_3(CH_2)_{24}CH(OCH_3)(CH_2)_3—CH{=}CH_2$ u. $CH_3—(CH_2)_{24}CH(OCH_3)—(CH_2)_2CH{=}CHCH_3]$, die mit O_3 zu HCHO u. CH_3CHO abgebaut werden u. bei der Red. mit PtO_2 6-Methoxyhentriacontan, $C_{32}H_{66}O$, F. 63—64°, liefern. Für **II** ergibt sich somit die Konstit. $CH_3CH—CHOH\cdot CH_2CHOH\cdot CH\cdot O\cdot CH(CH_3)—(CH_2)_3\cdot$
└——————O——————┘
$CHOH(CH_2)_{24}CH_3$. **III** liefert bei der sauren Hydrolyse 1 Mol. **VIII** u. 2 Moll. **IV**. Der molare Drehwert ([α] —565°) entspricht der α-L-Konfiguration. Für **III** wird folgende Konstit. angenommen: $CH_3CH\cdot CHOH\cdot CH_2CHOH\cdot CH\cdot O\cdot CH(CH_3)\cdot(CH_2)_3\cdot CH[(CH_2)_{24}CH_3]—O\cdot$
└——————O——————┘
$CH\cdot CHOH\cdot CH_2—CHOH—CH—CH_3$.
└——————O——————┘

B. Görlich. 4520□

Der Transport durch biologische Membranen. I. S. Edelman. (Annu. Rev. Physiol. **23,** 37—70, 1961; San Francisco, Calif., Univ. of California, School of Med., Cardiovascular Res. Inst. and Dep. of Med. and Physiol.; engl.) — Übersicht (bis Jan. 1960). Physikal. Chemie: thermodynam. Überlegungen, Diffusion durch Membranen, hydrodynam. u. Diffusionsströmung durch Membranen, Ionenaustauschmembranen u. Diffusion, Übertragungs-Geschw. u. Permeabilitäts-Koeff.; Wassertransport u. osmot. Gleichgewicht (akt. Wassertransport, den Wasserfluß beeinflussende Faktoren, antidiuret. Hormon); Ionentransport (Membrantheorien, experimentelle Charakterisierung der Membran, Ca-Effekte auf Zellmembranen u. Transport, Ionengradienten u. Membranpotentiale, Ionentransport u. Erregung, Aniontransport, Transport schwacher Elektrolyte, Stoffwechsel u. Ionentransport, hormonale Steuerung des Ionentransports, Säure-Base-Gleichgewicht); Zuckertransport (im Erythrocyten u. Muskel durch die Dünndarmwand); Transport in Geweben, Organen u. intakten Tieren. — 299 Literaturangaben.

K. Maier. 4550□

Vergleichende Physiologie: Photoperiodizität. Donald S. Farner. (Annu. Rev. Physiol. **23,** 71—96, 1961; Pullman, Wash., State Univ., Dep. of Zool., Labor. of Zoophysiol.; engl.) — Übersicht bis Juni 1960. Säuger (Ovarialcyclus u. Östrus, photoperiod. Steuerung des Östrus beim Frettchen, der verzögerten Implantation bei Clustelidae, von Spermatogenese u. Sperma-Bldg., Pelzwechsel); Vögel (Testikelfunktion, Ovarialfunktion u. Entw., Mechanismus der photoperiod. Testikelreaktion, Refraktärperiode, photoperiod. Wrkg. auf die Fortpflanzungsfunktionen bei Hausvögeln u. auf die Entw.-Geschw. der Geschlechtsreife, Mauser, Wanderung); niedere Säuger; Fische; Amphibien u. Reptilien; Insekten; Milben. — 341 Literaturangaben.

K. Maier. 4550□

Häutung infolge von „Calciphylaxie" bei der Ratte. Hans Selye, G. Gentile und P. Prioreschi. (Science [Washington] **134,** 1876—77, 8/12. 1961; Montreal, Quebec,

Univ. de Montréal, Inst. de Méd. et de Chir. expérim.; engl.) — Durch Sensibilisierung mit *Dihydrotachysterin* u. folgender einmaliger Verabreichung von Eiweiß oder Eisendextran wird in der Haut der Ratte als Schutz eine allerdings überschüssige Ablagerung von *Ca* (sog. „Calciphylaxie") ausgelöst. Unter ihrem Einfl. kommt es zu einer vollständigen Verhärtung, Abschälung u. Neubldg. aller Hautschichten nach 4—5 Wochen. K. Zingraf. 4552□

Neuraminsäure und ihre Beziehung zur chron'schen Bronchitis. 4. Mitt. Isolierung von homogenen Mucoproteinen. M. Z. Atassi, S. A. Barker und M. Stacey. (Clin. chim. Acta [Amsterdam] **7,** 588—91, Juli 1962; Edgbaston, Birmingham, Univ., Chem. Dep.; engl.) — 3. vgl. C. **1963,** 2134. — Aus dem Sputum von Patienten mit chron. Bronchitis konnten mittels Cetyltrimethylammoniumbromid u. einem Cellulose-Ionenaustauscher 2 elektrophoret. homogene *Mucoproteine*, wovon das eine 2,18%, das andere jedoch keine *Neuraminsäure* enthielt, isoliert werden. K. Zingraf. 4555□

Harnstoffbestimmung und Harnstoffkorrelationen in der menschlichen Parotisflüssigkeit und im Blutserum. I. L. Shannon und J. R. Prigmore. (Arch. oral. Biol. **5,** 161—67, Dez. 1961; Brooks Air Force Base, Tex., School of Aviat. Med., Dental Sci. Group and Med. Sci. Div.; engl.) — Bei jungen ♂ Normalpersonen war der *Harnstoff* (I)-Geh. in Parotis-Fl. u. Serum 1—3 Std. nach oraler Zufuhr von I unabhängig von der Höhe der Konz. prakt. gleich, wenn die Strömungs-Geschw. sorgfältig kontrolliert wurde. K. Zingraf. 4555□

Elektrophoretische und chromatographische Untersuchungen des Giftes der bulgarischen Kreuzotter (V. ammodytes ammodytes). St. Nedjalkov und O. Nashkowa. (Zbl. Bakteriol., Parasitenkunde, Infektionskrankh. Hyg., I. Abt., Orig. **182,** 261—67, Juni 1961; Sofia, Inst. für Immunologie; dt.) — Elektrophoret. u. chromatograph. Unterss. des Giftes ergeben 10 verschiedene Fraktionen, von denen 2 für Glykoproteide gehalten werden, dagegen sind Lipoproteide sowie eine Oxydaseaktivität nicht nachweisbar. Durch Immunelektrophorese werden 19 Präzipitationslinien sichtbar, deren Zahl vom Titer des Serums abhängt. Das Gift enthält folgende Aminosäuren (in %): *Lysin* (4,60), *Arginin* (10,12), *Histidin* (6,44), *Serin* (12,48), *Asparagin* (6,44), *Glutamin* (5,52), *Glycin* (10,12), *Alanin* (5,52), *Threonin* (2,76), *Prolin* (7,36), *Methionin* (14,72), *Tyrosin* (3,28), *Valin* (1,84), *Phenylalanin* (2,76), *Isoleucin* (2,76) u. *Leucin* (2,76). Klaus Schmidt. 4555□

Wirkung von Adrenalektomie und Corticoidersatz auf das Wachstum der Brustdrüse bei der Ratte. Ralph R. Anderson und C. W. Turner. (Proc. Soc. exp. Biol. Med. **109,** 85—87, Jan. 1962; Columbia, Mo., Univ. of Missouri, Dep. of Dairy Husbandry; engl.) — Bei adrenalektomierten, ovarektomierten Ratten hatte die Verabreichung von Nebennierensteroiden ohne *Östradiolbenzoat* (I) u. *Progesteron* (II) keine Wrkg. auf das Wachstum der Brustdrüsen. Anwendung von 100 μg *Prednison* oder 100 oder 250 μg *Hydrocortison* (III) täglich zusammen mit 1 μg I u. 3 mg II erhöhte bei diesen Tieren den *Desoxyribonucleinsäure* (IV)-Geh. der Brustdrüsen stärker als I + II + NaCl allein, bis zu Werten, wie sie bei ovarektomierten Tieren unter Verabreichung von I + II + NaCl gefunden wurden. Bei adrenalektomierten, ovarektomierten Tieren, die täglich 1 mg III oder 250 μg *Desoxycorticosteronacetat* + I + II erhielten, war der IV-Geh. der gleiche wie bei den Tieren derselben Gruppe, die nur I + II + NaCl erhielten. K. Zingraf. 4559□

Vergleich der Wirkungen von Pregnenolon und Progesteron auf die an Vitamin-A-mangel leidende weibliche weiße Ratte. René Grangaud, Thérèse Conquy und Marc Nicol. (C. R. hebd. Séances Acad. Sci. **249,** 931—33, 31/8. 1959; Alger, Fac. de Méd. et Pharmacie, Labor. de Chim. biol.; franz.) — Vgl. auch C. **1959,** 17252. — Die Mangelerscheinungen, die sich bei weißen Rattenweibchen unter *A-Avitaminose* einstellen (Hemmung des Körperwachstums, Kolpokeratose, Xerophthalmie) werden von *Progesteron* (I) mindestens teilweise aufgehoben, nicht aber von *Pregnenolon* (II), der biolog. Vorstufe von I. Vff. schließen daraus, daß Vitamin A ein notwendiger Faktor bei der Umwandlung von II zu I sei. H. Dannenbaum. 4559□

Eine einfache Methode zur Trennung von Pregnantriolen durch Dünnschichtchromatographie. L. Stárka und Jitka Malíková. (J. Endrocrinology **22,** 215—19, Juni 1961; Prag, Res. Inst. for Endocrinol.; engl.) — Die Pregnantriolisomeren u. *Pregnandiol* lassen sich durch Dünnschichtchromatographie an Aluminiumoxid trennen, wodurch eine quant. Best. des *Pregnantriols* (I) im Harn neben den Isomeren u. Pregnandiol möglich ist. Die Harnproben werden nach der Vorschrift von Fotherby u. Love [1960] behandelt, der Extrakt in Bzl. auf eine 1—2 mm dicke Al_2O_3-Schicht (Aktivität III) aufgetragen u. mit 10% ig. Äthanol in Bzl. 25—30 Min. lang chromatographiert. Nach Besprühen des feuchten Chromatogramms mit 70% ig. Phosphorsäure, 30 Min. lang auf 100° erhitzen u. im UV-Licht die Lage der einzelnen Steroide auf Grund ihrer

Fluorescenz markieren. Der I-enthaltende Fleck wird mit einer Pipette entfernt, in Methanol eluiert u. I im Eluat nach Fotherby u. Love bestimmt. Wiederauffindungs-Verss. zeigten, daß der Präzisionsindex bei einer Konz. von 2,7 mg I/24 Std. 0,17 beträgt u. die Empfindlichkeitsgrenze bei 0,1 mg I/24-Std-Harn liegt. L. Laschet. 4559□

Über die Wirkung von Steroidhormonen auf die N_2O-Narkoseschwelle der Ratte. W. Rummel, H. J. Wellensiek und D. Puder. (Arch. int. Pharmacodynam. Thérap. **122,** 329—38, Nov. 1959; Düsseldorf, Med. Akad., Pharmakol. Inst.; dt.) — Mit der von Carlsson u. Theander [1946] angegebenen Meth. wurde die Wrkg. von *Cortisonacetat* (I), *Desoxycorticosteronacetat* (II), *Progesteron* (III), *Testosteronpropionat* (IV) u. *Pregnan-21-ol-3.20-dionnatriumhemisuccinat* (V; *Hydroxydion*; *Presuren*) auf die N_2O-Narkoseschwelle bei der Ratte untersucht. Kurzfristige (100 mg/kg Körper-Gew. 1—3 Std. lang vor Narkosenbeginn) u. chron. I-Behandlung (über 5 Wochen ansteigende Dosen bis zu 30 mg/kg s.c.) lassen bei ♀ Ratten die Narkoseschwelle um 15% ansteigen. II führt im akuten Vers. (25 mg/kg intraperitoneal 30 Min. vor Narkosebeginn) zu einer Senkung der Narkoseschwelle um 28% bei ♀ u. ♂; im chron. Vers. wird die Narkoseschwelle nicht beeinflußt. Werden die Tiere vor II-Behandlung mit I vorbehandelt, so ist II fast doppelt so wirksam. III wirkt narkot.; meßbare Veränderungen der Narkoseschwelle gab es nicht. IV ist narkot. unwirksam. V beeinflußte die Narkoseschwelle etwa im gleichen Umfang wie II. U. Laschet. 4559□

Zur Pharmakologie einer hormonal inaktiven Steroidverbindung. Friedrich Hohensee. (Arzneimittel-Forsch. **9,** 743—45, Dez. 1959; Leipzig, Univ., Pharmakol. Inst.; dt.) — Vgl. auch vorst. Referat. — *6α.17α.21-Trihydroxypregnan-(3.20)-dion-21-acetat-6-hemisuccinat* („*Triolpregnan*"; I) ist interessant durch die Vereinigung von einigen pharmakolog. Eigg. u. völliger hormanaler Inaktivität, ähnlich wie bei *21-Hydroxypregnan-3.20-dion-21-natriumhemisuccinat* („*Hydroxydion*"; II), das klin. als Narkoticum bewährt ist. I wirkt nicht narkot., ist anscheinend auch nicht tox., hat nachweisbare

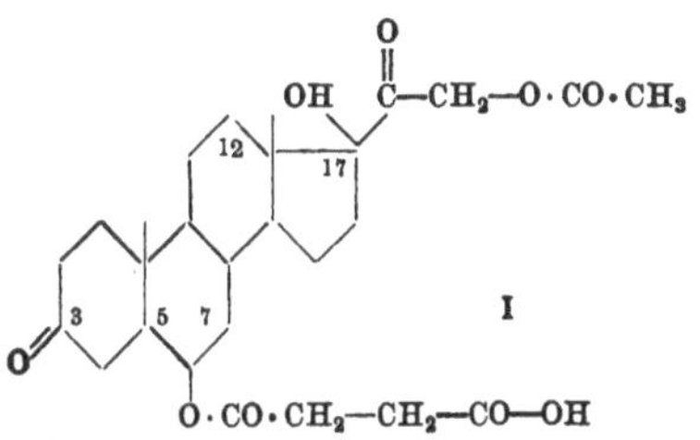

I

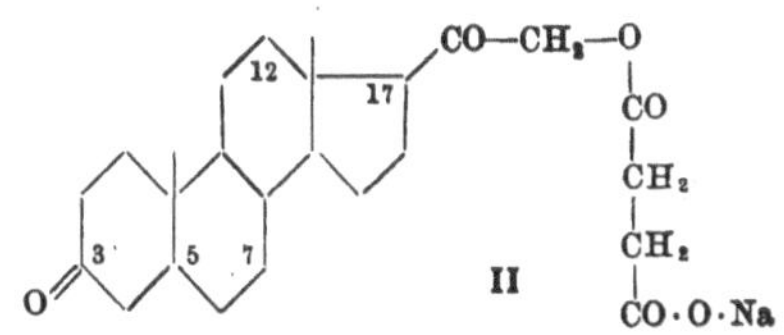

II

Wrkg. auf Blutdruck (Senkung) u. Körper-Temp. (Senkung). Die Wrkg. von Schlafmitteln wird prolongiert, andere Pharmaka (Metrazol, Adrenalin, Curarin) werden nicht beeinflußt. Vf. empfiehlt, planmäßig die bekannten Steroide auf pharmakolog. wichtige Eigg. durchzuprüfen; Hinweise hierauf aus der Literatur werden gebracht. H. Dannenbaum. 4559□

Vorkommen einer stark lactogenen Substanz mit immunologischer Ähnlichkeit zum Hypophysenwachstumshormon in menschlicher Placenta und Schwangerenserum. J. B. Josimovich und J. A. MacLaren. (Endocrinology **71,** 209—20, Aug. 1962; Boston, Mass., Harvard Med. School, Dep. of Obstetr. and Gynecol.; Boston Lying Hosp.; engl.) — Die immunchem. bestimmte *lactogene Substanz* (I) wurde in relativ großen Mengen aus Humanplacenta isoliert u. gereinigt. Sie hat eine hohe lactogene Aktivität, ist aber ohne wachstumsfördernde Aktivität. Die Ergebnisse der Unterss. unterstützen die Theorie, daß ein kleiner Anteil eines Protein-*Hormon*-Mol. einen starken Einfl. auf die physiolog. Funktion des Hormons haben kann. M. Metze. 4560□

Prolactingehalt des Hypophysenvorderlappens der Truthenne während verschiedener Stadien der Fortpflanzung. F. L. Cherms jun., R. B. Herrick, W. H. McShan und W. C. Hymer. (Endocrinology **71,** 288—92, Aug. 1962; Madison, Wis., Univ. of Wisconsin, Dep. of Poultry Husbandry and Zool.; engl.) — Bei legenden (a), nichtlegenden (b) u. brütenden (c) Truthennen wurde der *Prolactin* (I)-Geh. des Hypophysenvorderlappens bestimmt (intradermale Injektion über die Kropfdrüse der Taube u. Best. nach einer I-Dosis-Wrkg.-Kurve). Bei c findet sich ein 4mal höherer I-Geh. als bei a u. b. Elektronenmikr. Bilder von Hypophysenschnitten zeigten bei c-Tieren eine hohe Protein-Synth.-Geschw. an. M. Metze. 4560□

Oxytocinbestimmung mit der Milchejektionsreaktion beim anästhesierten lactierenden Meerschweinchen. John S. Tindal und Akira Yokoyama. (Endocrinology **71,** 196—202, Aug. 1962; Shinfield, Reading, England, Nat. Inst. for Res. in Dairying; engl.) — Beschreibung des Verf. zur Biobest. von *Oxytocin* (I) am anästhesierten Meerschweinchen mit Hilfe der Milch-Ejektionsreaktion. Bei i.v. I-Injektion betragen die Best.-Mengen von 0,3—1,2m Einheiten, bei intraarterieller I-Injektion 16—60 μ Einheiten. M. Metze. 4560□

Stoffwechsel, thyreotrope Aktivität und Oncogenese der Adenohypophyse in Ratten nach goitrogener Diät. Harold A. Levey und Sidney Roberts. (Endocrinology **71,** 244—53, Aug. 1962; Los Angeles, Calif., Univ. of California, Med. Center, Dep. of Physiol. Chem.; engl.) — Ratten erhielten eine Diät mit 0,02% *Propylthiouracil* u. 0,02% *Thyreoideapulver*. Während der nachfolgenden Goitrogenese wurde der Stoffwechsel u. die evtl. Tumor-Entw. der Adenohypophyse untersucht. Nach 16 Monaten entwickelte sich eine hämorrhag. Adenohypophyse von 3facher Größe (gegenüber Kontrollen). Serum-*Thyreotropin* (I) erreichte einen Betrag von 7,2 Millieinheiten, Hypophysen-I-Spiegel stieg über den Kontrollwert schon nach 4 Monaten Behandlung an. In Ratten mit Hypophysentumor war der Serum-I-Geh. wie bei den tumorlosen behandelten Tieren, doch der Hypophysen-I-Spiegel war niedriger. Q_{O_2} u. Papierelektrophoresemuster von adenohypophysären Extrakten waren bei behandelten u. nichtbehandelten Tieren gleich, der $^{14}C_{(2)}$-*Lysin*-Einbau in lösl. Proteine der Adenohypophyse war unverändert. M. Metze. 4560□

In vitro-Intersuchungen über den Einfluß von Adrenocorticotropem Hormon auf die Nebenniere von Ratte und Rind. Hibbard E. Williams, Phyllis L. Johnson und James B. Field. (Endocrinology **71,** 293—97, Aug, 1962; Bethesda, Md., Nat. Inst. of Health, Nat. Inst. of Arthr. and Metabolic Diseases, Clin. Endocr. Branch; engl.) — Die Stimulierung der Nebennieren-*Phosphorylase* (I) durch *Adrenocorticotropes Hormon* (ACTH) wurde in verschiedenen Zonen der Rindernebenniere [1. Schicht enthält 75% Glomerulosazellen (a); 3. Schicht enthält 90% Fasciculatazellen (b)] untersucht. In a wurde keine Stimulation, in b eine von 135% beobachtet. Adrenalin, Angiotensin II u. synthet. Vasopressin hatten weder in a noch in b einen Einfluß. Die *Glucose*-Aufnahme u. $^{14}C_{(1)}$-*Glucose*-Oxydation waren in a signifikant höher als in b; ACTH hatte jedoch auf keinen der beiden Vorgänge einen Einfluß. In hypophysektomierten Ratten stimulierte ACTH die $^{14}C_{(1)}$- u. $^{14}C_{(6)}$-*Glucose*-Oxydation der Nebennieren. *Adrenalin* u. *Serotonin* stimulierten die $^{14}C_{(1)}$-Glucoseoxydation von Rindernebennierenschnitten der Gruppe a. M. Metze. 4561□

Prüfung der Beziehungen zwischen Serotonin und den Epinephrinen sowie Histamin. D. W. Woolley. (Proc. nat. Acad. Sci. USA **46,** 923—29, 15/7. 1960; New York, N.Y., Rockefeller Inst.; engl.) — Die antagonist. Wrkg. von *Norepinephrin* u. *Epinephrin* gegenüber der *Serotonin* (I)-Wrkg. (am Rattenuterus) kommt vermutlich durch eine direkte Einflußnahme zustande; dabei dürften die Epinephrine mit den I-Receptoren im Uterus reagieren, so daß diese ihre normale Funktion nicht mehr ausüben können (welche darin bestehen dürfte, daß eine Kombination mit I u. Ca^{2+} zustande kommt zum Zwecke des Transportes von Ca^{2+} in die Zellen); die Epinephrine wirken damit wie Antimetaboliten (als Beispiel: 1-Benzyl-2-methyl-5-methoxytryptamin; BAS); durch Erhöhung der äußeren Ca^{2+}-Konz. kann der Antagonismus zwischen Epinephrinen u. I überspielt werden, so daß jetzt wieder Muskelkontraktionen möglich sind. Der Antagonismus zwischen I u. *Histamin* (II) scheint weniger direkt zu sein; II blockiert die I-Wrkg. nicht durch Hemmung des Ca^{2+}-Eintritts in die Zelle, da Erhöhung der Ca^{2+}-Konz. den Antagonismus nicht aufhebt; es kommt möglicherweise zu einer Interferenz mit den Zellenmechanismen, durch welche Adenosintriphosphat gebildet u. zur Kombination mit Actinomyosin u. Ca^{2+} gebracht wird; es ist allerdings auch eine Membran-Wrkg. von II mit einigen noch nicht geklärten Membranmechanismen des freien Ca^{2+}-Transportes denkbar. U. Tausendfreund. 4561□

Die Beeinflussung des Cortisonabbaus durch L-Ascorbinsäure im Rattenleberhomogenisat. M. Karl und W. Klinger. (Acta biol. med. german. [Berlin] **7,** 524—25, 1961; Jena, Friedrich-Schiller-Univ., Pharmakol. Inst.; dt.) — 100 μg *Cortison* (I) wurden mit steigenden *L-Ascorbinsäure*-Mengen (10—10000 μg) zu 10 ml Homogenat zugesetzt u. nach 10 Min. langer Inkubation I papierchromatograph. bestimmt. Bei Ascorbinsäure-Konzz. von 1000—10000 μg wurde eine signifikante Hemmung des I-Abbaus gefunden. D. Scheuch. 4561□

Stoffwechsel von Cortisol in subcellulären Fraktionen der Rattenleber. Frank DeVenuto und Ulrich Westphal. (Biochim. biophysica Acta [Amsterdam] **54,** 294—303, 9/12. 1961; Fort Knox, Ky., U. S. Army Med. Res. Labor., Biochem. Div.; engl.) — Beim Abbau von *Cortisol* (I) durch subcelluläre Fraktionen von Rattenleber wurden folgende Prodd. ermittelt (in %): Mitochondrienfraktion: 70,3 unabgebautes I, 17,4 *Pregnan-3α.11β.17α.21-tetrol-20-on* (*Urocortisol*; II), 4,9 *Cortison* (III), 3,3 *Adrenosteron* (IV); Mikrosomenfraktion: 45,0 I, 4,1 II, 8,4 Δ^4-*Pregnen-11β.17α.20β.21-tetrol-3-on* (*Reichsteins Substanz E*; V), 35,0 III u. 6,0 IV. Kein Abbau durch Kernfraktion u. über-

stehende Flüssigkeit. Unter Zusatz eines regenerierenden Syst. von red. Triphosphopyridinnucleotid entstanden folgende Prodd. (in %): Mitochondrienfraktion: 13,4 **I**, 19,7 **II**, 57,1 **III**, 6,3 *Δ^4-Androsten-11β-ol-3.17-dion* (**VI**); Mikrosomenfraktion: 50,7 **I**, 16,2 *β-Cortol* (**VII**), 5,9 **V**, 15,7 **III**, 8,3 **VI**; Kernfraktion: 31,17 **I**, 10,2 **VII**, 19,6 **II**, 19,0 **V**, 4,0 **III**, 17,5 **VI**; Überstehende Fl.: 54,4 **I**, 21,8 **VII**, 9,5 **II**, 4,5 **III**, 7,0 **VI**.
K. Zingraf. 4561 □

Die Spezifität fluorometrischer Corticoidbestimmungen. P. de Moor, P. Osinski, R. Deckx und O. Steeno. (Clin. chim. Acta [Amsterdam] **7**, 475—80, Juli 1962; Leuven, Univ. Clin. St. Rafaël, Rega Inst., Labor. voor Exp. Geneesk. en Klin. voor Inw, Geneesk.; engl.) — H_2SO_4-Äthanol-Fluorescenz nach kurzer Inkubation liefert eine zuverlässige Best. nichtkonjugierter Plasma-*Corticoide*; dabei ist unter den angewandten Bedingungen mehr als 95% der Fluorescenz auf *Cortisol* oder *Corticosteron* zurückzuführen. Mit leichten Abänderungen kann die Meth. auch für Erythrocyten benutzt werden. Für Harn ist die Meth. weniger geeignet, kann aber als Reihentest dienen.
K. Zingraf. 4561 □

Thymolytische Aktivität von Corticoiden in Kombination mit anderen Steroiden. Ralph I. Dorfman und Adeline S. Dorfman. (Endocrinology **71**, 271—76, Aug. 1962; Shrewsbury, Mass., Worcester Found. for Exp. Biol.; engl.) — Unterss. an der unreifen, adrenal- u. ovarektomierten Maus zeigten eine Steigerung des thymolyt. Effekts von *Cortison* (**I**) bzw. *Cortisol* (**II**) durch *Progesteron*, *Testosteron* u. *17β-Östradiol*. *Desoxycorticosteron* (relativ thymolyt. inakt.) vergrößerte die Wrkg. auf den Thymus von **I**, **II** u. *Corticosteron* (wahrscheinlich als Additionsrk.). M. Metze. 4561 □

Corticosteroide im Blut von Myxine glutinosa L. (Atlantischer Schleiminger). J. G. Phillips, I. Chester Jones, D. Bellamy, R. O. Greep, L. R. Day und W. N. Holmes. (Endocrinology **71**, 329—31, Aug. 1962; Univ. of Sheffield, Dep. of Zool.; St. Andrews, New Brunswick, Fischeries Res. Board of Canada, Biol. Stat.; Harvard School of Dental Med.; Vancouver, Canada, Univ. of Brit. Columbia, Dep. of Zool.; engl.) — Im Serum des atlant. Schleimingers (Fisch aus der Ordnung *Cyclostomata*) wurden 27 μg *Corticosteron*/100 ml u. 10 μg *Cortisol*/100 ml gefunden. Aldosteron wurde nicht festgestellt. M. Metze. 4561 □

Erhöhte Aldosteronausscheidung während eines chronischen Natriumentzuges an zwei männlichen Personen. Richard E. Bailey und Kathleen E. Roberts. (Amer. J. med. Sci. **239**, 338—40, März 1960; San Francisco, Public Health Serv. Hosp.; Stanford, Univ., School of Med., Dep. of Med.; engl.) — An zwei chron. erkrankten Männern, die über 11 bzw. 15 Monate eine Na-arme Kost erhielten, untersuchten Vff. die Ausscheidung von *Aldosteron* (**I**), *Na* u. *K* durch den Urin. Die **I**-Ausscheidung ist in beiden Fällen erhöht, in einem Fall der **I**-Ausscheidung bei akutem Na-Entzug entsprechend, im anderen Fall noch höher. Die Ausscheidung von 17-Ketosteroiden u. 17-Hydroxyketosteroiden entspricht dem Alter u. dem Zustand der Patienten. Die Na-Ausscheidung ist stark verringert, während für K normale Werte gefunden wurden.
Ch. Folesky. 4561 □

Unmittelbare Wirkungen der Verabfolgung von Aldosteron. Wirkung des Hormons auf die Nierenkanälchen. S. Lenzi, G. C. Agnoli, A. Cariani und G. Pinelli. (Boll. Soc. ital. Biol. sperim. **38**, 238—41, 15/3. 1962; Bologna, Univ., Ist. di Clin. Med. Gener. e Terap. Med.; ital.) — Die Unterss. werden an 4 normalen Personen durchgeführt, die i.v. 500 μg *Aldosteron* (**I**) erhielten, wobei 90—100 Min. danach 20 ml W./kg per os u. i.v. 5%ig. Mannit-Lsg. (16 ml/Min.) gegeben wurden. **I** potenziert die proximale Rückresorption des Na, wobei die Bldg. osmot. inakt. W. verhindert wird. Daraus erklärt sich auch, daß nach i.v. Infusion von 5,5%ig. NaCl (20 ml/Min.) durch **I** geringere Zunahmen der Diurese u. der Salzelimination auftreten. F. Kren. 4561 □

Wirkungen der protrahierten Verabfolgung von Aldosteron. Antagonistische Wirkung der Glykocorticoide auf die Wasser-Salz-Retention durch Aldosteron. S. Lenzi, G. C. Agnoli, A. Cariani, A. Lodi und G. Pinelli. (Boll. Soc. ital. Biol. sperim. **38**, 241—46, 15/3. 1962; Bologna, Univ., Ist. di Clin. Med. Gener. e Terap. Med.; ital.) — Vgl. vorst. Referat. — Die Unterss. werden an normalen Personen durchgeführt, die täglich 6 Tage lang 500 μg *Aldosteron* (**I**) i.v. erhalten. Das Filtrat der Glomeruli ist schon am 3. Tag erhöht u. erreicht am 6. Tag das Doppelte der Norm. Die Rückresorption durch die Tubuli erhöht sich stets abs.; der relative Wert in % des betreffenden Filtrats schwankt, nimmt aber insgesamt ebenso wie der des W. zu. Im Harn wächst das Verhältnis Na/K progressiv; die Zunahme der *Glykoproteide* (**II**) schwankt, doch können die doppelten Werte der Norm erreicht werden. Die zusätzliche Behandlung mit *Cortison* (20 mg täglich per os) zeigt eine antagonist. Wrkg. auf die W.-Salz-Retention durch **I**, doch ist nicht bekannt, wie weit die durch den Körper gebildeten **II** daran beteiligt sind. F. Kren. 4561 □

Untersuchung über den diuretischen Effekt von Triamcinolon beim Hund. Lillian A. Wozniak, A. Paino, I. Ringler und R. R. Roepke. (J. Pharmacol. exp. Therapeut. **129,** 82—88, Mai 1960; Pearl River, N.Y., American Cyanamid Co., Exp. Therap. Res., Lederle Labor. Div.; engl.) — Bei fastenden u. nichtgewässerten ♀ Hunden bewirken orale oder i.v. Einzelgaben von 8—250 μg *Triamcinolon* (I)/kg einen Ausscheidungsanstieg von Na^+ u. Cl^- im Urin u. einen leichten Anstieg der K^+-Ausscheidung. Das Maximum des Anstiegs wurde erst 4 Std. nach der Verabreichung erreicht. Mit einer Gabe von 60 μg I/kg konnte maximal eine Na^+-Ausscheidung im Tagesurin vom 5fachen des Kontrollwertes erhalten werden. Hyperglykämie trat bei den Verss. nicht auf. Nach täglich wiederholter oraler Zufuhr von 10—270 μg I/kg an gefütterte u. gewässerte (W. ad libitum) ♀ Hunde kam es zu Chlor- u. Natriurese, die durch eine wöchentliche Steigerung der I-Dosis um das 3fache nicht immer gesteigert wurde. Während der 18-Tage-Periode ohne I-Zufuhr (Erholungszeit) war die Urinausscheidung von Cl^- u. Na^+ in den ersten 3—5 Tagen unter Normalwerten u. kehrte dann zu Werten ähnlich denen der Kontrollzeit zurück. Auch die K^+-Ausscheidung stieg etwas an, u. parallel zur täglichen Wasseraufnahme war das Urin-Vol. vermehrt. Die Plasmaelektrolyte (HCO_3^-, Cl^-, Na^+, K^+) u. die Plasmaglucosewerte hielten sich in normalen Grenzen, die Futteraufnahme war normal u. während der Verss. konstant. Es wurde aber ein leichter Gew.-Verlust bei den Tieren beobachtet. K. Böhm. 4561□

Die Besonderheiten des Verlaufes der experimentellen cytotoxischen Nephritis unter dem Einfluß von Steroidhormonen. L. R. Poljanzewa. (Pathol. Physiol. exp. Therap. [UdSSR] **6,** Nr. 1, 63—69, Jan./Febr. 1962; Moskau, Med. Ssetschenow-Inst., Sanitär-Hygien. Fak., Lehrstuhl für allg. u. Hospitaltherapie; russ., Auszug: engl.) — Hormontherapie (5 g *Cortison*/100 g subkutan oder 100 g *Prednison* per os 2 mal täglich, 7—24 Tage) führte bei Ratten mit experimenteller cytotox. Nephritis (0,5 cm^3/100 g i.v. u. 0,75 cm^3/100 g subkutan nephrotox. Serum, 2 Tage) im akuten Stadium zur Verstärkung der patholog., klin. u. histolog. Veränderungen u. erschwerte den Krankheitsverlauf. Im frühen Stadium führte sie zu schwächerer Ausbildung des nephrot. Syndroms, ohne die Bldg. von Nephritis zu verhindern. Als Prophylaxe bewirkte sie Verstärkung der Gefäßpermeabilität u. der Blutdiapedesis, ohne die Bldg. von Nephritis auszuschließen. I. v. Kloch-Kornitz. 4561□

Der Einfluß von Jodid und elementarem Jod auf das proteingebundene Jod und die Serumlipoide beim Pavian (Papio ursinus). A. van Zyl. (J. Endocrinology **22,** 221—29, Juni 1961; Johannesburg, South Afr., Joint Nutrit. Res. Unit of the S.S.I.R., Dep. of Physiol.; Univ. of Witwatersrand; engl.) — Bei normalen, thyreoidektomierten, hypophysektomierten u. thyreoidektomierten + hypophysektomierten Pavianen stieg nach i.m. Injektion von 1 mg *Jodid*/kg Körper-Gew./Tag der Geh. an *Protein-gebundenem Jod* (PBI) im Serum leicht an, woraus geschlossen wird, daß die Jodierung extrathyreoidal u. ohne Mitwrkg. der Hypophyse erfolgt. Zufuhr gleich hoher Dosen elementaren Jods hat wesentlich stärkere Steigerung des PBI im Serum zur Folge. Es vermindert bei thyreoidektomierten Tieren die *Serumlipoide,* nicht aber bei normalen oder nur unvollständig thyreoidektomierten Tieren. U. Laschet. 4562□

Wirkung von Mucopolysacchariden und Colloid auf die Schilddrüsenfunktion. St. Krompecher, M. B. László und E. H. Oláh. (Nature [London] **194,** 778—79, 26/5. 1962; Debrecen, Univ., Med. School, Dep. of Anat., Histol. and Embryol.; engl.) — Vgl. C. **1962,** 538. — Es wird an Ratten bestätigt, daß die (durch Thyroxin oder Methylthiouracil beeinflußte) Schilddrüsenfunktion eine wichtige Rolle bei der Regulierung des *Mucopolysaccharid* (*Hexosamin*)-Spiegels des Serums spielt u. daß der Hexosamin-Geh. der Schilddrüse vom *Colloid*-Geh. der Zellen abhängt (hoher Hexosamin-Geh. bei hohem Colloid-Geh., wie er durch Thyroxinbehandlung zustande kommt; niedriger Geh. bei Methylthiouracilbehandlung). U. Tausendfreund. 4562□

Der Stoffwechsel von 3.3′-Dijod-l-thyronin. Jean Roche, Raymond Michel, Jacques Nunez und Cl. Jacquemin. (C. R. Séances Soc. Biol. Filiales **151,** 2012—15, 1957, herausgeg. 22/7. 1958; Paris, Coll. de France, Inst. de Biochim. gén. et comp.; franz.) — Nach intraperitonealer Injektion von insgesamt 0,55 μg $^{131}J_{(3')}$-*3.3′-Dijod-l-thyronin* (I; verteilt auf drei Injektionen) bei thyreoidektomierten Rattenböcken wird I schnell zu *3.3′-Dijodthyroessigsäure* (II) umgewandelt, die sich aus Nierenextrakten sicher nachweisen ließ. Offensichtlich verläuft der Stoffwechsel von I wie bei den anderen Schilddrüsenhormonen in zwei Phasen: Nach initialer Desaminierung (Bldg. von *3.3′-Dijodthyropyruvat*) wird dieses zu II decarboxyliert. U. Laschet. 4562□

Einfluß der Parathyreoidea auf die Hydroxyprolinspiegel im Plasma. William K. Bates, John McGowen und Roy V. Talmage. (Endocrinology **71,** 189—95, Aug. 1962; Houston, Tex., Rice Univ.; engl.) — Unterss. an Ratten mit *Calcium*-armer Diät (a), nach Parathyreoidektomie (b) bzw. Nephrektomie (c) oder b—c kombiniert, hatten folgende Ergebnisse: b-Tiere zeigten einen verringerten Plasma-*Hydroxyprolin* (I)-Spiegel; bei hydrolysierten Plasmaproben von Tieren mit normaler Kost war diese Veränderung nur gering. c-Tiere hatten in nichthydrolysiertem Plasma verringerte I-Werte, in hydrolysiertem Plasma stark erhöhte Werte. Vff. nehmen an, daß eine Quelle für Plasma-I das *Kollagen* (II) darstellt, das unter Einfl. der Parathyreoid–Knochen-Wechselwrkg. abgebaut wird. Nephrektomie, die die endogene Parathyreoidaktivität erhöht, scheint den Abbau von Knochen-II zu steigern, indem die I-Reste in gebundener Form in das Plasma übergeführt werden. M. Metze. 4563□

Veränderungen des Insulineffektes bei normalen und adrenalektomierten Tieren unter gewissen experimentellen Bedingungen. Stellan Ljungberg. (Acta pharmacol. toxicol. [København] 13, Suppl. 1, 1—68, 1959; Stockholm, State Pharmaceut. Labor., Biol. Dep.; engl.) — Bei Kaninchen erhöht sich die Empfindlichkeit von *Insulin* (I) bzgl. der Blutzucker-Rk. nach der Adrenalektomie um das 1,6fache. Adrenalektomierte Kaninchen haben einen sehr konst. Blutzuckerspiegel u. sie reagieren einheitlicher auf I als normale Tiere. Bei Erhöhung der I-Dosen treten bei adrenalektomierten Kaninchen schon bei geringeren Dosen als bei nichtoperierten Krämpfe auf. Es scheint, daß Adrenalin bei der hormonalen Blutzuckerregulierung als Antiinsulinhormon wirkt. — 50 Literaturangaben. G. Kimmerle. 4564

Einfluß von Insulin auf strukturelle Zucker in Fettgewebe. J. Earle White und Marianne H. LeBleu. (Endocrinology **71**, 227—32, Aug. 1962; Durham, N.C., Duke Univ.-Med. Center; Veterans Admin. Hosp.; engl.) — *Hexosamin* (I)- u. *saure Mucopolysaccharid* (II)-Konzz. wurden im „Stroma" (fettfreier Trockenrückstand) von epididymalem Fettgewebe normaler (a) u. *Insulin* (II)-behandelter Ratten (b) bestimmt. Bei a betrug I 6,81 µg/mg Stroma, bei b war das Stroma-Gew. dasselbe wie bei a, aber I- u. II-Geh. waren stark reduziert. Die Ergebnisse deuten darauf hin, daß II die Synth. der strukturellen Zucker vermindert. M. Metze. 4564□

Wirkung von Insulin auf die Glucoseaufnahme durch den Rattenuterus in vitro bei Kontraktion und Erschlaffung. R. R-Candela, J. L. R-Candela, D. Martin-Hernandez und T. Castilla-Cortazar. (Proc. Soc. exp. Biol. Med. **109**, 795—96, April 1962; Madrid, Inst. G. Marañon C.S.I.C.; engl.) — Während tetan., durch *Acetylcholin* (I) hervorgerufener Kontraktion nimmt der Uterusmuskel der (im Östrus befindlichen, Östrogen-vorbehandelten) Ratte weniger *Glucose* (II) auf als im erschlafften Zustand. *Insulin* (III) steigert die II-Aufnahme im erschlafften Zustand, ferner bei unvollständiger, durch I bewirkter tetan. Kontraktion u. bei period. spontanen Kontraktionen, bes. wenn diese durch *Tensilon* (*3-Hydroxyphenyldimethyläthylammoniumbromid*) stimuliert werden. Bei der abs., durch I bewirkten Kontraktion des Uterus am Ende der Trächtigkeit kommt durch III keine Steigerung der II-Aufnahme zustande.
U. Tausendfreund. 4564□

Das Cholesterin des Blutes bei der Insulinintoxikation von Kaninchen mit organischer Verletzung der Hirnrinde F. F. Miroljubowa. (Pathol. Physiol. exp. Therap. [UdSSR] **4**, Nr. 5, 63—64, Sept./Okt. 1960; Leningrad, Med. Inst. für Pädiatrie, Lehrstuhl für Pathophysiol.; russ.) — *Insulin*-Intoxikation (40 ME/kg i.v.) führte bei Kaninchen 2 Wochen nach experimenteller teilweiser Decortikation zu 22,85%ig. Verringerung (Verringerung in der Kontrolle im Mittel 14,9%), nach 3—7 Wochen zu unregelmäßiger Verringerung des *Cholesterin*-Geh. im Blut. I. v. Kloch-Kornitz. 4564□

Einfluß von Insulin auf die subkutane Resorption von Heilmitteln bei der Ratte. Gaetan Jasmin und André Bonin. (Proc. Soc. exp. Biol. Med. **103**, 499—500, März 1960; Montréal, Canada, Univ. de Montréal, Dép. d'Anatomie Pathol.; engl.) — *Insulin* erhöht die subkutane Resorption von *Urethan* u. *Dimethyl-p-phenylendiamin* (untersucht durch die Anästhesie- u. Krampfverstärkung) u. fördert die Resorptions-Geschw. von intradermal verabreichter physiol. Kochsalzlösung. M. Metze. 4564□

Über die Möglichkeit einer Kontrolle durch die Hypophyse über die Glykogenese im Glykogenkörper des Vogels. Robert L. Hazelwood, Barbara S. Hazelwood und William F. McNary. (Endocrinology **71**, 334—36, Aug. 1962; Boston, Mass., Boston Univ., School of Med., Dep. of Physiol. and Anatomy; engl.) — Der „Glykogenkörper" (Gl.K.; opaques Gebilde in der Vogelwirbelsäule, dorsal vom Rückenmark) von Küken wurde auf seine Beeinflussung durch Hormone untersucht. Vogelhypophysenextrakte, intramuskulär injiziert, erhöhten den *Glykogen*-Geh. des Gl.K. am stärksten (17%), Säuger-*ACTH* etwas weniger, *Insulin* sehr wenig, Histochem. Unterss. zeigten das Vorhandensein von *Phosphorylase* u. *alkal. Phosphatase* im Glykogenkörper.
M. Metze. 4564□

Glutaminsynthese bei Ratten mit diabetischer Acidose. A. L. Kennan. (Endocrinology **71**, 203—08, Aug. 1962; Madison, Wis., Univ. of Wisconsin, School of Med., Dep. of Gynecol. and Obstetr.; engl.) — An Ratten, die mit Alloxan diabet. gemacht worden waren, wurde die *Glutamin* (I)-Synth. in der Leber durch Best. der *Glutaminsynthetase* (II)-Aktivität, des I-Geh. in Leber u. Blut u. des ^{15}N-Einbaus in das I-Amid untersucht. Alle 3 Unterss. zeigten eine verminderte I-Synth. in den Lebern der Tiere mit Alloxanacidosis an. Die II-Aktivität wurde gegenüber den Kontrollen um den Faktor 4 red. u. der I-Geh. von Leber u. Blut signifikant gesenkt. Der ^{15}N-Einbau war per Gew.-Einheit Leber geringer (Normalleber baute 70% des verabreichten ^{15}N-*Ammoniumlactat* ein, alloxandiabet. nur 68%). M. Metze. 4564□

Untersuchungen über Histamin im menschlichen Harn unter Verwendung einer fluorometrischen Bestimmungsmethode. John A. Oates, Edward Marsh und Albert Sjoerdsma. (Clin. chim. Acta [Amsterdam] **7**, 488—97, Juli 1962; Bethesda, Md., Nat. Heart Inst., Exp. Therap. Branch; engl.) — Beschreibung der fluorometr. Best. von *Histamin* (I) im menschlichen Harn nach Reinigung durch Ionenaustauschchromatographie u. Extraktion. Mit Abänderungen eignet sich die Meth. auch zur Best. von *Acetylhistamin* im Harn. Die durchschnittliche tägliche Ausscheidung von I betrug bei ♂ 42 μg (21—65 μg), bei ♀ 49 μg (15—90 μg). Die Ausscheidung von I wurde durch hohe orale Histidindosen wesentlich gesteigert. K. Zingraf. 4569□

Histamin als ein Faktor bei der Toleranz gegenüber Levarterenol. J. A. Coppola und J. R. Di Palma. (Amer. J. Physiol. **202**, 114—16, Jan. 1962; Philadelphia, Pa., Hahnemann Med. Coll. and Hosp., Dep. of Pharmacol.; engl.) 1-An Hand von Verss., bei denen die zur Blutdrucksteigerung erforderliche *Levarterenol* (I)-Dosis beim Hund in direkter Beziehung zum *Histamin* (II)-Blutspiegel steht, wird deutlich, daß I offenbar zur II-Freigabe führt u. daß dieses II einen Einfl. auf die Toleranz-Entw. gegenüber I ausübt. U. Tausendfreund. 4569□

Beweis dafür, daß induziertes Histamin ein Intrinsic-Regulator des Mikrozirkulationssystems ist. Richard W. Schayer. (Amer. J. Physiol. **202**, 66—72, Jan. 1962; Rahway, N.J., Merck Inst. for Therap. Res.; engl.) — Säugetiere besitzen offenbar eine induzierbare Form der *Histidindecarboxylase*, welche anatom. dem Mikrozirkulations-Syst. beigeordnet ist u. welche *Histamin* in einer, dem Bedarf des Gewebes unter verschiedenen Bedingungen entsprechenden Geschw. synthetisiert. Es wird eine Reihe von übereinstimmenden Befunden als Beweis dafür angegeben. U. Tausendfreund. 4569□

Neuere Ansichten über den Systemstoffwechsel der biogenen Amine. Ryszard Gryglewski. (Postępy Hig. Med. doświadczalnej **14**, 337—72, Juli/Aug. 1960; Kraków, PAN, Zakł. Farmakol.; pol.) — Übersicht. *Brenzcatechinamine, 5-Hydroxytryptamin, Histamin.* — 178 Literaturangaben. F. Urban. 4569□

Die Dynamik der Serotoninänderung im Hundeblut beim Hämotransfusionsschock. N. A. Fedorow und A. A. Lipatz. (Pathol. Physiol. exp. Therap. [UdSSR] **4**, Nr. 5, 8—13, Sept./Okt. 1960; Moskau, Minist. für Gesundheitswesen der UdSSR, Zentral-Inst. für Hämatolog. u. Bluttransfusion, Labor. für Pathophysiolog.; russ., Auszug: engl.) — Der *Serotonin* (I)-Geh. im Blut von Hunden (normal 0,014—0,56 γ/cm^3) vermehrte sich in der 1. Phase (10—30 Sek.) nach i.v. Transfusion von 3 cm^3/kg Kaninchenblut im Mittel auf das Doppelte. In der 2. Phase, während des starken Abfalls des arteriellen Blutdrucks (nach 1—120 Min.) verminderte er sich bis auf 0,001 γ/cm^3. Der Wiederanstieg begann am 3. Tag u. erreichte am 8.—9. Tag die Ausgangswerte. Der verringerte Thrombocyten-Geh. in der 2. Phase hatte sich nach 1 Std. normalisiert. I-Injektion (10—150 γ/kg i.v.) rief kurzfristige Tachycardie u. unterschiedliche Wrkg. auf den Blutdruck hervor. Reserpin-Injektion (1 mg/kg i.m.) 24 Std. vor der Transfusion verringerte den I-Geh. bis auf 0,001 γ/cm^3 u. weniger, verhinderte die Tachycardie u. verminderte den Abfall des arteriellen Blutdrucks. I. v. Kloch-Kornitz. 4569□

Zur Charakteristik der Acetylcholinwirkung auf den Skelettnerv der Wirbeltiere. S. Ss. Donzowa. (Wiss. Hochschulber., biol. Wiss. [UdSSR] **1960**, Nr. 3, 80—85; Dnepropetrowsk, Univ., Lehrstuhl für Human- u. Veterinärphysiologie; russ.) — In Verss. mit Fröschen rief *Acetylcholin* (Konz. 1:10^{-3}) nur geringe Veränderungen der physiolog. Nervenparameter hervor u. wirkte als schwacher Depolarisator, indem es schon vorhandene Erregung (Kathode, Natriumoxalat) verstärkte.
I. v. Kloch-Kornitz. 4569□

Acetylcholin und Cholinesterase bei Asphyxie. Je. A. Markowa. (Pathol. Physiol. exp. Therap. [UdSSR] **4**, Nr. 5, 60—61, Sept./Okt. 1960; Ternopol, Med. Inst., Lehrstuhl für Pathophysiolog.; russ.) — Experimentelle Asphyxie führte bei Kaninchen, Katzen u. Mäusen infolge der neurogenen Störung der fermentativen *Acetylcholin*-Hydrolyse zu Verringerung des *Cholinesterase*-Geh. im Blut, nachfolgendem Anstieg u. im Terminalstadium zu erneuter Verringerung. Der *Acetylcholin*-Geh. blieb unverändert.
I. v. Kloch-Kornitz. 4569□

Beziehung zwischen der Herztoxizität von K und akute Veränderungen von Blut-pH und pCO$_2$. Daniel T. Young, Edwin W. Monroe und Ernest Craige.

(Amer. J. Physiol. **199,** 759—64, Nov. 1960; Chapel Hill, N.C., Univ. of North Carolina, School of Med., Dep. of Med.; engl.) — Am Hunde-Herz-Lungen-Präp. wurde die Beziehung zwischen der *K*-Toxizität u. dem Blut-pH u. pCO_2 untersucht. Während einer Hyperkaliämie tritt ein Wechsel von hyperkapnoischer Acidose zu hypokapnoischer Alkalose auf u. verursacht EKG-Veränderungen; durch Erhöhung des Blut-pH kommt es zu einer Verbesserung der Herzleistung. Die K-Toxizität wird durch akute Reduzierung von pCO_2 verstärkt. G. Kimmerle. 4572

Zur Dynamik des Gehaltes an Vitamin B_{12} und Eisen im Blutserum bei Pellagrasyndrom. U. I. Juldaschew. (Therap. Arch. [UdSSR] **34,** Nr. 5, 71—76, Mai 1962; Taschkent, Med. Inst., Pädiatr. u. Sanitäre Fakultät, Lehrstuhl für Propädeutik der inneren Krankheiten; russ., Auszug: engl.) — Der Geh. an *Vitamin-B_{12}* (**I**; normal im Mittel 494 $\mu\gamma/cm^3$) war im Blutserum von Kranken mit sek. Pellagrasyndrom infolge chron. Enterocolitis oder Magenkrebs unabhängig von der Ggw. einer Anämie bis auf 0—243 verringert, während der Geh. an Fe sich nicht charakterist. verringerte (14—280, normal 100,4 γ%). Die Erhöhung des **I**-Geh. u. die Rückbldg. des Syndroms nach **I**-Therapie, bes. in Verbindung mit *Nicotinsäure,* deuten auf die entscheidende Rolle des **I**-Defizits bei der Entw. des Syndroms. I. v. Kloch-Kornitz. 4572 □

Erythropoetinbestimmung mit Hilfe von ^{59}Fe-Einbau in Blut und Milz der polycythämischen Maus. Wendell F. Rosse, Thomas A. Waldmann und Delores E. Houston. (Proc. Soc. exp. Biol. Med. **109,** 836—39, April 1962; Bethesda, Md., Nat. Inst. of Health, Nat. Cancer Inst., Metabol. Serv.; engl.) — Durch Transfusionspolycythämie wird bei der Maus die Erythropoese deutlich vermindert, wie sich an der *^{59}Fe*-Aufnahme in Milz u. Blut nach 16 Std. nachweisen läßt. Wird den Tieren *Erythropoetin* injiziert, so erweist sich der ^{59}Fe-Einbau in die Milz 8 Std. u. in das Blut 48 Std. nach der ^{59}Fe-Injektion als maximal. Im Vgl. mit dem Test an gefasteten Ratten u. mit anderen Meth. an der polycythäm. Maus erwies sich die Best. des ^{59}Fe-Einbaus in das Blut der polycythäm. Maus, 48 Std. nach ^{59}Fe, als die empfindlichste Methode. U. Tausendfreund. 4572 □

Änderung des Gesamteisengehaltes des Blutes von Hunden bei chronischem Gallenverlust. R. K. Iwanowa. (Pathol. Physiol. exp. Therap. [UdSSR] **6,** Nr. 1, 87—88, Jan./Febr. 1962; Tomsk, Med. Inst., Lehrstuhl für Physiolog.; russ.) — Bei experimentellem chron. Gallenverlust kam es bei Hunden zur Bldg. einer hypochromen regenerativen Anämie ohne strenge Korrelation zwischen der Verminderung des Geh. an *Hämoglobin* (**I**) u. dem Geh. an Gesamt-Fe. Die **I**-Abnahme erfolgte früher u. intensiver als die Abnahme von Fe. I. v. Kloch-Kornitz. 4572 □

Volumänderung des umlaufenden Blutes nach Polyglukinzufuhr bei tödlichen Blutverlusten von Hunden. Ss. G. Gassanow. (Probleme Hämatol. Bluttübertrag. [UdSSR] **5,** Nr. 8, 49—53, Aug. 1960; Moskau, Med. Stomatolog. Inst., Lehrstuhl für Pathophysiolog.; russ.) — Nach Transfusion von 60—65 cm^3 *Polyglukin ZOLIPK* (**I**) oder *isogenem Plasma* (iP) kam es bei Hunden nach experimentellem tödlichem Blutverlust zu 9—12% ig., nach Transfusion von Ricket-Lsg. (**II**) zu starkem progressivem Absinken des zirkulierenden Blutvolumens. Das stark verringerte Erythrocyten-Vol. u. der Geh. an *Hämoglobin* u. *Serumproteinen* vermehrten sich nach **I** stärker als nach iP u. stiegen nach **II** stark an. I. v. Kloch-Kornitz. 4572 □

Die Veränderung des Aminosäuregehaltes im Blut von Kranken nach der Blutübertragung. N. A. Rsajew, T. D. Gaibow und G. A. Gusseinow. (Pathol. Physiol. exp. Therap. [UdSSR] **4,** Nr. 5, 16—19, Sept./Okt. 1960; Baku, Aserbaidshan. Forschungsinst. für Hämatolog. u. Bluttransfusion; russ., Auszug: engl.) — Bei Kranken mit posthämorrhag. Anämie verringerte sich nach der 1. Bluttransfusion der *Amino-N* (**I**)-Geh. im Blut (a), im Plasma (b) u. bes. in den Formelementen (c) des Blutes in den ersten 2 Std. (Hemmungsphase), um sich nach 24 Std. (Kompensationsphase) zu normalisieren oder wieder zu vermehren. Der verringerte b/c-Koeff. des **I** verbesserte sich. Nach der 2. Bluttransfusion kam es durch die erfolgte Restaurierung in der 1. u. 2. Phase zu geringen Veränderungen oder zur Erhöhung des **I**-Geh. in a, b u. c. I. v. Kloch-Kornitz. 4572 □

Rasche Bestimmung von A_2-Hämoglobin durch Strömungsumkehrelektrophorese auf Celluloseacetatmembranen. Emidio Afonso. (Clin. chim. Acta [Amsterdam] **7,** 545—49, Juli 1962; Goa, India, Labor. of Health Serv.; engl.) — Beschreibung einer Strömungsumkehrelektrophorese-Meth. auf Celluloseacetatstreifen zur Best. von *A_2-Hämoglobin* u. *Nicht-Häm-Proteinen.* Die Meth. hat gegenüber der Stärkeblock-Meth. den Vorteil einer besseren Verdeutlichung der weniger konz. Bestandteile des Erythrocytenlysats. K. Zingraf. 4572 □

Die Rolle des Wassers bei der Stabilität des Oxyhämoglobins. R. A. Horne. (Science [Washington] **130,** 164, 17/7. 1959.) — Die Elektronenübertragung zur Oxydation des Fe^{2+} zu Fe^{3+} im Hämoglobin erfolgt über Wasserbrücken. Durch Besetzung von 5 Koordinationsstellen mit dem Porphyrinring bzw. mit dem Globin (5. Position) ist nur die 6. Position durch ein Wasser-Mol. besetzt, welches durch O_2 reversibel ersetzt werden kann. Durch Fehlen des elektronenübertragenden Wasser-Mol. kann O_2 ohne Oxydation des Hämoglobins transportiert werden. Oxydation durch $Mo(CN)_8$ u. $IrCl_6$ wird durch an diese Moll. gebundenes W. erklärt. Da beim Häm (Fe^{2+}) Schutz der 5. Position durch Globin fehlt, erfolgt sofortige Oxydation in Ggw. von O_2.

K. Ruckpaul. 4572□

Eine Untersuchung der Beziehung von Kohlenmonoxidkonzentrationen der Straße zu Verkehrsunfällen. George D. Clayton, Warren A. Cook und W. G. Fredrick. (Amer. ind. Hyg. Assoc. J. **21**, **46**—54, Febr. 1960; Detroit, George D. Clayton & Assoc., Inc.; Detroit Dep. of Health, Bureau of Ind. Hyg.; Ann Arbor, Mich., Univ. of Michigan, School of Public Health.; engl.) — Von 237 Personen, die in Verkehrsunfälle verwickelt waren, hatten nur 3 Personen eine *CO*-Hämoglobin-Sättigung von über 10%. Da eine CO-Hämoglobin-Konz. unter 10% im Blut keine Beschränkungen des Fahrens bedingt, kann vorläufig ein Zusammenhang zwischen der CO-Konz. auf der Straße u. Verkehrsunfällen nicht festgestellt werden. G. Kimmerle. 4572

Vergleichende Untersuchung der Enzymaktivitäten in normalen Erythrocyten von Erwachsenen und aus dem Nabelschnurblut in Beziehung zur Reduktion von Methämoglobin. Charles D. McDonald jun. und Titus H. J. Huisman. (Clin. chim. Acta [Amsterdam] **7**, 555—59, Juli 1962; Augusta, Med. Coll. of Georgia, Dep. of Biochem. and Pathol.; engl.) — Im Vgl. zu Erythrocyten von Erwachsenen war in Erythrocyten aus dem Nabelschnurblut die *red. Diphosphopyridinnucleotid*-Aktivität verringert u. die Aktivität von *Glucose-6-phosphatdehydrogenase* u. *Glutathionreduktase* erhöht. Eine Anreicherung von *Methämoglobin* (I) in den Erythrocyten des Nabelschnurblutes wird wohl durch eine erhöhte Red. von I durch red. Glutathion verhütet.

K. Zingraf. 4573□

Beziehungen zwischen chromatographisch und stärkeblockelektrophoretisch isolierten kleinen Komponenten des gesamten normalen menschlichen Erwachsenenhämoglobins. A. G. Schnek und W. A. Schroeder. (J. Amer. chem. Soc. **83**, 1472—78, 20/3. 1961; Pasadena, Calif., Div. of Chem. and Chem. Engng., California Inst. of Technol.; engl.) — Erwachsenenhämoglobin (HbA) wurde nach Clegg u. Schroeder (C. **1961**, 904) präpariert. Für die Verss. wurde das Oxyhämoglobin in CO-Hämoglobin übergeführt. Die Stärkeblock-Elektrophorese wurde in Veronal-Na/HCl-Puffer (pH 8,6 u. 0,05) durchgeführt, die Chromatographie nach einem in der oben zitierten Unters. von Clegg u. Schroeder angegebenen Verf.; zusätzlich wurde ein Na_2HPO_4/NaH_2PO_4/KCN-Puffer (pH 6,7 $\pm$0,002) als Entw.-Fl. Nr. 6 in die Meth. aufgenommen. Elektrophoret. ließen sich drei Komponenten A_1, A_2, A_3 isolieren. Die Wanderungs-Geschw. der Hauptkomponente A_1 lag zwischen der am schnellsten wandernden Komponente A_3 u. der langsamsten A_2, die nur 1% des Gesamt-HbA ausmacht. Durch Chromatographie wurden 8 HbA-Komponenten gefunden, davon wanderten 5 (A_{Ia}, A_{Ib}, A_{Ic}, A_{Id}, A_{Ie}) schneller als die Hauptkomponente A_{II}. Die beiden Komponenten A_{IIIa} u. A_{IIIb} wanderten langsamer als A_{II}. Hämfreies Protein war ebenfalls zugegen. Weitere Verss. ermöglichten die Zuordnung der chromatograph. u. elektrophoret. getrennten Komponenten. Die elektrophoret. Komponente A_1 bestand aus den chromatograph. Komponenten A_{Ic}, A_{Id}, A_{Ie} u. A_{II}; A_2 aus A_{IIIb} u. hämfreiem Protein(en). Die in der Unters. angestellten quant. Best. ergaben in den einzelnen Verss. unterschiedliche Ergebnisse. P. Walsmann. 4573□

Über begrenzende Faktoren von Atmung und Glykolyse in Reticulocyten. S. Rapoport, U. Hinterberger, L. Ababei, R. v. Jagow und E. C. G. Hofmann. (Acta biol. med. german. [Berlin] **7**, 528—31, 1961; Berlin, Humboldt-Univ., Physiol. Chem. Inst.; dt.) — Kaninchenreticulocyten zeigen einen ausgeprägten Pasteur-Effekt, die anaerobe Lactat-Bldg. ist 3—5mal größer als die aerobe. *2.4-Dinitrophenol* (*DNP*) steigert den aeroben auf den anaeroben Wert. Die anaerobe Glykolyse wird durch Hexokinase-Rk. begrenzt. DNP steigert die Atmung auf das Doppelte, Zusatz von *Oxalacetat* sowie von anderen Substraten des Citratcyclus oder dessen Muttersubstanzen, wie *Pyruvat*, *Acetat*, *Glutamin* u. *Glutamat*, bewirken eine weitere Steigerung des O_2-Verbrauchs unter DNP bis auf das 3fache. Schlußfolgerungen: 1. Unter Normalbedingungen ist der Abfluß von phosphoryliertem Enzym ($E \sim P$) begrenzend. 2. DNP hebt diese Begrenzung auf; unter endogenen Bedingungen ist jetzt die Zufuhr von Aminosäuren begrenzend. 3. Zusätzlich zugefügte Substrate des Citratcyclus umgehen diesen Engpaß, jetzt wirkt der Abschnitt der Atmungskette begrenzend, der zur $E \sim P$-Verbindung führt. 4. Die Kontrolle der aeroben Glykolyse erfolgt durch die Adenosindiphosphatkonzentration. Anorgan. PO_4^{3-} kann als zusätzlicher Faktor nicht ausgeschlossen werden. D. Scheuch. 4573 □

Über die in vivo-Alterung transfundierter Erythrocyten bei einem Fall von kongenitaler Erythrogenesis imperfecta (Diamond-Blackfan). 1. Mitt. Lebenserwartung und morphologische Veränderungen der transfundierten Erythrocyten. I. Syllm-Rapoport und D. Schmidt. (Acta biol. med. german. **7,** 452—60, 1961; Berlin, Humboldt-Univ., Kinderklin.; dt.) — Die transfundierten Zellen zeigten eine normale Lebenserwartung (90 Tage), es treten also bei der Erythrogenesis imperfecta keine zerstörenden Faktoren im Plasma auf. Der Erythrocytendurchmesser nahm nach 42 bis 46 Tagen um 9% ab. Abnahmen des Erythrocyten-Vol., der H_2O- u. *Hämoglobin*-Konz. sind nicht signifikant. Die Hämolysebreite war bei der älteren Zellpopulation verringert. Papierchromatograph. Unters. einer im Harn blaufluorescierenden Substanz ergab eine Substanz, die sich von Anthranilsäure unterscheidet, aber nicht identifiziert werden konnte. D. Scheuch. 4573 □

Über die in vivo-Alterung transfundierterErythrocyten bei einem Fall von kongenitaler Erythrogenesis imperfecta (Diamond-Blackfan). 2. Mitt. Stoffwechselveränderungen der transfundierten Erythrocyten. I. Syllm-Rapoport, E. C. G. Hofmann und D. Schmidt. (Acta biol. med. german. **7,** 461—66, 1961; Berlin, Humboldt-Univ., Kinderklin.; dt.) — 1. vgl. vorst. Referat. — Glykolyse-Geschw., *Glucose-6-phosphatdehydrogenase-* u. *Phosphoglycerinaldehyddehydrogenase*-Aktivität sinken im Verlauf der Alterung der transfundierten Zellen signifikant ab. Säurelabiles u. säurestabiles Phosphat steigen dagegen signifikant an. Diese unerwartete Tatsache wird in Zusammenhang mit dem höheren anorgan. Phosphatspiegel des jungen Organismus gebracht. D. Scheuch. 4573 □

Untersuchung einiger Lipidfraktionen der Erythrocyten leukämiekranker Kinder. C. Ioppolo, G. Antognoni, O. Coppola und E. Bottini. (Boll. Soc. ital. Biol. sperim. **38,** 204—06, 15/3. 1962; Rom, Univ., Clin. Pediatr.; ital.) — Die Unterss. wurden an 10 leukämiekranken Kindern von 3—11 Jahren durchgeführt. In allen Fällen mit einem geringeren Erythrocyten-Vol. als 90 μ^3 ergab sich eine mäßige Verringerung des Index *P/Gesamtlipide* gegenüber der Norm. Bei einem Erythrocyten-Vol. von $>90\,\mu^3$ sind die Werte für Gesamtfette u. *Cholesterin* prakt. gleich denjenigen normaler Kinder, während bei $<90\,\mu^3$ die Gesamtfette, P u. Cholesterin etwa verdoppelt sind. F. Kren. 4573 □

Kohlenhydratstoffwechsel der Leukocyten. Wanda Zawisza. (Postępy Hig. Med. doświadczalnej **14,** 405—12, Juli/Aug. 1960; Warszawa, Inst. Matki i Dziecka, Zakł. Mikrobiol., Zakł. Biochem.; pol.) — Übersicht. — 52 Literaturangaben. F. Urban. 4573 □

Über die Bedeutung des Glykogengehaltes in den Neutrophilen. B. A. Pawlow. (Therap. Arch. [UdSSR] **32,** Nr. 9, 44—48, Sept. 1960; Leningrad, 1. Med. Pawlow-Inst., Lehrstuhl für fakultative Therapie; russ., Auszug: engl.) — Der *Glykogen* (**I**)-Geh. der Neutrophilen, der nach der Färbe-Meth. von Schabadasch untersucht wurde, war bei Gesunden bei phys., alimentärer u. Zuckerbelastung sowie bei Kranken mit Lebercirrhose u. Thyreotoxikose normal, bei schwerem Diabetes mellitus teilweise u. bei Entzündungsprozessen bei gleichzeitiger Erhöhung der Bewegungs- (BA) u. Phagocytoseaktivität (PA) der Leukocyten vermehrt, bei Leukosen u. hypoplast. Bluterkrankungen bei gleichzeitiger Verminderung der BA u. PA vermindert. Bei chron. Reticulosen, Lymphadenosen u. infektiöser Mononucleose enthielt eine große Anzahl von Lymphocyten u. lymphoreticulären Zellen **I** in Form von Granula. I. v. Kloch-Kornitz. 4573 □

Mikroelektrophorese unter Verwendung kleiner Puffervolumina. J. Fischl. (Clin. chim. Acta [Amsterdam] **7,** 537—39, Juli 1962; Zerifin, Israel, „Assaf Harofe" Gov. Hosp., Biochem. Dep.; engl.) — Beschreibung eines App. zur Mikroelektrophorese auf Celluloseacetat-Papier mit Trockenbatterien als Stromquelle. Elektrophoresedauer 30 Minuten. K. Zingraf. 4574 □

Der Phosphor-Calciumumsatz bei Kranken mit Paradentose in der Anfangsform. A. D. Nosskow. (Stomatologie [UdSSR] **41,** Nr. 4, 15—16, Juli/Aug. 1962; Irkutsk, Med. Inst., Lehrstuhl für therapeut. Stomatolog.; russ.) — Im Anfangsstadium der Paradentose war der Geh. an *Ca* im Blutserum im Mittel auf 11,46 (normal 10,76) mg% erhöht, der Geh. an anorgan. *P* im Mittel normal (4,3 mg%), die mittlere quadrat. Abweichung jedoch 2mal größer als bei gesunden Personen (0,63). I. v. Kloch-Kornitz. 4574 □

Elektropherogramme der Blutserumproteine bei einigen Formen der Leukose. W. P. Protzenko. (Probleme Hämatol. Blutübertrag. [UdSSR] **5,** Nr. 12, 26—28,

Dez. 1960; Stawropol, Med. Inst., Klin. für Hospitaltherapie; russ.) — In Unterss. mittels Papierelektrophorese erhielten 16 der untersuchten Leukosekranken die übliche Therapie (Transfusionen, Vitamintherapie, Fe, Leber, Ca). Bei 22 wurden außerdem Steroidhormone zugeführt. Die stärksten Veränderungen im *Eiweiß* des Pherogramms zeigten die Fälle von akuter Leukose. Die Albuminfraktion war stark verringert, α- u. γ-Globuline waren vermehrt. Die Behandlung blieb ohne wesentliche Wrkg. auf das Proteinbild. Bei chron. Lymphadenose führte erst die Zufuhr von *Prednison* (I) zu einer deutlichen Besserung des klin. u. hämatolog. Bildes. Die gleiche Beobachtung wurde auch bei subakuter Reticulo-Endotheliose gemacht. I war wirksamer als Cortison. F. du Mans. 4574□

Photometrische Bestimmung der Sialsäuren in Serum und Cerebrospinalliquor mit der Thiobarbitursäuremethode. Abraham Saifer und Shirley Gerstenfeld. (Clin. chim. Acta [Amsterdam] **7,** 467—75, Juli 1962; Brooklyn, New York, N.Y., Jew. Chron. Dis. Hosp., Isaac Albert Res. Inst., Dep. of Biochem.; engl.) — Beschreibung einer Modifikation der empfindlichen Thiobarbitursäure-Meth. von Warren [1959] zur Best. von *Sialsäure* (I; Wegfall der Extraktion). Der Quotient aus *Globulin* (II)-I u. Gesamt-II war bei Krebs, rheumatoider Arthritis, multipler Sklerose u. bes. bei amaurot. familiärer Idiotie erhöht. Hydrolysiertes Serum, Orosomucoid, die Protein-gebundene Fraktion des Cerebrospinalliquors (CSL) u. unhydrolysierte I besitzen ein gemeinsames Chromogen. Freie I ist im CSL nicht vorhanden. K. Zingraf. 4574□

Vergleichende Untersuchung des Cystin-Cystein-Gehaltes des Mucoproteins von normalen und Silicoseseren. Eva Arató Sugár. (Clin. chim. Acta [Amsterdam] **7,** 594—96, Juli 1962; Budapest, Nat. Inst. of Occup. Med.; engl.) — In Seren von Patienten mit Silicose ist der *Cystin* (I)-*Cystein* (II)-Anteil des *Mucoproteins* (III; bei gleichzeitiger Zunahme von III) u. bes. der Anteil von freiem I u. II größer als im Serum von Normalpersonen. K. Zingraf. 4574□

Normalwerte des Gesamtserum-Cholesterins bei gesunden Bürgern von Tokyo. Yoshimasa Yoneyama, Motoshi Kitamura und Haruhisa Yoshikawa. (Clin. chim. Acta [Amsterdam] **7,** 529—36, Juli 1962; Tokyo, Univ. of Tokyo, Fac. of Med., Dep. of Physiol. Chem. and Nutr.; engl.) — In Tokyo betrug der mittlere *Cholesterin* (I)-Geh. im Serum bei ♂ 179,6 ± 35,2 u. bei ♀ Personen 117,5 ± 32,2 mg%. Es bestand keine Korrelation zwischen Fettverbrauch u. I-Geh. im Serum. K. Zingraf. 4574□

Die Lipoproteide des Blutserums von Hypertonikern. G. W. Kalugina. (Therap. Arch. [UdSSR] **34,** Nr. 5, 53—57, Mai 1962; Leningrad, Pädiatr. Med. Inst., Lehrstuhl für Hospitaltherapie; russ., Auszug: engl.) — Elektrophoret. Unterss. zeigten im Blutserum von Kranken mit Hypertonie 2. u. 3. Grades, je nach Schwere u. Dauer des Krankheitsverlaufs (bes. bei cardialen u. atherosklerot. Formen), Vermehrung des Geh. an *Gesamtlipiden* (I) bis auf 1000 mg% u. an *β-Lipoproteiden* (II) bis auf 88% u. Verringerung der *α-Lipoproteide* (III) bis auf 20,6% (normal im Mittel 640 mg% **I,** 65% **II,** 35% **III**); nach komplexer Therapie verringerte bzw. normalisierte sich deren Gehalt. I. v. Kloch-Kornitz. 4574□

Über Steroid-Konjugate in Plasma. 3. Mitt. **Quantitative Bestimmung unpolarer 17-Ketosteroid-Konjugate in menschlichem Plasma.** Georg W. Oertel und Eberhard Kaiser. (Clin. chim. Acta [Amsterdam] **7,** 463—66, Juli 1962; Homburg/Saar, Univ. des Saarlandes, Inst. für Hyg. u. Mikrobiol., Endokrinol. Abt.; dt.) — Bei Chromatographie eines Plasmaextraktes auf Al_2O_3 fanden sich 80% der gesamten *17-Ketosteroide* (I) in Lipoid-haltigen Fraktionen u. nur 20% als Sulfate. Anschließende Chromatographie des unpolaren Materials auf SiO_2 führte zu einer deutlichen Abnahme der unpolaren I-Konjugate u. zu gleichzeitiger Zunahme der Fraktion, die sich wie synthet. I-Sulfate verhielt. Das Gemisch unpolarer I-Konjugate enthielt *Dehydroepiandrosteron, Androsteron, Ätiocholanolon* u. *Cholanolon.* K. Zingraf. 4574□

Aktivität von Thrombinpräparaten aus dem Blut stark verschiedener Gattungen. Hugon Kowarzyk, Ewa Marciniakówna und Maria Kotschy. (Postępy Hig. Med. doświadczalnej **14,** 429—32, Juli/Aug. 1960; Wrocław, Akad. Med., Kat. Patol. ogóln. i dośw.; PAN, Inst. Immun. i Terapii dośw. im L. Hirszfelda, Zakł. Fizjopatol.; pol.) — Die Koagulationszeit von *Thrombin*-Präpp. aus Menschen-, Rinder-, Hühner- u. Karpfenblut ist eine Funktion der Verdünnung. Die *Esterase*-Aktivität (EA) u. die Koagulationsaktivität (KA) der Präpp. sind ebenfalls durch eine lineare Funktion miteinander verknüpft. Das Verhältnis EA/KA beträgt für die einzelnen Blutarten im Mittel 0,97, 1,08, 1,03 u. 0,96 u. ist von den Herst.-Bedingungen der Präpp. abhängig. So beeinflussen Salze die Polymerisation u. Depolymerisation, nicht aber die Proteolyse. Die Esterase-Wrkg. ist eine genauere Charakteristik der enzymat. Aktivität von Thrombin als die Koagulasewirkung. F. Urban. 4574□

Thrombin und Thrombokinase des Hühnerblutes. Ewa Marciniakówna und Barbara Czerwińska-Kossobudzka. (Postępy Hig. Med. doświadczalnej **14,** 433—40, Juli/Aug. 1960; pol.) — Vgl. vorst. Referat. — Im akt. Hühnerblutserum, das *Cephalin* u. Ca^{2+} enthält, läßt sich mit Hilfe der 2stufigen Messung ein teilweiser Verbrauch von *Prothrombin* (**I**) feststellen. Mit der einstufigen Messung ist dieser Effekt nicht sichtbar. Ursache des unvollständigen Verbrauchs von **I** ist die schnelle Erschöpfung des thrombokinet. Faktors im Serum. Der Verbrauch von **I** wird durch arteigenes *Thrombin* (**II**) im akt. Serum verstärkt. Daneben hat **II** koagulierende Aktivität u. Esteraseaktivität, die unabhängig von der Art sind. Die aktivierende Wrkg. von **II** ist somit nicht mit der koagulierenden Aktivität u. der Esteraseaktivität identisch. F. Urban. 4574□

Einige Komponenten des Blutgerinnungssystems und der Geschwindigkeit der Gerinnung als Merkmale der Leberfunktion bei Botkinscher Krankheit und experimenteller toxischer Hepatitis. I. D. Lewit. (Pathol. Physiol. exp. Therap. [UdSSR] **4,** Nr. 5, 64—66, Sept./Okt. 1960; Tscheljabinsk, Med. Inst., Pathophysiolog. Labor.; Kopeisk, Städt. Krankenhaus; russ.) — Die Erhöhung des *Fibrinogen*-Geh. im Blut erwies sich bei Kranken mit chron. Hepatitis, mechan. Ikterus, Botkinscher Krankheit (bis zur 6. Woche) sowie bei Hunden (bis zum 2. Monat) u. Kaninchen (bis zum 17. Tag der Erkrankung) mit experimenteller tox. Hepatitis (0,25 cm^3 CCl_4) neben den Veränderungen des *Prothrombin*-Geh., der Gerinnungszeit, der Thrombocytenzahl, des Weltmannschen Koagulationsbandes, des Gesamteiweiß-Geh. u. des Leberumfangs als empfindliches diagnost. Kriterium. I. v. Kloch-Kornitz. 4574□

Einfluß der Antikoagulantien auf die Resorption aus der Bauchhöhle während der verschiedenen Phasen der Peritonitis. Ss. M. Lutzenko. (Pathol. Physiol. exp. Therap. [UdSSR] **6,** Nr. 1, 53—55, Jan./Febr. 1962; Lugansk, Med. Inst., Lehrstuhl für Hospitalchirurgie; russ., Auszug: engl.) — Injektion von *Dicumarin* führte bei Peritonitis der Kaninchen (100 mg) u. Ratten sowie bei gesunden Tieren zur Verringerung der *Prothrombin*-Zeit (1.—4. Tag bis zu 40%) u. Beschleunigung der intraperitonealen Resorption von *Na-Fluorescein* (zugeführt 5%ig. Lsg. 0,6 bzw. 1,0 ml/kg), bes. im 2. u. 3. Stadium der Peritonitis, u. zur Steigerung der hämorrhag. Exsudation. I. v. Kloch-Kornitz. 4574□

Der Eisen-Dextran-Komplex (Ferrodex) für intramuskuläre Injektionen. Pharmakologische Untersuchungen. Stanisław Biele und Halina Szafranowa. (Acta polon. pharmac. **18,** 149—56, 1961; Warszawa, Inst. Farmac.; pol.) — Die pharmakolog. Eigg. des *Fe(III)-Dextran-Komplexes* sind vom Molgew. des angewandten *Dextrans* (**I**) abhängig. Das mit **I** des Molgew. 3000 erhaltene Präp. „*Ferrodex*" hat eine niedrigere Toxizität (DL_{50} 540—640 mg Fe/kg i.v. bei Mäusen) als das zum Vgl. untersuchte engl. Präp. „*Imferon*" (460 mg Fe/kg). Es hat einen Fe-Geh. von 50 mg/kg. Das Maximum des Fe-Geh. im Serum nach der Injektion (i.m.) bei Kaninchen tritt nach 24 Std. auf. Das Präp. bleibt ca. 72 Std. im Kreislauf. Nebenwrkg. werden nicht beobachtet. F. Urban. 4576□

Der Tagesrhythmus der Ausscheidung einiger Spurenelemente mit dem Harn. Je. W. Ssabadasch und W. R. Ssoroka. (Bull. exp. Biol. Med. [UdSSR] **52** (**26**), Nr. 8, 64—66, Aug. 1961; Stalino, Med. Gorki-Inst., Lehrstuhl für Biochem.; russ., Auszug: engl.) — Bei Hunden wurden die Veränderungen des Geh. an *Si*, *Ti*, *Al*, *Cu* u. *Mn* im Harn während 24 Std. spektrochem. untersucht. Es zeigte sich, daß die Ausscheidung am Tage durch die verstärkte Funktion des sympath. Nerven-Syst. höher (Maximum um 9 Uhr morgens) u. während der Nacht durch die erhöhte Funktion des parasympath. Nerven-Syst. (Minimum zwischen 21 u. 3 Uhr nachts) niedriger ist. I. v. Kloch-Kornitz. 4577□

Ausscheidung von α-Ketosäuren im Harn bei Phenylketonurie. Eman Zelníček. (Clin. chim. Acta [Amsterdam] **7,** 592—93, Juli 1962; Brno, Czechoslovakia, Purkyně Univ., Dep. of Med. Chem.; engl.) — Kinder mit Phenylketonurie schieden nur etwa halb so viel *α-Ketoglutarsäure* im Harn aus wie normale Kinder. K. Zingraf. 4577□

Die Glykoproteine des normalen menschlichen Harns. 4. Mitt. Fraktionierung und Charakterisierung der Glykopeptide im Harn. Roland Bourrillon, Pierre Cornillot und René Got. (Clin. chim. Acta [Amsterdam] **7,** 506—14, Juli 1962; Paris, Univ., Fac. de Méd., Labor. de Biochim. Méd.; franz.) — Die *Biokoll.* im Harn, die in 50%ig. A. lösl. sind, wurden mittels Chromatographie auf DEAE-Cellulose u. Stärkegelelektrophorese in mehr als 20 Fraktionen aufgeteilt. Diese Fraktionen besitzen ein niedriges Molgew. u. enthalten 90% u. mehr *Kohlenhydrate.* K. Zingraf. 4577□

Papierchromatographische Bestimmung einiger kurzkettiger Dicarbonsäuren im Harn. Karlheinz Stalder. (Hoppe-Seyler's Z. physiol. Chem. **311,** 221—26, 18/7. 1958; Göttingen, Med. Forsch.-Anst. der Max-Planck-Ges., Biochem. Abt.; dt.) —

Die in Spuren im Harn vorkommenden Dicarbonsäuren *Malonsäure* (I), *Methylmalonsäure* (II) u. *Bernsteinsäure* (III) wurden aus Menschen- u. Rattenharn isoliert u. papierchromatograph. annähernd quant. bestimmt. Der angesäuerte Harn wurde mit Ae. extrahiert, die petrolätherunlösl. Stoffe u. flüchtigen Säuren entfernt u. das Rohsäuregemisch mit Aceton aufgenommen. Das Rohsäuregemisch wurde papierchromatograph. mit A./Ammoniumcarbonatpuffer 5 : 2 getrennt u. I, II u. III durch mitlaufende Substanzen identifiziert. Die entsprechenden Flecke wurden ausgeschnitten u. mit Aceton extrahiert. Zur quant. Auswertung wurden aliquote Teile der isolierten Säuren mit Isoamylformiat/W./Ameisensäure 11 : 1 : 2 papierchromatographiert, die Flecken ausgeschnitten, gewogen u. die Mengen berechnet (durch Vgl. mit den Fleckgewichten bekannter Mengen der gleichen Substanz). Die Meth. erfaßt 70—80% der gesuchten Säuren. Die ausgeschiedenen Mengen I, II u. III von Mensch u. Ratte entsprechen annähernd der von Rubner formulierten Oberflächenregel. S. Hothorn. 4577□

Trennungsgang zur quantitativen Bestimmung von Keto- und Aminosäuren in kleinen Mengen des Liquor Cerebrospinalis. Else Gründig. (Clin. chim. Acta [Amsterdam] **7,** 498—505, Juli 1962; Wien, Univ., Med.-Chem. Inst.; dt.) — Es wird ein Trennungsgang beschrieben, der die quant. Best. von μg-Mengen *Ketosäuren* u. *Aminosäuren* nebeneinander ermöglicht; er eignet sich bes. für Cerebrospinalliquor, von dem 3—4 ml ausreichen. K. Zingraf. 4578□

Lactat- und Pyruvatverschiebungen im trächtigen Uterus. William E. Huckabee, James Metcalfe, Harry Prystowsky und Donald H. Barron. (Amer. J. Physiol. **202,** 193—97, Jan. 1962; Boston, Mass., Boston Univ., School of Med., Dep. of Med.; Harvard Med. School, Dep. of Med.; New Haven, Conn., Yale School of Med., Dep. of Physiol.; engl.) — Im mütterlichen u. fötalen Blut der trächtigen Ziege ließen sich keine einheitlichen, systemat. auswertbaren Konzz. an *Lactat* u. *Pyruvat* nachweisen; passive Verschiebungen erscheinen unwahrscheinlich; Konz.-Gradienten ließen sich nicht erkennen. U. Tausendfreund. 4582□

Verbleib der Fructose im gerade geborenen fötalen Lamm. Heather J. Shelley und G. S. Dawes. (Nature [London] **194,** 296—97, 21/4. 1962; Oxford, Univ. of Oxford, Nuffield Inst. for Med. Res.; engl.) — Die Konz. der *Fructose* (I) im Blut fötaler Schaflämmer fällt postnatal binnen weniger Std. rapide ab; die Leber der neugeborenen Tiere ist jedoch bis zum 5. Tag nach der Geburt unfähig, I umzuwandeln u. enthält keine Fructokinase. Aus 4 Mutterschafen wurden nach einer Graviditätsperiode von 138 bis 141 Tagen 6 Lämmer von 3,3—5,4 kg Gewicht durch Sectio caesarea entbunden. Mit Kathetern, die in Femoralisarterie u. Harnblase des Fötus inseriert wurden, haben Vff. vor u. (in Intervallen bis 6 Std.) nach Durchtrennung des Funiculus umbilicalis Bluttropfen entnommen u. die Harnblase entleert. Die Best. des I-Geh. in Blut u. Harn dieser Föten erfolgte nach der Meth. von Bacon u. Bell (1948). Die I-Konz. im Blut fiel von 42 auf 18 mg/100 ml. Bei einer Exkretionsmenge von 5 $\pm$ 1,56 ml Urin/kg Körpergewicht/Std. stieg die I-Konz. im Harn von 1,536 auf 42 mg/100 ml. Die Zunahme von I im Harn betrug jedoch das Doppelte des I-Verlustes im Blut. Vff. folgern, daß die andere Hälfte den Geweben u./oder der Extracellularfl. entstammt. Offenbleibt, ob die Resultate auch auf das Lamm in utero u. das natürlich geborene Schaf übertragbar sind u. ob die I auch als Energiequelle für Amnion u. Allantois dient.
H. G. W. Gleiß. 4583□

Untersuchungen über den Kohlenhydratstoffwechsel bei hypercholesterämischen Rhesusaffen. Asok Bandyopadhyay und Sachchidananda Banerjee. (Proc. Soc. exp. Biol. Med. **110,** 173—75, Mai 1962; Bikaner, Indien; Bikaner Med. Coll., Dep. of Physiol. and Biochem.; engl.) — Rhesusaffen erhielten folgende Diäten: Grunddiät (G); G + 3g *Cholesterin* (I); 3g I + 30g Senföl + G; 3 g I + 30 g Cocosnußöl + G; 3 g I + 30 g Sesamöl + G für 8 Monate. Die I-Geh. des Plasmas hatten folgende Höhe (in obiger Reihenfolge): 105—138 mg/100 ml; 114—118; 210—248; 198—242; 554—636. Die *Glucose*-Geh. u. Geh. an nicht veresterten Fettsäuren nach Zusatz von 2 g Glucose/kg Körpergewicht gingen parallel. Die weitaus höchsten Geh. wies die Diät mit Senföl auf, Cocosnuß u. Sesamöl-Diät hatten mittlere Geh., G u. G + I die niedrigsten. Die hypercholesteräm. Tiere schieden mehr 17-Ketosteroide aus. W. Hiller. 4585□

Die Antivitamine. F. Cedrangolo. (Boll. chim. farmac. **99,** 597—618, Sept. 1960; Napoli, Univ., Ist. di Chim. Biol.; ital.) — Übersicht über Geschichte, Wrkg.-Mechanismus u. Antitumor-Wrkg. der Antivitamine. — 71 Literaturangaben.
K. Zingraf. 4587□

Vitamine als nekrotrope Leberschutzstoffe. W. Eger und H. Nassr-Esfahani. (Z. Vitamin-, Hormon- u. Fermentforsch. [Wien] **11,** 1—9, 25/5. 1960; Göttingen, Univ., Patholog. Inst.; dt.) — An Ratten wurden im Allylalkoholtest *Vitamin A*, B_1, *B-Komplex*, B_{12}, *Ascorbinsäure* u. *Tocopherol* auf ihre nekrotrope-hepatotrope Leberschutz-Wrkg. geprüft. Vitamin B_1 zeigt als Thiamin keine nekrotrope Wrkg., erst in Form von Thiamindisulfid zeigt sich die Wrkg., die durch Thiamindisulfidphosphorsäure noch erhöht wird. Höhere Dosierungen führen zur Abnahme bzw. völligen Aufhebung der nekrotropen Wirkung. Von den aus dem Vitamin-B-Komplex geprüften Substanzen zeigen nur *Nicotinsäureamid* u. *Folsäure* eine nekrotrope Wirkung. Tocopherol besitzt nur bei hohen Dosierungen eine geringe nekrotrope Wirkung. Vitamin A u. C sind nach Prüfung im Allylalkoholtest ebenfalls keine Leberschutzstoffe. Vitamin C erhöht sogar die tox. Wrkg. des Allylalkohols. S. Groitzsch. 4587□

Wasserlösliche Vitamine. 2. Mitt. **Folsäure, Riboflavin, Thiamin, Vitamin B_{12}.** G. W. E. Plaut. (Annu. Rev. Biochem. **30,** 409—46, 1961; Salt Lake City, Utah, Univ. of Utah, Coll. of Med., Labor. for the Study of Hereditary and Metabolic Disorders and Dep. of Biol. Chem. and Med.; engl.) — 1. vgl. C. **1962.** 14215. — Riboflavin (I) u. Folsäure (II): Beziehungen zwischen der Biogenese der Flavine, Pteridine (III) u. Purine (Wrkg. von II-Derivv. auf die I-Bldg.; Isolierung, Synth. u. Stoffwechsel-Eigg. von 2.4-Dihydroxy-8-ribitylpteridinen; 6-Methyl-7-hydroxy-8-ribityllumazin; Ursprung von III-$C_{(6+7)}$; enzymat. Bldg. von Pteroyl-Derivv.; gegenseitige Umwandlung von Pteroylglutamat-Derivv.; Thiamin (IV): Biogenese (Bldg. aus Pyrimidin u. Thiazol, Cocarboxylase, IV-Derivv.), Wrkg.-Mechanismus; Vitamin B_{12}: Biogenese (porphyrinähnliche Hälfte, Nucleotidhälfte), Wrkg. (Cobamidcoenzyme, enzymat. Reaktionen). — 240 Literaturangaben. K. Maier. 4587□

Praktische Methoden für die mikrobiologische Bestimmung der B-Vitamine und Aminosäuren. 3. Mitt. E. C. Barton-Wright. (Lab. Pract. **10,** 715—20, Okt. 1961; engl.) — 2. vgl. Lab. Pract. **10,** [1961], 633. — Ausführliche Beschreibung der mikrobiolog. Best. von *Biotin, Nicotinsäure, Pantothensäure, Threonin* u. *Lysin* an Hand der Literatur. P. Gregorzewski. 4587□

Die Synthese von S-Acylthiaminderivaten und ihre Stabilität. Taizo Matsukawa, Sojiro Yurugi und Yoshikazu Oka. (Vitamins [Kyoto] **25,** 357—68, 1962; Osaka, Takeda Chem. Ind.; jap., Auszug: engl.) — *Thiamin* (I) ist im allg. instabil gegen Alkali u. in Ggw. verschiedener Amine wie z. B. Ammoniak, Hydrazin oder Alkylamine, erfolgt S-Eliminierung u. Bldg. von Aminoverbindungen. Vff. synthetisierten neue S-Acylthiamin-Derivv. u. untersuchten ihre Stabilität gegenüber Säure u. Alkali. Untersucht wurden folgende Probleme. Bldg. der Thioform von I in wss. Lsg.; S-Alkylthiamin-Derivv.; Sulfitspaltungs-Rk.; Rk. zwischen I u. Bestandteilen des Genus *Allium*; Synth. von I-Alkyldisulfid u. seiner Derivv.; Mechanismus der Rk. von I mit Na-Alkylthiosulfat; I-substituierte Alkyldisulfide; Synth. von S-Acylthiamin-Derivv.; Transacetylierung von S-Acetylthiamin-Derivv. zu Thiol-Verbb.; Bldg.-Mechanismus der Thiothiamine aus I; Rk. von I mit Amin in alkal. Lsg.; Rk. von S-Acylthiamin-Derivv. mit Hydrazinhydrat, Synth. neuer S-Acylthiaminderivate.

Versuche: Folgende neue Derivv. wurden hergestellt: *5-{N-Formyl-3-[furoyl-(2)-mercapto]-5-[furoyl-(2)-oxy]-pentyl-(2)-aminomethyl}-2-methyl-4-aminopyrimidin*, F. 179°. — *5-[N-Formyl-3-pivaloylmercapto-5-pivaloyloxypentyl-(2)-aminomethyl]-2-methyl-4-aminopyrimidin*, F. 118—122°. — *5-{N-Formyl-3-acetylmercapto-5-[furoyl-(2)-oxy]-pentyl-(2)-aminomethyl}-2-methyl-4-aminopyrimidin*, F. 111—112°. — *5-{N-Formyl-3-propionylmercapto-5-[furoyl-(2)-oxy]-pentyl-(2)-aminomethyl}-2-methyl-4-aminopyrimidin*, F. 114 bis 115°. — *5-[N-Formyl-3-propionylmercapto-5-benzoyloxypentyl-(2)-aminomethyl]-2-methyl-4-aminopyrimidin*, F. 111—112°. Alle Kapitel enthalten Rk.-Schemen u. Reaktionsgleichungen. W. Hiller. 4587□

Untersuchungen über Fettsäureester von Flavinen. 3. Mitt. **Hydrolyse von Fettsäureestern von Riboflavin durch Pankreas-Lipase.** Kunio Yagi, Jun Okuda und Yoshiko Yamamoto. (Vitamins [Kyoto] **22,** 175—77, 1961; Nagoya, Univ., Dep. of Biochem; Kinjo Gakuin Coll.; jap., Auszug: engl.) — 2. vgl. C. **1962,** 9792. — *Tetrabuttersäureester, Tetracaprinsäureester, Tetraessigsäureester* u. *Tetrapalmitinsäureester* von *Riboflavin* (I) wurden durch *Pankreas-Lipase* zu I u. der entsprechenden Fettsäure hydrolysiert. K. Zingraf. 4587□

Untersuchungen über Fettsäureester von Flavinen. 4. Mitt. **Hydrolyse von Fettsäureestern von Riboflavin durch menschlichen Verdauungssaft.** Soichi Niwa. (Vitamins [Kyoto] **22,** 178—81, 1961; Nagoya, Univ., Dep. of Biochem. u. Aichi Inst. of Public Health; jap., Auszug: engl.) — 3. vgl. vorst. Referat. — *Tetrabuttersäureester* (I), *Tetrapalmitinsäureester, Tetraessigsäureester* u. *Tetracaprinsäureester* von *Riboflavin* (II) wurden durch menschlichen Duodenalsaft, nicht aber durch Speichel oder Magensaft, zu II u. der entsprechenden Fettsäure hydrolysiert. Optimale Bedingungen für I: pH 8,5, 40°. K. Zingraf. 4587□

Untersuchungen über Fettsäureester von Flavinen. 5. Mitt. **Schicksal injizierter Fettsäureester von Riboflavin im lebenden Körper.** Toshiro Matsubara. (Vitamins

[Kyoto] **22,** 182—87, 1961; Nagoya, Univ., Dep. of Biochem.; Aichi Inst. of Public Health; jap., Auszug: engl.) — 4. vgl. vorst. Referat. — Nach i. m. Injektion von *Riboflavin* (I)-*tetrabuttersäureester,* nicht aber von I-*Tetrapalmitinsäureester,* trat ein leichter Anstieg des I-Geh. im Blut auf u. 30—40% des injizierten I wurden in Form von freiem I innerhalb von 24 Std. im Harn ausgeschieden. K. Zingraf. 4587 □

Untersuchungen über Atoxopyrimidin. 16. Mitt. Über Phosphorwolframate. 1. Mitt. T. Kinoshita. (Seikagaku [Biochemie, Tokyo] **26,** 134—37, 15/6. Kumamoto Daigaku, Igaku-Bu, Seikagaku-Kyōshitsu; 1954; jap.) — 15. vgl. C. **1958,** 8690; vgl. auch C. **1954,** 9320. — Ausgehend von dem *Phosphorwolframat* PW-III (antispasmod. wirksame Tagesdosis 3 γ) wurden eine Reihe von Ndd. der Reinigungsstufe PW-IV erhalten. Im UV-Spektrum lagen die Extinktionsmaxima der verschiedenen Ndd. zwischen 247 u. 260 mμ. F. Mossner. 4587 □

Untersuchungen über Atoxopyrimidin. 21. Mitt. Über die Atoxopyrimidinwirkung der Vitamin-B_6-Gruppe. Katashi Makino und Takeo Kinoshita. (Vitamins [Kyoto] **8,** 28—30, 25/1. 1955; jap., Auszug: engl.) — 16. vgl. vorst. Referat. — Anfallsweise auftretendes Herumlaufen bei Mäusen als Folge von peroral verabfolgtem *Toxopyrimidin* (I; 0,125 mg/g) kann verhindert werden, wenn die 5 Tage lang atoxopyrimidinarm ernährten Tiere gleichzeitig täglich 2 mg *Pyridoxamin* (II) bzw. *Pyridoxin* (III) im Futter erhalten. Bei Tieren, die *Vitamin-B_6*-arm ernährt werden, genügen zur Erzielung der gleichen Wrkg. Tagesdosen von 0,1 mg II oder III. Der antagonist. Effekt von II u. III auf I wurde (sowohl bei atoxopyrimidinarmer wie Vitamin-B_6-armer Kost) durch gleichzeitige subkutane Verabfolgung der Mittel in verschiedenen Konzz. untersucht. Hierbei ergab sich, daß III im Verhältnis 1 : 20 einen 100%ig. u. im Verhältnis 1 : 40 einen 80%ig. Vorbeugungseffekt hatte. II erzielte im Mischungsverhältnis 1 : 10 bis 1 : 20 nur einen 75%ig. Vorbeugungseffekt. F. Mossner. 4587

Untersuchungen über Atoxopyrimidin. 22. Mitt. Das Toxopyrimidinphosphat des Tyrosindecarboxylasesystems als Anticoenzym des Pyridoxalphosphats. M. Koike. (Seikagaku [Biochemie, Tokyo] **26,** 528—31, 31/12. 1954; Kumamoto Daigaku, Igaku-Bu, Seikagaku-Kyōshitsu; jap.) — 21. vgl. vorst. Referat. — Der Einfl. von *Toxopyrimidinphosphat* (I; als Ca-Salz des Phosphorsäureesters von *2-Methyl-6-amino-5-hydroxymethylpyrimidin* (II) synthetisiert) auf die enzymat. Aktivität der *Tyrosindecarboxylase* (Holo- u. Apoferment aus *Streptococcus faecalis R*) wurde untersucht. In einer Konz. von $3 \cdot 10^{-6}$—$3 \cdot 10^{-7}$ m hemmt I die Aktivität der Holodecarboxylase zu 92—99%. Wird zum Apoferment $1{,}6 \cdot 10^{-8}$ m *Pyridoxalphosphat* (III) hinzugesetzt, dann hemmt I 100%ig. nur in der Konz. $1 \cdot 10^{-7}$ m. Wird I durch $1 \cdot 10^{-6}$ bis $1 \cdot 10^{-10}$ m II ersetzt, dann hat III keine Hemmwirkung. Die kompetitive Hemmung zwischen I u. III geht aus folgenden Zahlen hervor: 100%ig. (Hemmung) bei III (Konz.): $3{,}29 \cdot 10^{-9}$ m u. I: $1 \cdot 10^{-6}$ m; 75%ig. bei III: $3{,}29 \cdot 10^{-10}$ m u. I: $1 \cdot 10^{-7}$ m; 77%ig. bei III: $3{,}29 \cdot 10^{-11}$ m u. I: $1 \cdot 10^{-7}$ m. Man hat sich daher I in Ferment-Syst., die mit dem Vitamin B_6 zusammenhängen, als „biolog. Antagonisten" von III vorzustellen. F. Mossner. 4587

Untersuchungen über Atoxopyrimidin. 23. Mitt. Der Antagonismus zwischen Toxopyrimidin und Vitamin B_6 bei der Maus. Ken-Ichi Torigoe. (Vitamins [Kyoto] **9,** 483—86, 25/2. 1955; Kumamoto Daigaku, Igaku-Bu, Seikagaku-Kyōshitsu; Tōkyō Jikeikai Ika-Daigaku, Ikagaku-Kyōshitsu; jap., Auszug: engl.) — 22. vgl. vorst. Referat. — Das Wachstum von jungen Mäusen, die 21 Tage lang verschieden ernährt worden waren, wurde beobachtet. Am besten gediehen Tiere, die in ihrer Grundkost genügend *Vitamin B_6* (I; 0,1 γ/100 g Futter) erhielten. I-Mangelkost setzte das Gewicht herab, doch weniger stark als die Beigabe von 5 γ% *Toxopyrimidin* (II) zur Grundkost. Wurde II bei I-Mangelkost verabfolgt, so kam es zu Gewichtsverlust u. Exitus der Vers.-Tiere nach 13—15 Tagen. Tagesdosen von 66—99 γ I in der Grundkost vermeiden bzw. beheben die durch 50—75 γ II entstehenden Ausfallssymptome u. Gewichtsverluste. F. Mossner. 4587

Folsäureantagonisten in der Krebstherapie. Lilian Delmonte und Thomas H. Jukes. (Pharmacol. Rev. **14,** 91—135, März 1962; Pearl River, N.Y.; Princeton, N.J., Amer. Cyanamid Comp.; engl.) — Übersicht, Wrkg.-Weise; biolog. Wrkg. auf Bakterien, Milchsäurebakterien, *Escherichia coli,* Protozoen, normale Tiere u. Tumoren bei Tieren; Resistenz gegen Folsäureantagonisten; klin. Anwendung. — 300 Literaturangaben. P. Gregorzewski. 4587 □

Die Rolle von Vitamin B_{12} bei der Erhöhung der Wirksamkeit der parenteralen Ernährung mit Eiweißhydrolysat bei chirurgischem Trauma. W. W. Lwowa und N. A. Fedorow. (Bull. exp. Biol. Med. [UdSSR] **52** (26), Nr. 12, 23—28, Dez. 1961; Moskau, Ministerium für Gesundheitswes. der UdSSR, Lenin-Inst. für Hämatolog. u. Bluttransfusionen, Zentralabt., pathophysiolog. Labor.; russ., Auszug: engl.) — In

Verss. mit Hunden führte *Vitamin B_{12}* (I)-Injektion (20 mg i. m. täglich) zur Normalisierung der Störungen des Proteinstoffwechsels bei experimentellem chirurg. Trauma, indem es die Assimilationsgrenze von parenteral zugeführtem Eiweißhydrolysat (1,25 bis 1,8 g Eiweiß/kg i. v.) erhöhte, nicht aber den katabol. Zerfall der körpereigenen Gewebseiweiße verringerte. I hat unter normalen Bedingungen keinen Einfl. auf den Eiweißumsatz. I. v. Kloch-Kornitz. 4587□

Der Vitamin-B_{12}-Spiegel im Blutserum gesunder Menschen und seine jahreszeitlichen Schwankungen. W. W. Timofejewa. (Probleme Hämatol. Blutübertrag. [UdSSR] **7,** Nr. 4, **43**—**45,** April 1962; Smolensk, Med. Inst., Lehrstuhl für Propädeutik von inneren Krankheiten; russ.) — Bei gesunden Blutspendern betrug die mittlere Konz. von *Vitamin B_{12}* im Blutserum 269 ± 131 ($\mu\gamma$/ml) mit Schwankungen von 75 bis 1100. In den Wintermonaten betrug der Durchschnitt 304 ± 122, war also höher als während der anderen Jahreszeiten. Die entsprechende Menge betrug im Frühling 283 ± 105, im Sommer 197 ± 73 u. im Herbst 205 ± 72. Vf. führt diese Unterschiede auf die jahreszeitliche Verschiedenheit in der Ernährung zurück. F. du Mans. 4587□

Das 2.4-Dinitrophenylhydrazinverfahren zur Bestimmung von L-Ascorbinsäure, Dehydro-L-ascorbinsäure und 2.3-Diketo-L-gulonsäure in Pflanzengeweben und verarbeiteten Lebensmitteln. Tarô Tamura und Shigeo Suzuki. (J. agric. chem. Soc. Japan [Nippon Nôgei-Kagaku Kaishi] **29, 492**—**97,** Ministry of Agricult. and Forestry, Food Res. Inst.; jap., Auszug: engl.) — Vff. erörtern die Unzulänglichkeiten des Verf. von Roe (J. Biol. Chemistry **152,** [**1944**], 511) u. erproben folgendes für pflanzliches Material besser geeignetes Verf. ohne Verw. von $SnCl_2$: Die Proben werden mit 2% HPO_3 ausgezogen u. die Auszüge so verd., daß sie insgesamt 2—20 γ/ml an *L-Ascorbinsäure* (I), *Dehydroascorbinsäure* (II) u. *2.3-Diketo-L-gulonsäure* (III) enthalten u. dann nach Einstellung einer Konz. von 1% Thioharnstoff in 5% HPO_3 mit H_2S u. mit dem *2.4-Dinitrophenylhydrazin* (IV)-Reagens behandelt. Die Red. von II zu I ist in 25 Min. vollständig ohne bemerkbare Abnahme an III. Die quant. Oxydation von I im ursprünglichen Auszug erfolgt nach Bolin (Science [Washington] **106,** [1947], 451) mit einem Tropfen *2.6-Dichlorphenolindophenol*. Die Ergebnisse von Kontrollen zeigen die Zuverlässigkeit des Verf., nach welchem dann Süßkartoffeln, Orangenkonserven usw. analysiert werden. L. Schuler. 4587□

Fettlösliche Vitamine. Finn Bro-Rasmussen und Willy Hjarde. (Annu. Rev. Biochem. **30, 447**—72, 1961; Copenhagen, Statens vitamin-Labor.; engl.) — Übersicht (bis Sept. 1960). Vitamin A: Best., Verwertung, physiolog. Funktion; Vitamin D: Best., Verwertung, Synth. durch Bestrahlung, physiolog. Funktion; Vitamin E (I): Chemie, Analyse, Vork., biolog. Best. u. Wert, enzymat. Funktion, biochem. Veränderungen bei I-Mangel, Antioxydansbeziehungen, I u. Se; Vitamin K (II): Analyse, Chemie, biolog. Aktivität, enzymat. Funktion, II-Bedarf. — 257 Literaturangaben. K. Maier. 4587□

Resorption von Vitamin A nach Abbinden des Brustlymphganges bei der Ratte. T. K. Murray und H. C. Grice. (Canad. J. Biochem. Physiol. **39,** 1103—06, Juli 1961; Ottawa, Ontario, Dep. of Nat. Health and Welfare, Food and Drug Labor.; engl.) — Abbinden des Brustlymphganges hat bei der Ratte keine Wrkg. auf den Umfang u. die Geschw. der *Vitamin-A* (I)-Resorption. Nach Verabreichen von 200000 I.E. I (oral) ist bei Ratten mit abgebundenem Brustlymphgang die I-Konz. im Pfortaderblut größer als im Aortablut. Bei der normalen Ratte wurde eine solche Differenz nicht beobachtet. Vff. nehmen an, daß I bei Blockierung des Lymphweges über das Venen-Syst. in die Leber eintritt. B. Görlich. 4587□

Einige Beobachtungen bei der Papierchromatographie der D-Vitamine. A. Mayer, C. W. Picard und F. Wokes. (Pharmac. Acta Helvetiae **33, 603**—20, Aug./Sept./Okt. 1958; Beilage zu: Schweiz. Apotheker-Ztg.; Kings, Langley, A. Wander Ltd., Ovaltine Res. Labors.; engl.) — Die Anwendbarkeit der Papierchromatographie zur Isolierung kleiner Mengen der D-Vitamine *Ergocalciferol* (I) u. *Cholecalciferol* (II) wird untersucht. Es wird festgestellt, daß I u. II in dünnen Schichten auf relativ großer Oberfläche in alkohol. Lsg. u. bei Tüpfeln auf paraffiniertem Papier bes. instabil sind u. daß die Stabilität für Lsgg. mit geringer Vitamin-Konz. (z. B. 0,1 ppm in Körper-Fll.) mit den herkömmlichen Mitteln (N-Atmosphäre, direkte Elution) auch nicht ausreichend gesteigert werden kann. Die bei der Chromatographie entstehenden Abbau-Prodd. konnten lokalisiert werden. $^{14}C_{(4)}$-II-*Butyrat* kann auch nur in schlechter Ausbeute zurückgewonnen werden, wahrscheinlich infolge unvollständiger Elution.
U. Baumann. 4587

Der Gehalt der Testes der Ratte an Hyaluronidase bei Vitamin-E-freier Diät. L. Arata und P. Pecora. (Boll. Soc. ital. Biol. sperim. **38,** 209—11, 15/3. 1962; Rom, Univ., Ist. di Clin. Med. Gener. e Terap. Med.; ital.) — Bei 90 *Vitamin-E*-frei gefütterten Ratten wird gegenüber Kontrolltieren eine Verringerung der *Hyaluronidase* (I) der Testes beobachtet, die nach 5—6 Monaten 80% beträgt u. nach dem 8.—9. Monat ganz verschwindet. Die Behandlung mit *Vitamin E* 20 Tage vor dem Ende des Vers. blieb ohne Einfl. auf die I-Aktivität u. die histolog. Schäden. F. Kren. 4587□

Der Gehalt der Gonaden der Ratte an Esterase bei Vitamin-E-freier Diät. L. Arata, R. Santoro, M. A. Severi und P. Pecora. (Boll. Soc. ital. Biol. sperim. **38**, 212—14, 15/3. 1962; Rom, Univ., Ist. di Clin. Med. e Terap. Med.; ital.) — Vgl. auch vorst. Referat. — Die Unterss. werden an den Homogenaten der Gonaden von 90 Ratten mit E-Avitaminose in Substraten des *Acetats* u. *Valerianats* von *p-Nitrophenol* durchgeführt. Bei der ♂ Ratte erhöht sich die Aktivität der *Esterase* gegenüber der Norm im 4. Monat u. sinkt nach einem Maximum (6. Monat) unter die Norm; bei der ♀ Ratte erhöht sie sich in Uterus u. Ovarien u. bleibt in den Ovarien bis zum Ende des Vers. (11 Monate) erhöht, während sie im Uterus wieder auf die Norm zurückgeht. Ohne Einfl. auf diese Ergebnisse ist die Behandlung mit *Vitamin E*. F. Kren. 4587□

Der Gehalt an β-Glucuronidase in den Gonaden der Ratte bei Vitamin-E-freier Diät. L. Arata, R. Santoro, M. A. Severi und P. Pecora. (Boll. Soc. ital. Biol. sperim. **38**, 215—17, 15/3. 1962; Rom, Univ., Ist. di Clin. Med. Gener. e Terap. Med.; ital.) — Vgl. auch vorst. Referat. — Die Unterss. werden an den Homogenaten der Gonaden von 90 Ratten mit E-Avitaminose durchgeführt. In den Testes erfolgt im 7. Monat ein Maximum der Zunahme an *β-Glucuronidase* (I), worauf die Werte im 10.—11. Monat unter die Norm zurückgehen. Die I-Aktivität im Uterus u. den Ovarien ist vom 3. Monat an verringert u. bleibt dann unverändert. Eine Behandlung mit *Vitamin E* hat kaum einen Einfl. auf vorst. Verh. der I-Aktivität. F. Kren. 4587□

Der Einfluß von Vitamin K_1, K_3 und K_4 auf Ribonucleinsäure, Abbau, Atmung und Glykolyse von Kaninchenreticulocyten. W. Strassner und I. Pradel. (Acta biol. med. german. [Berlin] **7**, 233—38, 1961; Berlin, Humboldt-Univ., Geschwulstklin. Charité; dt.) — Reticulocyten wurden mit *Hydrochinon*, *Vitamin* K_1, K_3 u. K_4 (jeweils 2 mg/ml Blut) 6 Std. inkubiert. Nur *Vitamin* K_3 u. K_4 hemmten den Ribonucleinsäureabbau. Die anaerobe Glykolyse wurde durch K_3 u. K_4 im gleichen Maße (bis zu 75%) gehemmt, K_1 hatte keinen Einfluß. (Untersuchter Konz.-Bereich 0,25—1,5 mg/ml Zellsuspension). Die Atmung wurde ebenfalls nur von K_3 u. K_4, bis maximal 70%, gehemmt. (Unters.-Konz. 50—500 γ/ml Zellsuspension). Zur Unters. des Einfl. der K-Vitamine auf die in vivo-Reifung von Reticulocyten wurden Kaninchen 2mal 50 mg in Abständen von 24 Std. injiziert. Nur K_4-Gabe zeigte eine verzögerte Reifung, die erst nach der 2. Injektion manifest wurde. D. Scheuch. 4587□

Das Verdauungssystem. Henry D. Janowitz. (Annu. Rev. Physiol. **23**, 153 bis 182, 1961; New York, N.Y., Mount Sinai Hosp., Dep. of Med., Div. of Gastroenterol.; engl.) — Übersicht (bis Mai 1960). Regulierung der Nahrungsaufnahme; Magensekretion (K-Sekretion, H^+-Regulierung, Magenmucosapotentiale), Funktion des Pylorusdrüsenbereichs (Herst. von *Gastrin* [I]; Kontrolle der I-Abgabe, Vagus u. I, weitere Hemmmechanismen des Antrums, weitere Magensekretionsinhibitoren, Funktion von Leber u. Darmlymphe bei der Regulierung der Säuresekretion, NH_3 u. Harnstoff, Mechanismen der Säurehemmung im Duodenum), Pepsinsekretion, Magenschleim, Problem des Magengeschwürs; exokriner Pankreas (Fl.- u. Elektrolytsekretion, Gallen- u. Pankreaselektrolyte, Leber- u. Sekretinaktivität, vagale Innervierung u. Pankreassekretion, gastr. Phase der Pankreassekretion, Pankreasenzyme, Adaptation an die Ernährung, Aminosäureeinbau in Pankreassaftenzyme), Proteinsekretion in den Darm u. dortiger Proteinverlust, Sekretion anderer Substanzen im Darm, Dünndarm (Duodenalmucosasekretion, Amylase), Darmresorption (Kohlenhydrate, Aminosäuren, Fe, Ca, Vitamin B_{12}, Fett, Cholesterin, W.- u. Elektrolytbewegungen), Muskeltätigkeit. — 192 Literaturangaben. K. Maier. 4594□

Kein Einbau von ^{18}O und Deuterium aus Wasser in stabil-gebundene Positionen von Glucose bei der Darmresorption. J. S. Lee und N. Lifson. (Biochim. biophysica Acta [Amsterdam] **54**, 284—87, 9/12. 1961; Minneapolis, Minn., Univ. of Minnesota, Med. School, Dep. of Physiol.; engl.) — Bei der Resorption von *Glucose* (I) aus einem $H_2{}^{18}O$-haltigen Medium durch ein Rattendarm-Präp. in vitro wurde weder ^{18}O noch ^2H in stabil-gebundene Positionen von I während des Transports durch die Darmwand eingebaut. K. Zingraf. 4594□

Über die Kohlenhydratresorption nach Magenoperationen. Untersuchungen mit d-Xylose. H. Berndt, I. Gertich und I. Hiller. (Acta biol. med. german. [Berlin] **7**, 287—95, 1961; Berlin, Dt. Akad. der Wiss., Inst. Med. Biol., Robert-Rössle-Klinik; dt.) — Bei oraler Zufuhr von 25 g *d-Xylose* (I) scheiden Gesunde innerhalb der ersten

5 Std. 7,19 ± 1,7 g I im Urin aus. 2/3-Magenresezierte u. Gastrektomierte zeigten in etwa der Hälfte der Fälle eine Erniedrigung der I-Ausscheidung auf 4,3 ± 2,44 g bzw. 4,0 ± 2,27 g. D. Scheuch. 4594□

Aminogruppenbedarf für den intestinalen Transport von Aminosäuren in vitro. Richard P. Spencer, Ted M. Bow und Mary Anne Markulis. (Amer. J. Physiol. **202**, 171—73, Jan. 1962; Buffalo, N.Y., Univ. of Buffalo, School of Med., Dep. of Biophys.; Veter. Admin. Hosp., Radioisotope Serv.; engl.) — Für den intestinalen Transport von *Aminosäuren* erweist sich die Ggw. der *Aminogruppe* als unabdingbar. Ein H-Atom der Aminogruppe kann substituiert sein, jedoch darf die neue Gruppe in ster. Hinsicht nicht zu massiv sein. Die Aminogruppe muß zur Carbonylgruppe in α-Stellung stehen. U. Tausendfreund. 4594□

Die Veränderungen des Grundumsatzes bei Verbrennungen. S. P. Simina. (Pathol. Physiol. exp. Therap. [UdSSR] **4**, Nr. 5, 59, Sept./Okt. 1960; Leningrad, Militärmed. Kirow-Akad., Lehrst. für Hosp.-Chirurgie; russ.) — Der Grundumsatz war bei Patienten mit Verbrennungen leichten Grades normal oder um 11—20% erhöht, bei mittlerem Grad normal oder bis zu 50—70% erhöht, bei schwerem Grad bis zum 40. Tag um 15—60%, nach 1 Jahr um 15—23% erhöht. Die Erhöhung des Grundumsatzes war meistens mit erhöhter Körper-Temp. verbunden. I. v. Kloch-Kornitz. 4595□

Kaliumstoffwechsel bei Ratten mit chronischer Nierenerkrankung. Ashton B. Morrison. (Proc. Soc. exp. Biol. Med. **103**, 500—02, März 1960; Philadelphia, Univ. of Pennsylvania, School of Med., Dep. of Pathol.) — Subtotal 5/6 nephrektomierte (a) Ratten u. normale scheinoperierte (b) erhielten eine *K*-arme Diät. Bei a wird weniger K in Muskeln u. Serum gefunden als bei b. M. Metze. 4596□

Über den experimentellen Magnesium-Mangel beim Hund. 2. Mitt. **Über das Verhalten von Körpergewicht und -temperatur.** I. Syllm-Rapoport und I. Strassburger. (Acta biol. med. german. [Berlin] **7**, 467—75, 1961; Berlin, Humboldt-Univ., Kinderklinik; Physiol. chem. Inst.; dt.) — 1. vgl. C. **1959**, 10314. — Die Nahrungsausnutzung *Mg*-mangelernährter Hunde ist gegenüber Kontrolltieren vermindert. Ab 3. Woche zeigen Mangeltiere eine Hypothermie, die durch Mg-Gabe wieder normalisiert werden kann. Die Hypothermie beruht nicht auf einer Störung der zentralen Temp.-Regulation, sondern sie kommt wahrscheinlich durch einen erhöhten Wärmeverlust, auf Grund der Vasodilatation der Hautgefäße, zustande. D. Scheuch. 4596□

Einfluß von Phenylalanin-Metaboliten auf die Harnausscheidung von Indolyl-(3)- und 5-Hydroxyindolyl-(3)-essigsäure beim Menschen. Richard E. Tashian. (Proc. Soc. exp. Biol. Med. **103**, 407—10, Febr. 1960; Ann Arbor, Univ. of Mich., Med. School, Dep. of Human Genetics.; engl.) — *Phenylbrenztrauben* (I)-, *Phenylessig-* u. *o-Hydroxyphenylessigsäure* (II), oral verabreicht, erhöhten beim Menschen die Ausscheidung von *Indolyl-(3)-essigsäure*; nach **I** u. **II** erhöht sich die *5-Hydroxyindolyl-(3)-essigsäure* schwach. Die Beziehungdieser Fakten zur Hemmung der Tryptophandecarboxylase u. 5-Hydroxytryptophandecarboxylase wird diskutiert. M. Metze. 4596□

Zur Charakteristik des Lipoidumsatzes bei Hypertoniekranken. I. N. Baschmakowa. (Sowjet. Med. **25**, Nr. 5, 96—100, Mai 1961; Dnepropetrowsk, 1. Städt. Krankenhaus, Therapeut. Abt.; russ., Auszug: engl.) — Unterss. des Blutserums von Kranken mit Hypertonie 1.—3. Grades zeigten, bes. im 2. u. 3. Stadium, Vermehrung des *Cholesterins* (**I**), Verringerung des *Lecithins* (**II**) u. des **II**/**I**-Koeff. in umgekehrt proportionaler Relation zum **II**-Geh. u. Vermehrung der *β-Lipoproteine*. Die Veränderungen des *Lipoid*-Stoffwechsels sind ein wertvolles Kriterium für die frühe Diagnostik der atherosklerot. Prozesse. I. v. Kloch-Kornitz. 4596□

Das respiratorische ^{14}C-Muster der $^{14}C_{(1)}$-Acetatoxydation im Rind. Walter F. Williams. (J. Dairy Sci. **43**, 806—10, Juni 1960; College Park, Univ. of Maryland, Dairy Dep.; engl.) — Respirator. Unterss. der Oxydation carboxylmarkierten Acetats an milchliefernden Kühen zeigten rasche Gleichgewichtseinstellung des injizierten markierten Acetats mit dem Körper–Acetat-Pool u. schnelle Umsetzung dieses Pools. H.-G. Trüper. 4596□

Atmung. S. M. Tenney. (Annu. Rev. Physiol. **23**, 123—52, 1961; Hanover, New Hampshire, Dartmouth Med. School, Dep. of Physiol.; engl.) — Übersicht (bis Juni 1960). Mechanik der Atmung, Lungenkreislauf, Atmungssteuerung (Zentralnerven-Syst., afferente Stimulantien, CO_2 u. H^+, Hypoxie, weitere chem. Stimulantien), Hypoxie u. große Höhe, O_2 u. CO_2, Gasaustausch (Diffusion, Ventilation), Muskeltraining, vergleichende Physiologie, Hämoglobin, Chemie der Lunge, Atmung bei Krankheit, Meth. u. Verfahren. — 284 Literaturangaben. K. Maier. 4596□

CO_2-Retention in anästhetisierten Hunden nach Carboanhydrase-Hemmung. Stephen M. Cain und Arthur B. Otis. (Proc. Soc. exp. Biol. Med. **103**, 439—41, Febr. 1960; Gainsville, Univ. of Florida, Coll. of Med., Dep. of Physiol.; engl.) — Die

CO_2-Ausscheidung bei Hunden wurde nach Injektion von *Carboanhydrase*-Hemmstoffen zeitweise red., u. zwar war die Red. größer bei konst. gehaltener Ventilation als bei spontaner. M. Metze. 4596□

Harn- und Gallenausscheidungen verschiedener Phenolrotderivate beim narkotisierten Hund. Jong Ho Kim und Suk Ki Hong. (Amer. J. Physiol. **202,** 174—78, Jan. 1962; Seoul, Korea, Yonsei Univ., Coll. of Med., Dep. of Physiol. and Surg.; engl.) — Nach i. v. Injektion von 20 mg *Phenolrot* (I) werden 75% des injizierten I beim narkotisierten Hund innerhalb von 3 Std. mit dem Harn ausgeschieden, 2,7% mit der Galle. Die I-Derivv. *Bromphenolblau* u. *Bromkresolgrün* erscheinen zu 18 u. 32% in der Galle, jedoch nur zu je 3,5% im Harn. Diese Farbstoffe werden vermutlich durch ein gemeinsames Transport-Syst. in Leber u. Niere sezerniert (Verminderung der Ausscheidungswerte durch Diodrast oder Hypothermie). *Bromsulfalein* wird vermutlich in der Leber durch den gleichen Transportmechanismus wie die genannten Farbstoffe ausgeschieden. U. Tausendfreund. 4597□

Herstellung und Gebrauch von ^{131}J-Natriumjodhippurat im Nierenfunktionstest. Manuel Tubis, Edward Posnick und Robert A. Nordyke. (Proc. Soc. exp. Biol. Med. **103,** 497—98, März 1960; Los Angeles, V. A. Center, Radioisotope Serv.; Univ. of California, School of Med., Dep. of Radiol. and Med.) — *Hippuran* (I; *Na-o-Jodhippurat*) wird nach 2 Meth. hergestellt, ^{131}J-markiert u. Gesunden u. Nierenkranken injiziert (25 μc). Die Ergebnisse (Vgl. mit *^{131}J-Miokon*) lassen I als sehr gutes „renograph." Mittel erkennen. M. Metze. 4597□

Das Herz. Brian F. Hoffman und Frederic Kavaler. (Annu. Rev. Physiol. **23,** 327—56, 1961; Brooklyn, N.Y., State Univ. of New York, Downstate Med. Center, Dep. of Physiol.; engl.) — Übersicht (bis Juni 1960). Elektr. Aktivität: Transmembranpotentiale, Erregbarkeit, Rhythmus, Arrhythmien (Atrial- u. Ventrikulararrhythmien, Pharmaca, Hypothermie), atrioventrikuläre Übertragung, spezielles Leitungs-Syst.; Ionen: Purkinje-Fasern, Atrium, Ventrikel; Stoffwechsel: O_2-Aufnahme, Stoffwechselumsatz u. Mitochondrien, Herzinsuffizienz u. Digitalis, Hypoxie u. Ischämie; mechan. Eigg. des Herzmuskels: Ionen u. Kopplung von Erregung u. Kontraktion, Hormone, Pharmaca, Metabolite, Gifte. — 329 Literaturangaben. K. Maier. 4597□

Arterielle Gefäßmuskelkontraktion und Kaliumverschiebung in vitro. Verle E. Headings und Paul A. Rondell. (Amer. J. Physiol. **202,** 17—20, Jan. 1962; Ann. Arbor, Mich., Univ. of Michigan, Dep. of Physiol.; engl.) — 5—10 Min. nach elektr. Reizung von ringförmig geschnittenen Streifen aus der Arteria carotis des Hundes ist ein 10%ig. Verlust des *K*-Geh. dieser Streifen zu konstatieren. Nach Reizung mit *Epinephrin* oder *Norepinephrin* kommt es dagegen zu einem leichten Anstieg des *K*-Gehaltes. Der in vivo beobachtete K-Verlust der Arterienwandung nach Brenzcatechinaminreizung muß demnach auf anderen, möglicherweise indirekten Wrkg. dieser Substanzen beruhen. U. Tausendfreund. 4597□

Biochemie des Muskels. S. V. Perry. (Annu. Rev. Biochem. **30,** 473—98, 1961; Birmingham, Univ., Dep. of Biochem.; engl.) — Übersicht (bis Sept. 1960). Nichtkontraktile Syst. (Sarkoplasma, granuläre Komponenten desselben), kontraktiles Syst. (Lokalisierung von Komponenten; Actin; Myosin: Molgew., Größe, Untereinheiten; Actomyosin; Ionenbindung; Myosinadenosintriphosphatase u. Wrkg.-Mechanismus; Tropomyosin A u. B; Proteinnebenkomponenten der Myofibrille), Kontraktion u. Adenosintriphosphatspaltung, Relaxationsfaktor, Nichtproteinstickstoff-Verbb. (Phosphagene, Carnosin u. Anserin, Nucleotide u. Nucleinsäuren). — 343 Literaturangaben. K. Maier. 4597□

Hauptprobleme der Muskelphysiologie. W. F. H. M. Mommaerts, A. J. Brady und B. C. Abbott. (Annu. Rev. Physiol. **23,** 529—76, 1961; Los Angeles, Calif., Univ. of California, Dep. of Med.; engl.) — Übersicht (bis April 1960). Stoffwechsel u. Muskelaktivität (Phosphat-Verbb., Regulierung der Stoffwechsel-Geschw., Morphologie u. biochem. Organisation, andere Wege des Kohlenhydratstoffwechsels, Abbauumkehr, Glykogen-Synth., N-Stoffwechsel, chem. Rkk. bei der Muskelkontraktion); die kontraktile Struktur u. deren Komponenten (*Myosin*, *Myosinadenosintriphosphatase*, *Actin*, andere Muskelproteine, *Paramyosin*, Kontraktion von Faser-Syst., Relaxationsfaktor, immunochem. Unterss., strukturelle Grundlage der Muskelkontraktion); Muskeldynamik; Erregung u. deren Kopplung mit der Kontraktion (Ionenaustauschphänomene, Ruhepotential, Aktionspotential, Erregung des glatten Muskels, Entkopplung von Kontraktion u. Erregung, Verknüpfung zwischen Kontraktion u. Erregung, strukturelle Grundlage beider Vorgänge). — 415 Literaturangaben. K. Maier. 4597□

Zum polarographischen Verhalten des Myoglobins und sein Einfluß auf die H_2O_2-Reduktionsstufen. R. Sellner und M. Büchner. (Acta biol. med. german. [Berlin] **7,** 427—33, 1961; Dresden, TH, Inst. für physikal. Chem. u. Elektrochem.; Krankenhaus

Dresden-Friedrichstadt; dt.) — Verss. wurden mit Mikropolarographen (Heyrovsky) durchgeführt. O_2 wird über H_2O_2 zu H_2O reduziert. Durch *Myoglobin* (**I**) wird das Red.-Potential zu positiveren Werten verschoben, es tritt eine „katalyt. Welle" auf. Die Höhe der katalysierten H_2O_2-Stufe nimmt mit steigender **I**-Konz. sowie mit Erniedrigung des pH zu. Es besteht keine lineare Abhängigkeit, so daß zur Konz.-Best. Eichkurven angefertigt werden müssen. Durch Cyanid wird die katalyt. H_2O_2-Zers. gehemmt. Auch Harn bewirkt eine Hemmung der katalyt. Wrkg. des **I**. Dialyse verringerte die Hemmwrkg. des Harns beträchtlich. Die Hemmung wird vorwiegend durch niedrigmol. organ. Bestandteile des Harns hervorgerufen. Harnstoff hatte in Modell-Verss. keinen Einfluß. Durch Druckfiltration kann **I** im Harn angereichert werden, es ist ab 10 mg% im Harn sicher nachweisbar. Bei Herzinfarkten wurde in keinem Fall **I** im Harn nachgewiesen, was im Gegensatz zu Ergebnissen anderer Autoren steht. D. Scheuch. 4597 □

Einfluß von Testosteron und Insulin auf Ribonucleinsäure aus Rattenskelettmuskel. Harry L. Saunders, Bohdan Steciw und Augusta Kline. (Endocrinology **71**, 314—20, Aug. 1962; Philadelphia, Pa., Res. and Dev. Div., Smith Kline and French Labor.; engl.) — Kastrierte, intakte alloxandiabet. u. kastrierte diabet. Ratten wurden untersucht, inwieweit *Testosteron* bzw./u. *Insulin* den *Ribonucleinsäure* (*RNS*)-Geh. u. das RNS/DNS-Verhältnis von den Muskeln Rectus femoris u. Levator ani beeinflußt. Die Ergebnisse zeigen, daß beide Muskeln, obwohl histolog. ähnlich, biochem. verschieden sind. M. Metze. 4597 □

Vergleichende Physiologie: Transmittersubstanzen. Ernst Florey. (Annu. Rev. Physiol. **23**, 501—28, 1961; Seattle, Wash., Univ. of Washington, Dep. of Zool.; engl.) — Übersicht (bis Juni 1960). Biochem. Nachw. (*Acetylcholin, Adrenalin, Noradrenalin, Brenzcatechinamine, 5-Hydroxytryptamin, Substanz P*), sensor. Transmitter, *Adenosintriphosphat*, inhibitor. Transmitter, *Faktor I* u. *Substanz I*; theoret. Überlegungen; biophysikal. Nachw.; pharmakolog. Nachw. (Denervierungsüberempfindlichkeit u. Transmitterspezifität). — 254 Literaturangaben. K. Maier. 4598 □

Die Biochemie des Gehirns. 10. Mitt. **Der funktionelle Zustand des Zentralnervensystems als ein die Veränderungen der biochemischen Prozesse bedingender Faktor.** S. Oeriu. (Rev. Chim. [Bucarest] **3**, 213—26, 1958; russ.) — 8. vgl. C. **1962**, 14939. — Bei 3500 weißen Ratten, welche zwecks Hemmung der Großhirnrinde 20 Tage lang täglich 0,2 ml/kg einer 3%ig. *Luminal* (**I**)-Lsg. bzw. zwecks Stimulierung der Rinde täglich 0,01 ml/kg einer 0,5%ig. *Benzedrin* (**II**)-Lsg. i.m. erhielten u. dann mit fl. Luft getötet wurden, konnten in der Großhirnrinde die folgenden biochem. Veränderungen festgestellt werden (+ = Zunahme, — = Abnahme des Geh. in g-% unter **I** bzw. **II**): *Citronensäure* +69, +19; *Cystein* +60, +20; *Cystin* +16, +12; *Histidin* +11, +21; *Arginin* +6, +4; *Ribonuclease* +22, +15; *Kathepsin* +17, —29; *Trypsin* +23, —4; *Desoxyribonuclease* +19, —3; *Methionin* 0, —10; *Ribonucleinsäure* 0, +11; *Tryptophan* 0, +15; *Tyrosin* —11, 0; *Desoxyribonucleinsäure* —21, —10; *Brenztraubensäure* —23, +49; *Oxalessigsäure* —24, +12; *Gesamtnucleinsäuren* —6, +4. *Glutaminsäure, Alanin, Glykokoll*, red. u. oxydiertes *Glutathion, Dipeptidase* u. *Alanin-Glutamin-Transaminase* zeigten weder unter **I** noch unter **II** eine merkliche Veränderung ihres Geh. in der Großhirnrinde. Die *Arginase* u. *Carboxypeptidase* waren nicht nachweisbar. Aus den Ergebnissen wird geschlossen, daß der funktionelle Zustand des Zentralnerven-Syst. (Erregung, Hemmung) für die biochem. Prozesse in der Großhirnrinde von Bedeutung ist. E. Rentz. 4598 □

E₆. Pharmakologie. Therapie. Toxikologie. Hygiene

Transport und Verteilung von Heilmitteln im Organismus. 2. Mitt. G. A. J. van Os. (Pharmac. Weekbl. **95**, 881—99, 24/12. 1960; Nijmegen, R. K. Univ., Fys. Chem. Labor.; niederl.) — 1. vgl. C. **1961**, 10639. — Übersicht über die den Transport u. die Verteilung von Heilmitteln im Organismus regelnden Prinzipien. — 61 Schrifttumshinweise. W. Wesly. 4600 □

Über die Speicherung von Spaltradioisotopen durch Meeresorganismen. 1. Mitt. **Die Akkumulation von Strontium-90, Yttrium-91 und Cer-144 durch Benthos-Pflanzen und -Tiere.** G. G. Polikarpow. (Wiss. Hochschulber., biol. Wiss. [UdSSR] **1960**, Nr. 3, 97—105; Sewastopol, Biolog. Stat. der Akad. der Wiss. der UdSSR; russ.) — Der Geh. an ^{90}Sr, ^{91}Y u. ^{144}Ce wurde in den verschiedenen Arten der Benthos-Pflanzen u. Tiere des Schwarzen Meeres untersucht. In den dunkelbraunen Benthos-Pflanzen war die Akkumulation des ^{90}Sr besonders hoch u. erscheint durch die Migration im Meer u. ihre lange Halbwertszeit bei weiterer Versenkung von Abfall-Prodd. der Atomindustrie in das Schwarze Meer als chron. Gefahr für die Küstenbewohner. I. v. Kloch-Kornitz. 4601 □

Der Einfluß ionisierender Strahlen auf die Adenosintriphosphataseaktivität von kristallinem Myosin. G. W. Tschitorelidse. (Mitt. Akad. Wiss. GrusinSSR] **27**, 157—64, Aug. 1961; Tbilissi, Inst. für Physiol. der Akad. der Wiss. der GrusinSSR; russ.) — Verss. in vivo u. in vitro zeigen, daß nach 1 std. Bestrahlung (600 r) die Aktivität der *Adenosintriphosphatase* (**I**) des kristallinen *Myosins* (**II**) zunimmt, danach allmählich sinkt. Die Strahlenempfindlichkeit der kristallinen **II**-Lsg. ist umgekehrt proportional der Konzentration. Das bestrahlte Substrat zeigt keinen Einfl. auf die **I**-Aktivität des kristallinen **I**. Ionisierende Strahlen in verhältnismäßig kleinen Dosen (5000—8000 r) rufen eine Minderung der relativen Viscosität der kristallinen **I**-Lsg. hervor; in größeren Dosen (20000—60000 r) erfolgt Zunahme der Viscosität. J. Lehmberg. 4601

Über die biologische Wirkung der Strahlen hoher Energie. G. A. Awrunina, N. M. Karamsina, W. I. Fedorowa und B. I. Janowskaja. (Bull. exp. Biol. Med. [UdSSR] **52 (26)**, Nr. 8, 52—56, Aug. 1961; Moskau, Inst. für Arbeitshyg. u. Prophylaxe der Akad. der Med. Wiss. der UdSSR, Arbeitsgruppe des Akad.-Mitgliedes Lawrow; russ., Auszug: engl.) — Bei Ratten u. Mäusen kam es nach Totalprotonenbestrahlung mit 660 MeV (525—585 bzw. 600 rad) zu charakterist. Veränderungen des Gew. u. *Ascorbinsäure*-Geh. der Milz, des Rückenmarks u. Hodens u. zu pathomorpholog. Veränderungen. I. v. Kloch-Kornitz. 4601 □

Das C_x-reaktive Eiweiß bei der Strahlenkrankheit. Ss. Je. Tukatschinski und W. P. Moissejewa. (Bull. exp. Biol. Med. [UdSSR] **52 (26)**, Nr. 8, 48—52, Aug. 1961; Leningrad, Inst. für Bluttransfusion, Biophysikal. Labor.; russ., Auszug: engl.) — Im Kaninchenserum traten bei akuter Strahlenkrankheit (800 u. 1200 r) schon nach 1 Tag *C_x-reaktive Proteine* auf, deren Menge ein gutes Kriterium für das Ausmaß der Strahlenschädigung ist. Am 6.—7. Tag zeigten sich anomale *α_2-Globuline*. I. v. Kloch-Kornitz. 4601 □

Behandlung von Kranken mit chronischer Myelose mit Myelosan in Kombination mit Röntgenstrahlen. Ss. I. Scherman, D. Ss. Kusmin, L. M. Rosanowa und N. Ss. Powergo. (Therap. Arch. [UdSSR] **32**, Nr. 9, 32—36, Sept. 1960; Leningrad, Forschungsinst. für Bluttransfusionen, Hämatolog. Klinik; russ., Auszug: engl.) — Bei Kranken mit chron. Myelose verstärkte Röntgenbestrahlung von 50—100 r täglich die therapeut. Wrkg. von *Myelosan* (4 mg täglich), indem es den Geh. an *Hämoglobin* u. Erythrocyten erhöhte, den Geh. an Leukocyten u. die Linksverschiebung bis auf die Norm senkte, die Vergrößerung der Leber u. Milz verringerte u. die Remission verlängerte. I. v. Kloch-Kornitz. 4601 □

Experimentelle Untersuchung der Strahlenschutzwirkung neuer Dithioderivate. R. Paoletti und R. Vertua. (Minerva nucleare [Torino] **5**, 68—71, April 1961; Milano, Univ., Ist. di Farmacol.; ital.) — ♀ Mäuse wurden mit 700 r röntgentotalbestrahlt. Bestrahlungsdaten: 161 kV, HWS 0,5 mm Cu, Filter 0,3 mm Cu + 1 mm Al, FHA 40 cm, Dosisleistung 17,5 r/min. 10 Min. vor der Bestrahlung erhielten die Vers.-Tiere intraperitoneale Injektionen mit wss. Lsg. von Dithio-Derivv. in einer Dosis, die $^1/_6$ bis $^1/_3$ der pharmakolog. DL_{50} entspricht. Es wurden folgende Stoffe angewandt: *Thioameisensäurehydrazid*; *Morpholinodithioameisensäure, Morpholiniumsalz* (**I**); *Piperidinodithioameisensäure, Piperidiniumsalz*; *Piperazinodithioameisensäure*; *2-Methylpiperazinodithioameisensäure* (**II**); *Di-n-propylaminodithioameisensäure, n-Propylammoniumsalz*; *2-Methylpiperidinodithioameisensäure, 2-Methylpiperidiniumsalz*; *Diisopropylaminodithioameisensäure, Isopropylammoniumsalz*; *Pyrrolidinodithioameisensäure, Pyrrolidinumsalz* (**III**); *4-Methylpiperidinodithioameisensäure, 4-Methylpiperidiniumsalz*; *3-Methylpiperidinodithioameisensäure, 3-Methylpiperidiniumsalz*; *N-Morpholinoharnstoff*; *2.6-Dimethylpiperidinodithioameisensäure, 2.6-Dimethylpiperidiniumsalz* u. *β-Mercaptoäthylamin*. Beobachtung der Überlebensrate u. Best. der Konz. des kleinen Intestinums an Desoxyribonucleinsäure ergab nach Gaben von **I**, **II** u. **III** größere Strahlenschutz-Wrkg. als bei *Cystein*. W. Reusse. 4601 □

Pharmakologische Schäden nach Anwendung von Visciodol in der Bronchographie. Philip M. Johnson und George L. Irwin. (Radiology **72**, 816—28, Juni 1959; Chapel Hill, N.C., Univ. of North Carolina, School of Med., Dep. of Radiol.; engl.) — Es wird über Beobachtungen an 35 Patienten berichtet, bei denen Bronchographien mit *Visciodol* (**I**) (E. Fougera & Co., Inc., Hicksville, N.Y.) durchgeführt wurden. **I** ist eine Suspension von *Sulfanilamid* (**I**) in Lipoidol. Best. des Blut-Geh. an **I** ergab nach 2—6 Std. eine Überschreitung der therapeut. Schwelle, wenn mehr als ca. 15 cm^3 **I** gegeben werden. Bei 29 Patienten wurde Methämoglobin-Bldg., bei größeren Dosen Cyanose festgestellt. Bei Tier-Verss. mit Hunden zeigte sich eine höhere Resorption in den Lungen als im Intestinum. Zusammenfassend wird festgestellt, daß die Anwendung von **I** nicht risikolos ist. W. Reusse. 4601 □

Bariumsulfat und basisches Wismutcarbonat als bronchographische Kontrastmittel. Sidney W. Nelson, Anthimos Christoforidis und Phillip C. Pratt. (Radiology **72,** 829—38, Juni 1959; Columbus, Ohio, Ohio State Univ., Health Center, Dep. of Radiol.; engl.) — In Verss. am Kaninchen u. beim Menschen wurden $BaSO_4$ in Suspension in Salz-Lsg. u. mit einem Geh. von 1,5% Carboxymethylcellulose (Mikropaque, **I**) sowie *bas. Wismutcarbonat* (**II**) im Vgl. mit *Dionisil* (**III**) als bronchograph. Kontrastmittel erprobt. Es ergaben sich bei gleicher Kontrastgüte ungünstige Rkk. beim Patienten, bei **I** in geringerer Menge als bei **III.** Man erhält mit **I** eine gleichförmige Belegung der bronchialen Schleimhaut, die Ausscheidung aus dem Organismus erfolgt im allg. schnell. Bei Patienten mit Pulmonaremphysem wird von der Verw. von **I** abgeraten. Tier-Verss. mit **II** ergaben ungünstige Ergebnisse; bei histopatholog. Unterss. zeigten sich ernste Schäden in der Lunge. Die Befunde werden an Hand von Röntgenbildern demonstriert. W. Reusse. 4601 □

Orabilex, ein neues Kontrastmittel für die Cholecystographie. Abraham Geffen. (Radiology **72,** 839—43, Juni 1959; New York, N.Y., Beth Israel Hosp.; engl.) — Es wird über das Cholecystographiekontrastmittel *Orabilex* (*Bunamiodol, 3-[3-Butyrylamino-2.4.6-trijodphenyl]-2-äthylnatriumacrylat,* **I**) berichtet, das bes. in der Gallenblase konz. wird. **I** wird in Tablettenform appliziert. Beobachtungen über die Kontrast-Bldg., die Ausscheidung sowie über ungünstige Neben-Rkk. beim Patienten ergaben im Vgl. mit Teridax u. Telepaque günstige Resultate. W. Reusse. 4601 □

Die vasoaktive Wirkung von Cardiotrast. K. B. Tichonow. (Nachr. Röntgenol. Radiol. [UdSSR] **36,** Nr. 1, 20—28, Jan./Febr. 1961; Militärmedizin. Kirow-Akad.; russ., Auszug: engl.) — In Verss. an Hunden wurden außer Angiographie u. Registrierung des arteriellen Blutdrucks auch Röntgenaufnahmen des Gefäßnetzes angesetzt. Die Wiederholung der Injektion von *Cardiotrast* (**I**) in die femorale Arterie 2—3 Min. nach der ersten Injektion rief stets eine erhebliche Dilatation der Becken- u. der femoralen Arterien hervor. Die Hautarterien blieben unverändert. Die Dauer der Vasodilatation hing von der **I**-Konz. ab. Einführung von **I** in die abdominale Aorta bzw. ihre Zweige hatte keine entsprechende Rk. der die inneren Organe versorgenden Arterien zur Folge. Diese Unterschiede in der Rk. verschiedener Gruppen der Gefäße werden auf die Verschiedenheiten ihrer Nervenversorgung zurückgeführt. F. du Mans. 4601 □

Mechanismus der Wirkung von Schwefelwasserstoff und Natriumsulfid auf den Erythrocytengehalt des Blutes. W. K. Sburshinski. (Pharmakol. u. Toxikol. [UdSSR] **24,** Nr. 2, 215—20, März/April 1961; Leningrad, San.-hyg. medizin. Inst., Lehrstuhl für Pharmakol.; russ., Auszug: engl.) — Verss. an decerebrierten Katzen sowie intakten Kaninchen u. weißen Mäusen ergaben, daß Na_2S (1 mg/kg i.v.) bzw. H_2S (Inhalation von 0,09 u. 0,17 Vol.-%) in einer Reihe von Fällen eine Erythrocytose hervorrufen. Als Ursache derselben konnte eine reflektor. Kontraktion der Milz infolge Erregung des Glomus caroticum festgestellt werden. Da gleichzeitig Mechanismen in Kraft treten, welche eine Abnahme der Erythrocytenzahl pro Vol.-Einheit Blut bewirken, kommt eine Erythrocytose nicht immer zustande. E. Rentz. 4606 □

Experimentelle Selen-Vergiftungen. 1. Mitt. **Der Einfluß des resorbierten Se auf die physische Aktivität junger Tiere (Mäuse).** Hiroshi Tsuzuki, Kazuyoshi Okawa und Takashi Hosoya. (Yokohama med. Bull. **11,** 368—96, Okt. 1960; Yokohama, Yokohama Univ., School of Med., Dep. of Hyg.; engl.) — *Selenit,* Mäusen oral oder intraperitoneal verabreicht, hemmte das Körper- u. Knochenwachstum u. die Entw. der Muskelkraft sehr stark. Inhalierter *Se*-Dampf zeigte je nach Konz. in der Luft ähnliche Wirkungen. *Metall. Se* (oral) beeinflußte das Knochenwachstum nur wenig, bewirkte aber Verdauungsstörungen. Se-Salbe rief Dermatitis hervor. ♀ Tiere waren empfindlicher als ♂. Junge Tiere von Se-vergifteten Müttern zeigten eine erhöhte Resistenz. *Se* bewirkte außerdem eine Zunahme des Gesamt-N im Harn, des Rest-N im Blut, der Erythrocyten, Leukocyten, Lymphocyten u. des Hämatokrit, eine Abnahme des Cholesterins im Blut u. eine Abschwächung der Hämolyseresistenz. Diese Wrkg. wurden durch Verabreichung von Se an Hungertiere noch verstärkt. Bei einigen Tieren wurde Tumor-Bldg. beobachtet. K. Zingraf. 4606 □

Rolle chemischer Elemente bei der Hervorrufung experimenteller Hautcalcinose nach Vorbehandlung mit Dihydrotachysterin. Toshitake Ishii, Pierre Jean und Hans Selye. (Tohoku J. exp. Med. **74,** 235—41, 25/8. 1961; Montreal, Quebec, Canada, Univ. of Montreal, Inst. of Exp. Med. and Surg.; engl.) — Von 86 auf ihre lokale Aktivität geprüften Substanzen (bzgl. Hervorrufung von Hautcalcinose bei mit *Dihydrotachysterin* vorbehandelten Ratten) erwiesen sich die meisten Metalle, außer Alkali- u. Erdalkalimetallen, als akt., wobei jedoch nicht geklärt werden konnte, auf welche Art pharmakolog.

Wrkg. die Förderung der Bldg. kutaner Verkalkungen beruht. Die Verabreichung der Testsubstanzen wurde durch subkutane Injektion in 0,2, 2 u. 20 mm Lsg. vorgenommen. Inakt. waren: *LiCl, NaCl,* Na_2SO_4, $NaNO_3$, CH_3COONa, *KCl,* K_2SO_4, *RbCl, CsCl,* $(NH_4)_2SO_4$, $MgCl_2$, $CaCl_2$, $Ca(CH_3COO)_2$, $SrCl_2$, $BaCl_2$, $UO_2(CH_3COO)_2$, $NaVO_3$, K_2CrO_4, $K_2Cr_2O_7$, Na_2MoO_4, Na_2WO_4, $K_4Fe(CN)_6$, $K_3Fe(CN)_6$, OsO_4, $NiCl_2$, *TlCl,* CH_3COOTl, $Na_2B_4O_7$, Na_2CO_3, $NaHCO_3$, $NaNO_2$, NaH_2PO_4, $NaAsO_2$, Na_2HAsO_4, Na_2SO_3, $Na_2S_2O_3$, *KSCN,* Na_2SeO_3, $KClO_3$, $KClO_4$, *KBr, KJ,* KJO_3. Geringfügige, kaum nachweisbare Läsionen wurden von hohen Konzz. von $MnCl_2$ u. KJO_4 hervorgerufen u. stärkere Läsionen nur von höchsten Konzz. von: $VOSO_4$, $CoCl_2$, PtK_2Cl_6, $CuCl_2$, $CuSO_4$, $Cu(NO_3)_2$, $Cu(CH_3COO)_2$. Akt. in allen oder den beiden höheren Konzz. waren: $LaCl_3$, $CeCl_3$, $TiCl_3$, $TiCl_4$, $ZrOCl_2$, $CrCl_3$, CrO_3, $KMnO_4$, $FeCl_2$, $FeCl_3$, $FeSO_4$, $Fe_2(SO_4)_3$ (in 1 u. 10 mm Konz.), $Fe(NO_3)_3$, $FeSO_4(NH_4)_2SO_4$, $Fe(NH_4)\cdot(SO_4)_2$, $PdCl_2$, Ag_2SO_4 (1 u. 10 mm), $AgNO_3$, CH_3COOAg, $ZnCl_2$, $CdCl_2$, $HgCl_2$, $Hg(CH_3COO)_2$, $AlCl_3$, $Al_2(SO_4)_3$, $Al(NO_3)_3$, $Al(NH_4)\cdot(SO_4)_2$, $AlK(SO_4)_2$, $SnCl_2$, Na_2SnO_3, $PbCl_2$, $Pb(NO_3)_2$, $Pb(CH_3COO)_2$, $BiCl_3$.
U. Tausendfreund. 4606□

Eine morphogenetische Wirkung von β-Mercaptoäthanol. 1. Teil **Verteilung von Wasser im Embryo.** Peter Tuft. (Nature [London] **191,** 1072—73, 9/9. 1961; Edinburgh, Univ., Dep. of Zool.; engl.) — Bei *Xenopus*-Larven im Blastula- u. Gastrulastadium besitzt *β-Mercaptoäthanol* einen Einfl. auf die Kontrollmechanismen der Wasserverteilung (geringeres Vol. der intercellulären Hohlräume als bei den Kontrollen u. Fehlen eines mit Fl. gefüllten Hohlraumes unter der ventralen Oberfläche). K. Zingraf. 4607□

Eine morphogenetische Wirkung von β-Mercaptoäthanol. 2. Teil. **Wasserverteilung im Hühnerblastoderm.** A. Jurand und Peter Tuft. (Nature [London] **191,** 1073—74, 9/9. 1961; Edinburgh, Univ., Inst. of Animal Genet.; Dep. of Zool.; engl.) — Vgl. vorst. Referat. — Wie bei *Xenopus*-Larven bewirkt *β-Mercaptoäthanol* auch bei Hühnerembryonen eine anomale Wasserverteilung, indem es das Ausströmen von W. aus dem Endoderm hemmt. K. Zingraf. 4607□

Über den Nährwert aliphatischer Alkohole. 1. Mitt. **Nährwert der gesättigten Alkohole C_1—C_5.** Motoyoshi Miyazaki. (J. agric. chem. Soc. Japan [Nippon Nôgeikagaku Kaishi] 29, 497—501, 1955; Ministry of Agric. and Forestry, Food Res. Inst.; jap., Auszug: engl.) — Werden der Grunddiät von Albinoratten 5 bzw. 10% *Methyl-, Äthyl-, Propyl-, Isopropyl-* (I), *Butyl-, Isobutyl-, tert.-Butyl-* (II) bzw. *Isoamylalkohol* zugesetzt, so zeigt nur CH_3OH eine Hemmwrkg. auf das Wachstum, die übrigen Alkohole werden zu 60% des calor. Wertes von Sojaöl oder 80—90% jenes von Glucose zum Aufbau verwertet. Bei 20% Zusatz treten Vergiftungserscheinungen auf. I wird kaum verwertet u. II hat eine Wachstumshemmung zur Folge. Der Einfl. auf den Lipid-Geh. der Leber ist gering. L. Schuler. 4607□

Über den Nährwert aliphatischer Alkohole. 2. Mitt. **Nährwert und Toxizität gesättigter Alkohole C_6—C_{18}.** Motoyoshi Miyazaki. (J. agric. chem. Soc. Japan [Nippon Nôgeikagaku Kaishi] **29,** 501—05, 1955; jap., Auszug: engl.) — 1. vgl. vorst. Referat. — Bei 10%ig. Zusatz von 7 aliphat. C_6—C_{18}-Alkoholen zur Grunddiät von Albinoratten zeigt *Hexylalkohol* eine gewisse Verwertbarkeit für das Wachstum. *Octyl-, Decyl-, Dodecyl-* u., besonders stark, *Tetradecylalkohol* ergeben tox. Effekte. Die Toxizität von *Cetylalkohol* (I) ist gering, *Octadecylalkohol* (II) ist weder tox. noch verwertbar, denn I zeigt nur 52,3 u. II nur 19,4% Verdaulichkeit. Tiere können jedoch gegen die Toxizität Widerstand entwickeln u. die Wachstumshemmung durch Anpassung allmählich zum Verschwinden bringen. L. Schuler. 4607□

Beeinflussung experimentell-pathologischer Veränderungen bei Nagern durch Hyaluronsäure. W. Brandstetter, E. Kiesewetter und F. X. Wohlzogen. (Naunyn-Schmiedebergs Arch. exp. Pathol. Pharmakol. **231,** 186—98, 2/8. 1957; Wien, Univ., Physiolog. Inst.; dt.) — An Albinoratten u. Kaninchen, die oral 0,5 bzw. 20 mg *Hyaluronsäure* (I) täglich in wss. Lsg. erhielten, wurde die Wrkg. dieser Substanz bei Vergiftungen erprobt. I spielt im Organismus eine wichtige Rolle als Schutz-Koll. sowie als die Permeabilität der Zellen beeinflussender Faktor. An tox. Substanzen erhielten die 14 Tage mit I vorbehandelten u. weiterhin damit versorgten Ratten oral 2,5 ml einer 1%ig. Lsg. von *Oxalsäurediamid* (II) täglich, bzw. 180 mg *Eubasin* (III)/25g Futter bzw. 5 mg *α-Naphthylthioharnstoff* (IV) in Olivenöl + Tween 80 als einmalige Injektion. Den Kaninchen wurde 2mal je 0,6 mg *Uranylnitrat* (V)/kg im Intervall von 48 Std. injiziert. Die durch II bedingte Bldg. von Konkrementen in den Harnwegen konnte mit vorherigen Gaben von I nicht verhindert werden, die Überlebenszeit war indessen deutlich verlängert. Sehr deutlich war die Hemmung durch I bei III-Gaben. Gegenüber einer 50%ig. Sterblichkeit in der Kontrollgruppe blieben in der vorbehandelten Gruppe infolge weitgehender Verhinderung der Konkrement-Bldg. alle Tiere am Leben. Bei der

Vergiftung mit **IV**, die sich durch Auftreten von Lungenödem zu erkennen gab, war **I** nur wirksam, sofern ein gewisser Schädigungsgrad nicht überschritten wurde. Die ♂ Tiere waren hier widerstandsfähiger. Die Vergiftung durch **V**, die zu fettiger Degeneration der Leber u. trüber Schwellung der Nieren (Eiweißzylinder) führte, konnte durch **I** weitgehend kompensiert werden. Im histolog. Bild waren hier nur noch geringfügige Schädigungen zu finden. K. Zopff. 4607□

Einfluß der γ-Aminobuttersäure auf die Bewegungsreaktionen des normalen und denervierten Schließmuskels der Krebsschere. M. Ja. Kunzowa. (Bull. exp. Biol. Med. [UdSSR] **52** (**26**), Nr. 12, 8—12, Dez. 1961; Leningrad, Ssetschenow-Inst. für Evolutionsphysiolog. der Akad. der Wiss. der UdSSR, Labor. für Evolution der Nerven- u. Muskelfunktionen; russ., Auszug: engl.) — Myograph. Unterss. am intakten, teil- oder totaldenervierten Muskel von Astacus astacus u. Astacus leptodactylis zeigten, daß *γ-Aminobuttersäure* (1 cm^3, 10^{-5}- bis 10^{-2}m) einen hemmenden Einfl. auf die Enden der Hemmungsnerven ausübt, dessen Wrkg.-Mechanismus noch ungeklärt ist. I. v. Kloch-Kornitz. 4607□

Der Einfluß von Fettsäure auf die unspezifische Resistenz des Organismus. W. Eger. (Med. exp. [Basel] **4**, 251—56, 1961; Göttingen, Univ., Patholog. Inst.; dt.) — Die Leberschädigung durch Allylalkohol in Ratten wurde durch i.v. Injektion einer Lsg. von *Natriumstearat* bei ♂ Tieren um ca. 50% gesenkt, bei ♀ um fast den gleichen Betrag erhöht. Umgekehrt erhöhten die Na-Salze von *Linolsäure* u. *Heptadecensäure* bei ♂ den Leberschaden, während bei ♀ eine hemmende oder unspezif. Wrkg. erzielt wurde. *Ölsäure* zeigte keinen deutlichen Einfl. auf den Leberschaden. W. Damerau. 4607□

Stoffwechseluntersuchungen mit $^{14}C_{(\alpha)}$-DL-Ergothionein. George Wolf, J. G. Bergan und D. E. Sunko. (Biochim. biophysica Acta [Amsterdam] **54**, 287—93, 9/12. 1961; Urbana, Ill., Univ. of Illinois, Radiocarbon Labor.; engl.) — Bei der intakten Ratte wurde innerhalb von 6 Std. nur 0,14% des zugeführten *$^{14}C_{(\alpha)}$-DL-Ergothionein* (*Betain von Thiolhistidin;* I) in CO_2 in der Atemluft umgewandelt. In die Aminosäuren des Leberproteins (bes. Glutaminsäure, Asparaginsäure, Arginin u. Histidin) gingen ca. 2—6%, in die Nichtproteinfraktion der Leber [im wesentlichen Herzynin (**II**), das Betain von Histidin] 17—31% der verabreichten Radioaktivität ein. Von der Radioaktivität im Harn war $^1/_3$ auf unverändertes **I**, ein weiteres Drittel auf **II** zurückzuführen. K. Zingraf. 4607□

Direkte Wirkung einiger den Stoffwechsel des Herzens beeinflussender biologischer Stoffe auf das isolierte Froschherz. Chronotrope und inotrope Effekte. G. Dell'Omodarme und U. Marinari. (Boll. Soc. ital. Biol. sperim. **37**, 441—44, 31/5. 1961; Pisa, Sez. Farmacol., Labor. Ricer. Guidotti u. C.; ital.) — Die Unterss. werden an 25 Froschherzen durchgeführt, auf die Konzz. von 10^{-7} bis 10^{-2} Mol von *Adenosintriphosphorsäure, Diphosphopyridinnucleotid, Cocarboxylase, Codecarboxylase* u. *Nicotinamid* einwirken. Während die höheren Konzz. aller Stoffe sowohl in inotropem als auch chronotropem Sinne wirken, sind die nach normaler therapeut. Behandlung möglichen Konzz. von $<10^{-7}$ Mol ohne direkte Wrkg. auf das Herz. F. Kren. 4607□

Direkte Wirkung einiger Stoffe von biologischer Bedeutung auf die isolierten Vorhöfe des Kaninchens. G. Dell'Omodarme und U. Marinari. (Boll. Soc. ital. Biol. sperim. **37**, 444—47, 31/5. 1961; Pisa, Sez. Farmacol., Labor. Ricer. Guidotti u. C.; ital.) — Es wird die Wrkg. von Konzz. von $5\cdot10^{-7}$ bis $5\cdot10^{-4}$ von *Cocarboxylase, Codecarboxylase, Nicotinamid, Cozymase, Flavinmononucleotid, Adenosintriphosphorsäure* (**I**) u. *2-Methyl-5-[β-trimethylammonioäthoxy]-8-methoxyfuro-(2'.3';6.7-chromon)-N-theophyllin* auf die Vorhöfe von 30 Kaninchen untersucht. Alle Stoffe beeinflussen bes. bei den hohen Konzz. den inotropen Effekt, u. zwar letzten Endes immer positiv, u. auch die chronotrope Rk. erfährt in der Regel mit zunehmenden Dosen eine konstante Steigerung. Bei **I** beträgt die Zunahme der Kontraktionskraft bis über 150%. F. Kren. 4607□

Struktur-Aktivitäts-Beziehungen bei Amidinderivaten. F. N. Fastier. (Pharmacol. Rev. **14**, 37—90, März 1962; Dunedin, New Zealand, Otagi Univ., Dep. of Med.; engl.) — Übersicht, chem. Gesichtspunkte, Struktur u. Nomenklatur, Basizität, Affinität für Anionen, chem. Potential, pharmakolog. Wrkg. der Prototypen *S-Methylthiouronium, 4-Methyl-2-aminopyridin, Guanidin, Dekamethylendiguanidin, Phenyldiguanid*; pressor., muskelstimulierende, muskeldepressor., reflexdepressor. u. andere Aktivität. — 267 Literaturangaben. P. Gregorzewski. 4607□

Die Wirkung einiger Derivate von Malon- und Bernsteinsäure auf einen Tremor vom Parkinson-Typ. B. Boskovic, R. Przic und P. Stern. (Med. exp. [Basel] **4** 234—38, 1961; Sarajevo, Jugosl., Univ., Fac. of Med., Inst. of Pharmacol.; engl.) — *N.N-Diäthylaminoäthyl-α-phenyl-α-phenyläthylsuccinat, Monoäthyl-N.N-diäthylaminoäthylphenyläthylmalonat* (**I**), *Monoäthyl-N.N-diäthylaminoäthylphenyläthylmalonamid* u. *Mono-*

äthyl-N.N-diäthylaminoäthyläthylbutylmalonat unterdrückten in Dosen von 50 mg/kg be Mäusen *Tremorin* (II)-induzierte Tremoren (20 mg/kg II intraperitoneal). Durch etwa gleiche Dosen wurde die Wrkg. unterschwelliger Dosen von *Atropin, Caramiphen* u. *Orphenadrin* verstärkt. I unterdrückte ebenfalls *Harmin*-induzierte, nicht aber durch *3-Amino-1.1.3-triphenylpropanol-(1)* u. *Diäthylcysteamin* induzierte Tremoren. Die Verw. in der Humanpathologie wird diskutiert. W. Damerau. 4607 □

Verwendung von 4-Chlortestosteron in der postoperativen Behandlung nach Kehlkopfresektion. Renato Fior. (Arch. Stud. Fisiopatol. Clin. Ricambio **22**, 383—85, Mai/Juni 1958; Milano, Univ., Clin. Otorinolaringol.; ital.) — Im postoperativen Verlauf nach Kehlkopfresektion, in dem die Ernährung mittels Ösophagussonde erfolgen muß, ist die Anwendung von *4-Chlortestosteron* immer indiziert, nicht nur wegen der anabol. Wrkg., sondern auch zur Verhütung einer negativen N-Bilanz. K. Zingraf. 4607 □

Verhütung der katabolischen Wirkung von Hydrocortison durch 4-Chlortestosteron. G. Baldratti, G. Arcari und R. Ronchi. (Arch. Stud. Fisiopatol. Clin. Ricambio **22**, 378—82, Mai/Juni 1958; Milano, Farmitalia, Labor. Ric.; ital.) — Bei Ratten bewirkt *4-Chlortestosteron* eine beträchtliche Gew.-Zunahme u. hemmt die katabol. Wrkg. von Hydrocortisonacetat; auch das Gew. von Niere u. Leber nimmt infolge eines gesteigerten Eiweißaufbaus zu. K. Zingraf. 4607 □

Der Einfluß von 2-Äthyl-2-phenyl-4-hydropxymethyl-1.3-dioxolan auf die O_2-Aufnahme bei Ratten. K. H. Sontag und J. Gebhard. (Acta biol. med. german. [Berlin] **7**, 526—27, 1961; Jena, Friedrich-Schiller-Univ., Pharmakolog. Inst.; dt.) — Ratten wurde 25% der DL_{50} von *2-Äthyl-2-phenyl-4-hydroxymethyl-1.3-dioxolan* (I) intraperitoneal injiziert u. 7 Min. danach die Tiere getötet. Das Gehirn wurde homogenisiert u. die O_2-Aufnahme im Warburg-App. gemessen. Gegenüber Kontrolltieren war die O_2-Aufnahme signifikant erniedrigt. D. Scheuch. 4607 □

Widerstandsfähigkeit gegen Insekticide. Ein Rückblick über die Entwicklungen in den Jahren 1958 und 1959. Don W. Micks. (Bull. Organisat. mond. Santé [Genève] **22**, 519—29, 1960; Geneva, Switzerland, World Health Organiz., Div. of Environ. San.; engl.) — 109 Literaturangaben. P. Fahrnlaender. 4607 □

Die biologische Prüfung von Insekticiden. James R. Busvine. (Lab. Pract. **10**, 689—93, Okt. 1961; London, School of Hyg. and Tropical Med.; engl.) — Übersicht. — 5 Literaturangaben. P. Gregorzewski. 4607 □

Insekticidgehalt der Nahrung und des Körperfettes bei Eingeborenen von Alaska. William F. Durham, William M. Upholt und Christine Heller. (Science [Washington] **134**, 1880—81, 8/12. 1961; Wenatchee, Wash., U. S. Publ. Health Serv., Commun. Diseases Center; San Francisco, Calif., U. S. Publ. Health Serv., Commun. Diseases Center Serv.; Anchorage, Alaska, U. S. Publ. Health Serv., Arct. Health Res. Center; engl.) — Das Körperfett von Eskimos in Alaska, die nur wenig mit *Insekticiden* (I) in Berührung gekommen waren u. deren Nahrung keine I enthielt, wies einen viel geringeren I-Geh. auf als das der amerikan. Durchschnittsbevölkerung. K. Zingraf. 4607 □

Resistenz von Cimex hemipterus (Fabricius) gegenüber Dieldrin. J. A. Armstrong, W. R. Bransby-Williams und J. A. Huddleston. (Nature [London] **193**, 499—501, 3/2. 1962; Arusha, Tanganyika, Trop. Pesticides Res. Inst.; engl.) — Je 100 bis 200 trop. Bettwanzen aus Häusern von Magugu (Ostafrika), die mit *Dieldrin* (I) behandelt worden waren (Serie a) u. solchen, die unbehandelt blieben (Serie b), wurden in Labor.-Verss. 2 Std. einem Papier, das mit 0,05-, 0,1-, 0,2-, 0,4-, 0,8- bzw. 1,6%ig. I imprägniert worden war, ausgesetzt u. danach in unbegiftete Zuchtröhrchen übergeführt. Je 200 Tiere blieben als Kontrollen unbehandelt. 24 Std. nach Behandlung wurde zu jeder I-Konz. die Mortalitätsquote ermittelt. Die Dosierungsmortalität betrug bei den I-empfindlichen Tieren (Serie b) $Y = 0{,}4651 + 2 \cdot 1190\,x$, bei den I-resistenten (Serie a) $Y = 3{,}0073 + 0{,}4487\,x$. Die Neigung der Kurve aus I-Konz. u. Mortalität war bei Serie b $>2{,}0$, bei Serie a $<0{,}8$. H. G. W. Gleiß. 4607 □

Versuche mit einem neuen Molluscicid. R. Foster, C. Teesdale und G. F. Poulton. (Bull. Organisat. mond. Santé [Genève] **22**, 543—48, 1960; Nairobi, Kenya, Med. Res. Labor., Div. of Insect Born Diseases; engl.) — Vff. exponieren Schneckenarten (*Biomphalaria pfeifferi* [a], *Bulinus tropicus* [b] u. *Limnaea natalensis* [c]) in W. mit Geh. von 0,5—1,0 ppm *2-Hydroxy-2.5-dichlor-4-nitrobenzanilid* u. stellen fest, daß niedrige I-Konzz. innerhalb von 24 Std. für b unwirksam sind, dagegen bei a eine Mortalität von 60% hervorrufen. I-Geh. von 1,0 ppm verursachen ein vollständiges Absterben von a u. c u. eine Sterblichkeit von 85% bei b. In mit I (1 ppm) versetztem Flußwasser wird bis zu 1,55 km vom Ort der I-Einführung an ein völliges Verschwinden der Schnecken u. deren Eier beobachtet. Das Molluscicid wandert mit einer Geschw. von ca. 270 m/Std. flußabwärts. P. Fahrnlaender. 4607 □

Vorläufige Mitteilung über die Toxizität eines organische Phosphorverbindungen enthaltenden Insekticids für den Menschen. A. Lebrun und C. Cerf. (Bull. Organisat. mond. Santé [Genève] **22**, 579—82, 1960; Léopoldville, Inst. d'Hyg. Marcel Wanson; franz.) — Vff. geben 15 Vers.-Personen *Dipterex L 13/59* (**I**, [DL_{50} 630 mg/kg Ratte, per os], 2mal 7,5 mg/kg an 2 aufeinanderfolgenden Tagen, buccal) u. bestimmen den *Cholinesterase* (**II**)-Geh. im Plasma (a) u. in den Erythrocyten (b) innerhalb von 38 Tagen. Es zeigt sich, daß der **II**-Spiegel in a u. b unmittelbar nach **I**-Zufuhr absinkt u. in a nach 48 Std., in b nach 4 Tagen ein Minimum erreicht, das 10% bzw. 50% des Normalwertes entspricht. Der Anfangs-Geh. wird nach 38 Tagen noch nicht wieder erreicht. Patholog. Erscheinungen (Erbrechen, Kolik) werden nur selten beobachtet. Die **II**-inhibierende Wrkg. ist jedoch keine spezif. Eig. von organ. P-Verbindungen. Aus den Ergebnissen geht hervor, daß der fortlaufende Kontakt mit **I**, bes. bei hypersensiblen Personen, eine leichte chron. Intoxikation auslösen kann. P. Fahrnlaender. 4607 □

Einflüsse intraperitonealer Injektion von thermophiler Chlorella auf den Blutglucosespiegel und den Kohlehydratgehalt der Mäuseleber. Jehu C. Hunter. (Acta biol. med. german. [Berlin] **7**, 510—19, 1961; Bethesda, Md., Public Health Service. U.S. Dep. of Health, Education and Welfare, Nat. Inst. of Health, Nat. Cancer Inst., Labor. Biochem., Cytochem. Section.; engl.) — 70—100 cm^3 *Chlorella pyrenoidosa* wurde Mäusen intraperitoneal injiziert. 4 Std. danach sank der Blutzuckerspiegel um 50 mg-%; gleichzeitige Injektion von 100—200 mg Glucose verhinderte diese Hypoglykämie. 20 mm^3 dieser Algen bewirkten neben der Erniedrigung des Blutzuckerspiegels einen hochgradigen Abfall der Leberglykogens, auch letzterer konnte durch gleichzeitige Glucosegabe verhindert werden. Hitzeinaktivierte Chlorella hat keinen Effekt. Die Chlorella werden in der Peritonealhöhe zu fakultativen Parasiten, die mit den Zellen der Maus um die Glucose konkurrieren. Sie verlieren 17 Std. nach Inokulation die grüne Farbe. In Kulturen vermehren sie sich selbst nach 41 std. Inokulation u. erlangen ihre grüne Farbe wieder. D. Scheuch. 4608 □

Über die Antikrampfwirkung einiger Lagochilusarten. T. R. Abdurachmanow. (Usbek. med. J. [UdSSR] **1962**, Nr. 3, 59—60, März; Kuban, Med. Inst., Lehrstuhl für Pharmakolog.; russ.) — Bei Fröschen wurde die Krampf-Wrkg. von *Strychnin* (1 cm^3/100 g 0,05%ig. Lsg.) durch vorherige Injektion (24 u. 1 Std.) von 0,5—1 cm^3 10%ig. Aufguß von Lagochilus-Pflanzen, je nach Art, um 18—40% verringert. I. v. Kloch-Kornitz. 4608 □

Die Wirkungen von Nicotin auf die Funktionen des Zentralnervensystems. H. Silvette, E. C. Hoff, P. S. Larson und H. B. Haag. (Pharmacol. Rev. **14**, 137—73, März 1962; Richmond, Va., Med. Coll. of Virginia, Dep. of Pharmacol. and of Neurolog. Sci.; engl.) — Übersicht, spontane Aktivität, bedingte Reflexe, Lernen, höhere Hirnfunktionen, Medullafunktionen, Cerebellumfunktionen u. Spinalfunktion. — 184 Literaturangaben. P. Gregorzewski. 4608 □

Über die Wirkung des Krötengiftes auf die Heilung von experimentellen Wunden L. Ja. Fischtschenko und Je. M. Neiko. (Bull. exp. Biol. Med. [UdSSR] **52 (26)**, Nr. 12, 93—95, Dez. 1961; Stanisslaw, Med. Inst., Lehrstuhl für Pathophysiolog; russ., Auszug: engl.) — Bei Meerschweinchen mit experimenteller Hautwunde führte i.m. Injektion von *Krötengift* (0,1 cm^3/100 g Körpergewicht täglich, 8 Tage) zur Erhöhung der Körper-Temp. u. der Leukocytenzahl im Blut u. zur schnelleren Heilung der Wunde. I. v. Kloch-Kornitz. 4609 □

Das Bienengift in der Therapie der unspezifischen (rheumatoiden) Infektionsarthritiden. W. A. Perzulenko. (Sowjet-Med. [UdSSR] **25**, Nr. 6, 94—101, Juni 1961; Moskau, Städt. Abt. für Gesundheitswesen, Tagan-Poliklinik; russ., Auszug: engl.) — Bei der Therapie von 182 Kranken mit rheumatoider, rheumat. oder dystroph. Arthritis u. Kreislaufinsuffizienz 1.—3. Grades mit *Bienengift* (**I**; 250—500 Einstiche/Kurs), die nach vorherigem biolog. Test durchgeführt wurden, zeigte sich überwiegend, bes. ohne Ggw. von starken anatom. Veränderungen, klin. Besserung. **I** wirkte unspezif. u. führte teilweise zu Neben-Rkk. u. zur Eosinophilie bis zu 15—20%, jedoch nicht zur Veränderung des roten Blutbildes. I. v. Kloch-Kornitz. 4609 □

Ein Fall einer individuellen Unverträglichkeit von Sulfanilamidpräparaten. B. A. Schelepin. (Sowjet-Med. [UdSSR] **25**, Nr. 5, 146, Mai 1961; Kotschmes. Eisenbahnerkrankenhaus; russ.) — Es wird über das Auftreten von Hautausschlag bei einem Patienten nach Therapie der Bronchitis bzw. Pneumonie mit *Norsulfazol* (1 g 6mal täglich) bzw. *Sulfidin* berichtet. I. v. Kloch-Kornitz. 4610 □

Der Einfluß einiger Sulfanilamidpräparate auf die elektrische Empfindlichkeit des Sehanalysators des Menschen und die bioelektrische Aktivität des Gehirns von

Tieren. M. Ss. Rjasanowa-Ssolnzewa. (Wiss. Hochschulber., biol. Wiss. [UdSSR] **1960**, Nr. 3, 75—80, Moskau, 1. Med. Ssetschenow-Inst., Lehrst. f. Pharmakol.; russ.) — Weißes *Streptocid* (I), *Norsulfazol* (II) u. *Sulfadimesin* (III; 3mal täglich 1 g, 5 Tage) führten bei Menschen zur Verringerung der elektr. Empfindlichkeit des Sehanalysators. Die Wrkg. des **I** ist am stärksten u. wird durch Simultangaben von 0,1 g *Coffeinnatriumbenzoat* abgeschwächt, die des **II** am schwächsten. Im Kaninchenhirn ruft Zufuhr von **I** stärkere Entw. von Hemmungsprozessen hervor als **III**. I. v. Kloch-Kornitz. 4610□

Die Behandlung von Diphtheriebakterienträgern mit dem Antibioticum Novobiocin. K. D. Kern und E. F. Rissmann. (Münchener med. Wschr. **103**, 912—14, 28/4. 1961; Berlin, Städt. Krankenhaus Prenzlauer Berg, Innere u. Infektionsabt.; dt.) — Nach Auftreten tox. Diphthereie im Frühsommer 1959 wurden nach Ermittlung der Bakterienträger (Kinderdurchgangsheim) Sanierungs-Verss. unternommen. Nach oraler Verabreichung von *Novobiocin* (I) über 6 Tage (mittlere Tagesdosis 1 g) waren nur noch bei 6 von 44 behandelten Personen (davon 41 Kinder) im Nasen-Rachen-Raum Diphtheriebakterien nachzuweisen. Nach einem zweiten Sanierungs-Vers. mit erhöhter I-Dosis oder mit *Erythromycin* waren 5 der 6 restlichen Keimträger bakterienfrei. Es traten tox. Nebenerscheinungen auf: Bei 30% der behandelten Personen Exantheme, bei 22% Hepatomegalien mit Ikterus. D. Claus. 4611□

Über die Antileukoseaktivität des Antibioticums 6613. A. Ja. Kraschilina, E. I. Terentjewa und I. I. Saretzki. (Pathol. Physiol. exp. Therap. [UdSSR] **6**, Nr. 1, 59—62; Jan./Febr. 1962; Moskau, Inst. für Hämatolog. u. Bluttransfusion; russ., Auszug: engl.) — Das *Antibioticum 6613* (I; 1 g/kg täglich) hatte bei Mäusen mit experimentellen Leukämie-Transplantaten starke antileukäm. Wrkg. gegen Myeloleukosen u rief in vitro in Konzz. von 1 mg-% u. weniger degenerative Veränderungen der Zellelemente in Kulturen des hämopoet. Gewebes von Kranken mit chron. u. akuten Leukämien hervor, während es auf Zellen von Kulturen mit normalem hämopoet. Gewebe nicht wirkte. Lymphoblasten u. Lymphocyten waren gegen **I** resistenter als andere Blutzellen. **I** war nicht tox. u. rief keine Nebenerscheinungen hervor.
I. v. Kloch-Kornitz. 4611□

Die Resorption und Ausscheidung von N-[Pyrrolidinomethyl]-tetracyclin. G. A. Cronk, F. H. Buckwalter, W. B. Wheatley und H. Albright. (Amer. J. med. Sci. **241**, 1—13, Jan. 1961; Syracuse, N.Y., Syracuse Univ., Dep. of Health and Prevent. Med.; Bristol Labor.; engl.) — *N-[Pyrrolidinomethyl]-tetracyclin* (*Syntetrin*, Bristol Labor.; I) ist als sehr gut lösl. Tetracyclin-Präp. im Vgl. mit anderen Tetracyclinen bei i.m. Injektion gut verträglich. Nach einmaliger Injektion von 143 mg beträgt der Serum-I-Spiegel nach 1 Std. 1,56 μg/ml, nach 24 Std. Null; nach 786 mg beträgt der Serum-Spiegel nach 1 Std. 11,5 μg/ml, nach 24 Std. 1,79 μg/ml; durch Injektionen im 8- u. 12-Std.-Abstand kommt es zu Konz.-Steigerungen; durch Injektionen im 24-Std.-Abstand ist keine Kumulation zu erzielen. 50—60% des injizierten **I** lassen sich in den ersten 30 Std. aus dem Harn wiedergewinnen (20% in den ersten 6 Std.).
U. Tausendfreund. 4611□

Chymotrypsin, ein Mittel zur Wiederherstellung des Gewebes. S. J. De Salva und R. A. Evans. (Arch. int. Pharmacodynam. Thérap. **137**, 383—95, 1/6. 1962; Kaukakee, Ill., Armour Pharm. Comp., Dep. of Pharmacol. and Chemotherap.; engl.) — Bei Mäusen verringerte *Chymotrypsin* (I) den Schweregrad u. die Dauer einer experimentellen Terpentinentzündung bes. in der reparativen Phase; außerdem förderte es die Wundheilung bei Ratten u. blockierte bei Hähnchen die Entw. von Magengeschwüren infolge von *Histamin* (II). **I** besitzt einen anderen Wrkg.-Mechanismus als *Cortisonacetat* (III) oder *ACTH*, welche das Auftreten einer Entzündung verhüteten. **III** förderte auch die Bldg. von Magengeschwüren infolge von **II**. K. Zingraf. 4614□

Eine vorläufige Untersuchung über die klinische Anwendung von Cholinsalicylat. George M. Davis, Paul T. Moore, Jan. K. Siemsen, Jonas Sode und William J. Baker. (Amer. J. med. Sci. **239**, 273—77, März 1960; Great Lakes, Ill., Oakland, Calif., U.S. Naval Hosp., Med. Serv.; engl.) — An einem relativ geringen Patientengut erproben Vff. die Wrkg. von *Cholinsalicylat* (I), das durch seine gute Wasserlöslichkeit bessere Verträglichkeit u. weit geringere Nebenwrkg. als *Acetylsalicylsäure* (II) hat u. bei oraler Verabfolgung fünffach schneller resorbiert wird als **II**. Die antipyret. u. entzündungswidrige Wrkg. des **I** bei rheumat. Fieber scheint der des **II** in entsprechender Dosis vergleichbar zu sein. Das gleiche gilt für die Anwendung des **I** bei rheumat. Arthritis. Die Nebenwrkg. des **I** sind im Gegensatz zu denen der **II** unbedeutend, es werden sogar über das übliche Maß hinausgehende Dosen vertragen.
Ch. Folesky. 4615□

Über den Stoffwechsel von p-Aminosalicylsäure mit besonderer Rücksicht auf die p-Aminosalicylsäure-Glykosurie. 1. Mitt. Hideo Takahashi. (Yokohama med.

Bull. **10,** 155—66, Juni 1959; Yokohama, I. Med. Universitätsklinik; dt.) — 11 Fälle von Glykosurie nach Verabreichung von 20—2400 g *PAS* (*p-Aminosalicylsäure*) wurden untersucht. Bei der papierchromatograph. Unters. des Harns wurde nur *Glucuronsäure*, kein Zucker nachgewiesen. Das Ergebnis der Nylander-Probe stimmte mit der Menge an Glucuronsäure im Harn, die durch Färbung mit Naphthoresorcin colorimetr. ermittelt wurde, gut überein, nicht aber mit dem Blutzuckerwert. Es wurde kein Fall von irreversibler Hyperglykämie nachgewiesen. Die sog. PAS-Glykosurie rührt also von Glucuronsäure her. M. Wiedemann. 4615 □

Behandlung der Thrombophlebitis der Extremitäten und der Gehirnthrombose mit Butazolidin. L. Russew und G. Nikolow. (Therap. Arch. [UdSSR] **33,** Nr. 11, 94—95, Nov. 1961; Sswischtschow/Bulgarien, Städt. Krankenhaus; russ., Auszug: engl.) — *Butazolidin* (0,6—1,4 g täglich parenteral) führte durch seine antientzündliche, antiallerg. u. schnelle analget. Wrkg. bei Thrombophlebitis u. Gehirnthrombose zu gutem Heilerfolg. I. v. Kloch-Kornitz. 4615 □

Methodik der Pyrogenalherstellung aus der Kultur von Pseudomonas aeruginosa. P. S. Budnitzkaja. (Pathol. Physiol. exp. Therap. [UdSSR] **4,** Nr. 5, 69—71, Sept./Okt. 1960; Moskau, Akad. der med. Wiss. der UdSSR, Gamaleja-Inst. für Epidemiolog. u. Mikrobiolog., Abt. für Infektionspatholog. u. exp. Therapie; russ.) — Es wird eine Meth. zur Herst. von *Pyrogenal* aus Kulturen von *Pseudomas aeruginosa 273* beschrieben, das bei gleichen pharmakolog. Eigg. von geringerer Toxizität als *Pyrexal* ist.
I. v. Kloch-Kornitz. 4616 □

Über die jahreszeitlichen Veränderungen des Grundumsatzes bei Anwendung eines pyrogenen Reizmittels. O. Sch. Dshekssenbajew. (Pathol. Physiol. exp. Therap. [UdSSR] **4,** Nr. 5, 66—67, Sept./Okt. 1960; Moskau, Akad. der med. Wiss. der UdSSR, Gamaleja-Inst. für Epidemiolog. u. Mikrobiolog., Abt. für Infektionspatholog. u. exp. Infektionstherap.; russ.) — Vgl. vorst. Referat. — Bei Kaninchen führte i.v. *Pyrogenal*-Injektion von 2,5 γ/kg in der Periode von April—Okt. zur Erhöhung des Grundumsatzes, während sie ihn in der Periode von Nov./März nicht veränderte.
I. v. Kloch-Kornitz. 4616 □

Glykogengehalt des Gehirns und Körpertemperatur weißer Mäuse unter dem Einfluß einiger zentral dämpfender und erregender Pharmaka. C.-J. Estler. (Med. exp. [Basel] **4,** 209—13, 1961; Erlangen, Univ., Pharmakol. Inst.; dt.) — Nach Verabreichung zentral dämpfender Stoffe (*Chlorpromazin, Meprobamat, Thalidomid, Captodiamin*) u. zentraler Stimulantien (*Pervitin, Coffein, Tradon, Morphin*) an Mäuse konnte keine Korrelation zwischen Änderungen der Körper-Temp. u. Änderungen des *Glykogen*-Geh. des Gehirns festgestellt werden. W. Damerau. 4620 □

Über die Wirkung von Reserpin bei Hypertonie der Lungenarterie. I. A. Tschernogorow, W. F. Koslowskaja und Ju. A. Koshewnikow. (Therap. Arch. [UdSSR] **32,** Nr. 9, 15—19, Sept. 1960; Moskau, Med. Stomatolog. Inst., Lehrstuhl für innere Krankheiten; russ., Auszug: engl.) — Gaben von 0,25 mg *Reserpin* (3—4 mal täglich, 20 Tage) bei komplexer Herztherapie von Kranken mit Hypotonie der Lungenarterie (vorwiegend infolge Mitralstenosis) hatten schnelleren u. stärkeren therapeut. Erfolg auf die dynam. Spirometrie, Vitalkapazität, das Minutenrespirations-Vol., die Zirkulations-Geschw. des kleinen Kreislaufs u. a. als die alleinige Anwendung von Herzpräparaten.
I. v. Kloch-Kornitz. 4620 □

Wirkung von Reserpin auf die submikroskopische Morphologie der Zirbeldrüse. Amanda Pellegrino de Iraldi und E. de Robertis. (Experientia [Basel] **17,** 122—24, 15/3. 1961; Buenos Aires, Argentine Univ., Fac. de Ci. Méd., Inst. de Anat. general y Embriol.; engl.) — Nach Injektion von *Reserpin* (**I**) traten in Zirbeldrüsen von Ratten unter dem Elektronenmikroskop Veränderungen in den plurivasculären Sekretions-Prozessen auf; die Sekretion hörte 2—48 Std. nach Gabe von **I** auf u. setzte erst am 3.—8. Tag, zugleich mit dem Wiederauftreten von Serotonin u. Noradrenalin in den Nerven, wieder ein. K. Zingraf. 4620 □

Arzneimittelresistenz infolge von Inzucht. N. Plotnikoff. (Science [Washington] **134,** 1881—82, 8/12. 1961; Menlo Park, Calif., Stanford Res. Inst.; engl.) — Bei Mäusen, welche für audiogene Krampfanfälle empfindlich sind, entwickelte sich durch Inzucht eine Resistenz gegen die Schutz-Wrkg. von *Chlorpromazin* u. seinen Analogen.
K. Zingraf. 4620 □

Histamin-Abbau während der Behandlung mit Chlorpromazin. Maj-Britt Johansson, S.-E. Lindell, B.-E. Roos und H. Westling. (Med. exp. [Basel] **4,** 239—42, 1961; Göteborg, Univ., Dep. of Clin. Physiol. u. Lillhagens Mental Hosp.; engl.) — Der ^{14}*C-Histamin*-Abbau wurde bei 2 schizophrenen Patienten durch *Chlorpromazin* (bis zu 300 mg/Tag) nicht verändert. W. Damerau. 4620 □

Histamin und Geisteskrankheit. J. Leblanc und L. Lemieux. (Med. exp. [Basel] **4**, 214—22, 1961; Quebec City, Canada, Laval Univ., School of Med., Dep. of Physiol. and Psychiatry; engl.) — Geisteskranke zeigen eine schwächere Haut-Rk. auf *Histamin* u. Tubocurarin als Gesunde. Nach Behandlung mit Tranquilizern wie *Phenothiazinen* u. *Trifluorperazinen* stieg die Hautempfindlichkeit für Histamin in Relation mit dem Gesundheitsprozeß an. Die Heilung mit Tranquilizern ist danach bei Schizophrenen erfolgreicher als bei anderen Geisteskranken. W. Damerau. 4620 □

Einfluß eines Benzothiadiazin-Derivates auf die Wasserpermeabilität isolierter Membranen. F. Díes, R. M. Cobos und A. Rivera. (Endocrinology **71**, 332—33, Aug. 1962; Mexico, Hosp. de Enfermedades de la Nutrición, Dep. de Bioquím.; engl.) — Die Wrkg. von *Vasopressin* u. *Dihydroflumethiazide* wurde an der isolierten Gallenblase der Kröte *Bufo marinus* untersucht (Bentley-Technik). Beide Stoffe erhöhten den Wassertransport in vitro. Die Ergebnisse stützen die Annahme, daß der antidiuret. Effekt von Benzothiadiazinen von einer erhöhten Wasserpermeabilität des Sammelductus herrührt. M. Metze. 4620 □

Untersuchung der pharmakologischen Eigenschaften zweier N-substituierter Derivate des Phenoxazins. Stanisław Kurzepa, Jerzy Cieślak und Eugeniusz Samojlik. (Acta polon. pharmac. **18**, 157—69, 1961; Warszawa, Inst. Matki i Dziecka, Zakł. Farmakol.; pol.) — Die pharmakolog. Eigg. von *10-[N.N-Dimethylaminopropyl]-phenoxazinhydrochlorid* (**I**; $C_{17}H_{21}ClN_2O$, F. 102—103°) u. *2-Chlor-10-[N.N-dimethylaminopropyl]-phenoxazinhydrochlorid* (**II**; $C_{17}H_{20}Cl_2N_2O$, F. 215—216°) wurden mit denen von *Chlorpromazin* (**III**) verglichen. Die Toxizität von **I** u. **II** ist bei Mäusen etwa gleich der von **III**, bei Ratten kleiner. Der Ersatz des S-Atoms in **III** durch O verändert die pharmakolog. Wrkg. deutlich, die Einführung von Cl in die 2-Stellung hat dagegen keinen Einfluß. **I** u. **II** wirken im Tier-Vers. spasmolyt. u. hypotensiv. Sie haben kaum einen Einfl. auf das Zentralnerven-Syst. u. auch keine baktericide Wirkung. F. Urban. 4620 □

Experimentelle Begründung der Tetanusbehandlung mit Aminazin. Je. A. Gromowa, K. N. Tkatschenko und G. A. Romanowa. (Bull. exp. Biol. Med. [UdSSR] **52** (26), Nr. 12, 38—43, Dez. 1961; Moskau, Akad. der med. Wiss. der UdSSR, Inst. für Physiolog. u. Pathophysiolog., Labor. für Infektionspatholog.; russ., Auszug: engl.) — Unterss. in vivo am Kaninchen zeigten, daß Injektion von 5—10 mg/kg *Aminazin* (**I**; i.v.) die durch experimentelle Tetanus-Intoxikation erhöhte bioelektr. Aktivität der Muskeln erniedrigt u. die Wrkg. der reticulären Formation des Mittelhirns blockiert. **I** wirkt im frühen Krankheitsstadium stärker. I. v. Kloch-Kornitz. 4620 □

Die sedative und antiemetische Wirkung des neuen neuroplegischen Mittels Etaperazin. Ssi-Pin Tsche. (Pharmakol. u. Toxikol. [UdSSR] **24**, Nr. 2, 140—45, März/April 1961; Inst. für Pharmakol. u. Chemother. der Akad. der Med. Wiss. der UdSSR, Labor. für spezielle Pharmakol.; russ., Auszug: engl.) — Verss. an weißen Ratten ergaben, daß *Etaperazin* (**I**; *Perphenazin*) in Dosen von 0,5—2 mg/kg intraperitoneal die motor. Aktivität der Tiere um 40—86,5% senkt u. damit im Mittel 4,74 mal stärker sedierend wirkt als *Aminazin* (**II**; *Chlorpromazin*). Die antiemet. Wrkg. von **I** (Verss. an Hunden mit Apomorphin-Erbrechen) ist 9,6 mal stärker als jene von **II**. Die DL_{50} von **I** für die weiße Maus beträgt 960, die von **II** 520 mg/kg. subkutan; die Toxizität von **I** ist demnach 1,8 mal geringer als jene von **II**. E. Rentz. 4620 □

Einfluß des Etaperazins auf die bedingten Reflexe der Ratte. Ssi-Pin Tsche. (Pharmakol. u. Toxikol. [UdSSR] **24**, Nr. 1, 13—18, Jan./Febr. 1961; Inst. für Pharmakol. u. Chemother. der Akad. der med. Wiss. der UdSSR, Labor. für spezielle Pharmakol.; russ., Auszug: engl.) — Vgl. vorst. Referat. — In Unterss. an weißen Ratten wird festgestellt, daß das Neuroplegicum *Etaperazin* (**I**; *Perphenazin*) in der Dosis von 0,5 mg/kg subkutan die Ausarbeitung eines motor.-defensiven bedingten Reflexes hemmt, während *Aminazin* (**II**) in der gleichen Dosierung das nicht tut. Der bereits ausgearbeitete bedingte Reflex wird durch **I** ca. 8 mal stärker gehemmt u. die Entw. der inneren Hemmung ca. 8 mal stärker beschleunigt als durch **II** (0,05 mg/kg **I** wirken annähernd gleich wie 0,4 mg/kg **II**). E. Rentz. 4620 □

Erhöhung der menschlichen Leistung durch Coffein und durch Amphetamine. Bernard Weiss und Victor G. Laties. (Pharmacol. Rev. **14**, 1—36, März 1962; Baltimore, Md., Johns Hopkins Univ., School of Med., Dep. of Pharmacol. and Exp. Therapeutics, Dep. of Med.; engl.) — Übersicht; Einfl. von *Coffein*, *Amphetaminsulfat*, *Dextroamphetaminsulfat* u. *Pervitin* auf phys. Ausdauer u. Kapazität, motor. Koordination u. Kontrolle, Überwachung, Lernen. — 112 Literaturangaben. P. Gregorzewski. 4622 □

Verhütung von normalerweise nach 48/80-Gaben entstehenden Magengeschwüren durch Streß und Cortisol. Hans Selye, Pierre Jean und Marc Cantin. (Proc. Soc. exp. Biol. Med. **103**, 444—46, Montreal, Canada, Univ. de Montreal, Inst. de Méd. et de

Chirugie; engl.) — Magengeschwüre nach Streß unterschieden sich von solchen, die Ratten nach Behandlung mit dem Histaminfreisetzer *48/80* (I) erhielten. Die I-Schädigung als auch der anaphylakt. Schock u. das Fieber konnten durch Streß u. *Cortisol* verhindert werden. M. Metze. 4625□

Abhängigkeit der N_2O-Narkoseschwelle von Erregungszustand und Stoffwechsel. W. Rummel, H. Jacobi, F. J. Kreutzer und E. von der Brelie. (Naunyn-Schmiedebergs Arch. exp. Pathol. Pharmakol. **231,** 141—48, 2/8. 1957; Düsseldorf, Med. Akad., Pharmakol. Inst.; dt.) — Vff. untersuchten an Meerschweinchen u. Ratten die Wrkg. stoffwechselwirksamer Substanzen, wie *Chlorpromazin* (I), *Reserpin* (II), *Methamphetamin* (*Pervitin,* Temmler; III), *Thyroxin* (IV), *2.4-Dinitrophenol* (V) u. *Methylthiouracil* (VI) auf die *N_2O*-Narkoseschwelle. Bei 85 Verss. ohne zusätzliche Drogen betrug der zur Narkose erforderliche N_2O-Partialdruck 1,6 ± 31 kg/cm². 50% ig. Senkung der Narkoseschwelle erfolgte durch vorherige subkutane Gabe von **I** u. **II** in Mengen von 0,15 bzw. 0,25 mg/kg. **III** (subkutan) erhöhte in Gaben von 10 mg/kg die Narkoseschwelle um mindestens 60%. Bei kombinierter Anwendung vermochten 4 mg **III**/kg die Wrkg. von 0,5 mg **II** aufzuheben. **IV** (subkutan) bewirkte in Mengen von je 0,5mg/kg nach 4—12 Tagen neben sehr starker Stoffwechselsteigerung Erhöhung der Narkoseschwelle um 62%. **V,** das in Mengen von 10—20 mg/kg bereits nach 20—30 Min. zu 100% ig. Stoffwechselsteigerung führte, hatte keinen Einfl. auf die Narkoseschwelle. **VI,** das in oralen Gaben von 110—150 mg/kg den Stoffwechsel um 28% senkte, war gleichfalls ohne Wrkg. auf die Narkoseschwelle. Die durch **IV** erhöhte Narkoseschwelle konnte durch **I** u. **II** wieder zur Norm zurückgebracht werden. Die Verss. mit **IV, V** u. **VI** zeigen, daß Stoffwechselsteigerungen nicht zwangsläufig mit Steigerungen des Erregungszustandes verbunden sind. K. Zopff. 4627□

Die Wirkung intracerebral injizierter biogener Amine auf die Hexobarbitalnarkose. Joachim Schmidt und Hansjürgen Matthies. (Acta biol. med. german. [Berlin] **7,** 443—51, 1961; Magdeburg, Med. Akad. Pharmakol. Inst.; dt.) — Weißen Mäusen wurden 15 Min. vor *Hexabarbital*-Gabe biogene Amine direkt in das Zentralnerven-Syst. (ZNS) injiziert. Bei der Injektionstechnik nach Haley u. a. verteilen sich die Substanzen vorwiegend auf die Vorderhirnabschnitte. Vff. geben eine Technik an, bei der die injizierte Lsg. vorwiegend in die Hinterhirnabschnitte gelangen. Injektion von 40 μg *5-Hydroxytryptamin* in das Vorderhirn verursacht eine signifikante (p 0,01) Verlängerung der Barbituratnarkose, Injektion derselben Menge in das Hinterhirn bewirkt eine signifikante Verkürzung der Narkose, ebenso wie die Hinterhirninjektion von 40 μg *5-Hydroxytryptophan* oder *Tryptamin* oder von 50 μg *Tryptophan.* Bei Vorderhirninjektion dagegen bewirkt nur *Tryptophan* schon in einer Konz. von 5 μg eine Narkoseverlängerung. *Noradrenalin* oder *Adrenalin* (10 μg) bewirken bei beiden Injektionsarten eine Narkoseverlängerung. *Dihydroxyphenylalanin* u. *β-Phenyläthylamin* zeigen nur bei Hinterhirninjektion eine signifikante Verländerung der Narkosedauer. Die Verss. zeigen, daß durch die angewendete Meth. eine Differenzierung von Substanz-Wrkg. an verschiedenen Hirnabschnitten möglich ist. Die biolog. Vorstufen der Amine werden nur im Hinterhirn in wirksame Formen umgewandelt, weil dort vorwiegend die entsprechenden Enzyme lokalisiert sind. Die Tryptophaneigenwrkg. bleibt noch ungeklärt. D. Scheuch. 4627□

Vergleichende Untersuchung des Einflusses von Aminazin, Barbamyl und Chloralhydrat auf die Temeraturveränderungen in der Parotis. N. G. Kotschemassowa. (Physiol. J. [Kiew] [UdSSR] **6,** Nr. 3, 349—57, Mai/Juni 1960; Kiew, Med. Bogomoletz-Inst., Lehrstuhl für normale Physiol.; ukrain., Auszug: engl.) — In chron. Verss. bei Hunden mit Parotis-Fistel führte *Aminazin* (I), *Barbamyl* u. *Chloralhydrat* (10, 50 bzw. 0,7 g/kg) zur Hemmung der Stoffwechselprozesse u. der sekretor. Rk. in der Parotis sowie zur Senkung der Temperatur. Die narkot. Wrkg. des **I** war weniger stark ausgeprägt u. konnte durch Injektion von *Adrenalin* (50 γ/kg) beliebig unterbrochen werden.
I. v. Kloch-Kornitz. 4627□

Der Einfluß von Hexenal und Äther auf die Anpassung der Hirnrinde und einiger Bereiche des Gehirnstamms an den Rhythmus der Lichtreize. O. M. Rasumejew. (Physiol. J. [Kiew] [UdSSR] **6,** Nr. 3, 303—310, Mai/Juni 1960; Militärmed. Kirow-Akad., Lehrstuhl für Pharmakol., Pharmac. u. Pharmakognosie; ukrain., Auszug: engl.) — Oszillograph. u. elektroencephalograph Unterss. der Hirnrinde u. einiger Anteile des Hirnstammes von Kaninchen zeigten nach Einw. von *Ae.* (750 mg/Liter Luft) Verminderung der spezif. u. unspezif. sensiblen Impulse, nach Injektion von *Hexenal* (75 mg/kg i.v.) Verminderung der unspezif. sensiblen Impulse auf Lichtreize (3—13 Hz). Der Adaptionsrhythmus des bioelektr. Stromes stellte sich nach 50 Min. wieder ein.
I. v. Kloch-Kornitz. 4627□

Lokalanästhetische Aktivität von Procainsalzen der Mellitsäure. Einfluß der freien Säurefunktion. A. Quevauviller, M. Chaigneau und C. Bathellier. (Ann. pharmac. franç. **16**, 656—59, Nov. 1958, Paris, Fac. de Pharm., Labor. de prof. Lebeau et Labor. d'Hygiène.) — Vff. stellen das *Di-*, *Tetra-* u. *Hexaprocainsalz* der *Mellitsäure* dar. Die lokalanästhet. Wrkg. der Mellitate ist bei pH 4,2, 5,2 u. 7,2 schlechter als die des Hydrochlorids. Die Wrkg. steigt mit dem pH an. Durch Zusatz von Na-Mellitat zu Hexaprocainmellitat kann die lokalanästhet. Wrkg. gesteigert werden. S. Erbe. 4627□

Bedeutung der Nitrogruppe für die pharmakologische Wirksamkeit einiger Arylamide von substituierten Aminoessigsäuren. B. I. Legostew, N. I. Kudrjaschowa und N. W. Chromow-Borissow. (Pharmakol. u. Toxikol. [UdSSR] **24**, Nr. 1, 40—44, Jan./Febr. 1961; Leningrad, 1. Med. Pawlow-Inst., Lehrstuhl für Pharmakol.; russ.; Auszug: engl.) — Untersucht wurden die Hydrochloride der folgenden Verbb.: *Diäthylaminoessigsäurenitrophenylamid* (I; IEM-201), *Diäthylaminoessigsäurephenylamid* (II; IEM-187), *Piperidylessigsäurenitrophenylamid* (III; IEM-208), *Piperidylessigsäurephenylamid* (**IV**; IEM-189), *Diäthylaminoessigsäuredimethylnitrophenylamid* (**V**; IEM-248) u. *Diäthylaminoessigsäuredimethylphenylamid* (**VI**; IEM-193). Verss. an weißen Mäusen u. Kaninchen ergaben, daß die eine NO_2-Gruppe enthaltenden Präpp. **I**, **III** u. **V** deutlich analget. wirken. Von den Analoga, welche keine NO_2-Gruppe enthalten, wirkt nur **II** schmerzlindernd, jedoch sind davon 3—4mal höhere Dosen erforderlich als von **III**. Es erwies sich ferner, daß **III** u. **V** u. bes. **I** die Atmung deutlich stimulieren (Zunahme des Atemrhythmus), während **II** u. **IV** keine Wrkg. auf die Atmung haben u. nur **VI** die Lungenventilation anregt (durch Vertiefung der Atemzüge, nicht durch Beschleunigung des Atemrhythmus). Alle 6 Verbb. haben keinen Einfl. auf den Blutdruck. **I**, **III** u. **V** verursachen in hohen Dosen Krämpfe, während **II** u. **IV** u. vor allem **VI** eine gewisse hypnot. Wrkg. haben, jedoch in höheren Dosen klon. Krämpfe hervorrufen. Für die weiße Maus beträgt die DL_{50} von **I** (in mg/kg subkutan) 450, **II** 650, **III** 117,5, **IV** 380, **V** 426 u. **VI** 719. Die Einführung der NO_2-Gruppe führt demnach auch zu einer mehr oder weniger deutlichen Zunahme der Toxizität. E. Rentz. 4627□

Die Abhängigkeit einiger pharmakologischer Eigenschaften von Estern der Piperidinreihe von der chemischen Struktur ihres Moleküls. G. I. Ssamarina. (Pharmakol. u. Toxikol. [UdSSR] **22**, 144—49, März/April 1959; Kasach. Med. Inst., Lehrstuhl für Pharmakol.; russ., Auszug: engl.) — Es wurde der Einfl. der Struktur auf die anästhesierende Aktivität u. Toxizität verschiedener Ester von *1-Allyl-*, *1-Crotyl-* u. *1-γ.γ-Dimethylallyl-2.5-dimethylpiperidol-(4)* untersucht. Die meisten Verbb. übertreffen die Wirksamkeit des Cocains u. Novocains, einige die des Dicains. Folgende 1-Allyl-2.5-dimethylpiperidole-(4): *β-Benzoathydrochlorid*, F. 197—198,5° (Bzl.); Nädelchen. — *Phenoxyacetathydrochlorid*, *β-Form*, F. 159—160° (abs. A.–Ae.); Nädelchen; *α-Form*, F. 184—185° (abs. A.–Ae.). — *α-Phenylacetathydrochlorid*, F. 157—158° (Aceton–Ae.). — *α-Hydrocinnamathydrochlorid*, F. 118—120° (Bzl.). — 1-Crotyl-2.5-dimethylpiperidole-(4): *β-Benzoathydrochlorid*, F. 172—174° (Aceton–Ae.); Nädelchen. — *α-Phenoxyacetathydrochlorid*, F. 171—172° (Bzl.); Nädelchen. — 1-γ·γ-Dimethylallyl-2.5-dimethylpiperidole-(4); *β-Benzoathydrochlorid*, F. 195—196° (Bzl.); Platten. — *β-Phenoxyacetathydrochlorid*, F. 182—183° (Aceton); Nädelchen. — *Cinnamathydrochlorid*, *α-Form*, F. 146—147° (abs. A.–Ae.); Nädelchen; *β-Form*, F. 204—205° (Bzl.); gelbliche, nadlige Kristalle. — *β-Hydrocinnamathydrochlorid*, F. 124—125° (Bzl.)
Helmut Schäfer. 4627

Anästhesie. 62. Mitt. **Die Wirkung von Hexafluordiäthyläther auf die Cholinesteraseaktivität des Gehirns.** Alfred S. C. Ling, Frederick K. Bell und John C. Krantz. (Anesthesiology **22**, 426—28, Mai/Juni 1961; Baltimore, Md., Univ. of Maryland, School of Med., Dep. of Pharmacol.; engl.) — 61. vgl. J. Pharmacol. exp. Therapeut. **130**, [1960], 492. — *Hexafluordiäthyläther* (I) ruft am Tier u. am Menschen convulsiv. Zuckungen hervor. Sowohl Elektroschock als auch I in vitro u. in vivo erhöhen die *Cholinesteraseaktivität* (II) des Rattenhirns, dabei ist die Dauer der Einw. (10 oder 30 Sek.) ohne ersichtlichen Einfluß. Die Erhöhung der **II** durch *Cardiazol* (**III**) ist unbedeutend, obwohl **II** clon-ton. Convulsionen hervorruft. Vff. nehmen an, daß **I** u. Elektroschock *Acetylcholin* aus einem gebundenen, inakt. Zustand im Hirngewebe in eine freie, akt. Form überführen. Ch. Folesky. 4627□

Erfahrungen mit dem Anaestheticum MS-222. Z. Stefanová, V. Puchta und A. Romanovský. (Pharmazie **17**, 137—42, März 1962; Prag, Karls-Univ., Zoolog. Inst.; dt.) — Vff. berichten über die Verw. des „*Methansulfonats des m-Aminobenzoesäureäthylesters*" (MS-222; Molgew. 261,3) als Anaestheticum bei Amphibien u. Kaninchen im Bereich der experimentellen Biologie. Das wasserlösl. Präp. erwies sich bei Anwendung an Larven u. erwachsenen Individuen von *Rana temporaria* L. in Konzz.

von 1 : 2000—1 : 3000 als geeignetes Totalanaestheticum, während am Kaninchen keine dementsprechende Wrkg. beobachtet wurde. B. Schobess. 4627□

Lokalanaesthetica. 12. Mitt. **Lokalanästhetische Wirkung und andere pharmakologische Eigenschaften der Analoga von Diäthylaminoacetylmesidin.** Z. Horáková und V. Hach. (Českoslov. Farmac. **8,** 126—29, April 1959; Prag, Forschungsinst. für Pharmazie u. Biochemie; tschech.) — 11. vgl. Collect. czechoslov. chem. Commun. **24,** [1959], 3136. — Bericht über die Eigg. der in der 7. Mitt. (vgl. C. **1958,** 3574) beschriebenen *Analoga* des *Diäthylaminoacetylmesidins* (I). Infiltrationsanästhet. u. oberflächenanästhet. Wirksamkeit, der Einfl. auf den Blutdruck u. die Atmung, die intradermale Reizung u. die Toxizität werden untersucht. Die —NH·CO-Bindung des I ist für die lokalanästhet. Wirksamkeit nicht unbedingt notwendig. Ihr Ersatz durch $—CH_2·S·CH_2—$, —O CO·O—, $—O·CH_2—$ oder $—CH_2·O·CH_2—$ hat eine beträchtliche Zunahme der anästhet. Wirksamkeit zur Folge, wobei die anderen pharmakolog. Eigg. des I erhalten bleiben. Die graph. Darst. der infiltrationsanästhet. u. oberflächenanästhet. Wirksamkeit sowie die i.v. bzw. subkutane DL_{50} der untersuchten Verbb. (Tier-Vers.) werden angegeben. A. Emr/Prag. 4627

Zur Wirkung des Pyridin-3-carbonsäurebisesters des Morphins als Analgeticum. 2. Mitt. Konrad L. Zirm und Alfred Pongratz. (Arzneimittel-Forsch. **10,** 137—39, Febr. 1960; Österreich, Lannach, Lannacher Heilmittel G. m. b. H., Forschungslabor.) — 1. vgl. Arzneimittel-Forsch. **9,** [1959], 511. — *Morphin-bis-[pyridin-3-carbonsäureester]-hydrochlorid* (I) verändert Blutdruck u. Atmung weniger als *Morphin* (**II**). **I** hat eine stärkere mydriat. Wrkg. als **II,** Dihydroxycodeinhydrochlorid u. Phetidin. **I** beeinflußt die Motilität u. Peristaltik des Darmes nicht. Ihre spasmolyt. Wrkg. auf die glatte Muskulatur ist gut. Da nach dem Test von Tavat u. Okcasu bei Katzen keine Euphorie u. bei anderen Vers.-Tieren kein Erbrechen im Gegensatz zu anderen Analgeticis auftritt, wird angenommen, daß bei Menschen keine Gewöhnung zu erwarten ist. E. Carstens. 4627□

Übersicht über Halothan. Arthur B. Tarrow. (Anaesthesist **10,** 146—51, Mai 1961; Wiesbaden, USAF Hospital; dt.) — Vgl. auch vorst. Referat. — Übersicht über das Narkoticum *1.1.1-Trifluor-2.2-bromchloräthan* (*Halothan; Fluothane*): Wrkg. auf Organ-Syst. des Körpers, pharmakolog. Wrkg. gleichzeitig angewandter Präpp., Technik, azeotrope Mischung. — 35 Literaturangaben. K. Maier. 4627□

Die „spezifisch" analgesierende Wirkung von Trichloräthylen auf den Trigeminus. Ray J. Defalque. (Anesthesiology **22,** 379—84, Mai/Juni 1961; Iowa City, Iowa, State Univ. of Iowa, Dep. of Surgery, Div. of Anesth.; engl.) — Vf. stellt in seinen Unterss. fest, daß der Trigeminus- u. ein Rückenmarksnerv durch *Trichloräthylen* (I) gleich stark gelähmt bzw. anästhesiert werden. *Chlf.* wirkt in der gleichen Weise, während *Morphin,* eine größere Wrkg. auf den Rückenmarksnerv hat. Die am Kaninchen gefundenen Ergebnisse lassen sich nicht ohne weiteres auf den Menschen übertragen. Von einer spezif. Wrkg. des I auf den Trigeminus beim Menschen kann also nicht die Rede sein. Die durch I in der Industrie hervorgerufenen lang andauernden Anästhesien scheinen durch Verunreinigungen oder Zers.-Prodd. hervorgerufen zu werden. C. Folesky. 4627□

Curarisierung mit dem Calebassenalkaloid Toxiferin. 1. Mitt. **Untersuchungen an der nichtnarkotisierten Versuchsperson. Ergebnisse von 15 Selbstversuchen.** R. Seeger. (Anaesthesist **10,** 129—37, Mai 1961; Mainz, Chirurg. Univ.-Klin., Anästhesieabt.; dt.) — Das neue synthet. Calebassenalkaloid *C-Toxiferin I* (I), ein nichtdepolarisierendes Relaxans, ist ein stark- u. langwirkendes Mittel mit 10—15facher Wirksamkeit u. mit 5,5—23 γ/kg doppelter Wrkg.-Dauer von d-Tubocurarin beim nichtnarkotisierten Menschen. Die Wrkg. ist durch Anticholinesterasen aufhebbar. Die kumulative Wrkg. bei Nachinjektion ist stark, auch wenn statt I Methylcurarin gegeben wird. I zeigt keine Kreislauf-Wrkg. u. auffallend geringe Histaminwirkung. K. Maier. 4628□

C-Toxiferin I in der klinischen Anästhesie. W. Hügin und P. Kissling. (Anaesthesist **10,** 137—39, Mai 1961; Basel, Chirurg. Univ.-Klin., Anästhesieabt.; dt.) — Vgl. auch vorst. Referat. — *C-Toxiferin I* (I) ist ein sehr wirksames, lang wirkendes depolarisationshinderndes, ungewöhnlich selektiv wirkendes Relaxans. I wurde bei 67 Patienten zur Muskelrelaxation während Anästhesie u. bei 3 gegen schwere Spasmen infolge multipler Sklerose angewendet. Die Anfangsdosis beträgt ca. 40—50 γ/kg, die Erhaltungsdosis 15 γ/kg. I ist während Ae.- oder Halothannarkose ohne Veränderung des Kreislaufs anwendbar. Die Muskelrelaxation wird von *Neostigmin* leicht aufgehoben. Intramuskulärinjektionen von ca. 20 γ I/kg mildern neurogen bedingte Muskelspasmen. I ist bei langer Operationsdauer zweckmäßig. K. Maier. 4628□

Verlängert Halothan die Wirkungsdauer kurzwirkender Muskelrelaxantien vom Suxamethonium-Typ?. Erich Kirchner und Karlheinz Müller. (Anaesthesist **10,**

141—42, Mai 1961; Marburg/Lahn, Chirurg. Univ.-Klin., Anästhesieabt.; dt.) — Die Wrkg.-Dauer dreier kurz wirkender Muskelrelaxantien des *Suxamethonium* (*Succinylcholin*)-Typs (*Lysthenon, Succinyl-Asta, Pantolax*) war unter normalen endexspirator. CO_2-Werten (5 Vol.-%) unter *Halothan*-Narkose im Stadium III_1 nicht verlängert. K. Maier. 4628□

Klinische und tierexperimentelle Erfahrungen mit kombinierter Verwendung von Muskelrelaxantien. E. Török, L. Decsi, J. Méhes und J. Papp. (Anaesthesist **10,** 273—78, Sept. 1961; Pécs, Ungarn, Univ., Pharmakol. Inst.; dt.) — Bei 137 Narkosen zeigte sich, daß in der Mehrzahl der Fälle der muskelerschlaffende u. Apnoe verursachende Effekt von *Succinylcholin* (I) verstärkt wurde, wenn I nach *My-301* (*Guajacolglycerinäther*; II) gegeben wurde. Verss. an Kaninchen u. Mäusen ergaben, daß eine Kombination von II u. *d-Tubocurarin* (III) zu einer unvollständigen, von II + I zu einer vollkommenen Addition führen. Der atmungshemmende Effekt von I oder III wird verstärkt, wenn sie nach einer die Atmung nicht beeinflussenden Einzelgabe von II injiziert werden. Die Kombination von III + II ist mäßig tox., die mit I zeigt durch den Anstieg des atmungshemmenden Effektes jedoch eine erhöhte Toxizität. II beeinflußt die Wrkg. von III auf den Blutdruck nicht, auch I + II führen nicht zu einem Blutdruckabfall. Die Vorteile u. Nachteile der Kombination von I, II u. III auf Grund der experimentellen Befunde u. klin. Beobachtungen werden erörtert. K. Böhm. 4628□

Cardiaca und Cardiotonica in der praktischen Therapie. H. Seel. (Pharmazie **14,** 301—09, Juni, 371—77, Juli 1959; Berlin, Dtsch. Akad. der Wiss.,) — Vf. gibt eine umfassende klin.-pharmakolog. Übersicht über die Herz–Kreislauf-Mittel. Folgende *Cardiaca* werden behandelt: *Steroidglykoside* der Strophanthus- u. Digitalisreihe, „Digitaloide" (*Adonis, Convallaria, Oleander, Scilla* u. a.), flavonglykosidhaltige (*Arnica, Crataegus*), Organ-Präpp. (Adenosinphosphorsäure-Verbb.) u. einige Steroid- bzw. Sexualhormone sowie Alkaloide der Chinarinde (Chinin u. Chinidin) u. des Besenginsters (Spartein). Zu den *Cardiotonicis* zählt Vf. die Purinkörper, zentrale Analeptica, Sympathicomimetica, gefäßdilatierende Sympathicomimetica (Dilatol, Vasculat), Nicotinsäure-Derivv., Sympathicolytica, Ganglienblocker, Parasympathicolytica, Spasmolytica, Nitrite u. Antisclerotica; von letzteren sieht Vf. die Jod-Verbb. als beste an. W. Schmollack. 4630□

Akute hämodynamische Reaktion auf intravenöses und intraarterielles Guanethidin. Francois M. Abboud, John W. Eckstein und Santiago A. Pereda. (Amer. J. Physiol. **201,** 462—66, Sept. 1961; Iowa City, Iowa, State Univ. of Iowa, Coll. of Med., Dep. of Int. Med., Cardiovascular Res. Labor., Hemodyn. Labor.; engl.) — Es wurde der Charakter der biphas. Wrkg. von *Guanethidin* (I; *Ismelin,* Ciba), der sich bei i.v. Injektion von 1 mg/kg bei Hunden durch plötzlichen Blutdruckabfall, gefolgt von anhaltendem Blutdruckanstieg, zu erkennen gibt, zu bestimmen versucht. Innerhalb der ersten 10 Sek. kommt es zu einem Abfall des arteriellen Druckes, zu einer Steigerung des Herzausstoßes u. zu einer Verminderung des peripheren Widerstands, die alle 40—50 Sek. anhalten; danach steigen Blutdruck u. Schlag-Vol. bei Rückkehr des peripheren Widerstands zur Norm, nach 10—15 Min. sind diese Veränderungen zur Ruhe gekommen. Durch eine Ganglienblockade (durch 1 mg Trimethidiniummethosulfat/kg i.v.) kann die Pressor-Rk. gesteigert, durch adrenerg. Blockade (5 mg Phentolaminmethansulfonat/kg i.v.) kann sie verringert werden. Intraarterielle Injektion von 0,5 mg I/kg in durchströmte, denervierte Vorderbeine führte zu einer kurzen Vasodilatation, die von einer Vasokonstriktion gefolgt war u. allerdings damit von der Rk. auf *l*-Norepinephrinbitartratmonohydrat (1 μg Base) abwich. Die tatsächliche Wirkungsweise von I bleibt offenbar noch unklar, wenn auch mit den Ergebnissen die Anschauung unterstützt wird, wonach die akuten Pressor-Wrkg. teilweise indirekt, durch Vermittlung zirkulierender Brenzcatechinamine zustande kommen, wobei die lokale vasodilatator. Wrkg. mitspielt.
U. Tausendfreund. 4630□

Vergleichende pharmakologische Untersuchungen über die Methylendisalicylate des Hexamethylentetramins und Piperidins. 4. Mitt. **Gehalt im Körper des Tieres.** I. Simon. (Boll. Soc. ital. Biol. sperim. **38,** 236—38, 15/3. 1962; Pisa, Univ., Ist. di Farmacol.; ital.) — 3. vgl. C. **1961,** 5886. — *Piperidinmethylendisalicylat* (I) wird nach oraler Gabe von 0,825 g I/kg im Harn des Kaninchens in Form der ausgeschiedenen Komponenten *Methylendisalicylsäure* u. *Piperidin* bestimmt. 3 Tage nach der I-Gabe sind ca. $^2/_3$ davon noch im Organismus anwesend. Ferner erhielten Kaninchen per os 0,5—1 g pro kg *Hexamethylentetraminmethylendisalicylat* (II); im Urin wurden qual. *Salicylsäure* u. *Hexamethylentetramin* nachgewiesen; die Rkk. auf diese Spaltprodd. von II waren nur in den ersten 24 Std. vorhanden. F. Kren. 4630□

Das neue Herzglykosid Corchorosid A. A. D. Turowa und A. I. Lesskow. (Pharmakol. u. Toxikol. [UdSSR] **24,** Nr. 2, 197—201, März/April 1961; Allunions-Inst.

für Arznei- u. Gewürzpflanzen, Labor. für Pharmakol.; russ.) — *Corchorosid A* (I; $C_{29}H_{42}O_9$), ein Glykosid aus den Samen von *Corchorus olitorius* L., ist ein weißes krist. Pulver, F. 180°, $[\alpha]_D$ + 11°, gut lösl. in A. u. Methanol u. in deren wss. Lsgg., schwer lösl. in W. u. Chlf., sehr wenig lösl. in Ae. u. Bzl., prakt. unlösl. in PAe., besteht aus dem Aglykon Strophanthidin u. Desoxymethylpentose. I wurde in Verss. an Fröschen, Katzen u. Tauben geprüft. Seine biolog. Aktivität (0,09 mg/kg Katze) entspricht jener von *G-Strophanthin* (II; 0,09) u. *Convallatoxin* (III; 0,118). I wird, zum Unterschied von II u. III, in 24 Std. vollkommen ausgeschieden. Es ist wesentlich schwächer inotrop u. stärker tonotrop als diese. Der Rhythmus der Herzkontraktionen wird etwa gleich stark beeinflußt. I ist bes. zu empfehlen bei Kreislaufinsuffizienz mit herabgesetztem Tonus u. gestörtem Rhythmus des Herzens. E. Rentz. 4630□

Papaverinanaloge. 8. Mitt. Vergleichende Wirkung von Papaverin, Äthaverin und Dioxylin auf das cardiovasculäre System. Calvin Hanna und Robert C. Parker. (Arch. int. Pharmacodynam. Thérap. **126,** 386—92, Juli 1960; Vermont, Univ., Dep. of Pharmacol., Coll. of Med.; engl.) — 7. vgl. C. **1962,** 10920. — Durch vergleichende arterielle Blutdruckmessung, Messung der Herzleistung nach der Farbstoffverdünnungs-Meth. bei Hunden u. des Plasma-K-Spiegels auf flammenphotometr. Wege bei Katzen in Abhängigkeit verschiedener Blut-Konzz. von *Papaverin* (1-[3.4-Dimethoxybenzyl]-6.7-dimethoxyisochinolin), *Äthaverin* (1-[3.4-Diäthoxybenzyl]-6.7-diäthoxyisochinolin) u. *Dioxylin* (1-[3-Methoxy-4-äthoxybenzyl]-6.7-dimethoxy-3-methylisochinolin) wurde die Wrkg. dieser Verbb. auf das cardiovasculäre Syst. untersucht. Im allg. war die Wrkg. der i.v. Dosen qual. u. quant. gleich. Die Senkung des arteriellen Blutdrucks wurde von einer deutlichen Steigerung der Herzleistung u. einem stärkeren Abfall des Widerstands der peripheren Gefäße begleitet. Der K-Geh. des Plasmas wurde nicht verändert. K. Nezel. 4630□

Die Wirkungen von Ouabain auf den Ionentransport durch die Haut des Frosches im Zusammenhang mit der Art ihrer elektrischen Leitfähigkeit. Shigehiro Nakajima und Takashi Hashimoto. (Jap. J. Physiol. **11,** 457—65, 15/8. 1961; Tokyo, Univ., School of Med., Dep. of Physiol. and of Physiol. Chem. and Nutrit.; engl.) — Vff. bestimmen die Potentialdifferenz zwischen 2 Pt-Elektroden (im Vgl. mit Kalomelelektroden) sowie die Leitfähigkeit u. den Transport von $^{24}Na^+$ u. $^{35}SO_4^{2-}$-Ionen an der isolierten Froschhaut in Ggw. von *Ouabain* (I, $5 \cdot 10^{-7}$ m) bei 20° unter Kurzschlußbedingungen. Es zeigt sich, daß I den Kurzschlußstrom u. die elektr. Leitfähigkeit innerhalb von 3 Std. (um 43%) erniedrigt, den Ionentransport durch die Haut für Na^+ um 81% u. für SO_4^{2-} um 134% steigert. Daraus geht hervor, daß I die Permeabilität bzw. den passiven Ionentransport steigert. Bei Erniedrigung der Na^+-Konz. (Ersatz von NaCl durch *Cholinchlorid*) zeigt I nur eine geringe Einw. auf die elektr. Leitfähigkeit (Rückgang um 5%), während die Abgabe von Na^+ aus der Haut stark u. die von SO_4^{2-} mäßig ansteigt. In einigen Haut-Präpp. ist vor I-Zugabe die Leitfähigkeit für den passiven Na^+-Transport im Vgl. mit der gesamten elektr. Leitfähigkeit sehr gering. Aus diesen Ergebnissen wird geschlossen, daß die Leitfähigkeit der Froschhaut nicht nur von der passiven Ionendiffusion, sondern auch von einem akt. Na^+-Transport abhängig ist. P. Fahrnlaender. 4633□

Über den Mechanismus der Bromidausscheidung im Harn. Z. Supek und J. Taborsky. (Med. exp. [Basel] **4,** 257—60, 1961; Zagreb, Univ., Med. Fak., Pharmakol. Inst.; dt.) — Bei Ratten wurde die Bromid- u. Chloridausscheidung durch Hypophysenhinterlappenextrakt gesteigert, durch *Acetazolamid* vermindert. Die Ausscheidung von Bromid u. Chlorid verlief in beiden Fällen parallel. W. Damerau. 4634□

Die Wirkung von Quecksilberdiureticis auf die maximale Rate des renalen Glucosetransportes beim Menschen. Joseph M. Letteri, Jeffrey A. Bard und Laurence G. Wesson jun. (Proc. Soc. exp. Biol. Med. **110,** 176—78, Mai 1962; New York City, New York Univ., School of Med., Dep. of Med.; engl.) — Personen erhielten nach einer Thorazingabe hyperton. Lsgg. von *Glucose* (4 g/kg) u. *Inulin* (50 mg/kg Körper-Gew.) in 0,9%ig. Kochsalz-Lsg. infundiert. Danach erhielten die Personen *Meralluside* (*Mercuhydrin*) bzw. *Mercaptomerin* (*Thiomerin*) verabreicht. Bei allen Patienten wurde keine Depression der maximalen Rate des renalen Glucosetransports oder Dysfunktionen 2 Std. nach Applikation der Hg-Diuretica beobachtet. W. Hiller. 4634□

Untersuchungen über eine neue ascaricide Substanz aus einem Streptomyceten. Tadashi Hoshi. (J. Antibiotics [Tokyo], Ser. A **11,** 90—98, Mai 1958; Tokyo, Kisato Inst. for Infect. Dis., Antibiotic Div.; engl.) — Es wurde die Wrkg. von *Ascaricidin* (I), einer neuen, aus dem Kulturfiltrat eines Streptomyceten isolierten ascariciden Substanz, untersucht. Die abtötende Wrkg. auf ausgewachsene Schweineascariden u. die Hemmungs- u. Abbauaktivität auf die Eier wurde geprüft u. mit der anderer bekannter Anthelminthica verglichen. Es zeigte sich, daß **I** in vitro gleiche oder stärkere Wrkg. auf die ausgewachsenen Ascariden besitzt; ferner übt es auf die Eier eine Wachstumshemmung aus, nicht geringer als die von *Neodikuron*, CS_2 u. $NaNO_2$. H. Aman. 4649 □

Rasche Leberwanderung von Schistosoma mansoni-Würmern bei infizierten Mäusen nach einzelner Injektion von Brechweinstein. G. A. H. Buttle und M. T. Khayyal. (Nature [London] **194,** 780–81; 26/5. 1962; London, School of Pharm.; engl.) — Bereits ½ Std. nach intraperitonealer Injektion von 25 mg *Brechweinstein*/kg beginnt bei *Schistosoma mansoni*-infizierten Mäusen die Wanderung der Würmer aus den Mesenterialvenen in die Leber; vermutlich verlieren die Würmer ihren Muskeltonus u. werden stromabwärts getrieben; nach 32 Std. ist ein großer Teil wieder zurückgewandert. U. Tausendfreund. 4649 □

Über einige neue Ester der Cumarin-3-carbonsäure mit balsamischer und bronchialerweiternder Wirkung. L. Lazzeri Adreani und E. Lapi. (Boll. chim. farmac. **99,** 583–86, Sept. 1960; Firenze, Farmaceutici SPE. M.S.A., Labor. Ricerche; ital.) — Dargestellt wurden *Cumarin-3-carbonsäureguajakylester* (F. 124–125°) u. *Cumarin-3-carbonsäurementhylester* (F. 140–142°) aus Guajacol bzw. Menthol u. Cumarin-3-carbonsäurechlorid in wasserfreiem Pyridin unter Erhitzen auf 100–110°. Beide sind gut verträglich u. besitzen eine deutliche expektorationsfördernde u. eine mäßige hustenstillende Wirkung. K. Zingraf. 4650 □

Neuere Fortschritte in der forensischen Wissenschaft. L. C. Nickolls. (Lab. Pract. **10,** 701–08, Okt. 1961; London, Metropolitan Police Labor.; engl.) — Übersicht, keine Literaturangaben. P. Gregorzewski. 4675 □

Schutz vor Vergiftungen mit phosphororganischen Verbindungen. P. Bruaux. (Bull. Organisat. mond. Santé **22,** 575–78, 1960; Bukaru, Belg.-Kongo, Serv. de l'Hyg. urb.; franz.) — Vf. bestimmt innerhalb von 1–2 Monaten den *Cholinesterase* (**I**)-Geh. des Blutes bei Personen, die mit phosphororgan. Verbb. enthaltenden Insekticiden, wie *Diazinon* (**II,** DL_{50} 225 mg/kg, Ratte, per os), *Malathion* (**III,** 1500) u. *Dipterex* (**IV,** 626) arbeiten. Es zeigt sich, daß vorst. Verbb. zwar nur eine geringe akute, aber eine merkliche chron. Toxizität besitzen. Der fortlaufende Kontakt mit **II, III** u. **IV** verursacht eine Stimulation der *Anticholinesterasen*, u. es treten tox. Erscheinungen auf, die nach Unterbrechung der Arbeiten mit diesen Insekticiden wieder verschwinden, wobei der **I**-Geh. des Blutes innerhalb von 1–5 Monaten auf normale Werte ansteigt. Personen mit niedrigem Blut-**I**-Spiegel u. Hypersensibilität sind in besonderem Ausmaß gefährdet. Bei Arbeiten mit vorst. Insekticiden wird eine monatliche gesundheitliche Überwachung u. **I**-Best. vorgeschlagen. Der Kontakt mit dem Insekticid muß unterbleiben, sobald der **I**-Spiegel auf $<50\%$ des Normalwertes abgesunken ist. In Fällen, in denen keine **I**-Best. durchführbar ist, dürfen Arbeiten mit vorst. Verbb. von ein- u. derselben Person nur beschränkte Zeit (2 Monate) ausgeführt werden. P. Fahrnlaender. 4675 □

Anwendung des medikamentösen Schlafes bei der Vergiftung durch Cicuta virosa L. N. T. Plischko. (Pathol. Physiol. exp. Therap. [UdSSR] **4,** Nr. 5, 61–62, Sept./Okt. 1960; Shitomir, Veterinär-bakteriolog. Kreislabor.; russ.) — Bei 23 Kaninchen mit experimenteller Vergiftung durch *Cicuta virosa* L. (8 cm^3/kg) wurde Pentothalnarkose (2–2,5 cm^3/kg i.v. bzw. 4 cm^3/kg i.m. 2%ig. Lsg.) als Therapeuticum mit gutem Erfolg angewandt. I. v. Kloch-Kornitz. 4675 □

Untersuchungen über die Wirksamkeit von Calciumthiosulfat und Dicalcium- und Dinatrium-Calciumversenat. 3. Mitt. **Die Beeinflussung von Histaminwirkungen.** W. Klinger und L. Kersten. (Acta biol. med. german. [Berlin] **7,** 261–67, 1961; Jena, Friedrich-Schiller-Univ., Pharmakol. Inst.; dt.) — 2. vgl. C. **1962,** 6118. — Die Wrkg. von *Histamin* (**I**) auf das isolierte Meerschweinchenileum u. Herzvorhof-Präp. wird durch $CaCl_2$, *Ca-Thiosulfat* u. *Ca-Versenat* entsprechend dem Ionisationsgrad des Ca gehemmt bzw. verstärkt. Ca-Versenat hatte erst in sehr hohen Dosen einen Effekt, am Herzvorhof-Präp. hatte es keine Wirkung. Der **I**-Effekt auf Blutdruck, Atom-Vol. u. Atemfrequenz wird durch keines der Präpp. beeinflußt. Die therapeut. Anwendung von Ca-Versenat sollte nur auf Behandlung von Schwermetallvergiftungen beschränkt werden. D. Scheuch. 4675

Uranspiegel im Harn von nichtexponierten Personen. George A. Welford, Robert S. Morse und John S. Alercio. (Amer. ind. Hyg. Assoc. J. **21,** 68–70, Febr. 1960; New York, N.Y., U.S. Atomic Energy Commission, N.Y. Operat. Office, Health and Safety Labor.; engl.) — Bei 26 nichtexponierten Laboratoriumsarbeitern wurde im Urin ein *Uran*-Spiegel von 0,030–0,300 γ/Liter gefunden. Bei 5 Personen veränderte sich dieser Spiegel während 10 Wochen nicht. G. Kimmerle. 4680

F. Pharmazeutische Chemie. Desinfektion

Grenflächeneigenschaften einiger in der pharmazeutischen Technik verwendeter Pflanzenschleime. 4. Mitt. **Stabilität der mit Arabonsäure als Emulgationsmittel erhaltenen Emulsionen.** R. Cadorniga Carro, Ma. Teresa Albisu Mendiola und E. Otero Aenlle. (An. Real Acad. Farmac. **24,** 105—13, Juni 1958; span.) — 3. Vgl. C. **1960,** 15486. — Die immersionsmikroskop. Unters. von verschiedenen mittels *Arabonsäure* (I) als Emulgationsmittel erhaltenen Emulsionen (Oliven- u. Paraffinöl) zeigen, daß ein Zusatz von 4—6% I die Emulsionen über Monate stabil hält. Walter. A. Schäfer. 4786□

Über die Herstellung von Injektions- und Infusionslösungen in Krankenhausapotheken unter besonderer Berücksichtigung des Elektrolythaushaltes. B. Büttner. (Pharmazie **17,** Nr. 5, Beil.: Pharmaz. Prax. 69—71, Mai 1962; Zwickau, Bezirkskrankenhaus; dt.) — Bei Störungen des Elektrolythaushaltes sind die genau an Hand von Ionogrammen berechneten Mengen der benötigten Ionen zuzuführen. Vf. macht Angaben über die Herst. konz. steriler Lsgg. bestimmter Elektrolyte, die möglichst 1 m Lsgg. sein sollen u. in berechneten Mengen aus Mehrdosenbehältern einer nichtionisierten physiolog. Infusions-Lsg. zugesetzt werden müssen. In der Arbeit sind Beispiele für solche Lsgg. angegeben. H. Moldenhauer. 4790□

Neue Arzneimittel. Anonym. (Pharmaz. Ztg. verein. Apotheker-Ztg. **105,** 1538, 29/12. 1960; dt.) — *Amphotericin B* (Heyden, BRD): Ampullen mit 50 mg Amphotericin B. Antimycoticum. — *Bakteriofid* (Fides, BRD): Pulver mit Thiaminhydrochlorid, Riboflavin, Pyridoxinhydrochlorid, Cyanocobalamin, Ascorbinsäure, Calciferol, Nicotinamid, Pantothensäure, Biotin, Inosit, Cholin, p-Aminobenzoesäure, Aminosäuren, Tannin, Tryptophan, Tyrosin, Pepsin, Pepton, Milchsäurebakterien. Regenerierung der Darmbakterienflora. — *Coumadin* (Iptor, BRD): Tabletten mit 5 mg 1-[4′-Hydroxycumarinyl-(3′)]-1-phenylbutanon-(3). Anticoagulans. — *Cynabil* (Zyma-Blaes, BRD): Dragees mit Extr. Cynar., Extr. Boldo, Fel. Tauri, Hexamethylentetramin. Hepaticum, Cholagogum. — *Enterofid* (Fides, BRD): Pulver mit Kieselerde, Bi-Subsalicylat, Carbo animalis, Carbo ligni, Rhiz. Tormentillae, Na-Nitrat, Thiaminhydrochlorid, Riboflavin. Gegen Enteritis. — *Formisocard* (Müller, BRD): Ampullen mit Muskeladenylsäure, Formisoton, Rutin, k-Strophanthin. Antihypertonicum. — *Fortecortin* (Merck, BRD): Ampullen mit 4 mg Dexamethason-21-dinatriumphosphat. Glucocorticoid. — *Kolpicort* (Dr. Kade, Berlin-West): Vaginalzäpfchen mit sterilem Extrakt aus Hautkeimen u. Colibakterien, Hydrocortison, Kamillenöl. Gegen Colpitis. — *Nivalin* (Chimimport,. Bulgarien): Ampullen mit 0,1% Galanthamin. Gegen Polyneuritis. — *Omca* (Heyden, BRD): Dragees mit 1 mg Fluphenazindihydrochlorid. Gegen vegetative Dystonie. — *Practo-Clyss* (SchiWa, BRD): Klistier mit Natriumdihydrogenphosphat, Dinatriumhydrogenphosphat, Methylparaben, Propylparaben. Laxans. — *Tardamid* (Grünenthal, BRD): Saft mit 10% Sulfadimethyloxazol. Chemotherapeuticum. — *Trachitol* (Engelhard, BRD): Balsam mit Menthol, Campher, Terpentinöl, Eucalyptusöl, Fichtennadelöl, Latschenkiefernöl, Guajacolglycerinäther, Nicotinsäuremethylester. Gegen Erkältungskrankheiten. K. Gerecke. 4800□

Neue Arzneimittel. Anonym. (Pharmaz. Ztg. verein. Apotheker-Ztg. **105,** 141, 4/2. 1960; dt.) — *Honadyskrat* (Bika, BRD): Elixir mit Antimon coll. D 4, Arsen alb. D 6, Hydrastis D 4, Equisetum D 2, Guajacum D 2, Calendula D 2, Geran, robert. D 3, Thuja D 3, Trifol. fibrin. D 3. Gegen Dyskrasie. — *Honahepar* (Bika, BRD): Elixir mit Card. mar. D 2. Taraxacum D 2, Belladonna D 4, Chelidon. D 3, Millefol. D 3, Chamomilla D 3, Curcuma D 3, Centaur. D 2, Hepaticum. — *Honakardin* (Bika, BRD): Convall. D 2, Crataeg. D 2, Valerian. D 2, Viscum D 2, Arnica D 2, Melissa D 2 Aurum metall. D 8, Chinin. arsenic. D 4, Cardiacum. — *Honanerv* (Bika, BRD): Elixir mit Rosmar. D 2, Valerian. D 2, Melissa D 2, Helleborus D 4, China D 2, Zinc. phosphor. D 4, Campher, Tinct. Aurant.; Sedativum. — *Honapect* (Bika, BRD): Extr. Thymi, Sir. Althaeae, Tinct. Pimpinell., Tinct. Primulae, Ol. Anisi, Ephedrin, Succus Liquiritae, Sir. simplex. Expectorans. — *Honastom* (Bika, BRD): Elixir mit Tinct. Gentianae, Tinct. Calami, Tinct. Condurango, Tinct. Rhei, Tinct. Menthae piperitae, Tinct.Aurantii, Salzsäure, Pepsin. Stomachicum. — *Leupopax* (Erwin-Apotheke, BRD): Lsg. von 0,4 (%) Phenobarbital-Na, 4 Na-Bromid, 4 K-Bromid, 2 Baldrianextrakt. Nervinum.— *Sanasi* (Bika, BRD): Granulat mit Ca-Phosphat, Ca-Lactat, Ca-Citrat, Axerophthol, Thiaminhydrochlorid, Albumin, Casein, Sacchar. Lactis, Spurenelemente. Gegen Dysbakterie. — *Silident* (Otto, BRD): Kieselsäure-Gel, Extr. Placent. human. Antiphlogisticum bei Parodontopathien. — *Selvigon* (Homburg, BRD): Suppositorien mit 20 mg 1-Azaphenthiazin-10-carbonsäurepiperidinoäthoxyäthylesterhydrochlorid. Antitussicum. — *Xylocain-Spray* (Pharma-Stern, BRD): Lsg. von Diäthylaminoaceto-2.6-xylidid, Polyäthylenglykol, A., Cetylpyridiumchlorid, Trichlormonofluormethan. Oberflächenanaestheticum. K. Gerecke. 4800□

Neue Arzneimittel. Anonym. (Pharmaz. Ztg. verein. Apotheker-Ztg. **106,** 220, 16/2. 1961; dt.) — *Asth-Med* (Sagitta, BRD): Sirup mit Theophyllin c. Äthylendiamin, Norephedrinsulfat, Diphenhydraminhydrochlorid, Kalium sulfoguajacolic., Extr. Thymi, Extr. Plantaginis, Extr. Primulae. Antasthmaticum. — *Celimo* (Chemofux, Österreich): Tabletten mit Ascorbinsäure, Citronensäure, Na-Bicarbonat, Saccharin, Zucker. Gegen Hypovitaminosen. — *Exphobin* (Lappe, BRD): Dragees mit Thiaminhydrochlorid, Riboflavin, Pyridoxinhydrochlorid, Cyanocobalamin, Nicotinamid, Ca-Pantothenat, Meprobamat. Tonicum. — *Gopa-Asthmatropfen* (Notburga-Apotheke, BRD): Lsg. von Ephedrinhydrochlorid, K-Jodid, Tinct. Quebracho, Tinct. Pimpinellae, Elix. e. Succ. Liqurit: Antasthmaticum. — *Gopachin*: Dragees mit Amidopyrin, Phenacetin, Coffein, Phenazon, Chinin. Gegen Grippe. — *Gopadorm*: Tabletten mit Bromdiäthylacetylcarbamid, Amidopyrin, Phenacetin, Bromisovalerylcarbamid. Sedativum, Hypnoticum. — *Gopa-Hustensaft*: Codeinphosphat, Sponin, Ephedrinhydrochlorid, Kalium sulfoguajacolic., Extr. Thymi. Antitussicum. — *Gopa-Hustentropfen*; Codein, Tinct. Pimpinell., Elix. e Succ. Liquirit., Liqu. Ammon. anis. Antitussicum. — *Gopalax*: Dragees mit Extr. Rhei, Extr. Aloes, Extr. Frangulae, Extr. Cascarae, K-Sulfat, Na-Sulfat, Benzoesäurebenzylester, Phenolphthalein, Ca-Benzylphthalat. Laxans. — *Gopamed*: Tabletten mit Amidopyrin, Phenacetin, Coffein, Phenazon, Mg-Oxid. Analgeticum. — *Gopamycin*: Tabletten mit Tyrothrycin, Borax, Benzocain, Methylparaben, Menthol, Ol. Menthae pip. Gegen Angina; *Gopa-Rheumafluid*: Lsg. von Salicylsäure, Tinct. Capsici, Ammoniak, Campherspiritus, Franzbranntwein. — *Multilimo* (Chemofux, Österreich): Tabletten mit Thiaminhydrochlorid, Riboflavin-5-phosphat-Na, Pyridoxinhydrochlorid, Nicotinamid, Ascorbinsäure, Rutinsulfat-Na-Sulfat, Axerophthol, Calciferol, Cyanocobalamin, Tocopherolsuccinat, Folsäure, Citronensäure, Na-Bicarbonat, Na-Sulfat, Na-Chlorid, Saccharin, Glucose. Roborans. — *Solconasal* (Solco, BRD): Lsg. von 2-Amino-6-methylheptanphosphat, Mepyramin, Procainhydrochlorid; *Solconasal C*: Lsg. von 2-Amino-6-methylheptanphosphat, Chloramphenicol, Procainhydrochlorid. Antirhiniticum. — *Tempo Lax RS* (Schwarz, BRD): Perlen mit Na-Sulfobernsteinsäure-bis-[2-äthylhexyl]-ester, 3.3-Bis-(4-acetoxyphenyl)-oxindol, 1-Acetyl-2-oxo-3.3-bis-(4-acetoxyphenyl)-indolin. Laxans. — *Tricodein* (Solco, BRD): Dragees mit Codeinphosphat in 3 fraktionierten Teildosen. Antitussicum. K. Gerecke. 4800□

Neue Arzneimittel. Anonym. (Pharmaz. Ztg. verein. Apotheker-Ztg. **106,** 400 bis 401, 30/3. 1961; dt.) — *Fenistil* (Zyma, Blaes, BRD): Lsg. u. Dragees mit 2-[β-Dimethylaminoäthyl]-3-[1'-pyridyl-(2'')-äthyl]-indenmaleat. Anthistaminicum. — *Gammagrippyl* (Dr. Herbrand, BRD): Tabletten mit γ-resorcylsaurem 4-Dimethylamino-1.5-dimethyl-2-phenylpyrazolon-(3), γ-Resorcylsäure, Paracetamol, Salicylamid, 2-Meththyl-3-o-tolylchinazolon, Barboninhydrochlorid, Coffein, Ascorbinsäure, Hesperidin. Antirheumaticum. — *Hepalande* (Delalande, Chodel, BRD): Tabletten mit Mg-Methoxynaphthoylpropionat. Choleretieum. — *Makkam* (Floradix, BRD): Dragees mit Extr. Aloes, Extr. Frangulae, Extr. Fuci vesiculosi, Extr. Cascarae sagradae, Extr. Juniperi. Gegen Adipositas. — *Viticolor* (Hermal, BRD): Lotio mit Dihydroxyaceton, Ti-Dioxid. Gegen Vitiligo. — *Zellaforte* (Anstalt f. Zellforschung, BRD): *Rheuma-Liniment* mit biogenen Stimulatoren, Salicylsäure, Campher, Tinct. Capsici, Salicylsäuremethylester, Ammoniumsalicylat. Antirheumaticum. — *Suppositorien* mit biogenen Stimulatoren, Axerophthol, Thiaminhydrochlorid, Riboflavin, Pyridoxinhydrochlorid, Cyanocobalamin, Ascorbinsäure, Calciferol, Tocopherol, Nicotinamid, Pantothenat, Folsäure, Avena sativa, Roborans; *Salbe* mit biogenen Stimulatoren, Hg-Thiolat. Dermaticum. — *Aldactone* (Boehringer-Mannheim, BRD): Tabletten mit 100 mg Spironolactone. Diureticum. — *Benexol* (Hoffmann-La Roche, BRD): Tabletten mit 250 (mg) Thiaminhydrochlorid, 150 Pyridoxinhydrochlorid. Gegen Neuritiden. — *Saltucin* (Boehringer-Mannheim, BRD): Tabletten mit 5 mg Isobutylhydrochlorothiazid (Thiabutazid). Diureticum, Antihypertonicum. — *Modenol* (Boehringer-Mannheim, BRD): Dragees mit 3,3 (mg) Thiabutazid, 0,07 Reserpin, 0,07 Rescinnamin, 0,7 Raubasin, 300 K-Chlorid. Antihypertonicum. K. Gerecke. 4800□

Neue Arzneimittel. Anonym. (Modern Drugs **1961,** 81—110, Febr.; engl.) — *Algic* (Spencer, USA): Tabletten mit 3 (mg) Chlorpheniraminmaleat, 50 Phenyltoloxamindihydrogencitrat, 25 Racephedrinhydrochlorid. Antiallergicum. — *Anameba* (Chicago, USA): Tabletten mit 5000 Einheiten Bacitracinmethylendisalicylat, 125 mg Jodchlorhydroxyquin. Amöbicid. — *Azo-Mandelamin* (Warner-Chilcott, USA): Tabletten mit 50 (mg) Phenylazodiaminopyridinhydrochlorid (Pyridium), 500 Methenaminmandelat. Urologicum. — *BufOpto Mytrate* (Professional, USA): Lsg. von 2% Epinephrinbitartrat, Benzalkonium (1:25000) in steriler, gepufferter Methylcellulose-lösung. Ophthalmicum. — *Calcidrine* (Abbott, USA): Sirup mit 64, 8 (mg) Codein als Phosphat, 25 Pentobarbital-Na, 25 Ephedrinhydrochlorid, 910 Ca-Jodid je 30 ml. Gegen Erkältungskrankheiten. — *Cantharone* (Ingram, USA): Lsg. von 0,7% Cantharidin in Aceton, Celluloseäthyläther. — *Chytryp* (Ascher, USA): Lsg. von 5000 Einheiten Chymotrypsin, 5 (%)Gelatine, 0,01 Propylparaben, 0,09 Methylparaben je ml. Antiphlogisticum. — *Cortisporin* (Burroughs Wellcome, USA): Lsg. von 10000 Einheiten Polymyxin B-Sulfat, 5 (mg) Neomycinsulfat, 10 Hydrocotison je ml. Ophthalmicum. — *Coryz* (Marion, USA): Tabletten mit 20 (mg) Noscapin, 50 Phenylpropanolamin, 100Guajacolglycerinäther, 325 Paracetamol. Gegen Erkältungskrankheiten. — *Dalca* (Ascher, USA): Tabletten mit 300 (mg) Acetylsalicylsäure, 10 Phenylephrinhydrochlorid, 2 Chlorpheniraminmaleat, 5 Phenindamintartrat, Antihistaminicum. — *Dicasan* (Chicago, USA): Tabletten mit 100 (mg) Dioctylsulfosuccinat-Na, 30 Casanthranal. Laxans. — *Domoform* (Dome, USA): Salbe mit 3% Jodchlorhydroxyquin; *Domoform-HC*: Salbe mit 0,5(%) Hydrocortison, 3 Jodchlorhydroxyquin. Dermaticum. — *Ephoxamin* (Spencer, USA): Sirup mit 12,5 (mg) Phenyltoloxamindihydrogencitrat, 6 Racephedrinhydrochlorid je 5 ml. Antiasthmaticum. — *Follutein forte* (Squibb, USA): Ampullen mit 5000 Einheiten Chorion-Gonadotropin. Gegen Hypogonadismus. — *Forhistal* (Ciba, USA): Tabletten mit 1 mg Dimethpyrindenmaleat. Antiallergicum. — *Nacton* (McNeil, USA): Tabletten mit 4 mg 2-Benziloyloxymethyl-1.1-dimethylpyrrolidinmethylsulfat (Poldinemethosulfat). Gegen Gastritis. — *Pedicran with Iron* (First Texas, USA): Lsg. von 25 µg Cyanocobalamin, 250 (mg) Fe-Pyrophosphat, 10 Nicotinamid, 10 Thiaminmononitrat, 1 Pyridoxinhydrochlorid, 2 Ca-Pantothenat. Antianaemicum. — *Potaba + 6* (Glenwood, USA): Kapseln u. Tabletten mit 500 (mg) p-aminobenzoesaurem Kalium, 1 Pyridoxinhydrochlorid. Gegen Sklerodermie. — *Racobalamin* (Abbott, USA): Radio-Cyanocobalamin (Co^{57}). Diagnosticum. — *Texacort Cream 100* (Texas Pharmacal, USA): Salbe mit 1% Hydrocortison. Dermaticum. — *Trimagill* (Massengill, USA): Puder mit Weinsäure, Citronensäure, Dextrose, K-Bitartrat, Alaun. Trichomonacid. — *Trinfagen* (Pitman-Moore, USA): Vaccine mit Diphtherie-, Tetanus- u. Polio-Antigen. K. Gerecke. 4800□

Neue Arzneimittel. Anonym. (Produits pharmac. **15**, 544—46, Nov. 1960; franz.) — *Lumirelax* (Lumière, Frankreich): Tabletten mit 500 mg Methocarbamol. Myorelaxans. — *Gel de Polysilane* (Midy, Frankreich): Gel mit 30% Methylpolysiloxan. Gegen Gastritis. — *Sergetyl* (Vaillant-Defresne, Frankreich): Tabletten mit 10 mg 3-Äthyl-10-[3'-dimethylamino-2'-methyl-n-propyl]-phenothiazinhydrochlorid. Tranquillizer. — *Vibeline* (Bellon, Frankreich): Tabletten mit 25 mg Provismin aus Ammi visnaga. Angioticum. K. Gerecke. 4800□

Herstellung und Stabilität von einigen Vitamin-A-Estern. Albert J. Forlano und Loyd E. Harris. (J. Amer. pharmac. Assoc. sci. Edit. **49**, 458—62, Juli 1960;-Columbus, Ohio, Ohio State Univ., Coll. of Pharm.; engl.) — Vff. stellen *Vitamin A* (I) *Ester* (I-α-Chlorpropionat, -Chloracetat, -Trichloracetat, -Sorbat, -Crotonat, -Acrylat sowie -Palmitat) nach der Meth. von Baxter u. Robeson [1942] her, prüfen ihre Stabilität in 99% ig. Isopropanol (II), in 95% ig. II + 5% W. sowie in 0,01 n HCl in A. u. stellen fest, daß ihre Stabilität mit u. ohne Fettsäurezusatz in 99% ig. u. 95% ig. II in der Reihenfolge I-Trichloracetat, I-Chloracetat, I-α-Chlorpropionat, I-Acrylat, I-Crotonat, I-Sorbat, I-Acetat u. I-Palmitat zunimmt. Bei Ggw. von 0,01 n HCl in A. weisen I-α-Chloropropionat u. I-Acrylat hohe, I-Chloracetat, I-Alkohol sowie I-Methyläther niedrige Stabilitätswerte auf. Durch Best. der physikal. Konst. sowie durch Chromatographie der Rk.-Prodd. können Angaben über die Ursache der unterschiedlichen Stabilität gemacht werden. A. Täufel. 4808□

Wirkung von Fettsäuren auf Vitamin-A-Ester in isopropanolischen Lösungen. Albert J. Forlano und Loyd E. Harris. (J. Amer. pharmac. Assoc., sci. Edit. **49**, 451—57, Juli 1960; Columbus, Ohio State Univ., Coll. of Pharm.; engl.) — Vff. untersuchen den Einfl. von Fettsäuren (Stearin-, Öl-, Palmitin-, Caprin- u. Capronsäure) auf den Abbau von *Vitamin A* (I)-*Estern* (Vitamin-A-Palmitat) in Isopropanol (II), II + W. u. in Cyclohexan. Es wird festgestellt, daß bei den angewandten Vers.-Bedingungen (45°, 37°, 99,9% I oder 95% II + 5% W., Zusatz von jeweils 0,033 n Säure-Konz.) der oxydative Verlust an I, der in Ggw. von W. erhöht ist, durch Fettsäuren erniedrigt wird. Analoge Verss. unter Einsatz von Anhydro-I weist bei Ggw. von Fettsäuren u. 99% ig. II eine erhöhte Rückbldg. des Vitamins auf, wobei die Kettenlänge der Fettsäure in direkter Beziehung zur Menge der Umwandlung steht. Bei Palmitinsäure wird der höchste Wert festgestellt. Die stabilisierende Wrkg. der Fettsäuren scheint die Ursache zur Regenerierung der Ester in alkohol. bzw. wss.-alkohol. Lsg. zu sein. Daher ist ein Zusatz von Antioxydantien zur Erhaltung von I-Lsgg. angezeigt. A. Täufel. 4808□

Über Fragen des desinfizierenden Waschvorganges bei Temperaturen unter 90°. Karl-Georg Ellinger. (Seifen-Öle-Fette-Wachse **88**, 529—30, 29/8. 1962; dt.) — Durch Anwendung eines thermochem. Verf. können synthet. u. spezialausgerüstete Textilien aus natürlichen Fasern, deren Waschtemp. unterhalb 90° liegen muß, nach dem Waschen in jeder Haushaltwaschmaschine sauber u. desinfiziert erhalten werden. Als Präp. beschreibt Vf. *Thermo-Lysolin*® (Schülke & Mayr GmbH, Hamburg), das gleichzeitig als Vollwasch- u. Desinfektionsmittel wirkt. Seine Konz. in der Vorwäsche (20 Min.) soll bei 50—60° 0,2—0,3% betragen. Die Zugfestigkeitsminderung des 25 mal gewaschenen Gewebes betrug 8%, die Aschezunahme 1,66%, der Polymerisationsgrad u. Schädigungsfaktor 0,24, Weißgradminderung war nicht feststellbar. Nach dem Abschluß der Vorwasch- u. Desinfektionsphase schließt sich nach der üblichen Zwischenspülung ein Klarwaschgang an, dessen Durchführung hinsichtlich der Wahl des Waschmittels, der Höhe der Temp. usw. frei wählbar ist. Eine antibakterielle Waschimprägnierung im Anschluß an die Wäschedesinfektion u. Klarwäsche wird durch Zugabe von 0,2% *Lizuron*® (Schülke & Mayr GmbH, Hamburg) zum letzten Spülwasser erreicht. H. Brämer. 4832□

Desinfektionsmittel bei der Haushaltswäsche. Ethel McNeil und Eva A. Choper. (Soap chem. Specialties **38**, Nr. 8, 51—54, 94, 97—99, Aug. 1962; Washington, US Dep. of Agric., Div. Agric. Res. Serv., Clothing and Housing Res.; engl.) —Untersucht wird die antibakterielle Aktivität von Desinfektionsmitteln [*Alkyldimethylbenzylammoniumchlorid* (**A**), *2-Benzyl-4-chlorphenol* bzw. sein *K*- u. *Na-Salz*, *K-o-Phenolchlorphenolat*, *o-Phenylchlorphenol* u. *NaOCl*] verschiedener Konzz. in Waschmaschinen beim Wasch- bzw. Spülvorgang der Wäsche von 9 Familien. Als Waschmittel werden anionakt. u. nichtionogene verwendet. Die Vers.-Temp. beträgt bei Heißwäsche 109—140° F, bei Warmwäsche 88—118° F. Ohne Desinfektionsmittel betrug die Zahl der Bakterien bei Warmwäsche im Waschwasser 2120—340000/ml, im Spülwasser 870—41000/ml, auf dem Testgewebe 200—22250/sq.in., bei Heißwäsche 80—84000/ml im Waschwasser, 30—34000/ml im Spülwasser u. 50—25600/sq.in. auf dem Testgewebe. **A** (Konz. 200 ppm) erniedrigte die Bakterienzahl bei Heißwäsche im Waschwasser, Spülwasser u. auf dem Gewebe. Zur Verhinderung der Inaktivierung wurde nichtionogenes Waschmittel zur Wäsche benutzt. Bei Warmwäsche ist Anwendung im Spülwasser günstiger. Phenole waren in Konzz. von $>$125 ppm im Spül- u. Waschwasser gleich wirksam. NaOCl wirkte bei Konzz. von 160 u. 320 ppm an wirksamem Chlor antibakteriell. Es zeigt sich, daß sich während der Wäsche die Bakterien von einem Wäschestück zum anderen verlagern. I. Ohme. 4832□

Vorläufige Normen für die Prüfung und Beurteilung von dentaltechnischem Material. 3. Mitt. H.-J. Neuhaus und J. Richter. (Arzneimittelstandardisier., Inform.-Dient **3**, Nr. 1, 11—22, 1962; Berlin, Staatl. Inst. für Arzneimittelforschung; dt.) — 2. vgl. Arzn.-Standard **2**, [1961], 13. — Sehr detaillierte Prüfungsvorschrift zur chem. u. physikal. Unters. von Dentalkunststoffen nach konventionellen Meth., ergänzt durch die Best. für Deklaration u. Verpackung. U. Drehmann. 4880□

Methoden zur Trennung von Naturstoffen. 3. Mitt. **Messung der Aktivität von Aluminiumoxid mittels Dünnschichtchromatographie.** S. Heřmánek, V. Schwarz und Z. Čekan. (Collect. czechoslov. chem. Commun. **26**, 3170—73, Dez. 1961; Prag, Res. Inst. for Natural Drugs; engl.) — 2. im Druck; 4. vgl. C. **1962**, 17490. — Die Best. der Aktivität von Al_2O_3 wird durch Dünnschichtchromatographie der von Brockmann u. Schodder [1941] vorgeschlagenen Azofarbstoffe durchgeführt. 0,02 ml Lsgg., enthaltend je 20 mg p-Methoxyazobenzol (I), Sudangelb (II), Sudanrot (III) u. p-Aminoazobenzol (IV) u. 30 mg p-Azobenzol (V), in 50 ml trockenem CCl_4 werden auf den Start einer 4·24 cm langen Schicht von Al_2O_3 aufgetragen u. mittels CCl_4 chromatographiert. Die Aktivität wird durch R_F-Messung (Werte zwischen 0,2 u. 0,7) der einzelnen Farbstoffe im Gemisch durchgeführt u. die Aktivitätsstufen nach Brockmann ausgedrückt. Die Werte sind die folgenden: Aktivität Nr. II: R_F (I) 0,59 — (II) 0,16 — (III) 0,01 — (IV) 0,00 — (V) 0,00. Nr. III: R_F (I) 0,74 — (II) 0,49 — (III) 0,25 — (IV) 0,10 — (V) 0,03. Nr. IV: R_F (I) 0,85 — (II) 0,69 — (III) 0,57 — (IV) 0,33 — (V) 0,08. Nr. V: R_F (I) 0,95 — (II) 0,89 — (III) 0,78 — (IV) 0,56 — (V) 0,19. B. Meloun/Prag. 4880

Eine einfache Identifizierung verschiedener Pyrazolon-Derivate in Tabletten mittels der Rundfiltertechnik. 11. Mitt. **über Tabletten im DAB 7.** F. Biedebach und G. Manns. (Pharmaz. Ztg. verein. Apotheker-Ztg. **107**, 599—603, 3/5. 1962; Frankfurt/M., Wissenschaftl. Arbeitsgemeinsch. der Bundesapothekerkammer; dt.) — 10. vgl. C. **1963**, 2163. — Vorschläge für papierchromatograph. Nachw.-Rkk. (Rundfiltertechnik) für Amidopyrin, Phenyldimethylpyrazolon, Novaminsulfon, Isopyrin, Propyphenazon, Phenylmethylcyclotetramethylenpyrazolon, Phenylbutazon u. Tanderil. U. Drehmann. 4880 □

Vergleichende Untersuchung der Methoden zur Bestimmung von Chlorpromazin. I. Bayer und P. Majlát. (Arzneimittelstandardisier., Inform.-Dienst **3**, Nr. 1, 1—9, 1962; Budapest, Minist. für Gesundheitswesen, Pharmakopöe-Labor.; dt.) — Bei einer Überprüfung verschiedener bekannter Meth. zur Best. von *Chlorpromazin* wurde das cerimetr. Verf. von Dusinsky als sehr geeignet gefunden. Die erhaltenen Werte stimmen mit den Resultaten der Kjedahl-N_2-Best. gutüberein. U. Drehmann. 4880 □

Bestimmung kleinster Mengen Alkaloide durch amperometrische Titrationen. 5. Mitt. Die Titration von Codein und Dionin in saurer Lösung (HCl) mit Silicowolframsäure. Tadahiko Ogawa. (J. electrochem. Soc. Japan **24**, 476—79, Okt. 1956; Yokohama, Nat. Univ., Fac. of Engng., Electrochem. Labor.; jap., Auszug: engl.) — 4. vgl. C. **1960, 7961**. — Mit Hilfe der früher (l. c.) beschriebenen Vorr. u. bei Verw. einer Hg-Tropfelektrode werden Codein (I) u. Dionin (II) in salzsaurer Lsg. mit Silicowolframsäure bei —0,70 V amperometr. titriert., wobei vor u. nach III-Zusatz N_2 zur O_2-Beseitigung durch die Lsg. geleitet wird. Vor dem Endpunkt ist der „Reststrom" sehr gering; nach dem Endpunkt ist er proportional dem Reagens. Die Rk. in der nicht erhitzten Lsg. verläuft sehr rasch. Bei Aciditäten >n-HCl reagiert 1 Mol III mit 4 Moll. I u. II. Der Endpunkt ergibt sich graph. als Schnittpunkt der 2 geraden Linien. Die in 40 bis 50 Min. ausführbare Best. von I u. II zeigt eine Genauigkeit von $\pm 2\%$. W. Wesly. 4880 □

Nachweis und Bestimmung von Papaverin in Ovocliman-Dragées und Spasmoverin-Tabletten durch Papierchromatographie. M. Sterescu, M. Keim und M. Dobrovici. (Rev. Chim. [Bucureşti] **10**, 108—09, Febr. 1959; rum.) — Eine papierchromatograph. Best.-Meth. zur Identifizierung u. Best. von *Papaverin* u. *Spasmoverin* unter Verw. eines Lsgm.-Gemisches von Isopropylalkohol, W. u. 25%ig. Ammoniak (15:85:10), Whatman-Papier Nr. 1 oder Nr. 2 u. Dragendorff-Reagens zur Sichtbarmachung, wird beschrieben. H. Guischard. 4880 □

Papierchromatographische Trennung der Lobelia inflata-Alkaloide von Lobinalin, dem Hauptalkaloid aus Lobelia cardinalis. F. Kaczmarek und E. Steinegger. (Pharmac. Acta Helvetiae **34**, 330—33, Aug./Sept. 1959; Beilage zu: Schweiz. Apotheker-Ztg.; Bern, Univ., Pharmazeut. Inst., Pharmakognost. Abt.; dt.) — Vgl. C. **1959**, 12322. — Vff. beschreiben eine Meth. zur Trennung von *Lobinalin* (I), *Lobelin* (II) u. *Lobelanidin* (III) auf Schleicher & Schüll-Papier 2043 bm, das mit Formamidaceton imprägniert wurde. Die besten Trennergebnisse wurden nach auf- oder absteigender Meth. mit dem Fließmittel Bzl.-Chlf. (1 : 1) erhalten. Bei Totalalkaloidgemischen ist eine Vortrennung nach der früher angegebenen Meth. (vgl. C. **1957, 2564**) notwenig. Das Eluat des Teiles des Chromatogramms, das die fraglichen Alkaloide enthält, wird nach oben angegebener Meth. getrennt u. gestattet eine einwandfreie Unterscheidung von I, II u. III. S. Erbe. 4880 □

Die Bestimmung von Mutterkornalkaloiden in Kulturen von Claviceps purpurea. L. C. Vining und W. A. Taber. (Canad. J. Microbiol. **5**, 441—51, Okt. 1959; Saskatoon, Saskatchewan, Nat. Res. Council of Canada, Prairie Reg. Labor.; engl.) — Verschiedene Verff. zur Extraktion von Mutterkornalkaloiden wurden an Kulturen von PRL 1555 u. PRL 1578 verglichen. Als günstigste Meth. erwies sich eine Modifikation der Ae.-Extraktion. Für eine Best. ohne vorausgehende Lyophilisierung erwies sich die W.–A.-Extraktion (1 : 1) am geeignetsten; die Alkaloide können direkt im Extrakt fluorometr. bestimmt werden, wenn ein Ergolenring vorhanden ist (in neutraler oder saurer Lsg. λ_{max} bei 320—325 u. 425—440 mμ). Die Fluorescenzcharakteristika der untersuchten Mutterkornalkaloide *Ergometrin, Ergotamin, Ergosin, Ergocornin, Ergocryptin, Penniclavin, Ergometrinin, Ergotaminin, Ergosinin, Ergocorninin, Ergocristinin, Ergokryptinin, Agroclavin* u. *Elymoclavin* werden angegeben. Die Meth. der wss.-alkohol. Extraktion u. der fluorimetr. Best. hat Nachteile: 1. Änderung in der relativen Zus. eines Alkaloidgemisches ergibt Änderung in der Ausbeute infolge Unterschieden in der Intensität der Fluorescenz u. 2. die Alkaloide, die keinen 9.10-Ergolenring besitzen, müssen getrennt bestimmt werden bei Wellenlängen, wo Indolmetaboliten stören. Die Fraktionierung des wss.-alkohol. Kulturfiltrates über einen Kationenaustaurcher ergibt zwar Verbesserung der Genauigkeit, liefert aber bei niedrigen Alkaloid-Konzz. keine zuverlässigen Resultate. Gebundene, d. h. nicht mit Ae. oder wss. A. extrahierbare Alkaloide waren in den Kulturen nicht vorhanden. W. A. Schäfer. 4880 □

Polarographische Bestimmung eines Gemisches von Kobalt, Vitamin B_2 und C in Tabletten und Ampullen. M. Sterescu, S. Arizan und M. Popa. (Rev. Chim.

[Bucureşti] **10,** 109—11, Febr. 1959; rum.) — Vff. beschreiben eine polarograph. Meth. für die Best. von Co^{2+}, Vitamin B u. C in Tabletten u. Ampullen. Zur Best. von Co^{2+} wird die Elektro-Red. des Hexaaminocobalti-Komplexes nach vorheriger Oxydation mit Na-Perborat in ammoniakal. Lsg. angewendet. Die Best. von B_2 erfolgt in einer 10 %ig. Na-Salicylat-Lsg., während C direkt in den Ampullen nach Verdünnung mit einer Acetat–Essigsäure-Lsg. bei pH 4,6 durch Elektrored. bestimmt. wird. H. Guischard. 4880 □

Feuchtigkeitsbestimmung in der Folsäure. L. Cavatorta und A. Mendella. (Farmaco [Pavia], Ediz. prat. **12,** 559—63, Dez. 1957; Lepetit S.P.A., Labor. di Analisi; ital.) — Vff. empfehlen für die USP XV-Best. des Wasser-Geh. von *Folsäure* (I) mit Fischer-Reagens die Anwendung von Eisessig als Lsgm. (kein Methanol). Die Titrationsdauer wird erheblich verkürzt, I quillt nicht auf, sondern bleibt fein verteilt u. der Endpunkt ist einwandfrei zu bestimmen. Die Resultate sind zuverlässiger. W. A. Schäfer. 4880 □

Eine colorimetrische Schnellmethode zur Bestimmung von Streptomycin und Dihydrostreptomycin in Gemischen. K. C. Agrawal und B. N. Dutta. (Sci. and Cult. [Calcutta] **27,** 450—53, Sept. 1961; Calcutta, Dey's Med. Stores Mfg. Private Ltd., Res. and Dev. Labor.; engl.) — Vff. gründeten eine analyt. Meth. auf die Red. von Pikrinsäure (I) zu Pikraminsäure (II), die in alkal. Lsg. durch die Aldehydgruppe von *Streptomycin* (III) erfolgt, u. prüften die Eignung dieser Rk. zur colorimetr. Bestimmung. *Dihydrostreptomycin* (IV) gibt, auch in großen Mengen, diese Farb-Rk. nicht, kann aber durch Erhitzen mit Schwefelsäure bei 100° für 10 Min. quant. in III übergeführt werden. Die colorimetr. Rk. gehorcht dem Beerschen Gesetz bei Konzz. <2 mg/ml nicht. Deswegen ist diese Meth. nicht für die Best. von III in verd. Lsgg. geeignet. Die Kurve ist linear oberhalb einer Menge von 3—10 mg III-Sulfat. Die Rk. wird nicht gestört durch Penicillin u. Chloramphenicol. Störend wirken dagegen Tetracyclin, Isoniazid u. p-Aminosalicylsäure. P. Nachtwey. 4880 □

Fluorescenz von gepulverten Pflanzenarzneimitteln unter Ultraviolettlicht. Charles J. Kokoski, Robert J. Kokoski und Frank J. Slama. (J. Amer. pharmac. Assoc., sci. Edit. **47,** 715—17, Okt. 1958; Univ. of Maryland, School of Pharm., Dep. of Pharmacogn.; engl.) — Über 100 verschiedene gepulverte Pflanzenarzneimittel u. einige gepulverte Tierarzneimittel wurden unter UV-Licht nach Behandlung mit 1n NaOH in Methanol, 1n NaOH in W., 1n HCl, 1n HNO_3 verd. mit gleichem Vol. W. u. 1n H_2SO_4 verd. mit gleichem Vol. W. untersucht. Die charakterist. Fluorescenz jedes Stoffes wurde beobachtet u. die Farbe u. Intensität registriert. G. Kimmerle. 4880

Neue Methoden im pharmakognostischen Unterricht. 2. Mitt. **Chromatographie der Inhaltsstoffe von Fructus Ammi visnagae und Ammi majus sowie ihrer Arzneizubereitungen.** L. Hörhammer und H. Wagner (unter Mitarbeit von H. Schilcher). (Dtsch. Apotheker-Ztg. **102,** 733—36, 14/6. 1962; München, Univ., Inst. für Pharmazeut. Arzneimittellehre; dt.) — 1. vgl. Dtsch. Apotheker-Ztg. **101,** [1961], 779. — Anwendung der Dünnschichtchromatographie auf Kieselgel-Woelm-Platten im Syst. Chlf. abs. + 1,5 % A. abs. zur Trennung der wichtigsten Inhaltsstoffe von *Fructus Ammi visnagae* u. *Ammi majus,* wobei gleichzeitig der sichere Nachw. der einzelnen Wirkstoffgruppen in Drogengemischen u. verschiedenen Arzneispezialitäten erbracht werden kann. — 28 Literaturangaben. U. Drehmann. 4880 □

Hans Lowey, Larchmont, N.Y., V.St.A., **Herstellung eines geformten Arzneimittels mit verlängerter Wirkungsdauer.** Zur Herst. z. B. einer Tablette werden therapeut. inakt. Körnchen, z. B. aus Rohrzucker, Maisstärke u. Maissirup, dragiert, gesichtet, mit einer therapeut. wirksamen, bes. in einer neutralen Lsg. von Äthylcellulose (I) enthaltenen Verb., wie Nitroglycerin, Acetylsalicylsäure, Penicillin, Protoveratrin oder Vitamin A bzw. D, imprägniert u. nach dem Überziehen mit einer die therapeut. Wrkg. dieser Verb. verzögernden Substanz, wie I, unter Bldg. des geformten Arzneimittels in einen Füllstoff, z. B. aus Zucker, Lactose u. Maisstärke, eingebettet, u. zwar derart, daß mindestens ein Teil der mit der therapeut. wirksamen Verb. imprägnierten Körnchen mit einer in Form von mindestens 25 voneinander getrennten, aufeinanderfolgenden Einzelüberzügen aufgebrachten, die therapeut. Wrkg. verzögernde Umhüllung aus I versehen wird, wobei die 25 Überzüge eine Gesamtmenge an Umhüllungsstoff von ca. 1 % des Gew. des therapeut. inakt. Körnchens enthalten u. jeweils nach dem Anfbringen eines Einzelüberzuges dieser getrocknet wird, daß ferner die Stärke eines jeden Einzelüberzuges höchstens ca. $^1/_{10}$ % des Radius des therapeut. inakt. Körnchens beträgt u. daß schließlich der ggf. vorliegende restliche Teil der imprägnierten Körnchen mehrmals derselben Behandlung unterworfen wird; man überzieht die Körnchen bes. 25 mal mit einer leicht verdampfbaren, frisch bereiteten Lsg. von I, Bienenwachsfraktionen u.

Ricinusöl in einem Lsgm., das mindestens 85% A. u./oder Chlf. enthält, trocknet jeden Einzelüberzug u. pudert ihn mit Talkum; die so überzogenen Körnchen werden dann mit einer gleichen Menge Füllstoff versetzt u. zu Tabletten, Pillen oder Kapseln verarbeitet. Man erhält so Arzneimittelformen mit verlängerter Wrkg.-Dauer, wobei man die Mischungen u. die Verhältnisse zur Bldg. von wirkungsverzögernden u. wirkungserhaltenden Schichten wunschgemäß ändern kann. — Beispiele; 6 Zeichnungen. — Vgl. A. P. 2 853 420; C. **1960,** 1941. (**Oe. P. 219 199** vom 25/1. 1957, ausg. 10/1. 1962. A. Prior. 25/1. u. 19/7. 1956.) W. Raetz. 4767

Warner-Lambert Pharmaceutical Co., Morris Plains, N.J., übert. von: Ruth Millard, Baltimore, und Clemens A. Balmert, Catonsville, Md., V.St.A., **Herstellung eines frei fließenden Brausepulvers,** welches für sich allein oder zusammen mit Arzneistoffen zu Tabletten verarbeitet werden kann, zwecks Herst. von wss. Lsgg., dad. gek., daß man gepulvertes Alkalicarbonat oder -bicarbonat mit einer nicht-tox. organ. Säure, bes. Citronen- oder Weinsäure, u. ca. 0,5—3% einer Aminosäure, wie Glycin oder Alanin, vermischt, das Gemisch auf 60—120° erhitzt u. siebt. (**A. P. 2 985 562** vom 27/3. 1958, ausg. 23/5. 1961.) W. Heyer. 4791

Lohmann K. G., Hamburg, **Herstellung von Wundverbandstoffen,** dad. gek., daß man ein Faservlies im Vakuum-Aufdampf-Verf. mit Ag oder Al beschichtet, so daß die Saugfähigkeit der Faser nicht verloren geht. (**E. P. 863 875** vom 9/5. 1958, ausg. 29/3. 1961. D. Prior. 11/5. 1957.) K. Koebke. 4795

R. I. S. T. I. Rappresentanze Italiane e Straniere Tecnico Industriali S. p. A., Mailand, Italien, **Sterilisieren von Verbandstoffen und Textilien,** dad. gek., daß man die Faserstoffe mit einer ammoniakal. Lsg. von $AgNO_3$ u. danach mit einer reduzierend wirkenden Lsg., z. B. von Invertzucker, CH_2O, behandelt. Vor der Imprägnierung sollen die Textilien ggf. nach einer Vorbehandlung mit $SnCl_2$ chlorfrei gewaschen werden. Nach dem Aufbringen des oligodynam. wirksamen Ag-Belages kann noch mit oxydierenden Mitteln behandelt werden. (**It. P. 541 329** vom 3/3. 1954.) K. Koebke. 4795

S. Jarby, Hellerup, Dänemark, und G. W. O. Nyquist, Malmö, Schweden (Erfinder: S. Jarby), **Vorbehandeln von Zahnfüllmaterial,** das härtbare Thermoplaste enthält. Das Material wird unmittelbar vor dem Einbringen in die Zahnkavität auf 60—400°, bes. 150—250° erwärmt, wobei es hochviscose Konsistenz annimmt. Trotz der hohen Temp. erfolgt keine Beeinflussung des Zahnnervs. (**Schwed. P. 172 189** vom 10/3. 1955, ausg. 26/7. 1960. Dän. Prior. 13/3. 1954.) K. H. Kähler. 4799

Ciba Akt.-Ges., Basel, Schweiz, **Wässrige Injektionslösungen** mit einem Geh. an sedativ wirksamen *Rauwolfia-Alkaloiden,* wie *Deserpidin, Rescinnamin* oder bes. *Reserpin,* erhält man durch Verw. eines Gemisches aus N-substituierten Amiden (**I**) u. wasserlösl. ungiftigen Säuren (**II**) mit einem pK_1-Wert von ca. 3—5 sowie ggf. ungiftigen Mono- oder Polyglykolen (**III**) als Lsg.-Vermittler u. Stabilisierungsmittel. Man verwendet als **I** bes. N-monosubstituierte oder N.N-disubstituierte Amide von aliphat. Carbonsäuren, z. B. N- oder N.N-alkylsubstituierte Fettsäureamide, wie N-Methyl-, N.N-Dimethylacetamid, N.N.N'.N'-Tetramethylharnstoff, N.N.N'.N'-Tetramethylbernsteinsäurediamid, N.N.N'.N'-Tetramethylphthalamid oder 1.3.7-Trimethylxanthin, als **II** bes. Essigsäure, Weinsäure, Milchsäure oder bes. Adipinsäure, u. als **III**, z. B. Glykol oder Polyalkylenglykole. Ferner kann man den Lsgg. noch Zusatzstoffe, z. B. oxydationshemmende Verbb., wie Thioharnstoff oder Na_2SO_3 u./oder Chelatierungsmittel, wie Äthylendiamintetraessigsäure oder bes. deren Alkali- oder Eralkalisalze, einverleiben. Die so erhältlichen wss. Injektions-Lsgg. sind längere Zeit haltbar. — Beispiele. (**Oe. P. 218 675** vom 14/7. 1960, ausg. 11/12. 1961. A. Prior. 15/7. 1959.) W. Raetz. 4791

Parke, Davis & Co., Detroit, Mich., V.St.A., **Herstellung von Isobutyrophenonderivaten.** Verbb. vom Typus C_6H_5-CO-$C(CH_3)_2$-NR_1R_2 kann man nach 5 verschiedenen Verff. gewinnen; a) Epoxyäther vom Typus I werden mit Alkylaminen vom Typus HNR_1R_2 umgesetzt, wobei R_1 ein H-Atom oder ein Alkylrest mit mindestens 2 C-Atomen u. R_2 ebenfalls ein H-Atom oder niedrigmol. Alkylrest ist, jedoch in der Weise, daß $R_1 + R_2 < 7$ C-Atome enthalten; b) α-Aminoisobutyrophenone der Formel $C_6H_5 \cdot CO \cdot C(CH_3)_2 \cdot NHR_1$ werden mit einem Alkylierungsmittel behandelt;

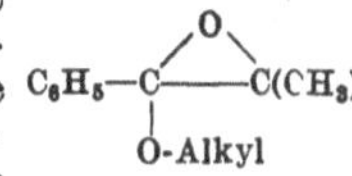

c) α-Aminoisobutyronitrile vom Typus $(Alkyl)_2N—C(CH_3)_2 \cdot CN$ werden in wasserfreiem Medium mit C_6H_5Na oder mit $C_6H_5 \cdot Li$ umgesetzt u. das Rk.-Prod. hydrolysiert; d) in einem 1-Phenyl-2-methyl-2-amino-1-propanol vom Typus $C_6H_5 \cdot CHOH \cdot C(CH_3)_2 \cdot NR_1R_2$ wird die OH-Gruppe in eine Ketogruppe oxydiert, bes. mit Hilfe von Bichromaten; e) Ein Isobutyramid vom Typus $(CH_3)_2 \cdot C(Z) \cdot NR_1R_2$ wird in einem wasserfreien Medium mit einem Phenyl-Mg-Halogenid umgesetzt u. das Rk.-Prod. hydrolysiert, wobei Z eine

Carbonsäureamidgruppe ist. Nach diesen Verff. erhält man z. B. folgende Isobutyrophenon (I)-Derivv.: α-Diäthylamino-I, Kp.$_{0,1}$ 73—75°, n_D^{25} 1,5112, Hydrochlorid, F. 151—152°; α-Dipropylamino-I, Kp.$_{0,1}$ 86—88°, n_D^{25} 1,5060; α-Äthylmethylamino-I, Kp.$_{0,3}$ 78—80°, $n_D^{27,5}$ 1,5150; α-Propylmethylamino-I, Kp.$_{0,3}$ 86—87°, n_D^{25} 1,5077; α-Isopropylamino-I, Kp.$_{1,2}$ 97—98°, F. 29,5—30,5°, aus PAe., n_D^{27} 1,51018, Hydrochlorid, F. 229—230°, aus Ae. + Isopropanol; α-Äthylamino-I, Kp.$_{0,6}$ 76—78°, n_D^{25} 1,5155; α-Äthylmethylamino-I, Kp.$_{0,3}$ 78—80°, $n_D^{27,5}$ 1,5150. Verw.: zur *Herst. von pharmazeut. Präpp.* mit stimulierender Wrkg. auf das Zentralnervensystem. (**E. P. 869 776** vom 18/11. 1959, ausg. 7/6. 1961. A. Prior. 19/12. 1958.) A. Kalix. 4807

Gerot-Pharmazeutica Akt.-Ges., Luzern, Schweiz (Erfinder: Walter Otto, Wien, Österreich), **Herstellung von optisch aktiven und racemischen Alkanolaminen.** Racem. oder opt. akt. Verbb. vom Typus $ACH(R_5)-CH(R_2)-NH(R_1)$ werden mit Verbb. vom Typus $R_3CH-CHR_4$ (über O verbrückt) oder $XCH(R_3)-CHOH(R_4)$ umgesetzt. Hierbei ist A ein ggf. substituierter Phenyl- oder Cycloalkylrest, R_1, R_2, R_3 u. R_4 sind H-Atome, Alkyl-, Aryl-, Aralkyl-, hydroaromat. oder heterocycl. Reste, R_5 = H oder OH u. X ein Halogenatom. Bei Verw. von sek. Aminen als Ausgangsstoffe können die Rkk. mit Halogenhydrinen in Ggw. von Säureacceptoren durchgeführt werden; in diesem Falle kann ein Überschuß der Ausgangsbase zur Säurebindung verwendet werden, andernfalls dienen dazu Pyridin oder andere organ. Basen. Die Rkk. werden bei 40 bis 150° mit äquimol. Mengen der Komponenten in inerten Lsgm. wie Bzl., Toluol, Xylol usw. ausgeführt. Als Ausgangs-Prodd. werden bes. verwendet: Ephedrin, Norephedrin, Adrenalin, Noradrenalin, Cyclohexylaminopropan, Phenylaminopropan, Phenylmethylaminopropan, N-Methyl- u. N-Äthyl-α-(m-oxyphenyl)-äthanolamin, als 2 Komponente die techn. am leichtesten zugänglichen Verbb. dieser Typen wie Äthylen- u. Propylenoxid, Äthylenchlor- u. Bromhydrin. Die Rkk. beeinflussen nicht das opt. Drehvermögen der Ausgangs-Prodd., so daß dasjenige der Endprodd. durch Auswahl der ersteren geregelt werden kann. — Beispiele: *l*-N-Oxyäthylephedrin, Kp.$_{11}$ 187—188°, Hydrochlorid, F. 120°, $[\alpha]_D^{20}$ —16,8°; dl-N-Oxyäthylcyclohexylmethylaminopropan, Kp.$_2$ 110—111°, Pikrat, F. 88°; d-Oxyäthylphenylmethylaminopropan, Kp.$_1$ 112—116°, Hydrochlorid, F. 128°, $[\alpha]_D^{20}$ +20,8°; N-Oxyäthylnorephedrin·HCl, F. 166°; dl-Oxyäthylephedrin, Kp.$_3$ 172—173°, Hydrochlorid, F. 152°, Pikrat, F. 120°. — *Heilmittel.* (**Schwz. P. 355 158** vom 21/12. 1956, ausg. 15/8. 1961.) A. Kalix. 4807

Farbenfabriken Bayer Akt.-Ges., Leverkusen (Erfinder: Werner Meiser, Wuppertal), **Herstellung von threo-1-Phenyl-2-azidoacylaminopropandiolen-(1.3).** In Verbb. der allg. Formel I wird der Rest $-COR_1$ selektiv reduziert. Wenn dazu komplexe Metallhydride (**II**) verwendet werden, werden die Azido- u. eine evtl. vorhandene NO_2-Gruppe nicht angegriffen. Hierbei ist R ein H-Atom oder Acylrest, R_1 = Cl, OH, N_3 oder O-Alkyl u. R_2 = H oder NO_2. Die Rkk. werden je nach der Art des verwendeten

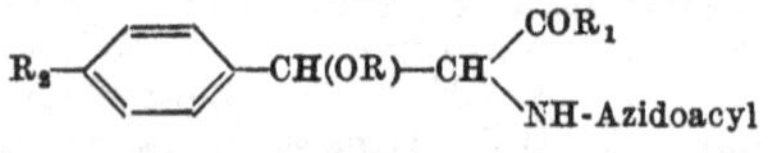

I

II in wasserfreien indifferenten Lsgm. wie Ae., Tetrahydrofuran, Dioxan, Methylal, in OH-haltigen Lsgm. wie Alkoholen oder Glykolen oder in W., u. zwar bei normaler oder erhöhter Temp. durchgeführt. Beispiele für **II**: Alkali- u. Erdalkali-Al-Hydride u. die analogen B-Hydride. Da die Ausgangsstoffe infolge der Ggw. von 2 asymm. C-Atomen in 6 verschiedenen Formen vorliegen können (d-, l- u. dl-Form der threo- u. erythro-Reihe) kann man auch 6 verschiedene Formen ein u. derselben Endprodd. erhalten. — Beispiele: Durch Red. von dl-threo-N-Azidoacetyl-p-nitrophenylserinäthylester mit $NaBH_4$ in Tetrahydrofuran erhält man dl-threo-1-p-Nitrophenyl-2-azidoacetylaminopropan-1.3-diol, F. 123°. In analoger Weise werden folgende 2-Azidoacetylaminopropan-1.3-diole (**III**) hergestellt: dl-(—)-threo-1-p-Nitrophenyl-**III**, F. 107°, $[\alpha]_D$ —18° in 1,6%ig. Lsg. in Essigester; dl-threo-1-Phenyl-**III**, viscoses Öl; d-(+)-threo-1-p-Nitrophenyl-**III**, F. 107°; l-(+)-threo-1-p-Nitrophenyl-**III**, F. 107°. Herst. der Ausgangsstoffe. Verw.: zur *Herst. von pharmazeut. Präparaten.* (**Schwz. P. 355 459** vom 20/6. 1956, ausg. 31/8. 1961. D. Prior. 8/8. 1955 u. 24/1. 1956.) A. Kalix. 4807

Ciba Akt.-Ges., Basel, Schweiz, **Herstellung von Aminen.** Amine vom Typus $R_2 \cdot NH_2$ werden mit Verbb. der allg. Formel I umgesetzt. Hierbei ist R_1 ein KW-Stoffrest mit 3—7 C-Atomen u. R_2 ebenfalls ein KW-Stoffrest, wobei $R_1 + R_2$ zusammen 7—10 C-Atome enthalten sollen, n = 2—4, X ist eine OH-Gruppe, die mit einer starken anorgan. oder organ. Säure verestert ist, z. B. mit einer Halogenwasserstoff- oder Sulfonsäure oder mit H_2SO_4. X kann auch eine $N(Y)R_2$-Gruppe darstellen, in der Y ein leicht

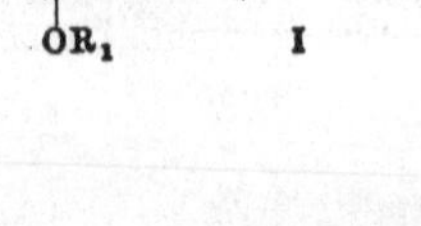

I

abspaltbarer Benzylrest ist, z. B. durch katalyt. aktivierten H_2. Die Rkk. werden bei normaler oder erhöhter Temp., bei normalem oder erhöhtem Druck, in Ggw. von oder ohne Lsgm., Kondens.-Mitteln oder Katalysatoren durchgeführt. — Beispiele: aus n-Butylamin u. β-(m-n-Butoxyphenoxy)-äthylbromid erhält man N-[β-(m-n-Butoxyphenoxy)-äthyl]-N-n-butylamin-HCl, farblose Kristalle aus A. + Ae., F. 157—158°. In analoger Weise werden hergestellt: N-[β-(m-n-Propoxyphenoxy)-äthyl]-N-n-propylamin·HCl, farblose Kristalle aus Äthylacetat, F. 148—150°; N-[β-(m-n-Propoxyphenoxy)-äthyl]-N-isobutylamin·HCl, farblose Kristalle aus A. + Äthylacetat, F. 139—140°; N-[β-(m-n-Propoxyphenoxy)-äthyl]-N-pentylamin·HCl, farblose Kristalle aus A. + Äthylacetat, F. 148 bis 150°; N-[β-(m-n-Butoxyphenoxy)-äthyl]-N-äthylamin·HCl, F. 160—162°, aus A. + Äthylacetat; N-[β-(m-n-Butoxyphenoxy)-äthyl]-N-n-propylamin, farblose Platten, F. 147,5°, aus A. + Äthylacetat; N-[β-(m-n-Butoxyphenoxy)-äthyl]-N-methallylamin, $Kp._{0,05}$ 125—128°, Hydrochlorid, F. 109—111°; N-[β-(m-n-Butoxyphenoxy)-äthyl]-N-isobutylamin, braunes Öl, Hydrochlorid, F. 137—138°; N-[β-(m-n-Butoxyphenoxy)-äthyl]-N-tert.-butylamin, braunes Öl, Hydrochlorid, F. 108°, aus Ae. + Äthylacetat; N-[β-(m-n-Butoxyphenoxy)-äthyl]-N-n-pentylamin·HCl, F. 142—144°, aus Äthylacetat; N-[β-(m-n-Isobutoxyphenoxy)-äthyl]-N-n-propylamin·HCl, farblose Nadeln aus A. + Äthylacetat, F. 138—140°; N-[β-(m-Isobutoxyphenoxy)-äthyl]-N-n-butylamin·HCl, F. 136 bis 138°, aus Äthylacetat; N-[β-(m-Isobutoxyphenoxy)-äthyl]-N-isobutylamin, braunes Öl, Hydrochlorid, F. 140—142°, farblose Nadeln aus Äthylacetat; N-[β-(m-n-Pentyloxyphenoxy)-äthyl]-N-n-propylamin, blaßgelbes Öl, Hydrochlorid, F. 146—147°, aus A. + Äthylacetat; N-[β-(m-n-Pentyloxyphenoxy)-äthyl]-N-n-butylamin·HCl, F. 151—153°, aus Äthylacetat; N-[β-(m-n-Pentyloxyphenoxy)-äthyl]-N-isobutylamin·HCl, farblose Kristalle aus A. + Äthylacetat, F. 135—136°; N-[β-(m-n-Butoxyphenoxy)-äthyl]-N-butylamin, farbloses Öl, $Kp._{0,05}$ 123—126°, Hydrochlorid, F. 157—158°, aus A. + Ae.; N-[β-(m-n-Butoxyphenoxy)-äthyl]-N-methyl-N-benzylamin, gelbes Öl, N-[β-(m-n-Butoxyphenoxy)-äthyl]-N-methylamin, farbloses Öl, $Kp._{0,08}$ 110—112°, Hydrochlorid, F. 138 bis 139°, aus A. + Äthylacetat; N-[β-(m-Allyloxyphenoxy)-äthyl]-N-n-butylamin, farbloses Öl, $Kp._{0,1}$ 118—125°, Hydrochlorid, F. 140—142°, aus Äthylacetat. Formeln, Herst. der Zwischenprodukte. Verw. zur *Herst. von Mitteln für die Lokalanästhesie*, bes. in Form von Salzen. (**E. P. 884 663** vom 6/11. 1959, ausg. 13/12. 1961. Schwz. Prior. 6/11. 1958, 1/4. u. 10/8. 1959.) A. Kalix. 4807

Smith, Kline & French Laboratories, Philadelphia, übert. von: Ralph E. Tedeschi, Lansdowne, Pa., V.St.A., **Arzneimittel** mit einem *Monoaminoxydasehemmer* als Wirkstoff zur Behandlung *depressiver Zustände*, gek. durch einen Geh. an *trans-2-Phenylcyclopropylamin* (I) oder dem Methyl- oder Dimethylaminanalogon oder den nicht tox. Säureadditionssalzen der Verbb. zur oralen Verabreichung. I erhält man durch Rk. von Styrol mit Äthyldiazoacetat → Äthylester der 2-Phenylcyclopropancarbonsäure, der zur freien Säure hydrolysiert wird, deren reines trans-Isomeres man durch Umkristallisieren aus W. erhält. Man führt es mit $SOCl_2$ in das Chlorid über, das mit NaN_3 behandelt u. dem Abbau nach Curtius unterworfen wird. Das erhaltene Isocyanat wird leicht zu I hydrolysiert oder zum sek. Monomethylamin reduziert. Das Dimethylamin-Deriv. erhält man durch Methylierung des prim. Amins mit einem Gemisch von wss. CH_2O u. HCOOH. I-*Hydrochlorid*, F. 151—154°. (**A. P. 2 997 422** vom 9/1. 1959, ausg. 22/8. 1961.) K. Koebke. 4807

Werner Richard Boehme, Somerville, N.J., V.St.A., **Carbamate bicyclischer Alkohole** der allg. Formel I erhält man, wenn R ein Alkylrest, bei der Rk. von Dehydronorcampher mit einem Li(Alkyl) oder Grignard-Reagens u. anschließender Umsetzung der erhaltenen 2-Hydroxy-2-alkyl-Verb. mit $COCl_2$, wonach die anfallende Chlorcarbonat-Verb. mit NH_3 die Verb. I ergibt. Ist R = H, läßt man auf einen unsubstituierten bicycl. Alkohol HCN oder Harnstoff einwirken u. erhält I. Man kann auch auf den Ester eines nichtsubstituierten bicycl. Alkohols ein niedrigmol. Alkylcarbamat in Ggw. eines alkal. wirkenden Katalysators einwirken lassen u. erhält durch Umesterung I, auch durch Ammonolyse eines Esters der Chlorameisensäure erhält man I. — 2-Endohydro-bicyclo-(2.2.1)-5-hepten erhitzt man mit Harnstoff 4 Std. auf 170°, extrahiert die kalte Schmelze mit kochendem Hexan u. erhält *2-Endocarbamoyloxybicyclo-(2.2.1)-5-hepten*, F. (aus Hexan) 109—110° ($C_8H_{11}NO_2$). — Auf Dehydronorcampher in wasserfreiem Ae. läßt man CH_3MgJ in Ae. tropfen. Man rührt 3 Std., setzt eine wss. gesätt. Lsg. von NH_4Cl zu u. dest. die Äthylphase im Vakuum, wobei *2-Methyl-2-hydroxybicyclo-(2.2.1)-5-hepten* erhalten wird. Man löst Na in dieser Verb. u. erhitzt mit gereinigtem Dioxan 24 Std. am Rückfluß. Das Lsgm. wird abdest. u. der Rückstand bei —60° einer Lsg. von $COCl_2$ in Pentan zugesetzt. Nach 24 Std. wird auf —10° erwärmt, von NaCl

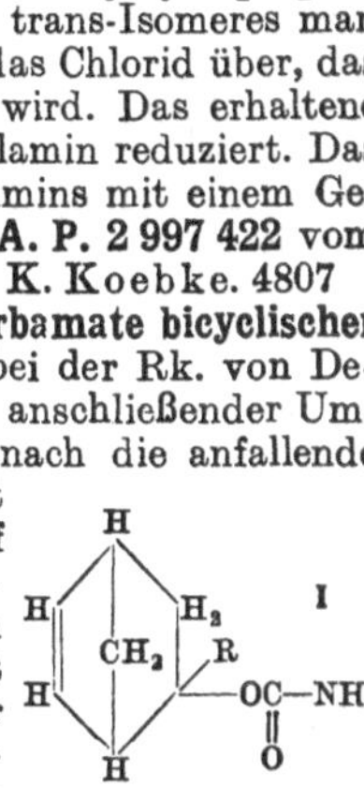

I

abfiltriert, $COCl_2$ u. das Lsgm. entfernt. Erhaltenes Chlorcarbonat wird bei 10—15° mit konz. NH_3 verrührt, anschließend W. zugegeben u. der Brei mit Bzl. extrahiert. Man erhält *2-Methyl-2-carbamoyloxybicyclo-(2.2.1)-5-hepten.* — n-Butyl-Li in Ae. werden mit Dehydronorcampher in Ae. vermischt, anschließend mit kaltem W. versetzt, die äther. Lsg. mit W. gewaschen, getrocknet u. eingedampft. Man erhält 2-n-Butyl-2-hydroxybicyclo-(2.2.1)-5-hepten, welches, wie vorstehend angegeben, mit $COCl_2$ u. NH_3 zu *2-n-Butyl-2-carbamoyloxybicyclo-(2.2.1)-5-hepten* übergeführt wird. — *Krampflösendes u. hypnot. wirkende Arzneimittel.* (**E. P. 855 210** vom 9/4. 1958, ausg. 30/11. 1960.) G. König. 4807

Ciba Pharmaceutical Products, Inc., Summit, N.J., V.St.A., übert. von: Karl Hoffmann, Binningen, Alfred Hunger, Jindrich Kebrle und Alberto Rossi, Basel, Schweiz, **Herstellung von basisch substituierten Benzylbenzimidazolen.** Durch einen nach bekannten Verff. durchgeführten Ringschluß von o-(R'—NH)-Anilinen u. N-substituierten Derivv. davon in Ggw. einer p—R_2-substituierten Phenylessigsäure erhält man Verbb. der allg. Formel I. Hierbei ist R' eine β-Diäthylaminoäthylgruppe oder

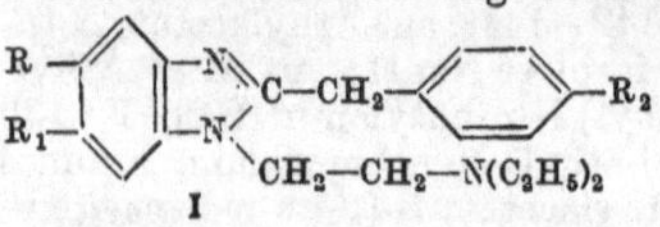

I

ein Rest, der in eine solche umgewandelt werden kann, z. B. durch Chlorierung einer β-Oxyäthylgruppe u. anschließende Umsetzung mit Diäthylamin. R u. R_1 sind H- oder Halogenatome oder Methylgruppen, R_2 ist eine niedrigmol. Alkyl-, Alkoxy-, Alkanoyl- oder Alkylmercaptogruppe. — Beispiele: aus 2-(β-Diäthylaminoäthylamino)-anilin, p-Methylbenzylcyanid u. dem Iminoätherhydrochlorid von p-Methylphenylessigsäure erhält man 1-(β-Diäthylaminoäthyl)-2-(p-methylbenzyl)-benzimidazol, $Kp._{0,2}$ 190—200°; in analoger Weise werden folgende Derivv. von Benzimidazol (**II**) erhalten: 1-(β-Diäthylaminoäthyl)-2-(p-äthylbenzyl)-**II**, $Kp._{0,1}$ 200—210°; 1-(β-Diäthylaminoäthyl)-2-(p-propylbenzyl)-**II**; 1-(β-Diäthylaminoäthyl)-2-(p-acetylbenzyl)-**II**·HCl, F. 189—190°; 1-(β-Diäthylaminoäthyl)-2-(p-äthoxybenzyl)-**II**, F. 65—66°, Hydrochlorid, F. 118—120°; 1-(β-Diäthylaminoäthyl)-2-(p-methoxybenzyl)-**II**·HCl, F. 150—151°; 1-(β-Diäthylaminoäthyl)-2-(p-propyloxybenzyl)-**II**·HCl, F. 115—116°; 1-(β-Diäthylaminoäthyl)-2-(p-butyloxybenzyl)-**II**·HCl, F. 129—130°; 1-(β-Diäthylaminoäthyl)-2-(p-äthoxybenzyl)-5-chlor-**II**·HCl, F. 205—207°; 1-(β-Diäthylaminoäthyl)-2-(p-methoxybenzyl)-5-chlor-**II**·HCl, F. 183—184°; 1-(β-Diäthylaminoäthyl)-2-(p-methoxybenzyl)-5.6-dichlor-**II**·HCl, F. 220°; 1-(β-Diäthylaminoäthyl)-2-(p-äthoxybenzyl)-5.6-dichlor-**II**·HCl, F. 115°; 1-(β-Diäthylaminoäthyl)-2-(p-methylbenzyl)-5-chlor-**II**·HCl, F. 90—110°; 1-(β-Diäthylaminoäthyl)-2-(p-äthylbenzyl)-5-chlor-**II**, $Kp._{0,1}$ 190—200°; 1-(β-Diäthylaminoäthyl)-2-(p-methylbenzyl)-5.6-dichlor-**II**·HCl, F.235°; 1-(β-Diäthylaminoäthyl)-2-(p-n-propylbenzyl)-5.6-dichlor-**II**·HCl, F. 160°; 1-(β-Diäthylaminoäthyl)-2-(p-acetylbenzyl)-5-chlor-**II**·HCl, F. 195—196°; 1-(β-Diäthylaminoäthyl)-2-(p-methylbenzyl)-5-methyl-**II**·HCl, F. 151 bis 153°; 1-(β-Diäthylaminoäthyl)-2-(p-acetylbenzyl)-5-methyl-**II**·HCl, F. 178—179°; 1-(β-Diäthylaminoäthyl)-2-[p-(1'-oxyäthyl)-benzyl]-5-methyl-**II**, F. 136°; 1-(β-Diäthylaminoäthyl)-2-(p-äthylbenzyl)-5-methyl-**II**, $Kp._{0,02}$ 180—190°; 1-(β-Diäthylaminoäthyl)-2-(p-methylbenzyl)-5.6-dimethyl-**II**, $Kp._{00,1}$ 180—190°; 1-(β-Diäthylaminoäthyl)-2-(p-äthoxybenzyl)-5-methyl-**II**, $Kp._{0,05}$ 200—205°, Dihydrochlorid, F. 93—95°; 1-(β-Diäthylaminoäthyl)-2-(p-äthoxybenzyl)-6-methyl-**II**, $Kp._{0,05}$ 210—215°, Hydrochlorid, F. 170 bis 173°; 1-(β-Diäthylaminoäthyl)-2-(p-methylmercaptobenzyl)-5-methyl-**II**, $Kp._{0,02}$ 210 bis 215°, Hydrochlorid, F. 205—207°; 1-(β-Diäthylaminoäthyl)-2-(p-äthoxybenzyl)-5.6-dimethyl-**II**·HCl, F. 167—168°; 1-(β-Diäthylaminoäthyl)-2-(p-methoxybenzyl)-5-methyl-**II**·HCl, F. 147—148°. Verw.: zur Herst. von *pharmazeut. Präpp.* mit analget. Wirkung. (**A. P. 2 980 690** vom 4/11. 1959, ausg. 18/4. 1961. Schwz. Prior. 30/8. 1957.) A. Kalix. 4807

Norwich Pharmacal Co., Norwich (Erfinder: Gabriel Gever, Oxford, und James Gianunzio Vincent jun., Norwich), N.Y., V.St.A., **Herstellung von wasserlöslichen Salzen des N-[5-Nitrofurfuryliden-(2)]-1-aminohydantoins.** Zur Herst. von injizierbaren Lsgg. von N-(5-Nitrofurfuryliden-2)-1-aminohydantoin wird dasselbe in W. oder inerten organ. Lsgm. mit 1—4 C-Atomen (A., Dioxan, Dimethylformamid, Dimethylsulfoxid oder Mischungen davon) bei normaler Temp. mit Verbb. umgesetzt, die Alkalimetallionen liefern, bes. mit den Hydroxiden u. Alkoholaten. Das Rk.-Gemisch wird in einem Eisbad gekühlt, worauf die Salze auskristallisieren, die meist noch etwas Lsgm. gebunden enthalten. Durch Erhitzen auf 110° kann dasselbe restlos entfernt werden. — *Chemotherapeutica.* (**Schwz. P. 358 087** vom 3/3. 1960, ausg. 30/12. 1961. A. Prior. 4/3. 1959.) A. Kalix. 4807

Monsanto Chemical Co., St. Louis, Mo., übert. von: Samuel Allen Heininger und Gail H. Birum, Dayton, Ohio, V.St.A., **3(2)-Halogen-2(3)-thiazolyl-(2')-mercaptopropionitrilderivate** der wahrscheinlichen allg. Formel I [X = Cl, Br;

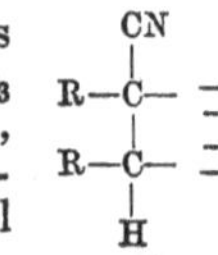

I

R = H, KW-Stoffrest (ausgenommen ungesätt. aliphat. Rest) mit 1 bis 6 C-Atomen, wobei mindestens 1 R ein H ist, Th = ggf. durch CH_3 oder C_6H_5 substituierte Thiazolyl-(2)-Rest, ggf. durch CH_3 substituiert, Benzthiazolyl-(2)-Rest, Naphthothiazolyl-(2)-Rest] werden als Mischungen der Isomeren erhalten durch Rk. von Verbb. der allg. Formel ThSX mit einem Nitril der allg. Formel RCH = CR·CN, bes. in Ggw. von Eisessig. — Zu einer Lsg. von Benzthiazolyl-(2)-sulfenylchlorid (erhalten durch Rk. von Cl_2 mit 66,4 g Bis-benzthiazolyl-(2)-disulfid in 350 ml CCl_4) werden 53 g Acrylonitril schrittweise gegeben → 59,5 g 3(2)-Chlor-2(3)-benzthiazolyl-(2')-mercaptopropionnitril, gelbe Kristalle, F. 145—150° (43,63% C, 2,59% H, 18,13% Cl, 8,38% N, 28,28% S). — *Heilmittel.* (**A. P. 2 862 000** vom 21/2. 1957, ausg. 25/11. 1958.) F. Hirsch. 4807

Dr. Recordati-Laboratorio Farmacologico S. p. A. (Erfinder: Paolo Da Re), Mailand, Italien, **Herstellung von Derivaten des Hydroxychromons** der allg. Formel **I**, wobei R = H oder CH_3; R_1 = CH_3, C_2H_5 oder C_6H_5; R_2 = Alkyl mit 1—6 C-Atomen sind u. die Hydroxyessigsäuregruppe in 6- oder 7-Stellung stehen kann, erhält man bei der Rk. von 6- oder 7-Hydroxychromon in Aceton mit einem Alkyl- oder Alkenylester einer Halogenessigsäure in Ggw. von Na_2CO_3 beim Kp. des Rk.-Mediums während 1—6 Std., Abtrennung des Nd. u. Umkristallisation. Die Alkyl- oder Alkenylgruppen können 1—6 C-Atome aufweisen. Es werden hergestellt: *2.3-Dimethylchromon-6-äthoxycarbonyl-methoxy*, F. 100,5 bis 102,5°, $C_{15}H_{16}O_5$; F. des 7-Isomeren 123—125°; *2-Äthyl-3-methylchromon-7-äthoxycarbonyl-methoxy*, F. 87—89°, $C_{16}H_{18}O_5$. — *Coronardilatoren.* — Vgl. D. A. S. 1 055 544, C. **1959,** 13573. (**Schwz. P. 358 092** vom 29/10. 1956, ausg. 30/12. 1961. It. Prior. 2/11. 1955, 30/6., 10/7. u. 1/8. 1956.) G. König. 4807

I

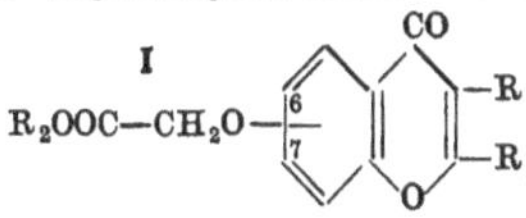

Farbwerke Hoechst Akt.-Ges., vormals Meister Lucius & Brüning, Frankfurt/M. (Erfinder: Horst Böhme, Marburg), **Herstellung von α-halogenierten Aminen** der allg. Formel **I**, worin R_1 u. R_2 = Alkyl- oder Phenylalkylreste oder, gemeinsam mit dem N den Rest eines hydrierten, heterocycl. Ring-Syst., X = H, eine Alkyl- oder Arylgruppe u. Hal ein Halogenatom bedeuten gemäß D. A. S. 1 110 652, dad. gek., daß man an Stelle der dort verwendeten Carbonsäurehalogenide anorgan. Säurehalogenide anwendet, deren Halogenatome auch teilweise durch einen der Reste $—NR_1R_2$ oder $—O—R_3$, worin R_3 einen Alkyl- oder Arylrest darstellt, ersetzt sein können, wobei Halogenkohlensäureester u. -amide ausgenommen sind. — Aus Bis-pyrrolidino-methan u. Thionylchlorid in Bzl. → *N-Chlormethyl-pyrrolidin*; aus N.N-Diäthyl-aminomethyl-n-butyläther analog *N-Chlormethyl-N.N-diäthylamin*; aus Piperidinomethyl-n-butyläther u. Schwefligsäure-mono-n-butylesterchlorid in abs. Ae. → *N-Chlormethyl-piperidin*; analog aus Bis-piperidino-benzyliden → *N-(Phenyl-chlormethyl)-piperidin*; aus Bis-piperidino-methan u. Sulfurylchlorid → *N-Chlormethyl-piperidin*; aus Bis-dimethylamino-methan u. N.N-Dimethyl-sulfamidsäurechlorid → *N-Chlormethyl-N.N-dimethylamin*; aus Bis-piperidino-methan u. $COCl_2$ in PAe. → *N-Chlormethyl-piperidin*; aus Bis-morpholinomethan u. Nitrosylchlorid → *N-Chlormethyl-morpholin*; Beschrieben wird weiter die Herst. von *N-Brommethyl-N.N-dimethylamin*; *N-Brommethylpiperidin*. — *Zwischenprodd.* für die Herst. von Arzneimitteln. (**D. A. S. 1 114 819** Kl. 12q vom 12/12. 1959, ausg. 12/10. 1961. **Zusatz zu D. A. S. 1 110 652; C. 1962, 4640.**) W. Heyer. 4807

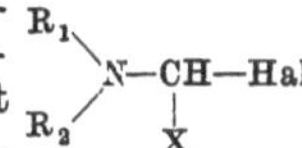

I

Lakeside Laboratories, Inc., übert. von: John H. Biel, Milwaukee, Wis., V.St.A., **Herstellung von neuen Piperidincarbonsäurederivaten** der allg. Formel **I**, worin Y eine gerade oder verzweigte Alkylengruppe mit maximal 10 C-Atomen, bes. <5 C-Atomen, R, R_1, R_2 u. R_3 bes. niedrige Alkylgruppen oder eine Aralkylgruppe darstellen, wobei R_1 u. R_2 zusammen mit dem N-Atom auch ein heterocycl. Rest mit 5 oder 6 C-Atomen im Ring sein können, u. X ein Anion ist, dad. gek., daß man einen entsprechenden N-substituierten Piperidincarbonsäureester mit einem tert. Aminoalkohol in einem inerten Lsgm., wie n-Heptan oder Methylcyclohexan, in Ggw. von z. B. Na-Methylat am Rückfluß umsetzt, das Rk.-Prod. durch fraktionierende Dest. abtrennt u. von der tert. Base durch Rk. mit alkylierenden Mitteln, wie CH_3Cl, o-Chlorbenzylbromid, Phenyläthylchlorid u. ähnliche, das quatern. NH_4-Salz herstellt. — Aus dem N-Methylnipecotinsäuremethylester u. Dimethylaminoäthanol → *2-Dimethylaminoäthyl-N-methylnipecotat*, Kp.$_4$ 113—115°, *-dibrommethylat*, F. 230—232°. Analog: *2-Diäthylaminoäthyl-N-äthylnipecotat*, Kp.$_{1-2}$ 104—106°, *-dibrommethylat*, F. 221—222°; *3-Dimethylaminopropyl-N-methylnipecotat*, Kp.$_1$ 106—109°, *-dibrommethylat*, F. 238—239°; *2-Morpholinoäthyl-N-methylnipecotat*, Kp.$_1$ 116—120°,

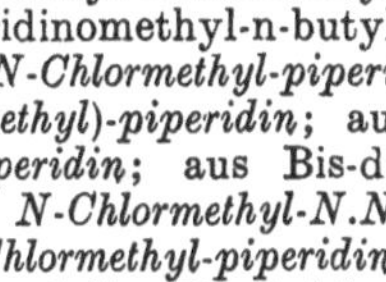

I

-dibrommethylat, F. 235—236°; *2-Pyrrolidinoäthyl-N-methylnipecotat*, $Kp._1$ 103—105°, *-dibrommethylat*, F. 209—211°; *2-Dimethylaminoisopropyl-N-methylnipecotat*, $Kp._{17}$ 137 bis 141°, *-dibrommethylat*, F. 255—257°; *2-Dimethylaminoäthyl-N-methylisonipecotat*, $Kp._1$ 95—96°, *-dibrommethylat*, F. 276—277°; *2-Dimethylaminoäthyl-N-methylpipecolinat*, $Kp._{23}$ 145—147°, *-dibrommethylat*, F. 245° (Zers.); *3-Dimethylaminopropyl-N-methylpipecolinat*, $Kp._{23}$ 156—158°; *2-(N'-Methyl-N'-o-chlorbenzylamino)-äthyl-(N-methyl)-pipecolinat*, $Kp._{0,5}$ 100—105°, *-dijodmethylat*, F. 185° (Zers.); *2-Morpholinoäthyl-(N-methyl)-pipecolinat*, $Kp._{1,2}$ 136—138°, *-dibrommethylat*, F. 233—235° (Zers.), u. *2-(N'-Methyl-N'-o-chlorbenzylamino)-äthyl-(N-methyl)-nipecotat*, $Kp._{0,15}$ 148—153°, *-dijodmethylat*, F. 178—179°. — *Blutdrucksenkende Mittel u. Ganglienblocker*. (**A. P. 2 903 453** vom 9/10. 1956, ausg. 8/9. 1959. **E. P. 840 824** vom 23/5. 1957, ausg. 13/7. 1960.)
W. Heyer. 4807

J. F. MacFarlan & Co. Ltd., Boreham Wood, Hertfordshire, England (Erfinder: Peter Marshall Frearson), **Piperidinderivate** der allg. Formel **I** (Y = Alkylmercaptorest; R = gerad- oder verzweigtkettige Alkylengruppe mit 1—6 C-Atomen) u. deren Salze mit Säuren bzw. deren quatern. Ammonium-Verbb. verwendbar als *Ganglienblocker* u. *anticholinerg.* Mittel, erhält man durch Rk. von Norpethidin (**II**) mit einer Verb. der Formel Y—R—Hal, worin Y u. R die vorst. Bedeutung haben u. Hal = Cl, Br oder J ist. — Durch 3tägiges rückfließendes Erhitzen einer Mischung aus 4 (Teilen) **II** (= 4-Phenylpiperidin-4-carbonsäureäthylester), 3 2-Chloräthylmethylsulfid u. 1 Na_2CO_3 in Amylalkohol u. übliches Aufarbeiten der Suspension erhält man *1-[2'-Methylmercaptoäthyl]-norpethidin*, $Kp._{0,5-1}$ 174—175°, mit guten analget. Eigg.; *Hydrobromid*, F. 197°; *Jodmethylat*, F. 120°. Analog erhält man *1-[2'-Äthylmercaptoäthyl]-norpethidin*, $Kp._{0,5-1}$ 180—185°; *Hydrobromid*, F. 183°. (**E. P. 826 274** vom 13/2. 1957, ausg. 31/12. 1959. **Zusatz zu E. P. 797 448; C. 1962, 12020.**)

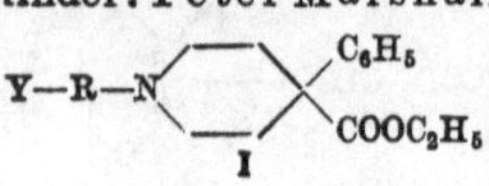

A. Mohr. 4807

Chas. Pfizer & Co., Inc., Brooklyn, N.Y., V.St.A., **Beruhigungsmittel,** gek. durch den Geh. an 1.1'-Methylen-bis-[2-hydroxynaphthalin-3-carbonsäure]-salz des N-p-Chlorbenzhydryl-N'-[2-hydroxyäthoxyäthyl]-piperazins. (**Ind. P. 64 304** vom 7/6. 1958, ausg. 30/10. 1961.)
C. Lüttgen. 4807

Soc. des Usines Chimiques Rhône-Poulenc, Paris (Erfinder: Robert Michel Jacob, Ablon-sur-Seine, und Jacques Georges Robert, Gentilly), Frankreich, **Herstellung von Phenothiazinen,** Verbb. der allg. Formel **I** erhält man durch Decarboxylierung der entsprechenden Ausgangsstoffe (**II**), bei denen zwischen N u. B eine COO-Gruppe eingeschaltet ist. Hierbei ist X = —S—, —SO— oder —SO_2—, Y = H oder ein Alkylrest mit 1—5 C-Atomen, Y' ein Alkylrest mit 1—5 C-Atomen u. ggf. der gleiche wie Y u. B ist ein 2- oder 3wertiger KW-Stoffrest mit 2—5 C-Atomen; ist B 3wertig, dann ist daran ein weiterer —NYY'-Rest gebunden, ggf. über ein —CH_2-Zwischenglied. Y + Y' + N können auch einen gesätt. heterocycl. Rest bilden, bes. einen Morpholin-, Piperidin-, Piperazin-, 4-Alkylpiperazin- oder Pyrrolidinrest. R ist ein Alkylrest mit mindestens 4 C-Atomen. Ist in **II** X = S, so können die Rk.-Prodd. zur Bldg. einer —SO- oder —SO_2-Gruppe oxydiert werden. Die Decarboxylierungen werden durch Erhitzen der **II** auf 150—220° ausgeführt, wobei je nach dem Charakter der letzteren opt.-akt. Verbb. oder Racemate entstehen. Bevorzugt hergestellt werden **I**, in denen —B—NYY' = CH_2—$CH(CH_3)$—$N(CH_3)_2$ oder —CH_2—$CH(CH_3)$—CH_2—$N(CH_3)_2$ ist, da sie *Antihistamin-Wrkg.* besitzen, ferner solche, in denen —BNYY' = —$(CH_2)_3$—N—$(CH_3)_2$ ist, da sie *narkoseverstärkend* wirken u. solche mit dem Rest —B = $(NYY')_2$ als *Lokalanästhetika* u. *Spasmolytika*. — Beispiele: 3-Carbomethoxy-10-(2-diäthylaminoäthyl)-phenothiazin·HCl, cremefarbenes Kristallpulver, F. 200—201°, aus A.; 3-Carbomethoxy-10-[3-(4-methylpiperazino)-propyl]-phenothiazin, gelbes Kristallpulver aus Methanol, F. um 215°; 3-Carbomethoxy-10-[2.3-bis-(dimethylamino)-propyl]-phenothiazinmonomaleat, cremefarbenes Kristallpulver aus A., F. 180—181°. Die Oxydation von X = S zu —SO— oder —SO_2 wird mit einem Gemisch von Eisessig + H_2SO_4 + H_2O_2 ausgeführt. — Beispiele: 3-Carbomethoxy-9.9-dioxo-10-(3-dimethylaminopropyl)-phenothiazin, cremefarbene Kristalle aus Isopropanol, F. 116—118°; 3-Carbomethoxy-9.9-dioxo-10-(2-methyl-3'-dimethylaminopropyl)-phenothiazin·HCl, weiße Kristalle aus Ae., F. um 150° mit Zersetzung. — Darst. einiger **II**. (**Schwz. P. 355 148** vom 9/1. 1957, ausg. 15/8. 1961. F. Prior. 24/11. 1956.)

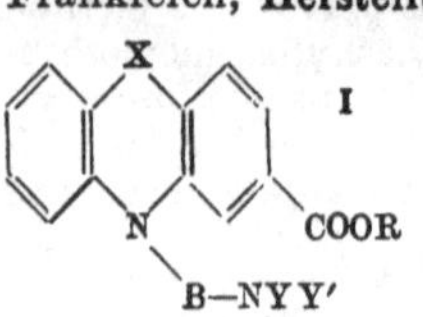

A. Kalix. 4807

Sterling Drug, Inc., New York, N.Y., V.St.A., **Phenthiazinderivate** der allg. Formel **I**, wobei X gleich H, Halogen, niedrigmol. Alkyl- oder Alkoxygruppen,

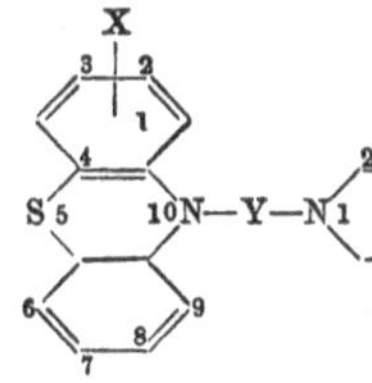
I

Y gleich niedrigmol. Alkylengruppen mit vorzugsweise 2 bis 5 C-Atomen der Kette — verzweigt oder geradkettig —, R gleich OH, Acyloxy, niedrigmol. Hydroxyalkyl- oder Acyloxyalkylgruppen sind, u. die OH- u. Acyloxygruppe nur in 3- oder 4-Stellung des Piperidinringes stehen sollen, erhält man bei der Rk. von Phenthiazin mit einem Hydroxypiperidin oder mit einem durch niedrigmol. Alkyl substituierten Hydroxypiperidin oder dessen Ester, wobei entweder der Phenthiazinring oder der Piperidinring am N-Atom eine Halogenalkylgruppe enthalten sollen, bei 50—150° in Ggw. eines organ. inerten Lsgm. u. eines Säureacceptors, welcher mit den zu bindenden Säuregruppen in W. lösl. Verbb. ergibt, z. B. Alkali-Verbb. schwacher Säuren. — 3-(10-Phenthiazinyl)-propylchlorid, 4-Hydroxypiperidin u. wasserfreies Na_2CO_3, erhitzt man mit A. 20 Std. am Rückfluß; man setzt weiteres Na_2CO_3 zu, erhitzt wieder 20 Std., filtriert, wäscht den Nd. mit A. u. konz. die Filtrate zur Trockne. Nach weiterer Aufbereitung erhält man *10-[3-(4-Hydroxy-1-piperidyl)-propyl]-phenthiazinhydrochlorid*, F. aus A. 210,5—213,5° (korr.). $C_{20}H_{24}N_2OS \cdot HCl$. — *10-[2-(4-Hydroxy-1-piperidyl)-äthyl]-phenthiazin* erhält man aus 2-(10-Phenthiazinyl)-äthylchlorid u. 4-Hydroxypiperidin; mit HCl das Hydrochlorid, F. 233—236,5° (korr.). ($C_{19}H_{22}N_2OS \cdot HCl$). Es werden folgende Phenthiazine hergestellt: *2-Chlor-10-[3-(4-hydroxy-1-piperidyl)-propyl]-*, F. 94—97,5° ($C_{20}H_{23}ClN_2OS$); *2-Chlor-10-[3-(4-acetoxy-1-piperidyl)-propyl]-*, F. des Hydrochlorids 203,5—206° ($C_{22}H_{25}ClN_2O_2S \cdot HCl$); *3-Chlor-10-[3-(4-hydroxy-1-piperidyl)-propyl]-*, F. 102,5—104,5° ($C_{20}H_{23}ClN_2OS$); *2-Chlor-10-[3-(3-hydroxy-1-piperidyl)-propyl]-*, F. des Hydrochlorids 186,5—192° ($C_{20}H_{23}ClN_2OS \cdot HCl$); *10-[3-(3-Hydroxy-1-piperidyl)-propyl]-*, F. des Hydrochlorids 180—182,5° ($C_{20}H_{24}N_2OS \cdot HCl$); *2-Chlor-10-[3-(4-hydroxymethyl-1-piperidyl)-propyl]-*, F. 99—101° ($C_{21}H_{25}ClN_2OS$); *2-Chlor-10-[3-(4-acetoxymethyl-1-piperidyl)-propyl]-*, F. 67,5—69,5° ($C_{23}H_{27}ClN_2O_2S$); *10-{3-[4-(1-Hydroxyäthyl)-1-piperidyl]-propyl}-*, F. 83—86° ($C_{22}H_{28}N_2OS$). Die FF. sind korrigiert. — Die neuen Verbb. sind *pharmakolog. wirksam.* (**E. P. 849 137** vom 19/8. 1958, ausg. 21/9. 1960. A. Prior. 23/8. 1957.) G. König. 4807

Sandoz Akt.-Ges., Basel, Schweiz, **Herstellung von 3-Mercaptophenothiazinen.** Diphenylamine (I), die in einem ihrer Benzolkerne in m-Stellung einen —SCH_3-Rest enthalten, werden mit elementarem S oder mit S-Dihalogeniden zu Verbb. der allg. Formel **II** umgesetzt. Die Rkk. werden in Ggw. von wasserfreien Lsgm. (Bzl., Toluol, Xylol oder Chlorbenzol) oder ohne solche bei Temp. von 100—200° in Ggw. von Kondens.-Katalysatoren, bes. J_2, ausgeführt. Das Rk.-Gemisch u. die Isomeren werden voneinander durch fraktionierte Kristallisation, Hochvakuum-Dest. oder Chromatographie über Al_2O_3 getrennt. — Beispiel: aus N-(m-Methylmercaptophenyl)-anilin, F. 59—61°, erhält man durch 15 Min. langes Erhitzen mit S u. J_2 auf 160° 3-Methylmercaptophenothiazin, citronengelbe Kristalle, F. 138—140°. Verw. als Vulkanisationsbeschleuniger, Antioxydationsmittel für Schmierstoffe u. Zwischenprodukte. Herst. der **I.** — In analoger Weise lassen sich **II** herstellen, die statt CH_3 ein H-Atom oder eine Alkylgruppe mit 2—4 C-Atomen enthalten. Derivv. mit dem Substituenten —SH erhält man durch Abspaltung der Benzylgruppe aus dem zunächst hergestellten Benzylderivat. — Beispiele: 3-Äthylmercaptophenothiazin, schwachgelbe Kristalle aus Bzn. + PAe., F. 95—97°; 3-Isopropylmercaptophenothiazin, citronengelbe Kristalle aus Bzn. + PAe., F. 118—120°; 3-n-Propylmercaptophenothiazin, gelbe Platten aus Bzn. + PAe., F. 107—109°; 3-n-Butylmercaptophenothiazin, gelbe Kristalle aus Bzn. + PAe., F. 104—106°; 3-Isobutylmercaptophenothiazin, $Kp._{0,06}$ 209—211°, blaßgelbe Kristalle aus A., F. 94—96°; 3-sek.-Butylmercaptophenothiazin, $Kp._{0,08}$ 205 bis 210°, blaßgelbe Kristalle aus A., F. 88—90°; 3-Benzylmercaptophenothiazin, blaßgelbe Kristalle aus Bzl., F. 155—157°; 3-Mercaptophenothiazin, gelbe Blättchen aus Bzl., F. 211—213°. Verw. zur *Herst. von pharmazeut. Präpp.* mit analget., narkot., hypnot. u. Antihistaminwirkung. (**E. PP. 863 547** u. **863 550** vom 4/4. 1957, ausg. 22/3. 1961. Schwz. Prior. 18/4., 25/5., 26/7., 22/11. 1956 u. 1/2. 1957.) A. Kalix. 4807

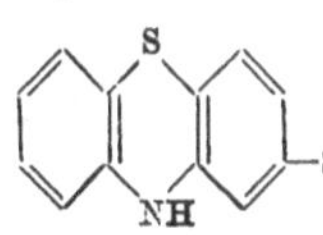
II

Sandoz Akt.-Ges., Basel, Schweiz, **Herstellung von 3-Mercaptophenothiazinderivaten.** Phenothiazin (I)-Derivv. der allg. Formel **I** werden mit prim., sek. u. tert. ω-Halogenalkylaminen vom Typus Halogen—CH_2—CH_2—$CH(R_4)$—$N(R_3)$—R_2 zu Derivv. umgesetzt, in denen statt einer >NH-Gruppe eine solche der allg. Formel >N—CH_2—CH_2—$CH(R_4)$—$N(R_3)$—R_2 vorhanden ist. Hierbei ist R_1 = H, eine Alkylgruppe mit 2—4 C-Atomen, eine Phenyl- oder Benzylgruppe, R_2 u. R_3 sind H-Atome oder Alkylgruppen mit bis zu 4 C-Atomen, R_4 = H oder

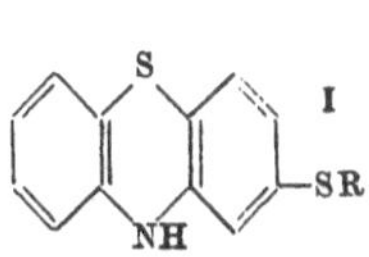
I

$R_4 + R_3 + N$ bilden mit den benachbarten Atomen einen 5- oder 6-gliedrigen heterocycl. Ring, Halogen ist ein Cl- oder Br-Atom. Die Rkk. werden in Ggw. von organ. Lsgm. (Bzl., Toluol, Xylol) u. alkal. Kondens.-Mitteln (Alkalihydroxide, -hydride, -amide u. -alkoholate) bei normaler oder erhöhter Temp. ausgeführt. Sie können auch durch Zusammenschmelzen der Komponenten durchgeführt werden, wobei keine Kondens.-Mittel nötig sind. Aus dem Rk.-Gemisch werden die Endprodd. mit organ. Lsgm., W., oder verd. Säuren (als Salze) extrahiert u. die freien Basen ggf. durch Vakuum-Dest. gereinigt. — Beispiele: Aus 3-Isopropylmercapto-**I** u. 2-[N-Methylpiperidyl-(2′)]-1-chloräthan erhält man durch 1½ std. Kochen in Xylol unter Rückflußkühlung in Ggw. von $NaNH_2$ 3-Isopropylmercapto-10-[2′-N-methylpiperidyl-(2″)-äthyl-1′]-**I**, Kp.$_{0,005}$ 223°, Tartrat: Sinterung bei 70°, Zers. >120°. In analoger Weise werden gewonnen: 3-Isopropylmercapto-(3′-dimethylaminopropyl-1′)-**I**, Kp.$_{0,01}$ 198°, Tartrat: krist. mit ½ Mol. H_2O, Sinterung bei >60°, Zers. bei >90°; 3-Äthylmercapto-10-[2′-(N-methylpiperidyl-2″)-äthyl-1′]-**I**, Kp.$_{0,008}$ 225°, Tartrat: Sinterung bei >70°, Zers. bei >135°; 3-Äthylmercapto-10-(3′-dimethylaminopropyl-1′)-**I**, Kp.$_{0,008}$ 200°, Tartrat-F. 117—119° (Zers.); 3-n-Propylmercapto-10-[2′-(N-methylpiperidyl-2″)-äthyl-1′]-**I**, Kp.$_{0,01}$ 247°, Tartrat: Sinterung bei >70°, Zers. bei >120°; 3-n-Propylmercapto-10-(3′-dimethylaminopropyl-1′)-**I**, Kp.$_{0,02}$ 227°, Tartrat: Sinterung bei >55°, Zers. ab 90°; 3-n-Butylmercapto-10-[2′-(N-methylpiperidyl-2″)-äthyl-1′]-**I**, Kp.$_{0,005}$ 227°; 3-n-Butylmercapto-10-(3′-dimethylaminopropyl-1′)-**I**, Kp.$_{0,005}$ 202°; 2-Isobutylmercapto-10-[2′-(N-methylpiperidyl-2″)-äthyl-1′]-**I**, Kp.$_{0,003}$ 215°; 3-Isobutylmercapto-10-(3′-dimethylaminopropyl-1′)-**I**, Kp.$_{0,004}$ 195°; 3-sek.-Butylmercapto-10-[2′-(N-methylpiperidyl-2″)-äthyl-1′]-**I**, Kp.$_{0,007}$ 215°; 3-sek.-Butylmercapto-10-(3′-dimethylaminopropyl-1′)-**I**, Kp.$_{0,006}$ 189°; 3-Benzylmercapto-10-[2′-(N-methylpiperidyl-2″)-äthyl-1′]-**I**, Kp.$_{0,01}$ 246°; 3-Benzylmercapto-10-(3′-dimethylaminopropyl-1′)-**I**, Kp.$_{0,01}$ 224°, Tartrat-F. 85° (Zers.); 3-Äthylmercapto-10-[2′-(N-methylpyrrolidyl-2″)-äthyl-1′]-**I**, Kp.$_{0,01}$ 213°, Tartrat mit ½ Mol. W.: F. 90° (Zers.); 3-Isopropylmercapto-10-[2′-(N-methylpyrrolidyl-2″)-äthyl-1′]-**I**, Kp.$_{0,008}$ 217°, Tartrat mit ½ Mol. W.: F. 90° (Zers.); 3-n-Butylmercapto-10-[2′-(N-methylpyrrolidyl-2″) äthyl-1′]-**I**, Kp.$_{0,01}$ 225°, Tartrat mit ½ Mol. W.: F. 75° (Zers.); 3-Mercapto-10-[2′-(N-methylpiperidyl-2″)-äthyl-1′]-**I**-Ag-Salz, gelbe Kristalle, F. 188—190°, Tartrat mit ½ Mol. W.: F. 115° (Zers.). Verw. zur *Herst. von pharmazeut. Präpp.* mit pharmakodynam. Wrkg. gegenüber narkot., hypnot. u. analget. Mitteln sowie von *fungiciden Mitteln*. Darst. der Ausgangsprodukte. (**E. P. 863 551** vom 4/4. 1957, ausg. 22/3. 1961. Schwz. Prior. 19/4., 25/5., 26/7., 22/11. u. 20/12. 1956, 1/2. u. 22/2. 1957.) A. Kalix. 4807

Geigy Chemical Corp., Ardsley, N.Y., V.St.A., übert. von: Walter Schindler, Riehen, und Charles Gansser, Basel, Schweiz, **Herstellung von N-substituierten Phenothiazinen.** Verbb. der allg. Formel **I** können nach 4 verschiedenen Verff. gewonnen werden: a) Phenothiazine (**II**) oder 3-Chlor-**II** werden mit reaktionsfähigen Estern (**III**) von Aminoalkoholen vom Typus $HO—CH_2—CH_2—(O—CH_2—CH_2)_n$·$NR_1R_2$ in Ggw. von Säurebindemitteln umgesetzt. Hierbei ist X ein H- oder Cl-Atom, R_1 u. R_2 sind niedrigmol. Alkylgruppen u. n = 1 oder 2. Als **III** werden bes. Chloride verwendet, z. B. Dimethylaminoäthoxyäthyl-, Dimethylaminoäthoxyäthoxyäthyl, Di-n-propylaminoäthoxyäthyl- u. Di-n-butylaminoäthoxyäthylchlorid u. -bromid. Weiterhin können b) **II** oder 3-Chlor-**II** erst mit $COCl_2$, dann mit dem obengenannten **III** umgesetzt u. das Rk.-Prod. nach bekannten Verff. decarboxyliert werden.

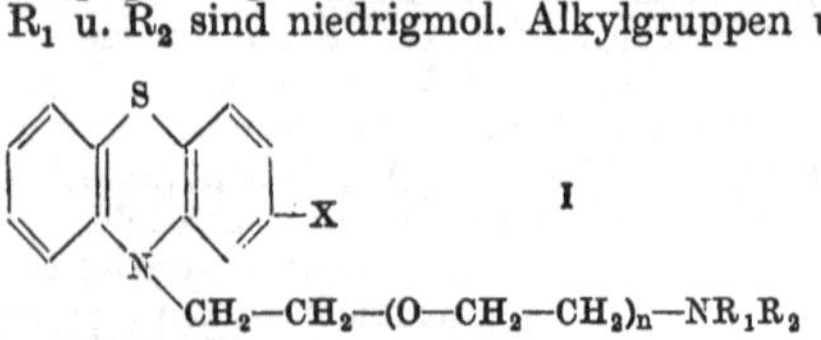

I

Weiterhin können c) am N-Atom durch $—CH_2—CH_2—(O—CH_2—CH_2)_nY$ substituierte **II**, in denen Y eine, bes. durch Halogene oder $—OSO_3Na$ veresterte OH-Gruppe ist, mit sek. Aminen vom Typus HNR_1R_2 umgesetzt werden. Schließlich können am N-Atom durch $—CH_2—CH_2—(O—CH_2—CH_2)_n—NHR_1$ substituierte **II** nach bekannten Verff. alkyliert werden. — Beispiele: Zu einer Lsg. von **II** + Dimethylaminoäthoxyäthylchlorid·HCl in wasserfreiem Bzl. wird bei 60—70° eine Lsg. von $NaNH_2$ in Toluol zugetropft u. nach beendeter Zugabe das Gemisch 16 Std. lang unter Rückflußkühlung gekocht. Aus dem Rk.-Gemisch wird 5-(Dimethylaminoäthoxyäthyl)-**II** isoliert, Kp.$_{0,015}$ 178°, Hydrochlorid-F. 122—124° aus Ae. + Aceton. In analoger Weise werden erhalten: 5-(Dimethylaminoäthoxyäthoxyäthyl)-**II**, Kp.$_{0,0015}$ 183°; 5-(Diäthylaminoäthoxyäthyl)-**II**, Kp.$_{0,006}$ 173,5°, Hydrochlorid F. 133—135°; 5-(Diäthylaminoäthoxyäthoxyäthyl)-**II**, Kp.$_{0,007}$ 202,5°; 5-(Dimethylaminoäthoxyäthyl)-3-chlor-**II**, Kp.$_{0,45}$ 197—201°, Hydrochlorid F. 122—122° (aus Ae. + Aceton; 5-(Diäthylaminoäthoxyäthoxyäthyl)-3-chlor-**II**, Kp.$_{0,015}$ 193—197°. Verw. zur *Herst. von pharmazeut. Präpp.* mit antiallerg. u. anderen Wirkungen. (**A. P. 2 976 286** vom 28/8. 1959, ausg. 21/3. 1961. Schwz. Prior. 10/9. 1958.) A. Kalix. 4807

G. D. Searle & Co., Chicago, übert. von: John W. Cusic, Skokie, und Harman S. Lowrie, Northbrook, Ill., V.St.A., **Halogenierte 10-Phenthiazinylalkylaminoalkancarbonsäureester beziehungsweise Amide** der allg. Formel **I**, erhält man bei der Rk. eines 10-(Chloralkyl)-halogenphenthiazins mit einem Aminocarbonsäureester oder einem Amid, in Ggw. eines Säureacceptors in einem O-haltigen Rk.-Medium, wie Aceton, Butanon, u. ggf. in Ggw. eines Katalysators, wie NaJ.

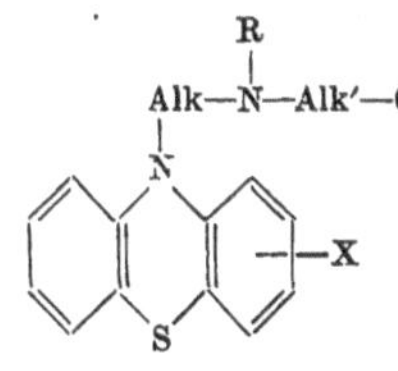

I

In **I** bedeuten Alk u. Alk′ gleiche oder verschiedene Alkylengruppen mit 2—3 C-Atomen; Z ist eine niedrigmol. Alkoxy-, Amino- oder niedrigmol. Alkylaminogruppe, R ist eine niedrigmol. Alkylgruppe, ggf. substituiert durch die entständige Gruppe —CO—Z, wobei Z die oben angegebene Bedeutung aufweist u. X = Halogen, bes. Cl, in der 2-Stellung. Der Begriff niedrigmol. Alkoxygruppe umfaßt C_nH_{2n+1}-Gruppen, wobei n eine ganze Zahl < 9 ist. — 53 (Teile) Äthyl-β-methylaminopropionat, 62 10-(3′-Chlorpropyl)-2-chlorphenthiazin, 30 Methyljodid, 14 wasserfreies K_2CO_3 werden mit 3000 Butanon unter Rückfluß über Nacht erhitzt. Man filtriert u. verdampft das Filtrat zur Trockne. Der ölige Rückstand wird in Ae. gelöst, die äther. Lsg. mit W. gewaschen u. mit verd. Ameisensäure extrahiert. Der saure Extrakt wird mit Ae. gewaschen u. mit verd. Na_2CO_3-Lsg. bas. gestellt. Die Mischung wird mit Ae. extrahiert, der Extrakt gut mit W. gewaschen u. über wasserfreiem K_2CO_3 getrocknet. Das Lsgm. wird verdampft. Man erhält *N-(2′-Äthoxycarbonyläthyl)-N-methyl-3-(2″-chlor-10″-phenthiazinyl)-propylamin* u. führt dieses mit HCl in Chlf. in das *Hydrochlorid* über, F. 143—146°. — Analog werden folgende *3-(2′-Chlor-10′-phenthiazinyl)-propylamine* hergestellt: *N.N-Dimethoxycarbonylmethyl-*, *Hydrochlorid*, F. 62—67°; *N.N-Di-(carbamylmethyl)-*, F. 161—168° (Aceton), *Hydrochlorid*, F. 180—185°; *N-Äthoxycarbonylmethyl-N-methyl-*, Kp.$_{0,5}$ 230—250°, *Hydrochlorid*, F. 143—146°. — *N-Carbamylmethyl-N-methyl*, *Hydrochlorid*, F. 107—109°. — *N-(Methylaminocarbonylmethyl-N-methyl-*, Kp.$_{0,4}$ 70—90°, *N-Methylcarbamylmethyl-N-methyl-*, Kp.$_{0,1}$ 230—250°, *Hydrochlorid*, F. 93—98°. — *N-Butyl-N-(2′-butylcarbamyläthyl)-2-(2″-chlor-10″-phenthiazinyl)-äthylamin*, Kp.$_{0,1}$ 240—260°. — *Beruhigungsmittel*, für das Zentralnerven-Syst. u. *Antimetica*. (**A. P. 2 860 137** vom 16/8. 1956, ausg. 11/11. 1958.) G. König. 4807

G. D. Searle & Co., Chicago, übert. von: John W. Cusic, Skokie, Ill., V.St.A., **Carbonsäureester von N-[Halogen-10-phenthiazinylalkyl]-N-alkylaminoalkanolen** der allg. Formel **I** erhält man bei der Rk. von N-(Halogen-10-phenthiazinylalkyl)-N-alkylaminoalkanol mit Carbonsäureanhydriden oder Carbonsäurechloriden in einem inerten Rk.-Medium ggf. in Ggw. eines Katalysators, wie Pyridin, u. in manchen Fällen unter Erhitzen. In der Formel bedeuten Alk u. Alk′ gleiche oder verschiedene Alkylengruppen mit 2—3 C-Atomen, Z = eine Alkyl-, Cycloalkyl-, Cycloalkylalkyl-, Aryl- oder Aralkylgruppe, R = niedrigmol. Alkygruppe u. X = ein Halogen, bevorzugt in der 2-Stellung. Die Arylgruppen können auch heterocycl. Reste darstellen, sie können ferner durch ein oder mehrere Alkyl-, Alkoxygruppen oder Halogene substituiert sein. Die Alkylgruppen sollen höchstens 9 C-Atome enthalten. —

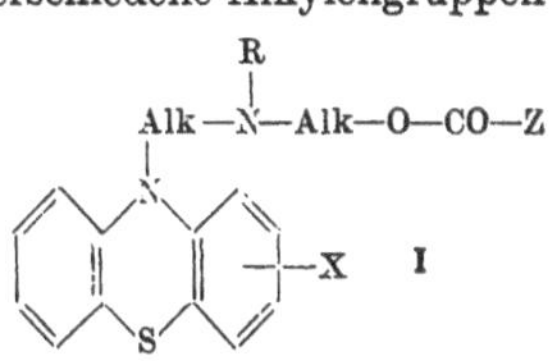

I

Zu einer Lsg. von 2-N-Methyl-3-(2′-chlor-10′-phenthiazinyl)-propylaminoäthanol in Toluol trägt man vorsichtig Acetylchlorid ein. Die Rk. geht unter Wärme-Entw. vor sich. Man läßt über Nacht stehn u. extrahiert anschließend mit wss. Ameisensäure. Der saure Extrakt wird bas. gestellt u. mit Bzl. extrahiert. Der Benzolextrakt wird über wasserfreiem K_2CO_3 getrocknet, das Lsgm. wird verdampft u. der Rückstand dest., wobei *2-N-Methyl-3-(2′-chlor-10′-phenthiazinyl)-propylaminoäthylacetat* mit einem Kp.$_{0,25}$ 207—210° erhalten wird. Wird der bas. Ester, gelöst in wasserfreiem Ae., mit HCl in Isopropylalkohol behandelt, erhält man das Hydrochlorid. — Analog werden folgende *Phenthiazin-Derivv.* hergestellt: [*2-N-Methyl-3-(2′-chlor-10′-phenthiazinyl)-* = **II**]. — **II**-*propylaminoäthylpalmitat*. — **II**-*propylaminoäthyl-3-cyclopentylpropionat*, Kp.$_{0,25}$ 258—261°. — **II**-*propylaminoäthylcyclohexancarboxylat*. — **II**-*propylaminoäthyl-3″.4″-dimethoxyphenylacetat*. — **II**-*propylaminoäthyl-3″.4″.5″-trimethoxybenzoat*. — **II**-*propylaminoäthylnicotinat* u. das *-isonicotinat*, sowie die entsprechenden Hydrochloride. Ferner wird die Herst. von *3-[N-Butyl-2-(2′-chlor-10′-phenthiazinyl)-äthylamino]-propylvalerat* beschrieben. — *Arzneimittel* mit besonderer Einw. auf das Zentralnervensystem. (**A. P. 2 890 219** vom 22/8. 1956, ausg. 9/6. 1959.) G. König. 4807

Magyar Állam (Erfinder: Ladislaus Vargha und Boris Dumbovich), Budapest, Ungarn, **Stickstoffhaltige Derivate der Zucker, Zuckeralkohole oder deren Derivate (I),** erhält man bei der Rk. mit Äthylenimin oder β-Halogenäthylamin. Als

I kommen in Betracht: die Epoxy-, Acyl-, Acetohalogen-Verbb., wobei vorhandene Acylgruppen nach beendeter Rk. ggf. abgespalten werden. — Glucose u. Äthylenimin werden mit abs. Methanol am Rückfluß 2 Std. lang gekocht u. anschließend heiß vom Ungelösten abfiltriert. Das Filtrat wird im Vakuum eingedampft. Das in W. lösl. Rk.-Prod. besteht aus dem Gemisch von α- u. *β-Isomeren des Äthylenimino-D-glucosid.* — Anhydro-1.2-isopropyliden-D-glucose wird mit Äthylenimin in wasserfreiem Ae. suspendiert u. im geschlossenen Rohr mehrere Tage stehengelassen. Anschließend dest. man nichtumgesetztes Äthylenimin u. den Ae. ab, aus dem Rückstand extrahiert man mit heißem Bzl. *1.2-Isopropyliden-6-äthylenimino-D-glucose,* F. 131—132°, $[\alpha]_D^{18}$ +17,1° aus Chlf. (c = 2,916). — Es werden ferner hergestellt: *1.6-Bis-äthylenimino-1.6-desoxy-3.4-isopropyliden-D-mannit,* $[\alpha]_D^{18}$ +51,6° aus Chlf. (c = 1,835); *1.6-Bis-(β-chloräthylamino)-1.6-desoxy-D-mannitdihydrochlorid,* Zers.-Punkt 241°, $[\alpha]_D^{18}$ +1,812° in W. (c = 1,812). — *Heilmittel.* (**Ung. P. 144 772** vom 20/12. 1954, ausg. 15/3. 1959.) G. König. 4807

Sandoz Soc. An., Basel, Schweiz, **Derivate acylierter Glucoside** der allg. Formel I erhält man bei der Rk. acylierender Mittel auf Verbb. der allg. Formel II, vorteilhaft in Ggw. von Hilfsmitteln, wie Pyridin, Chinolin, bes. bei normaler Temp., in Abwesenheit von Alkalien. In I bedeuten R_1 Alkoxy- oder Acylgruppe; wenn R_2 für H steht, bedeutet R_3 eine Tetra-O-acylglucosegruppe, u. wenn R_2 für eine O-Tetraacylglucosegruppe steht, ist R_3 gleich H. In II bedeutet R_1' H oder eine Alkoxygruppe; wenn R_2' für H steht, ist R_3' eine O-Glucosegruppe, u. wenn R_2' eine O-Glucosegruppe, ist R_3' gleich H. — Man läßt Acetanhydrid auf eine Lsg. des Glucosids von 4'-Desmethylpodophyllotoxin in Pyridin 12 Std. lang bei normaler Temp. einwirken, filtriert vom pulverförmigen Nd., schüttelt das Filtrat in Eiswasser, wäscht mit W. u. trocknet. Man erhält das Glucosid des *Pentaacetyl-4'-desmethylpodophyllotoxins,* F. (aus Methanol) 167—169°, $[\alpha]_D^{20}$ —77° in Chlf. ($C_{37}H_{40}O_{18}$). — Es werden ferner folgende Glucoside der Podophyllotoxine hergestellt: *Tetraacetyl-,* F. (aus Methanol) 134—145°, $[\alpha]_D^{20}$ —90,8° in Chlf. ($C_{36}H_{40}O_{17}$); *Tetrapropionyl-,* F. (aus Bzl.) 96—99°, $[\alpha]_D^{20}$ —79,0° in Chlf. ($C_{40}H_{48}O_{17}$); *Tetrabutyryl-,* F. 77° (Bzl.–PAe.), $[\alpha]_D^{20}$ —72,2° in Chlf. ($C_{44}H_{56}O_{17}$); *Tetraacetyl-4'-desmethyl-4'-butyl-,* $[\alpha]_D^{20}$ —74° in Chlf. ($C_{39}H_{46}O_{17}$). Schließlich werden folgende Glucoside des *α-Peltatins* hergestellt: *Pentaacetyl-,* F (aus Methanol) 222—223°, $[\alpha]_D^{20}$ 96° in Chlf. ($C_{37}H_{40}O_{18}$); *Pentapropionyl-,* $[\alpha]_D^{20}$ —67° in Chlf. ($C_{42}H_{50}O_{18}$); Glucoside des *β-Peltatins: Tetraacetyl-,* F. (aus Methanol) 158—160°, $[\alpha]_D^{20}$ — 93° in Chlf. ($C_{36}H_{40}O_{17}$). *Tetrapropionyl-,* F. (aus Methanol) 163—164°, $[\alpha]_D^{20}$ —87° in Chlf. ($C_{40}H_{48}O_{17}$). — *Arzneimittel.* (**Belg. P. 546 388** vom 23/3. 1956, ausg. 23/10. 1959. Schwz. Prior. 24/3. 1955.) G. König. 4807

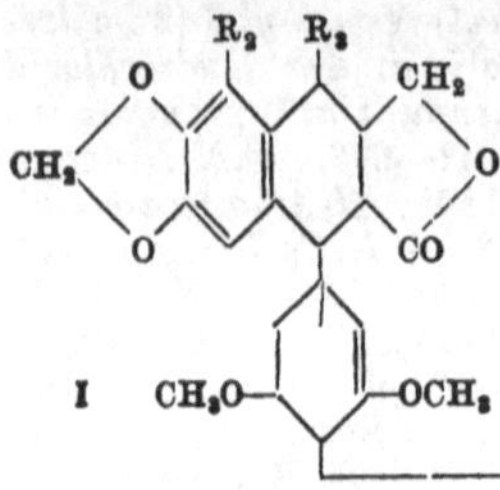

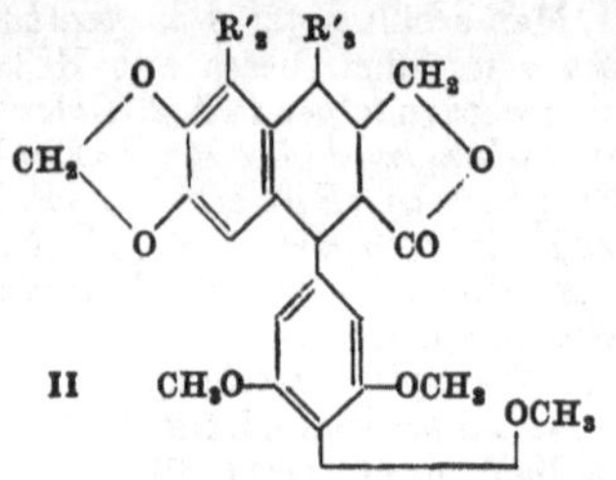

Ciba Pharmaceutical Products, Inc., Summit, übert. von: Robert Armistead Lucas, Mendham, N.J., V.St.A., **18-O-[Acylaminobenzoyl]-reserpsäuremethylester und dessen Salze.** Zu D. A. S. 1 092 925; C. **1961,** 9900 ist nachzutragen: Es sind noch Verbb. der allg. Formel I herstellbar (R = Alkyl, Alkoxy; R' = H, Alkoxy, Alkylcarbonyloxy, Alkoxycarbonyloxy, Alkylcarbonylamino, Alkoxycarbonylamino; R'' = H, Alkoxy, Alkylcarbonyloxy, Alkoxycarbonyloxy; Alkyl enthält 1—7 C-Atome). — *18-O-(4'-Äthoxyformamidobenzoyl)-reserpsäuremethylester,* aus Äthylacetat–PAe. F. 176—178°. — *18-O-(3'.5'-Diacetylaminobenzoyl)-reserpsäuremethylester,* aus Aceton–PAe. F. 210—225°. — *18-O-(3'-Acetylaminobenzoyl)-reserpsäuremethylester,* F. 245—247°. — *18-O-(3'-Äthoxyformamidobenzoyl)-reserpsäuremethylester,* F. 235—237°. — *18-O-(3'.5'-Diäthoxyformamidobenzoyl)-reserpsäuremethylester,* aus Äthylacetat F. 188—191°. — *18-O-(4'-Phenylureidobenzoyl)-reserpsäuremethylester,* aus Aceton F. 250—251°. — *Beruhigungsmittel.* (**Belg. P. 568 285** vom 3/6. 1958, ausg. 12/8. 1960. **E. P. 862 390** vom 4/6. 1958, ausg. 8/3. 1961. Beide A. Prior. 4/6. 1957. **A. P. 2 867 622** vom 4/6. 1957, ausg. 6/1. 1959.) G. Krauß. 4807

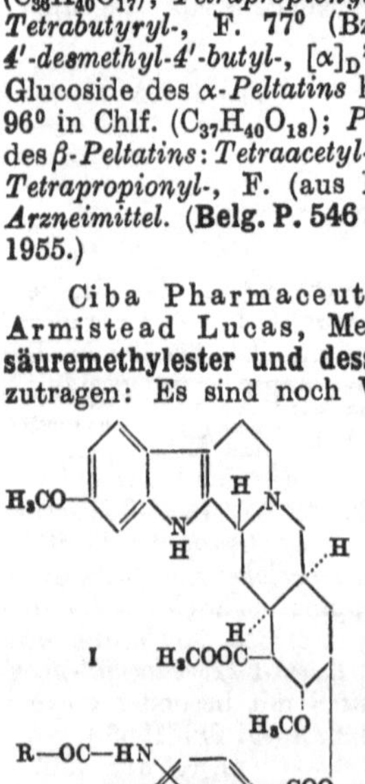

W. R. Grace & Co., New York, N.Y., V.St.A., **Herstellung von Hydraziniumsalzen,** bes. der allg. Formel I u. II, worin R in I = H oder eine niedrige Alkoxygruppe u. in II eine niedrige Alkoxygruppe u. X ein Anion bedeutet, dad. gek., daß man z. B. Narcotin in Chlf. ca. 90 Min. mit gasförmigem Chloramin behandelt, das über Nacht sich bildende NH_4Cl abfiltriert, das Filtrat zur Trockne eindampft, den Rückstand in Aceton aufnimmt, filtriert u. das Filtrat mit einem 5fachen Überschuß an Äthylacetat

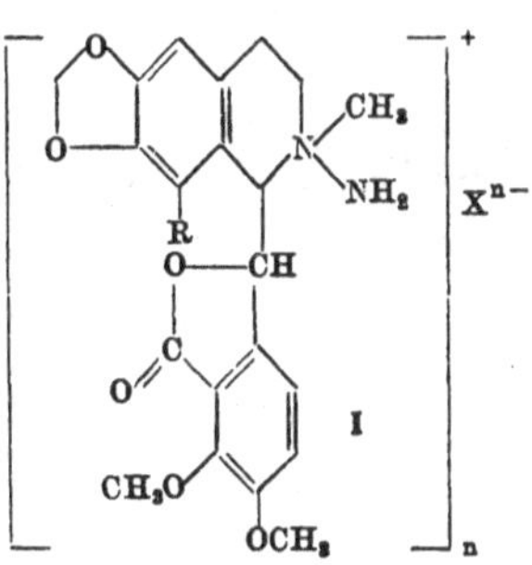

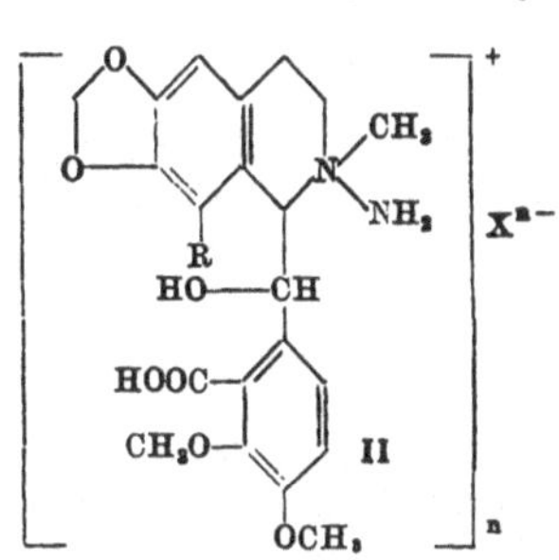

versetzt, wobei *N-Aminonarcotiniumchlorid* (I) ausfällt, F. ca. 230°; hieraus durch Rk. mit wss. K-Hexafluorphosphat u. Umsetzen mit gesätt. wss. Pikrinsäure → *N-Aminonarcotiniumhexafluorphosphat* (F. 167—168°) u. *N-Aminonarcotiniumpikrat,* F. 126 bis 127°; durch Umsetzen von I mit dem K-Salz des Penicillin-G in A. am Rückfluß → *N-Aminonarcotiniumpenicillin-G,* F. ca. 163°. Analog aus Hydrastin u. Chloramin → *N-Aminohydrastiniumchlorid,* F. 179—180°, u. daraus → *N-Aminohydrastiniumhexafluorphosphat,* F. >290°, u. *-pikrat,* F. ca. 125°. Als Ausgangsstoffe kommen auch Gnoscopin, Laudanin, Laudanidin, Codamin u. Bicucin in Betracht. — *Blutdrucksenkende Mittel.* (**E. P. 883 741** vom 19/2. 1960, ausg. 6/12. 1961.) W. Heyer. 4807

F. Hoffmann-La Roche & Cie. Soc. An., Basel, Schweiz, **Morphinane.** Zu Schwz. P. 341 167; C. **1960,** 16856 sind noch Verbb. der allg. Formel I nachzutragen (R = H, Alkyl, Acyl; R' = aromat. oder hydroaromat. Rest, der noch OH, Alkyl, Alkoxy, Alkylendioxy, NO_2, NH_2, Dialkylamino oder Acylamino enthalten kann; R'' = H, Alkyl; n = 1, 2, 3, 4 oder 5): *rac.-3-Hydroxy-N-phenyläthylmorphinan,* F. 218—220°; *Hydrobromid,* F. 260 bis 262°. — *(—)-3-Hydroxy-N-(cyclohexyläthyl)-morphinan,* F. 195—196°; *Hydrobromid,* F. 235—236°; $[\alpha]_D^{20}$ —57,3° (c = 1 in Methanol). — *(—)-3-Hydroxy-N-(p-aminophenyläthyl)-morphinan,* aus Aceton, F. 197—199°; $[\alpha]_D^{20}$ —103,6° (c = 1 in Methanol). — *(—)-3-Hydroxy-N-(p-dimethylaminophenyläthyl)-morphinan,* F. 135—137°; $[\alpha]_D^{14}$ —89,4° (c = 1 in Methanol). — *(—)-3-Hydroxy-N-(p-nitrophenyläthyl)-morphinanhydrochlorid,* F. 239—241°; $[\alpha]_D^{13}$ —84,6° (c = 1 in Methanol). — Die Verbb. wirken *hustenlindernd,* die *linksdrehenden* zusätzlich *analgetisch.* (**Belg. P. 555 609** vom 7/3. 1957, ausg. 12/2. 1960. Schwz. Prior. 22/3. 1956.) G. Krauß. 4807

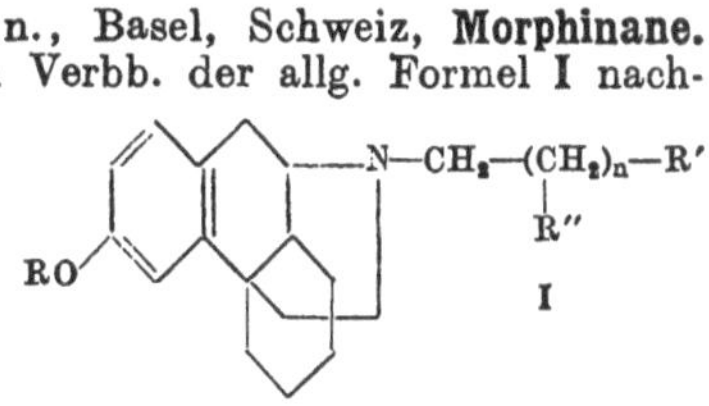

Nopco Chemical Co., Newark, N.J., V.St.A., **Herstellung von α,β-ungesättigten Alkoholen** durch Rk. der entsprechenden α,β-ungesätt. Aldehyde mit CH_2O in alkal. Lösung. Obwohl das Verf. auch für andere Verbb. brauchbar sein soll, ist lediglich die Umwandlung von Vitamin-A-Aldehyd (I) in *Vitamin A* durch Erhitzen von I, CH_3OH, CH_2O u. NaOH auf dem Dampfbad, Extrahieren des Rk.-Gemisches mit Hexan u. Aufarbeiten des Extrakts beschrieben. (**Ind. P. 65 694** vom 1/11. 1958, ausg. 26/12. 1960. E. Prior. 12/9. 1958.) C. Lüttgen. 4809

Gyógyszeripari Kutató Intézet (Erfinder: Ladislaus Vargha und Emund Fehér), Budapest, Ungarn, **Thiazolderivate** der allg. Formel I, in welcher R = CH_3COO—, HO— oder Halogen bedeuten kann, erhält man aus in 2-Stellung befindlichen, S enthaltenden Substitutions-Verbb. durch Behandlung mit feinverteiltem Ni, wobei eine Entschwefelung in der 2-Stellung erfolgt. — 2-Mercapto-4-methyl-5-β-acetoxyäthylthiazol wird mit Ni u. 96%ig. A.

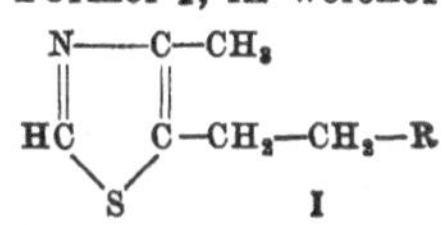

3 Std. gekocht. Man erhält *4-Methyl-5-β-acetoxyäthylthiazol,* F. des pikrinsauren Salzes 131°. — Das mit Ni behandelte Rk.-Prod. wird abfiltriert, das Filtrat mit 40% ig. NaOH 3 Std. gekocht, anschließend mit H_2SO_4 versetzt, wobei die alkal. Rk. des Mediums noch gerade erhalten bleiben soll, das sich ausscheidende Na_2SO_4 abfiltriert u. das Filtrat eingedampft, der Rückstand mit Äthylacetat oder $C_2H_4Cl_2$ extrahiert u. die Lsgm. abdest., so erhält man *4-Methyl-5-β-oxyäthylthiazol,* das durch Vakuum-Dest. gereinigt wird. F. des pikrinsauren Salzes 163—164°. — Aus γ-Acetyl-γ-chlorpropanol-

acetat in 96%ig. A. u. Ammoniumdithiocarbamat in W. gelöst, erhält man bei 50° nicht übersteigenden Temp. Dithiocarbaminsäure-Verbb., welche mit A. u. Ni gekocht, nach bekannter Aufbereitung *4-Methyl-5-β-acetoxyäthylthiazol* ergeben. — *Zwischenprod. zur Herst. von Vitamin B_1.* (**Ung. P. 145 335** vom 10/12. 1953, ausg. 15/9. 1959.) G. König. 4809

Chinoin Gyógyszer és Vegyészeti Termékek Gyára (Erfinder: Eva Somfai), Budapest, Ungarn, **Thiamin (B_1-Vitamin)-nitrat** (I) erhält man bei der Rk. eines anorgan. oder organ. Salzes des Thiamins mit HNO_3. — Thiaminchlorid·HCl wird unter Kühlung mit HNO_3, D. 1,4, versetzt. Die Lsg. wird mit Kohle (II) bei 60° behandelt. Man trennt von der II u. fällt I mit abs. A. in Form von Kristallen, filtriert u. trocknet, F. 165°. — Thiaminsulfat wird in wss. Lsg. bei normaler Temp. mit HNO_3 (D. 1,4) behandelt. Man teilt die Rk.-Lsg. u. behandelt einen Teil A mit festem $NaHCO_3$ bis zu einem pH des Rk.-Mediums von 6—7, wobei ein weißer Nd. ausfällt, der abfiltriert u. getrocknet wird. Er besteht aus *Thiaminmononitrat*, F. 197—199°. — Zur zweiten Hälfte B der Lsg. wird A. zugesetzt u. man erhält *Thiamindinitrat*, F. 165—166°. (**Ung. P. 145 094** vom 14/8. 1957, ausg. 15/8. 1959.) G. König. 4809

Chinoin Gyógyszer és Vegyészeti Termékek Gyára (Erfinder: Zoltán Ecsery und Frau Emmerich Hercsel), Budapest, Ungarn, **Kristallisiertes D_2 und D_3-Vitamin** erhält man durch Verseifen der Vitaminester mittels bas. Stoffe, die an oberflächenakt. Stoffen reversibel gebunden sind. Als oberflächenakt. Stoffe kommen z. B. Bentonit, Al_2O_3 oder Aktivkohle in Betracht. Die zu verseifenden Vitaminester läßt man ähnlich der Chromatographie über die adsorbierend wirkenden Stoffe rieseln u. eluiert mit desaktivierenden Verbb., wie Chlf. oder Ae., wonach das Eluat konz. wird, so daß die Vitamine auskristallisieren. Aktivkohle wird mit KOH behandelt u. mit der wss. Suspension mit D_2-Vitamin-3.5-dinitrobenzoat, in Bzl. gelöst, zur Rk. gebracht, worauf nach 15 Min. abfiltriert u. der Nd. mit Bzl. gewaschen wird. Das Filtrat wird eingedampft u. *D_2-Vitamin* erhalten, F. aus Methanol 117—119°. — Nach Brockmann akt. Al_2O_3 wird mit wss. KOH alkalisiert u. mit D_3-Vitamin-3.5-dinitrobenzoi, in Bzl. gelöst, zur Rk. gebracht u. das Prod. chromatographiert. Aus dem Eluat erhält man das *Vitamin D_3* mit F. 82—84°, aus wss. Aceton. (**Ung. P. 145 318** vom 5/12. 1957, ausg. 15/9. 1959.) G. König. 4809

Laboratoires Français de Chimiothérapie, Frankreich (Erfinder: Georges Muller), **18.20-Dihydroxysteroide der Pregnanreihe beziehungsweise deren Acetate,** erhält man durch Spaltung der entsprechenden 18.20-Epoxide mit Acetanhydrid (I) in Ggw. von $ZnCl_2$ (II). — Man setzt z. B. 3α-Hydroxy-11-keto-18.20-oxido-5β-pregnan-3-acetat 1 Std. bei ca. 20° mit I in Ggw. von II um u. verseift mit alkohol. KOH → *3α.18.20β-Trihydroxy-11-oxo-5β-pregnan,* F. 218°; *Triacetat,* F. 153°. — Analog: *18.20β-Dihydroxy-3.11-dioxo-5β-pregnan,* F. 204°. — *Zwischenprodd. zur Herst. von Heilmitteln.* (**F. P. 1 238 338** vom 29/6. 1959, ausg. 30/11. 1960.) U. Sievers. 4809

Laboratoires Français de Chimiothérapie, Frankreich (Erfinder: Georges Muller), **11.18-Dioxygenierte Steroide der Pregnanreihe.** 18.20-Epoxide der Pregnanreihe lassen sich durch Acetanhydrid in Ggw. von BF_3 zu den entsprechenden Diolen bzw. deren Acetaten spalten. — Man setzt z. B. 3α-Acetoxy-18.20β-oxido-5β-pregnan-11-on in Essigsäure mit BF_3–Essigsäure um → *3α.18.20β-Triacetoxy-5β-pregnan-11-on,* F. 154°; $[\alpha]_D^{20}$ +45°. — Analog: *18.20β-Dihydroxy-5β-pregnan-3.11-dion* (nach Verseifung), F. 204°. — Alternativ kann die Spaltung auch mit BF_3-Gas durchgeführt werden. — *Zwischenprodd. zur Herst. von Heilmitteln.* (**F. P. 1 239 381** vom 15/7. 1959, ausg. 7/12. 1960.) U. Sievers. 4809

Laboratoires Français de Chimiothérapie, Frankreich (Erfinder: Georges Muller und Robert Bardoneschi), **11.18-Oxygenierte Steroide der Pregnanreihe.** Man oxydiert z. B. 3α.18.20β-Trihydroxy-5β-pregnan-11-on (I) mit CrO_3 in Essigsäure → *18.20-Lacton der 20β-Hydroxy-3.11-dioxo-5β-pregnan-18-säure,* F. 206°; $[\alpha]_D^{20}$ +10°, welches sich durch Red. mit KBH_4 in wss. A. überführen läßt → *11.18-Lacton der 3α.11β.20β-Trihydroxy-5β-pregnan-18-säure,* F. 310°; $[\alpha]_D^{20}$ +54°. — Oxydiert man dagegen I mit CrO_3 in Pyridin, so erhält man → *3.11.18.20-Tetraoxo-5β-pregnan,* F. 260°; $[\alpha]_D^{20}$ +87°. — *Zwischenprodd. zur Herst. von Heilmitteln.* (**F. P. 1 241 799** vom 10/8. 1959, ausg. 28/12. 1960.) U. Sievers. 4809

Laboratoires Français de Chimiothérapie, Paris, übert. von: Georges Muller, Nogent-sur-Marne, Frankreich, **11.18-Oxidosteroide der Pregnanreihe** erhält man durch Rk. einer entsprechenden 18.20β-Oxido-Verb. mit Ameisensäure (I). — Man setzt z. B. 18.20β-Oxido-5β-pregnan-11β-ol-3-on 15 Min. unter Rückfluß mit I um → *20β-Formyloxy-11β.18-oxido-5β-pregnan-3-on,* F. 186—188°; $[\alpha]_D^{20}$ +85°. —Analog: *3α.20β-Diformyloxy-11β.18-oxido-5β-pregnan,* F. 166—168°; $[\alpha]_D^{20}$ +93°; *freier Alkohol* (II), F. 210—212°; $[\alpha]_D^{20}$ +49°; *3.20-Diacetat,* F. 144°; $[\alpha]_D^{20}$ +80°. — II läßt sich durch Oxydation mit CrO_3 in Pyridin oxydieren → *11β.18-Oxido-5β-pregnan-3.20-dion*, F. 161—162°; $[\alpha]_D^{20}$ +100°. — *Zwischenprodd. zur Herst. von Aldosteron.* (**A. P. 2 989 522** vom 1/7. 1960, ausg. 20/6. 1961. F. Prior. 20/8. 1959. **F. P. 1 242 359** vom 20/8. 1959, ausg. 4/1. 1961.) U. Sievers. 4809

Laboratoires Français de Chimiothérapie, Frankreich (Erfinder: Georges Muller), **3α-Hydroxy-11-oxo-18.20-oxido-5β-pregnan (I)**, F. 160°, erhält man durch Oxydation von 3α.20β-Dihydroxy-11-oxo-5β-pregnan-3-acetat mit Pb-Tetraacetat in Bzl., Zerstörung von überschüssigem Oxydationsmittel u. chromatograph. Aufarbeitung → *3α-Acetoxy-11-oxo-18.20-oxido-5β-pregnan*, F. 168°; $[\alpha]_D$ +67°; daraus durch Verseifung mit 1n alkohol. NaOH → I. — *Zwischenprod. zur Herst. von Steroidhormonen* vom Typ des Aldosterons. (**F. P. 1 242 878** vom 17/6. 1959, ausg. 9/1. 1961.) U. Sievers. 4809

Laboratoires Français de Chimiothérapie, Frankreich (Erfinder: Georges Muller und André Poittevin), **11β.18-Oxido-5β-pregnan-3.20-dion (I)**, F. 162°; $[\alpha]_D^{20}$ 100°, erhält man durch Red. von 3α-Acetoxy-18.20β-oxido-5β-pregnan-11-on mit KBH_4 in wss. A. → *18.20β-Oxido-5β-pregnan-3α.11β-diol*, F. 270—272°; $[\alpha]_D^{20}$ 66°; daraus durch Oppenauer-Oxydation → *11β-Hydroxy-18.20β-oxido-5β-pregnan-3-on*, F. 174°; $[\alpha]_D^{20}$ 52°, welches sich durch Rk. mit BF_3-Essigsäure in Acetanhydrid u. anschließende Behandlung mit NaOH überführen läßt → *11β.18-Oxido-20β-hydroxy-5β-pregnan-3-on*, F. 220°; $[\alpha]_D^{20}$ 50°; daraus durch CrO_3-Oxydation in Ggw. von Pyridin → I. — *Zwischenprodd. zur Herst. von Heilmitteln.* (**F. P. 1 242 888** vom 17/7.1959, ausg. 9/1. 1961.) U. Sievers. 4809

Laboratoires Français de Chimiothérapie, Frankreich (Erfinder: Georges Muller), **18.20α-Oxido-5β-pregnan-3β-ol-11-on-3-acetat,** F. 171°, erhält man durch Rk. von 5β-Pregnan-3α.20α-diol-11-on-3-acetat, F. 179°, mit Pb-Tetraacetat in Bzl. unter Bestrahlung mit sichtbarem Licht. — *Zwischenprodd. zur Herst. von Heilmitteln.* (**F. P. 1 247 414** vom 20/10. 1959, ausg. 21/2. 1961.) U. Sievers. 4809

Ciba Akt.-Ges., Basel (Erfinder: Karl Hoffmann und Julius Heer, Binningen), Schweiz, **3β-Acetoxy-20-hydroxy-20.21-dimethyl-21-piperidyl-(2')-allopregnan (I)**, F. 160—164°; $[a]_D$ 0°, erhält man durch Rk. von Δ^5-3β-Acetoxypregnen-20-on in Bzl.-Ae. mit Phenyl-Lithium in Brombenzol-Ae. in Ggw. von α-Äthylpyridin in Ae. bei Zimmer-Temp. u. anschließende Acetylierung mit Acetanhydrid in Pyridin → *Δ^5-3β-Acetoxy-20-hydroxy-20.21-dimethyl-21-pyridyl-(2')-pregnen*, F. 205—207° sowie anschließende katalyt. Hydrierung mit H_2 in Ggw. von Eisessig u. PtO. — I läßt sich durch Rk. mit Formaldehyd überführen → *N-Methyl-3β-acetoxy-20-hydroxy-20.21-dimethyl-21-piperidyl-(2')-allopregnan*, F. 212—213°. — *Heilmittel* sowie Zwischenprodd. zu deren Herstellung. (**Schwz. P. 358 077** vom 3/10. 1956, ausg. 30/12. 1961.) U. Sievers. 4809

Laboratoires Français de Chimiothérapie, Paris, übert. von: Georges Muller, Nogent-sur-Marne, und Milutin Stefanovic, Paris, Frankreich, **16α-Alkoxymethylverbindungen der 20-Ketopregnanreihe** erhält man durch Rk. eines entsprechenden 3α-Acyloxy-Δ^{16}-pregnen-11.20-dions mit einem niederen Alkoxymethyl-Mg-halogenid in Ggw. eines cyclischen aliphat. Äthers u. Hydrolyse der erhaltenen Mg-Verbindung. — Man setzt z. B. 3α-Acetoxy-Δ^{16}-pregnen-11.20-dion mit Chlordimethyläther in Tetrahydrofuran u. in Ggw. von Mg-Spänen um → *3α-Acetoxy-16α-methoxymethylpregnan-11.20-dion* (I; nach Hydrolyse), F. 147°; $[\alpha]_D^{20}$ 111°. — Analog: *3-Benzoxy-Deriv.*, F. 205°; $[\alpha]_D^{20}$ 98°. — I läßt sich mit alkohol. KOH hydrolysieren → *3α-Hydroxy-16α-methoxymethylpregnan-11.20-dion*, F. 126°. — *Heilmittel* u. Zwischenprodd. zu deren Herstellung. (**A. P. 2 980 714** vom 10/12. 1959, ausg. 18/4. 1961. **E. P. 875 751** vom 1/2. 1960, ausg. 23/8. 1961. Beide F. Prior. 22/5. 1959.) U. Sievers. 4809

Syntex Soc. An., übert. von: Carl Djerassi und Howard J. Ringold, Mexico, Mexico, **16α-Methyl-6α-fluorverbindungen der Pregnanreihe.** Man setzt z. B. $\Delta^{5.16}$-Pregnadien-3β.11α-diol-20-on in Tetrahydrofuran mit CH_3MgBr in Ggw. von CuCl um → *16α-Methyl-Δ^5-pregnen-3β.11α-diol-20-on,* welches sich durch übliche Epoxydation der 5.6-Stellung, Spaltung des Epoxides mit BF_3-Ätherat u. Rk. mit Acetanhydrid in Ggw. von p-Toluolsulfonsäure überführen läßt → *16α-Methyl-6β-fluor-$\Delta^{17.20}$-pregnen-3β.5α.11α.20-tetroltetraacetat*; daraus durch Epoxydation mit Perbenzoesäure, Spaltung des 17.20-Epoxids mit methanol. KOH u. CrO_3-Oxydation → *16α-Methyl-6β-fluorpregnan-5α.11α.17α-triol-3.20-dion-5.11-diacetat,* welches sich durch Rk. mit wss. konz. HCl überführen läßt → *16α-Methyl-6β-fluor-Δ^4-pregnen-11α.17α-diol-3.20-dion;* *-11-acetat*; daraus durch Isomerisierung mit HCl (Gas) → *16α-Methyl-6α-fluor-Δ^4-pregnen-11α.17α-diol-3.20-dion-11-acetat* (I). — Es wird weiterhin die Einführung einer 21-Acetoxygruppe in I sowie die Einführung eines 9α-ständigen Fluorsubstituenten beschrieben. — Physikal. Daten für die Verf.-Prodd. werden nicht angegeben. — *Heilmittel* sowie Zwischenprodd. zu deren Herstellung. (**A. P. 2 983 737** vom 5/11. 1959, ausg. 9/5. 1961. Mexican. Prior. 13/11. 1958.) U. Sievers. 4809

Laboratoires Français de Chimiothérapie, Frankreich (Erfinder: Georges Muller und Robert Bardoneschi), **18-11-Lacton- der 11β-Hydroxy-11.20-dioxo-Δ^4-pregnen-18-säure** (I), F. 174°; $[\alpha]_D^{20}$ 167°, erhält man durch Oxydation von 3α-Acetoxy-18.20β-oxido-5β-pregnan-11-on mit Chromschwefelsäure → *Hydroxylacton der Formel* II, F. 232°; $[\alpha]_D^{20}$ 34°, welches sich mit KBH_4 in wss. A. red. läßt → *11.18-Lacton der 3α.11β.20β-Trihydroxy-5β-pregnan-18-säure,* F. 310°; $[\alpha]_D^{20}$ 54°; daraus durch Oxydation mit CrO_3 in Ggw. von CH_2Cl_2 u. Essigsäure → *18.11-Lacton der 11β-Hydroxy-3.20-dioxo-5β-pregnan-18-säure,* F. 246°; $[\alpha]_D^{20}$ 55°. Durch Bromierung mit Br_2 in Ggw. von Dimethylformamid u. HBr erhält man hieraus → *18.11-Lacton der 4ξ-Brom-11β-hydroxy-3.20-dioxo-5β-pregnan-18-säure,* F. 220—230°; $[\alpha]_D^{20}$ 67°; daraus durch Dehydrobromierung mit LiBr—Li_2CO_3 in Dimethylformamid → I. — *Zwischenprodd. zur Herst. von Heilmitteln.* (**F. P. 1 241 798** vom 7/8. 1959, ausg. 28/12. 1960.) U. Sievers. 4809

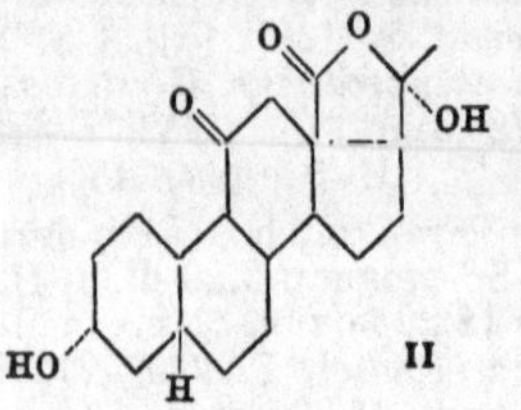

II

Laboratoires Français de Chimiothérapie, Frankreich (Erfinder: Robert Bardoneschi und Georges Muller), **18.11-Lacton der 3.20-Dioxo-11β-hydroxy-21-acetoxy-Δ^4-pregnen-18-säure** (I), F. 185—188°; $[\alpha]_D^{20}$ 117°, erhält man durch Rk. des 11.18-Lactons der 3.20-Dioxo-11β-hydroxy-5β-pregnan-18-säure (II) mit Methyläthyldioxolan in CH_2Cl_2 u. in Ggw. von p-Toluolsulfonsäure → II-*3-Äthylenketal,* F. 198—200°; $[\alpha]_D^{20}$ 65°, welches sich durch Rk. mit Oxalsäureäthylester in Ggw. von Na-Methylat in Bzl. überführen läßt → *18.11-Lacton der 3-Äthylendioxy-11β-hydroxy-20-oxo-21-äthoxalyl-5β-pregnan-18-säure,* F. 188—190°; $[\alpha]_D^{20}$ 109°; daraus durch Rk. mit J_2 in methanol. KOH → *18.11-Lacton der 3-Äthylendioxy-11β-hydroxy-20-oxo-21-jod-5β-pregnan-18-säure,* F. 225°; $[\alpha]_D^{20}$ — 23°, welches sich in üblicher Weise durch Rk. mit K-Acetat in Aceton überführen läßt → *18.11-Lacton der 3.20-Dioxo-11β-hydroxy-21-acetoxy-5β-pregnan-18-säure* (nach Spaltung der Ketalgruppe), F. 201°; $[\alpha]_D^{20}$ 23°. — Hieraus erhält man durch übliche Bromierung mit Br_2 in Dimethylformamid u. in Ggw. von HBr → *18.11-Lacton der 3.20-Dioxo-4-brom-11β-hydroxy-21-acetoxy-5β-pregnan-18-säure,* F. 240°, welches sich durch Dehydrobromierung mit LiBr—Li_2CO_3 in Dimethylformamid überführen läßt → I. — *Zwischenprodd. zur Herst. von Heilmitteln.* (**F. P. 1 254 556** vom 15/1. 1960, ausg. 29/5. 1961.) U. Sievers. 4809

Tadeus Reichstein (Erfinder: Tadeus Reichstein, Albert Wettstein, Georg Anner, Jean René Billeter, Karl Heusler, Robert Neher, Julius Schmidlin, Hellmut Überwasser und Peter Wieland), **Herstellung von (18 → 11β)-Lacton des dl-Δ^5-3.3-äthylendioxy-11β-hydroxy-20-oxopregnen-18-säure-21-oxalosäuremethylester,** F. 199—202° (Zers.), aus (18 → 11β)-Lacton der dl-Δ^5-3.3-äthylendioxy-11β-hydroxy-20-ketopregnen-18-säure mit CH_3ONa u. Oxalsäuredimethylester in Benzol. — *Zwischenprodukte.* (**Aust. P. 232 045** vom 4/8. 1958, ausg. 16/2. 1961.) C. Lüttgen. 4809

Ciba Akt.-Ges., Basel, Schweiz, bzw. Ciba Pharmaceutical Products, Inc., Summit, N.J., V.St.A. (Erfinder: Albert Wettstein, Karl Heusler, Basel, Hellmut Ueberwasser, Riehen, und Peter Wieland, Basel), Schweiz, **16.20-Dioxigenierte Derivate der Pregnen-21-säure** erhält man durch Rk. von $\Delta^{5.14}$-16-Oxoandrostadien-Verbb. mit einem Oxalsäuredialkylester, Rk. des erhaltenen 21-Esters mit einem Amin u. Veresterung oder Verätherung des Rk.-Produktes. — Man setzt z. B. dl-$\Delta^{5.14.18}$-3-Äthylendioxy-11β.18a-oxydo-16-oxo-18a-methyl-18-homoandrostatrien (Ia) in abs. Bzl. mit Dimethyloxalat in Ggw. von Na-Methylat um → *dl-$\Delta^{5.14.18}$-3-Äthylendioxy-11β.18a-oxydo-16.20-dioxo-18a-methyl-18-homopregnatrien-21-säuremethylester* (I), F. 147—149°, welcher sich durch Rk. mit Isopropyljodid in Ggw. von K_2CO_3 u. Aceton überführen läßt → *dl-$\Delta^{5.14.16.18}$-3-äthylendioxy-11β.18a-oxydo-16-isopropoxy-18a-methyl-20-oxo-18-homopregnatetraen-21-säuremethylester,* F. 203—205°, neben *dl-$\Delta^{5.14.17.18}$-3-Äthylendioxy-11β.18a-oxydo-16-oxo-18a-methyl-20-isopropoxy-18-homopregnatetraen-21-säuremethylester,* F. 194—195°. — I läßt sich mit äther. Diazomethan-Lsg. in Essigester überführen → *dl-$\Delta^{5.14.17.18}$-3-Äthylendioxy-11β.18a-oxydo-16-oxo-18a-methyl-20-methoxy-18-homopregnatetraen-21-säuremethylester,* F. 219—221°. Durch Verätherung von I unter den gleichen Bedingungen, jedoch in Bzl.-Ae. bei 0—5°, erhält man *dl-$\Delta^{5.14.16.18}$-3-Äthylendioxy-11β.18a-oxydo-16-methoxy-18a-methyl-20-oxo-18-homo-*

pregnatetraen-21-säuremethylester, F. 226—228°. — I läßt sich ferner durch Rk. mit wss. konz. NH_4OH überführen → *dl-$\Delta^{5.14.18}$-3-Äthylendioxy-11β.18a-oxydo-16.20-dioxo-18a-methyl-18-homopregnatrien-21-säureamid*, F. 236—237° (Zers.); analog: *-anilid*, F. 219—221°; *-benzylamid*, F. 191—193° (Zers.); daraus durch Rk. mit Acetanhydrid in Pyridin → *dl-$\Delta^{5.14.17.18}$-3-Äthylendioxy-11β.18a-oxydo-16-oxo-18a-methyl-20-acetoxy-18-homopregnatetraen-21-säure-N-acetylbenzylamid*, F. 203—205° (Zers.). — I + Pyrrolidin in Bzl. → *dl-$\Delta^{5.14.17.18}$-3-Äthylendioxy-11β.18a-oxydo-16-oxo-18a-methyl-20-(N-pyrrolidino)-18-homopregnatetraen-21-säurepyrrolidid*, F. 152—155° (Zers.). Analog: *dl-$\Delta^{5.14.17.18}$-3-Äthylendioxy-11β.18a-oxydo-16-oxo-18a-methyl-20-(N-morpholino)-18-homopregnatetraen-21-säuremorpholid*, F. 190—193° (Zers.). — I + Morpholin in Bzl. → *dl-$\Delta^{5.14.18}$-3-Äthylendioxy-11β.18a-oxydo-16.20-dioxo-18a-methyl-18-homopregnatrien-21-säuremorpholid* (II), F. 193—195°, welches sich durch Ketalspaltung mit Essigsäure überführen läßt → *dl-$\Delta^{4.14.18}$-3.16.20-Trioxo-11β.18a-oxydo-18a-methyl-18-homopregnatrien-21-säuremorpholid*, F. 155—159°. — II + Isopropyljodid in Ggw. von K_2CO_3 u. Aceton *G* → *dl-$\Delta^{5.14.17.18}$-3-Äthylendioxy-11β.18a-oxydo-16-oxo-18a-methyl-20-isopropoxy-18-homopregnatetraen-21-säuremorpholid*, F. 261—263°. — I + Acetanhydrid in Pyridin → *dl-$\Delta^{5.14.17.18}$-3-Äthylendioxy-11β.18a-oxydo-16-oxo-18a-methyl-20-acetoxy-18-homopregnatetraen-21-säuremethylester*, F. 200—203°. Analog: II + Acetanhydrid in Pyridin → *dl-$\Delta^{5.14.17.18}$-3-Äthylendioxy-11β.18a-oxydo-16-oxo-18a-methyl-20-acetoxy-18-homopregnatetraen-21-säuremorpholid*, F. 229—233° (Zers.). — I läßt sich ferner mit K_2CO_3 in Dioxan-W. verseifen → *dl-$\Delta^{5.14.18}$-3-Äthylendioxy-11β.18a-oxydo-16.20-dioxo-18a-methyl-18-homopregnatrien-21-säure*, F. 204—207°. — Analog zu **Ia** läßt sich dl-$\Delta^{5.14}$-3-Äthylendioxy-11β.18a-oxydo-16-oxo-18-acetoxyandrostadien überführen → *dl-$\Delta^{5.14}$-3-Äthylendioxy-11β-hydroxy-16.18.20-trioxopregnadien-21-säuremethylester* (III), F. 204—209° (liegt auf Grund der spektroskop. Eigg. hauptsächlich als 11.18;18.20-Acetalhemiketal vor). — Aus der Mutterlauge von III erhält man nach Acetylierung → *dl-$\Delta^{5.14}$-3-Äthylendioxy-11β.18;18.20-bis-oxydo-16-oxo-20-acetoxypregnadien-21-säuremethylester*, F. 236—240°. — Analog: dl-$\Delta^{5.14}$-3-Äthylendioxy-11β.18a-oxydo-16-oxo-18-tetrahydropyranyloxyandrostadien → *dl-$\Delta^{5.14}$-3-Äthylendioxy-11β.18a-oxydo-16.20-dioxo-18-tetrahydropyranyloxypregnadien-21-säuremethylester* (IV), F. 178—179° (Zers.); daraus durch Rk. mit Acetanhydrid in Pyridin → *dl-$\Delta^{5.14.17}$-3-Äthylendioxy-11β.18a-oxydo-16-oxo-18-tetrahydropyranyloxy-20-acetoxypregnatrien-21-säuremethylester* (V), F. 221—224,5° (Zers.). — IV + Isopropyljodid in Ggw. von K_2CO_3 u. Aceton → *dl-$\Delta^{5.14.17}$-3-Äthylendioxy-11β.18a-oxydo-16-oxo-18-tetrahydropyranyloxy-20-isopropoxypregnatrien-21-säuremethylester*, F. 218—221° (Zers.), neben *dl-$\Delta^{5.14.16}$-3-Äthylendioxy-11β.18a-oxydo-16-isopropoxy-18-tetrahydropyranyloxy-20-oxopregnatrien-21-säuremethylester*, F. 197—202° (Zers.). — V + Morpholin in W. → *dl-$\Delta^{5.14}$-3-Äthylendioxy-11β.18a-oxydo-16.20-dioxo-18-tetrahydropyranyloxypregnadien-21-säuremorpholid*, F. 182—185° (Zers.); daraus durch Rk. mit Acetanhydrid in Pyridin → *dl-$\Delta^{5.14.17}$-3-Äthylendioxy-11β.18a-oxydo-16-oxo-18-tetrahydropyranyloxy-20-acetoxypregnatrien-21-säuremorpholid*, F. 220—223° (Zers.). — *Zwischenprodd. zur Herst. von Heilmitteln vom Typ des Aldosterons.* (**D. A. S. 1 086 228** Kl. 12o vom 25/11. 1958, ausg. 4/8. 1960. **F. P. 1 222 510** vom 4/12. 1958, ausg. 10/6. 1960. **A. P. 3 002 970** vom 28/11. 1958, ausg. 3/10. 1961. Alle Schwz. Prior 5/12. 1957.)

U. Sievers. **4809**

Gyógyszeripari Kutató Intézet (Erfinder: Georg Magyar und Paul Tuszon), Budapest, Ungarn, **Ester des $\Delta^{5.16}$-Pregnadien-3β-ol-20-on,** erhält man aus Solasodin (I) in mehreren Arbeitsgängen, indem man I zuerst mit Propionsäureanhydrid acyliert, den erhaltenen Dipropionylester des I isomerisiert, anschließend oxydiert, aus dem Rk.-Prod. die Propionylaminisocapronsäure abspaltet u. durch Zugabe von Methanol aus dem gekühlten Rk.-Medium den krist. *$\Delta^{5.16}$-Pregnadien-3β-ol-20-onpropionsäureester*, erhält. — Solasidon (F. 191—194°) wird im trockenem Pyridin aufgelöst, Propionsäureanhydrid zugesetzt u. auf dem Ölbad 3 Std. gekocht. Anschließend wird im Vakuum zur Trockne eingedampft. Man löst in Propionsäure u. erhitzt erneut 2 Std. auf dem Ölbad. Nach dem Abkühlen setzt man in Propionsäure gelöstes CrO_3 zu u. läßt das Medium 1 Std. stehen. Das überschüssige Oxydationsmittel wird mit $NaHSO_3$ zersetzt u. das Gemisch mit gleichen Mengen W. versetzt. Man setzt Bzl. zu, stellt mit $NaHCO_3$ neutral, wäscht mit W., trocknet über Na_2SO_4, filtriert u. dest. Bzl. ab. Die Rk.-Fl. wird am Ölbad 45 Min. auf 160° erhitzt u. Methanol rasch zugegeben. Hierbei wird Propionylaminisocapronsäure abgespalten. Man läßt Abkühlen. Bei 0° krist. dann der *Propionsäureester des $\Delta^{5.16}$-Pregnadien-3β-ol-20-on* aus. F. 172 bis 174°; aus Methanol 176—178°, ($C_{24}H_{34}O_3$), $[\alpha]_D^{20}$ —31,4°, aus abs. A., c = 0,5. (**Ung. P. 145 036** vom 4/6. 1957, ausg. 31/7. 1959.) G. König. **4809**

Gyógyszeripari Kutató Intézet (Erfinder: György Magyar und Pál Tuzson), Budapest, Ungarn, **Acyloxyderivate des $\Delta^{5.16}$-Pregnadien-3β-ol-20-ons** erhält man z. B. durch Rk. von Solasodin mit Propionsäureanhydrid in Ggw. von Pyridin bei ca. 110°, anschließende Oxydation mit CrO_3 in Eisessig u. therm. Spaltung des Oxydations-Prod. bei 160° → *$\Delta^{5.16}$-Pregnadien-3β-ol-20-onpropionat*, F. 172–174°. — *Zwischenprod. zur Herst. von Heilmitteln.* (**Oe. P. 218 182** vom 27/5. 1958, ausg. 10/11. 1961. Ung. Prior. 4/6. 1957.) U. Sievers. 4809

Alberto Ercoli, Italien, **3-Keto-17-hydroxysteroide der Androstan- beziehungsweise Ätiocholanreihe** erhält man durch Rk. der entsprechenden 3.20-Diketone der Pregnan- bzw. Allopregnanreihe mit Acetoncyanhydrin (I) u. anschließenden oxydativen Seitenkettenabbau der erhaltenen 3-Monocyanhydrine. — Man setzt z B. Allopregnan-3.20-dion (II) in A. mit I um → II-*3-Monocyanhydrin*, F. 184–186°, u. behandelt anschließend mit Perbenzoesäure in Chlf. → *Androstan-17-ol-3-on*, F. 178–180°, welches sich mit methanol. KOH spalten läßt → *Androstan-17-ol-3-on*, F. 176–178°. — Analog: *3.20-Pregnadion-3-monocyanhydrin*, F. 165–167°; *17β-Acetoxy-3-ketoätiocholan* (nach Acetylierung u. Spaltung der Cyanhydringruppierung), F. 144–146°; $[\alpha]_D$ 26°; *freier Alkohol*, F. 154–156°; $[\alpha]_D$ 5°. — *17β-Hydroxy-3.11-diketoätiocholan*, F. 163–165°; $[\alpha]_D$ 66°. — *Zwischenprodd. zur Herst. von Heilmitteln.* (**F. P. 1 238 304** vom 25/6. 1959, ausg. 30/11. 1960.) U. Sievers. 4809

Soc. Farmaceutici Italia, Mailand, Italien (Erfinder: Bruno Camerino, Bianca Patelli, und Giovanni Sala), **4.11β-Dihydroxy-17α-methyltestosteron,** F. 183–185°, erhält man durch Rk. von 11β-Hydroxy-17α-methyltestosteron mit OsO_4–H_2O_2 in Trimethylcarbinol u. anschließende Dehydratisierung des erhaltenen 4.5.11β.17β-Tetrahydroxy-17α-methyl-Δ^4-androsten-3-ons mit methanol. KOH. — *Heilmittel.* (**E. P. 876 721** vom 26/2. 1959, ausg. 6/9. 1961.) U. Sievers. 4809

Upjohn Co., Kalamazoo, Mich., V.St.A., **Hormonpräparat,** enthaltend pro Dosis 5–200 mg 17α-Acyloxyprogesteron, z. B. das *17α-Hydroxyprogesteronacetat, -cyclopentylpropionat, -phenylacetat, -hemisuccinat* oder *-caproat*. Als Träger können übliche, inerte Substanzen, wie Polyäthylenoxid 4000 oder Na-Carboxymethylcellulose in W. verwendet werden. (**E. P. 848 881** vom 10/12. 1956, ausg. 21/9. 1960. A. Prior. 27/12. 1955.) W. Heyer. 4809

Chinoin Gyógyszer és Vegyészeti Termékek Gyára (Erfinder: Daniel Bagdy, Alexander Martin und Mariane B. Fogaras), Budapest, Ungarn, **Reinigung von Insulinextrakten** von sie begleitenden Hormonen, erfolgt durch Adsorption der wss. oder mit W. mischbaren Lsgm. erhaltenen Extrakte an Adsorptionserden auf Silicatbasis in schwach saurem Medium u. anschließende selektive Eluierung der Hormone u. sonstigen Verunreinigungen mit W. oder ggf. mit einer neutralisierenden Lsg., während das Insulin mit einem 20–85%ig. wss. A. gewonnen wird. (**Ung. P. 145 314** vom 16/11. 1957, ausg. 15/9. 1959.) G. König. 4809

Gyógyszeripari Kutató Intézet Egyesült Gyógyszer és Tápszergyár (Erfinder: Alexander Hajos, Oskar Fuchs, Stephan Tóth und Andreas Bagi), Budapest, Ungarn, **1-p-Nitrophenyl-2-acylamido-3-acyloxypropanon-(1)** der allg. Formel NO_2–C_6H_4CO–CH(NHCOR)–CH_2OOCR erhält man bei der Oxydation von Verbb. der allg. Formel NO_2–C_6H_4–CHOH–CH(NHCOR)–CH_2OOCR mittels $KMnO_4$ in aus H_2SO_4 u. Essigsäure gebildetem saurem Medium, wobei der pH-Wert 0,05–2 betragen soll. In den Formeln bedeutet R = Alkyl-, Aryl- oder Aralkylgruppen. Rk.-Temp. –20 bis +15°. — L(+)-threo-1-p-Nitrophenyl-1-oxy-2-acetamido-3-acetoxypropan in Essigsäure gelöst, wird mit $KMnO_4$ in einer Mischung von 15 ml Essigsäure u. 4 ml konz. H_2SO_4 gelöst, 1½ Std. verrührt, anschließend in Eiswasser geschüttet u. dieses mit gesätt. $NaHSO_3$ versetzt. Es scheidet sich *D(+)-1-p-Nitrophenyl-2-acetamido-3-acetoxypropanon-(1)* ab, F. 147–148°, $[\alpha]_D$ +21° (2% in Chlf.). In analoger Weise erhält man *D(+)-1-p-Nitrophenyl-2-benzamido-3-benzoxypropanon-(1)*, F. 142–143°, $[\alpha]_D$ +16° (2% in Chlf.). — *Zwischenprodd. für die Chloramphenicolsynthese.* (**Ung. P. 145 333** vom 20/12. 1957, ausg. 15/9. 1959.) G. König. 4811

Gyógyszeripari Kutató Intézet (Erfinder: Johann Kollonitsch und Andreas Hajós), Budapest, Ungarn, **Racemisches threo-β-p-Nitrophenylserin oder dessen Ester** erhält man gemäß dem Verf. des Ung. P. 144 031; C. **1962,** 10641; indem man die nach dem Verf. des Patentes erhaltene Mutterlauge auf ein pH von <5 einstellt u. destilliert. — L-treo-β-p-Nitrophenylserinmethylester wird am Wasserbad 40 Min. erwärmt, der erhaltene Nd. wird nach Zugabe von W. u. 5n Salzsäure mit Wasserdampf dest., der Dest.-Rückstand mit Knochenkohle aufbereitet, in W. gelöst, mit 5n NaOH auf pH 3 eingestellt, die anfallenden festen Verunreinigungen abfiltriert u. aus dem Filtrat nach Zugabe von 5n NaOH das *rac. treo-β-p-Nitrophenylserin* erhalten. — Man trägt in eine Mischung von A. u. W. bei 80° innerhalb von 3 Min. L-treo-β-p-Nitrophenylserin ein, setzt nach 5 Min. 50%ig. H_2SO_4 zu u. kühlt auf 40°, wobei die Kristallisation beginnt u. durch Zugießen von eiskaltem W. vollendet wird. Man saugt die Kristalle ab. Wird die Mutterlauge mit NH_3 alkal. gestellt, so scheidet sich der *DL-treo-p-Nitrophenylserinmethylester* ab, F. unter Zers. 135—136°. (**Ung. P. 144 760** vom 12/6. 1956, ausg. 31/5. 1959.) G. König. 4811

Imperial Chemical Industries Ltd., London, England (Erfinder: Alan Taylor), **Alkoxymethylennitroacetate** der allg. Formel $R-O-CH=C(NO_2)COOR'$ (R u. R' = Alkyl mit 1—5 C-Atomen; R' = auch Benzyl, das noch bes. durch NO_2 substituiert sein kann) erhält man durch Rk. eines Nitroessigsäureesters der allg. Formel O_2N-CH_2-COOR' mit einem Orthoameisensäureester der allg. Formel $HC(OR)_3$, bes. in Ggw. von Essigsäureanhydrid als Kondens.-Mittel u. bes. in der Wärme. — Aus 93,9 (Teilen) Orthoameisensäureäthylester, 30 Nitroessigsäurebenzylester u. 0,1 Essigsäureanhydrid unter Abdestillieren von A. (Kopf-Temp. 78°) → *α-Äthoxymethylennitroessigsäurebenzylester*, F. 72—75°. — Nitroessigsäure-n-butylester → *α-Äthoxymethylennitroessigsäure-n-butylester*; daraus mit Anilin unter Erhitzen → *Anil*, F. 60°. — Ferner können umgesetzt werden: Methyl-, Äthyl-, n-Propylnitroacetat mit Methyl-, n-Propyl-, Isopropyl- u. n-Butylorthoformiat. — *Zwischenprodd.* zur Herst. von *Antibiotica*, bes. *Penicillinen*. (**E. P. 842 797** vom 30/4. 1958, ausg. 27/7. 1960.) G. Krauß. 4811

American Home Products Corp., New York, N.Y., übert. von: William F. Elias, West Chester, Howard Joseph Merrion, Malvern, und Joseph K. Apat, West Chester, Pa., V.St.A., **Antibioticum-Präparat**, bestehend aus auf eine Teilchengröße von 5—40 μ vermahlenem N.N'-Dibenzyläthylendiamin–Penicillin-G u. einem in W. lösl. Penicillin–Alkali- oder Erdalkalisalz, wobei das Verhältnis des in W. lösl. Salzes zu dem Diaminsalz ca. 0,1:1 beträgt. — Herst. von Injektionslösungen. (**A. P. 2 966 442** vom 20/9. 1956, ausg. 27/12. 1960.) W. Heyer. 4811

Distillers Co. Ltd., Edinburgh, Schottland, **Dibenzyläthylendiamin-bis-[phenoxymethylpenicillinat]** (I) in Kristallen im wesentlichen über 2 μ Länge werden erhalten durch Fällung aus einer wss. Lsg. in Ggw. eines aliphat. Alkohols mit nicht mehr als 4 C-Atomen oder eines Ketons oder deren Mischungen. — 140 g Phenoxymethylpenicillin in ca. 300 ml W. werden langsam mit ca. 300 ml einer 34 g Na_2CO_3 enthaltenden Lsg. unter Rühren bis zur Lsg. versetzt. Die Lsg. wird auf 850 ml aufgefüllt. Zu 600 ml davon werden 600 ml W. und 1200 ml Methanol zugegeben u. auf 45° erwärmt. 56 g Dibenzyläthylendiamindiacetat in 1200 ml W. von 45° werden zu vorst. Lsg. unter Rühren während 15 Min. zugegeben, während die Temp. von 45° aufrechterhalten wird. Man rührt, bis das Gemisch Raum-Temp. erreicht hat → I. — *Heilmittel*. (**E. P. 799 903** vom 31/10. 1955, ausg. 13/8. 1958.) F. Hirsch. 4811

Chas. Pfizer & Co., Inc., Brooklyn, N.Y., V.St.A., **Gewinnung eines Tetracyclin-Antibioticums** (*Tetracyclin, Chlortetracyclin, Hydroxytetracyclin*) aus der Fermentationsbrühe oder einer verd. wss. Lsg., indem man der mehrwertige Metallionen, bes. Ca-, Mg-, Zn- oder Fe-Ionen, enthaltenden Brühe oder der mit diesen Ionen versetzten wss. Lsg. ein mindestens 8 C-Atome im Mol. enthaltendes Amin, z. B. Octyl-, Nonyl- oder Decylamin, auch heterocycl. Amine oder Cycloalkylamine, zusetzt, wobei sich ein pH-Wert der Fl. von mindestens 5,5 ergibt, den entstandenen, Metallionen, die organ. Base u. das Antibioticum enthaltenden komplexen Nd. abtrennt u. ggf. weiterverarbeitet. Man kann so aus sehr verd. u./oder rohen Tetracyclin-Lsgg. kristalline Salze von hoher Qualität in guten Ausbeuten herstellen. — Beispiele. (**Oe. P. 219 196** vom 24/2. 1955, ausg. 10/1. 1962. A. Prior. 24/2. 1954.) W. Raetz. 4811

Chas. Pfizer & Co., Inc., Brooklyn, N.Y., V.St.A., **Herstellung von Hydroxytetracyclinlösungen** für intramusculäre oder intravenöse Anwendung. Man löst Hydroxytetracyclin (I) oder dessen Säureadditionssalze in einer 25—80%ig. Lsg. von Acetamid oder Lactamid, bes. N.N-Dimethylacetamid oder N-(β-Hydroxyäthyl)-lactamid, u. pro Mol I 0,67—1 Mol.-Äquivalent eines physiolog. verträglichen Mg-Salzes, bes. $MgCl_2$ u. Mg-Gluconat, u. stellt den pH-Wert der Lsg. mit NH_4OH oder einem Amin, das eine Dissoziations-Konst. $>10^{-6}$ aufweist, auf 8,5—9,5 ein. (**Ind. P. 64 113** vom 19/5. 1958, ausg. 29/5. 1961.) C. Lüttgen. 4811

Chinoin Gyógyszer és Vegyészeti Gyára (Erfinder: Ladislaus Feuer, Peter Szentmiklósi und Georg Szilágyi), Budapest, Ungarn, **Hydroxytetracyclinphosphat** (I) erhält man bei der Rk. von Hydroxytetracyclindihydrat mit H_3PO_4, vorteilhaft im alkohol. Medium u. Ausfällung des Rk.-Prod. mit einem apolaren Lsgm., wie CCl_4, Ae., Chlf., oder mit einer Mischung aus apolarem u. polarem Lsgm. (Butanol). — 2 g amphoteres Hydroxytetracyclindihydrat werden in Methanol suspendiert, 0,85 g H_3PO_4 zugesetzt u. 5 Min. gerührt. Danach setzt man ein Gemisch von 20 ml n-Butanol mit 35 ml CCl_4 zu. Der Nd. wird mit Aceton gewaschen u. im Vakuum bei 50° getrocknet. Man erhält I, F. 114—117°, leichtlösl. in W. u. Methanol, nicht lösl. in Aceton, Chlf., Ae. u. CCl_4. — *Arzneimittel.* (**Ung. P. 145 095** vom 20/9. 1957, ausg. 15/8. 1959.) G. König. 4811

Upjohn Co., Dover, Del., V.St.A., **Gewinnung von 6-Amino-9-D-psicofuranosylpurin,** F. 212–214°, $[\alpha]_D^{25}$ –46° in W., –68° in Dimethylsulfoxid, durch anaerobe Kultur von *Streptomyces hygroscopicus* in einem wss. Nährmedium, das assimilierbare Kohlehydrate u. assimilierbaren N enthält, u. Abtrennen mittels Adsorption u. Elution nach üblichen Methoden. (**Ind. P. 65 591** vom 25/10. 1958, ausg. 28/6. 1961.) C. Lüttgen. 4811

Sterling Drug, Inc., New York, übert. von: Charles E. Alford, Bethlehem, N.Y., V.St.A., **Antacidum,** gek. durch die Verw. einer 5,5–6,7 %ig. wss., gelatinösen Al-Hydroxidsuspension, die durch Zugabe von 0,5—7% Hexit, Sorbit oder Mannit stabilisiert ist. (**A. P. 2 999 790** vom 24/8. 1959, ausg. 12/9. 1961.) W. Heyer. 4815

American Home Products Corp., New York, N.Y., übert. von: David M. Ashkenaz, Bala-Cynwyd, Pa., V.St.A., **Lokalanaestheticum** für die Haut, welches als Spray appliziert wird, nicht-tox. u. nicht brennbar ist, bestehend aus einem fluorierten Halogen-KW-Stoff der Methan- u. Äthanreihe, bes. 85 (%) CCl_3F (Freon 11) u. 15 CCl_2F_2 (Freon 12). (**A. P. 2 987 438** vom 27/2. 1956, ausg. 6/6. 1961.) W. Heyer. 4815

Henri Laborit, Georges Guiot, Raymond Moynier, Claire Baron, Paris, Frankreich, und André Trzebski, Warschau, Polen, **Arzneimittel gegen Müdigkeit,** enthaltend jeweils 5% des K- u. Mg-Salzes der Asparaginsäure sowie ca. 0,02 Gew.-% Adenosintriphosphat. (**A. P. 3 009 859** vom 22/7. 1958, ausg. 21/11. 1961.) W. Heyer. 4815

Parke, Davis & Co., übert. von: Graham Chen, Detroit, Mich., V.St.A., **Stimulans** für das autonome Nerven-Syst., enthaltend als Wirkstoff *1.1-Dimethyl-4-phenylpiperidiniumjodid,* F. 167—169°, in steriler wss. isoton. Lösung. (**A. P. 2 991 227** vom 2/11. 1956, ausg. 4/7. 1961.) W. Heyer. 4815

Imperial Chemical Industries Ltd. (Erfinder: Harold Crowther Brimelow und Charles Henry Vasey), London, England, **Anticonvulsiva,** enthaltend als akt. Substanz *5.5-Hexamethylenhydantoin* im Gemisch mit einem nichttox. pharmazeut. Träger. Herst. von Tabletten, Suspensionen oder Injektionslösungen. Als Suspensionshilfsmittel werden Na-Carboxymethylcellulose, Polyglycerylricinoleat u. Äthylenoxid-Kondens.-Prodd. genannt. (**E. P. 884 629** vom 22/5. 1959, ausg. 13/12. 1961.) W. Heyer. 4815

Wallace & Tiernan, Inc., übert. von: Henry C. Marks, Glen Ridge, und Robert R. Joiner, Belleville, N.J., V.St.A., **Herstellung einer stabilen Lösung von Salzen des Diäthylaminoäthyl-2-chlor-4-aminobenzoats** (2-Chlorprocains) z. B. des Hydrochlorids, dad. gek., daß man den Wirkstoff unter Einleiten von N in W. löst, die Lsg. mit HCl auf pH 4 ± 0,1 einstellt u. mit 0,05—1% $NaHSO_3$ als Antioxydans versetzt. Die Bldg. von Na-Dithionat, welches mit dem 2-Chlorprocain eine unlösl. Verb. eingeht, wird unterdrückt. (**A. P. 3 000 783** vom 28/4. 1958, ausg. 19/9. 1961.) W. Heyer. 4815

N. V. Koninklijke Pharmaceutische Fabrieken v/h Brocades-Stheeman & Pharmacia, Meppel, übert. von: August Franciscus Harms, Amsterdam, Niederlande, **Arzneimittel zur Behandlung von Parkinsonismus** enthaltend als Wirkstoff das *β-Dimethylaminoäthyl-o-methylbenzhydryläther hydrochlorid* in einem üblichen Träger. — Vgl. auch E. P. 743 495; C. **1958,** 4270. (**A. P. 2 991 225** vom 22/3. 1957, ausg. 4/7. 1961. Niederl. Prior. 8/4. 1952.) W. Heyer. 4815

J. M. D. Aron-Samuel, Suresnes, Frankreich (Erfinder: J. J. Sterne), **Arzneimittel** zur buccalen oder parenteralen Behandlung des Diabetes, enthaltend als Wirkstoff *Dimethylbiguanid* oder ein nicht tox. Salz davon. (**Belg. P. 568 513** vom 11/6. 1958, ausg. 4/11. 1960. A. Prior. 20/11. 1957 u. 14/5. 1958.) K. Koebke. 4815

National Drug Co., übert. von: Jay Morton Beiler und Gustav J. Martin, Philadelphia, Pa., V.St.A., **Wundheilmittel,** bestehend aus 1–25 (Teilen) Relaxin, 0,2—5 Trypsin, Chymotrypsin oder Ficin u. 0,2—5 α-Amylase oder β-Amylase. Als proteolyt. Enzyme kommen auch Pepsin, Papain u. Bromelin u. an Stelle von Amylase auch Pankreatin in Betracht. Das Mittel kann als wss. Lsg. injiziert oder in eine Salbengrundlage eingearbeitet werden. (**A. P. 3 003 917** vom 14/1. 1959, ausg. 10/10. 1961.) W. Heyer. 4815

Chas. Pfizer & Co., Inc., Brooklyn, N.Y., V.St.A., **Tierarzneimittel** zur Behandlung von *Coccidiosis,* enthaltend als Wirkstoff *3.5-Diketo-2.3.4.5-tetrahydro-1.2.4-triazin* bzw. ein Alkali- oder Erdalkalisalz dieser Verb., in einen Trägerstoff, der aus

50—80% Kohlehydrat, 0—10% tier. Protein, 5—30% vegetabil. Protein u. 2—4% Mineralsalzen u. Vitaminen besteht. (**E. P. 882 637** vom 31/7. 1959, ausg. 15/11. 1961. A. Prior. 12/8. 1958.) W. Heyer. 4815

Donald E. Vierling, Pittsburgh, Pa., V.St.A., **Wurmmittel,** bestehend aus *Phenothiazin,* welches auf 10—300 μ zerkleinert u. mit Geschmacksstoffen, wie Melasse, Sirup granuliert wurde. (**A. P. 3 005 753** vom 16/12. 1958, ausg. 24/10. 1961.) W. Heyer. 4815

Chas. Pfizer & Co., Inc., Brooklyn, N.Y., V.St.A., **Oral anwendbares Mittel gegen Oxyuren,** gek. durch den Geh. an Tetracyclin, Chlor- u. Hydroxytetracyclin u. deren Hydrochloriden oder $ZnCl_2$-Komplex-Verbb., u. Dithiazin im Verhältnis von mindestens 2:1. (**Ind. P. 66 568** vom 29/1. 1959, ausg. 8/6. 1961.) C. Lüttgen. 4815

Aktiebolaget Leo, Hälsingborg, Schweden, **Röntgenkontrastmittel zum Sichtbarmachen der Gallenwege.** Das Mittel, das als Wirkstoff eine konz. Lsg. eines wasserlösl. Salzes, bes. eines Alkalisalzes, einer oral wirksamen, für die Cholecystographie üblichen trijodierten organ. Säure, wie α-Äthyl-β-[2.4.6-trijod-3-amino- oder -hydroxyphenyl]-propionsäure, enthält, ist in eine wasserlösl. Kapsel, z. B. aus Gelatine, eingeschlossen, wobei als Lsgm. mit W. mischbare, Alkoholgruppen enthaltende Verbb. dienen, welche das Kapselmaterial nicht angreifen, wie A., Äthylenglykol, Propylenglykol oder bes. Äthyllactat, Dipropylenglykol, Butandiol-(1.3), Polyäthylenglykole oder Polyäthylensorbitanester, u. wobei die Lsg. ggf. zusätzlich noch eine nichtion. oberflächenakt. Verb., bes. einen Polyoxyäthylensorbitanester einer höhermol. Fettsäure, wie Laurin- oder Ölsäure, enthält. Das Kontrastmittel läßt sich auf diese Weise in leicht resorbierbarer Form in den Darm bringen, so daß eine gute Sichtbarmachung der Gallenwege bereits unter Verw. geringer Mengen des Mittels erzielt werden kann. — Beispiele. (**Oe.P. 218 175** vom 22/10. 1959, ausg. 10/11. 1961. Dän. Prior. 24/10. 1958.) W. Raetz. 4825

Versuchs- und Lehranstalt für Spiritusfabrikation (Erfinder: Felix Just), Berlin, **Kontinuierliche Entkeimung** fl., wss.-breiiger oder fester biochem. Substrate unter Anwendung von lipotropen, bes. nichtbrennbaren Entkeimungsmitteln, wie halogenierten KW-Stoffen, unter gleichzeitiger Erhitzung, dad. gek., daß das Entkeimungsmittel in feinster Verteilung kontinuierlich in das strömende, bzw. durch Förderschnecken oder -bänder wandernde, zu entkeimende Gut unter Verw. einer Druckpumpe oder dgl. vor u./oder in die Erwärmungszone eingedüst wird, daß das unter Überdruck stehende Gemisch das Durchlauf-Syst. in turbulenter Strömung bzw. unter Zerbersten des herausgedrückten Stranges in ein abgedichtetes Auffanggefäß entleert wird, aus dem in bekannter Weise einerseits das dampfförmige Entkeimungsmittel durch Kondensierung wiedergewonnen u. im Rücklauf wieder verwendet wird u. aus dem andererseits kontinuierlich oder schubweise, z. B. durch Pumpen, Förderschnecken oder -bänder, das sterilisierte Gut unter keimfreien Bedingungen, ggf. unter Wiederholung des Prozesses, entnommen wird. (**D. A. S. 1 066 326** Kl. 30i vom 13/9. 1957, ausg. 1/10. 1959.) K. Koebke. 4833

Monsanto Canada Ltd., Ville la Salle, übert. von: Arthur F. McKay, Beaconsfield, und David L. Garmaise, Montreal, Quebec, Canada, **Benzylisothiocyanate** der allg. Formel I (X, X′ u. X″ = H, Cl, CN, NO_2, die gleich oder verschieden sein können, wenigstens ein X soll nicht H sein). Das entsprechende Benzylamin wird mit CS_2 in Ggw. eines tert., aliphat. Amins (Triäthyl-, Tri-n-butylamin) u. eines inerten Lsgm. (Methylenchlorid, CCl_4, Chlorbenzol, Bzl., Dioxan, Ae.) bei —10 bis +20° umgesetzt; das entstandene Benzyldithiocarbamat gibt dann mit Chlorameisensäureäthylester bei —10 bis 0° Carbäthoxybenzyldithiocarbamat, das dann mit mindestens 1 Mol einer tert.-Ammoniumbase bei 0—25° zersetzt wird. — Zu einer Lsg. von 10 (Teilen) Chlorbenzylamin, 7,2 Triäthylamin in 30 CH_2Cl_2 gibt man bei —10° 5,9 CS_2 in 45 Chlf., nach 20 Min. setzt man 7,7 Chlorameisensäureäthylester in 45 Chlf. in 30 Min. bei —10° zu, rührt bei Raum-Temp. 20 Min., fügt dann 7,2 Triäthylamin in 40 Chlf. bei Raum-Temp. u. nach 1 Std. noch 150 Chlf. zu; die Lsg. wird 3mal mit 4%ig. wss. H_2SO_4, 3mal mit 2%ig. wss. NaOH gewaschen u. dann fraktioniert dest. → 10,3 *2-Chlorbenzylisothiocyanat,* C_8H_6ClNS, $Kp._{0,23}$ 94—98°; n_D^{25} 1,60914; $D._4^{20}$ 1,282; Ausbeute 71,2%. — 4-Chlorbenzylamin → *4-Chlorbenzylisothiocyanat,* C_8H_6ClNS, $Kp._{0,35}$ 105—108°; n_D^{25} 1,61114; $D._4^{20}$ 1,291; 78,5% (Ausbeute). — 2-Dichlorbenzylamin → *2.4-Dichlorbenzylisothiocyanat,* C_8H_5·Cl_2NS, $Kp._{0,53}$ 117—120°; n_D^{25} 1,62371; $D._4^{20}$ 1,375; 72,5%. — 3.4-Dichlorbenzylamin → *3.4-Dichlorbenzylisothiocyanat,* $C_8H_5Cl_2NS$, $Kp._{0,37}$ 124—128°; n_D^{25} 1,62150; D_4^{20}

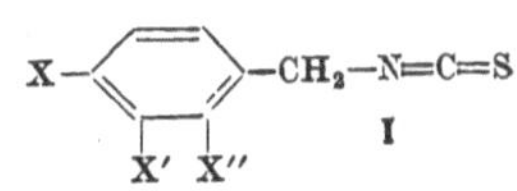

I

1,409; 79,6%. — 4-Cyanbenzylamin → *4-Cyanbenzylisothiocyanat*, $C_9H_6N_2S$, $Kp._{0,035}$ 128—130°; F. 73—73,5°; 76,8%. — 4-Nitrobenzylamin → *4-Nitrobenzylisothiocyanat*, $Kp._{0,19}$ 149—151°; F. 37—38°; 62%. — Die Verbb. sind *bakteriostat.* noch in Verdünnung 1:5·10^6 wirksam, bes. gegen *Staphylococcus pyogenes R* u. *S, Sarcina lutea, Streptococcus faecalis, Escherichia coli Nr. 198, Aero. aerogenes, Pseudomonas aeruginosa, Proteus mirabilis* u. *vulgaris*. (**A. P. 2 943 106** vom 24/2. 1958, ausg. 28/6. 1960. **E. P. 825 693** vom 23/4. 1958, ausg. 23/12. 1959. A. Prior. 24/2. 1958.) G. Krauß. 4833

Knoll Akt.-Ges., Chemische Fabriken, Ludwigshafen/Rh., übert. von: **Leonard Schuler,** Heidelberg, *Herstellung von Arylamiden aromatischer Hydroxycarbonsäuren.* (**Can. P. 560 731** vom 10/10. 1952, ausg. 22/7. 1958. D. Prior. 17/10. 1951 u. 10/5. 1952. — C. **1961,** 16577 [A. P. 2 802 029] u. C. **1955,** 3920 [Oe. P. 180 061].)

Rohm & Haas Co., Philadelphia, Pa., übert. von: **Warren D. Niederhauser,** Huntsville, Ala., V.St.A., *Quaternäre Ammoniumverbindung.* (**Can. P. 560 775** vom 26/9. 1955, ausg. 22/7. 1958. A. Prior. 29/10. 1954. — C. **1958,** 11023 [D. A. S. 1 020 345].)

F. Hoffmann-La Roche & Cie. Soc. An., Basel, Schweiz (Erfinder: **Thomas Samuel Gardner, John Lee** und **Edward Wenis**), *Hydrazinderivate.* (**F. P. 1 213 948** vom 19/11. 1958, ausg. 5/4. 1960. **Oe. P. 206 436** vom 4/11. 1958, ausg. 25/11. 1959. Beide A. Prior. 15/4. 1958. — C. **1961,** 14385 [A. P. 2 908 688].)

Hoffmann-La Roche Ltd., Montreal, Quebec, Canada, übert. von: **Moses W. Goldberg,** Upper Montclair, und **Albert I. Rachlin,** Hackensack, N.J., V.St.A., *Herstellung aromatischer Aminoketone.* (**Can. P. 560 370** vom 22/4. 1953, ausg. 15/7. 1958. A. Prior. 21/7. 1952. — C. **1956,** 8164 [A. P. 2 668 813].)

National Research Development Corp., übert. von: **Walter C. J. Ross** und **Walter Davis,** London, England, *Herstellung von p-[N.N-Di-(2-Chloräthyl)-amino]-phenoxyalkancarbonsäuren.* (**Can. P. 561 075** vom 1/3. 1954, ausg. 29/7. 1958. E. Prior. 10/3. 1953. — C. **1957,** 6529 [E. P. 738 415].)

Farmaceutici Italia Soc. An., übert. von: **Vittorio Esparmer, Alberto Vercellone** und **Claudio Pasini,** Mailand, Italien, *Herstellung von Urocaninsäurecholinestern.* (**Can. P. 560 995** vom 28/3. 1953, ausg. 29/7. 1958. It. Prior. 12/4. 1952. — C. **1956,** 2258 [E. P. 733 576].)

Upjohn Co., übert. von: **Merrill E. Speeter,** Kalamazoo, Mich., V.St.A., *Herstellung von 5-Hydroxytryptaminen.* (**Can. P. 561 531** vom 2/1. 1953, ausg. 5/8. 1958. A. Prior. 4/1. 1952. — C. **1958,** 5163 [E. P. 728 406].)

Warner-Hudnut, Inc., New York, übert. von: **Emile H. Sakal,** Massapequa, N.Y., V.St.A., *Präparate mit physostigminähnlicher Wirkung.* (**Can. P. 561 156** vom 30/9. 1952, ausg. 29/7. 1958. A. Prior. 26/11. 1951. — C. **1955,** 8215 [A. P. 2 662 890].)

Hoffmann-La Roche Ltd., Montreal, Quebec, Canada, übert. von: **Hugo Gutmann,** Birsfelden, **Otto Isler,** Basel, und **Otto Straub,** Bottmingen, Schweiz, *Herstellung von 2-Methylpyridin-4-carbonsäurederivaten.* (**Can. P. 560 717** vom 26/6. 1953, ausg. 22/7. 1958. Schwz. Prior. 27/6. 1952 u. 16/4. 1953. — C. **1950/54,** 3421 S [F. P. 1 080 206].)

Soc. des Usines Chimiques Rhône-Poulenc, Paris (Erfinder: **Robert Michel Jacob,** Ablon-sur-Seine, und **Nicole Marie Joseph,** Paris), Frankreich, *Herstellung von Derivaten des Piperidyl-(2)-phenylmethanols.* (**Oe. P. 212 314** vom 31/7. 1958, ausg. 12/12. 1960. F. Prior. 1/8. 1957, 3/6. u. 3/7. 1958. — C. **1962,** 5020 [F. P. 1 212 746] u. C. **1962,** 9078 [D. P. [DDR] 20 320].)

Merck & Co., Inc., Rahway, übert. von: **Edward F. Rogers,** Middletown, N.J., V.St.A., *Herstellung von Isonicotinsäurehydrazidderivaten.* (**Can. P. 560 397** vom 29/4. 1954, ausg. 15/7. 1958. A. Prior. 29/5. 1953. — C. **1956,** 14113 [A. P. 2 723 273].)

Ciba Ltd., Basel, übert. von: **Jean Druey, Beat H. Ringier,** Riehen, **Albrecht Hüni** und **Alexander Stähelin,** Basel, Schweiz, *Herstellung von Halogenpyridazinen.* (**Can. P. 560 616** vom 16/6. 1953, ausg. 22/7. 1958. Schwz. Prior. 20/6. 1952, 13/2. u. 2/4. 1953. — C. **1957,** 14071 [F. P. 1 082 899].)

Ciba Ltd., übert. von: **Adrian Marxer,** Basel, Schweiz, *Äthyleniminohydrochinone.* (**Can. P. 560 623** vom 7/5. 1956, ausg. 22/7. 1958. Schwz. Prior. 13/5., 15/12. 1955 u. 31/1. 1956. — C. **1959,** 1879 [Oe. P. 193 859].)

Ciba Ltd., Basel, übert. von: **Jean Druey,** Riehen, und **Paul Schmidt,** Therwil, Schweiz, *Herstellung von Hydrocinnolonen.* (**Can. P. 560 957** vom 20/9. 1955, ausg. 29/7. 1958. Schwz. Prior. 21/9. 1954. — C. **1957,** 13432 [D. A. S. 1 012 918].)

American Cyanamid Co., New York, übert. von: **Bernard R. Baker,** Nanuet, N.Y., **Joseph P. Joseph,** Cliffside Park, und **Robert E. Schaub,** Paramus, N.J., V.St.A., *Herstellung von Aminoglykosidopurinen.* (**Can. P. 560 572** vom 19/11. 1954, ausg. 22/7. 1958. A. Prior. 20/1. 1954. — C. **1959,** 7569 [E. P. 782 440].)

S. B. Penick & Co., New York, N.Y., übert. von: **Eric Smith,** Fairlawn, und **Norman Hosansky,** Newark, N.J., V.St.A., *Gewinnung von Raunormin.* (**Can. P. 560 420** vom 3/5. 1955, ausg. 15/7. 1958. A. Prior. 17/1. 1955. — C. **1960,** 8959 [E. P. 791 241].)

Lasdon Foundation, Inc., Yonkers, N.Y., V.St.A., übert. von: **Vincent C. Barry,** Dublin, Irland, *Modifizierte Polysaccharidthiosemicarbazone.* (**Can. P. 560 387** vom 13/5. 1954, ausg. 15/7. 1958. A. Prior. 26/5. 1953. — C. **1957,** 209 [F. P. 1 107 491].)

American Cyanamid Co., New York, N.Y., übert. von: **John J. Garbarini,** Dumont, N.J., V.St.A., *Herstellung von Ca-Pantothenat hoher Dichte.* (**Can. P. 560 923** vom 11/3. 1953, ausg. 29/7. 1958. A. Prior. 30/8. 1952. — C. **1956,** 10072 [A. P. 2 717 267].)

Laboratoires Français de Chimiothérapie, Paris, Frankreich, *Herstellung von Steroiden.* (**E. P. 877 024** vom 7/7. 1959, ausg. 13/9. 1961. F. Prior. 8/7. 1958. — C. **1962,** 16775 [F. P. 1 238 729].)

Ciba Ltd., Basel, Schweiz, *Herstellung von Cyclosteroiden.* (**E. P. 883 761** vom 27/5. 1958, ausg. 6/12. 1961. Schwz. Prior. 27/5. 1957. — C. **1961,** 3412 [A. P. 2 870 175].)

British Drug Houses Ltd., London, England, *Herstellung von 6-Methylsteroiden.* (**Belg. P. 571 673** vom 1/10. 1958, ausg. 9/3. 1962. E. Prior. 2/10. 1957 u. 8/9. 1958. — C. **1962,** 574 [D. A. S. 1 080 554].)

Tadeus Reichstein, Basel, Schweiz, *Herstellung von 11β-Trifluoracetoxysteroiden.* (**Can. P. 560 547** vom 16/7. 1954, ausg. 22/7. 1958. Schwz. Prior. 14/8. 1953 u. 29/1. 1954. — C. **1959,** 1555 [F. P. 1 110 904].)

Upjohn Co., übert. von: **John A. Hogg, Philip F. Beal, Alan H. Nathan** und **Frank H. Lincoln jun.**, Kalamazoo, Mich., V.St.A., *Trihalo-2.21-dialkoxyoxalylsteroide.* (**Can. P. 560 479** vom 5/2. 1954, ausg. 15/7. 1958. A. Prior. 1/4. 1953. — C. **1957**, 9464 [D. B. P. 944 247].)

Upjohn Co., übert. von: **John A. Hogg, Philip F. Beal, Alan H. Nathan** und **Frank H. Lincoln jun.**, Kalamazoo, Mich., V.St.A., *2.21-Dialkoxyoxalylprogesteronalkalimetalldienolate.* (**Can. P. 560 480** vom 18/9. 1956, ausg. 15/7. 1958. A. Prior. 1/4. 1953. — C. **1960**, 4611 [F. P. 1 167 434].)

Syntex Soc. An., Mexico, Mexico, *Herstellung von Halogenverbindungen der Pregnanreihe.* (**Belg. P. 570 889** vom 2/9. 1958, ausg. 17/11. 1961. Mexican. Prior. 3/9., 23/9., 15/10. u. 21/10. 1957, 11/2. u. 18/4. 1958. — C. **1961**, 14389 [D. A. S. 1 088 487].)

British Drug Houses Ltd., England, *Herstellung von 3-Oxo-$\Delta^{1.4}$- und -$\Delta^{1.4.6}$-steroiden.* (**F. P. 1 267 783** vom 13/3. 1959, ausg. 27/11. 1961. E. Prior. 13/3. 1958 u. 4/3. 1959. — C. **1962**, 5399 [D. A. S. 1 100 622].)

Olin Mathieson Chemical Corp., Saltville, Va., übert. von: **Richard W. Thoma**, Sommerville, **John R. Gerke**, Franklin Township, und **Josef Fried**, New Brunswick, N.J., V.St.A., *Biosynthese von Hydrocortison.* (**Can. P. 561 078** vom 26/6. 1954, ausg. 29/7. 1958. A. Prior. 31/7. 1953. — C. **1957**, 10827 [E. P. 749 414].)

National Drug Co., Philadelphia, Pa., übert. von: **Irving Innerfield**, Nyack, N.Y., V.St.A., *Herstellung eines trypsinhaltigen Präparates.* (**Can. P. 560 408** vom 28/7. 1953, ausg. 15/7. 1958. A. Prior. 17/9. 1952. — C. **1957**, 12554 [E. P. 753 134].)

Aktiebolaget Leo, übert. von: **Ove Birger Fernö, Hans Jakob Fex** und **Torsten Ove Enok Linderot**, Hälsingborg, Schweden, *Hyaluronidaseinhibitoren.* (**A. P. 2 962 495** vom 17/6. 1953, ausg. 29/11. 1960. Schwed. Prior. 21/6. 1952. — C. **1957**, 2561 [Belg. P. 520 829].)

C. F. Boehringer & Soehne G. m. b. H. (Erfinder: **Johann Daniel Achelis, Rudi Gall, Erich Haack** und **Wolfgang Voemel**), *Herstellung von Lösungen des Chloramphenicols in wässerigen Flüssigkeiten.* (**Aust. P. 232 354** vom 24/11. 1958, ausg. 23/2. 1961. D. Prior. 7/12. 1957. — C. **1959**, 13266 [D. A. S. 1 049 541].)

Charles E. Frosst & Co., übert. von: **Irving Levi**, Montreal, Quebec, Canada, *2-Brom-1-[p-nitrophenyl]-1.3-diacetoxypropan.* (**Can. P. 561 722** vom 6/9. 1956, ausg. 12/8. 1958. — C. **1960**, 1265 [A. P. 2 862 025].)

Chinoin Gyógyszer és Vegyészeti Termékek Gyára R.T. (**Dr. Kereszty és Dr. Wolf**), übert. von: **János Kollonitsch**, Budapest, Ungarn, *Herstellung von 1-Phenyl-2-aminopropandiol-(1.3)-1-äthern.* (**Can. P. 560 613** vom 10/1. 1951, ausg. 22/7. 1958. Ung. Prior. 14/1. 1950. — C. **1955**, 5373 [Oe. P. 180 563].)

Parke, Davis & Co., Detroit, Mich., V.St.A., übert. von: **Ronald Slack**, Dagenham, England, *2-[Dichloracetamido]-1-[p-nitrophenyl]-propandiol-(1.3).* (**Can. P. 562 137** vom 6/12. 1950, ausg. 19/8. 1958. E. Prior. 14/12. 1949 u. 12/4. 1950. — C. **1953**, 9320 [Oe. P. 174 902].)

Parke, Davis & Co., übert. von: **Marie-Jo Sullivan**, Detroit, Mich., V.St.A., *Acetamidodiole.* (**Can. P. 562 138** vom 18/6. 1951, ausg. 19/8. 1958. A. Prior. 23/9. 1950. — C. **1953**, 7876 [Oe. P. 173 445].)

American Cyanamid Co., New York, N.Y., V.St.A., *Herstellung von 6-Hydroxyhydronaphthacenderivaten.* (**Ind. P. 65 625** vom 29/10. 1958, ausg. 16/12. 1960. — C. **1962**, 7997 [F. P. 1 220 026].)

Farbwerke Hoechst Akt.-Ges., vormals Meister Lucius & Brüning, Frankfurt/M., übert. von: **Gustav Ehrhart, Heinrich Ruschig** und **Leonhard Stein**, Bad Soden/Taunus, und **Walter Aumüller**, Frankfurt/M., *Wenig lösliche Penicillinsalze.* (**Can. P. 561 717** vom 6/2. 1953, ausg. 12/8. 1958. D. Prior. 7/2. 1952. — C. **1956**, 5917 [D. B. P. 930 208].)

Abbott Laboratories, North Chicago, übert. von: **Arthur W. Weston**, Waukegan, und **Anthony F. De Rose**, Chicago, Ill., V.St.A., *Herstellung von Penicillin–Amin-Salzen.* (**Can. P. 560 562** vom 29/3. 1954, ausg. 22/7. 1958. A. Prior. 8/4. 1953. — C. **1959**, 2906 [E. P. 761 392].)

Chas. Pfizer & Co., Inc., Brooklyn, N.Y., V.St.A., *Tetracyclinpräparat.* (**Belg. P. 571 622** vom 30/9. 1958, ausg. 9/3. 1962. A. Prior. 4/10. 1957. — C. **1962**, 5777 [E. P. 856 493].)

Farbenfabriken Bayer Akt.-Ges. (Erfinder: **Wilfried Kaufmann, Klaus Bauer** und **Heinrich Medick**), Deutschland, *Herstellung von Lävanen von bestimmtem Molekulargewicht.* (**F. P. 1 263 778** vom 15/11. 1957, ausg. 9/10. 1961. D. Prior. 23/11. 1956. — C. **1959**, 6234 [D. A. S. 1 041 646].)

Joachim Drescher, Berlin, *Herstellung von trockenen Depotimpfstoffen.* (**Ind. P. 66 599** vom 31/1. 1959, ausg. 7/7. 1960. — C. **1959**, 4248 [D. A. S. 1 041 647].)

American Cyanamid Co., New York, übert. von: **John C. Bird**, Pleasantville, und **Floyd C. Markham**, Nanuet, N.Y., V.St.A., *Herstellung einer Vaccine.* (**Can. P. 560 570** vom 14/4. 1954, ausg. 22/7. 1958. A. Prior. 18/1. 1954. — C. **1959**, 5575 [A. P. 2 798 836].)

American Cyanamid Co., New York, übert. von: **Floyd C. Markham**, Nanuet, und **Herald R. Cox**, Suffern, N.Y., V.St.A., *Herstellung von Vaccinen.* (**Can. P. 560 571** vom 14/4. 1954, ausg. 22/7. 1958. A. Prior. 18/1. 1954. — C. **1959**, 6897 [A. P. 2 798 835].)

Merck & Co., Inc. (Erfinder: **Jesse Charney**), *Reinigen und Konzentrieren von Poliomyelitis-Virussubstanz.* (**Aust. P. 230 755** vom 1/5. 1958, ausg. 10/11. 1960. A. Prior. 20/5. 1957. — C. **1961**, 234 [D. A. S. 1 082 008].)

Farbwerke Hoechst Akt.-Ges., vormals Meister Lucius & Brüning, Frankfurt/M., *Sulfonylurethane.* (**E. P. 884 738** vom 9/7. 1958, ausg. 13/12. 1961. D. Prior. 9/7. 1957 u. 26/6. 1958. — C. **1959**, 14825 [D. A. S. 1 048 907].)

National Research Development Corp., London, übert. von: **James Williamson**, Plateau Province, Northern Nigeria, England, *Komplexsalze der 3.3'-Ureido-bis-[8-(3-benzamido-p-toluido)-1.3.5-naphthalinsulfonsäure].* (**A. P. 2 945 847** vom 1/5. 1958, ausg. 19/7. 1960. E. Prior. 27/3. 1956. — C. **1962**, 2468 [D. A. S. 1 083 826 u. E. P. 809 295].)

Merck & Co., Inc., Rahway, N.J., V.St.A. (Erfinder: **E. F. Rogers**), *Tierarzneimittel zur Bekämpfung der Geflügelcoccidiose.* (**Belg. P. 569 663** vom 23/7. 1958, ausg. 2/6. 1961. A. Prior. 25/7. u. 26/12. 1957. — C. **1962**, 2468 [A. P. 2 872 371].)

Dow Chemical Co., übert. von: **Theo A. Hymas**, Midland, Mich., V.St.A., *Mittel gegen Coccidiose.* (**Can. P. 560 659** vom 21/11. 1955, ausg. 22/7. 1958. A. Prior. 10/12. 1954 u. 22/8. 1955. — C. **1959**, 16426 [E. P. 802 512].)

Boots Pure Drug Co. Ltd., Nottingham, England, *Wurmmittel zur Behandlung von Haustieren.* (**Ind. P. 64 651** vom 14/7. 1958, ausg. 22/5. 1961. — C. **1962**, 9826 [Aust. P. 227 421].)

F. Tanner, Weiningen, Schweiz, *Mittel gegen Maul- und Klauenseuche.* (**Belg. P. 570 486** vom 20/8. 1958, ausg. 22/9. 1961. Schwz. Prior. 23/12. 1957. — C. **1959**, 16426 [Schwz. P. 335 406].)

Burroughs Corp., Detroit, Mich., übert. von: **Ralph H. Clark**, Westwood, N.J., V.St.A., und **Ernest Walker**, Toronto, Ontario, Canada, *Druckempfindliches Übertragungsmaterial.* (**A. P. 2 989 493** vom 14/12. 1956, ausg. 20/6. 1961. — C. **1962**, 4406 [Aust. P. 221 902].)

François Jean Bossard, Paris, Frankreich, *Zahnpaste.* (**A. P. 2 994 642** vom 18/3. 1958, ausg. 1/8. 1961. F. Prior. 16/10. 1954. — C. **1959**, 8987 [Oe. P. 196 068].)

Cilag-Chemie Ltd., übert. von: **Ernst Habicht**, Schaffhausen, Schweiz, *Röntgenkontrastmittel.* (**A. P. 2 995 561** vom 29/12. 1959, ausg. 8/8. 1961. Schwz. Prior. 9/1. 1959. — C. **1961**, 14762 [D. A. S. 1 097 084].)

Schering Akt.-Ges., Berlin, *Röntgenkontrastmittel.* (**Ind. P. 66 170** vom 18/12. 1958, ausg. 25/7. 1961. — C. **1961**, 2037 [Oe. P. 206 581].)

Eprova Akt.-Ges. (Erfinder: **Hans Suter**, Dörflingen, **Hans Zutter** und **Josef Conti**), Schaffhausen, Schweiz, *Tetrajodterephthalsäurediamide als Röntgenkontrastmittel.* (**Schwz. P. 359 446** vom 8/7. 1957, ausg. 28/2. 1962. — C. **1960**, 6596 [D. A. S. 1 066 707].)

Chas. Pfizer & Co., Inc., V.St.A. (Erfinder: **John Broderick Routien** und **Louis G. Nickell**), *Züchten von Pflanzenzellen.* (**F. P. 1 249 202** vom 19/5. 1953, ausg. 15/3. 1961. A. Prior. 20/5. 1952. — C. **1960**, 16862 [E. P. 760 112].)

Ordex Laboratorium ved C. O. Rasmussen, Kopenhagen, Dänemark (Erfinder: **H. S. Bröchner**), *Herstellung eines flüssigen Desinfektionsmittels auf Hydroxyhalogendiphenylmethanbasis.* (**Schwed. P. 167 566** vom 23/4. 1958, ausg. 30/6. 1959. — C. **1962**, 16778 [Dän. P. 86 639].)

J. R. Geigy Akt.-Ges. (Erfinder: **Ernst Moder**, **Jakob Bindler** und **Robert Zinkernagel**), Basel, Schweiz, *Haltbares Mittel zum Schützen von Materialien gegen Mikroorganismen.* (**Schwz. P. 360 538** vom 8/9. 1958, ausg. 14/4. 1962. — C. **1961**, 15127 [D. A. S. 1 106 927].)

West Laboratories, Inc., Long Island City, übert. von: **Melville G. Sutton**, Kew Garden Hills, Long Island, N.Y., und **Martin M. Reynolds**, Drexel Hill, Pa., V.St.A., *Germicide Mittel.* (**Can. P. 560 485** vom 9/12. 1952, ausg. 15/7. 1958. A. Prior. 5/1. 1952. — C. **1959**, 9675 [E. P. 799 721].)

G. Analyse. Laboratorium

Plastisolüberzüge für Laboratoriumsglasgeräte. John J. Crow. (Chemist-Analyst **48**, 102, Dez. 1959; Marcus Hook, Pa., Amer. Viscose Corp., Res. and Dev. Div.; engl.) — Glasbecher u. andere Glasgeräte kann man vor Bruch dadurch schützen, daß man ihren Rand einige cm tief in eine Plastisol-Lsg. (Polyvinylchlorid in einem Weichmacher verteilt) taucht u. sie anschließend auf 250° erhitzt. W. Betcke. 5010□

Verhinderung der Aufnahme von Strontiumionen durch Glas. E. W. Jackson. (Nature [London] **194**, 672, 19/5. 1962; Aldermaston, A.W.R.E., Chem. Div.; engl.) — Bei Unterss. mit neutralen Sr-Salz-Lsgg. wird zumal bei länger andauernden Verss. Sr^{2+} in beträchtlicher Menge von den Glaswänden festgehalten. Unter Anwendung von ^{89}Sr wurden Auskleidungen für Glasgefäße nach 24 Std. langem Schütteln bei pH 7 auf ihr Festhaltevermögen für Sr^{2+} untersucht. *Polyäthylen* ist noch weniger geeignet als Glas. Die Auskleidung mit *Polyesterharz* (I) hält ca. 60—70 Std.; die Haltbarkeit konnte durch Behandlung der Glasgefäße zuerst mit *Vinyltrichlorsilan* u. dann mit I beträchtlich erhöht werden. Ernst Schulte. 5010□

Die Verwendung von Zirkoniumtiegeln für Peroxidschmelzen. Henry E. Blake jun. und William F. Holbrook. (Chemist-Analyst **46**, 42, Juni 1957; Albany, Oreg., U.S. Dep. of Interior, Bur of Mines, Northwest Elektrodev. Expl. Stat.; engl.) — Schmelztiegel aus Zr werden wegen ihrer im Vgl. zur Porzellan-, Fe- oder Ni-Tiegeln wesentlich geringeren Abnutzung (ca. 10fache Lebensdauer) für Peroxidschmelzen empfohlen. W. Betcke. 5010□

Geeignete Halterung für kleine Meßkolben. R. L. Menville jun. (Chemist-Analyst **46**, 73, Sept. 1957; Baton Rouge, La., Ethyl Corp.; engl.) A. Blaschette. 5014□

Füllvorrichtung für mehrere Pipetten. Leonard Shapiro und W. W. Brannock. (Chemist-Analyst **48**, 100, Dez. 1959; Washington, D.C., U.S. Geol. Surv.; engl.) — Beschreibung eines Gestells zum gleichzeitigen Füllen von 30 Pipetten durch gemeinsamen Anschluß an ein Vakuum. W. Betcke. 5014□

Teflonverschluß für Pipettenballons. H. L. Finston und Gerald Strickland. (Chemist-Analyst **46**, 73, Sept. 1957; Upton, N.Y., Brookhaven Nat. Labor., Operat. Div., Hot Labor.; engl.) A. Blaschette. 5014□

Ein Experimental-Mikrobarograph. G. W. Gardiner. (J. sci. Instruments **38**, 510—11, Dez. 1961; Slough, Bucks., D.S.I.R. Radio Res. Stat.; engl.) — Es wird ein Gerät beschrieben, mit dem Druckänderungen von 0,1—2 mb in einer Zeit von 5 Min. bis 2 Std. registriert werden können.Das Gerät besteht aus einem normalen für Barographen gebräuchlichen Aneroid, das bei Druckänderungen die Kapazität eines Kondensators in einem Oscillatorkreis ändert. Eine Kondensatorplatte ist auf dem Aneroid u.

die andere Platte an einer Justierschraube befestigt, so daß sich das Syst. auf den jeweiligen Druck einregulieren läßt. Die Messung ergibt sich aus der Frequenzverschiebung gegenüber einem anderen Oscillator. Die Anzeige ist nicht linear. Der Meßbereich beträgt $\pm$ 3,0 mb mit einer Genauigkeit von 0,1 mb. K. Roß. 5016□

Ein McLeod-Manometer mit vorgeschriebenen Volumina zur Benutzung als Standardinstrument. C. G. J. Jansen und A. Venema. (Vacuum [London] **9,** 219—30, Juli/Sept. 1959; Eindhoven, Philips' Res. Labor.; engl.) — Betrachtungen über das McLeod-Manometer, das als einziges abs. Meßwerte bis zu 10^{-5} mm Hg liefert u. daher für die Eichung anderer schnell anzeigender Vakuum-Meßinstrumente dient. Die bes. Bedeutung des Kompressionskolbens, der angeschmolzenen Capillaren u. der Übergangs-Vol. zwischen diesen werden besprochen. Aus den daraus gewonnenen Erkenntnissen wurde ein neues Modell mit 3 Kompressionscapillaren mit gestuftem Innendurchmesser konstruiert, seine Eigg. werden beschrieben. W. Reusse. 5016□

Eine Kalibrierungsmethode der Quecksilberthermometer. Mihai Schiopu, Viorica Onu und Mariana Păstrăvanu. (Bul. Inst. polytehn. Iași [N. S.] **4 (8),** Nr. 1—2, 135—38, 1958; Jassi, TH Labor. f. phys. Chem.; dt., Auszug: rumän.) — Zur Kalibrierung der calorimetr. Hg-Thermometer wird bekanntlich die Thermometerskala bei der Ausmessung des Hg-Fadens als Maßstab benutzt unter Voraussetzung einer gleichmäßigen Skalenteilung. Vff. nehmen an Stelle der üblichen opt. Vorr. ein Werkstattmikroskop zu Hilfe, welches erlaubt, die Abstände der Teilstriche mit einer Genauigkeit von $\sim 2\ \mu$ zu bestimmen. Durch einfache rechner. Korrektur gelingt es, die Thermometerskala auf eine solche mit gleichmäßiger Teilung zurückzuführen. I. Wann. 5016□

Vorrichtung zur Bestimmung des Kristallisationspunktes. C. E. Milstead. (Chemist-Analyst **46,** 43, Juni 1957; Painesville, Ohio, Diamond Alkali Co.; engl.) — In einem Proberöhrchen, das sich in einem magnet. gerührten Temp.-Bad (Becherglas) befindet, wird ein Drahtringrührer mechan. auf u. ab bewegt. W. Betcke. 5018□

Proteinanreicherung durch Ultrafiltration größerer Flüssigkeitsmengen mit Vibrator-Filtern. H. Wilke. (Kolloid-Z. **173,** 133—37, Dez. 1960; Bad Kreuznach, Seitz-Werke, filtertechn. Forsch.-Abt.; dt.) — Die Ausrüstung des Filtergeräts mit einem Vibromischer hat eine erhebllche Vermehrung des pro Flächeneinheit gewonnenen Ultrafiltrats in kurzer Zeit bei niedrigen Drücken ohne Verstopfung der Filtermembran zur Folge. Die Methodik wurde an der Konzentrierung von Eiweiß-Lsgg. erprobt. W. Betcke. 5024□

Entfernung von Quecksilberhalogeniden aus Diffusionspumpen durch Reduktion mit Natriumhydridoborat. Virginia Kurth und James C. Warf. (Chemist-Analyst **46,** 75, Sept. 1957; Los Angeles, Calif., Univ. of California. Dep. of Chem.; engl.) A. Blaschette. 5026□

Modifizierung des Extraktionsgefäßes nach Bailey-Walker. William D. Lewis. (Chemist-Analyst **46,** 74, Sept. 1957; Madison, Wis., Wisconsin Alumni Res. Found.; engl.) A. Blaschette. 5034□

Verbesserte Extraktionstechnik mit einem Scheidetrichter. Jack Radell. (Chemist-Analyst **46,** 73—74, Sept. 1957, Wright-Patterson Air Force Base, Ohio, WADC, Aeron. Res. Labor., Chem. Res. Branch; engl.) — Verf. zur schnellen, sauberen u. quant. Abtrennung einer äther. von einer wss. Phase, ihres Trocknens über Na_2SO_4 u. anschließenden Filtrierens. A. Blaschette. 5034□

Einige quantitative Bemerkungen über Extraktionsgleichgewichte. 3. Mitt. M. Oosting. (Analytica chim. Acta [Amsterdam] **21,** 505—10, Dez. 1959; Rijswijk, Anal. Res. Inst. T.N.O.; engl.) — 2. vgl. C. **1961,** 17496; 4. vgl. C. **1962,** 14794. — Vf. berichtet über die Anwendung von Gleichungen, die die Extraktion von Metallchelaten beschreiben, in der analyt. Chemie. Mit ihrer Hilfe werden Löslichkeits-Prodd. (L) einiger Oxinate (Ox) bestimmt u. die Bedingungen für die Trennung von Cu/UO_2, Fe/UO_2 u. Fe/Al durch Extraktion mit Chlf. berechnet. L beträgt für $CuOx_2$ $5\cdot10^{-29}$, $NiOx$ $7\cdot10^{-23}$, $UO_2Ox_2(HOx)$, $2{,}9\cdot10^{-25}$, $AlOx_3$ $1{,}2\cdot10^{-35}$, $FeOx_3$ $7{,}5\cdot10^{-45}$ u. $ThOx_4$ $6{,}2\cdot10^{-47}$. Die Trennung von Cu^{2+} u. UO_2^{2+} erfolgt durch einmalige Extraktion von 50 ml einer Puffer-Lsg. vom pH 2,60 mit 10 ml Chlf., das 100 mg Oxin enthält (Best. des Cu-Geh. der extrahierten Phase durch Extinktionsmessung bei 450 mμ), Einstellung des pH-Wertes der wss. Phase auf 5 $\pm$ 0,5 mit 2n NaOH-Lsg. u. Extraktion von UO_2Ox_2 mit 10 ml Chlf. (Extinktionsmessung bei 530 mμ). Die Trennung von Fe/UO_2 erfolgt durch Extraktion bei pH 1,76 bis 2,71 bzw. 5 $\pm$ 0,5, die von Fe/Al bei pH 1,76—2,80 bzw. ca. 4,5 nach ½ std. Stehenlassen. Die Trennung von Al/UO_2 u. UO_2/Th ist unter den gegebenen Bedingungen nicht möglich. P. Frenzel. 5034□

Ein Notbehelf zur Erweiterung des Verwendungsbereichs magnetischer Rührer. Charles F. Gordon und John Prossic. (Chemist-Analyst **48,** 102, Dez. 1959; Phildelphia, Pa., Room & Haas, Res. Labor.; engl.) — Mehrere mit magnet. Rührern versehene Titriergefäße werden auf eine mit Al bedeckte Unterlage gestellt. Der darunter befindliche Rührmotor wird hin u. her bewegt. W. Betcke. 5036□

Mineraltrennung mit asymmetrischen Vibratoren. Henry Faul und Gordon L. Davis. (Amer. Mineralogist **44**,1076—82, Sept./Okt. 1959; Washington, D.C., U.S. Geol. Surv.; Washington, D.C., Carnegie Inst. of Washington, Geopyhs. Labor.; engl.) — Beschrieben wird Prinzip u. Bau eines asymmetr. Vibrators zur Trennung von Glimmer von runderen Gesteinskörnern. Kurz erwähnt wird die paramagnet. Trennung von Mineralien. C. Gottfried. 5036

Ein netzartiges Diagramm und Nomogramm P-T als einfache Hilfsmethode in der Laborvakuumdestillation. O. Frehden und S. Heller. (Rev. Chim. [Bucureşti] **9**, 578—80, Okt. 1958; rum.) — Das netzförmige Diagramm u. Nomogramm P-T für Vakuum-Dest. wurde auf Grund der Clausius-Clapeyronschen Gleichung u. des Troutonschen Gesetzes errechnet. Berechnungs-Meth., Konstruktion u. Anwendung für dieses Diagramm u. Nomogramm werden angegeben. K. Lange. 5038

Experimentelle und theoretische Untersuchungen über das Viscosimeter mit schwingendem Zylinder für nichtelastische Flüssigkeiten. Ali Abdel Kerim Ibrahim und Abdel Monem I. Kabiel. (J. physic. Soc. Japan **12**, 1304—11, Nov. 1957; Alexandria, Univ., Fac. of Sci., Phys. Dep.; engl.) — Vgl. C. **1962**, 230. — Vff. entwickelten eine neue u. exakte Theorie des Viscosimeters mit schwingendem Zylinder für nichtelast. Flüssigkeiten. Die Gültigkeit der Theorie wurde durch Messungen an *Paraffinöl*, *Pumpenöl*, *Rizinusöl*, *Glycerin* u. verschiedenen *Shell-Motorenölen* geprüft. C. Gottfried. 5040

Eine bequeme Methode zur Messung der Viscosität von Gasen. R. Riley und W. Wood. (School Sci. Rev. **40**, 157—59, Nov. 1958; Oldham, Munucipal Technical Coll.; engl.) — Beschreibung einiger einfacher Vorr. zur Konstanthaltung des Druckes bei der Messung von Gas-Viscositäten nach dem Strömungsverfahren. W. Betcke. 5040□

Kontinuierliche Temperaturregelung mit Hilfe eines optisch gesteuerten Regelthermometers. Walter Walisch und Friedrich Becker. (Z. physik. Chem. [Frankfurt/M.] [N.F.] **29**, 371—76, Sept. 1961; Saarbrücken, Univ. des Saarlandes, Inst. für Organ. Chem. u. Inst. für Phys. Chem.; dt.) — Es wird eine einfache opt. Regel-Vorr. zur Temp.-Konst.-Haltung beschrieben, die in Verbindung mit einem $1/10^0$-Thermometer eine Regelgenauigkeit von $0{,}001^0$ ergibt. Bei intermittierendem u. kontinuierlichem Betrieb der Regelheizung werden die bekannten Nachteile der gebräuchlichen Thermoregulatoren vermieden. W. Betcke. 5046□

Vorrichtung zur Messung der Oberflächenspannung. Maxey Brooke. (Chemist-Analyst **46**, **44**, Juni 1957; Old Ocean, Tex.; engl.) — Die Oberflächenspannung einer Fl. wird aus der Differenz der Steighöhen in zwei Capillaren (unterschiedlicher Durchmesser), die neben- oder ineinander an einem Thermometer (mit dem auch die relativen Höhen gemessen werden) angebracht sind, bestimmt. W. Betcke. 5048□

Vorrichtung zur automatischen Konstanthaltung der Füllhöhe von flüssiger Luft. I. Flinn und P. Moore. (J. sci. Instruments **36**, 374—75, Aug. 1959; Salfords, Surrey, Mullard Res. Labor.; engl.) — Vff. beschreiben eine Vorr. zur automat. Konstanthaltung der Füllhöhe fl. Luft in Gefäßen. Die Widerstandsänderung einer Wärmeleitfähigkeitszelle beim Eintauchen in die fl. Luft bzw. nach Absinken des Niveaus unter die Zelle bewirkt über einen elektr. Schaltkreis ein Nachpumpen bis zur eingestellten Füllhöhe. H. Schroeder. 5048□

Ein kleiner Wasserstoffverflüssiger. F. X. Eder, H. Berndt und W. Koeppe. (Exp. Techn. Physik **4**, 138—41, 1956; Berlin, Humboldt-Univ., II. Phys. Inst.; dt.) — Beschreibung eines kleinen H_2-Verflüssigers zum Betrieb sowohl mit Kompressor als auch mit Hochdruckflaschen mit einer Leistung von 2,5 Liter H_2 (fl.)/Stunde. W. Betcke. 5048□

Beschreibung eines Mikroozonisators zur Verwendung im Laboratorium. E. Demole und H. Wuest. (Chimia [Aarau, Schweiz] **15**, 286—87, 15/3. 1961; Genève, Firmenich et Cie., Labor. de Rech.; franz.) — Das beschriebene Gerät liefert unter Betriebsbedingungen (12 kV; Gasstrom 1000 ml/h; Temp. des Kühlwassers 10^0; Leistungsbedarf ca. 1 W) einen Geh. von 4,25 Gew.-% O_3 im Entladungsgas, entsprechend 53,5 mg O_3/Stunde. A. Blaschette. 5048□

Eine Glasapparatur zum Konzentrieren flüchtiger Verbindungen aus verdünnten wässerigen Lösungen. C. Weurman. (J. Food Sci. **26**, 670—72, Nov./Dez. 1961; Natick, Mass., Quartermaster Res. and Engng. Center, Pioniering Res. Div.; engl.) —

Um sehr verd. wss. Lsgg. flüchtiger Verbb. im Labor.-Maßstab zu konzentrieren, müssen 3—6 Liter Lsg. in einer Std. unter red. Druck so aufgearbeitet werden, daß die Konz. mehr als 10fach erhöht wird. Für solche Zwecke wird eine Glasapp. beschrieben, schemat. abgebildet u. Beispiele ihrer Anwendung gegeben. R. Ristow. 5048□

Eine theoretische Studie des hydraulischen Cyclons. D. Bradley. (Ind. Chemist **34**, 473—80, Sept. 1958; Harwell, A.E.R.E.; engl.) — Vf. entwickelt Gleichungen, die gestatten, für Entwurfsmuster hydraul. Cyclone das Betriebs-Verh. in bezug auf Druckabfall u. Wirkungsgrad zu berechnen. Gerhard Günther. 5048□

Eine Methode zur Messung der thermischen Konstanten von körnigem Material. T. S. E. Thomas. (Brit. J. appl. Physics **8**, 403—05, Okt. 1957; Weybridge, Vickers Group Res. Establ.; engl.) — Wärmeleitfähigkeit u. spezif. Wärme von körnigem Material werden durch Messung der Temp.-Differenz zwischen Oberfläche u. Mitte eines widerstandsbeheizten Metallzylinders ermittelt, der das Material enthält. Mit dieser Meth. werden oberhalb einer Wärmeleitfähigkeit von $4 \cdot 10^{-4}$ cal/cm·s·Grad genaue Werte erhalten. I. Ebel. 5052□

Eine anpassungsfähige Wägeapparatur für die Untersuchung von thermischen Reaktionen. Werner Forkel. (Z. Instrumentenkunde **69**, 215—23, Aug. 1961; Erlangen, Univ., Miner. Inst.; dt.) — Vf. entwickelte eine automat. selbstregistrierende Thermowaage. 2 elektr. Öfen mit geringer Temp.-Differenz werden — wie beim Differenz-Verf. nach de Keyser — nach einem beliebigen Programm angeheizt. Die Ofenspannungen werden von einem PID-Regler quasi kontinuierlich mit Drehtransformatoren eingestellt. Die Evakuierbarkeit der Waage erlaubt auch Wägungen in anderen Gasatmosphären. Angegeben wurde ein Wägeverf., um die Zers.-Drücke wasserhaltiger Substanzen oder von Substanzen mit leicht flüchtigen Bestandteilen zu messen. Zusätzlich können auch calor. Unterss. durchgeführt werden. P. Nachtwey. 5052□

Die Thermowaage und ihre Anwendung, insbesondere zur Untersuchung von Tonmineralien. J. Hyyppä. (Geologi [Helsinki] **12**, 91—93, 1/11. 1960; finn.) — Übersicht über die Anwendung der Thermowaage zur Verfolgung von Gewichtsänderungen von Mineralien beim Erhitzen. S. Beckmann. 5052□

Gerät für die komplexe thermische Analyse. A. A. Goworow und I. G. Grankowski. (Betriebs-Lab. [UdSSR] **27**, 115—16, 1961; Forsch.-Inst. für Baumaterialien u. Erzeugnisse der Akad. für Bauwesen u. Architektur der UkrainSSR; russ.) — Beschreibung der Konstruktion u. Arbeitsweise eines potentiometr. Selbstschreibers von einfachen u. differentiellen Thermogrammen bzw. der Kurve des Gewichtsverlustes der zu untersuchenden Materialprobe (100—300 mg). S. Baryschnikow. 5052□

Eine billige Apparatur für die Differentialthermoanalyse. Wesley W. Wendlandt. (J. chem. Educat. **37**, 94—96, Febr. 1960; Subbock, Tex., Texas Technol. Col.; engl.) — Beschreibung der DTA-App. mit Schreibgerät. Ch. Weiske. 5052□

Methode mit innerem Standard für genaue Isotopenhäufigkeits-Messungen bei der thermischen Ionisationsmassenspektrometrie. L. A. Dietz, C. F. Pachucki und G. A. Land. (Analytic. Chem. **34**, 709—10, Mai 1962; Schenectady, N.Y., Gen. Electric Co., Knolls Atomic Power Labor.; engl.) — Durch Verw. innerer Standards wird eine fünffache Verbesserung der Genauigkeit bei massenspektrometr. Isotopenanalysen erreicht. Anwendungen auf die Messung der Häufigkeit der U-Isotope u. die Best. der ^{137}Cs-Halbwertszeit werden beschrieben. W. Betcke. 5052□

Ein automatischer coulometrischer Titrationsapparat. K. Jeffcoat und M. Akhtar. (Analyst **87**, 455—62, Juni 1962; Coventry, Coutaulds Ltd.; engl.) — Vff. beschreiben einen vollautomat. Titrations-App., bei dem der Titrant coulometr. in einer äußeren Zelle erzeugt wird. Der App., mit dem maximal 12 Analysen pro Std. durchgeführt werden können, arbeitet mit einer Genauigkeit $< \pm 0,3\%$. J. Kraetsch. 5054□

Ein Stromintegrator zur coulometrischen Analyse mit direkter Anzeige. Shigeki Hanamura. (Talanta [London] **3**, 14—22, Okt. 1959; Nagoya, Gov. Ind. Res. Inst.; engl.) — Beschreibung eines verbesserten Gerätes, das sich durch hohe elektr. Stabilität, hohe Empfindlichkeit auch bei geringen Strömen u. eine Genauigkeit von $\pm 0,3\%$ auszeichnet. Beschreibung der Anwendung zur Best. von Cu. E. Moisar. 5054□

Elektrische Bromdarstellung mit Hilfe einer Impulsmethode für coulometrische Titrationen. Quintus Fernando, M. A. V. Devanathan, J. C. Rasiah, J. A. Calpin und K. Nakulesparan. (J. electroanalyt. Chem. [Amsterdam] **3**, 46—53, Jan. 1962; Pittsburgh, Pa., Univ. of Pittsburgh, Dep. of Chem.; engl.) — Vff. beschreiben die Konstruktion u. Verw. einer vereinfachten Multivibratorschaltung für coulometr. Titrationen. Die Faktoren, die sowohl die C-Größe als auch die Bldg.-Geschw. der Stromimpulse beeinflussen, werden berechnet. As(III) u. 8-Hydroxychinolin wurden mit elektrolyt. dargestellten Br_2 titriert. Zur Endpunktsanzeige erwies sich eine vorbehandelte rotierende Pt-Mikroelektrode als die beste Indicatorelektrode. W. Hein. 5054□

Über ein neues Durchlicht-Interferenzmikroskop. J. Rienitz und E. Urbach. (Optik **18**, 580—88, Okt./Nov. 1961; Berlin-Adlershof, DAW, Inst. für Optik u. Spektrosk.; dt.) — Beschreibung eines Interferenzmikroskops, mit dem bei nur zwei abbildenden Syst. im Interferometer nicht nur höchste Beobachtungs-, sondern auch höchste Beleuchtungsaperturen erzielt werden. W. Betcke. 5056□

Vorrichtung für die Beobachtung und die Aufnahmetechnik der elektrolytischen Polierung unter dem Mikroskop. N. A. Tjapunina, A. A. Predwoditelew und A. Ss. Bysstrikow. (Betriebs-Lab. [UdSSR] **27**, 112—14, 1961; Moskau, Lomonossow-Univ.; russ.) Ch. Weiske. 5056□

Messung von Brechungsindices an Dünnschliffen. John J. W. Rogers. (Amer. Mineralogist **45**, 741, Mai/Juni 1960; Houston, Tex., Rice Inst., Dep. of Geol.; engl.) — Es wird ein Verf. beschrieben, an Dünnschliffen das Deckglas zu lösen u. Immersions-Fl. zu infiltrieren, um die Brechungsindices zu bestimmen. J.-E. Hiller. 5056□

Anwendung des Doppelmikroskops von Linnik zur Bestimmung des Brechungsindex von Bariumtitanat. Je. Ss. Berkowitsch und I. Ss. Sheludew. (Betriebs-Lab. [UdSSR] **23**, 1456—58, 1957; Inst. für Maschinenkunde der Akad. der Wiss. der UdSSR u. Inst. für Kristallographie der Akad. der Wiss. der UdSSR; russ.) — Beschreibung der Methodik der Best. von Brechungsindices n = 2,00 mit dem Linnik-Doppelmikroskop am Beispiel $BaTiO_3$. A. v. Wilpert. 5056□

Eine einfache Methode zur Bestimmung der Brechzahlen von Flüssigkeiten. K. Freytag. (Mikrokosmos **49**, 29—31, Jan. 1960; Treysa.) — Anleitung zum Anfertigen eines App. zur Best. von Brechzahlen von Fll. in einfachster Bastelausführung. Ein Objektträger mit Hohlschliff dient zur Aufnahme des Probemediums u. zur Markierung der Grenze der opt. Medien, durch die hindurch eine Skala anvisiert wird. W. Betcke. 5056□

Tendenzen der Gaschromatographie. Rico G. Negri. (Afinidad **18**, 383—94, Nov./Dez. 1961; span.) — Vgl. C. **1962**, 10576. — Übersicht über die Meth. der Gaschromatographie mit Beispielen. — 20 Literaturangaben. K. Huste. 5062□

Temperaturprogrammierte Gaschromatographie bei konstantem Druck. Robert Rowan jun. (Analytic. Chem. **34**, 1042—46, Aug. 1962; Linden, N.J., Esso Res. and Engng. Co., Analyt. Res. Div.; engl.) — Vf. führt eine quant. mathemat. Behandlung der temperaturprogrammierten Gaschromatographie bei konst. Druck (im Gegensatz zum kontinuierlichen Durchfluß) durch u. weist deren prakt. Verwendbarkeit nach. Zur Ableitung der Beziehung wird die Durchfluß-Geschw. als variabel u. nicht als konst. aufgefaßt. Die gleiche Betrachtungsweise erweist sich bei der üblichen temperaturprogrammierten Gaschromatographie unter Verw. des Durchflußmessers als erfolgreich. Zur direkten arithmet. Vorausberechnung von Retentions-Temp., die bisher nicht möglich war, wird eine Meth. angegeben. Außerdem wird eine allg. Gleichung zur Lokalisierung eines Konz.-Maximums in der Trennsäule zu jedem Zeitpunkt abgeleitet. W. Hein. 5062□

Technik und Anwendung der Gasphasen-Radiochromatographie. Jean-Pierre Adloff. (J. Chromatogr. [Amsterdam] **6**, 373—80, Nov. 1961; Strasbourg-Cronenbourg, Centre de Rech. Nucl., Dep. Chim. Nucl.; franz.) — Fortschrittsbericht über die Technik der Gasphasenradiochromatographie speziell zur Best. von ^{14}C u. T in organ. Substanzen. Diskontinuierliche u. kontinuierliche Best.-Verf. sowie die verschiedenen Detektoren. — 55 Literaturangaben. H. Nentwig. 5062□

Verwendung einer Ionisationskammer zur Messung der Radioaktivität in gaschromatographischen Eluaten. James Winkelman und Arthur Karmen. (Analytic. Chem. **34**, 1067—71, Aug. 1962; Bethesda, Md., Nat. Inst. of Health, Nat. Heart Inst.; engl.) — Zur hochempfindlichen Messung der Radioaktivität in Eluaten gaschromatograph. Trennsäulen verwenden Vff. eine Ionisationskammer. In der dazu benutzten App., deren Konstruktion u. Arbeitsweise eingehend beschrieben wird, wird die aus der Trennsäule austretende organ. Substanz zunächst an CuO verbrannt u. das dabei gebildete CO_2 zur ^{14}C-Best. in den Detektor übergeführt. Das entstehende W. wurde entweder abgefangen oder an Fe umgesetzt, um H_2 zur T-Best. zu erhalten. Das Vol. der Kammer betrug 275 ml, womit hohe Zählausbeuten gewährleistet waren. Ein zusätzlicher Gasstrom durch die Kammer verkürzt die Meßzeit. Die Empfindlichkeit der Meth. liegt so, daß 202 μc ^{14}C oder 227 μc T in einer Verb., die 8 Min. nach der Injektion durchbricht, von den Grundlinienschwankungen unterschieden werden können. Die Ansprechfähigkeit der Kammer auf unmarkierte Verbb., die ihren Einsatz auf Messungen dieser Größenordnung beschränken, wird durch Vorschalten einer $Mg(ClO_4)_2$-Falle eliminiert. W. Hein. 5062□

Speicherung gaschromatographischer Daten mit IBM-Lochkarten. J. S. Lewis, G. T. McCloud und W. Schirmer jun. (J. Chromatogr. [Amsterdam] **5**, 541—42, Juni 1961; Kingsport, Tenn., Eastman Kodak Comp., Res. Labor.; engl.) — Zur Speicherung der ständig wachsenden Informationen über die Gaschromatographie werden zwei Gruppen von Lochkarten vorgeschlagen. Die eine Gruppe enthält verschlüsselt Namen u. Molekülformel der Verb. u. eine Leitzahl (*Namen-Formel-Karte, NFC*); die andere Gruppe enthält Hinweise über chromatograph. Daten, wie fl. Phase, Trägermaterial Vgl.-Verbb., Retentionszeiten, Säulen-Temp. u. a., sowie bibliograph. Material u. die gleiche Leitzahl der Verb. (*Chromatograph. Daten-Karte, CDC*). M. Finke. 5062□

Gas-Flüssigkeits-Chromatographie in der qualitativen Analyse. 1. Mitt. Eine Interpolationsmethode für die Voraussage von Retentionsdaten. M. B. Evans und J. F. Smith. (J. Chromatogr. [Amsterdam] **5**, 300—07, April 1961; Welwyn Garden City, Herts., Great Britain Nat. Rubber Producers Res. Assoc.; engl.) — Eine logarithm. Interpolations-Meth. zur Voraussage von Retentionszeiten unsymm. Moleküle aus den Retentionszeiten der entsprechenden symm. Moleküle wird abgeleitet u. erfolgreich auf n-Paraffine, Olefine, Sulfide, Disulfide, Thiole, sek.-Alkohole, Alkylhalogenide, Ketone, Äther u. Selenide mit Kettenlängen von 4—13 C angewandt. W. Leipnitz. 5062□

Eine Apparatur für die präparative Gas-Flüssigkeits-Chromatographie. Paul v. Peurifoy, James L. Ogilvie und Isaac Dvoretzky. (J. Chromatogr. [Amsterdam] **5**, 418—29, Mai 1961; Houston, Tex., Shell Oil Comp., Houston Res. Labor.; engl.) — Die Trenn-App. besteht aus 8 hintereinander geschalteten nahtlosen Stahlrohren von 1½-in. · 9 ft., die so angeordnet sind, daß die effektive Säulenlänge auf 18, 36, 54 oder 72 ft. festgelegt werden kann. Die Kolonnen-Temp. kann bis auf 250° gebracht u. auf ± 1° konst. gehalten werden. Probenmengen zwischen 0,5 u. 20 ml werden mittels Injektionsspritze zugegeben. Es ist möglich Trennstufenzahlen von 9000 u. mehr zu erreichen. Die App. wurde zur Auftrennung von KW-Stoffgemischen u. zur Präparation reiner Verbb. für analyt. Unters. verwendet. W. Leipnitz. 5062□

Konstruktion eines Argon Gas-Flüssigkeits-Chromatographen. R. Mahadeva Iyer und Jai Pal Mittal. (J. sci. ind. Res. [New Delhi], Sect. D **21**, 19—22, Jan. 1962; Bombay, Trombay, Atomic Energy Establ., Chem. Div.; engl.) — Konstruktive Einzelheiten eines Ar-Verteilungsgaschromatographen werden beschrieben. Der verwendete β-Ionisationsdetektor nach dem Lovebock-Prinzip enthält ^{204}Tl als Strahlungsquelle. Er ist über einen breiten Konz.-Bereich empfindlich u. erlaubt doch den Nachw. von $2 \cdot 10^{-11}$ Molen der meisten organ. Verbindungen. Trotzdem ist er nicht sehr empfindlich gegen geringe Temp.-, Druck- u. Trägergas-Geschw.-Änderungen. — Funken-Bldg. zwischen den Elektroden durch Überdosierung der Proben wird durch einen mit einem Nadelventil ausgestatteten Seitenkanal, der nicht in den Detektorraum führt, vermieden. Ein durch Ar-Ionisation entstehender Strom von 10^{-9} A wird durch einen entgegengerichteten Strom aus einem gesonderten Stromkreis kompensiert. Die Füllung der 12 ft langen Säule besteht aus Siliconöl 703 (Dow Corning) auf vorbehandeltem Firebrick (80—100 mesh). Alle Teile der App. sind mit Hilfe einer zentralen Platte so angeordnet, daß sie leicht ausgewechselt werden können. D. Zschummel. 5062□

Die Anwendung von Benzoesäureanhydrid als unbewegliche Phase bei der Gas-Flüssigkeits-Chromatographie. W. I. Dal und W. M. Nabiwatsch. (Chem. Technol. Brennstoffe Öle [UdSSR] **6**, Nr. 10, 51—54, Okt. 1961; Dnepropetrowsk, Chem. Technol. Inst.; russ.) — Bei der Unters. des Einfl. verschiedener Stoffe als ruhende Phase auf die Analysendauer in der Chromatographie aromat. KW-Stoffe mit einem Kp. bis 210° erwies sich *Benzoesäureanhydrid* als die wirksamste Phase. Vers.-Anordnung u. -Ergebnisse unter Variierung der Phasen u. Aromaten sind angeführt.
H. v. Adolphi. 5062□

Stabilisierung von stationären Polyesterphasen für die Gas-Flüssigkeits-Chromatographie. Joseph Corse und Roy Teranishi. (J. Lipid Res. **1**, 191—92, Jan. 1960; Albany, Calif., Western Reg. Res. Labor.; engl.) — Polyesterpackungen, die als stationäre Phase bei der Gas-Fl.-Chromatographie von Fettsäuremethylestern verwandt werden, zeigen Unterschiede in der Stabilität. Durch Behandlung einer alkohol. Lsg. eines aus Bernsteinsäure, Diäthylenglykol u. Diglycerin (mit p-Toluolsulfonsäure als Katalysator) dargestellten Polyesters mit dem schwach bas. Ionenaustauschharz Duolit A 4 konnte dieser stabilisiert u. der Nachw. erbracht werden, daß für die Stabilitätsunterschiede H^+-Ionen verantwortlich sind. K. Zingraf. 5062□

Mikroionisationsdetektor für die Gas-Flüssigkeits-Capillargaschromatographie mit Promethium-147 ohne Gaszusatz. Ju. A. Frank und M. I. Janowski. (Kinetik u. Katalyse [UdSSR] **2**, 292—94, März/April 1961; Akad. der Wiss. der UdSSR, Inst. für phys. Chem.; russ.) — Vff. beschreiben die Konstruktion u. Arbeitsweise eines Mikroionisationsdetektors für die Capillar-Gaschromatographie ohne zusätzliche Gaseinführung. Die Ionisation der Trägergasatome erfolgt durch ^{147}Pr, wobei die Stärke des β-Strahlers 5—10 mc beträgt. Bei einem Vol. der Meßkammer von 5—7 μl arbeitet der Detektor mit einer Empfindlichkeit von $1 \cdot 10^{-10}$ Mol. Die obere Grenze der Arbeits-Temp. liegt bei 200—250°. Als Anwendungsbeispiel wird die Trennung von Äthern beschrieben (Trägergas: Ar, stationäre Phase: Dibutylphthalat, Säulenlänge: 20 m, Temp.: 18°). H.-P. Pietsch. 5062□

Automatische Registrierung der Radioaktivität von Elutionszonen bei der Gas-Flüssigkeits-Chromatographie. A. T. James und E. A. Piper. (J. Chromatogr. [Amsterdam] 5, 265—70, März 1961; London, Nat. Inst. for Med. Res.; engl.) — Das aus der Trennsäule austretende Ar mit den getrennten Komponenten wird über glühendes CuO geleitet, die organ. Substanzen werden zu H_2O u. CO_2 verbrannt. W. wird durch gekörntes $Mg(ClO_4)_2$ adsorbiert u. CO_2 nach Zumischung von ca. 5% CO_2 durch ein einfaches Proportionaldurchflußzählrohr geleitet. Der Aufbau des bei Raum-Temp. arbeitenden Zählrohrs, (Abb. der Verstärker u. Zähleinrichtungen) sind angegeben u. die einwandfreie Funktion durch Verss. mit markierten Fettsäuren (C_{16}—C_{18}) bewiesen. Die Vorr. kann auch für T-markierte Verbb. verwendet werden, wenn $Mg(ClO_4)_2$ durch CaC_2 ersetzt wird u. eine höhere Verstärkung der Impulse erreicht werden kann. W. Leipnitz. 5062□

Überprüfte Eichung für optische Hochdruckbomben. H. G. Drickamer. (Rev. sci. Instruments **32**, 212—13, Febr. 1961; Urbana, Ill., Univ. of Illinois, Dep. of Chem. and Chem. Engng.; engl.) — Durch opt. Best. der Absorptionskanten bei den Phasenumwandlungen von AgCl (bei 85 kbar) u. AgBr (88) sowie von S (140) als Funktion des Druckes wurde diese Eich-Meth. für opt. Hochdruckbomben neu überprüft; die Eichwerte sind tabelliert. G. Gattow. 5063□

Der Gleichstrombogen bei der spektrographischen Kontrolle in der Industrie. A. M. Morand, J. Robin und P. Dewasnes. (Rev. univ. Mines, Metallurgie, Mécan., Trav. publ., Sci. Arts appl. Ind. [9] **15 (102)**, 399—404, Mai 1959; Venissieux, Soc. des Electrodes et Réfractaires „Savoie"; Lyon, Soc. d'Electrochim.-Ugine, Serv. Centraux de Rech.; franz.) — Vff. besprechen die Verw. des Gleichstrombogens in der industriellen spektrograph. Analyse von Nichtleitern, bes. Si-Al-Verbindungen. — 17 Literaturangaben. C. Gottfried. 5063

Ein Vergleich von Wechselstrombögen verschiedener Treibspannung. K. Laqua. (Spectrochim. Acta [London], Proc. Colloquium spectroscop. int. VI **1956**, 197—204, 1957; Pretoria, Council for Sci. and Ind. Res., Nat. Phys. Labor.; dt.) — Vf. untersucht den Einfl. der Treibspannung auf Analysenergebnisse, die mittels Wechselstrom-Dauerlichtbögen erhalten wurden, u. findet keine Unterschiede zwischen solchen mit fremdgezündeten u. selbstzündenden Hochspannungsbögen. Die Fremdzündung bietet nur den Vorteil, bei kleineren Treibspannungen größere Elektrodenabstände verwenden zu können. Ein Einfl. der von 230—2200 V variierten Treibspannung wurde bei der Analyse von metall. Selbstelektroden nicht festgestellt, bei nichtmetall. Trägerelektroden geben Hochspannungsbögen bei manchen Elementen (in Spuren) bessere Genauigkeiten, für andere Elemente erweisen sich Niederspannungsbögen als vorteilhafter. Lang dauernde, bogenähnlich wirkende Kondensatorentladungen erreichen nicht die Nachw.-Empfindlichkeit von Wechselstrombögen. — Vf. diskutiert Vor- u. Nachteile von Hoch- u. Niederspannungsbögen u. hält es für möglich, ganz allg. Niederspannungswechselstrombögen zu verwenden, da diese gefahrloser sind u. billiger hergestellt werden können. W. Sobieski. 5063□

Eine neue Anordnung zur Messung der axialen Intensitätsverteilung im Bogen. P. W. J. M. Boumans. (Rev. univ. Mines, Metallurgie, Mécan., Trav. publ., Sci. Arts appl. Ind. [9] **15 (102)**, 396—99, Mai 1959; Amsterdam, Univ., Labor. für Anal. Chem.; dt.) C. Gottfried. 5063

Über ein pneumatisches Verfahren zur Einführung pulverförmiger Proben in die Bogenentladung. R. Ss. Rubinowitsch und A. Ss. Perschin. (Nachr. Akad. Wiss. UdSSR, physik. Ser. **23**, 1163—65, Sept. 1959; Inst. zur Erforsch. der Geologie der Arktis; russ.) — Vff. beschreiben ein Gerät zum Einblasen pulverförmiger Substanzen in die Bogenentladung. Es werden optimale Bedingungen (Korngröße, Druck des Luftstromes u. a.) angegeben, damit im Bogen eine vollständige Verdampfung der Partikel stattfinden kann. G. Rudakoff. 5063□

Vervollkommnung des Apparates AWR-2. I. I. Smoljak. (Nachr. Akad. Wiss. UdSSR, physik. Ser. **23**, 1165—67, Sept. 1959; Olekminsker Partie der geophysikal. Transbaikal-Expedition; russ.) — Vf. beschreibt mehrere Zusatzgeräte zum Spektral-App. AWR-2, mit denen in 6 Std. bis zu 900 Proben den Bogen passieren können. G. Rudakoff. 5063□

Gerät zur Bezeichnung von Spektralplatten. Á. Bardócz. (Spectrochim. Acta [London] **1959,** 461—65, Juli 1959; Budapest, Ungar. Akad. der Wiss., Phys. Zentralforsch.-Inst.; dt.) — Das Beschreiben der Platte geschieht mit einer am Anker eines Telephonrelais befestigten, in den Strahlengang des Spektrenprojektors eingeführten Grammophonnadel. Das Relais wird mit einem Impulsgenerator in Schwingung versetzt, so daß durch Verschiebungen der Platte unter der Nadel Strichzeichen angebracht werden können. W. Betcke. 5063□

Ein Gerät zur Registrierung zeitaufgelöster Spektren von pulsierenden Entladungen langer Dauer. J. McK. Nobbs. (Spectrochim. Acta [London] **1959,** 939—45, Dez.; Adelaide, Australian Defence Sci. Serv., Defence Standards Labor., Dep. of Supply.; engl.) — Vf. beschreibt eine App., mit deren Hilfe zeitaufgelöste Funkenspektren unter Verw. von pulsierenden Entladungen mit einer Dauer bis zu 10 mSek. registriert werden können. Die Registrierung erfolgt entweder photograph. oder photoelektrisch. Die Auflösungszeiten liegen zwischen 80 u. 620 μSek. u. können über diesen Bereich in 4 Stufen variiert werden. J. Peters. 5063□

Anwendung von Multipletts bei der Eichung von Photoplatten in der Spektralanalyse. Adam Hulanicki. (Chem. analit. [Warszawa] **3,** 83—90, 1958; Warszawa, Uniw., Kat. Chem. nieorg.; pol.) — Das Eichen von Spektralphotoplatten mit Hilfe von Multipletts, z. B. mit den Tripletts des Zn-Spektrums, ist auch bei höherer Grundschwärzung der Platte möglich, wenn die Abhängigkeit des Kontrast-Koeff. von der Intensität der Eichlinien u. der Intensität des Untergrunds bekannt ist. Die erforderlichen Beziehungen werden in Nomogrammform angegeben. F. Urban. 5063□

Bemerkungen zur Photographie von Oszillogrammen. Russell E. Duff und Herbert T. Knight. (Rev. sci. Instruments **32,** 741—43, Juni 1961; Los Alamos, N.Mex., Univ. of California, Los Alamos Sci. Labor.; engl.) — Zur Erzeugung von brauchbaren photograph. Aufnahmen von Oscillogrammen müssen die Leuchtschirmbilder u. die Kameras erfahrungsgemäß bestimmte Grundforderungen erfüllen. Einige Gesichtspunkte, wie die Anforderungen an den Elektronenschreibstrahl auf der Seite des Oscillographen, die Optik u. die Filmqualität bei der Kamera werden allg. erörtert. W. Reusse. 5063□

Reagensglasküvetten für photoelektrische Colorimeter-Nephelometer. B. A. Fichman. (Laboratoriumswesen [UdSSR] **7,** Nr. 7, 61—62, Juli 1961; Tarassewitsch.-Kontrollinst. für biolog. Präparate; russ.) — Nach Erfahrungen des Vf. lassen sich die hierzu gebräuchlichen Küvetten mit planparallelen Wänden durch gewöhnliche Reagensgläser ersetzen. Das ist bes. bemerkenswert, da beim Arbeiten mit den gebräuchlichen Küvetten sehr oft die Sterilität des Unters.-Objektes leidet u. eine völlige Gefahrlosigkeit beim Arbeiten mit pathogenen Mikroorganismen nicht gewährleistet ist. Man sucht eine Anzahl möglichst fehlerfreier Reagensgläser heraus. Der Durchmesser der Gläser wird nach der Trübungsstärke des Unters.-Materials gewählt. Die opt. Dichte soll in den Grenzen 0,3 bis 0,5 liegen. Für die Reagensgläser sind spezielle Halter konstruiert. E. Steinberg. 5065□

Eine modifizierte Röhrenküvette für das Spektronic-20-Colorimeter. Earl Usdin. (Chemist-Analyst **48,** 101, Dez. 1959; Philadelphia, Pa., Inst. of Cancer Res.; engl.) — Beschreibung einer speziellen Röhrenküvette für colorimetr. Routine-Unterss. die am Gerät gefüllt u. geleert werden kann. W. Betcke. 5065□

Einige Versuche zur Präzisionscolorimetrie. Tsunenobu Shigematsu und Masayuki Tabushi. (Bull. Inst. chem. Res., Kyoto Univ. **36,** 127—33, Nov. 1958; Shigematsu Labor.; engl.) — Vff. untersuchen die Meßgenauigkeit von Differential- u. spurenanalyt. Methoden. Bei großen Konzz. ist die Differential-Meth. den gravimetr. u. volumetr. Best.-Meth. gleichwertig. Für geringe Konzz. scheint die spurenanalyt. Meth. geeignet, ohne jedoch die Genauigkeit der konventionellen Meth. zu übertreffen. Dieter Heinrich. 5065□

a) Elemente und anorganische Verbindungen

Die Anwendung eines verbesserten Wasserdampfdestillationsapparates auf die Bestimmung von Fluorid in Gesteinen und Mineralien. C. O. Ingamells. (Talanta [London] **9,** 507—16, Juni 1962; University Park, Pa., Pennsylvania State Univ., Mineral Constit. Labor.; engl.) — Durch Verw. von H_2SO_4 oder H_3PO_4 statt $HClO_4$ wird der Wrkg.-Grad der F^--Dest. nach Willard u. Winter (Ind. Engng. Chem., analyt. Edit. **5,** [1933], 7) verbessert. PO_4^{3-} u. SO_4^{3-} müssen jedoch vom Destillat ferngehalten werden da sie viele Meth. (einschließlich der üblichen Thoriumnitrattitration) zur F^--Best.

stören. Ein App. wird beschrieben, der eine genaue Überwachung der Dest. gestattet u. eine schnelle u. vollständige Ansammlung des Fluorides F^- in einem SO_4^{2-}- u. PO_4^{3-}-freiem Destillat gewährleistet. Meth. zur quant. Isolierung von F^- aus Silicatgesteinen u. Mineralien werden mitgeteilt. Die Genauigkeit der Best. beträgt $\pm 2\%$.
Dieter Heinrich. G 246□

Anwendung der (α, n)-Reaktionen zur quantitativen Bestimmung des Be-, B- und F-Gehaltes in Anreicherungsprodukten. I. N. Plakssin, W. N. Smirnow und L. P. Startschik. (Atomenergie [UdSSR] **9**, 361—65, Nov. 1960; russ.) — Vff. beschreiben eine Schnellanalyse zur Best. von *Be*, *B* u. *F* in Erzaufbereitungs-Prodd. oder in reichen Fluorit- u. Hydroboraciterzen. Verwendet werden die Rkk. $^{9}Be(\alpha,n)^{12}C$, $^{19}F(\alpha,n)^{22}Na$ u. $^{10}B(\alpha,n)^{13}N + ^{11}B(\alpha,n)^{14}N$ mit den entsprechenden Ausbeuten von 80, 12 u. 24 Neutronen auf 10^6 α-Teilchen. Die Neutronen wurden mit einem bzw. mehreren BF_3-Zählrohren registriert. Als Quelle diente ein 250-mc-^{210}Po-Präparat. Die Konz.-Best. erfolgt durch Vgl. mit einem Standard. Die Abhängigkeit Zählrate/Konz. ist bis zu 14% BeO, 100% CaF_2 u. 50% B_2O_3 linear. Der Einfl. von Elementen mit großem (α, n)-Wrkg.-Querschnitt stört bei konst. Konzz. nicht. Feuchtigkeit wirkt störend. Der Fehler beträgt 1,5—2% der zu bestimmenden Konzentration. G. Ewald. G 281□

Solochromschwarz P. V. als neues Reagens in der Chelatometrie. 3. Mitt. **Spektrophotometrische Bestimmung und Titration von Magnesium.** H. Khalifa und S. W. Bishara. (Z. analyt. Chem. **184**, 11—17, 1961; Giza, U.A.R. Univ. Cairo, Fac. of Sci.; engl.) — 2. vgl. C. **1963**, 628. — Solochromschwarz P.V. läßt sich zur spektrophotometr. Mikro-Best. von Mg benutzen. Die Färbung ist für 1 Std. stabil u. gehorcht bei 530 nm im Bereich von 0,05—3 ppm Mg dem Beerschen Gesetz. Störungen durch Zn, Ca, Co Cu u. a. Kationen lassen sich durch Maskierung beseitigen. Im gleichen Konz.-Bereich wurde auch die spektrophotometr. Titration des Mg mit EDTA-Lsg. durchgeführt.
H. Nentwig. G 282□

Die komplexometrische Titration von Calcium in Gegenwart von Magnesium. Eine kritische Untersuchung. R. Belcher, R. A. Close und T. S. West. (Talanta [London] **1**, 238—44, Sept. 1958; Birmingham, Univ., Dep. of Chem.; engl.) — Es wurde die Anwendbarkeit verschiedener Indicatoren [Murexid, Calcein/Thymolphthalein, Methylthymolblau, Calcon (**I**) u. Alizarinschwarz SN, (**II**)] für die Titration von Ca mit 0,01m EDTA-Lsg. in Ggw. oder Abwesenheit von Mg untersucht. **II** wird für die Titration von Ca in reiner Lsg. vorgeschlagen u. für Lsgg., in denen das Verhältnis Mg:Ca $<$ 1:12 ist. Für größere Verhältnisse kann Ca nur quant. bei Verw. von **I** als Indicator erfaßt werden. Dient 1.2-Diaminpropan-N.N'-tetraessigsäure als Titrationsmittel, so kann der **II**-Anwendungsbereich ausgedehnt werden. G. Günzler. G 283□

Komplexometrische Bestimmung von Eisen, Calcium und Magnesium in Türkischrot. Zygmunt Łada und Janina Pruszyńska. (Chem. analit. [Warszawa] **3**, 963—68, 1958; Warszawa, Inst. Techn. bud.; Inst. Chem. ogóln., Zakł. analit.; tschech., Auszug: engl.) — Der Fe-Geh. in Fe-Pigmenten wird durch komplexometr. Titration in Ggw. von Salicylsäure ermittelt. Vor der komplexometr. Best. von Ca u. Mg wird Fe als $Fe(OH)_3$ mit NH_4OH gefällt. Die Summe Ca + Mg wird unter Anwendung von Eriochromschwarz T bei pH 9, Ca allein in Ggw. von Murexid nach Verkochen von NH_3 mit KOH titriert. — 15 Literaturhinweise. F. Urban. G 354□

Beiträge zur Bestimmung von Eisen und Aluminium in Gemischen. A. Todeasa, D. Ciolan, A. Kovacs und C. Turcanu. (Rev. Chim. [București] **9**, 577—78, Okt. 1958; rum.) — Bestimmt wird Al^{3+} u. Fe^{3+} in Gemischen. Das Fe wird mit überschüssiger NaOH gefällt u. das Al im Filtrat als Benzoat bestimmt. K. Lange. G 354

Potentiometrische Papierchromatographie von Eisen und Aluminium. Zofia Görlich. (Zeszyty naukowe Uniw. jagiellońskiego, Prace chem. **1959**, 133—38; Kraków, Uniw. Jagiell., Kat. Chem. fiz. i Elektrochem.; pol., Auszug: engl.) — Fe^{3+} u. Al^{3+} lassen sich bei pH 3 (0,001n HCl) in 0,1n KCl-Lsg. an Whatman-Papier Nr. 1 nach der absteigenden Meth. trennen. Das Papier wird durch Waschen mit 1n HCl W. u. schließlich mit der angewandten Lsg. gereinigt. Die Trennung kann mit einer Sb-Mikroelektrode potentiometr. verfolgt werden. Die Elektrode wird am Ende des Papierstreifens angelegt. Sie registriert die Potentialänderung in der wandernden Fl. sofort mit großer Empfindlichkeit. Ohne HCl-Zusatz ist die Trennung wegen der Hydrolyse unscharf.
F. Urban. G 354□

Komplexometrische Bestimmung von Eisen und Aluminium bei der Produktionskontrolle von Aluminiumverbindungen. Zygmunt Łada und Irmá Pacewska-Szlemińska. (Chem. analit. [Warszawa] **3**, 955—62, 1958; Warszawa, Inst. Chem. ogóln., Zakł. analit.; pol., Auszug: engl.) — Fe u. Al können im Verhältnis 1:16 bis 10:1 in Ggw. von SO_4^{2-} u. NH_4^+ durch Titration mit Komplexon III nebeneinander genau bestimmt werden. Zunächst wird die Lsg., die nicht $>$50 mg Fe u. 50 mg Al enthalten soll, bei pH 2 kalt titriert, wobei Salicylsäure als Indicator zur Best. von Fe^{3+} dient. Darauf wird so viel Komplexon III-Lsg. zugegeben, daß Al^{3+} vollständig gebunden wird. Die Lsg. wird auf pH 3 gebracht, auf 50° erwärmt, wieder abgekühlt u. nochmals auf pH 3 eingestellt. Nach Zusatz von etwas Pyridin u. Brenzcatechinviolett wird der Reagensüberschuß mit einer eingestellten $CuSO_4$-Lsg. zurücktitriert. — 18 Literaturhinweise. F. Urban. G 354 □

Photometrische Bestimmung von Eisen in Al-Metall und Al-Legierungen mit EDDHA (Äthyendiamin-N.N'-bis-[o-hydroxyphenylessigsäure]). Riyojiro Kono und Tokuaki Maekawa. (Light Metals [Tokyo] **12,** No. 1 (No. 57), 35—38, Jan. 1962; Mie Pref. Metal Ind. Exp. Stat.; jap.; Auszug: engl.) — Die Rk. zwischen EDDHA u. Fe in Al ist bei pH 2—8 empfindlich; die gebildete Rotfärbung ist 8 Std. lang beständig; das Absorptionsmaximum liegt bei 470—480 mμ. Fe läßt sich auf diese Weise in Ggw. von Mg, Zn, Cr, Mn u. Si genau bestimmen (mittlere Abweichung 0,02%). Größere Mengen Cu u. Ti entfernt man elektrolyt. oder führt sie mit Komplexon in eine Komplex-Verb. über. W. Wesly. G 354 □

Die Bestimmung von Eisen durch Solventextraktion. 1. Mitt. **Die Bestimmung von Eisen in durch Zonenschmelzen gereinigtem Aluminium.** H. Jackson und D. S. Phillips. (Analyst **87,** 712—17, Sept. 1962; Chalfont Park, Gerrards Cross, Bucks., Brit. Aluminium Co. Ltd., Res. Labor.; engl.) — Es wird eine Meth. zur Best. von 0,5—15 ppm Fe in hochreinem Al beschrieben. Fe wird als Fe(III) aus der salzsauren Proben-Lsg. mit Isobutylmethylketon extrahiert; die von anderen Autoren beschriebene Bldg. von Emulsionen u. schlechte Trennung der Phasen wird durch passende Wahl der Phasen-Vol., die Mitextraktion von $AlCl_3$ u. HCl durch das Arbeiten bei geringer Acidität verhindert. Fe wird aus der organ. Phase mit einer wss. Lsg. von CH_3COONa, Hydroxylammoniumchlorid u. 1.10-Phenanthrolin extrahiert. Diese Lsg., zu der noch die Waschwässer gegeben werden, wird bei 510 nm photometriert. Die Standardabweichung betrug bei 22 Best. von Fe-Geh. zwischen 2,1 u. 7,2 ppm $\pm$0,031 ppm. P. Kurzmann. G 354 □

Die Bestimmung von Eisen durch Solventextraktion. 2. Mitt. **Anwendung auf Härter-Legierungen auf Aluminiumbasis.** H. Jackson und D. S. Phillips. (Analyst **87,** 718—23, Sept. 1962; engl.) — 1. vgl. vorst. Referat. — Es wird die Fe-Best. in reinsten, Cu, Ni, Co, Cr oder Zn enthaltenden Härter-Legg. auf Al-Basis beschrieben. Fe wird als Fe(III) mit einem Isobutylmethylketongemisch (2:1) aus der an HCl 7n Lsg. der Probe extrahiert. Dieses Extraktionsmittelgemisch ist dem reinen Isobutylmethylketon vorzuziehen, wenn mit kleinen Einwaagen bei hoher Acidität gearbeitet wird, da von dem Gemisch geringere Al-, HCl- u. Störelementmengen mitextrahiert werden. Fe wird aus der organ. Phase mit einer wss. Lsg. von CH_3COONa, Hydroxylammoniumchlorid u. 1.10-Phenanthrolin extrahiert; die wss. Phase wird photometriert. P. Kurzmann. G 354 □

Radiochemische Analyse durch Aktivierung mit thermischen Neutronen: Bestimmung von Kobalt durch Messung der Aktivität von Kobalt-60m (Halbwertszeit von 10,5 min). D. Monnier, W. Haerdi und J. Vogel. (Helv. chim. Acta **44,** 1565—73, 16/10. 1961; Genève, Univ., Labor. de Chim. miner. de Chim. anal. et de Microchim.; franz.) — Kleine Filterpapierstücke werden mit Co-Salz-Lsg. getränkt u. nach dem Trocknen in kleinen Polyäthylensäckchen 15 Min. lang bei einem Neutronenfluß von 10^{10}—10^{11} n/cm$^2\cdot$s im Reaktor bestrahlt. Die Aktivitätsmessung erfolgt nach der Scintillations-Meth. (Peak 0,059 MeV). Da der Neutronenfluß nicht konst. ist, wird bei jeder Bestrahlung eine geeignete Probe bekannten Gew. mitbestrahlt u. dann umgerechnet. Eine Eichkurve wird hergestellt. Mn stört wegen der Bldg. von ^{56}Mn, Cr u. Si stören nicht, Ni u. Mo wenig, aber Fe wegen der Absorption von ^{60m}Co-γ-Strahlen. Die Co-Abtrennung erfolgt in diesen Fällen durch Extraktion des Co-β-Nitroso-α-naphthol-Komplexes mit Toluol. Die auftretenden Verluste werden radiochem. durch Zugabe einer bekannten Aktivität von ^{60}Co bestimmt. Die untere Best.-Grenze beträgt 0,07 μg bei einer Genauigkeit von 7%. U. Siggel. G 355 □

Die analytische Chemie der Pyridinthiocyanate. 1. Mitt. **Die Trennung von Kobalt- und Nickel durch Solventextraktion.** J. H. W. Forsythe, R. J. Magee und C. L. Wilson. (Talanta [London] **1,** 249—51, Sept. 1958; Belfast, Northern Ireland, Queen's Univ., Chem. Dep.; engl.) — 2. vgl. C. **1961,** 15143. — Ni wird aus HCl-saurer Lsg. mit Chlf. bei pH 4,6 als Pyridinthiocyanat (**I**) extrahiert. Die wss. Phase enthält das gesamte Co, das unter diesen Bedingungen keinen **I**-Komplex bildet. Sie wird durch Zugabe von HCl auf pH 2,5—3,0 u. anschließend durch Pyridinzusatz auf pH 5,6 gebracht. Der Nd. von Co-**I** wird durch zweimaliges Ausschütteln mit Methylisobutylketon extrahiert. Die quant. Best. geschieht durch Aufnahme der Absorptionsspektren der organ. Phasen u. Vgl. mit Eichkurven. Die Erfassungsgrenzen liegen für Ni bei 100 μg, für Co bei 50 μg. G. Günzler. G 356 □

Bestimmung von Nickel in Cyanidhaltigen Versilberungsbädern. M. Malát und K. Koleček. (Chemist-Analyst **50,** 115, Dez. 1961; Prag, Charles Univ. u. Popov Res. Inst. for Radio Commun., Fac. of Natural Sci., Dep. of Anal. Chem.; engl.) — Die Best. des Ni-Geh. von Versilberungsbädern gelingt durch Verdrängung des Ni aus seinem Cyanokomplex mit Hilfe von Ag u. anschließende direkte oder indirekte Titration mit AeDTE. Es wird vorgeschlagen, zur Verdrängung des Ni die Verw. von wss. $AgNO_3$-Lsg. (I) u. ammoniakal. AgCl-Lsg. (II) zu kombinieren, indem man zunächst einen geringen Überschuß an II zugibt u. durch tropfenweise Zugabe von I den entstandenen Ndd. wieder löst. R. Ristow. G 356 □

Abfunkeffekte an Kupfer, Zink, Blei und einem Böhlerstahl beim Wechsel des Entladungsgases (Argon, Stickstoff, Kohlendioxid, Luft, O_2) im kondensierten Funken und ihre Erklärung (Zusammenfassung). A. Schöntag und S. G. Beszedes. (Suppl. zu Spectrochim. Acta [London] **1957,** 243—44, München, Bayer. Landeskriminalamt; dt.) — Vff. berichten über Abfunk-Verss. an Legg. (Stahl) u. Reinelementen (*Cu, Zn, Sn, Pb*) in verschiedenen Entladungsgasen (Ar, N_2, CO_2, O_2 u. Luft) zur Best. der Einfl. von Entladungsparametern (Kapazität C, Selbstinduktion L, Ohmscher Widerstand R) auf die Intensitätsverhältnisse (IV). Bei plötzlicher Änderung der Gase, von C, L, R oder der Elektroden-Temp., gehen die IV-Werte nicht sprunghaft, sondern stetig in den neuen Endwert über, da sich beim Abfunken an der Oberfläche der Elektroden durch verschiedene Diffusion der Leg.-Partner aus dem Grundmetall ein durch C, L, R, die Funkenzahl/Sek. u. das Entladungsgas bestimmter stationärer Konz.-Zustand einstellt, der sich nur stetig ändert. Daraus ergibt sich eine Konz.-Abhängigkeit der Leg.-Bestandteile im Grundelement in unmittelbarer Nähe der Elektrodenoberfläche u. eine Rückwrkg. der dort vorliegenden Struktur auf die elektr. Entladung. — Die Unters. der Metalloberflächen in den verschiedenen Gasen bei C = 6000 cm, R = 0,1 Ω u. L = 80700 (bzw. 3000) cm ergab zwei charakterist. Arten des Materialabbaus von den Elektroden: über die Bldg. von Metallkugeln u. Abbau über eine Zerstäubung des Elektrodenmaterials. W. Sobieski. G 358 □

Volumetrische Bestimmung von Kupfer, Blei und Cadmium in Pyriten, Markasiten und Abbränden mit Natriumdiäthyldithiocarbamat. Krystyna Lasiewicz und Henryka Zawadzka. (Chem. analit. [Warszawa] **3,** 1033—39, 1958; Luboń, Inst. Kwasu Siark. i Naw. fosfor; pol.) — Die Probe-Lsg. wird mit Komplexon III maskiert u. mit NH_4OH versetzt. Bei der Best. von Cu^{2+} muß Pb^{2+} als $PbSO_4$ abgetrennt werden. Cu^{2+} wird darauf mit einer 0,1n Na-Diäthyldithiocarbamat (I)-Lsg. gefällt, u. der Nd. mit Chlf. extrahiert. Der Extrakt wird unter Zusatz eines Puffers (pH 5) mit einer $HgCl_2$-Lsg. (0,01—0,001n je nach Konz.) titriert. Bei der Pb^{2+}-Best. wird die Lsg. mit NaOH neutralisiert, mit Weinsäure u. KCN versetzt, u. dann Pb mit **I** gefällt. Der Chlf.-Extrakt wird auf pH 5 gepuffert, Pb^{2+} mit $CuSO_4$ aus dem Komplex verdrängt, u. der Cu-Komplex wieder mit $HgCl_2$ titriert. Cd^{2+} stört hier nicht. Cd^{2+} wird bei pH 12 in Ggw. von 0,25% KCN mit Pb^{2+} zusammen als **I**-Komplex gefällt, u. die Summe beider Metalle wie oben beschrieben bestimmt. F. Urban. G 358 □

Trennung bestimmter Kationen aus Kationengemischen durch Ionenaustauscherpapiere. 1. Mitt. **Silber und Thallium.** Joseph Sherma. (Talanta [London] **9,** 775—80, Sept. 1962; Easton, Pa., Lafayette Coll., Dep. of Chem.; engl.) — Bei absteigender Entw. mit 0,0125m Nitridotriessigsäure in 3,0m Ammoniak auf Amberlite SB-2-Ionenaustauscherpapier besitzt Ag^+ den R_F-Wert 0,77 u. ist somit von Tl (R_F 0,21), Cu (R_F 0,092), Cd (R_F 0,07) u. den am Startpunkt zurückbleibenden Kationen von Pb, Sn, Sb, As, Co, Ni, Fe, Mn, Cr, Al, Zn, Ce, Mg, Ba trennbar. In 0,2m NH_3-Lsg., die 0,05 Mole KCN u. 0,075 Mole $(NH_4)_2(COO)_2$ enthält, hat Tl den R_F-Wert 0,30, während die restlichen Kationen, einschließlich Ag, am Startpunkt zurückbleiben. Eine Ausnahme bildet Mg (R_F 0,20), von dem Tl nur bedingt trennbar ist. Analog der papierchromatograph. Meth. ist Ag säulenchromatograph. über Amberlite IRA-400 aus Gemischen der genannten Kationen quant. isolierbar. F.-M. Friedrich-Anderseck. G 359 □

Untersuchungen von Kalk- und Dolomitgehalt an Sanden quartärer Ablagerungen der Nordostschweiz. 1. Mitt. V. Jenny und F. de Quervain. (Schweiz. mineralog. petrogr. Mitt. **40,** 55—67, 1960; Zürich; dt.) — An einer größeren Anzahl quart. Sandablagerungen in der Nordostschweiz wurden die Kalk- u. Dolomit-Geh. bestimmt u. die Ergebnisse in eine Karte eingetragen. Unters.-Meth. u. Probenahme werden beschrieben. J.-E. Hiller. 5290 □

b) Organische Verbindungen

Verluste von Spurenelementen bei der Oxydation organischer Stoffe. Die Bildung flüchtiger Chloride beim trockenen Veraschen in Gegenwart anorganischer Chloride. T. T. Gorsuch. (Analyst **87,** 112—15, Febr. 1962; Amersham, Bucks., U. K. Atom.

Energy Authority, Radiochem. Centre; engl.) — Die bei 16std. Erhitzen auf 600° auf tretenden Verluste an Sb, Cr, Fe(III), Pb u. Zn in Ggw. von NaCl bzw. NH_4Cl (bei Zn auch noch in Ggw. von $MgCl_2$ bzw. $CaCl_2$ bzw. $BaCl_2$) wurden unter Verw. von Leitisotopen bestimmt, um Rückschlüsse auf die Best. von Spurenelementen in organ. Substanzen zu ziehen. NaCl verursacht keine Verluste, da es wegen seiner hohen Freien Bldg.-Energie mit keinem der Oxide der untersuchten Metalle reagiert. NH_4Cl ruft bei Sb, Pb u. Zn hohe Verluste hervor. $MgCl_2$ u. $CaCl_2$ verursachen hohe Zn-Verluste, $BaCl_2$ dagegen keine. P. Kurzmann. 5350□

Spezifische Probleme bei der Bestimmung von Spurenelementen in organischen Stoffen. M. Oosting. (Chem. Weekbl. **58,** 90—96, 3/3. 1962; Rotterdam, Ferro Enamels N.V.; niederl.) — Übersicht über die bei der Best. von Spurenelementen in organ. Stoffen vorausgehende Zerstörung der organ. Substanz durch Veraschen, durch Einw. von H_2SO_4, $H_2SO_4 + HNO_3$, HNO_3, H_2O_2, $HClO_4$ u. andere Verfahren. — 74 Literaturhinweise. W. Wesly. 5350□

Die Trennung von niedrigsiedenden Kohlenwasserstoffen durch Gaschromatographie unter Verwendung von gepackten Capillarsäulen. I. Halász und E. Heine. (Nature [London] **194,** 971—73, 9/6. 1962; Frankfurt/M., Univ., Inst. für Phys. Chem.; engl.) — Mit Hilfe einer Al_2O_3-gepackten (das Al_2O_3 wurde durch Calcinieren von Hydrargillit bei 400° gewonnen) Capillarsäule konnten 15 gesätt. u. ungesätt. C_1—C_5-KW-Stoffe gaschromatograph. getrennt werden. W. Betcke. G 500□

Die Chromatographie der Kohlenwasserstoffe C_5—C_7 auf dem oberflächenaktiven Stoff OP-7. W. G. Bereskin und L. Ss. Polak. (Chem. Technol. Brennstoffe Öle [UdSSR] **6,** Nr. 4, 14—19, April 1961; Inst. für chem. Erdöl-Synth. der Akad. der Wiss. der UdSSR; russ.) — Am Beispiel einiger Vers.-Ergebnisse mit *n-Hexatriacontan, Benzyldiphenyl* u. *OP-7* wird gezeigt, daß die nichtionogenen oberflächenakt. Stoffe als stationäre fl. Phase bei der Gas-Fl.-Chromatographie von KW-Stoffen sehr geeignet sind. Auf Basis von OP-7 wird eine Analysen-Meth. für C_5—C_7-KW-Stoffe angegeben, die eine Gesamtdauer von 40 Min. hat. H. V. Adolphi. G 500□

Quantitative Analyse des Gehalts an CH_2- und CH_3-Gruppen in Kohlenwasserstoffen aus den Infrarotspektren. Je. I. Pokrowski. (J. physik. Chem. [UdSSR] **32,** 1410—12, Juni 1958; Leningrad, Akad. der Wiss. der UdSSR, Inst. für hochmol. Verbindungen; russ.) — Es wird eine Meth. zur quant. Best. der CH_3- u. CH_2-Gruppenzahl von KW-Stoffen im fl. u. gelösten (CCl_4; Konz. 0,01—0,02 Mol/Liter) Zustand u. des Verhältnisses CH_3/CH_2 in polymeren Filmen beschrieben. Als Analysenbanden dienen die $\nu(CH_3)$ bei 2957 u. $\nu(CH_2)$ bei 2924 cm^{-1}, als Vgl.-Substanz wird n-Hexadecan benutzt. Die Überlagerung der $\nu(CH_3)$ u. $\nu(CH_2)$ wird durch graph. Best. des Anteils jeder Bande am Absorptions-Koeff. der anderen (vgl. Pokrowski u. Wolkenstein, C. **1955,** 3880) berücksichtigt. Mit den so gewonnenen Koeff. u. den jeweils beobachteten Extinktionen der $\nu(CH_3)$ u. $\nu(CH_2)$ wird die Zahl der CH_3- u. CH_2-Gruppen durch Lsg. eines Syst. von 2 Gleichungen mit 2 Unbekannten bestimmt. Nach dieser Meth. wurde die CH_3- u. CH_2-Gruppenzahl oder ihr Verhältnis in Proben aus *Polyisobutylen, Polypropylen* u. *Copolymeren* von *Äthylen* mit *Isobutylen* ermittelt. Die Reproduzierbarkeit der Werte lag bei 1—2%. U.-L. Rau. G 500□

Bestimmung von Fluothan und seinem Isomeren mit Hilfe der Infrarotspektrophotometrie. B. Kakáč und M. Hudlický. (Talanta [London] **9,** 530—33, Juni 1962; Prague, Res. Inst. for Pharmacy and Biochem.; engl.) — Vff. bestimmen IR-spektrophotometr. den Reinheitsgrad von Fluothan (I), 1.1.1-Trifluor-2-brom-2-chloräthan, u. seinem Isomeren (II), 1.1.2-Trifluor-1-brom-2-chloräthan. Die Meth. kann auch zur Schnell-Best. von kleinen Mengen **II** in rohem **I** verwendet werden. Es werden noch 0,1% **II** in **I** mit einem relativen Fehler von 10% bestimmt.
Dieter Heinrich. G 510□

Papierchromatographische Analyse der Urethanderivate gesättigter aliphatischer Alkohole. John A. Attaway, Richard W. Wolford, Gilbert E. Alberding und George J. Edwards. (Analytic. Chem. **34,** 671—73, Mai 1962; Lake Alfred, Fla., Citrus Commiss.; Univ. of Florida, Citrus Exp. Stat.; engl.) — Untersucht wird die Trennbarkeit der Phenyl-, Naphthyl-, p-Methoxyphenyl-, p-Phenylazophenyl- **(I),** o- **(II),** m- **(III)** u. p-Nitrophenylurethan **(IV)**-Derivv. gesätt. prim. Alkohole bei absteigender Papierchromatographie. Danach sind die C_1—C_8-Alkohole in Form ihrer **III**-Derivv. trennbar, wenn das Papier (Whatman Nr. 3 MM) zuvor mit Methanol **(V)**–Propylenglykol (80:20) imprägniert wurde. Die Entw. mit **V**-gesätt. Heptan (Skellysolve C) erfordert 1½—2 Stunden. Für die Trennung der **II**-Derivv. von C_6—C_{12}-Alkoholen wird das Papier mit 7—10%ig. Vaseline-Lsg. in Heptan imprägniert u. mit

95—96%ig. V entwickelt (3½—4 Std.). Im UV-Licht liegt die Erfassungsgrenze bei 1 μg. Die I-Derivv. der C_1—C_{12}-Alkohole sind zwar noch bis 0,5 μg nachweisbar, jedoch tritt teilweise Überlappung der Verbb. ein. Die R_F-Werte der I-, II- u. III-Derivv. in den entsprechenden Laufmitteln werden tabellar. angegeben.
F.-M. Friedrich-Anderseck. G 550□

Oxydation von Estern und Amiden der thioschwefligen Säure mit Chloramin-T. C. G. Ramachandran Nair und A. R. Vasudeva Murthy. (J. sci. ind. Res. [New Delhi], Sect. B **21**, 146—47, März 1962; Bangalore, Indian Inst. of Sci., Dep. of Inorg. and Phys. Chem.; engl.) — *Dimethylthiosulfit*, Kp.$_{18}$ 39°, *Diäthylthiosulfit*, Kp.$_{16}$ 64°, u. *Tetraäthyldithiodiamid*, Kp.$_{12}$ 110°, werden in salzsaurem wss.-alkohol. Medium durch Chloramin-T (I) quant. zu H_2SO_4 oxydiert, wobei je Mol der S-Verb. 10 Val I verbraucht werden. Das überschüsige I wird durch Zusatz von KJ u. Titration mit $Na_2S_2O_3$ ermittelt. Vff. postulieren die Bldg. von *thioschwefliger Säure* als Zwischenprod.: $(S_2(OR)_2 + 2\,H_2O \rightarrow H_2S_2O_2 + 2\,ROH$ bzw. $S_2(NR_2)_2 + 2\,H_2O \rightarrow H_2S_2O_2 + 2\,R_2NH$, $H_2S_2O_2 + H_2O + 5\,[O] \rightarrow 2\,H_2SO_4$.
A. Blaschette. G 590□

Fluorimetrische Titration von Sulfiden und Mercaptanen mit Tetraquecksilberacetatfluorescein. Mieczycsław Wroński. (Z. analyt. Chem. **180,** 185—88, 1961; Łódź, Polen, Univ., Inst. für Chem. Technol.; dt.) — Es wird die Best. von Sulfiden, Methylmercaptan u. Thiophenol mit *Tetraquecksilberacetatfluorescein*-Lsg. (I; 1,5—15 mg in 0,01n NaOH) beschrieben: 25 ml der Probe in 0,8%ig. Formalin-Lsg. werden mit 0,5 ml 1n NaOH versetzt u. mit I titriert; nach jeder Reagenszugabe wird die Fluorescenzintensität mit dem Pulfrich-Photometer gemessen. Der Äquivalenzpunkt wird graph. ermittelt. Sulfide u. Mercaptane können nebeneinander bestimmt werden. Die Best.-Grenze für H_2S liegt bei 0,8 μg/Liter.
E. Faulhaber. G 600□

Über die gaschromatographische Trennung von organischen Sulfiden. Jaromír Petránek. (J. Chromatogr. [Amsterdam] **5,** 254—58, März 1961; Pardubice-Rybitví ČSSR, Forsch.-Inst. für Organ. Synth.; dt.) — C_1—C_4-Dialkyl- u. -Alkylbenzylsulfide werden durch Siliconöl bei 170° gaschromatograph. nach Kpp. getrennt. Bei Verw. von 5.6- u. 7.8-Benzochinolinen lassen sich außerdem noch die Sulfide mit geraden Ketten von denen mit verzweigter trennen. Die Sulfide werden nach Verlassen der Trennsäule an CuO verbrannt u. das entstehende H_2O an Fe konvertiert. Durch Ag-Wolle wird das gebildete SO_2 absorbiert. H_2 wird durch eine Wärmeleitfähigkeitsmeßzelle bei Raum-Temp. nachgewiesen.
W. Leipnitz. G 600□

Qualitative und quantitative Papierchromatographie aliphatischer Aldehyde und Ketone. Paul Tunmann. (Arch. Pharmaz. Ber. dtsch. pharmaz. Ges. **289/61,** 329—38, Juli 1956; Würzburg, Univ., Inst. für Pharmazie u. Lebensmittelchem.; dt.) — Beschrieben wird die papierchromatograph. Trennung der 2.4-Dinitrophenylhydrazone von *Formaldehyd* (F. 168°; aus A. gelbbraune Kristalle), *Acetaldehyd* (F. 148°; aus A. gelbe Kristalle), *Propionaldehyd* (F. 156°; aus A. orangefarbene Kristalle), *n-Butyraldehyd* (F. 122,3°; aus A. gelbe Kristalle), *Isobutyraldehyd* (F. 182,5°; aus A. gelbe Kristalle), *Isovaleraldehyd* (F. 123,5°; aus A. gelbe Kristalle), *n-Önanthaldehyd* (F. 106,5°; aus A. citronengelbe Kristalle), *Crotonaldehyd* (F. 188°; aus A. rotviolette Kristalle), *Aceton* (F. 128°; aus A. hellbraune Kristalle), *Diäthyl-* (F. 155°; aus A. orangerote Kristalle), *Diisopropyl-* (F. 93°; aus A. orangerote Kristalle), *Methyläthyl-* (F. 115°; aus A. orangefarbene Kristalle), *Methylisopropyl-* (F. 118°; aus A. gelbbraune Kristalle), *Methylisohexylketon* (F. 77°; aus A. gelbbraune Kristalle), *Cyclohexanon* (F. 160°; aus A. gelbe Kristalle) u. *Methylcyclohexanon* (F. 126,5°; aus A. gelbe Kristalle) auf unvorbehandeltem Papier Schleicher & Schüll 2043 b mgl. Für die Lsgm.-Gemische: Cyclohexan/Methanol/Essigsäure/W. (6:12:1:2), Cyclohexan/A./Essigsäure/W. (6:12:1:2), Cyclohexan/Propanol/Essigsäure/W. (6:12:1:2), Bzn./Methanol/Essigsäure/W. (3:6:1:1)werden bei absteigender Meth. die R_F-Werte angegeben. Die Empfindlichkeit beträgt beim Nachw. mit 10%ig. Natronlauge oder im UV-Licht 0,5 μg. Die Werte der Funktion $R_M = \log(1/R_F - 1)$ sind der Zahl der C-Atome der homologen Reihe nicht proportional. Quant. Auswertung erfolgt durch Eluieren der Flecken mit A. u. Vgl. der Extinktionen der Farb-Lsgg. mit Blindlösungen. Die Fehler betragen durchschnittlich 1—5%, maximal 10%.
H.-D. Jacobi. G 660

Papierchromatographie von 2.4-Dinitrophenylhydrazonen. Erweiterung der Huelin-Methode. A. I. Schepartz. (J. Chromatogr. [Amsterdam] **6,** 185—86, Aug. 1961; Philadelphia, Pa., U. S. Dep. of Agric., Agric. Res. Serv., Eastern Utiliz. Res. and Dev. Div.; engl.) — Verf. zur chromatograph. Trennung u. Identifizierung der Dinitrophenylhydrazone von Ketonen u. Aldehyden auf der Grundlage der von Huelin (C. **1950/54,** 1049 S) beschriebenen Methode. Die R_F-Werte von ca. 25 Verbb. auf Whatman Nr. 1 im Syst. Heptan–Methanol (2:1, obere Phase) werden tabellar. mitgeteilt.
M. Finke. G 660□

Zwei verbesserte Methoden zur Trennung von 2.4-Dinitrophenylhydrazonen von Carbonylverbindungen. Jan Rosmus und Zdeněk Deyl. (J. Chromatogr. [Amsterdam] 6, 187—90, Aug. 1961; Prag, CSSR, Central Res. Inst. for Food Ind.; engl.) — Vff. beschreiben 2 Meth. zur schnellen u. genauen Best. von 2.4-Dinitrophenylhydrazonen einfacher Carbonylverbindungen: 1. Trennung auf Chromatoplates (Al_2O_3, 0,8—0,9 mm auf Glasplatten), Laufmittel Ae. oder Bzl.–Hexan 1:1, Dauer 15 Min.; 2. Zentrifugalchromatographie auf Whatman Nr. 3, mit 25%ig. Lsg. von Dimethylformamid in A. imprägniert, Laufmittel Cyclohexan, Dauer 30 Min. bei 750 U/min. Für die Trennung von Formaldehyd- u. Acetaldehyd–Dinitrophenylhydrazon wurde vorteilhaft die Überlauftechnik verwendet. R_F-Werte tabellarisch. M. Finke. G 660□

Trennung der 2.4-Dinitrophenylhydrazonderivate aliphatischer Monocarbonyle an Magnesia in Gruppen. Daniel P. Schwartz, Owen M. Parks und Mark Keeney. (Analytic. Chem. **34**, 669—71, Mai 1962; Washington, D.C., U.S. Dep. of Agric., Dairy Prod.; engl.) — Über Säulen (3 cm ∅, 30 cm lang), die mit Magnesia–Celite (1:1) gefüllt sind, trennen Vff. die 2.4-Dinitrophenylhydrazon-Derivv. von Monocarbonylen durch aufeinanderfolgendes Eluieren mit je 150 ml 15% Chlf. in n-Hexan (**I**), 30% Chlf. in **I**, 60% Chlf. in **I** u. reines Chlf. in 4 Gruppen: Derivv. von Methylketonen [Nonadekanon-(2), Nonanon-(2), Pentanon-(2), Butanon-(2), Aceton] (**II**); gesätt. Aldehyden [Oktadecanal, Dodecanal, Octanal, Butanal, Acetaldehyd, Formaldehyd] (**III**); 2-Enalen [Oktadekaen-(2)-al, Undekaen-(2)-al, Oktaen-(2)-al, Crotonal, Acrolein] (**IV**) u. 2.4-Dienalen [Oktadeka-2.4-dienal, Dodeka-2.4-dienal, Penta-2.4-dienal] (**V**). Während der Chromatographie zeigen die Zonen der **II**-, **III**-, **IV**- bzw. **V**-Derivv. eine graue, braune, rostrote bzw. lavendelblaue Farbe. Die Elutions-Geschw. der Gruppen verhalten sich wie **II** > **III** > **IV** > **V**, wobei innerhalb jeder Gruppe die Geschw. mit der Kettenlänge zunimmt, so daß die kurzkettigen Vertreter erst mit der nachfolgenden Gruppe wandern. F. M. Friedrich-Anderseck. G 660□

Die Trennung von mikromolaren Mischungen von 2.4-Dinitrophenylhydrazonen. Walter G. Jennings. (Analytic. Chem. **31**, 1117—18, Juni 1959; Davis, Calif., Univ. of California; engl.) — Kleine Mengen der 2.4-Dinitrophenylhydrazone einer Reihe von Carbonyl-Verbb. wurden durch Säulenchromatographie an mit Nitromethan aktiviertem „Hyflo Super-Cel" als stationäre Phase u. mit PAe. als Eluiermittel getrennt. Die auf n-Pentanal bezogenen relativen Elutions-Geschw. (R_r) sind für Formaldehyd, Acetaldehyd, n-Propional, n-Butanal, n-Hexanal, n-Octanal, n-Nonanal, 2-Butanon, 2-Pentanon, 2-Hexanon, 2-Heptanon, 2-Octanon, Aceton, 3-Pentanon, Methionyl, Crotonal, Acrolein, Furfural, Isobutanal, Diacetyl u. n-Heptanal angegeben. Zwischen den R_r u. den Molgew. besteht eine annähernd lineare Beziehung. W. Betcke. G 660□

Die Anwendung von Kaliummanganat in der quantitativen Analyse. 7. Mitt. **Die Bestimmung von organischen Säuren, Zuckern, Alkoholen, Formaldehyd und einigen anorganischen Stoffen.** H. L. Polak, H. F. Pronk und G. den Boef. (Z. analyt. Chem. **189**, 411—20, 1962; Amsterdam, Univ., Labor. für analyt. Chem.; dt.) — 6. vgl. C. **1961**, 12950. — Es wird die oxydimetr. Best. von *Milch-*, *Wein-*, *Malein-*, *Fumar-*, *Glykol-*, *Äpfel-* u. *Brenztraubensäure*, *Saccharose*, *Lactose*, *Glucose*, *Fructose*, *Rhamnose*, *Galaktose*, *Mannose*, *Ribose*, *Sorbose*, *Xylose*, *Arabinose*, *Methanol*, *A.*, *Glykol*, *Glycerin*, *Dulcit*, *Sorbit*, *Mannit*, *Erythrit*, *Formaldehyd*, *Paraformaldehyd*, *KCN*, *KSCN*, $Na_2S_2O_3$, Na_2SO_3 u. Na_2S mit K_2MnO_4-Lsg. in 1—3 m Lauge bei 60° untersucht. Die Best. wurden nach den früher angegebenen Meth. durchgeführt; nur bei den Säuren wurde das Verf. etwas abgeändert, indem die Probe mit einem Überschuß an alkal. K_2MnO_4-Lsgg. versetzt, während einer bestimmten Zeit auf 60° erwärmt, abgekühlt, mit H_2SO_4 angesäuert, mit einem KJ-Überschuß nach 15 Min. versetzt u. das freigewordene J_2 mit $Na_2S_2O_3$-Lsg. titriert wird. Citronensäure wird überhaupt nicht angegriffen; bei Wein-, Malein- u. Fumarsäure werden gegenüber der alkalimetr. Best. ca. 3%, bei Äpfelsäure 0,5—1% zu wenig gefunden. Die Zucker waren mit einer Standardabweichung von 0,2—0,3% bestimmbar. A. wird nicht stöchiometr. zu CO_2 u. W. oxydiert. Gemische von HCHO mit HCOOH bzw. Methanol lassen sich durch oxydimetr. Best. des HCHO mit Hypojodit u. Best. des Gesamtverbrauches an K_2MnO_4 analysieren. Die CN^--Best. wird durch Cl^- u. Br^- nicht gestört; J^- stört nur, wenn ein zu geringer K_2MnO_4-Überschuß vorliegt. Durch Kombination mit einer jodometr. Best. sind auch Gemische von $S_2O_3^{2-}$ mit SO_3^{2-} bzw. S_2^- bestimmbar. SCN^- wird quant. oxydiert; bei OsO_4-Zusatz verläuft die Rk. wesentlich schneller. Bei den schwer oxydierbaren Verbb. erwies sich die Stabilität der alkal. K_2MnO_4-Lsgg. während längerer Zeit (einige Std.) bei erhöhter Temp. als ein großer Vorteil. Bes. bei der Best. kleiner Mengen solcher Stoffe ist K_2MnO_4 in alkal. Lsg. dem $KMnO_4$ in saurer Lsg. weit überlegen. P. Kurzmann. G 3400□

Gas-Flüssigkeits-Chromatographie einiger methylierter Mono-, Di- und Trisaccharide. Mildred Gee und H. G. Walker jun. (Analytic. Chem. **34**, 650—53, Mai 1962; Albany, Calif., Western Reg. Res. Labor.; engl.) — Vff. trennen durch Gas-Fl.-Chromatographie die völlig methylierten Derivv. von Sucrose (**I**), Raffinose, Melezitose, Maltose, Cellobiose, Melibiose, Glucose (**II**) u. Fructose (**III**) sowie die Methanolyse-Prodd. von Di- u. Trisacchariden. Die Kolonnenfüllung bestand aus Chromosorb W mit 5 Gew.-% Diäthylenglykolsuccinat (**IV**), Neopentylsuccinat (**V**) oder Carbowax 20 M (**VI**) als fl. Phase. Die Kombinierung von geringem Kolonnendurchmesser u. geringer Konz. an fl. Phase gestattet unterhalb 250° die Chromatographie der Methyläther höhermol. Di- u. Trisaccharide an polaren Kolonnen. Bei $<5\%$ fl. Phase werden unscharfe Maxima erhalten, bei $>10\%$ kaum reproduzierbare Werte. Während **IV** als fl. Phase bes. zur Trennung der Isomeren von methylierter **II** u. **III** geeignet ist, lassen sich an **V** die monohydroxymethylierten Glucoside, Fructoside u. **I** trennen. Mit annähernd gleichen Verweilzeiten wie in **V** liegt die Trenn-Wrkg. von **VI** zwischen der von **IV** u. **V**. Methylierte Zucker sind in **IV** langsamer als in **V** oder **VI**.
F.-M. Friedrich-Anderseck. G 3400 □

Polarographisches Verhalten des Mesobilirubins IXα. B. Tvaroha. (Collect. czechoslov. chem. Commun. **26**, 2271—77, Sept. 1961; Prag, Karlsuniv., I. med. Klin., Labor. für Pathophysiol. des blutbildenden Syst. u. der Leber; dt.) — Vgl. C. **1961**, 18812. — Mesobilirubin (**I**) wird an der tropfenden Hg-Elektrode zu Mesobilirubinogen (**II**) red. unter Aufnahme von 4 Elektronen. Bei pH 9 u. höheren Werten wurde eine Red.-Stufe bei —1,62 V (gegen gesätt. Kalomelelektrode) beobachtet, deren Höhe u. Halbstufenpotential vom pH-Wert unabhängig sind. Bei niedrigeren pH-Werten ist **I** wenig löslich. Die Red.-Stufe ist von einer positiveren Vorstufe begleitet, die durch Kapazitätsänderung der elektr. Doppelschicht der Tropfelektrode bedingt. ist. Die Bldg. von **II** wurde durch Mikroelektrolyse u. chem. Rkk. nachgewiesen. Bei —0,2 V (pH 12) wurde eine 4-elektronige anod. Stufe beobachtet, die der Hg-Salz-Bldg. entspricht. Die Stufenhöhe wird durch Adsorption beeinflußt. Aus dem Grenzwert dieser Stufe wurde für die Fläche, die ein Mol. der entstehenden Verb. an der Hg-Oberfläche besitzt, 156 $Å^2$ berechnet. P. Zuman/Prag. G 3550

Colorimetrische Methode der Erythromycinbestimmung. W. B. Kortschagin, Ss. M. Ssemenow und L. N. Ssawuschkina. (Antibiotika [UdSSR] **6**, 311—14, 1961; Allunions Forsch.-Inst. für Antibiotica; russ., Auszug: engl.) — Zur Best. des *Erythromycins* (**I**), $C_{37}H_{67}NO_{13}$, wird folgende Abänderung der üblichen Vorschrift vorgeschlagen: 90—100 mg des festen Präp. werden in 20—30 ml CH_3OH gelöst; man füllt bis auf 500 ml mit dest. W. auf, entnimmt nach dem Mischen 2 ml, setzt 10 ml 18n H_2SO_4 hinzu, taucht die Lsg. 5 Min. lang in ein sd. Wasserbad, kühlt die Lsg. ab, füllt auf 25 ml mit 18n H_2SO_4 nach, mischt u. bestimmt die opt. Dichte mit einem Photoelektrocolorimeter (FEK-M) mit Blaufilter (485 mμ) gegen Wasser. Die opt. Dichte der Lsgg. bleibt 10—15 Min. lang konstant. — Zur Best. von **I** in einer Kultur-Fl. filtriert man diese, verd. sie mit Soda-Puffer-Lsg. (5 g $NaHCO_3$ + 4,3 g Na_2CO_3/Liter dest. W., pH 9,6) bis zu einem Geh. von ca. 80—250 γ/ml **I**, entnimmt davon 20 ml, gibt 20 ml Amylacetat (das vorher mit 0,1 des Vol. 5%ig. $NaHCO_3$-Lsg. geschüttelt worden ist) hinzu, schüttelt 1—2 Min. lang im 50 ml-Kolben; nach völliger Schichttrennung entnimmt man aus der oberen Schicht 10 ml in einen 50-ml-Kolben, setzt 10 ml 0,1n HCl hinzu, schüttelt wieder 1—2 Min. lang; nach der Schichttrennung entnimmt man der unteren klaren Fl. 2 ml, die man in einen 25-ml-Meßkolben bringt u. bestimmt das **I** wie oben. — Nach diesem Verf. werden allerdings auch die inakt. Prodd. des **I** mitbestimmt.
A. v. Wilpert. G 3900 □

Pyrolyse-Gaschromatographie-Methode zur direkten Analyse der thermischen Zersetzungsprodukte von Polymeren. Kitty Ettre und Peter F. Váradi. (Analytic Chem. **34**, 752—57, Juni 1962; Springdale, Conn., Machlett Labor., Inc.; engl.) — Die Zers.-Prodd. von *Nitrocellulose*, *Poly-n-butylmethacrylat* u. *Polyvinylalkohol*, die man durch therm. Zers. bei 650° erhält, wurden nach einer Zers.-Zeit von wenigen Sek. im He-Strom abgetrieben u. gaschromatograph. unter Verw. von SiO_2-, Molekularsieb-, Phthalat- u. Carbowax-Teflon (A)-Säulen bei Säulen-Temp. zwischen 50 u. 125° analysiert. Eine quant. Best. der Zers.-Prodd. konnte mit der A-Säule durchgeführt werden. Das Ergebnis wird diskutiert u. zur Strukturaufklärung ausgewertet. W. Betcke. G 4010 □

c) Bestandteile von Pflanzen und Tieren

Die Entfernung von Quecksilber nach dem Fixieren in Sublimat enthaltenden Mischungen. Romeo González. (Stain Technol. **34**, 111—12, März 1959; Montevideo, Fac. de Human. y Cienc., Dep. de Anatomia Microsc. Citol.; engl.) — Krist. Ndd.

von Hg-Salzen, die nach dem Fixieren mit Hg^{2+}-haltigen Fixativen häufig auftreten u. deren Entfernung lästig fällt, bilden sich nicht, wenn das Präp. vor dem Einbetten in Paraffin für 24—48 Std. in Cellosolve dehydriert wird. W. Betcke. 5661 □

Dimedon als ein Aldehydblockierungsreagens zur Erleichterung der histochemischen Sichtbarmachung von Glykogen. D. Bulmer. (Stain Technol. **34,** 95—98, März 1959; Aberdeen, Univ., Dep. of Anatomy; engl.) — Die Sichtbarmachung von Glykogen (I) mit Hilfe der Period. Säure-Schiff-(PAS)-Meth. läßt sich durch Zwischenschalten einer Dimedonblockade nach der Säureoxydation wesentlich erleichtern. Bei 3std. Blockade mit 5%ig. abs.-alkohol. Dimedon-Lsg. bei 60° werden die meisten der auf die PAS-Rk. ansprechenden Materialien blockiert, während I noch PAS-positiv bleibt. Mit zunehmendem Wasser-Geh. des A. wird die I-Blockierung beschleunigt u. die Differenzierung schlechter. W. Betcke. 5661 □

Luxoltiefblau als ein Gegenfarbstoff bei der Ninhydrin- und Alloxan-Schiff-Farbreaktion. W. M. Shanklin und Marietta Issidorides. (Stain Technol. **35,** 46, Jan. 1960; Beirut, Amer. Univ., School of Med., Dep. of Histol.; engl.) — Bei Einhaltung bestimmter Arbeitsbedingungen ist Luxoltiefblau ein zufriedenstellender Gegenfarbstoff für die Alloxan-Schiff-Färbemethode. W. Betcke. 5661 □

Maxilonblau RL: Ein neuer metachromatischer Monoazofarbstoff. Darcy F. de Almeida. (Stain Technol. **35,** 129—34, Mai 1960; Rio de Janeiro, Univ., Inst. de Biofis.; engl.) — Maxilonblau RL (I), ein bas. Monoazofarbstoff, färbt Mucopolysaccharide (MP) enthaltende Elemente in histolog. Schnitten metachromatisch. Die wirksame blaue Hauptkomponente des Farbstoffs konnte chromatograph. rein erhalten werden. — Die Schnitte werden nach dem Entparaffinieren mit Xylol 30—60 Sek. lang mit 0,05%ig. wss. I-Lsg. behandelt. Die sauren MP werden rot bis violett, andere basophile Elemente blau gefärbt. W. Betcke. 5661 □

Die Porphyrin-III-Färbung von „Malignolipin" in Tumoren. P. E. Hughes. (Stain Technol **35,** 41—42, Jan. 1960; Melbourne, Univ., Dep. of Pathol.; engl.) — Die Differential-Fluorescenzfärbung von bösartigem u. normalem Gewebe wird auf die Ggw. eines Phospholipoids (Malignolipin) in Neoplasmen zurückgeführt. Es wird die Ansicht vertreten, daß die schnell nachlassende Fluorescenzerscheinung durch die Ggw. nichtspezif. Materials, welches die Lichtempfindlichkeit des Protoporphyrins beeinflußt, erklärt werden kann, ohne daß die Annahme eines neuen, spezif. Zellbestandteils erforderlich wäre. W. Betcke. 5661 □

Gepufferte Osmiumsäure-Färbung für Nervenfasermessungen. Grace E. L. Lew und I. M. Tarlow. (Stain Technol. **35,** 149, Mai 1960; New York, N.Y., Med. Coll., Dep. of Neurol. and Neurosurg.; engl.) — Hundenervenfasern werden in einer Na-Veronal–Na-Acetat-gepufferten Lsg. 36—48 Std. lang bei 8—12° fixiert u. nach dem Entwässern, Einbetten in Paraffin u. Schneiden in einer entsprechend gepufferten 0,1n salzsauren 2%ig. OsO_4-Lsg. gefärbt. W. Betcke. 5661 □

Die Anpassung qualitativer und quantitativer Methoden auf die Bestimmung von radioaktivem Dalapon in Pflanzengeweben. Chester L. Foy. (Hilgardia **30,** 153—73, Juli 1960; Davis, Calif., Agric. Exp. Stat.; engl.) — Mit den β-Strahlern ^{36}Cl u. ^{14}C indiziertes *Dalapon* (*2.2-Dichlorpropionsäure* bzw. deren *Na-Salz*) wurde für Unterss. über die Aufnahme dieses Herbicids in Pflanzen u. sein weiteres Schicksal (Verteilung von Umwandlungs-Prodd.) verwendet. Im Verlaufe der Unterss. wurden verschiedene analyt. Verff. (Autoradiographie, Extraktion u. Fraktionierung, Scintillationszählung u. Papierchromatographie) für diesen speziellen Anwendungszweck u. evtl. für eine allg. Verw. in der physiolog. Chemie modifiziert. W. Betcke. 5666 □

d) Medizinische und toxikologische Analyse

Kammer für elektrophoretische Untersuchungen. W. Ja. Winogradow. (Laboratoriumswesen [UdSSR] **7,** Nr. 9, 56—58, Sept. 1961; Sibir. Veterinärmed. Forsch.-Inst.; russ.) — Vf. beschreibt eine elektrophoret. Kammer, die eine gleichzeitige Fraktionierung von Eiweißstoffen auf 40 Papierstreifen bei einer Papierbreite von 3 cm oder 28 Streifen bei einer Breite von 4 cm gestattet. Die Kammer ist aus Plexiglas (5 mm Wandstärke) hergestellt. Die Abmessungen betragen 60×37 cm. Die Kammer hat 3 Küvetten. Man kann die Streifen in 2 Reihen u. in 2 Etagen anordnen. Das Vol. der 3 Küvetten beträgt 700 ml. 1 Liter der Puffer-Lsg. reicht für 3—4 Arbeitstage. Man verwendet Kohleelektroden von 35 cm Länge u. einem Ø von 0,8 cm. Die Spannung beträgt 255 V, die Stromdichte 0,4 mA pro 1 cm bei gegebener Breite der Papierstreifen. Bei Verw. eines Barbitur/Phosphat-Puffers nimmt die elektrophoret. Trennung der Eiweißstoffe des Blutserums 4 Std. in Anspruch. E. Steinberg. 5728 □

Über eine Methode der elektrophoretischen Untersuchung der Lipoproteide im Blutserum durch vorheriges Anfärben. D. B. Silberman und A. A. Moibenko. (Laboratoriumswesen [UdSSR] 7, Nr. 7, 16—18, Juli 1961; Ukrain. Strashessko-Forsch.-Inst. für klin. Med., Abt. Hämatol.; russ.) — Die elektrophoret. Meth. der Lipoproteid-Best. auf chromatograph. Papier gibt nach verschiedenen Autoren unterschiedliche Resultate. McDonald u. Bermes schlagen vor, die Lipoproteide vor der Elektrophorese mit acetyliertem Sudanschwarz anzufärben. Als Grundlage für seine Verss. benutzt Vf. eine modifizierte Meth. von Solinas. 1 g Sudanschwarz IV löst man in 60 ml Pyridin, fügt Essigsäureanhydrid bis zu 40% des Endvol. hinzu, mischt u. läßt 8—10 Std. lang stehen. Man gießt die Mischung in 1½ Liter auqa destillata. Nach 12 Std. wird der Nd. filtriert, getrocknet, in Aceton gesammelt u. bei 60° getrocknet. Darst. von Diacetin: Eine Mischung aus 180 g Glycerin, 1080 g Eisessig u. 1,8 g konz. H_2SO_4 (1,84) erwärmt man 1½ Std. lang bei 110°. Hierauf fügt man ca. 10 g CH_3COONa hinzu, läßt unter Umrühren 1 Std. lang stehen u. filtriert. Das Filtrat wird durch Dest. konz., bis der Kp. der Fl. 125° beträgt. Dann wird bei 40 mm Hg destilliert. Fraktionen, die bei 155 bis 185° sd., werden redest. u. durch Aktivkohle filtriert. Man erhält einen Stoff, der bei 175—177° unter 40 mm Hg siedet. Er ist farb- u. geruchlos, von eigenartigem Geschmack, lösl. in W., Ae., Bzl., $CHCl_3$ u. CCl_4. Molgew. 176,17. Unters. der Lipoproteide: Zu 1 ml Serum gibt man 0,1 ml gesätt. u. filtrierte Acetylsudan-Lsg. in Diacetin. Die Mischung wird kräftig durchgeschüttelt u. 1 Std. lang bei Zimmer-Temp. stehengelassen. Hierauf wird 5 Min. lang bei 3000 U/min zentrifugiert, un einen möglichen Farbüberschuß zu entfernen. 0,1 ml des vorher angefärbten Serums werden auf chromatograph. Papierstreifen aufgetragen. Die Elektrophorese wird im Veronal/Medinal-Puffer ausgeführt. Sie gestattet eine visuelle Kontrolle der Unters. u. eine deutliche Trennung der Fraktionen. Die Elektrophorese wird bei einer Ionenstärke von 0,05, pH 8,6 u. bei einer Spannung von 400 V (5 Std. lang) ausgeführt. Auf einem weißen Untergrund erhält man 3 scharfe orangerote Fraktionen von α, β- u. γ-Lipiden des Serums.

E. Steinberg. 5728 □

Bestimmung der Lipoproteide durch Papierelektrophorese im zuvor mit Sudanschwarz angefärbten Serum. B. N. Uschakow und Ss. D. Poloshenzew. (Laboratoriumswesen [UdSSR]] 7, Nr. 7, 12—15, Juli 1961; Leningrad, Lehrst. für fakult. Therap. Militär-Med. Kirow-Akad.; russ.) — Vff. färben die Lipoproteide im Blutserum vor der Elektrophorese an. Das Serum wird durch Zentrifugieren des Blutes abgetrennt. Zur Best. eignet sich am besten frisches Serum, da die Lipoproteide schnell abgebaut werden. In 5 ml 96%ig. A. werden 0,25 g Sudanschwarz B gelöst (80°). Nach dem Erkalten gibt man 5 ml Ae. hinzu u. verwahrt die Lsg. in geschlossenen Gefäßen. Zu 1 ml Serum gibt man 0,1 ml der Sudan-Lsg. hinzu (Blaufärbung des Serums). Nach 30 Min. langem Stehen im Thermostaten bei 37° wird das Serum 30 Min. lang bei 5000 U/min zentrifugiert. 0,05 ml des angefärbten Serums bringt man auf einen Papierstreifen in die Elektrophoresekammer (Pt-Elektroden). Als Elektrolyt dient eine 0,06m Medinal-Lsg. (12,36 g auf 1 Liter aqua dest.). Die Elektrophorese wird bei 220 V u. einer Stromdichte von 0,2 mA pro 1 cm bei gegebener Papierbreite (12 Std.) durchgeführt. Hierauf werden die Papierstreifen im Trockenschrank bei ca. 80° getrocknet. Bei der Elektrophorese in Agar-Agar u. in Stärke nehmen die Lipoproteide eine andere Lage als auf dem Papier an. Vff. bezeichnen die Lipoproteide nicht mit griech., sondern mit latein. Buchstaben. E. Steinberg. 5728 □

Die Adsorption der Mucoproteide des Blutserums an Filterpapier. Miroslav Ledvina und Stanislava Coufalová. (Clin. chim. Acta [Amsterdam] 6, 16—21, Jan. 1961; Gottwaldov, Kreiskrankenhaus; dt.) — Mucoproteide werden von allen Filterpapieren in unterschiedlicher Menge (6,5—19,3%) adsorbiert, daher kann es bei mehrfacher Filtration zu erheblichen Fehlern bei der Best. nach der polarograph. Rk. nach Brdička oder bei der Best. der Serummucoproteide kommen.

P. Gregorzewski. 5728 □

Die komplexometrische Bestimumng des Natriums im Blutserum. M. Dugandžič, H. Flaschka und A. Holasek. (Clin. chim. Acta [Amsterdam] 4, 819—22, Nov. 1959; Graz, Univ., Med.-chem. Inst. u. Pregl-Labor.; dt.) — Aus dem mit Trichloressigsäure enteiweißten Blutserum (0,2 ml) fällt man das *Na* als Na-Zn-Uranylacetat (I), filtriert den Nd. mit einem Filterstäbchen ab, wäscht ihn mit A. (gesätt. mit I) aus u. titriert nach Auflösen des Nd. das darin enthaltene Zn in schwach essigsaurem 50%ig. A. mit einer 0,001 m Lsg. von Äthylendiamintetraacetat gegen Dithizon als Indicator.

K. F. Müller. 5728 □

Bestimmung des Kalium- und Natriumgehaltes im Blutserum nach der Methode der Flammenphotometrie. Ju. Je. Weltischtschew, N. M. Slatkowskaja und M. G. Feldman. (Laboratoriumswesen [UdSSR] 7, Nr. 7, 6—8, Juli 1961; Lehrstuhl für Pediatrie, Zentralinst. für Ärztefortbildung; russ.) — Prinzip der Meth.: Photoelektr. Intensitätsmessung der charakterist. Spektrallinien der Elektrolyte, die durch eine Gasflamme angeregt werden. Der Lichtstrom der Flamme passiert eine Kondensorlinse u. ein monochromat. Filter u. trifft auf die Kathode eines Photoelements. Vf. beschreibt eine App., mit der man den K- u. Na-Geh. in einigen Min. in einem kleinen Fl.-Vol. (0,5—0,7 ml) best. kann. Als Verbrennungsgas wird Propan verwendet. E. Steinberg. 5728□

Methode der Kalibestimmung im Blutserum. N. I. Lasarow. (Laboratoriumswesen [UdSSR] **7**, Nr. 7, 20—22, Juli 1961; Klin. Labor. der Med. San.-Abt. des Kolarowschen Bezirks; russ.) — In Ggw. von Pb^{2+}, Cu^{2+} u. NO_2^- bildet K eine in W. unlösl. Verb. der Zus. $K_2Pb[Cu(NO_2)_6$ deren Wasserlöslichkeit geringer als die des $K_2Na \cdot [Co(NO_2)_6]$ ist. Die erforderlichen Reagenzien sind: 1. Eine 5,6%ig. Lsg. von $(CH_3COO)_2 \cdot Pb \cdot 3\,H_2O$. 2. Pb-Acetat —3,6 g; Cu-Acetat —10 g; aqua dest. 100 ml. 3. $NaNO_2$. 4. 5‰ig. Rivanollösung. 5. Eisessig. Best.-Meth.: In ein Zentrifugengläschen gibt man 0,5 ml Serum, 1 ml der Lsg. 1 u. 1 ml einer Lsg. von 0,25 g $NaNO_2$ in 2,5 ml der Lsg. 2. Der Inhalt des Zentrifugengläschens wird gut durchgemischt. Man läßt die Mischung 45 Min. lang stehen. Nach je 10 Min. wird umgerührt. Die Mischung wird 15 Min. lang zentrifugiert, die überstehende Fl. abgesaugt. Zum Nd. gibt man 1 ml der Lsg. 1, rührt mit dem Glasstäbchen um u. zentrifugiert wieder. Das Auswaschen wird 2mal wiederholt. Auf den ausgewaschenen Nd. gießt man 2 ml der Rivanol-Lsg., 2 ml Eisessig u. rührt mit dem Glasstäbchen um. Nach 5—10 Min. gießt man die rote Fl. in einen Meßkolben von 100 ml Inhalt u. füllt mit W. bis zur Marke auf. Die Lsg. wird colorimetriert. Vf. verwendet dazu das Colorimeter FEK-M mit einem grünen Lichtfilter (550 mμ) u. eine Küvette von 1 cm Breite. E. Steinberg. 5728□

Zur Bestimmung des Pyridoxins nach der mikrobiologischen Methode. A. I. Beljajewa und I. A. Awerina. (Laboratoriumswesen [UdSSR] **7**, Nr. 7, 22—23, Juli 1961; Lehrstuhl für propedeut. Therapie des Med. Inst. u. I. Moskauer Ssetschenow-Inst.; russ.) — Aus dem Vitamin-B-Komplex ist das Pyridoxin (Vitamin B_6) am wenigsten erforscht. Zur Unters. des Blutserums auf kleine Konzz. B_6 wurde eine mikrobiolog. Meth. angewendet. Sie beruht darauf, daß Hefepilze (Saccharomyces Ludvigii) auf einem Nährboden, der Mineralsalze, Saccharose, Vitamine B_1, PP, Biotin u. Panthotensäure enthält, sich nur in Ggw. von Vitamin B_6 entwickeln. Je größer die B_6-Konz. ist, umso intensiver ist das Wachstum der Pilze. Die Intensität des Pilzwachstums wird photoelektrocolorimetr. nach dem Trübungsgrad bestimmt. Zur Unters. wurde das Blut von 22 Patienten mit Magengeschwüren vor der B_6-Therapie, u. von 6 Patienten nach der B_6-Kur verwendet. Das Blutserum wurde durch Kochen mit Acetatpuffer von Eiweißstoffen befreit u. im Autoklaven behandelt. Die Aussaten wurden im Laufe von 7 Monaten durchgeführt, jedoch konnte eine reguläre Standardkurve nicht erhalten werden. Das spricht für die Unzulänglichkeit der Methode. Zur Konz.-Best. des B_6 im Harn wurde die etwas veränderte mikrobiolog. Meth. nach Atkin angewendet. Das Prinzip der quant. Best. des Vitamins nach dieser Meth. ist das gleiche. Hierzu wurden Hefepilze (Saccharomyces Carlsbergensis) verwendet. Der Nährboden enthält Mineralsalze, Glucose, Casein, Biotin, Ca-Panthotenat, Inosit, Thiamin u. Nicotinsäure. Die Intensität des Pilzwachstums wird photoelektrocolorimetr. bestimmt. E. Steinberg. 5728□

Erythromycinbestimmung im Serum und Harn durch Diffusion in Agar. N. A. Wakulenko. (Antibiotika [UdSSR] **6**, 315—18, 1961; Allunions-Forsch.-Inst. für Antibiotica; russ., Auszug: engl.) — Das vorgeschlagene Verf. wird analog den Verff. von Kirshbaum u. Bowman [1953] sowie Grove, Randall u. Assay [1955] durchgeführt, jedoch wird an Stelle der Sarcina lutea eine sporenbildende Bakterienart HB-2 (vom Typ Bac. mycoides) verwendet, deren Empfindlichkeit gegen Erythromycin (I) in Fleisch-Pepton-Bouillon 0,01—0,02 Einheiten/ml betrug. Abweichend von Wakulenko sowie Tebjakina u. Ssemenow [1959] wurde an Stelle der Hottinger-Brühe ein trypt. Fibrinhydrolysat verwendet, das bei gleicher I-Konz. erheblich größere Wachstumshemmungszonen bildet. Eine vorhergehende Diffusion des Antibioticums bei 4—6°, sowie Verw. eines einschichtigen Agars vergrößern die Hemmungszonen um 1—1,5 u. 1,8—2,5 mm. Bei dem Schalen-Verf. wird das Nährmedium (1,5% Agar auf trypt. Fibrinhydrolysat, 28—30 mg Amin-N, pH 7,8—8) in Petri-Schalen einschichtig ausgegossen. Die Testmikroben sind Sporenkulturen (20—30 Millionen/ml Agar). Die Berechnung der Aktivität erfolgt aus der Eichkurve bzw. aus Tabellen. Die Konz. der Hemmungs-Vgl.-Lsg. soll 0,4 Einheiten/ml betragen; dann beträgt die kleinste bestimmbare Menge 0,2 Einheiten/ml. — Es wurden Stier- u. Pferdeseren untersucht, ferner Sera von Hunden, die 40000 bzw. 10000 Einheiten von I je kg Gewicht u. Tag per os u. i.v. erhalten hatten, wobei das unverd., das mit 3 Vol.-Teilen Phosphatpuffer-Lsg.

verd. Serum sowie diese Puffer-Lsg. (pH 7,8—8) allein der I-Best. unterworfen wurden. Alle Sera beeinflußten weder die Diffusion des I noch hemmten sie das Wachstum der Testmikrobe (nur 1 Pferdeserum mußte 30 Min. lang auf 56° erwärmt werden, dann verschwand die Hemmung). Auch die Harnproben hemmten weder die Diffusion noch das Wachstum. — Die angeführten Meßergebnisse waren, wie diejenigen des biolog. Verf., bis auf ±10% unter verschiedenen Bedingungen übereinstimmend.

A. v. Wilpert. 5732□

Untersuchung der Isolierung von Brenzcatechinaminen aus Harn mittels Tonerde vom Gesichtspunkt ihrer chemischen Bestimmung. Guy Nadeau und Georges Sobolewski. (J. Chromatogr. [Amsterdam] **6,** 164—77, Aug. 1961; Québec, Canada, Univ. Laval, Labor. de Biochim. Hôpital Saint-Michel Archange et Dép. de Psychiatrie; franz.) — Verschiedene Aluminiumoxide werden auf ihre Eignung zur Isolierung von Brenzcatechinaminen (I) aus Urin geprüft. Vor der Verw. soll das Al_2O_3 im Soxhlet je 1 Tag mit azeotroper HCl-Lsg. u. Eisessig behandelt werden. Maximale Adsorption von I findet bei einem pH-Wert von 8—9 statt, bestes Elutionsmittel ist 0,2n H_2SO_4. Die quant. Best. von I erfolgt fluorescenzspektroskop. unter Verw. von Adrenalin u. Noradrenalin als doppeltem inneren Standard. H. Nentwig. 5732□

Bestimmung des Harngehaltes an Catechinen mit P-Vitaminaktivität. Je. A. Kraiko. (Fragen der Ernähr. [UdSSR] **20,** Nr. 4, 57—59, Juli/Aug. 1961; Moskau, Akad. der Med. Wiss. der UdSSR, Inst. für Ernährung, Labor. für Vitaminforsch.; russ., Auszug: engl.) — Es wird eine colorimetr. Meth. mit Hilfe von *salzsaurem Vanillin* (rosarote Farb-Rk.) zur Best. des *Catechin*-Geh. im Harn beschrieben, deren Genauigkeit —13 bis +4% beträgt. I. v. Kloch-Kornitz. 5732□

Urobilinbestimmung im Harn durch fluorometrische Titration. W. G. Rjadow und O. N. Gorbunow. (Laboratoriumswesen [UdSSR] **7,** Nr. 9, 34—35, Sept. 1961; russ.) — Vf. konstruierte für die fluorometr. Best. des Urobilins im Harn eine einfache App., die aus einer verdunkelten Kammer mit einem darin befindlichen Reagensglas mit flachem Boden, das von unten beleuchtet wird, besteht. Zu 3 ml des zu untersuchenden Harns gibt man 3 ml A., 0,3 g Zn-Acetat u. 1 Tropfen einer 3%ig. alkohol. J-Lösung. Nach dem Auflösen des Zn-Acetats wird der Harn filtriert. In das Reagensglas bringt man 0,5 ml des Filtrates u. führt die „Titration" mit einer Verdünnungs-Lsg. (10%ig. Zn-Acetat-Lsg. in 50%ig. A.) aus einer Mikrobürette bis zur noch erkennbaren Fluorescenz der Lsg. durch. Aus einer Eichkurve läßt sich der Urobilin-Geh. leicht entnehmen. E. Steinberg. 5732□

Nachweis, Identifizierung und Bestimmung der synthetischen Hypoglykämie erzeugenden Mittel im Urin. C. G. Wermuth und P. Morand. (Trav. Soc. Pharmac. Montpellier **20,** 234—39, 1960, herausgeg. 1961; Toulon, Hôpital St. Anne, Labor. de Biol. de la IIIe Région Maritime; franz.) — Man löst in 100 ml Urin 30 g $(NH_4)_2SO_4$, stellt mit HCl auf pH 2—3 ein u. schüttelt mehrmals vorsichtig mit Methyläthylketon aus, wodurch Tolbutamid, Chlorpropamid, Phenbutamid, Glybuthiazol u. Carbutamid extrahiert werden. Die organ. Phase wird 2mal mit 30% $(NH_4)_2SO_4$ gewaschen u. mit wss. Lsg. von 1% Na_2CO_3 in 30% $(NH)_2SO_4$ ausgeschüttelt u. nach erneuter Einstellung auf pH 2—3 nochmals in Methyläthylketon übergeführt, das auf dem Wasserbad verdampft wird. Der erst sauer extrahierte Urin wird mit 33% NaOH auf pH 11—12 gebracht u. wiederholt mit Äthylacetat ausgeschüttelt, wodurch Dimethylguanidin erhalten wird. Identifikation u. Best. der genannten Verbb. werden in folgenden Mitt. beschrieben. W. Stross. 5732□

Eine Bestimmungsmethode für Taurin im Harn. Bo Sörbo. (Clin. chim. Acta [Amsterdam] **6,** 87—90, Jan. 1961; Sundbyberg, Res. Inst. of Nat. Defense, Dep. I; Stockholm, Nobel Med. Inst., Biochem. Dep.; engl.) — Zur colorimetr. Best. von *Taurin* (I) im Harn werden die Begleitsubstanzen zunächst mit Hilfe eines stark sauren Kationenaustauschers entfernt u. I im Eluat mit Ninhydrin bestimmt.

P. Gregorzewski. 5732□

Eine neue Methode zur Bestimmung von Diglyceriden im Mikromaßstab. B. F. C. Clark. (J. Chromatogr. [Amsterdam] **5,** 368—69, April 1961; Cambridge, Univ., Chem. Labor.; engl.) — Zur Isolierung u. Identifizierung von natürlich vorkommenden *Mono*- (I) u. *Diglyceriden* (II) verwendet Vf. Whatman Nr. 1-Papier, das mit HCHO imprägniert wurde. Nach dem Entwickeln wird eine Hälfte des Chromatogrammes mit wss. alkal. Hydroxylamin-Lsg. (III) u. nach 30 Min. mit 3 m HCl gesprüht, mit W. gewaschen u. getrocknet. Beide Hälften werden dann mit 1%ig. wss. Na-Metaperjodat-Lsg. gesprüht, nach 6 Min. mit gasförmigem SO_2 zur Red. des freien J_2 geräuchert, sofort mit einer entfärbten 1%ig. wss. Lsg. von Pararosanilin·HCl gesprüht u. wieder mit SO_2-Gas geräuchert. Auf der mit III behandelten Hälfte erscheinen I u. II als malvenfarbene

Flecke, auf der unvorbehandelten Hälfte erscheint nur **I**. Empfindlichkeit für **II** 5—10 μg. Die Meth. wurde erfolgreich auf Diglyceride aus Pferdeleber-Monophosphoinositiden angewendet. M. Finke. 5750□

Die Chromatographie von Phosphatiden auf kieselsäureimprägniertem Filterpapier. M. H. Hack. (J. Chromatogr. [Amsterdam] **5**, 531—38, Juni 1961; New Orleans, La., Tulan Univ., School of Med., Dep. of Med. and Anat.; engl.) — Vf. beschreibt die Technik der Papierchromatographie auf kieselsäureimprägniertem Filterpapier. Es werden folgende Papiere behandelt: Whatman Nr. 1, 2, 3MM, 4, 5, 7, 11, 20, 31, 40, 41, 41H, 42, 50, 52 u. 54; Schleicher & Schüll Nr. 2043b u. 598. Die Imprägnierung erfolgt vorteilhaft mit K-Silicat-Lsgg. u. anschließender Fällung mit 6n HCl. Nach Auswaschen mit W. werden die Papiere getrocknet u. mit Chlf.-Methanol gewaschen. Mit Na-Silicat-Lsgg. hergestellte Imprägnierungen waren nicht zu gebrauchen. Die Chromatographie der Phosphatide erfolgt auf Streifen von 30×140, 140×140 u. 140×290 mm mit 3 Laufmittel-Syst.: 2.6-Dimethylheptanon-(4) (**I**)–Methanol–W., **I**–Essigsäure–W. u. **I**–Pyridin–W., wobei sich die Ergebnisse aller 3 Laufmittel gegenseitig ergänzten (vgl. Circulation Research **8**, [1960], 737). Es wurden Extrakte verschiedener tier. Gewebe untersucht, wobei Herzmuskelphosphatide früherer Unterss. (l. c.) als Vgl. dienten. Aus diesem Vgl. sowie aus einer Reihe von Tüpfeltests konnten die Komponenten der Extrakte charakterisiert werden. Vf. gelang eine genügende Trennung fast aller Phosphatide außer Cardiolipin u. Phosphatidylserin, die sich vom Phosphatidyläthanolamin nicht immer abtrennen lassen. Weitere nachgewiesene Phosphatide waren *Phosphatidinsäure, Lecithin, Lysophosphatidyläthanolamin, Sphingomyelin* u. *Lysolecithin* sowie ein *Infarktplasmalogen* u. *neutrale Lipide*. Hydrolyse-Prodd. wurden nicht nachgewiesen. M. Finke. 5750□

Die Chromatographie der Phospholipide auf einer Kieselgel-Kolonne. R. Turpini, A. Mossa und P. L. Cipolli. (Boll. Soc. ital. Biol. sperim. **37**, 1317—20, 31/12. 1961; Pavia, Univ., Ist. di Clin. Med. Generale Terap. Med.; ital.) — Es wird die Chromatographie der Phospholipide mit Hilfe einer Kieselgelsäule beschrieben. Es handelt sich um die Kontrolle der Reproduzierbarkeit der Trennung in 6 Fraktionen am Extrakt von Herz u. Leber am rohen Cephalin, das aus dem Rinderhirn nach der Folch-Meth. (Chlf.–Methanol) extrahiert wurde. Nach dieser verbesserten Meth. werden *Phosphatidylserin* u. *Phosphatidyläthanolamin* in den betreffenden Fraktionen (daneben noch undefiniertes Phospholipid mit hohem Glycerin-Geh.; Phosphatidylcholin (**I**); Phosphoinosit u. **I** + Sphingolipide) viel konzentrierter gefunden. Die Peaks sind die gleichen. F. Kren. 5750□

Eine neue Methode zur quantitativen Ultramikrobestimmung der Sphingolipoide aus Gehirn. Horst Jatzkewitz. (Hoppe-Seyler's Z. physiol. Chem. **326**, 61—64, 25/10. 1961; München, Dt. Forschungsanst. für Psychiatrie, Biochem. Abt.; dt.) — Das Verf. beruht auf einer Kombination der Dünnschichtchromatographie mit dem „Ultramicro Analytical System" nach Sanz der Fa. Beckman Instruments. 300 μg Gesamtlipoidextrakt oder 600μg Gehirntrockenpulver werden an Kieselgel G mit 2 verschiedenen Fließmitteln nacheinander [Chlf.–Methanol–W. 14 : 6 : 1, 16,5 cm (Steighöhe) u. n-Propanol–12,5%ig. Ammoniak 4 : 1, 10 cm] in gleicher Richtung chromatographiert. Die Sichtbarmachung der Fraktionen erfolgt mit einer 0,01%ig. ammoniakal. Bromthymolblaulösung. Die quant. *Sphingomyelin*-Best. erfolgt durch Spektrophotometrie bei 650 mμ nach $HClO_4$-Aufschluß der ausgekratzten Flecken u. Rk. des enthaltenen P mit Ammoniummolybdat u. 1-Aminonaphthol-(2)-4-sulfonsäure. Die Glykolipoide werden über ihren Zucker-Geh. nach der Anthron-Meth. bestimmt. Winfried Krüger. 5750□

Zur Papierelektrophorese der Proteine im Muskelgewebe. St. Wassilewski. (Laboratoriumswesen [UdSSR] **7**, Nr. 10, 22—24, Okt. 1961; russ.) — Bei der Elektrophorese im Phosphatpuffer kann eine Trennung der Fraktionen erreicht werden, doch sind sie so nahe aneinander gelagert, daß eine Deutung der Elektrophoresegramme schwierig ist. Man kann diesen Nachteil beseitigen, indem man die Kraft vergrößert, die die Bewegung der geladenen Eiweiß-Moll. hervorruft. Die Kraft ist der Spannung des elektr. Feldes u. der Ladung der Eiweiß-Moll. proportional. Vf. schlägt folgenden Puffer vor: Glycin 0,11 m, $Na_2HPO_4 \cdot 2\,H_2O$ — 0,12 m, NaOH — 0,001 m, pH 8,6. E. Steinberg. 5750□

Die Anwendung von Gelatine bei der Aufnahme einer Eichkurve der Hydroxyprolinmethode zur quantitativen Bestimmung von Kollagen und Elastin. Ss. Jelmanow. (Fleisch-Ind. [UdSSR] **32**, Nr. 6, 58, 1961; Moskau, Plechanow-Inst. für Volkswirtschaft; russ.) — Bei der spektrophotometr. Best. von *Kollagen* u. *Elastin* im Muskelgewebe nach der Hydroxyprolin (I)-Meth. kann zur Aufnahme der Eichkurven statt reinem I saures Gelatinehydrolysat angewandt werden. Der mittlere I-Geh. der Gelatine ist ziemlich konst. u. beträgt ca. 13,5%. S. Baryschnikow. 5750

Bestimmung flüchtiger Anästhetica in Rhesusaffengewebe. Maynard B. Chenoweth, Russell A. van Dyke und Duncan S. Erley. (Nature [London] **194**, 575—76, 12/5. 1962; Midland, Mich., Dow Chem. Co., Chem. Phys. Labor., Biochem. Res. Labor.; engl.) — Rhesusaffen wurden mit Ae., Chlf., Methoxyfluran (Methyl-α-difluor-β-dichloräthyläther) u. Halothan ($CF_3CBrClH$) anästhetisiert. Das arterielle Blut u. verschiedene Organgewebe der nach $2^1/_2$std. Betäubung getöteten Tiere wurden nach Extraktion mit n-Hexan mit spektrometr. Verff. auf ihren Geh. an Anästhetica untersucht. Unterschiede gegenüber gleichartigen Verss. bei Hunden ergaben sich bes. in bezug auf die Konz.-Verhältnisse in Hirn u. Blut. Die Analysenergebnisse sind tabellar. zusammengefaßt. W. Betcke. 5750□

Methodik zur Bestimmung von Zucker in der Haut. M. D. Kiwerin, G. M. Kalinkina und M. I. Prokopjewa. (Laboratoriumswesen [UdSSR] **7**, Nr. 9, 12—15, Sept. 1961; Archangelsk, Med. Inst., Lehrstuhl für biolog. u. org. Chem.; russ.) — Die Haut wird nicht geschoren, sondern die Härchen werden durch Ausrupfen entfernt. Der Zucker-Geh. war stets in den Proben, wo die Härchen durch Ausrupfen entfernt wurden, höher. Das kann durch die Entzündung der Haut u. anschließender Hyperämie erklärt werden. Diese bewirkt eine Erhöhung des Zucker-Geh. in der Haut. Symm. Gebiete der Haut enthielten stets die gleiche Zuckermenge. Beim vorsichtigen Ausrasieren der Haut wird der Zucker-Geh. nicht erhöht. Bei Anwendung von Depilatoren war der Zucker-Geh. stets höher als beim Scheren der Haut. Vf. stellt fest, daß bei Äther-, Urethan- u. Magnesialnarkose der Zucker-Geh. in der Haut erhöht wird. Der größte Zuwachs entsteht bei der Magnesialnarkose. Weniger bei der Äther-, am wenigsten bei der Urethannarkose. Das Exstirpieren der Haut kann ohne Anästhesie oder unter Anwendung der Lokalnarkose (Novocain, Chloräthyl, Kohlensäureschnee) durchgeführt werden. E. Steinberg. 5756□

Die spektrographische Bestimmung von Gesamtbarium in Knochenasche. M. S. W. Webb und M. L. Wordingham. (Analytica chim. Acta [Amsterdam] **26**, 349—54, April 1962; London, A.E.R.E., Woolwich Outstation, Royal Arsenal; engl.) — Vff. beschreiben die Verf. zur Best. von Ba in Knochenasche, das auf der Aufnahme des Bogenspektrums des Ba in einer aus Graphit, $CuSO_4$, La_2O_3 u. Knochenasche gepreßten Probe beruht, wobei das Spektrnm mikrophotometr. ausgewertet wird u. La_2O_3 als innerer Standard dient. Zur Messung wird die Ba-Linie bei 4554 Å verwendet, während als innerer Standard die La-Linie bei 4558,5 Å gewählt wird. Die Proben werden in einem Gleichstrombogen im O_2/Ar-Strom abgebrannt. Der Konz.-Bereich beträgt 2 bis 25 ppm Ba in der Asche. Als Variations-Koeff. ergab sich ein Wert von 8% für 8 ppm Ba. H. Fries. 5756□

Neue Anordnung eines linearregistrierenden Densitometers. James Donald Nelson, Pauline Beery Mack und George Parlin Vose. (Rev. sci. Instruments **29**, 316—17, April 1958; Philadelphia, Pa., Leeds & Northrup Co.; Denton, Tex., Texas Woman's Univ.; engl.) — Vff. beschreiben eine neue linearregistrierende Anordnung zur densitometr. Best. der Dichte von Knochen mit Hilfe von Röntgenaufnahmen. G. M. Neumann. 5780□

H. Angewandte Chemie

H_1. Allgemeine chemische Technologie

Notiz über die zeitliche Aufenthaltsverteilung in einem zylindrischen Gefäß. T. Wood. (Chem. Engng. Sci. **17**, 391—92, Mai 1962; Sydney, Australia, Univ. of Sidney, Dep. of Chem. Engng.; engl.) — Mathemat. Behandlung der zeitlichen Aufenthaltsverteilung in einem zylindr. Gefäß. G. Gattow. 5800□

Die Steiggeschwindigkeit von einzelnen zylindrischen Luftblasen in Flüssigkeiten in einem senkrecht stehenden Rohr. E. T. White und R. H. Beardmore. (Chem. Engng. Sci. **17**, 351—61, Mai 1962; Brisbane, Australia, Univ. of Queensland, Chem. Dep., Ind. Chem. Sect.; engl.) — Vff. bestimmten zwischen 24° u. 27° die Geschw. einzelner zylindr. Luftblasen, die in verschiedenen Fll. (**W.**, 18 organ. Fll. u. Lsgg.) aufsteigen; die Fll. befanden sich in senkrecht stehenden, unten verschlossenen Rohren. Eine allg. graph. Beziehung wird mitgeteilt. Der Viscositäts-Einfl., Grenzflächeneffekte u. Trägheits-Einfl. sind prakt. zu vernachlässigen. G. Gattow 5800□

Reaktionskinetik in strömenden Systemen. L. M. Pissmen und I. I. Ioffe. (Kinetik u. Katalyse [UdSSR] **2**, 606—21, Juli/Aug. 1961; Woroschilow-Forsch.-Inst. für organ. Zwischenprodd. u. Farbstoffe; russ.) — Ausführliche Betrachtung des integralen Operators als Kernwert für die Zus. eines Stoffstromes.
Wolfram Köhler. 5800□

Zur Theorie der Berechnung einer chemischen Apparatur. N. I. Taganow. (J. angew. Chem. [UdSSR] **33**, 1813—18, Aug. 1960; russ.) — An Stelle der üblichen komplizierten Gleichungen für die Berechnung chem. App. entwickelt Vf. Gleichungen, die den Vorteil aufweisen, daß sich die Lösung von Differentialgleichungen des Prozesses erübrigt u. die Kenntnis eines Modells des Mechanismus des Vorganges nicht notwendig ist. Mit Hilfe dieser Gleichungen können komplizierte Prozesse beschrieben werden, deren Berechnung auf Grund linearer Zusammenhänge schwierig ist.
H. Treumann. 5802□

Axiale Verteilung der Flüssigkeit auf eine Kugelkolonne. D. Harrison, M. Lane und D. J. Walne. (Trans. Inst. chem. Engr. **40**, 214—20, 1962; Cambridge, Dep. of chem. Engng.; engl.) — Man läßt gewöhnliches oder durch Netzmittel auf die halbe Oberflächenspannung gebrachtes W. in einer 487,7 cm hohen Kolonne über 128 sich berührende Kugeln laufen. In den Kolonneneingang wird stoßweise lösl. Farbstoff gespritzt. Die Farbstoffverteilung wird am Kolonnenboden messend verfolgt. Der Netzmittelzusatz verhindert die Riffel-Bldg. im W., welche bei den gewählten Fl.-Geschw. von 0,3—3 ml/s, bes. bei den höheren Geschw., auftritt. Aus dem Zeit–Farbstoffverteilungsdiagramm geht angenähert die axiale Verteilung im Syst. hervor; es ermöglicht die Berechnung der mittleren Verweilzeit, der Stauung u. der Zurückhaltung (holdback) in der Kolonne. An den Kugelberührungen nimmt die Mischwrkg. mit der Fließgeschw. zu u. wird durch Riffel-Bldg. noch erheblich erhöht. Bewertung der Ergebnisse u. theoret. Überlegungen werden angeführt. M. Hagedorn. 5802□

Aluminium für atomare Einrichtungen. Vorrichtung aus Leichtmetall zur Untersuchung des Pincheffektes eines ionisierten Gases. Raymond Canon. (Rev. de l'Aluminium **1959**, 71—74, Jan.; franz.) — Beschrieben wird der Aufbau eines zu einem Kreis geschlossene, Rohres, dessen Hauptteile aus der Leg. *A 5* u. dessen Verbindungsglieder u. Zusatzteile aus der Leg. *A-G3* bestehen. F. Vier. 5802

Graphische Hilfsmittel bei der Berechnung von Wärmeaustauschern. B. G. Ediss. (Chem. Process Engng. incorp. Atomic Wld. **43**, 384—88, Aug. 1962; London, Nuclear chem. Plant Ltd.; engl.) — Beim Entwurf von Schalen- u. Röhrenwärmeaustauschern muß stets der höchste Wrkg.-Grad angestrebt werden. Die Nützlichkeit aus der Literatur bekannter Tabellen zur Berechnung der Temp. der Austauscher ist beschränkt, da sie auf einer thermodynam. Norm beruhen, die sich in der Praxis nicht findet. Es wird mathemat. eine Reihe von Kurven entwickelt, um die Temp. in Gegenstromaustauschern zu berechnen. F. Zeidler. 5814□

Die Auswahl eines Wärmeaustauschers aus Graphit. Sy H. Friedman. (Chem. Engng. **69**, Nr. 14, 133—18, 9/7. 1962; Stauffer Chemical Co.; engl.) — Wärmeaustauscher (WA) aus Graphit (I) haben den großen Vorteil, daß sie eine Korrosionsbeständigkeit noch da zeigen, wo Metalle u. Kunststoffe versagen, jedoch haben sie den Nachteil der leichten Zerbrechlichkeit. Die verschiedenen Bauarten von WA aus I werden an Hand von Abb. beschrieben u. ihre Vor- u. Nachteile angegeben.
F. Rosendahl. 5814

Über den Wärmeaustausch in füllmittelfreien Mitstromwäschern mit Flüssigkeitszerstäubung durch einen Gasstrom hoher Geschwindigkeit. W. P. Posstnikow. (J. angew. Chem. [UdSSR] **33**, 1801—08, Aug. 1960; russ.) — Es wird nachgewiesen, daß für den Wärmeaustausch in füllmittelfreien Mitstromwäschern mit Zerstäubung der Kühl-Fl. durch einen Gasstrom, bei hoher Belastung durch Gas u. Fl. in die bekannte verallgemeinerte Gleichung das Kriterium H eingeführt werden muß, das den Einfl. der Zerstäubung der Fl. u. der geometr. Parameter der Wärmeaustauschflächen ausdrückt ($H = F_k/S$; F_k = Gesamtfläche der Fl., S = Querschnitt des Apparates).
H. Treumann. 5816□

Der Einfluß der natürlichen Konvektion auf den viscosen Wärmeübergang in horizontalen Rohren. D. R. Oliver. (Chem. Engng. Sci. **17**, 335—50, Mai 1962; Birmingham, Univ., Chem. Engng. Dep.; engl.) — In einer ausführlich beschriebenen App. wurde das laminare Fließen von nichtviscosen Newtonschen Fll. (Glycerin–H_2O) durch ein horizontales Rohr bei 10° u. 20° untersucht. Die Vers.-Ergebnisse werden in Verbindung mit früheren Theorien diskutiert u. eine allg. Gleichung abgeleitet.
G. Gattow. 5816□

Die Adsorption gelöster Stoffe durch eine suspendierte Aktivkohleschicht und der Gradient der Sättigung der Schicht. A. M. Koganowski und L. A. Stempkowskaja. (J. angew. Chem. [UdSSR] **33**, 2042—49, Sept. 1960; russ.) — Die Unterss. der Vermischungs-Geschw. (Koeff. der Selbstdiffusion) von Suspensionen der aktivierten Kohle KAD, ergab, daß diese in der Größenordnung sich nicht von der Vermischung analoger Teilchen im Gasstrom unterscheidet. Bei der Absorption gelöster Stoffe durch eine sich nicht erneuernde suspendierte Schicht akt. Kohle ergibt sich im unteren Teil der Schicht ein Abschnitt, in dem der Sättigungsgradient der Körner des Adsorbenten gleich Null ist; dann folgt ein Abschnitt, in dem ein bedeutender Sättigungsgradient der Schicht beobachtet wird. Bei Verlängerung der Wrkg.-Dauer der suspendierten Schicht wächst nicht nur die Länge des Abschnittes, in welchem der Sättigungsgradient gleich Null ist, sondern auch die Größe der spezif. Adsorption in diesem Abschnitt. H. Treumann. 5848 □

Staubtechnik. Werner Gründer. (VDI-Z. **104**, 707—11, 21/5. 1962; Berlin, Techn. Univ., Inst. für Aufbereitung; dt.) — Fortschrittsbericht. — 72 Literaturangaben. W. Wesly. 5850 □

Untersuchung des Massenübergangs und der Chemosorption in einem Apparat vom Typ des Venturi-Rohrs. M. L. Warlamow und O. M. Drobyschewa. (J. angew. Chem. [UdSSR] **33**, 2020—29, Sept. 1960; russ.) — Die Unterss. erstreckten sich auf den Massenübergang im *turbulenten Gaswäscher*, wobei Ausdrücke für die partiellen Koeff. des Massenüberganges gefunden wurden. Ferner wurden Gleichungen für den Massenübergang in der Gas- u. in der Fl.-Phase entwickelt u. der Einfl. einer Reihe von Faktoren festgestellt, die den Verlauf der Absorption von NO u. NO_2 durch Soda-Lsgg. bestimmen, wie Geschw. des Gases, Konz. von NO u. NO_2 u. Grad ihrer Oxydation, Konz. u. Verbrauch der Sodalösung. H. Treumann. 5852 □

Eine laboratoriumsmäßige Verarbeitungsanlage für Kernbrennstoff. C. Hanson und D. A. Kaye. (Chem. Process Engng. incorp. Atomic Wld. **43**, 113—16, März 1962; Bradford, Inst. of Technol., Dep. of chem. Engng.; engl.) — Am Technolog. Institut in Bradford ist eine spezielle *Extraktionsanlage für Uran* entworfen worden, die auf dem Misch–Setz-Prinzip beruht. Die Einrichtung aus durchsichtigem Kunststoff, die ein Gemisch von Tributylphosphat u. geruchlosem Leuchtöl (Kerosene) als Extraktionsmittel verwendet, wird beschrieben. F. Zeidler. 5862 □

Über die Berechnung der Massenübertragung in Rektifikationskolonnen. B. N. Bassargin. (J. angew. Chem. [UdSSR] **33**, 1809—12, Aug. 1960; russ.) — Es wird nachgewiesen, daß die Berechnung von Teller-App. auf Grund von Übertragungseinheiten u. die Berechnung von Füllkörper-App. in Rektifikationskolonnen auf Grund der Zahl der theoret. Böden u. der mittleren äquivalenten Höhe anfechtbar ist. H. Treumann. 5864 □

Abhängigkeit der Wirksamkeit von Rektifizierkolonnen vom binären System. 12. Mitt. I. N. Buschmakin. (J. angew. Chem. [UdSSR] **32**, 2416—23, Nov. 1959; Leningrad, Univ.; russ.) — 11. vgl. J. angew. Chem. (UdSSR) **32**, [1959], 1751. — An 8 Kolonnen mit verschiedenen Füllkörpern u. an einer leeren Kolonne wurde mit Hilfe von 9 bin. Syst. die Abhängigkeit der Wirksamkeit (Stufenzahl) von der Intensität der Berieselung untersucht. Es wurde festgestellt, daß das Verhältnis der mit Hilfe eines Syst. bestimmten Wirksamkeit zur Wirksamkeit, die in derselben Kolonne bei der gleichen Berieselungsintensität an einem anderen Syst. bestimmt wird, eine konst. Größe ist, die weder vonder Berieselungsintensität noch von der Art des Füllkörpers abhängig ist. Eine Tabelle zeigt die Wirksamkeit für 8 bin. Systeme. Der Grad der Entfernung des stationären Zustandes vom Gleichgewichtszustand ist bei verschiedenen Syst. verschieden; dies erklärt sich durch die verschiedene Geschw., mit der der Massenaustausch erfolgt. Die Differenz dieser Entfernungsgrade verursacht eine unterschiedliche Wirksamkeit. H. Treumann. 5864 □

Binäre Standardsysteme zur Bestimmung der Wirksamkeit von Rektifikationskolonnen. 13. Mitt. I. N. Buschmakin. (J. angew. Chem. [UdSSR] **32**, 2638—44, Dez. 1959; Leningrad, Univ.; russ.) — 12. vgl. vorst. Referat. — Folgende Syst. wurden auf ihre Eignung für die Best. der Wirksamkeit von Rektifikationskolonnen untersucht: C_6H_6–CCl_4 (**A**); Methylcyclohexan–2.2.4-Trimethylpentan (**B**); Methylcyclohexan–n-Heptan; 1.2-Dichloräthan–C_6H_6; n-Heptan–C_6H_6 (**C**). Es wird festgestellt, daß das Syst. **C** für diesen Zweck ungeeignet ist. Bis zu ca. 80 Stufen können mit gleicher Genauigkeit der Stufenzahl mit Hilfe eines beliebigen der ersten 4 Syst. bestimmt werden; bei mehr als 80 Stufen kann mit einem Abbé-Refraktometer ($\pm 1 \cdot 10^{-4} n_D$) die Wirksamkeit nur mit Hilfe von **B** bestimmt werden. Wenn zur Best. der Konzz. ein Diffe-

rentialablese-Verf. an einem Präzisionsrefraktometer ($\pm 1 \cdot 10^{-5} n_D$) angewandt wird, so kann die Wirksamkeit im Bereich von 80—200 Stufen mit Hilfe von **B** u. **A** ermittelt werden; bei mehr als 200 Stufen muß für die Best. **A** herangezogen werden.
H. Treumann. 5864 □

Abhängigkeit der Wirksamkeit einer Rektifikationskolonne vom Rücklaufverhältnis. 14 Mitt. I. N. Buschmakin. (J. angew. Chem. [UdSSR] **33**, 127—34, Jan. 1960; Leningrad, Univ.; russ.) — 13. vgl. vorst. Referat. — An 6 bin. Syst. u. 5 Kolonnen mit verschiedenen Füllkörpern wurde die Abhängigkeit der Wirksamkeit einer Kolonne von der Phlegmazahl (R) untersucht. Zwecks Verallgemeinerung der Unters.-Ergebnisse wurde der Begriff eines Koeff. der Senkung der Wirksamkeit $K = n_R/n_\infty$ eingeführt, wobei n_R = Wirksamkeit bei gegebener Phlegmazahl, n_∞ = Wirksamkeit bei völligem Rücklauf des Phlegmas. Die Wirksamkeit wurde bei der gleichen Berieselungsintensität bestimmt. Es wird nachgewiesen, daß K bei ein- u. demselben bin. Syst. bei konst. R nicht von der Berieselungsintensität, der Art des Füllkörpers, der Wirksamkeit der Kolonne u. der Größe der Hemmung abhängig ist. Die Kurven $K = f(R)$ der verschiedenen bin. Syst. nähern sich einander stark. Daher wurde eine Standardkurve $K = f(R)$ aufgenommen, die zur Verw. für alle bin. Syst. vorgeschlagen wird.
H. Treumann. 5864 □

Ein Vergleich der Wirksamkeit verschiedener Schemata zur Rektifikation von binären Gemischen sich teilweise vermischender Komponenten. Ss. W. Lwow, L. A. Sserafimow und A. Ss. Mosshuchin. (Chem. Technol. Brennstoffe Öle [UdSSR] **6**, Nr. 9, 26—32, Sept. 1961; Lomonossow-Inst. für chem. Feintechnologie; russ.) — Die Möglichkeit der Rektifikation bin. heteroazeotroper Gemische wird untersucht. Für vier in Zeichnungen erläuterte Arbeits-Verff. werden Gleichungen zur Berechnung der Wirkungsweise aufgestellt u. die Ergebnisse in Form von Werten für die Materialströme u. Konzz. niedergelegt.
J. Lehmberg. 5864

Wirkung und Belastbarkeit einer Rektifizierkolonne großer Bodenzahl bei hohen und niedrigen Konzentrationen des Gemisches Benzol/Äthylenchlorid. Emil Kirschbaum, H. Fischer und D. Wolf. (Chemie-Ing.-Techn. **34**, 423—29, Juni 1962; Karlsruhe, TH, Inst. für App.-Bau u. Verf.-Technik; dt.) — Vgl. C. **1962**, 16085. — Vff. entwickelten geeignete Analysen-Meth., um die Wrkg. von Rektifiziersäulen bei extrem hohen u. niedrigen Konzz. überprüfen zu können. Die im Druckbereich zwischen 700 u. 1000 Torr durchgeführten Verss. zeigten keinen Einfl. der Konz. auf das Verstärkungsverhältnis.
A. Knickenberg. 5864 □

Verdampfer für korrosive Flüssigkeiten. F. R. Whitt. (Brit. chem. Engng. **7**, 422—24, Juni 1962; engl.) — Vgl. von Leistungsdaten (Verdampfungsintensität u. Wärmedurchgangszahl) verschiedener Verdampfertypen für eine Anzahl korrosiver Fl., z. B. $POCl_3$, CH_2Cl_2, H_2F_2. Bei senkrechten Rohrverdampfern beträgt der Wärmedurchgang das 4fache desjenigen von Kesselverdampfern gleichen Materials. Ebenso übt der Verdampfertyp auf die Kapazität einen größeren Einfl. aus als die Temp.-Differenz u. Art der zu verdampfenden Flüssigkeit.
S. Arnhold. 5864 □

Untersuchung der Sublimationskondensation von Naphthalin beim Mischen im Wirbelbett. Janusz Ciborowski und Stanisław Wroński. (Chem. stosowana **3**, 447—60, 1959; Warszawa, Politechn., Zakł. Inz. chem.; pol.) — In eine aus Naphthalin (**I**)-Granulat bestehende Wirbelschicht wird warme, mit **I** gesätt. Luft eingeführt. Das Wirbelbett wird durch Einblasen von Kaltluft in der Schwebe gehalten. Bei optimalen Bedingungen wird **I** am Granulat mit 90% der Gleichgewichtsausbeute niedergeschlagen. Das Granulat dient dabei als Kristallisationskeim. Mit steigender Luft-Geschw. sowie Austritts-Geschw. aus der Düse u. mit steigender Konz. des Sublimats im eintretenden Gas kommt es verstärkt zur spontanen Kristallisation von **I** außerhalb des Granulats u. zu Störungen in der Wirbelschicht.
F. Urban. 5866 □

Auffangen von hochdispersem Ruß unter Anwendung der akustischen Koagulation. W. P. Kurkin. (Kautschuk u. Gummi [UdSSR] **20**, Nr. 6, 29—32, Juni 1961; Staatl. wiss. Forschungsinst. für industrielle u. sanitäre Gasreinigung; russ.) — Eine Vers.-Anlage zur Koagulation u. Sedimentation von hochdispersem *Ruß* durch akust. Schallwellen wird beschrieben. An die Verbrennungsanlage ist der Agglomerations- u. Kühlturm angeschlossen, dem eine stat. Sirene mit einem Vakuumkollektor nachgeordnet ist, der die Koagulation des Aerosols ohne Verdünnung durch Gase gestattet, die als Träger für die akust. Wellen dienen. In der Anlage folgen dann noch Cyclone u. ein Filter. Die Schallfrequenz beträgt 4,6 kHz u. die Beschallungszeit 7 Sek., wobei mit Filter eine Wirksamkeit von 99,98% u. ohne Filter von 97% erzielt wird, gegenüber 70% für eine akust. Abscheidung mit einer dynam. Sirene u. zusätzlicher elektrostat. Koagulation. Der Durchsatz der Verbrennungsanlage betrug 45 m^3/Std., die Ruß-Konz. in der Luft 22 g/m^3 u. die Rußoberfläche 90 m^2/g.
O. Kramm. 5878 □

Cermets mit Gehalt an Seltenen Erden zur Kontrolle von Kernreaktoren. P. Mathelot. (Bull. Soc. franç. Céram. **1961,** Nr. 53, 43—47, Okt./Dez.; Dép. des études de pile du Commissariat à l'Energie Atomique; franz.) — Die bisher zur Kontrolle verwendeten Elemente Cd u. Hf haben keine großen Einfangquerschnitte für therm. u. schnelle Neutronen. Legg. von Ag–In–Cd absorbieren besser, sind jedoch nicht korrosionsbeständig. Die beste Eignung ergaben die Seltenen Erden, bes. Eu u. Dy, mit den Isotopen η u. γ, die neben hoher Wrkg. eine vernachlässigbare Abnutzung zeigen. Prakt. Verss. bestätigten die berechneten Erwartungen. G. Frikell. 5894 □

Der Einfluß der Adsorption auf den Wirkungsgrad bei Kontaktsubstanzen. Chieh Chu und O. A. Hougen. (Chem. Engng. Sci. **17,** 167—76, März 1962; Madison, Wis., Univ. of Wisconsin, Chem. Engng. Dep.; engl.) — Vff. berichten über Unterss. an Katalysatoren u. ihren Wrkg.-Faktoren. Die Verss. an 2 Rk.-Modellen, einer Isomerisations-Rk. u. der katalyt. Oxydation von NO zeigen, daß der Wrkg.-Faktor nicht nur von Art, Umfang, der wirksamen Diffusion u. von der Geschw.-Konst. der Oberflächen-Rk. abhängt, sondern auch vom Rk.-Modell, von der Bedeckung der Oberfläche durch Adsorptionsvorgänge, vom Umwandlungsgrad u. den Konz.-Verhältnissen an der Grenzfläche. — Infolge der komplexen Natur des Wrkg.-Faktors von porösen kugelförmigen Kontaktsubstanzen ist es bei kinet. Unterss. wichtig, möglichst solche geringster Größe zu verwenden, da diese einen einheitlichen Wrkg.-Faktor haben, so daß die Rk.-Geschw. pro Masseneinheit unabhängig von der Korngröße des Katalysators wird. W. Günther. 5904 □

Kinetische Daten und Selektivität katalytischer Festbettreaktoren bei teilweiser Vergiftung des Katalysators. G. F. Froment und K. B. Bischoff. (Chem. Engng. Sci. **17,** 105—14, Febr. 1962; Gent, Belgium, Rijksuniv., Labor. voor Org. Techn. Chem.; engl.) — Unterss. an Reaktoren, deren Kontaktmasse durch während der Rk. abgeschiedenen C verunreinigt war, zeigten eine Ortsabhängigkeit der Geschw.-Konst. im Festbett. Diese Abhängigkeit kann bei der Best. integraler Konst., bezogen auf einen mittleren C-Geh., zu Fehlern führen. Unterschiedliche Beeinflussung der Konst. konkurrierender Rkk. durch die Verunreinigung verändert, wie festgestellt, die Zus. des Rk.-Produktes. W. Herfurt. 5904 □

Analogiebedingungen zwischen Reaktoren für die Flüssigbettkatalyse. L. Massimilla, G. Volpicelli und P. Calia. (Riv. Combustibili **16,** 169—80, April 1962; ital.) — Bei Anwendung der Flüssigbettkatalyse werden die therm. Analogiebedingungen zwischen den Rkk. u. Modell-Rkk. vereinfacht. Die Bldg. von Blasen sowie stat. oder dynam. Kanälen, wie sie gewöhnlich in den Flüssigbettkatalysatoren beobachtet wird, kompliziert jedoch die fluodynam. Analogiebedingungen im Vgl. zu denen, die bei der Festbettkatalyse zu stellen sind. Auf Grund der in der Literatur enthaltenen Daten, die bei der Flüssigbettkatalyse erhalten wurden, kommen Vff. zu adimensionalen halbempir. Verhältnissen, die die Betriebsgrenzen bestimmen, allerdings nur für App. kleiner Dimensionen, bei denen die katalyt. Leistungsfähigkeit von Reaktoren verschiedenen Durchmessers verglichen werden kann. M. Peters. 5904 □

Yoichi Naganuma und Kameichi Aisaki, Tokyo, Japan, **Elastisch-plastische Masse aus Polyäthylen** durch Mischen mit synthet. Elastomeren (Polybutadien oder Butadien–Styrol- oder -Acrylnitril-Mischpolymerisaten) auf der 900—1200° heißen Walze, Zusatz von Polyäthylen- u. Kautschukstabilisierungsmitteln, S u. Vulkanisationsbeschleunigern, Entfernen von der Walze nach genügender Vulkanisation u. Abkühlen. — Man mischt z. B. 20% Nitrilkautschuk in das Polyäthylen. — Verw. für *Dichtungen.* (**Jap. A. S. 16 029/1960** vom 27/5. 1958, ausg. 24/10. 1960.) M. Pankow. 5811

Nippon Tilement Kabushiki Kaisha (Erfinder: Takashi Akiyoshi), Nagoya, Japan, **Klebmittel für keramische Fliesen** aus einer Lsg. von Kautschuk oder synthet. Kautschuk (Thiokol, Polychloropren) in Ketonen, aromat. oder Halogen-KW-Stoffen, der anorgan. Füllstoffe u. ggf. mit W. erhärtende anorgan. Stoffe zugesetzt sind, z. B. aus 100 (Gew.-Teilen) Kautschuk, 50—100 Portlandzement, 20—50 $CaCO_3$ u. 80—100 Methyläthylketon. (**Jap. A. S. 15 373/1960** vom 27/9. 1958, ausg. 14/10. 1960.) M. Pankow. 5811

Monsanto Chemicals Ltd., London (Erfinder: David Samuel P. Roebuck, New Port), England, **Herstellung organischer Polysilicate,** die als *Wärmeaustausch*-Fll. dienen können, durch Umesterung organ. Silicatausgangsmaterials mit 2 OH-Gruppen enthaltenden Phenolen u. Vernetzung der umgeesterten Produkte. — 50 g Tetraphenylorthosilicat u. 15 g Hydrochinon werden bei 300° Bad-Temp. erhitzt, entstehendes

Phenol wird abdest., das zurückbleibende fl. *Polysilicat* enthält Phenoxysilicongruppen, die an Hydrochinonreste gebunden sind. (**Jap. A. S. 15 395 /1960** vom 12/3. 1958, ausg. 14/10. 1960. E. Prior. 15/3. 1957.) M. Pankow. 5815

Shell Development Co., Emeryville, übert. von: William E. Savage, San Leandro, und Walter H. Peterson, Point Richmond, Calif., V.St.A., **Herstellung wasserfester Gele.** Ein Hydrogel eines kieselsäurehaltigen Koll. wird mit einem hydrophoben kation Netzmittel u. 50—150% Schmieröl gemischt u. trockengesprüht. — Verf.-Schema. (**Can. P. 560 130** vom 25/7. 1953, ausg. 8/7. 1958. A. Prior. 26/8. 1952.) L. Großner. 5825

American Cyanamid Co., V.St.A. (Erfinder: Martin Greif), **Herstellung von thixotropen Dispersionen** zur Verw. als *Grundlagen für Salben, Schmiermittel* u. andere. Man geht aus von einem Gemisch von Triglyceriden (F. 80—90°; VZ. 175—185°), z. B. aus 84—89 (Gew.-%) 12-Hydroxystearinsäure- u. 9—14 Stearinsäuretriglycerid u. 0—2 des Triglycerids einer ungesätt. Fettsäure, wie Ölsäure, Linolsäure, Ricinolsäure. Von diesem Gemisch werden 0,25—10 mit einem inerten Verdünnungsmittel gemischt, z. B. mit pflanzlichen, tier., mineral. Fetten oder deren Gemischen. — 100 Liter Sesamöl von 90° werden mit 645 g 12-Hydroxystearinsäure- u. 105 g Stearinsäuretriglycerid 25 Min. verrührt. Beim Abkühlen auf 39° scheiden sich die Triglyceride in feiner Form ab. Das Gemisch wird in einem Homogenisierungs-App. bei 49° gerührt, u. nach dem Abkühlen auf 25° werden 0,05 Vol.-% Tocopherol als Antioxydans zugegeben. Die Dispersion hat eine Brookfield-Viscosität bei 23° von 1280 cP. — Eine Dispersion eines Antibioticums (Tetracyclinchlorhydrat; **I**) enthält 6,6 (Gew.-%) **I**, 25 eines leichten Mineralöls, 10 wasserfreies Lanolin, 1,75 Triglyceridgemisch, 56,65 gebleichte Vaseline. (**F. P. 1 241 121** vom 31/8. 1957, ausg. 20/12. 1960. A. Prior. 5/9. 1956.) M. F. Müller. 5825

Lignosol Chemicals Ltd., Quebec, übert. von: Gerald J. Byrd, Calgary, Canada, **Dispergiermittel für Fest-in-Flüssig-Dispersionen.** Man erhitzt eine konz. Na-Sulfitablauge eines Festkörper-Geh. von 50% u. eines pH-Werts von ca. 7 in einem geschlossenen Kessel auf 270—300° F, leitet zur Oxydation Luft durch, bis der pH-Wert 3,5—4,5 beträgt, u. vermischt mit einer wss. Lsg. von K- oder Na-Dichromat bis zu einem Geh. an Chromat zwischen 5 u. 25%, bezogen auf Gesamtfestkörper. Die unter Vermeidung der Gel-Bldg. erhaltene Mischung wird sprühgetrocknet. (**A. P. 2 933 452** vom 7/9. 1956, ausg. 19/4. 1960.) P. Krug. 5825

Research Corp., New York, N.Y., übert. von: Harry A. Wintermute, Plainfield, N.J., V.St.A., **Elektrische Trennung von Emulsionen** durch alternierende Behandlung mit hochgespanntem Gleich- u. Wechselstrom. — Abbildungen. (**Can. P. 559 795** vom 20/10. 1953, ausg. 1/7. 1958. A. Prior. 29/10. 1952.) L. Großner. 5825

Farbenfabriken Bayer Akt.-Ges., Deutschland (Erfinder: Herbert Corte, Erhard Meier und Hans Seifert), **Schwammartiger Kationenaustauscher** aus Mischpolymerisaten von einfach äthylen. ungesätt. Monomeren u. vernetzenden, mehrfach äthylen. ungesätt. Monomeren. Man polymerisiert sie in Ggw. von Fll., die das Monomere lösen, nicht aber lineares Polystyrol, wie aliphat. KW-Stoffe, aliphat. u. cycloaliphat. Alkohole, Äther u. aliphat., nitrierte KW-Stoffe. Die Mischpolymerisate können durch Verseifung, Sulfonierung, Rk. mit PCl_3 u. dgl. weiter umgesetzt werden. — Eine Suspension aus 450 (g) Styrol, 50 Trivinylbenzol, 300 Di-n-butyläther u. 5 Benzoylperoxid in 1,5 W. u. 0,4 Gelatine rührt man 8 Std. bei 65—70° u. 4 Std. bei 90—95°. Man erhält schwammartige Perlen, 300 der Perlpolymeren werden in 700 cm³ CCl_4 4 Std. gequollen, mit 1000 PCl_3 u. 400 $AlCl_3$ unter Rückfluß gekocht. Das erhaltene Austauscherharz kann man noch mit Br–W. zu Phosphonsäure enthaltenden Austauschern umsetzen. (**F. P. 1 205 505** vom 18/4. 1958, ausg. 3/2. 1960. D. Prior. 20/4. 1957.) M. Pankow. 5827

Imperial Chemical Industries Ltd., London, England (Erfinder: Henryk Zenftman), **Quaternäre Ammoniumestersalze** erhält man durch Umestern von 2 Mol eines Acryl- oder Methacrylsäureesters mit 1 Mol eines mehrwertigen tert.-Aminoalkohols u. anschließende Quaternierung des entstandenen tert.-Aminoesters mit Dialkylsulfat oder Alkylhalogeniden, wie Dimethyl- oder Diäthylsulfat, Äthyl-, Methyl-, Propylchlorid, -bromid oder -jodid in Ggw. eines Polymerisationsverzögerers. — Vgl. D. A. S. 1 068 015 u. E. P. 823 594; C. **1960**, 16888. — Die Verbb. dienen zur *Herst. von Anionenaustauschern.* (**E. P. 823 595** vom 7/10. 1955, ausg. 11/11. 1959.) G. Krauß. 5827

Rikagaku Kenkyujo (Erfinder: Sakae Emoto, Kazuko Namiki und Makoto Ando), Tokyo, Japan, **Herstellung von Carbonsäurehydrazidgruppen enthaltenden Acrylsäureharzen** durch Einw. von Hydrazin oder Hydrazinhydrat auf perlförmige Acrylsäureester–Divinylbenzol-Mischpolymere. — 1 (Teil) der Mischpolymeren (mit 10% Divinylbenzol), 20 Butanol u. 3,8 wasserfreies Hydrazin werden 40 Std. zum Sieden erhitzt. Das Harz wird abfiltriert u. mit Butanol, CH_3OH u. W. gewaschen. — Das *Kationenaustauscherharz* adsorbiert Aceton aus Aceton–W.-Mischung. (**Jap. A. S. 14 790/1960** vom 26/3. 1958, ausg. 6/10. 1960.) M. Pankow. 5827

American Cyanamid Co., New York, N.Y., übert. von: Alexander V. Alm, Stamford, Conn., V.St.A., **Trennung von Anion/Kation-Austauscherharz-Gemischen.** Eine ionisierbare Festteilchen enthaltende Fl. wird mit einem wenigstens je einen Anion- u. Kationaustauscherharz enthaltendem Gemisch umgesetzt, die Fl. abgetrennt, das Gemisch mit einem anion. oberflächenakt. Flotationsmittel versetzt u. das Anion- vom Kationaustauscherharz durch Flotation abgetrennt. (**Can. P. 562 262** vom 30/12. 1946, ausg. 26/8. 1958. A. Prior. 10/8. 1946.) Eberhard Riedel. 5827

Rohm & Haas Co., Philadelphia, Pa. (Erfinder: Edward Francis Riener, Haddonfield, N.J.), V.St.A., **Nachbehandlung von Mischpolymeren** aus aromat. Vinyl- (Styrol) u. Divinyl-KW-Stoffen mit einem Halogenalkylierungsmittel u. Acetalen oder Ketalen, wobei unlösl. vernetzte Verbb. entstehen: Anion. *Harze*, die z. B. zum *Reinigen von Zucker-Lsgg.* dienen können. — Vgl. D. A. S. 1 068 019; C. **1960**, 4308. (**Jap. A. S. 14 789/1960** vom 1/11. 1957, ausg. 6/10. 1960. A. Prior. 2/11. 1956.) M. Pankow. 5827

Sun Chemical Corp., Long Island City, N.Y., übert. von: Frederick K. Daniel, Hackensack, N.J., V.St.A., **Regenerieren eines doppelten Ionenaustauschers,** bei dem Kationen- u. Anionenaustauscherteilchen sich physikal. unterscheiden (durch verschiedenes spezif. Gew., verschiedene Partikelgröße usw.), durch physikal. Trennung der Teilchen, Regenerieren der Kationenaustauscherteilchen mit Säure, der Anionenaustauscherteilchen mit Alkali u. erneutes Zusammenmischen. (**Can. P. 556 113** vom 28/3. 1952, ausg. 15/4. 1958. A. Prior. 2/12. 1944.) H.-J. Nitzschke. 5827

Farbenfabriken Bayer Akt.-Ges., Deutschland (Erfinder: **Herbert Corte**), *Schwammförmiger Anionenaustauscher.* (**F. P. 1 211 485** vom 30/7. 1958, ausg. 16/3. 1960. D. Prior. 2/8. 1957. — C. **1960**, 1284 [D. A. S. 1 049 583].)

Permutit Co. Ltd., übert. von: **Theodore R. E. Kressman** und **Ernest M. Wilkinson**, London, England, *Anionenaustauscherharze.* (**Can. P. 560 421** vom 5/11. 1956, ausg. 15/7. 1958. E. Prior. 23/11. 1955. — C. **1959**, 16751 [E. P. 808 844].)

Permutit Co. Ltd., übert. von: **Theodore R. E. Kressman** und **Ernest M. Wilkinson**, London, England, *Anionenaustauscherharze.* (**Can. P. 560 422** vom 5/11. 1956, ausg. 15/7. 1958. E. Prior. 23/11. 1955. — C. **1961**, 2056 [E. P. 804 066].)

Farbenfabriken Bayer Akt.-Ges., Deutschland (Erfinder: **Herbert Corte** und **Otto Nerz**), *Anionenaustauscherharze.* (**F. P. 1 217 732** vom 2/12. 1958, ausg. 5/5. 1960. D. Prior. 2/12. 1957. — C. **1960**, 17234 [D. A. S. 1 054 715].)

Permutit Co. Ltd., übert. von: **Theodore R. E. Kressman** und **Frank L. Tye**, London, England, *Kationaustauscher.* (**Can. P. 561 805** vom 17/3. 1953, ausg. 12/8. 1958. E. Prior. 1/4. 1952. — C. **1956**, 4291 [E. P. 726 918].)

Commonwealth Scientific & Industrial Research Organization, East Melbourne, übert. von: **Donald E. Weiss**, Blackburn, Victoria, und **Everard A. Swinton**, Mount Eliza, Victoria, Australien, *Kontinuierliche Adsorption aus Lösungen oder Suspensionen.* (**Can. P. 560 310** vom 4/1. 1956, ausg. 15/7. 1958. Aust. Prior. 4/1. 1955. — C. **1958**, 4592 [E. P. 780 406].)

Union Carbide & Carbon Corp., New York, übert. von: **Robert M. Milton**, Buffalo, und **Donald W. Breck**, Grand Island, N.Y., V.St.A., *Adsorption von Flüssigkeiten durch Molekularsiebe.* (**Can. P. 559 848** vom 10/9. 1954, ausg. 1/7. 1958. A. Prior. 24/12. 1953. — C. **1958**, 9315 [E. P. 776 467].)

Texaco Development Corp., Wilmington, Del., übert. von: **James A. Davies**, Scarsdale, N.Y., V.St.A., *Lösungsmittelextraktion.* (**Can. P. 560 150** vom 17/3. 1955, ausg. 8/7. 1958. A. Prior. 21/5. 1954. — C. **1959**, 11369 [E. P. 795 872].)

Shell Development Co., New York, N.Y., übert. von: **Stanley Marple jun.**, Houston, Tex., und **Norbert J. Foecking**, Cleveland, Ohio, V.St.A., *Adsorptivdestillation.* (**Can. P. 561 125** vom 21/6. 1955, ausg. 29/7. 1958. A. Prior. 1/7. 1954. — C. **1958**, 3128 [A. P. 2 768 942].)

Phillips Petroleum Co., Bartlesville, Okla., übert. von: **Samuel J. Kolner**, Borger, Tex., V.St.A., *Trennung durch Kristallisation.* (**Can. P. 560 424** vom 28/6. 1955, ausg. 15/7. 1958. A. Prior. 6/7. 1954. — C. **1961**, 3771 [A. P. 2 886 587].)

Anaconda Wire & Cable Co., New York, N.Y., übert. von: **Alfred E. Widmer**, Granville, Ohio, und **Eugene W. Greenfield**, Ossining, N.Y., V.St.A., *Kataphoretische Reinigung von Flüssigkeiten.* (**Can. P. 560 580** vom 20/12. 1951, ausg. 22/7. 1958. A. Prior. 14/3. 1951. — C. **1958**, 5775 [A. P. 2 762 770].)

Dow Corning Corp., übert. von: **Donald R. Weyenberg**, Midland, Mich., V.St.A., *Bis-[trialkoxysilyl]-benzole.* (**Can. P. 560 978** vom 14/10. 1954, ausg. 29/7. 1958. A. Prior. 7/12. 1953. — C. **1956**, 10313 [A. P. 2 713 064].)

H_2. Betriebsschutz. Feuerschutz

Der Verbraucher von Farben und deren Giftigkeit. R. Piper. (J. Oil Colour Chemists' Assoc. **45**, 598—610, Aug. 1962; Slough, Bucks, Paint Div.; engl.) — Nach einem kurzen histor. Überblick über Vergiftungserscheinungen im Malerhandwerk u. bei Farbherstellern werden einige Gefahren für Maler u. Verbraucher dargestellt, wie

Hautschäden, Gefährdung durch Lsgm. u. Schäden für Kinder. Vorschläge für Verbesserungen werden unterbreitet. R. Zeisberger. 5932 □

Untersuchung des Staubfangvermögens von Netzmittellösungen in der Staubkammer. Ss. Ch. Sakijewa und A. B. Taubman. (J. angew. Chem. [UdSSR] **32**, 797—800, April 1959; russ.) — Es wurde eine Meth. für das Arbeiten mit einer Labor.-Staubkammer entwickelt, die es ermöglicht, die Wirksamkeit der Lsgg. oberflächenakt. Stoffe zu bewerten, die als Zusätze zum W. den die Silicose u. Anthracose verursachenden Staub im Bergbau u. bei der Kohlenförderung auffangen sollen. Es wird nachgewiesen, daß das neue synthet. *Netzmittel RAS-Na* einen Zusatz darstellt, der die staubbindende Wrkg. des W. wesentlich erhöht. H. Treumann. 5932 □

Staubkontrolle in der Zementindustrie. N. Pilpel. (Brit. chem. Engng. **7**, 258—63, April 1962; engl.) — Angaben über die verschiedenen Stellen, an denen sich Staub bei der Portlandzement-Herst. entwickeln kann. Anwendung von Filtration, elektr. Gasreinigung, Zyklonreinigung usw. zur Entfernung der Stäube in den Abgasen. Beschreibund der zur Zeit in England verwendeten Vorrichtungen. F. Rosendahl. 5940 □

Untersuchungen an Immissionen in der Umgebung von Anlagen der Braunkohlenindustrie. Hermann Jung. (Freiberger Forsch.-H., Reihe A, Heft **220**, 149—56, Febr. 1962; Freiberg/Sachsen; dt.) W. Wesly. 5948 □

Die Bestimmung von SO_2 in der Atmosphäre durch inverse radioaktive Tracer. Richard L. Bersin, Frederick J. Brousaides und Carlton O. Hommel. (J. Air Pollut. Control Assoc. **12**, 129—37, 146, März 1962; engl.) — Es wird eine Best.-Meth. mit dazugehöriger App. beschrieben. Die Meth. beruht auf folgenden Rkk.: $3\ SO_2 + 2\ H_2O + 2\ NaClO_2 \rightarrow 2\ ClO_2 + H_2SO_2 + 2\ NaHSO_3$; $6\ ClO_2 + [C_6H_4(OH)_2]_3 \cdot {}^{85}Kr \rightarrow 3\ C_6H_4O_2 + {}^{85}Kr + 6\ HClO_2$. Zwischen den Zählwerten u. dem SO_2-Durchsatz konnte eine lineare Beziehung festgestellt werden, deren Steigung feuchtigkeitsabhängig ist. Es ist ein robuster, für den Labor.- u. Feldgebrauch bestimmter App. entwickelt worden. B. Franz. 5948 □

United States Rubber Co., New York, N.Y., übert. von: Lucian P. Dosmann, South Bend, Ind., V.St.A., **Chlorfluorkohlenstoff-Elastomere.** Ein Mischpolymerisat aus Chlortrifluoräthylen (I) u. Vinylidenfluorid (**II**) mit einem Geh. von 5—70% **II** wird bei 150—330° F 5 Min. bis 24 Std. je 100 (Teile) Mischpolymerisat mit 1—5 eines bei diesen Temp. ziemlich beständigen Peroxids (Benzoylperoxid) u. 1—20 *N.N'-Methylen-bis-acrylamid* (**III**) als Vulkanisationsbeschleuniger gemischt. Durch die Zugabe von **III** läßt sich die Vulkanisationszeit bedeutend verkürzen, ohne daß die Dehnungsfestigkeit oder Härte vermindert wird. — Man gibt einem Mischpolymerisat aus 60% **I** u. 40% **II** auf dem Kalander bei 120—150° F 10 (Teile) ZnO u. 6 **III**, danach 3 Benzoylperoxid zu u. stellt daraus ein Vlies her, das 2,8 Std. bei 280° F vulkanisiert wird. Ohne Verw. von **III** muß man 14 Std. länger vulkanisieren, um zu Prodd. gleicher Güte zu gelangen. — Für *Schutzkleidung*, bes. *Handschuhe*, die rauchender HNO_3 widerstehen. (**A. P. 2 944 927** vom 15/5. 1959, ausg. 12/7. 1960.) A. Jahn. 5937

Kaiser Gypsum Co., Inc., Oakland, Calif., übert. von: John E. Robison, Warren, Oreg., V.St.A., **Feuerhemmender Überzug** wird erhalten aus a) einem Aminoplasten, b) Melamin oder Dicyandiamid u. c) einem Kohlenhydrat im Verhältnis 1:2:1 in einem Lsgm., bes. 10—50 (Teilen) Melamin-HCHO-Harz, 40—80 Dicyandiamid u. 10—50 Zucker oder Stärke. (**Can. P. 561 048** vom 16/6. 1953, ausg. 29/7. 1958.) L. Großner. 5945

H_3. Elektrotechnik

Plessey Co. Ltd. (Erfinder: Thomas Fowler Chadwick), **Herstellung von hochreinem Monosilan** (**I**) zur Herst. von *Halbleitermaterial*, dad. gek., daß als Kühlmittel bei der Rektifaktion des **I** auf —100 bis —125° gekühltes **I** verwendet wird. — Verf.-Schema. (**Aust. P. 232 047** vom 26/8. 1958, ausg. 16/2. 1961.) C. Lüttgen. 5953

Westinghouse Electric Corp., Pittsburgh, Pa., V.St.A., **Ziehen von bandförmigen Einkristallen** mit kub. Kristallstruktur. Es wird ein Keimkristall mit einer inneren Zwillingsebene, die der 1 1 1-Ebene parallel ist, derart angewendet, daß längs dieser Ebene gezogen wird, u. daß die Spitzen der Ätzdreiecke in die Ziehrichtung (aufwärts) zeigen. Die Schmelze wird nach dem Anwachsen des Keim stark unterkühlt u. dieser mit großer Geschw. (ca. 100mal rascher als beim üblichen Ziehen) aus der Schmelze gezogen. Das Verf. ist anwendbar auf Si, Ge, Verbb. der Elemente der III. u. V. sowie der II. u. VI. Gruppe des Period. Syst., die *halbleitende Eigg.* aufweisen. — Abbildungen. (**E. P. 889 058** vom 12/8. 1959, ausg. 7/2. 1962. A. Prior. 28/8. 1958.) O. Steil. 5953

Western Electric Co., Inc., New York, N.Y., übert. von: Raymond L. Rulison, Berkeley Heights, N.J., V.St.A., **Transistoren.** Eine Änderung der elektr. Charakteristik eines Ge-Gerätes erreicht man durch 10 Min. langes Eintauchen in eine Lsg. von 40 (Vol.-Teilen) CCl_4 u. 1 einer Verb. aus 92% Polyisobutylen, 7,5% Polyäthylen u. 0,5% eines synthet. Harzes. — Verf.-Schema. (**Can. P. 563 340** vom 4/5. 1955, ausg. 16/9. 1958.) Eberhard Riedel. 5953

Union Carbide & Carbon Corp., New York, N.Y., übert. von: Dimiter Ramadanoff, Berea, Ohio, V.St.A., **Gleichmäßige Verteilung von Ag-Metall in Kohle.** Gegenstände aus C werden mit einer wss. $AgNO_3$-Lsg. getränkt u. mit gesätt. wss. $(NH_4)_2CO_3$-Lsg. oder NH_3 behandelt; das gebildete Ag_2CO_3 bzw. AgO wird danach durch Erhitzen zum Metall reduziert. (**Can. P. 560 163** vom 16/8. 1956, ausg. 8/7. 1958. A. Prior. 7/9. 1955.) L. Großner. 5953

Axel R. Wejnarth, Kenmore, N.Y., V.St.A., **Elektrische Widerstandsmasse** mit großer mechan. Festigkeit u. Beständigkeit gegen Korrosion auch bei hohen Temperaturen. Die Herst. erfolgt durch Sintern eines Gemisches aus 50—98 (Teilen) SiC, 50—2 eines Metall-Monosilicids, das aus 16—8 W, 7—1 Cr + Fe besteht, wobei das Fe höchstens 3,5 ausmachen darf, bei 2200—2450°, bis eine homogene feste Lsg. frei von ungebundenem Si vorhanden ist. (**A. P. 3 009 886** vom 10/9. 1958, ausg. 21/11. 1961.) G. Frikell. 5955

Magyar Állam (Erfinder: Frau Ludwig Száhlender), Budapest, Ungarn, **Imprägniermittel für elektrische Grundbestandteile,** bes. für trop. Gebiete geeignet, erhält man beim Erhitzen auf 140—160° von geschmolzenem Fichtenharz mit Polystyrol, bis ein einheitlicher Schmelzfluß eingetreten ist, u. Zugabe unter Rühren von Bienenwachs, Weichmacher (Dibutylphthalat) u. Konservierungsmittel (p-Hydroxybenzoesäuremethylester) während des Abkühlens. (**Ung. P. 144 707** vom 9/3. 1956, ausg. 15/3. 1959.) G. König. 5957

Tiberius Csizi und Richard Leyrer, Budapest, Ungarn, **Elektrische Isolierkörper** mit in Formen eingelassenen elektr. Leitungen u. sonstige Vorr., bestehen aus einer *Polyestermasse,* die als Füllstoffe anorgan. Fasern, wie Asbest u. pulvrige Stoffe, wie Quarzmehl, enthalten kann. (**Ung. P. 145 092** vom 21/5. 1956, ausg. 15/8. 1959.) G. König. 5957

Westinghouse Electric Corp., East Pittsburgh, Pa., V.St.A., **Hitzefestes Alkydharzanstrichmaterial** für *Isolierwickluugen bei elektr. Spulen,* bei denen Glasgewebe mit dem Anstrichmaterial überzogen ist, aus 98—90 Gew.-% eines Präp. aus 5—8 (mol) Glycerin, 2—5 Salicylsäure, 4—6 Isophthalsäure u. 0,7—1,3 dehydratisiertem Ricinusöl (**I**), wobei bei der Rk. 30—50 Mol-% gegenüber den COOH-Gruppen überschüssige OH-Gruppen vorhanden sind, u. 2—10 Gew.-% wenigstens einer Verb. der Gruppe butyliertes Melamin-HCHO-Harz, butyliertes Harnstoff-HCHO-Harz u. Pyromellitsäuredianhydrid. — Man erhitzt eine Mischung aus 34,2 (lbs.) **I**, 10,7 Glycerin u. 0,035 $Ca(OH)_2$ unter N_2 $1^1/_2$ Std. auf 240°, gibt 12,3 Glycerin, 21,4 Salicylsäure, 32,2 Isophthalsäure, 0,5 Isopropyltitanat u. 10—30 Xylol zu, hält am Xylolrückfluß 4 Std. lang unter N_2 bei 200—235° azeotrop, trennt entstandenes W. ab u. gibt nach Rk.-Beendigung 7,7 einer 65%ig. Lsg. von butyliertem Melamin-HCHO-Harz in Xylol zu. (**Jap. A. S. 16 686/1960** vom 27/4. 1959, ausg. 4/11. 1960. A. Prior. 5/8. 1958.) M. Pankow. 5957

Hooker Electrochemical Co., Niagara Falls, übert. von: John T. Rucker, Lewiston, N.Y., V.St.A., **Stabilisierung kernhalogenierter aromatischer Kohlenwasserstoffe,** bes. als *Dielektrika* verwendeter *Polychlorbenzole.* Sie werden mit 0,1—20, bes. 5 (%) Alkalimetall, Erdalkalihydroxid oder -carbonat u. 0,01—5, bes. 0,33 mehrwertigem aliphat. Alkohol, bes. Äthylenglykol, 2 Std. auf >140°, bes. 160°, erhitzt u. danach abgetrennt. (**Can. P. 560 059** vom 15/9. 1954, ausg. 8/7. 1958.) L. Großner. 5957

General Electric Co., übert. von: William F. Gilliam, Schenectady, N.Y., V.St.A., **Magnetwicklung** aus einem Cu-Leiter, einer darauf befindlichen, durch anod. Oxydation in wss.-alkal. Lsg. gebildeten Cu-Oxidschicht, einer Schicht von modifiziertem Siliconharz aus hauptsächlich durch KW-Stoff-Reste substituiertem Polysiloxan u. einer geringen Menge eines durch öliges Phenolaldehyd-Prod. modifizierten Alkydharzes (Verhältnis Siliconharz : Alkydharz z. B. 80 : 20) u. einer Schicht aus einem durch Phenolaldehydharz modifizierten Polyvinylacetalharz. Die beiden Harzschichten werden jeweils nach ihrem Aufbringen bei 240—280° gehärtet. (**Can. P. 555 642** vom 16/9. 1953, ausg. 8/4. 1958. A. Prior. 20/9. 1952.) H.-J. Nitzschke. 5959

Indiana General Corp., übert. von: Klaus Julius Sixtu, Valparaiso, Ind., V.St.A., **Herstellung von ferromagnetischen Massen** mit hoher Koerzitivkraft u. hohem maximalem Energieprodukt. Ein Gemisch aus nichtkub. Kristallen von Fe_2O_3

u. einem der Oxide von Ba, Sr oder Pb wird bei 2300—2500° F gesintert, bei einer Abnahme von ca. 50° F/Min. auf ca. 68° F abgekühlt, mindestens 10 Min. in nichtreduzierender Atmosphäre auf 1500—2000° F erhitzt u. anschließend mit gleicher Geschw. wie zuvor in Luft abgekühlt. — Zum Beispiel besteht das Gemisch aus 5 (Mol) Fe_2O_3 u. 1 BaO. Durch das Kühlverf. wird die Koerzitivkraft der gesinterten Prodd. um 225 bis 770 Oe gesteigert. (**A. P. 3 001 943** vom 18/11. 1954, ausg. 26/9. 1961.) G. Frikell. 5959

North American Philips Co., Inc., New York, übert. von: Preston Robinson, Williamstown, Mass., und Alfred Sommer, Kingston, N.Y., V.St.A., **Herstellung von Ferriten** nach der allg. Formel MFe_2O_4, worin für M Cu, Mg, Mn, Co, Ni oder Zn treten kann. Zur Vermeidung der Bldg. von nichtmagnet. Oberflächenschichten aus den höheren Oxydationsstufen der Metalle, wie Umwandlung von MnO in Mn_3O_4, werden die Oxide gemischt u. bei 1000—1400° in Ggw. von O_2 mehrere Std. vorgebrannt. Auf den vorgebrannten Körper wird eine Schicht eines gepulverten Oxides eines der Metalle Ni, Co, Zn oder Cu aufgebracht u. dieses Prod. bei 1300—1500° in nichtreduzierender Atmosphäre gebrannt u. schnell abgekühlt. (**A. P. 3 002 930**, vom 3/12. 1956, ausg. 3/10. 1961.) G. Frikell. 5959

Indiana General Corp., übert. von: James R. Ireland, Valparaiso, Ind., V.St.A., **Herstellung eines Ferrits** mit einer Remanenz von z. B. 4035 u. einer Koerzitivkraft von 1260. Dauermagnete der allg. Formel $MO \cdot 6\ Fe_2O_3$, worin M für Ba, Sr oder Pb steht, werden hergestellt durch Sintern der gemischten Oxide bei 2000—2500° u. anschließendes Pressen unter Einw. eines magnet. Feldes. Das Maximum-Energie-Prod. wird verbessert durch Zusatz von 0,1—2 Gew.-% eines feuerfesten Oxidgemisches, wie $Al_2O_3 + SiO_2$, $CaO + SiO_2$, $CaO + TiO_2$, $Al_2O_3 + TiO_2$, $B_2O_3 + SiO_2$, $B_2O_3 + SiO_2$, $Cr_2O_3 + SiO_2$ oder $Cr_2O_3 + TiO_2$, wobei das Mol-Verhältnis der jeweils zuerst genannten Komponente zur zweiten zwischen 1 : 2 bis 3 : 2 liegt. (**A. P. 2 980 617** vom 13/3. 1956, ausg. 18/4. 1961.) G. Frikell. 5959

Philips Laboratories, Inc., Irvington-on-Hudson, übert. von: Frank G. Brockman, Dobbs Ferry, N.Y., V.St.A., **Herstellung von zusammengesetzten Ferriten** mit relativ temperaturunabhängiger Permeabilität. Ein Zweischichten-Ferrit, dessen eine Schicht bei Zimmer-Temp. bis 110° einen niedrigen Curie-Punkt u. dessen andere einen höheren Curie-Punkt für Temp. zwischen 110—125° aufweist, wird hergestellt durch Vorpressen einer Lage eines Ni-Zn-Ferritpulvers, bestehend aus 15 (Mol-%) NiO, 35 Zn u. 50 Fe_2O_3 u. einer 2. Lage eines Ferritpulvers, dessen Zus. ca. 20 NiO, ca. 35 ZnO u. ca. 50 Fe_2O_3 beträgt. Der Preßkörper wird ca. 1 Std. lang bei 150° gesintert. (**A. P. 2 985 939** vom 10/7. 1952, ausg. 30/5. 1961.) G. Frikell. 5959

General Electric Co., übert. von: Volney C. Wilson, Schenectady, N.Y., V.St.A., **Weichferromagnet** besteht aus einem Gemisch kristalliner Ni-, Zn- u. Cu-Ferrite mit einem Metalloxid-Geh. von 47—49 (Mol-%) Eisenoxid, 1—8, bes. 4 CuO, 28—38, bes. 28—32 ZnO, Rest Ni-Oxid, u. besitzt einen Widerstand $>10^7\ \Omega$cm, bes. $>10^9\ \Omega$cm, u. eine magnet. Induktion von >400, bes. >1200 Gauß bei 1 Oe. — Diagramme. (**Can. P. 561 372** vom 7/6. 1951, ausg. 5/8. 1958.) L. Großner. 5959

K. A. Pisskarew, **Oxidisches magnetisches Material** auf der Basis von Ni- u. Zn-Ferriten für *Induktionsspulen* enthält zur Verringerung des Verlustwinkels bei hohen Frequenzen 53—65 (Mol-%) Fe_2O_3, 15—45 NiO, 0—25 ZnO u. 0,3—1,5 CoO. Die magnet. Permeabilität ändert sich mit dem ZnO-Geh. von 10—150 Gauß/Oe. (**UdSSR. P. 123 259** vom 26/12. 1957.) L. Großner. 5959

Sylvania Electric Products, Inc., Wilmington, Del., übert. von: Donald H. Baird, New York, Joseph John Dymon, Flushing, und Samuel Natansohn, Brooklyn, N.Y., V.St.A., **Modifizierter Nickel-Ferrit.** Ein Ferrit mit niedrigem dielektr. Verlustfaktor, einer relativ hohen Curie-Temp. u. einem in einem weiten Bereich regelbaren Sättigungsmagnetismus wird hergestellt durch 6—10std. Brennen in Luft bei 1350—1500° eines mit einem Bindemittel versehenen Gemisches aus 1 (Mol) NiO; 0,06 MnO; 0,97 Fe_2O_3 u. 0,97 Al_2O_3. Das Prod. hat ein c-b-Verhältnis von ca. 0,084 bis 0,482, einen dielektr. Verlustwinkel von ca. 0,001—0,008, eine Curie-Temp. von 285—530° u. einen Sättigungsmagnetismus von ca. 140—2000 Gauß. (**A. P. 2 982 731** vom 13/6. 1957, ausg. 2/5. 1961.) G. Frikell. 5959

Plessey Co. Ltd., Ilford, übert. von: John M. Herbert, Horton, und Charles O'Hara, Blisworth, Northants, England, **Modifizierter Nickelferrit** mit hohem Kopplungs-Koeff. von 0,155—0,27, bes. für magnetostriktive Umformer. In der allg. Formel $xM''O \cdot yM'''O_3$ bedeuten x u. y Zahlen von 1—1,2. M''O besteht zu 95 (Mol-%) bis weniger als 100 aus NiO u. als Rest CoO. Die Zus. von $M_2'''O_3$ ist 60—95 Fe_2O_3, Rest Cr_2O_3. Die Herst. erfolgt durch Sintern des Oxidgemisches bei 1360—148.° (**A. P. 2 997 443** vom 9/4. 1956, ausg. 22/8. 1961.) G. Frikell. 5959

Radio Corp. of America, übert. von: Howard Lessoff, Milton, Mass., V.St.A., **Nickel-Zink-Ferrit** mit verbesserter Initial-Permeabilität u. verbessertem Verlustfaktor bei hohen u. niedrigen Frequenzen. Die Herst. von Ni–Zn-Ferriten mit einem μQ-Prod. > 10000 bei 600 kHz erfolgt durch Formen u. Erhitzen auf 950—1450° eines Gemisches, das aus 50 (Mol-%) Fe_2O_3, 22—33 NiO, 17—28 ZnO besteht u. dem, bezogen auf die vorgenannte Mischung, 0,001—2,0 Mo beigefügt werden. (**A. P. 3 009 880** vom 31/12. 1958, ausg. 21/11. 1961.) G. Frikell. 5959

International Business Machines Corp., New York, übert. von: Barlane R. Eichbaum, Poughkeepsie, N. Y., V.St.A., **Cadmium-Nickel-Ferrit.** Ein Ferrospinell mit rechteckiger oder quadrat. Hysteresiskurve, bes. für Verw. in Rechenmaschinen, wird hergestellt durch Erhitzen eines Gemisches von 5—35 (Mol-%) CdO, 10—35 NiO u. 50—68 Fe_2O_3 im offenen Pt-Schiffchen 15 Min. bis 3 Std. auf 1000—1500°. — Zum Beispiel hat ein Prod. aus 12 (Mol-%) Cd, 33 NiO u. 55 Fe_2O_3 einen spezif. Widerstand von $4 \cdot 10^5$ Ω/cm u. eine DK von 20—10^4 Schwingungen/Sekunde. (**A. P. 3 006 853** vom 19/12. 1957, ausg. 31/10. 1961.) G. Frikell. 5959

International Business Machines Corp., New York, übert. von: James M. Brownlow, Poughkeepsie, N.Y., V.St.A., **Titan-Nickel-Ferrit.** Ein ferromagnet. Prod. mit quadrat., rechteckiger Hysteresiskurve, einer Ferrospinellstruktur u. einem Br/Bs-Verhältnis > 0,7, das bes. für die Verw. in magnet. Speichergeräten u. Rechenmaschinen geeignet ist, entspricht der allg. Formel $Mg_wNi_xTi_yFe_2O_4$. Darin ist w = 0,70 bis 1,22, x = 0,01—0,60, y = 0,10—0,40 u. z = 1,30—1,80. Die Herst. von z. B. $Mg_{1,08} \cdot Ni_{0,10}Ti_{0,20}Fe_{1,62}O_4$ erfolgt durch 30 Min. langes Erhitzen der Oxide auf 1380°, Abkühlen in CO_2 während 30 Min. auf 1150° u. Abschrecken auf Zimmertemperatur. (**A. P. 2 982 732** vom 30/12. 1957, ausg. 2/5. 1961.) G. Frikell. 5959

Steatite Research Corp., Keasbey, übert. von: Ernst Albers-Schoenberg, Metuchen, N.J., V.St.A., **Magnesium-Mangan-Ferrite** mit annähernd quadrat. oder rechteckiger Hystereseschleife haben eine Zus. von 8—55 (Mol-%) MgO; 4—67 MnO, 25—47,5 Fe_2O_3; 0,3—4,0 SiO_2 u. evtl. einen Zusatz von 0—5% Oxid eines 2wertigen Metalles bezogen auf das Gew. der Mischung. — Zum Beispiel werden 33,5 (Mol-%) MgO, 33,0 MnO_2 u. 33,5 Fe_2O_3 naß vermahlen, bei 1775° F calciniert, wieder naß vermahlen, mit Polyvinylalkohol in wss. Lsg. verformt, bei 2500° F gebrannt u. in Ggw. von N_2 auf 2100° F gekühlt. Die physikal. Eigg. des Prod. sind: Induktion bei 5 Oe 2100 Gauß, bleibender Magnetismus bei 5 Oe 1800 Gauß, Koerzitivkraft 1,26 Oe. (**A. P. 3 007 875** vom 23/6. 1959, ausg. 7/11. 1961.) G. Frikell. 5959

International Business Machines Corp., New York, übert. von: Victor L. Moruzzi und Bertram A. Calhoun, Poughkeepsie, N.Y., V.St.A., **Lanthan-Mangan-Ferrit.** Ein *Dauermagnet* der Zus. $LaMnFe_{11}O_{19}$, dessen Koerzitivkraft ca. 600 Oe beträgt u. der bes. für Geräte zur magnet. Speicherung geeignet ist, wird hergestellt aus einem Gemisch von 1,37 (g) La_2O_3; 7,38 Fe_2O_3 u. 0,66 Mn_3O_4, das zur Sinterung 100 Std. in einer O_2-Atmosphäre auf ca. 1350° erhitzt wird. (**A. P. 2 982 607** vom 6/11. 1958, ausg. 2/5. 1961.) G. Frikell. 5959

Steatite Research Corp., Keasbey, übert. von: Ernst Albers-Schoenberg, Metuchen, N.J., V.St.A., **Ferrite mit quadratischer Hystereseschleife,** bes. für *Speicher-Syst. in Rechenmaschinen.* Die Formkörper werden durch Brennen eines Gemisches von Oxiden bei Temp. bis 2500° F, bes. bei ca. 2400° F hergestellt u. enthalten: 27,5—66 (Mol-%) MnO, 30—47,5 Fe_2O_3, mindestens 1 ZnO oder mindestens 2 MgO u. mindestens 1 CaO oder CuO, wobei die Summe von MgO, ZnO, CaO u. CuO zwischen 4—25 liegt. Ein Ferrit aus 47 MnO; 33 Fe_2O_3; 9,6 MgO; 2,6 CaO u. 7,8 ZnO zeigt folgende physikal. Werte: B_s = 2500 (Gauß), Br = 2100, H_c = 0,22 Oe, μ_0 = 100, μ_{max} = 4400. (**A. P. 2 981 690** vom 18/6. 1957, ausg. 25/4. 1961.) G. Frikell. 5959

Steatite Research Corp., Keasbey, übert. von: Ernst Albers-Schoenberg, Metuchen, N.J., V.St.A., **Ferrite mit quadratischer Hystereseschleife** u. einer Aktions-Geschw. von 1 μ/Sek. u. darunter. Die Herst. erfolgt durch Brennen eines Gemisches aus 8—55 (Mol-%) MgO, 4—67 MnO_2, 25 bis ca. 47,5 Fe_2O_3 u. evtl. Zusatz von 5% (vom Gew. der Mischung) CuO, NiO, ZnO u./oder Li_2O, wobei der ZnO-Geh. nicht mehr als 8% vom Gew. des Zusatzes betragen darf. — Zum Beispiel ergibt ein Gemisch aus 14 (Gew.-%) MgO, 30 MnO_2 u. 56 Fe_2O_3 einen Ferrit mit einer Kraftflußdichte 1650 (Gauß), bleibendem Magnetismus 1375, Koerzitivkraft 2,1 Oe, maximale Permeabilität 315 u. Initialpermeabilität 60. (**A. P. 2 981 689** vom 12/7. 1954, ausg. 25/4. 1961. Can. Prior. 3/2. 1953.) G. Frikell. 5959

Steatite Research Corp., Keasbey, übert. von: Ernst Albers-Schoenberg, Metuchen, N.J., V.St.A., **Ferrite für Mikrowellen-Technik.** Ferrite der allg. Formel x (MgO, MnO, Mo) · y Fe_2O_3, wobei MO aus ZnO, CuO u./oder NiO bestehen kann, x für 1,2—3 u. y für 1 steht, MO mindestens 10 (%) vom Gew. der gesamten Verb. u. MnO zwischen 1—20 beträgt, weisen geringe dielektr. Verlustfaktoren, tang $\delta \leqq 0,05$ bei 1 MHz u. nicht mehr als 0,001—10^{10} lbs./sq.in. auf. Die Herst. erfolgt z. B. aus 25 (Gew.-Teilen) MgO, ca. 3 MgF_2, ca. 6 MnO_2 u. ca. 66 Fe_2O_3 durch Brennen bei ca. 1390°. (**A. P. 2 981 688** vom 27/5. 1960, ausg. 25/4. 1961.) G. Frikell. 5959

Comp. Générale de Télégraphie sans Fil, übert. von: **Marceline Mazond** und **Georges Youssov**, Paris, Frankreich, *Vorbehandlung von Halbleitern*. (**A. P. 2 980 597** vom 30/1. 1958, ausg. 18/4. 1961. F. Prior. 12/2. 1957. — C. **1962**, 8373 [D. A. S. 1 108 040].)

Siemens-Schuckertwerke Akt.-Ges., Berlin, übert. von: **Norbert Schink**, Erlangen, *Elektrolytisches Ätzen mit anschließendem anodischen Oxydieren von Halbleiterkörpern mit einem pn-Übergang*. (**A. P. 3 010 885** vom 11/6. 1957, ausg. 28/11. 1961. D. Prior. 16/6. 1956. — C. **1959**, 15798 [Oe. P. 199 702].)

Zenith Radio Corp., Chicago, Ill., übert. von: **Alvin L. Rogatz**, Warwick, Va., V.St.A., *Keramisches Kondensator-Dielektrikum*. (**Can. P. 559 861** vom 11/7. 1956, ausg. 1/7. 1958. A. Prior. 6/9. 1955. — C. **1959**, 7587 [A. P. 2 815 291].)

General Electric Co., Schenectady, N. Y., übert. von: **Milton S. Greenhalgh**, Bridgeport, und **Stanton C. Martens**, New Haven, Conn., V.St.A., *Leiter mit Isolierung aus PVC-Harz und Pentaerythritdibutyratdicaprylat-Weichmacher*. (**Can. P. 561 008** vom 25/5. 1955, ausg. 29/7. 1958. A. Prior. 27/5. 1954. — C. **1956**, 7909 [A. P. 2 708 173].)

Westinghouse Electric Corp., East Pittsburgh, übert. von: **Dow A. Rogers jun.** und **Newton C. Foster**, Pittsburgh, Pa., V.St.A., *Herstellung von Kunstharzrohren*. (**Can. P. 560 199** vom 3/12. 1955, ausg. 8/7. 1958. A. Prior. 6/12. 1954. — C. **1962**, 8744 [D. A. S. 1 105 932].)

Dow Corning Corp., übert. von: **Norbert G. Dickmann**, Midland, Mich., V.St.A., *Siloxanelastomere*. (**Can. P. 559 624** vom 26/11. 1955, ausg. 1/7. 1958. A. Prior. 23/12. 1954. — C. **1959**, 11690 [A. P. 2 819 236].)

N. V. Philips' Gloeilampenfabrieken, Eindhoven, Niederlande, *Ferromagnetisches Material*. (**Ind. P. 65 850** vom 17/11. 1958, ausg. 5/11. 1960. — C. **1961**, 4842 [Oe. P. 2 09 589].)

N. V. Philips' Gloeilampenfabrieken, Eindhoven, Niederlande, *Ferromagnetisches Material*. (**Ind. P. 65 300** vom 18/9. 1958, ausg. 27/10. 1961. — C. **1961**, 6272 [D. A. S. 1 087 962].)

International Standard Electric Corp., New York, N.Y., V.St.A., übert. von: **Sidney E. Buckley** und **Douglas H. Owen**, London, England, *Ferromagnetische Stoffe*. (**Can. P. 560 378** vom 26/1. 1953, ausg. 15/7. 1958. E. Prior. 22/2. 1952. — C. **1961**, 257 [A. P. 2 764 552].)

N. V. Philips' Gloeilampenfabrieken, übert. von: **Johannes A. Schulkes, Evert W. Gorter** und **Hugo G. Beijers**, Eindhoven, Niederlande, *Herstellung von ferromagnetischem Material*. (**Can. P. 561 096** vom 16/6. 1956, ausg. 29/7. 1958. Niederl. Prior. 16/6. 1955. — C. **1958**, 13604 [D. A. S. 1 014 915].)

H_4. Wasser. Abwasser

Untersuchung von Mineralwässern in Jugoslawien. S. Miholić. (Bull. sci. [Zagreb] **4**, 97—100, April 1959.) — Literaturübersicht. — 13 Literaturstellen. H. Schroeder. 6012 □

Zur Frage der Radioaktivitätsüberwachung des Trink- und Brauchwassers. Koloman Megay. (Gas, Wasser, Wärme [Wien] **15**, 53—59, März 1961; Linz, Bundesstaatliche Bakteriolog.-Serolog. Unters.-Anstalt; dt.) — Vf. behandelt die natürlichen u. künstlichen Quellen der radioakt. Verseuchung des Grund- u. Oberflächenwassers u. weist als Folge davon auf eine kontinuierliche Überwachung des radioakt. Geh. im Wasserwerk selbst u. in Spezialinst. hin. Neben der Messung der Gesamtradioaktivität muß eine radiochem. Analyse zur Best. der einzelnen Elemente einhergehen. K. Huste. 6014 □

Die Wirkung von Natronlauge auf Stahl im Zusammenhang mit dem Problem der Laugenbrüchigkeit in Dampfkesseln. R. S. Thornhill. (Bull. Centre belge Étude Doc. Eaux **1961/IV**, 213—26; Northwich, Imp. Chem. Ind. Ltd.; franz.) — Laugenbrüchigkeit kann in Kesseln durch örtlich zu hohe Alkali-Konz. auftreten. Zur Abhilfe wird $NaNO_3$-Zusatz empfohlen. Verss. über Einw. von NaOH-Lsgg. (Konz. 0,001% bis Sättigung) u. Temp. von 20—300° auf geschmirgeltes Kesselblech zeigen, daß merkliche Korrosion (>0,1 mm/Jahr) bei sehr niedrigen Konzz. (<0,01%) u. starke Korrosion bei hohen Konzz. (ab 4%, Maximum bei 50—70% NaOH) eintritt. Bei niedrigen Konzz. u. Temp. bis 100° ist die Korrosion elektrochem. Natur, es treten abwechselnd rostige u. blanke Streifen auf. Ab 150° werden die blanken Zonen blau; bei 273° ist die gesamte Fläche von einem blauschwarzen Film bedeckt. Zwischen 0,01 u. 4% NaOH ist das Blech weitgehend passiviert. Von da an tritt ein rasch zunehmender Angriff auf, der bei ca. 60% NaOH u. 273° 100 mm/Jahr erreicht. Korrosions-Prodd. sind Fe_3O_4, δ-Fe_2O_3, $NaFeO_2$, FeOOH. Die Bldg. von Magnetit über FeO_2^{2-} u. FeO_2^- wird diskutiert. Ab 150° tritt H_2-Bldg. ein. Bei Zusatz von 0,4 Teilen $NaNO_3$ auf 1 Teil NaOH zeigt sich bis 5% NaOH u. 200° eine leichte Verfärbung; bei steigenden Temp. u. Konzz. treten erst blaugraue Anlauffarben, dann starke Korrosion unter Bldg. von Magnetit, Hämatit u. $NaFeO_2$ auf, jedoch kein H_2. Bis ca. 200° ist der Angriff geringer als bei Einw. von NaOH allein (Hämatitschutzschichten). Verschiedene Theorien über das Auftreten interkristalliner Laugenrisse unter Spannung werden erörtert u. der atomar eindiffundierende Wasserstoff für die Hauptursache gehalten. Die günstige Wrkg. des $NaNO_3$ beruht auf seiner Funktion als oxydierender Depolarisator: $2\,FeO_2^{2-} + NO_3^- + 4\,H^+ = Fe_2O_3 + NO_2^- + 2\,H_2O$. $NaNO_3$ ist jedoch kein Passivator u. kann bei hohen Temp. ($>238^0$) schwere Korrosionen verursachen. R. Hegenbarth. 6030 □

Korrodierende Lokalelemente auf legierten Kupferrohren für Wärmeaustauscher. Ein Schutzverfahren. A. J. Maurin. (Bull. Centre belge Étude Doc. Eaux **1961/IV**, 197—204; Paris; franz.) — Nach einer allg. Betrachtung über die Korrosion durch Lokalelement-Bldg. u. die Möglichkeiten ihrer Verhütung bringt Vf. theoret. Vorstellungen über den Angriff von Cu-Legg. durch Meerwasser. Ist das Milieu oxydierend (Meerwasser aus offener See), so bildet sich schnell eine beständige Schutzschicht. Wirkt das W. aber reduzierend (Hafen- oder Brackwasser, infolge Gärung von Ablagerungen u. H_2S-Bldg.), so tritt Narben-Bldg. u. Lochfraß ein, wenn nicht $4\,p_H + r_H \geqq 49$ ist. Durch 24 std. Zirkulation von verd. $KMnO_4$-Lsg. kann in Rohren eine Schutzschicht erzeugt werden, die 1000—2000 Std. standhält. Eine Dauer-Lsg. besteht im laufenden Zusatz von suspendiertem $Fe(OH)_3$ zum salzhaltigen Kühlwasser, das von den Rohrwandungen adsorbiert wird. Es wird in einem kleinen Zweigstrom durch eine Elektrolysezelle ohne Diaphragma mittels leicht auswechselbarer Fe-Anode erzeugt. Die Deckschicht bildet sich im Laufe von 500 Std. aus u. gewährt völligen Schutz. Der Stromverbrauch beträgt 1—3 A/Std. (1,5 V) für 1000 m^3 Kühlwasser. Der Aufbau der Zelle wird beschrieben, die in einem Kraftwerk mit Kondensatorrohren aus 70 Cu/30 Ni erzielten Erfolge werden statist. dargestellt. R. Hegenbarth. 6030 □

Abwässer aus der Sulfatcellulose-Erzeugung. Nikola Kardoŝ (Kem. u Ind. [Zagreb] **9**, 4—7, Jan. 1960; Sarajevo, Inst. za ribarstvo NR BiH; kroat.) — Die Abwässer der Fabrikation von Sulfatzellstoff enthalten neben Celluloseabbau-Prodd., anorgan. Säuren, $Al_2(SO_4)_3$, SO_2 u. H_2S bei den untersuchten Proben 0,18 (kg/t Zellstoff) NH_3, 5 Methanol, 0,92 Terpentinöl, 0,17 Dimethylsulfid, 0,05 Dimethyldisulfid u. 0,06 Mercaptan. Die Maßnahmen zur Reinigung der Abwässer werden erörtert. R. K. Müller. 6042 □

Abbauleistung und Reinigungsgrad in Klärwerken. Rudolf Pönninger. (Gas- u. Wasserfach, Ausg. Wasser - Abwasser **103**, 667—68, 29/6. 1962; Wien; dt.) — Unter Berücksichtigung der bisherigen Erfahrungen, die in Klärbecken gewonnen wurden, versteht Vf. unter einer „vollbiolog. Reinigung" denjenigen Reinigungsgrad, der sich bei weiterer biolog. Behandlung nicht verbessern läßt. F. Rosendahl. 6044 □

Die Temperatur in offenen Faultürmen. Leopold Schuá. (Wasserwirtschaft **50**, 176—77, Juli 1960; Würzburg; dt.) — In einem offenen Faulturm (810 m^3) zeigte die Schlamm-Temp. einen jahreszeitlichen Gang zwischen 3^0 im Februar u. 18^0 im August. Die alkal. Methangärung ging bei niedrigen Temp. in die saure Wasserstoffgärung über. Bei einem größeren Faulturm (1800 m^3) war die Abkühlung im Winter geringer. H. Behrens. 6044 □

Anaerober Abbau der stärkehaltigen Abwässer der Baumwollspinnereien. A. M. Buswell, P. E. Gaffney und R. S. Ingols. (Wastes Engng. **33**, 402—04, 428, Aug. 1962; Georgia, Inst. of Technol.; engl.) — Labor.-Verss. ergaben, daß sich stärkehaltige Abwässer am wirtschaftlichsten anaerob abbauen lassen. Die optimale Belastung betrug 0,05 lb. abbaubarer suspendierter Stoffe je sq.ft. Faulraum u. Tag, wobei ca. 90% Abbau erzielt wurden. Ca. 60% des Faulgases bestand aus CH_4, der Rest aus CO_2 u. Luft. Eine Zugabe von Phosphat u. Ammoniumsalzen stabilisiert den Prozeß. B. Franz. 6044 □

Nasse Oxydation von Abwasserschlamm. E. Hurwitz und Wm. A. Dundas. (J. Water Pollut. Control Federat. **32**, 918—29, Sept. 1960; Chicago, Ill., Metropolitan Sanitary District of Greater Chicago; engl.) — Die nasse Oxydation von Abwasserschlamm ist eine chem. Oxydation im W. vorliegender organ. Stoffe, die unter Druck u. bei erhöhten Temp. (400—650° F) mit atmosphär. O_2 vorgenommen wird. Vff. beschreiben Verss. zur Festlegung von Einheitsgrößen für Anlagen (Fl.-Pumpen, Rk.-Gefäße, Temp., Druck), in denen die nasse Oxydation durchgeführt werden soll. Auf die Kosten wird näher eingegangen. Die charakterist. Oxydations-Eigg. (Heizwert, O_2-Verbrauch, Luftverbrauch) von H_2, C_2H_4, C, CH_3COOH, Oxalsäure, Pyridin, Heizöl, Lactose, Casein, festem Schlamm, Primärschlamm u. Belebtschlamm sind tabelliert. Ein Fließschema für eine Zweitonnen–Tag-Einheit ist angegeben. Die mit einer Vers.-Anlage erhaltenen Ergebnisse werden mitgeteilt (Tabellen). Charakterist. Zus. oxydierter Abwässer sind aufgeführt. Modelle zweier Anlagen für die nasse Oxydation von Schlamm für die Abwasserwerke in Chicago u. Wheeling, W. Va., werden in Photographien gezeigt. H. Schroeder. 6048 □

Polarographische Bestimmung von Jod und Brom an der festen Anode in Mineralwässern. N. N. Atamanenko und Je. M. Skobetz. (Ukrain. chem. J. **23**, 771—76, 1957; russ.) — Im Anschluß an frühere Arbeiten wurden neuere Verss. durchgeführt, bei denen ein automat. Polarograph, Pt-Drahtelektroden u. eine große (nicht polarisierende) gesätt. HgCl-Elektrode (Nullpunktkathode) verwendet wurden. Jodide oxydieren an der Pt-Anode in 2 Stufen: die erste Stufe ($E_{1/2} = +0{,}48$ V) ist ohne Maximum u. dient zu Messungen. Die Br-Stufe liegt bei $E_{1/2} = 0{,}96$ V. Während die üblichen Br-Wellen keine Maxima aufweisen, entstehen bei ruhender Elektrode Maxima, die jedoch die Br-Best. nicht behindern. — Ausführung: Man dampft 1(½) Liter Lsg. zur Trockne ein, löst in 20 (10) ml W., setzt zu 5 ml der Lsg. 15 ml 1 m HCl als Grund-Lsg. u. polarographiert, wonach man durch Zusätze von KJ bzw. KBr den Geh. an Br u. J ermittelt. Mit rotierender Elektrode kann man 3mal kleinere J-Konzz. bestimmen als mit der ruhenden Elektrode. Ergebnisse von 19 Wasseranalysen. A. v. Wilpert. 6058□

Modifizierte 4.7-Diphenyl-1.10-phenanthrolin-Methode für Eisenmengen bis zu 1 p p b in hochgereinigtem Wasser. William G. Knapp. (Analytic. Chem. **31**, 1445—46, Aug. 1959; Lemont, Ill., Argonne Nat. Labor.; engl.) — 100 ml W. werden mit 2 ml Hydroxylaminhydrochlorid-Lsg. (10%) u. 10 ml der 4.7-Diphenyl-1.10-phenanthrolin-Lsg. versetzt u. 10 Min. lang mit 5 ml n-Hexanol ausgeschüttelt. Die Farbtiefe der alkohol. Lsg. wird visuell mit der von Standard-Lsgg. verglichen. W. Betcke. 6060□

Zur Bestimmung von Selen in Wasser vorgeschlagene Methoden. John R. Rossum und Primo A. Villarruz. (J. Amer. Water Works Assoc. **54**, 746—50, Juni 1962; San José, Calif.; engl.) — Vff. schlagen eine Red.- u. Dest.-Meth. zur Isolierung des Se aus Wasserproben vor. Bei der Red. wird das nach Oxydation mit $KMnO_4$ als SeO_4^{2-} vorliegende Se mit 4n HCl zu SeO_3^{2-} red., bei Dest. mittels Br_2 in saurer Lsg. $SeBr_4$ erzeugt, welches abdest. u. in W. absorbiert wird. Das Selenit wird nach Hoste u. Gillis mit *Diaminobenzidin* bei pH 1,5 erhitzt, das gebildete *Piazselenol* bei pH 8 in Toluol extrahiert u. bei 420 mμ colorimetriert. Die erhaltenen Ergebnisse differieren bei 0,05 mg Se/Liter W. um ±0,002 mg. P. Olschinka. 6060□

Bestimmung von Cyanidspuren im Wasser durch Kathodenstrahlpolarographie. J. Hetman. (J. appl. Chem. **10**, 16—18, Jan. 1960; Camberly, Surrey, Southern Instruments Ltd.; engl.) — Ein Verf. zur Best. von CN^--Spuren in W. durch Kathodenstrahlpolarographie wird beschrieben. Die Meth. ist unempfindlich gegen Cl^-; Cl_2, Br_2, J_2 u. S^- müssen abwesend sein. Die Nachw.-Grenze beträgt 0,05 μg/ml. H. Schroeder. 6060□

Nachweis und Auszählen von Eisenbakterien in städtischen Wasserversorgungen. Lloyd A. Lueschow und Kenneth M. Mackenthun. (J. Amer. Water Works Assoc. **54**, 751—56, Juni 1962; Madison, Wis., State Comm. on Water Pollution; engl.) — Eisenbakterien der Species *Gallionella* u. *Leptothrix* enthaltendes W. wird durch ein Membranfilter (MF) von 0,45 ± 0,02 μ Porenweite filtriert. Das MF wird bei 100° getrocknet u. zwischen mit Immersionsöl überzogene Objektträger gebracht. Darauf zählt man unter dem Mikroskop bei geeigneter Vergrößerung die in einem begrenzten Bereich vorhandenen Individuen der genannten Arten u. wertet in dieser Weise 30 zufällig ausgewählte Bezirke aus. Daraus kann die Häufigkeit jeder Species in % u. damit die mittlere Anzahl Individuen/mm³ MF-Fläche angegeben werden. Die Unters. einer Reihe Brunnenwässer ergab, daß hohe Eisen-Konz. nicht hohe Bakterienzahl im W. zur Folge haben muß, während letztere im Mittel eine Erhöhung des Fe-Geh. verursacht. P. Olschinka. 6064□

H₅. Anorganische Industrie

Naßphosphorsäure. W. Dean Wilde. (Chem. Engng. Progr. **58**, Nr. 4. 92—94, April 1962; Kellogg, Idaho, Bunker Hill Co.; engl.) — Beschreibung einer Anlage zur Gewinnung von Naß-H_3PO_4 aus Rohphosphat u. H_2SO_4 in einem einzigen Behälter mit einem Zwangsumlauf-Vakuum-Verdampfer. W. Wesly. H 264□

Herstellung von Natriumtripolyphosphat und Natriumpyrophosphat. I. L. Gofman, M. W. Lykow und I. P. Chudolei. (Chem. Ind. [UdSSR] **1961**, 620—24, Sept.; russ.) — Bei der Darst. von *Na-Tripolyphosphat* (I; $Na_5P_3O_{10}$) wird das aus H_3PO_4 u. Na_2CO_3 erhaltene Gemisch von 2 Na_2HPO_4 u. NaH_2PO_4 zunächst zu einem Gemisch von Na-Pyrophosphat (II, $Na_4P_2O_7$) u. $Na_2H_2P_2O_7$ entwässert, das dann unter Wasseraustritt zu I reagiert. I existiert in 2 krist. Formen, die bei 450—625° bzw. bis 400° stabil sind; die Tieftemp.-Form ist reaktionsfähiger. II wird durch Entwässerung von 2 Moll. Na_2HPO_4 erhalten. Eine techn. Anlage für die Herst. von I wird beschrieben (Abb.) u. der Betrieb ihrer einzelnen Stufen erläutert. Das fertige I enthält 53,2—54,3% P_2O_5 in der Polyform, 0,4—0,9% in der Orthoform, als Hauptverunreinigung 2,8—3,5% Na_2SO_4. Das analog gewonnene 90—92%ig. II enthält 0,5—1% des P_2O_5 in der Orthoform u. 3,0—3,5% Na_2SO_4. Die verwendete H_3PO_4 wird zweckmäßig durch Fällung von Na_2SiF_6 von F befreit. R. K. Müller. H 264□

Darstellung von Kaluszit aus Kaliumsulfatsalzen und Sulfatlaugen. G. P. Alexandrow. (J. angew. Chem. [UdSSR] **34,** 237—41, Febr. 1961; Mineralchem. Labor. des Inst. für Geol. u. Mineralnutzung der Akad. der Wiss. der UkrainSSR; russ.) — Die experimentellen Grundlagen für die Darst. von $K_2Ca(SO_4)_2 \cdot H_2O$ (Kaluszit) aus Schönit, Glaserit u. Sulfatlaugen werden vom Vf. untersucht. Die an das erhaltene Prod. gestellten Reinheitsforderungen werden charakterisiert; bes. wird die Verw. von bislang ungenutzten gipshaltigen Laugen erörtert. Ausbeutesteigerung an Kaluszit auf 85% durch Verw. von KCl bewirkt gleichzeitig eine Zunahme des K_2O-Geh. auf 27%. Wirtschaftlich günstigere Bedingungen werden durch Verw. gipshaltiger Laugen erreicht. Diese Umsetzungen erfolgen bei 50—60°. Nach einem bes. Aufarbeitungsprozeß konnte ein 62—64%ig. Kaluszitkonzentrat dargestellt werden. W.-D. Heußner. H 283□

Direkte Synthese des Triäthylaluminiums. A. F. Shigatsch, A. F. Popow, L. D. Wischnewski und N. N. Kornejew. (Chem. Ind. [UdSSR] **1961,** 249—53, April; russ.) — In einem mit N_2 gespülten Autoklaven mit Ankerrührer u. automat. geregelter Heizung wird eine Suspension von 10—20 g Al in einer Lsg. von 150—200 g *Triäthylaluminium* (I) in 300—400 g Bzn. unter Rühren mit H_2 von 30—105 at bei 90—115° bis zum Aufhören der H_2-Aufnahme behandelt. Mit dem Verhältnis I : Al (2,83—12,6) u. steigendem H_2-Druck nimmt die Stundenleistung zu. Die Äthylierung erfolgt anschließend mit Äthylen bei 70—75° bis zum Aufhören der C_2H_4-Aufnahme; bei 20 at werden in $^3/_4$ Std. 95% Umwandlung erzielt. In einer halbtechn. Anlage erfolgt die Hydrierung bei 20—30 at u. 110—120°, die Äthylierung bei 2—20 at u. 75—80°, wobei 88—98% des Al in I übergeführt werden. R. K. Müller. H 294□

Die Herstellung von Zirkoniumdiborid direkt aus Zirkon. Perry G. Cotter, (U.S. Dep. Interior, Bur. Mines, Rep. Invest. **1961,** Nr. 5770, 1—9; Norris, Tenn.; engl.) — ZrB_2 wird gewöhnlich durch Rk. des Metalls, des Metallhydrides oder des Metalloxides mit B oder B-haltigen Verbb. hergestellt. Vf. beschreibt die Herst. von ZrB_2 direkt aus Zr-Silicat ohne als Zwischenprod. ZrO_2 zu erhalten. R. Walcker. H 322□

Beitrag zur Untersuchung der optimalen Bedingungen zur Gewinnung von reinem Natriumbichromat auf elektrolytischem Wege. I. N. Ciochina, St. Ivascanu, N. Ciureanu und M. Marcu. (Cuoio-Pelli-Mater. concianti **36,** 215—20, März 1960; ital.) — Es werden die optimalen elektrochem. Bedingungen zur Herst. von $Na_2Cr_2O_7$ direkt aus der Chromitschmelze ermittelt. Das erhaltene Prod. hat eine Reinheit von 90,6% u. enthält keine Sulfate, während mit den üblichen Meth. nur eine Reinheit von 87% erreichbar ist (Diagramme). G. Platzer. H 335□

Herstellung von Urantetrafluorid mit Hilfe einer Wirbelschicht-Technik. E. Hawthorn. (Nuclear Power **47,** 120—23, März 1960; Sprinfield Works, U.K.A.E.A.; engl.) — Es werden das Verf. u. die App., die zur Gewinnung von UF_4 [ausgehend von $UO_2 \cdot (NO_3)_2$-Lsgg.] entwickelt wurden, beschrieben. $UO_2(NO_3)_2$ wird therm. zu UO_3 zersetzt, mit H_2 zu UO_2 red. u. UO_2 durch Einw. von HF u. UF_4 übergeführt.
W. Karcher. H 339□

Herstellung von Mangandioxid pro analysi. D. M. Korf und A. A. Masuren, (Chem. Ind. [UdSSR] **1961,** 361, Mai; russ.) — Um aus 93%ig. $MnCO_3$ (Beimengungen Cl, Zn, Schwermetalle, Alkali- u. Erdalkalisulfate) MnO_2 pro analysi zu gewinnen, trocknet man bei 200° im Heizschrank u. erhitzt im Luftstrom im Muffelofen auf 450—500° unter Zusatz von HNO_3 vom spezif. Gew. 1,4. R. K. Müller. H 350□

Beiträge zur Polymorphie der im Sinne von W. Hückel artfremde Gitter bildenden Modifikationen. 8. Mitt. **Die metallkatalysierte Diamantsynthese in Schweden, USA und Südafrika im Rahmen der Mehrstoffpolymorphie.** Hans J. Rodewald. (Chemiker-Ztg. — Chem. Apparatur **85,** 635—39, 5/9., 741—46, 5/10. 1961; Neuhausen, Rhein, Schweiz; dt.) — 7. vgl. Chimia [Zürich] **15,** [1961], 358. — Die techn., in Druckkammern ausgeführte Diamant-Synth. aus Graphit in Ggw. eines Metallkatalysators (Fe, Ni, Co, Cr, Mn Ta) wird beschrieben u. die Mehrstoffpolymorphie des C (katalysatorfreie Graphitierung von Diamant, Vgl. des C- u. P_2O_5-Syst., Bldg.-Mechanismus der metallkatalysierten Diamant-Synth.) erörtert. — 25 Literaturangaben. W. Wesly. 6152□

Bleicherden aus Bharwada bei Porbandar im Staate Guajarat. S. S. Joshi, S. A. Hasan, D. S. Datar und S. A. Saletore. (J. sci. ind. Res. [New Delhi], Sect. D **20,** 240. Juni 1961; Hyderabad, Reg. Res. Labor.; engl.) — Beschreibung von 4 großen ind. Vork. von Bleicherde mit starkem Entfärbungsvermögen u. befriedigender Filtrierfähigkeit. W. Wesly. 6156□

Abbott Laboratories, V.St.A. (Erfinder: **Charles L. Mehltretter**), *Herstellung von Alkaliperjodaten durch Elektrolyse.* (F. P. 1 237 125 vom 22/8. 1958, ausg. 23/11. 1960. A.Prior. 27/8. 1957. — C **1960,** 17241 [D. A. S. 1 076 637].)

Deutsche Gold- und Silber-Scheideanstalt vormals Roessler, Frankfurt/M. (Erfinder: **Horst Pistor**, Rheinfelden), *Krümeln von Perborat.* (**Schwz. P. 361 272** vom 11/9. 1957, ausg. 30/5. 1962. D. Prior. 9/11. 1956. — C. **1959,** 6258 [D. A. S. 1 037 432].)

Studiengesellschaft Kohle m. b. H., Mülheim/Ruhr, *Alkali- und Erdalkaliborhydride aus Organoalkaliborhydriden und Borkohlenwasserstoffen.* (**Belg. P. 556 128** vom 25/3. 1957, ausg. 26/2. 1960. D. Prior. 28/3. 1956, 6/3. u. 8/3. 1957. — C. **1961,** 15880 [Oe. P. 208 338] u. C. **1962,** 13166 [E. PP. 864 616 u. 864 617].)

Union Carbide Corp., New York, N.Y., V.St.A., *Kohle- und Graphitformkörper.* (**E. P. 865 320** vom 9/9. 1958, ausg. 12/4. 1961. A. Prior. 10/9. 1957. — C. **1962,** 6173 [F. P. 1 203 243].)

Imperial Chemical Industries Ltd., London, England (Erfinder: **Sydney Thomas Glover**), *Herstellung von Alkalihydroxidlösungen.* (**Ind. P. 66 318** vom 5/1. 1959, ausg. 7/6. 1961. **Aust. P. 232 933** vom 7/1. 1959, ausg. 30/3. 1961. Beide E. Prior. 15/1. 1958. — C. **1961,** 10706 [E. P. 846 603].)

Vereinigte Aluminium-Werke Akt.-Ges., Deutschland, *Aufschluß von in Diaspor enthaltenem Bauxit.* (**F. P. 1 259 919** vom 17/6. 1960, ausg. 11/8. 1961. D. Prior. 24/6. 1959. — C. **1961,** 3443 [D. A. S. 1 089 740].)

VEB Farbenfabrik Wolfen, Deutschland, *Gewinnung von Tonerde für pulvermetallurgische Zwecke.* (**F. P. 1 234 408** vom 3/8. 1959, ausg. 17/10. 1960. — C. **1960,** 8992 [D. A. S. 1 072 605].)

Anaconda Co., New York, N.Y., übert. von: **Frederick Laist**, Los Angeles, Calif., V.St.A., *Herstellung von Si- und Fe-freier Tonerde.* (**Ung. P. 145 516** vom 24/9. 1957, ausg. 15/11. 1959. A. Prior. 7/12. 1956. — C. **1962,** 5431 [Aust. P. 223 305].)

Pawel Krumholz und **Kasimierz Jozef Bril**, São Paulo, Brasilien, *Trennen von Seltenen Erden und Yttrium.* (**Ind. P. 65 020** vom 21/8. 1958, ausg. 29/8. 1960. — C. **1961,** 263 [D. A. S. 1 083 245].)

Pawel Krumholz, São Paulo, Brasilien, *Trennen von Seltenen Erden und Yttrium.* (**Ind. P. 65 037** vom 22/8. 1958, ausg. 22/9. 1960. — C. **1962,** 4299 [D. A. S. 1 112 724].)

Pawel Krumholz, São Paulo, Brasilien, *Trennung Seltener Erden.* (**Ind. P. 65 022** vom 21/8. 1958, ausg. 7/7. 1960. — C. **1960,** 10717 [D. A. S. 1 077 199].)

Columbia-Southern Chemical Corp., Pittsburgh, Pa., V.St.A., *Reinigung von Titantetrachlorid.* (**E. P. 874 551** vom 1/4. 1958, ausg. 10/8. 1961. A. Prior. 30/4. 1957. — C. **1961,** 6638 [D. A. S. 1 087 582].)

Fabriques de Produits Chimiques de Thann et de Mulhouse, Thann/Haut-Rhin, Frankreich (Erfinder: **Robert Jean Mas, Maurice Germain Figuet** und **André Louis Michaud**), *Aufarbeitung des bei der Reinigung von Titantetrachlorid anfallenden Schlammes.* (**E. P. 868 038** vom 9/2. 1959, ausg. 17/5. 1961. — C. **1961,** 8798 [D. A. S. 1 085 510].)

H_6. Silicatchemie. Baustoffe

International Minerals & Chemical Corp., übert. von: Arthur N. Baumann, Lakeland, Fla., V.St,A., **Herstellung von synthetischen Kalium-Aluminium-Silicaten,** z. B. zur Verw. bei der *Herst. von Keramik u. Glas.* Na enthaltende Mineralien der Zus. Al_2SiO_5, wie Andalusit, Sillimanit oder Cyanit, werden mit so viel durch Kohle reduzierbaren K-Salzen vermischt, daß das Mol-Verhältnis von K : Al zwischen 1,25 : 1 u. 2,5 : 1 liegt, wobei das Gewichtsverhältnis des neutralen K-Salzes zu dem C-haltigen Prod. zwischen 3 : 1 u. 40 : 1 beträgt. Nach dem Erhitzen auf mindestens 1200° F, bes. 1400—1600° F, wobei ein Schmelzen vermieden wird, während mindestens 10 Min. u. anschließendem Auswaschen mit W., wird ein mit K angereichertes Prod., dessen Originalstruktur erhalten geblieben ist, gewonnen. (**A. P. 2 987 405** vom 26/6. 1958, ausg. 6/6. 1961.) G. Frikell. 6161

Pittbsurgh Corning Corp., Pittsburgh, übert. von: Walter D. Ford, Port Allegany, Pa., V.St.A., **Poriges Kieselglas** erhält man durch Erhitzen einer Mischung aus feinpulverisiertem, 0,05—1,0% W- u. V-Oxide enthaltendem Kieselglas mit 0,1—5% Kohle bis zum Schmelzbeginn, wobei die Mischung unter Gas-Entw. sintert. Es bilden sich dabei im Glas mit einem W-Film überzogene Gasvacuolen. — Abbildung. (**Can. P. 562 149** vom 20/4. 1956, ausg. 19/8. 1958.) Eberhard Riedel. 6201

National Lead Co., New York, übert. von: Leon Merker, Bronx, N.Y., V.St.A., **Metalltitanat-Einkristalle** auf Zn_2TiO_4-Basis (ggf. mit Zusatz von Cr-Oxid zum Erzielen einer Grünfärbung) besitzen hohen opt. Brechungsindex u. können zur Herst. von Linsen, Prismen, Schmucksteinen u. a. dienen. Z. B. schmilzt man ein Gemisch aus Zn_2TiO_4 mit 1,0—4,5 (Gew.-%) MgO oder 0,05—0,5 CaO, oder 0,05—2,0 ZrO_2 oder 0,5—2,5 Al_2O_3 in einer Knallgasflamme mit O_2-Überschuß bei 1520—1580° u. läßt die Schmelze auf einen aus einem einzelnen Kristall bestehenden Konus auftropfen. (**A. P. 2 992 931** vom 26/5. 1960, ausg. 18/7. 1961.) G. Frikell. 6201

Western Electric Co., Inc., New York, N.Y., übert. von: Arnold W. Treptow, Fanwood, N.J., V.St,A., **Glasige Emailfritte** aus 7,5 (%) Na_2O, 9,5 K_2O, 0,7 LiO_2, 11 B_2O_3, 5,1 Al_2O_3, 36,3 SiO_2, je 10 TiO_2 u. CaO, 2,2 Co_3O_4, 4,4 MnO_2, 2,2 CuO u. 1,1 Fe_3O_4. 100 (Gew.-Teile) der Masse werden mit 2 schwarzen Oxiden des Cr, Fe u. Co, 1 Al_2O_3, 3,3 Ton, 0,165 $NaNO_2$ u. 51 W. vermischt, wobei die Fritte eine Teilchengröße von $\leqq$ 250 μ u. das Al_2O_3 eine Teilchengröße von ca. 2 μ haben soll. (**Can. P. 555 777** vom 20/3. 1953, ausg. 8/4. 1958. A. Prior. 1/8. 1952.) H.-J. Nitzschke. 6213

E. I. du Pont de Nemours & Co., übert. von: Christian E. Rick, Wilmington, Del., V.St,A., **Emailleüberzug** für *feuerfeste Oberflächen* erhält man durch Bestreichen der Oberfläche mit einer Emaillier-Fl., die wenigstens einen Bestandteil der Formeln $M(OR)_x$, $M(O-CO-R)_x$ oder $M(R)_x$ (R = KW-Stoff-Rest; M = oxidbildendes Element) enthält, u. Einbrennen der Schicht mittels einer O_2-Flamme bei einer Temp. oberhalb des F. der entstehenden Emaille. (**Can. P. 562 371** vom 25/5. 1957, ausg. 26/8. 1958.) Eberhard Riedel. 6213

Unilever Ltd., Port Sunlight, Chester, England (Erfinder: Harold Garton Emblem und Norman Albert Hurt), **Bindemittel für gekörnte Stoffe,** bes. für *feuerfeste Stoffe*, wobei sowohl im ungebrannten Zustand als auch nach dem Brennen gute Festigkeiten u. hohe Schlackenbeständigkeit der gebrannten Formlinge erreicht werden. Hierzu dient eine wss. Lsg. von K-Na-Silicat mit einem Verhältnis von $SiO_2 : (K_2O + Na_2O)$ von mindestens 3 : 1 u. von $K_2O : Na_2O$ = 2 : 1 bis 4 : 1, bis 2,25 bis 3 : 1. (**E. P. 874 117** vom 19/6. 1959, ausg. 2/8. 1961.) G. Frikell. 6219

E. I. du Pont de Nemours & Co., übert. von: Guy B. Alexander und John Bugosh, Wilmington, Del., V.St.A., **Bindemittel aus den Oxiden von Zirkonium oder Hafnium,** z. B. für die Herst. von *feuerfesten Gegenständen* oder von Formkörpern aus organ. Verbb. aller Art. Aus den in Teilchengröße von 5—200 mμ vorliegenden Oxiden, die eine Oberfläche von 5—400 m^2/g aufweisen, wird ein wss. Sol hergestellt, in das die feuerfesten Verbb., wie Oxide, Boride, Carbide, Nitride, Silicate, Sulfide, Aluminate u. Titanate der Erdalkalimetalle, von Th oder von U eingetragen werden. Der Feststoff-Geh. soll mindestens 30% betragen, wobei die Oxide von Zr oder Hf 5—35% vom Gewicht der Füllstoffe ausmachen. Der Schlicker wird in Formen gegossen, getrocknet u. bis zum beginnenden Schmelzen erhitzt. (**A. P. 2 984 576** vom 10/10. 1956, ausg. 16/5. 1961.) G. Frikell. 6219

Kaiser Aluminum & Chemical Corp., Oakland, Calif., übert. von: Howard A. McDonald, Spokane, Wash., und Sames E. Dore, Milford, Conn., V.St.A., **Feuerfeste Steine,** die gegen geschmolzenes Al beständig sind, werden hergestellt aus einem Gemisch von B-, Ca- u. Al-Verbb., dem noch andere Metall-Verbb. zugesetzt werden, durch Schmelzen zu einem Glas, das aus 15—80% B_2O_3, 5—50% CaO, 2—60% Al_2O_3 u. einem 15% nicht überschreitenden Rest aus den Oxiden von Mg u./oder Ba, Be, Zr, Zn, V, Cr u. Mo u. nicht mehr als 10% SiO_2 besteht u. dem als Füllstoff 85—95% (vom Gesamtgewicht) Al_2O_3 einverleibt werden. (**A. P. 2 997 402** vom 23/4. 1958, ausg. 22/8. 1961.) G. Frikell. 6219

Samuel Ruben, New Rochelle, N.Y., V.St.A., **Feuerfeste Masse.** Zur Herst. von Formkörpern, die auch bei hohen Temp. in oxydierender Atmosphäre ihre mechan. Festigkeit behalten u. wegen ihrer elektr. Leitfähigkeit auch für elektr. Widerstände geeignet sind, wird ein Gemisch aus 2—25 (Gew.-%) V_2O_5 u. 98—75 $MoSi_2$ zunächst auf 690° erhitzt, wobei V_2O_5 schmilzt u. sich weitgehend in der Masse verteilt. Beim Weitererhitzen auf mindestens 1000° erfolgt eine Rk. zwischen beiden Komponenten, wodurch das Prod. feuerfest wird. (**A. P. 3 006 865** vom 10/10. 1958, ausg. 31/10. 1961.) G. Frikell. 6219

Pittsburgh Plate Glass Co., Pittsburgh, übert. von: Donald E. Emhiser, Brackenridge, Pa., V.St.A., **Feuerfeste Erzeugnisse** werden aus einer fl. Mischung von 0,05—0,1, bes. 0,08—0,1 (Teilen) Na-Silicat mit einem Na_2O-Geh. von 6—10% u. einem Na_2O/SiO_2-Verhältnis von 1 : 3 bis 1 : 4, 9—10 W. u. 0,002—0,03, bes. 0,01—0,03 Portlandzement je 100 Zirkon, das zu 40—80% in einer Teilchengröße $< 44\,\mu$ vorliegt, erhalten. (**Can. P. 563 154** vom 12/8. 1955, ausg. 9/9. 1958.) Eberhard Riedel. 6219

Martin Co., Middle River, übert. von: William H. Wheeler und Joseph P. Olivito, Baltimore County, Md., V.St.A., **Hochporöse feuerfeste Stoffe** mit Phosphorsäurebindung werden hergestellt aus einem Gemisch von 100 (Gew.-Teilen) Al_2O_3 oder ZrO_2, 6—15 eines Ca-Silicates, wie Wollastonit, als Schaumstabilisator, 0,1—0,7 eines gasentwickelnden Mittels, wie Al, 8—22 H_3PO_4 u. einer zur Bldg. der Oxide u. des Ca-Silicates ausreichenden Menge eines wss. SiO_2-Sols u. 2—8 eines festen Alkalisilicates mit einem Alkalioxid/SiO_2-Mol-Verhältnis von 1 : 1 bis 1 : 4,2 durch Anmischen mit W., Einfüllen in eine Form, nach ½ Std. Trocknen der geschäumten Masse bei ca. 200°F während 12 Std. u. Erhitzen auf 700°F ca. 2Std. lang. Die erzeugten Prodd. haben eine Dichte von ca. 0,8—1,1. (**A. P. 2 992 930** vom 23/6. 1959, ausg. 18/7. 1961.) G. Frikell. 6219

Pittsburgh Plate Glass Co., Pittsburgh, übert. von: Donald E. Emhiser, Brackenridge, Pa., V.St.A., **Feuerfeste Massen** aus Portlandzement u. 2—80% (der Gesamtmasse) faseriger Al_2O_3–SiO_2-Masse aus $\geq$ 40% Al_2O_3 u. $\geq$ 40% SiO_2 u. $\geq$ 90% Al_2O_3 + SiO_2. — Vgl. A. P. 2 793 128; C. **1959,** 2935. (**Can. P. 555 713** vom 16/8. 1955, ausg. 8/4. 1958. A. Prior. 11/1. 1955.) H.-J. Nitzschke. 6219

Union Carbide & Carbon Corp., New York, N.Y., übert. von: Edward M. Leach, Bunker Hill, Ind. V. St. A., **Trockenauskleidungsmasse** besteht aus einem feuerfesten Material, einem heißhärtendem Harz als Tieftemp.-Bindemittel u. CaO u. Na_2SiO_3 oder $CaSiO_3$ u. Li_2CO_3 oder Pb-Borat u. Feldspat oder Petalit u. Na-Aluminat als Hochtemp.-Bindemittel. (**Can. P. 560 818** vom 17/5. 1955, ausg. 22/7. 1958. A. Prior. 20/8. 1954.) L. Großner. 6219

Nalco Chemical Co., übert. von: James H. Phillips, Western Springs, Donald R. Anderson, Downers Grove, und Franz P. Manlik, Chicago, Ill., V.St.A., **Verhinderung der Schlackenbildung auf der Oberfläche von Feuerfeststeinen,** wie sie in der Stahl- u. Glas-Industrie durch die Einw. heißer Gase vorkommt. Hierzu werden die Steine mit einem Gemisch aus 1 (Gew.-Teil) eines nicht schlackenbildenden Salzes wie $AlCl_3$ oder $CrCl_3$ u. 3—10 Al_2O_3 dünn beschichtet u. dann der Einw. der heißen Gase ausgesetzt. (**A. P. 3 002 855** vom 1/2. 1957, ausg. 3/10. 1961.) G. Frikell. 6219

Bruno Ravaglia, Rimini, Italien, **Herstellung von Plättchen für Intarsienarbeiten in Marmor** u. anderen Natursteinen. Man mischt den üblichen Materialien, wie Modelliergips, Porzellanerde, Zement u. Farbpigmenten noch Oxalsäure zu u. erhält Plättchen von größerer Festigkeit u. natürlicherem Aussehen, aus denen die Pigmente nicht herausdiffundieren. (**It. P. 541 758** vom 24/9. 1955.) K. Koebke. 6221

Morgan Crucible Co. Ltd., London, England (Erfinder: Albert Edward Sutherland White), **Verbinden von Keramik mit Metall.** Als Zwischenschicht wird auf die Oberfläche von Körpern, die z. B. aus Al_2O_3, Steatit, Porzellan, Kordylit oder $MgTiO_3$ bestehen, ein Gemisch aus 65—97 (Gew.-%) Ag oder Ag_2O, 2—20 CuO oder Cu u. 1—15 eines inerten Pulvers, wie Al_2O_3, MgO, ZrO_2, TiO_2, Cr_2O_3 oder $Al_2O_3 \cdot SiO_2$, bei 1000—1100° aufgeschmolzen. (**E. P. 855 625** vom 6/8. 1957, ausg. 7/12. 1960.) G. Frikell. 6221

Stora Kopparbergs Bergslags A/B, Falun, Schweden (Erfinder: H. H. Wolff), **Herstellung von gesinterten, verformten Hartmetallgegenständen.** Eine Preßmatrize wird teilweise mit Graphitpulver gefüllt u. das Pulver mit einem Preßstempel der gewünschten Form zusammengepreßt. Hierauf wird das Metallpulver in die Matrize eingeführt u. auf die Graphitschicht gepreßt. Der erhaltene Formkörper wird gesintert, wobei man Metallkörper erhält, die geprägte Oberflächen aufweisen. (**Schwed. P. 172 802** vom 3/9. 1957, ausg. 20/9. 1960.) K. H. Kähler. 6221

Norton Co., V.St.A. (Erfinder: Bruce W. Duke), **Stabilisieren von Aminoplasten** in wss. Dispersion durch Zusatz eines Ammoniumsalzes einer Säure, die eine Dissoziations-Konst. von weniger als $1 \cdot 10^{-4}$ besitzt, u. eines Amins, das eine prim. Aminogruppe an einem tert. C-Atom u. ein O-Atom enthält, das an einem dem tert. C-Atom benachbarten C-Atom gebunden ist, z. B. 2-Amino-2-methylpropanol-(1), 2-Amino-2-methylpropandiol-(1.3), 5-Amino-5-methyl-1.3-dioxan, Tri-[hydroxymethyl]-aminomethan. — 151,7 (Teile) eines Vorkondensats eines Harnstoff–Formaldehyd-Harzes werden mit W. auf einen Geh. von 66% Harz gebracht u. mit 2 NH_4SCN u. 8 2-Amino-2-methylpropandiol-(1.3) versetzt u. 10 Std. bei 38° gehalten. Die Viscosität der Masse bleibt unverändert, aber beim Erhitzen auf 80° erstarrt die Masse. Die stabilisierten Aminoplast-Lsgg. dienen zum Binden von *Schleifmitteln.* (**F. P. 1 249 664** vom 29/2. 1960, ausg. 24/3. 1961. A. Prior. 2/3. 1959.) M. F. Müller. 6239

Rockware Glass Ltd., Greenford, County of Middlesex, übert. von: **Frederick W. Adams,** London, England, *Reinigung von Quarzsand.* (Can. P. 560 773 vom 3/4. 1956, ausg. 22/7. 1958. E. Prior. 8/8. 1955. — C. 1959, 2260 [E. P. 786 916].)

Pittsburgh Plate Glass Co., Pittsburgh, übert. von: **Ralph A. Johnson,** Port Allegany, und **Reverdy E. Baldwin,** Austin, Pa., V.St.A., *Leitfähige kolloidale Graphitlösung.* (Can. P. 560 764 vom 27/4. 1953, ausg. 22/7. 1958. A. Prior. 30/4. 1952. — C. 1957, 7440 [A. P. 2 719 386].)

H₇. Agrikulturchemie. Schädlingsbekämpfung

Oberflächenstoffe und Böden von Paulding County, Ohio. F. J. Baker, G. M. Schafer und N. Holowaychuk. (Ohio J. Sci. **60,** 365—77, Nov. 1960; Columbus, Ohio, Dep. of Natural Resources, Div. of Lands and Soil.; engl.) — Eingehende Unters. der Eigg. der dunkelgefärbten, vergleyten Böden von Paulding County, Ohio. C. Gottfried. 6304

Das Dollard-Gebiet. Bodenkundliche und landwirtschaftliche Untersuchungen im Rahmen der Bodenkartierung. L. A. H. De Smet. (Versl. landbouwkund. Onderz. **1961,** Nr. 67, 16, 1—292; Wageningen, Landbouwhogeschool; niederl.) W. Wesly. 6304 □

Mineralogische Charakteristik der Schlammfraktion von Solonezböden. N. B. Scharoschkina. (Nachr. Akad. Wiss. KasachSSR, Ser. Bot. Bodenkunde **1960,** Nr. 2, 46—54; russ., Auszug: kasach.) — Die Unterss. erstreckten sich auf die mit Cl- bzw. SO_4-Verbb. versalzten krustenbildenden Solontschak-Solonezböden (**a**), sodann auf die säulenförmigen (**b**) bzw. schollenförmigen Solonezböden mit verschiedenem Profil. Die größten Mengen von Schlammteilchen wurden im illuvialen B-Horizont von **b** ermittelt. Die Thermogramme u. physikal.-chem. Analysen zeigten, daß in allen untersuchten Bodenproben Beidellit dominiert, dessen Mengen von der Menge der Schlammfraktionen abhängen. In **a** kommen in einer Tiefe von 150—160 cm Mineralien mit Sesquioxiden vor. Die therm. Effekte bei 105—110° sowie die Unterss. der maximalen Hygroskopizität der Böden sprechen für die Ggw. von hydrophilen Kolloiden. M. Gordienko. 6304 □

Die Roterden und ihre Kolloide. Luigi Enrico Lisanti. (J. Soil Sci. **11,** 77—81, März 1960; Bari, Univ. degli Studi; engl.) — 12 Roterden aus verschiedenen Gegenden Italiens sowie deren Kolloidfraktion wurden hinsichtlich ihrer chem. Zus. untersucht. Im Vgl. zu den Roterden Norditaliens wiesen jene aus Süditalien niedrigere Geh. an organ. Substanz u. $CaCO_3$ auf, dagegen hohe Mengen an lösl. Salzen. Das SiO_2/R_2O_3-Verhältnis der Kolloidfraktion schwankte ohne Beziehungen zur geograph. Lage u. zum Klima zwischen 1,60 u. 2,09. Hieraus wird gefolgert, daß alle Roterden Italiens durch ähnliche bodenbildende Prozesse entstanden sind. Wilfried Werner. 6304 □

Zusammensetzung der Kolloide in den Böden Israels. S. Ravikovitch, Fanya Pines und M. Ben-Yair. (J. Soil Sci. **11,** 82—91, März 1960; Rehovot, Israel, Agric. Res. Stat.; engl.) — Die Kolloidfraktion von Bodenproben aus den A-Horizonten zahlreicher Böden, die sich aus unterschiedlichem Ausgangsmaterial unter den verschiedenartigen Klimabedingungen Israels entwickelten, wurde hinsichtlich ihrer chem. u. mineralog. Zus. untersucht. Die Böden ließen sich in 3 Gruppen einteilen: 1. Mediterrane Roterden der humiden Region mit einem SiO_2/R_2O_3-Verhältnis von 2,0—2,6 u. niedrigem Geh. an P, K u. organ. Substanz. In der Tonfraktion dominierte Kaolin. 2. Die Böden der ariden u. semiariden Gebiete mit einem SiO_2/R_2O_3-Verhältnis der Kolloidfraktion von 3,6—5,2, mit einem hohen Geh. an $CaCO_3$, K u. P, aber arm an organ. Substanz. In der Tonfraktion dominierte Montmorillonit. 3. Alluviale Böden unter subhumiden u. semiariden Bedingungen mit einem SiO_2/R_2O_3-Verhältnis der Koll. von 3,4—3,8, mit mittlerem Geh. an $CaCO_3$ u. K u. relativ niedrigem Geh. an P u. organ. Substanz. In der Tonfraktion war ebenfalls Montmorillonit vorherrschend. Wilfried Werner. 6304 □

Eisen und das Redoxpotential (E_h) überfluteter Böden unter besonderer Berücksichtigung von Sumpfreisböden. J. W. O. Jeffery. (J. Soil Sci. **11,** 140—48, März 1960; Rothamsted, Exp. Stat., Pedology Dep.; engl.) — Vf. verfolgte die Veränderungen von pH-Wert u. Redoxpotential (E_h) der Lsgg. über überfluteten Bodenproben, denen organ. Substanz beigemischt worden war, während einer Inkubationszeit von 3 Wochen unter anaeroben Bedingungen. Der Boden war ein toniger Schlufflehm mit einem Fe-Geh. von 1,5% (HCl-Aufschluß). Unter der Annahme eines einfachen Fe^{2+}–Fe^{3+}-Redoxsyst. in einem überfluteten Boden mit akt. organ. Substanz wird folgende Gleichung abgeleitet: $E_h = (1{,}28 \pm 0{,}03) - 3 \cdot 2{,}303\, RT/F\, pH$. Die experimentellen Ergebnisse stützen diese Gleichung. Der Ausdruck $3 \cdot 2{,}303\, RT/F\, pH$ ist jedoch 3 mal größer als die üblicherweise für die pH-Korrektur von E_h verwandte Zahl. Die Gleichung kann auch dazu benutzt werden, die Bedeutung von pH-Veränderungen für die Bewegung u. Ausfällung von Fe in belüfteten Böden aufzuzeigen. Wilfried Werner. 6304 □

Arbeiten über die Verbesserung salz-alkalischer Böden der Universitäts-Farm in Khartum, 1956—59. G. A. Worrall. (J. agric. Sci. **57,** 367—71, Nov. 1961; Ibadan, Nigeria, Univ. Coll.; engl.) — Es werden Unterss. über die Salzverteilung im Profil des schweren salzalkohol. Tonbodens der Universitätsfarm durchgeführt. Im Oberboden (0—6 m) war der Salz-Geh. mit 0,44% nicht übermäßig hoch, stieg mit der Tiefe jedoch an u. erreichte im Horizont 12—18 in. mit 1,88% sein Maximum. Im Verlauf eines 3 jährigen Vers. wurden die Veränderungen im Salz-Geh. durch eine Bewässerung während der Wintermonate in Abhängigkeit von der Bodenbearbeitung verfolgt. In der obersten Bodenschicht (0—2 in.) wurde der Salz-Geh. etwa auf die Hälfte verringert, u. zwar größtenteils schon im ersten Jahr. Das Salz wurde nach unten verlegt; eine nach oben gerichtete Salzbewegung wurde nicht festgestellt. Ein Durchwaschen des Bodens war nicht sehr wirksam zur Verminderung des Salzgehaltes. Bei Bewässerung ohne Bodenbearbeitung wurden 29% der Salze aus dem Oberboden verlagert, nach Tiefpflügen sogar 50%. Mit abnehmendem Salz-Geh. des Oberbodens nahmen die Ernteerträge von Jahr zu Jahr zu. Wilfried Werner. 6304 □

Aluminium in Böden. 4. Mitt. Die Rolle des Aluminiums in der Bodenacidität. M. R. Heddleson, E. O. McLean und N. Holowaychuk. (Proc. Soil Sci. Soc. America **24,** 91—93, März/April 1960; engl.) — 3. vgl. McLean, Heddleson u. Post, C. **1963,** 4504. — Acht Bodenproben (pH 4,9—6,4) mit unterschiedlichem Geh. an extrahierbarem Al (0,4—5,0 Milliäquival./100 g) wurden mit 20—100% der Kationenaustauschkapazität H_2SO_4 u. 20—80% $Ca(OH)_2$ 3 Monate bei Feldkapazität vorbehandelt. Es wurde dann mit $BaCl_2$, NaCl u. mit Triäthylamin (I) gepufferter $BaCl_2$-Lsg. extrahiert, das Al mit Aluminon bestimmt u. die Austauschacidität gemessen. Andere Proben wurden mit 50%, 10% u. starkem Überschuß an $AlCl_3$ im Vgl. zur Kationenaustauschkapazität behandelt u. die gleichen Best. vorgenommen. Zum Vgl. wurden mit Al^{3+} u. mit H^+ gesätt. Austauscherharze sowie $AlCl_3$-Lsgg. mit **I** bzw. KOH u. HCl titriert u. die Titrationskurven aufgezeichnet. Nach Säurebehandlung nahm sowohl die Menge an austauschbarem Al als auch die Austauschacidität zu. Dieser Effekt war in schwach sauren Böden viel ausgeprägter als in stark sauren. Die Zunahme beider Werte war von gleicher Größenordnung. Saure, stark verwitterte Böden adsorbierten nach $AlCl_3$-Behandlung viel weniger Al als neutrale, weniger verwitterte Böden. Offenbar befand sich das Al in ersteren nahe seinem Gleichgewicht, jedoch nicht in letzteren. Die Titrationskurve von Al-Harz entsprach der einer schwachen Säure, die von H-Harz der einer starken. Titration von Al-Harz mit alkohol. KOH ergab, daß zur Entfaltung der Säure-Eigg. des Al Hydrolyse erforderlich war. Die Ergebnisse zeigen, daß die Bodenacidität sowohl von H^+ als auch von Al^{3+} herrührt, u. daß bei Best. der Austauschacidität durch **I** mindestens ein Teil des Al mitgemessen wird. G. Jagnow. 6304 □

Hoher Molybdän-Gehalt verschiedener Kentucky-Böden. H. F. Massey und Richie H. Lowe. (Proc. Soil Sci. Soc. America **25,** 161—62, März/April 1961; Lexington, Kentucky Agric. Exp. Stat., Dep. of Agron.; engl.) — Verschiedene Kentucky-Böden haben einen ungewöhnlich hohen Mo-Gehalt. Durch Kalkung dieser Böden steigt der Ertrag an Luzerne z. T. beträchtlich an. Gleichzeitig nehmen die nach Grigg (C. **1955,** 8012) bestimmten an extrahierbarem Mo in den Böden u. dementsprechend die durch die Pflanzen aufgenommene Mo-Mengen zu. J. Neels. 6304 □

Der Gehalt an einigen Spurenelementen in den Böden und in der Asche von Pflanzen des Gebietes Nowosibirsk. P. M. Ssudarew, W. Ss. Boiko und N. W. Arnautow. (Nachr. sibir. Abt. Akad. Wiss. UdSSR **1959,** Nr. 11, 93—95, Nowosibir. Landw. Inst.; Inst. für Geologie u. Geophysik der Sibir. Zweigstelle der Akad. der Wiss. der UdSSR; russ.) — In verschiedenen Böden des untersuchten Gebietes ist der Geh. an *Mn, Ni, Co, Ti, V, Cr, Cu, Ga, Sr, Ba, Pb, Zn, Mo* mehr oder minder ausgeglichen, was sich durch ihre geolog. Entw. erklärt. Im allg. ist der Geh. an Spurenelementen im Boden höher als in den Pflanzen (Klee, Luzerne, Hirse, Kolbenhirse, Moharhirse, Weizen, Roggen, Hafer, Mais, verschiedene Gräser). Der Geh. an Co ist in der Pflanzenasche sogar so gering ($<$ 0,0008%), daß er sich spektral nicht immer erkennen läßt. M. Gordienko. 6304 □

Nitratansammlung in Böden, die mit Kunststoff abgedeckt sind. A. L. Black und B. W. Greb. (Agronomy J. **54,** 366, Juli/Aug. 1962; Akron, Colo., U.S. Dep. of Agric., Northern Plains Branch; engl.) — In Lehmboden, der mit Polyäthylen Folien abgedeckt worden war, nahm der Geh. an NO_3–N (Durchschnitt von Proben aus 0—18 in. Tiefe) in 12 Wochen von 26 auf 140 (lb./acre) zu, wogegen unabgedeckter Boden nur 78 aufwies. Die Boden-Temp. war unter der Abdeckung um 3—7° höher als in der Vgl.-Probe. W. Wesly. 6304 □

Die Beeinflussung der Verfügbarkeit von nicht austauschbarem Kalium im Boden für Pflanzen durch Gaben von Kalium und Ammonium. L. F. Welch und A. D. Scott. (Proc. Soil Sci. Soc. America **25,** 102—04, März/April 1961; Watkinsville, USDA, Southern Piedmont Soil Conservation Field Stat.; engl.) — Die Beeinflussung der Abgabe von nicht austauschbarem Boden-K an Maispflanzen durch Gaben von NH_4 u. K wurde an Böden von Marshall u. von Clarion (jeweils Proben aus dem Oberboden u. dem Unterboden) im Gewächshaus untersucht. Mit steigenden NH_4-Gaben (10, 25, 50 u. 100 mg NH_4 pro 100 g Boden) nahm der Mais immer weniger nichtaustauschbares K aus den Oberböden auf. Dieser Rückgang der K-Aufnahme ist bedingt durch Blockierung des K im Boden durch NH_4, nicht durch Einw. von NH_4 auf die Absorption durch die Pflanze. Ähnliche Ergebnisse wurden mit Marshall-Unterboden erzielt, während der Clairon-Unterboden selbst ohne NH_4-Gabe kein K abgab. Auch durch K-Gaben wurde die Freisetzung von nichtaustauschbarem Boden-K beeinträchtigt. Bei gleichzeitiger K- u. NH_4-Gabe ist die Reihenfolge wichtig, da durch NH_4 auch die Freisetzung von im Boden fixierten zugegebenen K blockiert wird. J. Neels. 6304 □

Freisetzung von nicht austauschbarem Kalium aus einigen britischen Böden bei Bepflanzung im Gewächshaus. P. W. Arnold und B. M. Close. (J. agric. Sci. **57,**

295—304, Nov. 1961; Harpenden, Herts. Rothamsted Exp. Stat., Chem. Dep.; engl.) — Krumenproben (0—20 cm) von 20 brit. Ackerböden (pH = 5,1—7,2; Gesamt-K = 0,83 bis 3,10%; austauschbares K = 6,0—72,0 mg/100 g; Ton = 8,7—49,7%) wurden bei ausreichender NP-Düngung im Gefäß-Vers. so lange mit Weidelgras bepflanzt, bis das aufnehmbare Boden-K erschöpft war. Durch Vgl. der insgesamt 13 Schnitten entzogenen K-Mengen mit der chem. ermittelten Abnahme des austauschbaren K während der Bepflanzung konnte der Entzug an nicht austauschbarem K errechnet werden. Die Fähigkeit der Böden, nicht austauschbares K freizusetzen, erwies sich als stark unterschiedlich. Es wurden zwischen 2,8 u. 131,3 mg K/100 g Boden freigesetzt. Die aufgenommene Menge an nicht austauschbarem K war um so größer, je höher der Feintonanteil u. der K-Geh. dieser Fraktion war. Böden, die durch jahrelange K-Düngung mit K angereichert waren, oder solche, die Minerale wie Glaukonit enthielten, besaßen eine bes. gute Nachlieferungsfähigkeit für nicht austauschbares K. Aus dem Verlauf der Entzugskurven wird abgeleitet, daß mindestens 2 Fraktionen an nutzbarem nicht austauschbarem K vorliegen, eine „locker gebundene" u. eine „native" Fraktion. Das Verhältnis des aus beiden Fraktionen freigesetzten K zueinander schwankte zwischen 0,2 u. 8,5.
Wilfried Werner. 6304□

Vertikale Verteilung von Boden-Phosphor und -Kalium von einigen mit Luzerne bebauten Feldern mit jährlicher, mengenmäßig unterschiedlicher Düngung. K. L. Wells und W. L. Parks. (Proc. Soil Sci. Soc. America **25**, 117—20, März/April 1961; Knoxville, Univ. of Tennessee Agricult. Exp. Stat., Dep. of Agronomy; engl.) — Die Mengen an pflanzenverfügbarem P, K, Ca u. Mg sowie der pH-Wert wurden bei 5 Bodenprofilen in verschiedenen Tiefen untersucht. Die Flächen waren mit Luzerne bebaut u. erhielten jährlich unterschiedliche Gaben von K_2O u. P_2O_5. Es zeigte sich, daß das pflanzenverfügbare K im wesentlichen in der 0—6 inch-Schicht und der pflanzenverfügbare P im wesentlichen in der 0—3inch-Schicht der Böden enthalten war. Die Düngung hatte nur geringen Einfl. auf die Boden-Reaktion. Die Geh. der Böden an pflanzenverfügbarem Ca u. Mg variierten nicht im Sinne der Veränderung des pH-Wertes, wohl aber ihre Summen. Zwischenden Ernteerträgen u. dem K-Geh. des Bodens bestand nur eine schwache Korrelation. Dieselbe konnte durch Einbeziehung der P-Geh. in die Korrelationsgleichung etwas verbessert werden. J. Neels. 6304□

Der Einfluß von Stickstoff auf das Keimlings- und Anfangswachstum von perennierendem Weidelgras und Knaulgras. T. A. O'Brien. (New Zealand J. agric. Res. **3**, 399—411, April 1960; Palmerston North, Dep. of Scientif. and Ind. Res., Grasslands Div.; engl.) — In einem Freiland-Vers. in einer Kastenanlage war die Trockenmasse-Bldg. unabhängig vom N-Niveau u. Wachstumsstadium bei Lolium perenne L. (**a**) größer als bei Dactylis glomerata L. (**b**). Das Verhältnis der gebildeten Trockenmasse **a/b** nahm mit zunehmender N-Zufuhr (6—120 lbs. N/acre) ab. Bei hohem N-Niveau war die relative Wachstums-Geschw. beider Gräser etwa gleich; bei niedrigem N-Niveau war die relative Wachstums-Geschw. von **a** in den ersten beiden Wochen größer, in der 7—8 Wachstumswoche dagegen geringer als die von **b**. Die Ergebnisse werden im Hinblick auf die Anfangskonkurrenz beider Gräser in Mischweiden diskutiert. Wilfried Werner. 6304□

Anwendung von wasserfreiem Ammoniak in der landwirtschaftlichen Produktion. František Kořenský. (Věstník československ. Akad. zemědělských Věd **8**, 604—07, 1961; Praha-Ruzyně, Výzkumný ústav rostlinně výroby ČSAZV.; tschech.)
R. Grundmann. 6304□

Magnesiumverluste bei sandigem Lehm von Horotin im Anschluß an eine Kaliumchloridgabe. D. E. Hogg. (New Zealand J. agric. Res. **3**, 377—83, April 1960; Hamilton, Dep. of Agric., Rukuhia Soil Res. Stat.; engl.) — In Bodensäulen wurden mit einem sandigen Lehm (0,73 Milliäquival. austauschbares Mg) Auswaschungs-Verss. durchgeführt, um den Einfl. verschiedener Düngungsmaßnahmen auf die Höhe der Mg-Auswaschung zu prüfen. Zugabe von KCl war mit einem unmittelbaren Anstieg der Mg-Auswaschung verbunden, die aber nach einer Woche bis zum Vers.-Ende (8 Wochen) wieder stetig abnahm. K_2SO_4 bewirkte etwa den gleichen Gesamt-Mg-Verlust; der anfängliche Mg-Verlust war jedoch wesentlich geringer als bei KCl. Eine zusätzliche Verabreichung von $(NH_4)_2SO_4$ oder Kalkammonsalpeter zur KCl-Gabe erhöhte die Mg-Auswaschung noch erheblich. — In einem Feld-Vers. war der Geh. des Bodens an austauschbarem Mg durch eine jährliche KCl-Zufuhr von 8 cwt./acre nach 5 Jahren auf 0,69 Milliäquival./100 g gefallen (Kontrolle 1,24 Milliäquivalent).
Wilfried Werner. 6304□

Keimen von Agropyron desertorum (Fisch.) in salzhaltigem Boden. Douglas R. Dewey. (Agronomy J. **54**, 353—55, Juli/Aug. 1962; Logan, Utah, Agric. Exp. Stat.; engl.) — Mit Agropyron desertorum (Fisch.) in Böden mit Zusätzen von 0—18000 ppm NaCl + $CaCl_2$ (in Leitungswasser gelöst) ausgeführte Keimungs-Verss. zeigten, daß die Keimung (in %) abnimmt u. die Keimzeit mit dem Salz-Geh. zunimmt. Außerdem wurde festgestellt, daß die Keimfähigkeit in salzhaltigen Böden mit der Quecken-Sorte variierte. Die bei hohen Salz-Geh. gewonnenen Samen sind gegen Salze beständiger als gewöhnlicher Samen. W. Wesly. 6304□

Einfluß der Kalkung von humushaltigen Sandböden auf die Löslichkeit von Bor. J. J. Lehr und Ch. H. Henkens. (Landbouwkund. Tijdschr. **74,** 352—57, Mai 1962; Wageningen, Labor. voor Bemestingsonderzoek u. Groningen, Inst. voor Bodemvruchtbaarh.; niederl.) — Labor.-Unterss. über die Extrahierbarkeit von B mit heißem W. aus Böden mit 3 u. 25% organ. Substanz, die mit $CaCO_3$ u. Borax versetzt worden waren, zeigen, daß aus Böden mit 3% organ. Substanz 8 Wochen nach der Kalkung nicht weniger B als aus ungekalkten Böden extrahiert wird. Dagegen verursacht die Kalkung von Böden mit 25% organ. Substanz eine Verminderung der B-Extrahierbarkeit. Die Kalkung dieser Böden, entsprechend pH > 6,6 des wss. Auszugs, bewirkt eine Fixierung des angewandten B von 52%. Dagegen wird in Böden mit 3% organ. Substanz durch Kalkung, entsprechend pH = 7,7, das verabfolgte B nicht fixiert. W. Wesly. 6304□

Stippigkeit bei der Apfelvarietät Cleopatra in Tasmanien in Beziehung zu ihrem Gehalt an Calcium und Magnesium. D. Martin, T. L. Lewis und J. Cerny. (Austral. J. agric. Res. **2,** 742—49, Sept. 1960; Hobart, C.S.I.R.O., Div. of Plant Industry, Tasmanian Region. Lab.; engl.) — An einem gegen Stippigkeit hoch anfälligen Cleopatra-Apfel-Bestand wurden während zweier Jahre Spritzverss. von der ersten Januar-Woche an in etwa 7tägigen Intervallen durchgeführt. Verwandt wurden n/10 Lsgg. von KNO_3, $Mg(NO_3)_2$ (**I**), $Ca(NO_3)_2$ (**II**), $CaHPO_4$ (**III**), **III** + *Borax* (**IV**) oder **II** + **IV**. Gespritzt wurde eine Baumhälfte, während die andere zur Kontrolle unbehandelt blieb. Die Früchte wurden auf ihren Mineralstoff-Geh. u. nach 6monatiger Lagerung bei 33 u. 34°F u. 14tägiger Lagerung bei 65°F auf ihren Zustand untersucht. Stippigkeit trat im ersten Jahr wenig, im zweiten stark auf, sie wurde durch **II** sowie **II** + **IV** signifikant vermindert. Die durch **III** bzw. **III** + **IV** bewirkte Verminderung war nicht signifikant. Das gleiche gilt für die Behandlung mit KNO_3. **I** verstärkte die Stippigkeit. Die K-, Mg-, P- u. N-Geh. der Früchte wurden durch **I** u. **II** nicht verändert, sie unterschieden sich auch in den beiden Vers.-Jahren nicht. Der Ca-Geh. war im zweiten Jahr 3,3mal so hoch wie im ersten. Wilfried Werner. 6304□

Düngerbedarf eines sauren Torf(bodens). T. M. Morrison und J. R. Caughley. (New Zealand J. agric. Res. **3,** 1—5, Febr. 1960; Wellington, Dep. of Scientific and Industr. Res., Soil Bureau.) — In 2 Gefäß-Verss. zu Spinat wurde der Spurenelementbedarf eines sauren Torfbodens (pH = 4,2; Glühverlust = 83,6%, C/N = 47) bei unterschiedlicher Aufkalkung untersucht. Es zeigte sich, daß ein gutes Wachstum nur bei ausreichender Aufkalkung u. gleichzeitiger Zufuhr von Cu u. B möglich war. Wilfried Werner. 6304□

Chemische Unkrautbekämpfung in Silomais durch Vorauflaufbehandlung mit W-6658. M. Schnee und E. Hagenloch. (Dtsch. Landwirtsch. **13,** 186—88, April 1962; Leipzig, Inst. f. Landwirtschaftliches Versuchs- u. Untersuchungswesen; dt.) R. Grundmann. 6312□

Vorauflauf-Spritzungen zur Bekämpfung von Unkräutern in Erdnuß(kulturen). J. E. Rawson. (Queensland agric. J. **88,** 3—5, Jan. 1962; engl.) — Erfahrungsbericht mit *2.4-D*-Spritzung gegen einjährige Gräser u. einige breitblättrige Arten. J. Lehmberg. 6312□

Neue Versuche über das Wurzelschlagen von Kaffeestrauchablegern in Puerto Rico. Tara Singh-Dhaliwal und Aníbal Torres-Sepúlveda. (Univ. Puerto Rico, agric. Exp. Stat., techn. Pap. **33,** 1—26, Okt. 1961; engl.) — Vor Abschneiden der zum Wurzelschlagen bestimmten Kaffeestrauchschößlinge verschmiert man die Einschnitte mit einer Paste, die 0,5 g *Indolyl-(3)-essigsäure* je 100 g Lanolin enthält u. bedeckt die Stelle mit Moos u. Wachspapier. Nach 60—70 Tagen werden die Schößlinge abgeschnitten u. eingepflanzt. Die so behandelten Ableger zeigen mehr u. längere Wurzeln als Vgl.-Proben. W. Wesly. 6312□

Die Wirkungsweise von Fungiciden für Saatgut. J. de Tempe. (Landbouwkund. Tijdschr. **74,** 334—41, Mai 1962; Wageningen, Rijksproefstat. voor Zaadcontr.; niederl.) — Am Beispiel von TMTD u. Hg-Mitteln diskutiert Vf. die Wrkg.-Weise von Fungiciden für Saatgut. — 8 Literaturangaben. W. Wesly. 6312□

Ein 3jähriger Vergleich von Captan und Schwefelkalkbrühe als Nachblüte-Fungicide für Cox's Orange-Pippin-Äpfel. R. J. W. Byrde, G. M. Clarke und C. W. Harper. (J. horticult. Sci. **33,** 244—53, Okt. 1958; Bristol, Univ., Long Ashton Res. Stat.; engl.) — Die Anwendung von *Captan* (**I,** 0,075%ig. wss. Suspension) u.

Schwefelkalkbrühe (II, 0,75%ig. wss. Suspension) als Nachblüte-Fungicide (nach Anwendung von II vor der Blüte) für Cox's-Orange-Pippin-Äpfelbäume ergab einen sehr geringen Apfelschorfbefall. Der Mehltaubefall war stärker. Eine Nachwrkg. der vorjährigen Verw. von I zeigte sich in der Mehltaubekämpfung. W. Wesly. 6312□

Hexachlorbenzol bei der Bekämpfung des Weizenbrandes. A. L. Stortschewoi. (Pflanzenschutz [UdSSR] **6**, Nr. 8, 17—19, Aug. 1961; russ.) — Als wirksamste Maßnahme zur Bekämpfung des Weizenbrandes (Erreger Tilletia controverso) wird eine Desinfektion des Bodens mit 10 kh/ha 50%ig. *Hexachlorbenzol* (I) u. eine Bestäubung bzw. Besprühung der höchstens 2 Wochen alten Saaten mit 10 kg/ha I empfohlen. S. Baryschnikow. 6312

Der Einfluß eines „Diazinon"-Präparats auf das Ovipositionsverhalten von Lucilia cuprina. L. Barton Browne und K. R. Norris. (Austral. J. agric. Res. **12**, 715—24, Juli 1961; Canberra, C.S.I.R.O., Div. of Entomol.; engl.) — Die graviden Weibchen von Lucilia cupriva (Wied.), die ihre Eier auf dem Fell der austral. Schafe ablegen, wurden durch Behandlung der Schaffelle mit einem *Diazinon* (I)-Präp. daran gehindert. Dabei konnte festgestellt werden, daß I (0,1%ig) allein keine abstoßende Wrkg. auf die Fliegen ausübte, sondern diese auf dem bei der Anwendung erforderlichen Lsgm. „*Stanvac PY*" (Geh. an aromat. KW-Stoffen 90%, Kp. 230—299°) beruhte. *Power Kerogene* als Lsgm. eingesetzt, hatte eine nur geringe, jedoch signifikante abschreckende Wirkung. W. Kreipe. 6312□

Gasometrische Bestimmung von Gesamtstickstoff in NPK-Düngemitteln. Vladimír Lakota. (Chem. Průmysl **11** (**36**), 288—90, Juni 1961; Pardubice-Rybitví, Východoeské chem. závody Synthesia, n. p.; tschech.) — Der anorgan. gebundene N in NPK-Düngemitteln wird im CO_2-Strom pyrolyt. gespalten u. volumetr. bestimmt. Zum Vgl. wurde der N-Geh. nach Devarda ermittelt. Es wurden prakt. gleiche Resultate erhalten. J. Schneider. 6322□

Untersuchungen über das Denitrifikationsvermögen des Bodens und Vorschlag einer quantitativen Prüfungsmethode. V. Treccani. (Ann. Microbiol. Enzimol. **11**, 15—18, 1961; Milano, Univ., Ist. di Microbiol. Agr. e Tecn.; ital.) — Beschreibung einer Meth. zur quant. Best. des Denitrifikationsvermögens von Ackerböden. In einer Verdünnungsreihe des zu prüfenden Bodens in fl. NO_3^--Medium wird der NO_3^--Verbrauch u. die Bldg. von NH_3 u. NO_2 sowie der Gesamt-N bestimmt. Denitrifikation tritt auch in belüfteten Böden auf. K. Zingraf. 6324□

Spektrographische quantitative Bestimmung von Zink in Böden. Je. A. Pometun und W. I. Bojarowa. (J. analyt. Chem. [UdSSR] **16**, 103—05, Jan./Febr. 1961; Stalinabad, Chem. Inst. der Akad. der Wiss. der TadshikSSR; russ., Auszug: engl.) — Beschreibung der Methode. S. Baryschnikow. 6324□

Messung der Bodenanisotropie mit Piezometern. T. Talsma. (J. Soil Sci. **11**, 159—71, März 1960; Griffith, N.S.W., C.S.I.R.O., Irrigation Res. Stat.; engl.) — Mit Hilfe von Piezometern verschiedener Durchmesser werden eingehende Unterss. über die Boden-Anisotropie durchgeführt. Die horizontale hydraul. Leitfähigkeit ergab relativ gleichförmige Werte, wogegen die vertikale sich als sehr variabel u. abhängig von der Bodentiefe erwies. Die Ergebnisse der Anisotropieberechnungen waren von der Größe der Höhlung unter dem jeweiligen Piezometer abhängig. Die Piezometer mit großem Durchmesser ergaben Werte <1, die kleinen Piezometer dagegen im allg. Werte >1. Wilfried Werner. 6324□

Die Schnellbestimmung des Wassergehaltes von Böden unter Verwendung des Carbid-Verfahrens. B. D. Soane und C. Calissendorff. (Rhodesia agric. J. **57**, 386 bis 392, Sept./Okt. 1960; engl.) — Bericht über die Erprobung eines Gerätes zur Schnellbest. des Wasser-Geh. von Böden nach dem Carbid-Verf. (Mischen eines bestimmten Boden-Vol. mit überschüssigem CaC_2 u. Messen des C_2H_2-Druckes, der dem Wasser-Geh. des Bodens proportional ist). Die mit dem Gerät ermittelten Werte weichen um 0—12,6% von den Ergebnissen ab, die man durch Trocknen der Proben im Ofen erhält. Diese Genauigkeit ist für die Belange der Praxis ausreichend. W. Wesly. 6324□

Československá Socialistická Republika (Erfinder: Jan Vosolsobě, Prag, und Miroslav Novák, Řičany), Tschechoslowakei, **Herstellung von Ammonium-Calcium-Nitrat** durch Vermischen von Kalksteinmehl mit einer Ammoniumnitratschmelze u. Überführen des Gemisches in ein festes Erzeugnis, wobei man der Schmelze H_2SO_4 in Mengen von 0,01—0,5%, gerechnet auf die Gesamtmenge des *Kunstdüngers*, zusetzt. Man kann auch H_2SO_4 + Sulfide der Metalle der II. Gruppe des Period. Syst. zufügen. — Beispiel: Zu 206 (Teilen) NH_4NO_3-Schmelze setzt man 0,6

H_2SO_4 (96% ig.) u. 80 $CaCO_3$ zu. Die Schmelze bleibt 30 Min. bei 150°, wobei der N-Verlust 1,28% des Gesamt-N-Geh. beträgt; setzt man 0,3 H_2SO_4 (96%) u. 0,3 $MgSO_4$ hinzu, so gehen nur 0,98% des Gesamt-N verloren. Ohne jeglichen Zusatz steigt der N-Verlust auf 4,65%. (**Tschech. P. 99 604** vom 30/4. 1960, ausg. 15/5. 1961.) L. Macher. 6291

United States of America, Secretary of Army, übert. von: William L. Howard, Stanley R. McLane und Robert L. Weintraub, Frederick, Md., V.St.A., **Mittel zur Bekämpfung des Pflanzenwachstums,** bestehend aus halogenierten Phenylalkyläthern (I). Beispiele für I (-phenyläther = II): *n-Octyl-2.4-dichlor*-II, *n-Decyl-2.4-dichlor*-II, *Lauryl-2.4-dichlor*-II, *Myristyl-2.4-dichlor*-II, *Cetyl-2.4.5-trichlor*-II, *Lauryl-4-fluor*-II, *Myristyl-4-fluor*-II, *Lauryl-2.4-difluor*-II, *Lauryl-2-methyl-4-fluor*-II, *Myristyl-2-methyl-4-fluor*-II u. *Cetyl-2-methyl-4-fluor*-II. — I erhält man durch Rk. gleicher Teile eines chlorierten oder fluorierten Phenols u. eines Alkylhalogenids, wie Octylchlorid, Myristylbromid oder Cetylbromid in Ggw. von NaJ in alkohol. Lösung. — Man besprüht die zu behandelnden Pflanzen mit I in Mengen von 0,1—0,5 Pfund/acre. (**A. P. 2 937 935** vom 29/10. 1954, ausg. 24/5. 1960.) H. Nebelsiek. 6313

Dow Chemical Co., Midland, Mich., übert. von: Arthur W. Swezey, Garden Grove, und Robert W. Nex, Bellflower, Calif., V.St.A., **Sprühmittel für die Landwirtschaft** aus einer verd. wss. Dispersion von 0,5 lbs./100 U.S. gallons eines 2.4-Dinitro-6-alkylphenols (Alkylrest mit 3—5 C-Atomen) u. 4—21 Mol je Mol Phenol eines Polyglykolalkylätheralkohols, z. B. von Tridecylalkohol. (**Can. P. 555 932** vom 27/1. 1954, ausg. 15/4. 1958. A. Prior. 5/3. 1953.) S. Böttcher. 6313

C. H. Boehringer Sohn, Deutschland, **Unkrautvernichtungsmittel** enthalten ein Gemisch *chlorierter Phenoxyessigsäuren*, z. B. 20—55 (%) *2.4.5-Trichlor-*, 10—18 *2.3.4-Trichlor-*, 10—18 *2.3.6-Trichlor-*, 10—18 *2.4.6-Trichlor-*, 15—30 *2.4-Dichlorphenoxyessigsäure*, auch in Form ihrer *Ester*, *NH_4-*, *Alkali-* oder *Erdalkalisalze*. Anwendung als Spritzmittel oder zusammen mit Inertstoffen (Kaolin, Talkum, Düngemittel) als Streu- oder Stäubemittel. — Das Isomerengemisch kann durch therm. Zers. von HCH, Verseifen des entstandenen Trichlorbenzols mit Alkali u. Alkoholen, Umsetzen der gebildeten Dichlorphenolate mit Chloressigsäure u. Chlorieren der freien Säuren in saurer Lsg. erhalten werden. (**F. P. 1 204 346** vom 21/2. 1958, ausg. 25/1. 1960.) W. Wittholz. 6313

Boots Pure Drug Co. Ltd., Nottingham, England (Erfinder: Herbert Aubrey Stevenson und Robert Frederick Brookes), **α-Phenoxyalkansäuren** der allg. Formel $X-C_6H_4-O-CH(R)COOH$ (X = ein oder mehrere Halogenatome u./oder Alkyl; R = Alkyl mit 1—8 C-Atomen) erhält man durch Kondens. eines Alkalimetallsalzes des entsprechenden Phenols mit einem Ester oder Nitril der allg. Formel $R''-O-CH(R)-R'$ (R'' = Alkyl-, Benzolsulfonyl, die auch substituiert sein können; R' = CN, Alkoxycarbonyl) bei pH ca. 10. — Aus 51,6 g NaCN in 150 cm^3 W. u. 90,8 cm^3 konz. HCl bei 0—5°, dann Zusatz von 7n-NaOH bis pH 9 u. 112 cm^3 Acetaldehyd, weiterem Zusatz von 141 g Benzolsulfonylchlorid u. 127 cm^3 7n-NaOH → α-Cyanäthylbenzolsulfonat, F. 32—34°; daraus mit 99,6 g 4-Chlor-2-methylphenol in Ggw. von 99,6 cm^3 7n-NaOH bei 100° → *α-(4-Chlor-2-methylphenoxy)-propionsäure*, F. 81—84°; 98,2% (Ausbeute). Nach einem anderen Verf. wird diese Säure mit Diäthanolamin bei 100° in das *Diäthanolaminsalz*, $C_{14}H_{22}ClNO_5$, übergeführt, aus Äthylendichlorid, F. 84 bis 85°; *Triäthanolaminsalz*, $C_{16}H_{26}ClNO_6$, aus Äthylendichlorid, F. 118—119°; *Diäthylaminsalz*, $C_{14}H_{22}ClNO_3$, F. 96—98°. — 2.4-Dichlorphenol → *α-(2.4-Dichlorphenoxy)-propionsäure*, F. 114—116°; 89,2%. — 2.4.5-Trichlorphenol → *α-(2.4.5-Trichlorphenoxy)-propionsäure*, F. 164—170°; 96,1%. — p-Chlorphenol → *α-(p-Chlorphenoxy)-propionsäure*, F. 112—114°; 82,8%. — o-Kresol → *α-(o-Methylphenoxy)-propionsäure*, F. 92 bis 93°; 62,7%. — 2-Brom-4-chlorphenol → *α-(2-Brom-4-chlorphenoxy)-propionsäure* F. 114—116°; 96,4%. — Propionaldehyd + NaCN + Benzolsulfonylchlorid → α-Cyanpropylbenzolsulfonat + 2.4-Dichlorphenol → *α-(2·4-Dichlorphenoxy)-buttersäure*, F. 69—73°; 70%. — Weitere Ausgangsstoffe sind: Cyanäthyltoluol-p-sulfonat, $Kp._{1,5}$ 152—154°, erhältlich aus Milchsäurenitril u. p-Toluolsulfonylchlorid; α-Äthoxycarbonyläthyltoluol-p-sulfonat, $Kp._{0,7}$ 167—169°, aus Äthyllactat u. p-Toluolsulfonylchlorid; α-Äthoxycarbonyläthylbenzolsulfonat, $Kp._{0,8}$ 158—159°; α-Cyanäthylmethansulfonat, $Kp._{1,5}$ 90—96°, aus Milchsäurenitril u. Methansulfonylchlorid. — *Unkrautbekämpfungsmittel*, bes. gegen *Galium aparine* u. *Stellaria media*. — Vgl. D. A. S. 1 071 411; C. **1960, 11444**. (**E. P. 822 199** vom 18/9. 1956, ausg. 21/10. 1959. **Belg. PP. 560 867** u. **560 868** vom 17/9. 1957, ausg. 6/5. 1960. E. Prior. 18/9. 1956.) G. Krauß. 6313

Heyden Newport Chemical Corp., New York, N.Y., V.St.A. (Erfinder: N. Tischler), **Unkrautvertilgungsmittel,** gek. durch einen Geh. an 2.3.6-Trichlorbenzoesäure oder deren Salzen. (**Belg. P. 562 664** vom 25/11. 1957, ausg. 3/6. 1960. A. Prior. 27/11. 1956.) C. Lüttgen. 6313

United States Borax & Chemical Corp., Los Angeles, Calif., V.St.A., **Unkrautvertilgungsmittel,** enthaltend einen oder mehrere herbicide Stoffe, die in einem wss. thixotropen koll. Gel dispergiert sind. — Beispiel: 9—11 (%) wasserfreies $NaBO_2$, 3—5 $NaClO_3$, 0,04—2 organ. Herbicid, 0,5—4 Bentonit, 50—92 W. u. 0,2—5 eines nichtion. oberflächenakt. Stoffes. (**E. P. 851 250** vom 17/11. 1958, ausg. 12/10. 1960. A. Prior. 28/5. 1958.) C. Lüttgen. 6313

Produits Chimiques Industriels & Agricoles Procida Soc. An., St. Marcel Marseille, Frankreich, **Trockenbeize für Saatgut,** bestehend aus den üblichen Aktivstoffen, gek. durch einen Geh. an Feuchthaltemitteln, bes. Polyglykolestern, u. Fixiermitteln, bes. Na-Alginat, -Caseinat, Carragheenschleim u. Traganth. (**Belg. P. 567 829** vom 19/5. 1958, ausg. 12/8. 1960. F. Prior. 23/5. 1957.) C. Lüttgen. 6313

J. R. Geigy Akt.-Ges. (Erfinder: Alfred Margot), Basel, Schweiz, **Mittel gegen Nematoden** aus Dithiocarbaminsäurebenzylestern der allg. Formel $R_1-NH-C(=S)-S-CH_2-C_6H_4R$ (R = H, Halogen, NO_2 oder niedrige Alkylgruppe; $R_1 = CH_3$ oder C_2H_5) u. geeigneten Trägern oder/u. Dispergiermitteln. (**Ung. P. 149 883** vom 14/3. 1961, ausg. 20/3. 1962.) F. Landsberger. 6313

N. V. Philips' Gloeilampenfabrieken, Eindhoven, Niederlande, **Mittel zur Bekämpfung von Schädlingen,** bes. *Nematoden,* dad. gek., daß als Wirkstoff Verbb. des Typs I verwendet werden; R = Phenyl-, Allylmercapto-, Äthoxyäthylmercapto-, Phenylmercapto-, 4-Chlorphenylmercapto-, 4-Methylphenylmercapto- oder Benzylmercaptorest. Die Mittel werden als Stäubemittel mit 5 (Gew.-%) Wirkstoff in Kieselgur, als Spritzpulver mit 50 Wirkstoff, 5 Oleylamidomethyltaurat, 10 Calciumligninsulfonat u. 35 Dolomit oder als Mischöl mit 25 Wirkstoff, 10 Polyoxyäthylensorbitanfettsäureester, 10 Methyläthylketon u. 55 Xylol angewandt. (**Oe. P. 211 605** vom 10/2. 1959, ausg. 25/10. 1960. Niederl. Prior. 13/2. 1958.) L. Großner. 6313

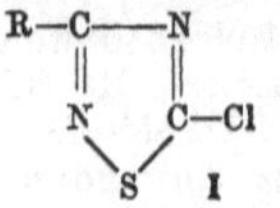
I

N. V. Philips' Gloeilampenfabrieken, Eindhoven, Niederlande, **Mittel zur Bekämpfung von Pilzen,** bes. von *Mehltau,* dad. gek., daß als Wirkstoffe *Bis-[dimethylamido]-pentachlorphenylphosphat* (I) oder *Bis-[dimethylamido]-S-pentachlorphenylthiolphosphat* verwendet werden. Die Mittel werden als Spritzpulver mit 25 (Gew.-%) I, 68 Dolomit, 2 Oleylamidomethyltaurat u. 5 Na-Ligninsulfonat, als Stäubepulver mit 3 I, 7 Kieselgur u. 90 Dolomit u. als Mischöl mit 10 I, 12 Dioxan, 6 Polyoxyäthylensorbitanfettsäureester u. 72 Xylol angewandt. (**Oe. P. 211 606** vom 23/2. 1959, ausg. 25/10. 1960. Niederl. Prior. 24/2. 1958.) L. Großner. 6313

Monsanto Chemical Co., St. Louis, übert. von: Philip H. Santmyer, Florissant, Mo., und Joseph W. Baker, Nitro, W.Va., V.St.A., **Mittel gegen Nematoden,** enthaltend Additionssalze von Polyaminen der allg. Formel $R'''HN(C_2H_4NH)_nH$ u. Säuren der allg. Formel I, in denen bedeuten: R Cl oder Br, R' Cl, Br, H, niederen Alkyl- oder Phenylrest, R'' Cl, Br oder H, R''' H oder einen C_6-C_{22}-acycl. Rest u. n 1—4. Bes. geeignet sind: O.O-Bis-(2.4-dichlorphenyl)-thiolthionophosphorsaures Salz des Imidazolins des Triäthylentetramins, bei dem eine $C_{17}H_{33}$-Gruppe am C-Atom sitzt, das die beiden N-Atome des Imidazolinrings verbindet. (**A. P. 2 956 921** vom 15/11. 1956, ausg. 18/10. 1960.) C. Lüttgen. 6313

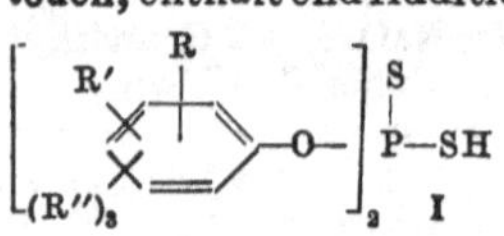
I

Wellcome Foundation Ltd. (Erfinder: Frederick Charles Copp), **Herstellung von quaternären Ammoniumverbindungen** der allg. Formel I (R = H, CH_3, NO_2 oder Halogen, A = Anion) durch Rk. eines tert. Amins, das 3—4 der gewünschten Gruppen enthält, mit einem geeigneten Deriv., durch das eine evtl. gewünschte 4. Gruppe in die quatern. Verb. eingebracht wird, nach üblichen Methoden. Man erhitzt 20 g 1-Brom-2-phenoxyäthan u. 24 g 2-Phenylamin (II) in 25 g Bzl. ½ Std. auf dem Dampfbad, filtriert nach dem Abkühlen das ausgefallene II-Hydrobromid ab, schüttelt das Filtrat mit 4n NaOH u. mit W. aus u. dampft ein. Der ölige Rückstand wird mit konz. HCl im Überschuß versetzt, filtriert u. umkrist. aus A.; → *1-Phenoxy-2.2'-thenylaminoäthanhydrochlorid,* F. 164 bis 165°, das mit 4n-NH_4OH versetzt u. mit Ae. extrahiert wird. Die äther. Lsg. wird

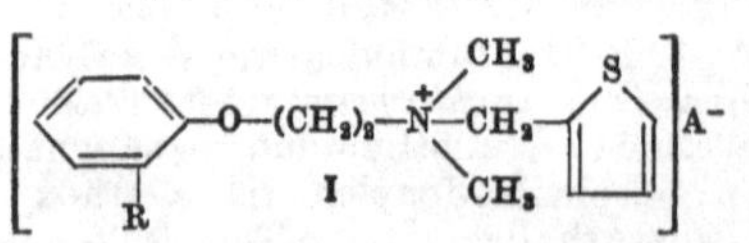
I

eingedampft, der Rückstand in CH_3OH gelöst u. mit CH_3J u. gepulvertem Na_2CO_3 20 Min. unter Rückfluß gekocht. Nach dem Abkühlen filtriert man, gibt Ae. zum Filtrat u. trennt das auskrist. *N.N-Dimethyl-N-2-phenoxyäthyl-N-2'-thenylammoniumjodid* (**III**), F. 121—122° (A.), ab. Analog: *N.N-Dimethyl-N-2-(o-chlor)-*, F. 100°, u. *-(o-methyl)-phenoxyäthyl-N-2'-thenylammoniumbromid*, F. 111—112°. **III** auch aus 2-Thenylchlorid u. 1-Dimethylamino-2-phenoxyäthan. Weitere Beispiele: *N.N-Dimethyl-N-2-phenoxyäthyl-N-2'-thenylammonium-p-toluolsulfonat*, F. 113—114°, *N.N-Dimethyl-N-2-(o-nitro)-phenoxy-N-2'-thenylammoniumchlorid*, F. 152—153,5°, u. dessen *Monohydrat*, F. 91 bis 92°, u. *N.N-Dimethyl-N-2-(o-fluor)-phenoxyäthyl-N-2'-thenylammoniumjodid*, F. 53—55°. — *Mittel gegen Nematoden*. (**Aust. P. 232 059** vom 5/12. 1958, ausg. 16/2. 1961. **Ind. P. 65 987** vom 2/12. 1958, ausg. 28/6. 1960. Beide E. Prior. 18/12. 1957.) C. Lüttgen. 6313

American Cyanamid Co. (Erfinder: James Kenneth Dixon, Shirley De Breuil, Nancy Louise Boardway und Fred Morris Gordon), **Herstellung von O.O-Dialkyl-O-(2-pyrazinyl)-thionophosphorsäureestern** der allg. Formel **I**, in der R u. R' niedere Alkylreste u. X, Y u. Z, H, Halogen, einen Phenyl- oder niederen Alkylrest bedeuten, durch Rk. eines Dialkylthionophosphorsäurechlorids mit einem Hydroxypyrazin oder dessen Metallsalz. Zu einem Gemisch von 11,8 (g) 2-Hydroxypyrazin-Na-Salz in 150 cm³ N-Methyl-2-pyrrolidon gibt man 18,9 O.O-Diäthylthionophosphorsäurechlorid, rührt 3 Std. bei 40°, filtriert, konz. das Filtrat u. reinigt den Rückstand durch Lösen in Toluol, Waschen mit Na_2CO_3- u. NaCl-Lsg., Ausbeute: 19,9 *O.O-Diäthyl-O-(2-pyrazinyl)-thionophosphat*, n_D^{25} 1,5131. Analog: *O.O-Diäthyl-O-(6-chlor-2-pyrazinyl)-thionophosphat*, n_D^{25} 1,5187. — *Pflanzenschutzmittel gegen Nematoden*. (**Aust. P. 229 309** vom 5/9. 1958, ausg. 4/8. 1960. A. Prior. 6/9. 1957 u. 17/2. 1958.) C. Lüttgen. 6313

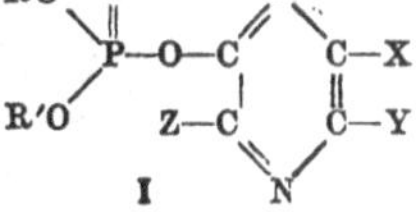

I

Farbenfabriken Bayer Akt.-Ges., Leverkusen (Erfinder: Ernst Schegk und Gerhard Schrader, Wuppertal), **Herstellung von Thionophosphorsäureestern** nebenst. Formel **I** (X, Y u. Z = H, Halogen, Alkyl-, Aryl oder NO_2-Rest; R u. R' = Alkylreste; n = 0 oder 1) durch Umsetzung von O.O-Dialkylthionophosphorsäurehalogeniden mit entsprechenden Hydroxyaryl-Verbb. in Ggw. von säurebindenden Mitteln u. ggf. anschließende Oxydation von Mercapto- zu Sulfoxidgruppen. — O.O-Dimethylthionophosphate: *O-[p-Methylmercapto-m-kresyl]-*, $Kp._{0,01}$ 105°, aus 77 (g) p-Methylmercapto-m-kresol u. Na-Methylat in Bzl. durch azeotrope Abtrennung des CH_3OH u. 1 std. Kochen der Rk.-Mischung mit 85 O.O-Dimethylthionophosphorsäurechlorid (**I**) in Methyläthylketon; hellgelbes Öl; 134 g (Ausbeute). — Analog: *O-[p-Methylsulfinyl-m-kresyl]-*, $Kp._{0,01}$ 110°, aus 31 Methyl-[4-hydroxy-2-methylphenyl]-sulfoxid u. 36 **I**; hellgelbes Öl; 51 g. — O.O-Diäthylthionophosphate: *O-[3.5-Dichlor-4-methylmercaptophenyl]-*, $Kp._{0,001}$ 142—147°, aus 41,8 3.5-Dichlor-4-methylmercaptophenol u. 40 O.O-Diäthylthionophosphorsäurechlorid; Öl; 64 g. — *O-[3.5-Dichlor-4-methylsulfinylphenyl]-*, aus vorst. Verb. durch Oxydation mit Perhydrol. — *O-[3.5-Dimethyl-4-methylmercaptophenyl]-*, $Kp._{0,001}$ 135°. — *O-[3-Methyl-5-äthyl-4-methylmercaptophenyl]-*, $Kp._{0,001}$ 135°. — *Insekticide*. (**Oe. P. 212 334** vom 14/5. 1959, ausg. 12/12. 1960. D. Prior. 28/5. 1958.) Eberhard Riedel. 6313

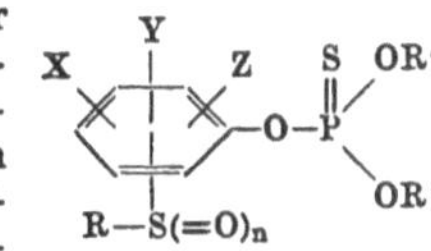

I

Ethyl Corp., New York, N.Y., übert. von: John T. Clarke und Stephen N. Hall, Baton Rouge, La., V.St.A., **Herstellung von Benzolhexachlorid** (**I**), dad. gek., daß man Bzl. u. Cl_2 bei 15—40° unter Licht-Einw. umsetzt, so daß 70—95% Cl_2 in einer ersten Rk.-Zone umgesetzt werden. Die Rk.-Lsg. von Cl_2, **I** u. Bzl. wird im Verhältnis 9—11 : 1 mit frischen Ausgangsstoffen erneut umgesetzt. — Diagramm. (**Can. P. 554 931** vom 23/7. 1952, ausg. 25/3. 1958. A. Prior. 23/1. 1952.) S. Böttcher. 6313

Drägerwerk, Heinr. & Bernh. Dräger, Lübeck, **Nachweis von Schädlingsbekämpfungsmitteln auf Phosphorsäureesterbasis** mit Hilfe von Fermenten (**I**) u. von durch die **I** spaltbaren Substanzen, dad. gek., daß die zu untersuchende Luft mit gasbildenden **I** u. entsprechenden Substraten (**II**) zusammengebracht wird. Als **I** dient Carboloxylase oder Urease, das dazugehörige **II** ist dann Brenztraubensäure bzw. Harnstoff. (**D. A. S. 1 126 650** Kl. 421 vom 9/11. 1955, ausg. 29/3. 1962.) W. v. Huhn. 6329

Fisons Fertilizer Ltd., Felixstowe, Suffolk, England (Erfinder: **John Kenneth Bradley, Geoffrey George Brown und William Francis Sheldrick**), *Herstellung von Phosphatdüngemitteln*. (**E. P. 876 565** vom 10/1. 1957, ausg. 6/9. 1961. — C. **1961**, 3789 [D. A. S. 1 089 783].)

Lummus Co., New York, N.Y., V.St.A. (Erfinder: **James Eldred Seymour**), *Kontinuierliche selbstgranulierende Herstellung von Mischdüngemitteln*. (**Aust. P. 228 969** vom 8/9. 1958, ausg. 21/7. 1960. A. Prior. 18/9. 1957. **Ind. P. 65 125** vom 2/9. 1958, ausg. 13/4. 1961. — C. **1962**, 4314 [E. P. 859 353].)

George Whiteley Kitchingman, Alan Cyril Tucker, Blackley, Manchester, und **Imperial Chemical Industries Ltd.**, London, England, *γ-(4-Chlor-2-methylphenoxy)- und γ-(2.4-Dichlorphenoxy)-n-buttersäure und deren Alkalisalze aus γ-Hydroxy-n-buttersäure und 4-Chlor-2-methylphenol oder 2.4-Dichlorphenol.* (**E. P. 804 565** vom 31/8. 1956, ausg. 19/11. 1958. — C. **1962**, 3239 [Aust. P. 223 271].)

Ciba Akt.-Ges., Basel, Schweiz, *Hemmung des Pflanzenwachstums.* (**Oe. P. 216 825** vom 9/2. 1960, ausg. 25/8. 1961. Schwz. Prior. 10/2. u. 18/12. 1959. — C. **1962**, 2145 [D. A. S. 1 110 465].)

Dow Chemical Co., Midland, Mich., übert. von: **Arthur W. Swezey**, Garden Grove, und **Robert W. Nex**, Bellflower, Calif., V.St.A., *Herbicide.* (**Can. P. 555 931** vom 25/1. 1954, ausg. 15/4. 1958. A. Prior. 5/3. 1953. — C. **1958**, 12226 [D. A. S. 1 015 641].)

General Aniline & Film Corp., V.St.A., *Emulgiermittel für Insekticide, Fungicide, Baktericide, Herbicide.* (**F. P. 1 220 804** vom 24/3. 1955, ausg. 27/5. 1960. — C. **1958**, 11061 [E. P. 769 736].)

United States Rubber Co., V.St.A. (Erfinder: **Norman Karl Sundholm, Winchester Loomis Hubbard** und **John Alan Riddell**), *Herbicide.* (**F. P. 1 238 031** vom 30/9. 1959, ausg. 28/11. 1960. A. Prior. 3/10. 1958. — C. **1962**, 2879 [D. A. S. 1 112 340].)

Badische Anilin- & Soda-Fabrik Akt.-Ges., Deutschland (Erfinder: **Heinz Pohlemann, Heinz Appler** und **Karl Jaeckel**), *Herstellung von fein verteiltem basischem Kupferchlorid.* (**F. P. 1 208 197** vom 11/12. 1958, ausg. 22/2. 1960. D. Prior. 13/12. 1957. — C. **1959**, 7602 [D. A. S. 1 044 789].)

Stauffer Chemical Co., San Francisco (Erfinder: **Harold Mahonri Pitt** und **Harry Bender**, Torrance, Los Angeles), Calif., V.St.A., *Kontinuierliche Herstellung von Hexachlorcyclohexan.* (**D. A. S. 1 132 919** Kl. 12o vom 26/6. 1956, ausg. 12/7. 1962. A. Prior. 1/11. 1955. — C. **1960**, 4331 [E. P. 779 332].)

Comp. General de Insecticidas Soc. An., Mexico City, Mexico, übert. von: **Pedro M. Huidobro** und **Juan N. Escobar**, Madrid, Spanien, *Insekticide.* (**Can. P. 555 921** vom 21/4. 1954, ausg. 15/4. 1958. Mexican. Prior. 21/4. 1953. — C. **1956**, 11053 [F. P. 1 102 655].)

VEB Farbenfabrik Wolfen, Wolfen, Kr. Bitterfeld (Erfinder: **Manfred Möhring**, Wolfen, und **Werner Faatz**, Leipzig), *Insektenbekämpfungsmittel.* (**D. P. [DDR] 23 175** Kl. 451 vom 12/12. 1959, ausg. 21/5. 1962 [Wirtschaftspatent]. — C. **1961**, 16253 [D. A. S. 1 106 115].)

Rohm & Haas Co., Philadelphia, Pa., V.St.A., *Schädlingsbekämpfungsmittel.* (**Ind. P. 64 836** vom 4/8. 1958, ausg. 18/7. 1960. — C. **1961**, 273 [D. A. S. 1 079 383].)

N. V. Philips' Gloeilampenfabrieken, Eindhoven (Erfinder: **Johan Dirk Bijloo, Jan Hendrik Uhlenbroek** und **Jasper Daams**, Weesp), Niederlande, *Mittel zur Bekämpfung von schädlichen Organismen.* (**Schwz. P. 360 539** vom 28/5. 1958, ausg. 14/4. 1962. Niederl. Prior. 31/5. 1957. — C. **1960**, 14494 [D. A. S. 1 075 891].)

H_8. Metallurgie. Korrosion

Union Carbide Corp., New York, N.Y. (Erfinder: Raymond Anthony Foos, Loveland, Ohio, und Howard Francis Gemperline, Tonawanda, N.Y.), V.St.A., **Herstellung von Acetylacetonaten** von *U*, *V*, *Mn*, *Al*, *Cu*, *Fe*, *Ni* oder *Co* aus den Oxiden dieser Metalle, dad. gek., daß das Metalloxid, z. B. in zerkleinerten Erzen (Siebmaschenweite 53 μ), bei Raum- bis Rückfluß-Temp. mit einer wenigstens stöchiometr., bes. aber überschüssigen Menge Acetylaceton umgesetzt u. das gebildete Metallacetylacetonat abgetrennt wird, wobei der Überschuß an Acetylaceton zweckmäßig so groß ist, daß das Rk.-Prod. darin gelöst wird. Das Verf. dient zur *Aufbereitung von Erzen, bes. zur Gewinnung von U aus Carnotiterz.* (**D. A. S. 1 130 437** Kl. 12o vom 10/8. 1959, ausg. 30/5. 1962. A. Prior. 11/8. 1958.) W. Gräger. 6361

Technical Managers, Inc., West Montreal, Quebec, übert. von: J. A. Roland Faucher und Silien Dessureaux, Montreal, Quebec, Canada, **Flotation von Niob enthaltenden Mineralien.** Das Ausgangsmineral wird in zerkleinertem Zustand in eine wss. Trübe übergeführt, der als kation. Beschleuniger eine *Amin*-Verb. (z. B. Monoaminacetat, ferner heterocycl. organ. Amine) u. ein selektiver Aktivator für das Nb_2O_5 (Fluoride, Fluorsilicate) zugesetzt werden. Als Schäumer dienen *Kiefernöl* u. *höhere Alkohole* u. als Drücker *Gummi arabicum*, *Stärke* u. dgl. Das Flotationskonzentrat ist mit Nb_2O_5 angereichert. Als Beschleuniger können *höhere Fettsäuren*, *Naphthensäuren* u. ihre *Seifen* u. a. verwendet werden. (**A. P. 2 959 281** vom 31/12. 1958, ausg. 8/11. 1960.) W. Hauswald. 6363

Anaconda Co., Mont., V.St.A., übert. von: Harry B. Henderson, Chuquicamata, Chile, **Gewinnung von Molybdänit (MoS_2) durch Flotation.** Aus einem Flotationskonzentrat von *CuS* u. MoS_2 in wss. Trübe wird das MoS_2 durch Schaumflotation in Ggw. eines Schäumers, der mit 0,1—0,5 lbs./t Konzentrat als wss. Emulsion, die 5—30 Gew.-% eines *Dimethylpolysiloxan* enthält, dessen Viscosität bei 25° mindestens 200 Centipoises beträgt, u. in Ggw. von 2—5 lbs./t Konzentrat einer anorgan. *S*-Verb. von *P*, *As* u. *Sb*, z. B. P_2O_5, u. in Ggw. von *NaOH* oder $Ca(OH)_2$, Na_2CO_3, *NaCN* oder dgl. gewonnen. (**A. P. 2 957 576** vom 7/3. 1958, ausg. 25/10. 1960.) W. Hauswald. 6363

Albertuswerke G. m. b. H., Deutschland, **Form- und Kernsandbindemittel für Gießereizwecke** besteht aus *sikkativierten Erstarrungsölen auf Tallölbasis* u./oder den halbtrocknenden Ölen zu Grunde liegenden *Fettsäuren*, allein oder gemischt mit *Rohfettsäuren*, die bei der Raffination von trocknenden Ölen abfallen. Die Masse wird zwischen 160 u. 280° mit einem mehrwertigen Alkohol, z. B. *Pentaerythrit*, verestert u. sodann bei 300—310° entschlammt, anschließend bis auf verzugsweise 150—350 $P_{20°}$ polymerisiert u. isomerisiert. (**F. P. 1 247 775** vom 11/2. 1960, ausg. 24/2. 1961. D. Prior. 13/2. 1959.) W. Schwarzmaier. 6383

International Minerals & Chemical Corp., Skokie, Ill., V.St.A., **Durch Orthophosphat modifizierte Amylose** erhält man bei der Einw. einer wss. Lsg. eines *Alkaliorthophosphats* bei pH 4—7 u. einer gelatinierten oder nichtgelatinierten rohen *Stärke* während mehrerer Std., Trocknung der *Amylose-Phosphor-Verb.* bei ca. 50° bis auf einen Wasser-Geh. von 15 Gew.-% u. anschließende Erhitzung auf ca. 125—200°. Verwendung als *Bindemittel in der Gießerei*. (**E. P. 860 635** vom 24/12. 1958, ausg. 8/2. 1961. A: Prior. 30/12. 1957.) G. König. 6383

Bristol Siddeley Engines Ltd., Bristol, England (Erfinder: Robert William Archdale, Dennis Frederik Bernard Tedds und John Hockin), **Schalenformen für Metallguß.** Auf einem leicht schmelzbaren Modell wird eine feuerfeste Schicht aus hydrolisiertem *Äthylsilicat* oder *Silicasol* aufgetragen u. diese mit einer Mantelschicht versehen, die aus *Schamotteerde*, *Silicasand*, *Metallfasern* oder *-schrot* bestehen kann. Beim Aufheizen der Mantelschicht wird das Modell ausgeschmolzen. (**E. P. 862 209** vom 23/10. 1958, ausg. 1/3. 1961.) W. Schwarzmaier. 6383

John M. Woebb, Chagrin Falls, Ohio, V.St.A., **Präzisionsgießformen für hochschmelzende Metalle.** Auf dem Modell wird zunächst eine erste Auflage aus feinkörnigem, feuerfestem Sand (stabilisiertes kub. *Zr-Oxid*) mit einem anorgan. Hochtemp.-Binder aufgetragen u. durch eine grobkörnigere Schicht verstärkt. An diese schließt eine lockere Pufferschicht ohne Hochtemp.-Binder an, auf der schließlich eine feuerfeste Sandmischung aufgetragen wird mit einem Anteil an gröberen Korn von wenigstens 40% u. einem Hochtemp.-Binder bestehend aus einer anorgan. *F*-Verbindung. —Für Formen dieser Art genügt das Aufheizen auf 1400°F innerhalb 5 Min. aus dem grünen Zustand, um gießfertig zu sein. Ohne Verw. von Vakuum oder neutraler Atmosphäre werden in solchen Formen ausgezeichnete Gußstücke aus rostfreiem Stahl erzielt. (**A. P. 2 912 729** vom 24/7. 1956, ausg. 17/11. 1959.) W. Schwarzmaier. 6383

Zelezarny Petra Bezruce, Národní Podnik, Tschechoslowakei, **Modelle für die Gießerei, Kernkästen, Modellplatten und Formen** werden aus *Kunstharzen* durch spanabhebende, vorzugsweise durch spanlose Verformung, durch Gießen u. Pressen hergestellt. (**F. P. 1 186 082** vom 15/11. 1957, ausg. 13/8. 1959.) W. Schwarzmaier. 6383

VEB Fachanstalt für Gießereiwesen, Dresden (Erfinder: Michael Apfelböck, Dresden, und Otto Quappe, Woltersdorf bei Luckenwalde), **Wärmeentwickelnde, form- und härtbare Masse für Steiger und Trichter von Gießformen und für Blockköpfe** besteht aus einer Mischung von *Al* oder Al-Legg. u. bes. *Eisenoxid*, sowie einem Bindemittel, u. einem Zündmittel, letzteres bestehend aus einer Mischung eines *Alkali-* oder *Erdalkalisulfates* mit *Koksgrus*. (**D. A. S. 1 084 449** Kl. 31c vom 5/8. 1953, ausg. 30/6. 1960.) W. Schwarzmaier. 6383

R-N Corp., New York, N.Y. (Erfinder: Donald Eric Babcock, Youngstown, Ralph Michael Drews und Sheridan Russell Crooks, Cleveland, Ohio), V.St.A., **Gewinnung von Eisen aus Eisenerzen** durch Red. mit C-haltigen Red.-Mitteln bei erhöhter Temp. ,dad. gek., daß man das Verf. bei einer Temp. durchführt, bei der das Fe nicht schmilzt, bes. 1100—1150°, u. das red. Material stufenweise unter Ausschluß von O_2 auf $<650°$ unter Einhalten einer Abkühlungs-Geschw. von $\leqq 165°$/Min. abkühlt. — Zeichnung u. Diagramme. (**Aust. P. 230 776** vom 30/9. 1958, ausg. 10/11. 1960. A. Prior. 19/2. 1958. **A. P. 2 986 460** vom 19/2. 1958, ausg. 30/5. 1961.) C. Lüttgen. 6391

Edward Perchard Dunn, **Eisenschmelzverfahren.** Man red. bei 400—800° Fe-Erz mit Hilfe eines reduzierenden Gasstromes in Ggw. von überschüssigem festen kohlenstoffhaltigem Material, wie *Braunkohle*, in einem leicht geneigten, innen u. außen beheizten Drehofen zu *Fe-Schwamm* u. schmilzt letzteren mit überschüssigem kohlenstoffhaltigem Material zu Roheisen. — Zeichnungen. (**Aust. P. 228 867** vom 11/6. 1957, ausg. 21/7. 1960.) K. Demmler. 6401

Régie Nationale des Usines Renault, Billancourt, Frankreich, **Druckgießen von Gußeisen in Kokillen.** Die Keimbildungsglühung nach der Martensit-Bldg. wird reduziert. Dazu setzt man dem Gießgut Bestandteile zu, die eine Martensit-Bldg. fördern, z. B. 0,4—2% *Ni* bei einem *Mn*-Geh. bis 1,5, oder begünstigt die Keim-Bldg. von Graphit durch Zusätze von 0,05—0,3 *Al*. (**Belg. P. 548 001** vom 22/5. 1956, ausg. 6/11. 1959. F. Prior. 5/8. 1955. **Zusatz zu Belg. P. 516 698; C. 1950/54, 1292 S.**) W. Schwarzmaier. 6403

Meehanite Metal Corp., New Rochelle, N.Y., V.St.A., **Herstellung von Gußeisen.** Der Schmelze wird zunächst ein Mittel zugesetzt, das die darin enthaltenen Carbide (**I**) mindestens z. T. in metastabilen Zustand überführt, so daß ein Gemisch an stabilen + metastabilen **I** u. eine an **I** gewissermaßen übersätt. Lsg. vorhanden ist. Dieser wird dann ein Mittel zugesetzt, das alle **I** in instabilen Zustand überführt, wodurch die Schmelze graphitisiert wird. — Beispiel: *Carbonate, Cyanide* u. *Cyanamide* von *Na, K, Li* u. *Ca*, sowie ein Gemisch aus $CO_2 + N_2$. Man erhält Grauguß mit sphärolith. Graphiteinlagerungen. (**Port. P. 38 089** vom 18/2. 1961, Auszug veröff. 26/4. 1961. A. Prior. 29/7. 1960.) A. Kalix. 6403

Soc. d'Électro-Chimie, Md'Électro-étallurgie et des Aciéries Électriques d'Ugine, übert. von: René Perrin, Paris, Frankreich, **Entfernung von Si und S aus Gußeisen**, dad. gek., daß man dieses mit einer bas. Lsg. [$Ca(OH)_2$, $Mg(OH)_2$, $Ba(OH)_2$, $NaOH$] behandelt u. gleichzeitig O_2 zur Oxydation von Si einbläst. (**Can. P. 556 099** vom 22/4. 1954, ausg. 15/4. 1958. F. Prior. 6/5. 1953.) S. Böttcher. 6403

Meehanite Metal Corp. (Erfinder: William H. Moore), **Gußeisen** mit freiem Graphit in einer austenit. Grundmasse mit einem Geh. von 2,5—8 (%) *Mn* u. 0,4—3,5 *Mo* wobei der Geh. von Mn + Mo $\geqq 3$ beträgt, zeigt eine verbesserte Abrieb- u. Verschleißfestigkeit. — Abb. des Gefüges. (**Aust. P. 232 188** vom 6/3. 1959, ausg. 23/2. 1961.) C. Lüttgen. 6405

Metallurgical Processes Ltd. und National Smelting Co. Ltd., übert. von: Stephen W. K. Morgan, Combe Dingle, und George K. Williams, Westbury-on-Trym, Bristol, England, **Schmelzen von oxidischem, Pb- und Zn-haltigem Material.** Bei der Hochofenverhüttung oxid. Zn-Verbb. werden *Pb-Oxide* zugesetzt, u. der Geh. der Charge an brennbarem C wird so reguliert, daß dessen Verbrennungswärme u. die Rk.-Wärme der Red. der Pb-Oxide die Wärmeverluste am Ofen ausgleicht, die Rk.-Wärme zur Red. der Zn-Verbb. liefert, die Charge fl. hält, in der Zn dampfförmig u. Pb fl. vorliegen, die Oxydation von Zn durch CO_2 verhindert u. nicht mehr Pb verdampft, als zur Sättigung der Abgase erforderlich ist. Die Charge enthält $\leqq 1{,}5\%$ *S* u. einen Zuschlag von *CaO*, der die Bldg. von flüchtigem *PbS* verhindert. Pb wird am Boden der Charge abgezogen, der Zn-Dampf aus den Abgasen kondensiert, wobei letzteren so viel O_2 zugesetzt wird, daß durch Verbrennung von CO die Temp. im Kondensor über der Gleichgewichts-Temp. der Red. von CO_2 durch Zn liegt. (**Can. P. 561 571** vom 5/4. 1954, ausg. 5/8. 1958. E. Prior. 10/4., 13/5. u. 6/10. 1953.) L. Großner. 6421

Soc. An. Métallurgique de Prayon, Belgien, **Gewinnung von Zink durch Reduktion von Zinkoxid im Muffelofen.** Der Muffelofen wird in mehrere Zellen zu einer oder mehreren Muffeln aufgeteilt u. die in den Muffeln entwickelten *Zn-* u. *CO-*Gase getrennt nach Zellen abgeleitet u. zu einem einzigen Gasstrom zusammengeführt, dessen Temp. über der Kondens.-Temp. des Zn, vorzugsweise bei wenigstens 900°, gehalten wird, um daraus in einem gemeinsamen Kondensator, unabhängig vom Ofen, das Zn zu kondensieren. Die einzelnen Zellen können für sich während der Räumung u. Wiederbeschickung der Muffeln von der gemeinsamen Gasleitung abgeschaltet werden. — Abbildung. (**F. P. 1 262 591** vom 23/2. 1960, ausg. 25/9. 1961.) M. Neckermann. 6427

Udylite Research Corp., Detroit, übert. von: Henry Brown, Huntington Woods, Mich., V.St.A., **Elektroabscheidung von Nickel.** Das Bad enthält 0,5—3 (g/Liter) *Cumarinsulfonsäure* oder 0,05 bis zur Sättigung *Benzolsulfonamide* oder *-imide* bei pH 2,5—5,5 (**Can. P. 560 463** vom 16/9. 1954, ausg. 15/7. 1958.) L. Großner. 6521

Hanson-Van Winkle-Munning Co., Matawan, N.J., V.St.A., **Erzeugen besonders korrosionsbeständiger, duktiler galvanischer Nickelüberzüge.** Die galvan. Abscheidung wird in einer sauren Ni-Salz-Lsg. vorgenommen, welche 0,5—45 g/Liter einer Carbonsäure enthält, deren pK_a zwischen 3 u. 5 liegt u. in welcher die Carbonylbindung der Carbongruppe nicht konjugiert ist. Solche Verbb. sind z. B. *Ameisensäure, Essigsäure, Weinsäure* u. andere. Außerdem soll die Bad-Lsg. einen organ. Glanzzusatz enthalten, welcher z. B. aus einer α-substituierten Acetylen-Verb. bestehen kann, wie *3-Butyn-1.2-diol.* (**E. P. 871 276** vom 7/12. 1959, ausg. 28/6. 1961. A. Prior. 26/2. 1959.) F. Markhoff. 6521

DEHYDAG Deutsche Hydrierwerke G. m. b. H., Deutschland, **Glanzzusatz für galvanische Nickelbäder** besteht aus acycl. *N-Sulfonylcarbamid*, wie C_6H_5–CO–NH–SO_2–C_6H_5. Durch den Zusatz wird die Bldg. matter Stellen vermieden. (**F. P. 1 254 852** vom 26/4. 1960, ausg. 31/5. 1961. D. Prior. 6/5. 1959.) F. Markhoff. 6521

Hanson-Van Winkle-Munning Co., V.St.A. (Erfinder: Donald Gardner Foulke, Otto Kardos und Herman Koretzki), **Glanzzusatz für galvanische Nickelbäder** besteht aus dem Rk.-Prod. einer *hydroxylierten Acetylen*-Verb. mit dem N- bis xN-fachen Äquivalentgewicht eines *Epoxides*, wobei N eine ganze Zahl zwischen 1 u. 20 darstellt u. x gleich der in der Acetylen-Verb. enthaltenen OH-Gruppen ist. Das verwendete Epoxid wird durch nebenst. Formel I dargestellt: R_a u. R_b bedeuten H, Alkyl-, Aryl- oder einkernige Aralkylgruppen; R_c u. R_d bedeuten H oder Chloromethyl-, Carboxy-, Cyano-, einkernige Aryl-, Alkyl-, Alkenyl-, Alkoxid- oder Alkenoxidgruppen. Die Acetylen-Verb. kann z. B. sein eine Verb. der Formel II: In dieser bedeuten R_1 u. R_2 H oder ein Alkyl-, Alkenyl- oder Alkinylgruppe; R_3 bedeutet H, ein Halogen, eine Alkyl- oder Alkenylgruppe. Diese Verbb. läßt man z. B. mit Äthylenoxid, Propylenoxid oder Epichlorhydrin reagieren. Dem Ni-Bad werden 0,1—100 mmol/Liter des Rk.-Prod. neben S u. O enthaltenden Glanzmitteln zugesetzt, wie einkernige aromat. *Sulfonamide* oder *Sulfonimide*. (**F. P. 1 231 332** vom 22/7. 1959, ausg. 28/9. 1960. A. Prior. 22/7. 1958.) F. Markhoff. 6521

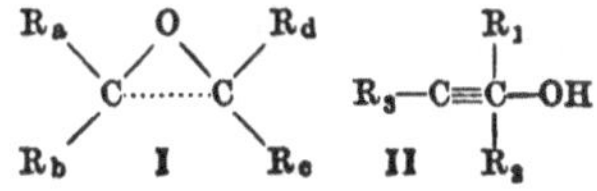

Gustav Knippers, Mühlheim/Ruhr, **Entzinnen von Weißblech.** Die Weißblechabfälle werden in einer wss. *Alkohol*-Lsg. vorwiegend niederer Alkohole, die zur Erhöhung der Leitfähigkeit mit *Alkalihydroxiden* oder *-carbonaten* versetzt ist, anod. behandelt. Bad-Temp. ca. 80°. Spannung 2,8—3 V. Der Alkohol, wie *Methylalkohol*, löst die auf der *Sn*-Schicht befindliche Lackschicht. Abb. einer geeigneten Vorr. zur Durchführung des Verfahrens. (**Oe. P. 217 820** vom 18/5. 1960, ausg. 25/10. 1961. D. Prior. 23/5. 1959.) F. Markhoff. 6525

D. Napier & Son Ltd., London, England (Erfinder: Kenneth Howard Greenly), **Erhöhung der Feuerbeständigkeit von Leichtmetallkonstruktionen** bes. im Flugzeugbau, dad. gek., daß man sie mit einer dünnen Schicht von *nichtrostendem Stahl* überzieht, der mittels einer *Mo*-Schicht mit dem Leichtmetall verankert wird. Darüber kommt ein Anstrich aus einem Gemisch aus einem *Epoxidharz* u. *Glimmer*. (**Ind. P. 64 840** vom 4/8. 1958, ausg. 17/5. 1960. **Aust. P. 230 770** vom 7/8. 1958, ausg. 10/11. 1960. Beide E. Prior. 7/8. 1957.) C. Lüttgen. 6529

Reynolds Metals Co. (Erfinder: Nicholas Mostovych, James J. Weber, Walter A. Mitchell jun. und Paul L. Aulbach), **Herstellung eines schwarzen anorganischen Überzugs auf anodisch behandeltem Aluminium,** indem man den Al-Gegenstand in die Lsg. eines reduzierbaren *Fe–NH_4-Doppelsalzes*, z. B. in eine 0,5 bis 2,5%ig. Fe–NH_4-Oxalat-Lsg., taucht, dann mit H_2S oder NH_4HS behandelt u. in eine Lsg. eines Dichromats, bes. $R_2Cr_2O_7$, taucht. (**Aust. P. 228 850** vom 11/12. 1958, ausg. 14/7. 1960. A. Prior. 13/12. 1957.) K. Demmler. 6529

Imperial Chemical Industries Ltd. (Erfinder: Richard Elliott Shaw), **Überziehen von Metallen mit anorganischen Salz- oder Oxidschichten** durch Eintauchen in eine saure Lsg., die ein oberflächenakt. Mittel enthält u. auf deren Oberfläche eine Schicht eines inerten KW-Stoffes schwimmt, der eine geringere Dichte als die mit ihm nicht mischbare Lsg. aufweist. — Beispiel einer Lsg.: 0,8 (Gew.-%) *Zn*, 0,2 *Na*, 1,75 PO_4, 1,6 NO_3, 0,5 nichtion. oberflächenakt. Mittel (wasserfreies Kondens.-Prod. eines langkettigen Fettalkohols mit Äthylenoxid), Rest Wasser. (**Aust. P. 228 881** vom 29/1. 1958, ausg. 21/7. 1960. E. Prior. 30/1. 1957. Irl. Prior. 11/9. 1957.)
K. Demmler. 6531

Dearborn Chemical Co. (Erfinder: Wayne L. Denman), **Korrosionsinhibitor für korrodierende wässerige Lösungen,** bestehend aus 1—20 (Teilen) eines aliphat. C_{12}–C_{20}-*Amins*, bes. Octadecylamin, u. 1 Teil eines wasserlösl. Kondensats aus einem Amin u. ≥ 5 Mol *Äthylenoxid*. Das Mittel wird der Lsg. in einer Menge von ≤ 100 ppm zugesetzt. — Vgl. A. P. 2 882 171; C. **1961**, 4160. (**Aust. P. 230 715** vom 26/3. 1959, ausg. 3/11. 1960.) C. Lüttgen. 6539

Imperial Chemical Industries Ltd., London (Erfinder: Gordon Howard Witfield und Bernard Fenwick Gofton, Norton-on-Tees, Durham), England, **Verhinderung der Korrosion von aus Aluminium oder seinen Legierungen oder aus nichtrostendem Stahl oder Titan bestehenden Innenwänden der Vorrichtung zur Oxydation von organischen Verbindungen im flüssigen Zustand** mit O_2 oder O_3 in Ggw. von Metallen wechselnder Wertigkeit u. Halogen (Br, Cl) als Katalysator u. in An- oder Abwesenheit von Lsgm. wird dadurch erreicht, daß man dem Rk.-Gemisch geringe Mengen, bes. 0,01—1 (%), F-Ionen (*HF*, *NaF*) zusetzt u. eine Berührung niedrigmol., aliphat. Carbonsäuren mit der Gefäßinnenwand aus nichtrostendem Stahl vermeidet. Bestehen die Gefäßwände aus rostfreiem Stahl, so sollen niedermol. aliphat. Carbonsäuren nicht als Lsgm. verwendet werden, dagegen sind aromat. Carbonsäuren, wie

Benzoesäure, geeignet. — Aus o-Xylol u. O_2 in Ggw. von Bromiden u. Acetaten des Co u. Mn u. Benzoesäure als Lsgm. bei 150° unter Zusatz von 0,01, 0,1 u. 1% F-Ionen als NaF → Pthtalsäure, beste genannte Ausbeute 9,18%, vgl. Tabellen; die Gefäßwand besteht aus „Staybrite" (Leg. aus 18 (%) Cr, 18 Ni, 3,75 Mo, 2,4 Cu, 0,8 Mn, 0,6 Ti, 0,4 Si, 0,07 C u. Rest Fe). Die Gefäßwand kann auch aus Al mit 1,25—3,5 Mg- u. 1,25 Mn-Geh. bestehen. (**D. A. S. 1 125 927** Kl. 12o vom 23/1. 1959, ausg. 22/3. 1962. E. Prior. 27/1. u. 12/2. 1958.) G. Krauß. 6539

Ole Rolfsen, Oslo, Norwegen, *Herstellung von kugelförmigen Körnchen aus Feinerz.* (**A. P. 3 010 145** vom 1/3. 1957, ausg. 28/11. 1961. Norw. Prior. 8/3. 1956. — C. **1961**, 3139 [D. A. S. 1 070 386].)

Alois Schmid, Wien, und **Hermann Hofer**, Wopfing, Österreich, *Schmelzen von Erzen, Glas und ähnlichen schmelzbaren Stoffen in einem Ofen.* (**A. P. 3 008 819** vom 25/8. 1959, ausg. 14/11. 1961. Oe. Prior. 2/10. 1958. — C. **1960**, 3969 [Oe. P. 211 048].)

Titan Co. A/S, Fredrikstad, Norwegen, *Entschwefeln von Eisen.* (**Ind. P. 65 174** vom 9/9. 1958, ausg. 9/1. 1961. — C. **1961**, 6669 [F. P. 1 203 248].)

United States Steel Corp., Pittsburgh, Pa., V.St.A., *Direkte Reduktion sehr reiner Eisenerze.* (**Ind. P. 66 133** vom 16/12. 1958, ausg. 24/7. 1961. — C. **1961**, 3475 [A. P. 2 876 091].)

Österreichisch-Alpine Montangesellschaft, Wien, übert. von: **Otwin Cuscoleca**, Velden/Wörthersee, **Felix Grohs**, Leoben, **Kurt Rösner**, Leoben-Donawitz, und **Wolfgang Kühnelt**, Judenburg, Österreich, *Raffinieren von Roheisen.* (**Can. P. 562 134** vom 14/3. 1952, ausg. 19/8. 1958. Oe. Prior. 17/3., 14/4. u. 20/12. 1951. — C. **1954**, 6817 [Oe. P. 175 586] u. C. **1955**, 11676 [Oe. PP. 178 101 u. 180 280].)

Air Reduction Co., Inc., New York, N.Y., übert. von: **Albert Muller**, **Plainfield**, **Philip M. Hulme**, Morristown, und **Harold R. Fisher**, Metuchen, N.J., V.St.A., *Einführung von festen Stoffen in geschmolzenes Metall.* (**A. P. 3 001 864** vom 9/12. 1952, ausg. 26/9. 1961. — C. **1959**, 9044 [F. P. 1 091 102].)

Walter Overhoff, Velbert/Rh., *Herstellung von perlitischem Temperguß.* (**Oe. P. 215 451** vom 16/7. 1958, ausg. 12/6. 1961. D. Prior. 17/7., 27/7. 1957 u. 7/1. 1958. — C. **1961**, 16645 [Belg. P. 566 951 u. F. P. 1 213 450].)

British Oxygen Co. Ltd., London, England, *Herstellung von Stahl im Elektroofen.* (**Ind. P. 66 320** vom 5/1. 1959, ausg. 2/6. 1961. E. Prior. 13/1. 1958. — C. **1961**, 14088 [E. P. 843 289].)

Gebr. Böhler & Co. Akt.-Ges., Wien (Erfinder: **Harald Strohmeier** und **Wilfried Mader**, Kapfenberg), Österreich, *Schweißstab.* (**D. A. S. 1 130 673** Kl. 49h vom 26/7. 1955, ausg. 30/5. 1962. Oe. Prior. 2/8. 1954. — C. **1960**, 9026 [Oe. P. 191 216].)

Deutsche Gold- und Silber-Scheideanstalt vormals Roessler (Erfinder: **Johannes Müller**), Frankfurt/M., *Herstellung verschleißfester Oberflächenschichten.* (**Schwz. P. 359 339** vom 14/8. 1957, ausg. 15/2. 1962. D. Prior. 6/10. 1956. — C. **1960**, 295 [D. A. S. 1 050 147].)

American Mollerizing Corp., Beverley Hills, Calif., V.St.A. (Erfinder: **Herbert Emil Linden**), *Kontinuierliches Überziehen von Drähten und Bändern.* (**E. P. 868 511** vom 26/1. 1959, ausg. 17/5. 1961. — C. **1962**, 5086 [A. P. 2 900 273].)

Diffusion Alloys Ltd., England, *Herstellung von Metallüberzügen.* (**F. P. 1 245 531** vom 20/9. 1957, ausg. 1/2. 1961. E. Prior. 21/9. 1956. — C. **1962**, 5087 [E. P. 812 301].)

DEHYDAG, Deutsche Hydrierwerke G. m. b. H. (Erfinder: **Wennemar Strauss** und **Rudi Heyden**), Düsseldorf, *Netzmittel für galvanische Bäder.* (**D. A. S. 1 133 957** Kl. 48a vom 24/4. 1958, ausg. 26/7. 1962. — C. **1962**, 6202 [E. P. 857 849].)

DEHYDAG Deutsche Hydrierwerke G. m. b. H., übert. von: **Wolf-Dieter Willmund** und **Wennemar Strauss**, Düsseldorf, *Bad für das galvanische Abscheiden von Metallüberzügen.* (**A. P. 3 023 150** vom 24/7. 1959, ausg. 27/2. 1962. D. Prior. 29/7. 1958. — C. **1961**, 1724 [D. A. S. 1 075 398].)

Ladislav Červený, Prag, Tschechoslowakei, *Korrosionsschutz von Metallen.* (**Niederl. P. 101 262** vom 5/11. 1956, ausg. 15/5. 1962. Tschech. Prior. 15/12. 1955. — C. **1962**, 7318 [D. P. [DDR] 20 070].)

H_9. Organische Industrie

Die Beziehungen zwischen Nonanstruktur und Adsorptionsfähigkeit der Adsorbenten. Stanislav Landa und Rudolf Šebik. (Freiberger Forsch.-H., Reihe A, Heft **225**, 61—74, Febr. 1962; Prag; dt.) — Vgl. C. **1962**, 16084. — Zur Beantwortung der Frage, ob isomere Paraffine chromatograph. getrennt werden können, werden verschiedene reine *Nonane* hergestellt, die so vorbereitet werden, daß mol. Umlagerungen unwahrscheinlich sind. Als *Adsorbens* dient der *Flugstaub* von Winkler-*Generatoren*, der durch Behandeln mit HCl präpariert wird. Aus den Verss. geht hervor, daß Nonane sich gut trennen lassen, daß die Affinität der Nonane zum Adsorbens etwas geringer ist, was durch Vergrößerung der Säule ausgeglichen werden kann. Die Ursache für die verschiedene Adsorptivität liegt in den unterschiedlichen Mol.-Ausmaßen der KW-Stoffe. Die freie Drehbarkeit der C-Atome im Mol. ermöglicht es, im Raum verschiedene Lagen einzunehmen, wodurch Form u. Querschnitt der Moll. eine Änderung erfahren. Die Atome bei ein u. demselben Isomeren können im Mol. verschiedene Lagen einnehmen u. dadurch leicht die Form des Mol. verändern. Für anschauliche Zwecke sind hier Stuart-Modelle bes. geeignet. Für eine Adsorption, bei der van der Waalssche Kräfte wirken, müssen die Nonan-Moll. eine Form mit kleinstem Querschnitt annehmen, weil in die Poren der Adsorbentien, die wie Mol.-Siebe wirken, nur KW-Stoffe mit gleichem Querschnitt eindringen können. Aus durchgeführten Messungen über den Querschnitt der Moll. ergibt sich, daß die Adsorptivität der Nonane in dem Maße abfällt, in dem der Durchmesser zunimmt. — Diskussion. F. Rosendahl. H 510

Reichhold Chemicals, Inc. (Erfinder: Frederic J. Shelton, Theodore S. Hodgins und Charles L. Allyn), **Herstellung von technischem Pentachlorphenol** mit einem Geh. von $\geqq 85\%$ Pentachlorphenol, durch Chlorieren von teilweise chlorierten Phenolen (I) in Ggw. von 0,004—0,0085 (Mol) akt. $AlCl_3$ pro 1 I, dad. gek., daß man in einer 1. Stufe Cl_2 durch das I leitet bei einer Temp., bei der die Rk.-Masse fl. ist, u. $< 130^0$, bis ein F. der erhaltenen I von 120^0 erreicht ist, worauf in einer 2. Stufe erst der Katalysator zugegeben u. bei $\leqq 170^0$ zu Ende chloriert wird. — Diagramm u. Verfahrensschema. (**Aust. P. 232 485** vom 13/1. 1959, ausg. 23/2. 1961. A. Prior. 14/1. 1958. **Zusatz zu Aust. P. 215 982; C. 1960, 11820.**) C. Lüttgen. H 1060

Koppers Co., Inc. (Erfinder: William Edward St. Clair und Barrymore Townleigh Larkin), **Herstellung von Glycidyläthern mehrwertiger Phenole** durch Rk. von Phenolen (I), bes. Resorcin, mit Epichlorhydrin (II) u. Alkalihydroxid (III) dad. gek., daß man eine Lsg. von I in II im Überschuß unter Rückfluß erhitzt u. währenddessen 0,5 mol. Äquivalent konz. III zugibt, worauf 0,5 mol. Äquivalent konz. III unter Abdestillation von W. u. II zugegeben wird unter Rückführung des kondensierten II in das Reaktionsgemisch. Das Verf. ermöglicht eine leichte Trennung des gebildeten Äthers von dem ausgeschiedenen Alkalichlorid durch Filtration. (**Aust. P. 232 484** vom 12/1. 1959, ausg. 23/2. 1961. A. Prior. 13/1. 1958.) C. Lüttgen. H 1060

Miles Laboratories, Inc., Elkhart, Ind., V.St.A., **Herstellung von Na-Acetylsalicylat.** Eine Suspension von Acetylsalicylsäure in W. wird mit NaOH, Na_2CO_3 oder $NaHCO_3$ genau neutralisiert u. dann das W. bei Temp. $< 10^0$ im Vakuum entfernt. Vorzugsweise werden dabei Temp. $< 0^0$, bes. -12 bis -25^0 u. ein Druck von 150 bis 250 μ Hg angewandt, wobei der pH-Wert stets auf 6,0—7,0 gehalten wird. (**E. P. 882 264** vom 29/2. 1960, ausg. 15/11. 1961. A. Prior. 9/3. 1959.) A. Kalix. H 1250

Lewis-Howe Co., St. Louis, übert. von: Arun K. Mitra, St. Louis, und Courtney G. Pitkin, University City, Mo., V.St.A., **Herstellung von Aluminiumacetylsalicylat.** 1 Mol eines Al-Alkoholats, bes. Al-Isopropylat wird in Toluol gelöst u. mit einer Lsg. von 2 Mol. Acetylsalicylsäure in A. gemischt, wobei das Monohydroxy-Al-Diacetylsalicylat ausfällt. Das Al-Salz ist gegen Luftfeuchtigkeit beständiger als die Acetylsalicylsäure. (**A. P. 2 959 606** vom 18/9. 1956, ausg. 8/11. 1960.) A. Kalix. H 1250

Algird Kreuchunas, Detroit, Mich., V.St.A., **Herstellung von 2.3.6-Triacyloxybenzoesäuren und Derivaten davon.** Chinone der allg. Formel I werden in Ggw. von Säuren als Katalysatoren bei 20—40^0 mit Essigsäureanhydrid umgesetzt. Hierbei ist X eine OH-Gruppe, ein Alkoxylrest mit 1—6 C-Atomen oder $X = NR_1R_2$, wobei R_1 u. R_2 H-Atome oder Alkylgruppen mit 1—6 C-Atomen sind. — Beispiele für Säuren: H_2SO_4, HF, H_3PO_4, Lewissäuren u. BF_3. Wenn als Rk.-Prodd. Ester oder Amide erhalten werden, können diese durch Hydrolyse mit A. + HCl oder Methanol + HCl durch Stehenlassen bei normaler Temp. u. kurzes Aufkochen zu den freien Säuren hydrolysiert werden. Andererseits können aus den Rk.-Prodd. Trihydroxybenzoesäure, Ester u. Amide davon durch Abspaltung der Acylgruppen gewonnen werden. — Beispiele: 2.3.6-Triacetoxybenzoesäuremethylester, $C_{14}H_{14}O_8$, farblose Kristalle aus CCl_4, F. 83—$84,5^0$; 2.3.6-Trihydroxybenzoesäuremethylester, gelbe kristalline Masse, F. 139,5—141^0; Triacetat von 2.3.6-Trihydroxybenzoesäuremethylester, Triacetat von 2.3.6-Trihydroxybenzoesäure, $C_{13}\cdot H_{12}O_8$, farblose Kristalle aus CCl_4 + Äthylendichlorid, F. $145,5^0$; 2.3.6-Triacetoxybenzamid, $C_{13}H_{13}NO_7$, F. 122—$123,5^0$, farblose Kristalle aus Bzn. + Cyclohexan; 2.3.6-Trihydroxybenzamid; N.N-Dimethyl-2.3.6-triacetoxybenzamid, $C_{15}H_{17}NO_7$, farblose Kristalle aus Bzn. + Cyclohexan, F. 135^0; N.N-Dimethyl-2.3.6-trihydroxybenzamid. Herst. der I nach Canad. J. Res., Sect. E 26, [1948] 200. (**E. P. 867 491** vom 14/8. 1958, ausg. 10/5. 1961.) A. Kalix. H 1250

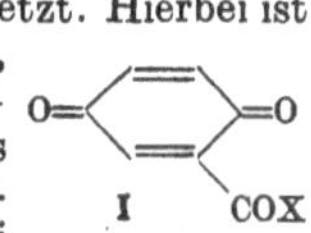
I

Biller, Michaelis & Co., Berlin, übert. von: Matthias Thoma, Waldkraiburg/Obb., **Alkylierung von Aminen.** Die Alkylierungen werden in Ggw. von konz. H_3PO_4 (I) bei Temp. ausgeführt, die zwischen 235^0 u. dem Kp. des zu alkylierenden Amins (II) liegen, bes. bei 180—220^0. Das Gemisch aus II u. dem Alkylierungsmittel (III) wird dazu in gasförmigem Zustande (von unten nach oben) durch eine 4—8 m hohe Rk.-Kolonne geleitet, in der sich die erhitzte I-Lsg. befindet. Bei Verw. niedriger Rk.-Kolonnen (bis herab zu 5 cm) muß das Gasgemisch zwecks vollständiger Umsetzung mehrfach durchgeleitet werden. Bes. geeignet für das Verf. sind aromat. II mit Kp. von 220—225^0, z. B. Anilin, Toluidin, Xylidin, als III werden niedrigmol. prim. Alkohole oder Äther davon verwendet, bes. A., Methanol u. Propanol. Je nach den angewandten Mengenverhältnissen von II u. III entstehen mono- oder dialkylierte II oder Gemische hiervon. — Beispiel: Durch eine Rk.-Kolonne von 1 m Höhe u. 3 m Ø, die ca. 1000 kg konz. I von 180—220° enthält, wird in einer Menge von 100—300 Liter/Std. ein gasförmiges Gemisch aus 1 (Teil) Anilin +2 Methanol geleitet. Das Rk.-Gemisch enthält nach dem Durchlauf 92—95% Dimethylanilin, 7—4% Monomethylanilin, 1—2% Anilin u. etwas Methanol. (**A. P. 2 991 311** vom 26/11. 1958, ausg. 4/7. 1961. D. Prior. 1/6. 1954.) A. Kalix. H 1310

Farbenfabriken Bayer Akt.-Ges. (Erfinder: Kurt Ley und Friedrich Lober †), Leverkusen, **Herstellung von o-Aminophenolen.** 1.2-Dihydroxybenzole, die in 4- u. 6-Stellung durch aliphat. oder cycloaliphat. substituierte tert. C-Atome substituiert sind, werden in Ggw. von O_2 u. sek. oder tert. Aminen oder Alkalihydroxiden mit prim. Arylaminen umgesetzt. Die Rkk. werden bei Temp. $< 60°$, bes. bei Raum-Temp., mit äquimol. Mengen der Rk.-Komponenten in inerten Verdünnungsmitteln, bes. KW-Stoffen durchgeführt. Als O_2-Zusatz genügt hierbei Einleiten oder Einrühren von Luft. — Beispiele: Aus Anilin u. 4.6-Di-tert.-butylbrenzcatechin erhält man in Ggw. von Triäthylamin *2-Hydroxy-3.5-ditert.-butyldiphenylamin,* $C_{20}H_{27}NO$, F. 150 bis 152°, aus Bzn.; in analoger Weise werden folgende Derivv. von Diphenylamin (I) hergestellt: *2-Hydroxy-3.5-ditert.-butyl-(4'-methyl)*-I, $C_{21}H_{29}NO$, F. 151—152° aus Bzn.; *2-Hydroxy-3.5-ditert.-butyl-(2'-methyl)*-I, $C_{21}H_{29}NO$, farblose Kristalle aus Methanol, F. 118—119°; *2-Hydroxy-3.5-ditert.-butyl-(3'-methyl)*-I, $C_{21}H_{29}NO$, farblose Kristalle aus Methanol, F. 129—121°; *2-Hydroxy-3.5-ditert.-butyl-(4'-chlor)*-I, farblose Kristalle aus Bzn., $C_{20}H_{26}ClNO$, F. 155—156°; *2-Hydroxy-3.5-ditert.-butyl-(3'.5'-dimethyl)*-I, $C_{22}H_{31}NO$, farblose Kristalle aus Bzn., F. 140—142°; *2-Hydroxy-3.5-ditert.-butyl-(4'-methoxy)*-I, $C_{21}H_{29}NO_2$, F. 136—138° aus Methanol; *2-Hydroxy-3.5-ditert.-butyl-(2'-methoxy)*-I, $C_{21}H_{29}NO_2$, farblose Kristalle aus Methanol, F. 118—120°; *2-Hydroxy-3.5-ditert.-butyl-(3'-methoxy)*-I, $C_{21}H_{29}NO_2$, farblose Kristalle aus Methanol, F. 128 bis 129°; *2-Hydroxy-3.5-ditert.-butyl-(5'-methoxy-4'-methyl)*-I, $C_{22}H_{31}NO_2$, F. 139—140° aus Methanol + W.; *2-Hydroxy-3.5-ditert.-butyl-(2'-methyl-5'-methoxy)*-I, $C_{22}H_{31}NO_2$, rötliche Kristalle, F. 99—102°; *2-Hydroxy-3.5-ditert.-butyl-(4'-äthoxy)*-I, $C_{22}H_{31}NO_2$, F. 111—113° aus Bzn.; *2-Hydroxy-3.5-ditert.-butyl-(2'-äthoxy)*-I, $C_{22}H_{31}NO_2$, farblose Kristalle aus Methanol, F. 115—117°; *2-Hydroxy-3.5-ditert.-butyl-(3'-chlor)*-I, $C_{20}H_{26}ClNO$, F. 124—126° aus Methanol; *2-Hydroxy-3,5-ditert.-butyl-(2'-phenoxy)*-I, $C_{26}H_{31}NO_2$, F. 127—129°, aus Methanol; *N.N'-Bis-[2-hydroxy-3.5-ditert.-butylphenyl]-phenylendiamin-(1.3)*, $C_{34}H_{48}N_2O_2$, F. 241—241,5° aus Bzn.; *2-Hydroxy-3.5-ditert.-butylphenyl-naphthylamin-(2)*, $C_{24}H_{29}NO$, rötliche Kristalle aus Bzn., F. 168—178°; *2-Hydroxy-3.5-ditert.-butylphenyl-pyrenylamin-(3)*, $C_{30}H_{31}NO$, F. 255° (Dunkelfärbung); *2.2'-Dihydroxy-3.5.3'.5'-tetratert.-butyl*-I, $C_{28}H_{43}NO_2$, blaue Masse aus Bzl., F. 124—129°; *2-Hydroxy-3.5-di-(methylcyclohexyl)-(4-methyl)*-I, $C_{27}H_{37}NO$, F. 109—110° aus Methanol; *2-Hydroxy-3.5-di-(methylcyclohexyl)-(4-methoxy)*-I, $C_{27}H_{37}NO_2$, F. 104—105° aus Methanol. — Zwischenprodukte. (**D. A. S. 1 119 297** Kl. 12q vom 29/9. 1959, ausg. 14/12. 1961. **Zusatz zu D. A. S. 1 104 522; C. 1962, 305.**) A. Kalix. H 1320

Hoffmann-La Roche, Inc., Nutley, N.J., V.St.A., übert. von: Arnold Brossi, Riehen, und Otto Schneider, Basel, Schweiz, **Herstellung von 2-β-Acylamidoalkylacetophenonen** der allg. Formel **I**, worin R_1 eine Acylgruppe, R_2 = H oder eine niedrige Alkylgruppe u. R_3, R_4 sowie R_5 = H, eine niedrige Alkyl- bzw. Alkoxygruppe oder 2 Reste zusammen eine Alkylendioxygruppe bedeutet, dad. gek., daß man ein entsprechendes 1-Methyl-3.4-dihydroisochinolin der allg. Formel II acyliert u. den N-Ring des Rk.-Prod. durch Behandeln mit verd. Mineralsäure öffnet. — 1-Methyl-6.7-dimethoxy-3.4-dihydroisochinolin wird in Pyridin/Acetanhydrid gelöst, die Lsg. im Vakuum zur Trockne eingedampft, der Rückstand mit Äthylacetat aufgekocht u. das erhaltene 1-Methylen-2-acetyl-6.7-dimethoxy-1.2.3.4-tetrahydroisochinolin (F. 107—108°) mit 3n HCl in der Wärme behandelt → *2-β-Acetamidoäthyl-4.5-dimethoxyacetophenon,* F. 124°. Durch Behandeln dieser Verb. mit NaOH + Br u. Ansäuern des Oxydations-Prod. erhält man 2-β-Acetamidoäthyl-4.5-dimethoxybenzoesäure, F. 188—190°, u. daraus durch Dest. im Hochvakuum 1-Oxo-6.7-dimethoxy-1.2.3.4-tetrahydroisochinolin. Analog aus 1-Methyl-6.7-dimethoxy-3.4-dihydroisochinolin über das 1-Methylen-2-propionyl-6-7-dimethoxy-1.2.3.4-tetrahydroisochinolin (F. 99—100°) → *2-β-Propionamidoäthyl-4.5-dimethoxyacetophenon,* F. 125°; *2-β-Benzamidoäthyl-Verb.*, F. 143°; *2-β-Acetamidopropyl-Verb.*, 164°; *2-β-Acetamidopropyl-4.5-dimethylacetophenon,* F. 145°, aus 1.3.6.7-

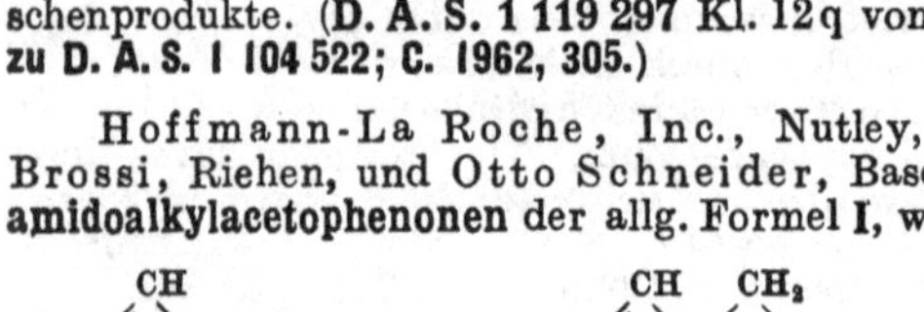

Tetramethyl-3.4-dihydroisochinolin; *2-β-Acetamidoäthyl-4-methoxyacetophenon*, F. 87°; *2-β-Acetamidoäthyl-4.5-methylendioxyacetophenon*, F. 122° u. *2-β-Acetamidoäthyl-4.5.6-trimethoxyacetophenon*, F. 58°. — Zwischenprodukte. (**A. P. 2 995 557** vom 5/2. 1959, ausg. 8/8. 1961. Schwz. Prior. 14/2. 1958.) W. Heyer. H 1340

VEB Berlin-Chemie (Erfinder: Hans Geipel und Maria John), Berlin, **Gewinnung von Leucin (I) und Tyrosin (II) aus Protein (III)-Hydrolysaten,** dad. gek., daß man ein durch III-Hydrolyse erhaltenes rohes Aminosäuregemisch, mit W. bei 30—40° behandelt, unlösl. II abtrennt, die Lsg. ansäuert, mit Kohle entfärbt, einengt u. durch Einstellen des pH auf 8,0 I ausfällt. (**D. A. S. 1 135 005** Kl. 12q vom 2/3. 1961, ausg. 23/8. 1962.) O. Müller-Meiningen. H 1350

Shell Oil Co., übert. von: Lloyd C. Fetterly, Oakland, Calif., V.St.A., **Herstellung von Diarylmethanen** durch Rk. von alkylsubstituierten aromat. KW-Stoffen, die mindestens ein nichtsubstituiertes Kern-C-Atom haben, mit Formaldehyd. Der letztere wird zu einem fl. Brei von festem Katalysator in einer Fl. gegeben, die aus aromat. KW-Stoffen u. dem Rk.-Prod. besteht, wobei die Temp. so eingestellt wird, daß das W. verdampft. Die Konz. des festen Katalysators beträgt 2—30 Gew.-Prozent. Als Katalysator dient Silicagel mit einem Aktivator, wie starke Mineralsäure, oder calcinierte Kieselsäure-Tonerde mit Mineralsäure aktiviert. Die Aktivität des Katalysators wird durch Zugabe von Säuremengen von 0,0005—0,01 Millimol/g Kieselsäuregel/Std. u. von 0,05 Millimol/g calcinierter Kieselsäure-Tonerde/Std. aufrechterhalten. (**A. P. 2 981 765** vom 29/12. 1958, ausg. 25/4. 1961.) E. Kahles. H 2210

Badische Anilin- & Soda-Fabrik Akt.-Ges. (Erfinder: Horst Pommer und Walter Stilz), Ludwigshafen/Rh., **1.4-Bis-(styryl)-benzole** erhält man durch Rk. eines 1.4-Dicarbonylbenzols in Ggw. eines Protonenacceptors (Alkali-, Erdalkalialkoholat, -amid) u. ggf. eines besonderen polaren Lsgm. (Formamid, Dimethylformamid, Dimethylsulfoxid, Acetonitril, N-Methylpyrrolidon) mit einem Benzylphosphinsäureester der allg. Formel I (R, R_1, R_2 u. R_3 = H, Alkyl, Halogen, freies, veräthertes oder verestertes OH, SO_3H, CN, Carbonsäureamid, Carbonsäureamidin; R_1, R_2 u. R_3 auch Carboxyl; R u. R_1, sowie R u. R_2 können einen ggf. substituierten gemeinsamen Dioxa-5- oder -6-Ring bilden, der an den Benzolring anelliert ist; R_4 = H, Alkyl; R_5 u. R_6 = Alkyl oder Aryl). Die Phosphinsäureester erhält man durch Rk. eines Benzylhalogenids oder -tosylats mit einem Phosphonigsäureester eines bes. niedermol. Alkanols. — Aus

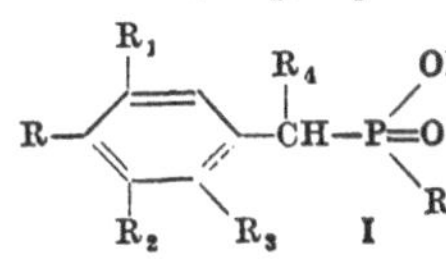

I

27 (Teilen) Benzylphenylphosphinsäureäthylester (erhältlich aus Phenyldiäthoxyphosphin u. Benzylchlorid bei 140—150° unter Entw. von Äthylchlorid, $Kp._{0,1}$ 143—145°; aus PAe. F. 59°) in 180 Diäthylformamid u. 10 2.5-Dichlorterephthaldialdehyd in Ggw. von 20 30%ig. methanol. Na-Methylat, Einstellen des pH mit Eisessig auf 7; Verdünnen mit 50 Methanol; Absaugen des Nd. — 15 *1.4-Bis-(styryl)-2.5-dichlorbenzol*, aus Dimethylformamid grünlichgelbe Kristalle, F. 205—207°. — m-Carbmethoxybenzylphenylphosphinsäureäthylester (aus Phenyldiäthoxyphosphin u. m-Chlormethylbenzoesäuremethylester, $Kp._{0,05}$ 175—178°, gelbliches, dickes, rasch erstarrendes Öl) u. Terephthaldialdehyd → *1.4-Bis-(m-carbomethoxystyryl)-benzol*, aus Dimethylformamid fahlgelbe Blättchen, F. 206—208°. (**D. A. S. 1 122 524** Kl. 12o vom 26/3. 1960, ausg. 25/1. 1962. **Zusatz zu D. A. S. 1 112 072; C. 1962, 6969.**) G. Krauss. H 2210

Allied Chemical Corp., übert. von: Francis W. Cashion, Hamburg, N.Y., V.St.A., **Stabilisierung von Benzidinderivaten.** Benzidin, sowie Halogen- u. niedrigmol. Alkyl- u. Alkoxy-Derivv. davon, obenso Salze von Benzidin u. diesen Derivv. werden gegen Dunkelfärbung bei der Lagerung durch Zusatz von 0,02—1,0 Gew.-% Thioharnstoff geschützt. (**A. P. 2 966 519** vom 21/3. 1957, ausg. 27/12. 1960.) A. Kalix. H 2510

Shell Oil Co., übert. von: George B. Payne, Berkeley, Calif., V.St.A., **Herstellung von 3.3-Dialkyl-2-acyloxyoxiranen** der allg. Zus. R′COO—CH—C(R)$_2$ (mit O-Brücke zwischen CH und C) erfolgt durch Rk. von ungesätt. Ketonen der allg. Zus. R—CO—CH=C(R)$_2$ mit einer Percarbonsäure der Zus. R′—CO—OOH (R = Alkyl C_1—C_5; R′ = C_1—C_{10}). — Man versetzt z. B. eine Lsg. von 49 g (0,5 Mol) Mesityloxid (n_D^{20} 1,4401) in 250 cm³ Chlf. mit 0,5 Mol 45%ig. CH_3COOOH u. rührt 4½ Std. bei 20—25°, versetzt das Rk.-Gemisch mit 150 cm³ W., dann mit 125 g $NaHCO_3$ u. erhält aus der Chlf.-Lsg. durch Fraktionieren 17,3 g eines bei 82—83° u. 50 mm Hg übergehenden Gemisches aus 78 (Gew.-%) *3.3-Dimethyl-2-acetoxyoxiran* (I) u. 22 *4-Methyl-3.4-epoxy-2-pentanon*, aus dem man durch Auswaschen mit W. u. nochmaliger Dest. 7 g I ($C_6H_{10}O_3$; $Kp._{20}$ 60°; n_D^{20} 1,4128) erhält. Zwischenprodd. zur Herst. von Epoxyharzen u. Lsgm. für solche; Stabilisatoren u. Weichmacher für PVC, Öladditive. (**A. P. 2 980 706** vom 3/3. 1958, ausg. 18/4. 1961.) O. Müller-Meiningen. H 3030

Agrifurane Soc. An. (Erfinder: Joel Guyonnaud), Sorgues, Vaucluse, Frankreich, **Herstellung von Furfurol** durch Hydrolyse cellulosehaltiger Prodd. unter Verw. von CH_3COOH u. Erdalkalimonophosphaten als Katalysatoren, wodurch Korrosion verhindert wird. Die Hydrolyse wird in einer Batterie in Serie geschalteter Autoklaven mit Dampfumlauf durchgeführt, wobei die Konz. an Monophosphat in Umlaufrichtung abnimmt. — Aus 1250 (kg) Maiskolben werden mit 440 $CaHPO_4$ (45% P_2O_6), in Mengen von 130, 100, 90, 70 u. 50 auf 5 Autoklaven verteilt, in 2½ Std. mit 10 t/h Dampf von 10—6 at 806 *Furfurol* erhalten. (**D. P.** [**DDR**] **22 279** Kl. 12q vom 25/6. 1958, ausg. 7/11. 1961 [Ausschließungspatent]. F. Prior. 28/6. 1957.) L. Großner. H 3061

Kyowa Hakko Kogyo Co. Ltd., übert. von: Shukuo Kinoshita, Katsunobu Tanaka, Sadao Akita, Tokyo, Yoshiki Maruta und Yoshihisa Yamamoto, Hofu-shi, Japan, **Herstellung von L-Pyrrolidoncarbonsäure** auf biochem. Wege, dad. gek., daß man in einem üblichen Nährmedium unter Zusatz von L-Glutaminsäure den Mikroorganismus *Pseudomonas cruciviae* bei pH 6—9 unter üblichen Bedingungen kultiviert. (**A. P. 3 003 922** vom 4/11. 1959, ausg. 10/10. 1961. Jap. Prior. 10/10. 1958.) W. Heyer. H 3081

J. R. Geigy Akt.-Ges., Basel (Erfinder: Reinhard Zweidler, Basel, und Ernst Keller, Binningen), Schweiz, **Herstellung von Stilbyltriazolverbindungen.** 2-(Stilbyl-4'')-(acenaphtheno-4'.5':4.5)-1.2.3-triazol-2''-, -2'''- oder -4'''-sulfonsäuren werden mit Phosphorhalogeniden in die entsprechenden Sulfonsäurehalogenide übergeführt u. diese mit NH_3 oder mit sek., auch heterocycl. Aminen in Sulfonsäureamide verwandelt. Die Komponenten werden dabei so gewählt, daß die Endprodd. weder farberzeugende, noch sauer reagierende salzbildende Substituenten aufweisen. Dagegen können sie solche enthalten, wie sie in Azofarbstoffen vorkommen u. inert sind, z. B. Halogenatome, Alkyl-, Aryl-, Alkoxy-, Aryloxy-, Acylamino-, Carbonsäureester- oder -amidgruppen, dagegen nicht die freien Säuren oder als Chromophore NO_2-, Arylazo-, Arylazoxy- sowie aromat. gebundene OH- oder NH_2-Gruppen. Beispiele: 2-(Stilbyl-4'')-(acenaphtheno-4'.5':4.5)-1.2.3-triazol-2''-sulfonsaures Na wird unter Kühlung mit PCl_5 + $POCl_3$ in 2-(Stilbyl-4'')-(acenaphtheno-4'.5':4.5)-1.2.3-triazol-2''-sulfonsäurechlorid umgewandelt, gelbes Pulver, F. 225—227°. Hieraus gewinnt man nach 8—10 std. Erwärmung mit Diäthylamin auf 90° das 2-(Stilbyl-4'')-(acenaphtheno-4'.5':4.5)-1.2.3-triazol-2''-sulfonsäurediäthylamid als gelbes Pulver, F. 175—176°. In analoger Weise werden erhalten: 2-(Stilbyl-4'')-(acenaphtheno-4'.5':4.5)-1.2.3-triazol-2''-sulfonsäuredimethylamid, F. 217—219°, sowie das entsprechende Monoäthylamid, F. 212 bis 213°, Di-n-butylamid, F. 214—215°, Cyclohexylamid, F. 238—240°; Anilid, F. 197 bis 199°, N-Methylanilid, F. 217—219°, N-Methyläthanolamid, F. 175—177° u. N.N-Dimethylaminoäthylamid, F. 189—191°. Die Rk.-Prodd. sind durchweg gelbe Pulver u. sind zum *opt. Aufhellen* von polymeren Kunststoffen, KW-Stoffen, Ölen, Fetten, Wachsen u. anderen hydrophoben organ. Stoffen geeignet; sie sind beständig gegen Cl-haltige Bleichmittel. (**Schwz. P. 354 092** vom 14/8. 1957, ausg. 30/6. 1961. **Zusatz zu Schwz. P. 323 318; C. 1959, 16882.**) A. Kalix. H 3153

Phillips Petroleum Co., übert. von: John E. Mahan und Stanley D. Turk, Bartlesville, Okla., V.St.A., **Herstellung von Pyridinhomologen,** bes. *2-Methyl-5-äthylpyridin,* dad. gek., daß man bei 300—500°F u. einem Druck von 750—2500 lbs./sq.in. wss., 5—95%ig. NH_3 mit Acetylen im Mol-Verh. 0,4:1 bis 3:1 in Ggw. von 1,5—5%, bezogen auf Acetylen, eines anorgan. Fluorids als Katalysator umsetzt. Als Fluoride sind genannt: NH_4-Fluorid, NH_4-Bifluorid, Ni-Fluorid, NH_4BF_4 u. Methylaminsilicofluorid. (**A. P. 2 995 558** vom 5/11. 1957, ausg. 8/8. 1961.) W. Heyer. H 3231

Union Carbide Corp., New York, übert. von: Jesse T. Dunn und David T. Manning, Charleston, Va., V.St.A., **Herstellung von Alkenylpyridinen,** bes. 2-Methyl-5-vinylpyridin, dad. gek., daß man das entsprechende Alkylpyridin, bes. 2-Methyl-5-äthylpyridin, in Dampfform zusammen mit Wasserdampf bei 660—685° über ein Ca-Oxid, als Katalysator leitet, das mit 5—55 Teilen MgO aktiviert ist, bes. Dolomit. (**A. P. 2 980 684** vom 2/6. 1958, ausg. 18/4. 1961.) W. Heyer. H 3231

E. Merck Akt.-Ges., Darmstadt (Erfinder: Jan Thesing, Trautheim), **Herstellung von α-Pyridonen** u. N-substituierten α-Pyridonen dad. gek., daß man α.β-ungesätt. Carbonyl-Verbb., bes. Aldole oder Mannich-Basen, die unter den Rk.-Bedingungen in α,β-ungesätt. Carbonyl-Verbb. übergehen, mit Verbb. der Formel R—NH—CO—CH_2—A, worin R = H oder einen organ. Rest u. A den Rest eines über das N-Atom gebundenen heterocycl. NH_4-Salzes bedeuten, in Ggw. von bas. Katalysatoren umsetzt u. die erhaltenen Additions-Prodd. durch Erhitzen cyclisiert. — Aus

Zimtaldehyd, N-Aminoformylmethylpyridiniumchlorid in Ggw. von 33% ig. wss. Dimethylamin-Lsg. u. CH_3OH, Kochen am Rückfluß, Eindampfen zur Trockne u. Schmelzen bei 210—220° → *4-Phenylpyridon-(2)*, F. 227—228°. Analog aus Benzalacetophenon u. N-Aminoformylmethylpyridiniumchlorid in Ggw. von 1n NaOH u. Erwärmen des gebildeten Zwischenprod. (F. 147°) mit Eisessig auf 150° → *4.6-Diphenylpyridon-(2)*, F. 208—209°. *1-Methyl-4.6-diphenylpyridon-(2)*, F. 91°. *3.4-Dihydro-1-pyrano-[3.4-c]-pyridon-(6)*, F. 237°; *4.6-Bis-[pyridyl-(3)]-pyridon-(2)*, F. 282°; *5.6.7.8-Tetrahydro-carbostyril*, F. 202—204°, u. *6-Phenylpyridon-(2)*, F. 197°. — Zwischenprodukte. (**Schwz. P. 359 137** vom 21/6. 1957, ausg. 15/2. 1962. D. Prior. 19/7. 1956.) W. Heyer. H 3231

M/S. Karamchand Premchand (Private) Ltd., Ahmedabad, Indien, **Herstellung von Isonicotinsäure.** Man kondensiert γ-Picolin mit CH_2O oder Paraformaldehyd durch Erhitzen auf 100—110° in Ggw. von NaOH u. oxydiert das Kondens.-Prod. mit HNO_3 oder einem Gemisch von $NaNO_3$ u. H_2SO_4. (**Ind. P. 66 383** vom 12/1. 1959, ausg. 6/4. 1961.) C. Lüttgen. 3231

C. F. Boehringer & Soehne G. m. b. H., Mannheim (Erfinder: Franz Braun, Ludwigshafen/Rh., Erich Haack, Heidelberg), **Herstellung von L-erythro-5-Amino-4-phenyldioxanen-(1.3)**, dad. gek., daß man L-threo-5-Amino-4-phenyldioxane-(1.3) der allg. Formel **I**, in der R_1 u. R_2 H-Atome oder ggf. substituierte Alkylreste, die auch zu einem gemeinsamen Ring verbunden sein können, darstellen, oder ggf. substituierte Aryl-, Aralkyl-, hydroaromat. oder heterocycl. Reste bedeuten, mittels H_2O_2 oder H_2O_2 liefernden Verbb. zu den entsprechenden L-erythro-5-Nitro-Verbb. oxydiert, wobei man ggf. die Oxydation zunächst nur bis zur Oximstufe durchführt, das erhaltene L-5-Oximino-4-phenyldioxan-(1.3) isoliert, dieses zur entsprechenden L-erythro-5-Nitro-Verb. weiteroxydiert u. die erhaltenen L-erythro-5-Nitro-4-phenyldioxane-(1.3) in an sich bekannter Weise zu den entsprechenden L-erythro-5-Amino-Verbb. reduziert. — L(+)-threo-2.2-Dimethyl-5-amino-4-phenyldioxan-(1.3); ($[\alpha]_D^{20}$ +52,5° [c = 2 in Methanol]) mit einer Harnstoff-H_2O_2-Additions-Verb. behandelt, ergibt *L(—)-erythro-2.2-Dimethyl-5-nitro-4-phenyl-dioxan-(1.3)*, farbloses, schwach viscoses Öl, Kp.$_{0,5}$ 96—98°, F. aus Methanol 27—28°; $[\alpha]_D^{20}$ —52,2° (c = 2 in Methanol). Man red. mittels Raney-Ni u. H_2 zu *L(—)-erythro-2.2-Dimethyl-5-amino-4-phenyldioxan-(1.3)*, F. aus Petroleum (Pe) 50—51°; $[\alpha]_D^{20}$ —5,5° (c = 2 in Methanol), F. des Benzoats 163—164°. — *L(+)-threo-2.2-Pentamethylen-4-phenyl-5-aminodioxan-(1.3)*, Öl, Kp.$_{0,5}$ 138—140°; $[\alpha]_D^{20}$ +60,8° (c = 2 in Methanol), ergibt in analoger Weise über nachst. Verb. *L(+)-erythro-2.2-Pentamethylen-4-phenyl-5-aminodioxan-(1.3)*, aus Pe, F. 51—52°; $[\alpha]_D^{23}$ +3,5° (c = 2 in Methanol). — *L(—)-erythro-2.2-Pentamethylen-4-phenyl-5-nitrodioxan-(1.3)*, F. 40—44°; $[\alpha]_D^{20}$ —21,1° (c = 2 in Methanol). — L(+)-threo-4-Phenyl-5-amino-1.3-dioxan (Kp.$_{0,5}$ 101°) → *L(—)-erythro-4-Phenyl-5-nitrodioxan-(1.3)* (Kp.$_{0,2}$ 118°; $[\alpha]_D^{20}$ —59,2° [c = 2 in Methanol]) → *L(—)-erythro-4-Phenyl-5-aminodioxan-(1.3)*, F. aus Isopropylalkohol 75—76°; $[\alpha]_D^{25}$ —3,4° (c = 2 in Methanol). — Zwischenprodukte. (**D. A. S. 1 128 860** Kl. 12q vom 24/12. 1957, ausg. 3/5. 1962. **E. P. 840 365** vom 20/11. 1958, ausg. 6/7. 1960. D. Prior. 24/12. 1957.) G. König. H 3252

I

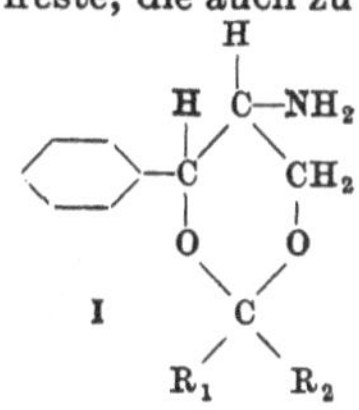

Wyandotte Chemicals Corp., Wyandotte, Mich., V.St.A., **Abtrennung von 2.3-Butylenglykol aus 2.3.5.6-Tetramethylpiperazin oder 2.3.5-Trimethylpiperazin**, das diese Verb. von der Herst. her enthält, erfolgt durch azeotrope Dest. mit einem aliphat., cycloaliphat., aromat. oder im Kern chlorierten aromat. KW-Stoff mit Kp. 120—170°. (**Niederl. P. 100 547** vom 3/2. 1959, ausg. 15/2. 1962. A. Prior. 2/3. 1958.) F. Böhm. H 3272

VEB Leunawerke „Walter Ulbricht", Leuna (Erfinder: Friedrich Asinger, Max Thiel, Leuna, und Walter Höringklee, Halle/Saale), **Herstellung von $\Delta^{3,4}$-Dihydro-m-thiazinen.** Das Verf. des Schwz. P. 353 363, nach welchem Verbb. der allg. Formel **I** durch Rkk. zwischen Oxo-Verbb. (**II**), β-Mercaptoketonen (**III**) u. NH_3 (oder NH_4-Salzen von schwachen Säuren) hergestellt werden, wird erfindungsgemäß dadurch vereinfacht, daß die **III** erst in der Rk.-Mischung aus H_2S u. α,β-ungesätt. Ketonen (**IV**) gebildet werden. Hierbei sind R_1 u. R_2 H-Atome, Alkyl- oder Arylreste. — Beispiele für **II**: aliphat., alicycl. heterocycl. u. Aralkylketone sowie aliphat., aromat., alicycl. u. heterocycl. u. Aralkylaldehyde; Beispiele für **IV**: aliphat. Ketone, die mit aromat., alicycl. oder heterocycl. Resten sowie funktionellen Gruppen substituiert sind. Die Rkk. werden ohne Wärmezufuhr, ggf. unter Kühlung ausgeführt, wobei sich der H_2S sofort an die Doppelbindungen der **IV** anlagert. — Beispiele: Aus Methylpropenylketon u. Butyraldehyd erhält man durch Einleiten von

I

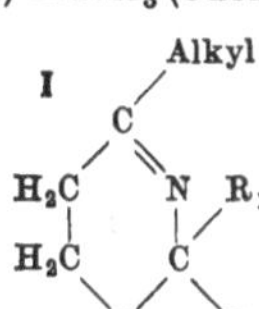

$NH_3 + H_2S$ (2 : 1) bei — 10° $\Delta^{3,4}$-1-Propyl-4.6-dimethyldihydro-m-thiazin, $Kp._{12}$ 97—99°. In analoger Weise entstehen folgende Dihydro-m-thiazine (V): $\Delta^{3,4}$-2.2.4.6.6-Pentamethyl-V, $Kp._{12}$ 69—72°, Pikrat, F. 183°; $\Delta^{3,4}$-2.2.4-Trimethyl-6-phenyl-V, $Kp._{12}$ 159 bis 161°. — Verw. als *Schädlingsbekämpfungs-*, *Rostschutz-*, *Holzkonservierungs-* u. *Unkrautvertilgungsmittel* sowie als *Vulkanisationsbeschleuniger* u. *Zwischenprodd. zur Herst. von Arzneimitteln.* (**Schwz. P. 357 397** vom 23/3. 1957, ausg. 30/11. 1961. D. Prior. 6/10. 1956. **Zusatz zu Schwz P. 353363; C. 1962, 4729.**) A. Kalix. H 3292

United States of America, Secretary of Agriculture, übert. von: John E. Hodge, Peoria, Ill., V.St.A., **Aminohexosereductone** erhält man bei der Rk. eines reduzierenden Zuckers mit einem sek. Amin, nämlich Piperidin, Piperazin, Morpholin, Dimethylamin, Diallylamin u. Dibutylamin, in wasserfreiem Zustand bei 60—110° während 2—24 Std. in Ggw. eines Katalysators, wie H_3PO_4, H_3BO_3, H_2CO_3, CH_3COOH, $(CH_3CO)_2O$, Piperidinacetat, Morpholinacetat, Malonsäure, β-Mercaptopropionsäure, Glycin, Asparagin, Glutaminsäure. — 1 (Mol) Anhydroglucose wird mit 1 Piperidin u. Methanol auf 70° erhitzt, bis eine gelbe Lsg. von *N-d-Glucosylpiperidin* entsteht. Man setzt 0,4 H_3PO_4 zu u. erhitzt 18 Std. auf 75° unter Rückfluß, filtriert u. krist. aus Methanol *Piperidinhexosereducton*, F. 235° (Zers.) ($C_{11}H_{17}NO_3$). — Es werden ferner folgende Hexosereductone hergestellt: *Morpholin-*, F. aus Methanol 215—216° ($C_{10}H_{15}$· NO_4), F. des Hydrochlorids 160° (Zers.) ($C_{10}H_{16}ClNO_4$). — *Dimethylamino-*, F. 213 bis 214° (Zers.) ($C_8H_{13}NO_3$). — *Diallylamino-*, F. 175—177° (Zers.) ($C_{12}H_{17}NO_3$). — *Di-n-butylamino-*, F. aus Aceton 142—143° ($C_{14}H_{25}NO_3$). — *Piperazindi-* ($C_{16}H_{22}N_2O_6 \cdot H_2O$). — *Anhydropiperidin-*, F. aus A. 196—197° (Zers.) ($C_{11}H_{15}NO_2$). Hydrochlorid, $C_{11}H_{16}$· $ClNO_2$, F. 170—180° (Zers.). — *Anhydromorpholin-*, F. 205—206° (Zers.) ($C_{10}H_{13}NO_3$). — *Anhydrodimethylamino-*, F. 211—212° (Zers.) ($C_8H_{11}NO_2$). — Red.-Mittel, Antioxydantien. (**A. P. 2 936 308** vom 2/6. 1955, ausg. 10/5. 1960.) G. König. H 3400

W. R. Grace & Co., New York, übert. von: Lloyd I. Osipow, Monsey, und William C. York, Westbury, N.Y., V.St.A., **N.N'-Diglucoseharnstoff** erhält man bei der Rk. von mindestens 2 (Mol) Glucose mit 1 Harnstoff in Ggw. von 0,2—1 W. für jedes Mol Glucose u. eines stark sauren Katalysators (H_2SO_4, Polyphosphorsäure), ggf. unter Zusatz eines mit W. mischbaren inerten organ. Lsgm. bei ca. 75° bis zum Kp. der Rk.-Mischung. Anschließend wird neutralisiert u. auf ca. 15° gekühlt. Das rohe Prod. wird durch Umkristallisation aus Methanol gereinigt. — Beispiel für Herst. von *Diglucoseharnstoff*, F. 220—230° (Zers.); $[\alpha]_D^{25}$ — 32,7°. (**A. P. 2967859** vom 22/5. 1959, ausg. 10/1. 1961.) G. König. H 3400

Manfred Drechsler und Walter Toporski, Bernburg, **Herstellung von niedermolekularem Dextran** (I) mit Startereigenschaften. Dextran mit einem Molgew. von 75000—200000, bes. 100000, u. enger Molgew.-Verteilung wird durch Säurehydrolyse, bes. mit HCl, bei 50—110°, bes. 80°, zu I mit Starter-Eigg. mit einem Molgew. von 10000—60000 abgebaut; Ausbeute an I von optimaler Molgew.-Verteilung 80—90%. Eine I-Lsg. mit pH 4—6 kann direkt oder nach Umfällung mittels CH_3OH u. Auflösung des ausgefallenen I zu einer 10—20% ig. Lsg. für die *gelenkte Synth.* verwendet werden. — Beispiel. (**D. P. [DDR] 23 189** Kl. 30h vom 21/8. 1958, ausg. 21/5. 1962 [Wirtschaftspatent].) W. Raetz. H 3400

S. B. Penick & Co., New York, N.Y., V.St.A., **Gewinnung von reinem Rescinnamin** aus der schwach bas., alkohol. *Alkaloidfraktion von Rauwolfia* durch Zusatz von Naphthoesäuren, bes. β-Naphthoesäure, 1-Hydroxy-2-naphthoesäure, β-Naphthoxyessigsäure u. Naphthalin-1.8-dicarbonsäure, Impfen mit Rescinnamin (I)–Naphthoat-Kristallen, Abkühlen, Abtrennen des ausgefallenen I-Naphthoats (II), Lösen des II in Chlf., Zusatz von wss. Soda-Lsg., Abtrennen der Chlf.-Lsg. u. Verdampfen des Chloroforms. I sintert bei 130—132°, schmilzt bei 150—153°. $[\alpha]_D$ in 1% ig. III-Lsg. — 61,0°. (**Ind. P. 66 365** vom 8/1. 1959, ausg. 31/7. 1961.) C. Lüttgen. H 3500

Kishor Devidas Shroff und Champraj Chaturbhuj Shroff, Bombay, Indien, **Gewinnung von Campher aus Celluloidabfällen,** dad. gek., daß man diese mit wss. Alkali kocht, wobei der Campher (I) mit dem Wasserdampf übergeht u. aus diesem nach der Kondens. abgetrennt wird, oder daß man die Abfälle in der Wärme mit einem Cl-haltigen Lsgm., bes. CCl_4, behandelt, die Extraktions-Lsg. abfiltriert u. aus dieser durch Abdestillieren des Lsgm. Campher als Rückstand gewinnt. (**Ind. PP. 66 026** vom 3/12. 1958, ausg. 23/3. 1961 u. **66 027** vom 3/12. 1958, ausg. 20/2. 1961.) C. Lüttgen. H 3600

Glaxo Laboratories Ltd., Greenford, übert. von: Thomas Eric Holt, Bushey Heath, und William Sabel, Harrow, England, **Reinigen von Sapogeninen.** Ein Gemisch von *Hecogenin* u. *Diosgenin* mit färbenden Verunreinigungen, wie man es bei der Hydrolyse von Pflanzenextrakten erhält, wird in wasserfreier Lsg. eines Alkalihydroxids oder eines Alkalialkoholats mit 1—5 C-Atomen in einem Alkanol mit 1 bis 5 C-Atomen gelöst, die Verunreinigungen werden durch Zugabe von Ca-Salzen gefällt u. die gereinigte Sapogenin-Lsg. abgetrennt. (**A. P. 2 960 500** vom 30/11. 1956, ausg. 15/11. 1960. E. Prior. 7/12. 1955.) K. Koebke. H 3650

Hoffmann-La Roche, Inc., übert. von: Max Hoffer, Nutley, N.J., V.St.A., **Verfahren zur Herstellung von Thymidin** wird in folgenden Stufen ausgeführt: Krist. 2-Desoxyribose wird bei 27° mit 1%ig. HCl in Methanol versetzt, Ag_2CO_3 zugesetzt, nach einiger Zeit das Ag-Salz abfiltriert u. das Methanol abdestilliert. Man nimmt den Rückstand in Pyridin auf, kühlt auf 5—10° u. erhält *1-Methyl-2-desoxy-D-ribofuranosid.* Mit Benzoylchlorid erhält man bei 40—45° einen honiggelben Sirup, bestehend aus *3.5-Dibenzoyl-1-methyl-2-desoxy-D-ribofuranosid.* Man versetzt diese Verb. mit mit trockener HCl gesätt. Essigsäure u. läßt die Lsg. bei 10—15° etwa 12 Min. stehen; es bildet sich *3.5-Dibenzoyl-2-desoxy-D-ribofuranosylchlorid.* Man löst die Verb. in CH_2Cl_2 u. setzt frisch gefälltes Ag_2CO_3 in Aceton zu. Man rührt 3 Std. u. filtriert. Das Filtrat wird im Vakuum zu einem Sirup aus *3.5-Dibenzoyl-2-desoxy-D-ribofuranose* eingedampft. Man löst die Verb. in Methanol, mischt mit Harnstoff in 3n wss. HCl u. hält 72 Std. auf 25—30°, wonach Flocken ausfallen, die aus (*3.5-Dibenzoyl-2-desoxy-D-ribofuranosyl*)*-harnstoff*, F. 139—140°, bestehen. Man setzt der gelösten Verb. frisch dest. β-Äthoxy-α-methylacryloylchlorid zu, hält auf 25—30° unter Ausschluß von Luftfeuchtigkeit u. erhält *1-(β-Äthoxy-α-methylacryloyl)-3-(3.5-dibenzoyl-2-desoxy-D-ribofuranosyl)-harnstoff.* Mit Essigsäure u. konz. wss. HCl erhält man nach Aufbereitung *3'.5'-Dibenzoylthymidin,* F. 191—192° (aus A.). Man löst die Verb. in A., sättigt mit NH_3 in der Kälte, erhitzt 8—10 Std. bei 80° in einer geschlossenen Röhre. *Thymidin,* F. (aus A.) 185°. — Durch Änderung der Rk.-Komponenten werden nachst. Zwischenprodd. erhalten: *3.5-Di-(p-chlorbenzoyl)-desoxyribofuranosylchlorid,* F. 118—120°, $C_{19}H_{15}Cl_3O_5$. — *[3.5-Di-(p-chlorbenzoyl)-2-desoxy-D-ribofuranosyl]-harnstoff,* F. 176° (Zers.); $[\alpha]_D^{20}$ +47° (1% in Eisessig). — *3'.5'-Di-(p-chlorbenzoyl)-thymidin,* F. (aus 80—90%ig. Essigsäure) 192—193°. — *(3.5-Dianisoyl-2-desoxy-D-ribofuranosyl)-harnstoff,* F. 175°; $[\alpha]_D^{22}$ +47,8° (1% in Essigsäure-Lsg.). — *3'.5'-Dianisoylthymidin,* F. aus A. 195°; $[\alpha]_D^{25}$ —47,9° (2% in Pyridin). — *(3.5-Di-p-toluyl-2-desoxy-D-ribofuranosyl)-harnstoff,* F. 163—165° (F. aus A. 184°); $[\alpha]_D^{22}$ +58° (1% in Essigsäure). — *3'.5'-Di-(p-toluyl)-thymidin,* F. (aus A.) 197°; $[\alpha]_D^{22}$ —50,0 ± 0,5° (2% in Pyridin). — *[3.5-Di-(p-nitrobenzoyl)-2-desoxy-D-ribofuranosyl]-harnstoff,* F. (aus Pyridin) 196°; $[\alpha]_D^{22}$ +54° (1% in Essigsäure). — *3'.5'-Di-(p-nitrobenzoyl)-thymidin,* F. (aus Äthylacetat) 167—168°. — *3.5-Di-(p-toluyl)-1-methyl-2-desoxy-D-ribofuranosid,* F. 74°, aus Methanol 76,5°; $[\alpha]_D^{25}$ —6,2° (2% in Chlf.), $C_{22}H_{24}O_6$. — *3.5-Di-(p-toluyl)-2-desoxy-D-ribofuranosylchlorid,* F. 109° (Zers.); $[\alpha]_D^{25}$ +108° (2% in Chlf.), $C_{21}H_{21}ClO_5$. — *3.5-Di-(p-toluyl)-2-desoxy-D-ribofuranosylbromid,* F. 75—80° (Zers.). — *Anwendung bei biochem. Forschung u. in enzymat. Präparaten.* (**A. P. 2 949 449** vom 14/1. 1959, ausg. 16/8. 1960.) G. König. H 3950

American Lecithin Co., Inc., Woodside, übert. von: Douglas J. Hennessy, Teaneck, und Raymond J. Moshy, Lodi, N.J., V.St.A., **Herstellung von Phosphatid-Derivaten.** Phosphatide bes. Sojalecithin, werden zuerst peroxydiert, dann sulfoniert, wodurch bis zu 50%, bes. 15—25%, der Doppelbindungen abgesätt. u. die Löslichkeit der Phosphatide in W., pflanzlichen u. Mineralölen sowie die Emulgierbarkeit erheblich verbessert werden. Die erste Rk.-Stufe wird mit H_2O_2, Peressig-, Perpropion- oder Permilchsäure (I) ausgeführt, z. B. mit einer 40%ig. Lsg. von I oder H_2O_2, die bei normaler Temp. unter starkem Rühren zum Phosphatid zugetropft werden. Die 2. Rk.-Stufe wird mit einer Lsg. von SO_3 in halogenierten KW-Stoffen oder Polyäthern oder Dioxan ausgeführt, indem man die Lsg. unter Kühlung zu den Peroxydations-Prodd. zutropft, bes. eine Lsg. von Äthylendichlorid. Nach beendeter Rk. u. Abdampfen der Lsgm. hinterbleiben gelbe bis braune Öle, die wie die Ausgangs-Prodd. verwendet werden. (**A. P. 2 952 694** vom 29/4. 1957, ausg. 13/9. 1960.) A. Kalix. H 3950

General Foods Corp., New York, N.Y., V.St.A., **Wiedergewinnung von Gelatine aus Haut- beziehungsweise Knochenansätzen.** Man bestrahlt die Ansätze mit ionisierender Strahlung, z. B. γ-Strahlung einer ^{60}Co-Quelle, von 10^{-3} bis 15 Millionen Elektronen-V u. extrahiert dann die Gelatine zweckmäßig mit auf 50—95° erwärmtem Wasser. (**E. P. 866 622** vom 27/1. 1959, ausg. 26/4. 1961. A. Prior. 28/1. 1958.) P. Krug. H 4070

H_{10}. Färberei. Organische Farbstoffe

Kontinuefärben von „Nailon"-Schnüren. Anonym. (Tinctoria [Milano] **59**, 64 bis 65, Febr. 1962; ital.) — Beschreibung eines von der Soc. Rhodiatoce entwickelten Verf. zur direkten *Kontinuefärbung der „Nailon"-Schnüre* an Stelle des herkömmlichen vorherigen Strangfärbens des Garns u. nachfolgender verlustreicher Verarbeitung zu Schnüren. App., Farbstoffe u. Arbeitsweise werden beschrieben u. techn.-wirtschaftliche Vorteile hervorgehoben. — 26 Literaturhinweise (It. P.-Schriften). A. Sander. 7020□

Lac-dye, seine Anwendung beim Färben und Drucken. 1. Mitt. **Färben von Protein- und Polyamidfasern mit Lac-dye.** E. H. Daruwalla, M. R. Kaulgud und G. M. Nabar. (J. sci. ind Res. [New Delhi], Sect. D **20,** 22—27, Jan. 1961; Bombay, Univ. of Bombay, Dep. of Chem. Technol.; engl.) — Die Verw. von gereinigtem *Lac-dye* zum *Färben* von *Wolle, Seide* u. *Nylon,* der Einfl. von pH-Wert u. Temp. des Färbebades, sowie der Konz. des Farbstoffs u. der Beize werden untersucht. Unter Verw. geeigneter Beizen können Färbungen mit verschiedenen Farbtönen u. von ausreichenden Echtheiten erhalten werden. Verff. zur Herst. von Purpurrot-, Rotviolett-, Orangerot- u. Brauntönen auf den 3 Fasern werden angegeben. R. Bamberger. 7020□

Entwicklungen beim Färben von Teppichen. J. M. Fletcher. (Canad. Textile J. **79,** Nr. 12, 39—42, 8/6. 1962; Wilmington, Del., E. I. Du Pont de Nemours & Co., Inc., Dyes and Chem. Div., Org. Chem. Dep.; engl.) — Nach kurzer Beschreibung der Herst. von Web- u. Tufted-*Teppichen* werden die Maschinen zum *Färben* von Teppichfasern oder Teppichen im Stück u. die für jede Faserart geeigneten Farbstoffe erörtert, wobei vor allem die Wirtschaftlichkeit, Färbe-Eigg. u. Echtheiten berücksichtigt werden. Eine Meth. zum Umfärben u. hierfür geeignete Farbstoffe werden angegeben. L. Jentgen. 7020□

Neue Fortschritte im Färben und Drucken. B. C. M. Dorset. (Tinctoria [Milano] **59,** 57—63, Febr. 1962; ital.) — C. **1961,** 1737, 8479, 13017. A. Sander. 7022□

Nachbehandlungsmittel zur Erhöhung der Naßechtheiten von Färbungen. Erich Frieser. (Färber-Ztg. **15,** 478—86, Okt. 1962; Wien; dt.) — Ein Überblick über Nachbehandlungsmittel zur Echtheitsverbesserung, zugleich mit neueren Entw.-Ausblicken wird gegeben u. die theoret. Zusammenhänge werden erklärt. Die Nachbehandlungsmöglichkeiten durch 1. HCHO, 2. Cu-Salze, 3. Kunstharzvorkondensate, 4. Kationcapillarakt. Prodd., 5. kation. Kunstharzvorkondensate werden besprochen. Über die Verbesserung der *Naßechtheiten* von *Säurefarbstoffen* auf *Polyamid* wird berichtet. H.-H. Michel. 7028□

50 Jahre Farbechtheitsprüfung 1911—1961. Mitteilung der Deutschen Echtheitskommission. G. v. Hornuff. (Melliand Textilber. **43,** 374—78, April 1962; dt.) — Ein histor. Überblick über die Entw. der *Farbechtheitsprüfung* wird gegeben. I. Beßer. 7028□

Azofarbstoffe von schwefelhaltigen benzoheterocyclischen Kernen. Farbstoffe für synthetische Fasern. 1. u. 2. Mitt. A. Algerino, D. Dal Monte und L. d'Aria. (Fibre e Colori **11,** 75—85, März 1961; Chim. e Ind. [Milano] **42,** 1339—45, 1346—48, Dez. 1960; Bologna, Univ., Ist. di Chim. ind.; ital.) — 3. vgl. C. **1962, 6974.** — In der 1. Mitt. werden durch Kuppeln diazotierter Amino-Derivv. von Benzo-2.1.3-thiodiazol (Piazthiol), Benzo-1.2.3-thiodiazol, Benzisothiazol u. Benzotriazol mit in der NH_2-Gruppe durch Alkyl- u./oder Hydroxyalkylgruppen substituierten Anilinen erhaltene neue, zum *Färben* u. *Drucken* synthet. *Polyamid-*, *Polyacryl-* u. *Polyesterfasern* u. -geweben in kräftigen, reinen, vorzüglich wasch- u. lichtechten gelben bis violetten Tönen geeignete *Dispersionsfarbstoffe* beschrieben. Die besten färber. Eigg. zeigen die Piazthiol-Derivv., die bei Siedetemp. aus normalen Dispersionsbädern *Nylon-*, *Orlon-* u. *Terital-*Fasern orange bis dunkelrot, *Orlon* aus saurem Bade blaurot bis violett färben. Ausführung der Diazotierung u. Färbungen sowie Zus. der Färbebäder u. die Echtheitsproben werden ausführlich u. in Tabellen beschrieben. Die Ggw. von S erhöht die Affinität der Farbstoffe. Die Herst. u. Eigg. folgender Farbstoffe werden mitgeteilt; 4(?)-[p-Aminobenzolazo]-piazthiole: *N'.N'-Bis-[2-hydroxyäthyl]-*, F. 167°; aus Bzl. rote Prismen. — *N'-Methyl-N'-[2-hydroxyäthyl]-*, F. 168°, aus Bzl. dunkelrote Prismen. — *N'-Äthyl-N'-[2-hydroxyäthyl]-*, F. 156°; aus Bzl. rote Prismen. — *N'-n-Butyl-N'-[2-hydroxyäthyl]-*, F. 168°; aus Toluol (To) dunkelrote Prismen. — *N'.N'-Dimethyl-*, F. 150°; aus Ligroin (Lg) rote Prismen mit grünen Reflexen. — *N'.N'-Diäthyl-*, F. 107°; aus Lg rote Prismen. — *N'.N'-[3-Oxapentamethylen]-*, F. 170°; aus Lg rote Nadeln. — 5(?)-[p-Aminobenzolazo]-piazthiole: *N'.N'-Bis-[2-hydroxyäthyl]-*, F. 168°; aus Bzl. rote Prismen. — *N'-Methyl-N'-[2-hydroxyäthyl]-*, F. 154°; aus Bzl. rote Prismen. — *N'-Äthyl-N'-[2-hydroxyäthyl]-*, F. 142°; aus Bzl. rote Prismen. — *N'-n-Butyl-N'-[2-hydroxyäthyl]-*, F. 107°; aus Lg rote Prismen. — *N'.N'-Dimethyl-*, F. 184°; aus Bzl. dunkelrote Prismen. — *N'.N'-Diäthyl-*, F. 133°; aus Lg rote Nadeln. — 5-[p-Aminobenzolazo]-

benzo-1.2.3-thiodiazole: *N'.N'-Bis-[2-hydroxyäthyl]-*, F. 168°; aus Bzl. orangefarbene Tafeln. — *N'-Methyl-N'-[2-hydroxyäthyl]-*, F. 120°; aus Bzl. orangefarbene Prismen. — *N'-Äthyl-N'-[2-hydroxyäthyl]-*, F. 141°; aus Bzl. orangefarbene Nadeln. — 5-[p-Aminobenzolazo]-benzisothiazole: *N'.N'-Bis-[2-hydroxyäthyl]-*, F. 147°; aus Bzl. gelbe Nadeln. — *N'-Methyl-N'-[2-hydroxyäthyl]-*, F. 147°; aus Bzl. orangefarbene Prismen. — *N'-Äthyl-N'-[2-hydroxyäthyl]-*, F. 125°; aus Bzl. orangegelbe Prismen. — 4(?)-[p-Aminobenzolazo]-benzotriazole: *N'.N'-Bis-[2-hydroxyäthyl]-*, F. 186°; aus A. rote Prismen. — *N'-Methyl-N'-[2-hydroxyäthyl]-*, F. 188°; aus Xylol (Xy) rote Prismen. — *N'-Äthyl-N'-[2-hydroxyäthyl]-*, F. 177°; aus Xy rote Prismen. — *N'-n-Butyl-N'-[2-hydroxyäthyl]-*, F. 145°; aus To rote Nadeln. — *N'.N'-Dimethyl-*, F. 221°; aus Xy rote Prismen. — *N'.N'-Diäthyl-*, F. 158°; aus Bzl. Nadeln. — 5(?)-[p-Aminobenzolazo]-benzotriazole: *N'.N'-Bis-[2-hydroxyäthyl]-*, F. 185°; aus verd. A. orangegelbe Nadeln. — *N'-Methyl-N'-[2-hydroxyäthyl]-*, F. 225°; aus A. orangegelbe Nadeln. — *N'-Äthyl-N'-[2-hydroxyäthyl]-*, F. 190°; aus A. ziegelrote Nadeln. — In der 2. Mitt. wird über die weitere Entw. der von 4- u. 5-Aminopiazthiol abgeleiteten *Farbstoffe* berichtet. Besonders gute Ergebnisse werden bei ihrer Verw. als bas. bzw. kation. Farbstoffe auf *Orlon* erzielt, wobei eine erweiterte Reihe von Farbtönen mit erhöhter Lichtechtheit u. ausgezeichneter Waschechtheit erhalten wird. Die Darst. der Farbstoffe erfolgt durch Kuppeln der Piazthiolbasen mit Diazoniumsalzen von kernsubstituierten Anilinen sowie von α- u. β-Naphthylamin. Als *Dispersionsfarbstoffe* liefern sie brillante, von Gelb über Dunkelrot bis Blau reichende, als kation. Farbstoffe goldgelbe bis blauviolette Töne von erhöhten Echtheits-Eigg., über die ausführliche Tabellen berichten. Folgende neue Verbb. werden beschrieben: 4-Aminopiazthiole: *7-[4-Brombenzolazo]-*, F. 210—211°; aus Xy rotbraune Nadeln. — *7-[3-Chlorbenzolazo]-*, F. 214—215°; aus Xy rote Prismen mit grünen Reflexen. — *7-[4-Chlorbenzolazo]-*, F. 226°; aus Xy rotbraune Prismen. — *7-[2.5-Dichlorbenzolazo]-*, F. 205°; aus Xy ziegelrote Nadeln. — *7-[2.4-Dichlorbenzolazo]-*, F. 213°; aus Xy dunkelrote Prismen. — *7-[5-Chlor-2-methylbenzolazo]-*, F. 201°; aus Xy dunkelrote Prismen mit grünen Reflexen. — *7-[5-Chlor-2-methoxybenzolazo]-*, F. 216°; aus To braune Prismen mit grünen Reflexen. — *7-[4-Methoxybenzolazo]-*, F. 174°; aus Xy dunkelrote Prismen. — *7-[Naphthalin-(1)-azo]-*, F. 195°; aus Xy braune Prismen. — *7-[Naphthalin-(2)-azo]-*, F. 192°; aus Xy ziegelrote Nadeln. — 5-Aminopiazthiazole: *4-[4-Brombenzolazo]-*, F. 328°; aus A. orangefarbene Prismen. — *4-[3-Chlorbenzolazo]-*, F. 236°; aus A. orangefarbene Prismen. — *4-[4-Chlorbenzolazo]-*, F. 236°; aus Xy orangerote Tafeln. — *4-[2.5-Dichlorbenzolazo]-*, F. 254°; aus Xy orangefarbene Nadeln. — *4-[2.4-Dichlorbenzolazo]-*, F. 231°; aus Xy ziegelrote Prismen. — *4-[5-Chlor-2-methylbenzolazo]-*, F. 238°; aus Chlorbenzol (Ch) ziegelrote Nadeln. — *4-[5-Chlor-2-methoxybenzolazo]-*, F. 218°; aus Xy dunkelrote Prismen. — *4-[4-Methoxybenzolazo]-*, F. 243°; aus Ch orangerote Nadeln. — *4-[Naphthalin-(1)-azo]-*, F. 210°; aus Xy braune Prismen. — *4-[Naphthalin-(2)-azo]-*, F. 214°; aus To ziegelrote Prismen. — *4-[6-Brom-2.4-dinitrobenzolazo]-*, F. 143°; aus Xy dunkelrote Prismen mit grünen Reflexen. A. Sander. 7052 □

Kupferkomplexe verschiedener Direktfarbstoffe auf Cellulosefasern. H. C. Puper. (De Tex **21**, 322—24, Mai 1962; niederl.) — Nach Erörterung des Aufbaus von Verbb. mit komplexkoordinierten Metallatomen auf Grund der Werner-Pfeiffer schen Theorie u. unserer heutigen valenzelektron. Vorstellungen wird das Gebiet der *Cu-komplexbildenden, Cellulose* direkt färbende *Azofarbstoffe* näher behandelt. In einer allg. Übersicht werden dann Konstit., Eigg., färber. Verh. sowie Licht- u. Waschechtheit der Farbstoffklassen mit zur Azogruppe o-ständigen komplexbildenden Atomgruppierungen, wie z. B. *nachkupferbare direkte Azofarbstoffe* (Benzocuprol-, Coprantin- u. andere Handelstypen) u. den Cu-Komplex bereits enthaltende Direktfarbstoffe (Chlorantinlicht- u. Siriuslichtfarbstoffe u. andere Handelsmarken). A. Sander. 7054 □

Sulfonierte Anthrachinonfarbstoffe. 10. Mitt. **1-Amino-2-sulfo-4-aryloxy-, -4-arylmercapto- und 1.5-Diamino-2-sulfo-4.8-diarylamino-, -4.8-diaryloxy-, -4.8-diarylmercaptosubstituierte Anthrachinone.** J. Degani und A. Tundo. (Boll. sci. Fac. Chim. ind. Bologna **17**, 55—59, 1959; Bologna, Univ., Ist. di Chim. Ind.; ital.) — 9. vgl. C. **1960**, 8521. — 30 neue *Anthrachinonfarbstoffe* werden durch Rk. bromierter Aminoanthrachinon-2-sulfonsäuren mit kernsubstituierten Phenolen, Anilinen u. Thiophenolen in Ggw. katalyt. Mengen Cu-Salz nach bekannten Verff. erhalten. Sie färben Wolle, Seide u. mit wenigen Ausnahmen auch Acetatseide aus saurem Bade orangefarben bis blau mit z. T. guter Licht-, jedoch geringerer Waschechtheit. Echtheits-Eigg. nach den allg. Normen vgl. Original. — Es werden dargestellt: Ba-1-Aminoanthrachinon-2-sulfonate: *4-Phenoxy-*, $C_{20}H_{12}Ba_{1/2}NO_6S$; orangefarben (Farbton auf der Faser). — *4-[o-Tolyloxy]-*, $C_{21}H_{14}Ba_{1/2}NO_6S$; orangefarben. — *4-[m-Tolyloxy]-*, $C_{21}H_{14}Ba_{1/2}NO_6S$; orangefarben. — *4-[p-Tolyloxy]-*, $C_{21}H_{14}Ba_{1/2}NO_6S$; orangefarben. — *4-[o-Methoxy-*

phenoxy]-, $C_{21}H_{14}Ba_{1/2}NO_7S$; orangerot. — *4-[p-Methoxyphenoxy]*-, $C_{21}H_{14}Ba_{1/2}NO_7S$; orangerot. — *4-[o-Chlorphenoxy]*-, $C_{20}H_{11}Ba_{1/2}ClNO_6S$; orangefarben; — *4-[p-Chlorphenoxy]*-, $C_{20}H_{11}ClBa_{1/2}NO_6S$; orangefarben. — *4-Phenylmercapto-*, $C_{20}H_{12}Ba_{1/2}NO_5S_2$; rotviolett. — *4-[p-Tolylmercapto]*-, $C_{21}H_{14}Ba_{1/2}NO_5S_2$; rotviolett;. — *4-[o-Methoxyphenylmercapto]*-, $C_{21}H_{14}Ba_{1/2}NO_6S_2$; violett. — *4-[p-Methoxyphenylmercapto]*-, $C_{21}H_{14}Ba_{1/2}NO_6S_2$; violett. — *4-[p-Äthoxyphenylmercapto]*-, $C_{22}H_{16}Ba_{1/2}NO_6S_2$; violett. — *4-[o-Chlorphenylmercapto]*-, $C_{20}H_{11}Ba_{1/2}ClNO_5S_2$, rotviolett. — *4-[p-Chlorphenylmercapto]*-, $C_{20}H_{11}Ba_{1/2}Cl\cdot NO_5S_2$; rotviolett. — Ba-1.5-diaminoanthrachinon-2-sulfonate: *4.8-Dianilino-*, $C_{26}H_{19}Ba_{1/2}N_4O_5S$; blau. — *4.8-Bis-[p-toluidino]*-, $C_{28}H_{23}Ba_{1/2}N_4O_5S$; blau. — *4.8-Bis-[p-chloranilino]*-, $C_{26}H_{17}Ba_{1/2}Cl_2N_4O_5S$; blau. — *4.8-Bis-[p-anisidino]*-, $C_{28}H_{23}Ba_{1/2}N_4O_7S$; blau. — *4.8-Bis-[2.5-dimethoxyanilino]*-, $C_{30}H_{27}Ba_{1/2}N_4O_9S$; blaugrün. — *4.8-Bis-[p-Phenetidino]*-, $C_{30}H_{27}Ba_{1/2}N_4O_7S$; blaugrün. — *4.8-Diphenylmercapto-*, $C_{26}H_{17}Ba_{1/2}N_2O_5S_3$; blau. — *4.8-Bis-[p-tolylmercapto]*-, $C_{28}H_{21}Ba_{1/2}N_2O_5S_3$; blau. — *4.8-Bis-[p-chlorphenylmercapto]*-, $C_{26}H_{15}Ba_{1/2}Cl_2N_2O_5S_3$; blau. — *4.8-Bis-[p-methoxyphenylmercapto]*-, $C_{28}H_{21}\cdot Ba_{1/2}N_2O_7S_3$; blau. — *4.8-Bis-[p-Äthoxyphenylmercapto]*-, $C_{30}H_{25}Ba_{1/2}N_2O_7S_3$; blau. — *4.8-Diphenoxy-*, $C_{26}H_{17}Ba_{1/2}N_2O_7S$; blauviolett. — *4.8-Bis-[p-tolyloxy]*, $C_{28}H_{21}Ba_{1/2}N_2O_7S$; blauviolett. — *4.8-Bis-[p-chlorphenoxy]*-, $C_{26}H_{15}Ba_{1/2}Cl_2N_2O_7S$; blauviolett. — *4.8-Bis-[p-methoxyphenoxy]*-, $C_{28}H_{21}Ba_{1/2}N_2O_9S$; blauviolett. A. Sander. 7058

General Aniline & Film Corp., New York, N.Y., übert. von: **David I. Randall**, Easton, Pa., und **John Taras**, Alpha, N.J., V.St.A., *Herstellung von Phthalocyaninküpenfarbstoffen.* (**Can. P. 560 352** vom 23/12. 1955, ausg. 15/7. 1958. A. Prior. 30/12. 1954. — **C. 1961**, 10374 [Schwz. P. 345 628].)

Farbenfabriken Bayer Akt.-Ges., übert. von: **Walter Justus**, Leverkusen-Bayerwerk, und **Herbert Hempel**, Leverkusen, *Färben von Wolle mit Metallkomplexfarbstoffen.* (**Can. P. 561 361** vom 24/10. 1955, ausg. 5/8. 1958. D. Prior. 28/10. 1954. — **C. 1957**, 8655 [D. A. S. 1 001 230].)

Farbenfabriken Bayer Akt.-Ges., Deutschland (Erfinder: **Rudolf Heusch, Mathieu Quaedvlieg** und **Walter Hees**), *Färben von Polyestern und von Cellulosetriacetat.* (**F. P. 1 214 279** vom 25/10. 1958, ausg. 7/4. 1960. D. Prior. 30/10. 1957. — **C. 1959**, 15195 [D. A. S. 1 052 944].)

Ciba Ltd., übert. von: **Jakob Brassel**, Basel, und **Arthur Bühler**, Rheinfelden, Schweiz, *Färben von N-haltigen Fasern mit sauren Farbstoffen.* (**Can. P. 560 619** vom 14/12. 1954, ausg. 22/7. 1958. Schwz. Prior. 15/12. 1953 u. 26/11. 1954. — **C. 1958**, 11375 [D. A. S. 1 016 230].)

Farbenfabriken Bayer Akt.-Ges., Leverkusen-Bayerwerk, übert. von: **Kurt Breig**, Köln-Stammheim, **Eugen Glietenberg**, Leverkusen-Bayerwerk, und **Heinrich Morschel**, Leverkusen-Wiersdorf, *Herstellung von Eisfarben im Textildruck.* (**Can. P. 560 991** vom 6/12. 1955, ausg. 29/7. 1958. D. Prior. 31/12. 1954. — **C. 1961**, 15936 [F. P. 1 138 220].)

American Cyanamid Co., New York, N.Y. übert. von: **Mario Scalera**, Somerville, und **Julian J. Leavitt**, Plainfield, N.J., V.St.A., *Monoazofarbstoffe.* (**Can. P. 561 255** vom 29/4. 1954, ausg. 5/8. 1958. A. Prior. 7/7. 1953. — **C. 1960**, 657 [A. P. 2 793 206].)

Eastman Kodak Co., Rochester, N.Y., übert. von: **Edmund B. Towne, Melvin S. Bloom** und **Joseph B. Dickey**, Kingsport, Tenn., V.St.A., *2-Amino-3-nitro-5-acylthiophen-Azofarbstoffe.* (**Can. P. 560 335** vom 27/9. 1954, ausg. 15/7. 1958. A. Prior. 5/4. 1954. — **C. 1961**, 9605 [A. P. 2 805 218].)

Ciba Ltd. (Erfinder: **Henri Riat, Fritz Oesterlein** und **René de Montmollin**), *Herstellung neuer komplexer Metallverbindungen von Azofarbstoffen.* (**Aust. P. 229 845** vom 26/2. 1958, ausg. 8/9. 1960. Schwz. Prior. 5/3. 1957. — **C. 1962**, 11380 [D. A. S. 1 082 687].)

Ciba Ltd., Basel, übert. von: **Arthur Bühler**, Rheinfelden, und **Christian Zickendraht**, Binningen, Schweiz, *Metallisierbare Monoazofarbstoffe und deren Metallkomplexe.* (**Can. P. 560 615** vom 28/11. 1952 ausg. 22/7. 1958. Schwz. Prior. 7/12. 1951 u. 4/11. 1952. — **C. 1956**, 1742 [D. B. P. 922 727].)

Ciba Ltd., Basel, übert. von: **Christian Zickendraht**, Binningen, Schweiz, *Umwandlungsprodukte von Azofarbstoffen mit komplex gebundenen Metallen.* (**Can. P. 560 617** vom 29/3. 1954, ausg. 22/7. 1958. Schwz. Prior. 2/4. 1953 u. 5/3. 1954. — **C. 1959**, 5635 [F. P. 1 098 830].)

Ciba Ltd., Basel, übert. von: **Christian Zickendraht**, Binningen, und **Arthur Bühler**, Rheinfelden, Schweiz, *Reaktionsprodukte von Metallkomplexen von Azofarbstoffen mit basischen Farbstoffen.* (**Can. P. 561 295** vom 17/4. 1956, ausg. 5/8. 1958. Schwz. Prior. 21/4. 1955. — **C. 1930**, 1336 [Aust. P. 211 292].)

Ciba Ltd., Basel, übert. von: **Hans L. Schuoan**, Bettingen, Schweiz, *Wasserunlösliche Azofarbstoffe.* (**Can. P. 560 956** vom 26/7. 1955, ausg. 29/7. 1958. Schwz. Prior. 4/8. 1954. — **C. 1961**, 11531 [F. P. 1 128 837].)

Imperial Chemical Industries Ltd., London, England, *Anthrachinonfarbstoffe.* (**Ind. P. 65 674** vom 31/10. 1958, ausg. 15/12. 1960. E. Prior. 13/11. 1957. — **C. 1962**, 1040 [E. P. 847 142].)

General Aniline & Film Corp., New York, N.Y., übert. von: **Paul Nawiasky**, Summit, und **Guido R. Genta**, Hillside, N.J., V.St.A., *Herstellung halogenierter Dibenzanthrone.* (**Can. P. 560 695** vom 12/9. 1951, ausg. 22/7. 1958. A Prior. 28/9. 1950. — **C. 1955**, 5907 [F. P. 1 043 271].)

Ciba Ltd., Basel, Schweiz (Erfinder: **Christian Zickendraht** und **Eugen Johann Koller**), *Acetonlösliche Phthalocyaninfarbstoffe.* (**Aust. P. 230 229** vom 13/3. 1958, ausg. 6/10. 1960. Schwz. Prior. 18/3. 1957. — **C. 1960**, 10072 [A. P. 2 897 207].)

$H_{11}a$. Farben. Anstriche. Lacke. Naturharze

Herbert Carl, Radebeul, **Herstellung von luminescenzreinem Zinksulfid für Leuchtstoffe** durch Fällung mit H_2S aus einer sauren $ZnSO_4$-Lsg. bei normalem Druck u. Raum-Temp., wobei durch die Lsg. im Kreislauf Luft gedrückt wird, die

allmählich mit H_2S bis zu einer Konz. von 77 Vol.-% angereichert wird. (**D. P. [DDR] 21 794** Kl. 22f vom 3/9. 1958, ausg. 22/11. 1961 [Wirtschaftspatent].)
M. F. Müller. 7093

Lindgens & Söhne, Köln-Mülheim (Erfinder: Walter Breckheimer, Köln-Delbrück, und Roman Graeff, Köln-Bayenthal), **Herstellung von zinksulfidhaltigen Pigmenten** mit verbesserten Eigg. durch Rk. von Zn-Salzen mit in W. lösl. Sulfiden, Abfiltrieren u. Glühen der gebildeten Ndd. u. Aufschlemmen in W., dad. gek., daß man aus dieser wss. Aufschlämmung die nicht sulfid. Zn-Salze herauslöst u. die gelösten Zn-Salze wieder als schwer lösl. Zn-Verbb. ausfällt. (**D. P. [DDR] 21 721** Kl. 22f vom 6/2. 1959, ausg. 15/8. 1961 [Ausschließungspatent]. D. Prior. [Bundesrepublik Deutschland] 8/2. 1958.)
T. Oppermann. 7093

Allied Chemical Corp., New York, übert. von: Guido R. Genta, Snyder, N.Y., V.St.A., **Halogenierung von Pigmenten und Farbstoffzwischenprodukten.** Die polycycl. Verbb. der Di- oder Isodibenzanthron-, Pyranthron-, Anthanthron-, Dibenzpyrenchinon-, Indanthron-, Flavanthron-, Indigo-, Thioindigo- oder Phthalocyaninreihe, die unlösl. oder wenig lösl. in W. wie auch in organ. Lsgm. sind, suspendiert man in fein verteilter Form in einer organ. Fl., wie Nitrobenzol, Chlorbenzolen, Toluol, Xylol oder Phthalsäureanhydrid, gibt dann in prakt. gleichen Mengen wie die der polycycl. Verbb. ein Alkalimetallhalogenid, wie NaCl oder KCl, zu der Suspension u. trägt oder leitet dann ein Halogen, Br_2 oder bes. Cl_2 unter Rühren ein, wobei bei Temp. von 75—175° das anorgan. Salz durch Schleifen, Kratzen u. Schaben kontinuierlich frische Oberflächen der polycycl. Verbb. für den Angriff des Halogens erzeugt. (**A. P. 2 995 552** vom 26/12. 1957, ausg. 8/8. 1961.)
O. Roick. 7093

E. I. du Pont de Nemours & Co., Wilmington, Del. (Erfinder: Harvey I. Stryker, Carney's Point, N.J., Addison H. Williamson, Wilmington, Del., und Peter F. Gross, Woodstown, N.J.), V.St.A., **Umwandeln von Polychlor-Kupferphthalocyaninen in Pigmentform.** Man erzeugt ein Gemisch aus wenigstens 13,5 Cl-Atome im Mol. aufweisenden, wasserfreien, rohen Polychlor-Kupferphthalocyaninen mit wenigstens 2 Mol eines wasserfreien Metallhalogenids der Formel MX_3, in der M Al oder Fe u. X Cl oder Br bedeutet. Diese Mischung behandelt man mit einer inerten, mit W. nicht mischbaren organ. Fl. u. mit W., so daß das Farbstoffgemisch schließlich mit der organ. Fl. u. dem W. in Berührung kommt, u. trennt aus dem entstehenden Zweiphasengemisch die von der organ. Fl. benetzten Teilchen von der wss. Salzlösung. Das so gewonnene Pigment kann zwecks Herst. von Farben, Firnissen u. Druckfarben ohne weitere Bearbeitung in fl. organ. Träger oder Bindemittel eingearbeitet werden. (**D. A. S. 1 114 462** Kl. 8m vom 17/4. 1954, ausg. 5/10. 1961. A. Prior. 22/4. 1953.)
F. Böhm. 7093

Howards of Ilford Ltd., Ilford, Essex, England (Erfinder: Victor Frederick Jenkins, Colin Richardson und Ronald James Wicker), **Modifiziertes Cyclohexanon-Harz.** Ein Cyclohexanonmethanol- oder Alkylcyclohexanonmethanol-Harz, das OH-Gruppen enthält, wird verestert mit einer aliphat. oder aromat. Carbonsäure oder einem Anhydrid, Säurechlorid oder Ester der Carbonsäure. — 700 (cm^3) 90%ig. isomeres Gemisch von o-, m- u. p-Methylcyclohexanon, 840 Methanol u. 380 g NaOH werden 14 Std. lang unter Rückfluß erhitzt, worauf das Harz mit Ligroin extrahiert wird. 420 (g) dieses Harzes werden mit 222 Phthalsäureanhydrid u. 35 Toluol unter Rückfluß 3 Std. lang erhitzt. Dann werden 500 cm^3 Toluol zugesetzt. Am nächsten Tage wird die Harz-Lsg. vom unveränderten Phthalsäureanhydrid dekantiert u. aus dieser durch Dest. ein klares gelbes Harz vom F. 92° gewonnen. — *Verw. in Nitrolacken.* (**E. P. 869 467** vom 12/3. 1957, ausg. 31/5. 1961.)
W. Overbeck. 7097

Ciba Akt.-Ges., Basel (Erfinder: Paul Zuppinger, Arlesheim, und Gustav Widmer, Basel,) Schweiz, **Herstellung von ungesättigten Äthern von Aminotriazin-Formaldehyd-Kondensationsprodukten,** dad. gek., daß man ein pro Aminogruppe des Aminotriazins mindestens eine Methylolgruppe oder eine mit einem gesätt. aliphat. Alkohol mit 1—4 C-Atomen verätherte Methylolgruppe enthaltendes CH_2O-Kondens.-Prod. eines $\geqq 2$ Aminogruppen enthaltenden Aminotriazins in Ggw. eines Verätherungskatalysators, wie einer Säure, mit solchen Mengen eines ungesätt. Alkohols der allg. Formel $HO—R—O—CH_2—CR_1 = CH—R_2$ (I), worin R einen organ. Rest, bes. einen ggf. durch Halogenatome substituierten u./oder durch O-Atome unterbrochenen aliphat., cycloaliphat. oder araliphat. KW-Stoffrest, R_1 u. R_2 ein H-Atom oder eine Methylgruppe bedeuten, reagieren läßt, daß im entstehenden Äther pro Aminogruppe des Aminotriazins mindestens ein I-Rest vorhanden ist. — Verw. als Zusatz zu trocknenden Ölen u. Überzugsmassen. (**D. A. S. 1 122 255** Kl. 39c vom 2/10. 1959, ausg. 18/1. 1962. Schwz. Prior. 3/10. 1958.)
W. Overbeck. 7097

Spencer Kellogg & Sons, Inc., übert. von: Hans M. Hauge, Depew, und Joseph A. Pawlak, Buffalo, N.Y., V.St.A., **Isocyanatmodifizierte, trocknende Öle** erhält man durch Erhitzen von —C=C-Doppelbindungen enthaltenden, vegetabil. Ölen von der Gruppe der trocknenden u. halbtrocknenden Öle (Lein-, Sojabohnen-, Safflor-, Sesam-, Tall, Sonnenblumen- oder Perillaöl) auf 420—550° F zusammen mit 7—25% an wenigstens trifunktionellen Alkoholen (Pentaerythrit u. Glycerin) zwecks Alkoholyse bis zur Bldg. von Diolestern mit einer OH-Zahl von 120—260 u. anschließendes Umsetzen mit Polyisocyanaten (**I**) unterhalb 130° F in äquivalenten Mengen zur OH-Zahl, bis 80% des Polyisocyanates reagiert haben, u. weiteres Erhitzen über 130° F bis unter 1% nichtreagiertes Polyisocyanat. **I**, ggf. in inerten, sog. Lack-Lsgm. gelöst (Xylol u. Testbenzin). Verw. als Farben-, Klebstoff- oder Lackträger. — Herst. *wetterfester, sehr harter, sehr gut pigmentierbarer, schnell trocknender, heller Filme.* (**A. P. 2 970 062** vom 29/10. 1958, ausg. 31/1. 1961.) E. Dörfel. 7097

Karl Taubert, Leipzig, und Herbert Köcher, Cösitz, **Herstellung eines Trockenstoffes** für die Lack- u. Farbenindustrie aus einer 25—32%ig. Alkali- oder Erdalkalisulfonat-Lsg. durch Fällung der Schwermetallsulfonate mit gesätt. wss. Co- oder Mn-Salz-Lsgg. <50°. — 2,5 Liter 30%ig. Na-Sulfonat-Lsg. werden in 2 Liter Butanol mit 800 g gesätt. $MnCl_2$-Lsg. (43%ig.) bei 20° gefällt. Das gewonnene *Mn-Sulfonat* wird durch Dest. entwässert. — Aus einer Ca-Sulfonat-Lsg. u. $CoCl_2$-Lsg. wird das *Co-Sulfonat* gewonnen. — Tabelle. (**D. P. [DDR] 22 374** Kl. 22h vom 27/5. 1958, ausg. 6/12. 1961 [Wirtschaftspatent].) M. F. Müller. 7097

Badische Anilin- & Soda-Fabrik Akt.-Ges. (Erfinder: Eberhard Inhoffen, Herbert Willersinn, Karl Ruhl und Fritz Brunnmüller), Ludwigshafen/Rh., **Herstellung von Mischpolymerisaten auf der Grundlage ungesättigter Polyesterharze,** die mittels eines in 1- oder 1.3-Stellung durch Alkylreste mit 2 u. mehr C-Atomen, Cycloalkyl- oder Arylreste, substituierten 2.2-Dimethylpropandiols-(1.3) (**I**) erhalten wurden. Neben **I** können andere Glykole, z. B. ein Gemisch, wie es bei der Hydrierung entsprechender Aldol-Kondens.-Prodd. anfällt, zur Polyester-Herst. verwendet werden. — Man stellt aus 2 (Mol) Maleinsäureanhydrid, 1 Phthalsäureanhydrid u. 3 2.2-Dimethylhexandiol-(1.3) ein Polyesterharz her, das mit Styrol polymerisiert wird, so daß das Prod. 60 (Gewichtsteile) Polyester u. 40 Styrol im Polymerisat enthält. Erweichungspunkt des Mischpolymerisats 124°, es wird von 30 Gew.-% wss. KOH auch bei 9 std. Kochen nicht angegriffen. — Verw. für wasser- u. alkalifeste *Lacke* u. *Formmassen* (Karosserien, Boote, Waschmaschinen). (**Oe. P. 217 711** vom 21/7. 1960, ausg. 25/10. 1961. D. Prior. 21/7. 1959.) M. Pankow. 7107

Établissements Helic, Le Bourget, Seine (Erfinder: Jacques Monnier, Gagny, Seine-et-Oise), Frankreich, **Anfärben von weißen oder nichtpigmentierten Anstrichmitteln,** durch Zusatz von z. B. in Pastillenform gebrachten Pigment-Präpp., die neben dem eigentlichen Pigment zweckmäßig noch ein Bindemittel, ein Verdünnungsmittel, die Verteilung erleichternde Stoffe (z. B. Cellulose-Derivv.), oberflächenakt. Stoffe u. Gleitstoffe zur Erleichterung des Entformens der Pastillen enthalten. (**Schwz. P. 354 194** vom 17/9. 1957, ausg. 30/6. 1961. **Belg. P. 561 006** vom 21/9. 1957, ausg. 20/5. 1960.) P. Krug. 7107

Montecatini Soc. Gen. per l'Industria Mineraria e Chimica (Erfinder: Franco Ranalli), Mailand, Italien, **Polypropylenwaren mit gut haftenden Anstrichen oder Mustern.** Man behandelt die Oberfläche kurz bei $\geqq$140° mit organ. Estern der Formel $Ar(COOAlk)_n$ oder $Alk\text{-}(COOAlk)_n$ (Alk u. Ar = Alkyl- bzw. Arylrest, auch mit Halogen-, Thio-, Cyan-, Amino u. dgl. Gruppen) u. gibt einen Stoff zu, der den Ester, nicht aber das Polymere löst, wobei das gelöste Polymere als feines, haftendes Pulver an der Oberfläche abgeschieden wird, auf dem Farben, Drücke, Filme, Überzüge gut haften. Die Oberfläche kann danach durch Erhitzen, Schmelzen oder Überziehen mit einem Schutzfilm weiter verbessert werden. — Man taucht eine Polypropylenplatte 1 Min. lang in 2-Äthylhexylphthalat von 150° u. 3 Min. lang in Aceton. Nach dem Trocknen kann die Platte beschriftet oder bemalt werden. Man behandelt die Oberfläche dann einige Sek. lang mit den heißen Gasen eines Gasbrenners. (**Oe. P. 215 160** vom 25/6. 1959, ausg. 25/5. 1961. **F. P. 1 228 652** vom 22/6. 1959, ausg. 31/8. 1960. Beide It. Prior. 26/6. 1958.) M. Pankow. 7107

Deutsche Solvay-Werke G. m. b. H., Solingen-Ohligs, **Herstellen von Überzügen** aus thermoplast. Polymerisaten u. Weichmachern durch Aufsprühen u. Durchleiten der Überzugsmasse durch eine Heizzone. Als Thermoplast wird ein Vinylchloridpolymerisat oder ein Mischpolymerisat aus Vinylchlorid u. Vinylacetat, -propionat, -stearat, Vinylidenchlorid, Maleinsäure-Verbb., Acryl- u. Methacrylsäure-Derivv. ver-

wendet, welcher ggf. Füllstoffe, Pigmente u. Stabilisatoren enthält. Das pulverförmige, rieselfähige, weichmacherhaltige Prod. läßt sich bes. leicht in der Spritzpistole handhaben. (**Oe. P. 214 548** vom 27/8. 1958, ausg. 10/4. 1961. D. Prior. 22/4. 1958.)
W. Wittholz. 7107

Esso Research and Engineering Co., Del., V.St.A., **Überzugsmittel auf der Basis von synthetischen trocknenden Polymerisatölen,** wie Polybutadien oder Butadien-Styrol-Mischpolymerisaten, enthalten zusätzlich 5—25 (%) eines konjugierte Doppelbindungen aufweisenden Öls wie Holz-, Oiticicaöl, isomerisiertes Lein- oder Sojaöl sowie 0,01—5% einer Phosphorsäure, z. B. H_3PO_4, H_3PO_3, H_2PO_3, H_3PO_2. (**E. P. 861 412** vom 4/12. 1959, ausg. 22/2. 1961. A. Prior. 30/12. 1958.) M. Böttcher. 7107

Farbwerke Hoechst Akt.-Ges., vormals Meister Lucius & Brüning, Frankfurt/M.-Hoechst, **Chlorieren von Polyäthylen.** Man suspendiert Niederdruckpolyäthylen in der 3—30fachen Wassermenge u. chloriert $>100-110^0$, zweckmäßig $<150^0$, bei erhöhtem Druck mit überschüssigen Cl_2, auch in Ggw. von aliphat., cycloaliphat. u./oder aromat. KW-Stoffen mit $\geqq 6$ C-Atomen. Man erhält flockige bis amorphe, gummiartige bis harte Stoffe. Bei der Chlorierung können indifferente Zusatzstoffe anorgan. oder organ. Natur anwesend sein. Vorteilhaft ist es, zunächst $<100-110^0$ zu chlorieren, dann die Temp. allmählich zu erhöhen u. $>100-110^0$ fertig zu chlorieren. — Die Prodd. dienen als *Lackrohstoffe, Überzugsmassen,* als hochpolymere *Weichmacher* in anderen Kunststoffen, als *Kautschukersatz.* — Man rührt in 3 Liter 50%ig. $CaCl_2$-Lsg. von 110—115° 200 g Polyäthylen (Molgew. 110000), wirbelt gut durch, bestrahlt mit UV-Licht u. leitet bei 115—120° Cl_2 unter leichtem Überdruck (0,3 atü) ein. Nach 72 Std. ist ein *kautschukartiges Material* entstanden; lösl. in Trichloräthylen, aromat. KW-Stoffen u. Äthyl- oder Butylacetat. (**Oe. P. 217 701** vom 28/4. 1958, ausg. 25/10. 1961. D. Prior. 28/9. 1957.) M. Pankow. 7107

Montecatini Soc. Gen. per l'Industria Mineraria e Chimica, Mailand, Italien, und Karl Ziegler, Mülheim/Ruhr (Erfinder: Aldo Fior und Luciano Lucchetti, Mailand, Italien), **Herstellung von Filmen aus kristallinen α-Olefinpolymeren,** die für Gase, Dämpfe, Fette undurchlässig sind. Man oxydiert, sulfoniert, chlorsulfoniert oder pfropfpolymerisiert die Oberfläche des Films u. bringt darauf einen dünnen Überzug aus Polyvinylalkohol u./oder Vinyl- bzw. Vinylidenpolymeren u./oder Phenol-HCHO-Harz. — Man zieht z. B. einen Film aus kristallinem Polypropylen durch ein Sulfonierungsbad (Oleum) mit Trichloräthylen als Lsgm. u. nach Trocknen durch ein Bad ans 30 Gewichtsteilen Polyvinylalkohol in 100 Gewichtsteilen W. u. trocknet bei 80°. Der Film ist für Gase u. Öle undurchlässig. (**Oe. P. 213 064** vom 30/4. 1959, ausg. 25/1. 1961. **F. P. 1 223 054** vom 29/4. 1959, ausg. 15/6. 1960. Beide It. Prior. 2/5. 1958.)
M. Pankow. 7107

Simoniz Co., übert. von: Gerard W. Meister, Chicago, Ill., V.St.A., **Versprühbare Poliermittelmischungen.** Diese enthalten 0,1—25 (Teile) eines bei normalen Temp. gasförmigen Treibmittels (z. B. „Freon" 12 oder 114) u. 99,5—75 eines emulgierten Poliermittels, welches aus 50—80 (Gew.-%) W., 2—5 Glycerin, 5—15 Diatomeenerde, 8—25 Paraffinöl, 0,2—1 Polyvinylalkohol, 0,1—5 Traganth u. 0,1—0,5 Emulgiermittel besteht. (**A. P. 2 978 422** vom 19/2. 1959, ausg. 4/4. 1961.) P. Krug. 7119

Ss. I. Gorlowski, W. W. Rybkina, P. A. Panjuschew, M. A. Petronio und A. Je. Rasspopina, **Gewinnung von Terpentin** aus Sulfat-Rohterpentin durch Dampf-Dest., dad. gek., daß zur Erhöhung des Geh. an α-Pinen, wie Terpentin, u. an Terpenalkoholen im Dest.-Rückstand das Rohprod. zuvor mit Luft oxydiert wird u. der Dest.-Rückstand als *Flotationsmittel* verwendet wird. — Aus 1240 (Liter) Rohprod. werden 180—220 unverändertes Prod., 600—650 Handelsterpentin mit $>70\%$ α-Pinen u. $\leqq 0{,}03\%$ S u. 300—325 Flotationsmittel mit $\geqq 60\%$ Terpenalkoholen erhalten. (**UdSSR. P. 121 893** vom 24/12. 1958.) L. Großner. 7141

Kelco Co., übert. von: William H. McNeely und Orville G. Lowe, San Diego, Calif., V.St.A., **Hochviscose, in Wasser lösliche Gummen** erhält man bei der Rk. von Gummiarabicum, Dextran u. dgl. in alkal. Lsg., bes. von NaOH, KOH, in Mengen von 1—20 Gew.-%, mit bifunktionellen verätherbare Gruppen enthaltenden Verbb., wie Epihalogenhydrin, alkylsubstituierten Epihalogenhydrinen oder Diglycerinhydrinen, in Mengen von 1—5% bei mäßig erhöhten Temp., wobei neben der Verätherung gleichzeitig ein Salz des Kations der Base sich bildet. Man neutralisiert die Lsg. u. fällt daraus mittels eines organ., mit W. mischbaren Lsgm. die Gummen aus, die abgetrennt u. bei 45—80° getrocknet werden. Verdickungsmittel. (**A. P. 2 976 274** vom 21/2. 1958, ausg. 21/3. 1961.) G. König. 7141

VEB Berliner Glühlampen-Werke (Erfinder: Klaus-Thomas Wilke und Rita Mannheim), Berlin, *Leuchtstoffe.* (**Ung. P. 145 203** vom 3/10. 1957, ausg. 15/9. 1959. — **C. 1959,** 15199 [D. P. [DDR] 16289].)

Godfrey L. Cabot, Inc., Boston, Mass., übert. von: **Laurent P. Michel und Thomas H. Goodgame**, Baytown, Tex., V.St.A., *Herstellung von Fe_2O_3-Pigment.* (**Can. P. 561 279** vom 28/6. 1956, ausg. 5/8. 1958. — **C. 1959,** 10736 [E. P. 796 037].)

Sandoz Akt.-Ges., übert. von: **Ernst Gutzwiller**, Basel, und **Wolfgang Schönauer**, Riehen, Schweiz, *Herstellung von Isothiazolanthron-Pigmentfarbstoffen.* (**Can. P. 560 440** vom 13/6. 1953, ausg. 15/7. 1958. Schwz. Prior. 16/6. 1952. — **C. 1957,** 9783 [F. P. 1 089 522].)

Farbwerke Hoechst Akt.-Ges., vormals Meister Lucius & Brüning, Deutschland, *Farbstoffträger zum Färben von plastischen Massen.* (**F. P. 1 214 696** vom 29/1. 1959, ausg. 11/4. 1960. D. Prior. 30/1. 1958. — **C. 1960,** 16950 [D. A. S. 1 082 045].)

Sherwin-Williams Co., Cleveland, Ohio, übert. von: **Maynard B. Unger und Edward R. Schwab**, Chicago, Ill., V.St.A., *Metallkoordinationskomplexe primärer Amine.* (**Can. P. 561 126** vom 4/5. 1954, ausg. 29/7. 1958. A. Prior. 5/5. 1953. — **C. 1958,** 8766 [A.P. 2 791 601].)

General Electric Co., übert. von: **William S. Kather**, Schenectady, N.Y., V.St.A., *Wasserfarben.* (**Can. P. 561 728** vom 21/5. 1953, ausg. 12/8. 1958. A. Prior. 27/5. 1952. — **C. 1958,** 3459 [A. P. 2 713 545].)

Dow Chemical Co., übert. von: **Lyle G. Treat und Laurence L. Ryden**, Midland, Mich., V.St.A., *Wetterfestes Anstrichmittel.* (**Can. P. 562 341** vom 9/11. 1953, ausg. 26/8. 1958. A. Prior. 9/2. 1953. — **C. 1957,** 12022 [A. P. 2 727 012].)

Dominion Rubber Co. Ltd., Montreal, Quebec, Canada, übert. von: **Roscoe H. Gerke**, Nutley, und **Theodore Shevzov**, Garfield, N.J., V.St.A., *Überzüge.* (**Can. P. 561 692** vom 17/2. 1956, ausg. 12/8. 1958. A. Prior. 18/5. 1955. — **C. 1959,** 6317 [A. P. 2 791 519].)

Farbwerke Hoechst Akt.-Ges., vormals Meister Lucius & Brüning, Frankfurt/M.-Höchst, übert. von: **Werner Stark**, Hofheim/Taunus, **Otto Fuchs, Hermann Fritz und Anton Staller**, Frankfurt/M., *Dispersion von Chlortrifluoräthylenpolymeren in organischen Lösungsmitteln.* (**Can. P. 562 038** vom 9/10. 1953, ausg. 19/8. 1958. D. Prior. 13/10. 1952. — **C. 1958,** 4633 [F. P. 1 114 286].)

Atlas Powder Co., Wilmington, Del., übert. von: **Jack C. Bacon**, Noroton Heights, Conn., V.St.A., *Amin-Aldehydharz mit linearem Polyester.* (**Can. P. 559 963** vom 6/6. 1955, ausg. 8/7. 1958. A. Prior. 10/6. 1954. — **C. 1958,** 11962 [D. A. S. 1 015 165].)

H_{11b}. Plaste (Kunstharze. Plastische Massen)

Die Polyäthylenproduktion in den USA und Kanada. O. H. Goebel. (Österr. Chemiker-Ztg. **63,** 69—78, März 1962; dt.) — Überblick über die in den USA u. Kanada angewandten techn. Verff. zur Polyäthylengewinnung. E. Klever. 7170□

Organosole und Plastisole. O. A. Ssadowskaja. (Lacke Farben Anwend. [UdSSR] **1962,** Nr. 1, 90—91; russ.) — Allgemeines an Hand der nichtsowjet. Veröffentlichungen über Organosole (Lsgm. enthaltende wss. Dispersionen) u. Plastisole (Polychlorvinylacetatdipersionen in einem Weichmacher). — 20 Literaturangaben. J. v. Schroeder. 7170□

Reibung und Verschleiß von Plasten bei hohen Kontaktspannungen. M. D. Besborodko, G. W. Winogradow und L. I. Schabarow. (Plast. Massen [UdSSR] **1962,** Nr. 5, 53—57; russ.) — Die Reibung unter hohem Anpreßdruck (bis 300 kg) von Plasten mit Plasten bzw. Stahl wird bei Punktbelastung untersucht u. dabei die Wrkg. verschiedener Schmiermittel beurteilt. Es werden *Phenol-Formaldehydharz* (I), I mit 60% Glaswolle u. I mit 60% Sulfitcellulose sowie Stahl *SchCh-6* u. als Schmiermittel Öl auf Erdölbasis, Rizinusöl, Stearinsäure, Cumol, W., Glykole u. mehrwertige Alkohole allein u. mit Zusätzen verwendet. Es werden Kugeln (Plaste, Stahl) in einer Pyramide angeordnet, wobei unten 3 fest angeordnet sind, während die obere mit 600 U/Min. rotiert. Es wird nur eine geringfügige Beeinflussung des Reibungs-Koeff. durch die Zusätze bei der Reibung von Plasten gegen Plaste festgestellt, während bei der Reibung von Plasten gegen Stahl die Zusätze eine starke Wrkg. ausüben, wobei Glycerin am stärksten wirksam ist; z. B. wird der Reibungs-Koeff. bei 150 kg Druck von Stahl gegen I mit Glaswolle von ca. 0,25 auf ca. 0,025 vermindert. Dabei ist zu bemerken, daß die Abhängigkeit der Reibungs-Koeff. vom Druck hierbei nicht linear verläuft, sondern Minima u. Maxima aufweist (irreversible Verformung, Verschleißreibung). O. Kramm. 7170□

Aufbringen pulverförmiger Plaste durch Elektrovibration. E. P. Klims, L. M. Liberman und D. B. Prieditis. (Plast. Massen [UdSSR] **1962,** Nr. 7, 35—37; russ.) — Metall. Gegenstände lassen sich mit einer Schicht aus *Polycaprolactam* überziehen, wenn sie im erwärmten Zustand (350°) auf 5—20 Sek. in durch einen Elektrovibrator in Vibration versetztes Polycaprolactampulver eingetaucht werden. Der Überzug wird glatt u. glänzend. J. v. Schroeder. 7170□

Verkleben von Schaumplasten mit Hilfe von Hochfrequenzerwärmung. L. M. Kowaltschuk. (Plast. Massen [UdSSR] **1962,** Nr. 7, 32—35; russ.) — Einige Schaumplasten (*PS-4*, *PS-1*) lassen sich mit Carbamidklebstoffen unter Anwendung von Hochfrequenzerwärmung in 5—6 Sek. verkleben. Schaumplast *PVCh* darf nur 3—5 Sek. erwärmt werden, da es sonst stark deformiert wird. J. v. Schroeder. 7170□

Über die Bestimmung der elastischen Konstanten E, G und μ thermoplastischer Stoffe. P. G. Artemow, G. W. Schpak und W. W. Ssimankow. (Plast. Massen [UdSSR.] **1962**, Nr. 5, 58—59; russ.) — Die Best. von μ (Poissonscher Koeff.), E (normaler E-Modul) u. G (tangentialer E-Modul) kann nach der Gleichung $\mu = E/2\,G-1$ bei Metallen bei Best. zweier Größen an verschiedenen Prüfkörpern erfolgen. Für thermoplast. Stoffe muß die Prüfung an einem Prüfkörper erfolgen, wenn eindeutige Ergebnisse erhalten werden sollen. Es wird hierfür der Prüfkörper nach Form u. Ausmaß entsprechend GOST 4646—49 vorgeschlagen. Es werden an 10 Proben die obengenannten Spannungswerte von der plast. Masse *Monolith* Nr. 1 ermittelt u. die Brauchbarkeit der vorgeschlagenen Meth. nachgewiesen. O. Kramm. 7170□

Adsorption von Polymeren an Glas und anderen Stoffen. 1. Mitt. R. R. Stromberg und G. M. Kline. (Mod. Plastics **38**, Nr. 8, 123—24, 129—30, 133, 192—96, April 1961; Washington, D.C., Nat. Bureau of Stand.; engl.) — Folgende Faktoren bzgl. des Adsorptions-Verh. von Polymeren auf Glas, SiO_2, Al_2O_3 u. a. wurden einer eingehenden Betrachtung unterzogen: Adsorptions-Geschw., Natur der Adsorbensoberfläche Lsgm.-Effekt u. Molgew. des Polymerisats. Die Natur u. Adsorbierbarkeit der Endgruppen u. der Monomereinheiten längs der Kette sowie inter- u. intramol. Wechselwrkg. führen zu komplexen Erscheinungen bei Polymerisat–Lsgm.–Adsorbens-Systemen. Die Anwendbarkeit verschiedener Gleichungen, wie die von Langmuir, Simha-Frisch-Eirich u. Gilliland-Gutoff, zur Best. des Adsorptions-Verh. von Polymeren wurde geprüft. R. Schäff. 7170□

Adsorption von Polymeren an Glas und anderen Stoffen. 2. Mitt. R. R. Stromberg und G. M. Kline. (Mod. Plastics **38**, Nr. 9, 241—45, 353, 356, Mai 1961; engl.) — 1. vgl. vorst. Referat. — Die Temp.-Effekte, die Adsorptions–Desorptions-Umkehrbarkeit u. die Konfiguration des Adsorbat-Mol. wurden untersucht. Theoret. Gleichungen für das Adsorptions-Verh. von Polymeren wurden abgeleitet u. ihre Bedeutung für die Praxis erörtert. R. Schäff. 7170□

Einfluß der Struktur auf die Eigenschaften von Polymeren. 1. Mitt. **Molekulare Kräfte und Gleichgewichtszustände.** J. Benton. (Brit. Plastics **35**, 184—92; April 1962; Glamorgan, Barry, Brit. Geon Ltd.; engl.) — Die Übersicht weist auf die bes. Bedeutung der zwischenmol. Kräfte für die Eigg. der Polymeren hin, z. B. Erweichungspunkt bei kristallinen Polymeren, Konfiguration u. Aufbau kristalliner u. amorpher Polymerer u. Deformations-Verh. unter Einw. von Kräften. G. Heintz. 7170□

Kunststoffe für feste Treibmittelsätze. Alfred J. Zaehringer. (Mod. Plastics **38**, Nr. 9, 225—31, 350, Mai 1961; Taylor, Mich., Merican Rocket Co.; engl.) — Die Verw. von Kunststoffen als Bindemittel für Raketentreibstoffe in fester Form wird erörtert. R. Schäff. 7170□

Alkoholfreie Methode zur Darstellung von Estern. Schamchal Mamedow, I. L. Nisker und A. Ss. Rsajew. (Ber. Akad. Wiss. AserbaidshanSSR **17**, 789—91, 1961; Inst. für petrochem. Prozesse; russ., Auszug: aserbaidshan.) — Vgl. C. **1961**, 17400. — Durch Rk. der Na-Salze von Naphthensäuren mit 1.2-Dichloräthan wurde der *Äthylenglykolester „Anas"*, durch Rk. mit β.β'-Dichloräthyläther (I) der *Diäthylenglykolester „Anas-20"* erhalten. „Anas-20" kann als Plastifikator für PVC verwendet werden u. bleibt mit seinen Eigg. nicht hinter den üblichen Plastifikatoren zurück (tabellar. Vgl. mit Dibutyl-, Dioctylphthalat, Dibutylsebacinat, Trikresyl- u. Trihexylphosphat sowie Castoröl). — *„Anas-20"* (*Diäthylenglykolester von Naphthensäuren*), $Kp._2$ 200—240°, Ep. —55°; $D._4^{20}$ 0,921; n_D^{20} 1,487; Flüchtigkeit in 6 Std. bei 100° 0,05%. Zur Darst. neutralisiert man 500 g Naphthensäuren, die durch Vakuum-Dest. des Asidols von Kerosinfraktionen mit einer SZ. von 280 bei 120° erhalten wurden, mit 90 g NaOH, dest. das W. bis 170—180° ab, tropft in 2—3 Std. 250 g I zu u. rührt 2 Std. lang bei 200—210°; man wäscht mit W. u. dest. bei 2 mm Hg. Helmut Schäfer. 7170

Oberflächenbehandlungsmethoden von Polyäthylen zur Verbesserung der Bedruck- und Lackierbarkeit. P. J. Visser. (Plastica [Delft] **15**, 282—85, Mai 1962; T.N.O. Kunststoffeninstituut; niederl.) — Zur Erzielung einer für Druckfarben- u. Lackaufträge geeigneten Oberflächenbeschaffenheit kann Polyäthylen durch chem. Oxydation, Flammenbehandlung, Elektronenbombardement oder Glimmentladung oberflächlich modifiziert werden. B. Scheifele. 7172□

Rheologische Charakteristiken von Niederdruck-Polyäthylen und Bewertung seines Fließvermögens. Je. Je. Gluchow und Ss. I. Klas. (Plast. Massen [UdSSR] **1962**, Nr. 5. 30—33; russ.) — Aus den Gleichungen $\varepsilon = A \cdot \sigma_1^n$ (ε = Schub-Geschw., A = Koeff., σ_1 = maximaler Schubmodul, wobei sich n dann als tg des Winkels der Fließkurve ergibt)

u. $\sigma = B \cdot e^{U/RT}$ (U = Aktivierungsenergie) kann bei Kenntnis von n u. U theoret. das Fließ-Verh. von Schmelzen errechnet werden. Für *Niederdruckpolyäthylen* (I) wird diese Unters. von Vff. bei 150—270° u. 20—120 kg/cm² Druck durchgeführt. Für $\varepsilon > 115$ Sek.$^{-1}$ ergibt sich $n \cong 3{,}2$ u. A in Abhängigkeit von der Temp. 8—44, u. für $\varepsilon < 115$ $n \cong 1{,}9$ u. A 2,1—16. In Abhängigkeit von ε (12—1265 Sek^{-1}) errechnet sich U mit 1200—3400 cal/Mol. U ändert sich bis $\varepsilon = 115$ Sek.$^{-1}$ prakt. nicht u. fällt dann stärker ab. Gegenüber *Hochdruckpolyäthylen*, dessen Fließ-Verh. durch erhöhte Temp. erhöht werden kann, spricht I stärker auf Druck an. Da sich der Druck durch n ausdrücken läßt, ist die Rolle des Druckes um so bedeutender, je größer n ist. Je größer U ist, um so größer ist die Wrkg. der Temp. beim Fließverhalten. Es werden auch experimentelle Ergebnisse des Spritzgusses angeführt, die zu ähnlichen Kurvenbildern (linear mit einem Knickpunkt) für die Abhängigkeit Geschw./Druck) führen. U ergibt hierfür 1120—1800 cal/Mol bei 0,005 bis 0,12 m/Sekunden. O. Kramm. 7172□

Schlagzähigkeit von Spritzgußteilen aus Gemischen von Polyäthylen hoher und niedriger Dichte. Drs. L. Dijkema und Ir. T. Frieling. (Kunststoffe **51**, 703—06, Nov. 1961; Delft, Kunststoffinst.; dt.) — Vff. ermittelten die durch die Orientierung der Masse beim Spritzgießen bedingte „innere Sprödigkeit" sowie die durch die Verarbeitungsbedingungen (Spritz- u. Form-Temp., Einspritz-Geschw.) bedingte „Verarbeitungssprödigkeit" an Proben aus *Polyäthylen* hoher Dichte durch Best. der Schlagzähigkeitswerte von ungekerbten u. angekratzten Proben, die den Spritzlingen senkrecht u. parallel zur Fließrichtung entnommen wurden. Die an Hand von Kurven erläuterten Unters.-Ergebnisse lassen bei spröder Bruchform die starke Richtungsabhängigkeit dieser Werte erkennen, während die Verarbeitungsbedingungen einen geringen Einfl. ausüben. Die Zugabe von ca. 20% Polyäthylen niederer Dichte, die im Schmelzstadium durch intensives Mischen erfolgte, bewirkte neben einer geringen Erniedrigung des E-Moduls ein Verschwinden des Sprödbruchs u. der Abhängigkeit der Schlagzähigkeitswerte von der Lage der Probe zur Fließrichtung sowie eine Verminderung des Einfl. der Kratzer auf diese Eigenschaft. H. Sontag. 7172□

Anleitung zur Filmbehandlung durch Koronaentladung. J. C. von der Heide und H. L. Wilson. (Mod. Plastics **38**, Nr. 9, 199—206, 344, Mai 1961; Ansonia, Conn., Farrel-Birmingham Co., Sales Engng.; Tuscola, Ill., Nat. Distill. & Chem. Corp., U. S. Ind. Chem. Co. Div., Polymer Service Labor.; engl.) — Der Mechanismus der Behandlung von *Polyäthylenfilmen* durch Koronabehandlung (um diese Filme bedruckbar zu machen) wurde untersucht, u. es wird gezeigt, wie die Ausführung der Elektroden u. die Natur der elektr. Einw. diese Behandlung beeinflussen. R. Schäff. 7172□

Einwirkung der γ-Strahlen auf Polypropylen in Gegenwart des Stabilisators Ionol. N. A. Netschitailo, L. Ss. Polak und P. I. Ssanin. (Plast. Massen [UdSSR] **1962**, Nr. 7, 3—11; russ.) — Beim Bestrahlen von Polypropylen in Ggw. des Stabilisators Ionol (*2.6-Di-tert.-butyl-4-methylphenol*) mit γ-Strahlen wurde die Verhinderung der Bldg. vernetzender Bindungen u. von O_2-haltigen Gruppen beim Erwärmen an der Luft festgestellt. J. v. Schroeder. 7172□

Strahlenchemische Sulfochlorierung von Polyisobutylen. R. W. Dshagatzpanjan, W. I. Setkin und W. Ss. Fedtschenko. (Plast. Massen [UdSSR] **1962**, Nr. 5, 6—9; russ.) — Durch die γ-Strahlung einer ^{60}Co-Quelle wird die Sulfochlorierung von *Polyisobutylen* (Molgew. 100000) in CCl_4-Lsg. durch Gemische von SO_2 u. Cl_2 induziert. Sie erfolgte sehr rasch u. ist prakt. nur durch die notwendige Wärmeableitung u. Mischung der Phasen begrenzt. Gegenüber der Induktion mit Peroxiden wird außer der schnelleren Rk. auch eine prozentual größere S-Anlagerung beobachtet. Es werden SO_2/Cl-Gemische von 2:1 bis 0,5:1 bei 0—70° bei Rk.-Zeiten von 5—90 Min. (meist 10 Min.) eingesetzt. Die erhaltenen Prodd. enthalten bis zu 7 (%) S, 48 Cl bzw. 21 SO_2Cl. Die Ausbeute wird stark durch das Verhältnis der Rk.-Gase bestimmt, wobei die Chlorierung durch erhöhte Temp. gefördert wird. Je nach Cl- bzw. S-Geh. erhält man kautschukartige bzw. festere milchige Produkte. Es werden gute Eigg. von Lackfilmen (Säure- u. Alkalibeständigkeit, gute Adhäsion) festgestellt. Interessantere Ergebnisse dürfte allerdings die noch ausstehende Vulkanisation des Prod. aufweisen. O. Kramm. 7172□

Eine Neoprenvakuumdichtung für Drähte. A. C. Prior. (J. sci. Instruments **35**, 382—83, Okt. 1958; Great Malvern, Royal Radar Establishment; engl.) — Beschreibung der Dichtung u. ihrer Herst. mit der 0,013—0,020 in. Drähte, die in einen Vakuumofen eingeführt worden waren, das erhaltene Vakuum abs. dicht abschlossen.
C. Gottfried. 7172

Bemerkung über die Verwendung von Polytetrafluoräthylen in Dichtungen. A. J. Davies. (J. sci. Instruments **35**, 378—79, Okt. 1958, Chester, Thornton Res. Centre, „Shell" Res. Ltd.; engl.) — Bei der Verw. von Polytetrafluoräthylen (I) ist es von bes. Wichtigkeit, daß der I-Film sehr dünn ist (0,00025 in.) u. daß die App. zuvor auf eine Temp. von 275—300° gehalten wird. Diese Dichtungen hielten dicht für Drücke zwischen Vakuum u. 300 lb./m² u. Temp. bis 300°. C. Gottfried. 7172

Voltalef. Polymere und Copolymerisate von Trifluoromonochloräthylen. L. Duchet. (Rev. Produits chim. **65,** 127—34, 31/3. 1962; Compagnie Péchiney-Saint Gobain, Serv. Ventes des Produits Xal-F Voltalef; franz.) — Übersicht über Gewinnung von CF_2 = CFCl, dessen Eigg., seine Polymerisation zu „Voltalef", dessen Eigg., die mit Voltalef hergestellten Copolymerisate, Thermoplaste, Elastomere, Öle, Wachse, Fette, Säuren u. Dispersionen, ihre Eigg. u. Anwendung. W. Wesly. 7172□

Vinylplaste. Ruben Jerônimo Paradeda. (Rev. brasil. Quím. **49 (25),** 311 bis 312, 314, 316, 318, 320, 322, 324, April 1960; port.) — Überblick: Entw.; Ausgangsstoffe; Klassifizierung; theoret. Grundlagen; Struktur u. Eigenschaften. R. K. Müller. 7172□

Schweißen von plastischen Stoffen. — Schweißen von Polyvinylchlorid und Polyäthylen und optische Untersuchungen über beim Schweißen auftretende Hitzeeinwirkungen. Iwao Onishi und Hiroshi Kimura. (Technol. Rep. Osaka Univ. **9,** 185—98, März 1959; Osaka, Univ., Dep. of Welding Engn.; engl.) — Vff. untersuchten die günstigsten Bedingungen für das Zusammenschweißen von 2 mm dicken Platten von *Polyvinylchlorid* bzw. von *Polyäthylen* (Hochdruckpolyäthylen) bei verschiedenen Drucken des Schweißstabes, verschiedenen Gasdrücken beim Schmelzen u. Schweiß-Temp. von 170—260°. Untersucht wurden im Zug-Vers. die Proben nach dem Verschweißen, speziell unter Berücksichtigung der Schweißverbindungen. Zug-Verss. wurden außerdem an den Ausgangsstoffen durchgeführt sowie an verschweißten Proben, die 48 Std. mit 85%ig. HNO_3 behandelt oder mit γ-Strahlen einer ^{60}Co-Probe bestrahlt worden waren. Außerdem wurden Stoß-Verss. durchgeführt u. der Einfl. des Anlassens auf die Eigg. untersucht. Bei beiden Proben wurde beobachtet, daß maximale Festigkeit bei einer gewissen Temp. u. bei einem gewissen Gasdruck erhalten wird. Bei der Säure- bzw. Strahlungsbehandlung wird Polyvinylchlorid stärker angegriffen als Polyäthylen. Die Vers.-Ergebnisse sind graph. u. tabellar. zusammengestellt. C. Gottfried. 7172

Praktische Beurteilung der Spritzgußverarbeitung von PVC-Mischungen. H. A. Williams. (Brit. Plastics **35,** 193—96, April 1962; Durham, Bakelit Ltd., Aycliffe Works, Res. and Dev. Dep.; engl.) — Prüfungs-Meth. unter Verw. einer bestimmten Spritzgußform. Beurteilt werden Oberflächenglanz u. Fehlerfreiheit der Spritzlinge. Die Form-Temp. ist konst., Spritz-Temp. u. -druck werden variiert. G. Heintz. 7172□

Stabilisatoren für PVC. 3. Mitt. **Metallsalze und -seifen.** W. S. Penn. (Rubber Plastics Weekly **141,** 80, 82, 84, 15/7. 1961; engl.) — 2. vgl. C. **1962,** 8081. — Vf. gibt einen Überblick über die als Stabilisatoren für PVC verwendeten Pb-, Cd-, Ba-, Zr-, Al-, Li- u. Sr-Verbindungen. Unter Angabe anwendungstechn. Hinweise werden die Eigg. dieser Metallsalze u. -seifen beschrieben u. ihre spezif. Einsatzgebiete erörtert. H. Sontag. 7172□

Stabilisatoren für PVC. 4. Mitt. **Zinnverbindungen und Mischungen.** W. S. Penn. (Rubber Plastics Weekly **141,** 122, 124, 126, 22/7. 1961; engl.) — 3. vgl. vorst. Referat. — Überblick über die technolog. interessanten Eigg. von als Stabilisatoren für PVC verwendeten Sn-Verbb. (Dibutyl-Sn-Dilaurat, Dibutyl-Sn-Dimaleat u. Di-N-octyl-Sn-Salzen), epoxidierten Ölen u. Estern, Chelatisierungsmitteln, UV-Absorbern u. synergist. Mischungen von Metallseifen. H. Sontag. 7172□

Stabilisatoren für PVC. 5. Mitt. **Im Handel geführte Stabilisatoren.** W. S. Penn. (Rubber Plastics Weekly **141,** 152, 154, 157, 190, 29/7. 1961; engl.) — 4. vgl. vorst. Referat. — Die von engl. Firmen als PVC-Stabilisatoren geführten Prodd. werden unter Angabe ihrer Handelsnamen u. Kennzeichnung ihrer spezif. Eigg. u. — soweit es sich um chem. definierte Verbb. handelt — ihrer chem. Zus. beschrieben. H. Sontag. 7172□

Stabilisatoren für PVC. 6. Mitt. **Die Wahl des Stabilisators.** W. S. Penn. (Rubber Plastics Weekly **141,** 206—08, 210, 5/8. 1961; engl.) — 5. vgl. vorst. Referat. — Die beim prakt. Einsatz der verschiedenen Typen von PVC-Stabilisatoren auftretenden Probleme werden erörtert, wobei bes. auf die physiolog. Bedenklichkeit bzw. Unbedenklichkeit der verschiedenen Vertreter u. die Wechselwrkg. zwischen Stabilisator u. Polymertyp bzw. Weichmacher eingegangen wird. Vf. nennt Richtlinien zur Wahl des Stabilisators u. begündet die Notwendigkeit, das Verh. eines Stabilisators nicht durch Labor.-Prüfungen, sondern auch durch experimentellen Einsatz in der Praxis zu untersuchen. H. Sontag. 7172□

Über den Einfluß von Zerfallsinhibitoren für Polyvinylchlorid auf die Zersetzungskinetik und Lichtbeständigkeit von Weich-Polyvinylchlorid. S. W. Popowa, D. M. Janowski, G. O. Tatewossjan und O. A. Schtekker. (Plast. Massen [UdSSR] **1962,** Nr. 5. 3—6; russ.) — *2.4-Dihydroxybenzophenon*, *2-Hydroxy-4-methoxybenzophenon*,

2.2-Bis-[4-hydroxyphenyl]-propan, 2.2-Bis-[3-methyl-4-hydroxyphenyl]-propan, 1.1-Bis-[4-hydroxyphenyl]-cyclohexan, Adepoyl-bis-[resorcin-(4)], Sebacoyl-bis-[resorcin-(4)], Dodecahydrotriphenylen, 2-{2'-[Cyclohexen-(1)-yl]-cyclohexyliden}-cyclohexanol (I), *Resorcindibenzoat, Resorcindisalicylat, Phenylsalicylat, β-Naphthoxypropenoxid* werden allein u. in Kombination mit *Bleisilicat* (II) als HCl-Acceptor auf ihre thermolichtstabilisierende Wrkg. in *Suspensionspolyvinylchlorid* (rein u. mit Weichmacher) untersucht. Dabei werden die Temp. der beginnenden HCl-Abspaltung, die Geschw. der HCl-Abspaltung, die Induktionsperioden bis zur HCl-Abspaltung bei Lichtbogen- u. UV-Bestrahlung u. die künstliche Alterung (Zeit bis zur Versprödung) ermittelt. Daraus ergibt sich die Möglichkeit, gute Schutzeffekte mit den untersuchten Prodd. zu erzielen. Als relativ akt. Inhibitoren haben sich I, auch in Kombination mit II, erwiesen. Bei der künstlichen Alterung haben sich die Phenole am besten bewährt; es folgen I, die Oxyketone u. die Derivv. des Benzophenons; weniger akt. sind die Ester der Benzoe- u. Salicylsäure.
O. Kramm. 7172□

Fortschritte beim Extrudieren trockener Mischungen. N. T. Flathers, R. E. Johnson, V. R. Pallas und W. Mayo Smith. (Mod. Plastics **38**, Nr. 9, 210—20, 346, 348, Mai 1961; Escambia Chem. Corp., Res. Center; engl.) — Die Fortschritte auf dem Gebiet der Technologie der Verarbeitung gefüllter u. ungefüllter trockener (dry blend) *Polyvinylchlorid*-Mischungen durch Extrudieren mit Hilfe einer Vakuum-Aufgabe-Vorr. werden mitgeteilt. Die Verw. feiner Siebe u. dieser Füll-Vorr. ermöglichte die Herst. klarer Artikel hervorragender Beschaffenheit. R. Schäff. 7172□

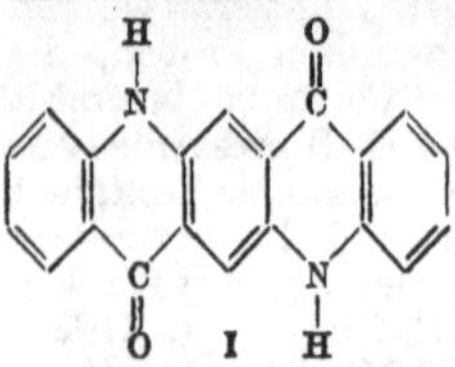
I

Rote Farbstoffe und Violet Cinquasia. Ihre Anwendung in PVC-Kunststoffen. Robert H. Zabel und Edmond C. Botti. (Ind. Plast. mod. **12**, 29—32, Nov. 1960; E. I. du Pont de Nemours et Cie, Inc., Dep. Pigments Labor. Technique; franz.) — Vff. besprechen die Eigg. dreier Chinacridon-Farbstoffe, u. zwar Rot B, Rot Y u. Violet R, bes. die Verw. für die Einfärbung von *Weich-PVC.* H.-G. Moslé. 7172□

Farbstoffe für die Färbung von Polymethylmethacrylat in Masse für Fasern und Leder. Czesław Garda und Józef Goldyina. (Chemik [Warszawa] **14**, 415—16, Nov. 1961; Łódź, Inst. Przem. organ.; pol.) — Neutralan-Farbstoffe (metallisierte Monoazofarbstoffe poln. Produktion) sind zur Färbung von Polymethylmethacrylat in der Masse geeignet. Die Zugabe des Farbstoffs erfolgt nach der Vorpolymerisation.
F. Urban. 7172□

Thermooxydative Zersetzung und Stabilisierung von Polyformaldehyd. W. R. Alischojew, M. B. Neiman und B. M. Kowarskaja. (Plast. Massen [UdSSR] **1962**, Nr. 7, 11—14; russ.) — Die thermooxydative Zers. von *Polyformaldehyd* (I) ist eine autokatalyt. Kettenreaktion. Die entartete Verzweigung bei der Oxydation des I ist nicht mit dem Zerfall des Hydroperoxids verbunden. Eine Reihe von Antioxydantien verlängert die Induktionsperiode bei der Thermooxydation des I. Hierbei bilden sich CH_2O, CO, H_2 u. H_2O. J. v. Schroeder. 7176□

Phenolharzschaumstoffe. Franz Weissenfels. (Kunststoffe **51**, 698—703, Nov. 1961; Troisdorf, Dynamit-Nobel Akt.-Ges., Anwendungstechn. Abt.; dt.) — Unter Angabe anwendungstechn. Hinweise wird die Herst. von *Phenolharzschaumstoffen* aus einem modifizierten fl. Phenol–Formaldehyd-Harz vom Resoltyp beschrieben u. am Beispiel eines Labor.-Experimentes erläutert. Die mechan. Eigg. der Stoffe u. ihr Verh. bei Wärme- u. Glut-Einw. sowie gegen Feuchtigkeit, W. u. Chemikalien werden an Hand von Tabellen u. Kurven erörtert u. bisher erprobte Beispiele ihres Einsatzes angeführt.
H. Sontag. 7176□

Selbstlöschende ungesättigte Polyesterharze. P. Ss. Li, Je. L. Kaganowa und S. W. Michailowa. (Plast. Massen [UdSSR] **1962**, Nr. 5, 10—15; russ.) — Die Herst. von schwerbrennbaren ungesätt. *Polyesterharzen* (I) u. der daraus gewonnenen glasfaserverstärkten Prodd. durch Zusatz entsprechender Materialien u. durch chem. Modifikation von I durch Cl-haltige Anhydride wird beschrieben. Zusätze von Sb_2O_3 (14,3%) u. *Polyvinylchlorid* (6,7—7,9% Cl) zum handelsüblichen I *PN-1* führen zu undurchsichtigen, hochviscosen Prodd. mit gegenüber PN-1 ungünstigerer Schlagfestigkeit. Die Modifikation von I erfolgt durch Kondens. von *Tetrachlorphthalsäureanhydrid* (II) u. *Endomethylenhexachlortetrahydrophthalsäureanhydrid* (III). Die Kondens. von *Äthylenglykol* (IV) mit *Maleinsäureanhydrid* (V) u. II (1,1:0,5:0,5) erfolgte bei 160—220° in Ggw. von KOH. Es wird eine Aktivierungsenergie von 17500 cal/Mol. u. Rk.-Geschw. von 1,88 u. 2,2 g·$Mol^{-1}\cdot min^{-1}$ (200 u. 220°) ermittelt; Ausbeute 92—93%. Die Kondens. von IV mit V u. III (1,1:0,5:0,5 bzw. 1,1:0,4:0,6) sowie von *Diäthylenglykol* (VI) u. IV mit V u. III (0,5:

0,5:0,4:0,6) erfolgt in Ggw. von KOH bei 160 u. 180°. Für das erste Mischungsverhältnis wird eine Rk.-Geschw. von 3,88 g·Mol·min^{-1} bei 180° angegeben. Die erhaltenen Kondens.-Prodd. werden in 30—50% *Styrol* gelöst u. ausgehärtet. Die Eigg. der unausgehärteten u. ausgehärteten Prodd. werden angegeben. Sie sind mit PN-1 vergleichbar, bes. im glasfaserverstärkten Endprodukt. Durch Verw. von **VI** werden bei **III** die physikal.-mechan. Eigg. verbessert. Für PN-1 mit den obengenannten Zusätzen u. Glasfasergewebe (mit Glasmasse ungünstiger) erhält man ein bzgl. der Flammbeständigkeit befriedigendes Produkt. Beim Harz mit **II** genügt bereits ein Zusatz von 2,9—4,75 u. beim Harz mit **III** von 0—2,91% Sb_2O_3 zur Erzielung ähnlicher flammwidriger Eigenschaaften.
O. Kramm. 7176□

Ungesättigte Polyesterharze und deren Anwendung. Z. Hudeček. (Nová Techn. **1960**, 554—55; tschech.) — Die Anwendung ungesätt. *Polyesterharze* erfolgt vor allem in Glasfaserlaminaten, lösungsmittelfreien Lacken u. als Gießharze. Glasfaserlaminate mit Polyesterharzen erweisen sich als ausgezeichnetes Konstruktionsmaterial wegen ihrer dielektr., nichtmagnet., wärme- u. schallisolierenden Eigenschaften. Sie sind 90% lichtdurchlässig, korrosionsfest, beständig zwischen 60 u. 100°, gegen Süß- u. Salzwasser, Öl, Treibmittel. Lösungsmittelfreie Lacke sind wirtschaftlich, vor allem durch Aufträge großer Schichtdicken. In der CSSR werden hergestellt: ChS-Polyester 104, Universalpolyesterharz für Glasfaserlaminate; Ch-Polyester 705, weicher u. elast. u. ChS-Polyester 001, transparent für Holzlackierungen; ChS-Polyester 108, hart u. mit höherer Temp.-Beständigkeit.
E. Karutz. 7176

Untersuchungen über den Einfluß hoher Temperaturen auf die mechanische Festigkeit von H-7213 Micarta (Astrokon). S. Y. Lu und William A. Nash. (Mater. Res. Standards **1**,788—90, Okt. 1961; Univ. of Florida; engl.) — An 2·0,125·0,5 in.-Probekörpern nach ASTM wurde die Wrkg. hoher Temp. auf die Zugfestigkeit (Z) ermittelt u. in Form von Diagrammen dargestellt. Das untersuchte Material zeigte bei Zimmer-Temp. Z = 36000 (lbs./sq. in.) beim Erhitzen auf 1200° F u. Abkühlen auf 400° Z = 31000. Bei Wiederholung des Erhitzens u. Abkühlens ergaben sich folgende Werte für Z: 1× = ca. 31000, 2× = ca. 28000, 5× = ca. 18000, 20× = ca. 11000. Für die Dauer der Einhaltung von 1200° F ergab sich nach 1 Sek. Z = 34000, nach 15 Sek. Z = 25000.
G. Frikell. 7180□

Synthese der Polyoxamide in der Gasphase. L. B. Ssokolow. (Plast. Massen [UdSSR] **1962**, Nr. 5, 45—47; russ.) — Darst. der Vorteile der Kondens. von *Oxalsäurechlorid* (**I**) mit *aliphat.* bzw. *aromat. Diaminen* zu *Polyoxamiden* (**II**), wobei **I** in der Gasphase in einem organ. Lsgm. vorliegt. Beim Arbeiten in der Gasphase bei Atmosphärendruck bei 80—100° (optimaler Bereich für Ausbeute u. Molgew.; mit fallender Temp. nimmt die Ausbeute exponentiell ab, während der Abfall des Molgew. dabei eine liegende S-Kurve beschreibt) wird in 30 Min. mit 50—60%ig. Ausbeute ein Prod. mit der charakterist. Viscosität von 0,8—1,0 erhalten. Beim Arbeiten in der fl. Phase werden dagegen bei 10—20° nach 10—15 Min. 2—10% Ausbeute mit einer charakterist. Viscosität von 0,2—0,3 erhalten. Vgl.-Werte der Schmelz-Kondens. werden angegeben. — Die Gasphasen-Meth. ist für alle **II** universell durchführbar, u. es entfällt die Lsgm.-Rückgewinnung. Die Vorteile von **II** gegenüber Polyamiden wird erläutert (erhöhte Hydrolysen- u. Lichtbeständigkeit, hoher F. u. a.).
O. Kramm. 7180□

Mit Lösungsmitteln verschäumte, steife Urethanschäume aus billigen Ricinusöl-Polyol-Mischungen. C. K. Lyon, Vilma H. Garrett und L. A. Goldblatt. (J. Amer. Oil Chemists' Soc. **39**, 69—71, Jan. 1962; Albany, Calif., Western Regional Res. Labor.; engl.) — Unter Verw. von Lsgg. von *Triisopropanolamin* u. Mischungen von *Triisopropanolamin* u. *Triäthanolamin* in Ricinusöl als Polyole werden zusammen mit Toluylendiisocyanat, Katalysatoren, oberflächenakt. Stoffen u. CCl_3F Polyätherpolyole hergestellt. Der Einfl. von Polyol, Vorpolymerisat u. der Konz. des Verschäumungsmittels auf Dichte, Steifheit u. a. werden untersucht. Die Eigg. von Schäumen auf Ricinusölgrundlage sind denen vergleichbar, die mit teureren Polyolen hergestellt wurden.
K. Gröbe. 7180□

Polyurethanüberzüge auf Grundlage von Hydroxid enthaltenden, hochmolekularen linearen Polymeren. G. Ja. Terlo und L. Ss. Bassowa. (Lacke Farben Anwend. [UdSSR] **1962**, Nr. 1, 8—11; russ.) — Dargestellt wurde eine Polyurethankomposition auf Basis eines teilweise verseiften, mit Glyphthalharz im Verhältnis 2:1 modifizierten *Vinylchlorid-Vinylacetat*-Copolymeren. Für feste Filme ist die Verw. von Copolymer *A-15—0* mit ≧3,5% Hydroxylgruppen erforderlich. Ebenso ist Einführung von Diisocyanat von ≧200% vom nach Hydroxylgruppen berechneten Äquivalent erforderlich. Zum Pigmentieren eignet sich am besten *TiO_2* der Rutilmodifikation.
J. v. Schroeder. 7180□

Einige Besonderheiten der Silicon-Isolierstoffe. J. Alvergnat. (Kunststoffe — Plastics [Solothurn] **7**, 329—34, 1960; Paris, SISS, Soc. Ind. des Silicones; franz.) — Siliconelastomere zeichnen sich als Isolierstoffe durch Wärmebeständigkeit, Wetterfestigkeit u. Resistenz gegen Feuchtigkeit, Chemikalien u. ionisierende Strahlung aus. B. Scheifele. 7188☐

Über einige Besonderheiten der Struktur von Polyorganosiloxanen und Polyorganometallosiloxanen. K. A. Andrianow und A. A. Shdanow. (Plast. Massen [UdSSR] **1962**, Nr. 7, 24—27; russ.) — Die *Polyorganosiloxane* besitzen hohe Hitze- u. Kältebeständigkeit u. Biegsamkeit durch die spirale Struktur, wodurch die Bldg. cycl. Verbb. erleichtert wird. Durch Einbau von *Al* entstehen Polymere, die erst bei 700° schmelzen. J. v. Schroeder. 7188☐

Reinigung des durch katalytische Kondensation hergestellten technischen Methylphenyldichlorsilans. M. A. Kleinowskaja, M. W. Ssobolewski, Je. P. Michejew, G. N. Malnowa und A. Ss. Ginsburg. (Plast. Massen [UdSSR] **1962**, Nr. 5, 19—22; russ.) — Durch katalyt. Kondens. aus Methyldichlorsilan u. Bzl. hergestelltes *Methylphenyldichlorsilan* (**I**) wird durch zweifache Rektifikation gereinigt u. enthält noch Dimethylphenylchlorsilan (**II**; 0,5—2%), Phenyltrichlorsilan (**III**; 1—3%) u. verschiedene Verbb. mit Si–H-Gruppen. Die Trennung dieses techn. Gemisches erfolgt durch Oxydation der Si–H-Gruppen enthaltenden Verbb. in trockener Luft bei 150° unter Umwandlung in hochsd. Siloxane. Das so gewonnene Gemisch wird rektifiziert, wobei es sich bei dem Vorlauf um **II** handelt, **I** u. **III** in der mittleren Fraktion bleiben u. die Siloxane den Rückstand bilden. Die Trennung von **I** u. **III** erfolgt durch partielle Verätherung von **III** mit Isobutanol; die Rk. verläuft mit **III** bedeutend schneller als mit **I**. Es folgt eine Vakuum-Dest., durch die ein für die Siliconkautschuk-Synth. brauchbares Rohmaterial erhalten wird (Ausbeute 50% des techn. Ausgangsgemisches). Man erhält außerdem 25—35% techn. **I**, das für Si-organ. Lacke Verw. finden kann. Genaue Angaben der Dest.-Bedingungen. O. Kramm. 7188☐

Wärmebeständige Glastextolithe auf Grundlage von Epoxidharzen. B. A. Kisselew und A. M. Gribowa. (Plast. Massen [UdSSR] **1962**, Nr. 5, 15—18; russ.) — *Glastextolith EF-32—301* (**I**) auf Basis *Epoxidharz E-40* mit *Phenolformaldehyd* (**II**)-Harz vom Resoltyp als Härter wird auf seine therm. Eigg. untersucht. Es wird die Wrkg. des Preßdruckes sowie einer Wärmebehandlung (2 Std. 160° bzw. 24 Std. 200°) auf die physikal.-mechan. Kennwerte bei erhöhten Temp. (175, 200°) ermittelt. So nimmt die stat. Biegefestigkeit von ca. 4000 kg/cm² bei 20° auf ca. 800 bei 200° (200 Std. Lagerung) ab. Die chem. Beständigkeit u. die Werte für die Temp. ($7{,}8-6{,}8 \cdot 10^{-4}$ m²/h) u. Wärmeleitfähigkeit (0,30—0,37 kcal/m·h·Grad) sowie die Wärmekapazität (0,22—0,30 kcal/kg·Grad) bei 20—200° werden angegeben. Durch teilweisen Ersatz von **II** durch *Endomethylenhexachlortetrahydrophthalsäureanhydrid* (**III**) bzw. *Dicyandiamid* werden Prodd. erhalten, die kurzzeitig bis zu 350° geprüft werden. Textolithe mit **III** zeigen gegenüber **I** eine bessere Flammbeständigkeit u. Thermostabilität. Die stat. Biegefestigkeit nimmt für das Prod. mit **III** sogar bei der Behandlung bei Temp. über 250° zu. Nach 25 Std. bei 300° erhält man noch einen Wert von 745, während bei **I** nur noch 460 kg/cm² gefunden werden. O. Kramm. 7204☐

Preßmassen auf Grundlage sich verfestigender Polyester. 1. Mitt. **Preßmassen aus Polyestern mit pulverförmigen Füllmitteln.** Je. B. Trosstjanskaja, W. M. Winogradow und Ju. N. Kasanski. (Plast. Massen [UdSSR] **1962**, Nr. 7, 15—19; russ.) — Durch Mischung von *Polymaleinaten* u. *Polyacrylaten* mit Quarzmehl, Talk, Schiefer oder Kaolin werden Preßmassen hergestellt, deren Eigg. untersucht u. die günstigsten Parameter festgestellt. J. v. Schroeder. 7204☐

Verwendung der Einschnürung bei der Untersuchung der mechanischen Eigenschaften von Kunststoffen. Pierre Depalle und François Ecochard. (Ind. Plast. mod. **12**, 37—41, Nov. 1960; Société Rhodiaceta; franz.) — Die Einschnürung an stat. belasteten Probestäben aus Kunststoffen werden laufend gemessen u. aus der Änderung der Abmessungen bei Dauerstands-Verss. auf das Langzeit-Verh. geschlossen. H.-G. Moslé. 7210☐

Bestimmung der Zusammensetzung von Äthylen-Propylen-Copolymeren durch Infrarot-Analyse. P. J. Corish. (Analytic. Chem. **33**, 1798, Nov. 1961; Erdington, Birmingham, Dunlop Res. Centre; engl.) — Vf. teilt Ergänzungen zu der Arbeit von Wei (C. **1961**, 16670) mit. Die in drei der vier abgebildeten Spektren erscheinenden Banden bei ca. 7,95, 9,2, 9,8 u. 12,5 μ sind wahrscheinlich auf Siliconfett zurückzuführen, das erfahrungsgemäß oft in Spektren von Hochpolymeren wegen der Verw. zum Schmieren der Anlagen gefunden wird. Vf. verwendete erfolgreich das Verhältnis der Absorptionen bei 7,25 u. 6,82 μ zur Best. des Geh. an Polypropyleneinheiten. Die Eichkurve weicht nur geringfügig von einer Geraden ab. Die $(CH_2)_n$-Schwingungsbande bei 13,9 wurde nicht verwendet, da sie auch auf die Ggw. von „kristallinen" Phasen anspricht. P. Kurzmann. 7210□

Bestimmung der Zusammensetzung von Äthylen-Propylen-Copolymeren durch Infrarot-Analyse. Peter E. Wei. (Analytic. Chem. **33**, 1799, Nov. 1961; Linden, N.J., Esso Res. and Engng. Co.; engl.) — Vf. sieht die von Siliconfett hervorgerufenen Fehler als nicht so schwerwiegend an wie Corish (vgl. vorst. Ref.). Vf. räumt ein, daß man über die Wahl der 8,7-μ- u. 13,9-μ-Peaks wegen der durch die kristalline Phase u. die Zahl der benachbarten CH_2-Gruppen hervorgerufenen Effekte verschiedener Ansicht sein kann; er weist darauf hin, daß mit den gleichen Banden auch in der Arbeit von Gössl (C. **1961,** 7961) anscheinend erfolgreich gearbeitet wurde. P. Kurzmann. 7210□

Infrarot-Bestimmung von Vinyliden-Doppelbindungen in Polyäthylen. John N. Lomonte. (Analytic. Chem. **34,** 129—31, Jan. 1962; Freeport, Tex., Dow Chem. Co., Texas Div.; engl.) — Bei der IR-Best. von Vinylidengruppen in 2-Methyl-1-alkenen bei 888 cm^{-1} stört die Absorption durch Butylgruppen bei 895 cm^{-1}. Für den Fall, daß bei den Polyäthylenen das Verhältnis der Methylabsorption bei 1378 cm^{-1} zur Butylabsorption konst. u. somit die Anzahl der Butylgruppen der der Methylgruppen proportional ist, läßt sich die Störung rechner. eliminieren. Bei Äthylen-Propylen-Copolymeren kann die Butylstörung nach Bromierung der Vinylidengruppen (3 Std. lang in einer 5%ig. Lsg. von Br_2 in CCl_4) bestimmt werden. Die integrierten Absorptionswerte für 2.3-Dimethyl-1-buten; 2.3-Dimethyl-1.3-butadien; 2.3.3-Trimethyl-1-buten; 2.3-Dimethyl-1-penten; 2.4-Dimethyl-1-penten u. 2.4.4-Trimethyl-1-penten als Modell-KW-Stoffe sind angeführt. W. Betcke. 7210□

Apparat zur Bestimmung der Gelatinierungszeit von Epoxid- und Polyestermischungen. M. M. Issakowitsch und R. W. Molotkow. (Plast. Massen [UdSSR] **1962,** Nr. 5, 60—61; russ.) — Eine einfache Meth. zur Best. der Gelatinierungszeit von Epoxid- u. Polyesterharzen wird beschrieben. Sie beruht darauf, daß ein Glasstöpsel im Harz stetig auf u. ab bewegt wird u. beim Eintritt der Gelatinierung dieser Bewegung ein stärkerer Widerstand entgegengesetzt wird, der dann durch eine elektr. Meßanlage erfaßt wird. Die App. wird beschrieben. Die Prüfung läßt sich durch sd. Fll. thermostat. regulieren. Ergebnisse der Gelatinierungszeit von *Epoxidharz ED-6* mit 37 (%) *Malein-*, 55,6 *Phthal-* u. 62,5 *Methyltetrahydrophthalsäure* bei 146° werden angegeben. Sie nimmt in der angegebenen Reihenfolge von 9,1 auf 32,7 Min. zu. O. Kramm. 7210□

Untersuchung von Polymeren mit dem Polarisationsmikroskop. R. Ss. Nikolajew. (Betriebs-Lab. [UdSSR] **27,** 420—22, 1961; russ.) — Es wurde eine neue Meth. zur Herst. von Mikroschliffen aus Polymeren zwecks ihrer Unters. in polarisiertem, durchfallendem u. reflektiertem Licht ausgearbeitet. Die Unterss. wurden an Phenolformaldehydharzen, Polyvinylchlorid, an Copolymeren von Styrol u. Nitrilacrylsäure, Polystyrol, Polyamid u. Polyäthylen durchgeführt. C. Kozák. 7210□

Bestimmung der rheologischen Eigenschaften von Plasten beim Extrudieren nach der Ringschlitz-Methode. N. P. Schanin. (Plast. Massen [UdSSR] **1962,** Nr. 5, 62—63; russ.) — Eine App. zur Best. des rheolog. Verh. von plast. Massen wird beschrieben. Zur Vermeidung des Eingangseffektes in der Spritzdüse ist im Anschluß an die Extruderschnecke ein Spritzkopf mit Ringschlitz (28 × 30 mm) u. stromlinienförmiger Ausführung des Dornes u. der Dornhalterung vorgesehen. Nach dieser Meth. kann die materialbedingte Viscosität u. rheolog. Konst. bestimmt werden, womit die rheolog. Eigg. beim Extrudieren des plast. Materials festgelegt sind. O. Kramm. 7210□

Photometrische Schnellmethode zur Bestimmung des Fertigungsgrades von Polyvinylchlorid-Filmen bei der Plastifizierung auf Walzen. Je. Ss. Choroschaja, G. I. Kowrigina, I. D. Lifschitz und A. D. Saiontschkowski. (Plast. Massen [UdSSR] **1962,** Nr. 5, 59—60; russ.) — Beim Plastizieren von Polymeren auf Walzen nimmt der Glanz mit fortschreitendem Verarbeitungszustand (erhöhter Plastizität) zu. Durch photometr. Messung des Glanzes (bes. ausgeprägt unter einem Winkel von 22,5°) läßt sich der Verarbeitungszustand erfassen, wobei die Abhängigkeit beider Größen eine flach verlaufende S-Kurve darstellt. Die Meth. ist in einem Kunstlederbetrieb an *Polyvinylchlorid*-Massen erprobt worden u. läßt sich schnell u. einfach durchführen. O. Kramm. 7210□

Untersuchungen von Beimengungen in Diphenylolpropan. A. Ss. Ssalowa, I. P. Antonowa-Antipowa, G. A. Lewkowitsch und P. M. Bogatyrew. (Lacke Farben Anwend. [UdSSR] **1962,** Nr. 1, 71—72; russ.) — Auf papierchromatograph.

Wege wurde im mit Chlorbenzol gereinigten Extrakt gefunden: *o-Diphenylolpropan, 4-(4'-Hydroxyphenyl)-2.2.4-trimethylchroman* u. *2.4-Bis-[α.α-dimethyl-4-hydroxybenzyl]-phenol.* Im gereinigten Prod. wurde 0,01–0,1% S u. geringere Mengen Fe gefunden. J. v. Schroeder. 7210□

Vinylharzweichmacher: Solvatationskraft und Struktur. W. J. Frissell. (Mod. Plastics **38,** Nr. 9, 232–38, Mai 1961; Union Carbide Chem. Co., Techn. Service Labor.; engl.) — Ein Maß für die Solvatationskraft eines Weichmachers liefert die minimale Fließ-Temp. (die Temp., bei der ein Harz/Weichmacher-Syst. minimale Zugfestigkeit bei bestimmten Bedingungen zeigt; Prüfung auf einer Heizbank mit Temp.-Gradienten). Damit wurde eine Reihe handelsüblicher u. experimenteller Weichmacher charakterisiert. Die Daten führten zu einer Analyse des Einfl. der Mol.-Struktur des Weichmachers auf seine Solvatationskraft, woraus auf die Rolle verschiedener struktureller Gruppen geschlossen wurde. R. Schäff. 7210□

Bestimmung der spezifischen Oberfläche von hydrophilen Füllstoffen und Pigmenten durch Adsorptionsmethoden. Kálmán Vargha. (Kolorisztikai Értesítő [Kolorist. Rdsch.] **3,** 324–33, Dez. 1961; Budapest, Leder Forsch.-Inst.; ung.) — Adsorptions-Best. mit Gasen bzw. in Lsgg., Meth. zur Best. der Oberfläche weißer hydrophiler Füllmittel: die Probe wird in mit Bzl. gelöster Stearinsäure (I) geschüttelt u. danach die in Lsg. gebliebene I nach Eintrocknen gravimetr. bestimmt. I- u. Phenoladsorptionswerte von verschiedenen Füllstoffen u. die daraus berechneten spezif. Oberflächen (in m^2/g). — 33 Literaturhinweise. P. Tolnay. 721

B. F. Goodrich Co., New York, N.Y., V.St.A., *Herstellung von Polymeren mit Anhydridgruppen an der Hauptkette.* (Niederl. P. 100 455 vom 27/12. 1956, ausg. 15/2. 1962. A. Prior. 27/12. 1955. — C. 1961, 9619 [F. P. 1 168 263].)

— (Erfinder: **Pliny Otto Tawney,** Passaic, N.J., V.St.A.), *Herstellung von Imidmischpolymerisaten.* (Jap A. S. 14 941/1960 vom 4/7. 1959, ausg. 10/10. 1960. A. Prior. 8/7. 1958. — C. 1961, 15219 [D. A. S. 1 100 288].)

Badische Anilin- & Soda-Fabrik Akt.-Ges., Deutschland (Erfinder: **Hans Fikentscher** und **Karl Herrle**), *Thermoplastische Massen.* (F. P. 1 211 427 vom 11/7. 1958, ausg. 16/3. 1960. D. Prior. 20/7. 1957. — C. 1961, 3500 [D. A. S. 1 081 659].)

Farbwerke Hoechst Akt.-Ges., vormals Meister Lucius & Brüning, Frankfurt/M. (Erfinder: **Paul Schlack** und **Wolfgang Göltner**), *Wasserfestes Formprodukt.* (Jap. A. S. 7832/1960 vom 4/10. 1958, ausg. 24/6. 1960. D. Prior. 5/10. 1957. — C. 1962, 12481 [D. A. S. 1 064 715].)

Union Carbide Corp., New York, N.Y. (Erfinder: **Benjamin Phillips,** Charleston, **Frederick Charles Frostick jun., Charles Wesley McGary jun.,** South Charleston, und **Charles Theo Patrick jun.,** St. Albans, W.Va.), V.St.A., *Herstellung von Polymeren.* (Schwz. P. 362 234 vom 22/5. 1957, ausg. 14/7. 1962. A. Prior. 24/5. 1956. — C. 1961, 10385 [A. P. 2 890 209].)

Deutsche Solvay-Werke G. m. b. H., Deutschland, *Herstellung gefärbter harter Harze.* (F. P. 1 237 111 vom 21/1. 1957, ausg. 23/11. 1960. D. Prior. 27/4. 1956. — C. 1958, 2881 [D. A. S. 1 014 742].)

Farbenfabriken Bayer Akt.-Ges., Leverkusen (Erfinder: **Wilhelm Hechelhammer** und **Günter Peilstöcker,** Krefeld), *Schaumstoffe.* (Jap. A. S. 14 239/1960 vom 15/8. 1957, ausg. 28/9. 1960. D. Prior. 16/8. 1956. — C. 1959, 1622 [D. A. S. 1 031 507].)

Dow Chemical Co., Midland, Mich., V.St.A. (Erfinder: **Wilbur Lee Bressler** und **Arthur Emilio Gurgiolo**), *Polymerisation von Olefinoxiden.* (D. A. S. 1 134 516 Kl. 39c vom 25/6. 1959, ausg. 9/8. 1962. A. Prior. 26/6. 1958. — C. 1961, 9223 [A. P. 2 917 470].)

Deutsche Gold- und Silber-Scheideanstalt vormals Roessler, Deutschland, *Herstellung langkettiger, wärmefester Polyoxymethylene.* (F. P. 1 233 710 vom 29/5. 1959, ausg. 12/10. 1960. D. Prior. 31/5. 1958. — C. 1961, 14850 [D. A. S. 1 089 171].)

Badische Anilin- & Soda-Fabrik Akt.-Ges., Deutschland (Erfinder: **Gerd Louis, Ernst Penning, Heinz Pohlemann** und **Hans Wilhelm**), *Stabilisierungsmittel für Polyformaldehyd.* (F. P. 1 240 264 vom 6/11. 1959, ausg. 20/12. 1960. D. Prior. 14/11. 1958. — C. 1960, 13527 [D. A. S. 1 076 363].)

Devoe & Raynolds Co., Inc., New York, N.Y. (Erfinder: **William Joseph Belanger,** Ky.), V.St.A., *Härten von Epoxyharzen.* (Jap. A. S. 14 780/1960 vom 4/12. 1957, ausg. 6/10. 1960. A. Prior. 24/12. 1956. — C. 1962, 3647 [Aust. P. 220 409].)

C. F. Roser G. m. b. H., Stuttgart, *Herstellung von Polyestern.* (Niederl. P. 100 414 vom 28/1. 1956, ausg. 15/2. 1962. D. Prior. 29/1. 1955. — C. 1959, 7308 [F. P. 1 148 772].)

Chemstrand Corp., Decatur, Ala., V.St.A., *Herstellung von Polyäthylenterephthalat.* (Niederl. P. 100 436 vom 31/7. 1956, ausg. 15/2. 1962. A. Prior. 1/8. 1955. — C. 1960, 6678 [A. P. 2 857 363].)

C. H. Boehringer Sohn, Deutschland, *Polymerisation von Estoliden von α-Hydroxyfettsäuren.* (F. P. 1 202 185 vom 18/2. 1958, ausg. 8/1. 1960. D. Prior. 4/3. 1957. — C. 1961, 4906 [E. P. 825 335].)

Badische Anilin- & Soda-Fabrik Akt.-Ges., Deutschland (Erfinder: **Herbert Willersinn**), *Herstellung von Mischpolymerisaten auf Basis ungesättigter Polyester.* (F. P. 1 234 630 vom 5/9. 1959, ausg. 18/10. 1960. D. Prior. 6/9. 1958. — C. 1961, 3169 [D. A. S. 1 087 348].)

Paul Ernest Legrenda, *Helle Polyesterharze.* (Aust. P. 232 708 vom 15/8. 1958, ausg. 16/3. 1961. F. Prior. 21/8. 1957. — C. 1962, 8442 [E. P. 859 710].)

Badische Anilin- & Soda-Fabrik Akt.-Ges., Deutschland (Erfinder: **H. Willersinn, H. Scheuermann** und **A. Woerner**), *Verarbeitung ungesättigter Polyesterharze.* (F. P. 1 205 559 vom 24/4. 1958, ausg. 3/2. 1960. D. Prior. 27/4. 1957. — C. 1959, 15853 [D. A. S. 1 049 572].)

P. Beiersdorf & Co. Akt.-Ges., Deutschland, *Herstellung von Polycarbonaten.* (F. P. 1 202 915 vom 11/3. 1958, ausg. 14/1. 1960. D. Prior. 11/3. 1957. — C. 1962, 671 [E. P. 846 044].)

Farbenfabriken Bayer Akt.-Ges., Leverkusen (Erfinder: **H. von Brachel und Hans Holtschmidt, Köln**), *Herstellung von Polyätherthioätherglykol.* (**Jap. A. S. 14 946/1960** vom 8/8. 1958, ausg. 10/10. 1960. D. Prior. 9/8. 1957. — C. **1962**, 8809 [F. P. 1 201 171].)

Chemische Werke Albert, Deutschland, *Herstellung Aluminium enthaltender Kunstharze.* (**F. P. 72 685** vom 27/12. 1957, ausg. 22/4. 1960. D. Prior. 22/5. 1957. Zusatz zu F. P. 1 132 121; C. 1958, 2883. — C. **1959**, 6313 [D. A. S. 1 045 093].)

H_{12}. Kautschuk

Die Verformung von schaumförmigen elastischen Stoffen. A. N. Gent und A. G. Thomas. (J. appl. Polymer Sci. **1**, 107—13, Jan./Febr. 1959; Garden City, British Rubber Producers' Res. Association; engl.) — Vff. behandeln zunächst theoret. das Verh. eines elast. Schaumstoffes unter Annahme eines Modells, das aus einem Netzwerk dünner Fäden besteht. Behandelt werden speziell 2 Fälle, u. zwar kleine Verformung u. ferner endliches Zusammendrücken, bei welchem der Hauptteil der Verformung der Fäden einer Verbiegung zugeschrieben wird. Es werden Gleichungen erhalten, bei denen das Verh. des Schaumstoffs als Funktion des Youngschen Moduls der Matrix u. der Dichte des Schaums wiedergegeben wird. Experimentell werden die theoret. Voraussagen an einer Reihe von Schaumproben von vulkanisiertem Kautschuk verschiedener Dichte durchgeführt, in denen der Vol.-Anteil des Kautschuks zwischen 0,093 u. 0,568 variierte. Durch Zug-Verss. wurde der Youngsche Y_F bestimmt u. graph. das Verhältnis von Y_F zu dem Youngschen Modul Y gegen den Vol.-Anteil Kautschuk graph. aufgetragen. Die so erhaltenen experimentellen Punkte fielen befriedigend mit der theoret. Kurve zusammen. Für das Poisonsche Verhältnis wurde ein Wert von 0,33 gegenüber einem theoret. Wert von 0,25 erhalten. Auch bei den durchgeführten Druck-Verss. wurde eine befriedigende Übereinstimmung mit den theoret. Voraussagen erhalten. Die Darst. des *Schaumkautschuks* wird kurz beschrieben. Als schaumbildendes Mittel wurde Kaliumricinoleat verwendet. C. Gottfried. 7220

„Flüssiges Nairit" als neues Material für die Gummierung. A. L. Labutin, A. L. Klebanski, N. Ja. Zukerman, W. N. Karzew, Ju. W. Trenke, L. P. Malschina, N. A. Borowikowa, G. G. Karelina und Ju. P. Roshkow. (Kautschuk u. Gummi [UdSSR] **20**, Nr. 6, 5—8, Juni 1961; Allunions-Lebedew-Forschungsinst. für synthet. Kautschuk; russ.) — Bei der chem. Zersetzung von *„fl." Nairit* (I) gelingt die Herst. hochkonz. Lsgg., die für Gummierungsüberzüge verwendet werden können. Diese Lsgg. enthalten die üblichen Mischungsbestandteile u. werden in Solventbenzin, Terpentin u. n-Butanol (76:19:5) gelöst. Es werden Lsgg. zum Spachteln (90%), Streichen (65—70) u. Spritzen (50—60) hergestellt. Die erzeugten Filme müssen bei 100—142° (am besten durch Heißluft) vulkanisiert werden. Die Festigkeit beträgt dann 65—75 kg/cm² bei 200—300% Dehnung. Die Überzüge sind gut beständig gegenüber vielen Säuren, Alkalien u. Salzen, jedoch nicht beständig gegenüber Oxydationsmitteln, aromat. u. halogenierten KW-Stoffen. Eine längere therm. Beanspruchung kann bis zu 70° erfolgen, kurzzeitig bis 90—100°. Auf Metallen haftet der I-Film nicht ausreichend. Es werden Grundierungen auf Basis von *Leikonat* (p,p'.p''-Triisocyanattriphenylmethan), ein Cl-I-Kleber (II; I u. Cl-I) u. ein Epoxidkleber (III; organ. Anteile: Epoxidharz, I, Cl-I) untersucht, wobei mit II u. III gute Resultate für eine Vielzahl von Metallen erzielt werden. O. Kramm. 7220 □

Einfluß der Feuchtigkeit auf die Beständigkeit von Kautschuk gegenüber der Ozon-Rißbildung. Ju. Ss. Sujew und W. F. Malofejewskaja. (Kautschuk u. Gummi [UdSSR] **20**, Nr. 6, 26—29, Juni 1961; Forschungsinst. der Gummiind.; russ.) — Durch dynam. u. stat. Unters. von Gummiproben aus *Natur-* (I), *Polyisopren-* (SKJ), *Polychloropren-* (II; Nairit), *Butadien-Styrol-* (SKS-30, auch mit einpolymerisierter Acrylsäure SKS-30-1), *Butadien-Acrylsäurenitril-* (SKN-40) u. *Butadienkautschuk* (SKB) in trockener u. feuchter Luft u. in W. unter verschiedenen Spannungen wird der Einfl. der Feuchtigkeit auf die Riß-Bldg. durch O_3 ermittelt. In feuchter Luft zeigen gegenüber trockener Luft nur I u. II ein anderes Verh. gegenüber O_3; die Zeit bis zum Zerreißen der Proben wird verlängert. Der Verzögerungseffekt ist in W. noch bedeutend stärker. Das wird durch den hydrophilen Charakter dieser Kautschuke erklärt. Diese Überlegung wird dadurch bestätigt, daß durch Zusatz hydrophober Stoffe, wie z. B. Paraffin, die Verzögerung der O_3-Riß-Bldg. durch W. aufgehoben wird. Eine Korrelation zwischen Wasserquellung u. O_3-Rißanfälligkeit wird aufgezeigt, u. durch die Oberflächenquellung u. die damit verbundene Spannungsverminderung die Reduzierung der Riß-Bldg. erklärt. Auch die krit. Deformation wird durch W. zu höheren Werten verschoben. Es wird geschlossen, daß für das feuchtwarme trop. Klima hydrophobe Zusätze zu Kautschukmischungen zu vermeiden sind. O. Kramm. 7220 □

Einfluß der thermischen Behandlung in aggressiven Medien auf die Struktur und Dichtungseigenschaften von Kautschuk. W. K. Chrusslow und G. M. Bartenew. (Kautschuk u. Gummi [UdSSR] 20, Nr. 6, 23—25, Juni 1961; Forschungsinst. der Gummiind.; russ.) — Um stabilere Spannungsverhältnisse bei der Druckverformung zu erhalten, schlagen die Vff. eine therm. Vorbehandlung in Quellmitteln vor. Untersucht wird ein *Butadien–Acrylonitril*(SKN-26)-Vulkanisat (I) u. ein Vulkanisat (II) aus *SKN-26, SKN-18* u. *Thiokol*. I wird 24 Std. bei 150° im Hydrauliköl AMG-10F (III) u. II in Petroleum (IV) gequollen. Die Gleichgewichts- u. die Relativspannung der normalen u. vorbehandelten Proben wird bei Druckverformung über 15—20 Tage bei 150° in III für I u. bei 120° in IV für II ermittelt. Die Verformung ist für diese vorgequollenen Proben im Anfangsstadium größer, die Gleichgewichtsspannung wird jedoch schneller erreicht u. ist größer als für die normalen Proben. Das weist auf eine stärkere Vernetzung der vorbehandelten Proben hin. Durch die Vorbehandlung in III bzw. IV unter Luftabschluß erfolgt eine therm. Strukturierung, der Gleichgewichtsmodul steigt, während der stat. Modul auf Grund der Quellung abfällt. Bei eingebauten Dichtungen kann man daher durch die therm. Vorbehandlung zu stabileren Kontaktspannungen kommen. O. Kramm. 7220 □

Statistische Bewertung der Eigenschaften von Naturkautschuk. O. W. Bykowa, Ju. B. Dubinker und A. I. Jerschowa. (Kautschuk u. Gummi [UdSSR] 20, Nr. 8, 12—16, Aug. 1961; russ.) — Statist. Auswertung der physikal.-mechan. Kennwerte, des Vulkanisationsoptimums u. von organolept. Prüfungen an 9000 Partien *Naturkautschuk* (I) der 1. u. 2. Sorte, die in den Jahren 1949—56 in die Sowjetunion eingeführt wurden. Es wird gezeigt, daß eine 8jährige Lagerung I in seinen Kennwerten nicht verändert. Die statist. Auswertung führt zu genauen Resultaten, die zur Beurteilung von Neueingängen herangezogen werden können. O. Kramm. 7222 □

SBR liegt an der Spitze. J. Walker. (Rubber Plastics Weekly 141, 171—72, 174 bis 175, 29/7. 1961; Polymer [UK] Ltd.; engl.) — Die kommerzielle Entw. auf dem Gebiet der Schuh-Herst. u. -Besohlung unter Verw. von Synth.-Kautschuken in England wird unter Angabe statist. Materials beschrieben u. die spezif. Eigg. u. Einsatzgebiete verschiedener Synth.-Kautschuke bei ihrer diesbzgl. Verw. erörtert. H. Sontag. 7224 □

Fluor enthaltende Elastomere. Ss. N. Borissow. (Kautschuk u. Gummi [UdSSR] 20, Nr. 8, 16—20, Aug. 1961; Allunions-Lebedew-Forschungsinst. für synthet. Kautschuk; russ.) — Übersicht über F-haltige Elastomere, wie Poly-(perfluoralkyl)-acrylate, Fluorpolyester u. Fluorelastomere (auch mit Nitrosogruppen), die kein H enthalten, nach der Literatur. — 33 Literaturangaben. O. Kramm. 7224 □

Gelatinierung von Carboxylatlatices mit Hilfe von Diphenylguanidin und Natriumsiliciumfluorid in Gegenwart von Zinkoxid. Ss. Ss. Wojutzki, A. M. Ssawinkowa und W. W. Tschernaja. (Kautschuk u. Gummi [UdSSR] 20, Nr. 8, 4—8, Aug. 1961; Forschungsinst. für Gummi- u. Latexartikel; Moskau, Lomonossow-Inst. für chem. Feintechnologie; russ.) — Verschiedene Latices auf *Butadien–Styrol-* (8—50% Styrol) u. *Butadien–Acrylnitrilkautschukbasis* (40% Acrylnitril) mit 0,5—3% einpolymerisierter *Acrylsäure* (I) werden im Vgl. mit *Polychloroprenlatex* (II; Nairit, L-4) auf das Gelatinierungs-Verh. bei Verw. des Zn—NH_3-Komplexes (III) bzw. von Diphenylguanidin (IV) u. $Na_2[SiF_6]$ (V) in Ggw. von ZnO als Entstabilisator-Syst. untersucht. Gegenüber II zeigen die Carboxylgruppen enthaltenden Latices (VI) keine befriedigende Gelatinierung durch III. Durch die Kombination von IV u. V mit ZnO werden Gele mit guten physikal.-mechan. Eigg. in befriedigendem zeitlichem Verlauf erhalten. Zum Beispiel werden für den Rohgel von SKS-50-1,5 6 kg/cm² Festigkeit u. 700% Dehnung bei 0,8 Min. Gelatinierungszeit mit 2,3 Gew.-Teilen IV, 2,2 V u. 7,8 ZnO erhalten, während III bei 4,4 Min. nur 2,3 kg/cm² Festigkeit bei 125% Dehnung erbringt. Durch das IV–V-Syst. werden für VI um das 2—3fache höhere Festigkeitswerte bei 3—10fach höheren Dehnungen erzielt. Diese Werte werden für II nur geringfügig verändert, d. h. hierfür werden mit beiden Entstabilisierungs-Syst. gute Resultate erzielt. Die Wrkg. verschiedener pH-Werte auf die Gelatinierung wird untersucht u. für pH 7 ein Optimum der Kennwerte für das IV–V-Syst. gefunden. Die Festigkeits–Dehnungs-Diagramme des Rohgels u. der daraus gewonnenen Vulkanisate werden ermittelt. Mit steigendem I-Geh. nimmt die Differenz der Kennwerte für die beiden Entstabilisierungs-Syst. zu. Für das IV–V-Syst. wird ein niedrigerer Modul gefunden. Vff. nehmen an, daß IV im wss. Latex eine starke Bindung mit dem organ. Kation eingeht u. dieser Komplex mit dem Anion des Stabilisators zu einer unlösl. Verb. reagiert. Gleichzeitig hydrolysiert V u. erhöht den Elektrolyt-Geh., was ebenfalls eine Entstabilisierung bewirkt. Die hohe Festigkeit des gebildeten Gels wird darauf zurückgeführt, daß hierbei Zn mit den Carboxylgruppen der Kautschukkette selbst reagieren kann. Bei III erfolgt nur eine Vernetzung zwischen den Partikeln. O. Kramm. 7224 □

Mischer für die Herstellung von Siliconkautschuk. A. O. Liermann und D. E. Miller. (Ind. Engng. Chem., int. Edit. **53,** 702—04, Sept. 1961; Waterford, N.Y., Gen. Electr. Co., Silicone Products Dep.; engl.) — Vff. vergleichen die Herst. von Siliconkautschuk in der Mühle u. im Kneter. Vor- u. Nachteile dieser Typen werden erörtert, einschließlich der Sicherheit, der Gleichförmigkeit des Prod. u. des Durchsatzes, der Beweglichkeit, der Handhabung des Materials u. der Kosten. Die durch Mischen erhaltenen Siliconkautschukqualitäten werden besprochen. F. Rosendahl. 7224□

Polymerisation der Gemische von Butadien, Piperylen und Styrol. I. A. Liwschitz, Ss. I. Iljina und W. N. Reich. (Kautschuk u. Gummi [UdSSR] **20,** Nr. 8, 1—3, Aug. 1961; Allunions-Lebedew-Forschungsinst. für synthet. Kautschuk; russ.) — Unter Veränderung der einzelnen Polymerisationskomponenten werden Co- u. Terpolymere von *Butadien* (**I**), *Styrol* (**II**) u. *Piperylen* (**III**) mit einem Geh. von 25 bzw. 30% **II** hergestellt. Das Polymerisations-Syst. entspricht dem Redox-Syst. für die Kaltpolymerisation von **I** u. **II**. Entgegen den dabei gemachten Feststellungen erhält man bei Zugabe von $K_2S_2O_8$ bzw. Hydroperoxid des Isopropylbenzols bei der Polymerisation mit **III** plastischere Polymere. Die Plastizität der Polymeren ist vom Emulgator abhängig. Ausreichend harte (Defohärte von 2000 g) Polymere erhält man bis zu 50% **III** mit K-Stearat u. bei höherem **III**-Anteil mit K-Paraffinat u. durch Erniedrigung des Initiatorgehalts. Die Plastizität nimmt mit steigendem **III**-Anteil zu u. führt zu stark fließenden Prodd. für die Copolymeren von **II** u. **III**. Gegenüber Butadien–Styrolkautschuk (**IV**; **I**:**II** = 70:30) zeigt ein Terpolymeres mit 25% **III** u. 30% **II** eine Erhöhung der Verglasungs-Temp. von —60 auf —53°, während sie für das Copolymere von **II** u. **III** (75:25) bei —28,5° liegt. Rußvulkanisate zeigen bei Anteilen bis zu 25% **III** in der Festigkeit u. Dehnung keine Änderungen gegenüber **IV**, während die Restdehnung leicht zunimmt. Mit steigendem **III**-Geh. nimmt die Stoßelastizität ab. Die Dehnung ist für die **II**–**III**-Copolymeren geringer. Letztere zeigen, wie bereits die Terpolymere mit hohem **III**-Geh., in der Mischung eine erhöhte Klebrigkeit. Als technolog. interessant sind die Terpolymere mit 25% **III** u. 30% **II** anzusprechen, wobei ein gegenüber **IV** günstiges Ermüdungs-Verh. von entscheidender Bedeutung sein dürfte. O. Kramm. 7224□

Die Gewinnung von gegenüber Abrieb und Alterung durch Licht und Ozon widerstandsfähigen Gummiqualitäten auf Grundlage von sulfochloriertem Polyäthylen. Ju. F. Andrianow, I. K. Burowa und Ss. Je. Budlewskaja. (Kautschuk u. Gummi [UdSSR] **20,** Nr. 8, 9—11, Aug. 1961; russ.) — Prodd. von sulfochloriertem *Polyäthylen* (**I**) nach verschiedenen Rezepturen werden auf ihre physikal.-mechan. Kennwerte u. das technolog. Verh. untersucht. Als Vulkanisations-Syst. dienen außer 20 (Gew.-Teile) MgO u. 2,5 hydriertem Kolophonium, 2 Mercaptobenzothiazol, bis 0,8 Diphenylguanidin u. 0,25 S bzw. 0,2 Thiuram (**II**), 0,25 Benzothiazoldisulfid u. 0,25 S. Die Wrkg. von 20 Vaseline u. 20 Faktis, von Lampen- u. Weißruß (**III**) sowie gefällter Kreide u. Kaolin (bis zu 100) wird ermittelt. Die Anvulkanisation, ermittelt an der Karrer-Plastizität, ist für die **II**-Vulkanisation bedeutend günstiger. Es werden befriedigende physikal.-mechan. Kennwerte (Festigkeit bis zu 150 kg/cm²) für die Vulkanisate mit hellen Füllstoffen erhalten, bes. auch in der Wärme (bei 90° u. 100 Teilen Füllung mit noch ca. 70 kg/cm² Festigkeit). Technolog. Hinweise über das Mischen, Kalandrieren u. Konfektionieren von **I** werden gegeben u. auf die Eigg. von **I**, bes. die hohe Ozonbeständigkeit, wird hingewiesen. O. Kramm. 7228□

Vulkanisation der Copolymeren von Äthylen und Propylen. W. N. Reich, K. Ju. Ssalniss, W. W. Ssamoletowa, L. Ss. Iwanowa und Ss. A. Michailowa. (Kautschuk u. Gummi [UdSSR] **20,** Nr. 6, 1—5, Juni 1961; Allunions-Lebedew-Forschungsinst. für synthet. Kautschuk; russ.) — Das Vulkanisations-Syst. mit sog. Radikalinitiatoren für das Copolymerisat von *Äthylen–Propylen* (**I**) wird an laboratoriumsmäßig hergestellten Proben verschiedener Viscosität untersucht. Es wird eine Mischung mit 45 (Gew.-Teilen) HAF-Ruß auf 100 **I** verwendet. *Benzoyl-*, *tert.-Butylperoxid* u. *Isopropylbenzolhydroperoxid* zeigen keinen Effekt, nur für Dicumylperoxyd (**II**) wird befriedigende strukturierende Wrkg. beobachtet, wobei mit 4 Teilen Festigkeitswerte von 180 kg/cm² erzielt werden. Zusatz von S bewirkt eine Steigerung der relativen u. bleibenden Dehnung, während die Festigkeit bei 0,75—1,25 Teilen ein Maximum bei ca. 260 kg/cm² hat. Bei höheren Dosierungen tritt Umkehr ein. Die gleichen Ergebnisse werden auch mit 2 Teilen **II** erzielt. Eine ähnliche, jedoch geringere Wrkg. zeigt *Tetramethylthiuramdisulfid* (**III**), wobei der Umkehrpunkt bei Zugabe von 0,2 bis 0,5 Teilen erreicht wird. Als optimales Vulkanisations-Syst. mit hoher Festigkeit (ca. 280 kg/cm²), guten therm. Eigg. bis 175°, guten dynam. Eigg., günstigem Abrieb u. einer hohen Rückprallelastizität (50% bei 20°) wird folgende Kombination angegeben; 2 (Teile) **II**; 1 S, 0,2 **III** u. 3 ZnO. Statt **II** kann zur Aktivierung auch *Vulkacit P-extra N*,

Captax, *Vulkacit AZ* u. *Santocure* eingesetzt werden. Mit Gaskanalruß werden gegenüber HAF gleichwertige Vulkanisate erhalten. Bei den guten Eigg. u. der hohen Wärmestabilität von **I** empfiehlt sich eine hohe Vulkanisations-Temp. zur Erzielung kurzer Vulkanisationszeiten. Unterss. liegen für **143** u. 150° vor, wobei das Optimum bei 150° nach 80 Min. erreicht ist. O. Kramm. 7228 □

Die Vulkanisation von Kautschuken durch Mercaptane in Gegenwart von Ruß. L. Ss. Feldstein, Ss. Je. Chanin, R. Sch. Frenkel und A. Ss. Kusminski. (Kautschuk u. Gummi [UdSSR] **20**, Nr. 8, 28—32, Aug. 1961; Forschungsinst. der Gummiind.; russ.) — Die strukturierende Wrkg. von *Mercaptobenzothiazol* (**I**; Kaptax) u. *Pentachlorthiophenol* (**II**) in Ggw. von Ruß auf Kautschukmischungen, bes. mit *Butadien-* (**III**; SKB) u. *Butadien–Acrylsäurenitrilkautschuk* (SKN-26; **IV**; SKN-40; **V**), wird untersucht. Wird eine **III**-Mischung mit Kanalruß (**VI**; 60 Gew.-Teile) auf Vulkanisations-Temp. erhitzt, so beobachtet man nur in Ggw. von **I** (3 Teile) die Ausbildung von vulkanisatähnlichen Festigkeitswerten (120 kg/cm²) u. eine Reduzierung der bleibenden Dehnung (<20%). Bereits durch Zusatz von 5 Teilen **VI** wird eine Vernetzung erreicht, die einer **I**-S-Vulkanisation entspricht. Die Quellwerte nähern sich asymptot. einer Minimalquellung, wenn auch der zeitliche Ablauf für die **I**-Mischung etwas ungünstiger ist. Nach Flory-Rehner wird die Zahl der Vernetzunsstellen in $Mol/cm^3 \cdot 10^{-6}$ für **I**-Mschungen mit 25 Teilen **VI** mit verschiedenem O-Geh., Ofen- bzw. Thermalruß ermittelt: 217,5 (ohne **I** 5,2), 61,0 (4,4), 17,2 (4,2). Eine Abhängigkeit vom O-Geh. wird nicht festgestellt, woraus Vff. schließen, daß die Rk. mit den freien Radikalen des Rußes erfolgt. **I** verhält sich bei verschiedenen Verss. gegenüber anderen Kautschuktypen (**IV**, **V**, SKN-18, SKMS-10, SKS-30) am günstigsten, was auf seine starke Alkalität zurückgeführt wird. Verss. mit **IV**- u. **V**-Mischungen, denen außer 1,5 Teilen Stearinsäure, 45 **VI**, 5 ZnO, 3 **I** auch 3 NH_4-Benzoat zugesetzt wurden, ergaben Vulkanisate mit ausgezeichneten physik.-mechan. Kennwerten, die denen von **I**-S- u. reinen Thiuramvulkanisaten voll entsprachen. Bemerkenswert ist dabei ein gegenüber den normalen Vulkanisaten verbessertes Alterungs-Verh. bei 130°. Für die letzten Verss. werden mit **II** gleiche Resultate erzielt. Das Vulkanisationsoptimum liegt in beiden Fällen bei 30 bis 40 Min. u. 160°. O. Kramm. 7228 □

Verkleben von Fluoroplast-4 mit Gummi. A. Ja. Korolew, Ss. K. Sherebkow, F. K. Borissowa, A. M. Medwedewa und Je. M. Groshan. (Plast. Massen [UdSSR] **1962**, Nr. 5, 37—39; russ.) — Die Verklebung von *Polytetrafluoräthylen* (**I**; Fluoroplast-4) mit *fluororgan.* (**II**) u. *Butadien–Acrylnitril*(**III**; SKN-18, -26)-Mischungen während der Vulkanisation u. mit Vulkanisaten dieser Kautschuke sowie mit Metall u. mit sich selbst wird beschrieben. **I** wird mit Na-Naphthenat an der zu verklebenden Fläche aktiviert u. anschließend mit einem **III**-Kleber, der einen Zusatz eines thermoraktiven Harzes enthält, verklebt. Bei der Vulkanisation genügt die normale Vulkanisations-Temp., während bei den anderen Verklebungen eine Wärmebehandlung von 60 Min. bei 100° empfohlen wird. Die Verklebung soll eine Beständigkeit bei —50 bis +170° aufweisen. Die Bindefestigkeit beträgt bei 20° gegenüber **II** 0,61 (glatte Oberfläche) bzw. 2,82 (rauhe Oberfläche) u. gegenüber **III** 0,92 u. 0,56 (SKN-18 u. -26) bzw. 2,55 u. 5,60 kg/cm² bei der Vulkanisation. Bei aufgerauhter Oberfläche wurden bei der Verklebung der Vulkanisate von SKN-26 3,87 von **II** 4,00 sowie gegen **I** 1,90 u. Metall 3,22 kg/cm² ermittelt. O. Kramm. 7228 □

Entwicklungsrichtungen bei der Kautschukregenerierung. W. E. Stafford. (Rubber Plastics Age **42**, 1347—49, Nov. 1961; Manchester, Rubber Regenerating Co. Ltd.; engl.) — Allg. Ausführungen. — 37 Literaturangaben. M. Winiker. 7232 □

Quantitative Spektralanalyse von Vulkanisaten im Ultraviolettgebiet. W. N. Gulimow und I. P. Martjuchina. (Kautschuk u. Gummi [UdSSR] **20**, Nr. 6, 36—37, Juni 1961; Forschungsinst. der Reifenind.; russ.) — Die quant. Best. von *Mg*, *Ca* u. *Zn* durch ihre Spektrallinien bei 2779,83, 3158,87 bzw. 2770,98 Å mittels eines Quarzspektrographen mittlerer Dispersion (ISP-28) wird beschrieben. Sie erfolgt an kleinen Mengen veraschter Proben von Vulkanisaten mit Hilfe von Eichkurven. Die Resultate werden innerhalb von 35—40 Min. erhalten. Sie zeigen eine gute Übereinstimmung mit den durch chem. Meth. gewonnenen (relativer Fehler maximal ca. 8%). O. Kramm. 7248 □

Beitrag zur Isomerenanalyse des Kautschuks. 1. Mitt. **Polybutadiene.** E. O. Schmalz und G. Geiseler. (Z. analyt. Chem. **190**, 293—305, 1962; Leipzig, Univ., Phys.-Chem. Inst.; dt.) — Es wird gezeigt, daß sich unter Umgehung der Unters. von strukturanalogen Olefinen die für die IR-spektroskop. Messungen benötigten Extinktions-Koeff. an den Kautschukproben selbst bestimmen lassen. Mit dem hierzu geeigneten Kopplungs-Verf. können aber nur Näherungswerte gewonnen werden, da in an

1.2-Struktur reichen Polymerisaten sich die Bande der 1.4-cis-Struktur nicht auswerten läßt. Exakte Eichwerte erhält man jedoch durch kinet. Unters. der Rk. mit Benzopersäure. Es werden 4 Verff. angegeben, nach denen Polybutadiene analysiert werden können. Bei der 1. Meth. ermittelt man aus den Spektren von Kautschuk-Lsgg. fiktive Extinktions-Koeff., extrapoliert diese mittels Verdünnungsreihen auf c = 0 u. bestimmt die gesuchten Anteile der einzelnen Isomeren aus den Quotienten dieser extrapolierten Koeff. durch die Eichwerte. Ist die Bande der 1.4-cis-Struktur nicht auswertbar, wird nach dem 2. Verf. der Anteil dieser Komponente aus der Differenz berechnet. Bei der 3. Meth. werden die Spektren von Kautschukproben an Hand von Eichkurven ausgewertet. Die Zus. unlösl. Polymerisate kann schließlich nach dem 4. Verf. ermittelt werden. Hierbei bestimmt man zuerst die Verhältnisse der Extinktions-Koeff. an angequollenen bekannten Proben, spektroskopiert die unbekannte Probe ebenfalls im angequollenen Zustand u. berechnet die einzelnen Anteile mit Hilfe der Koeff.-Verhältnisse. P. Kurzmann. 7248□

Beitrag zur Isomerenanalyse des Kautschuks. 2. Mitt. Polyisoprene. E. O. Schmalz und G. Geiseler. (Z. analyt. Chem. **191,** 1—6, 1962; dt.) — 1. vgl. vorst. Referat. — Die beiden 1.4-Isomeren des Polyisoprens wurden bisher IR-spektroskop. bei den Banden 840, 1100 u. 4050 cm^{-1} ermittelt. Da diese Verff. gegenüber Störungen empfindlich sind, ist es günstiger, wenn die Best. mit Hilfe von Bandenverhältnissen erfolgen. An der Bandengruppe bei 1100 cm^{-1} lassen sich mehrere derartige Verhältnisse bilden, die — unempfindlich gegen Untergrundstörungen — auf absorbierende Verunreinigungen verschieden reagieren. Die molaren Extinktions-Koeff. der 1.2- u. 3.4-Strukturen wurden durch reaktionskinet. Unters. der Umsetzung des Polyisoprens mit Benzopersäure bestimmt; für den maximalen Extinktions-Koeff. $\varepsilon_{3.4}$ wurde der Wert 248,7 Liter · $Mol^{-1} \cdot cm^{-1}$ direkt an Kautschukproben erhalten. Bei routinemäßigen Analysen bestimmt man des Verhältnis der beiden 1.4-Isomeren an den Banden bei 1100 cm^{-1}, während die Gesamt-Konz. dieser beiden Komponenten mit Hilfe der Summenbande bei 840 cm^{-1} ermittelt wird. Die Teil-Konzz. der anderen beiden Komponenten werden ebenfalls aus dem Spektrum berechnet u. die prozentualen Anteile durch Bilden der entsprechenden Verhältnisse ermittelt. Da auf diese Weise keine experimentelle Konz.-Best. nötig ist, können nach dem Verf. auch unlösl. Isoprenpolymerisate im angequollenen Zustand analysiert werden. P. Kurzmann. 7248□

Die Bestimmung von Zinkoxid in Kautschukvulkanisaten durch Röntgenbeugung. Stephen H. Laning, Melvin P. Wagner und John W. Sellers. (Rubber Chem. Technol. **33,** 890—98, Juli/Sept. 1960; engl. — C. **1961,** 12293.) R. Grundmann. 7248□

Kernmagnetische Resonanzuntersuchung von Butadien–Isopren-Copolymeren. Hung Yu Chen. (Analytic. Chem. **34,** 1134—36, Aug. 1962; Cincinnati, Ohio, Div. of Nat. Distillers and Chem. Corp., U. S. Ind. Chem. Co., Res. Div.; engl.) — Vf. untersuchte die hochaufgelösten kernmagnet. Resonanzspektren von Butadien–Isopren-Copolymerisaten im Molgew.-Bereich von 100000—200000 bei verschiedenen Butadien zu Isopren-Verhältnissen. Trotz des hohen Molgew. u. der starken Viscosität der Lsgg. wurden bei Raum-Temp. in CCl_4 gut aufgelöste Spektren erhalten. Auf Grund bekannter Werte für die chem. Verschiebung werden Zuordnungen für die Absorptionsmaxima vorgenommen. Durch Ausmessen der Fläche unter jedem einzelnen Maximum läßt sich die relative Protonen-Konz. in der unterschiedlichen mol. Umgebung bestimmen. Die relativen Konzz. der verschiedenen Mol.-Einheiten werden für ein 1:1-Copolymerisat mit einem relativen Fehler von 2—3% mitgeteilt. Die beschriebene Meth. läßt sich auch auf Polyisoprene u. Polybutadiene anwenden. Gerhard Schulze. 7248□

Asahi Glas Kabushiki Kaisha, Tokyo (Erfinder: Hiroshi Hani, Fujisawa, und Akira Nishihara, Yokohama), Japan, **Herstellung von Cyclokautschukfolien** als Basismaterial zur Herst. von *Folien ionenselektiver Permeabilität.* Man behandelt Folien aus Naturkautschuk oder Dienkunstkautschuk oder deren Mischungen mit Füllstoffen u. anderen Kunstharzen mit fl. oder gasförmigen Cyclisierungsmitteln ($SnCl_4$, BF_3) oder deren Lsgg. oder mit Lsgg. der fl., gasförmigen oder festen Komplexcyclisierungsmitteln. — Eine 0,25 mm starke Folie aus einer Mischung von 70 (Teilen) Styrol–Butadien (1:1 g)-Mischpolymerisat u. 30 Polyäthylen hält man 5 Std. lang bei normaler Temp. in $SnCl_4$ u. gibt sie dann in CH_3OH. — Oder man behandelt 0,2 mm dicke Folien aus Butadien–Butylvinylsulfonat (70:30)-Kautschuk 4 Std. lang mit $TiCl_4$, wäscht sie zuerst mit Tetrachloräthan–CH_3OH-Mischung, dann mit CH_3OH u. schließlich mit sd. alkohol. KOH u. erhält eine kationenselektive Folie. (**Jap. A. S. 11 698/1960** vom 19/12. 1957, ausg. 22/8. 1960.) M. Pankow. 7223

Shell Internationale Research Mij. N.V., Den Haag, Niederlande, **Polymerisation olefinisch ungesättigter Kohlenwasserstoffe,** bes. von Mischungen aus Äthylen–Propylen Äthylen–Butylen-(1) oder -konjugierten Dienen. Man verwendet ein Katalysator-Syst., das hergestellt wurde durch Rk. von a) einem oder mehreren Ti-Teterahalogeniden u./oder einem oder mehreren V-Tetrahalogeniden mit b) einer oder mehreren Al-Alkyl-Verbb., Zusatz einer Al-organ. Verb., in der Al an mindestens eine Alkoxygruppe gebunden ist, zu a + b, u. schließlich Zusatz eines Ti- u./oder V-Tetrahalogenids. — Beispiel: Äthylen–Propylen-Mischpolymerisation in Ggw. eines Katalysators aus $TiCl_4$ + $Al(C_2H_5)_3$ + $AlOC_2H_5(C_2H_5)_2$ + $TiCl_4$, dessen Komponenten in der angegebenen Reihenfolge zugesetzt wurden. Man erhält *kautschukartige Polymerisate* von atakt. Struktur u. niedriger Kristallinität. (**E. P. 881 119** vom 19/8. 1960, ausg. 1/11. 1961. Niederl. Prior. 19/8. 1959.) L. Stadelmann. 7725

Dominion Rubber Co. Ltd., Montreal, Quebec, Canada, übert. von: Lucien P. Dosmann, South Bend, Ind., V.St.A., **Behandlung von Butylpolyäthylenlösungen.** Man stellt ein Gemisch aus 100 (Gew.-Teilen) eines Isobutylen–Diolefin-Copolymeren, 30—70 eines Füllstoffes u. 3—15 eines öllösl. hitzebeständigen Phenol–Aldehyd-Kondens.-Prod. (I) her, mastiziert bei einer Temp., bei der das Copolymere mit dem Zusatz-Prod. teilweise reagiert, kühlt ab, setzt 20—50 Polyäthylen mit Molgew. 8000—12000 u. weiteres I zu, um die Rk. zu vervollständigen, u. löst in einem flüchtigen organ. Lsgm., wobei eine tauchfähige Lsg. entsteht. (**Can. P. 554 538** vom 23/7. 1954, ausg. 18/3. 1958. A. Prior. 14/10. 1953.) S. Böttcher. 7225

Goodrich-Gulf Chemicals, Inc., Cleveland, Ohio (Erfinder: Stanley Murl Hazen, Cheswick, und Leo Francis Meyer, Glenshaw, Pa.), V.St.A., **Polymerisation oder Mischpolymerisation konjugierter Diolefine** in Ggw. eines Katalysator-Syst., das aus einer metallorgan. Verb. von Al, B, Ga, In, Tl, Sn oder Pb, einem wasserfreien Kobalthalogenid u. einem Acetylhalogenid besteht, wobei das Mol-Verhältnis der Organometall-Verb. zu dem Co-Salz mindestens ca. 1:1 u. die Katalysatorgesamtmenge mindestens 2,5 mMol pro Mol Diolefin beträgt. — Beispiele: Polybutadien von hohem Molgew. u. cis-1.4-Struktur. — Verw. zur Herst. von Autoreifen. (**D. A. S. 1 128 983** Kl. 39c vom 23/3. 1961, ausg. 3/5. 1962. A. Prior. 23/3. 1960.) L. Stadelmann. 7225

Deutsche Solvay-Werke G.m.b.H., Solingen (Erfinder: Horst Troitzsch, Rheinberg), **Hydrochlorierte Polymerisate oder Mischpolymerisate von 1.3-Butadien** erhält man durch Rk. der Polymerisate in Lsg. mit HCl entweder in Ggw. von Friedel-Crafts-Katalysatoren bei normalem oder erhöhtem Druck oder in Abwesenheit dieser Katalysatoren bei erhöhtem Druck. — Beispiele: Hydrochlorieren von Polybutadien, Butadien/Styrol- u. Butadien/Acrylnitril-Mischpolymerisaten. Unvernetzte, lösl. Prodd., die als *Klebmittel, Überzugsmittel* u. zur Herst. von *Folien* geeignet sind. (**D. A. S. 1 130 173** Kl. 39c vom 24/2. 1960, ausg. 24/5. 1962.) L. Stadelmann. 7225

Goodrich-Gulf Chemicals, Inc., Cleveland (Erfinder: John S. B. Wolfe, Rocky River, Floyd F. Miller, Henry Kahn, Grafton, und Richard G. Small, Elyria), Ohio, V.St.A., **Cis-1.4-Polyisopren** bzw. **Isoprenmischpolymerisate** erhält man durch Polymerisation von Isopren bzw. Mischungen von Isopren mit höchstens 49% anderen KW-Stoffmonomeren unterhalb 10° in einem flüchtigen indifferenten KW-Stoff mit einem Kp. unterhalb der Polymerisations-Temp. u. einem Lösevermögen von 0,5 bis 5% Polyisopren, in Ggw. eines Katalysators aus einem Titanhalogenid, bes. $TiCl_4$, u. einem Al-KW-Stoff in einem Mol-Verhältnis von 0,75:1—0,95:1, unter Rückfluß des Lsgm., Zusatz von W. zu dem breiartigen Rk.-Prod. u. Abdestillieren des flüchtigen Lsgm. bei mindestens 55°. Hohes Molgew., verbesserte Gelstruktur, Abbau-Eigg. u. Verarbeitbarkeit. — Vorr., Zeichnung. (**D. A. S. 1 129 701** Kl. 39c vom 31/7. 1959, ausg. 17/5. 1962. A. Prior. 1/8. 1958.) L. Stadelmann. 7225

Bataafse Petroleum Mij. N.V., Den Haag, Niederlande (Erfinder: William Sunley Anderson, Oakland, Calif., V.St.A.), **trans-1.4-Polydiolefine** erhält man durch Bestrahlung einer wss. Emulsion des Monomeren mit 10^5—10^8 rad während 25 Min. bei —40 bis +150° in inerter Atmosphäre u. unter Rühren. — Beispiele: Polymerisation von Butadien, Isopren u. Piperylen. — Verw. zur Herst. von *Formartikeln*, als *Zusatz zu Kautschukmischungen* zur Verbesserung der Schlagfestigkeit, u. zur Herst. von *Imprägnierungen* u. *Überzügen*. (**D. A. S. 1 129 702** Kl. 39c vom 31/3. 1959, ausg. 17/5. 1962. A. Prior. 31/3. 1958.) L. Stadelmann. 7225

Ciba Ltd., Basel, übert. von: Willy Fisch, Binningen, Schweiz, **Elastische, unschmelzbare, unlösliche plastische Massen** erhält man durch Rk. von Verbb. mit

>1 Epoxygruppe im Mol. mit Verbb., die 2 durch mindestens 14 C-Atome getrennte mit Epoxyden reagierende Gruppen (OH, COOH, NH_2, NH, $CONH_2$) besitzen. (**Can. P. 554 891** vom 8/8. 1950, ausg. 25/3. 1958. Schwz. Prior. 12/8. 1949 u. 5/7. 1950.) S. Böttcher. 7225

Firestone Tire & Rubber Co., Akron, Ohio, V.St.A., **Herstellung eines Bandes** aus einer Mehrzahl aus Kautschukmilch hergestellter, parallel nebeneinander liegender Fäden aus natürlichem oder synthet. Kautschuk, die mit einem Bindemittel überzogen, zur Bandform vereinigt u. vor dem Vulkanisieren trennbar mit einander verbunden werden, dad. gek., daß als Bindemittel modifizierte Äthylcellulose verwendet wird, die vorzugsweise als 1,5% ig. Lsg. von Äthylcellulose in Methylenchlorid zur Anwendung kommt. Die Fäden können vorher mit einer Schicht aus in W. lösl. Polyalkylenglykol überzogen werden. (**D. A. S. 1 128 643** Kl. 39b vom 10/6. 1958, ausg. 26/4. 1962. A. Prior. 2/8. 1957.) W. Overbeck. 7231

General Tire & Rubber Co., übert. von: Edward F. Kalafus und Gerson S. Schaffel, Akron, Ohio, V.St.A., **Heterogene Gemische** aus Butadien, Styrol u. ungesätt. Ketonen, bestehend aus 10—60(%) eines elast. kautschukartigen Copolymeren aus 35—80 eines polymerisierbaren konjugierten Diolefins mit <7 C-Atomen (Butadien) u. 20—65 eines ungesätt. Ketons der Formel R—CO—R′ enthält (R = monoolefin. Rest mit <5 C-Atomen, Doppelbindung benachbart zur CO-Gruppe; R′ = Alkylrest mit 1—3 C-Atomen), z. B. Methylisopropenylketon, u. 2) 40—90 eines harten Gemisches aus einem 40—80 Arylvinyl-Verbb. u. 20—60 ungesätt. Keton enthaltenden Copolymeren u. einem Copolymeren aus 40—80 Arylvinyl-Verb. u. 20—60 eines ungesätt. Nitrils, in dem die Doppelbindung durch 1 C-Atom von der Nitrilgruppe getrennt ist. (**Can. P. 555 315** vom 3/3. 1954, ausg. 1/4. 1958. A. Prior. 13/3. 1953.) S. Böttcher. 7231

Minnesota Mining & Mfg. Co., übert. von: **Frank A. Bovey, Samuel Smith** und **Josph F. Abere**, St. Paul, Minn., V.St.A., *Copolymere.* (**Can. P. 562 437** vom 6/12. 1954, ausg. 26/8. 1958. A. Prior. 30/12. 1953. — C. **1959**, 644 [E. P. 760 769].)

General Electric Co., übert. von: **Robert C. Osthoff**, Schenectady, und **Dallas T. Hurd**, Burnt Hills, N.Y., V.St.A., *Herstellung von Organopolysiloxanen.* (**Can. P. 560 039** vom 12/5. 1954, ausg. 8/7. 1958. A. Prior. 9/6. 1953. — C. **1957**, 1307 [A. P. 2 737 506].)

Phillips Petroleum Co., übert. von: **Carl A. Uraneck** und **Richard J. Sonnenfeld**, Bartlesville, Okla., V.St.A., *Polymerisierung aliphatischer konjugierter Diene zu niedrigviscosem Latex mit hohem Feststoffgehalt.* (**Can. P. 560 423** vom 30/6. 1952, ausg. 15/7. 1958. A. Prior. 27/9. 1951. — C. **1955**, 6155 [F. P. 1 062 215].)

General Electric Co., Schenectady, N.Y., übert. von: **Robert W. Martin**, Lafayette, Calif., V.St.A., *Reaktionsprodukt aus aliphatischen Diolen und Polymethylolbenzolen.* (**Can. P. 560 698** vom 29/9. 1953, ausg. 22/7. 1958. A. Prior. 9/10. 1952. — C. **1957**, 7192 [A. P. 2 749 327].)

General Electric Co., Schenectady, übert. von: **Charles W. Pfeifer**, Troy, N.Y., V.St.A., *Siliconkautschuk mit verbesserten Kompressionseigenschaften.* (**Can. P. 561 374** vom 26/3. 1953, ausg. 5/8. 1958. A. Prior. 3/4. 1952. — C. **1956**, 6536 [A. P. 2 704 748].)

H_{16}. Nahrungs-, Genuß- und Futtermittel

Fragen der Konservierung. J. Herrmann. (Ernährungsforschung **7**, 417—25, 1962; Berlin, Humboldt-Univ., Inst. für Technologie u. Vorratspflege; dt.) — Vortrag über die Einführung neuer Verff. in der Konservierungstechnik von Lebensmitteln unter besonderer Hervorhebung der hierfür maßgebenden Gründe. M. Ulmann. 7634 □

Antioxydantien — ihre Verwendung in Nahrungs- und Futtermitteln. R. B. Wright. (Food Manufact. **37**, 5—10, Jan. 1962; Billingham, Heavy Organic Chemicals Div., I.C.I., Techn. Serv. and Dev. Dep.; engl.) R. Grundmann. 7634 □

Weichzerkleinerung von Nahrungs- und Futtermitteln. W. Friedrich. (Fette, Seifen, Anstrichmittel **64**, 541—51, Juni 1962; Braunschweig, TH, Inst. für Mühlenwesen; dt.) R. Grundmann. 7642 □

Nährwert von Ragi (Eleusine coracana) und Ragi-Diät. P. P. Kurien, M. Narayana Rao, M. Swaminathan und V. Subrahmanyan. (Food Sci. [Mysore, India] **9**, 49—54, Febr. 1960; Mysore, Central Food Technol. Res. Inst.; engl.) — Übersicht. — 34 Literaturangaben. Eberhard Müller. 7664 □

Hydrolytische Zersetzung von Phytinverbindungen während des Brotbackens. Andrzej Hiller und Kazimierz Monikowski. (Acta polon. pharmac. **18**, 441—44, 1961; Łódź, Akad. Med., Zakl. Nauk. o Środk. spoż.; pol.) — Bei der Herst. von Roggenbrot (Steinmetz-Typ) findet eine weitgehende Hydrolyse der *Phytin-*

Verbb. (I) statt. Weizenbrot (Graham) enthält dagegen wesentlich mehr I. Vff. nehmen an, daß die I durch die bei der Milchsäuregärung des Sauerteigs erhöhte Acidität schnell hydrolysiert werden. F. Urban. 7674 □

Über den Nährwert von Frischfisch, Fischkonserven und Fischmehl. Werner G. Jaffé. (Z. Lebensmittel-Unters. u. -Forsch. **113**, 472—79, 13/12. 1960; Caracas, Inst. Nacional de Nutricion; dt.) — Vf. untersuchte 28 Proben von Fischen u. Fisch-Prodd. sowie 10 Proben von Fischmehlen auf ihre Zus. (Wasser-Geh., Ae.-Extrakt, Roheiweiß, Asche, Vitamine, Aminosäuren, Thiaminaseaktivität). Die hierbei erzielten Ergebnisse sind tabellar. wiedergegeben u. werden eingehend diskutiert. Weiter berichtet Vf. über Unterss. (an Ratten) bzgl. des Einfl. von Fischmehlzusätzen auf die biolog. Wertigkeit von Weizenmehl u. Weißbrot. Hierbei zeigte sich, daß ein Zusatz von nur 2% Fischmehl zu Weizenmehl den Eiweißausnützungsquotienten um über 400% steigert u. wirksamer ist als ein Zusatz von 2,5% Trockenmilchpulver. Bei Brot ist die Eiweißaufwertung geringer, möglicherweise infolge eines Lysinverlustes beim Backen. M. Winiker. 7674 □

Biochemische Veränderung der Tomaten bei ihrer Züchtung und Lagerung. A. L. Feldman und Lju I. (Hochschulnachr., Nahrungsmittel-Technol. [UdSSR] **1960**, Nr. 6, 11—15; Odessa, Technol. Inst. für Lebensmittel- u. Kälteind., Lehrstuhl für Biochem. u. Mikrobiol.; russ.) — Tomaten von Setzlingen bzw. Sämlingen hatten verschiedene Zus. u. Lagerfestigkeit. Samen von Pflanzen, die in 3 aufeinanderfolgenden Jahren an Feuchtigkeitsmangel gelitten hatten, ergaben Tomaten, die bei der Lagerung kleinste Verluste an Trockensubstanz, gebundener Ascorbinsäure, Zucker, Carotin u. N-haltigen Substanzen zeigten. Tomaten von Sämlingen zeigten höhere Nährwertkennzahlen als die von Setzlingen. S. Baryschnikow. 7688

Hitze-Inaktivierung der Polyphenoloxydasen in einigen Fruchtsäften. Stojan I. Jankov. (Fruchtsaft-Ind. **7**, 13—32, Febr. 1962; Plovdiv; dt.) — Umfassende Verss. ergaben, daß die *Polyphenoloxydasen* (I) gleicher Saftarten aus unterschiedlichen Fruchtsorten sich bzgl. der Hitzestabilität merklich unterscheiden. Die I trüber Säfte erwiesen sich als erheblich hitzestabiler als die I klarer Säfte (gleicher Fruchtart u. -sorte). Dies beruht wahrscheinlich auf der größeren Enzymaktivität der trüben Säfte. — 28 Literaturangaben. M. Winiker. 7706 □

Die künstliche Schnelltrocknung von Kakaobohnen und der Schokoladegeschmack. B. D. Powell. (Trop. Agric. **35**, 200—04, Juli 1958; Birmingham, England, Cadbury Broth. Ltd.; engl.) — Die künstliche Schnelltrocknung der Kakaobohnen nach der Gärung verursacht in der daraus erzeugten Schokolade einen unerwünschten, fruchtartigen Geschmack, der von *Essigsäure* (I) herrührt. Dieser Geschmack muß in den Conchen durch sorgfältiges Durcheinanderschleudern der Schokolademasse beseitigt werden. Beim Trocknen der Kakaobohnen bei niedriger Temp. oder in der Sonne ist der Verlust an I infolge Verdampfung größer als während der künstlichen Kurzzeit-Trocknung bei hoher Temperatur. W. Wesly. 7726 □

Über das Wasserbindungsvermögen des Säugetiermuskels. 6. Mitt. **Einfluß von Adenosintriphosphat und Guanosintriphosphat auf Wasserbindungsvermögen und Rigidität des postmortalen Rindermuskels.** R. Hamm. (Z. Lebensmittel-Unters. u. -Forsch. **116**, 114—19, 1/1. 1962; dt.) — 5. vgl. C. **1962**, 1447. — Auf Homogenate des M. longissimus dorsi des Rindes wirkten 8 Tage nach dem Schlachten Konzz. zwischen 1,5 u. $7{,}5 \cdot 10^{-3}$m (immer bezogen auf 1000 g Muskelhomogenat) *Adenosintriphosphat* (I) kontrahierend u. dehydratisierend, hohe I-Konzz. (1,5 u. $2{,}2 \cdot 10^{-2}$m) jedoch vorübergehend bzw. bis zu mindestens 30 Min. lang weichmachend u. hydratisierend. *Guanosintriphosphat* (II) verhielt sich ebenso. Eine vorübergehende Rigiditätsabnahme u. Hydratationszunahme trat aber erst bei relativ hohen II-Konzz. ($1{,}5 \cdot 10^{-2}$m) auf u. auch bei $1{,}5 \cdot 10^{-2}$m wirkte II noch kontrahierend, wenn auch nicht mehr so stark wie bei niedrigen Molaritäten. Einen starken Hydratations- u. Weichmachungseffekt, der über mindestens 30 Min. erhalten blieb, riefen $2{,}2 \cdot 10^{-2}$m II hervor. Zwischen $7{,}5 \cdot 10^{-3}$m u. $2{,}2 \cdot 10^{-2}$m nahm mit steigender I-Konz. die weichmachende u. hydratisierende Wrkg. wesentlich stärker zu als mit steigender II-Konzentration. Aus der verhältnismäßig starken pH-Abnahme (ca. 0,3) schließt man, daß sowohl I als auch II im Muskelhomogenat zumindest partiell enzymat. gespalten werden. Auf den nichtkontrahierenden Muskel wirken bereits $1{,}5 \cdot 10^{-3}$m I über einen größeren Zeitraum schwach u. $1{,}5 \cdot 10^{-2}$m I über mindestens 30 Min. stark hydratisierend u. weichmachend. Sofern der pH-Wert überhaupt absinkt, ist die Abnahme wesentlich geringer als beim kontrahierenden Muskel. Hingegen haben $1{,}5 \cdot 10^{-3}$m II keinen Einfl. auf den nichtkontrahierenden Muskel. Bei einigen Tieren lassen sich die Muskeln durch niedrige Konz. von I oder II nicht kontrahieren u. nicht dehydratisieren, sondern lediglich weichmachen u. hydratisieren. Auch ein Zusatz von 1 mg Ca^{2+} (als Ca-Acetat) pro 100 g Gewebe vermag nicht, eine Kontraktion u. pH-Senkung hervorzurufen. Ferner ist dieses grundsätzlich verschiedene Verh. nicht auf Unterschiede in Rasse, Zucht, Alter, Fütterung, Schlacht-Gew., Behandlung der Tiere vor dem Schlachten oder des Fleisches nach dem Schlachten zurückzuführen. Es scheinen vielmehr enge Beziehungen zur Fleischqualität (Wasserbindungsvermögen, Farbhaltung, Zartheit) zu bestehen u. diese Unterschiede auf der Wechselwrkg. zwischen Kationen u. Eiweiß bzw. den Ionenaktivitäten im Gewebe zu beruhen. Die fehlende oder geringfügige pH-Senkung bei Nucleotidzusatz zeigt eine mangelnde Adenosintriphosphataseaktivität an. — 24 Literaturangaben.

W. Kreipe. 7750□

Über das Wasserbindungsvermögen des Säugetiermuskels. 7. Mitt. Zur Theorie der Wasserbindung. Reiner Hamm. (Z. Lebensmittel-Unters. u. -Forsch. **116,** 120—26, 1/1. 1962; dt.) — 6. vgl. vorst. Referat. — Um die Bindung des W. durch die fibrillären Muskelproteine zu untersuchen, werden die Adsorptionsisothermen von rohem u. vorerhitztem (70°) gefriergetrocknetem Rindermuskel (M. longissimus dorsi, 5 Tage post mortem) ermittelt. Ein Vgl. beider Adsorptionsisothermen zeigt den geringen Einfl. der Struktur des Muskeleiweißes auf die hydrat. gebundene Wassermenge. In beiden Fällen können signifikant nicht mehr als 4—5% der im Muskel vorhandenen Wassermengen von den Muskelproteinen als „echtes Hydratwasser" gebunden werden. Diese Bindung läßt sich kaum durch Veränderungen in der Struktur u. Ladung der Proteine beeinflussen. Die hierdurch bedingten großen Unterschiede im Wasserbindungsvermögen des Fleisches sind daher nicht mit verschiedenen Wechselwrkg. zwischen den polaren Gruppen u. den in erster u. zweiter Sphäre gebundenen Moll. des Hydratwassers zu erklären. Sie beruhen vielmehr darauf, in wieweit das nach physikal.-chem. Definition „freie" W. des Muskels in der Mikrostruktur des Gewebes „immobilisiert" ist. Im Gegensatz zum „wirklichen Hydratationswasser", das in mono- u. multimol. Schicht gebunden ist, wird die freie, aber im Muskel „immobilisierte" Wassermenge stark von der räumlichen Struktur des Gewebes bestimmt. Hierbei sind die elektr. Ladungen des Eiweißes u. die Querbindungen zwischen den Proteinfilamenten von entscheidendem Einfluß. Bei bestimmten pH-Werten oder in Ggw. bestimmter Ionen kann der zerkleinerte Muskel 700—800 g W. pro 100 g Protein in immobilisierter Form aufnehmen. Die Unterss. ergaben, daß die Messung der Adsorptionsisotherme keine geeignete Meth. zur Qualitäts-Best. von Trockenfleisch darstellt. — 27 Literaturangaben. W. Kreipe. 7750□

Die Beziehung zwischen den Bestandteilen von myofibrillärem Eiweiß und der Einfluß von verschiedenen, die Bindungseigenschaft von Wurst beeinflussenden Faktoren. Toshiyuki Fukazawa, Yoshio Hashimoto und Tsutomu Yasui. (J. Food. Sci. **26,** 550—55, Sept./Okt. 1961; Sapporo, Japan, Hokkaido Univ., Fac. of Agric., Animal Husbandry Dep.; engl.) — Myofibrilläres Eiweiß (ME) besteht hauptsächlich aus „schwerem" Myosin B; weitere Bestandteile werden aus dem unter Verw. von 43—50% gesätt. $(NH_4)_2SO_4$-Lsg. gewonnenen Aussalzungsdiagramm von ME nachgewiesen. Phosphatzusätze (Adenosintri-, Pyro-, Tripoly-, Hexametaphosphat) steigern die Bindungs-Eigg. von Wurst, die in enger Beziehung zur Natur u. Menge von Myosin A u./oder Myosin B stehen. W. Wesly. 7750□

Quantitative Bestimmung der Citronensäure in frischer Milch, in Trocken- und in Kondensmilch. A. Tapernoux und A. Magat. (Ann. Nutrit. Alimentat. [Paris] **14,** Nr. 6, Techniques 81—86, 1960; Lyon, École Nat. Vétérin., Labor. de Phys. et Chim.; franz.) — Der Geh. an *Citronensäure* von 69 Proben frischer Milch, Trockenmilch u. Kondensmilch wurde colorimetr. bestimmt. Frischmilch enthielt gewöhnlich 1,1 g/Liter Trockenmilch 1,8 g/100 g, gezuckerte 0,5—1,6 g/100 g u. Kondensmilch (gezuckert u. ungezuckert) 0,2—0,31 g/100 g. P. Nachtwey. 7756□

Aminosäurezusammensetzung der Proteine der trockenen und kondensierten Milch. P. Kugenew und M. Medwedewa. (Milch-Ind. [UdSSR] **23,** Nr. 8, 13—14, Aug. 1962; Moskau, Landwirtsch. Timirjasew-Akad.; russ.) — Der Geh. an *Lysin, Histidin, Arginin, Asparaginsäure, Serin, Glycin* (**I**), *Glutaminsäure, Threonin* (**II**), *Alanin, Tyrosin* (**III**), *Methionin, Valin, Phenylalanin* u. *Leucin + Isoleucin,* bezogen auf das Gesamteiweiß, sowie der abs. Geh. an den vorst. Aminosäuren in der Frisch-, Trocken- u. Kondensmilch werden erörtert. Durch das Trocknen bzw. die Kondens. wird der Geh. der Milch an einigen Aminosäuren (bes. an **I**) erniedrigt u. ihr Geh. an anderen (bes. an **II** u. **III**) leicht erhöht. S. Baryschnikow. 7756

Die Herstellung von „Eis-am-Stiel". M. C. Reece. (Food Manufact. **37,** 312—17, Juli 1962; Brown & Polson Ltd.; engl.) J. Lehmberg. 7756□

Buttersäurebacillen in der Emmentalerkäserei. Helmuth Winkelmann. (Dtsch. Molkerei-Ztg. **83**, 366—68, 15/3. 1962; Weiler/Allgäu, Lehr- u. Vers.-Anst. für Emmenthalerkäserei; dt.) R. Grundmann. 7760□

Über einige Beobachtungen bei der Prüfung gelagerter, abgepackter Camembert- und Romadurkäse, zugleich ein Bericht über die DLG-Prüfung von Käse in Kleinpackungen. H. Mair-Waldburg und D. Rohse (unter Mitarbeit von H. Bürk). (Dtsch. Molkerei-Ztg. **83**, 327—31, 8/3. 1962; Kempten, Milchwirtschaftl. Unters.- u. Vers.-Anstalt; dt.) R. Grundmann. 7760□

Zur Frage der Dicklegung von Magermilch mit Citronensäure. P. Hofmann und P. Burgkart-Schnepf. (Landwirtsch. Forsch. **12**, 201—13, 1959; Grub, Bayer. Landesanst. für Tierzucht; dt.) — Vff. untersuchten den Einfl. der *Citronensäure* (I) auf Art u. Geschw. des Säuerungsverlaufs von Futtermagermilch. Den hierbei erzielten Ergebnissen zufolge erscheint die Anwendung von I zur schnelleren Dicklegung von Futtermagermilch nur dann als sinnvoll, wenn nach der I Zugabe noch eine gewisse Zeit zur Keim-Entw. u. zur bakteriellen Restsäuerung bzw. endgültigen Dicklegung zur Verfügung steht. Bei maximal 3 g I/Liter ist im allg. ein unerwünschter Molkeaustritt nicht zu befürchten. M. Winiker. 7786□

Die Anwendung von Wirkstoffen in der Tierernährung der DDR. R. Waschkeit. (Int. Z. Landwirtsch. [Sofia/Berlin] **1961**, Nr. 6, 108—16; dt.) R. Grundmann. 7786□

Die Verwendung von Harnstoff in der Fütterung. H. Tangl. (Int. Z. Landwirtsch. [Sofia/Berlin] **1961**, Nr. 6, 130—33; dt.) R. Grundmann. 7786□

Bestimmung der Kompressibilität der Brotkrume mit Hilfe des Penetrometers. L. Ja. Auerman, M. A. Ssuworowa und L. W. Tichomirowa. (Hochschulnachr. (Krasnodar), Nahrungsmittel-Technol. [UdSSR] **1960**, Nr. 3, 135—38; Moskau, Technolog. Inst. für Lebensmittelind.; Lehrstuhl für die Technologie des Bäckereiwesens; russ.) — Beschreibung der Konstruktion u. Arbeitsweise eines Penetrometers zur Best. der Kompressibilität der Brotkrume. Der Einfl. des Back-Verf., der Lagerbedingungen des Brotes u. der Zugabe von 5 (%) Zucker, 3 Fett, 0,001 $KBrO_3$ bzw. 0,75 Soja-Phosphatidkonzentrat zum Weizenmehl auf die Kompressibilität der Brotkrume wird erörtert. S. Baryschnikow. 7800□

Ein Verfahren für die bakteriologische Untersuchung von Kartoffelflocken. John C. Kissinger. (J. Milk Food Technol. **25**, 226—28, Juli 1962; Philadelphia, Pa., USDA, Agric. Res. Serv., Eastern Utilization Res. and Dev. Div.; engl.) R. Grundmann. 7802□

Die Schnellbestimmung der Feuchtigkeit getrockneter Äpfel. S. M. Sykes und G. G. Coote. (Commonwealth sci. ind. Res. Organizat., Australia, Divis. Food Preservat., techn. Pap. Nr. **29**, 3—11, 1962; Hobart, C.S.I.R.O., Div. of Food Preserv., Tasmanian Reg. Labor.; North Ryde, Neusüdwales, C.S.I.R.O., Div. of Mathemat. Statist.; engl.) — Zur Schnell-Best. der Feuchtigkeit getrockneter Äpfel dient das auf der Messung der elektr. Leitfähigkeit beruhende Gerät „Calipco" (Abb.), das bei 16 bis 26% Feuchtigkeit Werte mit einer Genauigkeit von ±0,8% liefert. Das verbesserte „Stowell"-Meßgerät hat eine Genauigkeit von ±0,4%. W. Wesly. 7808□

Spektralphotometrische Bestimmung von 2.4.5-Trichlorphenoxyessigsäure (2.4-5-T) in dosenkonservierten Aprikosen. Hanna Nouri Daoud und B. S. Luh. (Fruchtsaft-Ind. **7**, 33—40, Febr. 1962; Davis, Calif., Univ. of California, Dep. of Food Sci. and Technol.; dt.) — Zur Best. von *2.4.5-T* (I) in dosenkonservierten Aprikosen wurde ein spektralphotometr. Verf. entwickelt, das auf der Purpurrotfärbung basiert, die bei Rk. von I mit Chromotropsäure entsteht. — Arbeitsvorschrift. M. Winiker. 7808□

Analytische Methoden zur Bestimmung von Spuren von Radioisotopen in verseuchten Ernteprodukten. 1. Mitt. Yoshio Yamada und Mitsuyoshi Hasegawa. (Res. Effects Influences Nuclear Bomb Test Explosions **1**, 795—801, 1956; Kyushu, Univ., Fac. of Agric.; engl.) P. Golinske. 7810□

Über den β-Carotinanteil in Orangenerzeugnissen. J. Koch und D. Hess. (Fruchtsaft-Ind. **7**, 89—92, April 1962; Mainz, Inst. für Getränkeforsch.; dt.) — Vff. legen dar, daß bei dem derzeitigen Stand der diesbzgl. Kenntnisse noch keine wissenschaftlich begründeten Grenzwerte für den maximalen Anteil von *β-Carotin* am Gesamt-Carotin-Geh. von reinem Orangensaftkonzentrat festgelegt werden können. — 12 Literaturangaben. M. Winiker. 7818□

Eine Methode zur quantitativen Bestimmung von gerösteten Dattel- und Tamarindenkernen in Kaffeepulver. C. P. Natarajan, R. Balakrishnan Nair, N. Gopalakrishna Rao, C. S. Viraktamath und D. S. Bhatia. (Food Sci. [Mysore, India] **9**, 39—41, Febr. 1960; Mysore, Central Food Technol. Res. Inst.; engl.) — Samen von *Datteln* (**a**) u. *Tamarinden* (**b**) werden häufig zur Verfälschung von Kaffee benutzt.

Durch Papierchromatographie wurde in Pulvern von gerösteten **a** u. **b** nach Hydrolyse mit alkohol. 2n HCl die Ggw. von *Cyanidin* (I) bestätigt, welches sich colorimetr. bestimmen läßt. Das Maximum der opt. Dichte liegt für die rosafarbenen Extrakte von **a** u. **b** bei 490 mμ, für reinen Kaffee bei 420 mμ. 0,5 g des Kaffeepulvers wurden mit 100 cm³ absol. A. u. 1 cm³ konz. HCl 30 Min. (**a**) bzw. 2 Std. (**b**) lang erhitzt, die Lsg. filtriert, auf das 2,5fache (**a**) bzw. 5fache (**b**) verd. u. ihre opt. Dichte bei 420 u. 490 mμ bestimmt. Ihr Verhältnis war proportional der prozentualen Verfälschung u. unabhängig von dem Röstgrad des Kaffees. Bestimmbar sind >10% Verunreinigung.

Eberhard Müller. 7828□

Beschreibung einer neuen, vielseitigen (Zigaretten-)Abrauchapparatur. (Begründung der) Notwendigkeit der Vielseitigkeit. J.-T. Williamson und P.-J. Clark. (Bull. Inform. CORESTA **1961,** Nr. 4, 26—31; franz. u. engl.) M. Winiker. 7836□

Die Anwendung der natürlichen γ-Aktivität zur Bestimmung der Zusammensetzung von Schweine- und Lammfleischproben. A. H. Kirton, A. M. Pearson, R. W. Porter und R. H. Nelson. (J. Food Sci. **26,** 475—78, Sept./Okt. 1961; East Lansing, Mich., Michigan State Univ., Dep. of Animal Husbandry and Food Sci.; engl.) — Die Best. der γ-Aktivität von ^{40}K wird zur Voraussage der Geh. von Schweine- u. Lammfleisch an W., Fett u. Eiweiß benutzt. Zwischen dem ^{40}K-Geh. der Proben u. der chem. Zus. der Proben bestehen zwar enge Beziehungen; jedoch zeigen die Abweichungen der Regressionsgleichungen, daß keine der Beziehungen zwischen den Bestandteilen u. dem ^{40}K-Geh. des Lammfleisches so eng sind, daß sie von prakt. Bedeutung sein könnten. Dagegen sind die Ergebnisse bei Schweinefleisch besser. Für genaue Ergebnisse muß die chem. Analyse angewandt werden. W. Wesly. 7850□

Über die Reduktionsprobe zur Qualitätsbestimmung von Milch. 1. Mitt. **Der Mechanismus der Methylenblaureduktion.** Martin Busse. (Z. Lebensmittel-Unters. u. -Forsch. **113,** 453—64, 13/12. 1960; Weihenstephan, Südd. Vers.- u. Forsch.-Anst. für Milchwirtschaft, Bakteriol. Inst.; dt.). — An verschiedenen Milchsäurebakterien wurde sowohl die *Methylenblau*-Red. als auch die Säure-Bldg. gemessen. Hierbei zeigte sich, daß beide Größen in einem festen Verhältnis zueinander stehen. Der Mechanismus der Red. wird unter Berücksichtigung der Ergebnisse der Stoffwechselphysiologie eingehend diskutiert. — 23 Literaturangaben. M. Winiker. 7856□

Über die Reduktionsprobe zur Qualitätsbestimmung von Milch. 2. Mitt. **Das spezifische Reduktionsvermögen verschiedener Bakterien.** Martin Busse. (Z. Lebensmittel-Unters. u. -Forsch. **113,** 464—72, 13/12. 1960; dt.) — 1. vgl. vorst. Referat. — Es wurde festgestellt, daß das spezif. Red.-Vermögen von Escherichia coli für *Methylenblau* (I) erheblich geringer ist als das von Streptococcus lactis. Weiter zeigte sich bei der Prüfung der Abhängigkeit des Red.-Vermögens von der I-Konz., daß bei E. coli schon bei I-Konzz., die noch gut sichtbar sind, eine Verminderung der Red.-Geschw. auf wenige Prozent des Maximalwerts eintritt, während Str. lactis bis zum Verschwinden der sichtbaren Färbung mit konst. Geschw. reduziert. Es wird somit verständlich, daß bei Gemischen beider Organismen prakt. nur der Anteil der Streptokokken für die Dauer der I-Red. entscheidend ist. M. Winiker. 7856□

Bestimmung der Wirksamkeit der Milchhomogenisierung. W. Waitkuss. (Hochschulnachr. [Krasnodar] Nahrungsmittel-Technol. [UdSSR] **1960,** Nr. 3, 139—43; Lit. Zweigstelle des Zentr. Forsch.-Inst. für Molkereiwesen; russ.) — Die mkr. Unters. der Wirksamkeit der Milchhomogenisierung ist im Vgl. zur opt. u. gravimetr. Best. die zweckmäßigste. Zur genaueren Charakteristik der Qualität des homogenisierten Prod. soll gleichzeitig das Aufrahmungsvermögen der homogenisierten Milch (vgl. C. **1959,** 10088) bestimmt werden. Die Anwendbarkeit der opt. Meth. wird diskutiert.

S. Baryschnikow. 7856□

Automatische Bestimmung der Feuchtigkeit von hochfetthaltiger Sahne. A. A. Lapschin. (Hochschulnachr., Nahrungsmittel-Technol. [UdSSR] **1959,** Nr. 1, 109—15; Leningrad, Technolog. Inst. für Kälteind., Lehrstuhl für technol. Ausrüstung der Lebensmittelind.: russ.) — Beschreibung einer auf der Grundlage der Messung der dielektr. Konst. von Emulsionen konstruierten elektron. App., die es ermöglicht, den Wasser-Geh. von hochfetthaltiger Sahne mit einer mittleren Fehlergrenze von $\pm$0,26% zu bestimmen. S. Baryschnikow. 7856

Modifizierter Baudouin-Test zum Nachweis einer Verfälschung von Butter und Ghee durch Vanaspati. O. P. Kapur, M. Srinivasan und V. Subrahmanyan. (J. sci. ind. Res. [New Delhi], Sect. B **17,** 471—72, Nov. 1958; engl.) — C. **1961,** 15602.

M. Winiker. 7858□

Fremdstoffe in Molkereiprodukten. Dorothy B. Scott. (J. Assoc. off. agric. Chemists **43,** 569—71 Aug. 1960; Washington, D.C., Dep. of Health, Educat. and Welfare, Food and Drug Admin.; engl.) — Käseproben können mit Äthylendiamintetraessigsäure (oder ihrem K-Salz) weniger leicht aufgeschlossen werden als durch Dispergierung bei niedriger Temp. mit Na-Hexametaphosphat u. anschließende Behandlung mit Pankreatin. W. Wesly. 7860□

Ein Verfahren zur Cellulosebestimmung. L. Paloheimo, Eine Herkola und M.-L. Kero. (Maataloustieteellinen Aikakauskirja [J. sci. agric. Soc. Finland] **34,** 57—65, 1962; Helsinki, Univ., Dep. of Animal Husbandry; engl.) — Zur Best. von *Cellulose* (I) in Pflanzen extrahiert man die Probe zur Beseitigung von Zucker, Fructosan u. Chlorophyll mit A., schüttelt den Rückstand mit 3n NaOH in Druckflaschen bei 100°, filtriert durch Asbest u. ermittelt die Roh-I aus dem Gew.-Verlust beim Veraschen. Durch Abzug der gesondert bestimmten Geh. an Pentosan u. Rohlignin von der Roh-I erhält man den wahren I-Gehalt. Fettreiche Proben werden vor der NaOH-Behandlung mit Bzl.–A.-Gemisch extrahiert, stärkereiche Proben nach der NaOH-Behandlung mit 0,05n HCl gekocht. W. Wesly. 7866□

Mitteilung über die Vorbehandlung von Pflanzenproben zur Bestimmung von löslichen Kohlenhydratbestandteilen. D. I. H. Jones. (J. sci. Food Agric. **13,** 83—86, Febr. 1962; Plas Gogerddan (bei Arberystwyth], Welsh Plant Breeding Stat.; engl.) — Unterss. über den Einfl. der Ofentrocknung von Spargel, Wirsingkohlblättern u. mehreren Futtergräsern auf die Geh. an reduzierenden u. nichtreduzierenden Zuckern u. an Fructosan (I) zeigen, daß die Geh. an Zuckern in den getrockneten Proben niedriger, die an I höher sind als die entsprechenden Werte in den nichtgetrockneten Proben. W. Wesly. 7866□

Mikroskopische und enzymatische Methoden zum Nachweis einer Harnstoffverfälschung in Futtermitteln. W. Huss. (Landwirtsch. Forsch. **12,** 171—77, 1959; Stuttgart-Hohenheim, Württ. Landesversuchsanst. für landw. Chemie; dt.) — Im Rahmen der normalerweise durchgeführten Kontrollanalysen wird eine Verfälschung von Futtermitteln durch Zusatz von *Harnstoff* (I) nicht erfaßt. Vf. zeigt, daß **I**, der in Substanz zugesetzt wurde, meist leicht mkr. nachgewiesen werden kann. Zum Nachw. von **I**, der den Futtermitteln in Lsg. beigemischt wurde, wird ein einfacher Ureasetest beschrieben. — 12 Literaturangaben. M. Winiker. 7868□

Mikroskopische Kennzeichen der wichtigsten Fischarten in Fischmehlen nordeuropäischer Herkunft. H. Vöhringer. (Landwirtsch. Forsch. **12,** 177—86, 1959; Stuttgart-Hohenheim, Württ. Landesversuchsanst. für landw. Chemie; dt.) M. Winiker. 7868□

Magyar Állam (Erfinder: Johann Pogány und Emmerich Tagányi), Budapest, Ungarn, **Schutzmassen zum Imprägnieren der Horden und Stellagen in der Nahrungsmittelindustrie,** bestehend aus Stearinsäureestern des Glycerins, Glykols oder Polyglykols, Ceresin, Petrolatum u. Paraffin bzw. KW-Stoffen mit C_{22} u. mehr C-Atomen im Molekül. Man verestert bis zu einer EZ. 15, setzt der geschmolzenen Masse Ceresin oder Petrolatum zu, erhitzt auf 70—100° u. trägt Paraffin ein. Mit $Ca(OH)_2$ stellt man zum Schluß auf die EZ. ein. Diese Schutzmasse wird von 60—65%ig. alkoholhaltigen Getränken nicht angegriffen. (**Ung. P. 144 822** vom 23/8. 1956, ausg. 15/3. 1959.) G. König. 7635

American Cyanamid Co., New York, N.Y., übert. von: Charles S. Nevin, Stamford, und John H. Fletcher, New Canaan, Conn., V.St.A., **Glycidester höhermolekularer Fettsäuren** erhält man durch Erhitzen eines Gemisches aus einer C_{12}- bis C_{26}-Fettsäure (I), einem Alkalicarbonat u. einem quatern. NH_4-Halogenid als Katalysator mit 9—13 (Mol) Epichlorhydrin (II) je 1 I auf 80—140°. — Man gibt z. B. 1 (g) Tetramethyl-NH_4-Chlorid (0,005 Mol) u. 152 (1,1 Mol) K_2CO_3 bei 105° zu 284 (1,0 Mol) Stearinsäure, rührt 7—8 Min., setzt 1162 (12,5 Mol) auf 110° erhitztes **II** zu, rührt 2 Std. bei 108—110°, kühlt auf 45—47° ab, filtriert, wäscht das Filtrat mit W., dest. nichtumgesetztes **II** im Vakuum ab u. erhält als Rückstand rohes *Glycidylstearat*, F. 48—50°. — Durch 1std. Erhitzen mit Eisessig auf 90° → *3-Aceto-1-stearin*-Deriv., F. 42—43°; SZ. = 0,7 gefunden, 0,0 berechnet; VZ. = 274 gefunden, 280 berechnet; OH-Zahl = 138 gefunden, 140 berechnet. — *Glycidylarachinat* (F. 56—57°) → *3-Aceto-1-arachin*-Deriv., F. 48—50°; SZ. = 0,3 gefunden, 0,0 berechnet; VZ. = 251 gefunden, 262 berechnet; OH-Zahl = 124 gefunden, 131 berechnet. — *Glycidester von hydrierter Tallölfettsäure*, F. 50—52°; *Acetyl-Deriv.*, F. 44—46°; SZ. = 0,3 gefunden, 0,0 berechnet; VZ. = 277 gefunden, 278 berechnet; OH-Zahl = 138 gefunden, 138 berechnet. — Die *Acetyl-Verbb.* dienen als *Bestandteile von Schutzüberzügen für Nahrungsmittel.* (**A. P. 2 992 239** vom 1/8. 1957, ausg. 11/7. 1961.) O. Müller-Meiningen. 7635

Alvappillai Sundvalingam und Veluppillai Perampalam, **Konservieren von Cocosmilch** für kulinar. Zwecke erfolgt durch Zusatz von 0,001—0,5% p-Hydroxybenzoesäure, H_3BO_3, SO_2 oder dessen Verbb., Vanillinsäureester, Monochloressigsäure, Glykolen, Hexamethylentetramin, 3-Acetyl-6-methyl-1.2-pyran-2.4.(3H)-dion, quart. Ammonsalzen, Zucker, äther. Ölen, wie Thymian- oder Corianderöl, oder Fruchtsäuren. Als Antioxydationsmittel werden 0,01—0,1% Tocopherol, Phosphorlipoide, Gallensäureester, Ascorbinsäure u. dgl., als Stabilisierungsmittel für die bis über 50% Öl enthaltende Milch z. B. 0,1—0,5% Polyoxyäthylensorbitmonostearat oder Celluloseäther zugesetzt. In 1—10 Min. wird die Milch bei 170—220° F sterilisiert. (**Aust. P. 224 767** vom 15/8. 1957, ausg. 29/11. 1959. Ceylones. Prior. 7/12. 1956.) H. Möllering. 7689

Colgate-Palmolive Co., New York, N.Y., übert. von: William Godfrey Alsop, Summit, N.J., und Adam Carr Bell, Jackson Heights, N.Y., V.St.A., **Propylenglykol (I)-Fettsäurediester** (F. 30—35°), die Palmitoyl-, Stearoyl- u. Oleylreste enthalten, dienen als *Kakaobutter-Ersatz.* — Man erhitzt z. B. ein Gemisch aus 1 (Mol) I, 0,66 Ölsäure u. 1,34 30% Stearinsäure enthaltende Palmitinsäure unter CO_2 innerhalb 12 Std. von 180 auf 245° u. behandelt das Rk.-Prod. mit Wasserdampf u. anschließend mit A-Kohle u. Bleicherde, F. 33°. (**A. P. 2 993 063** vom 17/12. 1956, ausg. 18/7. 1961.) O. Müller-Meiningen. 7727

Unilever Ltd. (Erfinder: Alan William Holmes), **Pökeln von Schweinefleisch,** bes. von Schinken oder Speck, durch Einlegen des zerschnittenen Fleisches in eine Nitrit enthaltende NaCl-Lauge (z. B. eine Lauge mit 10—32% NaCl u. 0,005 bis 0,5 $NaNO_2$) für eine einen Tag nicht überschreitende Dauer. (**Aust. P. 228 615** vom 2/5. 1958, ausg. 7/7. 1960. E. Prior. 9/5. 1957.) K. Demmler. 7751

Oscar Mayer & Co., Inc. (Erfinder: Earl Wilbert Turner und Floyd Carleton Olson), **Behandeln von Fleisch,** das zur Herst. von Wurst bestimmt ist. Das Fleisch wird sofort nach dem Schlachten, bevor die Totenstarre eintritt, bei $<28°$ F eingefroren, bei Bedarf erst im gefrorenen Zustand grob zerkleinert, mit 3—6% Salz, berechnet auf den Wasser-Geh., vermischt u. weiter zerkleinert. Bei diesem Verf. wird der ursprüngliche Geh. an Myosin erhalten. (**Aust. P. 230 858** vom 5/2. 1959, ausg. 17/11. 1960.) C. Lüttgen. 7751

Commercial Solvents Corp., New York, N.Y., V.St.A., **Konservierung von Viehfutter in Silos.** Dem Futter wird vor dem Einlagern Bacitracinmethylendisalicylsäure oder ein Alkalisalz davon in einer Menge von 1—50 g pro t zugegeben, ebenso ein Kohlenhydrat, bes. Melasse u. Mais, in einer solchen Menge, daß dadurch eine Milchsäuregärung herbeigeführt wird. (**Port. P. 38 054** vom 7/2. 1961, Auszug veröff. 26/4. 1961.) A. Kalix. 7783

Monsanto Chemical Co. (Erfinder: Robert Judson Wineman), **Geflügelfutter,** gek. durch den Geh. an 0,02—2% 2-hydroxy-4-methylthiobuttersaurem Alkali. (**Aust. P. 230 555** vom 3/7. 1958, ausg. 27/10. 1960.) C. Lüttgen. 7787

Olin Mathieson Chemical Corp. (Erfinder: Francis Xavier Gassner und William Newton McLellan), **Beifutter für Rindvieh,** bestehend aus vollständig *wasserlösl. Polyäthylenglykol,* dem 30—70% *Diäthylstilböstrol* beigemischt sind. (**Aust. P. 232 601** vom 4/5. 1959, ausg. 9/3. 1961. A. Prior. 14/5. 1958.) C. Lüttgen. 7787

F. Hoffmann-La Roche & Co. Akt.-Ges., Basel, Schweiz, *Herstellung von Polyenaldehyden.* (**Ind. P. 65 469** vom 8/10. 1958, ausg. 5/11. 1960. E. Prior. 28/8. 1958. — C. **1962**, 3303 [D. P. [DDR] 21 028].)

Vitagen Corp., Los Angeles, Calif., V.St.A., *Herstellung von Kaffeekonzentrat.* (**E. P. 879 317** vom 14/3. 1958, ausg. 11/10. 1961. A. Prior. 26/3. 1957. — C. **1961**, 5644 [D. A. S. 1 090 502].)

Blaw-Knox Co., Pittsburg, Pa., V.St.A.,, *Agglomerieren einer pulverförmigen Substanz.* (**Niederl. P. 100 406** vom 21/10. 1955, ausg. 15/2. 1962. A. Prior. 11/4. 1955. — C. **1958**, 1174 [F. P. 1 136 468].)

Olin Mathieson Chemical Corp., übert. von: **Francis X. Gassner**, Fort Collins, Colo., V.St.A., *Beschleunigung des Wachstums von Fleisch erzeugenden Tieren.* (**A. P. 3 009 857** vom 31/12. 1956, ausg. 21/11. 1961. — C. **1959**, 11099 [D. A. S. 1 047 596].)

H_{18a}. Holz. Cellulose. Zellstoff. Papier. Papierdruck. Celluloid. Linoleum

Untersuchung der Struktur und Eigenschaften der Cellulose und ihrer Ester. 72. Mitt. Abhängigkeit der Eigenschaften der Viscosecellulose von der Lage des Ausgangs-Tannenholzes im Stamm. I. N. Kotomina, S. A. Rogowin und P. Ss. Larin. (Chemiefasern [UdSSR] **1959**, Nr. 3. 27—31; Allunions-Wiss. Forsch.-Inst. für Fasern.) — 71. vgl. C. **1960**, 5182. — Die Lage des Holzes im Stamm einer 60 Jahre alten Tanne erwies sich von wesentlichem Einfl. auf dessen Zus. u. auf die Eigg. von daraus gewonnener *Viscosecellulose* (**I**). Vom unteren Teil des Baumstammes durch Aufschluß gewonnene **I** besitzt einen höheren Geh. an α-**I**, enthält weniger Pentosane, ist weniger polydispers u. läßt sich besser zu Viscose verarbeiten, deren Lsgg. auch leichter filterierbar sind.

Noch größere Unterschiede findet man beim Vgl. der **I** aus dem Splint u. dem reifen Holz. Die Splintholz-I hat einen höheren Geh. an α-I, weniger Beimengungen, einen geringeren Polymerisationsgrad, geringere Polydispersität u. zeigte eine wesentlich stärkere Zerstörung der morpholog. Struktur der Fasern u. ist viel reaktionsfähiger als I aus reifem Holz. Für die Rk.-Fähigkeit einer Sulfitcellulose ist hauptsächlich die morpholog. Struktur der Fasern, die von der Lage im Baumstamm abhängt, u. der Grad der Zerstörung der Faserstruktur maßgebend. M. Ulmann. 7954

Die Verwendung von Natriumhypochlorit zum Bleichen von Reyon-Zellstoffen. Krystyna Bączyńska. (Przegląd papierniczy **18,** 65—68, März 1962; Inst. Celulozowo-Papierniczy; pol.) — Um den Asche-Geh. von *Zellstoffen* (**A**) für die *Reyonfabrikation* zu senken, wird in der 2. u. 3. Bleichstufe *NaClO-Lsg.* verwendet. Aus den Unterss. über den Einfl. des Cl_2- u. Alkali-Geh., der Temp. der *Bleiche* u. ihrer Dauer ergibt sich, daß ein Bleichen zu **A** mit 20—23 cP Viscosität u. Weiß-Geh. >85% mit NaClO unter ähnlichen Bedingungen wie mit $Ca(ClO)_2$ vor sich gehen kann. Der Abfall des Asche-Geh. im Vgl. mit $Ca(ClO)_2$ bei Einstufenbleiche mit NaClO beträgt 47%, bei Zweistufenbleiche mit NaClO 29%. Der Geh. an α-Cellulose in **A** liegt bei der NaClO-Bleiche in derselben Höhe, die Viscosität etwas höher u. ebenso auch der Geh. an in A./Bzl. lösl. Anteilen. Die Labor.-Ergebnisse werden durch Verss. in techn. Maßstab betätigt. M. Hagedorn. 7956□

Vorgehen bei der chemischen Nutzbarmachung von Abfallprodukten. Edward S. Lipinsky und Joseph E. Burch. (Pulp Paper Mag. Canada **63,** Nr. 3, mag. Sect. 69—72, März 1962; engl.) — Wirtschaftliche Überlegungen u. Beispiele: Die Erzeugung von *Ameisen-* u. *Essigsäure, Vanillin, Tallöl* u. *Dimethylsulfoxid.* M. Hagedorn. 7966□

Von der Glucose aus Holz zur Herstellung von Cellulose aus einjährigen Gewächsen. René Escourrou. (Papeterie **84,** 793—97, Aug. 1962; franz.) — Die in einem Moskauer Blatt erschienene Nachricht, daß in Kansk (Sibirien) zum ersten Mal krist. *Glucose* aus *Holz* dargestellt wurde, wird vom Vf. zurückgewiesen. Die in Deutschland nach dem Bergius-Verf. arbeitenden Holzverzuckerungswerke in Mannheim u. Regensburg werden erwähnt u. die hauptsächlichen Fabrikationsstufen beschrieben. Die Möglichkeit, daß der in der UdSSR hergestellte Holzzucker u. der aus geplanten Fabriken in China, Ungarn u. der CSSR zu erwartende der in Frankreich aus Mais hergestellten Glucose Konkurrenz machen könnte, wird erörtert. Fragen der Rentabilität werden von verschiedenen Gesichtspunkten aus beleuchtet. Die Möglichkeit, *Zellstoff* für die *Papierindustrie* im eigenen Land aus *einjährigen Gewächsen* herzustellen, wird diskutiert, da die vorhandenen Holzvorräte ungenügend sind. Ein Kosten-Vgl. von Zellstoffen aus Tannenholz u. Sorgho unter Berücksichtigung der leichteren Aufschließbarkeit von Sorgho u. der leichten Bleichbarkeit des hieraus hergestellten Zellstoffes u. seiner Überlegenheit gegenüber Holzzellstoff für manche Verw.-Zwecke läßt den Anbau von Sorgho in Frankreich durchaus aussichtsreich erscheinen. F. Zeidler. 7968□

Die Verwendung von Ultraschall bei der Papierstoffaufbereitung. Jarmil Páv und Karel Drda. (Sborník výskumných Prác Odboru Celulózy Papiera **4,** 177—96, 1959; tschech.) — In Fortsetzung der C. **1962,** 15451 referierten Arbeit werden die die Auswahl von *Ultraschall-Vorr.* für die *Papierstoffaufbereitung* u. die Zubereitung von Emulsionen beeinflussenden Komponenten besprochen. Die Funktionsteile hydraul. Ultraschallgeber, die wirtschaftlicher als elektr. Hochfrequenzgeneratoren arbeiten, werden berechnet. Die wirksamen Teile der App. — Wandler u. Düsen — werden theoret. entwickelt u. experimentell geprüft. Zur Best. der Knotenebenen von Ultraschallwandlern wird ein mit elektr. Wechselfeld arbeitendes Gerät verwendet. Zur Best. der Frequenz des Ultraschallfeldes werden besondere Meßsonden aus piezoelektr. Stoffen entwickelt u. ein geeigneter Meß-App. vorgeschlagen. Ein nach dem Pohlman-Prinzip entwickelter Ultraschallgeber entspricht nicht den Forderungen der Betriebssicherheit, der technolog. Verwendbarkeit u. der zu fordernden Leistung u. wird durch eine nach dem hydraul. Prinzip arbeitende Vorr. ersetzt. Das neue Gerät weist guten Wrkg.-Grad leichte Steuerfähigkeit u. massive Stärke auf u. erfordert keine größeren Ansprüche an Bedienung u. Instandhaltung. G. Reisner. 7976□

Fixieren von sauren Farbstoffen auf Cellulose mit kationenaktiven Substanzen. Stanisław Bartkowicz. (Przegląd papierniczy **17,** 325—26, Nov. 1961; Inst. Celul.-Papiern.; pol.) — Bei der Färbung von *Cellulose* mit *sauren Farbstoffen* in der Masse sind *Fixanol PN* bzw. *Ergofix SK1* (N-Cetylpyridiniumsalze) als *Fixiermittel* gut geeignet. F. Urban. 7980□

Die Entwicklung auf dem Gebiete der gestrichenen Druckpapiere. Örnulf Arneberg. (Wbl. Papierfabrikat. **90,** 935—43, Sept. 1962; Papier **16,** 385—90, 5/8. 1962; dt.) — Die Entw. der *Oberflächenveredlung* von *Papier* wird an Hand von Abb., der einseitigen

Bürstenstreichmaschine u. endlich der Streichanlage für kontaktgetrocknete Hochglanzpapiere erläutert. Schräglichtaufnahmen der nach den verschiedenen Verff. hergestellten Papiere illustrieren die Entwicklung. F. Zeidler. 7982□

Die Bestimmung des Polymerisationsgrades von Cellulose. Otto Dobozy. (Kolorisztikai Értesitö [Kolorist. Rdsch.] **3**, 313–24, Dez. 1961; Budapest, Kolorist. Zentral-Forsch.-Labor.; ung.) — Einzelheiten über die Ausführung der bekannten Cuoxam- bzw. schonenden „Nitrier"-Meth. zur viscimetr. Best. des *Polymerisationsgrades* von *Cellulose* werden angegeben. Die Genauigkeit der beiden Meth. ist beinahe die gleiche.
P. Tolnay. 8006

Analytische Methoden zur technischen Kontrolle von Sulfatlaugen und Ablaugen. J. Polcin. (Sborník výskumných Prác Odboru Celulózy Papiera **4**, 235–52, 1959; slowak.) — Die bisherigen *Best.-Meth.* für *akt. Alkali*, bzw. *NaOH*, *Na_2S*, *Carbonat*, *Sulfat* u. für *Gesamt-S* in *Frisch-* u. *Ablauge* der *Sulfatzellstoff-Herst.* werden krit. untersucht. Genügend genaue u. schnell durchführbare Verff. werden vorgeschlagen. Akt. Alkali wird alkalimetr. titriert, wobei Carbonate, Sulfate u. Silicate mit $BaCl_2$ entfernt werden u. nach Zugabe von HCHO die äquivalente Menge Lauge, die durch dessen Rk. mit Na_2S abgespalten wird, titriert wird. Die potentiometr. Unters. der Titration zeigt, daß bei der 1. Titration zweckmäßig Thymolphthalein, bei der 2. Phenolphthalein (I) verwendet wird. Die optimalen Bedingungen zur Entfernung von störenden Komponenten aus der Lauge werden untersucht. Durch eine weitere Titration unter I-Verw. kann neben NaOH u. Na_2S auch Na_2CO_3 bestimmt werden. Die Meth. kann auch zur akt. Alkali-Best. in Schwarzlauge nach Entfernen des größten Teils der organ. Substanz mit $BaCl_2$ u. durch Zentrifugieren verwendet werden. Auf Fehler der Meth. von Heath u. Mitarbeitern [1933] bei der NaOH-Best. wird hingewiesen. Zur HCO_3^--Best. in Schwarzlauge wird eine Dest.-Titrier-Meth., die ca. 15 Min. Zeit erfordert, verwendet. Der Ersatz der gravimetr. durch eine komplexometr. Meth. wird für die Sulfat-Best. vorgeschlagen. Eine Meth. zur Gesamt-S-Best. in Schwarzlauge, die auf einer Mineralisierung mit H_2O_2 (35 Min.) beruht u. bei Kopplung mit der komplexometr. Best. ca. 1 Std. Zeit erfordert, wird ausgearbeitet. Die Mineralisierung mit H_2O_2 ist auch mit Vorteil bei Sulfit- u. Neutralsulfitablauge anwendbar. G. Reisner. 8006□

Versuche zur Ermittlung der Brauchbarkeit von Papieren für Druckzwecke mittels des I.G.T.-Prüfers. Elżbieta Hochauz. (Przegląd Papierniczy **18**, 69–73, März 1962; Inst. Celulozowo-Papierniczy; pol.) — Nach Festlegen der günstigsten Prüfbedingungen beim Arbeiten mit dem *I.G.T.-App.* werden die *Druckfarben* (DF)-Verteilungskurven für verschiedene Druckpapiersorten, für *Papiere* aus verschiedenem Zellstoff u. für Papiere von verschiedener Oberflächenglätte aus demselben Ansatz aufgenommen. Diesen Kurven können Hinweise entnommen werden, auf die zur vollständigen Schwärzung der Papieroberfläche notwendigen DF-Mengen u. auf die relative u. abs. DF-Ergiebigkeit. Mit Hilfe der Kurven kann auch vom Standpunkt des Papiermachens aus die Bedruckbarkeit von Papieren ähnlicher Charakteristiken ermittelt werden. Aus Messungen mit dem Leukometer kann das Durchschlagen des Druckes in Beziehung zu der auf das Papier übertragenen DF-Menge quant. bestimmt werden. Die Ausdehnung des Verf. auf die Kontrolle von Papieren mit Überzug erscheint möglich.
M. Hagedorn. 8014□

Rudolf Schicht, Helmut Barse und Wolfgang Hesse, Leuna, und Reinhold Büchner, Halle, **Herstellung einer beständigen wässerigen Paraffinemulsion zum Hydrophobieren von Spanplatten.** Man verwendet einen nichtionogenen Emulgator, z. B. ein oxäthyliertes Alkylphenol oder einen oxäthylierten Fettalkohol mit 14–18 C-Atomen im Alkylrest, u. als Stabilisator ein Abfallöl aus paraffin., olefin. u. Chlor-KW-Stoffen mit 12–18 C-Atomen im Mol., wie es bei der Herst. von langkettigen Alkylaminen aus chlorierten KW-Stoffen anfällt, in Mengen von 2–25%, bezogen auf die Paraffinmenge. Eine derartige Emulsion rahmt nicht auf u. scheidet kein Paraffin aus; mit ihr behandelte Spanplatten sind quellfest. — Beispiele. (**D. P. [DDR] 23 377** Kl. 38h vom 11/3. 1960, ausg. 10/7. 1962 [Wirtschaftspatent].)
W. Raetz. 7953

Marley Co. (Erfinder: Donald Robert Baker), **Imprägnieren von hölzernen Kühltürmen.** Man behandelt das durch den Gebrauch der Türme vollständig mit W. gesätt. Holz der Türme mit einer Aufschlämmung (II) eines Holzkonservierungsmittels (I) in einer gesätt. Lsg. des I, wobei infolge der Differenz des Lsg.-Druckes zwischen II u. W. im Holz das I in das Holz diffundiert. Das I kann z. B. aus $CuSO_4$, $ZnSO_4$, H_3AsO_4 $Na_2Cr_2O_7$ u. NaF bestehen. (**Aust. P. 232 010** vom 13/3. 1959, ausg. 9/2. 1961.)
C. Lüttgen. 7953

Phrix-Werke Akt.-Ges., Deutschland, **Veredelung von Cellulose.** Das Cellulosefasermaterial wird in langfaserige u. kurzfaserige Cellulose getrennt u. jede für sich gebleicht. Dabei werden die spezif. Eigg. beider Fasergruppen in Übereinstimmung gebracht. Nach der chem. Behandlung werden die langen u. kurzen Fasern wieder gemischt. (**F. P. 1 249 136** vom 24/2. 1960, ausg. 15/3. 1961. D. Prior. 25/3. 1959.) M. F. Müller. 7955

Abitibi Power & Paper Co. Ltd. (Erfinder: Shafi ul Hossain), **Gewinnung von Natrium- und Ammoniumwerten** aus Sulfitablaugen der Zellstoffindustrie, dad. gek., daß man die Ablaugen, ggf. nach vorheriger Pyrolyse, über saure Ionenaustauscher leitet, die mit H_2SO_3 regeneriert werden. (**Aust. P. 232 468** vom 11/9. 1958, ausg. 23/2. 1961. Can. Prior. 12/9. 1957 u. 12/2. 1958.) C. Lüttgen. 7967

B. X. Plastics Ltd. (Erfinder: Robert Roy Smith), Essex, England, **Makromolekulare Pfropf- und Blockmischpolymere des Cellulosetriacetats (I)** erhält man bei der ionisierenden Bestrahlung von I in Ggw. von O_2 oder Luft, wobei Peroxid-Bldg. im Mol. von I eintritt, u. anschließende Rk. des bestrahlten I mit monomerem Styrol oder dessen Derivv. bei 50—135°. Die Ionisierung kann durch Röntgen-, β-, γ-Strahlen, beschleunigte Elektronen, Deuteronen, Protonen oder therm. Neutronen hervorgerufen werden. — Handelsübliches Cellulosetriacetat wird als Film 24 Std. lang der Bestrahlung von γ-Strahlen von Co^{60} in einer Stärke von 50000 rep/Std. ausgesetzt u. der bestrahlte Film im Vakuum mit dest. monomerem Styrol in einer Glasröhre 2 Std. lang bei 85° behandelt. Man kühlt, wäscht den Film mit kochendem Bzl. über 24 Std. u. trocknet anschließend. Der Film war 33% schwerer als der Ausgangsfilm. (**E. P. 862 610** vom 25/1. 1957, ausg. 15/3. 1961.) G. König. 7971

E. I. du Pont de Nemours & Co., Wilmington, Del., übert. von: Osborne H. Paddison, Tenafly, und Roy W. Sommers, Pennsville, N.J., V.St.A., **Alkalisalze der Carboxymethylcellulose** erhält man bei der Rk. von reiner Cellulose mit Monochloressigsäure in Ggw. von wss. kaust. Alkali, einer mit W. mischbaren u. einer mit W. nicht mischbaren Fl., wobei der Gesamt-Fl.-Geh. zu trockener Cellulose zwischen 4:1 u. 20:1 liegen soll. Der mit W. mischbare, niedrigmol. Alkohol soll mindestens ca. 7 Gew.% der gesamten Fl. betragen, der Kp. der mit W. nicht mischbaren inerten Fl. $>35°$ sein. Die mit 3 fl. Komponenten in 2 Phasen bei bevorzugten Temp. von 30 bis 65° durchgeführte Rk. ermöglicht eine gleichmäßige Verteilung der Rk.-Komponenten u. eine leichte Abtrennung des Endprodukts. Der Wasser-Geh. in der W.–Alkohol-Phase soll zu Beginn der Rk. zur trockenen Cellulose im Verhältnis von ca. 0,03:1 bis ca. 3,4:1 liegen. Der Verätherungsgrad soll $>0{,}3$ sein; solche Celluloseäther sind in W. löslich. Bei einem Verätherungsgrad 2 sind Celluloseäther in organ. Fll. löslich. (**A. P. 2 976 278** vom 1/10. 1956, ausg. 21/3. 1961.) G. König. 7971

Westinghouse Electric Corp., East Pittsburgh, übert. von: Donald H. Hogle, Monroeville, Pa., V.St.A., **Reinigen von Cyanäthylcellulose (I)** von anhaftenden Ionen erfolgt durch Behandeln der wasserfreien I in einer Lsg. von Pyridin, Aceton, Nitromethan oder deren Mischungen mit anion- u. kationaustauschenden Stoffen, die sich in einer oder zwei Kolonnen befinden können. Man läßt die Lsg. von I bei 40—80° über die Austauscher laufen, trennt vom vorhandenen W. u. vom Lösungsmittel. Die elektr. Eigg. von I werden durch die beschriebene Behandlung verbessert. (**A. P. 2 972 609** vom 20/12. 1957, ausg. 21/2. 1961.) G. König. 7971

Joseph R. Ehrlich, New York, N.Y., V.St.A., **Künstliche Eiszapfen** werden hergestellt, indem man die nachst. Mischung (I) in kleinen Mengen von einer Unterlage herabfließen läßt, wobei sich die Zapfen bilden. Die I besteht aus einer Acetylcellulose mit 39—40,35% Acetyl-Geh. u. einer Viscosität von 1—8 Sek., Celluloseacetatbutyrat mit 6% Acetyl- u. 48% Butyryl-Geh. oder Celluloseacetatbutyrat mit 13% Acetyl- u. 37% Butyrylgehalt. Diese ist zu 30—50% gelöst in einem Gemisch aus CH_2Cl_2 u. einem sek. Lsgm., wie Methanol, A., n-Propanol, Isopropanol, Cyclohexan, CCl_4, $C_2H_2Cl_2$ oder deren Mischungen. Die Viscosität dieser Lsgg. nimmt an der Luft bis zur Erhärtung zu. (**A. P. 3 001 885** vom 24/12. 1958, ausg. 26/9. 1961.) W. Overbeck. 7971

Soc. de la Viscose Suisse, Schweiz, **Herstellung von Papier aus Cellulose und Polyamiden** in Form von N-Alkoxypolyamidharzen der allg. Formel I (N = Amid-N-Atom einer Polyamidkette u. n = 1—6; R = H oder OH), z. B. N-Methoxymethylpolyhexamethylenadipamid. Das Harz enthält einen sauren Katalysator, z. B. H_3BO_3 oder NH_4Cl. Das Polyamid wird auf die Cellulose als Schicht aufgebracht oder beide werden in Faserform gemischt u. zu einer Papierbahn verarbeitet, die bei 125—200° unter 20 at gepreßt wird, wobei gleichzeitig das Polyamidharz kondensiert wird. (**F. P. 1 246 756** vom 11/4. 1959, ausg. 10/2. 1961. Schwz. Prior. 14/4. u. 13/9. 1958, 9/3. u. 10/3. 1959.) M. F. Müller. 7975

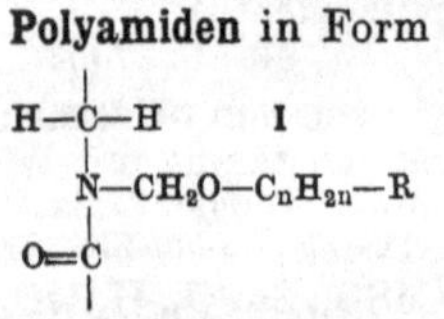

Wyandotte Chemicals Corp., V.St.A. (Erfinder: Clyde William Leaf, George Edward Hall jun. und Irwin Arnold Davis), **Herstellung von $CaCO_3$-Suspensionen für die Papierfabrikation**, welche 70—78 (%) $CaCO_3$, 0,4—2 eines Dispergiermittels u. 22—30 W. enthalten. Als Dispergiermittel dient ein Gemisch aus 81—88 (Gew.-%) geschmolzenem Na-Phosphat, Na_2O u. P_2O_5 im Verhältnis 0,9:1 bis 1,5:1 enthaltend, 10—15 ZnO u. 0,5—8 NaOH oder LiOH. — Diagramm. (**F. P. 1 244 680** vom 30/12. 1959, ausg. 25/1. 1961. A. Prior. 9/1. 1959.) M. F. Müller. 7979

Rohm & Haas Co., V.St.A. (Erfinder: Paul John McLaughlin und Walter Weiyoung Toy), **Wasserwiderstandsfähiges Papier** durch Imprägnieren mit einer wss. Dispersion, welche 2—32% eines wasserunlösl. Copolymeren aus 3—10% Malein- oder Aconitsäure oder ihrer Anhydride u. Acrylnitril, Vinyltoluol oder Estern der Acryl- oder Methacrylsäure enthält. Das Papier wird danach getrocknet u. auf 116—232° erhitzt. (**F. P. 1 244 284** vom 6/1. 1960, ausg. 23/1. 1961. A. Prior. 6/1. 1959.) M. F. Müller. 7987

R. J. Reynolds Tobacco Co., V.St.A. (Erfinder: Edgar H. Harwood), **Herstellung von Zigarettenpapier.** Dem Papier werden während oder nach der Herst. Stoffe zugesetzt, welche die Verbrennung u. die Aschen-Bldg. günstig beeinflussen u. die Abgabe des Aromas regeln, z. B. Salze der 2-Hydroxy-2.5.5.8a-tetramethyldekahydronaphthalinessigsäure, ferner Dekahydro-3a.6.6.9a-tetramethylnaphtho-[2.1:b]-furan-(1H)-on-(2), 2-Hydroxy-2.5.5.8a-tetramethyl-1-[2-hydroxyäthyl]-dekahydronaphthalin. Davon werden dem Papier 0,001—10 Gew.-% vom Papier-Gew. zugesetzt. (**F. P. 1 247 189** vom 3/2. 1960, ausg. 17/2. 1961. A. Prior. 21/9. 1959.) M. F. Müller. 7987

Kalle Akt.-Ges., Wiesbaden, **Lackemulsion für Druckplatten** aus einer wss. Phase, die mindestens ein organ. wasserlösl. Koll. u. ggf. ein oder mehrere Netzmittel u./oder baktericide Stoffe enthält, u. aus einer nichtwss. Phase, die mindestens ein organ. Lsgm., mindestens ein Kondens.-Prod. von Phenolen mit HCHO vom Novolaktyp u. ggf. einen oder mehrere organ. lösl. Farbstoffe u./oder UV-Strahlen stark absorbierende Substanzen enthält. Die Emulsionslacke schützen das Bild der Druckformen gegen übermäßige Abnutzung u. Abrieb. Sie machen das Bild sichtbar u. vereinfachen das Verf. mit lithograph. Druckformen. Die Emulsionslacke sind beständige Öl-in-W.-Emulsionen. — Beispiel: Man verwendet 20 (Gew.-Teile) Äthylbutylketon, 6 Novolakharz, 60 4%ig. Na-Carboxymethylcellulose-Lsg. in W., 4 Na-Laurylsulfat, 6 Farbdispersion, 0,1 Phenol. Die Farbdispersion enthält 3 Monastral Fast Blue BS, 1 Na-Laurylsulfat u. 10 Wasser. — 8 weitere Beispiele. (**Oe. P. 221 120** vom 14/2. 1961, ausg. 10/5. 1962. A. Prior. 15/2. 1960.) M. F. Müller. 7989

Nils Norlin, Schweden, **Bimetalldruckplatte für den Offsetdruck.** Die Druckplatte besitzt eine Druckoberfläche, die von einem dünnen mehrschichtigen Blatt gebildet wird, z. B. aus Al- oder Fe-Metall. Die Bi-Metallplatte kann mit einem sensibilisierenden Überzug versehen werden. (**F. P. 1 248 334** vom 15/2. 1960, ausg. 3/3. 1961.) M. F. Müller. 7989

Goodyear Tire & Rubber Co., Akron, Ohio, V.St.A., **Herstellen eines Offsettuches.** Eine biegsame u. nichtdehnbare Unterlage aus 2 oder mehr hochwertigen, verbundenen Textillagen wird mit Kautschuk oder anderem vulkanisierbarem Material überzogen u. bei normalem Druck mit Heißluft (190—250° F) vulkanisiert, so daß Mikroporen im Überzug entstehen. (**E. P. 885 317** vom 11/8. 1959, ausg. 28/12. 1961. A. Prior. 23/12. 1958.) C. Kittler. 7989

E. I. du Pont de Nemours & Co., V.St.A. (Erfinder: Marion Burg), **Herstellung von photopolymerisierbaren Elementen für Druckereiklischees.** Die Elemente bestehen aus einem Träger, einer Haftschicht u. einer Schicht mit der photopolymerisierbaren Komposition, die ein polymeres Bindemittel, ferner eine monomere Äthylen-Verb., welche durch Photopolymerisation eine höhere Polymer-Verb. zu bilden vermag, u. einen Polymerisationserreger, der durch aktin. Licht aktiviert wird, enthält, wobei zwischen beiden Schichten eine dünne Zwischenschicht aus einem polymeren Stoff angeordnet ist, der erhältlich ist durch Polymerisation der monomeren Äthylen-Verb., die in der photopolymerisierbaren Schicht enthalten ist. Als Haftschicht dient ein linearer Polyester, der durch Veresterung von Hexahydrophthalsäure, einer gesätt. aliphat. Dicarbonsäure $HOOC \cdot (CH_2)_n \cdot COOH$ (n = 4—8), von Terepthal- u./oder Isophthalsäure mit einem Glykol entsteht, das 2—10 C-Atome u. 0—4 Ätherbindungen enthält; z. B. verwendet man: Hexahydroterephthalsäure, Sebacin- u. Terephthalsäure, welche mit Äthylenglykol (I) verestert werden. An Stelle von I können auch Propan-, Butan-, Pentan-, Nonandiole, 2-Methylpropandiol-(1.3), 2.2-Dimethylpropandiol-(1.3), 2-Methoxymethyl-2.4-dimethylpentandiol-(1.5), Di- u. Triäthylenglykol, Pentaäthylenglykol u. Cyclopentandiol-(1.2) verwendet werden. Als photopolymerisierbare Äthylen-Verb. ist Triäthylenglykoldiacrylat genannt. Der Polymerisationserreger kann ein mehrkerniges

Chinon sein, z. B. Anthrachinon, 1- oder 2-Chlor-, 2-Methyl-, 2.3-Benz-, 1.4-Dimethyl-, 2.3-Diphenylanthrachinon. Polymerisationserreger, die durch Wärme u. durch akt. Licht erregbar sind, sind Peroxide, z. B. Benzoyl-, tert.-Butylperoxid u. -hydroperoxid, Bernsteinsäure-, Methyläthylketon-, Lauroyl-, p-Chlorbenzoyl- u. Cyclohexanonperoxid. — Beispiel: Aus einem Gemisch von Dimethylhexahydroterephthalat, Dimethylsebacat u. Dimethylterephthalat im Verhältnis 8:1:1 wird mit überschüssigem Äthylenglykol der Mischester hergestellt. 100 g des Esters werden zusammen mit 30 g Triäthylenglykoldiacrylat, welches 0,1% p-Methoxyphenol enthält, u. mit 3 g Benzoylperoxid in Methyläthylketon zu einer 37%ig. Lsg. gelöst, die erhaltene Lsg. wird auf ein Al-Blatt (5×10 cm) aufgetragen u. an der Luft getrocknet. Auf diese Schicht wird ein dünnes Häutchen, das gesondert hergestellt wurde u. mit einem Klebemittel bedeckt ist, gebracht. Diese Häutchen besteht aus einer photopolymerisierbaren Schicht, die aus einer filtrierten Lsg. von 30 g N-Methoxymethylpolyhexamethylenadipamid u. 30 g Glycerindimethylacrylat in 160 ml warmem A. mit einem Zusatz von 0,45 g Benzoinmethyläther durch Ausgießen auf eine Glasplatte u. Verdunsten erhalten wurde. Das erhaltene photopolymerisierbare Element wird dem Licht einer Hg-Dampflampe ausgesetzt, worauf der nichtbelichtete Anteil mit 95%ig. A. durch Bepinseln entfernt wird. Das photopolymerisierte Material haftet gut auf dem Metall. (**F. P. 1 242 889** vom 23/7. 1959, ausg. 9/1. 1961. A. Prior. 25/7. 1958.) M. F. Müller. 7989

S. D. Warren Co., V.St.A. (Erfinder: Raymond Lee Oransky und Robert Luther Stoddard), **Herstellung von elektro-lithographischen Druckklischees** aus mit mehreren Schichten versehenen Papier, das auf der einen Seite einen in W. unlösl. Überzug eines elektr. gut leitenden Pigments besitzt, der mit einem oleophilen harzhaltigen Bindemittel fixiert ist. Dieser Überzug ist mit einem hydrophilen Überzug überdeckt, der gute lithograph. Druck-Eigg. besitzt u. größtenteils ein weißes Pigment enthält, das durch den elektr. Strom entfärbt werden kann. Diese zweite Schicht ist unter Verw. eines durch ein Aminoharz unlösl. gemachten hydrophilen Bindemittels gebunden. Auf die Oberfläche der Mittelschicht wird als Zwischenlage Rhodankupfer (**I**) gebracht u. darüber eine dritte Schicht, welche **I**, ein hydrophiles Bindemittel u. eine elektr. leitfähige Substanz enthält. — Die hydrophile Zwischenschicht wird aus folgendem Gemisch gebildet: 100 (Gew.-Teile) Cu-Rhodanid, 18 lösl. gemachtes Casein, 1,8 Dimethylolharnstoff, 10 Butanol, 0,5 anion. Netzmittel „Victawet 35B“ u. W. bis zu 30%. Die hydrophile Oberschicht enthält: 85 Cu-Rhodanid, 10 TiO_2, 5 Ruß, 35 Polyvinylalkohol mittlerer Viscosität, 14 partiell kondensiertes Harnstoff–Formaldehyd, 20 wasserfreies Zn-Acetat, 5 Butanol, 0,6 Netzmittel „Triton X-100“ u. 30 Wasser. — 2 Abbildungen. (**F. P. 1 246 443** vom 24/12. 1959, ausg. 8/2. 1961. A. Prior. 11/2. 1959.) M. F. Müller. 7989

General Mills, Inc., V.St.A. (Erfinder: Don Edgar Floyd und David Walter Glaser), **Polyamidharzbindemittel für Druckfarben,** bes. für flexograph. Tinten. aus den bei 150—300° erhaltenen Rk.-Prod. eines Alkylendiamins der Formel $H_2N(CH_2)_nNH_2$ (n = 2—6), z. B. Äthylendiamin, u. eines Gemisches von polymeren Fettsäuren u. dimeren Harzsäuren. Als Ausgangsstoffe sind z. B. Dicarbonsäuren, wie Sebacin-, Isophthalsäure, Adipinsäure u. aliphat. u. aromat. Polysäuren genannt, ferner Monofettsäuren, wie die Fettsäuren von Sojaöl, Maisöl, Cocosöl, Leinöl, oder Gemische von Fettsäuren, wie sie in den Natur-Prodd. vorkommen. Von den höheren Alkylenaminen sind z. B. genannt: Diäthylentriamin, 2-Hydroxyäthyläthylendiamin.

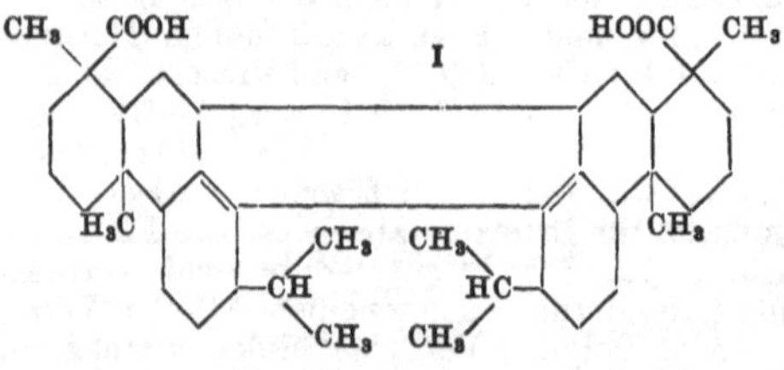

I

Die dimerisierten Harzsäuren entsprechen der Struktur I. — 1 Mol dimere Fettsäuren (570 g) u. 1 Mol Äthylendiamin werden in einer Kolonne unter Rühren bei 200° 3 Std. lang erhitzt, wobei das freiwerdende Rk.-W. übergeht. Die auf 150° in N_2 abgekühlte Masse wird ausgegossen. Man erhält eine harte Masse, F. 108°. (**F. P. 1 244 709** vom 6/1. 1960, ausg. 25/1. 1961. A. Prior. 13/1. 1959.) M. F. Müller. 7991

Burroughs Corp., V.St.A. (Erfinder: David W. Seymour), **Leitfähige Farbe für den elektrostatischen Druck** aus einem Pulver, dessen Teilchengröße zwischen 10 u. 80 μ liegt u. dessen Teilchen mit einem elektr. gut leitenden Stoff, z. B. mit Metall, wie Gold, Pd oder Rh, überzogen sind. Das Pulver besteht z. B. aus Glasteilchen, die mit Ag oder Cu überzogen sind. Auch ist C als Überzugsmittel genannt, der z. B. durch Pyrolyse von KW-Stoffen erhältlich ist. — 15 Abbildungen. (**F. P. 1 247 026** vom 30/12. 1959, ausg. 15/2. 1961. A. Prior. 31/12. 1958.) M. F. Müller. 7991

British Celanese Ltd., London, übert. von: **David R. Johnston**, Spondon, England, *Fällen von Celluloseestern aus Lösungen*. (**Can. P. 560 597** vom 4/3. 1954, ausg. 22/7. 1958. E. Prior. 24/3. 1953. — C. **1957**, 1069 [E. P. 750 008].)

British Celanese Ltd., London, übert. von: **David R. Johnston**, Spondon, England, *Fällen von Celluloseestern*. (**Can. P. 560 601** vom 26/2. 1955, ausg. 22/7. 1958. E. Prior. 2/3. 1954. — C. **1958**, 6706 [E. P. 776 535].)

British Celanese Ltd., London, übert. von: **David R. Johnston**, Spondon, England, *Fällen von Celluloseestern*. (**Can. P. 560 602** vom 26/2. 1955, ausg. 22/7. 1958. E. Prior. 11/3. 1954. — C. **1958**, 7923 [E. P. 776 066].)

British Celanese Ltd., London, übert. von: **James W. Fisher** und **Harold Bates**, Spondon, England, *Herstellung von Celluloseestern*. (**Can. P. 560 603** vom 21/7. 1955, ausg. 22/7. 1958. E. Prior. 10/8. 1954. — C. **1958**, 7633 [E. P. 782 903].)

Institute of Paper Chemistry, übert. von: **Willis M. Van Horn, Julian H. Conkey, Bernard F. Shema**, Appleton, Wis., und **William H. Shockley**, Camas, Wash., V.St.A., *Pilzfäden enthaltende Schichtstoffe*. (**Can. P. 561 042** vom 9/6. 1955, ausg. 29/7. 1958. — C. **1959**, 4660 [A. P. 2 811 442].)

Riegel Paper Corp. (Delaware Corp.), New York, N.Y., übert. von: **Robert L. Kerridge**, Riegelsville, Pa., und **Walker Hamilton**, Pelham Manor, N.Y., V.St.A., *Herstellung von fettdichten Papieren*. (**Can. P. 561 482** vom 28/2. 1955, ausg. 5/8. 1958. A. Prior. 12/3. 1954. — C. **1959**, 6995 [A. P. 2 792 765].)

Farbwerke Hoechst Akt.-Ges., vormals Meister Lucius & Brüning, Deutschland, *Herstellung von Polyäthylen*. (**F. P. 1 217 328** vom 19/12. 1958, ausg. 3/5. 1960. D. Prior. 19/12. 1957. — C. **1962**, 13995 [D. A. S. 1 091 332].)

H_{18b}. Textilfasern

Forschungsprobleme in der Chemiefaserindustrie. J. Corbière. (Bull. Inst. Textile France **1962**, Nr. 100, 469—99, Mai/Juni; Soc. Rhodiaceta, Serv. de Rech.; franz.) — Die Vielfalt u. Verwickeltheit der Probleme bei der Wahl des Ausgangsmaterials, des Spinn-Verf. u. der Streckbedingungen werden dargelegt. — 41 Literaturhinweise. L. Jentgen. 8022□

Ausländische Forschung in der Chemiefaserveredlung. J. B. Goldberg. (Chemiefasern **12**, 622—26, Sept. 1962; dt.) — Ein Überblick über Forschungsberichte, die auf dem Gebiet des *Bleichens, Färbens, Druckens* u. *Ausrüstens* im Jahre 1961 in der ausländ. Literatur veröffentlicht wurden, wird gegeben. I. Beßer. 8028□

Schlichtemittel für die Textilindustrie. Erich P. Frieser. (Adhäsion **5**, 505—12, Okt., 564—77. Nov., 617—22, Dez. 1961; dt.) — Die in der Praxis an eine *Schlichte* gestellten Anforderungen u. die beim Schlichten zu beachtenden Punkte sowie die Möglichkeiten zur Prüfung des Schlichteffektes werden aufgeführt. Die Schlichtemittel werden in wasserlösl., wss. dispergierbare, in organ. Lsgm. gelöste u. lösungsmittelfreie aufgeteilt. Auf die die Wahl des Schlichtemittels beeinflussenden Faktoren wird hingewiesen. Ausführlich werden chem. Konstit. u. sonstige Beschaffenheit, Wrkg.- u. Anwendungsweise, Eigg. u. Verh. der zu den erwähnten Gruppen gehörigen Schlichtemittel behandelt. Es finden sich Bezugnahmen auf Marken u. Patente. — 110 Literaturhinweise. L. Jentgen. 8030□

Monoäthanolaminbisulfit als Walkmittel. A. Ogawa und C. S. Whewell. (J. Textile Inst., Proc. **53**, P378, Juni 1962; Leeds, Univ., Dep. of Text. Ind.; engl.) — Verss. mit dem handelsüblichen Reagens *Measac* bei pH 5,5 u. einem Gesamt-SO_2-Geh. von ca. 30% als *Walkmittel* in verschiedenen Konzz. u. Zeiten zeigen, daß eine ähnliche Schrumpfung erhalten wird wie in 4%ig. H_2SO_4, wobei Griff u. Farbe der gewalkten Proben annehmbar sind. L. Jentgen. 8032□

„No-Iron"-Ausrüstung von Mischgeweben aus Baumwolle und Zellwolle. István Rusznák und Ildikó Zimmer. (Melliand Textilber. **43**, 387—88, April 1962; Budapest, Forsch.-Inst. für die Textil-Ind.; dt.) — Handelsüblichem „*Zefir*" u. „*Karton*" entsprechendes Gewebe (**A**), mit einem Zellwoll-Geh. (**C**) von 0, 16, 25, 33, 50 u. 100% u. mit den Gewebecharakteristiken: *Zefir* 50/50, 360/260; *Karton* 40/40, 237/228, wird für die Unterss. benutzt. **A** wird mit solchen Verff. ausgerüstet, die bei knitterfreien Zellstoffen u. bei „*No-Iron*"-Baumwollgeweben angewendet werden. Die Zus. der Imprägnierflotte u. die Durchführung der Imprägnierung werden beschrieben. Die in den mechan. Eigg. von **A** erfolgenden Änderungen werden mit der Reißfestigkeits (**B**)-Prüfung, der Kantenscheuerfestigkeitsprüfung, der Knittererholungsprüfung u. der Harz-Best. untersucht. Infolge der Kunstharzausrüstung vermindert sich **B** des Mischgewebes in entscheidendem Maße. Verminderte **B** tritt auch nach erfolgter Kantenscheuerung auf. Der Verlust steigt mit anwachsendem **C**. Durch Erhöhung von **C** steigert sich die **B** u. die Harzaufnahme; das Knitterbild verschlechtert sich nach dem Waschen. I. Beßer. 8032□

Aldehydveredlung von Textilgut. C. Bener. (Melliand Textilber. **43**, 397—403, April 1962; Chur, Schweiz; dt.) — Ein allg. Überblick über den heutigen Stand der *Aldehydbehandlung* von *Textilgut*, bes. von Cellulosefasern, wird an Hand der chronolog. Reihenfolge der einschlägigen Patente (86) gegeben. I. Beßer. 8032□

Neuere Ergebnisse und Betrachtungen über den Reaktionsmechanismus der Aminoplastkondensationen. H. Petersen. (Melliand Textilber. **43**, 380—86, April 1962; Textil-Rdsch. [St. Gallen] **16**, 646—56, Sept./Okt. 1961; Ludwigshafen/Rh., Bad. Anilin- u. Soda-Fabrik Akt.-Ges., Ammoniak-Labor.; dt.) — Für die *Aminoplast-Kondens.* wird ein *Mechanismus* vorgeschlagen u. experimentell gestützt. Die Rk.. der Methylol-Verbb. offenkettiger u. cycl. Harnstoff-Derivv. sowie der Melamine mit H-aciden Verbb. führen zu dem Ergebnis, daß diese Kondens. nach einem Mechanismus ablaufen, der mit dem der Mannich-Kondens. weitgehende Parallelen aufweist. Die Harnstoff-HCHO-Kondens. können in Analogie zur Aminomethylierung als Ureidomethylierung (**A**) nucleophiler Substanzen gedeutet werden. Techn. von Bedeutung ist die Umsetzung von Harnstoff mit HCHO zu den bekannten Harzen u. Kauritleimen. Hierbei handelt es sich um **A** an NH-aciden Verbb., zu denen auch die Rk. mit Thioharnstoff, Guanidin, Melamin u. den Derivv. dieser Verbb. gehören. Die Kondens. von asymm. Dimethylharnstoff mit HCHO u. asymm. Dimethylthioharnstoff wird ausführlich beschrieben. Weitere **A**-Rkk. werden erläutert, die zur Synth. von Harnstoff-Derivv. führen u. für die *Hochveredlung* von *Cellulose*-Gewebe von Interesse sind. I. Beßer. 8032□

Die Struktur und die mechanischen Eigenschaften von Fasern. J. W. S. Hearle. (J. Textile Inst., Proc. **53**, P449—P464, Aug. 1962; Manchester, Coll. of Sci. and Technol.; engl.) — Verschiedene *Faserstrukturen* u. ihre Entstehung werden beschrieben. Auf die Struktur besonderer Fasertypen, wie *vegetabil. Fasern, Wolle, Haare, Celluloseregeneratfasern* u. *synth. Fasern*, wird im Zusammenhang mit ihren *mechan. Eigg.* eingegangen. St. Blumberg. 8040□

Untersuchung der Optik der Beschmutzung von Textilien unter Verwendung künstlicher Anschmutzverfahren. W. Howard Rees. (Shirley Inst. Mem. **35**, 1—20, 1962; Manchester, Cotton Silk and Man-made Fibres Res. Assoc.; engl.) — Die Beziehungen zwischen visueller *Beschmutzung* eines *Gewebes* u. der Schmutzmenge, die im Gewebe vorhanden ist, werden für 3 verschiedene Arten der *Beschmutzung*, Ablagerung, Filterung u. Kontakt untersucht, ebenso der Einfl. der Grauheit des unbehandelten Gewebes u. der Reflexion des Hintergrunds. Zwischen dem Aussehen eines schmutzigen Gewebes u. seinem Schmutz-Geh. werden unter verschiedenen Voraussetzungen theoret. Beziehungen aufgestellt, die in Verbindung mit Vers.-Werten erörtert werden. L. Jentgen. 8040□

Wirkung von Semicarbazid und Thiosemicarbazid auf durch Perjodsäure oxydierte Cellulose. P. Rochas und G. Edel. (Bull. Inst. Textile France **1962**, Nr. 100, 503—08, Mai/Juni; Lyon, Centre de Rech. de la Soierie des Ind. Text.; franz.) — Um die Empfindlichkeit gegen Alkalien zu beseitigen, werden *Semicarbazid* (**I**) u. *Thiosemicarbazid* (**II**) mit den Aldehydgruppen von *Oxycellulosen* zur Rk. gebracht. Die Fixierung mit **I** schützt das Gewebe gegen jeden Festigkeitsverlust bei alkal. Behandlungen u. schützt es teilweise gegen therm. Abbau. Die Fixierung mit **II** übt denselben Schutz aus u. führt zu einer Verb., die fähig ist, Metallkationen festzuhalten. L. Jentgen. 8044□

Verschiedene Wirkungen von Kautschuk- und Harzlatices auf chemisch modifizierte und unmodifizierte Baumwollgewebe. Edward S. Olson, James H. Langston und William T. Rainey jun. (Amer. Dyestuff Reporter **51**, Nr. 10, 31—34, 14/5. 1962; Clemson Coll., Text. Res. Dep.; engl.) — Im 1. Teil der Unters. werden 83 ausgewählte *Harze* u. *Kautschuklatices* auf *Baumwollgewebe* angewandt, um verschiedene physikal. Eigg. zu verbessern. Es wird gefunden, daß bestimmte Latices einige Eigg. stark verbessern, aber gewöhnlich auf Kosten anderer. Dasselbe wird bei 25 auf 4 modifizierte Baumwollgewebe angewandten Harzen u. Kautschuklatices beobachtet. Der 3. Teil betrifft die Anwendung von Harz u. Gummilatices u. wärmehärtbarer Harze auf beide Arten von Geweben in einem Bad. Die Ergebnisse aus dem 1. u. 2. Teil bestätigen sich auch hier, außerdem wird gefunden, daß die Wrkg. von Harz u. Latex nicht additiv sind. L. Jentgen. 8044□

Wash-Wear-Ausrüstung von Baumwollgeweben bei ratenweisem Fixieren. Russell M. H. Kullman, Robert M. Reinhardt, Terrence W. Fenner und J. David Reid. (Amer. Dyestuff Reporter **51**, Nr. 10, 47—54, 14/5. 1962; New Orleans, La., Southern Reg. Res. Labor.; engl.) — *Baumwollmeterware* kann mit dem *Ausrüstungsmittel* u. dem Katalysator imprägniert u. bei einer verhältnismäßig niedrigen Temp. getrocknet werden, die ausreicht, W. zu entfernen, aber unter der Temp. liegt, die eine Vernetzung verursacht. Derartige Gewebe können zu Kleidern verarbeitet, glatt oder in Falten gebügelt u. dann fixiert werden, um die Vernetzung zu vollziehen, während die Kleider sich in der gewünschten Form befinden. Dadurch werden die glatten Stellen sowie die Falten dauerhaft durch chem. Rk. fixiert. Ein neu entwickeltes Ausrüstungs-

mittel, *Dimethyloläthylcarbamat*, ist vielversprechend für handelsmäßige Anwendung des *ratenweisen Fixierens*. Prakt. u. theoret. Seiten des Verf. werden erörtert.
L. Jentgen. 8044□

Das Bleichen von Baumwolle mit Natriumchlorit. R. S. Higginbotham und R. A. Leigh. (J. Textile Inst., Proc. **53**, P312—P319, Mai 1962; Cotton Silk and Man-made Fibres Res. Assoc.; engl.) — Eine allg. Übersicht über das *Bleichen* von *Baumwolle* mit *$NaClO_2$* unter besonderer Berücksichtigung des Klotz-Dämpf-Verf. wird gegeben. Als optimaler pH-Bereich wird 4,5—5,5 angegeben. Verschiedene kontinuierliche u. halbkontinuierliche Bleich-Verf. unter Verw. von $NaClO_2$ werden besprochen u. auf die Vorteile beim Bleichen von Baumwolle (keine Alkalivorbehandlung, geringe Metallempfindlichkeit, geringe Faserschädigung, geringer Substanzverlust) im Vgl. zur H_2O_2-Bleiche wird hingewiesen.
H. G. Fröhlich. 8044□

Einige Faktoren, die die Röste von Jute beeinflussen. T. Chakravarty. (J. sci. ind. Res. [New Delhi], Sect. D **21**, 167—68, Mai 1962; Calcutta, Indian Jute Mills Assoc. Res. Inst., Microbiol. Sect.; engl.) — Aus dem Stengelgrund u. dem mittleren Stengelteil werden Stücke herausgeschnitten, teils bei Zimmer-Temp. (10 Tage) u. teils bei 50° (22½ Std.) getrocknet u. bei 37° einer *Röste* unterworfen. Bei unterbrochener Röste wird grüne Rinde mehrfach für 24 Std. bei Zimmer-Temp. während der Röstzeit (20 Tage) getrocknet. Trocknung vor oder während der Röste verzögert den Aufschluß. Der Stengelgrund widersteht der Röste stärker als der obere Teil. Zur gleichmäßigen Röste des ganzen Stengels wird eine Extraröste des Stengelgrundes durch senkrechtes Einstellen der *Jute* in knietiefes W. für 3—5 Tage vor der Hauptröste vorgeschlagen.
W. Wergin. 8052□

Die Wollfaser und ihre Modifikation. F. O. Howitt. (J. Soc. Leather Trades' Chemists **46**, 249—64; Aug. 1962; Leeds, Wool Ind. Res. Assoc.; engl.) — Der morpholog. Aufbau u. die mol. Struktur von *Wolle* unter besonderer Berücksichtigung der Bindungsverhältnisse im Keratin-Mol., dem chem. Rk.-Vermögen, dem Verh. gegenüber Enzymen u. den möglichen chem. *Modifikationen* wird besprochen. Vgl. zwischen Wolle u. Kollagen werden angestellt.
H. G. Fröhlich. 8060□

Elektronenmikroskopische Untersuchung der Wirkung von Schwefelnatrium auf Wolle. P. Kassenbeck. (Bull. Inst. Textile France **1962,** Nr. 10, 431—45, Mai/Juni; Inst. Text. de France, Labor. de Phys.; franz.) — Der Vgl. von Membranrückständen der *Wolle* nach der Behandlung mit *Na_2S* unter dem *opt.* u. *Elektronenmikroskop* zeigt, daß diese Membranen hauptsächlich von Cortexzellen stammen. Die Zellen der Cuticularhaut der Fasern widerstehen viel besser der Wrkg. von Na_2S als die des Cortex, u. nach längerer Behandlung der Wolle in diesem Reagens werden im Elektronenmikroskop die Cuticularzellen wenig beschädigt wiedergefunden. Der Angriff der intercellularen Kittsubstanzen der Cuticularhaut u. des Cortex der Fasern durch HCl macht sich durch eine erhebliche Veränderung des Verh. der Fasern bei der Dispersion der lösl. Proteine in Na_2S bemerkbar.
L. Jentgen. 8060□

Untersuchung über das Niederschlagen von Polyacrylonitril in Wolle durch das Persulfatkatalysatorsystem und sein Einfluß auf den Schwund beim Filzen der Wolle. B. K. Lohani. (Agra Univ. J. Res. **10,** Nr. 2, 75—77, Juli 1961; Kanpur, Government Central Text. Inst.; engl.) — Verss. werden beschrieben, in denen in Kombination bereits bekannter Meth. *Wolle* zunächst mit Ferroammoniumsulfat-Lsg. imprägniert u. an der Luft getrocknet, dann mit einer 0,01n schwefelsauren *K-Persulfat-Lsg.* u. bei 50° mit frisch dest. *Acrylonitril* 1 Std. lang behandelt wird. Die Aufnahme an Polyacrylonitril wird gravimetr. bestimmt; für die Herabsetzung des Schrumpfwertes beim Filzen wird mit dem Dickenmesser des Shirley-Inst. der Widerstand beim Zusammendrücken gemessen.
W. Rittler. 8060□

Freie Radikale in mit γ-Strahlen behandelter Wolle: Bestimmung und Rolle bei der Polymerisation von Acrylonitril. M. Burke, P. Kenny und C. H. Nicholls. (J. Textile Inst., Trans. **53,** T370—T378, Aug. 1962; Sydney, Australia, Univ. of New South Wales, School of Technol.; engl.) — *Freie Radikale*, die bei der *Bestrahlung* von *Wolle* mit *γ-Strahlen* entstehen, sind nur bei Abwesenheit von O_2 beständig. Diese Radikale, deren Konz. mittels Elektronen–Spin-Resonanz-Spektroskopie bestimmt wird, können Polymerisation von Acrylonitril in der Faser verursachen, die eine Gew.-Zunahme bis zu 27% bewirkt. Es wird festgestellt, daß die Menge an erzeugten Polymeren direkt proportional der Quadratwurzel aus der Radikal-Konz. ist. Löslichkeits-Verss. zeigen, daß das Polymere möglicherweise auf die Wolle gepfropft ist.
L. Jentgen. 8060□

Stabilisierung von Wollgewebe durch Grenzflächenpolymerisation. 2. Mitt. **Untersuchungen über die Beeinflussung des Verfahrens.** W. Fong, R. E. Whitfield, L. A. Miller und A. H. Brown. (Amer. Dyestuff Reporter **51,** P325—P334, 30/4. 1962;

Albany, Calif.; US-Dep. of Agric., Western Reg. Res. Labor.; engl.) — 1. vgl. C. **1962**, 11417. — Ausführliche Unterss. über die *Beeinflussung* des *Schrumpffest-Effekts* von *Wollwaren* durch Bldg. eines Polyamids auf der Faseroberfläche gemäß $H_2N-R-NH_2$ + $Cl-CO-R'-CO-Cl \rightarrow CO\cdot NH-R-NH\cdot CO-R'-CON_4$ von der Konz. des verwendeten Diamins u. des Säurechlorids, des Lsgm. für das Säurechlorid, der Behandlungsdauer, der Klotz-Geschw. usw. werden beschrieben. Außerdem wird gezeigt, daß die auf diese Weise ausgerüsteten Wollwaren (Gewebe, Gewirke, Kammzug) in der üblichen Weise gefärbt u. ausgerüstet werden können. Die physikal. Eigg. der ausgerüsteten Wolle werden im Vgl. zur unbehandelten Ware prakt. nicht verändert, wenn von einer Erhöhung der Steifheit u. Reißfestigkeit sowie einer Herabsetzung der Luftdurchlässigkeit abgesehen wird. Das beschriebene Schrumpfecht-Verf. kann ohne weiteres auch kontinuierlich durchgeführt werden. H. G. Fröhlich. 8060□

Einwirkung von Phosphaten und Silicaten auf Rohseide. 2. Mitt. **Einfluß von kondensierten Phosphaten auf Rohseide in Gegenwart von eisenhaltigem Wasser.** Akira Hirata und Masamitsu Kobayashi. (J. Soc. Textile Cellulose Ind., Japan [Sen-i Gakkaishi] **13**, 797—800, Dez. 1957; Kobe, Japan, Kobe Univ., Fac. of Chem. Dep. of Sci.; jap., Auszug: engl.) — 3. vgl. C. **1959**, 9431. — Unterss. über den Einfl. verschiedener *kondensierter Phosphate* bei der Behandlung von *Rohseide* (z. B. Entbasten) in *Fe-haltigen Flotten* im Zusammenhang mit den Eigg. der hierbei erhaltenen Seide. H. G. Fröhlich. 8068□

Der Einfluß der Reinigungsbedingungen auf die Filtrierbarkeit von Viscose aus gereinigtem Zellstoff. Yuichiro Sumi, Reizaburo Ōye und Eizo Nokihara. (J. Soc. Textile Cellulose Ind. Japan [Sen-i Gakkaishi] **18**, 341—43, 1962; Tokyo, Japan, Kokusaku Pulp Ind. Co. Ltd., Res. Labor.; jap., Auszug engl.) — Eine heiße alkal. Behandlung übt den größten *Einfl.* auf die *Filtrierbarkeit* von *Viscose* aus. Verbessernd, aber weniger wirksam, sind das Entfernen von Kurzfasern u. die Einw. von ClO_2. Oberflächenakt. Substanzen bringen keinen Vorteil. Ein Einfl. des Ausgangs-DP besteht nicht. G.-D. Gollnisch. 8074□

Untersuchung der Molekularstruktur hochmolekularer Verbindungen. 25. Mitt. **Einfluß der Struktur von Viscosefasern auf die Geschwindigkeit der Entfernung von Schwefel aus der Faser.** G. G. Finger, A. B. Pakschwer und Je. M. Mogilewski. (Hochschulnachr., Chem. chem. Technol. [UdSSR] **2**, 258—62, 1959; Allunions Inst. für Leicht- u. Textil-Ind.; Allunions Forschungsinst. für Kunstfasern) — 18. vgl. C. **1960**, 4390. — Beim Spinnen von *Viscose*-Lsgg. muß der vom Xanthogenat stammende *S* schnellstens aus den gebildeten Fasern entfernt werden. Wie Verss. zeigten, hängt die Geschw. des S-Austritts vom Porendurchmesser der Fasern ab u. damit auch vom Grad der Aufquellung. Der Diffusions-Koeff. bei der Extraktion des S aus den Viscosefasern kann sich in den Grenzen von $5\cdot10^{-15}$ bis $5\cdot10^{-7}$ (bei 80°) bewegen. Zugabe von oberflächenakt. Stoffen zur desulfierenden Lsg. beschleunigt die S-Diffusion wesentlich. In alkal. Medien wird der S in den Ionenzustand S^{2-} oder SO_3^{2-} übergeführt, wodurch die Diffusion auf das 1000fache u. mehr beschleunigt wird. M. Ulmann. 8074□

Herstellung von Cellulosepropionat. 1. Mitt. **Reaktion unter Verwendung von H_2SO_4 als Katalysator.** Iwao Terasaki. (J. Soc. Textile Cellulose Ind., Japan [Sen-i Gakkaishi] **18**, 332—36, 1962; Nobeoka City, Japan, Miyazaki Prefecture, Asahi Chem. Ind. Co. Ltd., Rayon Factory; jap., Auszug: engl. S. 331.) — Bei der Veresterung von Linterszellstoff wurde festgestellt, daß die Verw. von CH_2Cl_2 als Lsgm. zu einer höheren Rk.-Geschw. als die von Propionsäure führt. Prim. bildet sich Celullosesulfat, aus diesem durch Umesterung das Propionat. In allen Fällen hatte das Propionat einen DP von 100. Die maximale Rk.-Geschw. wird bei optimalem Verhältnis zwischen Lsgm. u. Anhydrid erreicht. G.-D. Gollnisch. 8076□

Herstellung von Cellulosepropionat. 2. Mitt. **Der Reaktionsmechanismus bei Verwendung von H_2SO_4 als Katalysator.** Iwao Terasaki. (J. Soc. Textile Cellulose Ind., Japan [Sen-i Gakkaishi] **18**, 336—40, 1962; jap., Auszug: engl. S. 331.) — 1. vgl. vorst. Referat. — Die Rk. in Propionsäure (I) bzw. CH_2Cl_2 (II) als Lsgm. wird kontrolliert durch ΔH bzw. ΔS. Bei Verw. von **I** wird ΔH wegen der Wechselwrkg. **I**/**I**-Anhydrid kleiner. In **II** überwiegt ΔS u. fördert bei zunehmender Quellung u. Lsg. des Rk.-Prod. die Reaktion. Die Temp.-Abhängigkeit der Umesterung ist größer als die der Bldg. von Cellulosesulfat. Zwischen Veresterungs-Geschw. u. Kettenabbau bestehen Beziehungen. G.-D. Gollnisch. 8076□

Die Eigenschaften von Textilfasern aus Polypropylen. K. West. (J. Textile Inst., Proc. **53**, P465—P480, Aug. 1962; Imp. Chem. Ind. Ltd., Fibres Div.; engl.) — Die mechan., elektr. u. anderen Eigg. der *Polypropylenfaser Ulstron* der I.C.I. werden mit den Eigg. anderer synthet. Fasern u. Baumwolle verglichen. Anschließend werden einige wichtige Anwendungsgebiete der Ulstronfaser, wie Fischnetze u. Seile, diskutiert. St. Blumberg. 8080□

Ein Problem — Standardmethoden zur Bestimmung der chemischen Schädigung von Textilfasern während der Verarbeitung. A. F. B. Nall. (J. Textile Inst., Proc. **53**, P 319—P325, Mai 1962; Brit. Standards Inst.; engl.) — Im Zusammenhang mit der Entw. geeigneter *Prüf-Meth.* zur *Best.* der *Schädigung* von *Fasern* im Verlauf von deren Verarbeitung wird darauf hingewiesen, daß sich hierfür bis jetzt die Fluiditäts-Meth., wie sie bei der Best. des DP-Grades ausgeführt wird, am besten bewährt hat. Die Umrechnung der Fluiditätswerte (Durchlaufzeiten) auf den DP-Grad wird als wenig nützlich angesehen. H. G. Fröhlich. 8096□

Eine einfache Einbettungsmethode für Fasern und Textilien zur Herstellung von Faserquerschnitten. A. Räuchle. (Melliand Textilber. **43**, 403—04, April 1962; Basel, Schweiz, J.R. Geigy A.G., Textillabor.; dt.) Ein allg. Überblick über Vor- u. Nachteile der bekannten *Einbettungs-Meth.* wird gegeben. Die Einbettung mit Polyestergießharz (*Leguval E 81*) u. die dabei angewandte Arbeits-Meth. wird ausführlich beschrieben. I. Beßer. 8096□

Fehler bei der Bestimmung von Kupferchinolinolat-(8) in bakterienfest ausgerüsteten Geweben. A. G. Kempton, M. Greenberger und A. M. Kaplan. (Amer. Dyestuff Reporter **51**, 314—27, 30/4. 1962; engl.) — Die Unters. verschiedener handelsmäßig behandelter *Gewebe* zeigt, daß *Cu-Chinolinolat-(8)* durch die spektrophotometr. Meth. genau bestimmt wird, daß aber Verff., die auf der Gesamt-Cu-Best. beruhen, fehlerhaft sind, weil das handelsmäßig hergestellte Fungicid einen Überschuß an Cu enthält, außerdem fremdes Cu während des Färbens aufgenommen wird u. normale Baumwolle kleine Mengen Cu enthält. Einige Farbstoffe können bei der spektrophotometr. Meth. störend wirken; um dies zu beheben, werden einige abgeänderte Verff. empfohlen. L. Jentgen. 8098□

Identifizierung von Kunstharzausrüstungen auf Baumwollgewebe. Tadanori Inoko. (J. Soc. Textile Cellulose Ind., Japan [Sen-i Gakkaishi] **18**, 371—73, 1962; Osaka, Japan, Japan Spinners Inspecting Found., Uchikyuhoji-machi, Higashi-ku; jap., Auszug: engl.) — Acht verschiedene *Kunstharzausrüstungen* werden von 100 cm^2 Gewebe mit 50 ml n/10 H_2SO_4 während 1 Std. abgezogen. Die Lsgg. werden auf 5 ml eingeengt, mit $BaCO_3$ neutralisiert, zentrifugiert u. mit dem Laufmittel Butanol–A.–W. (4:1:2) auf Toyo-Rosi-Papier Nr. 50 aufsteigend bei Raum-Temp. papierchromatographiert. Entwickelt wird mit Tollens-Reagens. Die Identifizierung von Kunstharzausrüstungen ist nach dieser Meth. möglich. G.-D. Gollnisch. 8098□

Die Kontrolle und Bedeutung der Festigkeit von Baumwolle. Anonym. (Bull. Inst. Textile France **1962**, Nr. 100, 447—68, Mai/Juni; C.R.I.T.E.R.; franz.) — Die Festigkeitsmesser für flache Faserbündel werden krit. betrachtet. Es wird gezeigt, daß der Hauptfehler des Pressley-App. in dem veränderlichen u. sehr hohen Belastungsgradienten besteht. Das Stelometer hat nicht diesen Nachteil u. ermöglicht gleichzeitig die Best. der Bruchdehnung. Um die Beziehungen zwischen den Festigkeiten der Fasern u. Garne zu untersuchen, wird ein theoret. Schema der Faser- u. Garnbrüche entwickelt. Die Übereinstimmung zwischen den prakt. Ergebnissen u. dem theoret. Schema wird untersucht. Bei einer bestimmten Nummer mit optimaler Drehung hängt die Garnfestigkeit hauptsächlich von der Festigkeit der Fasern u. ihrer Dehnungsverteilung ab. L. Jentgen. 8102□

Eine Methode zur Bestimmung von Cystin plus Cystein in Proteinen. J. C. Fletcher und A. Robson. (Biochem. J. **84**, 439—44, Aug. 1962; Torridon, Headingley, Leeds, Wool Ind. Res. Assoc.; engl.) — Bei Hydrolyse von *Wolle* in Ggw. von ^{35}*S-Cystin* (**I**) haben alle im Hydrolysat vorhandenen ^{35}S-Verbb. die gleiche spezif. Aktivität. Zur *Best.* von **I**-*S* + *Cystein* (**II**)-*S* in *Proteinen* werden diese in Ggw. von ^{35}S-**I** hydrolysiert, **I** im Hydrolysat chromatograph. isoliert u. dessen spezif. Aktivität bestimmt: **I** — S + **II** — S = vor Hydrolyse zugesetzte Gesamtaktivität/spezif. Aktivität von isoliertem **I**. Auf Insulin, Lysozym u. Rinderplasmaalbumin angewendet, gibt die Meth. in den beiden ersten Fällen gut mit den experimentellen Werten für die Konstit. von Albumin übereinstimmende Werte. K. Maier. 8108□

Beitrag zur Bestimmung des Tryptophans in Wolle. Pedro Miró. (Melliand Textilber. **43**, 405—09, April 1962; Barcelona, Spanien, „Patronato Juan de la Cierva", Textilabt.; dt.) — Vgl. C. **1962**, 4389. — Verss. zur Best. des Einfl. der Zeit u. Temp. auf die Entw. der Rk. von *Tryptophan* (**I**) mit p-Dimethylaminobenzaldehyd (**II**) in der Hitze zeigen, daß die optimale Farbintensität (opt. Dichte)) in 2 Std. bei 70° erreicht wird. Eine schnelle Best. von **I** in *Wolle* (**A**) wird erreicht, wenn die Hydrolyse bei 70°

in 2 Std. in einem geschlossenen Röhrchen mit **II** in stark salzsaurem Milieu durchgeführt wird. Die Farbintensität der gefärbten, hydrolysierten Lsg. wird spektrophotometr. gemessen. Die Meth. ist sehr empfindlich für die Best. von oxydativen Veränderungen von **A**, bes. derjenigen, die durch H_2O_2 verursacht sind. Die Meth. kann auch zur Kontrolle der Bleichbehandlungen mit H_2O_2 verwendet werden. I. Beßer. 8108 □

American Viscose Corp., Marcus Hook, Pa., übert. von: Joseph J. Scr領nock, Monmouth Junction, und Fivel C. Brenner, Dayton, N.J., V.St.A., **Aufrechterhaltung des Weißgrades beziehungsweise der Farblosigkeit von Cellulosefasern bei hohen Verarbeitungstemperaturen** wird erreicht durch eine vorangehende Imprägnierung des Fasermaterials mit einer wss. Lsg. eines farblosen Sulfats, Bisulfats, Chlorids, Bromids, Acetats oder Nitrats, dessen Kation ein Metall der Gruppe IA des Period. Syst. mit einer Atomzahl von mindestens 11 oder ein Metall der Gruppe IIA mit einer Atomzahl von mindestens 20 ist, z. B. einer 2n Na_2SO_4- oder einer 1n Na-Acetatlösung. Der pH-Wert der Imprägnier-Fl. soll 6—8 betragen. Anschließend an die Imprägnierung wird gedämpft. (**A. P. 3 012 844** vom 28/3. 1955, ausg. 12/12. 1961.) F. Böhm. 8027

E. I. du Pont de Nemours & Co., Wilmington, Del., V.St.A., **Bleich- und Reinigungsmittel.** Bei Verw. von Monopersulfate (**I**) enthaltenden Bleich- u. Reinigungsmitteln tritt in Mn-haltigem W. durch Oxydation der Mn-Ionen oft eine Verfärbung der behandelten *Textilien* ein. Diese wird verfahrensgemäß durch einen Zusatz von mindestens 1, bes. 2—10%, bezogen auf **I**, Diäthylentriaminpentaessigsäure vermieden. (**E. P. 889 079** vom 18/3. 1960, ausg. 7/2. 1962. A. Prior. 1/7. 1959.) F. Böhm. 8027

United States Borax & Chemical Corp., Los Angeles, Calif., V.St.A., **Herstellung eines Alkalihypochlorit und Borat enthaltenden Bleichmittels** nach D. A. S. 1 119 234, dad. gek., daß eine wss. Lsg. eines oder mehrerer Alkalihydroxide chloriert wird, ein oder mehrere Alkaliborate u./oder H_3BO_3 in die chlorierte Lsg. eingeschlämmt werden, die so gebildete Aufschlämmung schnell getrocknet wird u. die Rk.-Mittel so ausgewählt werden, daß das Prod. 0,029—0,36, bes. 0,15—0,20 Mol. OCl^- pro Mol. B_2O_3 u. 0,30—0,65 Mol. X_2O pro Mol. B_2O_3, wobei X ein Alkalimetallatom darstellt u. bei der Bestimmung von X_2O nur die titrierbare Alkalität berücksichtigt wird, enthält. Es werden freifließende *stabile feste Bleichmittel* erhalten, die z. B. 6,6% verfügbares Cl u. $(OCl^-):B_2O_3$- u. $Na_2O:B_2O_3$-Molverhältnisse von 0,151 bzw. 0,458 aufweisen. (**D. A. S. 1 129 461** Kl. 12i vom 6/1. 1960, ausg. 17/5. 1962. A. Prior. 3/7. 1959. **Zusatz zu D. A. S. 1 119 234; C. 1962, 16535.**) K. Demmler. 8027

Diamond Alkali Co., Cleveland, übert. von: Irving Rosen und Frank B. Slezak, Painesville, Ohio, V.St.A., **Bleichen und Desinfizieren von Textilien** erfolgt in einem alkal. Bad, das eine Verb. der allg. Formel I enthält (R_1, R_2 = Alkyl; R_3, R_4, R_5, R_6 = Halogen, x, m, n, p, q = 0 oder 1). Die Herst. dieser Verbb., z. B. von 2.4.6.8-Tetrachlor-2.4.6.8-tetrazabicyclo-(3.3.0)-octa-3.7-dion, durch Halogenierung der entsprechenden halogenfreien Verbb. in alkal.-wss. Medium ist beschrieben. — Vgl. D. A. S. 1 104 923; C. **1962,** 11419. (**A. P. 3 019 075** vom 11/5. 1959, ausg. 30/1. 1962.) F. Böhm. 8027

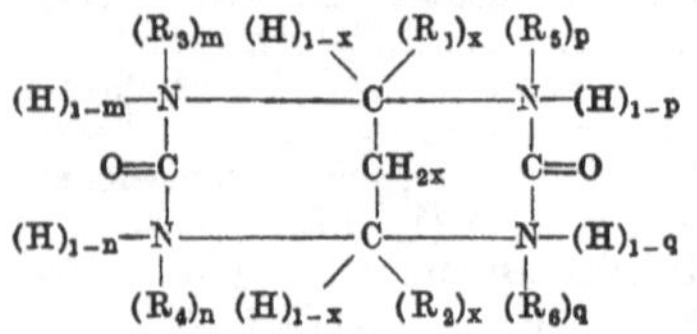

I

Olin Mathieson Chemical Corp., übert. von: Richard R. Heinze, Ransomville, und Robert L. Ostrozynski, Lewiston, N.Y., V.St.A., **Bleichen von Cellulosetextilien.** Man tränkt die Textilien mit einer angesäuerten Lsg. eines wasserlösl. Chlorits vom pH-Wert 4,5—7, u. anschließend mit einer Permanganatlösung. Das nunmehr 0,25—3% (bezogen auf Faser-Gew.) Chlorit u. 0,5—20% (bezogen auf Chlorit) Permanganat enthaltende Textilmaterial lagert man ½—3 Std. bei 20—100° u. spült es dann mit einer wss. Red.-Mittel-Lsg. u. danach mit Wasser. (**A. P. 3 035 883** vom 13/11. 1959, ausg. 22/5. 1962.) F. Böhm. 8027

Yolande Sabine Meynard, Vaucluse, Frankreich, **Appretiermittel** zum Plissieren von farbigen Geweben u. zur Beseitigung alter Falten. Herst. einer bräunlichen Harzseife in Pastenform mit 20% Trockensubstanz durch Auflösen von Kolophonium in NaOH u. Verseifen mit NH_4OH; geeignet zum Tränken von Textilien im Wasserbad (3—10%ig. Lsg.) bei 70°. Zum Faltenbügeln im Haushalt wird eine 25%ig. Lsg. des Präp. mit W. verd., die Stoffe werden damit benetzt u. beim Bügeln gespannt. (**F. P. 1 272 197** vom 5/10. 1960, ausg. 19/1. 1962.) H. Meltzer. 8029

American Cyanamid Co., V.St.A. (Erfinder: Philip B. Roth), **Endausrüstung von Textilien** mit ≧50% Cellulose, z. B. Baumwolle, Viscoseseide, Leinen, Jute, Ramie usw., auch im Gemisch mit synthet. Fasern, durch Imprägnieren u. Walken mit 95—5, bes. 65—95 (Teilen) Uronkunstharz (**I**) u. 5—95, bes. 35—5, Methylolmelamináthern. Härten der Harze mit Katalysatoren bei höheren Temperaturen. Herst. von **I** durch Rk. von 1 Mol Harnstoff mit 4,25 Mol HCHO, Alkylieren des Prod. im stark sauren Medium, Ausziehen mit Chlf. u. Dest.: *N.N'-Bis-[methoxymethyl]-uron* u. *N.N.N'-Tris-[alkoxymethyl]-harnstoff.* — Textilien werden schrumpf- u. knitterfest u. chlorresistent. (**F. P. 1 272 230** vom 24/10. 1960, ausg. 26/1. 1962. A. Prior. 5/11. 1959.) H. Meltzer. 8033

Ciba Akt.-Ges., Basel, übert. von: Max Dünnenberger, Birsfelden, Adolf Emil Siegrist, Basel, und Erwin Maeder, Münchenstein, Schweiz, **Herstellung von Thiophenderivaten.** Hergestellt werden symm. u. asymm. Thiophen-Derivv. der allg. Formel **I**, in denen der Thiophenrest in 2.5-Stellung durch Benzimidazolyl- oder Oxazolylreste substituiert ist, deren Benzolkern in 5- oder 6-Stellung Methylgruppen enthalten kann. Hierin sind A u. A_1 ankondensierte Benzolkerne u. X u. Y, die gleich oder verschieden sein können, stellen die Gruppe ·>NR dar, in der R ein H-Atom oder organ. Rest ist, oder X = Y = O. R ist z. B. ein niedrigmol. Alkyl-, Hydroxyalkyl-, Aralkyl- oder Alkenylrest. Die **I** werden gewonnen durch Rk. zwischen Thiophen-2.5-dicarbonsäure (**II**) u. Verbb. der allg. Formel **III**. Hierbei ist Q = NHR oder OH u. T = H oder CH_3. Die Rkk. werden bei Temp. zwischen 160 u. 260° in Ggw. eines inerten Gases u. eines Katalysators, bes. H_3BO_3 oder einer Polyphosphorsäure durchgeführt. Die Endprodd. werden ggf. alkyliert, hydroxyalkyliert, alkenyliert, acyliert, in Salze oder quatern. NH_4-Verbb. umgewandelt. — Beispiele: Aus **II** u. 1.2-Diaminobenzol erhält man 2.5-Di-[benzimidazolyl-(2')]-thiophen, $C_{18}H_{12}N_4S \cdot \frac{1}{2} H_2O$, gelbe Nadeln, F. >350°; bei Einw. von α-Glycerinchlorhydrin auf diese Verb. wird ein H-Atom des Benzimidazolylrestes durch $-CH_2-CHOH-CH_2OH$ substituiert, man erhält $C_{21}H_{18}N_4O_2S$, F. 329—331°, aus W. + A., in analoger Weise wird dieses H-Atom bei Anwendung von Äthylenchlorhydrin durch $-CH_2-CHOH$ substituiert, u. man erhält $C_{20}H_{16}N_4OS \cdot \frac{1}{2} H_2O$, F. 276—278°, aus W. + Formamid, ebenso kann dieses H-Atom durch $-CH_2 \cdot C_6H_5$ ersetzt werden, $C_{25}H_{18}N_4S$, gelbgrüne Nadeln aus W. + A., F. 295—296°; aus **II** u. 1-Amino-2-monomethylaminobenzol entsteht 2.5-Di-[N-methylbenzimidazolyl-(2')]-thiophen; aus **II** u. 1-Hydroxy-2-aminobenzol erhält man 2.5-Di-[benzoxazolyl-(2')]-thiophen, $C_{18}H_{10}N_2O_2S$, F. 212,5—213°, aus W. + Dimethylformamid; aus **II** u. 4-Methyl-1.2-diaminobenzol erhält man 2.5-Di-[6-methylbenzimidazolyl-(2')]-thiophen, $C_{20}H_{16}N_4S \cdot \frac{1}{2} H_2O$, blaßgelbe Nadeln, F. >350°; aus **II** u. 1-Hydroxy-2-amino-4-methylbenzol entsteht 2.5-Di-[5-methyloxazolyl-(2')]-thiophen, F. 215—215,8°, aus A. + Wasser. — Verw. als *opt. Aufhellungsmittel.* (**A. P. 2 995 564** vom 1/9. 1959, ausg. 8/8. 1961. Schwz. Prior. 2/9. 1958.) A. Kalix. 8033

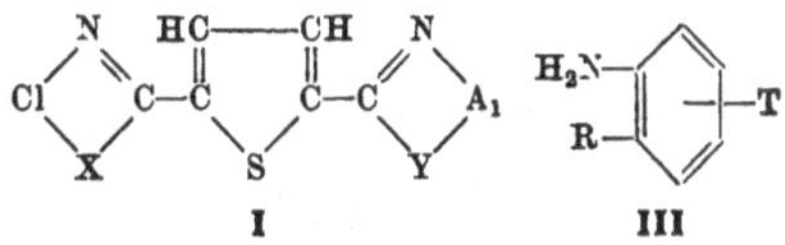

I III

FMC Corp., übert. von: Gerald Thomas Gallagher, Snyder, und Norbert Weinberg, Buffalo, N.Y., V.St.A., **Bleichen von Baumwolle.** Man tränkt die zu bleichende Ware mit einer Lsg., die neben H_2O_2 Alkali- oder Ammoniumdipersulfate enthält u. läßt die genannten Mittel in diesem Zustand längere Zeit bei 50—120° F, z. B. 19 Std. bei Raum-Temp., einwirken. Die Bleich-Fl. selbst soll vor der Imprägnierung nicht über 100° F erhitzt werden, da sie dann an Wirksamkeit einbüßt. (**A. P. 3 026 166** vom 9/10. 1959, ausg. 20/3. 1962. **E. P. 894 070** vom 29/9. 1960, ausg. 18/4. 1962. A. Prior. 9/10. 1959.) F. Böhm. 8045

Badische Anilin- & Soda-Fabrik Akt.-Ges. (Erfinder: Norbert Götz, Wilhelm Rümens, Rolf Zeidler und Herbert Tulo), Ludwigshafen/Rh., **Prägen, Plissieren oder Riffeln von cellulosehaltigen Geweben.** Die gemäß D. A. S. 1 110 606 mit einem Mischpolymer aus 1—25 (%) *N-Methylolamid* einer *Acrylsäure* u. 99—75 anders polymerisierbarer Verb. ausgerüsteten Gewebe werden bei 70—150° getrocknet, zweckmäßig auf einen Rest-Wasser-Geh. von 8—14%, dann geprägt, plissiert oder geriffelt (Temp. 140—200°, Druck 10—30 at) u. anschließend wieder ca. 10 Min. auf 130—180° erwärmt. (**D. A. S. 1 128 397** Kl. 8k vom 18/11. 1959, ausg. 26/4. 1962. **Zusatz zu D. A. S. 1 110 606; C. 1962, 12515.**) H. Möllering. 8075

American Viscose Corp., Philadelphia, Pa., übert. von: John A. Howsmon, Wilmington, Del., V.St.A., **Herstellung von Kunstseide.** Im wesentlichen ident. mit A. P. 2 890 130; C. **1962,** 351. (**A. P. 3 009 763** vom 8/4. 1958, ausg. 21/11. 1961.) F. Böhm. 8075

American Viscose Corp., Philadelphia, übert. von: Marion R. Lytton, West Chester, Pa., V.St.A., **Herstellung von Viscosekunstseide,** die nur Hautstruktur besitzt. Man verspinnt eine Viscose, die 0,25—4%, bezogen auf das Gew. der Cellulose, eines alkalilösl. Additions-Prod. von 1 (Mol) eines Monoalkylhydrazins mit 6—24 C-Atomen im Alkylrest u. mindestens 10 Äthylen- oder Propylenoxid enthält, in ein Spinnbad mit einem Geh. von 10—25 (%) Na_2SO_4, 3—15 $ZnSO_4$ u. bis zu 8 H_2SO_4. (**A. P. 3 010 781** vom 30/12. 1954, ausg. 28/11. 1961.) F. Böhm. 8075

E. I. du Pont de Nemours & Co., Wilmington, Del., übert. von: Thomas Barton Gage, Richmond, Va., und Joseph Frederic Walker, Niagara Falls, N.Y., V.St.A., **Herstellung von Viscosekunstseide.** Beim Verspinnen von Viscose in Bäder, die neben 4—12 (%) H_2SO_4 u. 5—25 Na_2SO_4, CH_2O enthalten, wird die Abscheidung harter, im wesentlichen aus Trithian bestehender Kristalle vermieden durch einen Zusatz von $(NH_4)_2SO_4$, Formamid, N-Methylformamid, Acetamid, N-Methylacetamid, N.N-Dimethylacetamid, N.N'-Dimethylharnstoff oder 3.3-Dimethylhydantoin zur Viscose oder bes. zum Bad, in letzterem Fall bes. in einer Menge von 2—3. (**A. P. 3 007 764** vom 1/10. 1957, ausg. 7/11. 1961.) F. Böhm. 8075

Mo och Domsjö Aktiebolag, Oernsköldsvik (Erfinder: Nikolaus Augustin Schönfeldt, Mölndal, Kurt Helmut Grunewald und Olof Rune Steijner, Göteborg), Schweden, **Herstellung geformter Gebilde aus Viscose.** Zu F. P. 1 145 356; C. **1959**, 15221 ist nachzutragen: An Stelle von Verbb. mit der dort angegebenen allg. Formel $R-NA-(C_zH_{2z}NA)_{x-1}C_zH_{2z}NH_2$ können auch solche der allg. Formel $R-NA-(C_zH_{2z}NA)_{x-1}C_zH_{2z}NA_2$ verwendet werden. Sie sollen der Cellulose jedoch ausschließlich vor ihrer Überführung in Viscose zugesetzt werden. (**Schwz. P. 360 457** vom 17/1. 1956, ausg. 14/4. 1962. Schwed. Prior. 20/1. 1955.) F. Böhm. 8075

Rayonier, Inc., Shelton, Wash., übert. von: Reid Logan Mitchell, Morristown, N.J., James Wesley Berry, Tucson, Ariz., und William Hughes Wadman, Stockton, Calif., V.St.A., **Viscosespinnverfahren.** Um Fäden mit vorwiegend Hautstruktur zu erhalten, setzt man einer 4—13 (%) Cellulose u. 5—13 NaOH enthaltenden Viscose mit einer Salzzahl von 4—20 0,05—1 CH_2O zu. Die Wrkg. wird durch die Anwesenheit von Zn-Salzen im Spinnbad noch verstärkt. (**A. P. 3 018 158** vom 5/5. 1959, ausg. 23/1. 1962.) F. Böhm. 8075

Celanese Corp. of America, New York, N.Y., V.St.A., **Herstellung von Cellulosetriacetatfäden.** Man verspinnt eine Lsg. von Cellulosetriacetat in einer Mischung aus mindestens 90 (%) CH_2Cl_2 u. einem wasserlösl. monomeren Glykol mit 3—6 C-Atomen, einem wasserlösl. Polyglykol u./oder einem einwertigen Alkohol mit 1—4 C-Atomen in ein Bad, bestehend aus bis zu 75% eines Glykols der vorst. bezeichneten Art oder eines Esters oder Äthers davon, bis zu 15 CH_2Cl_2 u. Wasser. Man erhält Fäden mit einer Festigkeit von 1,8—2,5 g/Denier. (**E. P. 891 250** vom 19/9. 1958, ausg. 14/3. 1962. D. Prior. 21/9. 1957 u. 4/8. 1958.) F. Böhm. 8077

Celanese Corp. of America, New York, N.Y., übert. von: Richard N. Rulison, Summit, N.J., V.St.A., **Naßspinnverfahren für Cellulosetriester,** bes. Cellulosetriacetat mit $<0,3$ freien OH-Gruppen pro Anhydroglucoseeinheit des Cellulosemoleküls. Man verspinnt eine Lsg. des Esters in einem Chlor-KW-Stoff, bes. CH_2Cl_2, in ein wss. Bad, das 0,5—25 (%) eines Esters einer niedermol. Fettsäure, z. B. 4,6 2-Methoxyäthylacetat, enthält. Es treten nur wenig Fadenbrüche auf u. man erhält Fäden mit guten physikal. Eigenschaften. (**A. P. 3 012 847** vom 28/4. 1959, ausg. 12/12. 1961.) F. Böhm. 8077

Farbwerke Hoechst Akt.-Ges., vormals Meister Lucius & Brüning, Frankfurt/M., **Erzeugen von nicht gewebten Faserstoffplatten.** Die Fasern bestehen ganz oder teilweise aus *Polyvinylalkohol*, seinen wasserlösl. Derivv., Copolymeren oder aus Mischungen von *Polyvinylalkohol* mit anderen wasserlösl. linearen Polymeren bis zu 20 Gew.-%, bezogen auf den Polyvinylalkohol. Die Fasern sollen bei einer Temp. zwischen 40 u. 90° in W. quellbar sein, ohne die Faserstruktur zu verlieren. Die Fasern werden in die Plattenform gebracht u. in Ggw. von W. bei der Quelltemp. erhitzt u. anschließend getrocknet. Die Fasermasse besteht z. B. aus 10% Polyvinylalkoholfasern u. 90% nichtquellbaren Fasern, z. B. aus Polyacrylonitril, Polyvinylchlorid, Polyäthylen, Polyamid, Celluloseacetat oder -hydrat oder Baumwolle. (**E. P. 882 359** vom 13/2. 1958, ausg. 15/11. 1961. D. Prior. 13/2. 1957.) F. Markhoff. 8081

Chemstrand Corp., übert. von: Julian J. Hirshfeld und Lloyd T. Jenkins, Decatur, Ala., V.St.A., **Herstellung gefärbter aus Vinylpolymeren bestehender Fäden.** Um bes. lichtechte Färbungen zu erhalten, polymerisiert man das Monomere in Ggw. einer Naphtholkupplungskomponente, verformt in üblicher Weise u. behandelt die erhaltenen Fäden in einem Bad, das eine diazotierte Base enthält. — Zum Beispiel mischpolymerisiert man 94 (Teile) Acrylnitril mit 6 Vinylacetat in Ggw. von 1.2.3-Hydroxynaphthoesäureanilid, verspinnt das erhaltene Prod. aus Dimethylformamid in W. u. behandelt die erzeugten Fäden 30 Min. lang mit einer nahezu sd. schwachessigsauren Lsg. von „Fast Orange GC base", die 8% $NaNO_2$ enthält. (**A. P. 3 011 860** vom 10/9. 1958, ausg. 5/12. 1961.) F. Böhm. 8081

Kurashiki Rayon Co. Ltd., Okayama, Japan, und Air Reduction Co., Inc., New York, N.Y., V.St.A., übert. von: Kenichi Tanabe, Sadamaru Miyazaki und Tetsuro Osugi, Kurashiki, Japan, **Naßspinnverfahren für Polyvinylalkohol.** Um Fäden mit homogenem Querschnitt, d. h. ohne Mantel- u. Kernstruktur, zu erhalten, setzt man dem üblichen, Na_2SO_4 enthaltenden Spinnbad ein wasserlösl. Thiocyanat, wie Na-, K- oder Ammoniumthiocyanat, zu. Ein solches Bad enthält z. B. 380 (g/Liter) Na_2SO_4 u. 30 KSCN. (**A. P. 3 011 861** vom 26/3. 1959, ausg. 5/12. 1961.) F. Böhm. 8081

Kurashiki Rayon Kabushiki Kaisha, Kurashiki, Japan, **Herstellung von Polyvinylalkoholfäden** mit erhöhter Anfärbbarkeit u. verbesserten physikal. Eigenschaften. Man setzt der Spinn-Lsg. 5—100 (Gew.-%), bezogen auf Polyvinylalkohol, der einen Polymerisationsgrad von mindestens 1000 besitzen soll, Stärke bzw. wasserlösl. Stärke-Deriv., wie Dextrin, oder bis zu 50 Na-Carboxymethylcellulose, Na-Alginat oder Gummiarabicum zu u. verspinnt in ein übliches, Na_2SO_4 enthaltendes Fällbad. (**E. PP. 888 276** vom 19/5. 1959, ausg. 31/1. 1962. Jap. Prior. 26/5. 1958 u. **891 557** vom 25/11. 1959, ausg. 14/3. 1962. Jap. Prior. 7/4. 1959.) F. Böhm. 8081

Chemstrand Corp., übert. von: John P. Knudsen, Decatur, Ala., V.St.A., **Verspinnen von chlor- oder acrylnitrilhaltigen Polymerisaten.** Polymerisate mit einem Geh. von mindestens 50 (Gew.-%) Vinyl- oder Vinylidenchlorid verspinnt man aus einer Lsg. z. B. in Cyclohexanon, Nitrobenzol, N.N-Dimethylformamid (**I**) oder N.N-Dimethylacetamid (**II**) in ein Bad, bestehend aus einem Polyalkylenglykol (**III**) mit einem Molgew. von 200—6000. Lsgg. von mindestens 50 Acrylnitril enthaltenden Polymerisaten in **I** oder **II** verspinnt man ebenfalls in ein Bad aus **III**, das jedoch bis zu 10 W. u. bis zu 20 **I** oder **II** enthalten kann. Die erhaltenen Fäden zeichnen sich u. a. durch hohe Festigkeit, niedrige Dehnung u. eine glatte Oberfläche aus. (**E. PP. 888 342** u. **888 343** vom 11/8. 1959, ausg. 31/1. 1962. Beide A. Prior. 18/8. 1958. **A. P. 3 011 859** vom 18/8. 1958, ausg. 5/12. 1961.) F. Böhm. 8081

E. I. du Pont de Nemours & Co., übert. von: Donald Joseph Lyman, Wilmington, Del., V.St.A., **Herstellung von Polyacrylnitrilfäden.** Um Polyacrylnitril bei relativ niedriger Temp. (50—175°) verspinnen zu können u. dadurch sehr helle Fäden zu erhalten, löst man es mindestens 10%ig. in einem Gemisch aus 40—80 (Vol.-%) Dimethylsulfoxid u. 60—20 Aceton, Methyläthylketon, 4-Methylpentanon-(2), Ae., 1.2-Dimethoxyäthan, Tetrahydrofuran, 1.3-Dioxan, Dioxolan, Acetonitril, Äthylacetat, N-Amylacetat, CH_2Cl_2, CCl_4, Bzn. oder Toluol u. verspinnt die Lsg., die eine Viscosität von 25 bis 750 P besitzen soll, nach üblichen Trocken- oder Naßspinn-Verff., z. B. in ein Wasserbad von 47°. (**A. P. 3 006 715** vom 18/10. 1957, ausg. 31/10. 1961.) F. Böhm. 8081

Lonza Elektrizitätswerke und Chemische Fabriken Akt.-Ges., Basel, Schweiz, **Herstellung von Fäden aus Polymerisaten oder Mischpolymerisaten von Acrylnitril.** Man löst die Polymerisate in wasserhaltigen O-Säuren (außer H_2SO_4) u. spinnt in ein Bad, das aus einer wss. Lsg. der gleichen Säure besteht u. eine Temp. von —20 bis +10° aufweist. Die erhaltenen Fäden verstreckt man nach dem Auswaschen u. Trocknen auf das 10—12fache ihrer ursprünglichen Länge. Bei höherer Bad-Temp. erhält man trübe u. brüchige Fäden. Je höher das Molgew. ist, desto niedriger muß die Temp. sein. Sie kann innerhalb der angegebenen Grenzen jedoch höher eingestellt werden, wenn man dem Bad Halogenide oder Nitrate 2—3wertiger Metalle zusetzt. — Zum Beispiel preßt man eine 9%ig. Lsg. eines Mischpolymerisats aus 91 (Gewichtsteilen) Acrylnitril u. 9 Vinylacetat in 58%ig. HNO_3 durch eine Düse in ein wss. Bad von —8 bis —9°, das 10% HNO_3 u. 32% $Mg(NO_3)_2$ enthält. (**Niederl. P. 100 108** vom 4/9. 1953, ausg. 15/1. 1962. D. Prior. 16/9. 1952.) F. Böhm. 8081

E. I. du Pont de Nemours & Co. (Erfinder: John Manuel Christens, Daniel Gintis und Robert James Kirkpatrick), **Herstellung von Stapelfasern aus linearen Polyestern,** in denen $\geqq 90\%$ der wiederkehrenden Struktureinheiten Äthylenterephthalatgruppen sind. Nur solche Ester lassen sich verarbeiten, die eine relative Viscosität von 14—17 besitzen. Bei Mischestern, die durch bis zu 10% Sulfonatgruppen modifiziert sind, muß die Viscosität um 0,75X vergrößert sein, wobei X die Mol-% des Sulfonats bezeichnet. (**Aust. P. 232 483** vom 7/1. 1959, ausg. 23/2. 1961. A. Prior. 8/1. 1958.) C. Lüttgen. 8081

United States Rubber Co., New York, N.Y., übert. von: Venkataramaraj S. Urs, Cheshire, Conn., V.St.A., **Herstellung von Polyurethanfäden.** Zu E. P. 847 673; C. **1962**, 18328 ist nachzutragen: Um Fäden mit geringer bleibender Dehnung zu erhalten, erhitzt man das verwendete Vorpolymerisat vor dem Auspressen in die Diamin-Lsg. 48—196 Std. auf 90—100°. (**A. P. 3 009 764** vom 13/2. 1959, ausg. 21/11. 1961.) F. Böhm. 8081

Ciba Ltd., Basel, Schweiz, **Gegen den Einfluß von Ultraviolettstrahlung stabilisierte Polyamidfasern** erhält man durch Einarbeiten von 0,1 — 10 %, bezogen auf das Polyamidgewicht von Azol-Verbb., in denen 2 benachbarte C-Atome des Azolringes gleichzeitig Mitglieder des Benzolringes sind u. das zwischen den Heteroatomen des Azolringes befindliche C-Atom an ein C-Atom eines weiteren Benzolringes gebunden ist. (**E. P. 884 839** vom 14/10. 1959, ausg. 20/12. 1961. Schwz. Prior. 14/10. 1958.) E. Dörfel. 8081

Union Carbide Corp., übert. von: Robert J. Carey und Andrew T. Walter, Charleston, W.Va., V.St.A., **Herstellung von hochkristallinen, isotaktischen Polystyrolfäden.** Da nach an sich bekannten Meth. hergestelltes isotakt. Polystyrol ein zu hohes Molgew. besitzt, um nach üblichen Verff. versponnen werden zu können, erhitzt man es auf 300—450°, bis ein amorphes isotakt. Prod. mit einem Schmelzindex von ca. 0,01—5 dg/Min. vorliegt. Dann kühlt man es rasch ab, löst es in einem Lsgm., z. B. Tetrahydrofuran, zu einer 15—35%ig. Lsg. mit einer Viscosität von 1000—20000 cP u. verspinnt diese bei 50—100° in ein geeignetes Fällbad, z. B. aus Dipropylenglykol. Die erhaltenen, noch 5—20% Lsgm. enthaltenden Fäden werden bis zu 500% ihrer Länge verstreckt u. bei erhöhter Temp. getrocknet. Es resultieren hochkrist., gegen Hitze- u. Lsgm., wie Tetrahydrofuran, beständige Fäden. (**A. P. 3 019 077** vom 9/2. 1960, ausg. 30/1. 1962.) F. Böhm. 8081

E. I. du Pont de Nemours & Co., übert. von: Herbert G. Lauterbach, Wilmington, Del., V.St.A., **Kunstharzverstärkte faserhaltige Formkörper.** Die Herst. von kompliziert geformten oder durch Tiefziehen hergestellten Formkörpern wird gegenüber der bisherigen Verw. von Glasfaservliesen verbessert durch die Verw. von Vliesen aus synthet. Fasern, wie Nylon-, Polyäthylenterephthalat-, Polyacrylnitrilfasern, die mit wärmehärtenden Harzen, wie Polyester-, Harnstoff-Formaldehyd, Melamin-Formaldehyd, Phenol-Formaldehyd-, Alkyd-, Epoxy-, Acrylsäure, Polyäthylen-Polystyrolharzen, gebunden wurden. (**A. P. 2 996 411** vom 2/8. 1955, ausg. 15/8. 1961.) G. Frikell. 8081

X-Port Oils, Inc., Los Angeles, übert. von: Joseph A. Campbell, Hermosa Beach, Calif., V.St.A., **Herstellung von Glasfaser-Kunstharz-Formkörpern,** die hohe Festigkeit, Hitzebeständigkeit u. gleichmäßige elektr. Eigg. gegenüber Hochfrequenzwellen aufweisen. Hierzu wird ein wss. SiO_2-Sol mit einer schwachen Säure auf pH <7 gebracht, mit einem in W. lösl. organ. Lsgm. versetzt u. im Vakuum das W. bei 180 bis 190°F verdampft. Nach Zusatz einer wärmebeständigen wss. Dispersion eines wärmeabbindenden Kunstharzes, wie Phenol-Aldehyd-Harz, unter Rühren wird wiederum das W. im Vakuum bei 165°F bis zur Bldg. eines Sirups aus 40—70 (%) Harz u. 20—60 koll. SiO_2 abgedampft u. dieser zusammen mit Glasfaser-Prodd. verarbeitet. Mit diesem Bindemittel imprägnierte Glasfasergewebe hatten bei 500—1000°F eine Scheerfestigkeit von 600 lbs./sq.in. u. Biegezugfestigkeit $>$100000 lbs./sq.in. (**A. P. 2 992 124** vom 10/5. 1956, ausg. 11/7. 1961.) G. Frikell. 8083

Owens-Corning Fiberglas Corp., übert. von: Joseph P. Stalego, Newark, Ohio, V.St.A., **Anorganisches Bindemittel für Glasfasern,** durch das die vorteilhaften therm. Eigg. des Glases voll erhalten bleiben. Das Bindemittel wird hergestellt aus 1 (Gewichtsteil) Na_2SiO_3 u. 0,5—10 $B(OH)_3$ oder eines sauren oder neutralen Salzes dieser Säure u. 1—10 eines Füllstoffes je 1 Teil der beiden zuerst genannten Komponenten. Der Füllstoff besteht aus solchen Stoffen, die in dem der Herst. der Fasern dienenden Glas enthalten sind, wie Silicaten, Carbonaten, Hydroxiden u. Oxiden von Al, Ca, Mg, Na, Fe, Pb, Zn, Cu, Cd, Sn, Sb, Ba, Mo oder Cr. Das anorgan. Bindemittel soll zur Verbindung mit der Faser niedriger schmelzen als diese u. wird zur Herst. des Formkörpers 0,25—60 Min. lang auf Temp. zwischen 600 u. 1200°F erhitzt. Vor der Behandlung werden die Glasfasern durch 3,5—6,4% Phenol-CH_2O-Harz miteinander verbunden. (**A. P. 3 002 857** vom 14/11. 1955, ausg. 3/10. 1961.) G. Frikell. 8083

J. R. Geigy Akt.-Ges., übert. von: **Richard Zweidler**, Basel, und **Ernst Keller**, Binningen, Schweiz, *Fluorescierende Monotriazole.* (**Can. P. 5 60 351** vom 9/8. 1955, ausg. 15/7. 1958. Schwz. Prior. 23/8. 1954. — C. **1959**, 4342 [Oe. P. 193 380].)

J. R. Geigy Akt.-Ges., übert. von: **Reinhard Zweidler**, Basel, und **Ernst Keller**, Binningen, Schweiz, *Fluorescierende Stilbylditriazole.* (**Can. P. 560 350** vom 17/3. 1955, ausg. 15/7. 1958. Schwz. Prior. 19/3. 1954. — C. **1958**, 9651 [Oe. P. 192 376].)

Farbenfabriken Bayer Akt.-Ges., Leverkusen, übert. von: **Arnold Doser**, Köln-Mülheim, *Imprägniermittel für Fasermaterial.* (**Can. P. 561 358** vom 8/6. 1953, ausg. 5/8. 1958. D. Prior. 11/6. 1952. — C. **1957**, 1072 [Oe. P. 185 347].)

Ciba Ltd., Basel, übert. von: **Andreas Ruperti**, Arlesheim, Schweiz, *Feuchtes Fixieren von Aminoplasten an cellulosehaltige Fasern.* (**Can. P. 560 621** vom 21/2. 1956, ausg. 22/7. 1958. Schwz. Prior. 23/2. 1955. — C. **1958**, 9385 [F. P. 1 141 745].)

Ciba Ltd., Basel, übert. von: **Paul Stäubli**, Oberrieden, **Richard Casty**, Allschwil, und **Fritz Schütz**, Neuewelt, Schweiz, *Feuchtes Dekatieren von Wolle.* (**Can. P. 560 618** vom 15/11. 1954, ausg. 22/7. 1958. Schwz. Prior. 18/11. 1953 u. 3/9. 1954. — C. **1958**, 891 [F. P. 1 111 944].)

American Cyanamid Co., New York, N.Y., übert. von: **Caroline Butler**, Martinsville, N.J., V.St.A., *Bleichmittel.* (**Can. P. 560 575** vom 25/4. 1955, ausg. 22/7. 1958. A. Prior. 27/4. 1954. — C. **1960**, 13889 [A. P. 2 903 430].)

Crylor, Paris, übert. von: **René E. F. Stuchlik**, Villeurbanne, und **Jean Rosset**, Lyon, Rhône, Frankreich, *Herstellung von Fäden aus Acrylnitrilpolymeren* und *-copolymeren.* (**Can. P. 560 966** vom 23/12. 1952, ausg. 29/7. 1958. F. Prior. 17/5. 1952. — C. **1960**. 4714 [D. A. S. 1 061 479].)

Farbwerke Hoechst Akt.-Ges., vormals Meister Lucius & Brüning, übert. von: **Walter Gufmann**, Frankfurt/M., **Adolf Vogt**, Bad Soden/Taunus, **Werner Starck**, Hofheim/Taunus, und **Werner Langbein**, Lorsbach/Taunus, *Antistatische Ausrüstung von Stapelfasern.* (**Can. P. 560 992** vom 17/12. 1954, ausg. 29/7. 1958. D. Prior. 19/12. 1953. — C. **1957**, 10365 [D. B. P. 957 336].)

Farbwerke Hoechst Akt.-Ges., vormals Meister Lucius & Brüning, Frankfurt/M.-Höchst, übert. von: **Adolf Hartmann**, Gessertshausen b. Augsburg, *Verbesserung von Acrylnitril-Polymeren.* (**Can. P. 560 993** vom 15/8. 1955, ausg. 29/7. 1958. D. Prior. 19/8. 1954. — C. **1957**, 10647 [D. A. S. 1 004 339].)

Vereinigte Glanzstoff-Fabriken Akt.-Ges., Wuppertal-Elberfeld, übert. von: **Erhard Siggel**, Laudenbach/M., *Aufrauhen und Mattieren von Polyäthylenterephthalatfäden.* (**Can. P. 560 830** vom 28/7. 1954, ausg. 22/7. 1958. D. Prior. 3/8. 1953. — C. **1957**, 2365 [Oe. P. 185 495].)

H_{20}. Schieß- und Sprengstoffe. Zündmittel

Untersuchungen auf dem Gebiet der Nitrierung mit Mischsäure. 4. Mitt. **Nitrocellulose; Reaktionswärme; Nitrierungsdauer.** Alfonz Kunz, Tivadar Kompolthy und Csaba Balogh. (Magyar Kémiai Folyóirat [Ung. Z. Chem.] **68**, 171—74, April 1962; Budapest, Alt. Géptervezö Iroda; ung.) — 3. vgl. C. **1961**, 7542. — Cellulose verhält sich beim Nitrieren mit Mischsäure verschiedener H_2SO_4 : HNO_3 : H_2O-Verteilung ähnlich wie Stärke: die kalorimetr. ermittelten Rk.-Zeitkurven entsprechen im Mischsäuredreiecksdiagramm der Kurvenschar der HNO_3-Aktivitätswerte. Die Rk.-Wärme bei Einführung einer NO_2-Gruppe ins Cellulose-Mol. ergab sich zu 1696 ± 85 cal/Mol. bei 0°. Dieser Wert enthält die eigentliche Rk.-Wärme der Nitrierung u. die Eintauchadsorptionswärme des Cellulose-HNO_3-Systems. P. Tolnay. 8304

Über die Brennbarkeit von Sicherheitssprengstoffen. K. K. Andrejew und P. P. Popowa. (Ber. Akad. Wiss. UdSSR **134**, 1142—45, 11/10. 1960; Inst. für Chem. Physik der Akad. der Wiss. der UdSSR; russ.) — Die Brennbarkeit von Sicherheitssprengstoffen hängt von den krit. Werten des minimalen Druckes, der minimalen Temp. u. des minimalen Durchmessers der Ladung ab. Um die Wahrscheinlichkeit des Verbrennens auf ein Minimum zu red., sind eine maximale Detonationsfähigkeit u. eine minimale Brennbarkeit erforderlich. Bei Sprengstoffgemischen, z. B. Ammoniten, sinkt die Detonationsfähigkeit mit steigender Dichte, während die Brennbarkeit größer wird. Aus diesem Grunde ist eine Verdichtung der Sprengstoffe nicht ratsam. H. Treumann. 8304□

Sprengung mit Schlamm. A. M. Heltzen. (Tidsskr. Kjemi, Bergves. Metallurgi **21**, 221—24, 10/12. 1961; Oslo, Fjellsprengningsutvalget; norweg.) — Durchführung u. Ergebnis des im Steinbruch Grorud bei Oslo durchgeführten Vgl. der Sprengung mit einem Schlammgemisch (SG) u. einer Kombination aus NH_4NO_3 u. Öl. SG besteht aus 65 Teilen NH_4NO_3, 20 Teilen TNT u. 15 Teilen W. unter Zusatz von *Alginat A-150* der A/S Protan als Verdickungsmittel. Das in Bohrlöchern von Ø = 3″ gefüllte SG wurde initiiert mit TNT unter Zusatz von *Pentalit* u. elektr. gezündet. Herst. von SG u. die Anordnung der Bohrlöcher sowie die Wrkg. werden beschrieben, wobei sich SG wirksamer u. billiger als Dynamit erwies. E. Borchers. 8304□

Absorptionsspektren von entlaboriertem TNT aus Granaten. Yokan Nomura und Takehiro Abe. (J. ind. Explosives Soc., Japan **21**, 174—75, Mai/Juni 1960; jap., Auszug: engl.) — In A. sind die Absorptions-Koeff. von entlaboriertem TNT zwischen 210 u. 400 mμ kleiner als die von reinem TNT. Entlaboriertes TNT zeigt außerdem zwischen 450 u. 600 mμ schwache Banden, die im reinen TNT fehlen. Mit Hilfe des Beerschen Gesetzes werden aus den Absorptionswerten bei 340 mμ die TNT-Geh. entlaborierten TNT's berechnet. H. Pförtner. 8324□

United States of America, Secretary of Navy, übert. von: Robert H. Saunders, West Chester, Pa., V.St.A., **α-Phenyl-β-trinitroäthanol** erhält man bei der Rk. von Benzaldehyd u. Nitroform bei ca. 64°. Weiße Kristalle aus Methanol/Wasser. *Sprengstoff.* (**A. P. 2 993 936** vom 7/5. 1952, ausg. 25/7. 1961.) G. König. 8305

Allied Chemical & Dye Corp., New York, N.Y., übert. von: **Douglas H. Ross**, Ridgewood, N.J., und **Thomas J. McGonigle**, Prince George, Va., V.St.A., *N_2O_4-Kohlenwasserstoff-Sprengstoffe.* (**Can. P. 559 936** vom 19/5. 1952, ausg. 8/7. 1958. A. Prior. 14/8. 1951. — C. **1957**, 5456 [A. P. 2 759 418].)

H_{24}. Photographie

Fortschritte in der Emulsionsherstellung seit 1945. F. W. H. Mueller. (Photogr. Sci. Engng. 6, 166—71, Mai/Juni 1962; Binghamton, N.Y., Ansco, Res. Labor.; engl.) — C. 1962, 18341. W. Günther. 8600□

Über den Einfluß von flüchtigen Produkten des Gewebezerfalls auf photographische Emulsionen. M. B. Rasumowitsch. (J. wiss. angew. Photogr. Kinematogr. [UdSSR] **5**, 39—43, Jan./Febr. 1960; Brest, Pädagog. Inst.; russ.) — Flüchtige Prodd. des Tiergewebezerfalls (Kaninchengewebe) wirken auf die Photoemulsion von Isoortho-Photoplatten dadurch ein, daß sie das AgBr der Emulsion stark reduzieren u. dadurch eine Spiegel-Abb. von Gegenständen hervorrufen können. Auch die Abtrennung der flüchtigen Prodd. aus dem Gewebe u. die anschließende Einw. der Prodd. auf die Photoschicht führt zum gleichen Effekt. Dieser Effekt unterscheidet sich äußerlich von der Wrkg. von Phytonciden, flüchtigen Stoffwechsel-Prodd. höherer Pflanzen, sind aber diesen dem Wesen nach ähnlich. Vf. vermutet in der Absonderung dieser Prodd. eine patholog. Abwehrreaktion. G. Ewald. 8590□

Einige kristallographische Gesichtspunkte über die Bildung des latenten Bildes in der Photographie. Jean Prouvost. (Sci. Ind. photogr. [2] **32**, 417—23, Dez. 1961; franz.) — Übersicht über die Theorien zur Bldg. des latenten Bildes. E. Moisar. 8594

Wirkung langsamer Elektronen auf photographische Emulsionen. 1. Mitt. Quantitative Gesetzmäßigkeiten der Bildung des latenten Bildes unter der Einwirkung von Elektronen mit Energien unter 40 eV. W. W. Krjatschko. (J. wiss. angew. Photogr. Kinematogr. [UdSSR] **5**, 34—38, Jan./Febr. 1960; Woronesh, Univ.; russ.) — Verwendet wurde ein β-Spektrograph mit einem Sekundärelektronenemitter aus Cu. Die Sekundärelektronen werden radial abgelenkt u. auf das Photomaterial geleitet. Die Energie wurde durch Vgl. mit der Magnetfeldstärke eines Solenoides bestimmt. Verwendet wurden die Filme: 2x, *Agfa*-Laue u. *Agfa*-Texo. Für die Entw. des latenten Oberflächenbildes wurde ein Oxalat-Fe-Entwickler (I), für die Entw. des latenten „Tiefenbildes" wurde Methylhydrochinon (II) benutzt. Vf. stellt fest, daß sich in den belichteten u. entwickelten Teilen der Filme die entwickelten Mikrokristalle nur in einer Oberflächenschicht $< 5\mu$ befinden. Alle 3 Filme sind gegen Elektronen mit einer Energie von 2—40 eV empfindlich. Die Empfindlichkeit im Bereich 2—20 eV ist bei *Agfa*-Texo am größten. Es wird die Abhängigkeit Schwärzungsdichte D/Elektronenenergie E bei einer Elektronendichte von $2{,}2 \cdot 10^{-8}$ A/cm² bei $t = 5$ Min. bestimmt. D hat bei allen 3 Filmen bei 12—20 eV ein Minimum. Bei der Entw. mit II hat D bei $E > 30$ eV eine Sättigung für die Filme 2x u. *Agfa*-Laue. Bei der Entw. mit I tritt auch bei Texo eine Sättigung ein. Die Belichtung bei den verschiedenen Elektronendichten 8, 4 u. $2 \cdot 10^{-8}$ A/cm² ($t = 20$ Min.) führt bei Texo immer zum charakterist. aber gegeneinander verschobenen Kurvenverlauf D/E. Die Abhängigkeit D/t ($E = 4$ eV) hat bei dem Entwickler II einen Umkehrpunkt, beim Entwickler I einen exponentiellen Verlauf. G. Ewald. 8594□

Über die Empfindlichkeit von Silberchloridemulsionen. Antoine Hautot. (Sci. Ind. photogr. [2] 32, 409—16, Dez. 1961; Liège, Univ.; franz.) — Vf. vergleicht das sensitometr. Verh. chem. nicht gereifter AgCl- u. AgBr-Emulsionen (Em) gleicher mittlerer Korngröße. Der z. T. gegenläufige Gang der Reziprozitätskurven ($\log I \cdot t / \log t$-Darstellung) zeigt, daß bei Belichtungen mittlerer u. hoher Intensität die AgBr-Em empfindlicher ist, bei niedrigen Intensitäten jedoch infolge starken Reziprozitätsfehlers unempfindlicher als die AgCl-Em wird. Es wird vermutet, daß die Bildkeime bei AgCl stabiler sind als im AgBr u. daß die Beweglichkeit oder die Konz. der Zwischengittersilberionen beim AgBr-Kristall größer ist. Während die Keime des latenten Bildes der AgBr-Em oberhalb einer bestimmten CrO_3-Konz. gleichmäßig oxydativ zerstört werden, setzt die Oxydierbarkeit des latenten Bildes im AgCl nach geringen Belichtungen viel früher ein; im Gebiet starker Überbelichtungen ist das Bild im AgCl gegenüber Oxydationsmitteln jedoch resistenter als das im AgBr. Anwendung von AgCl-Lsgm. zeigt, daß die Ursache hierfür in einer stärkeren Verteilung auf Innen- u. Außenbild liegt. Die Empfindlichkeitszentren ungereifter AgCl- u. AgBr-Emulsionen lassen sich oxydativ nicht beeinflussen. Durch Reifung mit Schwefelkörpern (Thiosulfat, Allylthioharnstoff) wurde die Empfindlichkeit von AgCl-Em nur geringfügig (2 x) erhöht, während unter gleichen Bedingungen bei AgBr-Em eine Empfindlichkeitssteigerung um das 10fache auftrat. E. Moisar. 8594□

Über das Schwärzungsgesetz einer photographischen Emulsion im Gebiet der Solarisation. Je. A. Galaschin. (Ber. Akad. Wiss. [UdSSR] **128**, 752—54, 1/10. 1959; russ.) — Vgl. C. **1957**, 8403; **1958**, 13945. — Wenn $K = k_1J_1 + k_2J_2$ (k_1 u. k_2 Geschw.-

Konst. der Photolyse, J_1 u. J_2 = Intensität des kurz- bzw. langwelligen Lichtes) u. $L = l_1J_1 + l_2J_2$ (l_1 u. l_2 = Geschw.-Konst. der Inaktivierung des latenten Bildes) u. D_m die maximale Schwärzung ist, dann ergibt sich die opt. Schwärzungsdichte bei der Expositionsdauer t nach $D = D_m[K/(K - L)][\exp(-Lt) - \exp(-Kt)]$. In Ggw. eines großen Überschusses an Br-Acceptoren nimmt die Photolyse-Geschw. stark zu; da $K > L$, geht die Gleichung in die Elder-Gleichung über: $D = D_m[1 - \exp(-Kt)]$. Die Höhe des Maximums der D-t-Kurve wird durch $r = K/L$ bestimmt. Eine Abnahme von r kann man durch Einführung eines Überschusses an Bromiden u. Desensibilisatoren in die Emulsion erreichen, aber auch durch höhere Wellenlänge bzw. Zunahme der Intensität des langwelligen Anteils der Strahlung. R. K. Müller. 8598□

Die Bedeutung der Körnigkeit in der photographischen Mikrophotometrie. R. H. Giese und H. Siedentopf. (Z. Astrophysik **48,** 269—78, 1959; Tübingen, Univ., Astronom. Inst.; dt.) — Ein von Siedentopf [1937] angegebener Ausdruck für die Streuung σ(S) der Schwärzung in photograph. Platten als Funktion der Schwärzung der Kornfläche u. der Fläche des Meßfeldes wird an den Perutz-Platten Peromnia, Phototechn. Platte B u. Peruprint mit Meßflächen von Ø 15—150μ geprüft. Aus den Ergebnissen ergibt sich die Zahl der unterscheidbaren Schwärzungsstufen. W. Günther. 8604□

Über die Wirkung einiger Desensibilisatoren auf die Sensibilisierungsintensität von ms-Äthylbenzthiocarbocyaninen. 9. Mitt. über optische Sensibilisierung. Kurt Meyer und Wladimir Nesawibatko. (Z. wiss. Photogr., Photophysik Photochem. **56,** 196—202, Aug. 1962; Wolfen, VEB Filmfabrik, Abt. Forsch. u. Entw. Photo; Berlin, Humboldt-Univ., Physik.-Chem. Inst.; dt.) — 8. vgl. C. **1962, 16906.** — Das Verh. von Benzthiocarbocyaninen der Formel I (normales Cyanin) u. II (Betaincyanin) u. weiterer acht Benzoxocarbocyanine gegenüber den Desensibilisatoren Pinakryptolgrün, Pinakryptolgelb, Pinaweiß sowie zwei Derivv. des 1.2-Triazoloanthrachinons wird untersucht. Es wurde hinsichtlich der Zunahme der Wirksamkeit der Desensibilisatoren folgende Reihenfolge gefunden: Pinaweiß < Triazoloanthrachinone < Pinakryptolgrün < Pinakryptolgelb. Wobei Pinaweiß (200 mg/Liter Lsgm.) nicht als Desensibilisator auftritt, sondern eine leichte Empfindlichkeitssteigerung verursacht, die als „Wassereffekt" gedeutet u. bewiesen wird. Weitere Unterss. erstreckten sich speziell auf Pinaweiß.

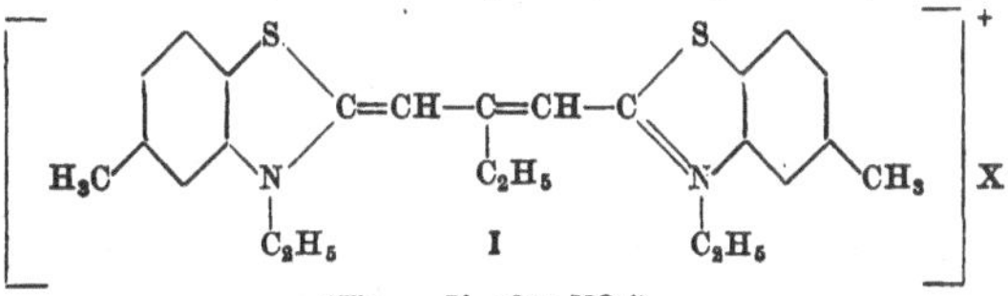

($X^- = I'$ oder NO_3')

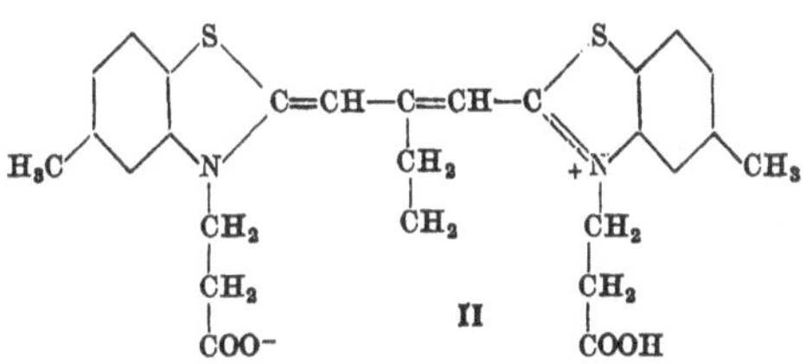

Dabei wurde erkannt, daß Pinaweiß kein echter Desensibilisator ist. Es wirkt nur bei sensibilisierten Schichten durch Absorptionsverdrängung unter vorheriger Bldg. des Cyanin-Pinaweißsalzes. Betaincyanine werden nicht bzw. sehr wenig verdrängt. Ähnliches gilt für Erythrosin. Die Triazoloanthrachinone sind echte, starke Desensibilisatoren. Es wurde bestätigt, daß die Desensibilisatoren auf die Farbenempfindlichkeit einen stärkeren Einfl. als auf die Eigenempfindlichkeit ausüben. Die Deutung dieser Erscheinung wird diskutiert. H. Czech. 8604□

Untersuchung der anomalen Umkristallisation besonders feinkörniger Kernemulsionen beim Prozeß der zweiten Reifung. N. A. Perfilow, N. R. Nowikowa und W. I. Sacharow. (J. wiss. angew. Photogr. Kinematogr. [UdSSR] **6,** 338—44, Sept./Okt. 1961; Akad. der Wiss. der UdSSR, Radium-Inst.; russ.) — Die anomale Umkristallisation (aU) der feinkörnigen Emulsionen tritt bei der 2. Reifung nach Erreichung einer bestimmten Löslichkeit des Ag-Halogenids u. bei hoher Homogenität der Emulsion ein. Das Eintreten der aU in einer Emulsion (Typ PR) als Folge der erhöhten Löslichkeit der festen Phase ist mit der Erreichung einer bestimmten Konz. des lösl. Bromids u. folglich eines bestimmten Potentials (~ —0,1 V) verbunden. Da in genannten Emulsionen der NaCNS-Geh. gering ist, ist sein Einfl. auf die Löslichkeit der Mikrokristalle gering. Die aU kann durch eine 2. Reifung bei positivem Potential verhindert werden. Bei AgBr–AgJ-Emulsionen (Typ P-9) ist das Eintreten der aU auf Grund der kleineren Löslichkeit der festen Phase nicht mit der Erreichung eines Potentials verknüpft u. hängt von der NaCNS-Konz. ab. Die Entstehung einer Bidispersität vor der Erreichung der notwendigen photograph. Eigg. kann durch Verkleinerung der Rodanid-Konz. u. Erhöhung des AgJ-Geh. verhindert werden. K. Winkler. 8610□

Der photographische Film als ein Bestandteil eines zusammenhängenden optischen Systems. Emmett N. Leith. (Photogr. Sci. Engng. **6**, 75—80, März/April 1962; Ann Arbor, Mich., Univ. of Michigan, Inst. of Sci. and Technol.; engl.) — Vf. untersuchte das Verh. einiger Kodak- u. Ilfordfilme in einem kohärenten opt. System. Die beschriebene Meßanordnung gestattete photometr. Intensitätsmessungen im Fraunhoferschen Beugungsbild u. in der Gaußschen Bildebene. Es werden die für kohärente Beleuchtung gültigen Übertragungsfunktionen u. die Wiener-Spektren der Körnigkeit angegeben sowie einige Beispiele für Phasenmodulationseffekte besprochen. W. Günther. 8614□

Über die Gültigkeit des Siedentopfschen Gesetzes. Antoine Hautot. (Sci. Ind. photogr. [2] **33**, 41—48, Febr. 1962; Liège, Univ.; franz.) — Die Gültigkeit der von Siedentopf angegebenen Beziehung $G = k \cdot D^{1/2}$ (G = Körnigkeit, D = opt. Dichte) wurde für eine Reihe photograph. Materialien bei verschiedenen Entw. untersucht. Während bei Positivemulsionen annähernd die theoret. Beziehung erfüllt ist, treten Abweichungen bei Negativmaterialien bes. der Art auf, daß im Gebiet kleiner D der Wert für G größer als erwartet ist. Durch typ. Feinkorn-Entw. wird G deutlich erniedrigt, jedoch werden gleichfalls die Empfindlichkeit u. der Kontrast vermindert. Beim Negativ/Positiv-Kopierprozeß ist nicht allein der Wert G, sondern der Quotient G/γ maßgebend. Es lassen sich aus den für die verschiedenen Materialien u. Entw.-Bedingungen angegebenen G/γ-Werten keine für alle Materialien allgemein gültigen Beziehungen, z. B. für den Einfl. der Entw.-Art, aufstellen; die optimalen Entw.-Bedingungen sind mithin empir. zu ermitteln. E. Moisar. 8618□

Die Korrosion der Silberkörner während des Fixierens von Kernspuremulsionen. Marieta Nicolae. (Sci. Ind. photogr. [2] **33**, 161—66, Mai 1962; Bucarest, Inst. de Phys. atom.; franz.) — Vf. untersuchte den Einfl. verschiedener Vers.-Parameter auf die Korrosion (K) von Silberkörnern im Fixierbad. Als Objekt dienten trägerfreie NIKFI-R-Emulsionen, 400 μ, die Spuren von 9-GeV-Protonen enthielten. Sowohl in Ggw. wie in Abwesenheit von Luft-O_2 ist in reinen $Na_2S_2O_3$-Lsgg. eine Zers. unter Bldg. von S u. Polythionaten möglich. Durch einen Zusatz von Sulfit zum Fixierbad (0—12 g/Liter) wurde die K wenig beeinflußt. Als optimaler pH-Wert des Fixierbades wurde 6,4—6,5 ermittelt, wobei eine pH-Erniedrigung durch Zusatz von Essigsäure die K weniger erhöhte als pH-Einstellung durch Metabisulfit oder NaH_2PO_3. Die K wird durch Zers.-Prodd. des Thiosulfat beschleunigt. Es wird angenommen, daß die K durch Polythionate oder koll. S eingeleitet wird, wobei sich Ag_2S bildet. E. Moisar. 8620□

Der Einfluß der Negativkörnigkeit auf die Charakteristik der Tonwertwiedergabe durch die Kopie. L. D. Clark und C. N. Nelson. (Photogr. Sci. Engng. **6**, 84—97, März/April 1962; Rochester, N.Y., Eastman Kodak Co., Res. Labor.; engl.) — Vff. stellen theoret. Überlegungen an über die Abhängigkeit der Tonwertwiedergabe von der Körnigkeit des Negativs beim Kopierprozeß. Die Abweichung zwischen der Tonwert-Wiedergabekurve u. der aus normalen sensitometr. Messungen vorauszusagenden Idealkurve ist als „Halbtonpunkteffekt" bekannt. Die Auswirkung dieses Effektes wird unter verschiedenen Projektions- u. Kontaktkopierbedingungen gemessen. Kornlose Vgl.-Kopien werden erhalten, wenn man bei der Projektion das Kopiermaterial während der Belichtung rotieren läßt. Es wurde gefunden, daß bei Verw. von Negativen mit gröberen Korn die erwartete Verflachung in den Lichtern u. eine Kontraststeigerung in den Schatten eintreten. Diese Abweichungen sind jedoch zu vernachlässigen, wenn vermieden wird, das Negativkorn extrem scharf abzubilden. Kurvenmaterial für die Kodakfilme Royal-X Pan, Tri-X Pan, Verichrom Pan u. Panatomic-X kopiert auf Kodabromid F-4-Papier werden mitgeteilt. W. Günther. 8624□

Photoelektrete und ihre Anwendung in der Elektrophotographie. V. M. Fridkin und I. S. Sholudew. (Kolloquium wiss. Photogr., Zürich **1961**, Sekt. IV, Nr. 10, 1—22; dt.) — Übersicht über die Arbeiten auf dem Gebiet der Photoelektrete in ihrer Bedeutung für die *Elektrophotographie* unter besonderer Berücksichtigung der Vers.-Ergebnisse russ. Autoren: Tartakowsky, Fridkin, Nadshakow, Ljalikow, Mjasnikow, Adirowitsch u. anderen. — 34 Literaturhinweise. W. Günther. 8642□

Über die optische Umwandlung eines mit Infrarot und sichtbarem Licht erzeugten latenten inneren Polarisationsbildes. H. P. Kallmann, Joseph Rennert und J. Burgos. (Photogr. Sci. Engng. **6**, 65—70, März/April 1962; New York, N.Y., New York Univ., Dep. of Phys.; engl.) — Aus Leuchtstoffen bestehende Schichten können durch kurzzeitiges Anlegen eines elektr. Feldes für längere Zeit polarisiert werden. Diese Polarisation kann durch Einwirkenlassen von IR-Licht gelöscht werden, so daß ein latentes Polarisationsbild entsteht. In Fortsetzung früherer Verss. (vgl. Photogr.

Sci. Engng. **4,** [1960], 345), bei denen das latente Polarisationsbild durch ein elektrostat. geladenes Pulver sichtbar gemacht wurde, wurde eine neue Meth. entwickelt, die das latente Bild über ein Kathodenstrahloscilloskop auf elektro-opt. Wege sichtbar macht. Das latente Polarisationsbild wird mit einem Lichtstrahl abgetastet, wodurch die in den einzelnen Bildpunkten vorhandene Ladung zum Abfließen gebracht wird. Über ein Verstärker-Syst. kann der Entladungsstrom auf einem Fernsehschirm aufgezeigt werden. Gegenüber dem früheren Verf. wird eine erhebliche Empfindlichkeitssteigerung erreicht. Der Kontrast hängt von verschiedenen Parametern ab. W. Günther. 8642 □

Durch Metallsalze induzierte Photopolymerisation. 1. Mitt. **Silbersalzkatalysatoren.** S. Levinos und F. W. H. Mueller. (Photogr. Sci. Engng. **6,** 222—26, Juli/Aug. 1962; Binghamton, N.Y., Ansco, Res. Labor.; engl.) — Belichtet man eine Mischung aus *Halogensilber* u. einer monomeren Vinyl-Verb., so tritt unter der katalyt. Wrkg. der Ag-Verb. Polymerisation ein. Man erhält auf diese Weise nach Auswaschen der unbelichteten Teile ein Reliefbild von hohem Auflösungsvermögen. Beispielsweise gibt man zu 10 ml einer Lsg. von 180 Teilen *Acrylamid,* 7 Teilen *N.N'-Methylen-bis-acrylamid* in 120 Teilen W. 5 ml einer *AgCl*-Gelatineemulsion u. fügt zum Beguß von Papier, Film oder Metallflächen 35 ml einer 10%ig. Inertgelatine-Lsg. zu. Nach dem Trocknen der Schicht im Dunkeln wird 2 Min. lang mit weißem Licht unter einem Negativ belichtet. Anschließend wird mit warmen W. nicht länger als 30 Sek. gewaschen. Man erhält ein Photorelief. — Es wird folgender Bldg.-Mechanismus erörtert: $AgX + h\nu \rightarrow Ag + X^-$, $X^- + CH_2{=}CHCONH_2 \rightarrow X{-}CH_2{-}\dot{C}HCONH_2$. Das reaktionsfähige Radikal lagert sich an ein anderes monomeres Mol. an, wodurch Polymerisation eintritt. W. Günther. 8652 □

Durch Metallsalze induzierte Photopolymerisation. 2. Mitt. **Das Eisensalz-Peroxid-System.** F. W. H. Mueller, H. Evans und E. Cerwonka. (Photogr. Sci. Engng. **6,** 227—30, Juli/Aug. 1962; Binghamton, N.Y., Ansco, Res. Labor.; engl.) — 1. vgl. vorst. Referat. — Vff. beschreiben ein weiteres Syst. einer Vinylpolymerisation durch Redox-Rkk.: $Fe^{3+} + h\nu \rightarrow Fe^{2+}$, $Fe^{2+} + HOOH \rightarrow HO^{\cdot} + OH^-$. Fe^{2+}-Ionen zersetzen H_2O unter Bldg. von Hydroxylradikalen, die monomere Vinyl-Verbb. zu polymerisieren vermögen. Unter anderen Vorschriften für photopolymerisierende Schichten wird folgendes Rezept angegeben: Die Mischung von 20 ml einer wss. Gelatine-Lsg. (15%ig.), 3 ml einer Monomeren-Lsg. (180 g *Acrylamid,* 7 g *N.N'-Methylen-bis-acrylamid,* 120 ml W.), 4 ml einer *Ferriammoniumcitrat*-Lsg. (36 g in 100 ml) u. 0,1 ml Natriumlaurylsulfat wird auf Papier gegossen u. getrocknet. Nach dem Belichten wird mit einer 1%ig. wss. H_2O_2-Lsg. oder einer 15%ig. Ammoniumpersulfat-Lsg. behandelt. Nach dem Auswaschen der unbelichteten Teile bleibt ein Relief der belichteten Stellen zurück, dessen Höhe proportional der Belichtung ist. — Die prakt. Empfindlichkeit des Photopolymerisationsprozesses auf katalyt. Basis hängt weitgehend von dem Sekundärvorgang, der Polymerisation, ab. Die Pseudoquantenausbeute wird auf Grund von Molgew.-Best. auf 10^5—10^6 geschätzt. W. Günther. 8652 □

Ein Transportsystem mit Hilfe eines Schaumstoffbandes. Jack E. Blackert und Carol Edwards Sternsher. (Photogr. Sci. Engng. **6,** 102—03, März/April 1962; Rochester, N.Y., Rochester Inst. of Technol.; engl.) — Es wird der Einsatz in automat. Blattfilmentwicklungsmaschinen beschrieben. W. Günther. 8652 □

Potentiometrische Bestimmung von Phenidon in Gegenwart von Hydrochinon in photographischen Entwicklern. Georges Bonjour. (Sci. Ind. photogr. [2] **33,** 199 bis 201, Juni/Juli 1962; Lyon, Labor. de Rech. de la Soc. Lumière; franz.) — Phenidon (Phenyl-3-pyrazolidon, I) wird in stark saurem Medium selektiv von $FeCl_3$ zu Phenylpyrazolon oxydiert. Man titriert potentiometr. unter Verw. einer Pt- u. Hg_2Cl_2-Elektrode; der Sprung beträgt im Äquivalenzpunkt 60 mV. Ein 100facher Überschuß von Hydrochinon (**II**) stört nicht. **II** wird anschließend mit n/10 Ce(IV)-Sulfat-Lsg. bestimmt. Aus techn. Entwicklern werden I u. II mit Äthylacetat bei pH 8 extrahiert. W. Kupfer. 8658 □

Der Einfluß der Emulsionskörnigkeit auf die quantitative Strahlungsmessung. James A. Eyer. (Photogr. Sci. Engng. **6,** 71—74, März/April 1962; Rochester, N.Y., Univ. of Rochester, Inst. of Optics; engl.) — Die Körnigkeit einer photograph. Schicht beeinflußt entscheidend die Meßgenauigkeit von Schwärzungen kleiner Flächen. Für eine Abtastblende von $16 \times 16\ \mu$ z. B. ist die Anzahl der unterscheidbaren Schwärzungsstufen u. damit die Zahl der entsprechenden Belichtungsstufen begrenzt. Die Zahl der unterscheidbaren Schwärzungsstufen wird als neue Meßgröße eingeführt, die als Informationsspeicherpotential bezeichnet wird. Sie wird für die Kodakfilme Photoflure Blue Sensitive, Royal-X Pan, Tri-X Pan u. Plus-X Pan unter verschiedenen Entwicklungsbedingungen [D-19, D-76, DK-60A, DK-50, DB-7B (Phenidon) u. Microdol] aus der Körnigkeit berechnet. — Es wurde festgestellt, daß das Informationsspeicherpotential eine von den Emulsions-Eigg. unabhängige Größe ist, wenn die Densitometerabtastfläche konst. gehalten wird. Die beschriebene Methodik eignet sich für die Analyse photograph. Syst. mittels quant. Strahlungsmessungen. W. Günther. 8660□

Gütekoeffizient der photographischen Schichten. W. Romer und A. Zaleski. (III. wiss. angew. fotogr. Konf., Budapest **1961**, 2, 1—4; Wroclaw; dt.) — Für 21 panchromat. Negativfilme des Handels wurde auf empir. Weg folgende Beziehung zwischen Empfindlichkeit S u. Körnigkeit G gefunden: $\log S = 2{,}29 \cdot \log G + \log 151$, wobei 151 eine Vers.-Konst. ist. Auf Grund dieser Beziehung kann für jeden Film ein Güte-Koeff. Q abgeleitet werden: $Q = 151 \cdot S/G^{2,29}$. — Es zeigte sich, daß sich der Empfindlichkeitsunterschied zwischen den einzelnen Fabrikaten bei gleichbleibender Körnigkeit wie 1:4 verhält. W. Günther. 8660□

Wenczler & Heidenhain (Erfinder: Johannes Heidenhain), Traunreut über Traunstein, **Photographische Herstellung von Teilungen, Skalen usw. auf beliebigem Material.** Die nach dem Verf. des D. B. P. 946 588 anzuwendenden bildaufbauenden Stoffe, die hauptsächlich im Vakuum aufgedampft werden, werden erfindungsgemäß nur in Schichtdicken von 0,01—0,1 μ aufgetragen. (**D. B. P. 946 588** Kl. 57b vom 26/1. 1954, ausg. 2/8. 1956. Anmeldung bekanntgemacht 2/2. 1956. **Zusatz zu D. B. P. 902 713.**) A. Kalix. 8591

Kodak Ltd., London, England (Erfinder: Gale Francis Nadeau), **Auftragsverfahren für photographische Emulsionen.** Vor dem Auftrag wird zwischen Träger u. Emulsion eine elektr. Potentialdifferenz erzeugt, ggf. durch Aufladen der Oberfläche des Trägers. Emulsion u. Träger können auch verschieden polar aufgeladen werden. Hierdurch soll ein gleichmäßiger Auftrag der Emulsion erreicht werden. (**E. P. 876 925** vom 30/10. 1957, ausg. 6/9. 1961. A. Prior. 1/11. 1956.) E. Fuchs. 8601

VEB Filmfabrik Agfa Wolfen (Erfinder: Emil-Joachim Birr und Werner Walther), Wolfen, Kr. Bitterfeld, **Härten von insbesondere photographischen Gelatineschichten,** dad. gek., daß man als Härtungsmittel Substanzen verwendet, die mindestens 2 Chlorhydringruppen enthalten, bei denen die OH- u. die Cl-Gruppe an benachbarte C-Atome gebunden sind, ggf. mit anderen Härtungsmitteln u./oder Beschleunigern. Die Substanzen haben die Formel $(Z)_m-Y$. Hierin ist $Z = CH_2(Cl)-CH(OH)(CH_2)_n-$; n = 0 oder 1 (oder höher); m = mindestens u. bes. 2 u. Y = eine Atomgruppe, die eine äther- oder esterartige Bindung der Chlorhydringruppen ermöglicht. — Beispiele: Bis-(3-chlor-2-hydroxypropyl)-äther, $Kp._{30}$ 200—205° (= Di-α-chlorhydrinäther); Glykol-bis-(3-chlor-2-hydroxypropyläther); Bis-β.β'-(3-chlor-2-hydroxypropoxy)-diäthylsulfon; Oxalsäure-bis-(3-chlor-2-hydroxypropylester), Phosphorsäuretris-(3-chlor-2-hydroxypropylester), viscoses Öl. (**D. A. S. 1 113 807** Kl. 39b vom 7/3. 1959, ausg. 14/9. 1961.) W. Overbeck. 8603

Eastman Kodak Co., übert. von: Jean E. Jones, Rochester, N.Y., V.St.A., **Supersensibilisierte Emulsion.** Man verwendet eine Mischung von 2 Sensibilisatoren: 1. Ein einfaches Merocyanin (I) der allg. Formel **A:** Hierin ist R = H oder Alkyl, n = 1

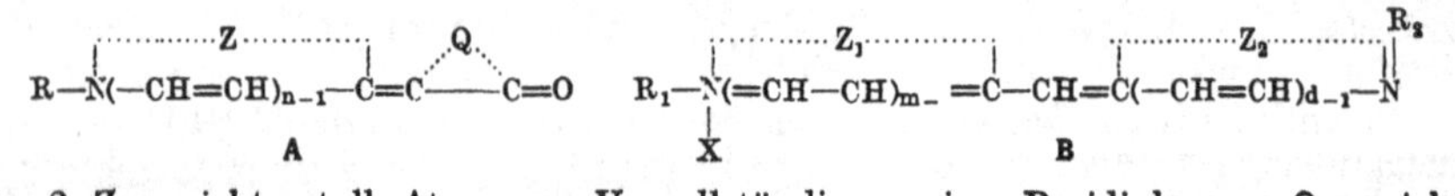

oder 2, Z = nichtmetall. Atome zur Vervollständigung eines Pyridinkernes, Q = nichtmetall. Atome zur Vervollständigung eines Pyrazolin-, Isooxazolinon-, Oxindol-, Rhodanin-, 2-Selena-2.4-thiazolidindion-, 2-Thio-2.4-oxazolidindion-, 2-Thio-2.5-thiazolidindion-, 2.4-Thiazolidindion-, Thiazolidinon-, 4-Thiazolinon-, 2(3 H)-Thiophenon-, 2-Imino-2.4-oxazolinon-, 2.4-Imidazolindion-, 2-Thio-2.4-imidazolindion- u. 5-Imidazolinonkern u. 2. ein einfaches Cyanin (II) der allg. Formel **B:** Hierin ist R_1 u. R_2 = Alkyl, X = Säurerest, d u. m = 1 oder 2, wobei d u. m gleichzeitig nicht 2 sind, Z_1 = nichtmetall. Atome zur Vervollständigung eines heterocycl. Kernes wie er in der Chemie der Cyaninsensibilisatoren gebräuchlich ist (z. B. Benz- u. Naphthothiazol, Thiazol, Oxazol, Benz- u. Naphthoxazol, die Selenazole, Thiazolin, Chinolin, Isochinolin, Benzimidazol u. Pyridin); Z_2 = nichtmetall. Atome, die einen heterocycl. 2-Chinolin-, 4-Chinolin-, 2-Pyridin- oder 4-Pyridinkern vervollständigen. — I verwendet man in einer Konz. von 0,01—0,3 g u. II in einer Konz. von 0,05—1 g pro Mol. Halogensilber. (**A. P. 2 977 229** vom 23/3. 1959, ausg. 28/3. 1961.) E. Fuchs. 8605

Canadian Kodak Co. Ltd., Toronto, Ontario, Canada, übert. von: Jean E. Jones, Rochester, N.Y., V.St.A., **Hypersensibilisierungskombinationen mit mesosubstituierten Carbocyaninen.** AgCl- u. AgCl/AgBr-Emulsionen enthalten Cyanine der allg. Formel I (R, R_1 u. R_2 = Alkyl; X = Säurerest; Z u. Z_1 = zum Ringschluß von Benzthiazol, Benzoxazol, Benzselenazol u. Chinolin erforderliche Gruppierung), bes. *3.3'-Dimethyl-9-äthylthiacarbocyaninbromid* u. *1'.3-Dimethyl-9-äthylthia-2'-carbocyaninjodid*, u. je Mol Ag-Halid 5—35 g Cd- oder Zn-Chlorid oder -Bromid. — Diagramme. (**Can. P. 560 288** vom 9/9. 1955, ausg. 15/7. 1958. A. Prior. 8/3. 1955.)

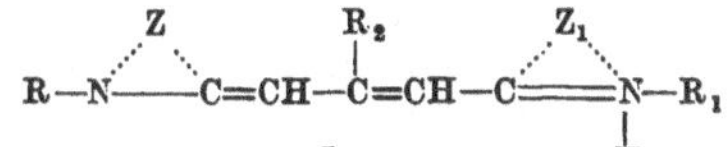

I

L. Großner. 8605

Canadian Kodak Co. Ltd., Toronto, Ontario, Canada, übert. von: Jean E. Jones, Rochester, N.Y., V.St.A., *Hypersensibilisierte Emulsionen* enthalten mindestens ein Dicarbocyanin der allg. Formel I R u. R_1 = Methyl oder Äthyl; X = Säurerest; Z = zum Ringschluß von Naphthothiazolen erforderliche Gruppierung), bes. *3.3'-Diäthylthiadicarbocyaninjodid* u. *3.3'-Dimethyl-4.5.4'.5'-dibenzothiadicarbocyaninchlorid*, u. *Hydromelonsäure* u./oder *Cyamelursäure* u./oder ein *Alkalimelonat* oder *-cyamelurat*. — Diagramme. (**Can. P. 560290** vom 9/8. 1956, ausg. 15/7. 1958. A. Prior. 23/2. 1956.) L. Großner. 8605

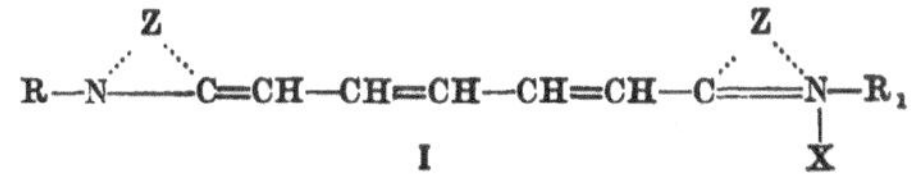

I

Kodak Ltd., London, England, übert. von: Leslie George Scott Brooker und Earl John Vanlare, **Sensibilisatoren** bilden Merocyaninfarbstoffe der allg. Formel I. Hierin ist R eine (ggf. substituierte) Alkyl- oder Aralkylgruppe, Z stellt die zur Bldg. eines Benzothiazol- oder Chinolinringes nötigen Atome dar u. Q die zur Bldg. eines 5- oder 6gliedrigen Heterocyclus nötigen Atome, n = 1 oder 2. Darst. durch Rk. von Verbb. der allg. Formel II mit solchen vom Typus III. OC—C(Q)— (—CH=CH)$_{n-1}$—NH-Aryl. — Beispiel: 1 Mol Diäthylsulfat wird mit 1 Mol 1-Methyl-symm.-triazolo-(3.4-b)-benzothiazol 4 Std. auf 150—160° erhitzt u. das Rk.-Prod. mit 1 Mol 4-Anilinomethylen-3-methyl-1-p-sulfophenyl-5-pyrazolon in Ggw. von Pyridin u. Trimethylamin durch 1½ Std. Kochen unter Rückfluß kondensiert u. das Rk.-Gemisch mit Ae. extrahiert. Nach üblicher Reinigung u. Umkristallisation erhält man braune Kristalle von *4-[(2-Äthyl-1(2 H)-symm.-triazolo-[3.4-b]-benzothiazolyliden)-äthyliden]-3-methyl-1-p-sulfophenyl-5-pyrazolon*, F. 289 bis 290°. Sensibilisiert AgCl, AgBr, AgBr/Cl u. AgBr/Cl/J, Bereich nicht angegeben. (**E. P. 852955** vom 3/6. 1957, ausg. 2/11. 1960. A. Prior. 25/6. 1956.) A. Kalix. 8605

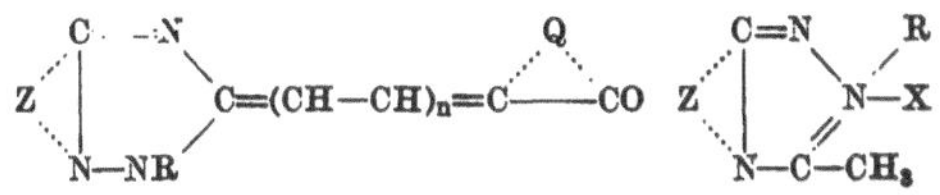

I II

VEB Filmfabrik Agfa Wolfen, Wolfen (Erfinder: Günther Bach, Dessau), **Sensibilisierung gegebenenfalls farbkupplerhaltiger Halogensilberemulsionen.** Zur opt. Sensibilisierung verwendet man Benzimidocarbocyanine der Formeln I u. II. Hierin ist R_1, R_2, R_5 Alkyl oder Aryl gleich oder verschieden u. ggf. substituiert, R_3 = H, Halogen oder —CN, R_4 = —CN, Y eine zur Schließung eines 5- oder 6gliedrigen Heteroringes erforderliche Atomgruppierung u. X ein Anion. Ein Farbstoff, worin R_1 = Methyl, R_2 = Phenyl, R_3 = Cl, R_4 = —CN, X = J sensibilisiert mit einem Maximum bei 560 mμ u. einem Bereich bis 580 mμ. Die Farbstoffe sind gut durch die photograph. Bäder entfärbbar u. zeigen geringe Neigung zur Diffusion. (**D. A. S. 1121925** Kl. 57b vom 24/2. 1960, ausg. 11/1. 1962.) E. Fuchs. 8605

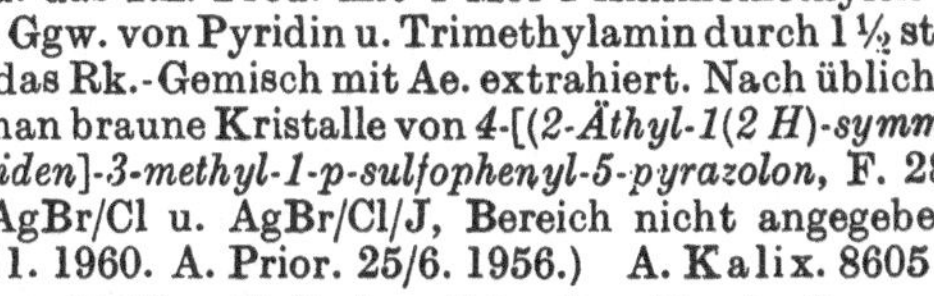

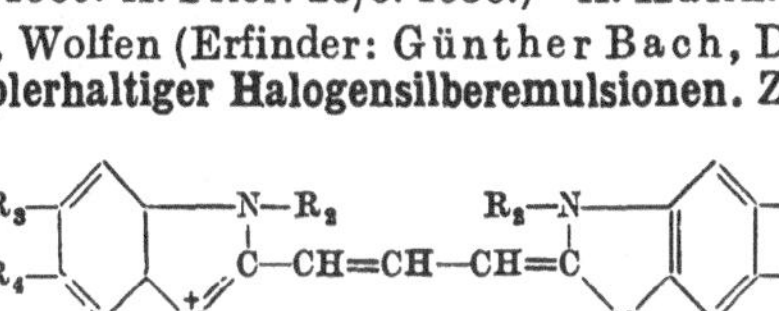

General Aniline & Film Corp., New York, übert. von: Fritz Dersch, Binghamton, N.Y., und Norman J. Doorenbos, Glen Burnie, Md., V.St.A., **Photographische Direktpositivemulsion für die Herstellung von Kopien nach dem Herschel-Verfahren.** Als Desensibilisator werden der Emulsion Verbb. der allg. Formel I zugesetzt. Hierin ist R Halogen H, OH, NH_2 oder NO_2, m u. n = 1 oder 2, A eine Methingruppe u. Z ein Benzimidazol-, Benzthiazol-, Pyridin- oder Chinolinkern: 2-(α-Cyan-p-nitro-

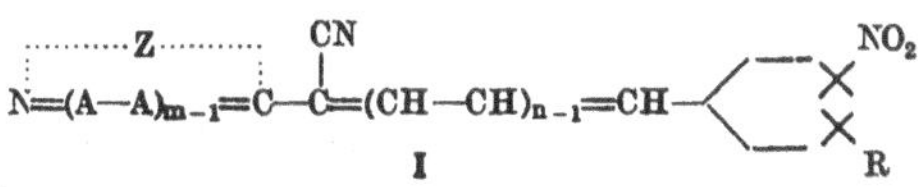

I

styryl)-benzimidazol, 2-(α-Cyan-p-nitrostyryl)-chinolin, 2-(α-Cyan-p-nitrostyryl)-benzthiazol. Das latente Bild bleicht hierbei bes. intensiv aus. (**A. P. 3 023 102** vom 24/9. 1957, ausg. 27/2. 1962.) E. Fuchs. 8607

Minneapolis-Honeywell Regulator Co., Minneapolis, Minn. (Erfinder: John F. Byrne, Columbus, Ohio, und Troy A. Scott, Edina, Minn.), V. St.A., **Auskopiermaterial.** Die lichtempfindliche Schicht enthält ein Mischhalogensilber, das PbJ_2 zu ca. 0,1—20% oder CdJ_2 zu ca. 0,5—20% enthält. Hierdurch wird eine bes. hohe Lichtempfindlichkeit erreicht. (**D. A. S. 1 125 278** Kl. 57b vom 22/5. 1959, ausg. 8/3. 1962. A. Prior. 26/5. 1958.) E. Fuchs. 8611

Eastman Kodak Co., übert. von: Thomas M. Laakso und Jack L. R. Williams, Rochester, N.Y., V.St.A., **Antistatischer Film.** Die Rückseite des Filmes wird mit einer Schicht überzogen, die ein harzartiges C-Vinylpyridinpolymerisat enthält, das zu mindestens 70% polymerisierte Einheiten der allg. Formel I u. nicht mehr als 30% Einheiten der nichtquatern. I enthält, worin Y = H oder Alkyl mit 1—4 C-Atomen u. X = Cl oder Br ist. Eine solche Polymerisatmischung (75:25%) erhält man durch Rk. von 0,95 Mol Poly-4-vinylpyridin in Methanol u. Zusatz von 1 Mol Chlor- oder Bromacetoncyanhydrin bei 50°. (**A. P. 2 972 536** vom 3/9. 1957, ausg. 21/2. 1961.) E. Fuchs. 8613

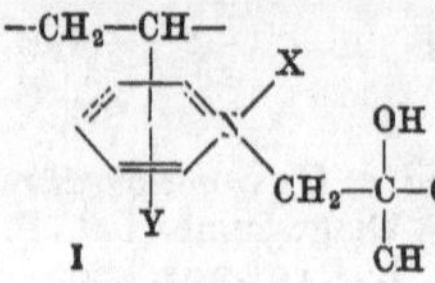

I

Eastman Kodak Co., übert. von: William J. Knox jun. und John Stenberg, Rochester, N.Y., V.St.A., **Gelatineschutzschicht.** Die Halogensilberemulsionsschicht wird mit einer Gelatineschicht überzogen, die als Netzmittel eine Verb. der Formeln $R\cdot HN\cdot CO\cdot CH_2\cdot CH(COOX)SO_3X$, $XOCO\cdot CH_2\cdot CH(COOX)\cdot N(R)CO\cdot CH_2\cdot CH(COOX)\cdot SO_3X$ oder $XO\cdot CO\cdot CH{=}CH\cdot CO\cdot N(R)\cdot CH(COOX)\cdot CH_2\cdot COOX$ enthält. In diesen bedeutet R eine Alkylgruppe mit mindestens 8 C-Atomen u. X ein Alkalimetallatom. Beispiel: *N-Octadecylnatriumsulfosuccinamat.* (**A. P. 2 992 108** vom 21/10. 1957, ausg. 11/7. 1961.) E. Fuchs. 8613

Monsanto Chemical Co., St. Louis, Mo., übert. von: William J. McCarville und Bernard S. Wildi, Dayton, Ohio, V.St.A., **Herstellung eines Infrarot-Absorptionsfilters.** Auf einen transparenten Kunststoffträger stäubt man ein feines < 400-Maschen-Pulver (ca. 5 μ) eines IR absorbierenden Stoffes (organ. Farbstoffe, organometall. Farbstoffe oder Re-Oxid) u. poliert es glatt. Zum Schutz kann noch eine transparente Lackschicht aufgetragen werden. Als Filterfarbstoffe sind bes. Verbb. der allg. Formel $[>N{=}C_6H_4{-}C{-}C({=}C{-}C{-}C)_n{=}C{-}C_6H_4{-}N<]^+_{X^-}$ geeignet. Hierin ist n = 0—3, X^- = das Anion einer starken Säure: *1.1.7.7-Tetrakis-(p-dimethylaminophenyl)-trivinylcarboniumperchlorat, 1.5-Bis-[4-(N.N-dimethylamino)-phenyl]-1.5-diphenyldivinylcarbonium-p-toluolsulfonat.* (**A. P. 2 992 938** vom 15/5. 1958, ausg. 18/7. 1961.) E. Fuchs. 8613

Redaktionsschluß: 11. Januar 1963

Herausgeber: Prof. Dr. Heinrich Bertsch, Berlin, u. Prof. Dr. Dr. h. c. Wilhelm Klemm, Münster. Chefredakteure und verantwortlich für den Inhalt: Dr. Eugen Klever, Berlin 30, Geisbergstraße 39, Fernsprecher: 249541, u. Prof. Dr.-Ing. Eberhard Leibnitz, Berlin N 4, Schiffbauerdamm 19, Fernsprecher: 425571.

©

Verlag: Akademie-Verlag GmbH, Berlin W 8, Leipziger Str. 3—4 (Fernsprecher: 220441, Telex-Nr. 011773, Postscheckkonto Berlin 35021), und Verlag Chemie, GmbH, Weinheim/Bergstr. (Fernsprecher: Weinheim 3635 [Sammelnummer]; Fernschreiber: 0465516 chemieverlwhn; Postscheckkonten: Frankfurt/M. 145314 u. Berlin [West] 7430). Bestellnummer: 1007/134. Das Chemische Zentralblatt erscheint wöchentlich. Preis des Jahrganges einschl. Autoren-, Patent-, Sach- u. Formelregister: DM 1200,—; einseitig bedruckte Ausgabe: DM 1350,—. Abgabe der Zeitschrift nur mit sämtlichen Registern. Abbestellungen nur bis spätestens 6 Wochen vor Ablauf des Kalenderjahres.

Satz u. Druck: VEB Leipziger Druckhaus, Leipzig, III/18/203. III. 63.

Veröffentlicht unter der Lizenznummer 1273 des Presseamtes beim Vorsitzenden des Ministerrates. Printed in Germany.

FSC
www.fsc.org
MIX
Papier | Fördert
gute Waldnutzung
FSC® C083411

Zeitfracht Medien GmbH
Ferdinand-Jühlke-Straße 7
99095 Erfurt, Deutschland
produktsicherheit@kolibri360.de